炼化设备管理创新成果应用及国产化优秀实践案例集

中国石油和石油化工设备工业协会炼油与化工设备管理专业委员会
中国特种设备检测研究院
编

中国石化出版社
·北京·

图书在版编目(CIP)数据

炼化设备管理创新成果应用及国产化优秀实践案例集 / 中国石油和石油化工设备工业协会炼油与化工设备管理专业委员会，中国特种设备检测研究院编 . -- 北京 ：中国石化出版社，2024. 7. -- ISBN 978-7-5114-7609-8

Ⅰ. TE682

中国国家版本馆 CIP 数据核字第 20242PN062 号

中国石化出版社出版发行

地址：北京市东城区安定门外大街 58 号
邮编：100011 电话：(010)57512500
发行部电话：(010)57512575
http://www.sinopec-press.com
E-mail：press@sinopec.com
北京鑫益晖印刷有限公司印刷
全国各地新华书店经销

*

880 毫米×1230 毫米 16 开本 39.75 印张 1183 千字
2024 年 7 月第 1 版 2024 年 7 月第 1 次印刷
定价：380.00 元

《炼化设备管理创新成果应用及国产化优秀实践案例集》

编　委　会

引　言

为了全面推动炼化设备管理与技术创新，全方位展示炼化设备管理创新成果，大力营造科研、创新、学习、发展的行业氛围，中国石油和石油化工设备工业协会炼油与化工设备管理专业委员会(简称中石协炼化设备专委会)于2024年7月组织开展了炼化设备管理创新成果应用及关键技术国产化典型案例征集活动。本次活动共征集到案例160余项，汇编成册，划分为管理创新、产品创新、工艺创新和其他四个篇章。

由于时间仓促及编者水平所限，书中疏漏之处在所难免，恳请读者批评指正。

目 录

第一篇 管理创新篇

第二篇 产品创新篇

第三篇 工艺创新篇

第四篇 其他篇

第一篇　管理创新篇

炼化装置泵群智能巡检机器人平台研发

完成人：王妙云　杨　锋　罗　昕　刘海春　任　刚　周　力　涂家华　陈宝林　冯虎成
桂　佳　朱　哲　田志远　柴立平　胡翰林　翟春雨

（中石化湖南石油化工有限公司设备管理部　中国石化炼油事业部设备室
安徽合肥华升泵业有限公司）

1　项目背景

炼化装置设备的日常巡检是保证生产运行稳定和安全的重要环节。传统的巡检方式通常依赖于人工，效率低下且存在一定的安全风险。传统的人工巡检需要大量的人力资源和时间成本。随着人工成本的不断上升，企业对于寻求替代方案的需求日益迫切，机器人巡检能够有效降低相关成本。一些巡检任务存在着一定的安全风险，例如高温高压、易燃易爆、有毒有害介质环境等。通过使用机器人进行巡检，可以杜绝人员直接接触危险环境的可能性，从而提高员工工作安全性。随着物联网技术的发展，企业对于实时监测和数据分析的需求不断增加。巡检机器人可以配备各种传感器，实时监测设备或环境的状态，并将数据传输到后台中央系统进行分析和决策。综上所述，智能巡检机器人平台的研发在技术发展、工业需求、成本压力、提升效率、降低安全风险和数据化需求等多重因素的推动下应运而生。

2　总体情况

2.1　研发思路

依托湖南石化炼油二部 3[#] 催化装置泵区，研发一款智能巡检机器人，能够自主对机泵、电机、管道、阀门和法兰进行视觉图像采集信息并上传至后端平台，在此基础上通过机器学习建立自动报警机制。同时，巡检机器人通过机械臂携带的传感器，可以对机泵和电机的轴承箱进行振动、温度和运行声音的检测测量，实现对机泵和电机准确、定时、定位的运行状态信息采集，并实时分析判断和异常报警处理。智能巡检机器人集成导航定位、视觉和人工智能等技术，实现石油化工行业的装置泵区的自动巡检作业，通过“望、闻、问、切”，及时发现设备运行过程中的安全隐患并报告预警。

2.2　研发目的

为石油化工行业装置泵区巡检提供一款智能化的解决方案，减少后期逐步代替人工进行泵区设备巡检，避免员工暴露在易燃易爆、有毒有害介质环境中，提高员工工作安全性。同时通过智能巡检设备替代，提高巡检工作效率、信息流转率和巡检准确性，节省人力资源。保障炼化装置安全平稳运行。

3　技术路线和技术亮点

3.1　技术路线

智能巡检机器人集成视觉引导图像处理、导航定位、智能分析等技术，集成振动、视觉、红外、噪声、危险气体等传感器，结合环境信息、设备布置信息，研制石油炼化装置泵集群智能巡检机器人平台，解放人工巡检作业，突破过程巡检机器人功能低问题，提高智能巡检准确性和稳定性，实现巡检机器人自主智能巡检检测(图 1)。

采用模块化研究思路，分别针对移动单元系统、振动检测单元系统、机械密封泄漏检测单元系统以及整机运动控制管理系统分别展开研发，多子系统均由运动控制系统负责通讯集成和控制，并由控制管理系统总控，完成多组智能巡检机器的多区域管控，实现对石油炼化装置的泵集群设备进行机械密封泄漏检测、轴承振动检测、仪表等的自主数字识别等，并实时同步数据回传，运用 AI 智能算法实现对数据的处理及分析，对危机设备安全的异常数据情况进行及时报警，实现智能无人巡检作业(图 2)。

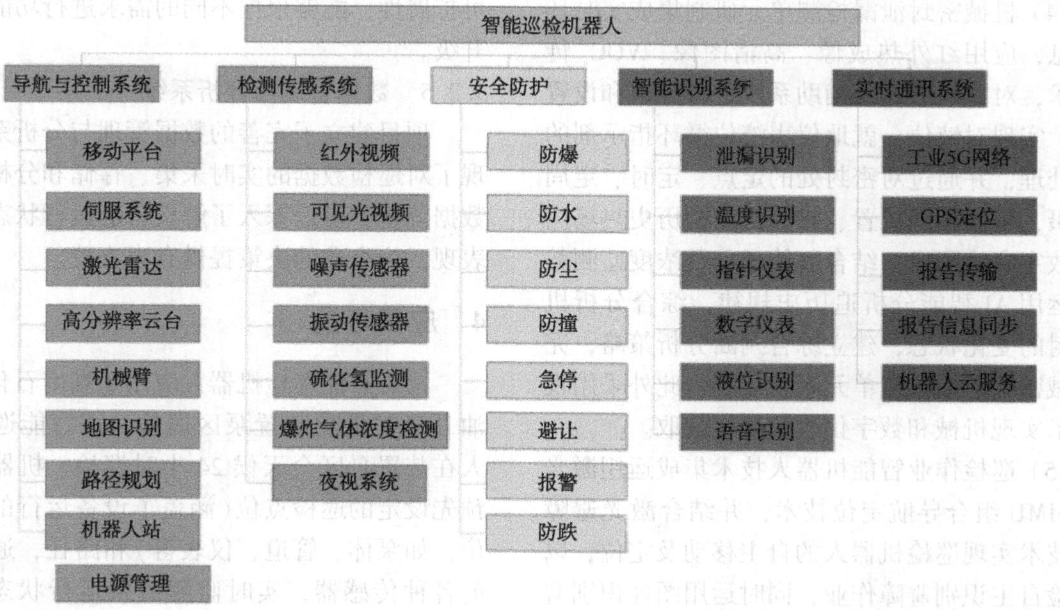

图 1

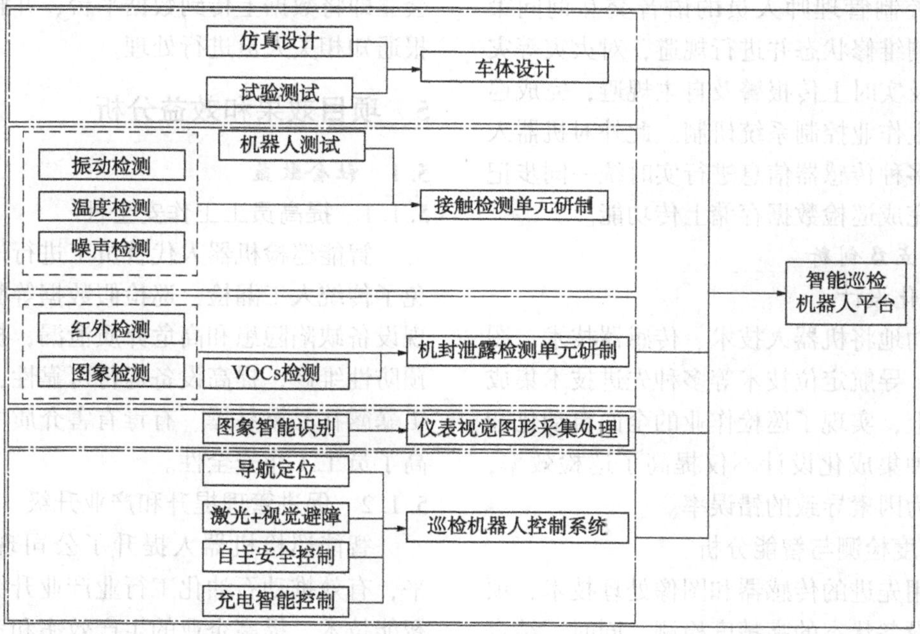

图 2

（1）移动车体开发

采用结构设计和仿真优化相结合的手段，开展移动车本体结构设计，以现场适用环境信息为边界条件，进行运动和动力学分析，进行移动车体的多环境适配多物理场耦合计算，优化结构设计，设计研制高可靠性的炼化巡检专属移动承载车体。

（2）机载振动、温度、噪声传感器开发及优化针对点检仪器、接触式温度传感器、噪声高清麦克风传感器等按照机载适配应用需求，实现传感器的交互通信、联机执行检测触发存储记录等进行性能设计改进，并进行移动振动下机载设备稳定性测试，完成传感器机载可靠稳定的功能优化。

（3）自主振动、温度、噪声接触式检测作业单元子系统研发设计机械臂、点检仪、温度传感器、噪声传感器及视觉相机组合的结构，建立三维模型，采用 SimReal 可视仿真技术，模拟定点位置机器人自主点检作业，并优化点检作业结构方式，完善视觉引导算法，研制自主点检作业测试功能单元和控制子系统。

（4）机械密封泄漏检测单元研制集成实时环境信息，应用红外热成像、高清图像、VOC_s 传感技术，对机封形式及辅助系统进行分类和设置处理，实现对液位、就地仪表液位循环指示剂的识别处理，并通过对密封处的定点、定时、定周期拍摄，采用相同位置、相同摄角的历史热场图像、数字高清图像，结合气体成分及浓度监测数据，运用AI智能分析追历史规律，综合分析机械密封的变化状态，建立综合判断分析策略，完成机械密封泄漏检测单元系统研制，此外采用视觉技术实现机械和数字仪表的数字读取。

（5）巡检作业智能机器人技术集成运用激光雷达+IMU组合导航定位技术，并结合激光避障雷达技术实现巡检机器人的自主移动及定位，以及巡检自主识别避障作业，同时运用图像识别避障技术，对障碍物进行实时识别，建立询问机制，通过与控制管理师人员的语音交互询问策略，识别检测维修状态并进行规避，对火灾等灾情进行预估及实时上传报警及自主规避，完成巡检机器人自主作业控制系统研制。此外对机器人机体集成的多种传感器信息进行实时统一同步记录及上传，完成巡检数据存储上传功能。

3.2　技术亮点及创新

3.2.1　集成化设计

项目成功地将机器人技术、传感器技术、图像处理技术、导航定位技术等多种先进技术集成到一个平台上，实现了巡检作业的全面自动化和智能化。这种集成化设计不仅提高了巡检效率，还降低了人为因素导致的错误率。

3.2.2　高精度检测与智能分析

通过应用先进的传感器和图像处理技术，项目实现了对设备状态的高精度检测。同时，结合AI智能算法，能够对检测数据进行智能分析，预测并识别潜在的安全隐患，为企业的安全生产提供了有力保障。

3.2.3　自适应与智能化导航定位

项目研发了自适应和智能化的导航定位技术，使巡检机器人能够在复杂环境下自主移动、定位和避障。这种技术不仅提高了巡检作业的灵活性，还降低了对人工操作的依赖。

3.2.4　模块化设计与可扩展性

项目采用模块化设计思路，将各个功能模块进行独立设计和优化，提高了系统的可靠性和可维护性。同时，这种设计也使得系统具有较高的可扩展性，能够根据不同的需求进行功能扩展和升级。

3.2.5　数据管理与分析系统

项目建立了完善的数据管理与分析系统，实现了对巡检数据的实时采集、存储和分析。通过数据分析，可以深入了解设备的运行状态和性能表现，为企业的决策提供有力支持。

4　应用场景

泵群智能巡检机器人应用于湖南石化一区炼油二部3#催化装置泵区巡检。该智能巡检机器人在装置泵区全天候24小时巡检。机器人根据预先设定的巡检点位（涵盖了设备运行的关键部位，如泵体、管道、仪表等）和路径，通过搭载的各种传感器，实时监测机泵运行状态，如振动、温度、压力等。如果发现异常情况，机器人会立即将数据上传到数据平台，并触发相应的警报通知相关人员进行处理。

5　项目效果和效益分析

5.1　社会效益

5.1.1　提高员工工作安全性

智能巡检机器人代替员工进行巡检作业，避免了传统人工漏检、巡检假数据等弊端，及时发现设备缺陷隐患和高危介质泄漏，提前进行设备预防性维修，提高设备运行可靠性，同时避免员工暴露在易燃易爆、有毒有害介质中，极大地提高了员工工作安全性。

5.1.2　促进管理提升和产业升级

智能巡检机器人提升了公司现代化管理水平，有效推动石油化工行业产业升级。通过先进智能技术，提高企业的生产效率和竞争力，促进行业向智能化发展。

5.2　经济效益

5.2.1　降低人工巡检成本

机器人泵区设备巡检，可降低人工成本，精简各级巡检人员数量暂估8人。相比传统巡检方式，机器人巡检更加高效、准确，避免了巡检漏检、假数据等情况发生，同时，集成精简4大类、8种巡检工具，可减少在线监测探头数量和投资。

5.2.2　提高巡检效率

机器人具有自主导航、路径规划等功能，进

行不间断设备巡检，巡检工作效率提高30%以上，信息流转效率提高200%以上。

5.2.3　降低装置故障率

机器人实时监测机泵运行状态，及时发现潜在缺陷隐患，减少机泵突发故障，可大幅减少因机泵突发故障导致生产波动或装置停工造成的损失。

5.2.4　提高设备利用率

通过定期准确的巡检，及时发现设备缺陷，结合预防性维修，延长机泵使用寿命，可有效降低机泵故障维修成本。

项目经济效益分析具体如表1所示。

表1　项目经济效益分析表

序号	现有部件			智能巡检机器人硬件			节约/万元
	名称	数量	总价/万元	名称	数量	总价/万元	
1	气体检测仪	2	2	吸入式气体监测模块	1	0.6	1.4
2	点检系统(手持式点检仪)	2	4	非接测振模块	1	12	40.5
	点检系统(服务器)	1	3				
	泵群在线监测系统(平台系统)	1	15				
	泵群在线监测系统(数据采集器)	5	7.5				
	泵群在线监测系统(机泵振动传感器)	46	23				
3	LADR检测仪	1	8	泄漏监测模块	1	6	2
4	手持式红外测温枪	2	1.4	红外热像监测模块	1	6	-4.6
	节约现场巡检人员						
5	名称	数量		人工费用(万元/人/年)(按50%量)			
6	操作工巡检	2		30×2×0.5			30
7	动设备维保巡检	2		13×2×0.5			13
8	仪表巡检	2		13×2×0.5			13
9	电气维保巡检	2		13×2×0.5			13
10	合计(万元)						108.3

注：1. 机器人增加了泵区关键管廊泄漏监测；
2. 机器人增加关键法兰泄漏监测；
3. 机器人减少了巡检人员劳动强度；
4. 机器人提高了泵区安全巡检及智能化水平。

大型石油化工企业设备健康管理数智化应用实践

完成人：王　群　张　喆　汤衢明　王科庆　李　振　孙爱玲　张　程　董英宇

（中国石化镇海炼化分公司）

1　项目背景

1.1　石化企业发展新质生产力的必然要求

新质生产力的显著特点是创新，石化产业作为我国国民经济的重要支柱产业，要围绕推进新型工业化和加快建设制造强国、数字中国等战略任务，将企业的数智化建设和实体经济深度融合，用创新科技推进石化产业发展，保障国家能源安全。

1.2　镇海基地高质量发展的必然要求

中国石化镇海基地要实现“世界级、高科技、一体化”的目标，必须提升企业竞争力、加快数智化转型，要加速推进全域数据治理，加快知识库建设和业务数据入湖，有效破除“信息孤岛”，要积极推进各类信息化智能化项目，强化数字系统建设。

1.3　装置本质安全提升的必然要求

中国石化镇海基地目前拥有 60 万台设备，数量多、管控难，如何打造一个能够适用于各类设备、各种环境下的系统，精准诊断其运行状态、科学输出其维护策略以及经济评价其维修成本，是公司绿色运行的迫切需求。

2　总体情况

镇海基地是国内数字化程度最高、最具竞争力的炼化一体化企业。在中国石化设备完整性体系的指引下，公司围绕“数字赋能业务、业务提升价值”积极探索实践以设备风险动态感知、故障智能诊断、检修精准施策为目标的设备健康管理新模式，通过设备数据实时采集，运行状态自主感知，单体能效精准计算，运行趋势智能监控，并准确评价设备“健康度”和装置“健康指数”，为设备和装置长周期安稳运行定制专属的“体检表”和“评估值”，从而全面实现数据的精准引导、故障的精准预测，加速推进设备管理工作从管设备向管运行延伸、预防性向预知性迈进、控风险向保健康提升。

3　技术路线和技术亮点

3.1　设备风险动态感知

设备健康管理系统汇集设备业务全域 30 余套系统，超 70 万条设备监控数据，运用无线传感器、轨道巡检仪等动态感知设备，融合趋势预测、逻辑判断等八大类高级报警，全天候精准锁定设备运行状态、精确感知设备运行环境，并将异常信息分层级、个性化推送，第一时间在云端形成合力，实时解决现场问题。

3.2　设备健康智能诊断

设备健康管理系统实现了近 500 个变电所的功率消耗智能预警，超千台控制阀的运行状态智能评估，2 万台转动设备的监控数据智能比对，10 万项设备维护策略的智能输出。构建了设备健康状态综合评估体系。综合十大类设备特征数据，对 60 万台件设备进行全面“健康体检”，实时评价每台设备的“健康度”和每套装置的“健康指数”，为设备和装置长周期安稳运行定制专属“体检表”和“评估值”。

3.3　设备维护精准施策

设备健康管理系统跟踪 2 万余件转动设备部件的寿命策略，5 万项腐蚀监测结果，8 万项检验评定结论和百万条 LDAR 监测数据。运用基于大数据深度学习算法，重新拟合设备运行特性曲线，分级评价运行状态，打造了设备管理“驾驶舱”，像智能管家一样输出策略，实现由预防性维护向预知性维修转变，让“不失修、不过修”和“精细检修”持续深入、精准提升。

4　应用场景

4.1　创新突破，开拓设备健康管理新思维

首创行业设备健康管理概念，通过全面收集

设备基础信息，分析跟踪设备运行状态、运行环境等相关因素，算出每一台设备的健康度，按照专业进行数据分析，得出专业健康指数，最终评价每套装置的“健康指数”，为设备和装置长周期安稳运行定制专属“体检表”和“评估值”，全面实现数据的精准引导、故障的精准预测。对实时数据进行智能计算，实现10000余台耗能设备能效的实时计算，综合评估43082台设备的“健康度”和118套装置的“健康指数”(图1)。

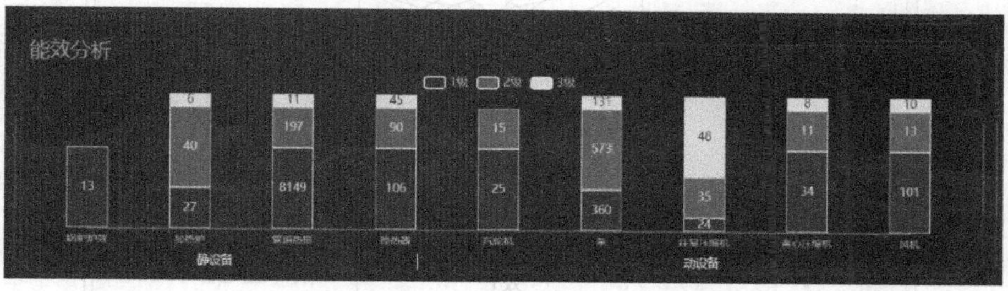

图1　用能设备能效总体分布情况

4.2　拥抱数智，创造设备智能管理新方法

（1）展示创新，运用物联网、云计算和神经网络等多项先进信息技术，联通DCS、SIS、LIMS、状态监测等30余套异构系统，打造一个“千人千面”的设备健康管理系统，实现100余套装置、超70万条数据个性化展示。如，不同运行部的管理人员、技术人员可以看到自己想看的数据统计、报警接收等内容。

（2）功能创新，开发月报生成器，一键生成专业月报，以前需要半天写的月报，现在只需要5秒，数据自动编辑达98%以上；系统实时计算不同耗能设备的能效，出现运行异常或能源过度消耗时，及时对设备进行预防性维护，避免设备故障，减少成本投入，还可以通过不同维度的数据融合，将隐藏在大数据底层的信息展示出来，辅助部门发现深层次管理问题(图2)。

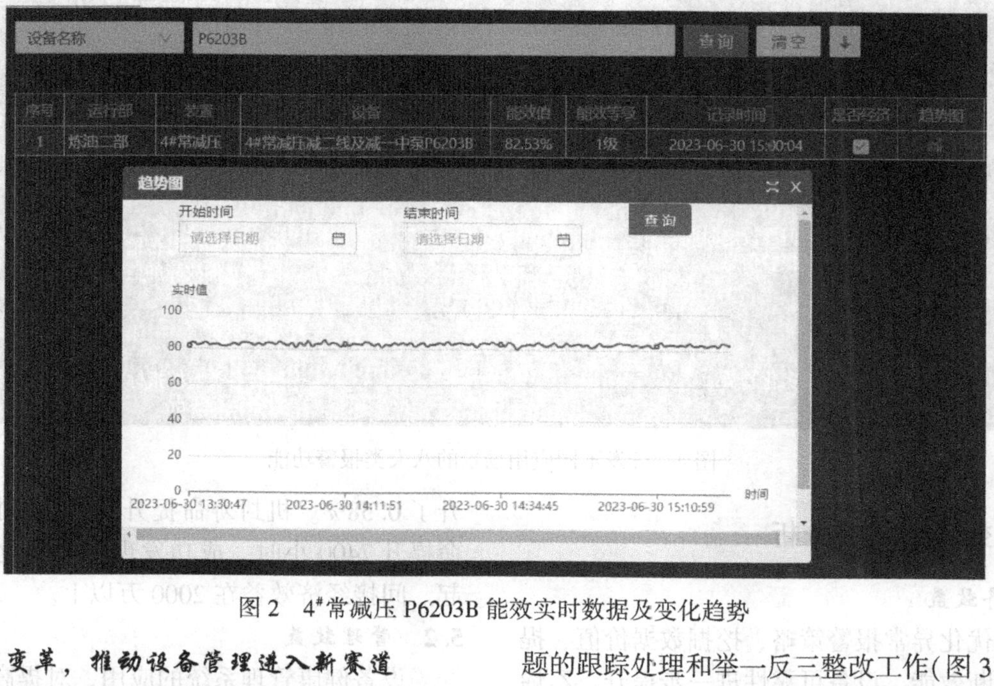

图2　4#常减压P6203B能效实时数据及变化趋势

4.3　引领变革，推动设备管理进入新赛道

（1）通过设备健康管理系统对设备运行数据进行监控分析、异常预警，并将异常信息分层级、个性化推送至至189名设备员、35名专工、25名管理人员的手机APP上，实现从“人找信息”到“信息找人”的革命性转变，同时及时做好反馈问题的跟踪处理和举一反三整改工作(图3)。

（2）将定时性事务和预防性工作引入系统，实现任务自动触发、过程自动监控、结果自动闭环，镇海炼化依托设备健康管理系统将2368项需人工闭环的定时性事务、预防性工作分解至设备单体，实现了10万项任务的自动触发、智能监控、精准闭环；结合应用场景开发八大类高级报警功能，精准锁定设备运行异常状态、精确感知设备运行异常环境，实现了全面管理向精准管理的革命性转变(图4)。

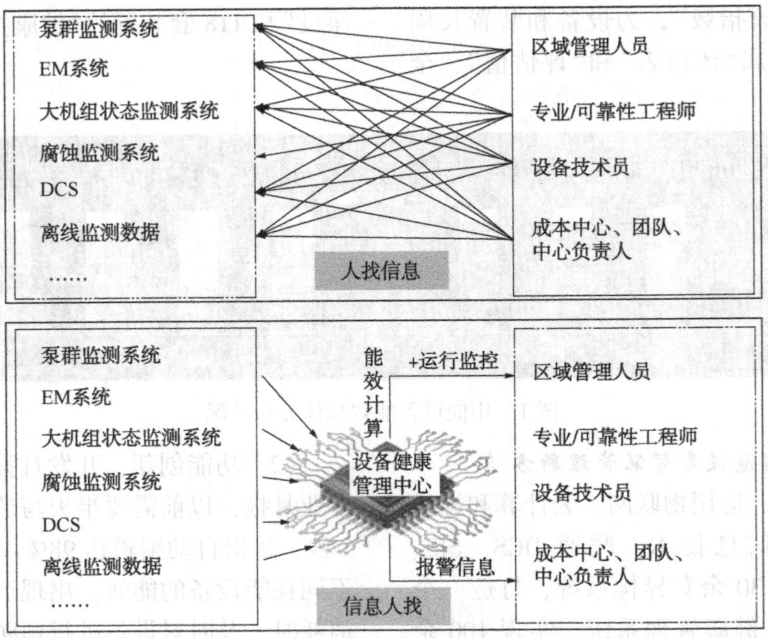

图3　搭建统一的设备健康监控系统

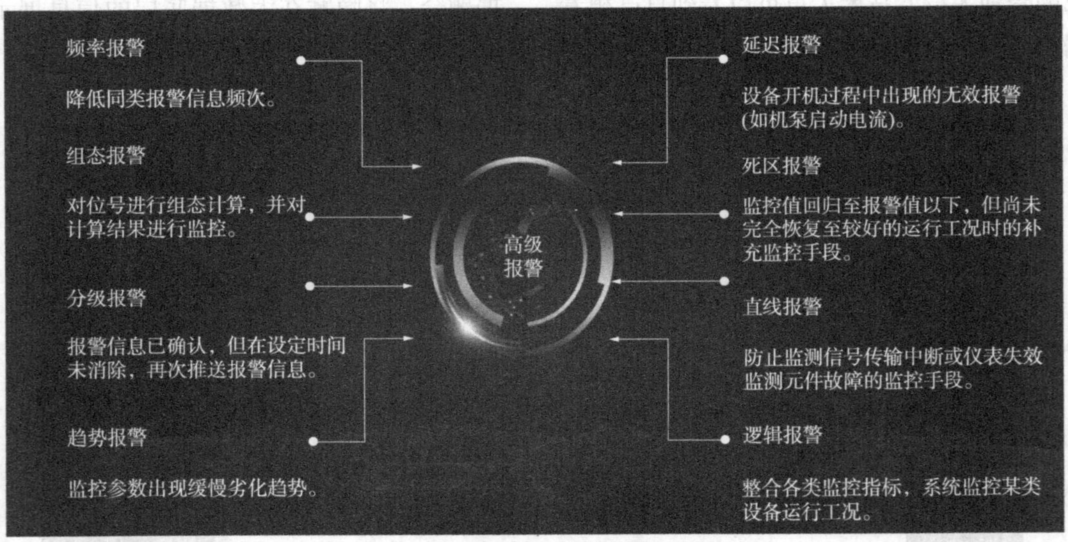

图4　开发不同应用场景的八大类报警功能

5　项目效果和效益分析

5.1　经济效益

通过优化异常报警策略、挖掘数据价值、提升智能诊断效能，设备可靠性进一步提升，乙烯系列装置实现五年一修，设备抢修率下降24%，换热设备切除检修率下降64.7%，电气故障率下降21.7%，仪表故障率下降41.3%；各装置用电总量比基准总量下降2%，加热炉热效率提升了0.58%。机封寿命提升9900小时，轴承寿命提升7400小时，成功发现趋势劣化案例超百起。间接经济效益在2000万以上。

5.2　管理效益

设备健康管理系统的应用，对提高设备可靠性和实现设备管理本质安全具有重要意义，标志着公司设备管理迈入“互联网+智能化”新阶段，不仅有效提高了设备运行管理的数字化、网络化、智能化水平，降低了设备故障率，而且实现了对设备管理人员的提效减负。

设备健康管理系统不仅是一个设备信息集中展示系统，更像是管控设备运行的智能大脑，随时接收信息、分析思考、输出设备运行诊断结果和设备绩效指标情况。自系统创建以来，通过运用物联网、云计算和神经网络等先进技术，汇集DCS、LIMS、泵群状态监测等30余套异构系统，对70万条数据实时跟踪、计算，让展示更智能、预警更精准、员工更轻松，进一步实现管理更高效、设备更健康，为装置长周期安稳运行奠定了坚实基础。2023年，公司设备健康智能化管理荣获中国设备管理协会设备管理与技术创新特等奖、碳达峰碳中和创新一等奖。

换热器群运行状态监控与可靠性保障管理

完成人：李　涛　李洪涛　高丽岩　郭拂娟　李梦瑶　荆瑞静　张雅贤

［中石化(天津)石油化工有限公司装备研究院］

1　项目背景

目前炼化企业都有大量正在服役的换热器，换热器管理粗放，管理人员不能很好地掌握换热器的风险、能效和健康状况，在换热器服役过程产生的缺陷很难被及时发现，所以对存在的风险不能被及时地预报、评估与处理，给企业带来安全生产隐患。

近年来，国内外学者对换热器可靠性保障进行了研究，但这些研究有一定的局限性，一是这些研究大多针对单台换热器进行，二是这些研究一般多针对特定换热器某个单个环节进行，三是研究结果不能保证全覆盖每台换热器，没有形成充分的成套技术。

所以迫切需要创新开发出针对大量换热器的管理模式，以群组划分为方法，研究确保换热器安全运行的成套保障技术，确保换热器泄漏台数大幅下降，从而提高炼化企业换热器管理水平。

通过对发生故障换热器进行统计分析，我们发现，换热器管理方法的滞后是导致大多数石化企业换热器泄漏频繁的主要原因。传统的换热器管理方法强调针对单台换热器有效管理，在面对上千台换热器就显得力不从心，换热器管理的薄弱导致高泄漏率。

2　总体情况

本项目结合中石化天津公司具体情况，以公司炼化装置大数量换热器为研究对象，提出换热器分群管理理念，研究分群方法，并结合每个群组特点，建立基于群组的状态监测和可靠性保障策略，并应用于管理实践，贯穿换热器设计审查、制造检验验收、运行、检维修、报废更新等全寿命管理过程；建立炼油装置全部在用换热器数据中心，开发换热器群运行状态监测及可靠性保障系统软件，实现了换热器群组的智能化管理，有效保障了换热器的安全可靠长周期运行。

3　技术路线和技术亮点

3.1　建立评价准则，对换热器按不同方式进行群组划分

3.1.1　换热器风险群组划分方法研究

对换热器进行风险评价从两个方面考虑：失效可能性和失效后果，分别划分为5个等级，采用API 581推荐的5×5风险矩阵图表示风险，确定风险等级。换热器的关注度评价考虑失效可能性和检修难易程度，同样划分5个等级，确定关注度等级。

根据炼油部842台换热器的失效可能性等级和失效后果等级形成风险分布矩阵图和关注度分布矩阵图，图中可见各等级的换热器数目(图1、图2)。

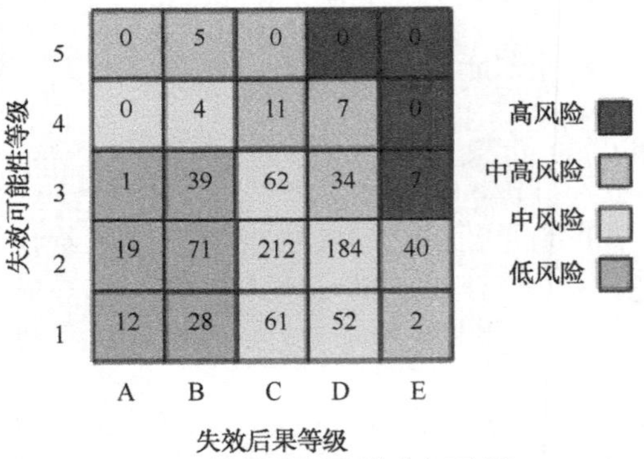

图1　换热器风险分布矩阵图

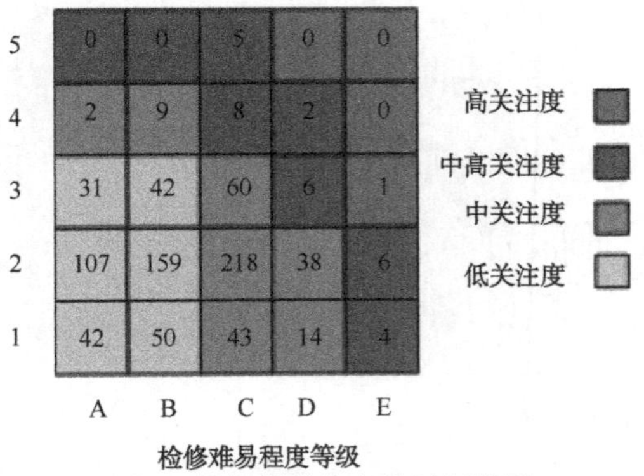

图2　换热器关注度分析矩阵图

3.1.2 换热器能效群组划分方法研究

对在役换热器进行关键性评价，确定了换热器关键性指数四个影响因素：生产重要性、结垢状况、清洗次数和清洗难易程度，应用层次分析法确定出权重，确立换热器关键度打分标准，对换热器进行能效分组。具体流程见图3。

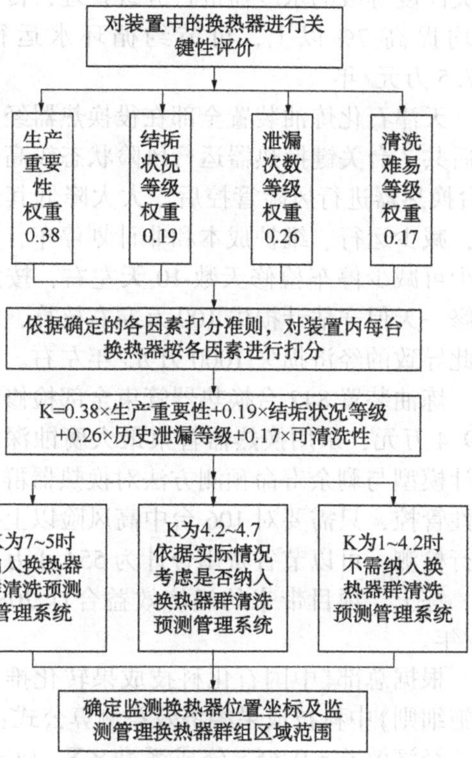

图3

3.1.3 换热器健康群组划分方法研究

建立换热器健康评价模型，对运行中的换热器进评价，确定出换热器健康、亚健康、不健康三种状态，依据评价结果，对于亚健康和不健康状态的换热器给予不同的护理方案，最终形成完整的换热器健康指标体系。

3.2 建立换热器群运行状态监测与可靠性保障策略

3.2.1 建立关键换热器能效监测系统及清洗预测模型

对换热器进行关键性评价，依据评价结果，确定需纳入换热器群运行状态监测和清洗预测管控系统的换热器，通过无线监测系统网络进行监测，结合清洗预警管控在结垢早期诊断出故障，提醒工作人员及时采取措施。监测系统结构见图4。

3.2.2 基于风险的换热器全寿命可靠性保障管理

换热器的可靠性保障技术是以风险管理为主线、以数据信息为平台、以评估为基准、以检验相结合，构建出的全生命周期可靠性管理模型。换热器设备可靠性保障管理的实施过程，包括前端设计、监测、检测等相关工艺及设备数据采集管理，中间评估分析，后端设备检修、维护、改造等管理，形成全生命周期管理。

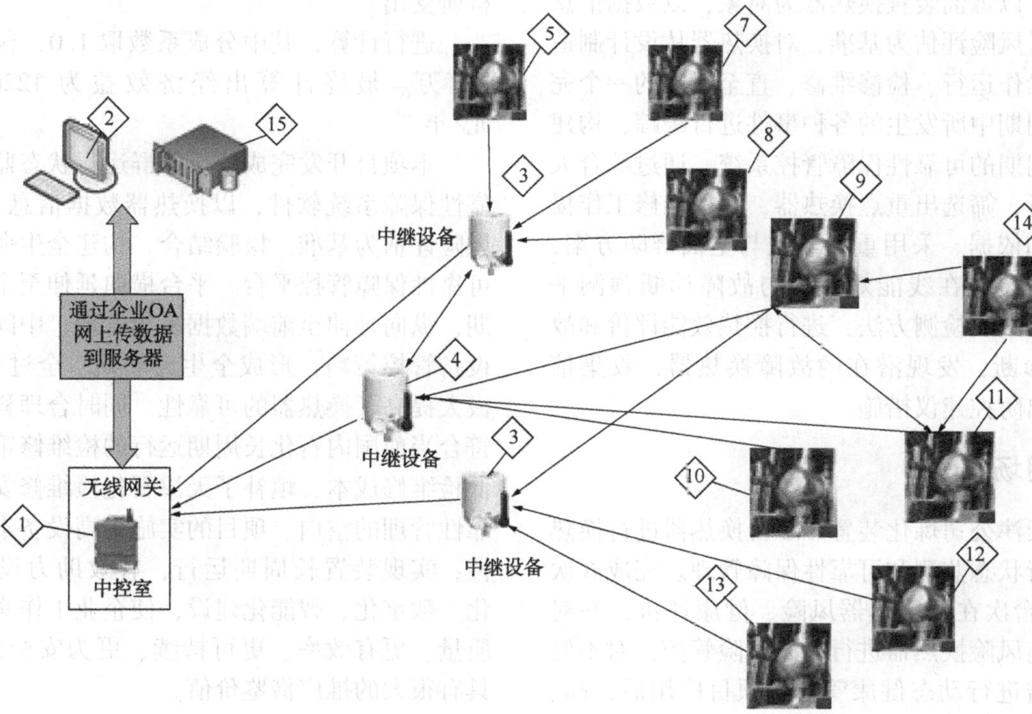

图4

在设计、制造阶段，充分考虑风险重要元素的影响，深度介入设计审核、制造验收阶段。在操作阶段，设置好设备运行目标、计划，建立各种性能标准和信息系统，并严格执行检验检测、维修维护计划。在维修和检验计划执行阶段，通过风险评价进行风险排序，根据不同的风险等级确定维护策略。在设备更新阶段，依据管束使用性评价对使用状态做出评价，达到报废级别的管束需提前进行备件，及时更换。

从天津石化换热器泄漏情况看，大部分泄漏的为水冷器，针对水冷器的特殊性，提出了水冷器分级管理的方法，编制了《水冷器分级管理指导意见》。

3.2.3　换热器健康群组状态监测

每年定期评估换热器的健康状态，每年分装置逐台了解换热器运行状态，根据能效下降趋势、可用性及失效可能性，逐台进行健康指数更新计算，调整打分表。日常运行中，对当年评价为不健康换热器进行监控，找出关键性因素，施加相应管控措施，暂时无法进行处理的则监控运行。换热器发生故障时，调整换热器可用性及失效可能性指标，更新健康状态。设备检修及管束更新后，重新进行打分，计算健康指数，更新健康状态。

3.2.4　建立换热器群运行状态监测及可靠性保障平台

开发完成换热器群运行状态监测及可靠性保障平台，以炼油装置换热器为对象，以数据信息为基础，风险评估为基准，对换热器从设计制造安装、操作运行、检修维修、直至报废的一个完整生命周期中所发生的各种事件进行跟踪，构建全生命周期的可靠性保障管控系统。通过综合大数据分析，筛选出重点换热器，为检维修工作提供策略和依据。采用重点监控与全面群防方案，搭建换热器群在线能效评价与故障诊断预测平台，结合离线检测方法，进行换热效能评价和故障预知诊断，发现潜在的故障换热器，收集信息，提出防控建议措施。

4　应用场景

对天津公司炼化装置842台换热器进行换热器群运行状态监测和可靠性保障管理。完成6次共6258台次在用换热器风险、健康评价，并对高、中高风险换热器进行动态风险管控，对不健康换热器进行动态健康管控。项目应用后，高、中高风险换热器及不健康换热器数量明显下降。

5　项目效果和效益分析

项目应用后，水冷器的泄漏台次由约40台/年下降到13台/年，可节约清洗维修费用120万元/年、更换管束费用135万元/年。对30台重点关注度等级的水冷器进行分级管理，传热效果平均提高7%以上，可节约循环水运行费用277.5万元/年。

天津石化炼油装置全部在役换热器经风险评价后共7台关键换热器运行风险状态较高，对这7台换热器进行风险管控后，大大降低其运行风险，减少运行、维护成本和非计划停车，一年内至少可减少停车检修天数10天左右，按照停工检修一天保守估计损失100万左右核算，则减少因此导致的经济损失1000万元/年左右。

炼油装置842台换热器管束全部检修费用为589.4万元，采用换热器管束最大腐蚀深度极值统计模型与剩余寿命预测方法对换热器群进行可靠性管控，只需要对106台中高风险以上换热器进行检测，可以节省费用合计为554.4万元/年。

综上，项目带来的经济效益合计2086.9万元/年。

根据总部《中国石化科技成果转化推广激励实施细则》中科技成果经济效益测算公式：

经济效益＝0.65×分成系数×∑_(t＝1)^m[(原工艺技术消耗总额-新工艺技术消耗总额)-科研支出]

进行计算，其中分成系数取1.0，科研支出130万。最终计算出经济效益为1226.49万元/年。

本项目开发完成换热器群运行状态监测及可靠性保障系统软件，以换热器数据信息为基础，风险评估为基准，检验结合，构建全生命周期的可靠性保障管控平台。平台横向延伸至全生命周期，纵向延伸至前端数据采集管理、中间、后端设备管控策略，形成全生命周期、全过程管控，极大提高了换热器的可靠性。同时合理科学确定符合当前国内石化长周期运行的检维修策略，降低检维修成本，填补了天津石化检维修安全和可靠性管理的空白。项目的实施提高设备本质安全性，实现装置长周期运行，有效助力设备信息化、数字化、智能化建设，使企业工作实现更高质量、更有效率、更可持续、更为安全的发展，具有很大的推广借鉴价值。

炼化企业加热炉管理优化和能效测评标准化探索

完成人：刘海春 周 力 胡 视 吴时骅 田 毅 陈宝林 朱铁光 李银行

（中石化湖南石油化工有限公司设备管理部 岳阳长岭设备研究所）

1 实施背景

长岭炼化在运加热炉23台，总热负荷378MW，2020年加热炉测评加权热效率仅92.04%，在当年参评的12家企业中排名第10，远低于92.69%的平均水平。

为实现“绿色、低碳”生产战略目标，也为提高经营效益，亟待摸索新的管理模式、增加技术创新，实现加热炉安全、环保、节能及长周期运行的目标。

2 总体情况

2.1 整体思路

2.1.1 以精细管理为方法，做好加热炉管控和经济运行

再先进的设备、再高的投入，都需要加热炉的精细化操作和管理，才能发挥加热炉可能达到的热效率最高水平。要实现加热炉热效率KPI指标提升创优，必须提升专业管理，以精细管理为根本方法，才能做好加热炉的科学、安全管控和高效、经济运行。

2.1.2 以“四新”技术为手段，提升加热炉效率和消除瓶颈

炼化企业加热炉存在部分固有的技术难题和提升瓶颈，同时行业内近年在加热炉方面开发了系列突破性技术和方法创新。开展广泛的技术交流，以采用“新技术、新工艺、新材料、新设备”为手段，依靠科技进步，可以从根本上提升加热炉热效率和消除瓶颈。

2.1.3 以科研课题为抓手，修订加热炉制度和测评标准

优秀做法和好经验需要不断总结，提炼出一套行之有效和普遍适用的准则，才能促进管理工作的进一步提高。在加热炉的管理优化过程中准确分析和有效总结，起草修编《中国石化炼化企业加热炉管理细则》、制定编制《中国石化炼化装置管式炉能效测评指导意见》，最终形成可推广的加热炉管理标准。

2.2 实施目标

2.2.1 实现加热炉长周期运行、全面提升加热炉热效率

推进设备完整性体系运行，有效管控加热炉相关风险，不发生因加热炉故障引起的非计划停工，确保加热炉安全、安环、稳定、长周期运行，实现四年一修的目标。加快加热炉提效措施实施，为绿色节能降碳、生产经营创效作出贡献。

2.2.2 修订《炼化企业加热炉管理细则》、制定《加热炉能效测评指导意见》

建立加热炉管理优化的科研课题项目，及时总结提炼管理思路和经验，形成可推广的标准做法，2022年完成《中国石化炼化企业加热炉管理细则》起草修编、《中国石化炼化装置管式炉能效测评指导意见》制定编制，形成可推广的加热炉管理办法和更适用的测评标准。

3 技术路线和亮点

3.1 技术路线

3.1.1 以关键绩效指标为导向，推进加热炉全员管理

3.1.1.1 优化KPI指标管控，形成设备绩效引领

依据中国石化设备完整性管理绩效指标体系，将加热炉热效率作为设备管理重要KPI指标，由设备工程部专业团队主抓、可靠性团队过程管控，分解下发至运行部、装置承接，将加热炉管理从偏向生产求稳向追求指标转变。加热炉热效率指标管控采取稳定运行的模式。将加热炉热效率按照装置配置，合理分配到各运行部，对表事业部标准要求、对标镇海、天津等兄弟企业

先进值、对比过去三年最佳完成值，设立加热炉热效率KPI指标的目标值，分基本值和奋斗值两档来控制，同时拉大未完成基本目标、完成基本目标和完成奋斗目标间的绩效分值，分别按权重分的50%、100%和150%进行考核，突出设备绩效引领"指挥棒"作用。此外，加强加热炉热效率绩效指标过程跟踪管控，开展周检查分析、月讲评考核、半年回顾总结等，分析不足、纠正偏差、提升指标。

3.1.1.2　开展"红黄炉"评比，促进精细管理

编制《加热炉"红黄炉"评比办法》开展每月定期检查评比，设置排烟温度、氧含量、CO含量、NO_x浓度、SO_2浓度、炉管温度、在线表计测量偏、燃烧情况和设备设施完好情况等24个打分项，从加热炉安全、环保、节能三个方面开展评价。每月召开加热炉专业例会进行讲评，评出运行状况最好的作为"红旗炉"进行奖励并分享经验，评出运行状况较差或者退步较大的作为"黄旗炉"进行考核并帮助分析改进。通过"红黄炉"的评比，有效促进加热炉的精细管理，形成良好的"比学赶帮超"氛围。

3.1.2　推进"一炉一策"方案，提高加热炉精细管理

3.1.2.1　专业引领找问题，集体研究编方案

针对2020年前后加热炉平均热效率不高节能降碳压力大，部分炉管存在超温现象安全风险高的问题。长岭炼化组织外部专家、专业团队工程师、基层技术人员和操作技能人才，坚持问题导向，应用根原因溯源分析，开展全面诊断分析和举一反三，召开加热炉安全运行优化提效专题会。将每一台加热炉对比设计配置、对照运行现状、对标KPI指标进行逐台技术分析识别，针对性地提出合理的控制参数、制定每台炉改进措施、设置每台炉的近远期效率指标，集体研究编制形成"一炉一策"方案。方案共计提出工艺卡片修改意见12条、管理优化措施15项、改造项目8项，形成了一套完整的加热炉管理优化提升方案，并严格落实推进，全面提高加热炉精细管理。

3.1.2.2　措施分解列清单，日常管理抓落实

将《"一炉一策"方案》实施内容分解至定时性事务、预防性维修和缺陷闭环管理等环节中，通过日常管理狠抓落实。坚持热效率周检查分析，每半月闭灯检查，每月热效率、红外热成像，每季度烟气露点测试，每月开展火咀定期检查维护修理。每月加热炉专业例会督促落实问题闭环，推进"一炉一策"方案稳步实施。

3.1.2.3　加快实施小改造，效率提升见效快

结合《"一炉一策"方案》要求，加快实施部分加热炉在线小改造项目，及时解决加热炉的瓶颈问题，实现热效率快速提升，达到立竿见影的效果。其一、通过调整取样点位置、更换高精度氧化锆并规范安装，将氧含量人工测试数据与在线数据偏差缩小到0.3%以内，提高在线氧含量指导运行操作调整的有效性。其二、通过对比图纸和空间模拟，在重整四合一炉F1201改造热管空气预热器隔板消除漏风，低温段增加5排热管，将尾部氧含量降低2%、排烟温度降低4℃，效果非常明显；其三、利用装置停工消缺机会，在2#S Zorb炉F7101板式预热器前，加装一台板式换热器，排烟温度由170℃降低至100℃左右，热效率提升0.7%左右；其四、充分利用渣油加氢闲置的空气预热器，移位安装至40万航煤加氢装置加热炉，有效降低其排烟温度约80℃，热效率提升6%左右。

3.1.2.4　积极主动技术攻关，上下一心找方法

针对加热炉燃烧调整控制等技术难题，长岭炼化借助科协线上"知识论坛"平台和组织线下"技术沙龙"形式，由新入职员工到首席专家，各层级共计2000余人次参与发言，展开讨论和分析，各层级共同想办法、出实招、解难题，为加热炉全员管理创造了条件、提供了平台。各层级总结归纳出加热炉启动控制、低氮燃烧控制、高效燃烧控制等操作方法，形成技术讨论精华帖5篇，发布论坛成果1篇，为加热炉精细管理、操作优化提供了基础沃土。

3.1.2.5　设置司炉培训模块，提升加热炉操作水平

为强化加热炉运维操作能力，长岭炼化分别在炼油一部和二部设置司炉操作岗位、配置司炉培训模块，收集相关理论知识课件、汇编加热炉知识题库，定期组织培训考试，提高薪酬系数，通过培训考试竞争上岗。推进形成以KPI绩效引领、与专业管理相融合、促操作运维技能提升的加热炉全员管理局面。

3.2　技术亮点

积极应用"四新"技术，消除加热炉提效瓶颈。长岭炼化针对部分固有的技术难题和提升瓶

颈，模仿相同装置技术分析、借鉴相似行业好的技术、联合相关机构研究开发，开展广泛的技术交流，以采用"新技术、新工艺、新材料、新设备"为手段，依靠科技进步，解决了一批加热炉瓶颈问题、提升了加热炉热效率，简要列举如下。

在加热炉漏风检测封堵方面。针对加热炉微负压查漏风难的问题，应用"氦气检漏技术"排查出加热炉对流段漏风 52 处，及时进行封堵；在热管空预器隔板密封锥段采用"双重密封+密封胶"的新方案进行改造，使全厂热管空预器平均漏风率控制在 0.2%以下。

在避免尾部受热面和烟道腐蚀方面。加热炉排烟温度需控制在高于烟气露点 25℃以上，一般在 80~110℃，降低排烟热损失受到限制，实际加热炉热效率不超过 95%。为进一步提高加热炉热效率，必须解决烟气露点温度高和小温压下对流传热速率低的问题。长岭炼化率先在 170 万渣油加氢加热炉 F101 采用燃料气净化技术和高效空预器，将排烟温度控制到 65℃以下，将热效率提高到 95.2%。

4 应用场景

在加热炉管理优化和能效测评标准化探索过程中，长岭炼化联合长岭设备研究所、南京金炼科技公司，在中石化炼油事业部、化工事业部的指导帮助下，总结提炼公司和兄弟企业加热炉历年运行数据、管理思路等，从加热炉设计、新建、改造、操作、管理等多个环节，设备分级、管控指标、环保排放、结构材质和红外监测等多个维度，起草修编了《中国石化炼化企业加热炉管理细则》；结合炉型特点、运行工况、环境参数等因素，研究出了一套全面分析加热炉排烟温度、过剩空气系数、不完全燃烧损失、表面散热损失等指标，全面评价加热炉热效率和运行管理水平的能效测评方法，制定编制了《中国石化炼化装置管式炉能效测评指导意见》。

2021 年 3 月至 2022 年 3 月，《中国石化炼化企业加热炉管理细则》经过四次讨论修订形成定稿，2022 年 12 月 13 日由中石化股份公司印发各炼化企业执行。

5 实施效果

实施加热炉管理优化和能效测评标准化探索以来，长岭炼化加热炉热效率从 2020 年 11 月事业部安排的能效测评结果 92.04%，逐步稳定提高至 2022 年 4 月的 93.29%，涨幅达到 1.25%，年节约燃料 3237 吨，折合节约费用约 802.8 万元，可实现减排 8578 吨二氧化碳当量，极大促进整体生产经营的节能降耗管理水平，能耗指标达到历史最优；在 2021 年 10 月加热炉测评中，加热炉加权平均热效率达到 93.55%，在参评的 16 家单位中排名第一。《加热炉管理优化和能效测评标准化探索》获得中国设备管理协会"2023 年石油化工行业设备管理与技术创新成果"一等奖。

“三零五化”在大型石油化工企业管阀专业管理的探索与实践

完成人：王　群　汤衢明　陈中官　周英辉　陆　登　朱　戈　黄　赟　周　纬

（中国石化镇海炼化分公司）

“三零五化”在大型石油化工企业管阀专业管理的探索与实践是中国石化镇海炼化有限公司于2022年开始策划并实施的一项全程服务、全程管控的管阀检修管理新模式。该模式以系统化培训、样板化清单、标准化施工、专业化协同和数字化验收为五大核心管理模块，旨在进一步优化管阀检修过程管理，确保阀门和管元件实现“零泄漏、零卡涩、零返修”，从而消除潜在危险，保障装置安全与人员的人身安全。

此模式将“五化”管理方法巧妙融合，不仅大大地提升了检修人员的专业知识和操作技能，同时也加强了对阀门和管元件数量的有效监控，更是通过检修过程中的缺陷清单，实现了以问题为导向的个性化管阀解决方案，最终形成了“一阀一案”，保证了记录的存档与查询，并为后续工作提供了数据支持。在“五化”基础上，首次引进阀门监理、信息化系统、红外热成像仪等新型管理和监控方法，实现了全程可视化、信息化的管理，使检修过程形成体系化管理。

在社会效益方面，这套管理模式不仅显著提高了管阀检修的效率和质量，同时也提升了生产效率和产品质量，为未来行业管阀检修管理工作变革做出积极探索。镇海炼化先行先试，不断完善，将为该管理体系大面积推广应用创造条件，对深化和丰富管阀检修管理理论具有重大实践价值。

2018年6月，中国石化携手宁波市共同创建中国石化镇海炼化有限公司，全面负责镇海炼化扩建项目。镇海炼化遵循“管理上一体化统筹、法律上独立法人运作”的原则，其管理职能完全依托镇海炼化。目前，镇海炼化拥有2700万吨/年原油加工、220万吨/年乙烯生产能力，管理码头吞吐能力约1.2亿吨/年、罐储能力约1700万立方米。其资产总额近1000亿元，占地总面积约23.1平方公里，同时管理超过20家的合资和全资子公司。

自上世纪九十年代起，镇海炼化炼油绩效稳居亚太地区前列。2010年投产后，其100万吨/年的乙烯装置连续六次在全球绩效评价中位列世界第一。创业48年，累计利税超4100亿元，为地方税收贡献620亿元。镇海炼化不仅荣获“国家环境友好企业”等称号，还多次被评为“最具社会责任企业”和“能效领跑者标杆企业”。2020年，成为国资央企新标杆，2021年更是国有重点企业管理标杆。2022年，荣获“全国五一劳动奖状”，入选“数字领航”企业，并获“美丽浙江绿色发展示范单位”等荣誉，展现了其卓越的企业实力和社会贡献。

进入“十四五”，镇海炼化积极融入国家战略，以“世界级、高科技、一体化”为发展目标，按照中国石化及地方发展规划，确立“12345”工作主线和“443”发展规划，努力成为现代石化产业链的核心，力争在“十四五”末实现高质量翻番，全面建成绿色石化基地。

1　“三零五化”在大型石油化工企业管阀专业管理的探索与实践背景

石油化工行业作为国家的支柱产业，对于国民经济的发展具有举足轻重的作用，其生产过程中的设备安全、稳定、高效运行至关重要。阀门和管元件作为石油化工装置中不可或缺的流体运输及控制设备，其检修质量和检修效率直接关系到装置的安全运行和企业的经济效益。在面临镇海炼化的高速发展时代，传统的阀门检修和法兰完整性管理体系已经不能完全适应其发展需求，因此，探索并实施一种新型的管理体系显得尤为迫切。

1.1 "三零五化"是护航装置平稳、安全运行的需求

自七十年代以来，我国石油工业生产得到迅速发展，到 1978 年原油产量突破 1 亿吨大关。为了进一步推动产业发展，国家决定首先在石油全行业实行 1 亿吨原油产量包干的重大决策，以及开放搞活的措施。这一决策迅速取得了显著成效，全国原油产量从 1982 年起，逐年增长，到 1985 年便达到 1.25 亿吨。据数据统计，截至 2023 年底，石油化工行业规模以上企业已经达到 30507 家。而随着国内石油化工企业数量的日益增多，面临的安全问题也随之显露。由于阀门或管元件一旦出现故障或缺陷，如阀门填料泄漏、法兰密封面泄漏、管道焊缝出现砂眼、阀杆断裂等问题，就可能引发火灾、爆炸等严重安全事故，这不仅威胁到操作人员的人身安全，还影响了企业的正常生产，进而也会损害企业的社会形象。由此可见，保证阀门或管元件"零泄漏、零卡涩、零返修"是企业各项安全工作开展以及现场设备设施安全操作的基础和前提。提高阀门和管元件的检修管理水平，降低检修过程中的质量问题，延长阀门和管元件在装置日常生产中的运行时间和使用寿命，对企业提升安全管理、经营质量和提高市场竞争能力起着决定性作用。据悉，每年因阀门或管元件缺陷而发生安全事故的案例不胜枚举，造成的人员伤亡更是有成百上千。镇海炼化作为国内规模最大、竞争力最强的炼化一体化企业，目前拥有的各类阀门或管元件数量已经达到上百万台，过去由于检修管理模式落后、日常维护保养不当，导致很多阀门和管元件在日常使用或装置开停工过程中，出现阀门卡涩、内漏，法兰密封面因划痕而出现泄漏，垫片使用不当等问题，严重影响了装置平稳、安全的运行，并为企业的安全风险埋下了一颗颗隐藏的"地雷"。因此迫切需要采取一种全新的管阀检修管理体系，来全面提升阀门和管元件的检修质量，降低装置现场的泄漏风险系数。

1.2 "三零五化"是揭秘设备长周期运行的需求

随着国际形势的日益复杂多变，制造技术垄断已成为制约我国工业发展的重要因素之一。截至目前，在镇海炼化使用的进口阀门和管元件中，部分设备依旧来自于美国、德国、意大利等国外企业制造商，这使得企业在面对国际风云变幻时显得捉襟见肘。面对技术垄断的"卡脖子"局面，如何快速、稳定地保障设备及生产装置的长周期稳定运行，成为了摆在面前的一大挑战。为积极响应国家策略方针，镇海炼化勇于探索、大胆尝试，不断将现用的进口阀门及管元件逐步实现国产化，以摆脱技术垄断的束缚。但由于近年来采购的原油，其炼制条件和运输环境逐渐苛刻，再加上阀门、管元件的国产制造技术尚不成熟，对阀门、管元件以及管道的长期使用造成一定程度上的影响，甚至无法构建石油化工装置的"五年检修"、"六年检修"局面。相反，如果继续沿用传统的管阀检修管理体系，不仅无法满足当前复杂多变的生产需求，还将会大大缩短阀门和管元件的使用周期。总之，石油质量、技术垄断、国产化攻关已经彻底改变了阀门和管元件的使用环境，并对传统的检修管理理念和管理模式提出了强烈挑战，传统的检修管理手段已经成为制约阀门和管元件长周期运行的关键因素，因此构建装置"零泄漏、零卡涩、零返修"的长期运行目标需求愈加迫切。

1.3 "三零五化"是引领企业效益发展的需求

在全球经济环境日趋复杂、石油化工行业面临诸多不确定性的当下，2023 年全国石油化工行业在经历了一段时期的低迷后，虽然整体呈现企稳复苏的态势，但行业面临的挑战依然严峻。年度累计实现营业收入 15.95 万亿元，同比下降 1.1%，利润总额为 8733.6 亿元，同比下降 20.7%。这一数据反映出，尽管行业营收和利润在全国工业中仍占有重要地位，分别为 12% 和 11.4%，但营收利润率同比下降 1.35 个百分点，显示出行业利润空间受到进一步压缩。面对这样的经济环境，石油化工企业的生存与发展压力不断增大。为了在激烈的市场竞争中立于不败之地，企业不仅需要保持生产的高效与安全，更要在成本控制、质量提升、效率提高等方面寻求突破。这其中，设备检修管理成为了一个不可忽视的重要环节。传统的检修管理模式已难以满足现代石油化工企业对设备维护的高标准、严要求，急需一种新型的检修管理模式来引领企业走向更高效、更经济的未来发展之路。正是在这样的背景下，"三零五化"检修管理模式应运而生。这一模式不仅是对过去检修经验的深度提炼和升华，更是对未来检修工作发展方向的探索和创新。"三零"目标——零泄漏、零卡涩、零返修，是企业效益发展的直接体现，它要求企业在检修工作中追求极致的质量与效率，减少不必要的浪

费和损失，为企业创造直接的经济效益。同时，“五化”核心管理模块——系统化培训、样板化清单、标准化施工、专业化协同和数字化验收，则为实现“三零”目标提供了有力的支撑和保障。

2　基于管阀专业管理的“三零五化”在探索与实践中的内涵和主要做法

“三零五化”就是通过构建五大核心管理模块，有效地将阀门及管元件检修过程按照其管理要求进行管控，最终以达到阀门、法兰及管元件的“三零”目标。其中，“三零”目标是指“零泄漏、零卡涩、零返修”，“五化”管理模块即系统化培训、样板化清单、标准化施工、专业化协同和数字化验收。

“零泄漏”不仅代表着对密封件和紧固件选型标准化的追求，更代表着对安装流程规范化的要求，通过确保备件的可追溯性，结合 LDAR 检测和腐蚀调查，能够全面识别并处理关键高风险部位，从而有效降低泄漏风险，最终实现零泄漏的宏伟目标；“零卡涩”则强调多专业间的协同合作，提前识别阀门开关完好性、管线的应力集中及限位部位，以问题为导向制定“一点一策”，全面消除关键部位的“卡涩”现象，以达到零卡涩目标；至于“零返修”，则是对检修的特殊阀门和关键法兰制定“一阀一证、一法一码”的管理方式，实现对阀门检修和法兰完整性管理全过程的可视化、信息化管控，从而降低返修率，致力于实现零返修目标。

“五化”核心管理模块是镇海炼化历经多年的检修实战和检修经验，并在此基础上总结、归纳并完善的一种全新管理思想精髓。这套管理理念不仅代表着一种全新的管理方法，更是对过去经验的深度提炼和升华。系统化培训确保了每一位人员都拥有扎实的实操能力和理论基础；样板化清单让每一项工作都有明确的参考标准；标准化施工保证了检修质量的高效性、稳定性、一致性和高质量性；专业化协同促进了各专业间的有效沟通与合作；数字化验收则提高了工作效率和数据的准确性。这一管理模块的实施，不仅优化了检修流程，提升了工作效率，更为装置检修的持续稳健发展奠定了坚实基础。主要做法如下：

2.1　打造高效队伍的“秘密武器”——系统化培训

在镇海炼化高速发展的浪潮中，检修过程始终离不开管理队伍与检修队伍两大支柱的同步发展。然而，随着员工队伍日趋年轻化，检修经验不足的问题逐渐浮现，这已成为制约现场检修工作高效进行的潜在难题。面对这一挑战，镇海炼化特制定以下解决策略：

2.1.1　成立“三零五化”培训班

该培训班主要由设备管理专家、设备检修技术专家以及生产厂家共同组成，其目的是强化管理队伍在管阀检修过程的管理能力，提升检修队伍在检修工作中的高效与安全。

2.1.2　制定详细培训模块

该培训班紧密结合理论知识和现场实操两大模块。在理论知识方面，培训内容涵盖了密封件(垫片、填料)知识讲解及选型、阀门安装方向以及阀门、法兰大修管理要求等多个培训课件。对于实操环节的培训，则是成立两个培训基地——阀门检修基地和法兰力矩紧固基地。通过模拟真实的检修场景，先由相关专业的检修专家为两大队伍进行检修知识讲解，然后检修人员可以在专家的指导下亲手操作，亲身体验检修过程中的每一个环节，从而更加深入地理解和掌握检修技能(图 1)。

图 1　理论知识与现场实操培训

2.1.3　设立成果转化验收

为了确保培训成果的有效转化，在培训结束后还设置了考评验收环节。通过考试或答辩的方式，对检修人员的培训成果进行量化评估，确保每一位人员都能够达到培训要求。对考评验收合格的检修人员，会下发相应的培训合格标签。只有将标签贴于安全帽之上，才能得到许可进入现场检修。否则，将继续开展培训。同时，对连续三次及以上考评不合格人员，建立清退机制(图2)。

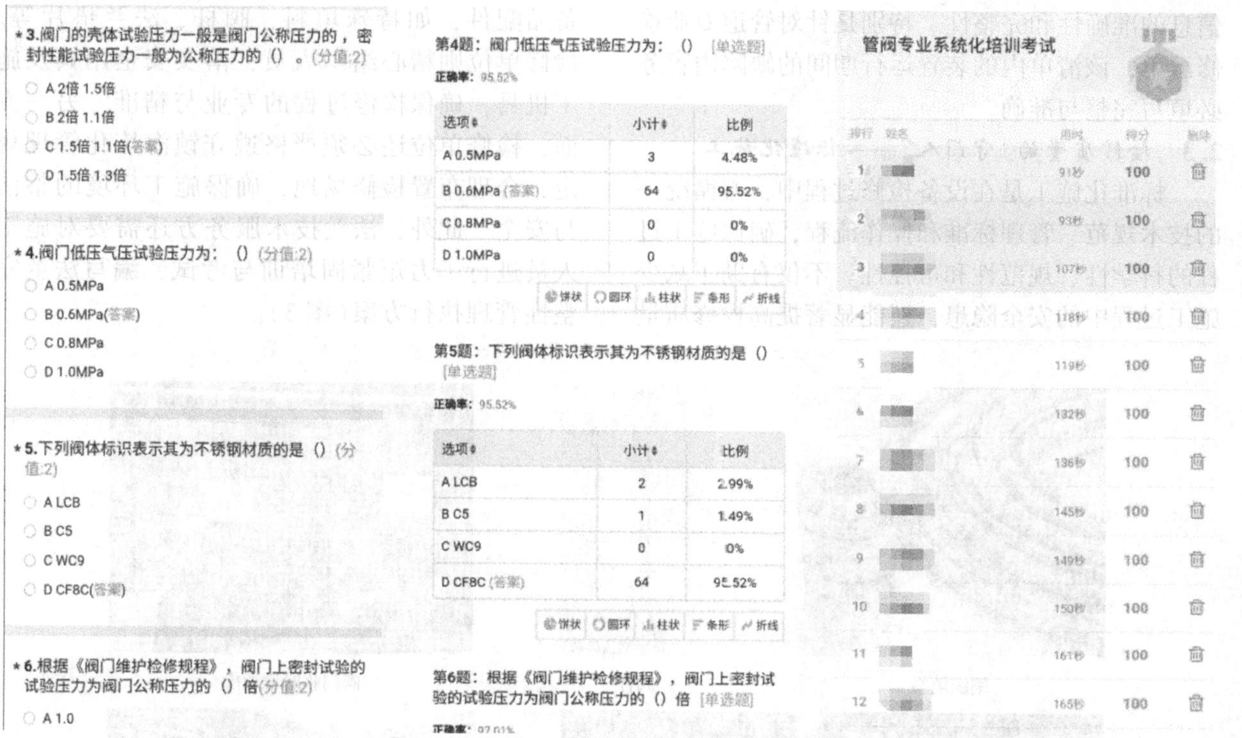

图2　考评验收环节及成果

2.1.4　促进培训结果“传帮带”

此外，针对管理队伍，除了相应的考评外，还应对培训内容进行整理总结，并按照要求对检修装置其他管理人员进行宣贯，最终打造管阀检修高效队伍。

2.2　构建检修监控的“基石”——样板化清单

阀门、法兰检修工作是确保装置生产安全稳定的关键环节，其重要性不言而喻。面对每年众多的阀门、法兰检修数量，如继续沿用传统检修管理策略，将面临如下两点问题：第一，各检修装置上报的检修清单五花八门，后期整理较为困难；第二，前期只能做到数量跟踪，后期对于检修过程中突增的数量将无法有效监控。因此，镇海炼化力求通过样板化清单的实施，为阀门、法兰检修工作提供清晰、具体的管理框架。其具体做法内容如下：

2.2.1　清单收集时间与频率

为确保次年阀门和管元件检修工作的有序开展，镇海炼化设定每年10月初至11月中旬进行清单收集工作。在此期间，将进行三次清单的收集与整理，分别是初版清单、修订版清单和终版清单。初版清单主要用于初步统计和规划，修订版清单则根据初步统计的结果进行调整和完善，终版清单则是对检修计划的最终确定的检修清单，将作为检修工作的依据。

2.2.2　清单内容要求与注意事项

检修清单作为检修工作的基础，其内容要求严格且细致。首先，对检修的阀门进行编号，确保编号与序号一致，且为三位数，以确保信息的准确性。其次，针对同一运行部的不同装置，阀门检修清单需要分开统计，并按照装置重新编号，以便于管理和查询。在填写清单时，是否属于特殊阀门、介质类型、运行期间发生的缺陷描述以及检修内容四项为重点填写项目，这些信息的准确填写将有助于检修单位更好地了解阀门的运行状况，制定合适的检修方案。此外，对于关键法兰力矩紧固清单，要求同一台设备的多对法兰分开填写，以便于对法兰进行精确管理。为满足检修工作的需要，每一对法兰也需要填写相应的编码，以确保信息的可追溯性和准确性。

2.2.3　其他清单的注意事项

除了以上两种清单外，镇海炼化还制定阀门调试清单和管道专业检修清单。在填写这些清单时，同样需要遵循严格的要求和注意事项，确保信息的准确性和完整性。特别是针对管道专业检修清单，该清单内的装置运行期间的缺陷内容务必填写完整与准确。

2.3　检修质量的“守门人”——标准化施工

标准化施工是在设备检修过程中，遵循统一的技术规范、管理标准和操作流程，确保施工过程的科学性、规范性和可控性。不仅有助于减少施工过程中的安全隐患，还能显著提高检修质量和施工效率，为企业创造更大的经济效益。

2.3.1　检修前期人员、物资及场地准备

为确保标准化施工检修的顺利进行，在检修前期，运行部需明确阀门与法兰检修牵头人，确保检修过程中的问题对接与进度跟踪；同时，依据设计资料，提前采购并储备必要的备品配件，如特殊填料、阀杆、法兰垫片等。检修单位则精心组织人员，落实安全用具及施工机具，确保检修过程的专业与精准。另一方面，检修单位还必须严格遵守镇海炼化管理规定，合理布置检修场地，确保施工环境的整洁与安全。此外，法兰技术服务方还需要对施工人员进行了力矩紧固培训与考试，编写法兰完整性管理执行方案(图3)。

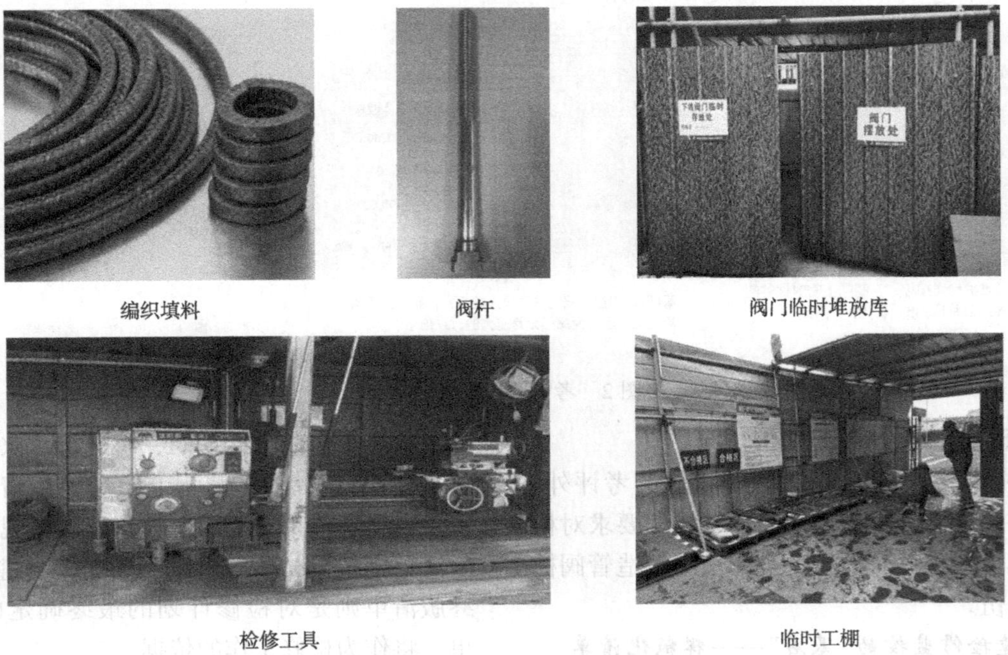

编织填料　阀杆　阀门临时堆放库

检修工具　临时工棚

图3　物资、场地准备

2.3.2　检修交底牌的制作与下发

在检修交底牌方面，镇海炼化也是制定了标准化实施准则：首先，所有检修装置的阀门和法兰交底牌需统一制作与下发，禁止运行部单独制作，以确保检修现场交底牌的统一性和规范性；其次，新增交底牌页面信息模块，使检修单位无需查阅检修清单，即可迅速获取检修阀门及法兰的相关信息，从而大幅减少检修时间；此外，通过联动检修信息化管理，将二维码贴至交底牌背面，实现实时扫码上传检修节点进度；最后，明确系挂交底牌的数量和时间要求，执行“一阀两牌，一法一牌”的标准，并规定交底牌需在装置停工检修交出前7天完成(图4)。

2.3.3　制作“检修三表”

为规范检修过程并获取现场最真实的数据，以支持后续的检修工作，镇海炼化也是为检修过程量身定制“检修三表”。

检修过程第一表——检修交接记录表(图5)，此表主要是针对阀门检修过程中的交接问题，运行部和检修单位在阀门和法兰交出、交回时必须签字确认，确保责任明确。其次，交接记录表中的编号必须与提供的清单中一致，避免混淆。记录表由检修单位保存，方便查阅。最后，如交出、交回情况不满足要求，一方可要求另一方整

改并验收合格后再接收，确保安全。

检修过程第二表——检修质控表(图6)，在复杂的检修过程中，一张精心设计的检修质控表成为确保工作质量和效率的关键。这张表详细记录了阀门、法兰从拆卸到重新安装的每一步骤，确保每一步操作都被精确记录，数据真实可靠。在执行此表时，每道检修工序都需要进行签字确认，以确保责任明确。针对不同重要性的质控点，签字确认的单位和流程也有所不同。C质控点由检修单位确认，B质控点需检修单位和运行部共同确认，而A质控点则需检修单位、运行部和监理三方共同签字。这一流程确保了检修工作的严谨性和专业性，为设备的安全运行提供了有力保障。

检修过程第三表——检修情况说明表(图7)，在前期运行部提供的检修清单内容里，必须按照实际情况，严格填写阀门和法兰在运行过程中存在的缺陷问题。检修单位首先进行原因分析，明确问题根源。随后，对阀门缺陷进行拍照留存，并详细描述缺陷情况。在此基础上，检修单位制定针对性的处理措施，并严格执行。修复完成后，再次拍照留存修复结果，确保问题得到妥善解决。整个流程体现了科学的问题分析和技术处理思路。

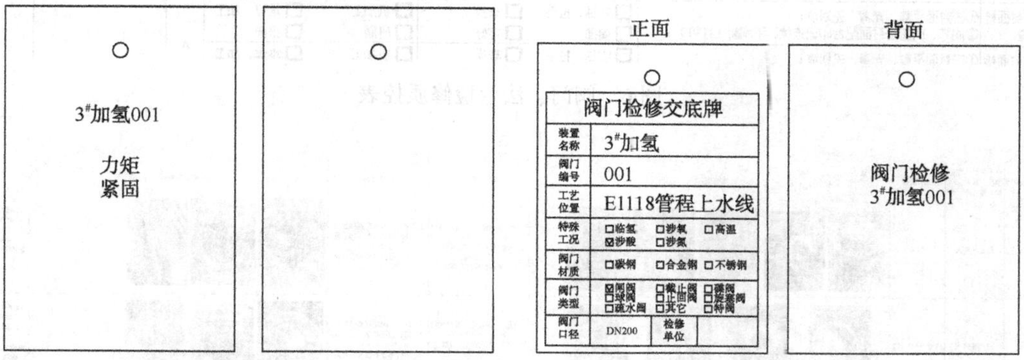

图4 阀门、法兰检修交底牌

检修阀门交接记录表

检修装置名称：　　　　　　　　　　　　　　检修单位及班组：

序号	安装位置	阀门编号（位号）	阀门类型	公称尺寸（mm）	公称压力（Mpa）	交出签字		交回签字	
						运行部交出人/日期	检修单位接受人/日期	检修单位发放人/日期	运行部接收人/日期
1	****	001	**	**	**	张某某 4月15日	李某某 4月15日	***	****
2									
3									
4									
5									
6									
7									
8									
9									
10									
11									

图5 阀门、法兰交接记录表

通用闸阀　截止阀 □ 单向阀 □ 检修质量控制记录表

检修装置名称：　阀门规格：　阀门材质：　安装位置（检修编号）：　检修人员/日期：

序号	检查项目	检查标准	检查结果	处理措施	控制级别	确认签字/日期 质检员（区域主管）	业主	备注
1	阀门外观检查	①阀体、阀盖表面无裂纹、无缺损、无砂眼；	□裂纹 □砂眼 □缺损 □完好	□补焊、打磨 □清理 □报废	C			
2	填料函检查	①填料函内壁无腐蚀、无缺损、无砂眼；	□腐蚀 □砂眼 □缺损 □完好	□补焊、打磨 □清理 □报废	C			
3	填料函尺寸	Φ（内径）____*Φ（外径）____*____	填料尺寸 □石墨环 □石墨绳	Φ____*Φ____*____ ____*____	C			
4	填料安装	①填料无变形，材质符合规定要求；	□ 填料材质：	□ 填料厂家：	B			
5	填料加装方式	+ + + + + + + +	填料压紧次数		C			
6	中法兰密封面检查	①密封面平整、无锈蚀、无缺损；	□锈蚀 □缺损 □完好	□补焊、研磨 □清理 □报废	C			
7	阀杆检查	①阀杆无磨损、无锈蚀等；②阀杆贴合平面无透光现象；③阀杆螺纹无缺牙、无弯曲，且与传动螺母配合完好。	□磨损、锈蚀 □弯曲 □螺纹变形 □完好	□机加工 □堆焊、加工 □清理、加脂 □报废	A			
8	上密封镶套检查	①内壁无磨损、光滑、无划痕等；②镶套螺纹松紧现象	□磨损、锈蚀 □完好 □螺纹变形	□机加工 □清理 □报废	C			
8	法兰密封面检查	①密封面平整、无锈蚀、无缺损；	□锈蚀 □缺损 □完好	□补焊、研磨 □清理 □报废	C			
9	密封面检查 阀芯密封面检查	①密封面平整、光滑、无划痕；②阀芯、阀座密封面配合印记连续、不间断（红丹）；	□吹蚀、拉毛 □缺损 □偏薄 □完好	□机加工 □堆焊、加工 □研磨 □报废	A			
	阀座密封面检	①密封面平整、光滑、无划痕；	□吹蚀、拉毛 □缺损	□机加工 □堆焊、加工				

图6　阀门、法兰检修质控表

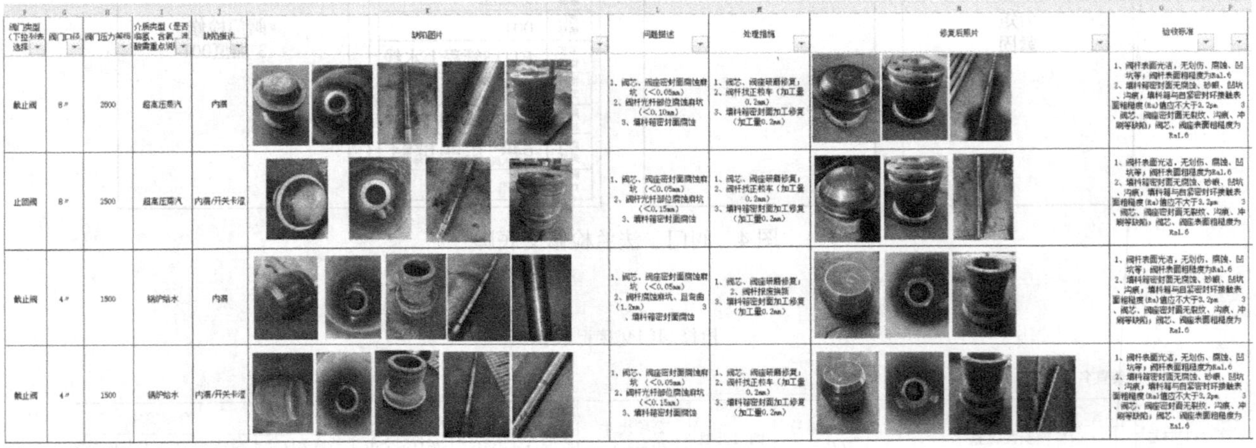

图7　阀门、法兰检修情况说明表

2.3.4　首次引入监理，强化过程质量管控

在2023年的检修期间，镇海炼化迎来了一次创新性的变革——首次引入管阀检修监理的新型管理方法。这一举措旨在解决传统检修过程中可能出现的检修质量问题、检修过程不规范以及检修数据不准确等核心问题。针对这些问题，镇海炼化的基本思路是通过引入专业的监理团队，对检修过程进行全程跟踪和监控，确保每一步操作都符合标准要求。技术路线上，监理团队被赋予了重要的职责，他们需要对阀门、法兰的下线及回装工作进行严格确认，并对每日检查中发现的各类类似问题进行编制和汇总，并以日报的形式及时反馈，确保问题能够得到及时解决。在阀门和法兰回装至装置现场前，监理团队更是严格进行整体外观检查、密封面检查、配件间隙检查等，确保每一个细节都符合标准，把好最后一道质量关卡。这一新型管理方法的实施，不仅大大减轻了相关专业的工作量，更在强化过程质量管控方面取得了显著成效。通过跟踪检修过程的每一步骤，确保了检修工作的高质量完成，为后续装置的开工提供了坚实的保障。镇海炼化的这一创新实践，为行业内的检修工作探路引航(图8)。

2.3.5　严格执行检修场地规格化

相较于传统检修管理模式，阀门及法兰检修现场往往给人留下“脏、乱、差”的印象。然而，镇海炼化作为石化行业的标杆企业，在注重5S管理提升的同时，也在严格打造检修现场规格化。镇海炼化严格要求检修单位通过设置场地分区，实现检修过程的有序管理。为确保检修配件的有序性，必须采用装盒统一管理，每个配件盒对应相应的解体阀门和法兰。此外，检修工具必须规整摆放至统一地点，以保障检修过程的高效与安全。同时，针对检修交接记录表、检修质控表以及检修施工方案等必须集中放置，便于查阅。遵循5S管理要求，保持检修场地的整洁与有序，旨在提高检修效率，确保检修质量。这些举措不仅展示了镇海炼化的规范化管理水平，也为石化行业的检修工作树立了新标杆(图9)。

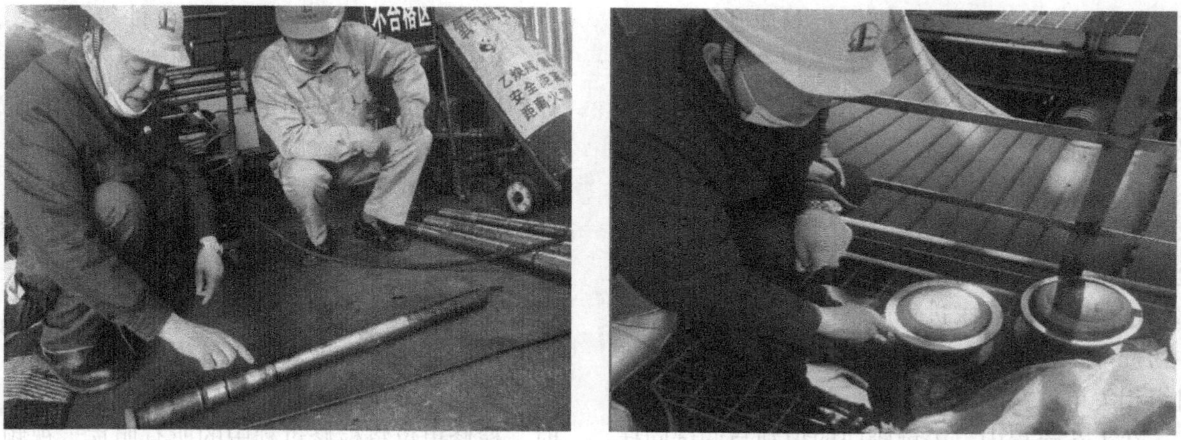

图8 监理对检修质量把控

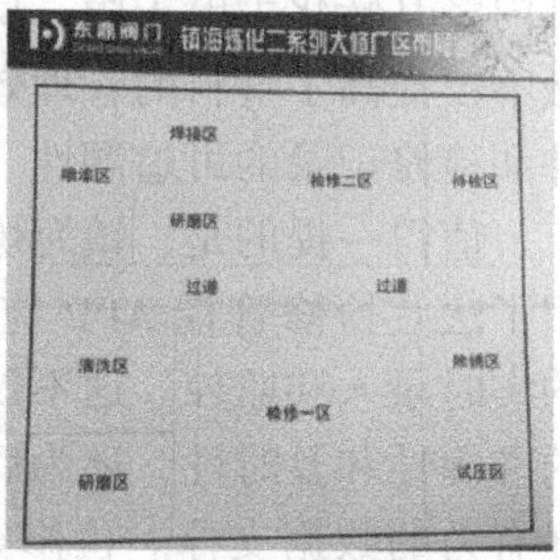

设置阀门检修区域

阀门配件装盒摆放

检修工具有序摆放

临时工棚5S管理

图9 检修场地规格化管理

2.3.6 建立特殊设备检修档案

针对特殊阀门及关键法兰检修后的管理问题，镇海炼化也是采用“一阀(法)一证”的管理要求。为确保每台特殊阀门及每对关键法兰检修后都有详细的检修记录，从而保障阀门、法兰的安全运行。镇海炼化要求检修单位在检修结束后，为每台特阀、每对关键法兰建立详细的检修报告，报告内容涵盖外观检查、缺陷描述、维修方案、拆检情况、修复过程及回装测试等关键信息。另一方面，检修报告需由检修单位、运行部、机动部和监理四家单位共同签字确认，以确保信息的真实性和准确性。此外，检修报告需在检修结束后的15天内由检修单位交付给企业，保证信息的及时性和有效性。

2.4 铸就检修高效的“助推器”——专业化协同

阀门和管元件在工业流程中扮演着至关重要

的角色，其选型、改造、材质升级以及零部件更换都是确保工艺流程安全、高效运行的关键环节。针对这一问题，镇海炼化形成了一套全面而系统的解决方案。

首先，设计专业团队根据运行部提出的具体要求，精心出具详细的选型、改造、材质升级以及零部件更换的设计文件。这些文件不仅充分考虑了工艺的实际工况，还严格遵循了相关的行业标准，确保每一个细节都经过精心计算和严格审查。

接下来，采购中心将依据这些设计文件或技术文件，进行严格的阀门、阀门备件、三通、螺栓等物资的采购工作。所有采购的物资在入厂前都会按照既定的要求进行严格的验收，确保每一件物资都符合规定的标准。对于进口备件，还将组织相关单位共同进行验收，确保万无一失。

在工艺流程中，关键阀门的识别与调试同样不可忽视。工艺专业团队将负责识别工艺流程上的手动阀、电动阀和气动阀等关键阀门，并在停工检修期间完成相应的调试工作，确保这些阀门在工艺流程中能够准确、迅速地响应。

此外，电仪专业团队将负责阀门、电动头的安装及远程仪表的调试工作。团队将通过精湛的技术和严谨的态度，确保阀门在开停工及日常使用过程中都能够正常运行。同时还将提供相关的调试报告，为工艺流程的持续优化提供有力的数据支持。

由此可见，一套完整的检修流程从设计到采购，再到调试与运行，形成了一套组织有序的技术路线。通过这一路线，能够有效地解决阀门和管元件选型、改造、材质升级以及零部件更换等问题，为工业流程的顺畅运行提供坚实的保障。

2.5　引领智能化检修的"护航者"——数字化验收

在检修过程中，阀门、管元件等老化、磨损、失效及执行机构故障等问题屡见不鲜。为确保检修工作的全面性和精确性，镇海炼化引入了一系列创新举措。检修单位被要求采用拍照和视频记录的方式，对检修的每一个环节进行细致入微的捕捉，这不仅为后续检修提供了宝贵资料，更为检修质量的有效控制提供了直接证据。

在阀门完成检修后，需立即进行阀门试压工作，以验证检修效果。试压过程中，检修单位以拍摄视频作为见证，确保检修结果的可靠性。同时，检修单位将检修过程中的所有照片、视频和记录表等资料进行整理，并在检修结束后的 15 日内将其转化为电子版，反馈给检修装置。这样做不仅提高了资料的管理效率，也确保了检修备件和检修记录的可追溯性。

值得一提的是，镇海炼化在检修期间充分运用了法兰检修管控 APP 应用，实现了检修数据的实时录入和监控。这不仅大大提高了检修数据的准确性和及时性，还为后续的检修工作提供了强有力的数据支撑。检修完成后的 30 日内，需完成检修数据的导出工作，为后续工作提供数据保障(图 10)。

图 10　检修改造信息化系统

除了在设备交出检修到交回安装的工作环节做了大量的创新，对整个检修流程，镇海炼化根据“五化核心管理模块”，组织参与检修的运行部创办劳动竞赛，提高各运行部对该项管理体系的支持与参与度。同时，不同专业也在装置开工过程中提供专业性的指导意见和技术支持，组织5家单位共同对装置开工阶段保驾护航。在开工期间，阀门检修单位不仅要关注阀门的开关状态，更要对填料等细节进行全面巡检。通过半天一次的关键阀门巡检和一天一次的普通阀门检查，确保问题及时发现并处理。特别是针对高温阀门和焦化阀门，在开关前进行200℃压盖螺栓预紧工作，这一创新举措大大减少了故障率，提升了阀门的使用寿命。此外，法兰技术服务方也实施了精细化管理，对现场法兰进行100%检查，并设定了“关键法兰4小时巡检一次、一般法兰一天巡检一次”的频次要求。这种精细化管理确保了法兰的紧密性和安全性，为装置的安全运行提供了坚实保障。最后，对检修装置运用先进的红外热成像技术，对装置易泄露部位进行每半天一次的泄漏检查，对发现泄漏的部位及时告知、及时处理，这种管理模式创新应用不仅提高了检查效率，也增强了问题的预警能力，将肉眼无法识别的潜在危险消灭在萌芽之中，确保了装置的安全稳定开工及运行(图11)。

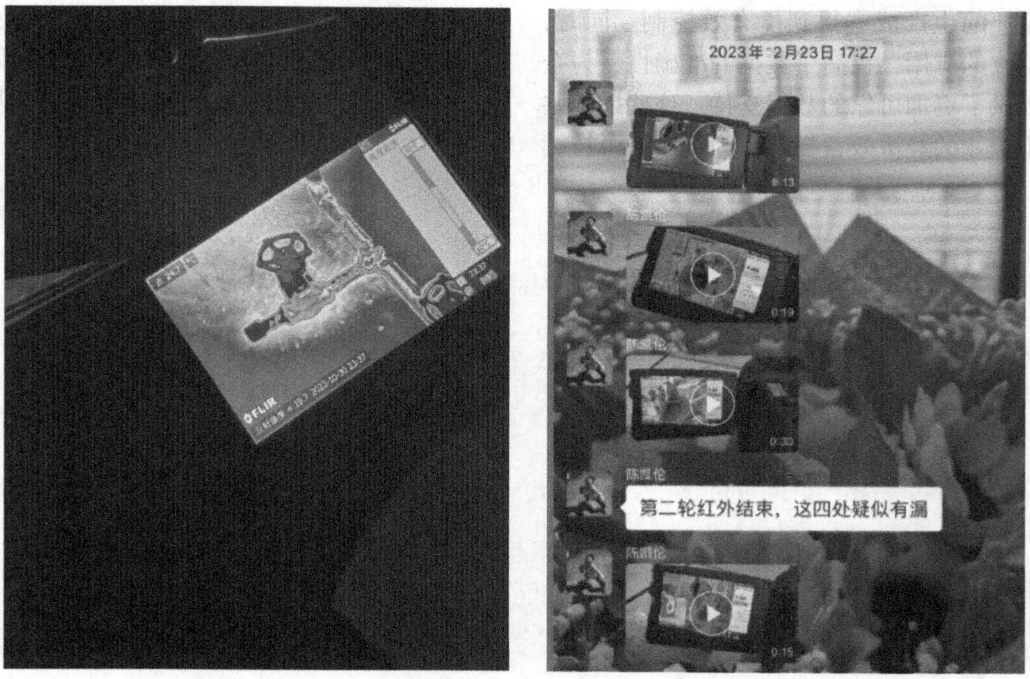

图11 开工过程运用热成像技术

3 “三零五化”在大型石油化工企业管阀专业管理的探索与实践效果

自镇海炼化实施“三零五化”管理创新以来，企业在多个方面均取得了显著的成效，不仅提升了装置运行的安全性和稳定性，也为企业的长远发展奠定了坚实基础。

3.1 保障企业生产装置平稳、安全运行

通过实施“三零五化”管理，镇海炼化的装置运行平稳性和安全性得到了显著增强。其中，“零泄漏”目标的实现，显著降低了泄漏风险，确保了装置运行过程中的环境安全。系统化培训和标准化施工的实施，使得每一位参与检修的人员都具备了扎实的实操能力和理论基础，从而有效避免了因人为操作失误导致的安全事故。样板化清单和数字化验收的应用，则进一步规范了检修流程，提高了工作效率，确保了装置运行的稳定性和可靠性。在这些措施共同作用下，显著提升了企业的整体安全管理水平，减少安全事故的发生，为企业装置的平稳、安全运行提供了有力保障。

3.2 树立检修新理念，满足设备长周期运行

“三零五化”管理创新不仅关注单次检修的质量，更着眼于设备的长周期运行需求，从根本

上实现了“长江后浪推前浪”的场面，为企业所有装置树立了新的管阀检修思维。通过实现“零卡涩”目标，多专业间的协同合作得到了加强，关键部位的“卡涩”现象得到了全面消除，确保了设备的顺畅运行。同时，“零返修”目标的追求，使得检修过程中的特殊阀门和关键法兰得到了精细化的管理，降低了返修率，延长了设备的使用寿命。这些措施共同满足了设备长周期运行的需求，为企业节约了大量的维修成本和时间成本，提高了设备的整体运行效率。

3.3 推动企业效益发展的需求

“三零五化”管理创新的实施，不仅提升了企业的生产效率和设备管理水平，更直接推动了企业的效益发展。通过优化检修流程、提高工作效率，企业的生产成本得到了有效控制。同时，数字化验收的应用，提高了数据的准确性，为企业决策提供了更加可靠的数据支持。这些措施共同促进了企业的经济效益提升，为企业的可持续发展注入了新的活力。

在社会效益方面，镇海炼化的“三零五化”管理创新也产生了积极影响。通过降低泄漏风险、减少环境污染，企业的环保形象得到了提升，增强了公众对企业的信任度。此外，企业的管理创新实践也为同行业提供了可借鉴的经验，推动了整个行业的进步。

在生态效益方面，该管理创新通过减少环境污染和资源浪费，实现了经济效益和生态效益的双赢。这不仅符合当今社会绿色发展的理念，也为企业赢得了良好的社会声誉。

总之，镇海炼化实施的“三零五化”管理创新在多个方面均取得了显著成效，不仅满足了企业装置平稳、安全运行的需求，也满足了设备长周期运行的需求，更是推动了企业效益发展的需求。这一创新实践不仅提升了企业的整体管理水平，也为企业的可持续发展奠定了坚实基础。

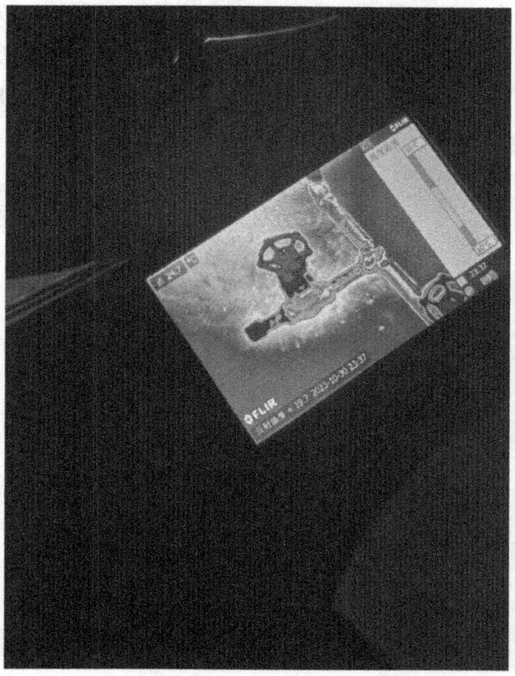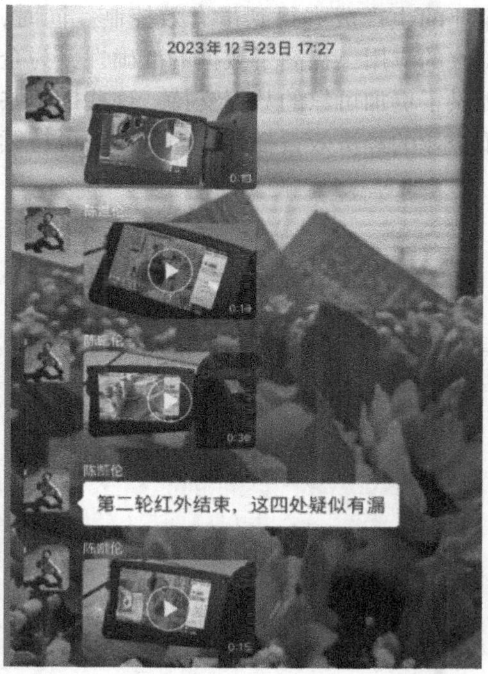

炼化企业电气系统绝缘在线检测技术创新应用

完成人：王玮琦　李庆龙　陶传志　唐龙庆

（中国石油大庆炼化分公司）

1　项目背景

目前行业内普遍采用局部放电和测量泄漏电流的方法，实现在线测量电气设备的绝缘情况。局部放电只能针对单一设备或位置进行检测，无法做到对全网系统绝缘水平实时监测，数据在测量时受外部环境影响大，数据分散性大，导致无法根据数据准确判断电气设备的绝缘损坏程度。在电力网中应用能够提前发现并准确判断带电设备的绝缘隐患、定量化反映设备绝缘水平的绝缘在线监测技术，成为炼化企业配电网的迫切需求。

2　总体情况

1）大庆炼化公司外网供电系统组成

我公司配电网主要由3个110千伏变电所组成，分别为110千伏炼化变电所、110千伏马鞍山变电所和110千伏建新变电所。其中110千伏炼化变电所隶属大庆炼化公司管理，其他2个110千伏变隶属于中油电能管理(图1)。

大庆炼化公司外网供电系统图

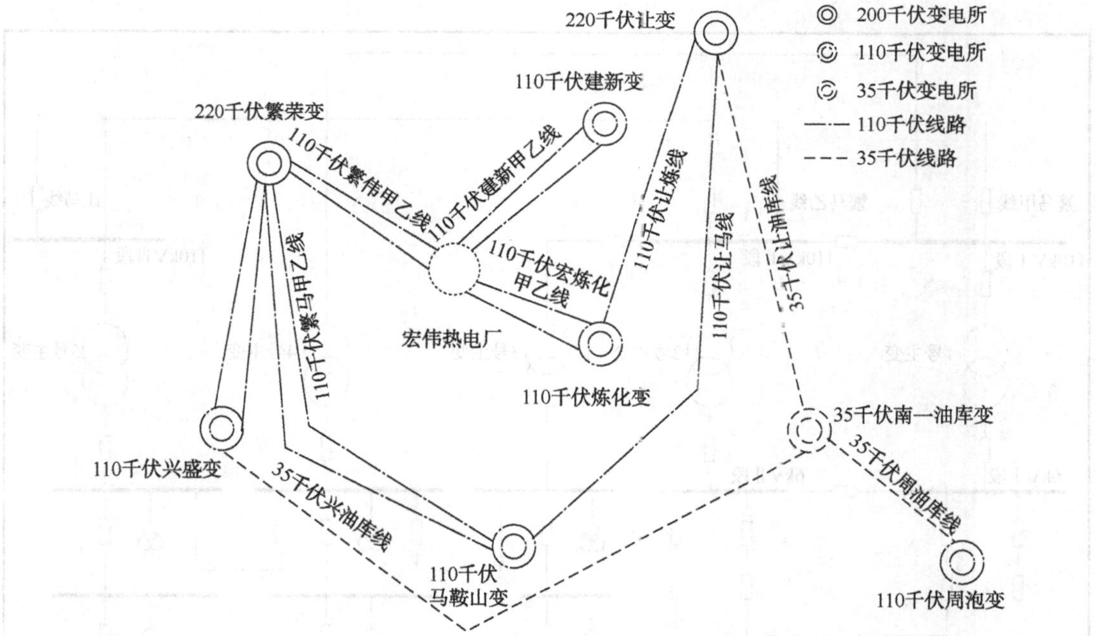

图1　大庆炼化公司外网供电系统图

（1）110千伏炼化变电所

网架结构：110千伏系统主接线结构为双母线，中性点直接接地；6千伏系统结构为单母线分段式，中性点经消弧线圈接地。

正常运行方式：110千伏宏炼甲线、宏炼乙线受电运行，110千伏让炼线开关热备用，110千伏甲母、乙母线并列运行；6千伏各段母线分列运行，母联开关热备用(图2)。

（2）110千伏马鞍山变电所

网架结构：110千伏系统结构为双母线；6千伏系统结构为单母线分段式，中性点经消弧线圈接地；10千伏系统结构为单母线，中性点不接地。

正常运行方式：110千伏繁马甲、乙线受电运行，110千伏让马线开关热备用，110千伏Ⅰ、Ⅱ段母线并列运行；6千伏各段母线分列运行，母联开关热备用；ARGG(催化)主风机组采用电机-变压器组接线结构，电压等级为110千伏变10千伏(图3)。

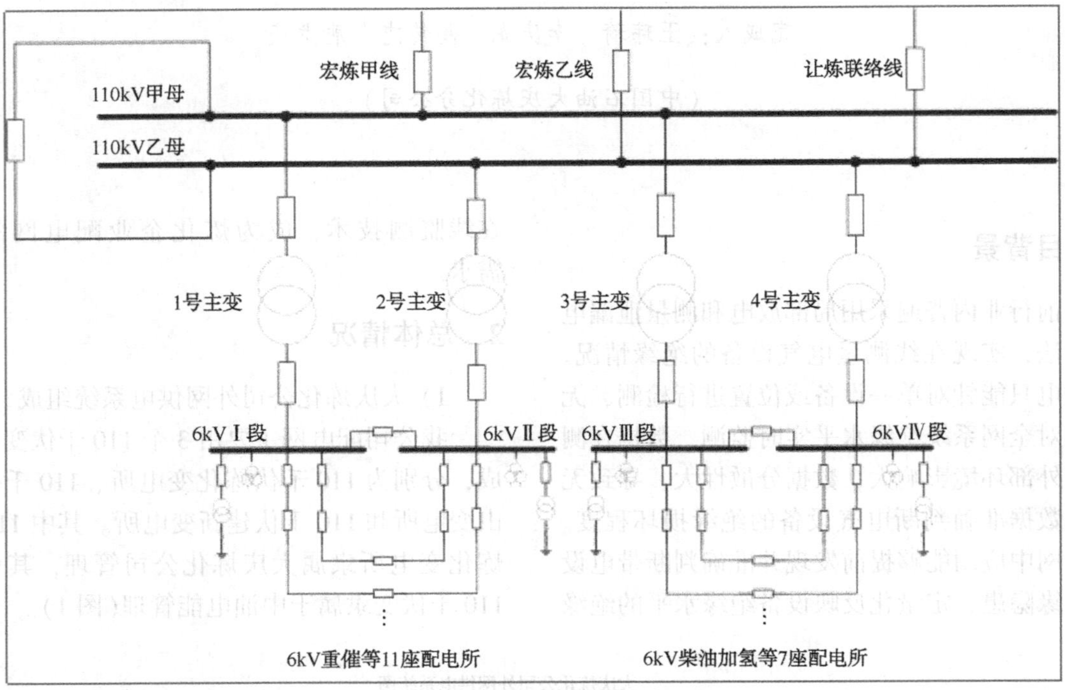

图2　110kV 炼化变电所主接线图

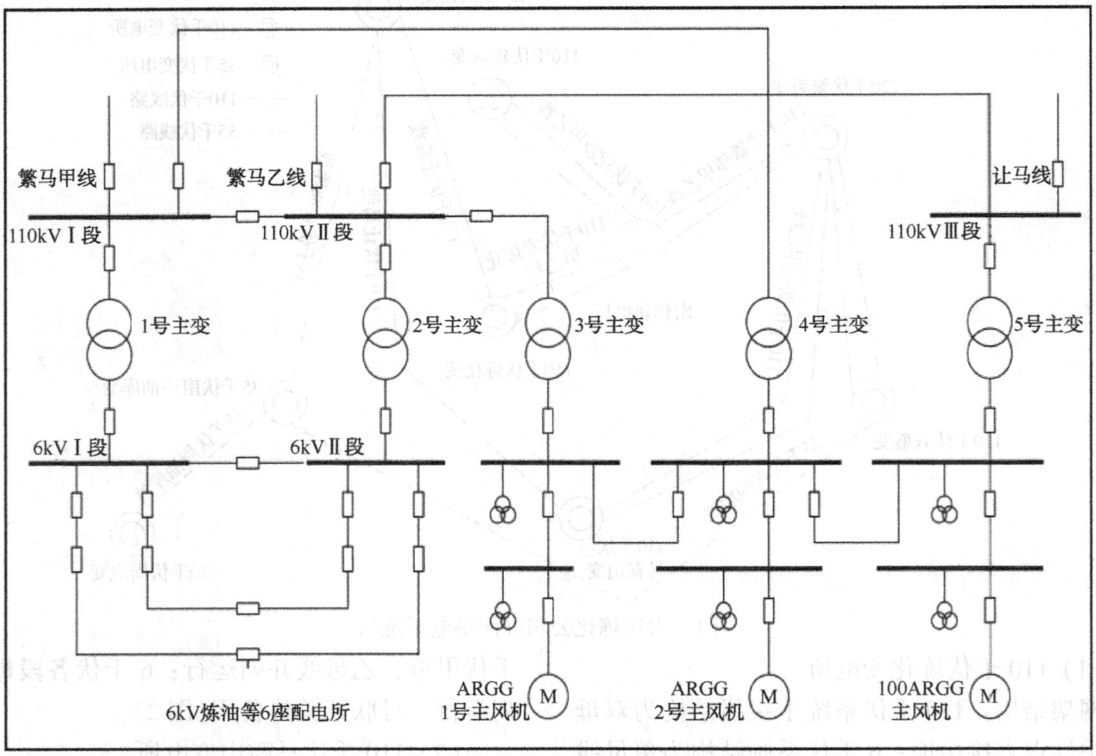

图3　110kV 马鞍山变电所主接线图

(3) 110千伏建新变电所

网架结构：110千伏系统结构为单母线分段式；6千伏系统结构为单母线分段式，中性点经消弧线圈接地；10千伏系统结构为单母线，中性点不接地。

正常运行方式：110 千伏建新甲、乙线受电运行，110 千伏Ⅰ、Ⅱ段母线并列运行，母联开关热备用；6 千伏各段母线分列运行，母联开关热备用；两套 30 万吨/年聚丙烯装置挤压造粒机组采用电机-变压器组接线结构，电压等级为 110 千伏变 10 千伏(图 4)。

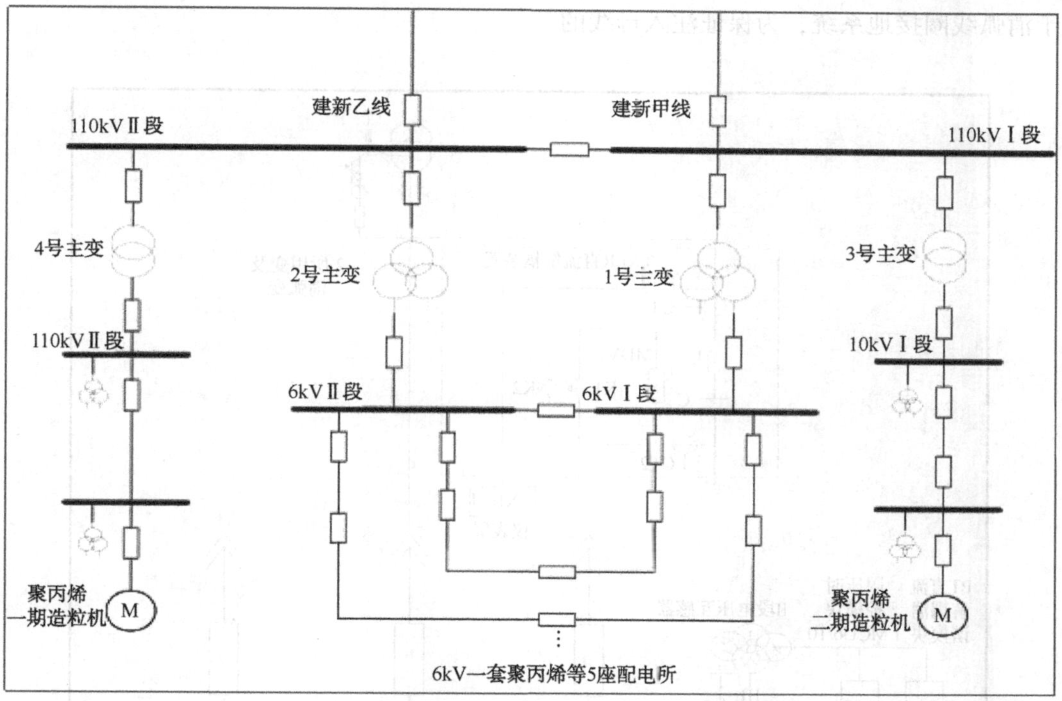

图 4　110kV 建新变电所主接线图

2）绝缘电阻定义

在电气设备检验中，绝缘电阻是安全性能一项非常重要的检验项目。通常采用在被测绝缘体两端施加恒定的直流电压，测量其间流过的直流电流的大小和变化情况，以此判断绝缘材料的优劣。

电气设备绝缘破坏，对地击穿后引起相间短路，是造成电力网及电气设备故障的主要原因，目前普遍做法是在检修期设备停电状态下使用绝缘兆欧表或施加高于运行电压的试验电压进行绝缘测试。经过检查试验，符合规程要求的电气设备，在运行中仍会出现绝缘击穿故障，是一直困扰电气专业管理人员的难点。

在线绝缘监测装置是一种采用目前国际上公认的“直流叠加法”，实现在线监测 6(10)千伏电压等级配电网和电气设备运行时的绝缘水平。摆脱传统停运设备进行预防性试验的检修思维局限，实时掌握设备运行过程绝缘状况及劣化趋势，实现设备潜在缺陷预防诊断，提升电气运行监控水平，避免突发性电气设备故障。在线绝缘监测装置采用“直流叠加法”，即将直流 1500V 电压信号通过隔离电阻叠加在运行中的交流高压系统或电气设备上，直流电压与交流电压形成两个不同的回路，装置通过采集系统对地的泄漏电流值，可以换算出系统对地绝缘电阻(图 5、图 6)。

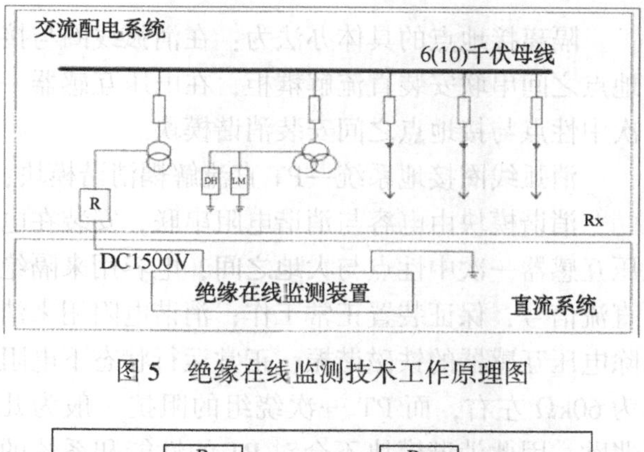

图 5　绝缘在线监测技术工作原理图

图 6　绝缘在线监测技术电路等效原理图

在线绝缘监测装置可应用在不接地系统、消弧线圈接地系统、小电阻接地系统和发电机组系统中。绝缘监测技术主要应用在大庆炼化公司 6 千伏中性点经消弧线圈接地和 10 千伏中性点不接地系统中。

（1）在线绝缘监测装置在消弧线圈接地系统中的应用原理

对于消弧线圈接地系统，为保证注入母线的直流电压信号不会从系统的接地点流失，必须提前将系统内所有接地点进行隔离，接地点包括：消弧线圈、各所母线电压互感器一次中性点、动力站发电机小间励磁 PT、测量 PT 一次中性点（图 7）。

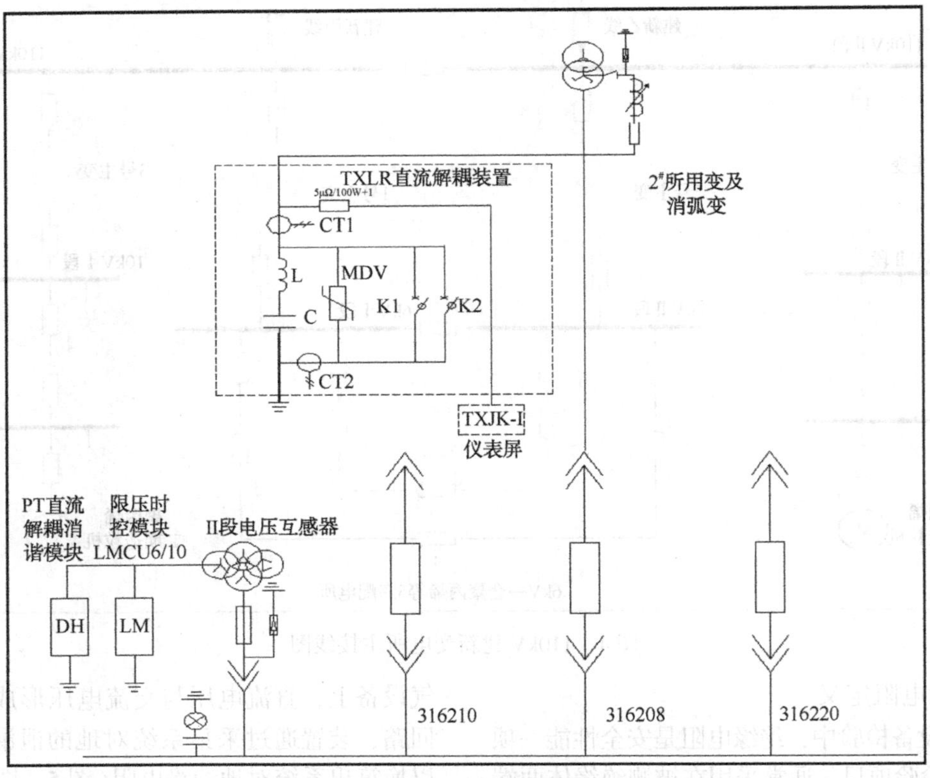

图 7　消弧线圈接地系统

隔离接地点的具体办法为：在消弧线圈与接地点之间串联安装直流解耦柜，在电压互感器一次中性点与接地点之间安装消谐模块。

消弧线圈接地系统—PT 直流解耦消谐模块：消谐模块由电容与消谐电阻串联，安装在电压互感器一次中性点与大地之间，电容用来隔绝直流信号，保证装置正常工作；消谐电阻用来消除电压互感器的铁磁谐振，正常运行状态下电阻为 60kΩ 左右，而 PT 一次绕组的阻抗一般为几兆欧，因此消谐模块不会对 PT 的性能和系统的参数产生影响。当铁磁谐振发生时，PT 铁芯饱和，一次绕组励磁电流增加，消谐电阻阻值发生变化趋于无穷，相当于互感器不接地，破坏了谐振回路（图 8）。

消弧线圈接地系统—直流解耦装置：

正常运行时，直流解耦柜将隔直电容器 C 串入消弧线圈与地之间，通过隔直电容器 C“隔

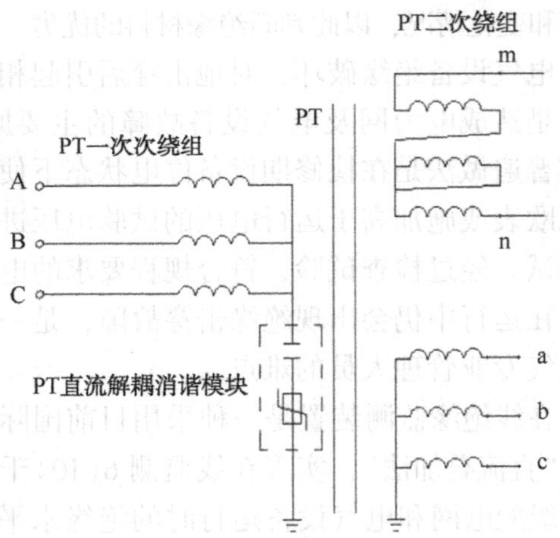

图 8　PT 直流解耦消谐模块安装示意图

离直流电压”，保证在线绝缘监测设备的正常使用，电流互感器 CT1 正常工作，测量系统零序电流。

当系统发生接地故障时，电容器 C 两端会产生过电压，氧化锌非线性电阻 MOV 会在微秒

内立即导通（导通电压为2.8kV左右），限制电容器两端过电压；同时故障零序电流会流入CT1，当超过控制器零序保护定值时（一次值10A），直流解耦柜控制器会立即向主开关K1、副开关K2发出合闸命令，主开关K1、K2合闸旁路电容器使系统中性点通过消弧线圈直接接地，并释放隔直电容器C内储存能量。通过氧化锌非线性电阻MOV和主开关K1，副开关K2三重旁路，发生故障时解耦柜可以迅速退出运行，保障消弧线圈的正常工作（图9）。

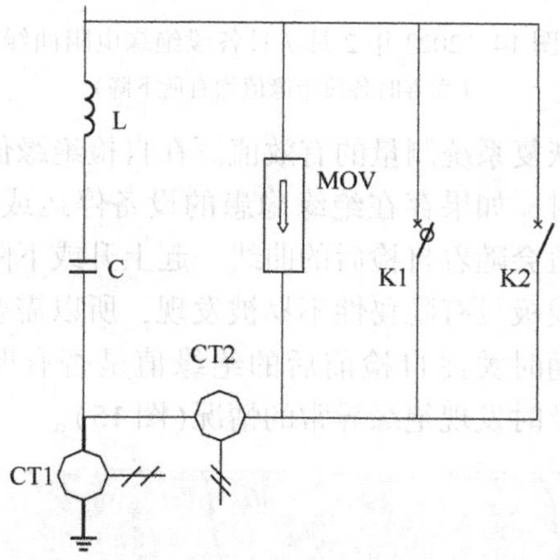

图9　直流解耦装置

（2）在线绝缘监测装置在中性点不接地系统中的应用原理

在线绝缘监测装置通常由高压直流发生装置、隔离电阻、隔直电容器、微电流互感器、通讯计算机等构成，适用于三相交流非有效接地系统（图10）。

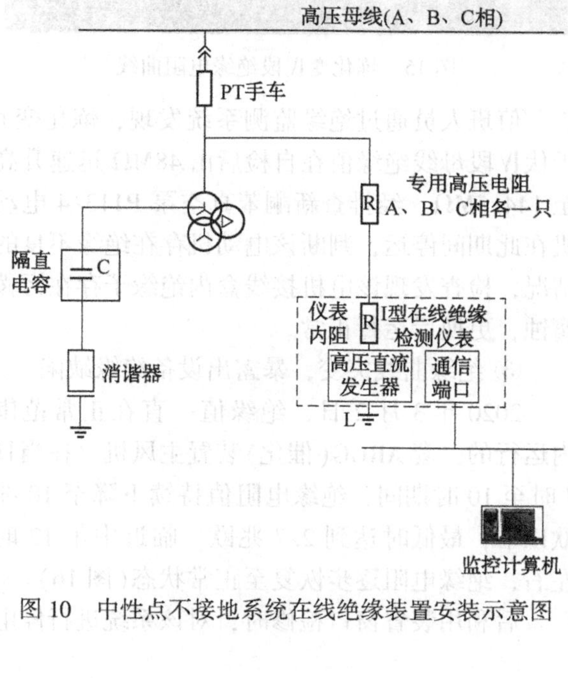

图10　中性点不接地系统在线绝缘装置安装示意图

大庆炼化公司共有6(10)千伏配电所31座，包含1000多条回路，每条回路的绝缘异常对整个电力系统的平稳运行至关重要。6(10)千伏配电网在线绝缘监测装置的应用是炼油化工和新材料分公司近年来设备专业工作要点之一；大庆炼化公司自投入设备使用至今，已提前发现近20起电气设备绝缘劣化故障，并且总结出该设备运行、检修的管理经验，配合数字化平台的应用，能够更有效地实时监测炼化企业电气系统的绝缘变化情况。

3　技术路线和技术亮点

1）技术路线

大庆炼化公司电仪运行中心通过强化后台监控、绝缘异常处理；总结经验、掌握7种典型绝缘故障曲线和分析方法、编制在线绝缘监测系统运行管理办法和检维修管理规定；自主开发“上位机监控软件”和“电气报警和巡检模块”，提高设备精度；根据炼化企业电气设备的特点，解决在线绝缘监测设备与电力设备的配合使用难题等手段，从设备、运行及管理等多个方面开拓创新，具有极强的应用推广意义。

2）技术亮点

（1）根据在线绝缘监测设备的运行经验，掌握了几种典型绝缘曲线和隐患的判断方法，并制定了设备运行管理办法和检维修管理规定：

① 外部环境因素对绝缘水平变化的影响

总结分析系统投入运行至今的监测数据和变化曲线，发现环境湿度的变化对绝缘电阻的影响较大。以110千伏炼化变电所6千伏系统为例，在空气干燥且晴朗天气时，绝缘水平普遍较高；而在阴雨潮湿的天气下，绝缘水平普遍较低，尤其是在雨、雪、大雾的极端天气下，绝缘水平下降较快（图11、图12）。

通过夏季与冬季曲线的对比也可以得出：干燥的环境会减缓绝缘恶化下降的速度，呈现出较好的绝缘水平，此时系统绝缘自愈能力较强；而在污秽严重或潮湿的环境下，会加速绝缘恶化的程度，呈现持续较低的绝缘水平，绝缘自愈能力减弱，甚至无法恢复至正常安全运行的水平，这种情况也与在极端恶劣或严重污秽的环境下，易发生电气短路故障的情景相吻合（图13、图14）。

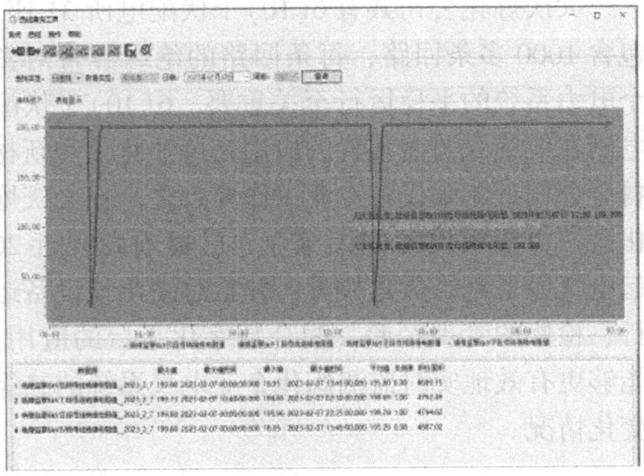

图 11　2023 年 2 月 7 日 6 千伏各段绝缘电阻值

（在冬季绝缘情况达到最佳，均在 200 兆欧）

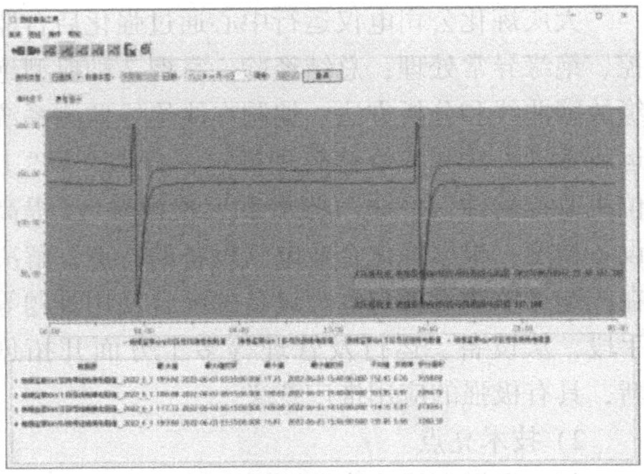

图 12　2022 年 6 月 3 日各段绝缘电阻值

（夏季天气潮湿，绝缘电阻均降低，但保持相对平衡和稳定）

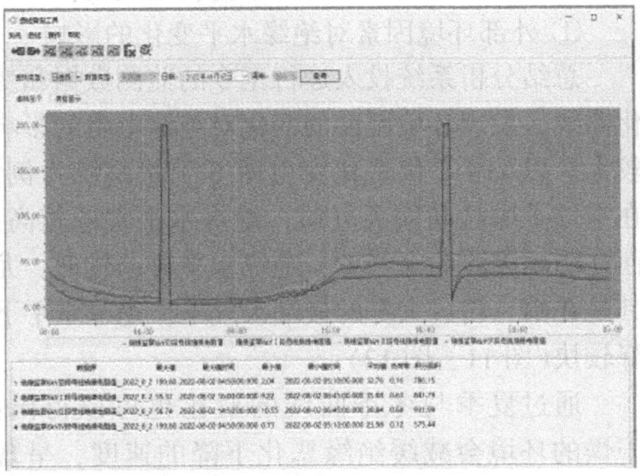

图 13　2022 年 8 月 2 日 6 千伏各段绝缘电阻值

（下雨时各段绝缘值均有所下降）

② 隐藏在校正自检时间点处的绝缘隐患曲线变化分析

6 千伏炼化变Ⅲ、Ⅳ段安装的绝缘在线监测系统，每运行 12 小时进行一次系统绝缘值的自检校正，此时绝缘值将立即降低至 0 兆欧，在 15 分钟内完成调零、校准和升压检测三项工作

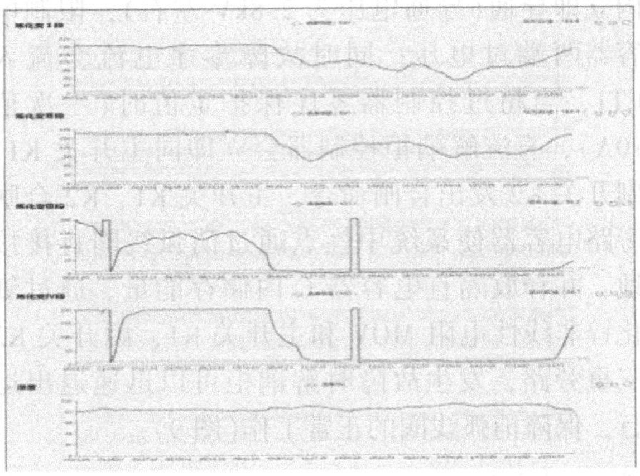

图 14　2023 年 2 月 7 日各段绝缘电阻曲线

（大雾时各段绝缘值均有所下降）

后，恢复系统测量的有效值。在自检绝缘值恢复升高时，如果存在绝缘隐患的设备停运或起机，绝缘值会随着自检后的曲线一起上升或下降，这种曲线极具有隐秘性不易被发现，所以需要运行人员随时关注自检前后的绝缘值是否有明显变化，及时发现绝缘异常的情况（图 15）。

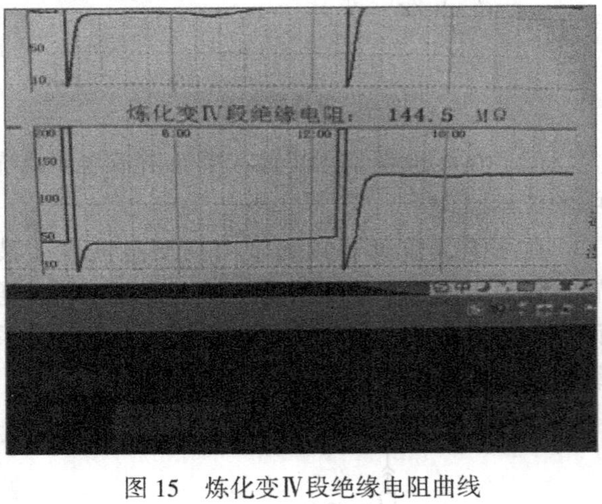

图 15　炼化变Ⅳ段绝缘电阻曲线

值班人员通过绝缘监测系统发现，炼化变 6 千伏Ⅳ段母线绝缘值在自检后由 48MΩ 迅速升高至 144.5MΩ。经排查新酮苯真空泵 P113/4 电动机在此期间停运，判断该电动机存在绝缘不良的情况，检查发现该电机接线盒内绝缘子存在污秽腐蚀，更换后运行正常。

③ 绝缘曲线突变，暴露出设备绝缘缺陷

2020 年 3 月 2 日，绝缘值一直在正常范围内运行的二套 ARGG（催化）装置主风机，在当日 7 时至 10 时期间，绝缘电阻值持续下降至 10 兆欧以下，最低时达到 2.7 兆欧。临近中午 12 时左右，绝缘电阻逐步恢复至正常状态（图 16）。

后利用装置窗口检修时，对该系统进行停电

检查，发现出线开关上口，至110千伏主变低压侧连接母线段绝缘欠佳，对母线绝缘电阻测试接近于0兆欧，由此确定变压器低压母线侧，为绝缘隐患部位，对所有母线箱内裸母线加装绝缘护套，更换66支绝缘子和3支穿墙绝缘套管，绝缘水平大幅上升，试验合格(图17)。

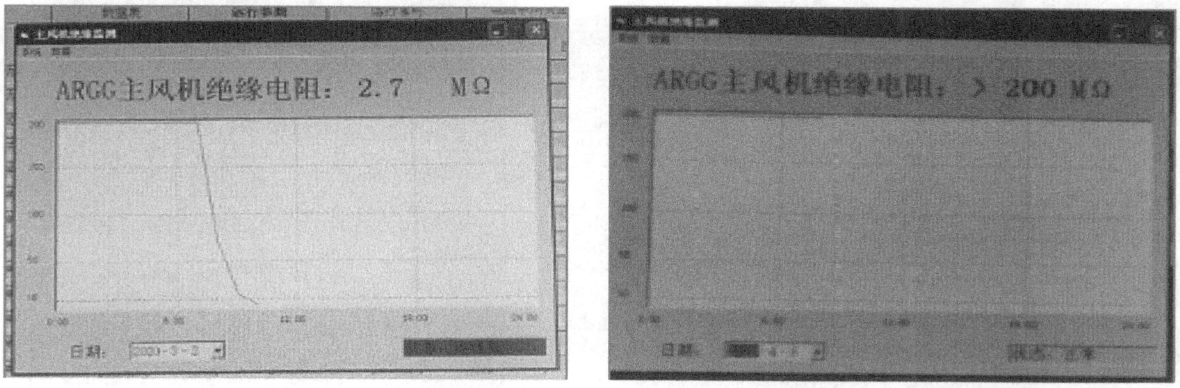

图16　主风机绝缘电阻曲线图

图17　主变低压侧设备检查

④ 电动机绕组受潮绝缘曲线分析

2021年4月1日一套聚丙烯装置窗口检修期间，造粒机组电机处于停电状态。新安装的绝缘在线监测系统显示大量变化的锯齿波形，绝缘电阻值在高值与低值之间反复变化，最低值接近0兆欧。摇测绝缘电阻为4.5兆欧，低于10兆欧规定值(图18)。

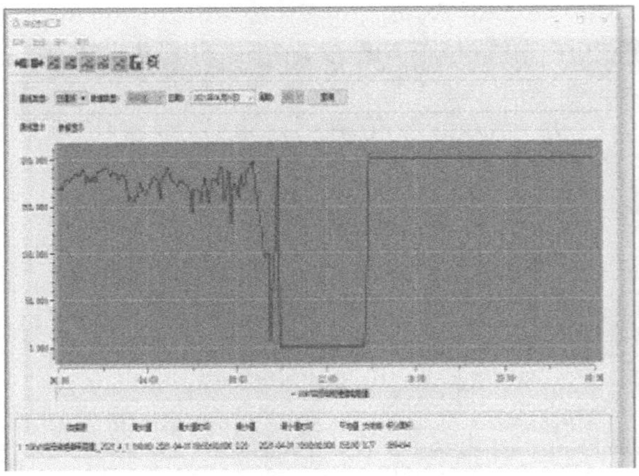

图18　一套聚丙烯造粒机在线绝缘电阻曲线

经过检查发现该机组电机上部水冷却器漏水，造成电机定子绕组进水受潮。通过对水冷器漏水部位进行处理，对定子绕组干燥处理后，绝缘恢复正常(图19)。

图19　一套聚丙烯造粒机绕组受潮

⑤ 系统电缆绝缘异常曲线分析

二套聚丙烯装置挤压造粒机组10千伏配电系统，绝缘在线监测装置投入使用后运行良好，系统绝缘值显示均在200兆欧。从2021年4月开始绝缘在线监测系统显示绝缘出现了下降且波动现象，在观察运行期间，系统绝缘多次出现剧烈波动的情况，最低时绝缘下降到了4兆欧左右。4月30日，利用该机组停机换刀的机会进行了停电检查，确定该机组10千伏进线电缆中的一根电缆(共计3根)存在绝缘薄弱点。对该电缆头重新制作并试验合格，投入运行后状态良好(图20、21)。

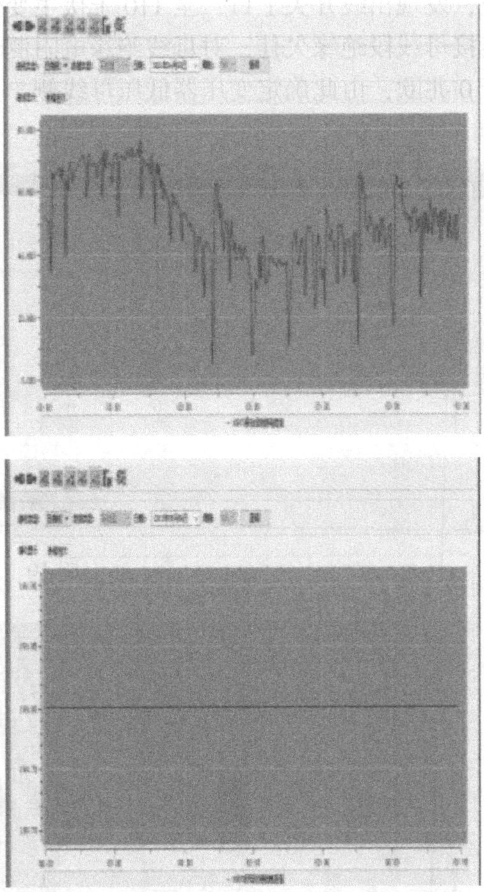

图20　二套聚丙烯造粒机绝缘电阻曲线

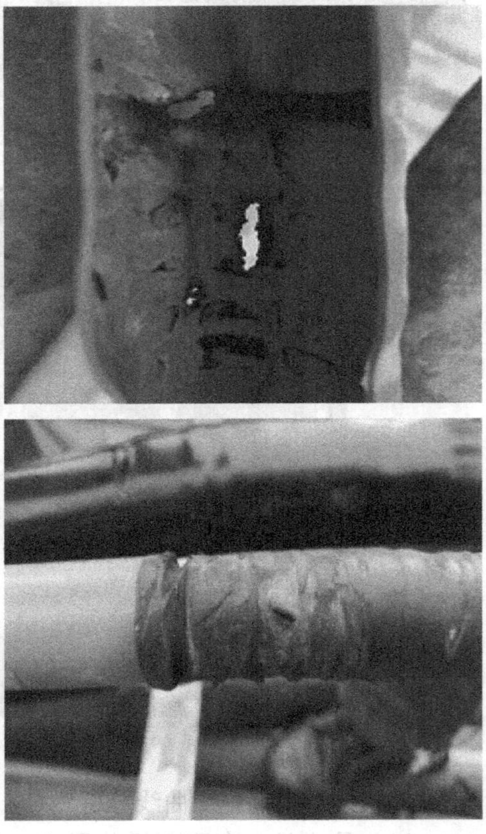

图21　电缆中间头绝缘缺陷

⑥ 冰凌融化造成绝缘异常曲线分析

2023 年 2 月 16 日 14 时 41 分一套 ARGG 主风机绝缘值瞬间由 200 兆欧下降至 10. 1 兆欧并剧烈震荡。检查后发现为一套 ARGG 主风机供电的 5#主变 10kV 侧穿墙套管上方有融化的冰凌，与 5#主变 10kV 侧热塑裸母线槽钢距离较近，造成绝缘下降，清除冰凌后绝缘恢复至 200 兆欧以上(图 22、图 23)。

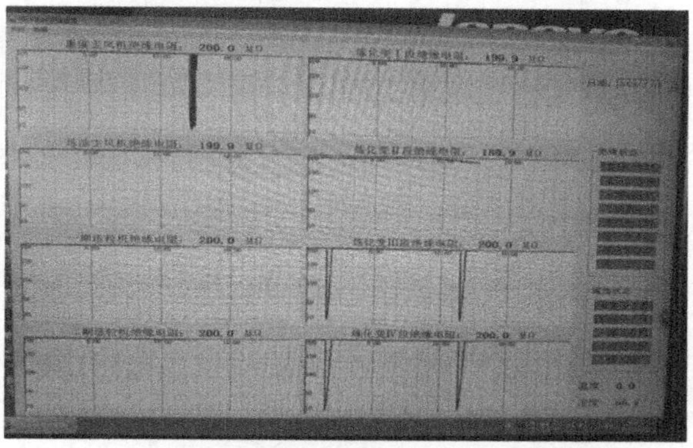

图 22　一套 ARGG 主风机绝缘电阻曲线

图 23　软连接处冰凌

⑦ 电缆中间头进水绝缘异常曲线分析

2023 年 3 月 30 日炼化变 6 千伏Ⅳ段母线绝缘值瞬间由 200 兆欧下降至 27. 6 兆欧。经过选线发现 6 千伏酮苯乙线 316426 电缆绝缘低，停电后对 6 千伏酮苯乙线电缆摇测绝缘，A 相电缆绝缘值为 35MΩ，B、C 相电缆绝缘值均为 37GΩ，对酮苯乙线 A 相电缆中间头解体发现电缆中间头进水(图 24、25)。

⑧ 在线绝缘监测系统运行管理办法、在线绝缘监测系统检维修管理规定

电仪运行中心组织技术人员编制了《绝缘在线监测系统运行管理办法》，该办法主要在设备巡视、异常数据记录与分析和选线操作原则三方面做出了详细规定，有效提高在线绝缘监测装置的使用和维护，保障电气系统平稳运行(图 26、27)。

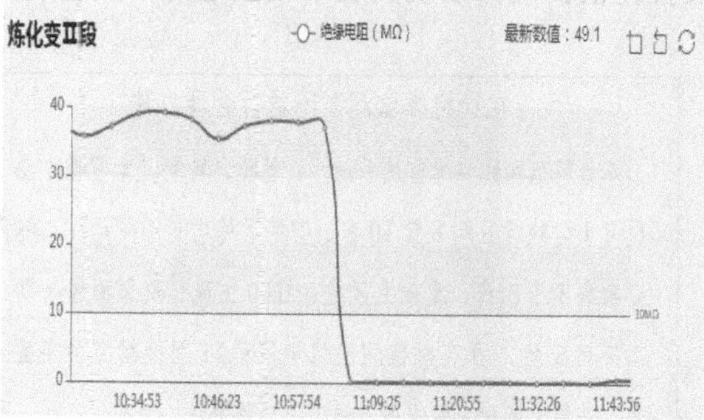

图 24　酮苯乙线绝缘电阻曲线

图 25　进水的电缆头

(2) 为了解决部分绝缘在线监测装置，只能在现场观看数值，和只能在有人值守所后台查看曲线的局限性，公司自主开发了“上位机监控软件”和“电气报警和巡检模块”，将 8 套绝缘监测装置数据整合，通过曲线形式直观地观察系统绝缘电阻的变化趋势，并结合环境温度、湿度等信息，综合分析判断系统绝缘下降的原因(图 28、29)。

6 千伏系统绝缘报警值设置为 6 兆欧，10 千伏直配电机绝缘报警值设置为 10 兆欧，当系统绝缘电阻值低于报警设置值时，后台机显示“绝缘电阻测量值低报警”，并伴有报警音，提示运行人员及时关注异常状态。

(3) 根据炼化企业电气设备的特点，解决在线绝缘监测设备与消弧线圈、小电流接地选线、高压变频器和电压互感器聚优柜等设备的配合使用问题；

① 在线绝缘监测设备与消弧线圈

增加在线绝缘监测系统解耦装置后，系统电容电流下降率达 40% 左右，消弧线圈在线补偿电流降低。因此应注意记录该监测系统，投用前和投用后的系统电容电流值，并计算差值，目前

我公司采取在消弧线圈电容电流补偿系统中提前设置差值，确保系统突发单相接地时，接地残流控制在 5A 以下(图 30)。

在线绝缘监测系统运行管理办法

为规范在线绝缘监测系统运行管理，特制订本管理办法。现有I型绝缘监测装置10套，安装于炼化变四段母线、炼化变新酮苯甲乙线、重催主风机、ARGG主风机及聚丙烯一期、二期造粒机，可实时监测绝缘电阻；II型绝缘监测装置4套，安装于炼化变液蜡甲乙线、丙烯腈甲线、烷基化乙线，可实时监测泄露电流。

一、设备巡视

1、巡视频次

在线绝缘监测曲线应放置在电脑上实时监测，异常情况应加强监测频次。绝缘监测现场部分的巡检随变、配电所设备巡检一同进行。

2、现场巡视内容

1）是否有告警、异味及异音。

2）I型设备本体红色按钮是否为开启（按下）状态。

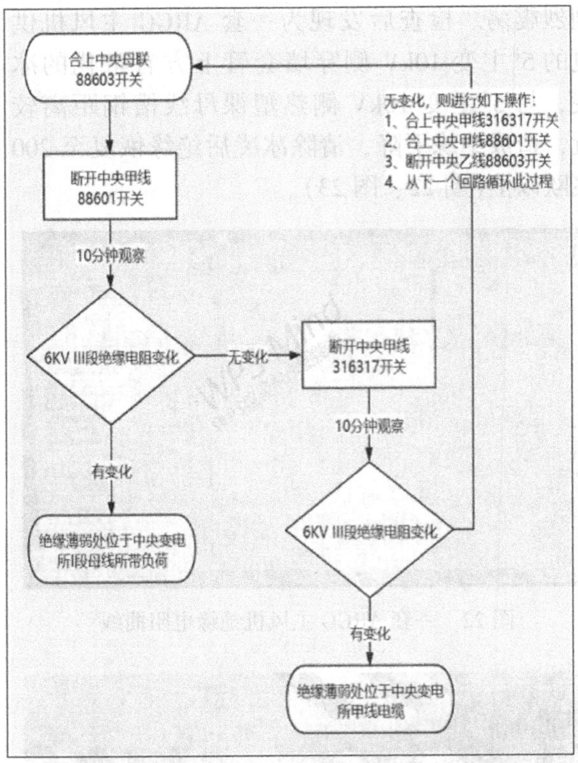

图 26　在线绝缘监测系统运行管理办法

在线绝缘监测系统检维修管理

主要包括一次设备的试验、在线绝缘监测系统静态调试、在线绝缘监测装置的检修周期、解耦柜的定期试验项目、调试方法等方面。

一、根据设备出厂试验标准，对在线绝缘监测装置，材料中一次元器件进行试验，确认试验合格后方可安装使用。

二、在绝缘监测仪表与高压引线之间分别串接5兆欧、15兆欧、45兆欧标准电阻，通过绝缘监测仪表记录绝缘电阻值；绝缘监测仪表测试的绝缘电阻值正负偏差不超3%。

三、根据在线绝缘监测装置的运维手册，定期检验可结合装置停工检修每四年进行一次对绝缘监测系统静态调试。

四、解耦柜一次设备试验项目，结合检修周期对解耦柜内电容器、电抗器、避雷器以及真空开关进行预防性试验，以及绝缘在线监测装置联锁调试和传动试验。

图 27　在线绝缘监测系统检维修管理规定

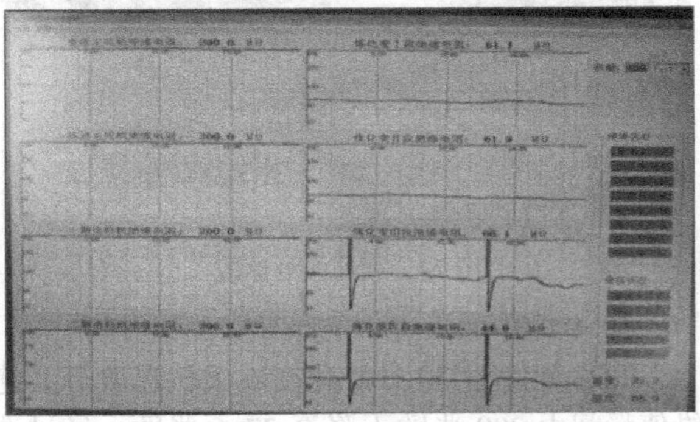

图 28　上位机监控软件示意图

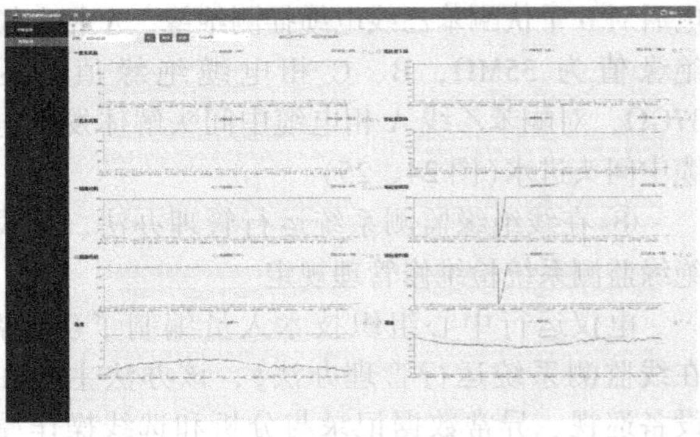

图 29　电气报警和巡检模块示意图

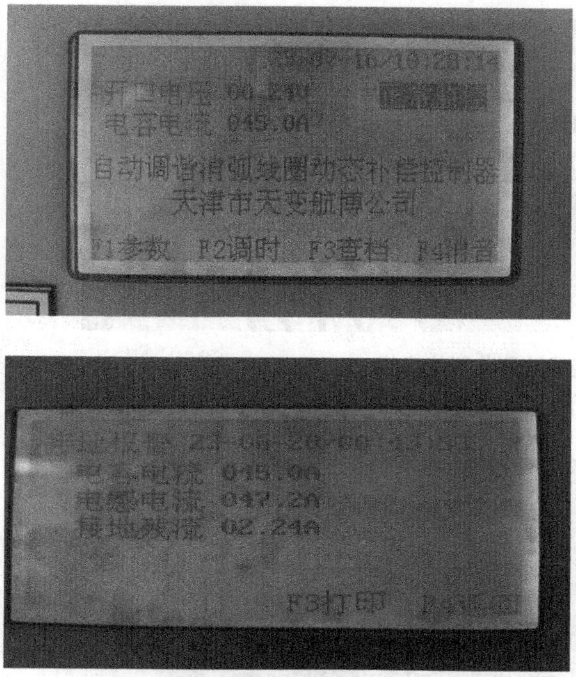

图 30 110kV 炼化变消弧线圈装置

② 在线绝缘监测设备与小电流接线选线

解耦柜切旁路时，对系统的影响。每一次解耦柜切旁路时，电压互感器开口三角电压 3U0 最高可达 10V 左右，会导致总变故障录波器启动和下级 6 千伏配电所小电流接地选线装置接地告警。因此应注意一要关注解耦柜投运时间和当时系统绝缘情况，避免造成信息误导；二要将限流电抗更换为限流电阻；三要先关闭控制器，隔直电容器储存能量得到释放，3 分钟后，再切换旁路。

③ 在线绝缘监测设备与电压互感器聚优柜

西门子高压变频器输入端配置了三个衰减电阻，阻值为 4 兆欧；安装在线绝缘监测装置后，当变频器运行时，绝缘监测装置会报绝缘降低的报文，影响系统绝缘的判断。在变频器输入端配置隔离变压器，或将西门子变频器衰减电阻更换为阻容式的等效电阻。

④ 在线绝缘监测设备与高压变频器

我公司烷基化 6 千伏配电所电压互感器柜安装了配电聚优柜，在线绝缘监测系统投运后显示系统绝缘电阻低，将配电聚优柜退出后，绝缘电阻显示正常。将 PT 中性点解耦消谐模块与配电聚优柜改为串联接线方式运行良好，未对系统绝缘情况产影响(图 31、32)。

图 31 6 千伏西门子变频器柜

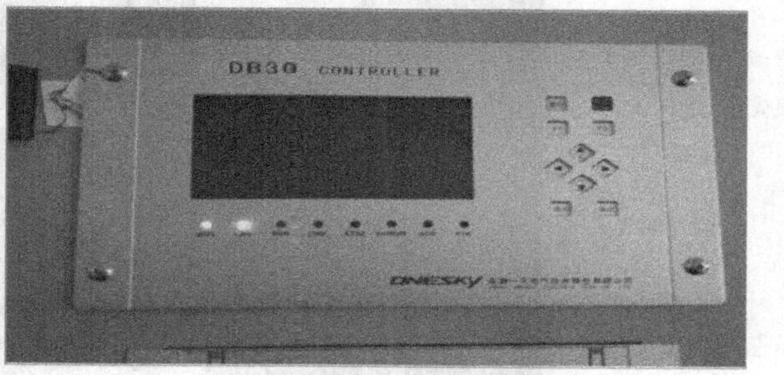

图 32 电压互感器聚优柜

4 应用场景

目前大庆炼化公司已安装母线在线绝缘监测系统 12 套，分别安装于炼化变 6 千伏 Ⅰ、Ⅱ、Ⅲ、Ⅳ段母线、新马变 6 千伏 Ⅰ－Ⅱ段母线、建新变 6 千伏 Ⅰ－Ⅱ段母线、10 千伏重催主风机、10 千伏 ARGG 主风机、10 千伏一、二套聚丙烯装置造粒机；已安装支路绝缘在线监测系统 12 座配电所 136 回。

典型应用介绍如下：

(1) 110 千伏炼化变电所的 4 套绝缘在线监测系统，实时监测 6 千伏四段母线所有运行设备的绝缘状态(图 33~35)。

(2) 10 千伏电机配电系统(图 36~38)

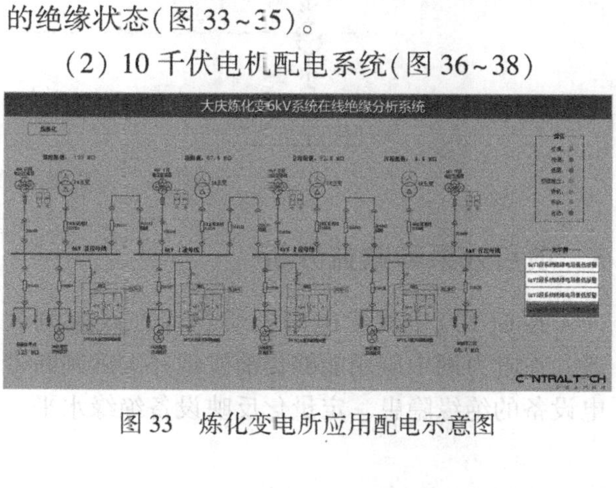

图 33 炼化变电所应用配电示意图

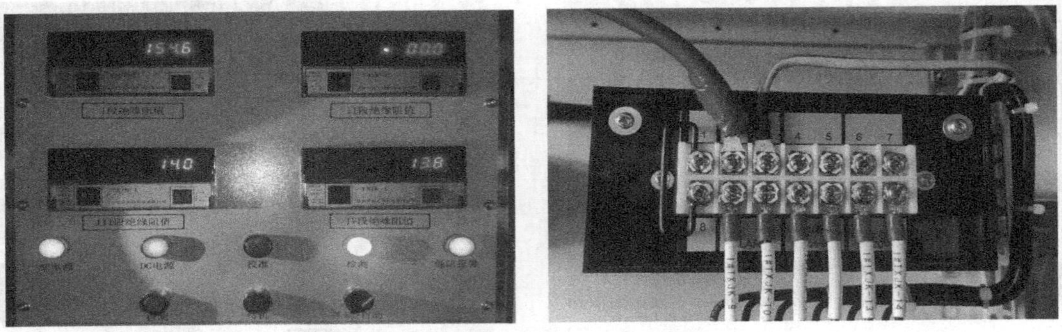

图 34　炼化变电所在线绝缘监测装置绝缘值
显示仪表、直流信号发生器

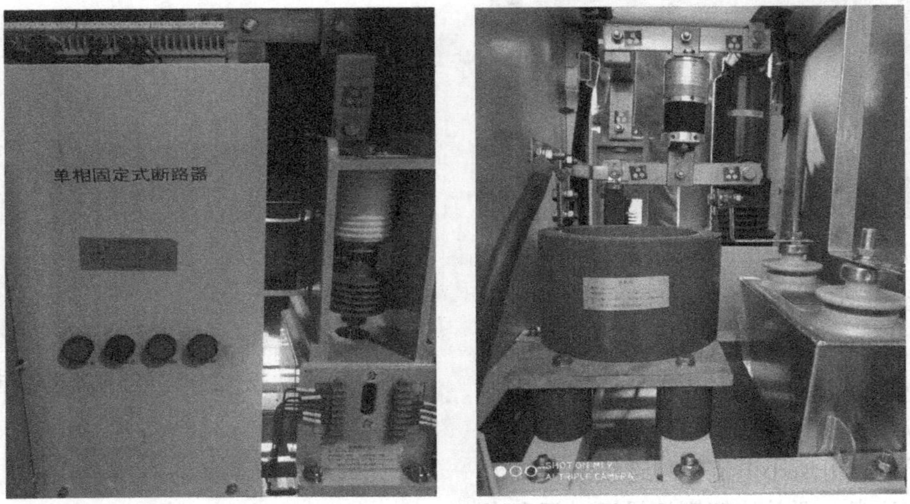

图 35　炼化变电所在线绝缘监测装置直流解耦柜

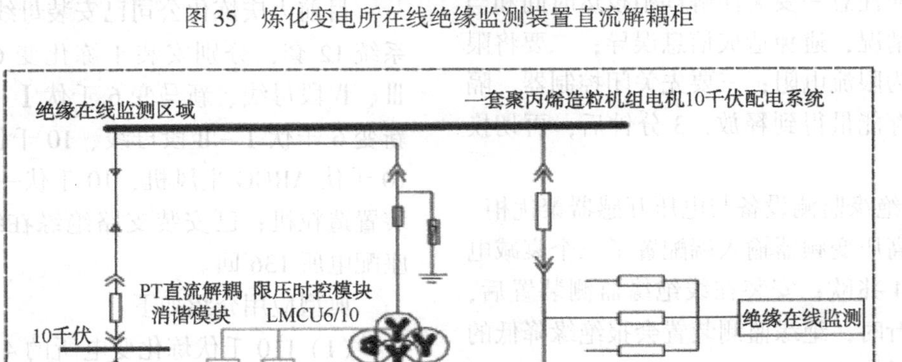

图 36　一套聚丙烯造粒机应用配电示意图

5　项目效果和效益分析

在 6(10) 千伏配电网安装绝缘在线监测装置，在电力网中应用能够提前发现并准确判断带电设备的绝缘隐患、定量化反映设备绝缘水平。

（1）通过绝缘曲线的变化趋势，可及时发现配电网绝缘薄弱的部位，提前重点关注，有针对性地采取有效的防范措施，防止设备故障造成装置停工，造成巨大经济损失。

（2）通过异常绝缘数据的变化程度，可及时发现由于一次电气设备缺陷造成的绝缘隐患，为处理隐患争取时间，防止造成设备突发短路故障。

（3）通过外部环境和极端天气的变化对配电网电气设备绝缘水平的影响程度，可以及时发出关注预警，有针对性地开展应急响应和启动相应的应急预案。

（4）通过对所处理的每一次绝缘隐患进行技术分析，找出产生隐患的根源并总结处理方法，指导开展隐患排查和检维修计划的编制，指导开展主动维护和预知性维修，指导编制设备采购技术要求，从根本上消除隐患。

（5）通过对绝缘数据的积累和大数据分析，掌握电网和电气设备在不同条件和不同环境下的安全绝缘水平，形成保证电网安全稳定长周期运行基础数据库，通过电力调度自动化系统，自动生成绝缘异常分析报告，不用到现场就能在电力系统图中显示绝缘薄弱位置，助力企业数字化转型、智能化发展。维护和预知性维修，指导编制设备采购技术要求，从根本上消除隐患。

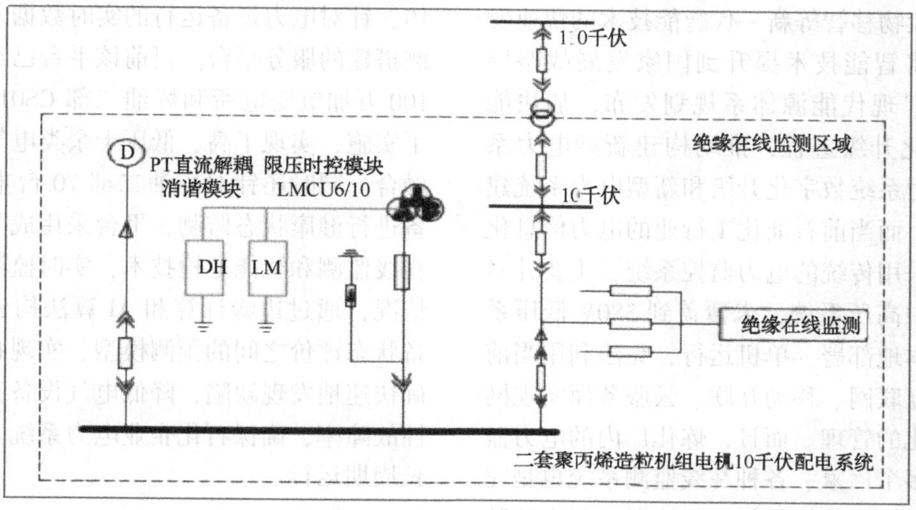

图 37　二套聚丙烯造粒机应用配电示意图

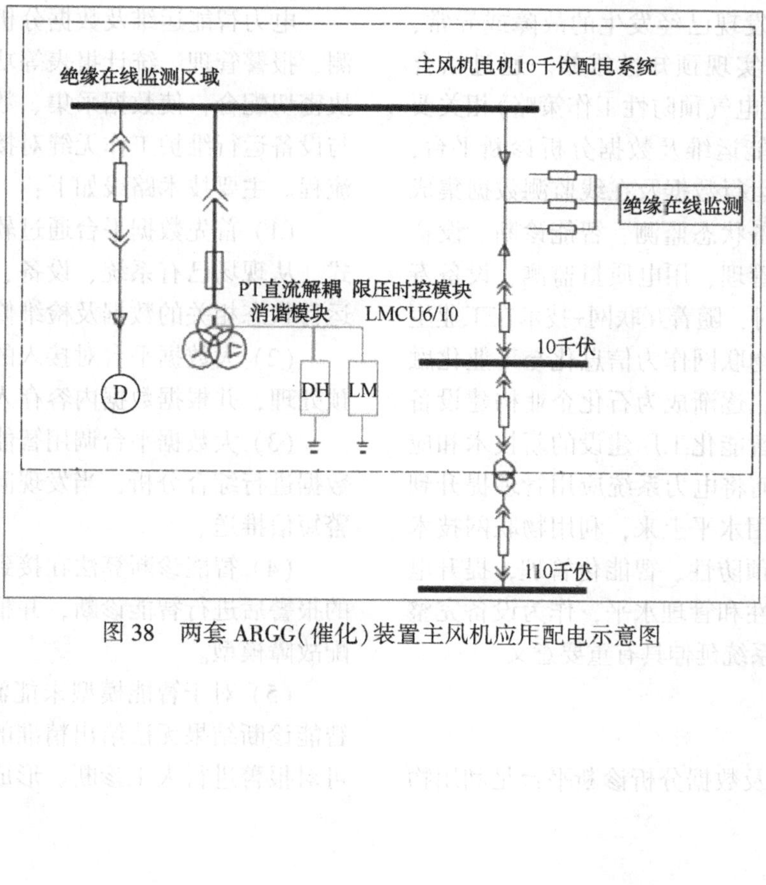

图 38　两套 ARGG（催化）装置主风机应用配电示意图

电力智能运维及数据分析诊断平台开发及应用

完成人：刘海春　曾贤志　李九光　张　英
（中石化湖南石油化工有限公司设备管理部　岳阳长炼机电工程技术有限公司）

1　项目背景

随着云大物移智等新一代智能技术的快速发展，国家已将智能技术提升到国家发展战略层面，“十四五”现代能源体系规划发布，加快能源产业智能化升级进程，推动构建新型电力系统，加快电力系统数字化升级和新型电力系统建设迭代发展。而当前石油化工行业的电力信息化管理基本都采用传统的电力监控系统，主要针对6kV及以上中高压系统，未覆盖到380V低压系统，且采用本地部署、单机运行，无法利用当前快速发展的互联网、移动互联、云服务而实现网络化、移动化的管理。而且，炼化厂内的电力监控系统来自多个厂家、各种在线监测系统也是完全独立，各系统间数据封闭，无法形成集中的数据管理。现有电力监控系统主要读取综保中的故障跳闸记录，只能发现已经发生的故障或异常，无法提前预知故障实现预知性维修。通过结合《中国石化炼化企业电气预防性工作策略》相关要求，开发了电力智能运维及数据分析诊断平台，将电力系统中各类运行数据及在线监测数据集成融合，实现电气设备状态监测、智能诊断、设备预知性维修、能耗管理、用电质量监测、设备寿命管理等功能。同时，随着互联网+技术在工业生产中的深度应用，物联网作为信息化与工业化融合的新兴组合技术，逐渐成为石化企业构建设备完整性管理体系、智能化工厂建设的新技术和应用平台，因此，如何将电力系统应用管理提升到数据管理和数据应用水平上来，利用物联网技术提高电力系统预知预防性、智能化管理，提升电力系统的供电可靠性和管理水平，作为设备完整性管理平台的配套系统延伸具有重要意义。

2　总体情况

电力智能运维及数据分析诊断平台是利用物联网技术、大数据及云平台技术，以各类传感设备、电力仪表、通讯网关、服务器等为基本载体，针对电力设备运行的实时数据采集和状态监测搭建的服务平台。目前该平台已经在炼油一部100万加氢变电所和炼油二部CS01变电所完成了实施，实现了高、低压十余类电气设备数据的融合。同时还针对炼油二部70台重要的电机设备进行健康状态监测，平台采用成熟的电气设备在线监测和智能巡检技术，实时监测设备的运行情况，通过边缘计算和AI算法构建状态量与设备状态评价之间的预测模型、实现状态诊断，准确快速地发现缺陷，降低电气设备突发性、重复性故障率，确保石化企业电力系统安全、稳定和长周期运行。

3　技术路线及技术亮点

电力智能运维及数据分析诊断平台由数据监测、报警管理、统计报表等功能块组成，各功能块密切配合，使数据采集、数据分析、故障诊断与设备运行维护工作无缝对接，形成闭环的业务流程。主要技术路线如下：

（1）首先数据平台通过软件或硬件对接的方式，从现场已有系统、设备、传感器中接入设备运行状态相关的数据及检维修闭环验证数据。

（2）大数据平台对接入的海量实时数据进行预处理，并根据数据内容存入不同的数据存储。

（3）大数据平台调用智能诊断、智能报警等数据进行综合分析，当发现问题时进行预警及预警短信推送。

（4）智能诊断算法在接到智能报警算法产生的报警后进行智能诊断，并根据故障库知识库匹配故障模型。

（5）对于智能模型未能涵盖疑难故障类型，智能诊断结果无法给出精准的建议时，诊断专家可对报警进行人工诊断。形成诊断结论，经过确认后执行管理动作。

(6) 客户接到智能诊断结论后安排检修计划，并给出备件型号及数量信息。

(7) 现场获得维修计划工单并对库存中的配件进行联动管理。

(8) 现场在执行维修工单时可获得维修建议及标准维修规范。

(9) 系统会统计维修相关情况，对现场人员及诊断人员的工作进行跟踪考评。

系统采用模块化设计，支持完整的设备管理业务处理流程的应用；可根据企业业务需求，选择性部署相应管理模块，在不完全部署时同时可以和其他系统实现数据对接，达到管理流程贯通，如图1所示。

4 应用场景

(1) 实现不同通信协议设备运行状态的全天候不间断智能巡检

通过对变电站已有综保、表计、变频器等各类用电设备，以及已有的本地部署系统接口对接等方式实时采集设备的运行状态和监测数据，并通过5G/4G网络将数据传输至数据管理系统。实现石化行业中不同厂家、不同型号、不同通讯协议用电设备的数据采集，打破数据孤岛，实现网络化、移动化集中管理、全天候不间断智能巡检，已采集的设备类型如图2、图3所示。

(2) 设备预知故障、即时报警管理

平台将电气设备及系统的运行机理、设备属性、行业属性、运维经验等结合起来，通过对数据进行量化分析和趋势对比分析，实现对设备运维的动态预测、预判和预防(图4~图6)。

(3) 电机状态在线监测、智能诊断管理

通过安装电机状态诊断装置，利用电流频谱分析法技术原理，通过高频信号采集，进行特征提取，再通过基波信号处理、傅氏变换、频谱校正后实现故障识别，最终形成智能诊断模型。可识别电机轴承、绕组及电气基础故障、机械基础故障、负载故障、电源等各类故障。感应电动机转子断条故障诊断实现流程如图7~9所示。

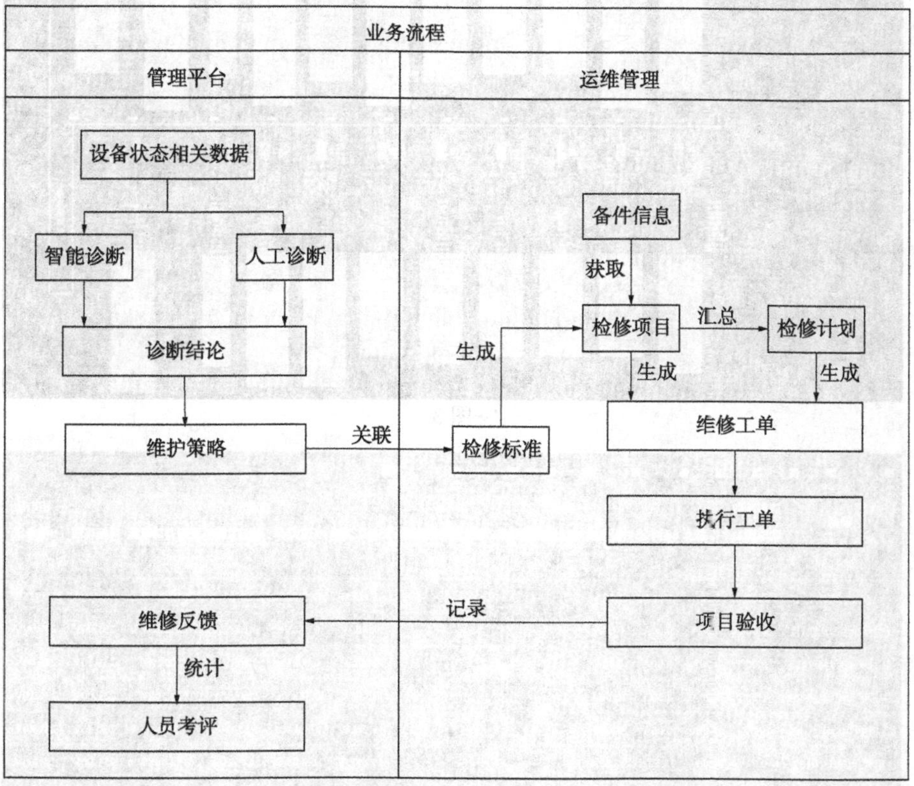

图1

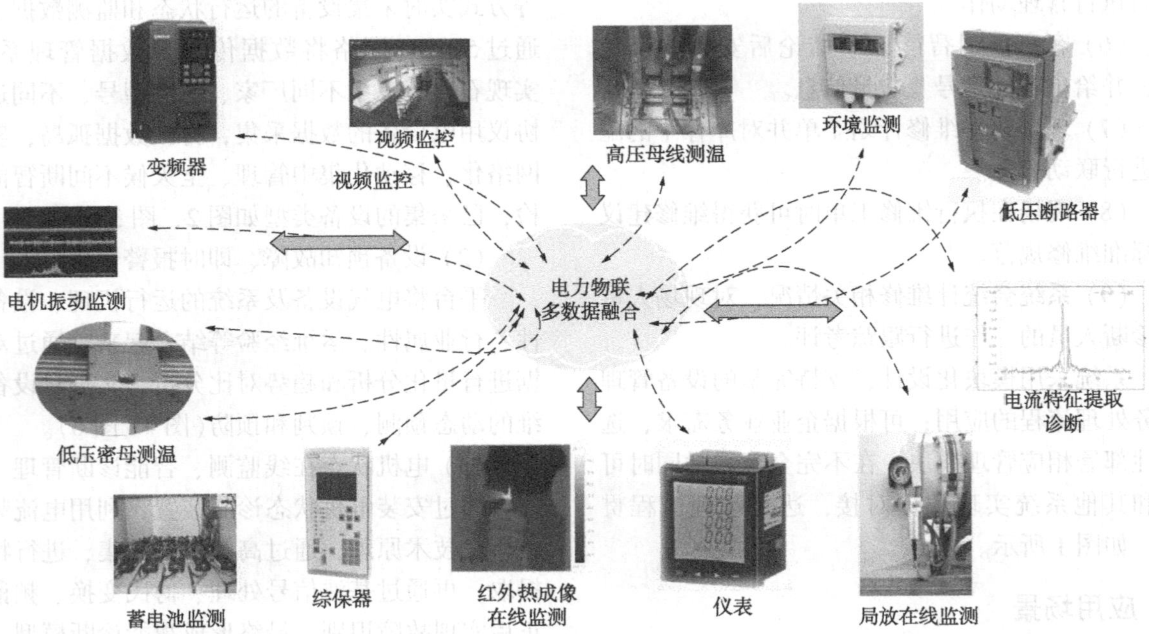

图 2

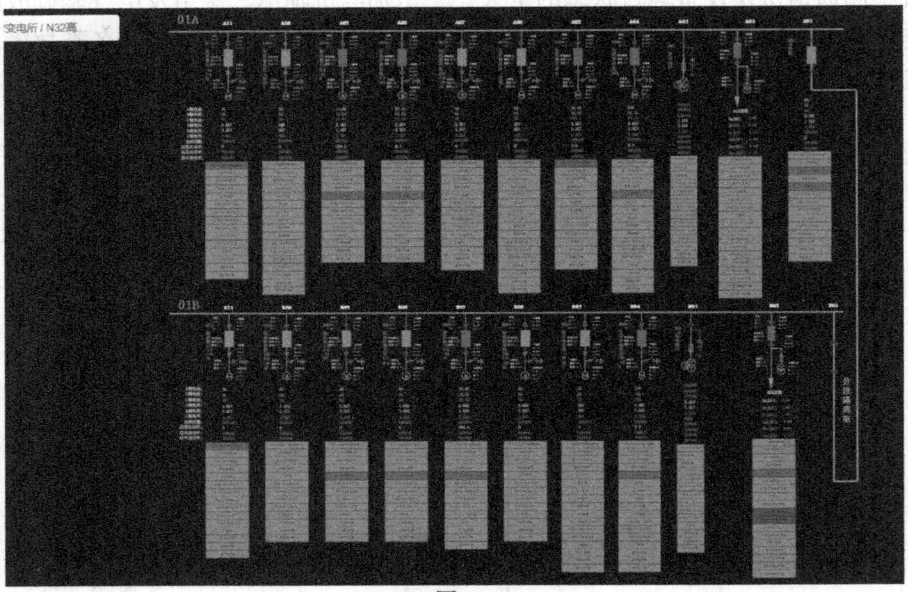

图 3

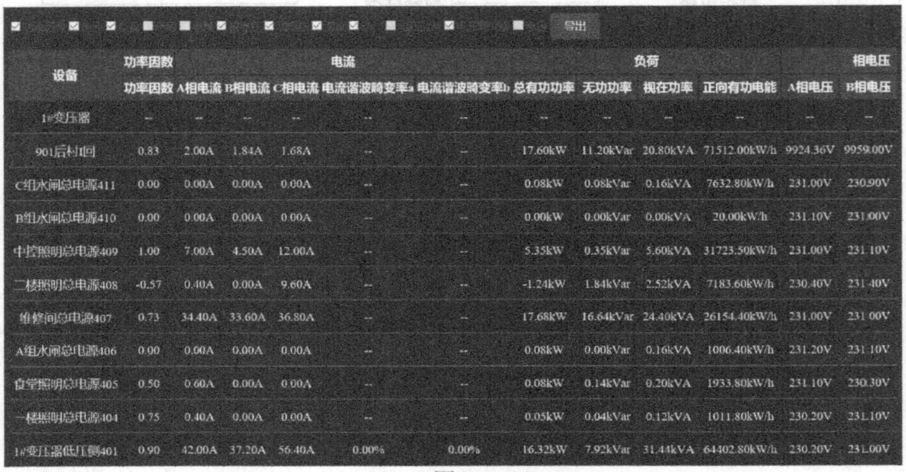

设备	功率因数	电流					负荷				相电压	
	功率因数	A相电流	B相电流	C相电流	电流谐波畸变率a	电流谐波畸变率b	总有功功率	无功功率	视在功率	正向有功电能	A相电压	B相电压
1#变压器	--	--	--	--	--	--	--	--	--	--	--	--
901后村I回	0.83	2.00A	1.84A	1.68A	--	--	17.60kW	11.20kVar	20.80kVA	71512.00kW/h	9924.36V	9959.00V
C组水闸总电源411	0.00	0.00A	0.00A	0.00A	--	--	0.08kW	0.08kVar	0.16kVA	7632.80kW/h	231.00V	230.90V
B组水闸总电源410	0.00	0.00A	0.00A	0.00A	--	--	0.00kW	0.00kVar	0.00kVA	20.00kW/h	231.10V	231.00V
中控照明总电源409	1.00	7.00A	4.50A	12.00A	--	--	5.35kW	0.35kVar	5.60kVA	31723.50kW/h	231.00V	231.10V
二楼照明总电源408	-0.57	0.40A	0.00A	9.60A	--	--	-1.24kW	1.84kVar	2.52kVA	7183.60kW/h	230.40V	231.40V
维修间总电源407	0.73	34.40A	33.60A	36.80A	--	--	17.68kW	16.64kVar	24.40kVA	26154.40kW/h	231.00V	231.00V
A组水闸总电源406	0.00	0.00A	0.00A	0.00A	--	--	0.08kW	0.00kVar	0.16kVA	1006.40kW/h	231.20V	231.10V
食堂照明总电源405	0.50	0.60A	0.00A	0.00A	--	--	0.08kW	0.14kVar	0.20kVA	1933.80kW/h	231.10V	230.30V
一楼照明总电源404	0.75	0.40A	0.00A	0.00A	--	--	0.05kW	0.04kVar	0.12kVA	1011.80kW/h	230.20V	231.10V
1#变压器低压侧401	0.90	42.00A	37.20A	56.40A	0.00%	0.00%	16.32kW	7.92kVar	31.44kVA	64402.80kW/h	230.20V	231.00V

图 4

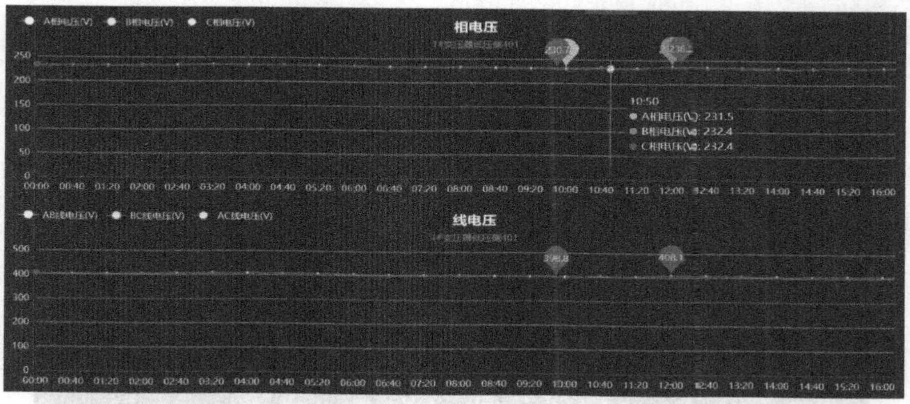
A相电压(V)
B相电压(V)
C相电压(V)
相电压
10:50
A相电压(V): 231.5
B相电压(V): 232.4
C相电压(V): 232.4
AB线电压(V)
BC线电压(V)
AC线电压(V)
线电压

图 5

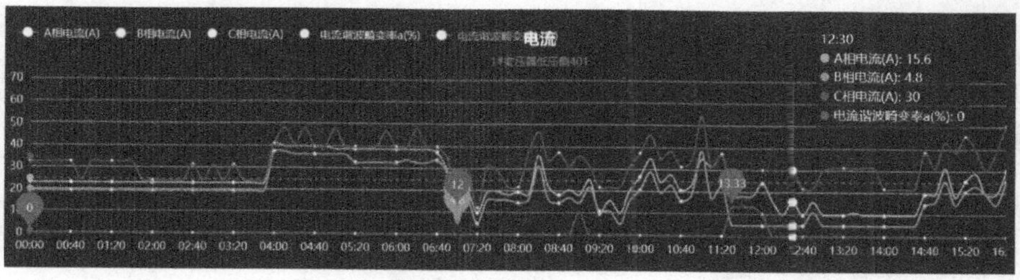
A相电流(A)
B相电流(A)
C相电流(A)
电流谐波畸变率a(%)
电流
12:30
A相电流(A): 15.6
B相电流(A): 4.8
C相电流(A): 30
电流谐波畸变率a(%): 0

图 6

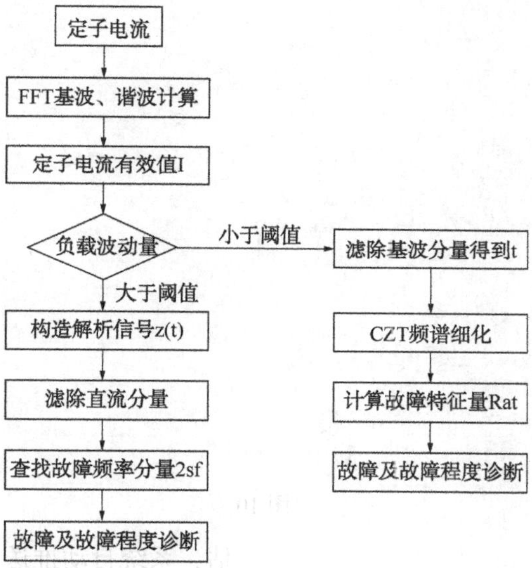
定子电流
FFT基波、谐波计算
定子电流有效值I
负载波动量
小于阈值
大于阈值
滤除基波分量得到t
构造解析信号z(t)
CZT频谱细化
滤除直流分量
计算故障特征量Rat
查找故障频率分量2sf
故障及故障程度诊断
故障及故障程度诊断

图 7

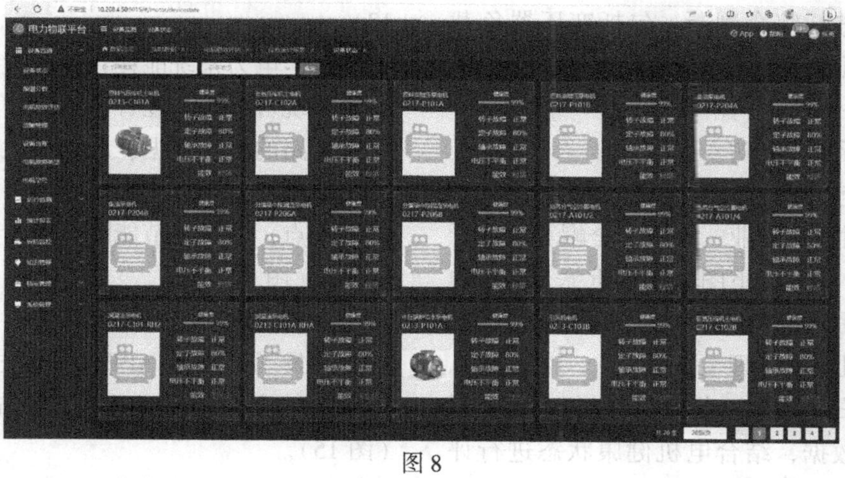
电力物联平台

图 8

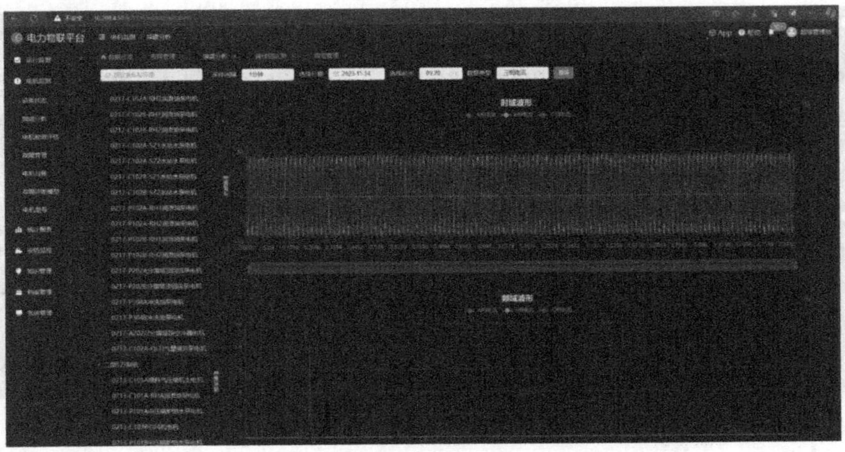

图 9

（4）电力系统可视化数据看板

实现负荷统计、报警统计、用电量等可视化展现设备管理人员通过可视化看板，可以了解电力系统的整体情况（图 10）。

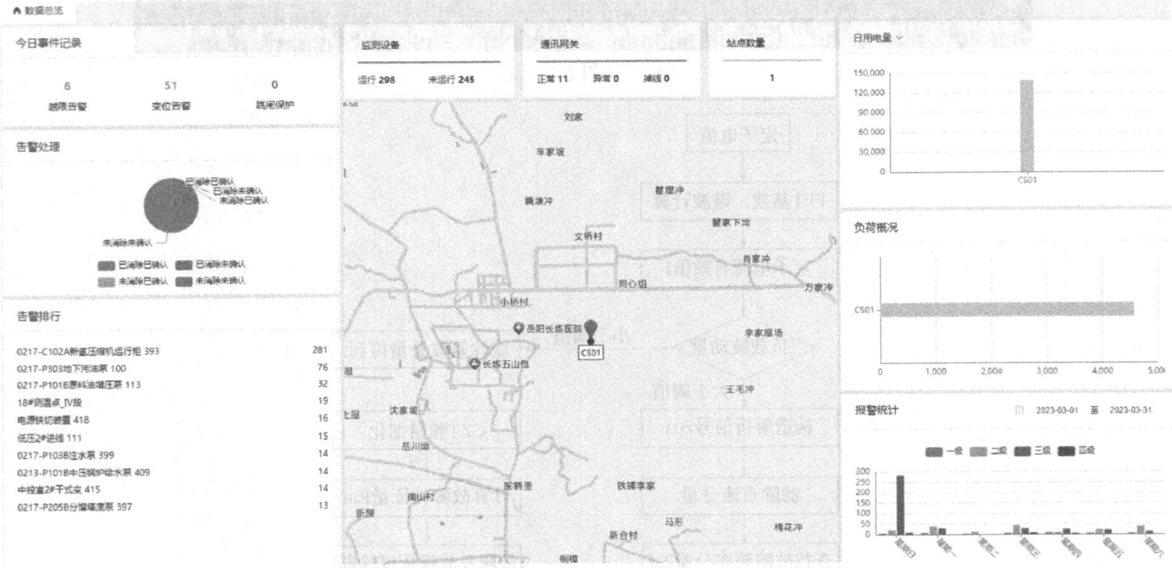

图 10

（5）电力数据统计分析

系统可一键生成月度运行报告，对整个月份采集到的数据进行综合判断，包括变压器负载率、谐波、电压偏差、用电量等数据的分析，科学指导电气设备的管理（图 11）。

（6）变电所智能安防

实时监测变电所内环境。通过人工智能机器视觉算法实现对单人作业、不戴安全帽等违章行为的自动识别、预警，下图为变电所单人作业的违章智能抓拍（图 12）。

（7）电动机寿命管理

通过平台采集到的电动机累计运行时间、累计启动次数等数据，结合电机健康状态进行评估，系统自动推送主备电机切换提醒，避免电机长时间疲劳运行，从而延长电机使用寿命（图 13）。

（8）电力系统能耗管理

系统可逐时、逐日、逐月、逐年查询指定分区或回路的能耗数据，计算最大、最小负荷、平均负荷值。对企业用能情况进行长期监测，查找能耗弱点，为实施节能降耗的措施提供直观科学的依据（图 14）。

（9）移动端 APP 应用

开发了移动端 APP，可通过 APP 实现对用电设备的实时数据监测、报警故障推送等功能（图 15）。

变电站运行情况综合报告

站点名称：CS01

报告编制：秦晓琴

报告审核：邓云霞

报告日期：2021 年 10 月

变电站概况

变电站名称	CS01			
主变容量	额定电流	主变数量	电压等级	高压监测点数量
20MVA	1832.90A	2	35/6kV	2
变压器容量	额定电流	变压器数量	电压等级	低压监测点数量
1000kVA	1443.38A	4	6/0.4kV	8

变电站运行情况

序号	评价指标		评价标准	结论
1	事件统计	高压综保动作次数	≤2 为达标	达标
2		低压综保动作次数	≤5 为达标	达标
3		变频器动作次数	≤2 为达标	达标
4	电能质量	功率因数	月功率因数综合计算值 > 0.9 为达标	达标
5		谐波	电压谐波含有率 < 4%；电流谐波含有率 < 34%为达标	达标
6		电压偏差	10kV 及以下三相供电电压允许偏差为额定电压的±7%;220V 单相供电电压允许偏差为额定电压的+7%、-10%	达标
7	能效	负载率	月平均负载率低于 85%为达标	
8		用电量		

功率因数分析

序号	监测点	本月有功电度	功率因数越限标准		功率因数		结论
			上限	下限	最高值	最低值	
1	低压 1#进线 107	5262.00	1	0.9	1.00	-1.02	不达标
2	I 段低压进线 ABB 断路器 108	0.00	1	0.9	0.00	0.00	不达标
3	低压 2#进线 111	5462.00	1	0.9	0.86	0.73	不达标
4	II 段低压进线 ABB 断路器 112	0.00	1	0.9	0.00	0.00	不达标
5	低压 3#进线 215	5318.00	1	0.9	0.93	0.79	不达标
6	III 段低压进线 ABB 断路器 216	0.00	1	0.9	0.00	0.00	不达标
7	低压 4#进线 277	5403.00	1	0.9	0.88	0.80	不达标
8	IV 段低压进线 ABB 断路器 278	0.00	1	0.9	0.00	0.00	不达标
9	高压 1#进线 379	91 60300.00	1	0.9	1.00	-1.00	不达标
10	高压 2#进线 380	13 78300.00	1	0.9	-0.83	-0.89	不达标

谐波分析

电压谐波分析

序号	监测点	奇次谐波电压含有率%	3 次电压谐波最高值%			5 次电压谐波最高值%			结论
			A 相	B 相	C 相	A 相	B 相	C 相	
1	低压 1#进线 107	4.00	0.00	0.00	0.00	0.00	0.00	0.00	达标
2	I 段低压进线 ABB 断路器 108	4.00	0.00	0.00	0.00	0.00	0.00	0.00	达标
3	低压 2#进线 111	4.00	0.00	0.00	0.00	0.00	0.00	0.00	达标
4	II 段低压进线 ABB 断路器 112	4.00	0.00	0.00	0.00	0.00	0.00	0.00	达标
5	低压 3#进线 215	4.00	1.00	1.00	1.00	1.00	1.00	2.00	达标
6	III 段低压进线 ABB 断路器 216	4.00	0.00	0.00	0.00	0.00	0.00	0.00	达标
7	低压 4#进线 277	4.00	1.00	1.00	1.00	1.00	2.00	1.00	达标
8	IV 段低压进线 ABB 断路器 278	4.00	0.00	0.00	0.00	0.00	0.00	0.00	达标
9	高压 1#进线 379	3.20	0.00	0.00	0.00	0.00	0.00	0.00	达标
10	高压 2#进线 380	3.20	0.00	0.00	0.00	0.00	0.00	0.00	达标

电流谐波分析

序号	监测点	3 次电流谐波最高值%				5 次电流谐波最高值%				7 次电流谐波最高值%				结论
		上限				上限	A 相	B 相	C 相	上限	A 相	B 相	C 相	
1	低压 1#进线 107	34.00	5.00	9.00	6.00	34.00	4.00	4.00	5.00	24.00	3.00	4.00	4.00	达标
2	I 段低压进线 ABB 断路器 108	34.00	0.00	0.00	0.00	34.00	0.00	0.00	0.00	24.00	0.00	0.00	0.00	达标
3	低压 2#进线 111	34.00	2.00	1.00	2.00	34.00	2.00	3.00	2.00	24.00	2.00	2.00	2.00	达标
4	II 段低压进线 ABB 断路器 112	34.00	0.00	0.00	0.00	34.00	0.00	0.00	0.00	24.00	0.00	0.00	0.00	达标
5	低压 3#进线 215	34.00	12.00	8.00	13.00	34.00	23.00	22.00	27.00	24.00	13.00	14.00	14.00	达标
6	III 段低压进线 ABB 断路器 216	34.00	0.00	0.00	0.00	34.00	0.00	0.00	0.00	24.00	0.00	0.00	0.00	达标
7	低压 4#进线 277	34.00	6.00	5.00	6.00	34.00	13.00	14.00	14.00	24.00	8.00	8.00	8.00	达标
8	IV 段低压进线 ABB 断路器 278	34.00	0.00	0.00	0.00	34.00	0.00	0.00	0.00	24.00	0.00	0.00	0.00	达标
9	高压 1#进线 379	62.00	0.00	0.00	0.00	62.00	0.00	0.00	0.00	44.00	0.00	0.00	0.00	达标
10	高压 2#进线 380	62.00	0.00	0.00	0.00	62.00	0.00	0.00	0.00	44.00	0.00	0.00	0.00	达标

电压偏差分析

序号	监测点	电压越限标准		额定电压	电压最高值（V）			电压最高时的		电压最低值（V）			电压最低时的		结论
		上限	下限		A 相	B 相	C 相	负荷（kW）	功率因数	A 相	B 相	C 相	负荷（kW）	功率因数	
1	低压 1#进线 107	7.00%	-10.00%	220.00	230.18	232.00	229.8[illegible]		0.98	218.18	219.68	217.90		0.93	达标
3	低压 2#进线 111	7.00%	-10.00%	220.00	231.46	231.86	231.0[illegible]		0.82	219.24	218.86	218.44		0.81	达标
5	低压 3#进线 215	7.00%	-10.00%	220.00	229.46	231.24	228.6[illegible]		0.87	218.82	220.34	218.38		0.87	达标
7	低压 4#进线 277	7.00%	-10.00%	220.00	231.48	230.98	230.76		0.84	220.38	220.36	219.76		0.83	达标
9	高压 1#进线 379	7.00%	-7.00%	3464.00	3590.00	3670.00	3660.00	6821400.00	-1000.00	3480.00	3550.00	3560.00	6806200.00	990.00	达标
10	高压 2#进线 380	7.00%	-7.00%	3464.00	3670.00	3660.00	3650.00	[illegible]065400.00	-880.00	3570.00	3570.00	3570.00		-870.00	达标

图 11

告警详情

抓拍时间：2022-06-30 15:49:53

抓拍地点：CS01变电所

告警类型：单人作业检测

告警子类型：作业人员

布控时间：00:00 - 00:00

审核意见：● 正确 ○ 错误

确定

图 12

图 13

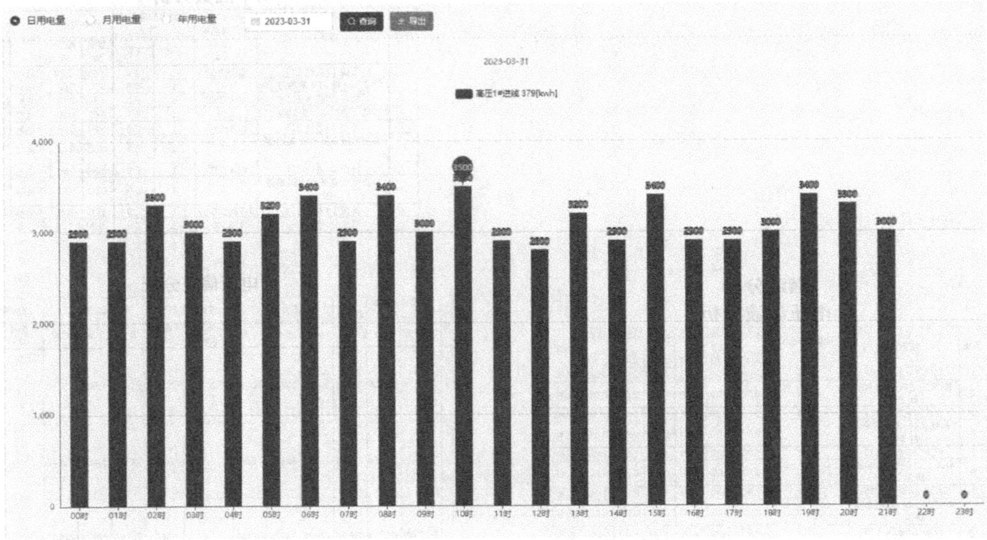
日用电量
月用电量
年用电量
2023-03-31
查询
导出
2023-03-31
4,000
3,000
2,000
1,000
0
00时
01时
02时
03时
04时
05时
06时
07时
08时
09时
10时
11时
12时
13时
14时
15时
16时
17时
18时
19时
20时
21时
22时
23时

图 14

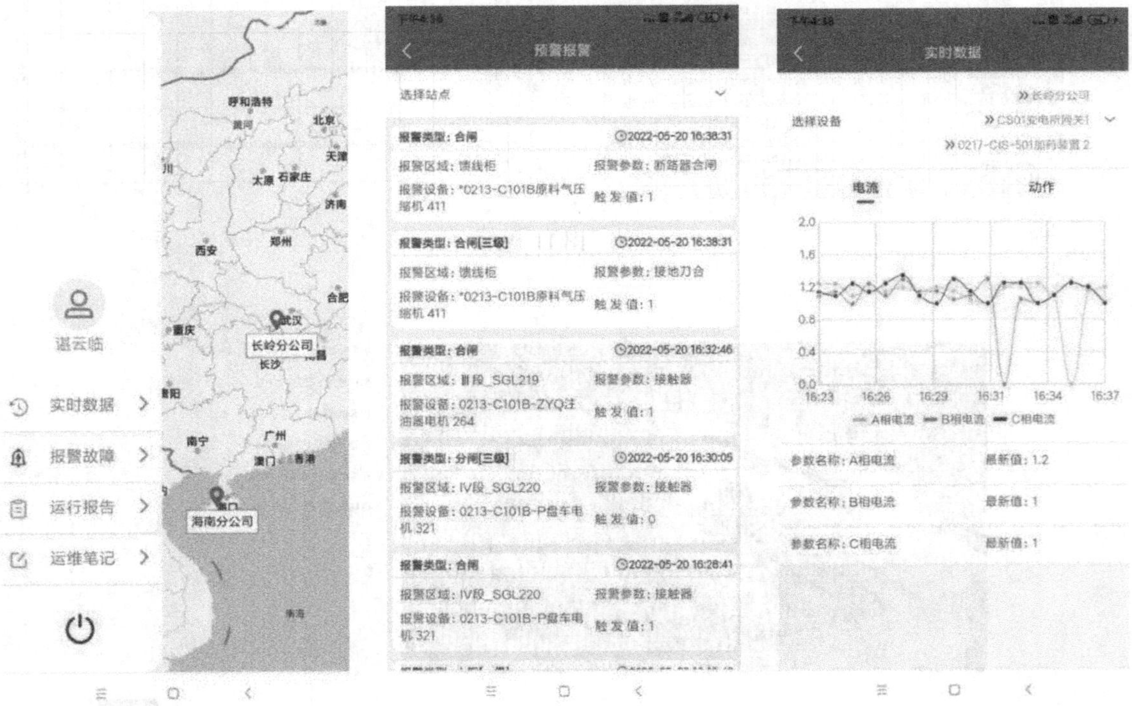
呼和浩特
北京
天津
太原
石家庄
济南
郑州
西安
合肥
武汉
重庆
长岭分公司
长沙
南宁
广州
澳门
香港
海南分公司
谌云皓
实时数据
报警故障
运行报告
运维笔记
预警报警
选择站点
报警类型：合闸
2022-05-20 16:38:31
报警区域：馈线柜
报警参数：断路器合闸
报警设备：*0213-C101B原料气压缩机 411
触发值：1
报警类型：合闸[三级]
2022-05-20 16:38:31
报警区域：馈线柜
报警参数：接地刀合
报警设备：*0213-C101B原料气压缩机 411
触发值：1
报警类型：合闸
2022-05-20 16:32:46
报警区域：Ⅲ段_SGL219
报警参数：接触器
报警设备：0213-C101B-ZYQ注油器电机 264
触发值：1
报警类型：分闸[三级]
2022-05-20 16:30:05
报警区域：Ⅳ段_SGL220
报警参数：接触器
报警设备：0213-C101B-P盘车电机 321
触发值：0
报警类型：合闸
2022-05-20 16:28:41
报警区域：Ⅳ段_SGL220
报警参数：接触器
报警设备：0213-C101B-P盘车电机 321
触发值：1
实时数据
长岭分公司
选择设备
CS01变电所网关1
0217-CIS-501加药装置 2
电流
动作
2.0
1.6
1.2
0.8
0.4
0.0
16:23
16:26
16:29
16:31
16:34
16:37
A相电流
B相电流
C相电流
参数名称：A相电流
最新值：1.2
参数名称：B相电流
最新值：1
参数名称：C相电流
最新值：1

图 15

5　项目效果和效益分析

5.1　提升电力设备管理水平

电力智能运维及数据分析诊断平台实施后，大大提升了电力设备管理水平，取得了较好的效果，具体介绍如下：

(1) 各类用电设备全天候智能巡检。实现用电设备的集中监控，并通过 APP 实现移动实时数据管理，为预知预防性维修提供数据支撑，提高电力系统运行的稳定性。

(2) 提升能耗管理。从多个维度统计分析用户能耗使用情况。通过参考设备的能耗统计情况，在电价谷峰段进行高能耗设备的切换，从而达到节约电费、提高用电质量的效果。

(3) 提升电机使用寿命

通过对电机的长期在线监测实现设备健康状态管理、故障诊断及预测性维护，提高了设备寿命，降低了设备投资及检修维护成本。

5.2　经济效益

电力智能运维及数据分析诊断平台的应用逐渐取代人工巡检，减少了运维人员的投入，年节省运维成本约 87 万元；提高了设备安全运行水平，提高了设备寿命，降低了非计划停机的概率，减少了设备故障及装置非计划停机带来的经济损失，通过故障预测与能耗管理年节约运行成本约 210 万元，节约智能变电站建设成本约 98 万元。

5.3　社会效益

电力智能运维及数据分析诊断平台在线实时监测，有利于故障隐患的早发现早处理。优化提升了企业专业化、信息化管理水平和企业生产效率。同时，有效提高了电力系统供电可靠性，避免了重大电气事故的发生，保障了生产的稳定性，具有重要社会效益。

补强薄弱环节　做好专项攻关
青岛炼化公司积极提升设备运行可靠性

完成人：常培延　程千里　张岳峰　龙杰飞　赵尊鹏　张　欢

（中国石化青岛炼油化工有限责任公司）

1 背景

青岛炼化是国内第一个单系列千万吨级炼油项目，位于青岛西海岸新区化工园区，占地275公顷。2006年5月开工建设，2008年6月建成投产，经过三次大检修及同步质量升级适应性扩能改造，目前加工能力达到1200万吨/年。我们始终坚持安全平稳是最大效益的理念，继续保持良好营运局面。装置投产以来，在总部指引下、公司领导下，设备管理水平不断提升，公司连续10年荣膺中国石油和化学工业联合会发布的“能效领跑者标杆企业(原油加工)”榜首、2023年度设备管理标准化标杆等荣誉称号。结合日常管理及兄弟企业出现问题，公司组织开展隐患排查、查找薄弱环节，持续做好专项攻关，不断提升管理。面临往复机长周期无故障运行、密闭除焦长周期运行管理、220kV主电网可靠性提升、综保保护动作管理方面存在提升空间，公司上下成立专项攻关小组，做实专业、补强薄弱环节，不断提升设备管理水平，保证装置“安、稳、长、满、优”运行。

2 总体情况

1）根据总部统一部署，我公司作为往复式压缩机状态监测系统试点企业，本项目选取了两台A类机组即柴油加氢新氢压缩机K101A、加氢处理新氢压缩机K101C作为试点设备。该项目2023年3月份立项，4月份完成详细设计，9、10月份进行现场探头安装、监测系统布置调试，11月份达到投用条件。频数据采集探头均为本次改造新增，属于监测系统关键数据，直接进现场数采柜接入系统；低频数据中，进排气阀阀盖温度为新增，直接接入系统，其余数据为机组已有探头采集，通过实时数据库通讯至监测系统。

2）2019年大检修期间焦化装置实施密闭除焦项目改造。随着密闭除焦系统的投用，各类问题逐渐暴露出来，主要有仓内蒸汽较大且消散缓慢、仓内设备故障率较高、控制系统组态不完善影响操作维护等。由于密闭除焦系统设备、仪表等为单台设备无备用，任何故障均影响正常取料。特别是自2021年9月起，焦化装置持续满负荷生产，除焦、取料时间加长，仓内设备故障曾多次引起装置加工量调整，密闭除焦系统运行维护压力骤增。

3）公司建厂以来，存在公司电网电源单薄、110kV电源容量不足和来自同一变电站母线的问题，对于公司装置运行存在电力保障方面的薄弱环节。220kV输变电工程改造隐患治理项目从2022年11月开展基础设计到2023年6月份建成送电，历时7个月，在确保优质高效的前提下，创下了220kV变电站建设期最短的新纪录，并成功实现在2023年大检修期间完成电力负荷转移工作。有力保障了公司生产用电，同时为公司未来发展提供强有力的电力保障。

4）继电保护综保动作影响到设备可靠运行，受设计、设备质量、生产运行、维护等多方面因素影响，如何有效控制综保动作次数、保障设备可靠运行是使用单位较为关注的重要条件，2021年以来，在电气、工艺、设备等各专业的共同努力下，通过编制专项指导文件、重点关注问题设备、成立问题设备攻关小组等措施，加强操作管理及设备运行管理；利用成立保护小组、组建专业管理团队、完善继电保护管理机制、激发团队积极性，强化继电保护专业管理；依托设备完整性平台积极开展落实设备预防性维修工作、设备缺陷管理，提升设备平稳运行水平。

3 技术路线及应用效果

1）对两台机组增上了一套“RecomsIS往复式压缩机智能运维监管系统”，该系统适用于炼化企业常用类型往复式压缩机，具备在线监测、故障诊断、日常运维等功能，通过基于PV示功图的状态监测体系，融合大数据、物联网和AI人工智能技术建成智能专家诊断系统，实现对故障进行自诊断。建立零部件管理系统，实时跟踪部件运行情况；结合监测系统从多维度分析和综合判断易损件的运行状况，准确评估零部件和整机的健康状况，实现机组故障的精准识别、预知并规避往复式压缩机重大安全事故的发生。通过ANN神经元网络算法、EO算法对实时收集的设备数据进行分析处理，建立智能预警系统，识别并预警异常，对易损件及整机从多个维度进行健康状况量化评估；并基于分析结果指导开展预测性维修计划，并感知分析维护结果不断优化预测模型。如图1、图2所示。

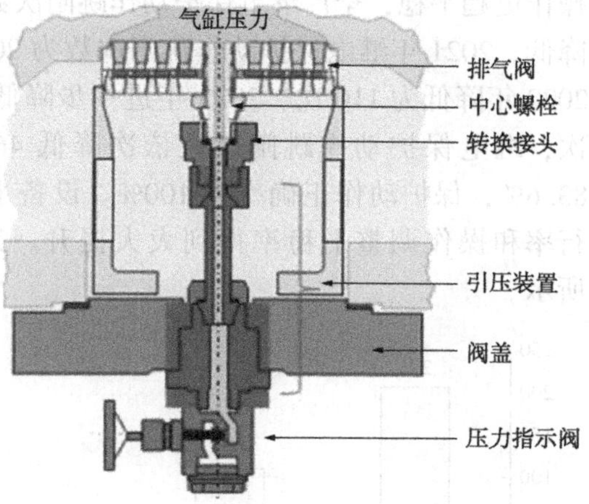

图1

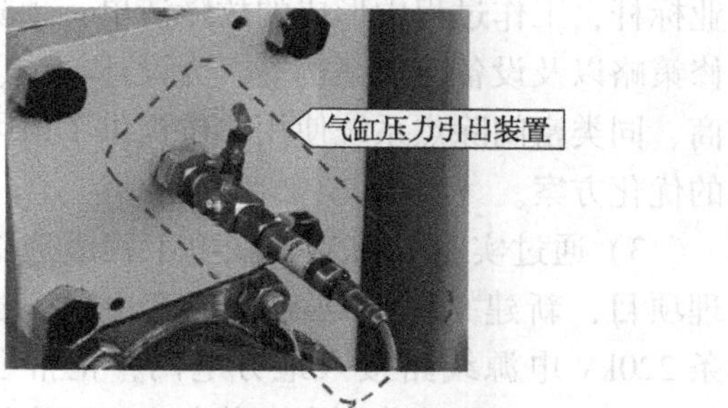

■ 可用的气阀：中心螺栓大于M12的气阀；
■ 压缩机转速：最大600r/min；
■ 最高运行压力：340bar；
■ 最高温度：200℃；

图2

（1）气缸振动属于加速度高频数据，能体现在不同相位角度下气缸的振动强度的差异，通过三级包络线预警，比机身振动联锁能更早地发现异常而避免联锁停机。

（2）支承环凸出量的实时计算能有效避免支承环磨损超标未及时检修导致的事故；

（3）反向角实时计算能保证有无级气量调节系统参与控制时机组始终运行在安全范围内。

（4）压缩机机组效率与气阀、活塞环及填料的正常运行密切相关，当这三类产品出现损坏或效率降低后，机组效率也会同步降低，通过示功图(图3)便可对此类缺陷进行有效监控。

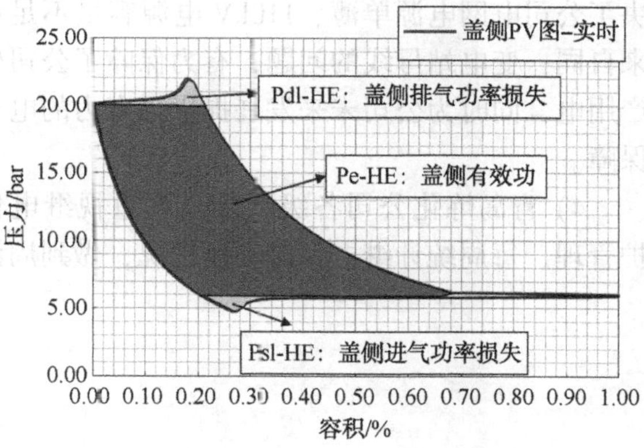

图3

通过应用，保障机组安稳高效运行，有效提升预防性维修水平，更全面地掌握机组运行状况，有效提升设备可靠性，有力保障了机组的安稳运行。

2）随着加工负荷的上涨，生焦高度增加，除焦、取料时间加长，留给系统设备故障排除及处理的时间则大大降低。为不影响装置生产波动，迫切需要建立齐全有效的故障排查处理体系。日常维护管理方面，我们主要推行“四化”管理，重视细节，精益求精，推行设备运行维护管理的“表单化、全员化、定期化、精细化”，以全面、高质、高效地落实定时性事务及预防性维修策略，稳步降低密闭除焦系统内设备故障率。

通过维护团队不断分析、技术攻关，形成了常见问题表单化，降低异常排除时间、出谋划策全员化，逐项解决频繁故障、形成维护工作定时事务，见缝插针消除隐患、日常检查精细化，查漏补缺消死角等管理方式提升密闭除焦平稳运行，通过耐磨水泵改造、筛分破碎机的优化改造、落料三通材质升级、皮带机和小车轮改造等提升设备可靠性。密闭除焦系统频发性故障已逐步消除。通过细化定时维护工作和预防性维修策略，强管理促落实，及时发现并消除设备潜在缺陷，积极攻关和优化改造，实现2023年全年无故障运行，无故障运行时长较以往提升5倍以上，装置长期满负荷生产，加工量同比增长14%。我公司密闭除焦系统无故障运行已成为行业标杆，工作过程中形成的故障清单，预防性维修策略以及设备改造案例等，为设计单位、制造商、同类密闭除焦系统使用单位提供了值得借鉴的优化方案。

3）通过实施220kV输变电工程改造隐患治理项目，新建一座220kV千石变电站，通过4条220kV电源线路接入地方电网，正常合环运行，四条电源线路分别来自黄岛电厂、海河站和尚德站，形成了4条220kV电源线路、3个不同电源点的可靠外部供电网络，千石站内220kV、110kV采用双母双分段接线，3台180MV·A主变，配出两路110kV线路为公司总变供电，留有充足备用间隔。110kV总变另有一路热备用电源引自国网公司海河站，公司电网主网结构坚强、可靠。该项目从2022年11月开展基础设计到2023年6月份建成送电，历时7个月，在确保优质高效的前提下，创下了220kV变电站建设期最短的新纪录，并成功实现在2023年大检修期间完成电力负荷转移工作。该项目的实施解决了公司电网电源单薄、110kV电源容量不足和来自同一变电站母线的问题，有力保障了公司生产用电，同时为公司未来发展提供强有力的电力保障。

4）青岛炼化公司各级领导高度重视继电保护管理，每周统计继电保护动作情况，做到周汇报、月总结，积极查找继电保护动作原因，认真落实各项措施，努力降低继电保护动作跳闸次数。自2021年以来，在电气、工艺、设备等各专业的共同努力下，通过编制专项指导文件、重点关注问题设备、成立问题设备攻关小组等措施，加强操作管理及设备运行管理；利用成立保护小组、组建专业管理团队、完善继电保护管理机制、激发团队积极性，强化继电保护专业管理；依托设备完整性平台积极开展落实设备预防性维修工作、设备缺陷管理，提升设备平稳运行水平。近三年来，设备设施运行更趋可靠，运行操作更趋平稳，全厂继电保护动作跳闸次数持续降低，2021年继电保护动作跳闸次数为206次，2022年降低为110次，2023年进一步降低至18次，继电保护动作跳闸次数依次降低46.6%、83.6%，保护动作正确率为100%。设备平稳运行率和操作调整平稳率得到大大提升。如图4所示。

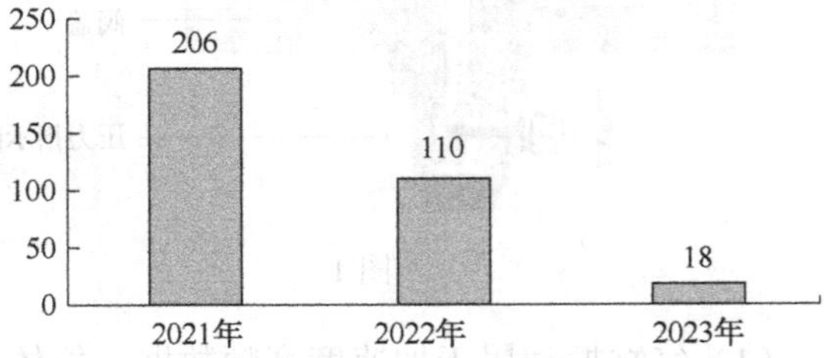

图4　近3年电气继电保护动作次数趋势图

青岛炼化是国内首个单系列千万吨级炼厂，在集团公司党组的正确领导下、在兄弟企业的支持帮助下，开工十九年来，取得了较好的生产经营业绩。通过不断学习、提升管理，多多学习兄弟企业的长处、亮点和诸多先进的管理经验和理念，青岛炼化在设备管理方面还有许多提升空间。我们将以此为新的起点，充分学习借鉴各家之长，继续深化提升设备管理工作水平，进一步促进公司设备专业管理水平的全面提升，努力为中国石化打造世界领先洁净能源化工公司、构建“一基两翼三新”产业格局作出新的更大贡献。

结晶法 PX 装置低温浆料泵国产化应用

完成人：张旭亮　李家鹏　王学聪　夏雨雨　段　鹏　黄映峰

（中海石油宁波大榭石化有限公司）

1　项目背景

大榭石化 160 万吨/吨年芳烃装置采用 BP/鲁姆斯结晶分离技术，是国内首套结晶法 PX 装置，其原理是根据 C8 芳烃各同分异构体之间熔点的差异，通过使二甲苯结晶和熔融的过程，生产出高纯度的对二甲苯产品，在芳烃结晶分离工艺中进行两段重浆化结晶分离技术，在每段芳烃结晶工艺后，根据不同的固体颗粒含量，采用低温浆料泵将上游送来的悬浮结晶物送入下一级结晶分离设备，然后通过离心分离机进行固液相分离，得到高纯度芳烃产品。由于该结晶工艺一直被国外垄断，工艺包设计以进口机泵选型为主，为实现设备国产化攻关，大榭石化通过不断研究、调查和技术交流，成功引进可以适用该工况用的国产浆料泵。

2　总体情况

结晶法利用来自二甲苯塔来的 C8 芳烃，经过两段重浆法工艺技术，生产出合格的 PX 产品和贫对二甲苯母液，贫对二甲苯母液送至异构化反应作为反应进料。装置共设有 32 台低温浆料泵，该系列泵输送介质温度介于-65.9℃到 5.5℃之间，流量在 253.6 到 1006.2m^3/h 之间，泵在低温工况下运行，其中最大固体含量 45%，介质为结晶悬浮物，即“浆料”。因此浆料泵需要面临低温、流量大以及特别是介质富含固体颗粒的考验。

2.1　结晶体分析

根据晶体生长环境不同，可将结晶分为两类：一类是悬浮结晶，另一类是层式结晶。对于不同的结晶类型，其结晶动力学的研究内容和方法也不同，此结晶工艺生产过程中，主要研究悬浮结晶过程。悬浮结晶过程的晶体生长环境如图 1所示，对 A8 原料进行降温，PX 结晶析出后，PX 晶体由于搅拌的作用悬浮在结晶母液中。

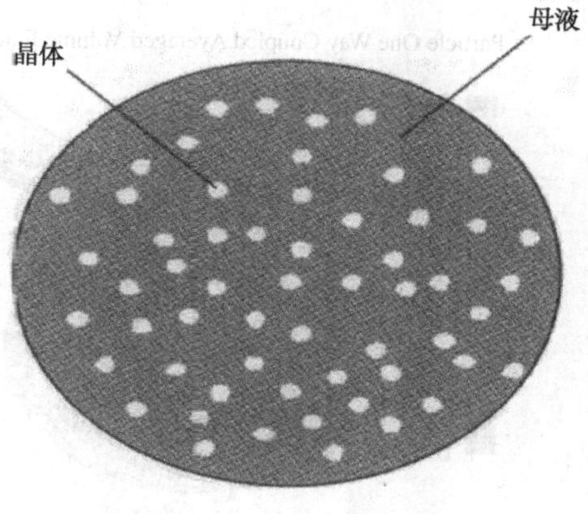

图 1　悬浮结晶过程的晶体生长环境示意图

根据 LUMMUS 结晶器中的某实验的晶体样品计算其粒数密度、生长及成核速率，关于该过程有如下数据：晶浆密度 = 450g/L；晶体密度 = 1.3359g/cm^3；停留时间 τ = 3.38h；形状因子 k_v = 1.00。可以看出产品晶体粒度主要分布 20 目~100 目占比 93.1%。

表 1　产品粒度表

14 目≥L≥20 目	4.4%	48 目≥L≥65 目	15.5%
20 目≥L≥28 目	14.4%	65 目≥L≥100 目	7.4%
28 目≥L≥35 目	24.2%	L≥100 目	2.5%
35 目≥L≥48 目	31.6%		

3　技术路线和技术亮点

该结晶工艺一直被国外垄断，工艺包设计以进口机泵选型为主，为提高装置设备国产化率，缩短了设备制造和供货周期，同时节约建设费用，浆料泵进行国产化攻关意义重大。

3.1　低温浆料泵调研

芳烃装置结晶单元低温浆料泵全球范围内目前只有福斯和苏尔寿两家供应商具有类似应用业绩，低温浆料泵的关键指标是黏度、结晶颗粒度，所以相同或类似介质的业绩是选择供应商的关键。苏尔寿泵业在已有应用业绩中 459m³/h 为最大流量，福斯泵业在已有应用业绩中 307m³/h 为最大流量，我公司 160 万吨/年芳烃联合装置中最大的低温浆料泵流量为 1006.2m³/h，上述两家公司同样未生产过如此大的低温浆料泵。

3.2 低温浆料泵选型

浆料泵在输送浆料的过程中，受力复杂(黏滞力、拖拽力、浮力、旋转力、湍动力等)，要避免介质颗粒在泵中沉降所带来堵塞堆积以及更严重的冲刷腐蚀等风险。因此我们采用基于 DPM-finnie 模型的离心颗粒冲蚀磨损模拟，对含固体颗粒介质在泵内流动情况进行仿真模拟。

如图 2 所示浆料泵随颗粒直径增大，叶片工作面和进口边磨损最大。工作面磨损集中在后盖板及叶片出口区域，背面磨损集中在后盖板区域。介质为两相流介质，因固体占比较大，介质弹性变低，剩余的液体更易发生汽化。

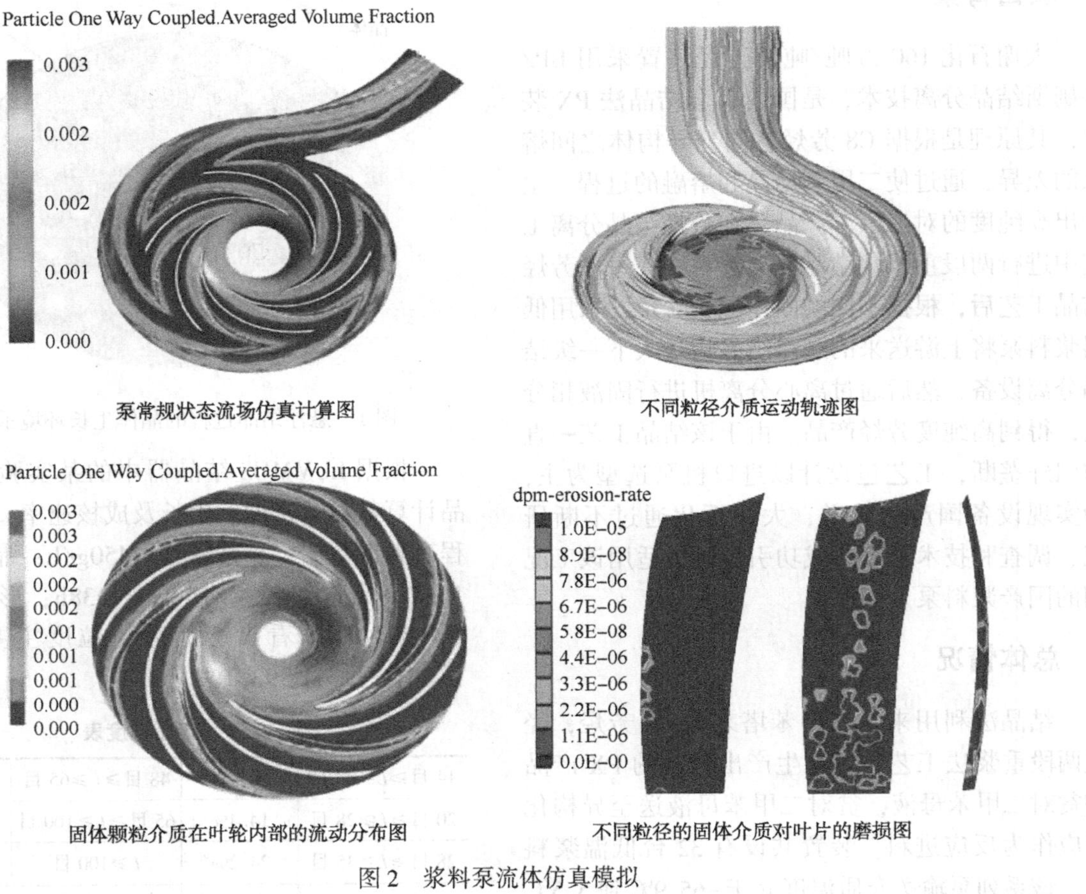

图 2　浆料泵流体仿真模拟

鉴于进口厂商对于该类大型设备也处于开发阶段，且价值昂贵，成熟度不足，性价比较低。大榭石化同国内具有强大低温泵自主研发能力的成熟企业进行深入的技术攻关和专项的课题研究，成功引进大连深蓝泵业有限公司生产的 OH2 型离心泵，该泵是国内首次应用，目前已稳定运行一年半时间，整体运行情况良好，未发生堵塞、冲刷腐蚀等现象。

4 项目效果和效益分析

(1) 项目效果

中海石油宁波大榭石化有限公司芳烃运行部国产低温浆料泵在 160 万吨/年芳烃装置的首次应用，该成果技术可行，经济效益和社会效益显著，具有很好的推广前景。

(2) 效益分析

① 经济效益

低温浆料泵根据调研目前全球范围内只有福斯和苏尔寿两家进口供应商具有类似应用业绩，目前国内采用同样工艺包的盛虹石化 104 台浆料泵全部使用苏尔寿提供的设备，合同价值近 2 亿元，本装置 32 台低温浆料泵若使用进口机泵采购金额也将超过 8400 万元以。采用国产浆料泵采购成本降至 1300 万元，因此节约设备采购金额高达4000万元左右。

② 社会效益

大榭石化160万吨/年芳烃联合装置采用结晶法生产对二甲苯，该方法比常规吸附法更节能、环保，更符合国家提出的低碳环保战略，结晶法很可能是以后化工生产对二甲苯生产的主要方法。低温浆料泵是结晶法芳烃装置中的关键设备，在以后的市场中有广泛的应用前景，国产低温浆料泵的成功应用在打破进口设备垄断、价值昂贵、性价比较低、交货周期长等方面有重要意义。

分析仪表物联网监测平台开发与应用

完成人：刘海春　周　力　邓　凯　孙立宇　徐小号

（中石化湖南石油化工有限公司设备管理部、生产管理部、安全环保部）

1　项目背景

为提升在线分析仪表管理，实现在线分析仪表实时监控、效率优化和质量控制等，湖南石化与岳阳长炼机电工程技术有限公司联合开发了“分析仪表物联监测平台”。

2　总体情况

在线分析仪表物联网监测平台融合了物联网、大数据、云计算、人工智能等技术，利用数字化实时传输数据，实现远程监控，为预防性维护、智能决策提供了可能。“分析仪表物联平台”于2020年研发成功并应用，使用效果良好，实现了如下功能：

（1）数据平台通过软件或硬件对接的方式，从现场已有系统、设备、传感器中接入设备运行状态相关的数据及检维修闭环验证数据。

（2）数据平台对接入的海量实时数据进行预处理，并根据数据内容存入不同的数据存储。

（3）数据平台调用智能诊断、智能报警等数据进行综合分析，当发现问题时进行预警及预警短信推送。

（4）智能诊断算法在接到智能报警算法产生的报警后进行智能诊断，并根据故障库知识库匹配故障模式。

（5）对于智能模型未能涵盖疑难故障类型，智能诊断结果无法给出精准的建议时，诊断专家可对报警进行人工诊断。形成诊断结论，经过确认后执行管理动作。

（6）用户接到智能诊断结论后安排检修计划，并给出备件型号及数量信息。

（7）现场获得维修计划工单并对库存中的配件进行联动管理。

（8）现场在执行维修工单时可获得维修建议及标准维修规范。

（9）系统会统计维修相关情况，对现场人员及诊断人员的工作进行跟踪考评。

（10）系统采用模块化设计，支持完整的设备管理业务处理流程的应用；可根据企业业务需求，选择性部署相应管理模块。

系统采用模块化设计，支持完整的设备管理业务处理流程的应用；可根据企业业务需求，选择性部署相应管理模块，在不完全部署时同时可以和其他系统实现数据对接，达到管理流程贯通，如图1所示。

3　技术路线和技术亮点

3.1　不同通信协议设备运行状态实时监测

平台支持各种标准的通讯协议，实现多种在线分析仪表的数据采集，打破数据孤岛，实现网络化、移动化集中管理，已采集的设备类型如图2所示。

3.2　按权限查看数据

实时监测污染源监测因子排放量、在线分析仪表运行状态、运行环境等实时数据，分区域、角色、操作权限、设备等级等查看监测数据，即实现了数据实时监控又保护数据安全，对数据进行量化分析和趋势对比，做到设备隐患和缺陷早发现，实现对设备运维的预测、预判和预防(图3)。

3.3　智能诊断及预警

系统将采集到的测量及运行状态数据触发智能预警及手机短信推送。用户可自定义报警阈值、报警死区、报警等级，设定触发规则、自定义报警算法等。

当设备出现故障时，智能诊断体系针对设备不同故障类型进行诊断，通过数据积累与分析，形成智能诊断模型，优化运维策略(图4)。

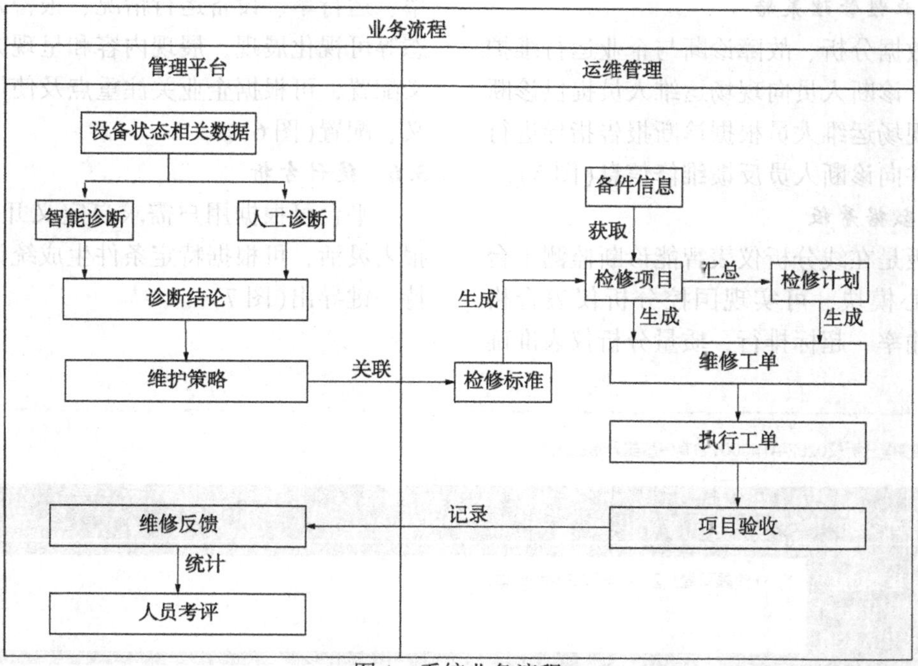

图1　系统业务流程

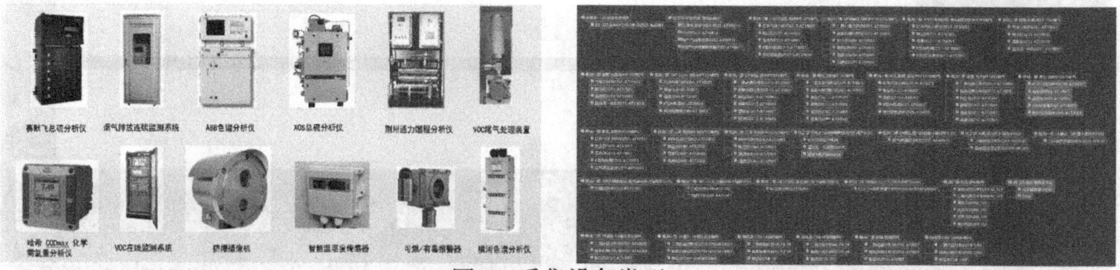

图2　采集设备类型

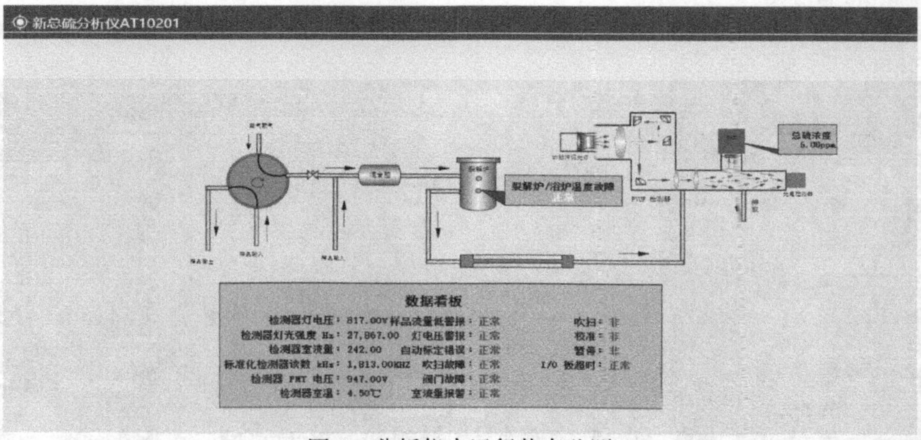

图3　分析仪表运行状态监测

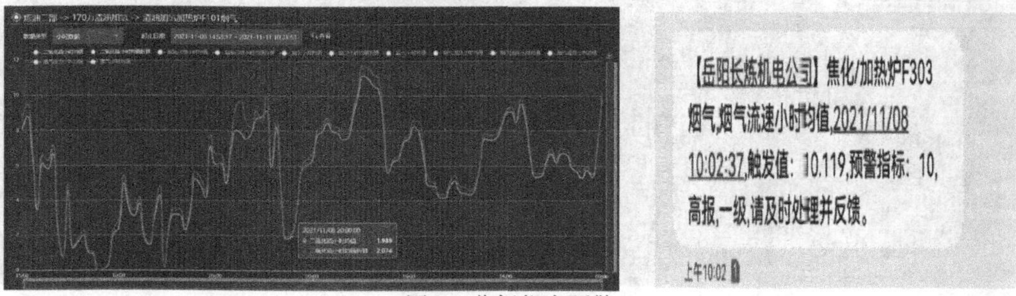

图4　分析仪表预警

3.4　科学专业性管理策略

平台把数据分析、故障诊断与企业运行维护工作相结合，诊断人员向现场运维人员提供诊断维修报告，现场运维人员根据诊断报告指导进行维修工作，并向诊断人员反馈维修信息(图5)。

3.5　可视化数据看板

数字看板是在线分析仪表智能诊断监测平台可视化的核心模块，可实现国控分析仪表合格率、有效传输率、超标排行，质量分析仪表准确率、运行率、设备运行情况、报警趋势、报警状态等可视化展现，展现内容和呈现方式支持自定义配置，可根据企业关注重点及使用习惯进行定义、配置(图6)。

3.6　统计分析

平台可根据用户需求自定义开发统计报表，报表灵活，可根据特定条件生成统计报表，并支持一键导出(图7)。

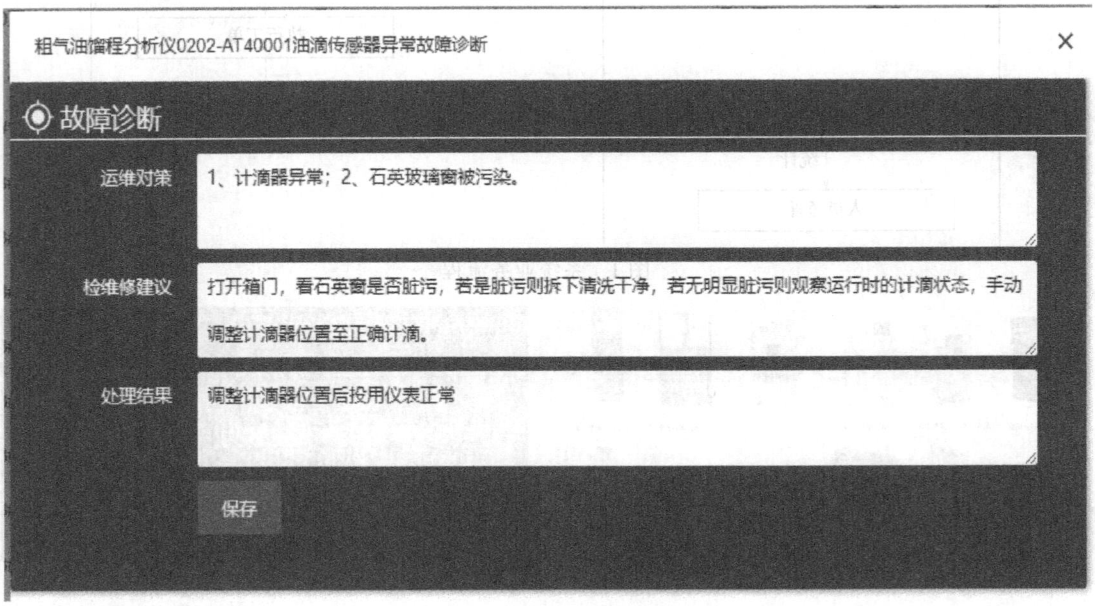

图5　分析仪诊断报告

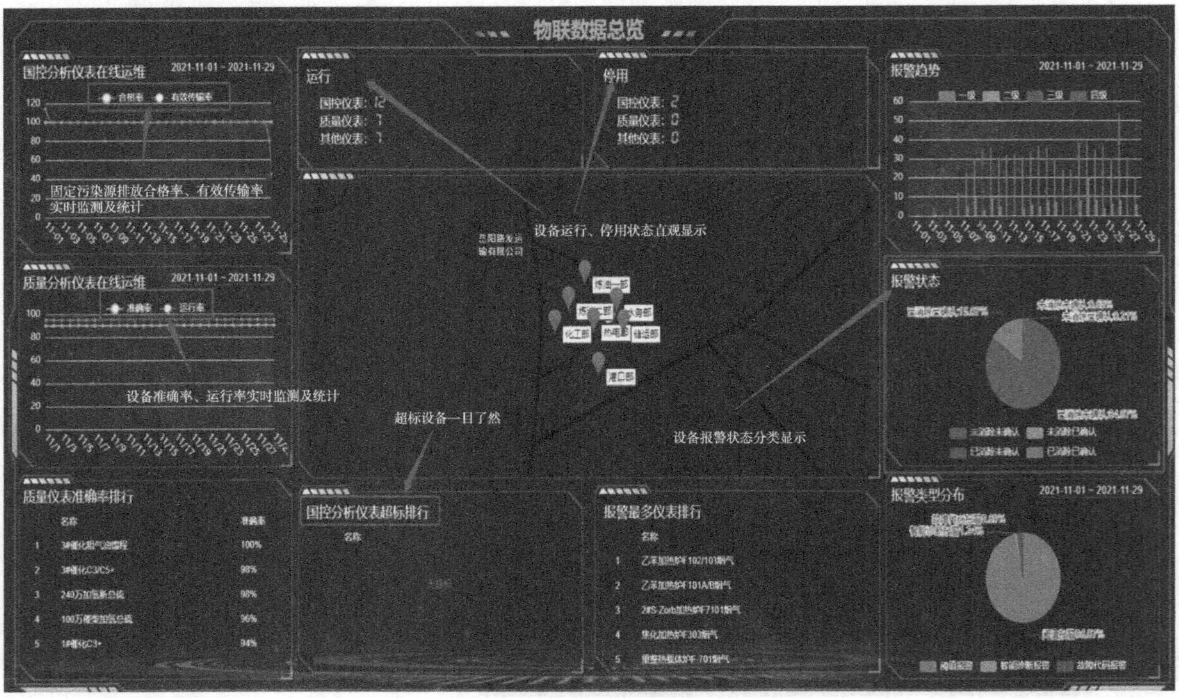

图6　分析数据总览

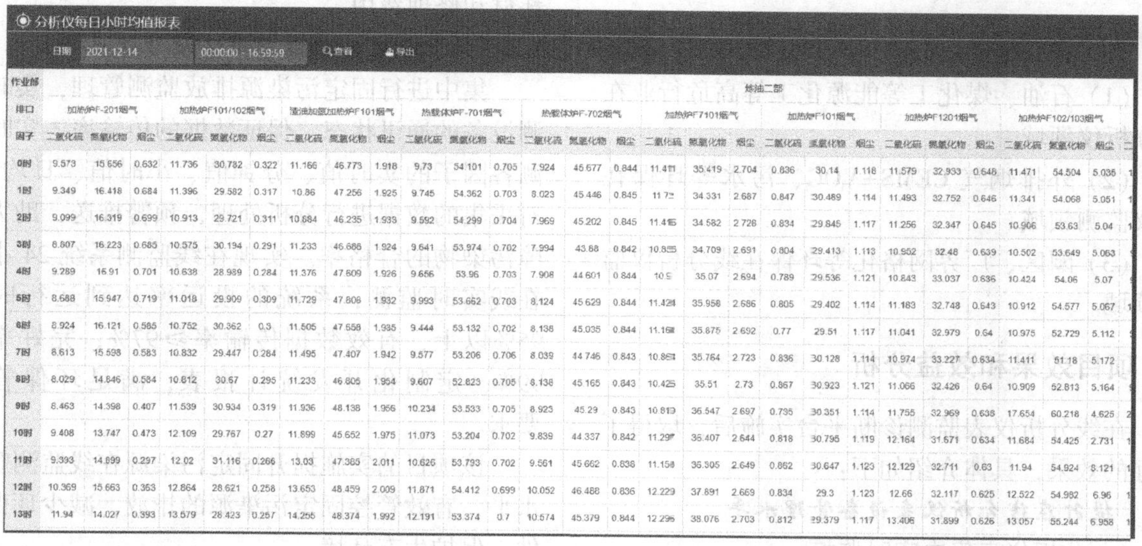

分析仪每日小时均值报表

日期 2021-12-14　00:00:00 - 16:59:59　查看　导出

作业部	炼油二部																										
排口	加热炉F-201烟气			加热炉F101/102烟气			渣油加氢加热炉F101烟气			热载体炉F-701烟气			热载体炉F-702烟气			加热炉F7101烟气			加热炉F101烟气			加热炉F1201烟气			加热炉F102/103烟气		
因子	二氧化硫	氮氧化物	烟尘	二氧化硫	氮氧化物	烟尘	二氧化硫	氮氧化物	烟尘	二氧化硫	氮氧化物	烟尘	二氧化硫	氮氧化物	烟尘	二氧化硫	氮氧化物	烟尘	二氧化硫	氮氧化物	烟尘	二氧化硫	氮氧化物	烟尘	二氧化硫	氮氧化物	烟尘
0时	9.573	15.656	0.632	11.736	30.782	0.322	11.166	46.773	1.918	9.73	54.101	0.705	7.924	45.677	0.844	11.411	35.419	2.704	0.836	30.14	1.118	11.579	32.933	0.648	11.471	54.504	5.036
1时	9.349	16.418	0.684	11.396	29.582	0.317	10.86	47.256	1.925	9.745	54.362	0.703	8.023	45.446	0.845	11.72	34.331	2.687	0.847	30.489	1.114	11.493	32.752	0.646	11.341	54.068	5.051
2时	9.099	16.319	0.699	10.913	29.721	0.311	10.684	46.235	1.933	9.592	54.299	0.704	7.969	45.202	0.845	11.416	34.582	2.728	0.834	29.845	1.117	11.256	32.347	0.645	10.906	53.63	5.04
3时	8.807	16.223	0.685	10.575	30.194	0.291	11.233	46.686	1.924	9.641	53.974	0.702	7.994	43.88	0.842	10.855	34.709	2.691	0.804	29.413	1.113	10.952	32.48	0.639	10.502	53.649	5.063
4时	9.289	16.91	0.701	10.638	28.989	0.284	11.376	47.609	1.926	9.656	53.96	0.703	7.908	44.601	0.844	10.5	35.07	2.694	0.789	29.536	1.121	10.843	33.037	0.636	10.424	54.06	5.07
5时	8.688	15.947	0.719	11.018	29.909	0.309	11.729	47.808	1.932	9.993	53.662	0.703	8.124	45.629	0.844	11.424	35.958	2.686	0.805	29.402	1.114	11.183	32.748	0.643	10.912	54.577	5.067
6时	8.924	16.121	0.585	10.752	30.362	0.3	11.505	47.658	1.935	9.444	53.132	0.702	8.138	45.035	0.844	11.168	35.875	2.692	0.77	29.51	1.117	11.041	32.979	0.64	10.975	52.729	5.112
7时	8.613	15.598	0.583	10.832	29.447	0.284	11.495	47.407	1.942	9.577	53.206	0.706	8.039	44.746	0.843	10.861	35.764	2.723	0.836	30.128	1.114	10.974	33.227	0.634	11.411	51.18	5.172
8时	8.029	14.846	0.584	10.812	30.67	0.295	11.233	46.805	1.954	9.607	52.823	0.705	8.138	45.165	0.843	10.425	35.51	2.73	0.867	30.923	1.121	11.066	32.426	0.64	10.909	52.813	5.164
9时	8.463	14.398	0.407	11.539	30.934	0.319	11.936	48.138	1.956	10.234	53.533	0.705	8.923	45.29	0.843	10.819	36.547	2.697	0.735	30.351	1.114	11.755	32.969	0.638	17.654	60.218	4.625
10时	9.408	13.747	0.473	12.109	29.767	0.27	11.899	45.652	1.975	11.073	53.204	0.702	9.839	44.337	0.842	11.297	36.407	2.644	0.818	30.795	1.119	12.164	31.671	0.634	11.684	54.425	2.731
11时	9.393	14.899	0.297	12.02	31.116	0.266	13.03	47.385	2.011	10.626	53.793	0.702	9.561	45.662	0.838	11.158	36.305	2.649	0.862	30.647	1.123	12.129	32.711	0.63	11.94	54.924	8.121
12时	10.369	15.663	0.363	12.864	28.621	0.258	13.653	48.459	2.009	11.871	54.412	0.699	10.052	46.488	0.836	12.229	37.891	2.669	0.834	29.3	1.123	12.66	32.117	0.625	12.522	54.982	6.96
13时	11.94	14.027	0.393	13.579	28.423	0.257	14.255	48.374	1.992	12.191	53.374	0.7	10.574	45.379	0.844	12.295	38.076	2.703	0.812	29.379	1.117	13.406	31.899	0.626	13.057	55.244	6.958

图 7　统计报表

3.7 智能安防

在线分析小屋安装智能摄像头，实时监测小屋内在线分析仪表运行状态，及小屋内环境状态，满足 HJ 75-2017、HJ 76-2017 、HJ 355-2019 规范要求。针对分析仪表特定的异常状态（如故障灯亮）进行智能识别与预警(图 8)。

3.8 寿命管理

预测各配件在未来一段时间内的趋势、健康状态，对设备剩余寿命进行评估；预测耗材的更换时间，实现科学合理的库存备货及成本管理(图 9)。

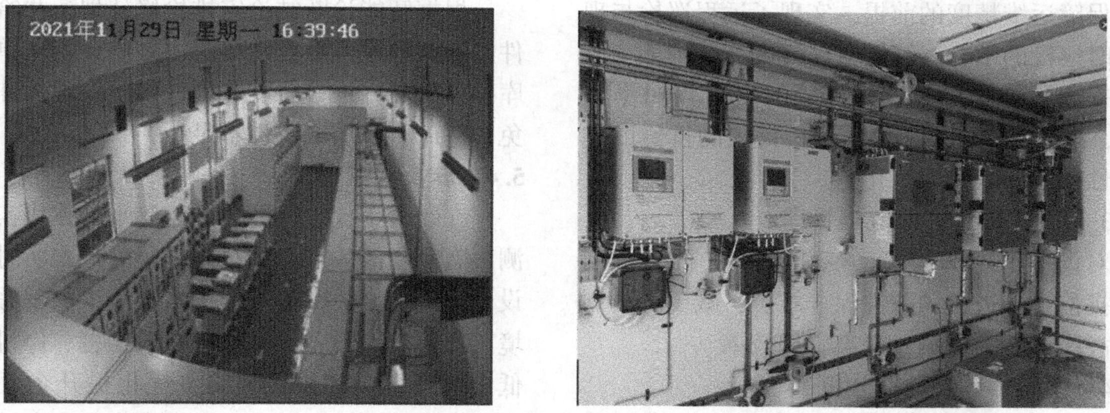

图 8　视频智能识别与预警

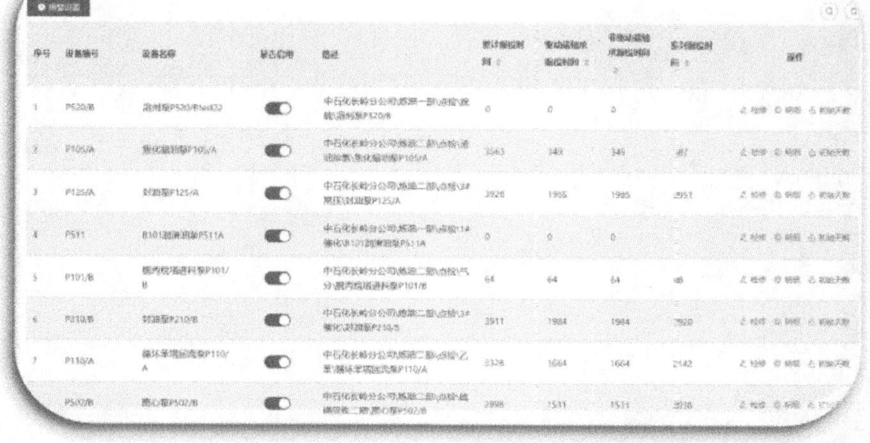

图 9　配件寿命管理

4　应用场景

(1) 石油、煤化工等能源化工等高危行业在线分析仪领域。

(2) 外排烟气 CEMS+VOC、污水等环保在线仪监测领域。

(3) 园区、厂界网格化等环保在线分析仪监测领域。

5　项目效果和效益分析

在线分析仪表监测诊断平台实施后，取得了较好的效果，具体介绍如下：

5.1　提升在线分析仪表设备管理水平

5.1.1　分析仪表集中实时监控

实现全厂范围内分散的环保国控、环保内控、质量、其他一般分析仪的全范围集中监控，并通过 APP 实现移动实时数据管理，为预知预防性维修提供数据支撑，提高分析仪表运行的可靠性和价值性。

5.1.2　提升运行率和准确率

保障运维精度的前提，实现了远程巡检与现场定时巡检的结合，缓解劳动强度，节约人工成本，提高运维质量，分析仪表的运行投用率≥98%，准确率≥95%，提升分析仪表的价值度和可靠性，逐渐取代人工化验。

5.1.3　移动 APP 在线数据管理

对设备出现的故障、变化规律进行分析判断，提前告知进行预防性保养维护，减少人员判断对故障诊断的影响，提高管理效率。

5.1.4　零配件寿命周期分析

根据备件更换报警频率，跟踪零部件服役年限并测算剩余寿命，优化备件及耗材管理，节约耗材和修理费用。

5.2　提升固定污染源排放监测管理水平

集中进行固定污染源排放监测管理，实时监测设备的通讯状态，保证数据的传输率。实时监测各因子的实时值、分钟值、小时值、日均值，对采集的数据进行分析处理，预警推送，助力保障污染物的合格率。实现在线监测系统 24 小时在线实时监测，系统的投运率达到运行时间 95%以上，有效数据传输率≥97%；完好率≥99%。定制化开发统计报表，满足环保管理要求。

该项目的实施提升固定污染源在线监测管理水平，有效管控固定污染源的排放，减少环保事件，保护生态环境。

5.3　经济效益

在线分析仪表智能诊断监测平台的应用逐渐取代人工巡检，节约人工成本；提高了设备安全运行水平，增加设备可靠性，降低设备故障率，降低了非计划停机的概率，减少了设备故障及装置非计划停机带来的经济损失。

根据智能诊断结论安排检修计划，并给出备件型号及数量信息；现场获得维修计划工单并对库存中的配件进行联动管理，科学管理备件，避免备件库存积压或备件不足。

5.4　社会效益

在线分析仪表智能诊断监测平台在线实时监测，有利于故障隐患的早发现早处理，实时监测设备生产安全，减少人力成本，减少员工恶劣环境工作岗位。设备细微异常提前预警、停机，降低设备直接损坏报废风险。优化提升企业专业化、信息化管理水平，极大提高企业生产效率。

基于分级技术管道保温全寿命周期管理

完成人：李　涛　李洪涛　高丽岩　李梦瑶　郭拂娟　荆瑞静　张雅贤

［中石化（天津）石油化工有限公司装备研究院］

1　项目背景

在炼化企业各装置之间和装置内部有大量的工艺管道，管道的散热损失在装置能耗中占有较大的比例，工艺管道保温涉及安全、节能、投资经济性等诸多方面。由于数量种类、技术方法、检测手段、制度规范等方面原因，致使目前中石化炼油企业工艺管道保温管理存在较多问题。

国内各企业对需改造的保温管线进行筛选时大多是依靠经验进行，常造成急需改造的管线搁置，无法高效利用有限的改造资金；在改造技术方面，从保温检测到确定改造方案，改造过程及改造后的评价，并没有形成完善的技术体系和一体化设计管理，最终导致了改造成本高、改造后保温结构散热损失大；在运行监控上主要靠人工巡视，对保温出现的问题难以及时发现，所以迫切需要创新开发出针对大量管道保温的分级管理模式。

随着大数据和检测技术的发展，给管道保温管理技术进步提供了契机，开发工艺管道保温多属性决策分级管理技术，筛选出急需改造的保温管道，避免欠修和过修；实施对重点管道保温效果的自动实时监控，并在此基础上实现对管道保温全寿命周期的智能管理。

2　总体情况

提出管道保温分级管理理念，研究管道保温分级方法，利用已有的管道保温信息通过多属性决策的方式对保温状况进行评分排序，根据管线的得分及排名情况将急需改造的、需要部分改造的、暂缓改造的保温管道明确分类为 A 级、B 级、C 级，并能找出管道保温存在的问题，为管道保温升级改造提供依据；建立管道保温多属性决策分级管理系统，并应用于管理实践，贯穿管道保温设计审查、制造检验验收、运行、检维修、报废更新等全寿命周期管理过程；建立炼油装置全部在用管道保温数据中心，实现了管道保温全寿命周期的智能化管理，有效地保障了管道保温的安全可靠长周期运行。

3　技术路线和技术亮点

3.1　技术路线

3.1.1　使用多属性分级管理方法对管道保温进行分级评价

（1）建立管道保温数据库

该数据库包含管线编号、名称、规格、长度及保温层材质、厚度等保温管线设备参数；还包含环境温度、风速及管道表面温度、热流值等运行参数（图 1）。

（2）基于多属性分级管理方法对管道保温状况进行分级

通过对管道保温的测试，以效益为依据，将影响保温的因素分为散热量、长度、破损点、厚度、介质温度、使用年限等 10 个方面，构造成对比较矩阵。基于 Matlab 软件计算矩阵，运用多属性分级管理分析法，计算出每一条保温管线的分数、根据管线的得分及排名情况将急需改造的、需要部分改造的、暂缓改造的保温管道明确分类为 A、B、C 三级，并能找出管道保温存在的问题，为管道保温升级改造提供依据。改造后的管线及时录入，纳入管理，更新数据库，实现对管线保温效能的动态管理。

（3）应用实例

选择天津石化的 10 条管线进行管道保温效果的打分和评价。

步骤 1：层次分析法构造成对比较矩阵，对影响因素进行矩阵构造，3 个构造矩阵见图 2、图 3、图 4。

图 1　管道保温基础库界面

	保温厚度	保温造价	介质温度	破损点数量	使用年限	管道直径	异型件数量	管道长度	保温材料	平均散热损失
保温厚度	1	1/3	1	1/4	2	1/5	4	1/5	4	1/9
保温造价	3	1	3	1/2	4	1/4	5	1/4	5	1/9
介质温度	1	1/3	1	1/4	2	1/5	4	1/5	4	1/9
破损点数量	4	2	4	1	4	1/2	5	1/3	6	1/9
使用年限	1/2	1/4	1/2	1/4	1	1/5	3	1/6	3	1/9
管道直径	5	5	5	2	5	1	6	1	6	1/8
异型件数量	1/4	1/5	1/4	1/5	1/3	1/6	1	1/6	2	1/9
管道长度	5	4	5	3	6	1	6	1	5	1/8
保温材料	1/4	1/5	1/4	1/6	1/3	1/6	1/2	1/6	1	1/9
平均散热损失	9	9	9	9	9	8	9	8	9	1

图 2　构造矩阵 1

	介质温度	保温造价	保温厚度	破损点数量	使用年限	管道直径	保温材料	管道长度	异型件数量	平均散热损失
介质温度	1	1/2	2	1/3	2	1/3	3	1/3	3	1/9
保温造价	2	1	3	1/2	3	1/2	4	1/3	4	1/9
保温厚度	1/2	1/3	1	1/3	2	1/4	3	1/4	3	1/9
破损点数量	3	2	3	1	3	1/2	7	1/2	5	1/9
使用年限	1/2	1/3	1/2	1/3	1	1/5	2	1/5	2	1/9
管道直径	3	2	4	2	5	1	5	1	5	1/8
保温材料	1/3	1/4	1/3	1/4	1/2	1/5	1	1/5	2	1/9
管道长度	3	3	4	2	5	1	5	1	6	1/8
异型件数量	1/3	1/4	1/3	1/5	2	1/5	1/2	1/6	1	1/9
平均散热损失	9	9	9	9	9	8	9	8	9	1

图 3　构造矩阵 2

	保温厚度	保温造价	使用年限	破损点数量	介质温度	管道直径	保温材料	管道长度	异型件数量	平均散热损失
保温厚度	1	1/2	2	1/3	2	1/3	4	1/4	4	1/9
保温造价	2	1	2	1/2	3	1/2	4	1/2	5	1/9
使用年限	1/2	1/2	1	1/3	1	1/4	2	1/4	3	1/9
破损点数量	3	2	3	1	2	1/2	4	1/2	5	1/9
介质温度	1/2	1/3	1	1/2	1	1/4	2	1/5	3	1/9
管道直径	3	2	4	2	4	1	5	1/2	5	1/8
保温材料	1/4	1/4	1/2	1/4	1/2	1/5	1	1/6	2	1/9
管道长度	4	2	4	2	5	1	6	1	5	1/8
异型件数量	1/4	1/5	1/3	1/5	1/2	1/5	1/2	1/5	1	1/9
平均散热损失	9	9	9	9	9	8	9	8	9	1

图 4　构造矩阵 3

步骤 2：利用 Matlab 软件对 3 个矩阵进行求解，解得 3 组影响因素的权重，并计算 3 组结果的平均值。

Matlab 程序编写和权重结果输出见图 5。

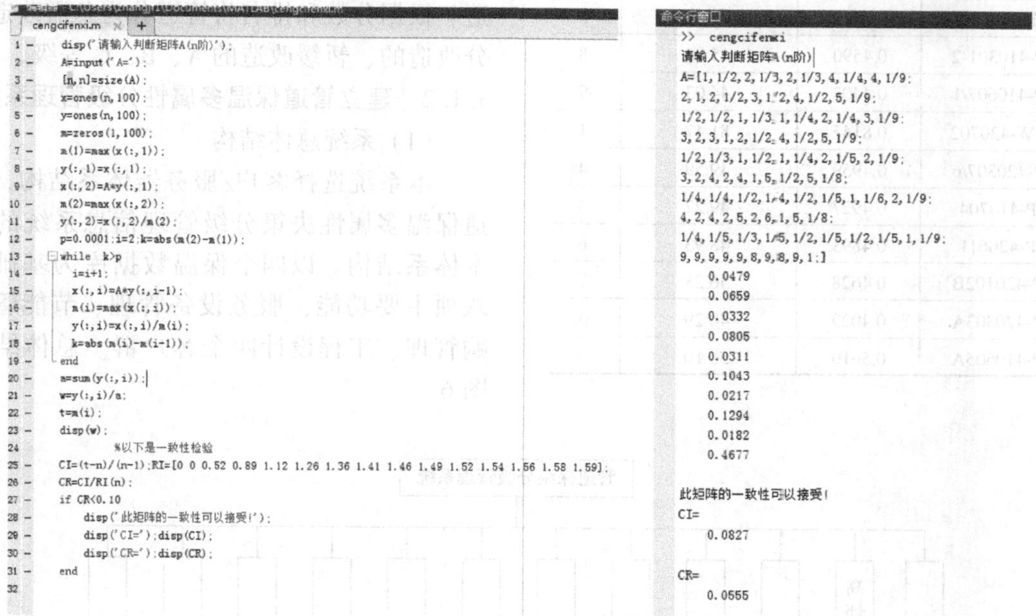

图 5　Matlab 程序和权重结果

3 个矩阵中影响因素的权重计算及权重平均值计算见表 1。

步骤 3：多属性决策分析法对 10 个影响因素进行归一化无量纲处理，计算出数值大小。

归一化无量纲处理之后的管线保温基础数据见表 2。

步骤 4：用式 1 加权算术平均算子法（WAA）计算 10 根管线的保温效果得分情况。

$$WAA_W(a_1, a_2, a_3 \cdots a_{10}) = \sum_{j=1}^{n} w_j a_j \quad (1)$$

其中：$w=(w_1, w_2, w_3 \cdots w_{10})^T$ 是影响因素的权重；

表 1　矩阵影响因素权重计算表

	矩阵一权重	矩阵二权重	矩阵三权重	三组权重平均值
平均散热损失	0.4547	0.44622	0.4677	0.4615
管道长度	0.1369	0.1208	0.1294	0.1290
管道直径	0.1283	0.1128	0.1043	0.1151
破损点数量	0.0846	0.0834	0.0805	0.0828
保温造价	0.0635	0.0656	0.0659	0.065
保温厚度	0.0361	0.0373	0.0479	0.0404
介质温度	0.0361	0.0455	0.0311	0.0375
使用年限	0.0266	0.0279	0.0332	0.0292
异型件数量	0.0178	0.0222	0.0182	0.0194
保温材料	0.0154	0.0222	0.0217	0.0197

$a=(a_1, a_2, a_3 \cdots a_{10})^T$ 是归一化无量纲处

理之后的影响因素的数值。

10 根管线的保温效果的得分情况见表 3。

表 2　无量纲管线保温基础数据表

序号	管线号	平均散热损失	介质温度	保温厚度	使用年限	管道长度	管道直径	破损点数量	保温材料(导热系数)	异型件数量	保温造价
1	P-410101	1	1	0.5109	1	0.3333	0.6666	0.3333	0.9075	0.3076	0.7812
2	P-410301	0.1733	0.2915	1	1	0.2777	1	1	0.9075	0.2580	0.6410
3	P-410607/1	0.1165	0.3663	0.8248	1	1	0.4444	0.5	0.9097	0.8	0.8474
4	P-420702	0.648	0.8695	0.5474	1	1	1	1	1	1	1
5	P-420307/6	0.2361	0.3300	0.7591	1	0.3846	1	1	0.9075	0.2352	0.6849
6	P-420704	0.3288	0.4545	0.5620	1	0.625	0.5714	0.5	0.9075	0.3076	0.9259
7	P-420611	0.2982	0.3759	0.8832	1	0.625	0.6666	0.5	0.9075	0.3809	0.7462
8	P-420102B	0.185	0.4635	0.5620	1	0.5555	0.5714	1	0.9075	0.5333	0.9090
9	P-420303A	0.345	0.3296	0.6496	1	0.1923	0.5714	0.3333	0.9075	0.2051	0.5434
10	P-410605A	0.3342	0.7070	0.64963	1	0.625	0.6666	1	0.9075	0.7272	0.8064

表 3　管线保温效果分数表

序号	管线号	得分	得分(百分制)	排名
1	P-410101	0.7710	77.10	2
2	P-410301-2	0.4590	45.90	8
3	P-410607/1	0.4403	44.03	9
4	TW-420702	0.8147	81.47	1
5	P-420307/6	0.4959	49.59	4
6	P-410704	0.4927	49.27	5
7	P-420611	0.4893	48.93	6
8	P-420102B	0.4628	46.28	7
9	P-420303A	0.4029	40.29	10
10	P-410605A	0.5610	56.10	3

得分越低，排名越靠后的管线说明保温效果越差，现阶段管线的散热损失越大，需要优先改造。根据分数和排名将管道分为急需改造的、部分改造的、暂缓改造的 A、B、C 等级。

3.1.2　建立管道保温多属性分级管理系统

（1）系统总体结构

本系统选择客户/服务器体系结构，作为管道保温多属性决策分级管理信息系统的一个基本体系结构。以四个保温数据库为基础，实现八项主要功能，服务设备管理、节能管理、采购管理、工程设计四个客户群。总体结构图见图 6。

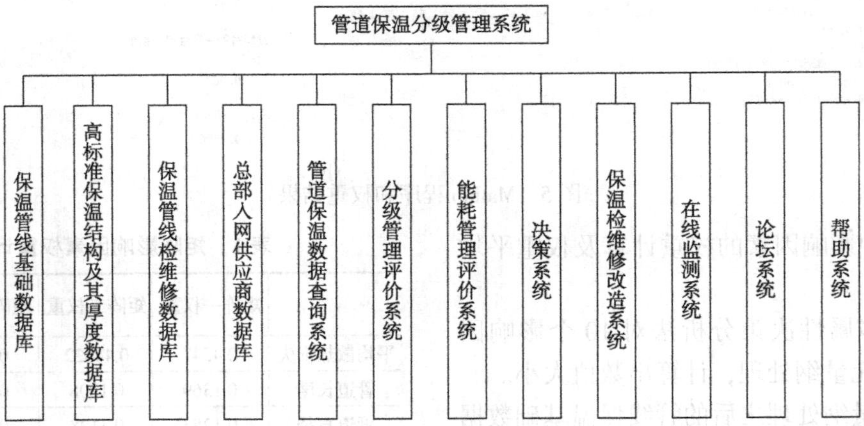

图 6　总体结构图

（2）系统的完整性

管道保温多属性决策分级管理系统是一个完整系统，由多个专业管理子系统组成。系统设计时，对各子系统的界限进行明确的划分和各个功能模块的完整开发。同时根据实际应用中，设置数据库各项接口，使各子系统既能独立运行，又可组合使用。同时，对系统的功能设计留有扩展余地，便于以后系统的扩充。

（3）系统的先进性和可维护性

在系统设计时，充分考虑了系统的可维护性，对系统的恢复、代码、数据的维护、备份等都要采取一定的措施，系统画面见图 7。

（4）系统的友好性

系统采用分级导航式菜单，简单易学，授权的技术人员和管理人员可以修改数据库中的数据，以便完成原始数据的输入或对某些数据进行修改；对不熟悉该系统的用户，可提供在线帮助。

（5）重点管道在线监测

应用分布式光纤温度监测管道保温状况的子系统，已嵌入管道保温全寿命周期管理系统，用户可通过执行系统操作程序，查看保温管线的实时动态测试数据，实时评价工艺管道的保温效果和热效参数。光纤测温界面见图8，分布式光纤温度监测子系统软件总体结构见图9。

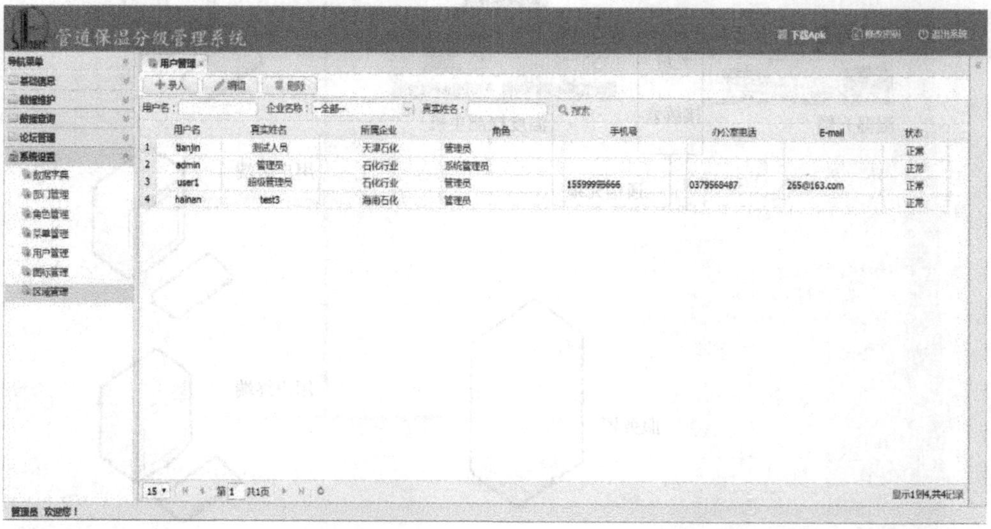

图7 系统画面

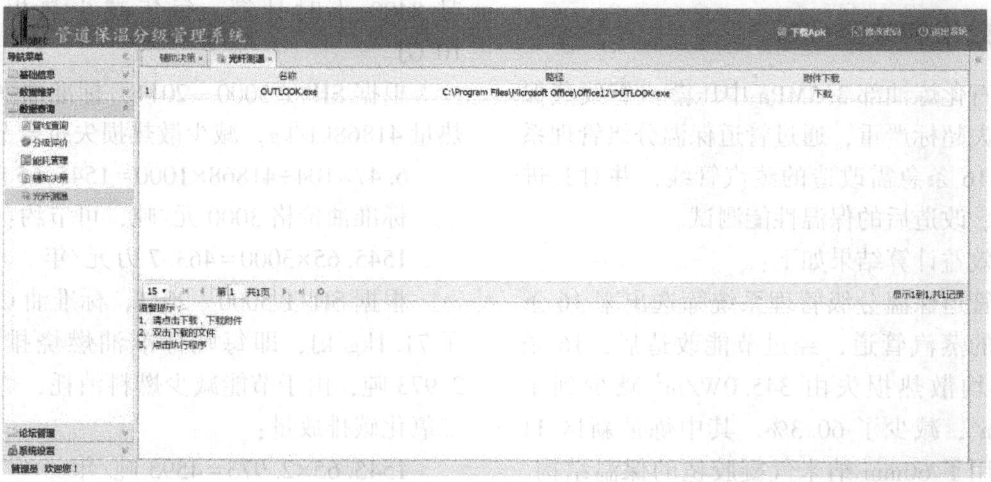

图8 光纤测温界面

3.2 技术亮点

（1）开发了高标准新型管道保温技术和管道保温多属性决策分析算法；

（2）首次建立基于分级技术的“中石化统一的管道保温分级管理平台”；

（3）“管理平台”首次用于炼油装置管道保温全寿命周期智能管理。

4 应用场景

以天津分公司作为示范企业，通过“管道保温多属性决策分级管理平台”，为炼油部筛选出急需改造的3.5MPa中压蒸汽管线16条，运用平台的辅助决策功能，优化了现场管线保温改造方案。在此基础上，对进入平台的每一根管道保温，实现从设计、施工、质量验收、使用、检维修、改造到报废全寿命周期的智能化管理，使设备管理、节能管理、采购管理、工程设计四个部门用户能够及时、全面掌握保温状况，实现从人工管理到智能管理的升级，提高管理效率。

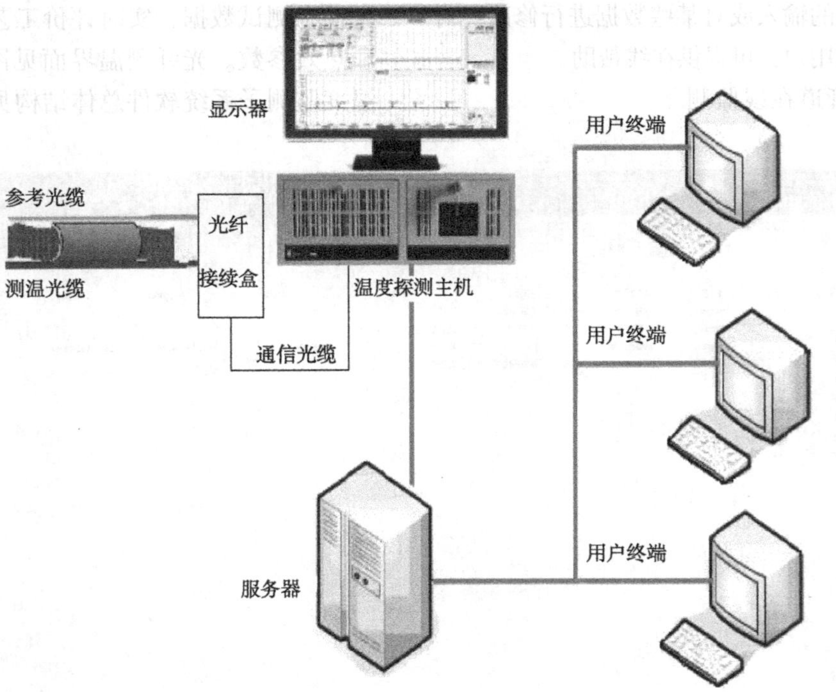

图 9　分布式光纤温度监测子系统软件总体结构

5　项目效果和效益分析

天津石化炼油部 3.5MPa 中压蒸汽管线蒸保温散热损失超标严重，通过管道保温分级管理系统筛选出 16 条急需改造的蒸汽管线，并对其进行改造前、改造后的保温性能测试。

具体效益计算结果如下：

通过管道保温分级管理系统筛选出来 16 条急需改造的蒸汽管道，经过节能改造后，16 条管道的平均散热损失由 345.0W/m^2 减少到了 137.1W/m^2，减少了 60.3%。其中炼油新区 11 条管道采用了 60mm 纳米气凝胶毡的保温结构，平均散热损失由 387.9W/m^2 减少到了 145.3W/m^2，减少了 62.5%；炼油老区 5 条管道采用“20mm 纳米气凝胶毡+120mm 硅酸铝针刺毯”的保温结构，平均散热损失由 264.9W/m^2 减少到了 121.8W/m^2，减少了 54%。16 条管道减少的散热损失均在 30%以上。按照常年平均运行工况 8400 小时计算，每年减少热损失 6.47×10^{4}GJ。

根据 SH/T 5000—2011，标准油平均低位发热量 41868kJ/kg，减少散热损失折合节约标油：

6.47×104÷41868×1000＝1545.65 吨

标准油价格 3000 元/吨，可节约：

1545.65×3000＝463.7 万元/年

根据 SH/T 5000—2011，标准油 CO_2 排放因子 71.1kg/kJ，即每吨标准油燃烧排放 CO_2 为 2.973 吨，由于节能减少燃料消耗，炼油部减少二氧化碳排放量：

1545.65×2.973＝4595 吨/年

16 条管道的总投资为 869.55 万元，节约 463.7 万元/年，总投资回收期为 1.88 年。其中炼油新区 11 条管道的投资回收期为 1.92 年；炼油老区 5 条管道的投资回收期为 1.68 年。炼油部每年减少二氧化碳排放量约 4595 吨。经济效益和社会效益十分显著。

老企业转动设备状态监测数据集成设计与实践

完成人：吴育新　余永增　王星联　马　斌　王英勇　孙先锋　范振宇　李　磊　张忠信

（中国石油兰州石化分公司机动部）

1　项目背景

当前数字化转型、智能化发展趋势给炼化企业设备管理带来了机遇和变革，兰州石化公司作为传统老牌企业，设备数据的感知、获取成为了最大瓶颈。公司经过多年发展，先后上线了BH5000、S8000、SG8000、DMS9000等多套大机组状态监测系统，投用了航天智控泵群在线状态监测系统，亦有艾默生、容知日新两套离线状态监测系统。各状态监测系统采集的数据相互独立，存在数据壁垒，信息共享程度较低，综合利用效能无法得到充分的发挥。此外，系统繁多、数据多源异构以及质量不高的问题一直存在，系统对于异常数据提取、告警、报警、诊断功能均缺失。这些都与公司实现数据流通资源共享以及生产一体化智能化管控目标相悖。充分利用设备现有状态监测系统一切可利用数据资源，又能保证原有系统各自自成体系运行的可靠性，第一时间获取异常信息（数据入湖后大机组异常信息时效性较差）成为了转动设备数据集成的最大难题。

本项目结合机组数据集成背景，针对性地开展了兰州石化机组数据集成工作，分析了数据集成后进行数据治理的优势。结果表明，兰州石化转动设备状态监测系统数据以高阻隔离集成方案的实施，既能保证数字化转型对数据的准确性、可靠性、实时性要求，又打破数据壁垒，实现了公司转动设备状态监测异常信息提取、告警、报警、诊断功能，实现了由计划预修向预测性维修的革命性变革，提升了大机组及高危泵运行可靠性和运维保障水平。

2　总体情况

在数字化转型的大背景下，实现智能化生产一体化管控，提升数据流通资源共享迫在眉睫。兰州石化积极探索“数据+模型”服务模式，建设实施智能运营一体化平台，以期实现各系统调度可以在专业管理平台上，通过数据分析、智能判断、现场确认等流程，对可疑运行参数、报警设备进行确认，使问题得到有效解决。公司作为首批炼化企业数字化转型试点单位，动设备状态监测与故障诊断项目是设备领域数字化转型的一个子场景，原有项目仅新增了公司46万吨乙烯、丁二烯装置112台泵群状态监测系统，并未将原有大机组状态监测系统进行集成。经反复对接，达成了共识，对原所有大机组、泵群在线状态监测系统以及离线状态监测系统进行数据集成，同步实现设备运行异常告警、报警和智能诊断功能，异常信息同步集成传输至设备完整性管理平台，达到设备预警、处置、验证闭环。

因此，搭建有效的整合信息技术平台，打破数据壁垒是公司实现一体化管控和数据资源共享的关键。考虑目前硬件条件和设备属性，与业务充分融合和改良后的动设备状态监测与故障诊断项目，有效地集成了多套设备状态监测系统，消除了各状态监测系统之间的“信息孤岛”，促进了设备域管理的“自动化、数字化、可视化、智能化”的实现，从根本上提升了设备管控水平。

3　技术路线和技术亮点

公司原存多套设备状态监测系统数据采集方式不一，BH5000系统数据是由现场信号通过安全栅转接获取。S8000和SG8000系统数据则是现场数据由安全栅进入本特利3500后，再从本特利3500获取数据。DMS9000系统数据则是直接从现场前置信号放大器取得。除SG8000部分机组初始预留了信号扩展端口外，其余机组均未预留信号扩展端口。因此，需针对不同状态监测系统制定不同的数据集成方案。数据集成方案的落脚点在于：在保障数据时效性、自主性和准确性的同时，实现多家状态监测系统同步稳定运行，完成机组数据的有效集成，消除“信息孤岛”，实现动设备统一管理，不同状态监测系统数据集成方案如下：

3.1　BH5000 状态监测系统

北京博华 BH5000 状态监测系统数据是由现场信号通过安全栅转接采集，若要获取数据，则需从安全栅处并接信号线。并行接线的方式一方面可能会引起信号的异常波动，也不满足公司仪表管理要求，故 BH5000 状态监测系统的数据只能通过其软件接口进行集成。公司现有的航天智控泵群状态监测系统与 BH5000 系统类似，集成方式与 BH5000 相同。

3.2　S8000 状态监测系统

阿尔斯通创维实 S8000 状态监测系统数据则是现场数据由安全栅进入本特利 3500 后，再从本特利 3500 获取数据，满足通过硬件集成数据的条件。考虑到后续信号测试等需求，S8000 状态监测系统数据的集成需要在本特利 3500 信号缓冲输出口下游增设信号扩展器，既可保留原系统与集成系统的并行观察，又可增加信号测试端口。技术路线如图 1 所示。

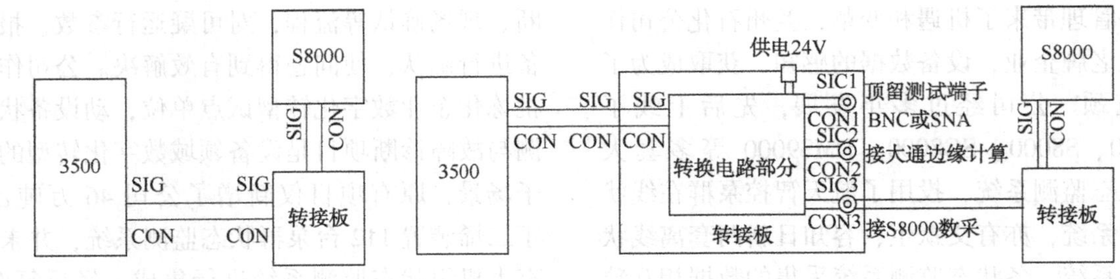

原接线示意图　　　　新接线示意图

图 1　S8000 状态监测系统数据集成前后接线示意图

按图 1 所示方案进行 S8000 状态监测系统数据集成的难点在于简单并线实现数据分流会影响数据质量。对此，笔者主导，与研究院、机电仪运维中心相关人员反复对接，委托项目组承接单位北京大通惠德科技有限公司采用高阻（>10MΩ）隔离技术，研发了一款可实现信号衰减小于原信号万分之一的数据扩展器，扩展器中扩展模块的电路如图 2 所示，实物图如图 3 所示。

采用上述数据扩展器，有效解决了数据分流引起信号衰减的问题，从而实现数据的准确集成。

3.3　SG8000 状态监测系统

沈鼓测控 SG8000 状态监测系统的数据流向与 S8000 一致，但该系统监测的部分机组预留了一路扩展端口，具备数据集成条件。剩余未预留扩展端口的机组，采购相同的数据扩展器进行数据集成。

3.4　DMS9000 状态监测系统

大连圣力来 DMS9000 状态监测系统的数据直接从现场前置信号放大器获取，数据质量较差。故拆除原监测系统信号线，重新敷设信号线进行数据集成。

4　应用场景

数据集成的终极目标是达到数据自动处理和智能诊断。数据统一集成后，为进一步优化升级故障诊断，组织开展了一体化平台智能诊断扩展应用。设备一体化是以设备为对象，把设备相关联的辅助系统、工艺系统数据进行集成，应用工艺、设备、仪表、实验室及其他监测系统的数据，构建数字孪生体，实现装置全业务的一体化监测。组态页面支持 DIY 个性化设计，通过选择测点或设备，拖进组态界面，选定展示方式。还可以导入现有组态，再进行修改。组态过程全部由后台的低代码辅助实现，不需要写程序。设备管理技术人员，可以把各自专业知识和操作经验，组态成一个可视化页面，便于进行实时监控和分析，还有利于经验的存储和传承。现列举几个具体组态案例：

（1）裂解气压缩机性能计算及结焦抑制组态

在榆林公司，尝试裂解气压缩机性能计算及结焦抑制组态，具体如图 4 和图 5 所示。

图 4 中对棒图颜色表示各段吸排气压力测点状态，还可以进行辅助阈值设置。裂解气压缩机

性能计算环节通过内置的热力学计算模块来实现，能够计算出各段压比、温升和效率。将计算值与设计值进行对比，为工艺优化指明方向，进一步从技术路径实现“管设备必须管运行”目标。

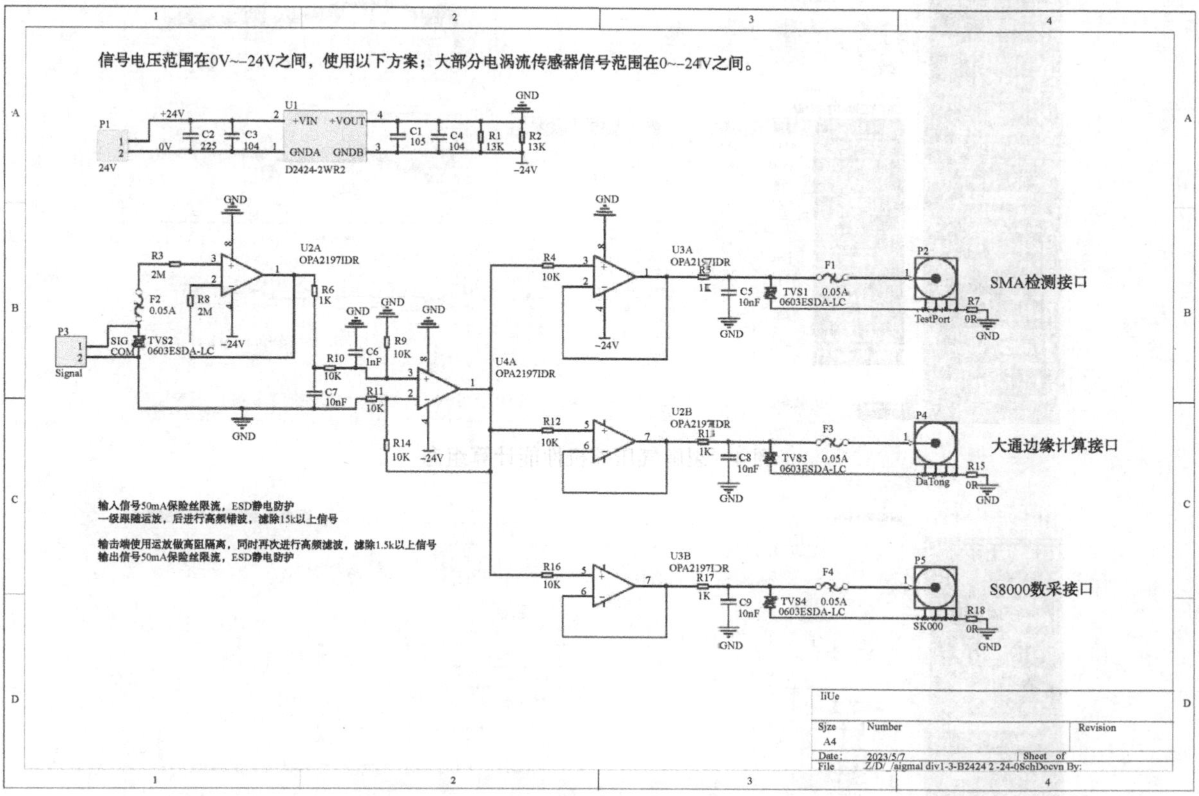

图 2　扩展模块电路图

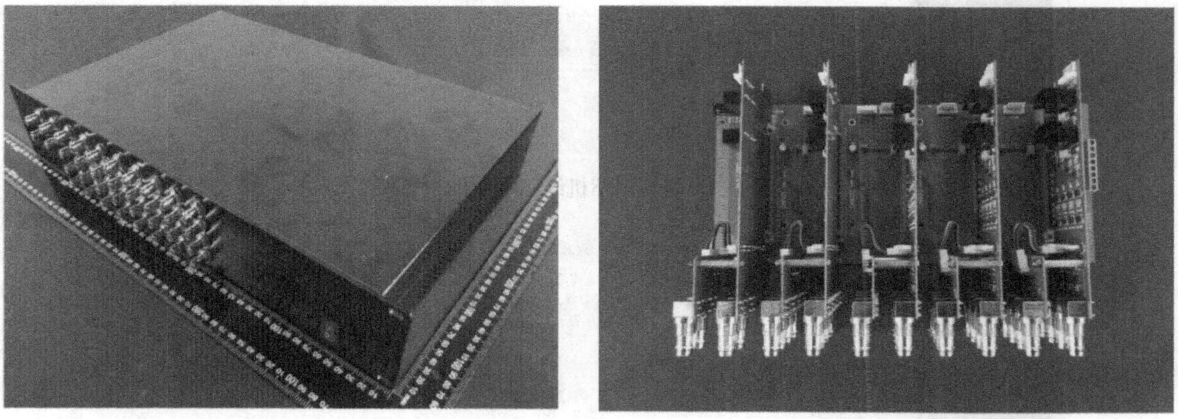

图 3　扩展模块实物图

急冷水塔塔顶出口温度过高，压缩机排气温度过高，是引起压缩机结焦的原因。图 5 中橙色点是结焦经常出现位置。结合振动、泄漏量、蒸汽消耗量等特征，可以判定结焦的严重程度。结焦抑制措施：通过注水、注入阻聚剂、缓蚀剂和洗油。还要控制急冷水塔塔顶温度。这条组态很好阐明了裂解气压缩机结焦产生的原因，危害、特征和预防措施。

(2) 丙烯压缩机“一段吸入压力”控制的组态

将“影响一段吸入压力”的主要因素做重点监测。同时利用逻辑分支，自动判断“一段吸入压力”的正确的调节过程，并推送工作流。这个组态有助于实现《操作手册》的可视化，智能化，确保操作的正确性(图 6)。

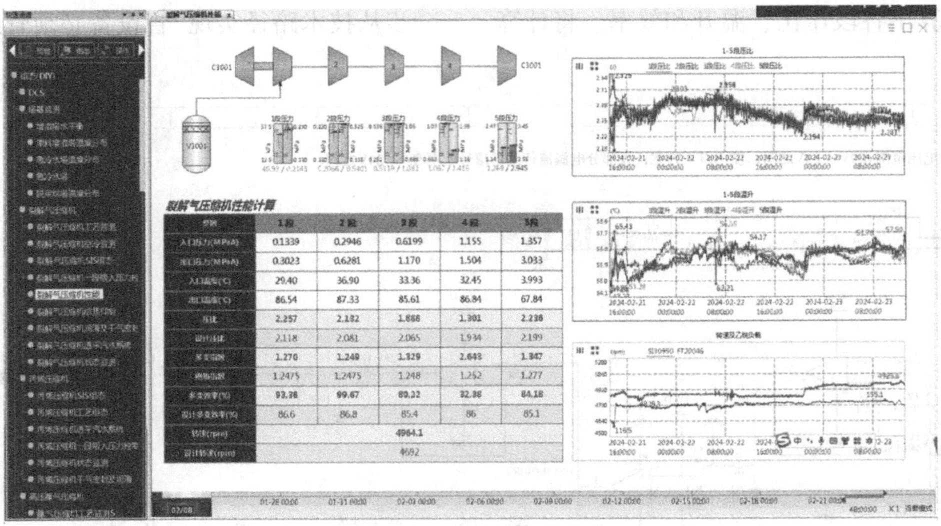

图 4　裂解气压缩机性能计算组态

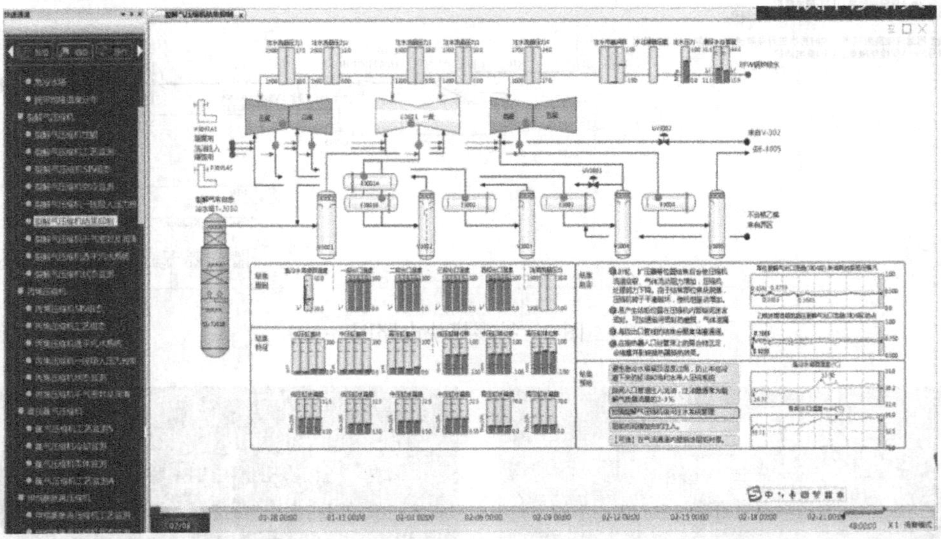

图 5　裂解气压缩机结焦抑制的组态

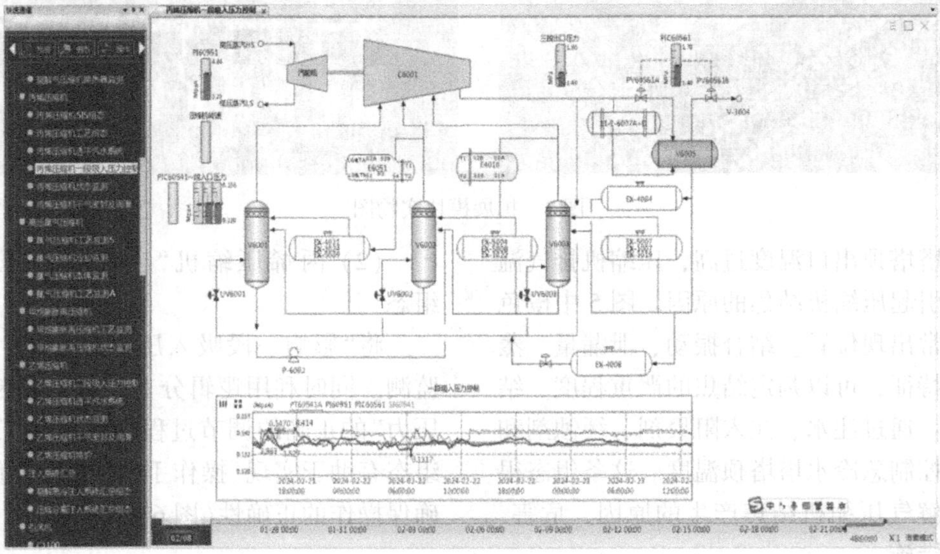

图 6　压缩机吸入压力控制组态

(3) 大机组联检信息的管理型组态

即根据设备“特护细则”中的日巡检、周联检和月度例会内容进行管理型组态，具体见图7。以可视化数据图形、异常逻辑判断等组成的一个在线特护方案，实现了线上巡检可视化、智能化管理。使用户及时发现设备缺陷和各种安全隐患。

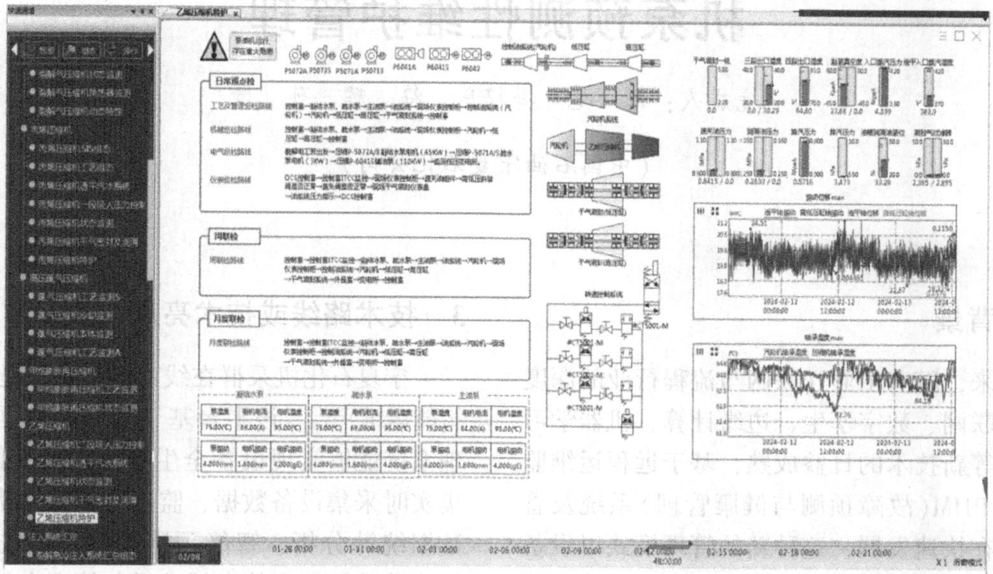

图7　大机组联检信息的管理型组态

5　项目效果和效益分析

通过数字化转型项目场景实施，进行数据集成后，结合动设备状态监测与故障诊断平台的使用情况，获得了以下三个方面的成效：

(1) 打破了数据壁垒

公司针对机组上线的状态监测系统众多，各状态监测系统相互独立，彼此不能进行数据共享。部分机组同时建立了多套状态监测系统，信息存在交叉重叠，逐渐演化为林立交错的“信息孤岛”。系统高度异构，缺乏有效的整合信息技术平台。将不同机组状态监测系统的数据集成到同一平台后，通过这一平台，可以及时、全面地了解公司关键动设备(大机组、高危泵、中高风险泵)的运行状态，打破了不同状态监测系统之间的数据壁垒，对于提高公司大机组及高危泵健康状况评估的效率和准确性有重要意义。

(2) 提升了数据的可靠性

原状态监测系统多采用信号转接板来实现信号转接，多发信号衰减、信号跳变故障。采用高阻隔离信号扩展器进行机组数据集成后，取消了信号转接板，消除了并线带来的信号衰减与接线松动带来的信号跳变。同时，信号扩展器输出接口统一为BNC或SMA，便于通道切换。且预留了信号测试端口，数据异常时可进行数据检验，有效提升了数据的可靠性。项目实施后，此类信号衰减、跳变故障再未出现，因状态监测系统本身故障未引发任何设备停机，效果显著。

(3) 实现了数据统一管理

公司转动设备类型繁多，针对不同设备配备了不同的状态监测系统，系统相互独立。对机组数据进行集成后，实现一体化管理，对数据进行一体化分析，采用一体化的告警策略、故障诊断。在一个平台上即可完成全部设备管理，消除了不同系统操作方法和监测数据计算上的差异，实现了设备各监测量的集中显示、统一维护、综合分析诊断，在有效提高数据分析的工作效率的同时，显著降低了系统的维护成本。此外，通过两种方式对异常信息进行了同步推送和传输，一是将所有异常信息推送至设备完整性管理平台，一是同步分级别推送至即时通群组，便于管理技术人员掌握、处理设备异常故障。

基于工业互联网智能远程运维的机泵预测性维护管理

完成人：周　旭　冯梓良　符　辉　孙　晨

（中国石油宁夏石化公司）

1　项目背景

近年来，随着工业互联网与流程行业的深度融合，物联网、数字孪生、边缘计算、机器学习与传感器等新技术的日益成熟，基于远程运维监测诊断的PHM（故障预测与健康管理）系统及管理模式正在快速发展，这种新的管理模式以设备的管理、状态监测和故障诊断为内容，以建立新的维修体制为目标，在我国的石化、冶金、电力、钢铁、轨道交通等诸多行业得到应用，取得了良好的效果。

宁夏石化公司在面临企业转型发展，推进数字化场景应用、拓展重要转动设备在线监测设施完善覆盖等管理现状下，对企业设备管理人员的技术和管理能力提出了更高的要求，预测性维护作为目前最先进的设备管理模式，通过振动分析技术实现设备当下和未来状态的感知，对企业设备运维，精益检修，储备定额优化，推行设备健康管理理念，建设公司设备可靠性管理专家团队等方面均起到重要管理提升的作用。

2　总体情况

宁夏石化公司自2012年起，开始逐步搭建机泵群监测系统。通过近十余年的探索发展，已形成关键机泵的在线监测结合非关键机泵离线点检的管理模式。

2023年至2024年，在中国石油炼化新材料公司推进高危泵在线监测全覆盖、以及“一精四全两提升”实现关键重要动设备在线监测全覆盖的管理背景下。通过公司实施推进，基本实现了高危泵和关键机泵的监测覆盖。机泵群在线监测网络已具规模，实现在线监测机泵覆盖率23%，离线点检全覆盖的模式。

3　技术路线或技术亮点

宁夏石化机泵群在线监测搭载灵芝SuperCare智能运维平台，该平台基于物联网数据的设备管理系统能够实现设备全生命周期的智能化管理，集实时采集设备数据、监控设备运行状态、综合数据统计分析、智能预测预警、推送维修处理策略等功能于一体，辅助设备管理人员随时随地了解设备运行情况，提高企业设备管理能力（图1）。

SuperCare无线监测系统由无线传感器RH505（图2）、无线网关RH570（图3）及厂级状态监测系统、云平台组成。无线智能传感器RH505可同时采集振动及温度信号，进行模数转换，通过数字信号处理算法，得到需要的波形数据或特征参数，并用无线的方式进行数据传输。无线网关RH570主要负责无线传感器网络的组建和管理，建立无线传感器网络和现场服务器之间不同网络通信协议的信息通路，提供网络的数据上行和下行的链路。

数据和Web服务器是整个无线系统的核心，一般情况下由一台服务器承担。数据及Web服务器作为整个主从分布式系统的主站，控制着整个系统的运行，接收并存储现场的实时数据。同时可提供多种数据传输协议支持（MODBUS或TCP/IP），并且用于提供系统数据存储空间，将所存储数据上传至云端实现共享。

但在实际使用过程中发现，机泵起停识别算法存在滞后和不准确的情况。因此，在平台后期建设当中公司牵头引入了电机电流信号，实现了设备起停精准及时的识别，基于电流信号精准识别设备起停，开发设备切换管理，设备剩余寿命管理等模块，做好设备定时性预防性业务管理。

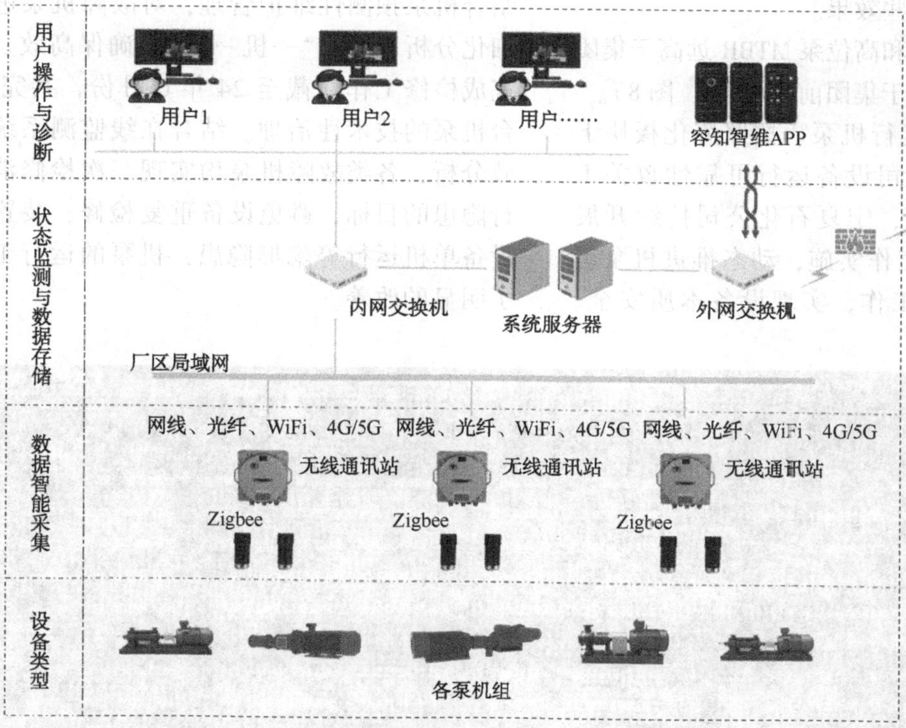

图 1　SuperCare 无线监测系统

图 2　无线振动传感器 RH505

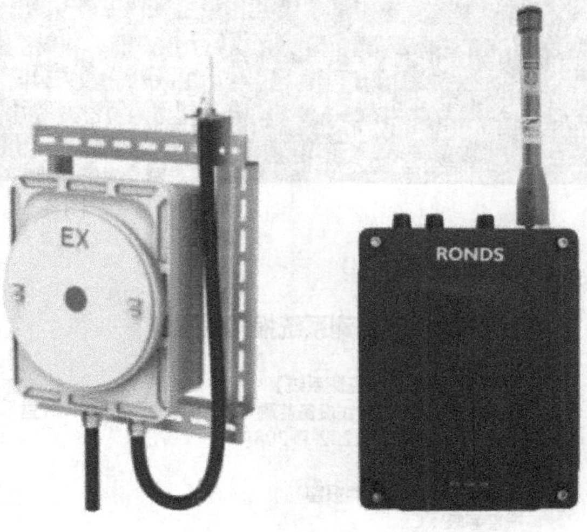

图 3　无线网关 EH570

4　应用场景

转动设备的监测运维

当前行业内对于数量众多的机泵，均未做到逐台进行精密诊断。只能对按照 ISO10816 规定的振动超标机泵进行点检，但往往振动不超标的机泵并不意味着不存在故障。人员的测量准确度和测量设备的精度直接影响了设备运行的判定。

通过在线监测的实施，提升了监测数采信号的稳定性和可靠性。技术人员高效地对现场监测信号进行分析判断，对设备的运行状态进行全面分析，及时发现设备的早期缺陷，并隙进行纠偏干预，确保设备长期平稳运行。打通信息壁垒，将门限报警通过通讯软件进行推送，实现报警实时掌握，及时组织专业人员分析，提出最佳维护策略(图 4~图 6)。

5　项目效果和效益分析

宁夏石化公司通过机泵预测性维护管理，基本实现设备全过程管控，设备前期故障管控、中期故障干预、后期检修策略制定等进行精准管理，确保机泵最长时间可靠运行。经过近几年的不断总结，取得了一些效果。

（1）公司MTBR和高位泵MTBR远高于集团公司要求，并长期处于集团前列(图7、图8)。

（2）杜绝C区运行机泵。按照炼化板块下发的《炼化新材料公司设备运行可靠性攻关工作方案》的相关要求，宁夏石化公司持续开展“最差十台泵”专项工作实施，动态推进机泵运行问题的攻关治理工作，实现设备本质安全。结合机泵预测性维护管理，对故障机泵进行精细化分析，制定“一机一策”，确保高效、准确完成检修工作。截至24年6月份，共完成32台机泵的技术性治理。结合在线监测系统的有效分析，各类故障机泵均实现一次检修消除运行隐患的目标，避免设备重复检修，装置关键设备单机运行等隐形隐患，机泵的运行工况有了明显的改善。

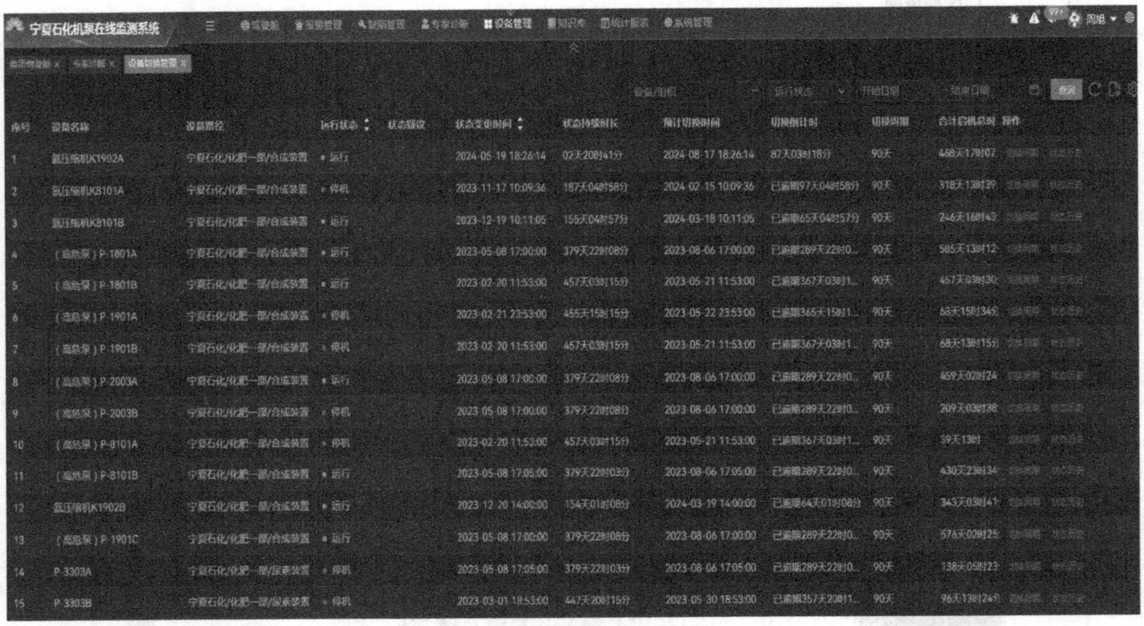

图4

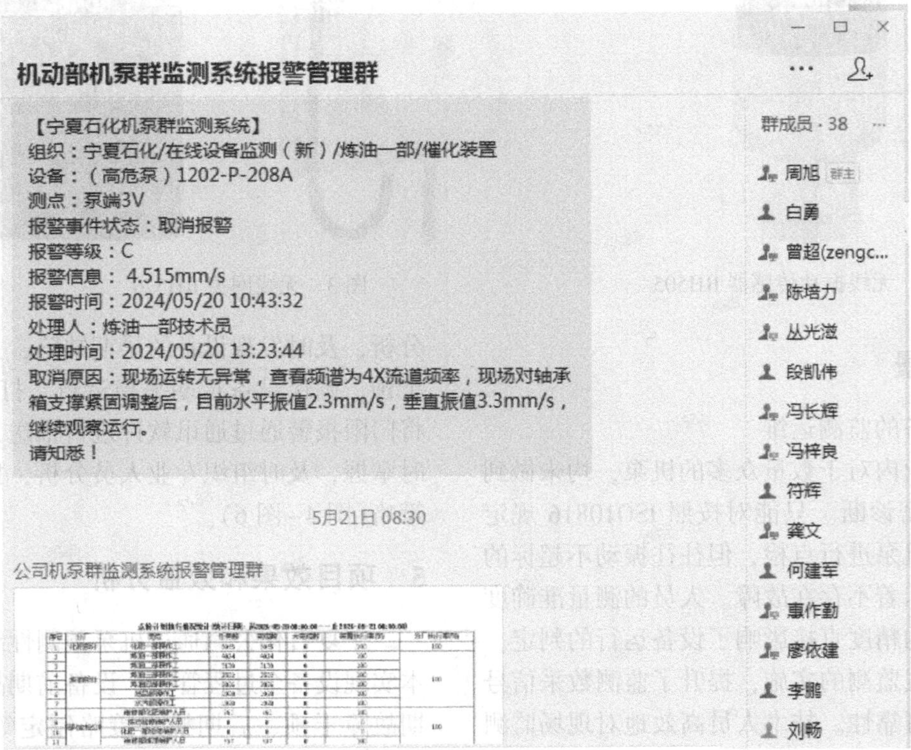

图5

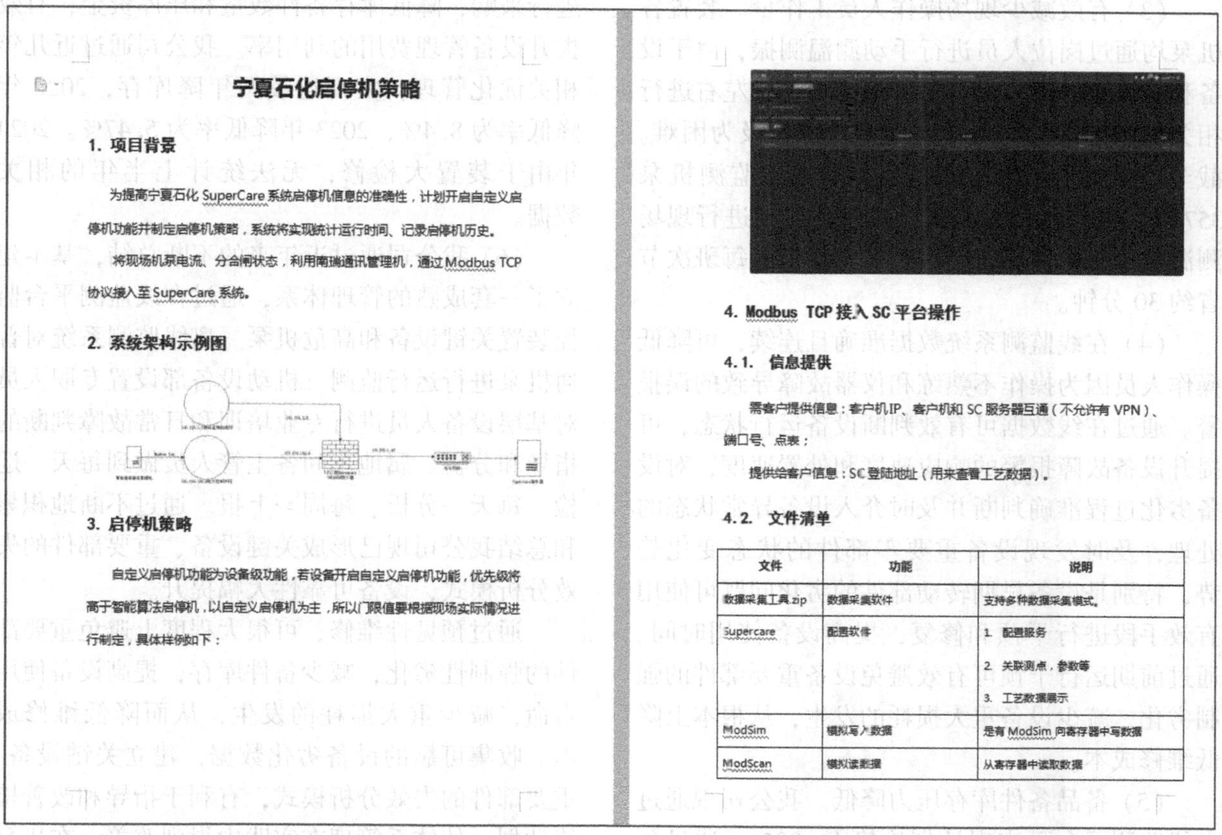

宁夏石化启停机策略

1. 项目背景

为提高宁夏石化 SuperCare 系统启停机信息的准确性，计划开启自定义启停机功能并制定启停机策略，系统将实现统计运行时间、记录启停机历史。

将现场机泵电流、分合闸状态，利用南瑞通讯管理机，通过 Modbus TCP 协议接入至 SuperCare 系统。

2. 系统架构示例图

3. 启停机策略

自定义启停机功能为设备级功能，若设备开启自定义启停机功能，优先级将高于智能算法启停机，以自定义启停机为主，所以门限值要根据现场实际情况进行制定，具体样例如下：

4. Modbus TCP 接入 SC 平台操作

4.1. 信息提供

需客户提供信息：客户机IP、客户机和 SC 服务器互通（不允许有 VPN）、端口号、点表；

提供给客户信息：SC 登陆地址（用来查看工艺数据）。

4.2. 文件清单

文件	功能	说明
数据采集工具.zip	数据采集软件	支持多种数据采集模式。
Supercare	配置软件	1. 配置服务 2. 关联测点，参数等 3. 工艺数据展示
ModSim	模拟写入数据	是有 ModSim 向寄存器中写数据
ModScan	模拟读数据	从寄存器中读取数据

图 6

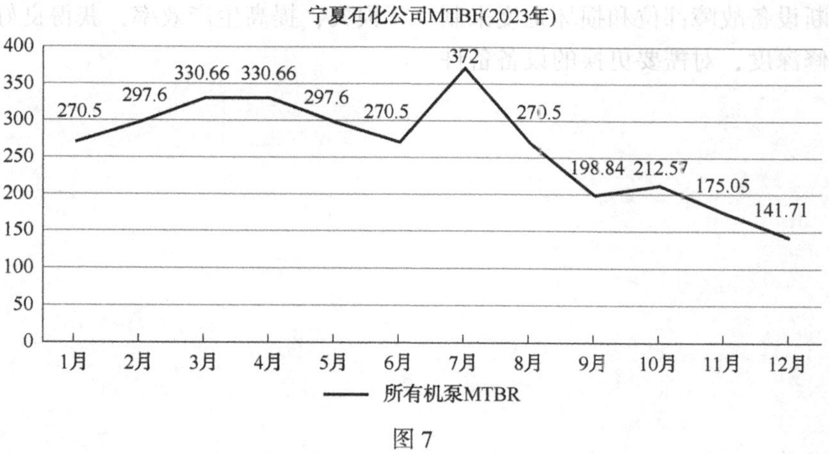

图 7

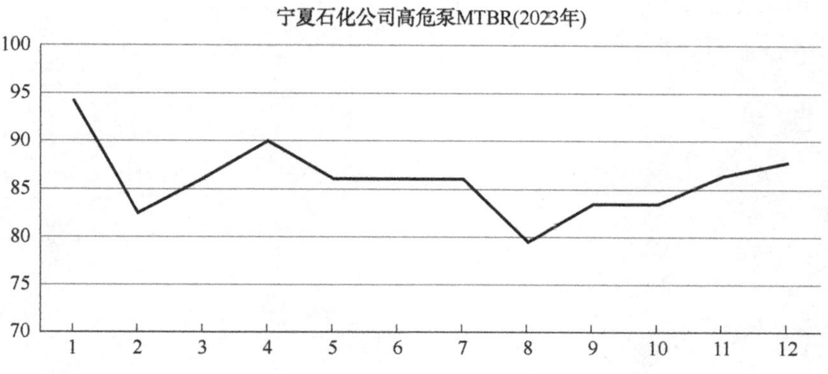

图 8

（3）有效减少现场操作人员工作量。装置各机泵均通过岗位人员进行手动测温测振，由于设备和操作原因岗位人员每班次需2小时左右进行相关操作，特别是冬季极寒天气操作极为困难。截至24年6月我公司现已安装在线监测机泵357台，安装在线监测系统的设备已不进行现场测温测振工作，每个岗位因工作量不同每班次节省约30分钟。

（4）在线监测系统数据准确且连续，可降低操作人员因为操作不熟练和仪器故障导致的误报警。通过在线数据可有效判断设备运行状态，可提升设备故障报警的响应速度和处置速度，对设备劣化过程准确判断并及时介入设备异常状态的处理，及时发现设备重要零部件的状态变化趋势，特别是设备早期转动部件的劣化问题可使用有效手段进行干预和修复，提高设备使用时间。通过前期运行干预可有效避免设备重要部件的强制劣化，减少设备重大损耗的发生，从根本上降低维修成本。

（5）备品备件库存压力降低。我公司现通过在线监测平台可实现计划检修率>90%，通过预见性的设备检查，及时发现设备重要零部件的状态变化趋势，判断设备故障部位和损坏程度来制定检修策略和检修深度，对需要更换的设备备件进行采购，降低库存备件数量和压库资金，有效提升设备管理费用的利用率。我公司通过近几年相关优化管理，实现连续两年降库存，2022年降低率为8.4%，2023年降低率为5.47%。2024年由于装置大检修，无法统计上半年的相关数据。

（6）我公司通过近年来的不断总结，基本建立了一套成熟的管理体系，通过在线监测平台监控装置关键设备和高危机泵。离线监测系统对普通机泵进行运行监测。机动设备部设置专职人员对基层设备人员进行专业培训和日常故障判断的指导和分析。属地车间各主管人员做到每天一巡检、每天一分析、每周一上报。通过不断地积累和总结我公司现已形成关键设备、重要部件的失效分析模式，设备可靠性大幅提升。

通过预见性维修，可很大程度上避免重要部件的强制性劣化，减少备件库存，提高设备使用寿命，减少重大损耗的发生，从而降低维修成本。收集可靠的设备劣化数据，建立关键设备、重要部件的失效分析模式，有利于指导和改善检修计划，使体系管理在实践中得到改善。在机泵状态全过程管控中可有效避免设备故障导致生产损失，提高生产效率，获得良好的经济效益。

创建动设备备件管控平台

完成人：边　疆　吕　强　郭永胜　徐　凯　刘　格　齐　开　阴丽泽　郑善勤

（中国石油锦州石化分公司机电仪运维中心）

1　项目背景

石油炼化企业动设备包括离心机、汽轮机、往复机、机泵、风机等，由于设备结构形式的多样性，造成备品备件型号规格多、数量多、品种多的特点。以往的管理是备件计划由检修单位提出，经过使用单位、处室审批后，到物采进行采购，计划提出后的环节无法控制，随着时间推移，存在丢计划、计划沉默、审批中有更改等问题。在费用统计上也需要计划人员逐一进行记录，分解，年底的工作量非常大，而且准确性难以保证。结合现阶段本企业管理现状及炼化企业管理流程的特殊性，结合应用实际，创新性地提出构建备件管控平台。实现了痕迹化管理，增加了计划审批流程管理、时间节点控制，实现了费用分项、分类、分装置等多种形式的统计功能，大大降低了员工的工作强度，提高了工作效率。

2　总体情况

备件管理平台是依托设备健康管理平台而建立的。以备件临时需求申请单为模板创建，分为录入计划、材料采购、计划汇总三大模块，包含备件所需要的装置、备件类型、备件计划性质、审批流程、采购进度等。同时具备分项、分类统计费用功能，减轻了备件管理人员的统计工作。计划提报人员按照需求信息和要求填写备件计划内容，提报后由材料员对计划进行核对，无误后自动生成备件计划单，打印后进行线下审批，整个过程形成了痕迹化管理，提报人员可以通过查询，查看计划状态，解决了人员遗忘问题。同时可以实现共享，如果想了解备件费用或项目，可以登录平台进出查询，无需依托汇报形式，便可获得相关信息，提高了工作效率。

3　主要内容和亮点

3.1　备件管理系统满足不同角色人员需求

一是主页具备查询信息功能(图 1)。将备件费用按照计划性质、备件类型、是否审批、出库情况、发生的原因等，利用柱状图和饼状图进行了展示，通过数形结合的方式，使备件费用和去向一幕了然，满足了相关管理人员的需求。通过时间筛选，可以查看不同年份备件费用的数额，可以横向对比每年备件费用的开支情况，为提升管理、降低成本提供有效数据。通过车间筛选可以统计不同车间、不同装置备件每年费用开支情况，通过分析开支去向，进而作为检修重点，提高检修质量，制定可行方案，作为下一步检修工作的重点，彻底解决问题，提高运行可靠性，进而降低整体的备件费用。

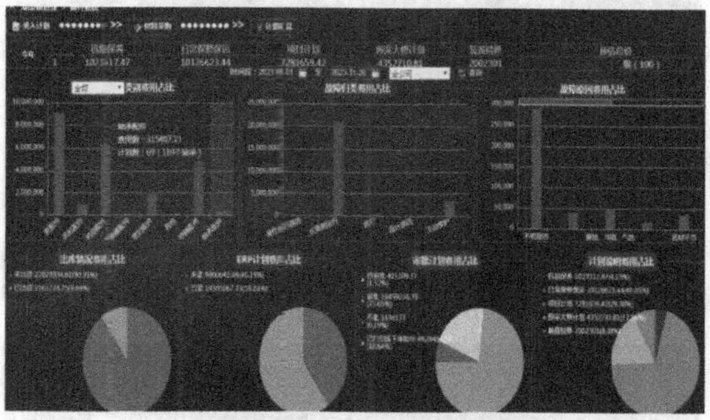

图 1　备件主页信息模块

二是技术人员通过计划录入模块(图 2)，录入所需备件计划信息，核对无误后进行提报。可以利用历史导入功能，对设备信息、备件项目进行筛选，改变了以往纸板计划逐个输入情况，避免了相同工作重复操作情况，提高了工作效率。

三是备件管理人员，通过材料采购页面(图 3)，对提报人员填写的备件类型、计划说明、物料编码、历史价格等信息进行核对和校正，无误后进行打印临时备件计划单，并对备件目前状态进行标记，定期对审批状态进行更新，实现动态管理。备件管理人员可以每天通过材料采购模块，查看新提备件，已打印线下审批中备件，对于长时间没有反馈的或更新的备件计划，及时提醒相关人员，了解具体情况，避免了等检修时发现没有备件，计划又找不到的情况。解决了丢计划、没采购耽误检修的问题。

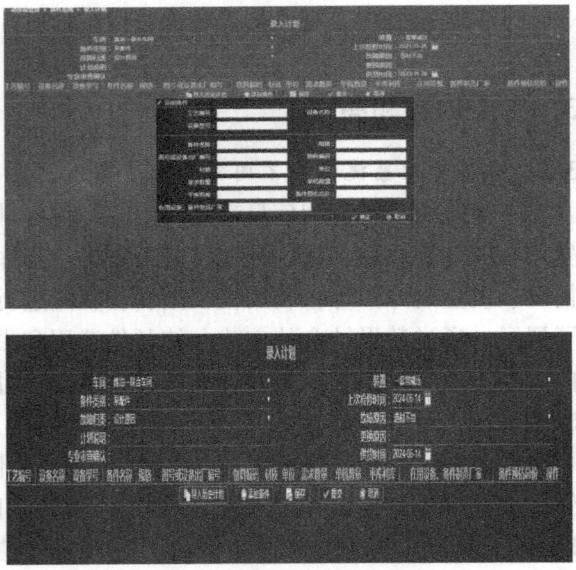

图 2　备件录入计划模块

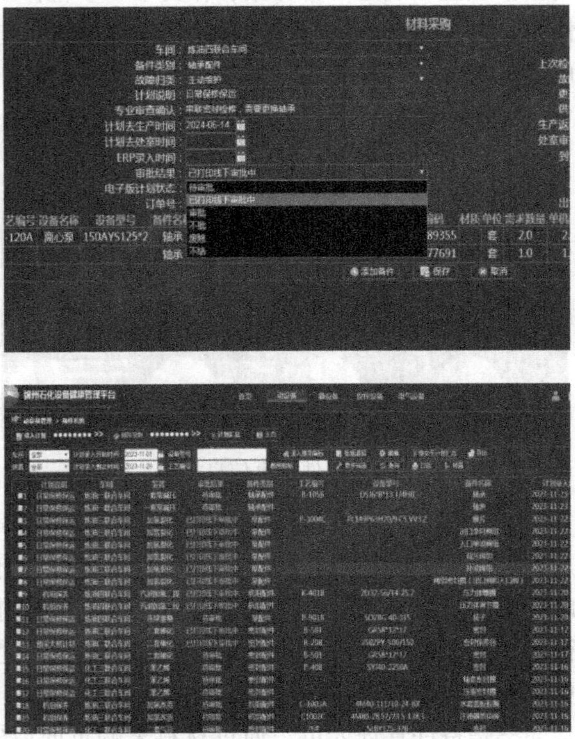

图 3　备件材料模块

四是审批人员可以根据提报计划必要性、准确性、可行性等原因，对提报的备件计划作出是否审批、作废、退回、不结算等操作，避免了纸板计划批到相关人员时再作出不批的情况发生，进一步降低了不必要的工作量(图 4)。

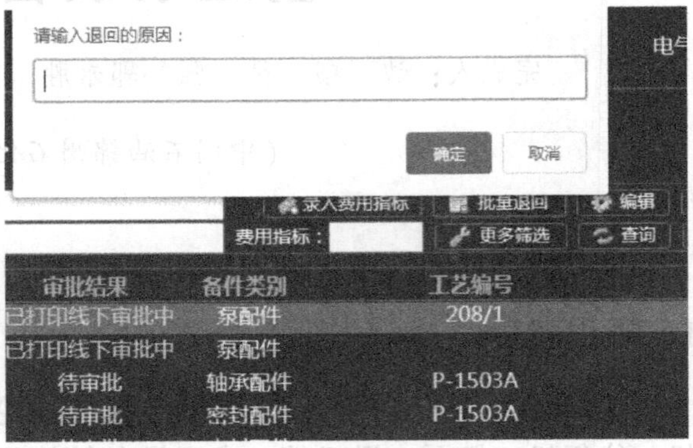

图 4　批量退回功能

3.2　实现批量化操作，减轻人员工作量

一是备件管理系统是一个动态管理过程，相关信息无法一次完成，例如出库信息、备件出库价格都是需要货物到货后，才能确定，这样随着时间积累会沉积很多备件条目，对后期更新带来很大困难，针对问题，备件系统开发了批量导入功能，将备件相关信息从 ERP 导出后，输入指定模板批量导入系统后自动更新已出库和出库费用，进一步提高了费用的准确性。如图 5 所示。

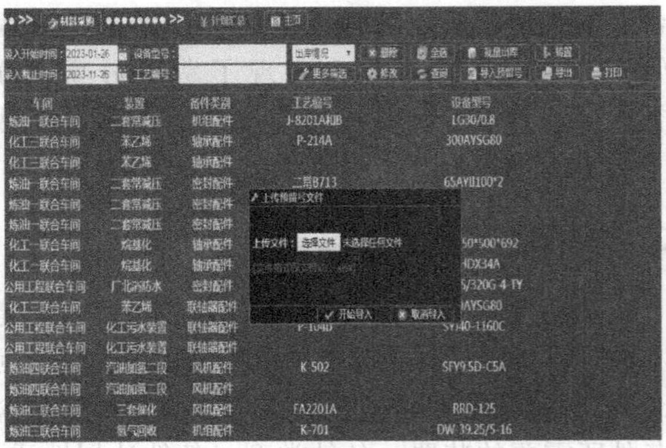

图 5

二是批量导出功能。该功能可以满足，其他总结、统计报表等相关文件所需备件管理方面内容时，直接导出所提备件统计表，不必单独再制作表格，通过一项工作完成相关联工作，提高工作效率。

3.3　相同信息共享功能，减少录入计划工作量

由于动设备备件条目非常多，每次录入也是一项非常大的工作，为了节省工作时间，提高效率，备件计划录入模块创建了历史导入、设备台账等功能，可以对以往提报备件信息、设备型号

等基础信息进行删选，避免了重复录入工作，进而提高了工作效率。如图 6 所示。

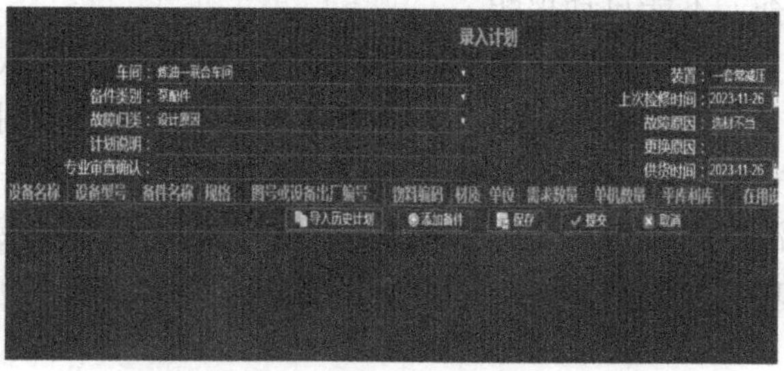

图 6

3.4　相同备件系统提醒功能，避免重复采购造成浪费

备件系统对于设备信息、备件信息相同的计划，在录入时出现提示功能，录入人员根据提示信息核对是否为重复计划，进而避免了重复录入计划、重复审批、重复采购的情况发生，降低了备件采购费用。如图 7 所示。

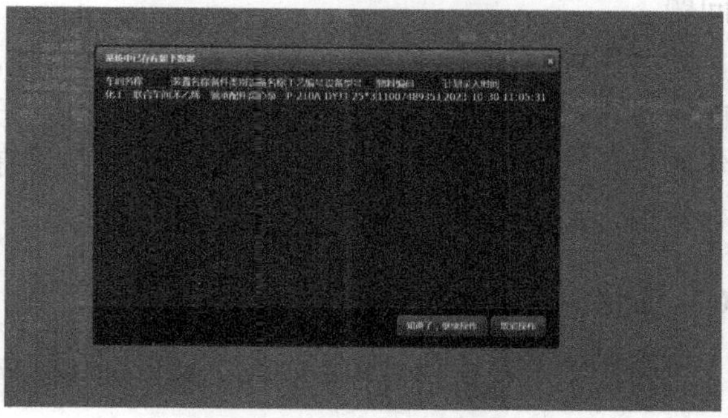

图 7

3.5　形成痕迹化，提高可追溯性。

通过平台提报备件、操作、更改，都能实现痕迹化管理，不能模块单独具有搜索功能，相应人员可以通过搜索，查询计划是否提报，而且每一步都有设置了相应的时间节点记录，解决了以往漏提、丢失等问题，通过平台能够快速判断出问题出现的环节，解决了责任不清的情况。如图 8 所示。

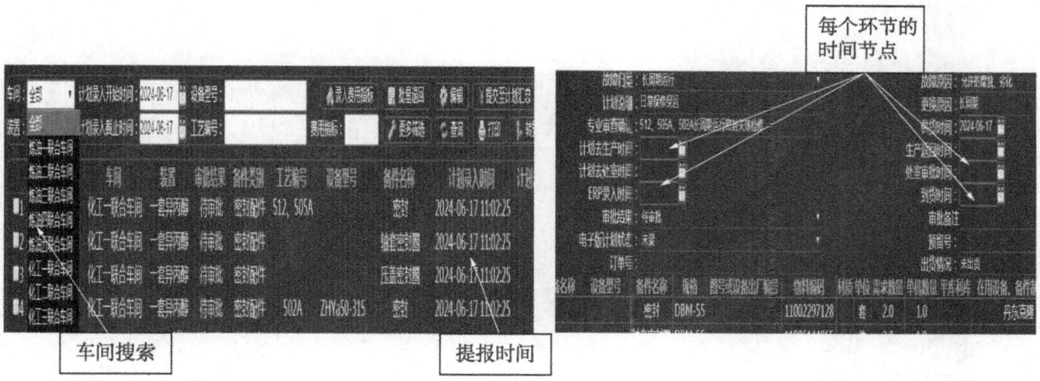

图 8

3.6　不同模块分别展示，更清晰、操作感更强

计划汇总模块，备件管理人员对于计划审批、ERP 录入完成，已经形成预留号的备件计划，批量提交到计划汇总模块内，使相关信息更清晰，避免了不同性质计划相互混淆，提高了操作人员使用感。如图 9 所示。

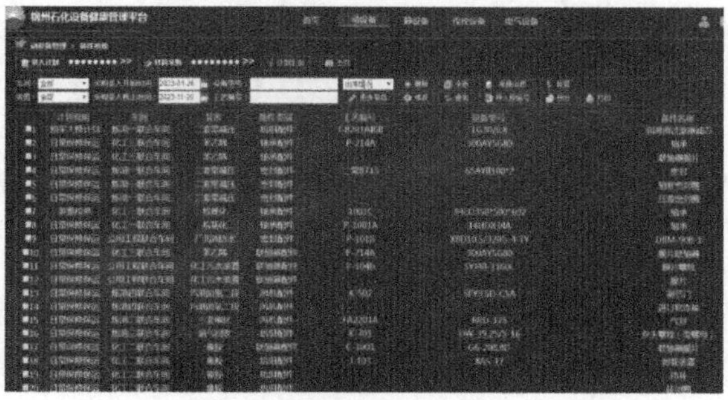

图 9　计划汇总模块

4　实施效果

以问题为导向，作为构建备件管理平台的出发点，通过搭建信息化平台，避免了因计划未及时提报、审批状态未及时掌握等问题，导致备件不能按期到货，费用超标等问题，达到备件从计划提报，审批追踪，费用统计，到货日期，使用情况的全过程管理。实现了备件从计划提报开始，到采购完成为止，进行统计归类，进度追踪，费用统计的智能化管理，保证了检修进度，加强了费用控制，提高了工作效率。

5　创新性措施

通过备件管理系统，形成了痕迹化管理，实现了备件计划可追溯性管理，更加精准找到出现问题的环节，解决了丢计划、漏提、忘提的矛盾问题。

利用统计功能，对备件费用进行分类统计，能够更直观展现各类备件费用占比情况，对下一年度设备管理提升和备件费用目标制定提供了有效依据。

6　优化方向

目前，平台运行过程中受办公地点和局域网的限制，备件采购谈判完成后价格、到货时间不能及时更新，相关沉默信息还需要人为定期筛查，不能自动提醒。

下一步，设想利用中油即时通软件，开发人工智能，操作、更改、提报等可以在手机上及时完成，解决受办公地点和网络的限制问题，对于沉默计划定期通过手机发送提醒，实现语音查阅功能，进一步提高平台操作的便捷性。

吉林石化乙烯厂设备管理“创新‘1+2+2+4’管理模式，切实提升装置现场面貌”

完成人：刘庆龙　周大朋　常恕安　王庆程　李成斌　于春元　李永良　孙东宇
姜　磊　常东海　许兰英

（中国石油吉林石化公司）

1　项目背景

该项目是以乙烯厂机动系统“2023 年工作思路：即高质量发展、对标工作、120 万吨/年乙烯装置转型升级项目、高/低密装置周期性检修、高负荷稳定运行为主线，紧紧抓住提质增效、大检修准备、腐蚀隐患治理、“双碳”“双新”、项目建设、安全管控、基础管理等关键点做好全年工作。”为背景，结合乙烯厂各装置现状，科学研判创新了一种管理模式，通过该管理提高了工厂、车间、班组的管理，实现了管理提升，锤炼了工作作风，强化了实干担当。

2　总体情况

为提高乙烯厂各装置的现场面貌，创造一个安全、整洁的工作环境，工厂创新了“1+2+2+4”管理模式。

（1）推进一项腐蚀隐患治理；

（2）更新机泵“包机牌”和“包机人”标识牌；

（3）即“两评比”，每周开展“最差机泵”和“最好机泵”讲评；

（4）持续推进“四类问题”专项排查工作。

主要成效：

通过腐蚀隐患治理，消除现场安全隐患，改善生产作业环境，提升装置主体面貌，通过落实包机责任制和持续的检查、讲评闭环管理，促进低标准整治工作持续深入及设备本质安全可靠运行水平逐步提高。

3　技术路线和技术亮点

（1）细化分工，落实责任，实行网格化管理，建立问题清单，严格按照标准要求进行检查校验，逐条验证销项，实现闭环管理。高标准完成乙烯联合车间 5#裂解炉炉体和钢结构腐蚀隐患治理、冷区、压缩、分离、ARU 塔外表面腐蚀隐患治、脱砷单元腐蚀隐患治理，8#、10#裂解炉炉体和钢结构腐蚀隐患整改中；公用工程车间球罐腐蚀隐患治理；装卸车间消防道破损隐患治理；油品车间拔头油罐区 V301A/B/C/D/E 储罐保温铁皮腐蚀隐患治理等。

（2）深入推进专项检查，不走形式，充分暴露问题，明确考核标准，加强考核兑现，考核直接落实到人并关联车间相关主管领导，不给车间分摊。每季度评选一次“最佳和最差机泵房”授旗，奖罚分明，现场 61 个泵房面貌有很大的改观提升，泵房整治完成率 100%。

（3）明确岗位职责，清晰属地包保区域，一岗多员须明确责任划分，逐台落实设备包保，避免界面不清、配合不到位、责任落实不到人。制作包机标牌 662 个，机泵管理落实到人。

（4）充分发挥党员先锋带头作用，“一名党员一面旗帜”，党员群众积极利用休息时间义务献工对现场机泵进行除锈粉刷，泵房进行自行整治，装置现场面貌得到提升，295 台室外机泵整治完成率 100%，创造了一个更加安全、整洁的工作环境。

（5）机动设备室按照专项检查方案进行检查，定期通报，同时增加检查频次，扩大检查范围，协助配合车间完成提升目标。做到周周讲评，月月评比；同时，针对检查问题实行清单化管理，既让基层感受管理压力，又能提升员工积极性，取得设备操作维护本质安全。

（6）管理以“动静结合、内外齐抓、责任明确、有序推进”。全厂 448 台主要生产设备完好率100%；全部设备完好率≥99.98%；静密封点泄漏率≤0.3‰；总动密封点泄漏率≤1‰。机组机泵完好率提升至96.3%。检查完善全厂597本设备维护规程，固化维护、检查项目，实施清单化管理。机动设备室贯彻落实《乙烯厂检修工作要求》，规范10类作业标准，细化了69项实施内容，全年施工零伤害，零污染。

4 应用场景

乙烯厂各装置的现场面貌，及时整治现场油迹、跑冒滴漏、积冰漏痕、杂物、施工垃圾、机电仪不完好、低老破坏乱差等各类问题，创造一个安全、整洁的工作环境。

5 项目效果和效益分析

（1）推进一项腐蚀隐患治理

2023年乙烯厂腐蚀隐患治理立项7项，其中整治钢结构防腐低标准4项、保温保冷2项、地坪修复1项。主要项目有乙烯装置9台裂解炉炉体和钢结构腐蚀隐患治理、脱砷单元腐蚀隐患治理、25个塔器外表面防腐施工、油品车间拔头油罐区V301A/B/C/D/E储罐锈蚀铁皮防腐等。

（2）更新两类标牌，增强了包机人的责任感和主动性

在工厂生产装置中通过安装磁性贴的方法完成现场包机牌和包机人标牌的更新，克服原有白钢蚀刻包机牌人名更新困难、易造成低标准等缺点。新标牌样式大方美观，便于管理和更换，提高设备目视化标准，增强了包机人的责任感和主动擦泵的意识，有助于包机管理再上台阶。

（3）每周开展“最差机泵”和“最好机泵”讲评，促进设备卫生提升

机动设备室根据每天的检查结果，每周在各车间评选出“最差机泵”“最好机泵”并于周五在早会上讲评，每次例会上采取“回头看”的形式检查上周“最差机泵”的整改情况，月末对每周的“最差机泵”“最好机泵”进行考核和奖励。

（4）科室推进“四类问题”周排查活动

为防止现场文明卫生下滑，机动科每周从设备卫生/油污、漏点、保温、施工尾项四个方面开展检查，该项工作将作为长期工作，持续开展，检查问题形成动态更新的反馈表，要求车间每天反馈整改进度，科室发挥直线管理和持续监督作用，不断促进现场文明卫生提升。

推行 OKR 工作法创新项目助推企业设备管理提升

完成人：孙　强　蒋　蔺　张　岩　黄　铁　孙　娇

（中国石油吉林石化公司电石厂）

1　项目背景

面对炼化行业的深刻变革、日益激烈的市场竞争、复杂严峻的经营形势，作为正在进行转型升级的国有企业，坚持目标（Objectives）导向、关键结果（Key Results）导向，推行项目 OKR 工作法，明确了“安全、绿色、优质、节约、高效”十字方针，确立了“瓶颈彻底消除、隐患有效治理、指标明显改善、效益持续提升”的工作目标。本文通过编制 OKR 项目管理明细表，实施三级管理，做到界面清晰、责任明确、专业互补、评审有效，有效推进工作顺利进展，保证了高标准、高质量完成各项工作。最后，经过一年的艰苦奋战，OKR 工作法的有效实施，突出强化“两零”管理，落实直线责任、突出强化无泄漏管控，多措并举降低设备泄漏风险及精心统筹“两件大事”，全力确保阶段目标顺利完成等 5 项重点项目 38 个 OKR 目标全部完成，装置实现平稳优化运行。

2　总体情况

随着信息技术的高速发展，国内涌现出不少创新型企业，这些企业所采用的设备管理方式与传统的方式不同。为做好全年各项工作，本文保持战略定力，牢固树立底线思维，沉着应对各类风险挑战，明确肩负的重大责任和新任务新目标，统筹谋划和推动落实各项工作。为此，针对某企业 5 项重点项目特制定 38 个 OKR 目标，实施三级管理，量化到专业，细化到个人，做到界面清晰、责任明确、专业互补、评审有效，有效推进工作顺利进展，保证高标准、高质量完成各项工作。

3　技术路线和技术亮点

3.1　开展 OKR 工作法培训学习

3.1.1　领导高度重视

由主管领导牵头，设备专业主抓，于 2023 年 2 月，以集中教学的方式开始组织各专业开展 OKR 工作法培训。

3.1.2　技术骨干重点培训

组织 5 个车间技术骨干成立 OKR 工作学习小组，发放约翰杜尔·克里斯蒂娜沃特克《这就是 OKR》及《OKR 工作法》书籍进行系统学习，极大提升了工作法的认知，以点带面的辐射作用促进工厂集体学习。

3.1.3　学习途径多样化共享

善用网络资源，下载 OKR 工作法案例视频、Tita-OKR 和项目管理 APP 软件等方面，拓展应用知识面，更好地与实际结合。

3.2　开展项目 OKR 工作法前期准备

3.2.1　成立项目 OKR 工作法组织机构

分别为领导小组、专业组、专项工作组三级组织机构，明确各自的目标（Objectives）及关键结果（Key Results）。具体如下：

OKR 工作目标：全面完成项目各项工作

关键结果：KR1：施工进度计划准确率实现 98%以上

KR2：施工费用受控率达到 100%

KR3：项目验收合格率达到 100%

3.2.2　明确项目 OKR 工作法职责划分

根据专业划分责任分工，明确工作职责，确定工作任务。具体如下：

（1）安全环保部门作为 OKR 实施的安全监管部门，负责编制安全环保工作方案，并监督各车间工作落实情况；负责审批外来人员资质取证培训考试；负责项目实施期间安全环保监督检查及安全环保风险防控工作；负责危险作业和公司、工厂相关规章制度的培训工作。

（2）生产运行部门作为 OKR 实施的生产技术部门，负责生产装置运行情况计划的制定，并监督各车间落实情况；负责项目前期各类技术文件资料的编制、审核及培训组织工作；负责项目建设过程中生产负荷调整计划并执行；负责项目公用工程的提供。

(3) 机动设备部门作为 OKR 实施的检修实施部门，负责制定实施方案；负责组织各车间编制项目实施 OKR 管理表格清单；负责检修规程审批、施工方案审批；负责组织车间对工厂到货物资进行入库检查、消杀、验收；负责组织施工单位承包商资质、人员信息、工机具准入；负责项目的实施过程质量控制及验收；负责组织交工资料按期归档；负责对各车间项目工作进行专业检查、评审。

(4) 工厂所属各车间负责编制项目实施 OKR 管理表格清单，指定责任人负责确认检修项目的执行和效果；负责检修规程编制、施工方案审核；负责对到货物资进行入库检查、消杀、验收；负责检查施工单位承包商资质、人员信息、工机具准入等内容；负责本车间所有项目实施过程的质量控制及验收；负责按期完成交工资料归档；定期汇报完成情况，按时完成专项例会工作任务。

3.2.3　编制项目 OKR 工作法管理明细表

组织编制《2023 年机动系统重点项目 OKR 关键目标实施推进表》，要求明确 5 项重点项目 38 个工作目标，真正做到项目步步有依据、处处可追溯(图 1)。

序	重点项	项目内容	OKR目标
1	突出强化“两零”管理，落实直线责任	一是强化QHSE体系建设，促进管理融合。除迎接公司内外部QHSE体系审核外，结合管理实际每月拟定一个审核主题，组织各车间互查，追溯管理原因，制定整改措施，切实做到“整改一项问题、提升一类管理”。	1. QHSE体系审核问题整改率达到100%。 2. QHSE体系审核严重问题数量为0。
		二是强化作业预约及施工组织，深入学习GB 30871-2022《危险化学品企业特殊作业安全规范》要求，严格执行要求的票证书管理规定，实施工厂级施工例会制度和科室牵头集中会签制度，提高预约质量，提高票证书签订效率和质量。	1. GB 30871标准机动系统学习率达到100% 2. 作业预约、票证书办理检查发现的问题同比下降10%。
		三是严格执行《吉林石化公司日常检修标准化要求》和“电石厂日常施工管理要求”，打击“十假”行为，开收工施工信息实施动态发布和闭环管理。	1. 票证书签字确认“假记录”数量为0。 2. 施工作业影像资料留存达到90%以上。
		四是严控施工现场安全和检修质量关口，不要带血的进度，树立“责任重于泰山、防范胜于救灾”的理念，分级负责，对曝光率较高和检维修质量出现问题的单位和承包商，实施约谈、考核和黑名单制度。同时，严格执行特殊时期、敏感时段升级管理要求，机动科协同工厂实施留守值班制度，一类风险作业严格执行主任旁站式监督管理，努力实现“两零”管理目标。	1. 一类风险作业主任旁站式监督执行率达到100%。 2. 全年因检维修导致人员伤亡数量为0。
2	突出强化无泄漏管控，多措并举降低设备泄漏风险	一是全面推进静设备防泄漏计划实施，严格落实易泄漏法兰、小接管相关管理制度，完善风险分级管控措施，每月开展泄漏点统计、分析，推进“无泄漏装置”“无异味装置”建设工作。	1. 每月全厂静密封点泄漏率≦0.03‰。 2. 每月泄漏点统计、分析表各装置按时上报率达到90%以上。
		二是加强防腐蚀管理标准，杜绝突发性泄漏，坚持“工艺为主、设备为辅、工艺与设备密切结合”的防腐原则，加强日常巡检和专项检查，积极推“四新”技术应用，协同安全生产科室，利用有限的资源，分级分步实施防腐修复项目，实现防腐整体管理能力的提升。	1. 定点测厚真实率达到90%以上。 2. 小接管检测完成率达到100%。
		三是全面落实公司机动设备处“无泄漏”管控经验交流会的要求，持续深化“无泄漏”网格化管控，厂内推广实施无泄漏专项互查，提升泄漏风险预防和管控能力。同时，重点开展厂际间管线隐患排查及日常巡检工作，使全员做到管线位置走向在心里、管线安全状况等级在心里、管线隐患薄弱点在心里，实现厂际间管线“零故障”目标。	1. 厂内无泄漏专项互查检查问题整改率达到100%。 2. 厂际间管线“零故障”实现目标。
3	精心统筹“两件大事”，全力确保阶段目标顺利完成	一是全力以赴助推转型升级项目建设，确保产业升级稳步实施。组织精兵强将深度参与转型升级项目建设，继续秉承“八小时干不成吉化项目”“吉化项目建设没有冬天”的总要求，与项目部无缝衔接、形成合力。小总体项目新建空压站、冷冻站、循环水场、热力站、空分总降变、消防水站、事故转输池，新建并整合中心控制室，完成小总体项目阶段专项会战。同时，遵循项目统一规定，严审设计文件，超前部署项目前期准备工作，全力推进重点项目建设。此外，积极落实2023年短停检修方案，做好转型升级项目甩碰头施工，全力组织废旧管线拆除和报废装置拆迁工作，坚决确保按预定节点完成任务。	1. 采购方案编制完成率达到100%。 2. MR审核参与率达到100%。
		二是全力以赴深入开展大检修准备工作，确保前期工作稳妥有序。严格按照《炼化企业大检修指导意见》落实上级部门的工作任务，开展“车间、科室、工厂”三级对接，确保检修立项科学合理。明确时间节点，重点组 [illegible]	1. 大检修准备完成率达到100%。 [illegible]

图 1　某企业机动系统重点项目 OKR 关键目标实施推进表

3.3　开展项目 OKR 工作法实施工作

项目实施期间，各检修项目组长按照目标全面开展工作，按照关键结果布置工作任务，三级管理人员紧盯现场，做到统一指挥、统筹推进，分兵把口、专业把控，形成了自上而下的领导和推动作用。同时，各项目组长每天利用协调会契机通报 OKR 实施情况及存在的问题，定期开展关键结果评审，形成总结报告。

3.4　开展项目 OKR 工作法总结评审

项目结束后，组织交工资料归档，全面开展 OKR 总结，评审工作成果，选评 OKR 优秀项目，并择优进行表彰奖励。

4　应用场景

OKR 工作法主要应用于企业的设备管理中，实现年度工作目标。

5　项目效果和效益分析

本文通过开展 OKR 工作法，真正做到了“瓶颈彻底消除、隐患有效治理、指标明显改善、效益持续提升”的工作目标。

5.1　突出强化“两零”管理，落实直线责任

（1）强化 QHSE 体系建设，促进管理融合。除迎接公司内外部 QHSE 体系审核外，结合管理实际每月制定了一个审核主题，组织各车间互查，追溯管理原因，制定整改措施，切实做到了“整改一项问题、提升一类管理”。同时，协助安全专业完成了乙醛装置 HSE 示范标准化战队创建工作，并于第三季度乙二醇装置 200#泵房及第四季度乙醛装置罐区荣获公司十大“优胜岗位”。

（2）强化作业预约及施工组织，深入学习 GB 30871—2022《危险化学品企业特殊作业安全规范》要求，严格执行要求的票证书管理规定，实施施工例会制度和专业室牵头集中会签制度，提高了预约质量、票证书签订效率和质量。

（3）严格执行《某公司日常检修标准化要求》和“工厂日常施工管理要求”，打击“十假”行为，开收工施工信息实施了动态发布和闭环管理。

（4）严控施工现场安全和检修质量关口，不要带血的进度，树立“责任重于泰山、防范胜于救灾”的理念，分级负责，对曝光率较高和检维修质量出现问题的单位和承包商，实施了约谈、考核和黑名单制度。同时，严格执行特殊时期、敏感时段升级管理要求，机动设备部门协同实施留守值班制度，一类风险作业严格执行主任旁站式监督管理，实现了“两零”管理的目标。

5.2　突出强化无泄漏管控，多措并举降低设备泄漏风险

（1）全面推进静设备防泄漏计划实施，严格落实易泄漏法兰、小接管相关管理制度，完善风险分级管控措施，每月开展了泄漏点统计、分析，切实推进“无泄漏装置”“无异味装置”建设工作。

（2）加强防腐蚀管理标准，杜绝突发性泄漏，坚持“工艺为主、设备为辅、工艺与设备密切结合”的防腐原则，加强日常巡检和专项检查，积极推进“四新”技术应用，协同安全、生产专业，利用有限的资源，分级分步实施防腐修复项目，实现了防腐整体管理能力的提升。

（3）全面落实公司机动设备部“无泄漏”管控经验交流会的要求，持续深化“无泄漏”网格化管控，推广实施无泄漏专项互查，提升泄漏风险预防和管控能力。同时，重点开展了厂际间管线隐患排查及日常巡检工作，使全员做到管线位置走向在心里、管线安全状况等级在心里、管线隐患薄弱点在心里，实现了厂际间管线“零故障”目标。

5.3　精心统筹“两件大事”，全力确保阶段目标顺利完成

（1）全力以赴助推转型升级项目建设，确保产业升级稳步实施。组织精兵强将深度参与转型升级项目建设，与项目部无缝衔接、形成合力。同时，遵循项目统一规定，严审设计文件，超前部署项目前期准备工作，全力推进重点项目建设。此外，积极落实了短停检修方案，做好转型升级项目甩碰头施工，全力组织废旧管线拆除和报废装置拆迁工作，坚决确保按预定节点完成任务。

（2）全力以赴深入开展 2024 年大检修准备工作，确保前期工作稳妥有序。严格按照《炼化企业大检修指导意见》落实上级部门的工作任务，开展“车间、专业室、工厂”三级对接，确保检修立项科学合理。明确时间节点，重点组织做好隐患排查、技改立项、投资项目申报、长周期物资采购、转型升级甩碰头、施工队伍摸底调研等相关工作，确保前期准备工作稳妥有序。

5.4　大力实施“五大工程”，切实提升装置本质安全水平

（1）大力实施作风建设和能力提升工程。突出强化专业室和基层两级管理人员意识转变，积极培树“问题在基层、责任在专业室”的思想认知，落实专区、专业管理责任，优化绩效考核和责任追究机制，分管专区、专业出现问题，与专业室分管人员挂钩，积极推进由宏观管理向微观垂直管理转变，着力解决“事不关已、高高挂起”问题；积极培树“严管即是厚爱”“从严管理是必要常态”的管理理念，着力解决“严不起来、落不下去”“安排布置多、讲评考核少”的问题；

积极培树"没有思想上的高标准，就没有工作中的高水平"的思维观念，以"服务基层、解决实际问题"为出发点，进一步强化专业指导和技术分析，切实提升管理精细程度和装置驾驭能力；积极培树"实事求是、求真务实"的工作作风和"干实事、说实话、讲实情、求实效"的专业品质，把新的作风和状态体现在对技术问题的研究和设备故障的分析上来；积极培树"雷厉风行、执行有力"工作态度，讲政治、顾大局，确保了工厂决策部署和工作要求快速布置，快速落实，快速反馈，闭环管理。

(2) 大力实施老旧设备更新改造。按照"今天的投资就是明天的成本"的理念，会同相关专业室积极争取投资立项，按计划分批次对存在腐蚀泄漏隐患、高能耗和及非正常运行状态设备进行更新改造，在消除设备隐患的同时，为绿色健康工厂的创建提供条件。

(3) 大力提升机电仪协同管控能力。机构整合后，以满足生产需要和转型发展为出发点，积极与电仪中心紧密配合，主动出击，定期核查生产运行监控数据与实际DCS投运情况，从严整改压力表检定和失效问题，跟踪SIL定级报告到期和重新评估进展情况，邀请电仪人员参加月度例会和专项协调会，提高沟通效率，形成整体合力，逐步提升了装置机电仪整体水平。

(4) 大力实施腐蚀隐患治理。一方面按照发布的AQ/T3034《化工过程安全管理导则》要求，切实开展设备完好性管理。腐蚀检测是预防性维修的基础，对存在腐蚀性介质的承压管道等重点部位要加大腐蚀监测、检测力度，缩短检测周期，对腐蚀减薄严重部位建议采用超声波、脉冲涡流、相控阵等检测手段进行测厚分析，尤其是三通和弯头等易受冲刷腐蚀的部位，及时发现并处理管道壁厚减薄问题，掌握腐蚀速率，定期评估防腐效果和核算设备剩余使用寿命，及时发现并更新更换存在安全隐患的管道，避免发生泄漏再忙于检修与堵漏的问题。另一方面按照"五明确""五到位""四受控"工作要求，刚性投入10%修理费接续开展管廊、装置腐蚀隐患治理第二年攻坚行动，促进腐蚀隐患有效治理，一盐二盐厂房隐患治理项目建成后整体面貌焕然一新，严格按照"一线一案"要求，明确吹扫置换、界面交接、施工拆除、物资处置责任分工，确保安全高效完成废旧管线拆除工作；以主要生产装置、重大危险源罐区、巡检路线、关键部位为重点，持续开展照明隐患治理排查，协同完成整治工作。推进双重预防机制建设，全方位、全过程辨识风险，建立隐患排查清单，及时实施隐患治理项目，提升装置抗风险能力。

(5) 大力实施报废设施拆除项目。继续加强拆除专项组的协调管控作用，依据装置停工时间合理排定报废处置计划，重点完成待处置资产核对、物料清洗置换和能量隔离确认等工作，实现设备设施合规使用、按时处置。及时清运，规范平整现场，为转型升级项目开工奠定基础。

5.5 持续追求"五个降低"，有效管控装置运维成本和风险

(1) 降低机电仪故障次数。结合当前管理现状，以问题为导向，研究管理思路改进和制度机制完善，强化确认制和责任制落实，促进专业工作基础进一步夯实，高标准精细管理的习惯逐步养成；针对当前存在的问题和隐患，突出强化设备攻关和隐患治理，大力推进设备攻关项目实施，持续提升装备水平；积极推进先进检测技术及监测方法的应用，努力提升预知维修能力；突出抓好机组特保特护、设备泄漏、电气系统保护、仪表故障等重点工作，持续提升装置稳定运行水平，实现机电仪非计划停工次数同比下降10%。

(2) 降低检维修作业数量。有作业就有风险，合理控制作业数量是降低风险的有效手段。加强检修质量管理，杜绝频修、返修，确保检修后实现长周期运行；加强作业预约管控，合理合并检修作业；提高检修作业效率，缩短单项检修作业时间；加快票证书签发工作流程，保证检修绝对作业时间；加强设备设施日常维护保养力度，杜绝人为损坏问题，检维修作业数量实现同比降低12%。加强作业预约管控，由厂领导牵头，组织多专业室联合优化施工预约，全面研判风险、落实措施，确保现场危险作业安全管控。

(3) 降低材料备件消耗。固化挖潜成果，深化转动设备RCM检修维护策略应用；协同检修单位和生产车间开展修旧利废和自检自修项目；持续压降机封、轴承消耗，狠抓电机日常维护和保养，提高润滑质量，利用红外测温仪和振动测试仪科学巡检，及时发现机泵及电机缺陷，降低设备故障，减少轴承消耗。

(4) 降低可控费用成本。持续细化修理费分

类管控，统筹分配全年指标到月份，按指标审核审批月份计划，保证固定维护费、日常维护施工费及备件费按计划受控执行；严格检修计划立项管理，规范合同审批管理，杜绝事后合同，严控非生产性检修计划作业量，减少技改类项目挤占修理费；定期分析费用使用及入账情况，确保了费用合理高效。

（5）降低检维修现场曝光率。开展票证书无差错评比奖励活动，组建高素质专业现场监督组，探索“指导交流+督促考核”的监督模式，针对约谈、考核乃至停工再教育问题数量多、典型问题突出的属地单位和承包商，以“六亲不认”“吹毛求疵”的态度严抓安全，确保“两零”问题曝光率降至1.2%，持续提升了危险作业管控效果。

石油化工项目建设期设备全生命周期包机管理探索

完成人：王 超 卫小科 王伟强 刘文皓 王书鹏 李岩书 王立新 常广东 王 纲
胡 刚 王 凯 周 林 李开贵 邱铮烁
（广东石化有限责任公司化工二部）

1 开展石油化工项目建设期设备全生命周期包机管理工作实施背景

在石油化工项目建设中，通常由建设单位具有生产经验的技术和管理人员、设计单位、总包单位、施工单位共同参与项目建设和生产准备工作。

由于主营业务不同、专业方向不同、角色站位不同，建设单位设备管理的思路、侧重点、管理方式和总包、施工单位存在较大差异，在项目建设期尤其是设备基础浇筑完成、设备安装和调试期间，建设单位和总包单位对设备安装、调试更多依赖标准规范和设备厂家的指导，对安装、调试过程中可能影响今后设备运行、生产稳定的关键点往往缺乏跟踪、记录，由于施工工期、人力和技术力量、组织协调等因素，往往造成成品保护不力、打压试漏和吹扫气密反复开展、催化剂装填效果差、试车周期长甚至设备损坏，带来不可控的安全隐患，造成极大的工期延误和经济损失，为装置平稳和长周期运行埋下隐患。“设备全生命周期管理”理念难以落到实处。

2 总体情况

自2020年10月广东石化聚烯烃装置建设初期，部门尝试结合“设备全生命周期管理理念”、化工生产中的包机管理经验和课题攻关小组模式，努力摸索适合建设期、且可以有效衔接过渡至生产阶段的“建设期设备全生命周期包机管理”办法。

希望可以结合生产管理和工程管理经验，落实“设备全生命周期管理”理念，推进设备成品保护工作有效开展，减少因管理不到位造成试车过程中的设备损坏，降低试车期间备件消耗，达到安全、高质量中交和开工，确保项目安全和高质量投产，消除装置平稳和长周期运行的隐患，并指导建设单位全体员工有效地介入项目建设，提高建设单位全体操作人员对设备原理、结构、操作、联锁的掌握程度，督促全体员工达到相互深度授课的水平。如图1所示。

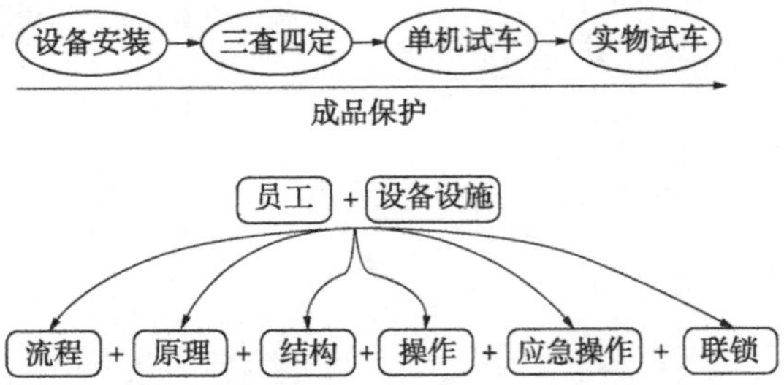

图1 设备全生命周期包机工作主要内容

3 技术路线和技术亮点

3.1 项目启动

在初步设计阶段，开始谋划如何融合“设备全生命周期管理”理念、化工生产中的包机管理经验和课题攻关小组模式，并充分根据本项目的实际情况，有效利用不同阶段的人力、物力，启动“建设期设备全生命周期包机管理”工作。

建设单位操作骨干齐备、操作人员基本到位后，组织建设单位全体管理人员、操作人员启动动员会，宣贯介绍“设备全生命周期包机管理”工作的目的、预期效果，并介绍如何开展工作、如何总结评比为具体实施落地做好准备。

3.2 项目实施

自安设备入场验收开始，对普通动静设备包机到人，对大机组实行分工到人、包机到班组，形成一个个相对稳定的课题攻关小组。包机人、包机攻关小组即课题攻关小组，负责所包机设备建设期间的设备安装、成品保护、三查四定、单机试车、实物料试车等工作，认真学习相关资料、思考工作如何开展，收集并整理、总结相关资料，专业知识涉及流程、设备原理、设备结构、操作、应急操作、设备和工艺联锁等。在投料试车，乃至转入正常生产期间，包机人、包机攻关小组仍可继续负责所承包设备的切换、技改等各项工作，可以较好地完成建设、试车、生产阶段的平稳过度。如图 2 所示。

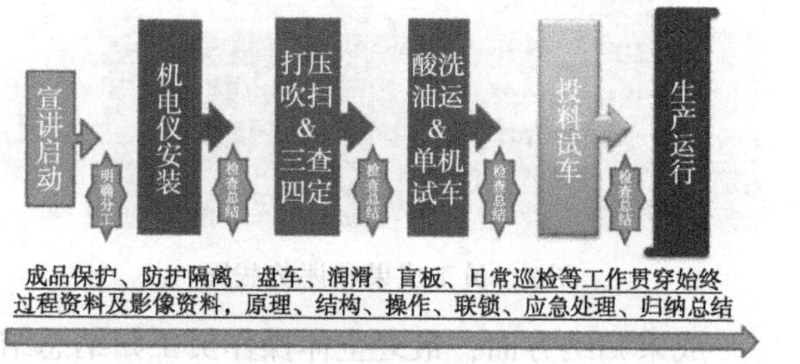

图 2 包机攻关主要工作内容及工作流程

3.3 管控重点

考虑到员工个人经验、能力不同、管理难度较大，且整个实施过程较长，项目落实难度大。为确保各个阶段包机成果得到落实，组织各装置工程师分阶段检查、指导装置员工开展工作，给出指导意见，检查各阶段工作完成效果、资料收集整理情况、归纳总结情况。

在各个设备关键管理节点完成后(如机械安装、仪表联调等)，每个包机人会根据施工进度形成阶段性总结报告，包含且不限于进度计划、各工序实际工时、关键工作步骤、质量控制、成品保护、经验得失等，通过总结报告内容项目细分，让包机责任人明确关键记录点，包机人的设备知识会得到进一步储备，同时所有设备关键数据可被按时记录，能够逐台形成设备档案，详细记录整个设备各阶段的数据。

3.4 主要难点及解决措施

3.4.1 人的因素

建设单位项目管理人员数量有限、流动性较强，建设单位操作人员项目前期学习培训、分阶段参与现场建设，且个人经验、能力不同、统一管理难度大。

首要解决问题是包机人的设备培训，只有包机人理论知识达到要求后，才能实现各阶段设备管理良好的衔接，不论参建单位人员如何流动，设备管理标准的一致，就能保证管理措施落实。为了迅速提升包机人设备知识储备，从实习阶段，部门就不断组织设备专业管理人员到实习地进行授课，从设备基础到专业设备知识，进行课件培训、以考促学、现场答疑多种形式，让员工对理论知识进行强化。当操作人员进入现场后，第二阶段深化培训开始。组织设备管理人员对各负责包机人、包机小组现场培训，通过对各项标准的详细培训与解读，能保证人员牢记各关键节点以及验收标准，同时多人轮换负责，扎实落实各项验收指标。

除以上方法外，包机小组在各个设备管理的重要节点都要进行预习工作，为新的工作任务做好技术准备。

当所有设备关键节点、问题处理、质量验收工作流程逐渐变成模式化、系统化，人员变动后可以更快的适应管理要求，减少人员流动带来的培训时间成本，以及工作交接产生的信息遗漏影响工作连续性，还可以减少人员主观标准不同影响验收、工作推进等问题。

3.4.2 成品保护

参建单位对设备安装、调试和成品保护，更多依赖标准规范、设备厂家技术文件和厂家的指导，且受限于人力、资金和施工条件，建设期间对设备的成品保护落实相对较弱。

结合建设单位员工操作技能强、责任心强的优点和参见单位机动性强、执行力高的优点，可以做到现场问题快速解决，各关键节点均有四方验收。建设单位和参建单位互相补足，提高各环节工作标准。

除了保障设备和管线的安装、试车质量，也保证了系统和管线的清洁度，有效避免了吹扫不到位对试车、开车的影响。

4 应用场景

以大机组为例。大机组的安装、调试难度大，施工和调试质量对装置开工影响巨大，是包机攻关小组的关注重点，必须重点关注。

建设单位技术人员作为包机指导，组织厂家、参建单位、操作人员，对机组安装的进度计划、安装参数、关键点等提出要求，明确包机攻关小组的任务目标、人员分工，形成攻关课题。包机攻关小组全程参与安装、调试、实物料试车，对关键参数、安装步骤、质量点、各工序的实际工时，等各项工作进行详实记录，同时学习机组各项资料。包机攻关小组每天归纳、整理当天工作内容，并总结不足和优点。同时，包机攻关小组负责检查、督促各阶段的成品保护工作。

在各个节点完成后(如机械安装、仪表联调、联动试车等)形成阶段性总结，包含且不限于进度计划、各工序实际工时、关键工作步骤、质量控制、成品保护、经验得失等，包机指导进行检查、指导、完善后存档。

5　项目效果和效益分析

2022年12月底，现场为原始开工、打通全流程做最后冲刺。为了充分调动员工及参建单位的积极性，保证整个包机管理系统良性循环，顺利开展，根据包机设备安装和试车效果、工作量和工作难度、总结材料质量等要素，对包机攻关小组和包机人的工作进行整体评比、评奖，并公示，同时对配合处理问题较好的参建单位进行正向考核奖励。如图3所示。

5.1　项目效果

现场工作方面，自设备安装开始至4套聚烯烃装置顺利踏节点一次性开车成功，施工过程和施工质量安全、可靠，成品保护、吹扫气密、三查四定等各项工作有序开展，实现了各项机组及设备高质量试车、装置高质量开工，未发生任何事故事件，未因成品保护原因、操作原因、管理原因造成设备的故障，实现了普通机泵开工备件低消耗开车、3套公司级和4套部门级进口大机组实现了开工备件零消耗开车。

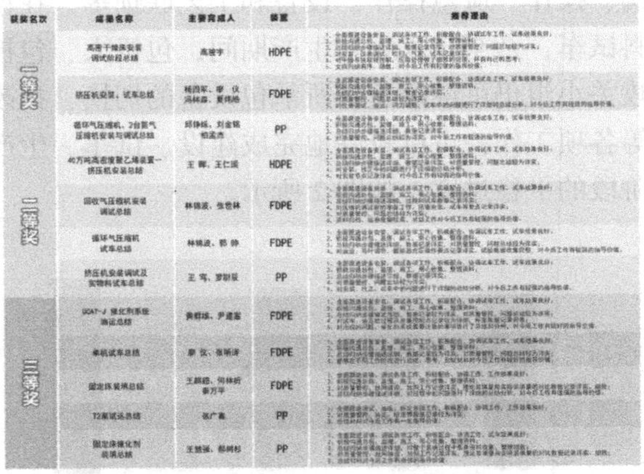

图3　员工成果和评奖截屏

成果归纳方面，最终全体操作员工归纳总结出：挤压机安装、试车总结，循环气压缩机安装总结等49项总结成果，大多数质量较高、对今后工作指导性较强。在装置开工投产前，部门召开“建设期设备全生命周期包机管理”评比，从试车工作完成效果、整体工作难度、总结材料质量等方面进行综合评比，评选出一等奖3组、二等奖4组、三等奖5组。在锻炼队伍的同时，培养了全体员工善于学习钻研、思考总结的习惯，为今后的设备维护、检修积累了宝贵的经验和素材。如图4、图5所示。

图4　员工参评论文截屏

机组升温分两大类，第一类为高压蒸汽升温，第二类为热油电加热升温，按要求按梯度同步进行升温，最终温度需达到正常开车温度。导热油在加热前需进行煮沸，100℃恒温24小时进行煮水，180℃恒温24小时煮烃。

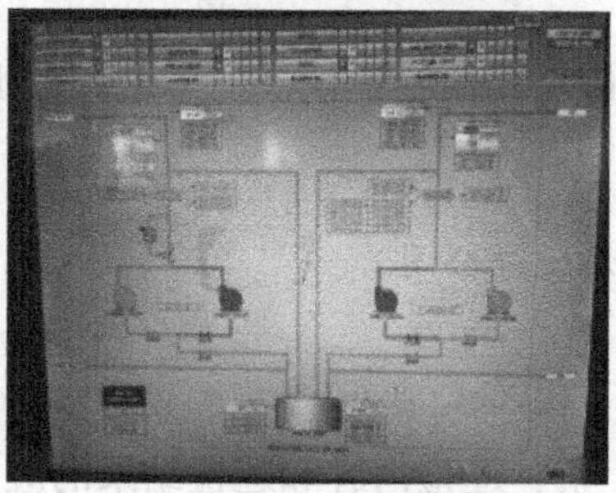

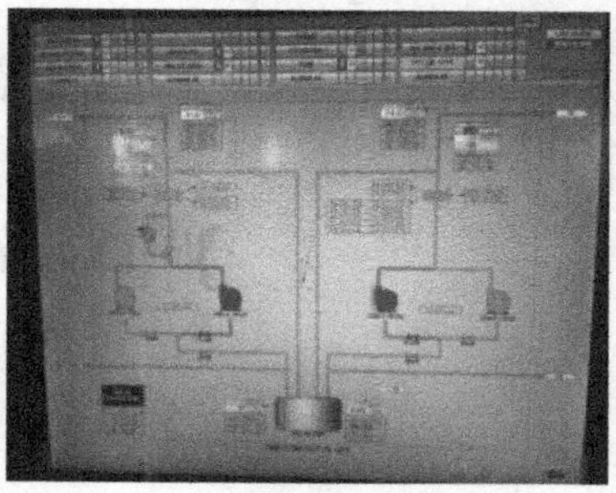

导热油进行煮沸

图5　员工参评论文截屏

5.2　效益分析

通过推进“建设期设备全生命周期包机管理”工作，较好地实现质量控制、保障装置低消耗投料试车，培养员工技能的同时培养员工主动学习习惯，很好地记录各项工作细节并总结得失，对今后生产和检修提供了详实的素材，实现员工与项目共同成长。

近20年来，大型炼化项目如雨后春笋般在全国各地纷纷立项、动工，将“建设期设备全生命周期包机管理”作为“设备全生命周期管理”的重要一环，摸索出适合各建设单位的规范的管理手段，可以较好地保障过程质量管控，实现设备管理由建设期向生产期平稳过渡，很大程度上消除装置平稳和长周期运行的隐患，取得良好的经济效益和社会效益。

电动机智能巡检系统的应用

完成人：王元亮　朱浩锋　王政勇　王海铭　郎祖杰　竺景伟　丁　龙　张业鹏　杨定广
徐　伟　虞杭亮　胡吉恩

（中国石化镇海炼化分公司）

1　项目背景

中国石化镇海炼化公司位于浙江江省宁波市，是拥有2700万吨/年原油加工能力、220万吨/年乙烯生产能力的特大型化工生产加工企业，随着公司生产安全性、工艺连续性、平稳性要求不断提高，作为动力"源泉"的电动机安稳运行对整个生产安稳运行面临新的挑战。公司不断发展，装机的电动机超过万台以上，日常的动态运行状态管理也给整个公司安稳运行带来不小压力，虽然通过投资新技术硬件设施对部分重要设备的监控，但日常动态运行管理还需要人为地参与到日常巡检、数据抄录、汇总、分析等工作中，之前传统纸质手抄模式给巡检人员也带来较大的工作量和数据连续性挑战，镇海炼化以保装置平稳运行的责任感与使命感，推动科技创新，聚焦生产，通过信息化，数字化手段对管辖的万台电动机实现巡检路线规范化，数据上传智能化，数据追溯趋势化，从而解决现场难题，优化了人员使用配置。全方位实现了电动机巡检路线及数据的规范化，智能化。积极探索用信息化、数字化的手段全面提升工作效率、解决现场突出问题。

2　总体情况

企业安稳运行是企业效益的根本，整个公司的发展也锚定"世界级、高科技、一体化"绿色石化基地的目标加速建设。但随着项目建设的投产，人员紧张的问题日益突出，急需用智能信息技术手段提升巡检质量、加强设备的预防性及预知性检修能力，确保公司现场电动机安全平稳运行。通过对前期人工巡检实际情况和实际公司相关电动机巡检制度的要求，选择合适的平台和技术手段是推进项目的关键，最终权衡利弊借公司现有的智能巡检平台将我们巡检需求、巡检要素、巡检内容和巡检结果的应用进行梳理，最终搭建符合我们的需求的巡检平台，通过小范围试运行、改进提升最终全面展开。从而达到人力资源优化提高装置电动机的运行维护的质量，努力实现电动机预知性检修为主，计划检修为辅，提升设备运行安全的目标。

3　技术路线和技术亮点

通过前期对不同系统的比较以及公司现有的巡检平台评判和数据安全性的要求，将以公司现有的系统为平台，创建符合现场电动机巡检实际工况需求的项目。

3.1　在用智能巡检系统平台有友好界面

（1）系统覆盖公司现有的各类巡检业务，并且具备良好的业务扩展性；

（2）巡检移动端应用基于开放的移动操作系统开发，可以部署在不同的操作终端上使用；

（3）系统依托无线网络可以实现巡检数据的实时上传、人员定位等功能；

（4）系统支持测温、测振等测量功能（需要外接硬件支持）；支持文字、拍照等多种记录方式；

（5）系统预留数据接口，可以与其他系统实现数据共享；

（6）巡检终端的数据采用镇海炼化4G、5G专网方式传输，连接成功后可自动上传数据，确保数据传输过程的安全性

3.2　实际硬件及软件配置

（1）巡检人员配置入网的终端及无线测温、测振传感器。

（2）编制预设电动机巡检在现场实际巡检路线。

（3）对巡检任务和巡检周期固定化。

（4）任务实施情况、漏检情况漏检查询。

(5) 现场标准的电子标签打卡点。

(6) 数据汇总后的报警推送。

3.3 系统的网络结构及安全评级

本项目建设初期首先考虑立足于公司在用的网络资源平台和硬件设备，通过对公司已建成的资源平台可以大大加快项目实数和减少部分投资(图1)。

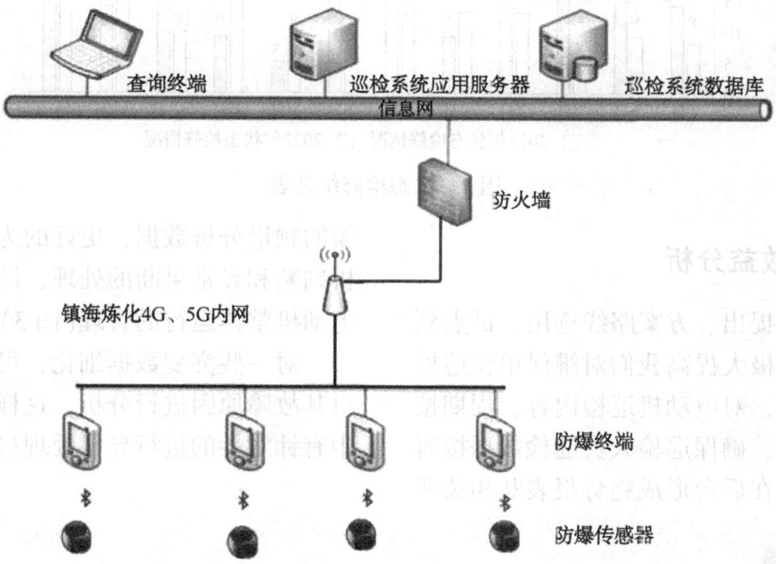

图1 系统的网络结构

从项目立项开始，就对整个系统链路和数据安全进行专门评估，立足公司对网络安全对整个系统系统安全保护等级确定，信息系统的安全保护等级由业务信息安全保护等级和系统服务安全保护等级较高者决定，因此最终确定中国石化镇海炼化公司巡检管理系统的安全保护等级为第一级(表1)。

表1 安全保护等级的确定

信息系统名称	安全保护等级	业务信息安全等级	系统服务安全等级
中国石化镇海炼化公司巡检管理系统	第一级	第一级	第一级

4 应用场景

通过前期开发，最终落实指导现场的巡检智能应用，在前没有应用智能巡检前，巡检人员各自有不同的线路，现场巡检的随意性较大，以及巡检人员实时巡检信息无法掌握；应用智能巡检后每台设备要求的测点位，采集的数据、规划的线路、周期、巡检人员信息、巡检轨迹等都能通过巡检终端进行监测。巡检完成后数据上传到后台服务器，后台相关层级人员将会按需查看相关异常数据，如：人员巡检轨迹、漏检信息、数据的超标等，当巡检数据有突变情况时，服务器将自动对数据按系统设置的突变量对比进行预警报警，提醒相关层级人员对异常数据干预或分析，避免设备运行异常的发生(表2)。

表2 终端巡检管理功能

巡检管理	现场巡检	按巡检计划完成巡检任务
	任务查询	查询巡检任务完成情况
	报警管理	记录、处理巡检过程中发生的报警事件，可以以文字、照片方式记录；对异常及未完成工作进行交接跟踪
	温度测量	现场测量温度信号(需要硬件支持)
	振动测量	现场测量振动信号(需要硬件支持)
	基础设置	包括终端管理、通讯设置、传感器管理等

投运后通过对预防检修分析，预防检修有了较客观的评价依据。经对投运后状态检修数量对比，系统投运后状态检修明显增长，全年状态预防检修增长52%，因有了客观的数据积累评价和历史数据对比，在安排工作时更客观的指导后续预防措施(图2)。

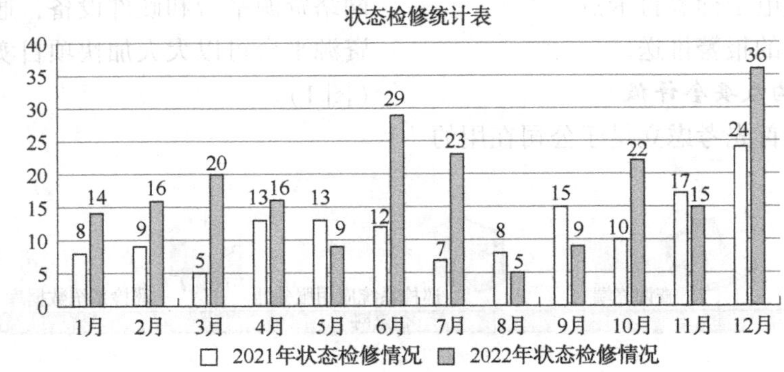

图 2　状态检修统计表

5　项目效果和效益分析

通过点检系统提出、方案路线选用、试点到最终的推广应用，极大提高我们对维保单位巡检人员巡检情况掌握，对电动机巡检内容、周期按规定任务进行下达，确保巡检人员巡检数据按时采集上传，数据的在后台形成趋势报表和相关所需的频谱分析数据，更好的为异常运行设备的分析判断和异常果断的处理，同时也确保了公司对电动机整体运行的管理(图 3)。

对一些突变数据细化，可以通过频谱进一步对其故障原因进行分析，这样在后续的预防检修中有针对性的进行异常处理(图 4)。

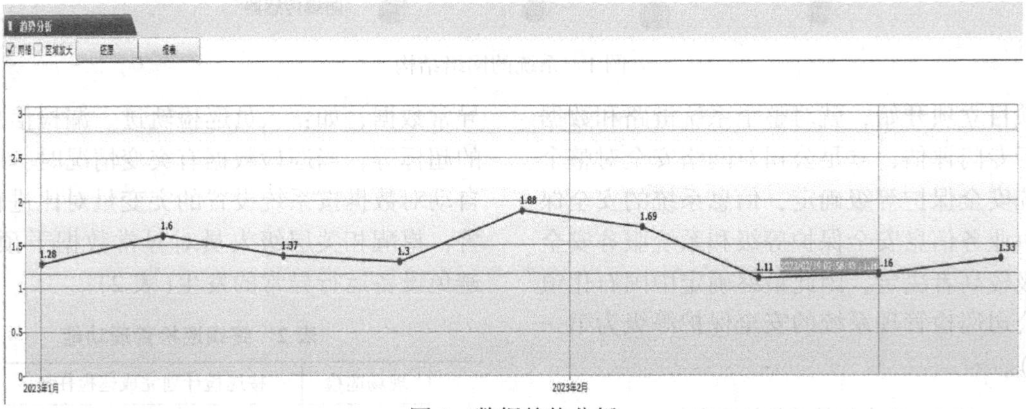

图 3　数据趋势分析

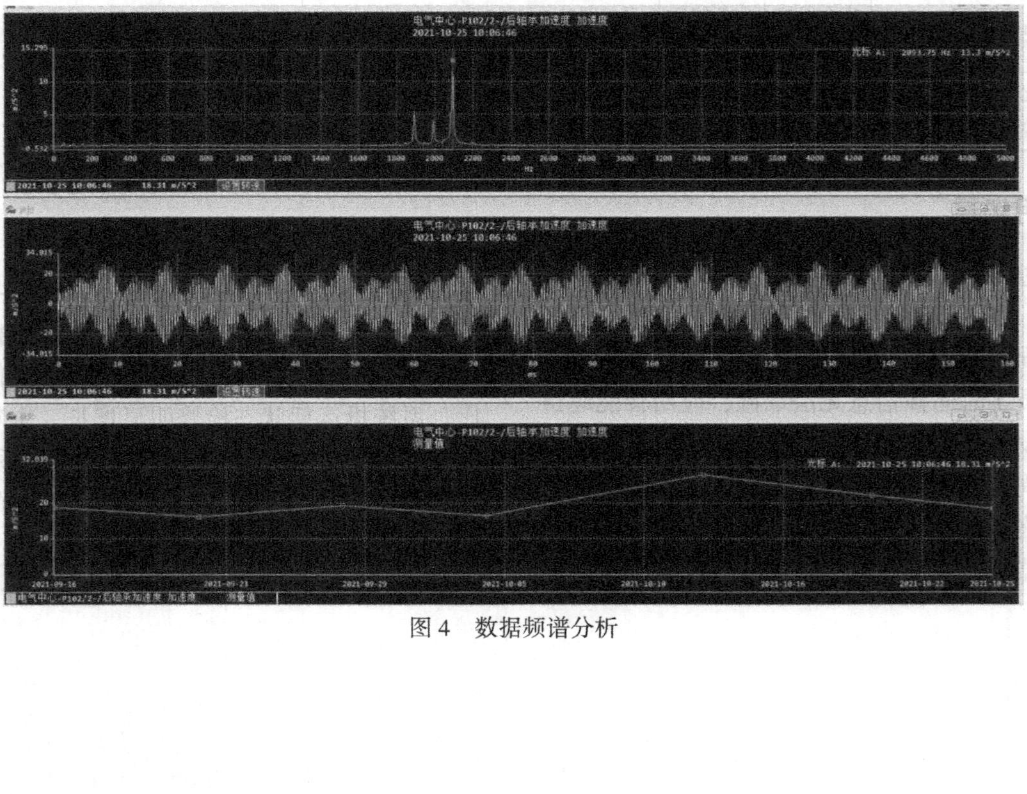

图 4　数据频谱分析

5.1　结合数字化管理效能提升显著

目前的线路全公司编制25条电动机巡检线路，每条线路都有专职人员进行电动机的巡检工作，每条路线有近500余台电动机需要按预设的内容、周期进行相关的巡检任务，传统巡检拿着巡检台账费时费力，并且部分数据需要及时发布，这样导致数据在应用时不能很直观的看出数据变化趋势，也给人工反复誊抄增加工作量。巡检中通过巡检漏检统计提醒功能，及时提醒作业人员的工作中的小纰漏。且巡检人员实际巡检轨迹可在数字地图上显示，巡检工作的规范性大大提高。

5.2　巡检数据趋势化，数据应用及治理效果显著

通过电动机智能巡检应用，近一年应用中预防避免100余台电动机运行时状态异常发生故障。也确保了公司全年百台电动机故障率0.14%的指标。

5.3　绿色巡检，推动无纸化办公

按照以往巡检模式，巡检人员每月需使用纸质巡检本2本，每月需50本，每年需600本纸质巡检本投入使用。其中，这还不包括巡检过程中的损坏及丢失情况。智能巡检系统的投入，取消纸质版数据录入，绿色环保巡检方案日趋成熟。

5.4　信息化驱动，员工创新意识增强

通过信息化手段的充分利用，基层员工切切实实体会到信息化、数字化给现场管理提质增效的好处，提高了设备本质安全。员工创新意识增强，信息化建设方面的建言献策氛围浓厚，热情高涨。

6　效益及价值分析

从后续整个企业规模化和数字化发展的趋势，装置运行的安全和稳定才是效益的法宝，但成规模后人员的管理特别现场维护人员的到位工作是设备运行平安的基础，该套系统本身搭建在已有的巡检平台，总体投资成本较低，效能受益较大，智能化巡检系统的进一步应用将是后续提高装置现场电动机运行管理的第一解决方案。如按深入投资所有的设备增加最先进的在线监测系统，这样的投入将是海量的，且相对资源有一定浪费，因我们化工企业大多数机泵都是有备用泵的，而选择人工加智能点检后可以很好的弥补这部分短板，作为首次尝试通过信息化手段将人员的主观判断和电子智能结合既满足对人员控制，又不断收集海量的运行数据，后续将海量的数据二次应用将会更加发挥它的意义。

以打造六个样板为引领的大修一体化管理提升实践与探索

完成人：王　群　汤衢明　陈中官　朱晓亮　孟维鹏　谭益斌　马　巍　徐世波

（中国石化镇海炼化分公司）

1　项目背景

1.1　公司发展新形势

我单位总面积约23.1平方千米（含在建项目用地），是国家七大石化产业基地之一——宁波基地的核心组成部分，也是中国石化重点打造的四大世界级炼化基地之一。目前已形成以公司为龙头，以24家合资合作及托管企业为主体，"股权多元化、管理一体化、发展最优化、效益最大化"管理特色鲜明的绿色石化基地。

1.2　公司大修新规模

2023年装置停工检修改造，是我单位继2014年、2016年、2018年和2020年"序列化检修，常态化管理"以来又一次全厂性检修，届时炼油Ⅲ序列装置和渣油加氢装置将进行长周期运行后的系统性大修。2023年大修改造以"1#乙烯原料轻质化适应性改造项目"、"2#催化完善提升改造"、"1#渣加检修"为主线，停开工总体网络以2月12日1#渣油加氢切蜡油停工开始，到6月8日生产正常为止，共计45套装置（单元）。其中检修项目共计4605项，检修预算费用约6.97亿元（含更新项目费用0.71亿元）；改造项目共计39个（含历年项目要在23年大修实施的10项），总投资概算约8.69亿元。

2　总体情况

公司在总部统一领导和支持下，坚持眼睛向内、自我加压，通过对历次停工检修工作管理经验的总结，从建立标准化停工检修管理体系入手，打造停工检修样板优质工程，以实际行动扛稳打造具有强大战略支撑力、强大民生保障力、强大精神感召力的中国石化的新使命。

3　技术路线和技术亮点

打造大修改造六个样板的整体创建角度是集思广益，从停工检修改造管理体系入手，重点考虑形成具有普适性的管理方式，创建标准化实施方案，从而进一步提升大修管理水平。

3.1　守牢安全绿色，打造品牌名片

夯实安全网格体系。结合公司"四化"大安全管理网格体系，按照"谁主管，谁负责"、"谁的区域，谁负责"、"谁签字，谁负责"、"属地管理"和"专业管理"的原则，划分大修安全监管网格，落实网格内业主、监理、施工单位安全责任，构建全员、全方位、全天候、全过程的安全监管机制。每个大区域、框架平台落实专人负责现场安全管理，承包商作业人员与安全管理人员要求配备达到50∶1，同时设置临时用电、起重作业、高处作业、射线作业专项安全负责人（图1、图2）。

3.2　强化过程管控，打造精品工程

抓牢专业质量管控。检修改造总指挥部组织成立大修质量控制组，组织承包商建立大修质保体系，并实行日检查、周通报机制，对人员资质符合性以及管道焊接、换热器清洗、保温防腐、阀门、力矩紧固等施工质量进行检查。静设备专业采取标准化施工、专业化协同、数字化验收等模式，开展法兰完整性施工管理，从消除密封面缺陷、提升螺栓清洗润滑质量、力矩紧固关键法兰等进行全流程管理，重点打造管阀专业三个零目标；动设备专业建立大型机组停开机操作评价机制，充分利用状态监测数据，结合设备操作票优化完善工作，逐步实现标准化操作，保障大机组停机过程平稳，提高大型机组操作水平；电气专业加强回路接线"三次确认"管控，录制作业

标准化视频，对作业人员进行宣贯，组建工作小分队，从继电保护定值、逻辑组态、程序修改等环节全流程检查；仪表专业锚定“七零一百”目标，完善《仪表检修规程》，设立阀门、系统、计量、机组4个专业组，常态化开展中心/区域/班组三级质量检查，打造施工样板20项，制作标准施工视频8项，对卡套接头质量点双确认挂牌，端子三遍检查确认(图3)。

2023年烯烃一部1#乙烯装置检修改造三级网格

一级网格														
属地网格名称	总网格长	停开工网格员	改造网格员	检维修网格员	安全网格员	首责工程师							主力承包商项目经理	监理
						生产	机动	工程	安环	电气	仪表	采购		
烯烃一部	王金龙	赵涛 常明坤(裂解) 陆向东(压分) 金海明(二区) 喻凯强(三区)	蒋明徵 金海明	方　成 许安邦	赵　涛 马高波	张水元	朱晓亮	李思潮	李立勇	王玟勇	徐一波	孔建博	李印中	张伟华

二级网格								
区域网格名称	网格长	专业网格员						
		工艺	设备	安全	电气	仪表	主力承包商	
							现场施工经理	现场安全经理
乙烯区域网格	朱　伟	何冰彬	梁灏生	张泉华	陈天伟	纪　伟	李元凯	葛祥方

三级网格						
单元网格名称	工艺网格员	设备网格员	安全网格员	主力承包商		
				施工负责人	安全负责人	技术负责人
裂解单元网格(1)	屠海强	张　帆	曹　涛	李有财	曹保山	宋明阳
急冷单元网格(2)	何冰彬	刘礼军	曹　涛	吴　斌	关长杰	常　斌
压缩单元网格(3)	叶晓龙	刘　辉	陈　斌	黄植刚	汪　成	谢　斌
热区([illegible])单元网格(4)	肖　波	陈丹枫	李　鹏	张　伟	汪　成	包木达
冷区单元网格(5)	肖　波	黄易哲	李　鹏	田召宇	姚兴旺	任建宗
干气单元网格(6)	朱益章	陈丹枫	李　鹏	田召宇	姚兴旺	任建宗

图1　大修安全监管三级网格

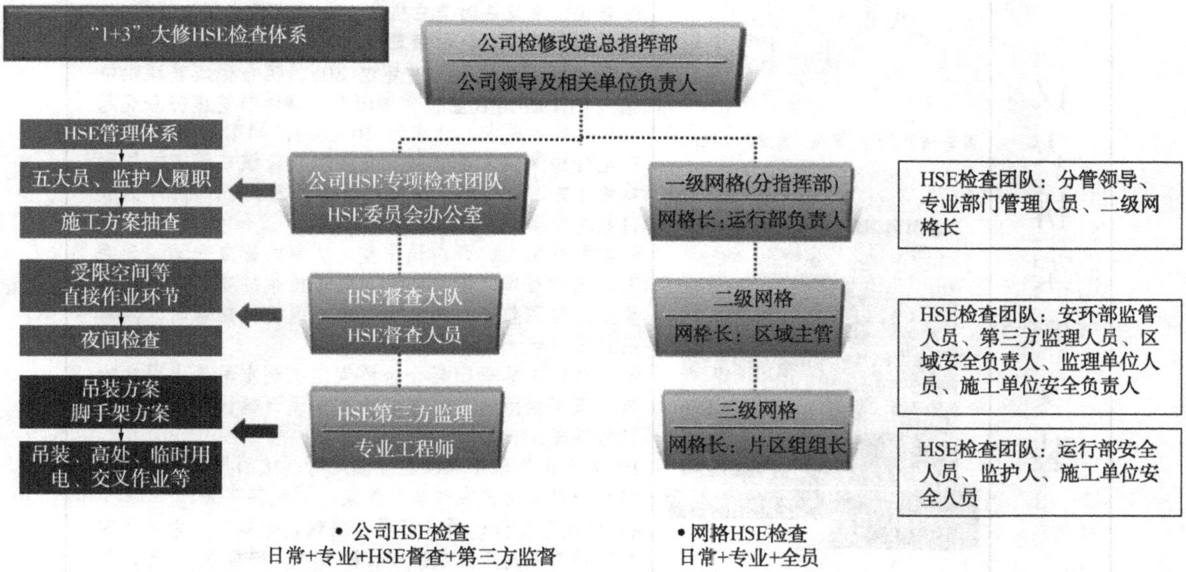

图2　“1+3”大修HSE检查体系

3.3　积极高效统筹，激发团队合力

建立协调机制。组织建立“总指挥部、分指挥部、攻关组、老兵服务团队”四个层级的高效联动协调机制，及时有效解决各类问题，充分发挥专业服务指导作用。一是日碰头周协调机制，总指挥部、分指挥部每日组织碰头会、每周协调会。二是重点项目领导挂帅机制，公司领导分别挂帅各分指挥部，协调指导安全、质量、进度管控工作。三是攻关项目团队作战机制，攻关组针对重难点项目，按照既定攻关目标，开展活动。四是专业老兵服务指导机制，组建“检修老兵服务团队”，由大机组、加热炉、渣加反应器、催化两器、防腐、电气、仪表等专业“老兵”组成，提出指导性意见。

3.4　打造智慧检修，驱动业务创新

深化应用检修改造系统。开发移动APP应用和二维码在线识别，围绕设备检修改造计划条目，自动生成二维码信息标签，定位现场检修设备，应用4G无线专网实现电脑端与手机端的实时信息同步，消除了信息化管控与现场管理的距

离；开发实施阶段可视化大屏数据驾驶舱，通过数据统计分类，实现承包商作业人员、问题整改闭环率、项目开工完工率、工序质量节点验收率、特种设备检验率等内容实时展示，加强检修改造项目的现场技术交底、节点管控及完工验收环节的监控力度；开发检验/检修计划自动匹配质控点类型，通过定义设备质控点类型，使检修/检验计划可以自动适配到对应的质控点类型，从而实现统一的质控点，为检修过程管理实现标准化提供依据和便利(图4)。

镇海炼化公司仪表专业—— 4、仪表桥架（槽盒）及电缆敷设安装样板

<table>
<tr><th>工 序</th><th>试 样 图 片</th><th>质 量 要 求</th></tr>
<tr>
<td>仪表桥架（槽盒）安装</td>
<td>
图 1 桥架支架焊接
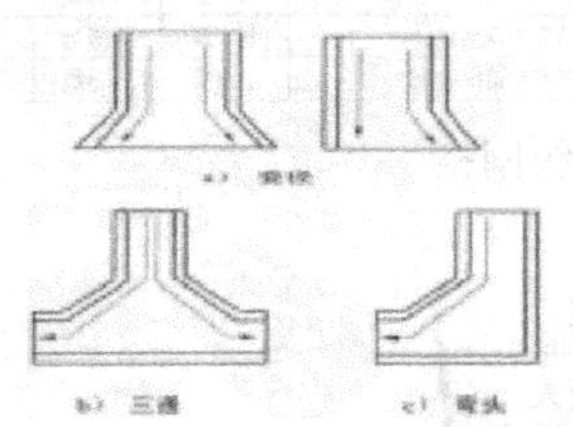
图 2 槽盒、桥架弯头、三通、变径预制图

[redacted]
图 3 桥架伸缩节设置，两端增设支架

图 4 桥架内隔板安装</td>
<td>1. 桥架托臂或支架边角打磨、防腐，焊接安装时应不少于三边施焊、横平竖直、生根牢固，不会因为装置生产造成剧烈震动，如图 1。
2. 金属支架间距不宜大于 2m，拐弯处、伸缩缝两侧、终端处及其他需要的位置增设支架；垂直安装时支架间距不大于 3m。
3. 电缆桥架在支架上固定方式按照设计或厂家要求进行，不宜采用焊接固定。可在槽盒左右两边采用焊接角钢用于限位。分支槽盒需用螺栓固定在支撑上。
4. 当弯头、三通、变径等配件采用成品直通电缆槽盒进行现场加工预制时，如图 2，其弯曲半径不应小于该电缆槽的电缆最小弯曲半径，切口处应打磨光滑，不应有卷边或毛刺，电缆出口设置橡胶护边，防止划破电缆。
5. 电缆桥架安装时先主桥架、后分支槽盒，先将弯头、三通和变径定位，后装直线段。
6. 直线段钢制桥架长度超过 30m、铝合金或玻璃钢桥架大于 15m 时设置桥架伸缩节。伸缩节宽度符合规范及产品技术要求，通常为 10~20mm，如图 3。
7. 电缆桥架在工艺管架上安装时，应该在管道的侧面或者上方，不能平行安装在高温管道上方， 且不宜敷设在具有腐蚀性液体管道的下方。
8. 电缆桥架内、外应该平整，桥架内部应光洁、无毛刺，尺寸准确，配件齐全。电缆桥架的安装应该横平竖直，排列整齐，垂直排列的电缆桥架拐弯时，其弯曲弧度应该一致。
9. 不锈钢、非喷塑铝合金桥架在钢制支吊架上固定时采用隔离措施，具体隔离方式需设计确认。需采用橡胶垫隔离。
10. 电缆桥架采用螺栓连接固定时，使用平滑的半圆头螺栓，螺母应该在槽盒的外侧，固定要牢固。
11. 按规范及设计要求需要分隔敷设电缆时，电线桥架内安装的隔板卡接或铆接在桥架上，隔板成 L 形，且低于桥架高度，如图 4。
12. 电线桥架垂直段大于 2m 时，应该在垂直段上、下端槽内增设固定电缆用的支架，当垂直距离大于 4m，在槽盒内增设 DN15 钢管支架，如图 5。
13. 有条件的可在托盘式电缆桥架内每隔 2 米绑固支架，当采用通丝杆固定电缆时，需做好隔离防护措施。
14. 电缆桥架全长应有至少两处可靠接地，长距离的桥架每隔 20m～30m 增加接地网连接点。金属桥架应确保桥架接地的连续性，桥架断开位应在专用接地孔安装跨接线。桥架跨接线不允许用裸露线，要求用黄绿接地线。
14. 保护管引出口不应在桥架连接板上开孔，开孔位置在槽盒高度的 2/3 左右，电缆引出口处应安装护线帽</td>
</tr>
</table>

图 3　仪表专业施工工序样板

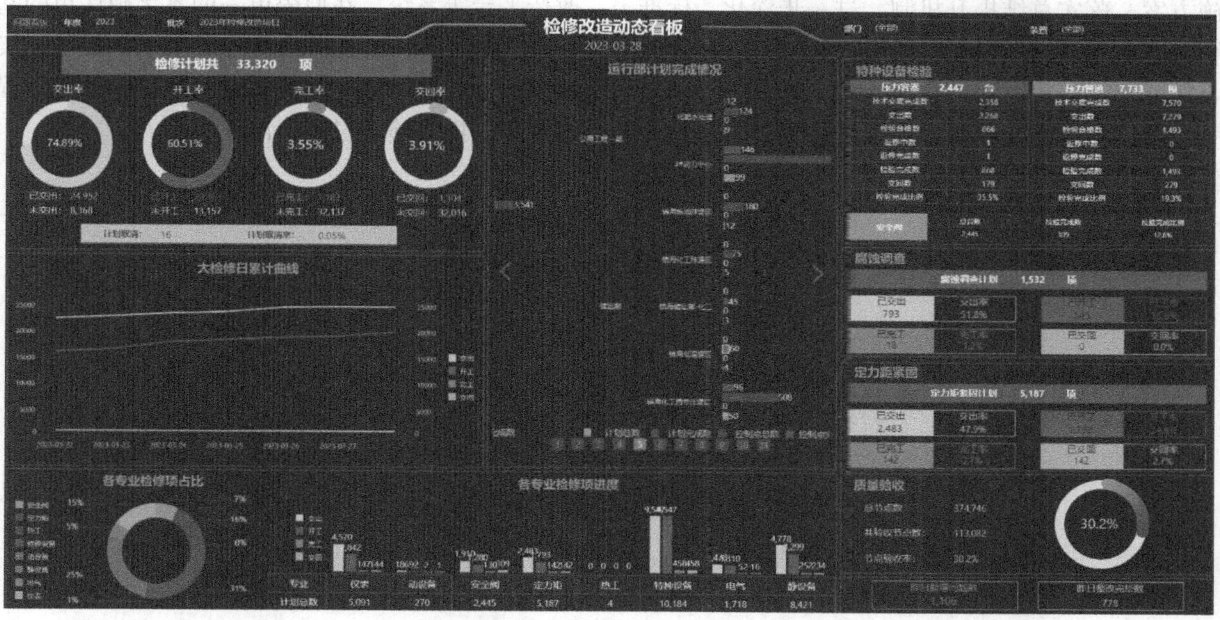

图 4　检修改造系统大屏数据驾驶舱

3.5　注重岗位练兵，搭建成长平台

开展共享实战锻炼。聚焦“老区大检修”这一“重大战役”平台，扎实开展“全员大练兵”，结合各单位实际需求，联合业务部门以及装置检修改造属地单位，搭建好跨装置、跨区域、跨部门、跨企业检修改造共享实战锻炼平台，与检修改造跨单位“上挂下派”同部署同开展。共享实战锻炼以近三年入职新员工和年轻技术人员为主要对象，覆盖技能操作、专业技术和管理三支队伍人员，以“老兵”带“新兵”深入检修现场，强化学习装置开停工操作步骤、工艺技术改造关键环节、设备检维修过程、系统调度运行调整、安全环保监督重点等，切实提升员工业务能力和实操能力，积累宝贵经验。

3.6　以“三引领”“三奋进”“三保障”，护航检修改造

做好“一查一谈两深入”的工作。抓好“一查”：查技术交流、选商竞标、独家采购、供应商考察、物资“飞检”、项目发包、合同变更、质量验收、工程量审核、资金结算等重点环节。用好“一谈”：准确运用日常监督谈话，让红脸出汗成为常态。做好“两深入”：深入掌握停工检修改造业务情况（有哪些业务、谁来承接、业务量多少）；深入现场开展监督检查和走访调研（党组织负责人、纪检委员既参加检修协调会提要求抓作风，又对业务单位开展走访调研和反向测评）

4　应用场景

2023 年为公司的停工检修改造大年，大修改造力度空前，检修投资及施工规模均创单批次检修改造之最，同时也是在近三年连续有各系列停工检修改造任务的常态化趋势下，标准化停工检修管理体系继续实践探索与优化提升的一年。

5　项目效果和效益评价

通过对标准化停工检修体系的实践与探索，实现了常态化大修下的管理体系高效顺畅运行，在实践的过程中查漏补缺，不断完善，提升了检修项目的高质量完成和参修人员梯队高水平锻炼，确保了实现“大修一套、提升一套，改造一套、达标一套”。

在标准化停工检修体系中，融入了 5S 管理的概念，策划完成了专项表观质量提升工作，助力现场规格化；打造标准化工地以及检修改造项目部 5S 评比机制，打通了检修现场管理“最后一米”；统一规范大修共享预制场地，打造示范区，实现承包商资源归一、标准唯一、规范统一。

在实践和探索过程中，打造公司检修改造“六个样板”，组织各职能部门，从安全绿色、过程管控、高效统筹、智慧检修、岗位练兵、清正廉洁六个方面出发，发挥各专业优势，制定实

施方案，落实总结提升机制，进一步深化了标准化管理的要求，实现了修必修好的总体检修目标。

在运用数字化手段中，依托炼化彩云、检修改造平台等系统，在原先单一的签字确认单的基础上，开发了线上的各质控点环节确认程序，实现检修项目数字化，质控节点标准化，管控过程可视化，助力检修过程标准化。

原油重质化、多样化设备长周期运行攻关

完成人：汤衢明　陈中官　曾　祺　周英辉　陆　登　薛拥军　严伟丽　朱　戈　熊清磊　武明波　董卫华

（中国石化镇海炼化分公司）

在原油重质化、多样化的新形势下，针对设备腐蚀呈现的复杂多变性，从腐蚀机理、监检测技术、焊接选材、剩余寿命评估等方面进行攻关，梳理易腐蚀清单并进行全面检测、提出常压塔选材方案、延长汽化炉烧嘴寿命、完成高压蒸汽管道寿命评估及焦炭塔裙座应力释放孔裂纹扩展速率评估等，解决设备腐蚀瓶颈，保障装置长周期运行。中国石化镇海炼化公司(简称镇海炼化)是中国石化旗下重点骨干炼油化工企业，位于浙江省宁波市镇海区。目前公司拥有2300万吨/年原油加工能力、100万吨/年乙烯生产能力，管理码头吞吐能力逾8000万吨/年、罐储能力逾1200万立方米，构成了“大炼油、大乙烯、大码头、大仓储”的产业格局。公司先后引领国内炼化企业突破加工原油1000万吨/年、2000万吨/年两个大关；炼油绩效自上世纪九十年代以来一直位居亚太地区炼厂第一群组；2010年建成投产的乙烯装置在国内唯一连续5次在所罗门全球乙烯绩效评价中位列世界第一群组。

1　立项背景

在原油重质化、多样化的新形势下，炼化装置的腐蚀日益凸显，严重影响到设备的可靠性及长周期运行。如何精准发现腐蚀问题，找到腐蚀的根原因，评估设备的剩余寿命，这将直接关系到镇海炼化安全平稳运行及经济效益。因此镇海炼化成立“适应高硫原油加工的设备腐蚀控制攻关团队”，针对设备腐蚀呈现的复杂多变性，从腐蚀机理、监检测技术、焊接选材、剩余寿命评估等方面进行攻关，梳理易腐蚀清单并进行全面检测、提出常压塔选材方案、延长汽化炉烧嘴寿命、完成高压蒸汽管道寿命评估及焦炭塔裙座应力释放孔裂纹扩展速率评估等，解决设备腐蚀瓶颈，保障装置长周期运行。

2　内涵和主要做法

静设备专业点多面广，大部分失效都因腐蚀而起，同时腐蚀问题隐蔽而又复杂，镇海炼化坚持以问题为导向，本着安全第一、预防为主，做好预防性检维修的指导思想，积极创新，多次首次应用新技术，实现了设备缺陷早发现、早处理，科学延长设备寿命。

2.1　以腐蚀回路为导向，由“点”转“面”，科学排查腐蚀

原油重质化、多样化后，对腐蚀回路进行重新识别，对29套装置327条管线等易腐蚀部位进行全面识别，制订腐蚀监测计划。

由于炼化装置的设备和管线的局部腐蚀风险远远大于全面腐蚀，而传统的定点测厚只能反映全面腐蚀情况，对于局部腐蚀部位找寻和定位存在很大的局限性，因此镇海炼化通过脉冲涡流对管道进行面扫查确定高风险部位，由“点”转“面”，全面排查腐蚀隐患。

脉冲涡流是通过在探头加载瞬间关断电流，激励线圈激励出快速衰减的脉冲磁场，脉冲磁场会在管道中产生脉冲涡流。涡流会产生二次磁场，如果管道上有缺陷，则会影响加载管道上脉冲涡流状况，继而影响接收传感器上的感应电压。感应电压中包含有被测试件的电导率，磁导率及形状尺寸等综合信息，通过解析电信号，来判断试件的壁厚、缺陷等信息。如图1所示，感应电压经一系列处理后显示至PC端。

2021年，镇海炼化通过科学的腐蚀回路分析，有效的面监测技术支持，完成37套装置进行了脉冲涡流检测(图2)，共计检测管件1998个，累计发现问题管件213个，其中高危部位(减薄率>40%)部位59处。及时发现例如焦化装置冷焦水去焦炭塔管线(最大减薄率88.86%，管线最薄处1.05mm)，常减压装置常顶水冷器WC101/3、4

入口管线（最大减薄率 75.13，管线最薄处 1.99mm），加氢装置循环脱硫塔底富液管线弯头（最小壁厚 4.62mm，不满足强度校核）等点检测难以发现的局部腐蚀，及时采取措施，避免了管线的泄漏。该技术的应用能较准确的捕捉管线设备的腐蚀减薄情况，使得后续检修策略的制定更准确，更有针对性，提高了装置安全运行可靠性。

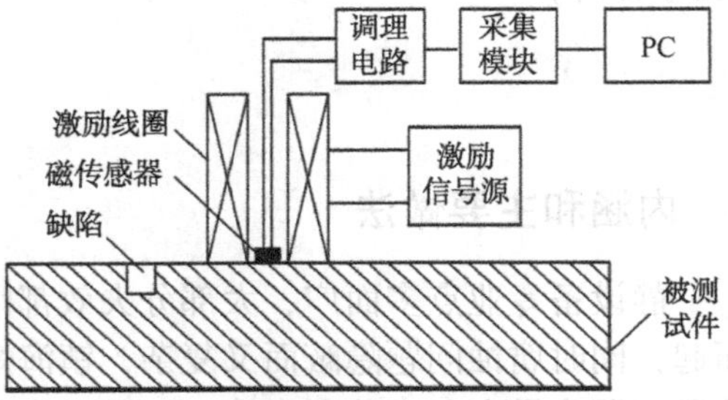

图 1　脉冲涡流原理示意图

图 2　脉冲涡流检测图

2.2　无线无源测厚，让测厚点“定”下来

定点测厚是监控易腐蚀部位的传统技术，但是由于人工测量误差和位置变动误差等因素导致测厚部位无法固定，数据变动较大，可比性差。现场需要一种技术，可以消除人为、位置误差，并且能够在不拆保温的前提下成功测得壁厚实际数据。通过技术交流、需求对接，发现无线无源测厚技术能够解决这一难题。

无线无源测厚（图 3）系统主要包含无线无源超声波传感器和手持探测仪。其核心是超声波传感器。厚度小于 1 毫米且不包含任何电源线路，可永久安装在结构上。依靠电磁耦合技术，通过传感器与手持探测仪之间的电磁场实现信号和能量的传输。通过特殊的信号处理和传感器设计，系统实现无线无源、隔空快速、准确的厚度测量。该技术具有可固定安装，能消除人工检测带来的多种误差，包括每次测量位置的偏差，实现精准的、可重复的测量，为腐蚀管理提供可靠的决策依据。具有无线无源，使得数据采集方便，安全且便于维护。同时可实现高效测量，一经安装，无需拆除保温层，可直接进行测厚，大幅度减少人工成本，缩短检测时间。

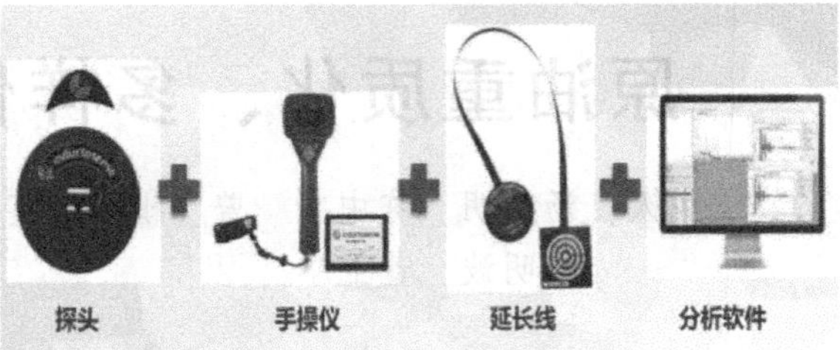

图 3　无线无源测厚技术

2021 年，对高空、高风险、高频次检测的 88 处部位采用无线无源超声波测厚技术，取消现场脚手架和拆装保温的工作量，每处至少可节约施工费 90%，更重要降低了现场作业施工风险。如图 4 所示。

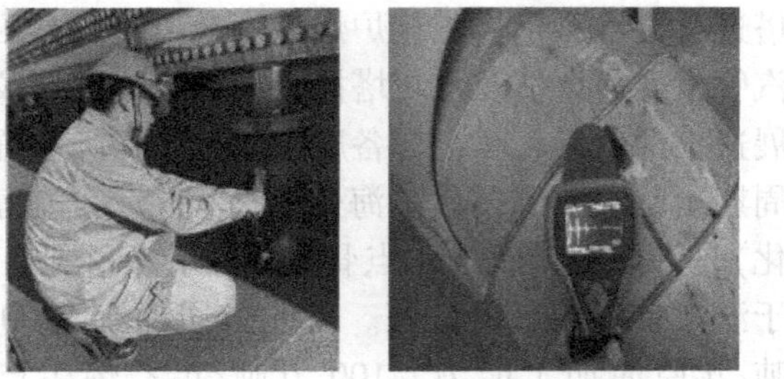

图 4　无线无源现场安装

2.3　以常压塔为研究对象，研究衬里材料，减缓腐蚀开裂

常压塔顶部处于典型的 $H_2S+HCl+H_2O$ 腐蚀环境。该腐蚀环境主要存在于常减压装置塔顶及其冷凝冷却系统，如常压塔顶部的塔盘、填料、塔顶冷却系统等构件。这类腐蚀在气液相变部位（露点部位）的腐蚀最为严重。在潮湿的环境中，HCl 和 H_2S 溶于水形成酸，Cl^-、S^{2-} 以离子形式存在将造成腐蚀循环反应：

$$Fe+2HCl \longrightarrow FeCl_2+H_2\uparrow$$

$$FeCl_2+H_2S \longrightarrow FeS+2HCl$$

$$Fe+H_2S \longrightarrow FeS+H_2\uparrow$$

$$FeS+2HCl \longrightarrow FeCl_2+H_2S$$

由上式反应式可见，在塔顶腐蚀（图 5）过程中，H_2S 与 Fe 反应生成 FeS 保护膜，FeS 在 HCl 溶液中失去保护作用，生成 $FeCl_2$，HCl 腐蚀和 H_2S 腐蚀犹如一个自催化过程，极大地加快了腐蚀进程，金属表面将有大量的气泡生成，H 的内扩散导致了裂纹的萌生。

目前，在常压塔顶部多采用了奥氏体不锈钢、0Cr13、2205 双相不锈钢复合板等材料。在常压塔顶环境中，奥氏体不锈钢表现为氯化物应力腐蚀开裂，0Cr13 表现为点蚀，2205 双相不锈钢或复合板的耐蚀性好在常压塔选材中大量采用，但2020年1#常减压检修时发生了2205双相不锈钢腐蚀开裂的情况。

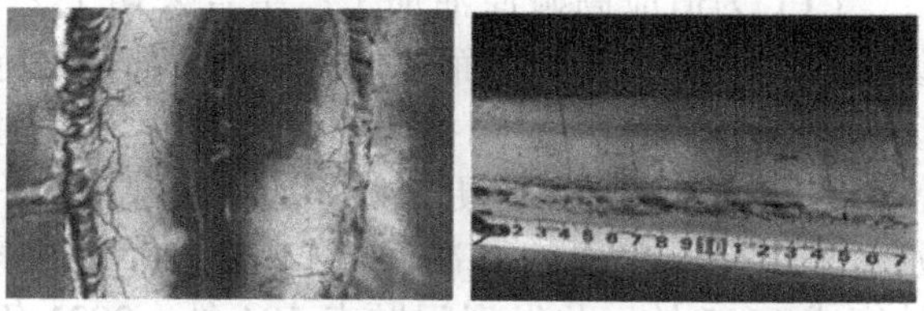

图5　常顶腐蚀形貌

经研究发现，含氮的超级奥氏体不锈钢被设计成耐海水材料，并且已被发现能够抵抗各种腐蚀性环境。由于合金的耐腐蚀性和高强度，UNS N08367是比传统双相不锈钢合金和更具成本效益的镍基合金更好的选择。Al-6XN(UNS N08367)是一种具有优异的耐氯离子点蚀和缝隙腐蚀能力的超级奥氏体不锈钢．作为一种具有良好的性价比的耐腐蚀合金，其综合耐腐蚀能力相对316L有了很大的跨越，同时相对于C-276等其他耐腐蚀镍基合金其耐腐蚀能力接近，成本优势明显。因为在合金中添加了显著的氮成分，从而使Al-6XN材料相对常规奥氏体不锈钢(如304、316、317等)具有更高的拉伸强度，同时又保持了优异的材料韧性及冲击强度。根据腐蚀机理，对材料使用性能及焊接性能进行研究，同时考虑经济性，在2#常减压提出耐应力腐蚀开裂的铁素体不锈钢S11348复合钢板+耐氯离子的镍基焊条选材方案(已使用3年)；同时4#常减压设计时采用耐开裂和点蚀的超级不锈钢N08367复合钢板，并改进焊材(采用镍基焊材ERNiCrMo-3)。

2.4　汽化炉烧嘴改型，提高寿命

德士古烧嘴是气化炉的核心设备，为气流雾化双套管式烧嘴附冷却盘管，氧气走中心管，油-蒸汽走外环隙。烧嘴喷头材质为Inconel-600。为保护烧嘴，设有冷却水夹套和蛇形盘管冷却。烧嘴在炉顶安装时，缩进炉口65mm左右，以避免烧嘴头部受到高温热辐射的影响。2018年三季度重油制氢装置共发生5次烧嘴泄漏事故，烧损的情况基本相同。均为外喷嘴断面烧损龟裂，外缘和靠近内缘环形烧损减薄严重，内缘与冷却腔室内圆角对应部位环形开裂穿透泄漏。

经分析油制氢装置烧嘴失效为高温硫腐蚀，原因是溶脱装置采用回炼产品DOA策略，DOA多次抽提后发生富集，黏度上升、硫含量上升，致使汽化炉的原料黏度和硫含量在7~9月上升(罐间供料会存在一定的滞后性)，受原料黏度的上升影响，汽化炉的原料换热温度上升了20℃左右，相应地炉膛温度也上升50℃左右，加上INCONEL 600抗高温硫腐蚀的局限性，共同促进了烧嘴外表面的高温硫腐蚀。

为解决该问题，通过团队攻关从材料、结构进行创新攻关。

(1) 烧嘴外管更换，炉内表面堆焊Co50，有效保护外管不被烧蚀。

(2) 烧嘴外盘冷却水盘管由2圈调整为8圈，并改变冷却水管在外管上面的分布，有效增加包裹面积，以此减少烧蚀。

(3) 冷却水管壁厚由2.3mm调整为2.17mm，进出口2个弯头由之前的焊接弯头，改为直弯，增加冷却水流量。

(4) 加强烧嘴修复过程把控：烧嘴侧Co50接管壁厚(3.5mm)与冷却水盘管壁厚(2.17mm)相差较大，焊接前进行打磨、保证圆滑过渡，尽可能减小厚度差，确保组对质量；冷却水管焊缝处余高处理完成后应进行X射线检测，保证焊接质量；为改善冷却水管焊接质量，降低焊接线能量，采用ϕ1.6以下焊条进行焊接；Co50短节与盘管中心轴线组对角度应不大于5°。

通过攻关，1#油制氢烧嘴运行全年超过150天，最长运行187天。2021年全年倒炉4次，比2020年减少5次，减少原料消耗50万(不含人工费)；烧嘴检修减少5次，减少修理费约50万。全年合计降本增效100万。

2.5　开发保温层下匀检测技术，突破检测瓶颈

在石化企业中，附塔管线长期服役于相对恶劣的环境，部分带有保温的附塔管线，常常由于局部保温层的破损和支撑不连续等，导致雨水的进入后不易排出，形成了管道保温层下腐蚀(CUI)，导致管道泄漏事件时有发生，给炼油化工装置长周期连续生产带来安全隐患。附塔管线的腐蚀情况一直以来受到石化行业的重视，但没有可靠简便的检测检查工具可供使用。

一般情况下，附塔管线位于高空且外附有保温层，保温层下腐蚀难以得到有效检验。目前常采用人工抽检的方法对管线进行检测，但是检验人员在高空作业不仅危险系数较高，还带来诸如搭架、拆保温、打磨等一系列问题，造成检修成本高、检修难度大、覆盖率较低。

曾尝试采用超声导波等外部检测新技术进行

检测，但受限于管道焊缝、弯头、三通等因素，尤其是管道表面麻点状等锈蚀影响，会导致导波衰减严重，检测距离非常有限。由于保温和支撑件的存在，外部爬行机构也难以实现。随着新型自动化检测技术的不断发展，自动化内检测装置也成为了未来附塔管线检测的发展趋势，机器人技术与新型轻便自动化检测技术的结合正逐渐应用到管道检测的各个领域。

镇海炼化打破传统对附塔管线采用人工抽检的方式，根据附塔管线的失效机理，应用自动化技术采用爬壁机器人与电磁超声传感器的结合，实现对附塔管线的内检测，采用机器人技术实现对管线内检测的全覆盖、多功能检测，结合附塔管线特点设计电磁超声换能器实现对附塔管线无损伤(无需打磨、拆保温、搭架子等)前提下的全面检测。再辅以视频设备等，有效获取附塔管线的检测数据，分析并获得附塔管线健康状况。

2.6　设备管道剩余寿命评估，科学指导运行

2020 年 3 月镇海炼化公用工程部Ⅲ电站进行检修，检验单位在对蒸汽管道检验时发现管道材质珠光体球化严重，金相检验结果发现多条管线球化级别已经达到 4.5 和 5 级。由于该蒸汽管道材质劣化严重，同时考虑到管道不可避免的会产生缺陷，因此该蒸汽无法满足继续使用条件，需对该材质劣化严重的蒸汽管道进行剩余寿命的安全评估，以科学指导材质劣化等级严重的高温蒸汽管道安全运行，同时为机组制定检修、更换等计划提供科学依据。

通过金相组织、材料成分、硬度和冲击韧性、室温和高温拉伸、高温持久强度等分析，采用 L-M 参数方程建立寿命评估模型计算蒸汽管道剩余寿命，镇海炼化内首次完成了球化后蒸汽管道的寿命评估。通过攻关，2#管高温蠕变剩余寿命延长至 4.45 年，科学指导材质劣化等级严重的高温蒸汽管道安全合法运行。

焦炭塔是延迟焦化装置的关键核心设备。由于间歇操作，在生焦、除焦过程中，温度、压力波动较大，各部件的受力情况较为复杂。3#焦化焦炭塔裙座应力释放孔发现裂纹。裂纹扩展速率不可确定性、剩余寿命难于评估，攻关团队通过对裂纹长度和温度进行监控，基于监控数据融合反演疲劳裂纹扩展 Paris 公式常数，在通用分析软件 ANSYS 分析环境下开展建模分析工作，根据反演的得到的公式常数和有限元分析结果，完成裂纹合于使用评价，截止 2022 年 6 月底可以继续使用。同时给出日常运行的安全措施。

3　实施效果

(1) 为适应高硫原油加工，结合公司工艺、设备实际情况，首次全面对公司易腐蚀部位进行识别，并推广“面”检测技术，使检测更有针对性、更全面，识别风险更精确。通过腐蚀精确识别、采用检测全面的脉冲涡流扫查，2021 年累计完成 1665 处，共发现问题点 194 处。2021 年累计完成 1665 处，共发现问题点 194 处，其中泄漏会影响装置停工或者降量的部位例如加裂装置高压空冷、常顶空冷、1#和 2#S-Zorb 等部位共计 130 个，对所有异常部位进行了预防性贴补。

(2) 常顶腐蚀是炼油工艺的重中之重，通过对防腐、检测、焊接、材料专业对衬里层的使用性能及焊接材料的焊接性能进行研究，并且结合公司历年使用情况，完成腐蚀攻关，制订新型选材方案，研究出选材方案：1)铁素体不锈钢 S11348 复合钢板+耐氯离子的镍基焊条；2)超级不锈钢 N08367 复合钢板+镍基焊材 ERNiCrMo-3。分别在 2#常减压和 4#常减压应用。

(3) 对汽化炉烧嘴烧蚀进行失效分析，自主创新从堆焊的材料；冷却水盘管的圈数、管径、焊接形式及质量要求；短节与盘管中心轴线组对角度进行改进，提高烧嘴的寿命。1#气化炉烧嘴已正常使用 190 天。

(4) 对球化后蒸汽管道进行寿命评估没有先例，通过攻关建立高温蠕变剩余寿命评估模型，同时从金相组织、材料成分、硬度和冲击韧性、室温和高温拉伸、高温持久强度获取评估管道的高温蠕变剩余寿命，科学指导材质劣化等级严重的高温蒸汽管道安全运行。其中 2#管在 10.5MPa(计算应力为 82.2MPa)温度为 540℃条件下的高温蠕变剩余寿命约为 4.45 年，3#管在 3.7MPa(计算应力为 79.2MPa)温度为 430℃条件下的高温蠕变剩余寿命约为 45.4 年。

(5) 焦炭塔裙座应力释放孔裂纹扩展速率不可确定性、剩余寿命难于评估，通过攻关对裂纹长度和温度进行监控，建立裂纹扩展模型，反演裂纹扩展趋势，进行合于使用评价，创新性对裂纹寿命进行评估。截止 2022 年 6 月底，焦炭塔裙座钥匙孔上的残留裂纹及其扩展、止裂孔裂纹萌生及其扩展开裂不影响焦炭塔在评价条件下可继续运行。

运用成套综合检测技术保障装置设备可靠运行

完成人：魏　鑫　王　群　汤衢明　陆　登　周英辉　薛拥军　严伟丽　陈　清　蔡潮波

（中国石化镇海炼化分公司）

中国石化镇海炼化公司（简称镇海炼化）是中国石化旗下重点骨干炼油化工企业，位于浙江省宁波市镇海区。目前公司拥有2300万吨/年原油加工能力、100万吨/年乙烯生产能力，管理码头吞吐能力逾8000万吨/年、罐储能力逾1200万立方米，构成了“大炼油、大乙烯、大码头、大仓储”的产业格局。公司先后引领国内炼化企业突破加工原油1000万吨/年、2000万吨/年两个大关；炼油绩效自上世纪九十年代以来一直位居亚太地区炼厂第一群组；2010年建成投产的乙烯装置在国内唯一连续5次在所罗门全球乙烯绩效评价中位列世界第一群组。

1　立项背景

随着镇海炼化新一体化项目、新乙烯项目的筹建，企业规模将逐渐扩大，静设备数量不断增加，如何采用科学先进的检测技术，保证静设备本质安全和装置长周期运行，做到精确地预知性维修，这将直接关系到镇海炼化安全生产和经济效益。正因如此，镇海炼化迫切需要有一系列的检测技术提供可靠的数据支持检修，预知静设备寿命。

静设备本质安全可靠直接关系到装置的长周期稳定运行，同时静设备具有点多面广，结构多样复杂的特点，使有效准确可靠地检测存在一定的难度。同时随着科技进步，新型检测技术迭代更新，日新月异，但是各种检测技术方法都各有所长，一种检测技术无法解决所有问题。因此镇海炼化主动靠前，结合静设备的自身特点和各项检测技术的原理及特点，多次与外部单位进行技术交流，博采众长，引进新技术形成了适合镇海炼化静设备检测的成熟的成套综合技术，并在后续装置大修、日常管理中进行推广应用。

2　内涵和主要做法

静设备专业点多面广，各种检测技术方法较多且各有所长，一种检测技术无法解决所有问题。镇海炼化主动出击，本着安全第一、预防为主，以预知性检维修为指导思想，成立静设备攻关团队，对成套综合先进检测技术应用进行攻关，主要包括漏磁、旋转超声、近场涡流、脉冲涡流、声发射、超声导波、相控阵检测、无线无源测厚贴片等。旨在对症下药，取长补短，消除检测盲区，实现设备缺陷早发现、早处理，提高设备运行可靠性，各类技术也取得了成功应用。

2.1　开展关键高风险换热器涡流检测，做到失效定量检测

换热器是实现热量交换的设备，是炼油、化工生产中不可缺少的重要设备。但是以前换热器检修往往只是进行机械清洗后宏观检查，没有进行定量的检测。镇海炼化开展换热器TOP10技术攻关，通过与检测单位合作，确定采用涡流检测对换热管束进行定量检测。

涡流检测是利用电磁感应原理，将载有交流电的检测探头穿过换热器管束，由于激励线圈磁场的作用，将会在管子中感应出涡流；而涡流的大小、相位以及流动形式受到换热管导电性能的影响，同时产生的涡流会形成一个磁场，这个磁场反过来又会使探头内的检测线圈的阻抗发生变化。通过测定检测线圈阻抗的变化，就可以判断出被检测的性能及有无权限。对换热器管束进行脉冲涡流时，线圈加载的交变电流将在管壁上形成涡流场二换热管的几何缺陷、电磁异常和壁厚变化都会对涡流形成影响。但是涡流检测存在一定的局限性，影响检测精度，在导流筒与管束贴合较近，且该位置管束水枪无法进行清洗，管束间的垢物也对信号造成了干扰，所以该管束有近两米长的区域为检测盲区，影响检测准确性；部分管束折流板布置较密集，也因为检测原理限制，在折流板后部存在10~15cm的盲区，如果折流板过于

密集，就造成整个管束长度上都是盲区，无法取得有效数据。

镇海炼化从检测原理出发，针对涡流信号的特点，在清洗质量、探头形式方面进行改进，同时结合换热器的腐蚀机理，针对水冷器、空冷器制定不同的检测办法，初步消除了折流板、翅片等对检测精度的影响，大大提高了换热器检测的准确度，为故障判断、制定预防性检修策略提供了可靠数据支撑。在2020年装置大修中，共对129台换热器管束进行涡流检测，检测换热管37306根，发现减薄超40%换热管296根进行了预堵处理。开工至今，这些经涡流检测换热设备均运行正常。

2.2 推进厂际线内检测，消除缺陷，保障管线本质安全

镇海炼化通过“走出去”+“请进来”的方式，与国内外检测厂家进行技术交流，掌握到目前厂际管道内检测主要有两个技术：漏磁技术、超声波技术。

2.2.1 漏磁技术

传统内检测工具是漏磁技术，利用自带磁块形成完成磁通量，通过缺陷时磁通量损失，与完整磁通量对比计算出缺陷结果(图1)。

2.2.2 超声波技术

超声波内检测工具通过压电材料激发到管道内外壁，并接收内外壁的回波，逆向压电后，记录时间差计算出实际壁厚(图2)。

图1　漏磁检测原理

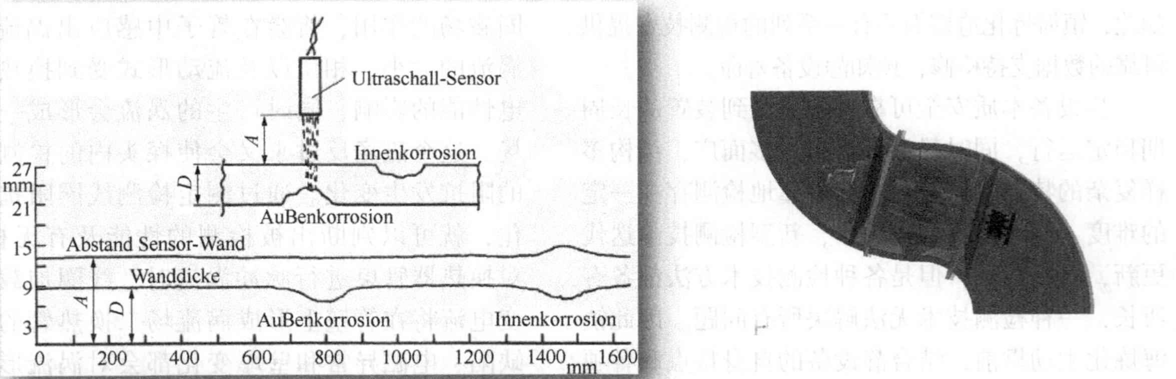

图2　超声波内检测原理

镇海炼化在役厂际管道绝大多数铺设于上世纪七八十年代，随着管道本体的腐蚀余量到期甚至是超期，对于进一步的安全有效使用，需定期对管道进行全面检验检测。众所周知，管道内检测可以全面获得管道本体的实时数据，对管道内外金属损失、管体变形和裂纹等缺陷加以分析、评估，进行有针对性地检维修是目前最有效的管理手段。然而，由于早期管道施工时当时技术水

平所限或未能充分考虑后续实施内检测，存在管道铺设时未加装收发球筒、部分管段弯头曲率半径过小、管道存在变径等问题。镇海炼化秉持科学与安全发展并重、管理与实践相结合的理念，主动出击，学习消化并吸收国外同类型的炼化公司，如BP、埃克森美孚、壳牌等公司对于不可通球管道先进的管理经验，结合管线实际情况制定了针对性的检测方案。对于小口径管道(DN100以下)采用超声波内检测，对于大口径管道优先采用漏磁内检测。

2020年，镇海炼化结合“3+1”项目竣工时机，完成1#、256#、22#C、92#B线现场内检测，通过内检测掌握管线本体情况，做好预防性消缺，消除管线本体缺陷，确保管线本质安全。

2.3 深化应用脉冲涡流检测，由“点”转“面”，排查腐蚀隐患

炼化装置的设备和管线腐蚀大都属于局部腐蚀，传统的点腐蚀检测手段对局部腐蚀部位找寻和定位存在很大的局限性，发生过数次管线泄漏事件，泄漏点就位于定点测厚测点附近，但未能及时发现，急需引进测厚面广，能有效监测管线减薄情况的新技术、新手段。镇海炼化通过脉冲涡流可以对管道进行面扫查确定高风险部位，由“点”转“面”，全面排查腐蚀隐患。

脉冲涡流是过在探头加载瞬间关断电流，激励线圈激励出快速衰减的脉冲磁场，脉冲磁场会在管道中产生脉冲涡流。涡流会产生二次磁场，如果管道上有缺陷，则会影响加载管道上脉冲涡流状况，继而影响接收传感器上的感应电压。感应电压中包含有被测试件的电导率，磁导率及形状尺寸等综合信息，通过解析电信号，来判断试件的壁厚、缺陷等信息。如图3所示，感应电压经一系列处理后显示至PC端。

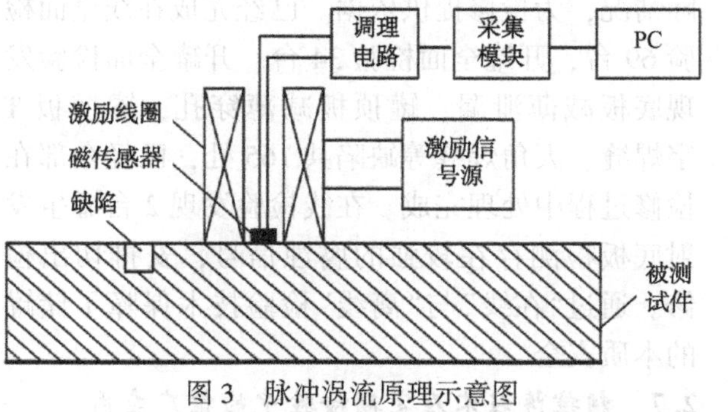

图3 脉冲涡流原理示意图

截至2020年，镇海炼化利用脉冲涡流检测新技术，完成13套重点腐蚀装置的脉冲涡流扫查工作。重点对1#加裂高压空冷A301进出口管线腐蚀情况进行排查，发现出口管线多处腐蚀减薄，最大减薄率42%，管线最薄处10.51mm(原始壁厚18.3mm)，减薄部位多位于焊缝附近位置，定点测厚测点未监控部位。对干气系统管线、富液系统管线、酸性气管线检测也发现多处减薄，其中E316入口管线最薄处3.21mm(原始壁厚7.11mm)，减薄率54.85%；对V314、V315检测发现筒体封头处减薄。装置对减薄部位管线缠碳纤维补强，并在停工期间对A301出口管线、干气管线、酸性气管线、进行更换，V314、V315整体更新，富液管线计划下次检修更换，更换下的旧管线剖开后发现焊缝附近有明显冲蚀或腐蚀减薄，与脉冲涡流检测数据吻合。该技术的应用能较准确的捕捉管线设备的腐蚀减薄情况，使得后续检修策略的制定更准确，更有针对性，提高了装置安全运行可靠性。

2.4 无线无源测厚，让测厚点“定”下来

定点测厚是监控易腐蚀部位的传统技术，但是由于人工测量误差和位置变动误差等因素导致测厚部位无法固定，数据变动较大，可比性差。现场需要一种技术，可以消除人为、位置误差，并且能够在不拆保温的前提下成功测得壁厚实际数据。通过技术交流、需求对接，发现无线无源测厚技术能够解决这一难题。

无线无源测厚系统主要包含无线无源超声波传感器和手持探测仪。其核心是超声波传感器。厚度小于1毫米且不包含任何电源线路，可永久安装在结构上。依靠电磁耦合技术，通过传感器与手持探测仪之间的电磁场实现信号和能量的传输。通过特殊的信号处理和传感器设计，系统实现无线无源、隔空快速、准确的厚度测量(图4)。该技术具有可固定安装，能消除人工检测带来的多种误差，包括每次测量位置的偏差，实现精准的、可重复的测量，为腐蚀管理提供可靠的决策依据。具有无线无源，使得数据采集方便，安全且便于维护。同时可实现高效测量，一经安装，无需拆除保温层，可直接进行测厚，大幅度减少人工成本，缩短检测时间。

2020年，在镇海炼化烯烃一部乙烯裂解装置试用无线无源定点测厚技术，降低拆保温施工成本和安全风险，同时实现数据准确采集和监测，推动智能化水平的提高提供数据支撑(图5)。

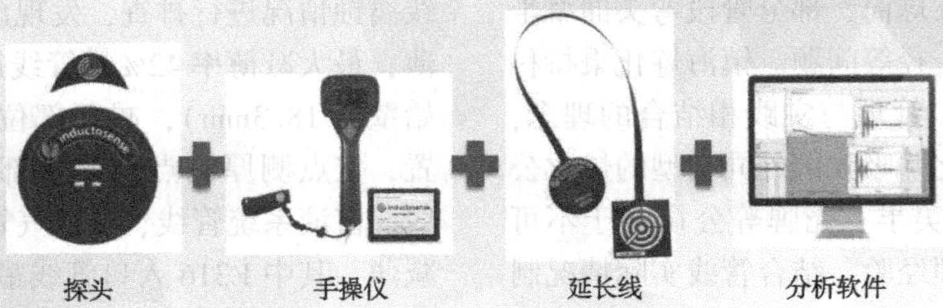

图 4　无线无源测厚技术

图 5　无线无源现场安装

2.5　超声波检测应用延伸，发现螺栓断裂隐患

阀门螺栓断裂在生产过程中也偶有发生，若高压、危险介质部位(例如加氢装置含有大量氢气和硫化氢的分液罐液位计螺栓)发生断裂，将发生严重事故，存在安全隐患。但是由于该螺栓直径较小，无损检测困难。

基于超声波原理，镇海炼化尝试采用超声直探头通过检测螺栓长度的方法来判断螺栓是否断裂。2020 年对高位部位进行排查，共检查 78 台(备用 18 台，未安装到现场)高压闸阀的螺栓，发现了两颗螺栓存在断裂现象，已采取了加固措施。大大减少了现场的安全隐患。

2.6　“在线”与“离线”并进，开展常压储罐全面检验

常压储罐是石油化工生产中广泛使用的储存设备，在生产过程中有着举足轻重的作用，常压储罐的完好性也将影响到装置的长周期运行。常压储罐的全面检验一直跟随储罐检修进行，因检修周期长，检验周期无法满足总部设备管理和相关规范的要求。2019 年底开始镇海炼化按照设备完整性管理的要求，及时推进常压储罐的全面检验工作。首先结合制度修订，补充了常压储罐全面检验的制度要求。

常压储罐全面检验分为在线检验和开罐检验，在线检验按照检验周期在储罐正常运行中进行的检验，主要是声发射检验和超声波测厚，当罐底板存在腐蚀损伤时，腐蚀产物的开裂(脱落)以及腐蚀过程本身会断续地产生声发射信号，由设置在储罐外壁上的低频声发射传感器感知并接收这些信号，经降噪过滤处理后，通过软件分析计算，即可对罐底板的腐蚀损伤做出评价和判定。当储罐使用温度高于 50℃，采用导波杆进行声发射信号的额外传导，可以检测高温重质油品；开罐检验结合开罐通过底板漏磁、焊缝检测、钢板测厚、基础沉降等全面掌握储罐的实际情况，为检修提供依据。已经完成在线全面检验 69 台，开罐全面检验 34 台。开罐全面检验发现底板减薄泄漏、罐顶板减薄穿孔、罐壁板 T 字焊缝、大角焊缝等缺陷共 165 处，已经全部在检修过程中处理完成。在线检验发现 2 台罐生发射底板检测存在较强的腐蚀信号，安排切出检修。通过“在线”与“离线”检验技术保障了储罐的本质安全。

2.7　相控阵技术在定期检验中的推广应用

相控阵实际上就是，将超声检测探头上的压电晶片分割成很多块，利用计算机的算法，实现

不同小块晶片延时激发，由于波的干涉作用形成聚焦。通过计算机的控制，可以实现不同距离、不同角度的声束聚焦，从而使声束可以按角度摆动扫查，还可以平行扫查等。再通过探头移动的水平位置传感器(编码器)，结合焊缝的坡口等几何参数，将缺陷三维图像显示出来，缺陷显示直观，定位准确，缺陷大小也相对精确。相控阵检测发现线性或面状缺陷的能力比射线检测强，检测气孔等体积型缺陷射线检测优势更明显；相控阵可以弥补射线检测不能测定缺陷自身高度的缺点；相控阵检测适用于厚壁也适用于薄壁(目前6mm及以上)，射线检测更适用于薄壁设备，大修期间应用相控阵大大减少了现场拍片的数量，并且发现了相对风险更高的4个未熔合缺陷；另外，相控阵还应用于分层缺陷和氢致开裂的检测。例如发现并且确认Ⅰ汽提装置多台设备湿硫化氢腐蚀问题。

3 实施效果

(1) 镇海炼化静设备各专业结合自身特点，多次与外部单位进行技术交流形成了适合镇海炼化静设备检测的成熟的成套综合技术，固化总结形成属于镇海炼化的检维修策略，并在后续装置大修、日常管理中进行推广应用，保障装置安全可靠运行。

(2) 检测技术均已经在镇海炼化成功应用，效果显著。厂际管道在国内首次采用小口径超声波检测技术，发现并处理14处埋地缺陷；换热器涡流检测技术发现减薄超40%换热管296根进行了预堵处理；常压储罐在线声发射全面检验和开罐漏磁全面检验共发现缺陷126处；采用脉冲涡流对13套重点装置1855个易腐蚀部位进行检测，发现20%以上减薄缺陷209处，本体裂纹6条；采用超声直探头检测78台重要阀门螺栓，检测发现两颗螺栓存在断裂；采用相控阵检测技术发现存在氢鼓包严重缺陷设备6台。

(3) 静设备泄漏将会给企业带来严重效益损失。例如以目前镇海炼化年利润50亿计算，若厂际管道因泄漏停输三天，就会损失约4000千万的利润；常压储罐若未及时发现缺陷导致泄漏引起非计划停运处理的经济损失、环保损失按储罐容积计算，约为50万~500万元/次。静设备泄漏除引起经济损失之外，对环境造成严重污染、给民生带来恶劣影响，这些损失是无法用金钱计算的。

基于“六化”驱动的检修创新管理

完成人：陈　锋　蒋良雄　赵铁锋　殷　鑫　王　湘　华邦杰
（中国石化扬子石油化工有限公司设备部）

1　项目背景

1.1　“六化”检修是未来检修发展的必然趋势

在石化企业，设备检修属于常态化作业，涉及的检修工种多而杂，检修面广，专业化程度、问题处置的时效性都非常高，推进以“六化”驱动的平台化检修的重要性和紧迫性比其他行业更为突出。尽管公司检修管理信息化建设基本成型，但基础设施和信息系统建设分散，业务协同和信息资源开发利用水平低，综合支撑和应用服务能力弱，难以适应和满足新时期检修管理需求。

在新形势下，总部和公司 HSE 体系对检修的全流程管理要求越来越高，在此背景下，“用数据说话、用数据管理、用数据决策、用数据创新”是当今社会的发展趋势和企业管理的必然要求。

1.2　“六化”检修是大修提高工效的重要举措

公司 2022 年停车大修，本次大修是公司 2017 年开始总体连续运行 5 年后的一次全面大修，根据公司提出的“解决依法合规问题、消除潜在风险隐患、恢复装置运行性能”目标，涉及公司 58 套主要生产装置以及配套公用工程系统，是公司历史以来“范围最广、任务最重、难度最大”的一次全公司性大检修。

“从零开始，向零奋斗”的大修改造方针，克服新冠疫情紧张、物资供应不足、检修资源匮乏三大困难，发扬“团结、拼搏、突破”精神，认真抓好前期准备、从严抓实过程管控、紧盯大修实施进度，实现所有装置“安全、绿色、优质、文明、准点、节约、成功”的检修目标。

本次大修项目工作量较大，检修项目近万项，参修单位百余家。运用体系思维，从组织引领、检修策划、检修支持、检修实施、绩效测评、检修改进等方面制定大修工作管理路线图。结合历年大修情况，预测会出现信息沟通效率低、当天的检修进度难于跟踪统计，好的方法难以共享，技术专家奔波各个现场、信息统计汇总速度慢，决策层无法第一时间掌控现场具体信息。为及时解决大修过程中发现的各类问题，保质保量完成大检修工作，利用数字信息化技术手段为大修提供高效支撑，提升信息传递和共享及时性，提高协同效率，加强检修过程的执行率，从而为高效决策提供基础。

2　总体情况

针对 2022 年大修，公司依据设备检修管理流程，开发设备检修管理平台，融入标准化、流程化、信息化、精细化、全员化、阳光化“六化”理念，融合检修项目申报、审核，工单下达，检修计划管理、过程质量管理、进度管理、承包商管理、检修资料归档等功能。检修管理系统 PC 网页端(图 1)和移动 APP 数据同步，实现了大修进度的自动统计，质量验收的数字化管理，使得大修关键工作和行为有记录、可溯源，确保大修工作安全、有序、精细、高效开展，促进了公司大修管理理念和思维的深刻转变。

3　技术路线和技术亮点

3.1　检修“标准化”，构建平台化检修

以日常检修为基础，结合动设备、静设备、电气设备、仪表设备等大类设备，编制塔类等 25 个检修小类，汇编成 25 类标准作业包。在每个类下面，将作业包涉及的工序同步展示，例如填料塔检修，涉及倒空置换、基础拆除、附属管线拆除等工序节点，在检修前期，可勾选涉及的相关节点名称，填写工作量、是否完工等数据，确保检修项目不遗漏，检修进度全面掌握，检修工作量精确到最小结算单元。如图 2 所示。

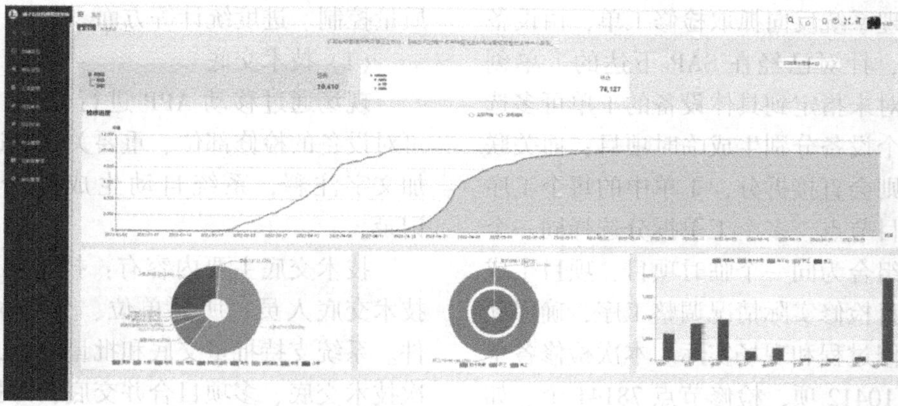

图 1　检修管理系统 PC 端主页面

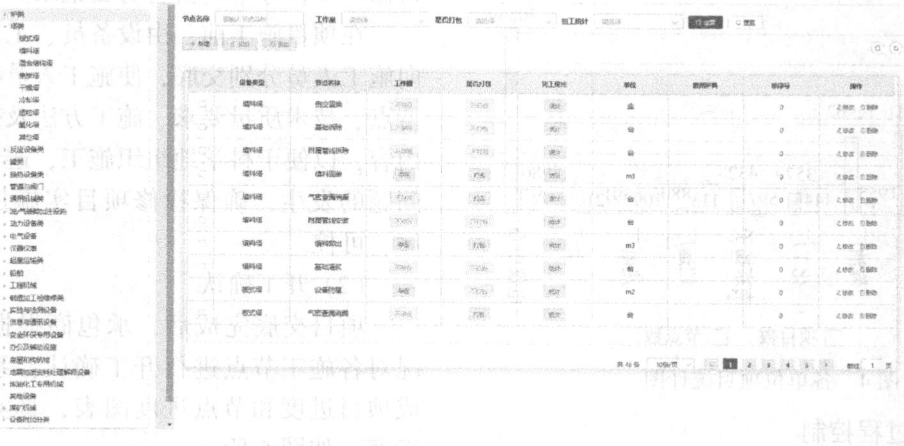

图 2　检修标准节点

3.2　检修“流程化”，构建平台化检修

以检修的全流程为基础，利用检修管理平台，打通设备检修的全流程，包括项目开工、技术交底、项目实施、检修过程控制、签证管理等。检修管理平台建设分为 PC 端和手机 APP 应用两个部分。根据大修需求，系统建设分为 7 个模块部分：用户管理、数据管理、项目管理、专业管理、绩效考核、文档管理、统计功能，如图 3 所示。

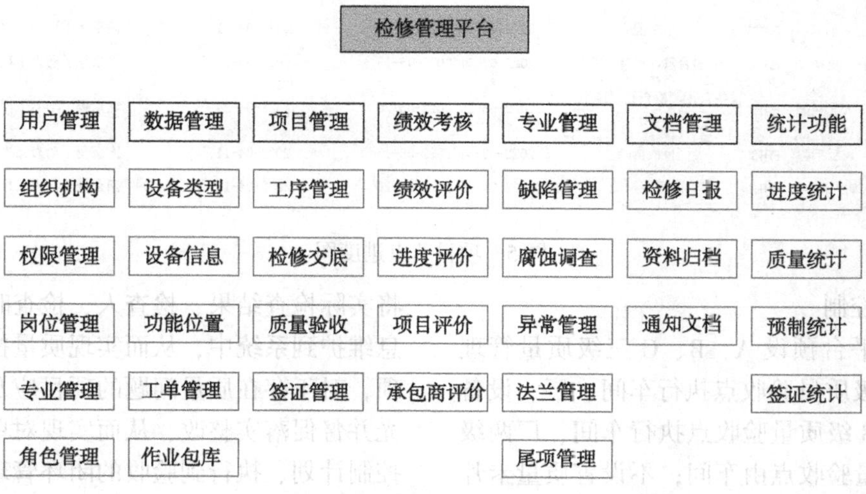

图 3　平台功能结构图

3.2.1　项目创建

从检修管理系统反向抓取检修工单，由设备员将工单拆分，针对已经在SAP下达的工单创建临时项目。对未指定到具体设备的工单可多选设备，针对多个设备分别生成临时项目；而关联到设备的工单则会直接拆分，工单中的每个工序会对应一个项目节点，多个工单拆分选择同一个设备时会自动组合为同一个临时项目，项目生成前可以根据项目检修实际情况调整工序，确保项目创立符合检修过程和现场实际。本次检修各单位共创建项目10412项，检修节点78141个。如图4所示。

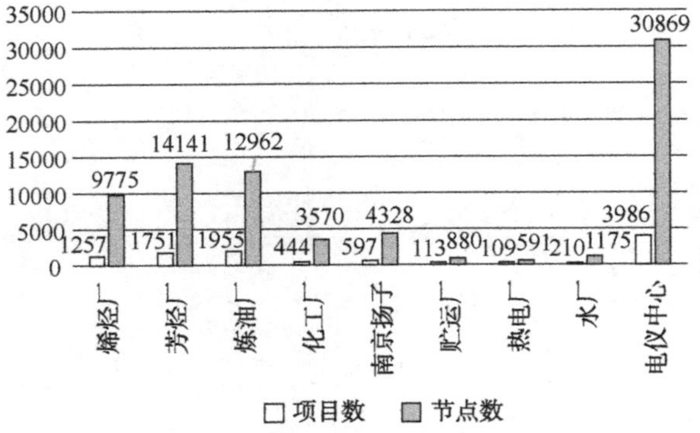

图4　各单位项目统计图

3.2.2　检修过程控制

检修过程控制是检修改造项目管理的核心工作，也是本系统的主要功能点，涵盖技术交底、质量控制、进度统计等方面。

（1）技术交底

现场通过移动APP进行交底，交底过程中可对设备的检修部位、重要关注点进行拍照并附加文字注释，系统自动生成电子版技术交底记录。

技术交底主要内容有：技术交底内容描述、技术交底人员、所属单位、交底时间、技术附件。系统支持批量交底和批量确认，同时支持多次技术交底、多项目合并交底，并指定所有项目节点相关承包参与交底确认，每次技术交底，在检修单项任务中均留有历史记录。

在项目施工前，由设备员、工艺员、安全员向施工人员分别交底，使施工人员详细了解项目特点、技术质量要求、施工方法及措施和安全等内容，以便于科学地组织施工，避免安全、质量问题的发生，确保检修项目实施过程安全、有序、可控。

（2）开工确认

项目交底完成后，承包商根据项目进展情况对各施工节点进行开工确认，系统将自动生成项目进度和节点进度图表，真实反映项目开工率。如图5所示。

2022年大修：塑料厂1PP装置TK2505A颗粒料斗内掺合管更换　检修进度

节点	状态	信息	计划时间	实际时间	承包商
脚手架搭设	已开工	脚手架搭设	2022-03-15~2022-05-20	2022-04-03 ~ 2022-04-28	南京扬子动力工程
盲板加设	已开工	设备及管线盲板加设	2022-03-25~2022-05-15	2022-04-03 ~	南京扬子动力工程
设备开孔	已开工	设备人孔、检查孔、排水孔打开	2022-03-25~2022-05-20	2022-05-16 ~	南京扬子动力工程
吊车	已开工	吊车配合	2022-03-25~2022-05-20	2022-04-11 ~	南京扬子动力工程
更换	已开工	掺合管、椎体更换	2022-03-31~2022-05-15	2022-04-11 ~	南京扬子动力工程
人孔封闭	已开工	设备人孔、检查孔、排水孔封闭	2022-03-25~2022-05-20	2022-04-24 ~	南京扬子动力工程
盲板拆除	已开工	盲板拆除	2022-03-31~2022-05-16	2022-04-11 ~	南京扬子动力工程
脚手架拆除	已开工	脚手架拆除	2022-03-25~2022-05-20	2022-04-11 ~	南京扬子动力工程

图5　项目节点进度图

（3）质量控制

检修管理平台预设A、B、C三级质量管理验收流程：A级质量验收点执行车间、厂、设备部三级验收；B级质量验收点执行车间、厂两级验收；C级质量验收点由车间；不设置质量卡片的节点则由承包商自检。实际工作开始后，质量管理人员按照计划对每个项目进行质量检查，并将实际检查结果、检查人、检查时间和备注等信息维护到系统中，从而实现质量控制点的滚动销项，对于存在质量问题的项目应及时进行问题曝光并督促落实整改，从而实现对单个项目从质量控制计划、执行到验收的闭环管理。

在维护大修项目信息时系统自动根据项目列出该项目所需进行的质量检查标准和流程，此内容将作为质量检查计划与所对应的检修项目一起保存在系统中。

本次大修共设置质量验收点47114个，其中A级质量验收点756个，B级质量验收点18850个，C级质量验收点27508个。任一节点均需拍照留存，各级设备管理人员可针对发起验收的节点，进行评分操作，评判等级分别为优秀、合格、不合格，不合格的将节点退回重新修复达标后再次提交；优秀的节点，在项目进度里进行公示，并根据节点信息及验收情况对项目自动评分，实现了过程管控和质量终身可追溯。

（4）项目进度管理

项目进度管理功能主要用于对检修项目和改造项目的计划和实际开完工情况进行记录，对关键节点完成情况进行记录，以及对改造项目实际工程量进行记录，并生成相关统计报表，见图6。

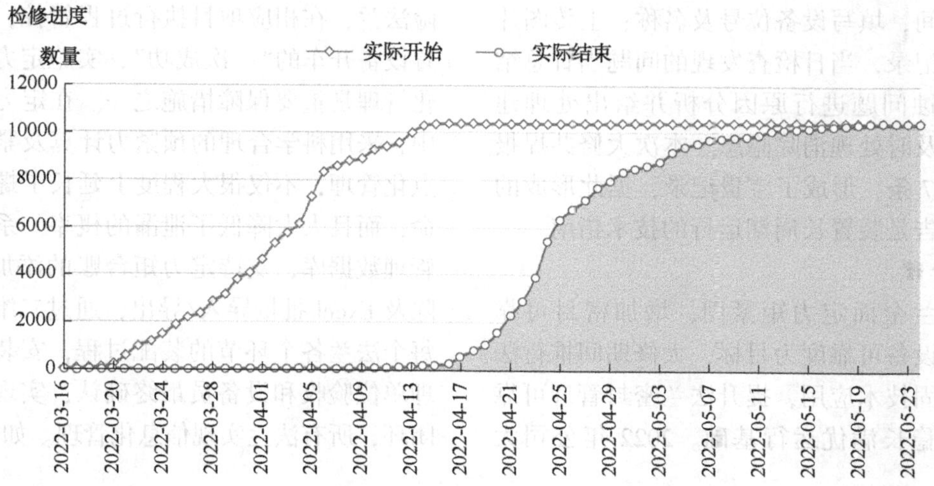

图6 2022年大修进度图

3.3 检修“信息化”，构建平台化检修

根据项目进展情况，借助大数据检修平台，无需线下编写大修日报，线上自动生成大修日报、项目进展等内容，同时对大修已完工项目进行评分，根据项目评分结果，可选定考核对象、被考核单位、考核内容、考核部门、考核日期、考核类型和考核人。

3.3.1 大修日报

检修动态日报包括：检修项目总体进展，关键项目进展，公司级关键项目控制点进展，各专业检修进展，检修技术问题跟踪，并将数据汇总形成表格和折线图，根据用户权限生成各自的日报文件，并在PC及手机端开辟单独的日报展示模块，由设备部负责人员将日报生成导出之后手动补充必要信息，即日上传至日报展示模块，提供给所有用户在PC及手机端在线预览日报内容。

3.3.2 项目进度表

从车间、装置和承包商维度分别生成项目进度表，包括项目数量、节点数量、质量控制点数量、开工率、完工率、一次验收合格率、质量优秀率等，实时动态展示大修进展，形成比学赶帮超的良好氛围。

3.3.3 项目评分表

根据项目节点信息及验收情况对姓名进行评分，规则如下：未设置质量卡片的节点基础分70；C级质量验收点基础分80，评级优秀得90；B级质量验收点基础分85，评级优秀得95；A级质量验收点基础分90，评级优秀得100。

$$项目得分=\frac{\sum_{1}^{n}各节点得分}{n}$$

基于考核细则和施工验收情况，各级设备管理人员对项目执行过程中各方面的情况进行记录和评价，根据项目评分结果，可选定考核对象、被考核单位、考核内容、考核部门、考核日期、考核类型和考核人。

4 应用场景

4.1 腐蚀管理

公司依托现用的腐蚀监测平台，通过对在线监测、离线监测、日常腐蚀检查、法定检验报告等数据的统计分析，形成腐蚀原因、机理、失效模式等有效数据库；汇总工艺防腐监测数据

(Lims 采样分析、药剂加注、工艺运行参数)和设备腐蚀监测数据(定点测厚、在线监测、腐蚀调查、日常检查)从而更加及时地掌握由于各种因素导致的腐蚀变化的趋势和规律，及时预警异常指标，提供专业技术指导，为开展下一步工作提供决策依据和技术支持，消除因腐蚀引起的事故隐患。

检修平台系统增加腐蚀管理模块，腐蚀检查工作主要在手持终端操作，用户选择对应二级单位及装置车间，填写设备位号及名称；上传图片并形成电子记录，当日检查发现的问题当日总结汇报，对腐蚀问题进行原因分析并给出处理建议，以便能及时处理消除隐患。本次大修共提报腐蚀信息 257 条，形成了宝贵记录，据此形成的腐蚀调查报告是装置长周期运行的技术指南。

4.2　法兰管理

推行法兰全面定力矩紧固，增加密封可靠性，以提升设备可靠度为目标，大修期间推行法兰定力矩紧固技术应用，提升法兰密封管理可靠性，夯实安稳长满优运行基础。2022 年公司大修共对 31143 处法兰开展了定力矩紧固工作，实行法兰分级管理，其中关键法兰 13385 处，一般法兰 17758 处，显著提升了法兰密封质量。

通过设备检修系统采集、保存法兰规格、压力等级、密封面形式、对应螺栓数量等法兰螺栓基础数据，建立法兰定力矩紧固数据库，并通过设备检修系统 PC 端应用和手机 APP 承载法兰定力矩紧固管理流程，实现法兰信息化管理。

对检修过程中涉及的检修法兰，特别是高风险法兰，在相应项目执行过程管控，为了保障装置设备开车的“一次成功”，实施定力矩紧固数字化管理是重要保障措施之一。在定力矩管理过程中，采用科学合理的预紧力计算及紧固过程的节点化管理，不仅很大程度上延长了螺栓的使用寿命，而且大大降低了泄漏的概率。系统建立法兰管理数据库，支持定力矩台账的添加、编辑、删除及 Excel 批量导入/导出，通过二维码能够查询每个法兰各个环节的装配过程，安装完成后由监理单位验收和设备员最终确认，实现法兰验收的闭环，所有法兰实现信息化管理。如图 7 所示。

图 7　法兰二维码管理分类

4.3　检修“全员化”，构建平台化检修

在检修平台中开辟“缺陷提报”专栏，包含设备异常提报和节点问题提报，在检修过程中，无论工艺员、设备员、施工单位等，发现问题，通过检修 APP 提供异常信息的提报，供属地车间确认，及时便利的提报并解决问题。

4.3.1　设备异常提报

项目负责人、技术人员在检修期间，随时随地、方便快捷进行设备异常提报，实现异常提报的电子化记录，检修 APP 提供异常信息的快速提报，按照二级单位、装置、专业、设备类型、异常级别、异常描述等关键信息进行提报。提报信息可供本单位及所属单位进行查看确认，确认信息要录入整改措施、整改负责人及验证人，C级异常由车间确认，B级异常由厂级确认，A级异常由设备部确认。PC端支持所有异常的统计导出功能，支持异常信息与图片的同步导出。此次大修共提报异常604项，其中A类异常33项，B类异常193项，C类异常378，大大提高了信息流转效率，实现异常齐抓共管的良好态势。如图8所示。

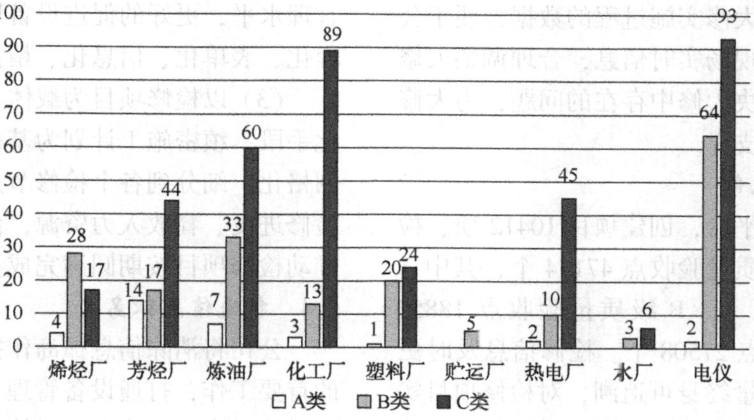

图8　机电仪异常分类

4.3.2　节点问题提报

重大的安全作业事故经常伴随着检修过程发生，加大问题查处力度，建立问题作业通报机制，是降低问题作业发生率、防患于未然的重要途径。部门及属地单位在检修巡查过程中，对于施工承包商的一些不文明、不规范施工操作情况，可通过移动APP或PC端对这些情况进行问题上报，并上传问题图片，问题整改完成并通过验收，自动实现闭环，并以此为依据形成审批亮点，汇总至大修日报。

4.4　检修“阳光化”，构建平台化检修

根据标准作业包中的预估工作量，结合实际检修工作量，进行费用结算；同时根据项目完工情况、检修质量等。工程量签证由承包商发起，属地单位审核。

签证填报包括工程签证内容，乙方计算公式，甲方计算公式，申报数量，单位备注，操作标记，长文本等内容；最终签证结果以设备员的确认为准，签证完成后，会在系统中形成电子记录，方便之后的统计及查验。要求承包商节点完工后21天内提交签证，设备员7天内完成审核，确保项目签证及时准确，避免后期补回忆录。如图9所示。

图9　检修明细

5　项目效果和效益分析

基于标准化、流程化、信息化、精细化、全员化、阳光化打造的检修管理平台，加强不同部门、不同专业间的信息共享，使多部门、多专业更好的协作，提高工作效率，实现了规范有序的检修项目管理。

5.1 平台辅助策划精准施工

平台提供项目策划功能，特别在公司装置大规模检修时，可精确统计项目主要内容，所需的施工力量、大型施工器具等，为大修项目策划提供了精准的基础数据。系统集成了各专业部门的管理数据，特别是大修实施过程的数据，便于公司检修指挥部掌握现场实时信息，合理调整大修施工力量，及时解决大修中存在的问题，为大修顺利实施提供有力支撑。

5.2 大数据助力大修

通过检修管理平台，创建项目10412项、检修节点78141个、质量验收点47114个，其中A级质量验收点756个、B级质量验收点18850个、C级质量验收点27508个。检修信息及时更新，过程管控和质量终身可追溯，对检修项目实现统计与分析，确保大修改造有序开展的同时为大修决策提供数据依据。

通过公司法兰管理系统，深化标准化力矩紧固管理，通过二维码可够查询每个法兰各个环节的装配过程，实现"零热紧、零泄漏、开工气密一次通过"的管控目标，大修期间共完成三万多对法兰力矩紧固，实现大修所有法兰信息化管理。利用二维码技术，做好质量违章实时举报，大修期间共收到质量违章四百余项，有效调动全员参与质量管理积极性。

5.3 优化检修管理流程

（1）充分利用现有系统资源，梳理现有管理流程，提高系统数据利用率和管理效率。与设备完整性平台、修理费系统、承包商管理平台、作业票系统等深度融合，形成全流程链式管理，深化应用于日常检修管理中，切实提升预防性维修水平，彻底杜绝"先干后结"的现象。如图10所示。

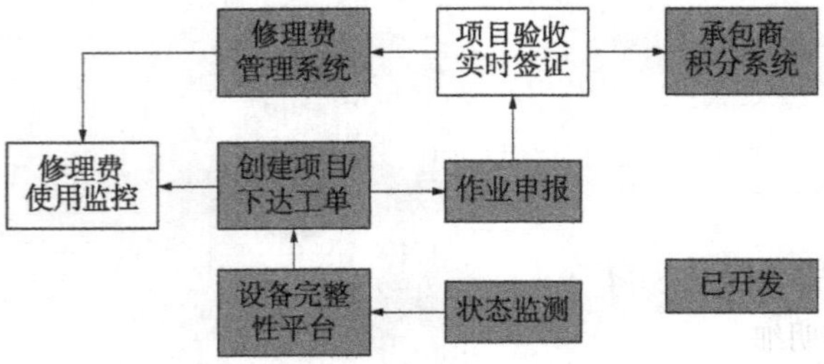

图10 检修管理流程结构图

（2）针对大修过程中应用情况，征求各使用单位意见，集思广益，做好问题分析、不断改进系统、优化流程，把设备检修全过程信息化管理，作为落实设备完整性体系的重要抓手，不断提升设备管理效率，全方位提高设备管理的综合管理水平，更好的促进设备管理迈向制度化、流程化、表单化、信息化、精益化之路。

（3）以检修项目为载体，运用信息化、智能化手段，缜密施工计划为基础，将庞大工作任务网格化、细分到各个检修节点、动态化科学调整检修进度、释放人力资源，优化检修配置，以此推动检修项目按期圆满完成。

5.4 打通信息孤岛

公司将消除信息孤岛作提升设备管理信息化的首要工作，打通设备管理EM系统、动设备管理系统、腐蚀在线监测系统、修理费管理系统等数据交互通道，提高数据利用价值，提高设备信息系统运行效率，奠定公司信息化构架基础。同时将EM系统改造成基础数据源，通过挖掘生产、运行、检修等数据，构建以数据驱动、平台支撑、服务增值、智能主导为特征的设备信息化平台架构，推动设备管理从基于经验的决策模式转变为基于"数据+算法"的决策模式。

通过检修管理平台，实现设备平台数据的共享互联，与现有其他设备管理平台巧妙挂钩，将现场设备人员从繁杂的文字工作中解放出来，投入到现场检修中，减少人员的重复性劳动，优化人力资源；借助于设备检修平台的建设，促动公司各生产厂和相关单位夯实数据"三基"，实现了向管理精细化、管理科学化、管理信息化、管理智能化的成功转型。

在公司的正确领导、统一指挥、科学决策、高效组织下，设备部按照"安全第一、环保优先、质量至上；从零开始，向零奋斗"的大修改造方针，精心谋划、精细组织，坚持高标准、严要求，紧盯现场、加强指导和服务，克服疫情导致的施工资源紧张、物资到货滞后，以及时间紧、任务重、安全质量风险高等一系列困难。从严抓实过程管控、紧盯大修实施进度，实现所有装置"安全、绿色、优质、文明、准点、节约、成功"的检修目标，取得大修的全面胜利。

变电所感知系统开发与应用

完成人：雷庆国　章　新　张　彬　白　亮　蔡向东　虞友林　房惟如
丁　健　张长川　赵正仓　沈玉洪　高　旭　采德松　刘　波

（中国石化扬子石油化工有限公司电仪中心　中国石化扬子石油化工有限公司设备部）

1　项目背景

1.1　公司采用人工巡检，测温和电机润滑对隐患排查作用，但运行过程中普遍存在以下问题：

（1）传统人工采集，效率低下。

（2）数据分散，不能及时发现和处理问题。

（3）人力消耗过大，人工成本过大。

科技背景：传感器技术的成熟（烟感离子检测更加灵敏，提前预知），无线通讯技术的辅助（对于不方便通过数据接口采集的数据，可以通过无线传输），外热成像技术（可非接触实时获取目标的温度分布形成热成像和温度数据，直观的体现目标温度实时动态分布），使得变电所高级自动化管理更加成为一种可能。

1.2　现场电气设备监测主要存在以下问题：

（1）缺少一套能完全，比较完备的集中化层次化的展现重要设备，重要运行数据与运行位置的系统。

（2）没有针对变电所具体问题分析而推出的具体功能设计的设备。

（3）缺乏有效的科技支持和市场用品参差不齐，无法实时监测装置全流程自动控制和报警管理水平，无法选择最优最贴切的产品。

（4）开关柜与电缆沟温度自动监测设备的空白。

通过此次项目的实施，变电所运行平稳率得以提高，为生产装置提供稳定、低隐患的电源，为企业创造经济效益。

2　总体情况

2.1　总体方案

在扬子石化塑料厂 321 变电所建设一套变电所感知系统，通过增设智能传感器，实时关键设备和部位的数据可靠采集，送入后台后实现大数据分析、处理。系统界面采用智能可视化的驾驶舱界面，方便操控，见图 1、表 1。

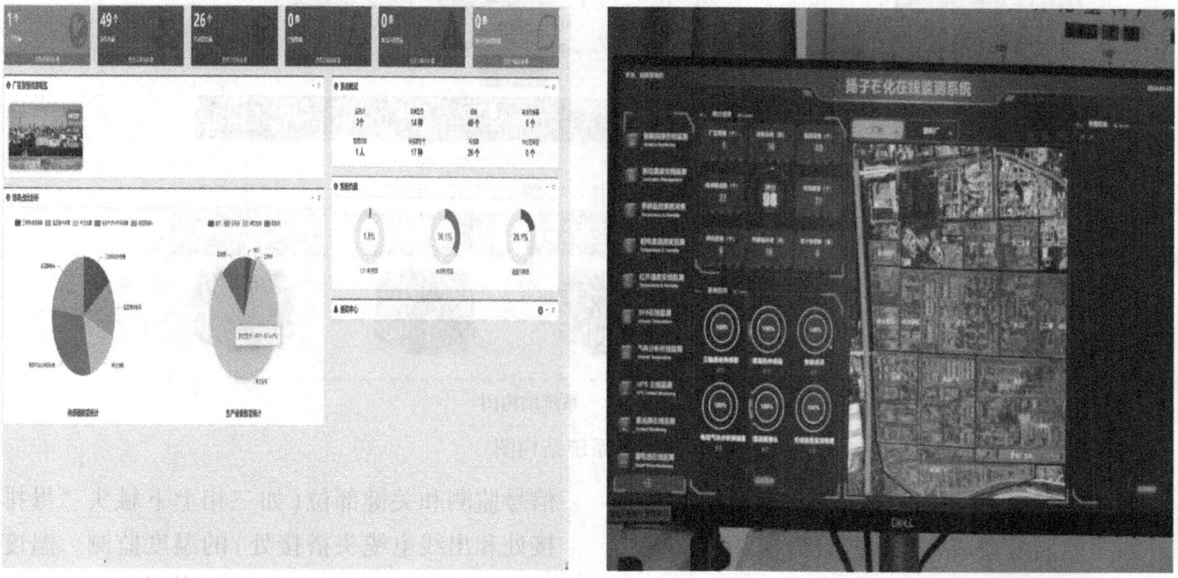

图 1　总体概览图

表 1　智能传感器类型

传感器类型	智能润滑装置	三轴无线振动温度传感器	红外温度监测采集装置	温度湿度采集器	电缆气体分析探测器	变压器油 H_2 分析
数量	4	4	6	4	40	1 套

2.2　智能润滑装置建设

现场 2 台低压电机(1PE PM-702A、1PE PM-821A)安装 4 台智能润滑装置，实现电动机润滑状态的在线实时监测与管理。智能润滑系统远程可控监测，无需到场，实时查看或在线更改设备参数。多种终端设备在线共享监测信息，准确掌握设备运行状态。测试功能，可确认动作、急速喷油、电机负载诊断等各种目的。与其它监测系统互联互通，实现智能化管理。智能识别设备启停，与设备运行同步化，实现精准润滑。

2.3　三轴无线振动温度传感器装置建设

无线振动温度一体传感器是转动设备状态分析系统的重要组成部分，具备三轴振动监测和温度监测功能，内置高性能低功耗的 ARVM 处理器，同时采集垂直、水平、轴向、三个方向的振动数据，输出三轴的速度、加速度、位移、峭度、包络、频谱分析、振动波形，多重数据采集，更直观的了解设备运行状态，提前预知设备隐患。也可通过对，再通过无线物联网上传振动值的分析，判断出设备的启停状态。

2.4　配电柜红外温度监测采集装置建设

电力高压开关柜温度在线监测预警系统，采用了先进的红外热成像非接触式测温技术，可在强电场环境下稳定运行，克服了高压开关柜触头及母排强电压、强电磁场、感温件难安装的技术难题，实时检测目标温度走向进行预判和温度逾限报警，支持手机端，邮件等智能手段远程报警，实现无人值守运行。保高压开关柜的安全稳定运行，杜绝运行中触头及母排过热所引起的短路造成的重大电力设备事故。系统由微型双视红外热成像测温前端、数据网络传输层、在线监测管理平台三部分组成。系统结构图如图 2 所示。

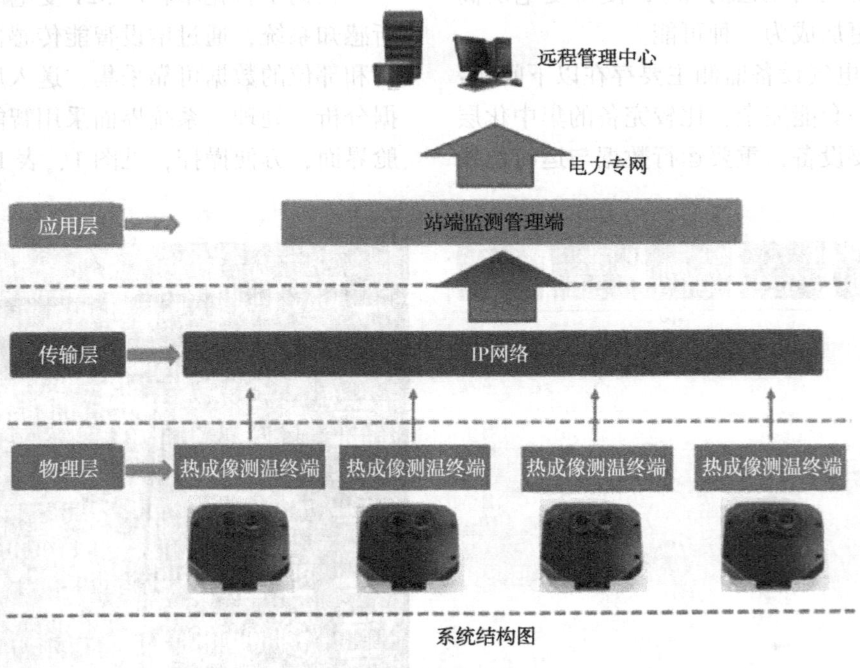

图 2　系统结构图

目前已在 321 变电所高压柜和低压柜内安装红外温度监测采集装置，通过在开关柜内部署红外温度监测采集装置，实现对开关柜内部的温度信号监测和关键部位(如三相上下触头、母排搭接处和出线电缆头搭接处)的温度监测。温度信号及趋势报警、越限报警信号传输到电气智能化状态监测管理系统。

2.5 温度湿度采集器设置

根据监测需求，在321变电所部署4个温湿度传感器，通过加装温度湿度采集器，可以将采集到的温湿度数据通过无线网络传输的方式，实时传输到智能化通讯平台进行统一监管，使用户随时可以通过智能化运维管理系统查看该工作环境的温湿度。

2.6 电缆沟内安装气体分析探测器

在321变电所电缆沟内安装40个气体分析探测器，实现采集电缆沟内电缆表面的热解粒子信息，数据传输到电气智能化状态监测管理系统平台，可以通过RS485方式与上位机进行实时的通讯，将监测到的热解粒子信息上传。探测器集三种传感技术复合、具备七类监测参数准确监测，能够实时展示气体分析探测器实时值、报警阈值、安装位置、通讯故障、报警通知。

2.7 变压器与SF6监测系统建设

(1) 变压器监测传感器：变压器正常运行状态下，油和固体绝缘材料会逐渐老化、变质，并分解出极少量的气体。当变压器内部发生故障时，这些气体的含量会迅速增加。油色谱分析通过油气分离单元将样气从绝缘油中分离出来，然后通过色谱柱将样气中的特征气体分离，并依次流过气敏传感单元。传感器将气体的含量转换成电压信号，经过模数转换(A/D变换)后输入计算机处理，从而计算出各特征气体的含量，进而判断变压器的运行状态。

报警分析：用好油和劣质油进行都不顺眼，得出报警系统无问题。设置变压器油分析中气体总浓度不超过0.5%，氢气浓度超过0.1%报警，报警后复位，然后对油进行维护处理。

(2) SF6监测系统：SF6、O_2双气体变送器采用电化学或催化燃烧等原理，通过测量混合气体中的SF6和O_2的浓度，转换成相应的电信号，再经过处理电路处理后输出到显示仪表，实现气体浓度的实时监测。

报警设置：SF6大于1000ppm报警，O_2低于百分之18报警，报警后点击复位，疏散人员，处理SF6气室。

2.8 蓄电池、UPS、直流屏监测系统建设

系统实现蓄电池、UPS、直流屏相关报警提示及远程集中监控，便于及时处理报警。

3 技术路线和技术亮点

3.1 建立了塑料厂变电所感知系统平台，公司、厂、装置等各层级均能灵活查询到实时、历史自控率、平稳率和报警数量、报警事件等信息，页面直观，功能强大，数据真实而准确。

3.2 新增大量高精度智能传感器用于关键设备和重点部位的实时监测，可以有效的发现薄弱部位存在的安全隐患，有利于从预防性检修到预知性检修的转变。

3.3 整合了电气专业在用的、零散的各类状态监测设备，将各类数据采集、处理、分析，实现了关键重要电气设备、重要运行数据实时监测，通过对大数据的分析可以更加有效的指导预防性检修工作的开展，高度智能化，减少人力成本，能做到提前预警。

3.4 数据的采集和传输更加灵活，可以有线传输也可以无线传输，可以外供电源也可以电池供电，解决了地理的分散性的问题。

3.5 配电柜红外温度检测采集器采用非接触实时获取目标的温度分布形成热成像和温度数据，直观的体现目标温度实时动态分布，且能穿透浓烟、浓雾测温，能够监测目标细小的温度变化；电缆沟采用热解离子气体分析仪，通过热解，离子加速质量分析来判断电缆发热，有更高的提前预知性；无线振动温度一体传感器是转动设备状态分析系统的重要组成部分，具备三轴振动监测和温度监测功能，内置高性能低功耗的ARVM处理器，同时采集垂直、水平、轴向、三个方向的振动数据，输出三轴的速度、加速度、位移、峭度、包络、频谱分析、振动波形，多重数据采集。

4 应用场景

可推广至炼化企业各电压等级的变电所。

5 项目效果和效益分析

5.1 经济效益

(1) 间接减轻高压开关柜因高温处理不及

时的经济损失。

(2) 减轻注油量不均匀，电机温度过高没有及时处理对电机的损伤。

(3) 间接减轻温湿度过高没有及时报警，带来开关柜损伤的经济损失。

(4) 降低人工劳动力巡检成本。

(5) 及时发现变压器油问题，避免油损坏带来巨大经济损失。

(6) 及时发现 SF6 气体含量，减少人员和设备损坏。

(7) 及时发现直流屏、UPS、蓄电池故障，将减少持续性故障带来的系统不稳定性的经济损失。

5.2 社会效益

成功完成了塑料厂变电所感知系统平台建立，为后续在公司其他变电所推广应用积累了技术经验，提高了电气系统智能化数字化管理水平，为电气系统安全稳定运行提供了可靠保障。

扬子 2#乙烯 E-GT1201 真空度提升项目

完成人：庞武超　黄安福

（中国石化扬子石油化工有限公司烯烃厂）

1　项目背景

裂解气压缩机是烯烃厂乙烯装置的心脏设备，其运行状况直接关系到全公司的安全平稳生产。裂解气压缩机 GB1201 为抽气冷凝式压缩机。GT1201 利用装置自产和热电厂绿色供气中心来的 11MPa 超高压蒸汽驱动，蒸汽进入透平压缩机后，其中抽出一路 4.2MPa 的蒸汽作为下一等级蒸汽管网的汽源，剩余部分全部冷凝取出能量。E-GT1201 为 2#乙烯装置裂解气压缩机驱动蒸汽透平，E-EA1215 为表面冷凝器（以下简称复水器，换热面积为 1065m²，管程介质为循环水（0.5MPaG，33℃），壳程介质为蒸汽（-89kPaG，45℃），它的作用是将汽轮机排出的乏汽冷凝为凝结水，使汽轮机排汽部分建立并保持一定真空，以增大蒸汽的可用焓降；且回收冷凝下来的凝结水作为锅炉的给水。

2#裂解气压缩机汽轮机 GT1201 设计出口压力为 0.139kg/cm²，即真空度为 -0.086378MPa(G)，但自 2017 年检修完开车后 GT1201 的实际运行工况是：图 1 显示了 2021 年 4 月到 2022 年 4 月的真空度和对应排气温度的变化趋势，真空度最低为-72.528kPa，最高为-55.409kPa；对应的排气温度低为 67.917℃，最高为 80.854℃，严重偏离设计参数运行，真空降低使汽轮机的有效焓降减少，会影响汽轮机的出力和机组设备的安全性。此外，当凝汽器真空降低时，为保证机组出力不变，必须增加蒸汽流量，而蒸汽流量的增加又将导致轴向推力增大，使推力轴承过负，影响汽轮机的安全运行。所以提升汽轮机真空度不仅能够降低能耗，也能保证机组的平稳运行。如图 1 所示。

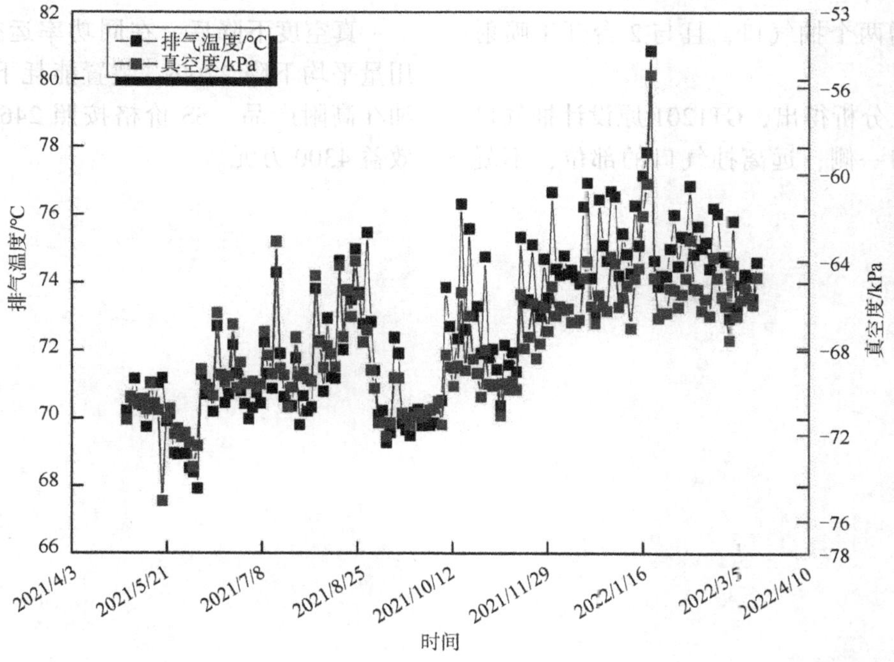

图 1

2 总体情况

从流程上看，影响真空度的凝气设备主要由复水器、复水泵、抽气器，汽封系统四部分组成。通过分析及现场排查，造成真空度降低的原因主要有以下几个方面：

1）传热能力不足；主要是复水器内结构垢，换热面积和换热系数降低。

2）抽汽口问题。GT1201 原设计抽气口在循环水进口一侧，这样布置有一定问题，远离抽气口的部位，沿程阻力大，不凝结气体抽不出来，导致真空性能恶化。

通过如上分析得出，要想提高真空度，需增大复水器每小时的换热量，需要加大传热面积，降低冷却水温度或对流传热系数 α。

(1) 把复水器的冷却水由二次循环水改为一次循环水，降低了冷却水的温度，加大了TW-T的值，这样也能提高真空度。但加大了一次循环水用量，减小二次循环水的用量，会造成一次循环水超负荷，二次循环水浪费，增加运行成本。

(2) 通过提高传热系数的手段也能提高真空度。EA1215 长周期的运转，受蒸汽品质的影响，铜管表面不可避免的会有结垢现象发生，为了提高传热系数，也为下一周期的安稳长周期运转作准备，车间对 EA1215 铜管进行整体更换。

(3) 新增两个抽气口，且与 2 台开工喷射泵流程连通

通过如上分析得出，GT1201 原设计抽气口在循环水进口一侧，远离抽气口的部位，不凝气不容易被抽气器抽出。2022 年期间对在长挡板的正中间位置新增 2 个抽气口（ϕ89mm），同时并将新增的抽气管线与 2 台开工喷射泵流程连通。

(4) 通过对抽气管线进行改造以将系统内不凝气抽出。

3 技术路线和技术亮点

对原格林汉姆复水器进行了两个方面的攻关改造：

1）更换国产化铜管；

2）结构改造完善。分析发现复水器原不凝气抽气口均布置在复水器内部长挡板的一侧（循环水进水侧），沿程阻力大，不凝结气体不易抽出，导致真空性能恶化。经过讨论新增了 2 处不凝气抽气口，位置布置在复水器内部长挡板的正中间；

3）将新增不凝气引出。新增的两处不凝气抽气口汇总连接后与原开工喷射泵进行配管连接。

4 应用场景

车间利用 2022 年大修实施改造后，现场应用论证，真空度提升效果显著，节约了蒸汽用量的同时，也保证了机组的平稳运行。

5 项目效果和效益分析

真空度下降后，在同功率运行情况下，SS 用量平均下降 22t/h；装置能耗下降约 20kg 标油/t 高附产品。SS 价格按照 246 元/吨计，年效益 4300 万元。

公共管廊安全管理信息化平台建设项目

完成人：赵一国　李　强

（中国石化青岛石油化工有限责任公司　北京安泰信科技有限公司）

1　项目背景

公共管廊是石油炼化厂区重要的公用基础配套设施，通过公共管廊，气液物料得以在各装置之间、装置与罐区之间便捷、高效地流通。在充分发挥公共管廊优势的同时，如何确保公共管廊长期安全可靠地运行，也已成为石油炼化企业重点关注的问题。公共管廊在管理上具有布局的开放性、物料的多样性和危险性、管理的复杂性等特点，在运维管理上本身存在一定难度，伴随炼化企业服役年限的延长、有效检测维护手段的缺失，公共管廊的安全运行形势愈发严峻。如果管廊中某些管道发生泄漏和爆炸，不仅会威胁到周边的管道，还会影响到整个厂区乃至周边的安全，造成无法估量的损失。

信息化管理平台在石油化工领域的应用是当前研究和实践探索的热点话题，也是提升企业生产安全性和稳定性的重要手段。随着对公共管廊安全问题重视程度的加大，公共管廊的数字化、智慧化管理平台建设也在如火如荼地展开，旨在降低公共管廊的管理难度，提升安全性。结合炼化企业自身的情况以及公共管廊实际面临的主要安全风险，针对性地建立管廊安全管理平台对于切实提高平台的实用性和利用率十分必要。

中国石化青岛石油化工有限责任公司（下文简称“青岛石化”）创建于1962年，在公共管廊管道的运维管理方面存在管道资料不全、涉及多项技改措项目时间跨度较长且管道未曾进行过系统梳理、多处管托支吊架存在缺失或非正常承载的情况，存在显著的安全隐患。结合厂区的实际情况，青岛石化启动了公共管廊安全管理信息化平台建设，通过对管道现有资料的整理、校验，实际管道的测绘，管道重点部位的腐蚀检测，基于三维管廊模型和管道电子信息台账，实现对管道基础信息收集，运行风险的排查和管理，有效指导检维修工作的开展，确保管廊的安全运行。该平台的建设将为后续公共管廊智慧化运维平台、数字孪生平台的建设奠定基础。

2　总体情况

青岛石化公共系统管廊现有管道（装置界区以内管道不计算在内）共计693条，主要涉及J、J1、J2、J3、J4、J5、J6、J8、J9、Ja、Jc11个管架系列，连接起厂区内的各生产装置及库区、公用工程等区域，介质包括各类工艺介质、瓦斯、蒸汽、水、氮气、压缩空气等。

结合青岛石化的具体情况，建设青岛石化公共管廊安全管理信息平台。平台以管廊的三维模型为载体，建立全部管道布局信息及其组成的资料库，匹配管道的电子信息台账，便于管道信息的整体管理和分别查阅。其中，管廊三维模型的创建是平台建设的核心工作之一，利用三维工厂建模软件主要参照管廊的设计/竣工资料完成。根据厂区的布局图1∶1布设管架，在管架上根据管道及其附件的规格尺寸1∶1创建管道及其附件，精确呈现管道的外径、壁厚、保温层、管托支吊架、导淋接管、排空接管等信息，而这些将统一纳入管道的资料库中，供查看、查询。通过管廊的现场测绘核验设计/竣工资料的准确性，同时对资料不全的管道、管架的信息进行补充完善，指导相应部位管廊的绘制。现场测绘的同时，对小接管、管托支吊架部位的管道进行腐蚀检测，获取管道的腐蚀状况信息，连同技改措项目交工验收资料、系统管廊智修维护记录等资料，配合所有管道的单线图，形成管道的电子信息台账，这是本项目的另一核心工作。

青岛石化公共管廊安全管理信息平台项目于2024年5月初启动，预计至2024年12月底全部完成，目前已累计完成200余根小接管部位的腐蚀检测，在J9、Ja等管架上完成了70余条完整管道的三维模型绘制。

3 技术路线和技术亮点

3.1 技术路线

本项目的技术路线如图1所示。

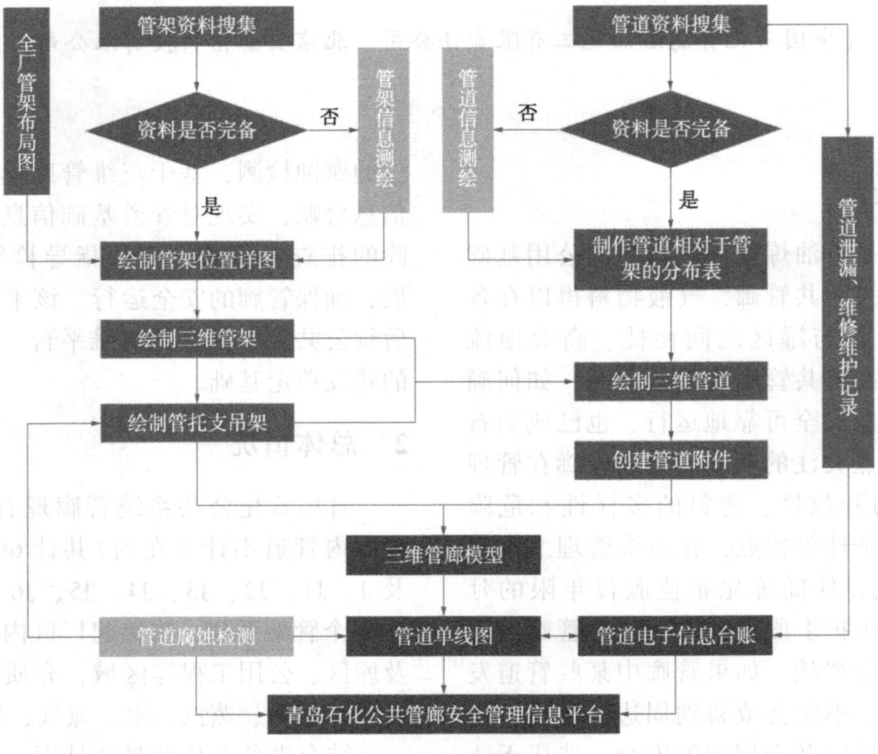

图1 技术路线图

3.1.1 管架三维模型的绘制

搜集全厂公共系统管廊管架的设计/竣工资料，应包括管架编号、管架位置、管架层高等信息；对编号不明确的，结合青岛石化厂总平面图及现有资料研究确定管架的编号，做好管架的现场标记；对资料不全或缺失的管架进行现场测绘，获得管架的间距、层高等信息；结合总平面图及测绘信息，绘制管架三维模型。

3.1.2 管道三维模型的绘制

搜集整理全厂公共系统管廊管架上管道的设计/竣工资料，应包括管道的编号及工艺流程说明、管道在管架上的位置及走向、管道附件的类型及位置、管道的设计、运行参数等；现场确认资料中信息的准确性；对信息不明确的管道以管架为单元进行梳理，在现场人员的协助下明确管道的编号、工艺介质及流向，测绘获得管道的尺寸及位置、管道附件的类型及位置；在管架三维模型上布设并绘制管道三维模型。

3.1.3 重点部位的腐蚀检测

在管道测绘的同时，结合现有资料及实地观察确认管托支吊架、小接管等的类型和分布；对管托和支吊架部位的管道、管道上的小接管采用以宏观检测和超声波测厚为主、超声导波检测和脉冲涡流扫查等为辅检测技术进行腐蚀检测，形成管道腐蚀情况台账。

3.1.4 形成三维管廊综合模型

在前期绘制的管架模型、管道三维模型基础上，补充管托支吊架、小接管模型，形成三维管廊综合模型；利用该模型为每条管道分别绘制单线图，在图中对支吊架缺失、腐蚀减薄严重等重点部位进行标示。

3.1.5 建立管道电子信息台账

集成所有管道的单线图及收集到的技改措项目交工验收资料、管道检验检测资料、系统管廊智修维护记录等资料，建立并完善管道电子信息台账。

3.1.6 青岛石化公共管廊安全管理信息平台

集成管廊三维模型、管道电子信息台账，

借助Web端3D引擎制作青岛石化公共管廊安全管理信息平台。

3.2 技术亮点

3.2.1 基于设计/竣工图纸资料的精细化建模

根据设计/竣工图纸资料进行建模（辅以现场测绘校对）是对管廊实体的真实复刻，这显著区别于当前常用的激光扫描+点云建模方式，不仅做到外形相近，还可以实现对管道及其附件的精准构建。出于这种特点，基于设计/竣工资料构建的管道可在导出后直接用于管道的受力分析、流体计算等用途。

3.2.2 选用三维工厂建模软件进行模型创建

建模工具的选取对于所创建模型的精细程度、显示效果、功能拓展等都有重要影响。利用所选用三维工厂建模软件，辅以设计/竣工图纸资料进行建模，不仅将三维模型更立体、更真实地呈现出来，还可以导出各构件清单（数量、材料用量等），实现管道运行各个阶段的精细化管理。此外，该建模软件及所采取的建模方法为生产装置区三维模型的创建、导入留有接口，可以便捷地实现配合连接；对于公共管廊运行过程中面临的管道新增/废弃情况，可以很容易地在原模型基础上进行修改和调整，减小对外协单位或专业人员的依赖。

3.2.3 以管架为单元确立管廊定位和建模的方法

针对管道数量大、跨度长、结构变化多等特点，确立以管架为管廊定位和建模的基础单元，这与基于地理信息（GIS）的方案相比具有定位方法简单、成本低（无需专业设备）等优点，更适用于小规模厂区的建模和定位管理。

4 应用场景

青岛石化厂区内全套公共管廊系统

5 项目效果和效益分析

5.1 强化以腐蚀为主要风险的公共管廊安全管理

通过建立一体化的公共管廊安全管理信息平台，便于从整体和局部便捷地获取管廊上管道的信息，明晰管道的基础资料、介质工况环境、归属部门、重点部位和腐蚀状况，使管道的管理变得简单、高效，有效避免腐蚀事故的发生，确保管道的长期安全稳定运行。

5.2 形成693条管道的系统管廊单线图

通过该项目形成了厂区全部693条管道的单线图，详细标识管道的长度、标高、走向、管道附件、管道支撑等信息，为管道监检测方案的制定、实施，管道的风险评价和管理提供便利。

60万吨/年逆流移动床连续重整装置增压机气阀故障诊断及长周期运行创新管理

完成人：杨　浩　王　硕　张宏星　冯　硕　张志丹　武志国

（中国石化济南炼化炼油三部　济南炼化维修部）

1　项目背景

设备平稳运行是装置长周期安全运行的基石，随着安全环保形势的日益严峻，安全生产和环境保护成为了企业的生命线。往复式压缩机由于工作压力及流量覆盖范围广泛，能源效率高、气密性强等优点在炼化装置中得到广泛应用。但往复式压缩机结构复杂，易损件多，其中气阀故障占总故障的60%以上，由于气阀故障造成机组切换的占总故障停机次数的85%以上。因此，对往复式压缩机气阀故障的准确诊断以及制定科学的解决方案，对保障机组长周期运行安全平稳运行具有重要的意义。

2　总体情况

连续重整装置主要为全厂提供普氢，占氢气管网产气量60%以上，K-202作为连续重整装置中的重要设备，其安全性与稳定性对装置的长周期运行至关重要。但由于受其工况影响，气阀故障频率相对较高，当气阀出现故障时需紧急切换机组、检修更换气阀，影响装置的平稳安全运行，增加设备维修费用。针对重整增压机K-202气阀故障率高问题，分别从设备管理、工艺管理、操作管理等多个方面制定了相应的解决方案。通过优化调整，有效优化了连续重整装置外送增压氢机气阀的运行环境，减小了气阀故障率，延长了气阀使用寿命，保障了机组长周期运行安全平稳运行的同时节能效果明显，每年可获得经济效益75万元。

3　技术路线和技术亮点

通过对气阀的基本结构、运行原理进行分析，将气阀故障发生时间点与连续重整装置外送增压机的运行参数进行追溯对比分析，探究气阀故障的根本原因；通过对连续重整装置外送氢增压机的现场工艺管线设置对介质液化的影响进行理论计算；通过对气阀运行时间、故障次数进行归纳分析，研究气阀失效原因和规律；结合实际提出重整往复式压缩机气阀故障诊断及长周期运行管理经验。

3.1　针对重整外送氢增压机气阀故障诊断

往复式压缩机的气阀（图1）主要由阀座、升程限制器、弹簧、阀片组成。在压缩机运转过程中，气阀质量及工作性能的优劣，直接影响着往复式压缩机的输气量、功率损耗、运转可靠性。气阀损坏的主要形式有气阀零件的机械性损坏、腐蚀、磨损等，其中最容易出现的故障是弹簧失效与阀片断裂以及密封面失效。

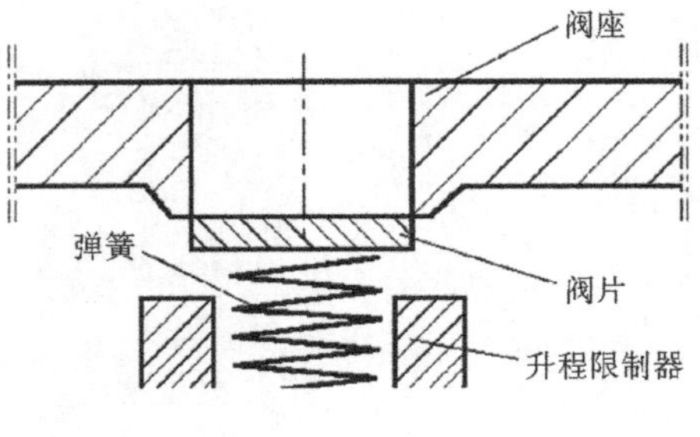

图1　气阀结构

弹簧失效与阀片断裂以及密封面失效往往导致气阀失去密闭性出现漏气的现象，从外部参数来看，则出现压缩能力下降、温度升高等。阀片断裂或其他部件开裂脱落至气缸则会造成撞缸等严重后果。

重整 K202 压缩机造成弹簧失效与阀片断裂以及密封面失效的原因如下：

（1）运行参数超出或偏离设计值，造成阀片过度疲劳断裂。现阶段，压缩机气阀片进行设计的过程当中，都没有依据实际的情况来展开，或者实际工况与最初的设计工况不符合。这也就导致气阀片在实际进行工作的过程当中特别容易出现各种问题。

（2）弹簧疲劳断裂或因阀片断裂造成弹簧位置偏移，造成弹簧失效。当压缩机气阀在运行当中，弹簧会因为长期的运行而产生了变形或者松动的状况。一旦其中的弹簧松动，将会造成弹簧的刚性减弱，导致弹簧出现断裂、碎裂的情况。

（3）气阀工作环境恶劣，导致阀片腐蚀或结垢，引起密封面失效。如果在对气体进行压缩的过程当中，由于气体当中含有了不能压缩的介质，将会严重危害到气阀片的正常工作。当该类介质存在压缩机的气阀中，它就在簧片和阀座的部位出现。如果在这种部位夹杂着液体或者高硬度积碳等，就会形成相应的阻力，对气阀阀片进行破坏。

（4）重整 K202 压缩机实际工作的过程当中，由于介质为脱氯前氢气，其工作介质会产生一定的腐蚀，从而使气阀表层遭受侵蚀，导致气阀存在着凹坑。如果情况严重，就会使得气阀的表层组织部分剥落，进而造成了气阀阀片产生一定的损坏现象。

（5）安装不标准，对于往复式压缩机而言，如果气阀不能根据相应的规范来进行装配，那么气阀的紧固螺钉就可能在实际进行工作的过程当中，出现了松动的状况或者栓的拧紧力矩超过设定强度，都会严重影响到气阀门的实际使用寿命。

通过对连续重整外送氢增压机的故障气阀进行拆解（图 2），发现气阀故障主要集中在三个方面：

（1）进气阀和排气阀出现外沿阀片断裂。

（2）少数弹簧断裂。

（3）气缸内壁与气阀表面有请问碳化物，排气阀的阀盖处有结焦物。

图 2　气阀拆解及阀盖图

分别对以上三种现象进行以下分析。

气阀的阀片出现外沿断裂，通常是由于液击或者黏滞现象引起阀片受力不平衡造成的。另一方面，由于 K-202/AB 机均采用无级调量系统，进气阀的执行机构每分钟近 400 次作用在进气阀的内沿处，导致阀片内外沿受力不平衡发生倾斜，增加外沿的碰撞力度。对于排气阀阀盖内壁出现结焦的现象，压缩机运转过程中排气阀温度高达 110℃以上，停机后介质中凝缩油中的 C3、C4 小分子不饱和烃类遇冷凝缩与催化剂流失的氯离子，随温度压力的变化发生不饱和烃的聚合，生成大分子烃类的结焦物。结焦物黏附在气阀以及阀盖表面。导致了气阀工作状态的恶化。

通过上述分析，连续重整装置外送氢增压机气阀故障的原因可以归纳为以下几点：

（1）介质带液或黏滞造成气阀外沿阀片断裂。

（2）无极调量系统会增加进气阀运行的苛刻度。

（3）压缩机中存在的凝缩油与氯离子会导致气阀运行环境恶化。

3.2 压缩机运行参数采集与分析

重整外送氢增压机运行参数为：一级进气压力0.24MPa、一级排气压力0.76MPa、一级进气温度30℃，一级排气温度110℃；二级进气压力0.76MPa、二级排气压力1.94MPa、二级进气温度30℃，二级排气温度110℃。

重整外送氢增压机停机备用时，在出入口阀开启，单向阀及气阀无内漏状态下，机体内部的参数为：一级进气压力0.24MPa、一级排气压力0.76MPa、一级进、排气温度20℃（环境温度）；二级进气压力0.76MPa、二级排气压力1.94MPa、二级进、排气温度20℃（环境温度）。

介质主要为氢气，带有少量C3、C4、C5轻烃，其中组分数据如表1所示。

表1 组分数据

组分	氢气	空气	甲烷	乙烷	丙烷	异丁烷	正丁烷	异戊烷	正戊烷	C3+	C5+	C6+
体积分数/v%	90.01	0.19	1.53	1.72	1.42	0.71	0.52	0.68	0.41	3.75	1.1	<0.01

根据烃类蒸汽压数据，当环境温度为20℃时，C3+烃类饱和蒸气压约为0.10MPa，由重整外送氢气组成可得，当二级压力为2.0MPa时，C3+烃类分压约为0.101MPa，即在压缩机备用状态下，由于排气温度较低且压力较高，容易造成C3+组分形成凝液，导致设备开机时极易损坏气阀。

3.3 压缩机操作、管理对气阀故障影响的分析

梳理往复式压缩机操作法，对比操作人员的实际操作步骤。重整外送氢增压机的开停机步骤均符合往复机操作规程。存在可优化的两个方面：

（1）压缩机停机后，热介质在压缩机内部随环境温度冷却，易产生凝缩油，因此应当在压缩机停机之后立刻进行氮气置换，将易凝结的热态含烃气体从系统中置换出去，从而解决热态介质停留造成的凝液问题。

（2）由于往复式压缩机在备用期间为应对特殊情况下的快速启动，出入口阀门均处于开启状态。由于单向阀和气阀绝对密封的可能性较小，压缩机在备用时低温、高压的状态下备用时，易造成C3、C4、C5+组分凝缩为液体，故应当关闭一道气动阀对介质进行阻断，防止介质持续回流冷凝造成液态烃在系统内积存。

4 应用场景

针对重整外送氢增压机气阀故障的问题，我们通过应用PRASS生产实时应用系统通过信息化平台，运用计算脚本抓取DCS数据，设置“气阀累计运行时间监控表”，实时显示气阀累计运行时间与监控气阀温升速率。同时，严格控制压缩机负荷，在保证工艺参数正常运行的前提下，保证最小的返回量，既控制了压缩机出入口温度，又能实现最低能耗运行。同时，根据动设备预防性维修策略，制定K202的预防性维修计划，并严格实施执行。如图3所示。

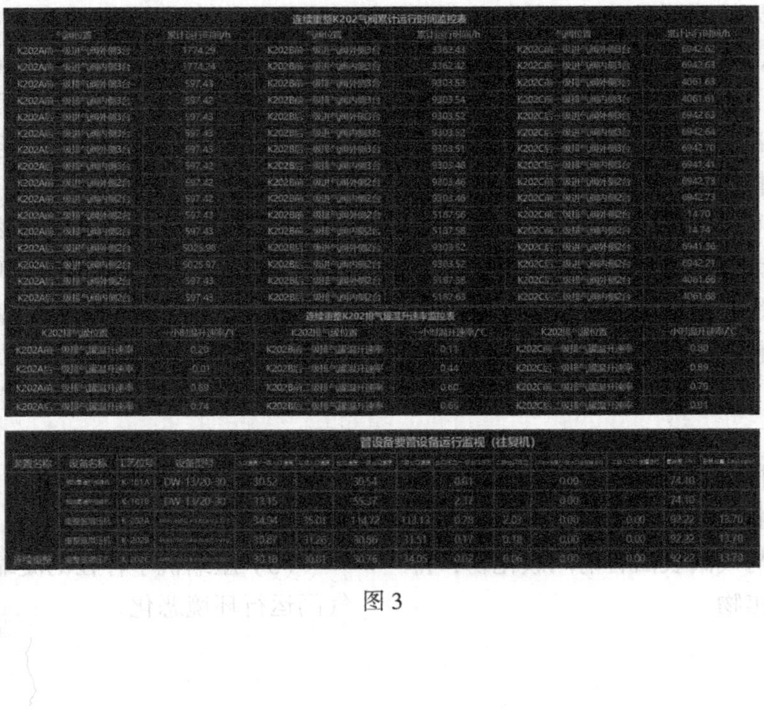

图3

5 项目实施效果和效益分析

（1）2021年1月至2022年6月，K-202气阀更换台次为70台次。自2022年6月诊断措施自落实以后，截止到2023年9月末，连续重整外送氢增压机运行16个月期间，K-202经历单机运行、双机并行、机组切换以及加工量调整，气阀更换台次降至30台次。按照单台气阀1.2万元/台的价格计算，每年可降低维修费用约50万元。2023年10月初对K-202/A机实施预防性维修，经检查气阀仅表面有轻微积碳，阀片状态良好。

（2）按照连续重整装置平均加工量68t/h计算，将重整稳定塔干气流程由去压缩机二级入口缓冲罐改至燃料气系统后，外送氢量可减少$1500Nm^3/h$，K-202负荷降低，可降低电耗50kW/h，每年可节约电费25万元。降低压缩机气阀更换频次的同时取得了良好的经济效益。

综上，针对连续重整装置外送氢增压机K-202气阀故障进行诊断，并从多方面提出了相应的解决方案，最后通过落实系列解决方案，取得了预期的效果，每年可获得经济效益75万元。

160 万吨/年柴油加氢精制装置高压换热器长周期运行创新管理

完成人：董涵潇　方　超　程亚壮　贾松会　于　洋　龚　磊　杨　浩

（中国石化济南炼化炼油三部）

1　项目背景

高压换热器是加氢装置的核心设备之一，在工艺流程中通常设置在加氢反应器下游，管程热介质是高温反应产物，壳程介质是原料混氢油。装置工艺介质易燃易爆，包括加氢换热器在内的主要设备在高温、高压及有 H_2 和 H_2S 存在的条件下运行，要求设备具有很高的可靠性，是装置长周期运行的关键。2021 年检修期间，管束因结盐问题进行堵管，后续加强对该换热器的管理力度。

2　总体情况

160 万吨/年柴油加氢精制装置高压换热器 E101B(混氢原料油与反应产物换热器)在 2021 年停工检修期间发现管束结盐严重，经清洗试漏后，共堵管 137 根，其中 16 根管束轻微泄漏，121 根管束结盐堵塞，无法疏通。堵管后，换热面积由 862.5m^2 降至 776.3m^2。装置开工正常后，因 E－101B 抗腐蚀和抗冲击能力已大大降低，存在腐蚀内漏风险，将其列入本运行周期炼油三部装置隐患台账，进行重点监控。加氢原料氮、氯含量超标等因素将加快氯化铵等盐类的结晶速率，氯化铵等盐类持续结晶将堵塞换热器管束，造成换热器换热效果下降、反应系统压降增大、管束内物料流速降低等诸多不利因素，严重时将造成管束泄漏，装置将被迫停工处理。目前柴油加氢精制装置作为公司唯一成品柴油产出装置，一旦停工公司柴油将无法出厂，将给公司的物料平衡和经济效益造成巨大影响。

3　技术路线和技术亮点

根据铵盐结盐机理，NH_4Cl 的形成与其 K_P 系数有关，其 K_P 系数计算公式为：$K_P(NH_4Cl)=p(NH_3)\times p(HCl)$。因此控制反应物中的 N 含量和 Cl 含量是控制铵盐生成的手段之一。

其次，根据铵盐结晶速率，当温度大于 210℃时，铵盐结晶速率基本为 0，随温度降低，铵盐开始结晶。当温度下降到结晶温度时恰是结晶速率最快的时候(图 1，图 2)。

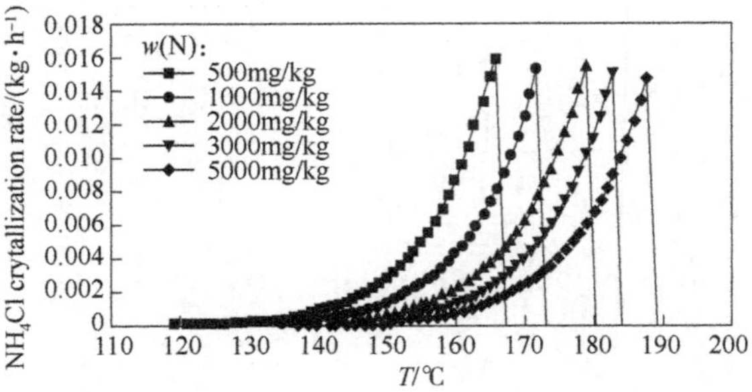

图 1　不同氮质量分数原料加氢反应流出物中 NH_4Cl 的结晶速率

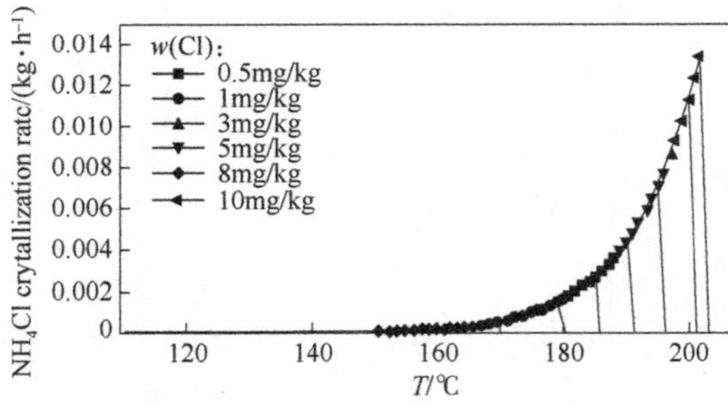

图 2　不同氯质量分数原料加氢反应流出物中 NH_4Cl 的结晶速率

由上图可见，控制管束内介质温度，避开结晶温度区间是控制铵盐结盐速率的重要手段。

由以上两点，运行部共推出四方面的改进措施来应对结盐问题，分别是关注原料性质、提高原料过滤器反冲洗效果、加强对 E－101B 管程出口温度的工艺控制和实现对 E－101B 运行状态的实时监控。

通过四项措施的实现，E－101B 运行平稳性有了明显提高，同时系统能耗显著降低，对装置平稳运行和经济效益起到了积极的作用。

4　应用场景

4.1　提高对原料性质的把控和监督

三加氢混合原料在采样化验成绩中，氮含量与氯含量存在部分超标情况，工艺卡片标准中规定混合原料氮含量不大于 700mg/kg，氯含量不大于 1mg/kg。其中氮含量基本合格，氯含量超标次数大概 1~2 次/月（表 1）。

表 1　2021 年 12 月混合原料分析数据

采样日期	采样点	等级	氮含量/(mg/K)	氮含量/(mg/K)	氯含量/(mg/K)	氯含量/(mg/k)
2021-12-03 08	三加氢混合原料	合格		384.52		0.5
2021-12-04 08	三加氢混合原料	合格		484.71		0.5
2021-12-05 08	三加氢混合原料	合格		485.76		0.5
2021-12-06 08	三加氢混合原料	合格		328.57		0.5
2021-12-07 08	三加氢混合原料	合格		382.14		0.7
2021-12-08 08	三加氢混合原料	合格		342.86		1.0
2021-12-09 08	三加氢混合原料	合格		321.43		0.7
2021-12-10 08	三加氢混合原料	合格		326.19		0.5
2021-12-11 08	三加氢混合原料	合格		308.33		0.5
2021-12-12 08	三加氢混合原料	合格		311.90		0.5
2021-12-13 08	三加氢混合原料	合格		292.86		0.5
2021-12-14 08	三加氢混合原料	合格		357.14		0.5
2021-12-15 08	三加氢混合原料	合格		394.05		1.1
2021-12-16 08	三加氢混合原料	合格		391.67		0.5
2021-12-17 08	三加氢混合原料	合格		413.10		0.9
2021-12-18 08	三加氢混合原料	合格		447.06		0.5
2021-12-19 08	三加氢混合原料	合格		356.71		0.5
2021-12-20 08	三加氢混合原料	合格		397.62		0.5
2021-12-21 08	三加氢混合原料	合格		409.52		0.5
2021-12-22 08	三加氢混合原料	合格		422.62		1.0
2021-12-23 08	三加氢混合原料	合格		414.29		0.6
2021-12-24 08	三加氢混合原料	合格		373.81		0.5
2021-12-25 08	三加氢混合原料	合格		328.57		0.5
2021-12-26 08	三加氢混合原料	合格		297.62		0.5
2021-12-27 08	三加氢混合原料	合格		328.57		1.4

根据原料情况，运行部与上游装置沟通，加强常减压装置电脱盐质量控制，确保直溜柴油合格。同时，与催化装置加强沟通，减少催柴携带的无机氯的含量，降低混合原料的氯含量（表 2）。

表 2　2024 年 5 月混合原料分析数据

REPORT	采样日期	采样点	等级	氮含量/(mg/K)	氯含量/(mg/K)
报告单	2024-05-03 08	三加氢混合原料	合格	496.43	0.5
报告单	2024-05-04 08	三加氢混合原料	合格	465.48	0.5
报告单	2024-05-05 08	三加氢混合原料	合格	396.43	0.5

续表

REPORT	采样日期	采样点	等级	氮含量/(mg/K)	氯含量/(mg/K)
报告单	2024-05-06 08	三加氢混合原料	合格	554.01	0.5
报告单	2024-05-07 08	三加氢混合原料	合格	558.29	0.6
报告单	2024-05-08 08	三加氢混合原料	合格	570.02	0.5
报告单	2024-05-09 08	三加氢混合原料	合格	549.99	0.5
报告单	2024-05-10 08	三加氢混合原料	合格	556.69	0.5
报告单	2024-05-11 08	三加氢混合原料	合格	485.06	0.5
报告单	2024-05-12 08	三加氢混合原料	合格	498.71	0.5
报告单	2024-05-13 08	三加氢混合原料	合格	476.19	0.5
报告单	2024-05-14 08	三加氢混合原料	合格	500.58	0.5
报告单	2024-05-15 08	三加氢混合原料	合格	509.62	0.5
报告单	2024-05-16 08	三加氢混合原料	合格	501.60	0.8
报告单	2024-05-17 08	三加氢混合原料	合格	500.89	0.5
报告单	2024-05-18 08	三加氢混合原料	合格	516.67	0.6
报告单	2024-05-19 08	三加氢混合原料	合格	465.48	0.5
报告单	2024-05-20 08	三加氢混合原料	合格	501.36	0.5
报告单	2024-05-21 08	三加氢混合原料	合格	524.83	0.5
报告单	2024-05-22 08	三加氢混合原料	合格	514.48	0.5
报告单	2024-05-23 08	三加氢混合原料	合格	455.95	0.5
报告单	2024-05-24 08	三加氢混合原料	合格	481.26	0.5
报告单	2024-05-25 08	三加氢混合原料	合格	494.74	0.5
报告单	2024-05-26 08	三加氢混合原料	合格	464.48	0.5
报告单	2024-05-27 08	三加氢混合原料	合格	436.27	0.5
报告单	2024-05-28 08	三加氢混合原料	合格	427.38	0.5

上游装置调整后，原料成绩基本消除了超标情况，氯、氮含量均合格，其中氯含量基本维持在较低水平。

4.2　提高原料过滤器反冲洗效果

自2021年4月份开工以来三加氢装置原料油过滤器压差增长过快导致反冲洗频繁，多次进行蒸汽吹扫后效果仍不理想，需部分开启过滤器跨线阀(约20%)，以保证原料缓冲罐液位平稳，维持正常生产运行，但也造成滤后原料杂质增多，反应器床层压降升高风险增加，高压换热器换热效果下降，影响装置长周期运行。

经运行部商讨，对原料过滤器系统进行两项改动：(1)优化反冲洗程序设置。新增一步反吹气爆破吹扫，确保滤筒内污油全部吹至反冲洗污油罐，强化反冲洗效果；(2)制定班组定时性事务，定期对反冲洗过滤器进行切除并用蒸汽吹扫，去除滤芯上附着的顽固杂质。

改动结束后，反冲洗过滤器跨线手阀开度由20%降至3%左右，有效地提高了过滤效果，降低了原料中的杂质含量。

4.3　加强对E-101B管束出口温度的工艺控制

根据前期研究，加氢反应流出物系统NH_4Cl

的起始结晶温度一般出现在160～210℃的范围内。为防止E101B管程再次结盐，经数次试验，将E101B管程出口温度控制在215℃以上，以避开氯化铵盐结盐温度区间(图3)。

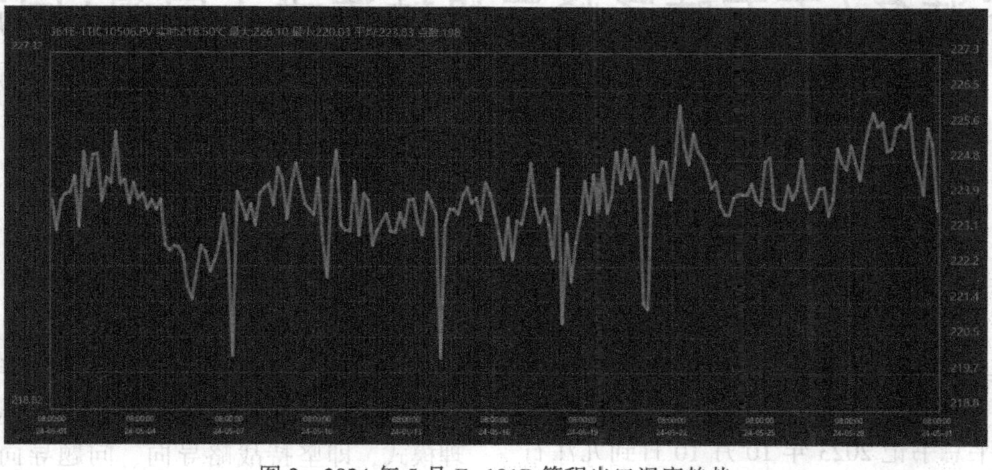

图3 2024年5月E-101B管程出口温度趋势

根据趋势，出口温度始终控制在合适范围内，通过其他监测手段也可发现E-101B运行状态始终保持良好，未有结盐堵塞现象出现。

4.4 实现对E-101B运行状态的实时监控

前期运行部仅能通过DCS上的数据和原料化验分析成绩计算出所需高换运行参数，这样费时费力且数据不具备时效性，不能有效反应E-101B的真实运行情况。

运行部依托示艺工软流程软件，以总部文件《加氢装置高压空冷器运行管理指导意见》排查为契机，在示艺工软流程软件站加入硫氢化铵浓度、硫氢化铵及氯化铵Kp值、高压换热器E101B换热系数K值等关键参数监控，做到实时数据支持，及时调整运行参数(图4)。

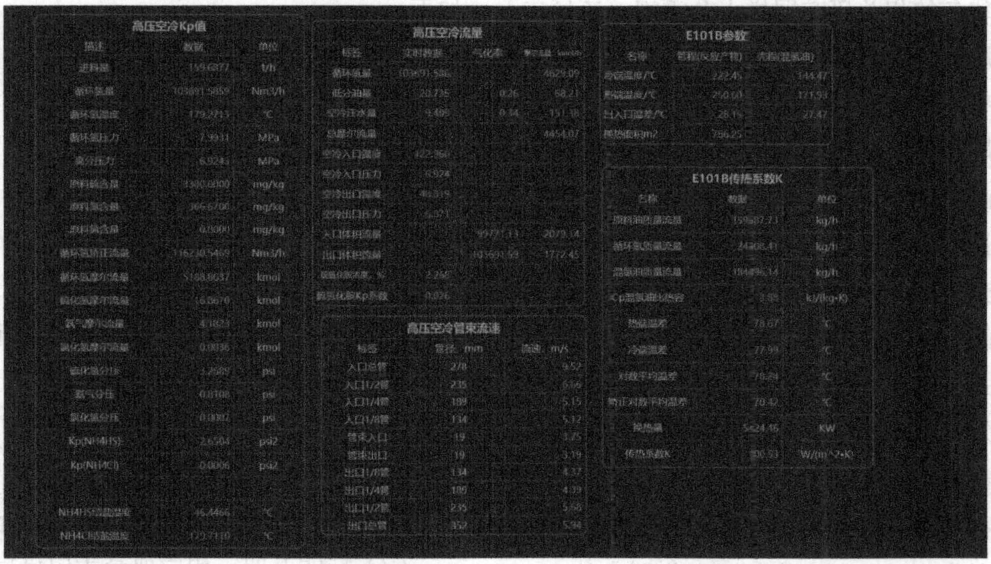

图4 E101B相关关键参数监控图

4.5 项目效果和效益分析

经过一系列管控措施的落实，实施效果得以逐步验证。根据近期E-101B管程温差监控曲线分析，管程温差能够稳定在27℃左右，壳程温度稳定在25℃左右。与2017～2021年运行周期相比，2019年底E101B管程温差仅4℃，本周期较上运行周期同期换热温差提高23℃。E101B良好的运行状态使高换换热效率较高且系统压降较低，燃料气与中压蒸汽消耗较历史同期下降明显。与2019年能耗数据相比，2023年度燃料气单耗下降3.91kgoe/t，3.5MPa蒸汽单耗下降3.04kgoe/t，综合能耗7.60kgoe/t，达到三加氢装置建成以来最好水平。

基于装备(百万吨乙烯三机轴流式止回阀)国产化研发的“3+3+1”管理模式探索与实践

完成人：刘景明 李春树 王 婷 王艳丽 刘 洋 位卫卫 马 彦

[中石化(天津)石油化工有限公司装备研究院]

1 项目背景

习近平总书记2023年10月10日到九江石化考察调研时强调，破解“化工围江”，是推进长江生态环境治理的重点。要再接再厉，坚持源头管控、全过程减污降碳，大力推进数智化改造、绿色化转型，打造世界领先的绿色智能炼化企业。

中国石化为支持绿色高效百万吨级乙烯项目建设，除了对乙烯工艺本身进行研究外，对乙烯工艺配套装备的相关研究同样十分重视。乙烯三机作为乙烯装置的心脏设备，目前已由国内企业实现了大型乙烯装置三机的全部国产化。但是作为大型乙烯装置压缩机保障装置乙烯单机轴流式止回阀目前几乎全部被国外垄断，乙烯三机轴流式止回阀长期依赖进口，特别是超大口径轴流式止回阀因交货期和价格因素常常受制于人，甚至影响装置的整体建设和运行。攻关Dn2000超大口径轴流式止回阀技术，打破国外厂家垄断，对于我国有效推进新能源、新能源新兴产业的发展具有十分重要的意义。

天津石化作为有追求、敢担当、负责任的国有特大型企业，开展基于装备国产化研发的“3+3+1”管理模式的探索与实践，实现科技自立自强，有不可推卸的政治责任、经济责任和社会责任，这也是企业走新型工业化道路的必然选择。

2 项目的内涵和主要做法

项目的内涵是：在建设天津南港120万吨/年乙烯及下游高端新材料产业集群项目中，深入推进传统业务所需装备国产化，综合运用科学管理手段，提出基于装备国产化研发的“3+3+1”管理模式，即坚持战略导向、问题导向、价值导向，强化安全预警、过程监测、验收总结，抓实团队建设。将“精细化”理念贯穿于装备国产化研发全过程，最大限度地实现过程衔接、监督管理、生产运行的科学化、精细化与合理化，大大消除因管理粗放而导致的组织不力、研发效率低下等种种弊端，从而大幅度提升整体管理水平、研发效率、服务质量与市场竞争力。主要做法如下：

2.1 三个坚持

2.1.1 坚持战略导向，统筹谋划发展布局

措施一：统一目标

以公司未来发展战略规划为引领，充分认识装备国产化对企业发展的重大战略意义，坚持“安全可靠为前提、经济效益为中心、解决实际问题为出发点，重点设备国产化为突破口”，创新实践装备(百万吨乙烯三机轴流式止回阀)国产化研发的“3+3+1”管理模式。制定了五个统一目标：

(1) 安全方面：长周期连续稳定运行；

(2) 性能方面：相当或高于引进设备；

(3) 周期方面：生产暨运输时间低于引进设备6个月以上；

(4) 经济方面：生产成本低于引进设备30%；

(5) 服务方面：2小时响应，24小时到达现场。

措施二：明确路线

国产化推进过程中，统一领导、统筹规划、

分工合作、协同推动，坚持三个导向，落实三个强化，抓实合作队伍建设，携手合力技术攻关，在"严"上下功夫，在"实"上做文章，稳步推进装备国产化进程。明确了"三步走"路线，即第一步：各构件及整体装备的结构设计、建立三维模型；第二步：确定工艺处理、制造样机试验；第三步：装备整机、安装试车、工业化应用。

措施三：实施思路

(1) 因地制宜，逐步替代

结合设备设施使用实际，按照配件国产化、国产化改造、国产化替代等几个维度制定措施，分解制定计划(图1、表1)。

图1　针对两种不同工况定制化设计的同口径同压力阀门

表1　与国外轴流式止回阀技术对比一览表

类型 项目	新地佩尔 圆盘型双支撑	乙烯三机用国外主流产品 典型结构环盘型	乙烯三机用国外主流产品 典型结构二圆盘型单支撑
结构简图			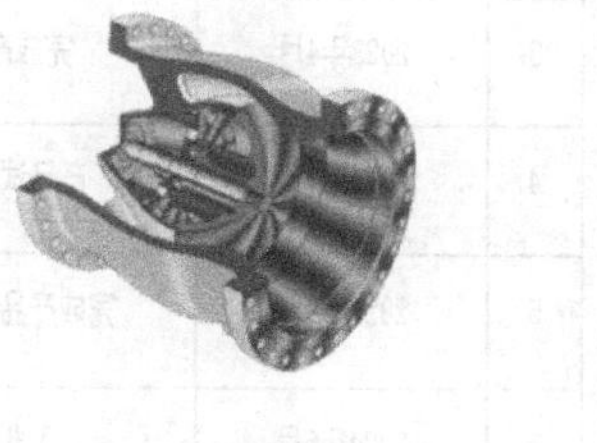
阀体	单一阀体结构	单一阀体结构	单一阀体结构
阀瓣支承方式	前后双支承 前后双支承阀芯密封的对中性和运行过程中的稳定性优异。	悬臂单支承 内阀体的悬臂单支承承载阀瓣及导流体，同时导流体与内阀体采用长螺栓连接，阀芯运行的平稳性及导流体连接的可靠性相对较差。在运行过程中可能造成松动或振动。	悬臂单支承 安装于导流体内轴套支承在阀芯运动过程中起导向的作用，当轴套内的滑动轴承磨损后易导致偏心造成轴承加剧磨损，进而阀瓣与导流体的干涉。轴套与导流体的连接为梯形螺纹连接

(2) 创造条件，协同攻关

动联合相关科研院所、集团内外实力厂商，加大协同攻关力度，着力提升国产设备的质量效能。

(3) 加强创新，产销研用结合

利用好科技创新平台载体开展前瞻性产销研用合作，提升创新发展能力，攻克卡脖子难题(图2、图3)。

（4）阀门总体研制方案

采取自主创新开发方式，采用理论研究、工程设计和实验验证相结合的方法，技术路线和具体内容见下：

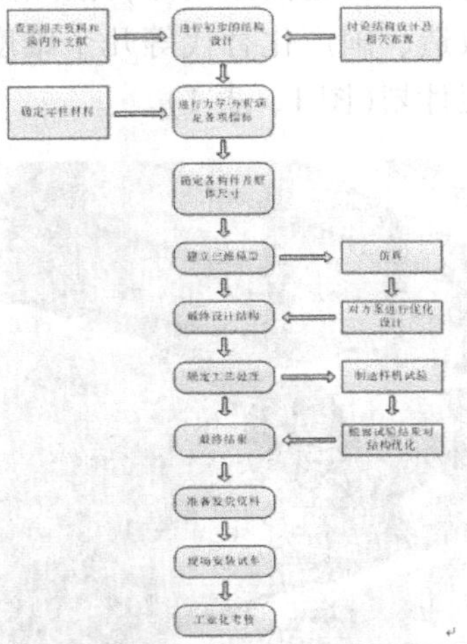

图 2

3.3 研制周期

表4：本项目总体时间计划

序号	时间	考核内容	备注
1	2022年8月	项目启动	已完成
2	2022年10月	设计方案方案评审	已完成
3	2023年4月	完成产品制造	已完成
4	2023年4月	产品试验及优化	已完成
5	2023年5月	完成产品鉴定及验收	已完成
6	2024年6月	工业性验证	实际进度根据现场实际情况推进
7	2025年3月	工业性试验验收	

图 3

2.1.2　坚持问题导向，精细制定国产化计划

按照先易后难的原则，采用"国产技术指标相当或高于进口"标准，充分调研市场行情，收集国产化厂家和技术信息，从安全、质量、技术、经济等方面综合论证，精心筛选并制定国产化实施计划。

2.1.3　坚持价值导向，提升国产化研发水平

坚持价值导向，联合国产化技术攻关厂商，找准找实技术难点，制定攻关措施，明确目标、任务、周期，编制国产化研发方案，突出责任和风险共担，保证效益和成果共享，提高合作企业的能动性，夯实装备国产化攻关基础（图4）。

2. 定期组织分析例会、培训

2022 年 5 月~8 月期间，中石化（天津）石油化工有限公司牵头，多次组织中国石化工程建设有限公司、自贡新地佩尔阀门有限公司三方共同对本项目相关工艺流程情况、工况需求及同类应用情况进行了探讨。

2022 年 10 月，在自贡新地佩尔阀门有限公司进行了产品设计评审。设计评审对产品设计图纸、仿真分析、施工图、工艺、制造及关键节点、检验试验等方面进行了评审。

2022 年 12 月，对产品现场安装调试方案进行会商。

2023 年 5 月 26 日，中国石油化工集团公司重大装备国产化办公室委托天津石化公司组织召开由中国石化工程建设有限公司和自贡新地佩尔阀门有限公司联合研制开发的国内首台 DN2000 超大口径乙烯三机轴流式止回阀出厂验收会。

2023 年 9 月，产品完成现场安装。

2023 年 12 月，召开项目申报国家能源领域首台套重大技术装备协调会。

图 4

2.2　三个强化

2.2.1　强化安全预警，严格管控国产化风险

项目组高度重视国产化风险管控，坚持早识别、早预警、早处置原则，在实施前组织开展风险危害辨识和评估，编制应急预案，加强出厂验收、现场安装、试运、维修等关键环节管理，多措并举保障国产化安全推进。

2.2.2　强化过程监测，严密推进国产化试验

国产装备研发过程中，尤其是工业应用型科技项目经常涉及到多个部门、多个单位、多个专业，所以部门之间的组织协调工作非常重要。压实各方管理责任，用户单位、合作厂家、作业部门协同配合，分工负责，细化节点，做好保障，及时协调解决工作衔接和技术攻关方面的问题，有力推动项目开展，确保依照方案执行。

研究成果的现场应用是保证工业应用研究项目成功的关键环节，为确保装备研发成功，针对重大装备的制造及验收过程，工作组指派高素质的技术专家进行现场跟踪，共同研究分析解决存在问题，推动研发过程顺利进行。

各位技术专家对现场制造方案中的步骤、数据输入、数据输出、安全注意事项、HSE 风险识别及预防措施等各方面进行讨论研究，突出重点，兼顾全面，努力提高方案的指导性、操作性和安全性。

2.2.3　强化验收总结，严谨开展国产化应用

在充分了解和掌握研发单位专业能力及国

产化项目的基础上，组织专家严把验收、评审等关键环节，提出存在的问题及改进的意见，全面开展国产化项目验收总结、持续改进、不断提升国产化装备的现场适用性和可靠性，充分发挥国产装备的技术特点，提高企业经济效益(图5、图6)。

图5 验收评审现场

图6 止回阀现场安装就位

2.3 一个抓实

抓实团队建设，打造国产化攻关合作队伍。通过前期的对厂家现场深度调研以及招投标过程，筛选出优质制造商，增强评标结果的应用，培养优质长期装备国产化合作单位。同时通过引进先进加工设备、留下优秀攻关人员、降低试用风险，保障装备国产化成功率，抓实研发团队建设，打造国产化攻关合作队伍。

3 项目的实施效果

3.1 管理效率持续提升

通过推行“3+3+1”管理模式，装备国产化研发项目组整体管理水平迅速提升。一是转变了管理模式，从领导推动型向制度流程型转变，项目组日常工作有制度、有依据、有标准、有规范。二是转变了管理机制，建立了无边界管理团队，以项目管理模式，强化PDCA循环，提升运行效率和管理效能，形成了有特色、有优势的现代化管理体系和方法。

3.2 技术经济指标连攀新高

(1) 在技术攻关方面：“百万吨级乙烯三机轴流式止回阀”技术填补国内空白。该装备的国产化成功研发攻克了丙烯压缩机系统用大口径轴流式止回阀技术壁垒，解决了超大口径稳定运行压降≤1kPa、超低压零泄漏密封、超大口径单阀体-单阀瓣-单弹簧结构3项技术难题，国内首次实现自产80英寸口径轴流式止回阀，标志着百万吨级乙烯装置用轴流式止回阀全面国产化。新技术实现了“人无我有”，为公司赢得了荣誉，提高了技术知名度，也为乙烯三机轴流式止回阀“走出去”提供强有力的技术支持，随着“一带一路”战略实施，该装备的国际市场将逐步拓展。

(2) 在降低成本方面：

① 首先生产成本可降低30%以上。本项目Dn2000轴流式止回阀国产费用228.2万元，如果采用进口产品，费用约为300万元，直接节省采购成本约71万元。

② 国产化三机轴流式止回阀整套的交货周期大约6个月，并且能够如期履约，而进口三机轴流式止回阀的交货周期均大于12个月，且经常因为国际形势导致不能如期履约；国产化后能够有效的为整套乙烯三机降低不可控风险，对能源安全做出保障。

③ 国产化三机轴流式止回阀节能降耗效果显著，根据调研，进口三机轴流式止回阀单台压降达到14kPa，而同工位更换国产化三机轴流式止回阀后压降仅有2kPa，在各段流量及最终出口压力保持不变的前提下，节能效果达到压缩机转速减少40r/min，功率由32000kWh降为31400kWh。每小时节电约600kW，以综合电价以每小时0.5元电费计算，能耗(kWh)=600(kW)×24×365(小时)×0.5(元/kWh)每年节省电费约262.8万元。

④ 相比国外产品的每个大修周期的维护费

用，国产化三机轴流式止回阀的维护费用约降低40%，根据全国每年维修项目投入1000万元计算，国产化三机轴流式止回阀每年约节省维修成本600万元，大幅节省维修成本。

以上合计：71+262.8+600=933.8万元/年

3.3 队伍活力显著增强

强化了技术团队建设，形成了奋力攻关、敢为人先的创新精神，执着专注、追求卓越的工匠品质，勇挑重担、甘于奉献的团队精神，“打破技术垄断，走国产化之路”理念深入人心，项目组人员立足岗位精耕细作，扎根装置真学实干，严守规则、按章办事。通过潜心钻研创造优秀业绩，实现价值体现，归属感和自豪感大幅增强，队伍活力有显著提升。

炼厂冷凝水多参数智能传感技术应用

完成人：李　涛　张中洋　姚连仲　陈　堃　杨　维　刘春辉　高丽岩

[中石化(天津)石油化工有限公司装备研究院]

1　项目背景

塔顶冷凝系统作为炼厂腐蚀风险重点防控区，“跑、冒、滴、漏”事故时有发生。2001 年国内某炼厂加氢装置空冷器腐蚀泄漏，造成装置局部停工抢修，直接经济损失数百万元。常减压装置，承受着全厂约 70%~80%的腐蚀防控压力。常减压装置的严重腐蚀部位主要发生在常压塔顶部及塔盘、常压转油线、常压塔顶冷凝冷却系统，减压塔塔顶及水冷凝冷却系统等。

各装置单元水质检验参数和达标都有具体要求。如常压塔顶冷凝水技术控制指标为 pH 值(5.5~7.5)和 Cl^- 含量(<30mg/L)。离子分析数据、在线腐蚀监测数据等与工艺防腐管理密切相关，按照规定应全部纳入到 LIMS 管理系统中，并入“中国石化炼油技术分析及远程诊断系统”数据库。

关于介质中腐蚀性离子浓度的分析目前各大炼厂仍采用较为传统的现场采样+实验室分析方法来完成。目前市面不同离子浓度检测方法对比如表 1 所示。

表 1　离子浓度检测方法对比表

对比项＼检测方法	摩尔法	分光光度法	离子色谱法	离子选择性电极法
测量原理	滴定称重	待测离子对光的吸收，间接得出离子浓度	电化学方法检测待测离子的电导变化来确定离子浓度	离子选择电极响应电位与待测离子活度的关系来确定离子浓度
测量范围	较宽	较窄	较窄	宽
测量精度	低	高	高	高
优点	实验方法成熟，成本低	灵敏度高，方法简单，快速	分析时间短、所用试剂少、运行成本低	简单方便，灵敏度高，测量快速而准确，且不需要其他化学试剂
缺点	实验产生有毒物质，损害人体健康	实验产生有毒物质，损害人体健康	测量范围小，有沉淀等	可用于现场长期服役产品型号不多

总之，大多数离子浓度检测方法更适合于实验室检测，面向工业现场、可长期稳定服役的在线监测产品不多，急需开发适合于中国生产企业的离子在线监测产品。国、内外主流产品性能及特点对比如表 2 所示。

表 2　国内外主流产品参数、优缺点及应用领域对比表

序号	生产厂家	产品名称	测量参数	测量原理方法	优点	缺点	应用领域
1	美国哈希	8810 离子分析仪	氯离子浓度	二电极测量法	易操作、自动温度补偿、可远程开关	测量参数单一、干扰离子影响大、无数据处理分析功能	农田灌溉、工业循环冷却水和地表水的监测与控制

续表

序号	生产厂家	产品名称	测量参数	测量原理方法	优点	缺点	应用领域
2	美国奥立龙	2011XP 在线氯表	氯离子浓度	氯离子选择性电极	DKA 校正系统、自动温度补偿、报错警报系统	测量参数单一、干扰离子影响大、无数据处理分析功能	工业用水和农业用水中氯离子的检测
3	意大利哈纳	HI96753 微型电脑氯化物浓度测定仪	氯离子浓度	硫氰酸汞（Ⅱ）比色法	操作简单、测量准确度高、防尘防水	测量参数单一、无数据处理分析功能	室内与室外进行快速样品测量
4	上海海恒机电仪表	CLS-10A 型电极型氯度计	氯离子浓度	全固态氯离子电极	自动三点校准、数据存储、温度补偿	不能实现自动取样，连续监测	实验室采样分析
5	杭州诺普泰克仪器仪表	IC-730CL 在线离子浓度分析仪	氯离子浓度	氯离子选择性电极	分辨率可调档、手动/自动温度补偿、自动校正	不能实现自动取样，连续监测	实验室采样分析
6	杭州米科	MIK-pH8.0 在线 pH 检测仪	pH 值	pH 电极	报警功能、温度补偿、防水防潮	仅测量 pH 值、对水质要求高	火电、化工化肥、冶金、环保、制药、生化、食品和自来水等溶液中 pH 值的连续监测

综上所述，国内研发的检测仪器产品在电极关键部件制造、使用寿命、稳定性等方面与国外同类产品还存在着一定的差距，适合炼厂冷凝水系统的多参数智能传感器技术没有可选的“货架产品”。因此，开发多参数智能腐蚀传感系统（以下简称：系统）可大大提高水质分析效率，及时调整注剂，使测量更加及时、准确，填补国内技术空白。

2　总体情况

2.1　传统离线检测与实时在线监测方法对比（表 3）

表 3　传统离线检测与实时在线监测方法比较

序号	对比项目	传统检测	实时在线监测
1	应用场景	实验室分析	现场在线监测
2	检测状态	静态	动态
3	测量分析方式	批次	连续
4	腐蚀过程跟踪	孤立、碎片化	全过程动态跟踪、可及时调整注剂
5	效果评估	效率低（1 天）	及时、效率高（30 分钟）

2.2　产品性能参数（表 4）

表 4　系统主要性能及参数表

参数类别	指标范围	参数类别	指标范围
测量参数	pH 值	测量范围	2~12
	硫离子浓度		1~32100ppm
	氯离子浓度		2~35500ppm
	介质温度测量		-40~125℃
供电电源	9~36V DC	测量误差	±10%
通讯方式	RS485/GPRS	外部接口	电极/通讯
产品尺寸	1600mm×600mm×400mm	产品重量	45kg
防爆等级	Exib IICT6 Gb	防护等级	IP65

2.3 测量原理

当被测溶液浓度变化时，离子选择性电极的电势随之变化，根据电势的变化(相对于参比电极)，监测离子浓度值。离子选择性电极结构示意图如图1所示。

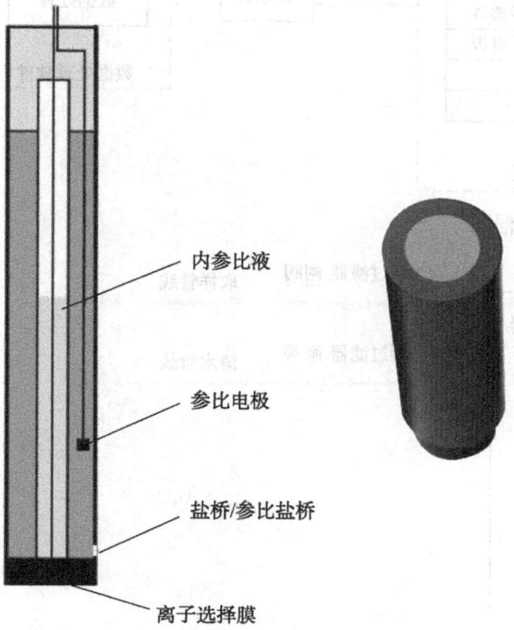

图1　离子选择性电极结构示意图

注：测得的电势 E 和离子活跃度 α 之间的关系用 Nernst 数学方式可表述如下：

$$E=E_0-\frac{2.3RT}{Z_iF}\cdot\log\alpha \tag{1}$$

其中：

E 为离子选择性电极输出电势；

E_0为每一支离子选择性电极与特定参比结合时的恒定的电势差；

$S=\frac{2.3RT}{Z_iF}$；

$R=8.314\text{J}/(\text{K}\cdot\text{mol})$，气体常量；

T 为绝对温度；

$F=9.6487\times104\text{C/mol}$，法拉第等值；

Z_i是所测离子的电荷；

α 为离子活跃度，在较稀释的溶液内(氯离子溶液浓度在1.8~35500ppm 范围内，硫离子溶液浓度在0.003~32100ppm 范围内)和离子浓度相等。

电势 E 和离子活跃度 α 关系如图2所示。

令 $M=-\log\alpha$，则有

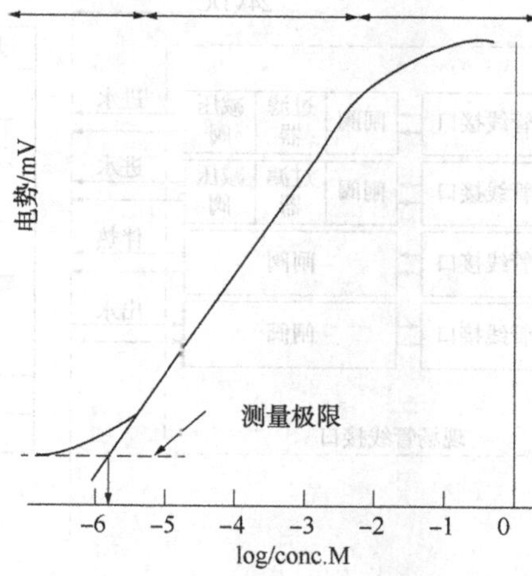

图2　电势 E 和离子活跃度 α 关系曲线图

$$E=E_0+\frac{2.3RT}{Z_iF}\cdot M \tag{2}$$

上式可简化为

$$M=kE+b \tag{3}$$

其中，$k=\frac{1}{S}$，$b=-\frac{E_0}{S}$。

2.4 系统结构

系统具有自动取样、监测、清洗和数据分析功能、模块化设计，便于系统部件维修和更换，系统结构框图如图3所示。

系统由在线监测装置、服务器和软件平台三部分组成。在线监测装置测量的数据通过 GPRS 无线传输方式发送至服务器，软件平台读取服务器内数据库的数据，实现对数据的显示和分析。

(1)在线监测装置：除了完成各离子传感器的信号采集，还实现阀门、开关、排污泵的控制功能。

(2)过滤器：过滤介质中的杂质和油脂。

(3)综合腔：完成硫离子浓度和 pH 值的测量。

(4)测量腔：完成氯离子浓度和温度值的测量。

(5)伴热装置：布置伴热带，解决冬季管路防冻问题。

2.5 工艺流程

1)系统工艺流程图(图4)的几点说明：

(1)取样管线输送介质，清水管线输送电极清洗液，排污管线将系统废水排出。

(2)取样管线及清水管线经法兰闸阀、减压阀、Y 型过滤器与系统的取样口及清水口连接。

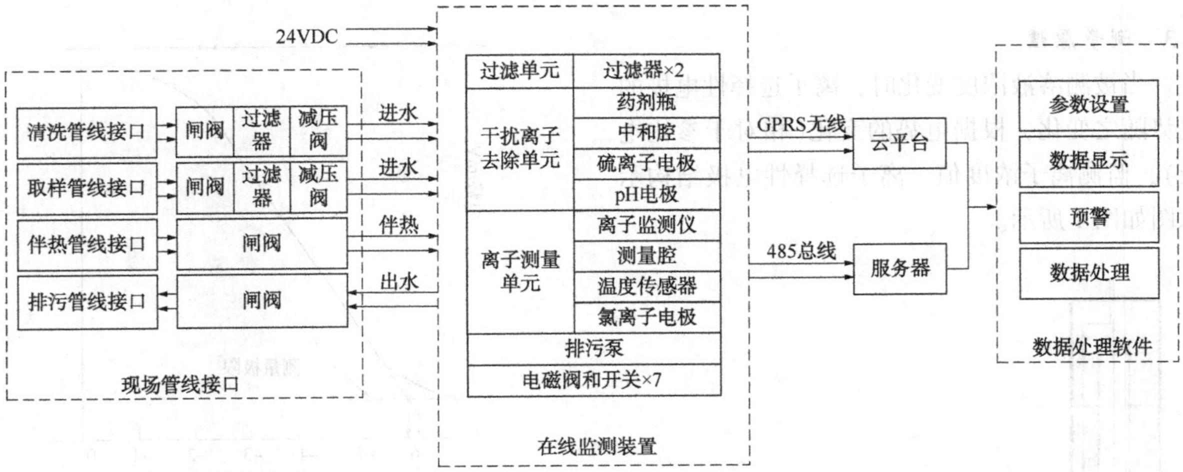

图3　系统结构框图

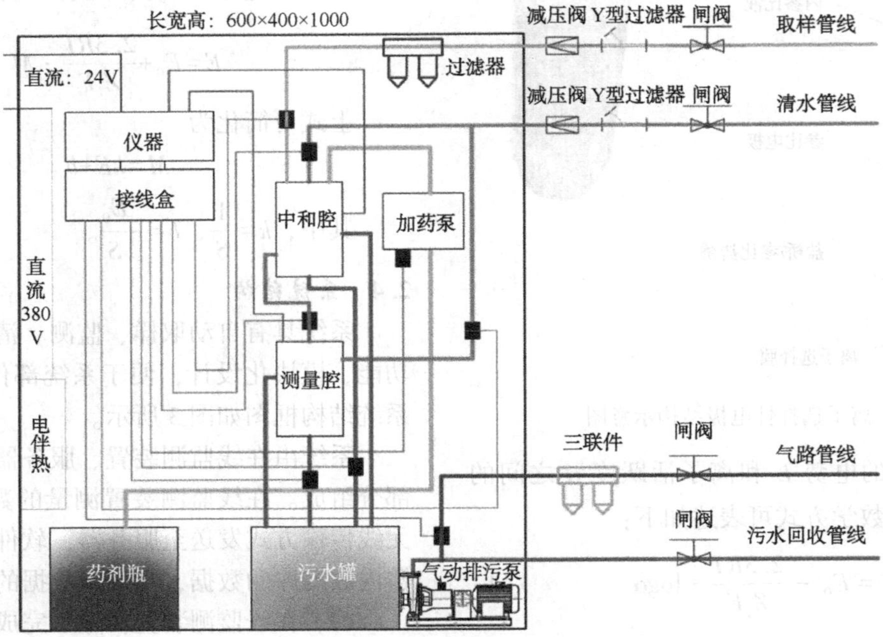

图4　系统工艺流程图

（3）排污管线经法兰闸阀与系统排污接口连接；

（4）气源管线经法兰闸阀与气源口连接。室外温度低于5℃时，电伴热工作。

2）系统工作流程如下：

（1）两级过滤。第一级过滤，滤除大颗粒杂质，第二级过滤，滤除油脂和小颗粒杂质；

（2）测量pH值和硫离子浓度。

（3）测量氯离子浓度。

（4）自动清洗，清洗完毕后，关闭电磁阀和开关，等待下一次测量。

2.6　系统工作条件（表5）

表5　系统工作条件列表

参数类别		指标范围	参数类别		指标范围
额定电压		24V DC	额定功率		360W
环境温度		0~80℃	相对湿度		0至95%，无冷凝
取样管线	温度	0~60℃	清水管线	温度	0~40℃
	压力	≤0.5MPa	排污管线	压力	≤0.4MPa
伴热供电	电压	380V AC/220V AC	气动管线	压力	0.5~0.8MPa
使用场景		工业循环水系统、污水系统、水处理系统、海水系统等工况环境			

3　技术路线和亮点

3.1　技术方法及技术路线

(1) 技术方法

采用离子选择性技术和自动取样分析技术相结合的方法，开展多参数智能传感技术应用研究工作。

(2) 技术路线

技术路线图见图 6。

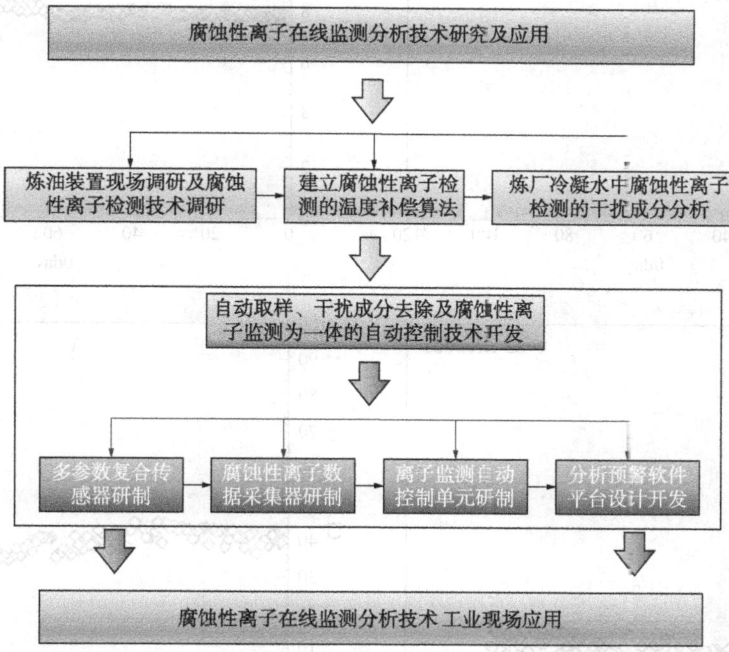

图 6　技术路线图

3.2　技术亮点

本项目技术亮点有：

(1) 智能精准取样、分析，不带入污染离子；

(2) 独有温度自补偿技术，提高测量准确性(误差±10%)；

(3) 模块化设计、测量参数按需组合，缩短开发周期(50%)降低成本(70%)；

(4) 数据传输可采用 RS485 总线、无线方式，系统适用场景更宽泛；

(5) 自主知识产权、定制化设计，技术升级、推广无风险。

4　应用场景

4.1　安装位置

多参数离子在线监测系统：安装于炼油部联合五车间 3#常减压装置，用于测量 D104 常顶回流罐水中腐蚀性离子含量，自 2024 年 3 月 15 日现场安装运行至今已有 102 天，在此期间定期对常顶回流罐内介质进行实时监测，包含硫离子、氯离子、pH 等，系统运行数据准确、稳定可靠、自动化程度高。相比于以往的人工取样测量，减少了因人为操作带来的误差影响，提高了测量精度，降低了人工成本(图 7)。

图 7　系统现场应用图

4.2　现场数据

系统按照预定时间每天测量一次，共运行 102 天，测量数据曲线如图 8 所示。

系统经过超过3个月的现场运行，通过测量数据，可知系统可实现长时间、连续、自动测量，现场测量数据稳定可靠，无误码、无数据丢失等情况。

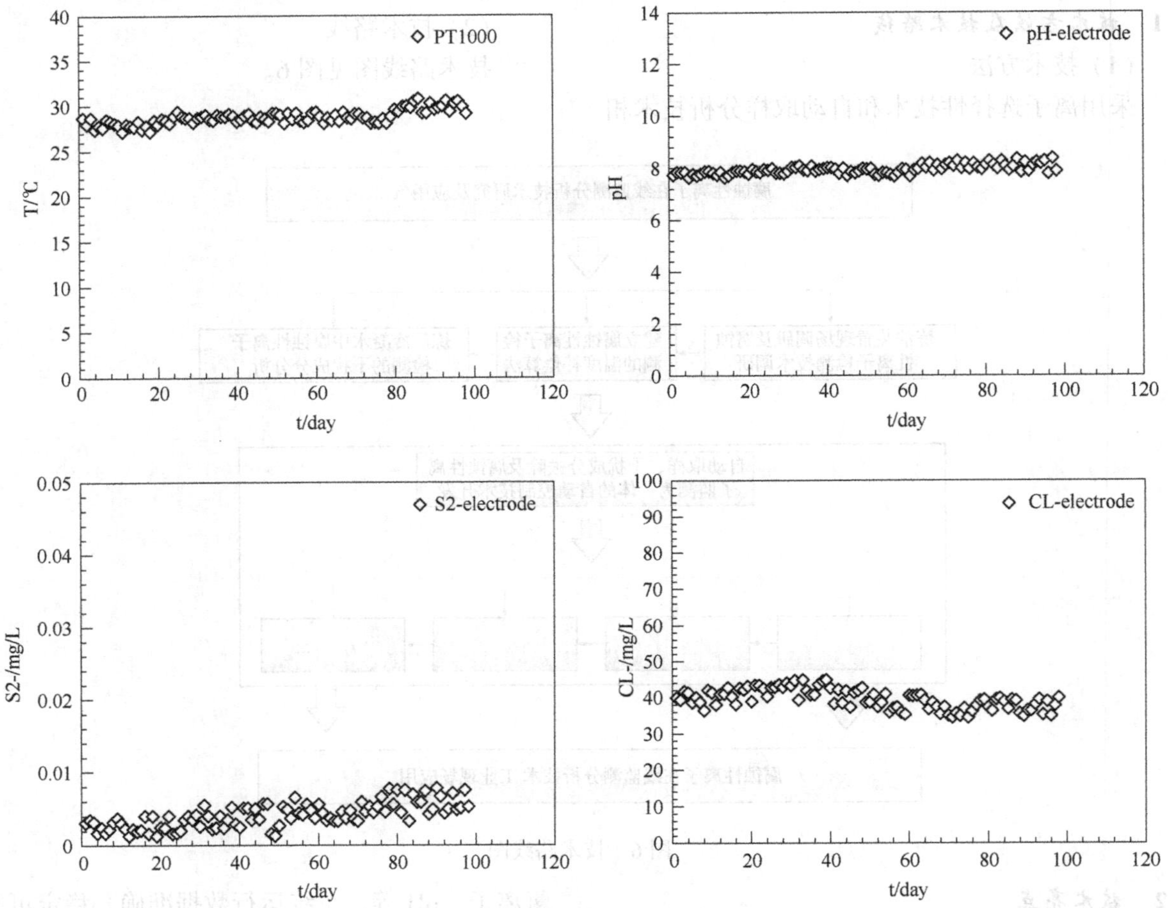

图8　系统现场测量数据曲线图

5　项目效果和效益分析

本项目提供的一种腐蚀性离子在线监测与分析预警技术，可及时准确的分析出介质中硫离子、氯离子、pH等主要危害因素含量，实现早期预知炼油装置设备腐蚀风险，实现早预知、早防护，减少管线腐蚀引起的突发事故，可有效延长炼油装置设备使用寿命10～15年。此外系统采用自动取样分析技术，大大降低工作人员的劳动强度和操作难度，每年可为企业节约200～1000万元的人员劳务和实验室化验分析成本。

工业分析仪通风除尘系统改造

完成人：张雅欣　贺秀成　郭俊兰　高鹏飞　杨金侠　孙云仙　王彩云

（国能包头煤化工有限责任公司）

1　项目背景

本实验室使用工业分析仪对煤中灰分和挥发分进行仪器的自动测定，而在煤中灰分测定过程中会产生的 CO、CO_2、SO_2 等有毒有害烟气。为解决烟气外排的问题，仪器出厂设计一般是通过设备背板上的散热风扇及连接软管将烟气排至室外，从而避免实验室内烟气聚集，防止对化验人员的职业健康造成损害。本中心由于公司样品量的大幅增加，该工业分析仪排烟设计的各种缺陷在日常分析过程中更加凸显，具体如下：

1.1　排烟管路的限制

软管口径有一定的限制，导致分析样品数量较大时，样品产生的全部烟气不能及时从烟道软管排出，而会通过管道回流溢出至室内，导致室内长时间存在较高含量的一氧化碳（在线仪器显示 CO 的含量最高时达到 20ppm），存在较大的一氧化碳中毒隐患。

1.2　软管连接不通畅

排烟软管与仪器连接后，再从地面铺设连通至室外，从实验室台面到地面再到室外，管路较长，而且高低不平、管路不顺畅，容易造成烟气软管堵塞。且仪器产生的大量烟气通过室内外压力差进行自然通风。由于以上原因，容易导致烟气通道堵塞，无法外排，存在较大的安全隐患（图 1）。

图 1

1.3　地面铺设弊端

排烟软管的铺设需通过实验室台面再到地面，然后通过墙面的开口通至室外，而每台工分仪标配两根软管，管道的布置导致实验室地面杂乱不堪，且无法对卫生死角进行彻底打扫，无法达到实验室 6S 管理的标准（图 2）。

图 2

2　总体情况

基于现有的工业分析在分析过程中带来的诸多缺点，以及从化验人员的职业健康保护考虑，中心统筹安排，对工业分析仪的设置地点和排烟管道进行优化布局，在保证分析数据准确的情况下，将设备的排烟管道全部替换为不锈钢管，直接并入中心原有的排烟总管道内排出室外，大大避免了烟气堵塞的概率，从而减少人员烟气中毒的隐患和煤粉吸入的危害；为进一步避免仪器因密封不良造成的烟气泄漏等现象，本次排烟系统改造还在工业分析仪的上方增加了万向吸气罩，对设备的烟气泄漏点进行定向抽排风，最大限度地改善煤质分析室的试验环境。

3　技术路线和技术亮点

工业分析仪通风除尘系统具有以下亮点：

(1) 集中收集污染少：采用集风罩集中收集粉尘，再通过不锈钢风管引入主排风管道，用机械排烟代替自然通风，确保室内烟气及时排出，大大降低一氧化碳等有毒有害气体含量，保证化验人员职业健康得到保护。

(2) 烟气直线排出弯路少：仪器风扇与不锈钢排烟管道通过软管连接，避免全部使用软管带来的管线长、弯管多、易堵塞等弊端，使烟气顺畅排出，彻底解决烟气回流造成室内聚集的隐患。

(3) 管路上墙很美观：经改造后烟气管路直接上墙排出，减少了地面铺设的杂乱不堪，美观大气。

图 3

4　应用场景

首先本实验室通过通风除尘的系统，采用集气罩和不锈钢排烟管的双层“加码”，保证在进行煤中工业分析试验时烟气的及时排出，在煤的工业分析检测中得以广泛应用。

激光粒度仪在水煤浆粒度分析中的应用

完成人：张雅欣　刘国圣　余占武　贺秀成　徐　颖　刘文星　段丽菲　覃顺飞　李瑞涛
赵　芳　赵安帮　胡景芳　赵志伟　马春光　王清峰　闫晓飞　廖珊珊　黄彦璞

（国能包头煤化工有限责任公司）

1　研究背景

国能包头煤化工有限责任公司是世界首套煤制烯烃示范项目，首次采用具有中国自主知识产权的 DMTO 工艺技术，实现将甲醇转化为低碳烯烃这一重要的石油化工基础原料的产业化示范，开辟了一条以煤为原料生产聚烯烃的新型煤化工技术路线。2023 年开始，分析检测中心以保障分析人员安全、提高检测效率、优化资源配置、减少能源浪费为基础目标，推动公司进行技术改造和产业升级，全面提升企业竞争力，最终实现全流程智能化实验室。

水煤浆粒度的测定在气化装置水煤浆检验上起着重要作用，现检验水煤浆粒度的方法主要为利用筛分法对水煤浆粒度进行检测。完成一次水煤浆粒度测定分析，需要先后进行试验筛检查性干燥、称量、筛分试验、样品干燥、筛分后样品称量、数据计算及记录等步骤，测定过程复杂且耗时较长，每次测定约需要 5～6 小时。同时，耗费大量人力物力，分析效率低，不能满足样品实时分析要求，会造成工艺调整缓慢，生产成本显著增加。

因此，为了提高仪器分析质量和效率，研究一种快速分析水煤浆粒度分析方法，并且方法测定快速准确，已成为现阶段亟待解决的重大课题。为此，本案例通过建立“激光粒度分析仪测定水煤浆粒度”分析方法，快速准确对水煤浆粒度进行分析，使水煤浆粒度分析结果更加准确，并且省时省水。

2　总体情况

本项目对激光粒度仪器进行深入学习，建立新的水煤浆粒度分析方法，通过现有分析方法与新建仪器分析方法进行比对验证分析方法的有效性，运行新建仪器分析方法进行样品分析，积累相关数据能够快速测定水煤浆粒度，使分析结果更加快速、准确、可靠，满足快速指导生产的需求。

3　技术路线和技术亮点

本项目通过激光粒度仪替代试验筛、电子分析天平、真空烘箱等仪器可快速准确分析水煤浆粒度，降低生产和分析成本，提高分析质量和效率，快速指导工艺调整。

3.1　激光粒度仪仪器介绍

3.1.1　基本原理

激光粒度仪由测量主机、循环进样系统和计算机组成。从 He－Ne 激光器发出波长为 0.6328μm 的红光光源，经装有扩束镜的空间滤波器后会聚在针孔。针孔将滤掉所有的高阶杂散光，只让空间低频的激光通过，此时红光光源成为发散的光束，该光束遇到傅里叶透镜后被聚焦。当样品池内没有颗粒时，光束将被聚焦在主探测器的中心。当样品池内有颗粒样品时，汇聚的光束将有一部分被颗粒散射到主探测器的各探测单元、广角探测器、大角度探测器和后向探测器上。

3.1.2　激光粒度仪结构

激光粒度仪主要由光硬件主要由仪器主机、湿法测量窗口、循环进样器（湿法）、干法进样窗口和干法进样器五部分组成。

3.2　项目的研究路线

（1）第一阶段：收集大量资料，对激光粒度仪器进行深入学习，邀请厂家工程师进厂授课；

调整仪器参数，用标准物质建立水煤浆粒度分析方法(图1)。

(2) 第二阶段：通过现有分析方法与新建仪器分析方法进行比对验证分析方法的有效性(图2、表1)。

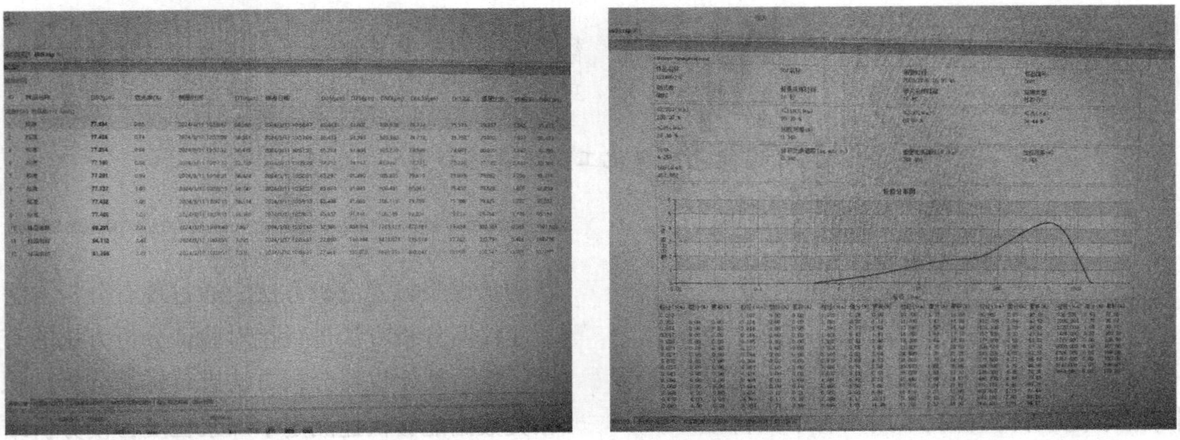

图1　标准物质建立水煤浆粒度分析方法

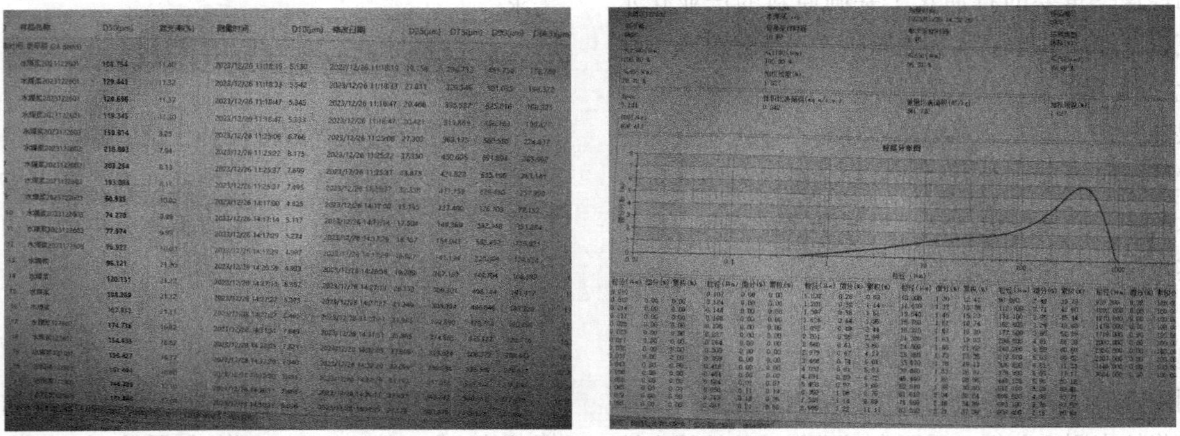

图2　激光粒度仪测定水煤浆粒度数据库与图谱

表1　筛分试验法与激光粒度仪分析法数据比对

采样点	采样时间	粒径分布	透过率/%(筛分法)	透过率/%(激光粒度仪分析法)	采样点	采样时间	粒径分布	透过率/%(筛分法)	透过率/%(激光粒度仪分析法)
121A203	2024.3.13 9：00	8目	99.95	100.00	121A303	2024.3.27 9：00	8目	100.00	100.00
		14目	99.80	100.00			14目	99.50	100.00
		40目	93.89	95.31			40目	90.55	95.02
		200目	39.64	41.95			200目	45.84	48.56
		325目	33.49	35.03			325目	35.96	38.27
121A403	2024.2.14 9：00	8目	99.98	100.00	121A203	2024.3.06 9：00	8目	100.00	100.00
		14目	99.53	100.00			14目	99.52	100.00
		40目	91.97	93.82			40目	91.17	93.37
		200目	42.04	44.69			200目	42.09	44.22
		325目	32.85	34.23			325目	32.48	35.11

(3)第三阶段：运行新建仪器分析方法进行样品分析，积累相关数据(图3)。

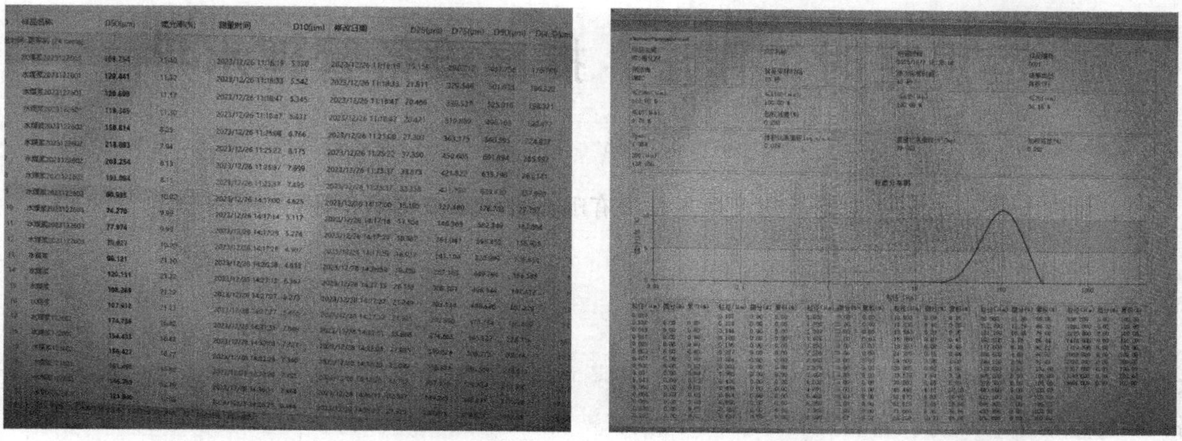

图3　激光粒度仪测定水煤浆粒度数据积累与图谱

(4)第四阶段：对此项目成果进行推广和应用，试用3个月，讨论总结该方法的稳定性和有效性。

通过以上阶段的研究和探索，激光粒度仪所建立的快速分析方法，能够快速得出检测结果，保障分析数据快速及时反馈，解决了原有方法分析时间长、分析成本高、耗费人力物力多等劣势，避免了分析效率低，不能满足样品实时分析要求，工艺调整缓慢，生产成本增加，为公司提高了经济效益。

3.3　技术亮点

本项目通过激光粒度仪替代试验筛、电子分析天平、真空烘箱等仪器，可快速准确分析水煤浆粒度，降低生产和分析成本，提高分析质量和效率，快速指导工艺调整。水煤浆粒度分析时间由原来的5~6h缩短为10min，用水量大幅减少，操作简单，不用计算，分析速度快，节省了大量的时间成本和劳动力成本，提高了工作效率。

4　应用场景

本项目以公司气化装置生产的大槽和小槽煤浆粒度分析为例，将筛分试验法与激光粒度仪分析法分析数据进行比对，已试用三个月，验证了该测定方法的可靠性和稳定性。目前，该项目在本公司气化装置生产稳定的大槽和小槽煤浆的粒度分析进行了试用，已积累了大量的比对数据，获得了很好的效果。下一步，将在石灰石、PE及PP粉料等更多的产品粒度分析项目上进行研究和探索，以达到湿法及干法测定不同产品都能获得良好结果的应用效果。

5　项目效果和效益分析

(1)本项目测定大槽和小槽共9个煤浆样品粒度分析，每个样品大约10min即可得到分析数据，并且不用进行结果计算，操作简单，解决了水煤浆粒度分析时间长、操作过程繁杂、操作步骤对试验结果影响大等困难，提高了分析质量和效率，快速指导工艺调整，提高公司的经济效益。

(2)本项目能节省大量水资源，并且样品用量少，对环境污染小，直接和间接的提高了公司效益。

(3)本项目的成功实施，为以后其它样品的粒度分析方法的建立与分析打下了坚实的基础，有利于应用激光粒度仪测定其它样品粒度创新方法的建立与实施。

运用定时工作法，提高设备管理水平

完成人：孟庆元　李海亮　邱　是　贾海彪　王　靖　李　毅　李永健　孙显雷　高振虎

（中国石油天然气股份有限公司华北石化分公司）

公司确定设备定时性工作制定的原则、范围及规范，形成动静电仪各个专业的定时工作制策略，固化成清单，规范设备管理程序，指导设备工作标准化开展。施行定时工作策略，能充分发挥设备管理操作维护的各岗位人员的主动性、参与性，使公司各级设备管理操作人员各司其职，规范各级设备管理活动，统一日常操作标准，发现各类设备隐患，提高工作处理效率，提高设备预防维修率，降低设备故障率，使设备管理及操作维护的各项工作逐步达到规范化、标准化和程序化，使设备管理、操作维护工作的质量和效果有了明显的提高。

1　项目背景

石化行业在应用现代化设备管理的方法及手段开展状态监测、预知维修的同时，如何建立有效的设备管理和操作维护秩序，规范设备管理人员和操作维护人员的工作内容、方法和程序，减少在设备管理及操作维护中的随意性和盲目性，一直是设备管理者十分关注的课题。特别是在企业设备管理维护人员变动频繁，对现有的设备管理方法进行提炼、规范和简化，并不断提高其实用性、有效性和可操作性。

2　总体情况

公司结合国家法律　法规，上级单位、专业部门的管理办法及制度，行业规范及要求，设备管理及操作人员工作过程中的优秀做法逐步总结出设备定时工作策略，规范设备管理程序，指导设备工作标准化开展。

2.1　设备定时性工作制定的原则

2.1.1　设备定时性工作是以时间为主线，将设备管理及其操作、检查、维护的各工作事项进行分类归纳、排列。

2.1.2　要求所列事项必须明确，所定时间或时间区间必须准确，日工作要按小时规定，周工作要规定到日，月工作要安排到周，季、年工作要落实到月(旬)。

2.1.3　定时性工作法要突出专人负责的原则。凡单项工作能落实到一个岗位、一个人的决不实行多岗多人负责。凡涉及多岗、多人共同进行的事项，必须明确主要负责岗位和负责人。

2.1.4　为了评价定时性的各项工作完成效果，推动此项工作正常运转，还要制定完成各项工作的标准以及考核办法，而且必须具有时限性、定量性和可检查性。

2.2　设备管理定时性工作法的制定范围及规范

2.2.1　设备管理的定时性工作法，一般包括以下几个方面内容：

(1) 设备的现场管理：设备的环境整治及创完好工作；设备的定期技术状况分析及故障诊断；设备的状态监测；设备的润滑管理。

(2) 设备的专业管理：工艺设备专业技术管理；锅炉压力容器专业技术管理；工业管道及常压容器专业技术管理；转动设备及配件管理；设备防腐蚀专业技术管理；保温专业技术管理；冷换及密封技术管理等。

(3) 计划管理：设备大修、更新、维护费用管理；设备大修理、大检修及月度维修计划管理；设备科研技术改造计划管理；设备更新购置计划管理等。

(4) 设备基础工作：设备的技术资料收集归档；设备技术统计报表；固定资产的闲置、报废管理；设备技术的培训；各种技术标准、定额和制度制定等。

2.2.2　设备管理定时性工作法的制定规范

定时：制定设备管理各事项在日、周、月、季及年度执行的准确时间或时间区间。

定人：制定在规定时间或时间区间内执行的设备管理事项应由哪一岗位的设备管理人员去

完成。

定量：制定在规定时间或时间区间内进行的设备管理具体内容及定量指标。

定法：制定在规定时间或时间区间内进行的设备管理事项的工作程序、步骤及方法。

定标：制定在规定时间或时间区间进行的设备管理事项，应达到的质量及技术标准或目标值。

定核：制定所进行的定时性设备管理事项的考核办法、细则及奖惩条例，确定考核单位及负责人。

3 技术路线和技术亮点

定时工作制按照动静电仪分别制定具有专业特点的定时工作。

3.1 动设备专业

结合公司管理制度及日常工作经验，从培训、维修、检查、特护各个方面依据机泵、往复式压缩机、烟机、润滑、机组辅助系统等设备类别的不同，实施不同的定时工作策略。

(1) 机组机泵实操演练。对大型机组、往复式压缩机停机、开机、切换等操作每季度进行1次实操演练，包括正常操作、异常操作、状态监测操作等。

(2) 特级维护管理。维保及基层单位每天1次对特护机组进行现场检查。包括进行缺陷故障完好检查和运行参数检查。特级维护小组每周组织联检。设备管理部门参加。设备管理部门每月组织1次特级维护月度工作例会。

(3) 动设备月度维护检查。设备管理部门组织检查：主要设备的完好情况，基层单位设备维护情况，润滑油管理情况，维保单位的维护情况（半年全覆盖）。

(4) 烟机运行月报。每月7日前编制烟机运行月报，发生停机12小时内告知报备。

3.2 静设备专业

静设备专业结合公司管理制度及法律法规，从特种设备、常压储罐、加热炉、换热器等几个方面制定出静设备要求的定时工作策略。

(1) 压力容器和压力管道应在检验规定的运行周期内使用，无法按期检验的可通过RBI检验等手段实现合规运行，并办理相应的管理审批手续；每年制定锅炉、压力容器和压力管道定期检验计划，压力管道定期检验应包含管道的阀门、膨胀节和流量计等设备本体焊缝。

(2) 对于进行RBI分析的装置和压力容器、压力管道及常压储罐，宜在装置检修前一年安排RBI工作。停工前5个月，按RBI分析结果或按规程制定检验策略。在制定检验策略的前提下，与检验机构沟通确定压力容器和压力管道检验方案和实施计划，装置运行中发现缺陷或异常的压力容器应当增加必要的检测项目和检测比例。

(3) 压力容器月度检查。基层单位依据《固定式压力容器安全技术监察规程》组织检查容器本体及其安全附件、装卸附件、安全保护及测量调控装置、附属仪器仪表等。

3.3 电气设备

电气定时工作制每年年末制定下一年度定时工作制清单执行表，每月月末制定下一个月度定时工作制计划执行表，结合月度定时工作制执行表安排每周重点工作。

(1) 科学合理安排“三定”工作量及工期，充分准备人力、物力。倒闸操作前应告生产部做好应急准备。

(2) 开展“三定”工作时，应先完成与进线开关、PT、母线相关的工作，为母线恢复供电做准备。

(3) 为降低上级变电站设备及线路执行“三定”工作时，中心变电站、公用工程变电站等重要变电站单电源供电风险，可采用三线路设计。

(4) 依据设备状态、地域环境、电网结构等特点，在石油化工行业设备维护检修规程规定的基准周期上确定“三定”周期。

3.4 仪表专业

仪表专业结合日常通用做法从定期检验、校验、比对、检查、试验、润滑、清扫等几个方面制定出仪表专业定时工作策略。

(1) 定期检验。原则上A类仪表不超过(1个基准周期，B、C类仪表不超过1.5倍基准周期。

(2) 定期试验。辅操台灯屏及音响试验每月至少进行1次。DCS服务器热备切换每半年至少进行1次、固定式可燃及有毒气体报警器通气试验每季度至少进行1次，气体报警器进行非强制性检定或校准可替代一次通气试验。

(3) 定期润滑。对高温浮球液位计、带注油孔的控制阀、长行程执行机构、带油雾润滑器的执行机构、刮板流量计等仪表进行润滑，每半年至少进行1次。

(4) 定期清扫。对机柜间及在线分析小屋空调过滤网、室外机散热片进行清扫，每半年至少进行1次。对控制系统机柜过滤网进行清理，每半年至少进行1次。大修或机会检修期间对机柜风扇进行清扫。

4　应用场景

通过定时工作指导基层开展相关工作。设备管理部门组织基层单位总结当年工作完成情况，查找差距及存在问题，策划下年度工作计划。设备管理部门每年制定设备专业管理人员培训计划。每月组织统计完成专业月报，分析 KPI 完成情况并落实对基层单位的考评。制定年度、月度检查计划。与 KPI 指标相关的工作每月全部进行检查，现场验证抽查。

基层单位制定和提报装置停工检修计划，审核通过后执行。按要求进行缺陷的录入、确认、分析、整改等闭环管理。按照缺陷影响分级，设备管理部门、基层单位组织开展原因分析并制定整改措施。

5　项目效果和效益分析

公司实行设备定时工作法有利于建立正常的设备管理工作秩序及工作程序，可充分发挥设备管理操作维护的各岗位人员的主动性、超前性、参与性，使设备管理及操作维护的各项工作逐步达到规范化、标准化和程序化，使设备管理、操作维护工作的质量和效果有了明显的提高。主要作用有如下几个方面：

(1) 明确设备管理各岗位人员上岗后，在规定的时间干什么、怎么干、干到什么程度。增强了各岗位人员的工作责任心和主动性，减少工作的盲目性和失误。

(2) 有助于设备管理、操作、维护工作的规范化、标准化，使各项工作做到简化统一，便于采用现代化手段和方法(如计算机)进行管理。

(3) 有助于各单位领导从大量日常事务性工作中解脱出来，集中精力抓好重点工作和规划决策。

(4) 由于定时性工作法对各岗位的工作分工明确，要求具体，时间性强，便于定量考核、检查、评价，有利于强化激励措施和自我约束机制。

实施定时工作制以来，公司设备全年预防维修率由 2022 年的 33.28% 上升至 2023 的 39.57%，故障率由 17.63%降至 6.44%，极大地提高了设备运行的可靠性，保证了装置的平稳生产。

注水泵国产化改造项目的实施与管理

完成人：毛双立　闫　伟　曹　林　赵　博　田　野　李锋玥　贾海彪　杨圣珂

（中国石油天然气股份有限公司华北石化分公司）

1　项目背景

随着中国经济的快速增长和国际贸易的不稳定性，国产化已经成为了一个重要的话题。国产化的实施有助于提高国家的自主性和经济实力，同时也有助于保护国家的安全和利益。

根据炼油化工与新材料分公司关于推进国产化工作的意见，为推进炼油化工技术装备国产化进程，提升国内企业及中国石油自主技术、装备的竞争能力，加快关键技术自主可控，促进科技自立自强。我公司结合生产运行需要，持续积极推进落实进口设备国产化工作。

2　总体情况

公司 340×10^4 t/a 渣油加氢装置共设有注水泵三台（两开一备），采用三柱塞式往复泵，型号为 G3K-400，通过齿轮箱与电机联结，泵组由异步电机驱动。注水泵参数如表 1 所示。

表 1　注水泵参数

名称	数值	名称	数值
型号	G3K-400	转速	206r/min
轴功率	185kW	扬程	1824.8m
进口压力	0.07MPa	操作温度	54℃
出口压力	18.3MPa	流量	25.2m³/h
制造厂	大连里瓦（泵头德国进口+国产南阳电机）		

往复柱塞式注水泵，因原厂填料配件在正常使用期间频繁泄漏，严重影响生产的正常使用。通过对注水泵因泄漏问题的检查，发现填料组件及柱塞磨损严重。由于设备维修频次高，造成备件需求量大。同时，进口备件存在成本高，采购周期较长的问题，影响设备维修效率，不能有效满足生产运行的需要。通过备件国产化可以解决设备频繁泄漏及易损件供货不及时的问题，提高注水泵长周期运行管理水平。

自 2019 年 4 月 6 日开工以来，因原厂填料配件在正常使用期间频繁泄漏，约 7 至 10 天左右更换一次填料组件，严重影响生产的正常使用。

注水泵随机带有 3 台套填料，德国进口配件。设备频繁维修，造成备件需求量大，但因进口备件成本高，采购周期较长，急需解决设备频繁泄漏的问题及易损件的供货问题。

3　国产化改造技术路线

3.1　泄漏原因分析

在注水泵因泄漏问题停泵检修时，对拆卸下填料进行检查，发现填料组件滑环、填料、铜环、柱塞磨损严重；通过对填料组件铜环与柱塞配合间隙的测量，发现铜环与柱塞径向配合间隙为 0.1mm，将柱塞安装于十字头上盘车检查柱塞的跳动在 0.08～0.15mm 之间；经分析对比，怀疑原厂填料组件铜环与柱塞之间 0.1mm 的径向间隙偏小，使柱塞在运行过程中，容易与填料组件铜环产生碰磨，导致柱塞表面磨损，从而引起填料、滑环使用寿命短；造成泄漏。

为解决注水泵填料泄漏频繁，维修率高的问题，装置技术人加强现场振动管理，并经过历次密封填料改进，材质升级，柱塞国产化改造等，逐步解决了注水泵填料的运行周期短问题。设备运行时间逐步提高，目前稳定在 50～90 天。

3.2　解决措施

3.2.1　解决振动问题

为解决入口管线振动大的问题，科技信息部联系设计人员现场查看，出具整改方案，在入口管线增加五处支撑和一处管卡，施工完毕后减振效果不明显。之后设计人员又出具补充方案，把原管线支撑型式由立管式改为管墩支撑，增加固定强度。入口管线共新增加 14 个管墩，2019 年 11 月完成了施工，加固后管线振动情况有所改善，根据统计管线支墩加固前月维修频次 3.75 次，施工后月度维修频次降低到 2.8 次。管线振动对注水泵长周期的影响较为明显。2022 年大检修，把出入口管线支撑加固斜撑，管线振动进一步降低。

3.2.2　注水泵改变频

为了减少回流量对管线振动的影响，同时考虑节能，2020 年 10 月 9 日，对渣油注水泵 P103C 电机改变频，进一步减少管线振动的影响，但因油压波动较大，目前处于工频运行状态。

3.2.3　注水泵备件国产化改造

因注水泵为德国进口产品，进口备件采购周期长，且价格较高。在公司机动工程部的指导下，在设备保运部的技术支持下，为响应公司对进口设备逐步实施国产化的要求，保证设备配件供货周期，降低采购成本，提升设备长周期安全稳定运行水平，积极开展进口设备配件国产化工作。

在公司机动工程部的指导下，通过多方调研，了解国内厂家在柱塞泵生产应用方面的业绩情况、制造加工水平，在同等规模及相似介质、工况等条件下，与国内已有技先进术、业绩成熟可靠设备产品的供货厂家进行技术交流，并选用技术成熟、安全可靠、性能先进、便于维护、全生命周期效能费用比最优的设备产品。

柱塞填料密封组件及柱塞改为国产配件，并对填料材料和结构进行改造。原密封组件由填料密封部分和橡胶密封部组成，填料密封部分由上下两个铜环+中间三圈螺旋缠绕的填料组成，橡胶密封部分由上下各一套支撑环外加 O 型圈组成。经过多次研判，填料部分选用高等级芳纶+四氟纤维特制，既保证了填料的柔韧性，又能保证良好的润滑性，同时将原来的 3 圈填料改进为 5 圈，更有效地阻止了泄漏的途径。橡胶密封部分采用高精度车削加工专利技术，特制的低摩擦系数新型材质铜粉增强四氟，充分保证了尺寸的精确，减小了密封对柱塞的磨损，提升了密封使用的周期，另将原来自带的铜环进行改造，车床加工出一道凹槽，增加一套拉杆密封，该套密封由内部导向支撑环和外部高精度车削橡胶密封组成，材质的抗水解、抗挤出性能更有效保证了密封的稳定性和长期有效应用。

2019 年 05 月 30 日，试用艾志公司国产填料组件(艾志密封)首次运行 28 天，后续对密封填料进行了 3 次改造。为进一步延长注水泵运行周期，2019 年 10 月 24 日 P103C 更换国产化新柱塞，表面进行镀层，增加了光滑度和硬度，2019 年 11 月 3 日启泵运行，12 月 2 日因中间柱塞填料漏水严重，停泵维修，更换填料，拆检发现中间柱塞镀层有破损，造成填料泄漏严重，试用国产柱塞(温州昌隆)首次运行 29 天。12 月 2 日维修完毕后启泵运行，12 月 20 日填料漏水严重，停泵维修，拆检发现非驱侧柱塞镀层有破损，造成填料泄漏严重。更换非驱侧柱塞填料后启泵运行。本次运行时间 18 天。镀层损坏的旧柱塞发回厂家进行分析，根据柱塞表面损坏脱落情况后续对柱塞进行升级，重新加工 3 根镀层做碳化硅处理的新柱塞，根据国产填料(艾志密封)、柱塞(温州昌隆)配合使用情况，初步达到连续运行 30 天的初步目标。

为了延长设备运行周期，继续加大备件国产化的攻关及试用，2020 年 1 月 13 日，P103C 填料泄漏，更换新柱塞(温州昌隆)、填料组件(艾志密封)进行更换，将填料组件的铜环与柱塞之间的径向间隙由原来的 0.1mm，更改为 0.4mm，避免间隙过小造成柱塞表面磨损。1 月 14 日启泵运行，5 月 5 日，柱塞泵 P-103C 填料泄漏，温州昌隆柱塞配套艾志填料组件最长连续运行 112 天，为历史最长运行时间。

2020 年 02 月 27 日，P-103A 填料泄漏偏大，更换原厂里瓦新柱塞 3 件及新改造的 5 圈填料组件，填料组件内的铜环与柱塞间隙为 0.4mm；2 月 29 日开始运行，5 月 12 日因漏水量大，更换填料，此次运行周期为 73 天。拆检发现柱塞稍微磨损，填料磨损严重。

2021 年 01 月 15 日更换国产填料由 3 圈改造

为带迷宫密封压环的5圈填料(艾志密封)。根据国产填料(艾志密封)、柱塞(温州昌隆)配合使用情况，初步达到连续运行50天的目标。

图1 柱塞表面氮化处理

2021年6月国产柱塞(温州昌隆)对柱塞联接螺纹进一步改进，在螺纹根部增加退刀槽减少应力，并进行材质升级，目前注水泵运行周期稳定在60~90天，国产化填料密封及柱塞取得了成功。

随着设备的长时间运行，注水泵的其它零部件也开始出现故障，2021年4月，P103A维修发现排水阀阀座密封圈损坏，更换新阀，联系南京艾志进行密封圈国产化定制，目前已试用正常，连续运行1年时间。

阀座联系合肥升华、温州巨源测绘进排水阀组件(含阀芯、阀座、弹簧、导向套、密封垫圈)，目前运行正常。注水泵泵体由温州巨源测绘加工，目前已连续运行18个月。

4 应用场景

目前渣油加氢注水泵月度维修频次由3.78次/月，降低到1.25次/月，且国产化备件价格较原厂价格有较大下降，总体维修费用下降。加氢裂化装置注水泵采用国产化备件后运行正常。

5 取得的效果

5.1 柱塞、填料及泵体国产化经济效益分析

自2019年渣油开工以来，注水泵维修频次较高，在机动工程部的指导下，持续开展了注水泵长周期运行攻关及备件国产化改造。进口柱塞单件84934元，国产化柱塞单件4160元；进口填料单件16260元，国产化填料单件4655元。柱塞差价84934-4160=80774元；填料单件差价16260-4655=11605元。2022年全年共维修15次，更换填料、柱塞各30件，共节约277万元。2022年11月，P103A注水泵泵壳国产化后，里瓦报价170万，国产化报价60万，共节约110万。

5.2 保障设备长周期运行

2019年4月到12月共发生注水泵故障维修34次；2020年全年共发生注水泵故障维修30次；2021年全年共发生注水泵故障维修18次，2022年全年共发生注水泵故障维修15次，2023年全年共发生注水泵故障维修12次。

经过国产化改造，目前渣油加氢装置注水泵月度维修频次由3.78次/月，降低到1.25次/月，且国产化备件价格较原厂价格有较大下降，总体维修费用大幅下降。自2021年开始，渣油加氢装置注水泵P103A、P103C连续运行时长，已完成60天目标．2022年注水泵连续运行最长时长已到达110天，在设备长周期运行方面取得了较大进展，进一步验证了国产化改造工作的可行性、可靠性。

5.3 管理提升

通过注水泵国产化改造的实施，公司完善了进口设备国产化改造的管理流程，为开展进口设备国产化积累了经验。通过注水泵国产化改造的实施，使技术管理人员开拓了思路，开阔了眼界，提高了对进口设备应用管理的认识，提高了对国产化技术的认知，提升了设备问题处置的经验，提升了装置设备长周期安全稳定运行水平。

石油炼化企业设备设施全生命周期管理模式的建立与实施

完成人：才振亚　刘笑来　沙诣程　徐　进　李　东　邓志启　陆　宽

（抚顺石化公司石油一厂）

1　成果实施背景

旧有“哪坏修哪”的设备管理模式已远远不能满足新形势下国家政府的监管要求，因此创新发展更加精细的设备管理模式成为了企业的必然选择。企业所属装置均为20世纪90年代所建，期间多套装置还经历了装置搬迁，个别装置更是经历了长时间停工，设备老旧问题严重，设备故障频发，严重影响企业的安全平稳经济运行。

2　总体情况

石油一厂结合企业设备本身的特点，针对使用现代化设备所带来的一系列新问题，运用各级管理组织机构的建立、技术攻关全面实施和效费控制措施，对设备从规划、购置、安装、使用、改造直至报废整个寿命周期进行全程的管理，实现全生命周期受控，以提高设备综合经济效率和各项管理水平。

全新的设备设施全生命周期管理模式是一种继承了设备综合工程学成果的、吸取了现代企业管理理论、经营理论、决策理论的、综合了现代科学技术新成就的一种全新的设备管理体系。

3　管理路线和亮点

全生命周期管理的过程集中体现在两方面，一是设备物质形态的管理，即设备从购入开始，安装、调试、验收、建卡立账、使用、保养、维修、更新换代以及报废的物质管理；二是价值运动形态的管理。

3.1　设备需求论证和先期设计

规划、设计、选型等设备的前期管理工作是设备全生命周期管理的根本内容。一是企业方要积极配合设计方或相关方技术人员的设计工作，提供准确的边界条件和现场场地RFM等资料；二是当初步设计方案形成后，企业方必须汇总预审期间提出的主要问题，理清管理、技术思路，并以书面形式传递至相关方；三是对于企业方提出的意见、建议及问题，应设置专人负责总体管控、协调。

3.2　设备采购的实施

确保装置、设备的长周期安全运行，是我企业在各类资本性支出、年度零星购置和更新项目中的基本原则。按管理要素，可以细化为采购方向的基本原则、采购方式的基本原则和采购管理的基本原则。

（1）采购方向的基本原则

为了削弱发达国家对我国基础工业的技术封锁，规避贸易壁垒带来的采购成本高昂的代价，同时响应国家“一带一路”相关号召，我企业设备采购方向原则为：秉承选择一流装备、建设一流装置的宗旨，优先选取一流国有大型企业的品牌产品、拳头产品，优先选取我国自主知识产权的相关技术和产品。

（2）采购方式的基本原则

企业各级设备管理部门的各级人员严格执行国家计委、建设部等七部委第27号令《工程建设项目货物招投标办法》和集团公司、炼化板块、抚顺石化分公司相关制度、标准、指导意见及实施细则，准确提报设备采购计划，便于集中采购单位或招标负责机构准确实施，为后续采购专责机构提供了合法合规的先决条件。

（3）采购管理的基本原则

企业按照严格遴选、集中采购、分级管理的原则对采购专职机构进行建议，困难一是对乙方履约能力的考评；困难二是对制造进度的监控；三是对项目建设及需求的全面把控。针对上述管理难点，我企业采取的措施是深入交流、分级管理和内部协调沟通。

3.3 严格设备设施使用和维护保养管理

（1）实施标准化的操作程序

2021年分立运行伊始，企业先后开展了厂高危介质输送泵开、停、切换操作卡修订、真空转鼓过滤机操作卡修订、临氢往复压缩机操作指导意见编制、容积式压缩机脱液操作指导意见编制、套管结晶机热化及紧固指导意见编制等工作。

（2）推行数字化巡检

企业参照《FJ15.03.03装置巡检手册》，结合企业实际情况，分别绘制了：外操岗位现场巡检路线图、班长岗位现场巡检路线图、机电仪维护岗位现场巡检路线图和两级设备管理人员现场巡检路线图。并针对动设备逐台细化测振、测温部位、听针指向部位和润滑视镜油位，检查在用设备轴封、冷却水和备用完好状态等。

（3）进行设备运行风险评级，实施风险管控措施

3.4 实施基于风险的设备检维修策略

设备在使用过程中必然会出现运行状态劣化产生故障，通过设备维修可以排除故障或隐患。美国宇航局（NASA）调查认为，70%的设备进行定期维修不仅无效，反而有害，每维修一次故障率会相应升高，故障多数发生在维修后的一周或一月之内。因此在设备设施全生命周期管理过程中，我们拟定若干个维修策略的组合解决方案，以解决设备管理、生产运行、风险管控相互之间的矛盾。以下是我们采取的5种检维修策略及应用范围。

（1）BM即事后维修

指设备出现故障之后对其进行停机检查与修理的活动，是20世纪50年代前主导的维修模式，称为第一代维修模式。鉴于对人的不安全行为、物的不安全状态不能时时发现时时消除，故然而时至今日，Breakdown Maintenance的模式至今仍然不能完全舍弃，且将在未来一段时间内，继续存在，以维持企业生产生活的正常进行。

（2）PM即预防性维修

预防维修（PM：Preventive Maintenance）流行于20世纪50至60年代，是在传统事后维修基础上发展起来的维修与管理模式它首先预测设备故障，通过周期性的检查和分析来制订维修计划的管理方法，在故障之前采取维修及检查措施。在当代过程工业尤其是炼化企业中，此种维修模式很大程度上代替了事后维修模式，避免了大量的非计划停工等不利结果，但在维修投入上，存在一定浪费；且根据NASA的相关理论，在设备在役周期不断攀升的时期，过度的预防性维修会明显导致故障率上升，并非最优解。

（3）OCM即视情维修

视情维修是在人为的事先规定了一些界限值或标准的情况下，通过人的感官或仪表进行检查，当发现潜在的问题开始暴露，并能预测何时将超过限定的界限值，认为设备有必要进行修理而采取的维修措施。此种维修模式仍然没有脱离经验主义的范畴，优缺点与PM模式类似，但维修投入上较PM低，避免不利结果效能亦介于PM和BM之间，属于一个较为折中的解决方向。

（4）机会窗口维修

机会维修是指当生产装置中某些大型连续工矿设备有生产调度检修窗口时，利用有限的停机窗口，使设备功能得到最大限度的恢复，尽量确保运转至下一窗口，因此此种维修模式在特殊运行工况下，是相对经济的维修管理方式。我厂27万吨/年石蜡成型各套工矿机组均采取此种模式，较好的保障了5套成型机组和4套造粒机组的长满安稳运行。

（5）基于运行数据的状态维修

从20世纪90年代，我国部分企业开始实行状态监测，对故障损失比较严重的设备，采用振动监测、红外监测、油液分析、噪声监测和运行参数（压力、温度、流量）监测等在线或离线状态监测和故障诊断技术，根据设备状态的变化进行状态维修。如图1所示。

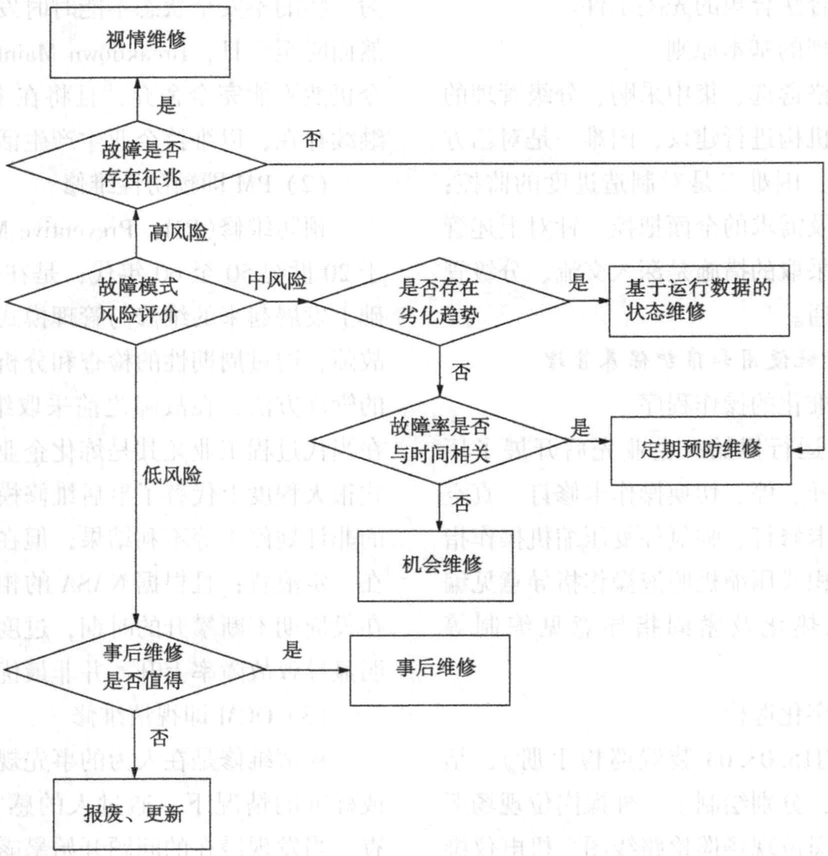

图 1

4 应用场景

作为中国石油化工行业建厂历史最为悠久、向兄弟单位输出专业人才最多、盈利模式最为优质，但员工年龄结构偏大的百年企业石油一厂，在全球经济下行，国内炼油行业产能过剩、消费需求持续低迷、产业结构持续调整的情况下，继续屹立在互联互通、信息整合、资源共享的新时代风口浪尖，恢复建制三年来构建的先进设备管理模式和实践经验，不仅给出了本企业设备管理的整体解决方案，亦对整个过程工业具有前瞻性的指导意义。

5 实施效果

设备设施全生命周期管理模式投入实践 3 年以来，在全面保障生产任务和客户需求的前提下，优先选择短平快的提升路径，围绕高效产品产量与设备设施负荷率、全寿命维修周期做比对，坚持常态化、扁平化的日常管理，解决全厂生产工作中制约效益增长之症结，实现设备管理水平之提升，有效地将机泵群 MTBF 控制在 103 以上、将 MTBR 控制在 97 以上，切实提高 OEE 数值，高效完成了中油集团的 KPI 指标。单台设备平均在役周期延长 11.6%，频修设备失效频次降低 0.03 台套/年，2024 年全年故障次数环比降低 35 个百分点，避免故障扩大或事件发生 10 余起，整治各级设备设施隐患 190 余项。

炼化企业基于大数据分析，以状态评估为核心设备管理模式的创建与实践

完成人：才振亚 沙诣程 刘兆昆 周赟旸 王孝波 王冬雪

（抚顺石化公司石油一厂）

石油一厂隶属于中国石油抚顺石化公司，位于辽宁省抚顺市区东部，占地面积43.67万平方米，固定资产原值20.2亿元；直属单位23个，主要生产装置12套，以加工蜡油为主，目前生产石蜡、润滑油基础油、抽出油3大类29个品种的石油化工产品。

1 成果创建背景

国家对安全环保、节能减排的要求越来越高、监管越来越严格，企业和公众的环保意识明显增强，对炼化企业的生产要求越来越严苛，企业生产经营难度不断加大。同时国家法律法规、行业标准日趋完善、执行贯彻不断加深。作为高危的石油化工企业，旧有设备管理模式已远远不能满足新形势下现代化企业管理之需求。

2 总体情况

伴随中国原油期货挂牌上市，如期刊《Oil Price》所述："彻底抛弃石油和天然气是不可能的。"虽然在利润日益压缩的石油炼制等过程工业中，未来显得并不光明，但依然有"灯塔"可以追寻。如何囊括尽可能大的市场份额、如何打赢最后一块利润高地的争夺战、如何在与同类企业的零和博弈中占得先机，如何在继蒸汽技术革命、电力技术革命、计算机技术革命后的第四次工业革命中，为世界点亮中国制造，才是未来的发展导向，是未来设备管理中不能规避的刚性需求。

结合石油一厂设备本身的特点，针对性制定多条设备管理路径，建立各专用设备运行状态数据库，并适时调整设备运行状态评估算法，深入分析修理费用等资源的投入产出比，以达到优化资源配置、提升管理水平等目的。通过建立转动设备运行状态数据库，并依托数据库开展了机泵群运行状态监测及预知维修、真空转鼓过滤机全系统管理及技术攻关、套管结晶机全系统管理及技术攻关、往复压缩机全系统管理及技术攻关等，使修理费投入更加精准、设备运行更加平稳、本质安全更加得以保障、各级人员劳动强度进一步降低等，进而节约人力资源成本，提高企业效益。

在全面保障生产任务和客户需求的前提下，优先选择短平快的提升路径，围绕高效产品产量与设备设施负荷率、全寿命维修周期做比对，坚持常态化、扁平化的日常管理，按照"管住大设备、把住大平衡、保住大目标"的思路，持续严控内在设备指标，强化EAM平台的使用与考核，深挖各项功能。加强对平均失效间隔时间(MTBF)的监管和考核、执行预防性维修策略、关注维修成本关键绩效指标、以整体设备或装置整体效率(OEE)为主要内容的关键绩效指标(KPI)及装置绩效考核为基础，加强对调度速报上的设备问题进行跟踪、加强对现场标准化管理进行量化评比，及时发现、解决全厂生产工作中制约效益增长之症结，实现设备管理水平的提升。

3 管理路线和亮点

3.1 建立转动设备运行状态数据库

2021年全年，石油一厂调度报表设备问题共计247项，转动设备占比79%，解决迅速与否，深切关乎企业生产能力。

鉴于上述问题占比，自2021年3月开始，石油一厂逐步建立了转动设备运行状态数据库，分为机泵群、真空转鼓过滤机、临氢往复压缩机和双螺杆氮气压缩机四个数据包采集模板，积极

开展设备运行状态监测工作，旨在通过对机泵运行状态、参数进行观测、测量、记录和分析，应用大数据思路，发现错误操作和潜在故障，及时进行生产纠正与预知性维修，以解决野蛮操作造成设备频修、维修投入指向不准确与非计划降量等问题。

参照设备基本设计参数，各车间设备管理人员对8套装置689台转动设备的开备情况、出口压力、温度、流量、各关键点轴向径向振动、温度和电机电流等参数进行采集分析，数据分析遵循相关行业标准进行。

截至2024年6月已完成16期，历时2年，收集运行数据超过38万条、累计监测时间14000小时/台、离线状态监测读数540人次/台，获得了大量运行数据，对后期建模分析提供了关键依据。

通过数据库的建立，成功对真空转鼓过滤机、螺杆压缩机等故障信息建模，而进一步全系统技术和管理攻关才得以实施，详见后述。

数据库的建立使得设备预知性维修管理提升和技术攻关工有的放矢，旧有管理模式得以彻底改变，由被动变主动，切实为企业的安全、平稳、大负荷生产保驾护航，具体收益如下：

（1）针对频修频坏设备全过程状态管理，进行专题攻关、提出具体措施。严格实施设备动态台账管理，从现场到台账，从设备检测到检修、安装，从维护、保养到操作、检查，各个过程步步受控。

（2）对隐患实施全方位风险管理。依据设备运行状态评估设备故障程度，依据设备故障程度评估安全风险，依据安全危害，做相应设备管理的具体决策。

（3）建立全面预知维修管理体系。随着行业技术的不断进步，认真总结汲取预知维修工作开展的成功经验，使设备管理与体系管理有效融合，逐步将设备预知维修工作融于HSE和内控管理体系中，形成全面、科学、有效的预知风险管理体系。

3.2　依托静密封点的权重考核机制

秉承着服务企业、公平公正的管理思路，坚持在日常管理，尤其是公平考核方面深入深化。石油一厂设备管理部门依托各装置静密封点数量，确定各装置的管理难度，对各装置设置了权重系数，并进行加权打分排序和考核，评分公式为：

$$P(\text{得分}) = 100 - 10^4 \times A(\text{问题数量}) / B(\text{静密封点数}) - 0.5 \times C(\text{设备故障率})$$

此种考核方式避免了由于个别装置设备多，操作及维修难度大，问题数量相对多而造成的打分、考核不公正现象。石油一厂设备管理部门还补充建立了设备故障次数循环滚动考核制度，各车间自己同自己进行对比，有效地提高了持续改进的积极主动性。并通过对基层单位的亮点工作进行嘉奖，对工作不达标的基础单位进行扣奖，进一步提高各车间的积极主动性。打分排序表见表1。

表1　石油一厂机动工程部周检查打分排序表

序号	单位	得分	综合名次	备注（扣分原）	周检问题合并同类项后	静密封点数量[B]	加权[C=A]	加扣分
1	酮苯二	99.3	第1名	见附表	4	56912	0.702839	
2	酮苯三	99.2	第2名	见附表	4	50428	0.79321	
3	成型车间	99.2	第3名	见附表	2	23895	0.836995	
4	酮苯一	98.9	第4名	见附表	5	79777	0.626747	
5	储运车间	98.8	第5名	见附表	3	25000	1.2	
6	加氢二	98.5	第6名	见附表	4	26673	1.499644	
7	加氢一	97.2	第7名	见附表	2	7096	2.818489	

4　应用场景

作为中国石油化工行业建厂历史最为悠久、向兄弟单位输出专业人才最多、盈利模式最为优质，但员工年龄结构偏大的百年企业石油一厂，在全球经济下行，国内炼油行业产能过剩、消费需求持续低迷、产业结构持续调整的情况下，继续屹立在互联互通、信息整合、资源共享的新时代风口浪尖，恢复建制两年来构建的先进设备管理模式和实践经验，不仅给出了本企业设备管理的整体解决方案，亦对整个过程工业具有前瞻性的指导意义。

5 大数据分析设备管理模式的直接与间接收益

综上所述，直接与间接收益有以下若干点：

5.1 高效完成设备管理业绩指标

基于大数据分析的设备管理模式投入实践2年后，有效地将机泵群MTBF控制在106以上、将MTBR控制在97以上，切实提高OEE数值，高效完成中油KPI指标。

5.2 获得良好的经济效益

自2021年3月至2024年3月，依托设备运行数据库而进行的管理及技术攻关合计6大类，历时两年零一个月，涉及689台重要泵组、机组等专、通用转动设备，300余名管理人员和岗位人员参与其中，单年度创效超过3705万元。

5.3 设备故障率持续降低，保证装置长满安稳优运行

2024年全年故障次数环比降低35个百分点，避免故障扩大或事件发生10余起，整治设备设施隐患190余项。

5.4 保障员工职业健康安全

切实改善一线岗位工人工作环境，有效降低其工作量，保障其职业健康安全。

换热器初期异常征兆智能诊断辨识的研究

完成人：王 晨 侯文富 陆鹏飞 梁文彬 李保良 王景堂 唐海军
（中国海油惠州石化信息中心 中国海油惠州石化设备中心）

1 项目背景

炼油化工作为能源产业重要板块之一，为国民生产提供成品油、基本化工原料，是国民经济的重要支柱产业。然而炼油化工属设备资产密集型流程工业，尤其在原油一、二次加工转化过程中涉及众多换热流程，形成能量交换网络，用于进料预测及产品冷却，起到关键的节能增效作用。然而换热器因其独特的管壳式结构，使其在油气物流换热过程中存在各种潜在结盐结垢、腐蚀穿孔内漏等异常事故，造成换热流程背压增加、限制生产负荷、污染产品甚至易燃易爆带压介质互传，从而导致装置非计划停工、以及发生生产事故。尤其对于加氢装置，因其反应系统的高压氢氛环境，大都以螺纹锁紧环等特种高压换热器为主，一旦发生管壳结盐结垢或是内漏，将严重影响装置生产。以下梳理了某制氢加氢联合装置近2019~2024年近5年来发生的换热器异常事件。

（1）107-E102A/B/C进料侧结垢（螺纹环）；

（2）107-E104腐蚀穿孔内漏（螺纹环）；

（3）107-E105循环气侧因重整氢结盐造成壳程背压（螺纹环）；

（4）107-E103循环氢侧内漏（螺纹环）；

（5）106-E102进料侧结垢导致换热效率大幅下降；

（6）108-E101B进料侧结垢导致换热效率大幅下降（螺纹环）；

（7）109-E221高变气冷却器内漏导致可燃气进入循环水。

以上实际生产过程中，技术人员往往通过观察换后温度趋势、结合自身经验等手段定性判断换热器异常概率，难以实现精准的换热器早期异常的预警诊断，从而导致换热器异常恶化扩展后才发现，往往造成装置被迫降量、产品污染，甚至非计划停工，严重影响装置安稳长满优运转。综上所述，亟需借助智能化监测预警手段，提前发现换热器异常征兆，为生产调整赢得时间，避免后期换热器异常趋势恶化引发非计划停工。

2 总体情况

随着高精度传感器、工业互联网、大数据、人工智能技术在炼化装置的普及，利用机器学习、深度学习等人工智能算法建模装置积累的生产大数据，挖掘数据价值信息以指导优化生产，已成为炼化企业智能化转型的核心内容。如图1所示，结合换热器积累的大量运行数据，提出了基于神经网络的换热器初期异常诊断辨识研究，通过训练神经网络模型实时预测换热器理论换后温度，并与实际工业值作对比，定量分析换热器异常工况，从而达到对换热器初期异常征兆的提前发现预警。

以加氢裂化循环氢-热高分气换热器结盐预测为例，阐述整体项目背景及思路。某加氢裂化装置以重整氢作为加氢原料，因重整催化剂氯化工艺要求导致重整氢气含有氯离子，需经脱氯剂脱氯后送往加氢裂化装置作为补充氢气。实际运行中受脱氯剂失效周期影响，加氢装置循环氢中氯离子含量经常升高，导致热高分气与循环氢换热器（E105）壳程结盐严重，如图2所示，压差过大，不仅损坏设备甚至导致装置降量，影响长周期运行。为此需建立E105结盐预测模型，预判重整氢脱氯剂失效并及时换剂。

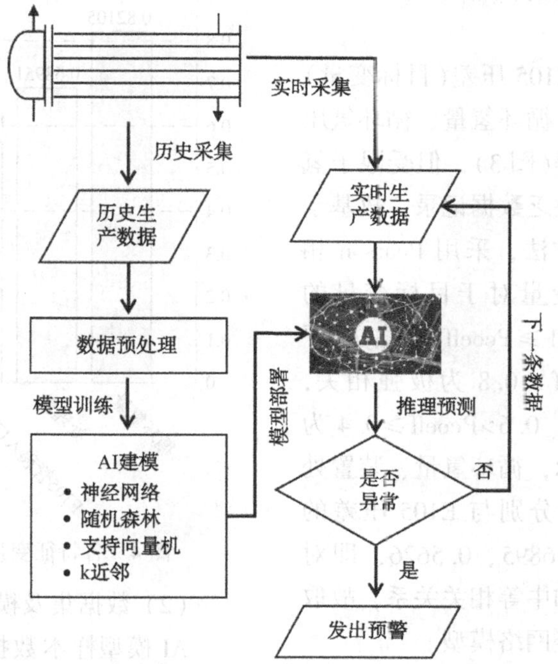

图 1　基于 AI 模型的换热器初期异常诊断预警

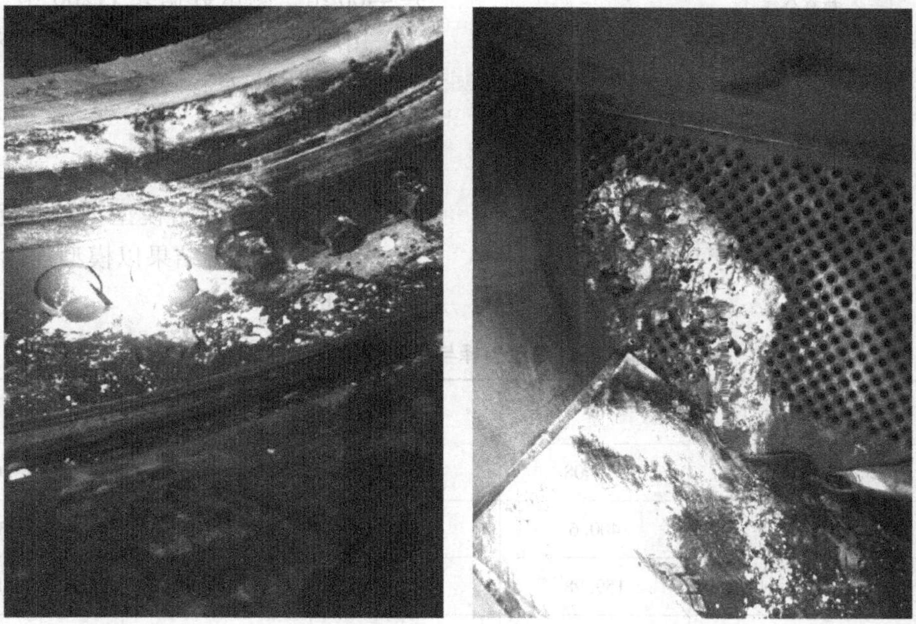

图 2　热高分气-循环氢换热器(E105)结盐情况

3　技术路线和技术亮点

3.1　技术路线

3.1.1　诊断算法原理

基于选定的建模特征变量采集正常历史工况的换热器数据集，对未发生异常的换热器进行 AI 建模，作为基准模型用来对换热器的出口温度或者压差进行预测，因此基准模型预测得到的出口温度或者压差可视为未发生异常时的理论值。建模特征中包括了影响换热器出口温度(压差)的主要工艺、设备参数，实际诊断中，以 AI 模型预测值与真实工业值之偏差作为换热器异常的评估量。显然，换热器结垢或者内漏时，其冷物料端换后出口温度的真实工业值小于预测值，同时，对于结盐工况，其壳程压差的理论预测值会小于工业真实值。若出现较大偏差则可认为发生了换热器异常。

3.1.2 基于神经网络的换热器异常诊断模型训练

（1）特征工程

从工艺角度考虑影响E105压差（目标变量）的特征变量有装置进料量、循环氢量、循环氢压缩机转速、重整氢氯含量等（图3），但受限于氢气氯含量难以定量检测，缺乏数据记录，故基于工艺-数据驱动相结合的方法，采用Pearson相关系数法求解每个特征变量对于目标变量的Pearson相关系数（Pcoeff，1≥Pcoeff≥-1），评估变量间的相关性，Pcoeff≥0.8为极强相关，0.8>Pcoeff≥0.6为强相关，0.6>Pcoeff≥0.4为中等相关，结果如图4所示，循环氢量、装置处理量、E105管程入口温度分别与E105压差的Pearson系数为0.8211、0.6895、0.5626，即对应存在极强相关、强相关和中等相关关系，故取以上三个特征变量构建神经网络模型。

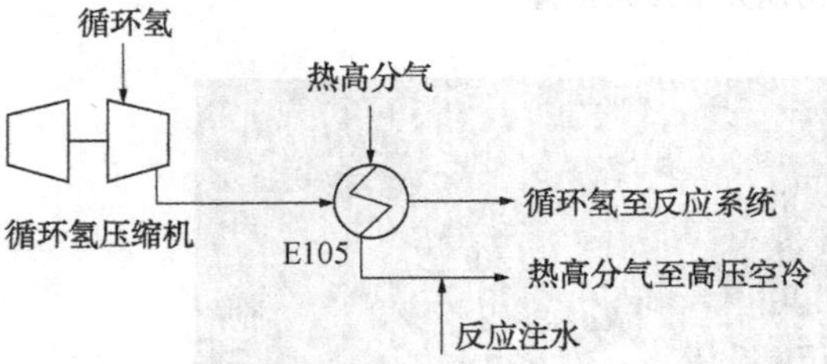

图3 加氢裂化装置热高分气与循环氢高压换热器流程示意图

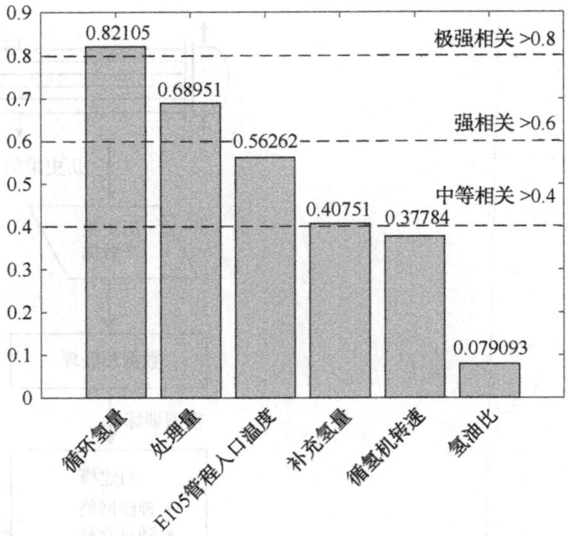

图4 各特征变量与E105压差间的相关性

（2）数据集及模型训练配置

AI模型样本数据分为训练数据和测试数据两部分（表1），取数频率1小时，其中训练数据共4400组，测试数据共11200组。模型损失函数采用均方根误差（RMSE）式，用来衡量预测值与真实值的偏差程度，量纲与目标变量相同（MPa），定义见式（1），其中N为数据组数，$X_{obs,i}$为目标变量真实值，$X_{mode,i}$为目标变量预测值。为消除神经网络模型训练稳定性带来的误差，每个案例评价结果以模型连续预测10次的平均RMSE表示。

表1 特征变量选择与样本数据分配方案

	模型变量	d1	d2	…	d15600
特征变量	循环氢量/(Nm^3/h)	270608	270201	…	267644
	处理量/(t/h)	400.6	401.17	…	307.2
	E105管程入口温度/℃	159.98	159.78	…	181.54
目标变量	E105压差/MPa	0.4512	0.4438	…	0.6089
样本数据	15600组				
训练数据	4400组				
测试数据	11200组				

$$\mathrm{RMSE}=\sqrt[2]{\frac{1}{N}\sum_{i=1}^{N}(X_{\mathrm{obs},\ i}-X_{\mathrm{model},\ i})^2} \quad (1)$$

神经网络隐层的节点数目需要经过优化得出，然而目前并无严格数学理论指导，本例应用经验式（2）结合代入法选取200组验证数据通过实验得出隐层最佳节点数目，式3中H为隐藏层节点数；n为输入层节点数；m为输出层节点数；k为常数，1≤k≤10。

$$H=\sqrt{n+m}+k \quad (2)$$

（3）神经网络训练

由图5可得隐层节点数目对模型预测效果影响显著，根据经验式(2)当隐层节点为8时模型预测精度最高，RMSE平均只有0.0093MPa。同时考虑到工业应用中样本数据分布较为集中，可近似地把模型在训练集上的精度作为模型泛化能力和预测效果的唯一指标。故最终确定3层神经网络模型节点结构为3-8-1。

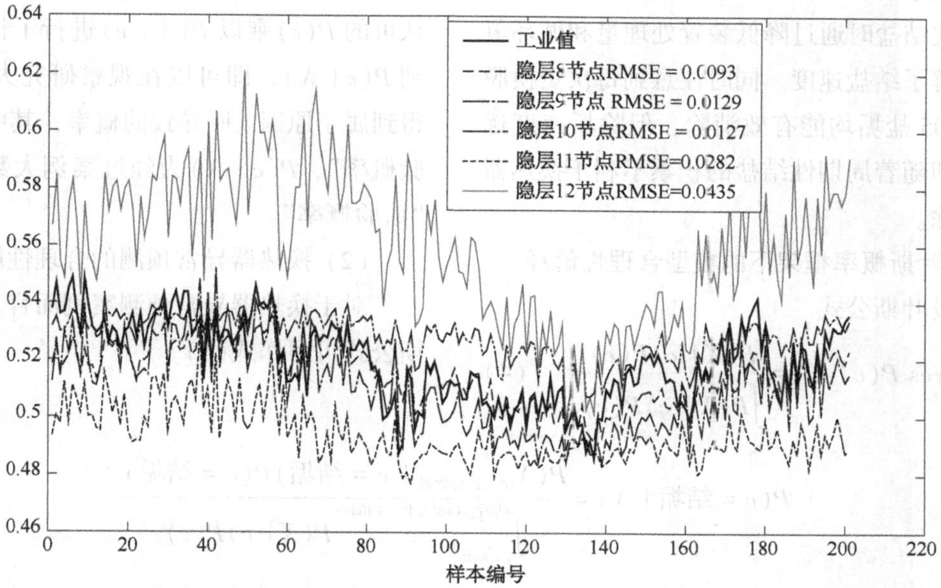

图5 不同隐层节点下的神经网络预测性能（H=8达到最优）

基于训练收敛的神经网络模型对11200组数据进行工业测试，结果如图6所示，可见在换热器正常工况时模型预测值与工业值吻合良好，平均RMSE误差只有0.015MPa，而换热器初步发生结盐时，工业值与预测值有3次较大偏离，分别对应着E105压差的3次显著增长，及时联系重整装置分别于2018年3月8日、6月7日、11月3日更换重整氢气脱氯剂，使加氢装置循环氢氯含量逐渐降低，E105结盐逐步得到缓解，工业值曲线逐步向预测值曲线靠拢，但始终再难以重合，说明E105仍有结盐现象导致存在额外压差。

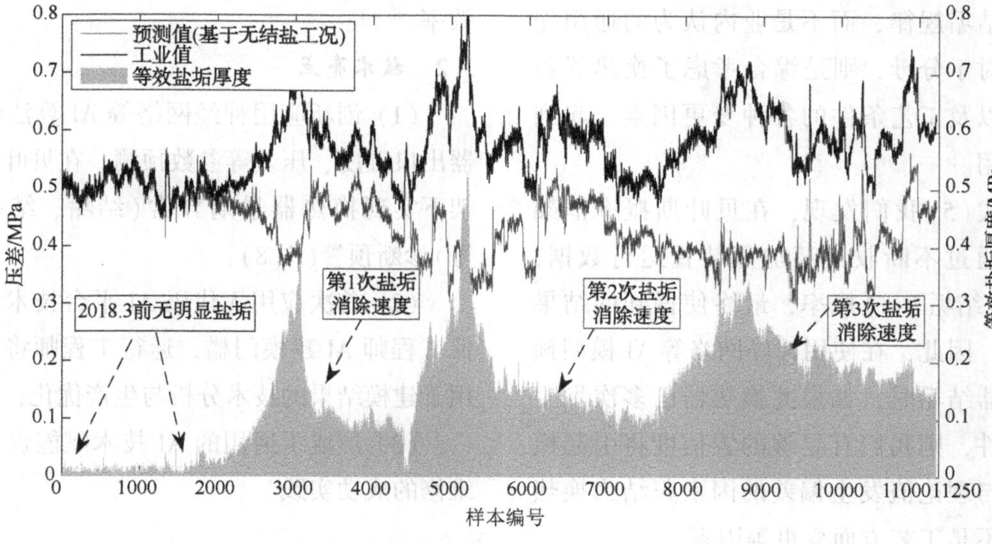

图6 神经网络模型预测E105压差工业测试

$$等效结盐厚度=工业值-实际值 \tag{3}$$

以工业实际值与模型预测值作差，可得由结盐引起的额外压差式(3)，可视为等效结盐厚度，由此可深入挖掘E105周期性结盐规律。如图6可得E105受重整氢带氯影响有3次显著结盐现象，其中前两次在结盐初期盐垢厚度迅速增长，第3次结盐时通过降低装置处理量和循环氢量有效缓解了结盐速度。同时注意到每次更换脱氯剂后E105盐垢均能有效消除，但除垢速度逐渐变慢，即随着周期性结盐的积累不利于换热器盐垢的脱除。

3.1.3　贝叶斯概率框架下的模型合理性解释

(1) 贝叶斯公式

$$\text{Bayes}\ P(c \mid X)=\frac{P(X \mid c)P(c)}{\int P(X \mid c)P(c)} \tag{4}$$

式4中P表示事件发生的概率，设c是某一需要研究的原因，X是由于c而导致的某些现象(由收集统计的数据给出)，由式(4)所示的贝叶斯概率公式可知，对于某一广泛认可的原因c的一般概率，可通过收集研究c所导致的大数据X进行校准，即$P(X \mid c)P(c)$，此处对一般广泛认可的$P(c)$乘以$P(X \mid c)$进行了校准，最终得到$P(c \mid X)$，即可以在观察研究大量数据X后得到属于原因c所导致的概率，其中$P(c)$为“先验概率”，$P(c \mid X)$为经过案例大数据校准后的“后验概率”。

(2) 换热器异常预测的合理性解释

对于换热器异常预测案例而言，具体的贝叶斯公式可写作式(5)。

$$P(c=\text{结垢} \mid X)=\frac{P(X_{\text{结垢运行数据}} \mid c=\text{结垢})P(c=\text{结垢})}{\int_{c=\text{结垢}}^{\text{结垢、物料变化、内漏}\cdots} P(X \mid c)P(c)} \tag{5}$$

我们通常认为换热器结垢(或者结盐等异常)的一个业内普遍的概率是$P(c=\text{结垢})$，即先验结垢概率。然而，对于具体的某一套加氢装置，经过对大量结垢状态下的运行数据$P(X$结垢运行数据$\mid c=\text{结垢})$的采集分析，最终可以不断校准最初对换热器结垢概率$P(c=\text{结垢})$的发生概率的认识，得到$P(c=\text{结垢} \mid X)$即后验结垢概率，这一概率更符合当前的加氢装置换热器的结垢规律，而不是业内认为的通用先验概率。对于分母，则是综合考虑了换热器各种异常、以及工艺条件的各种变更因素，起到归一化作用。

通过式(5)我们发现，在贝叶斯概率框架下，我们通过不断收集某加氢装置运行数据，更新$P(c=\text{结垢} \mid X)$概率，最终使得到的结果符合实际。因此，在使用神经网络等AI模型预测某换热器结垢时，如果此换热器已多次发生过结垢事件，则我们有足够的置信度将引起模型预测值与理论值发生偏差的因素归结为换热器结垢而不是工艺方面变更等因素。

3.1.4　基于无代码炼化AI平台的工业实施

考虑到工程师通过编写代码训练、部署AI模型具有较高门槛，显著阻碍以上算法方案在炼化企业的大规模实施。提出了基于惠州石化自研的“炼化大数据AI平台”实现从数据采集、特征工程、模型训练、评估、模型部署一站式解决方案平台(图7)，通过无代码式拖拉拽画布，实现2小时敏捷建模、大大提高建模效率。

3.2　技术亮点

(1) 创新应用神经网络等AI算法建模换热器出口温度、压差等参数预测，在贝叶斯概率框架下实现换热器早期异常(结垢、结盐、内漏等)诊断预警(图8)；

(2) 首次应用无代码AI平台技术，大幅降低工程师AI建模门槛，运行工程师将更多精力用于建模结果的技术分析与生产优化；

(3) 形成了通用的AI技术赋能设备预测性维修的成功实践。

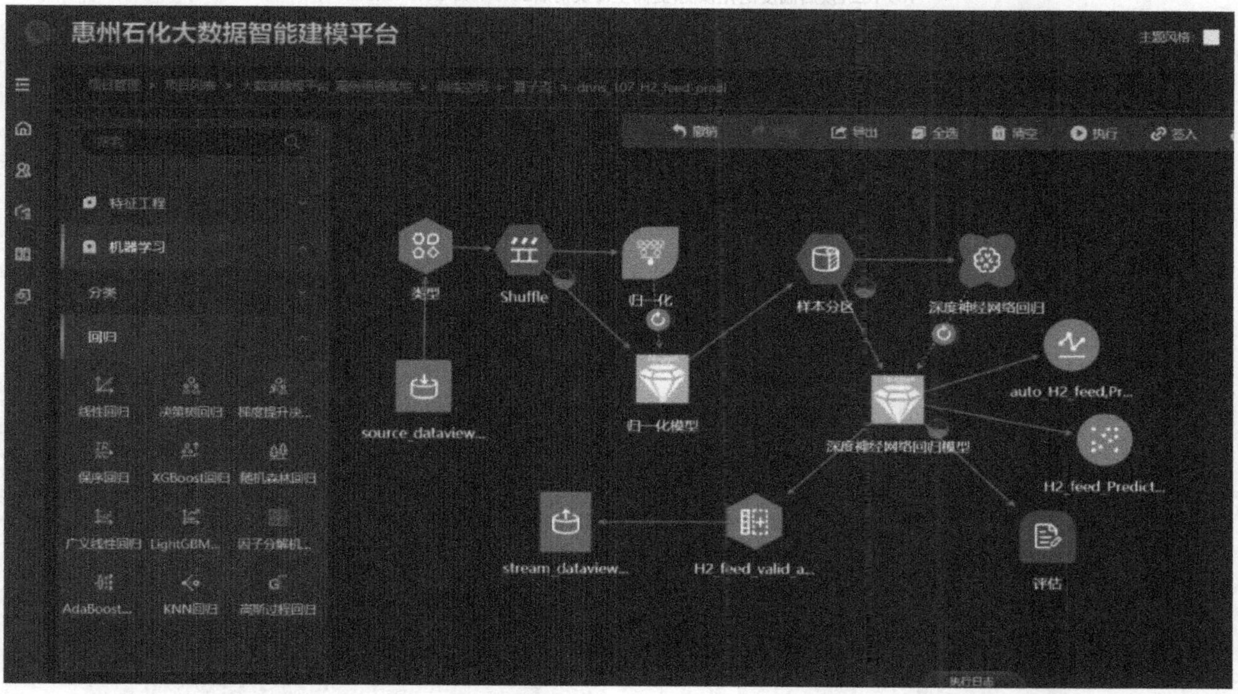

图 7　炼化大数据 AI 平台无代码建模画布

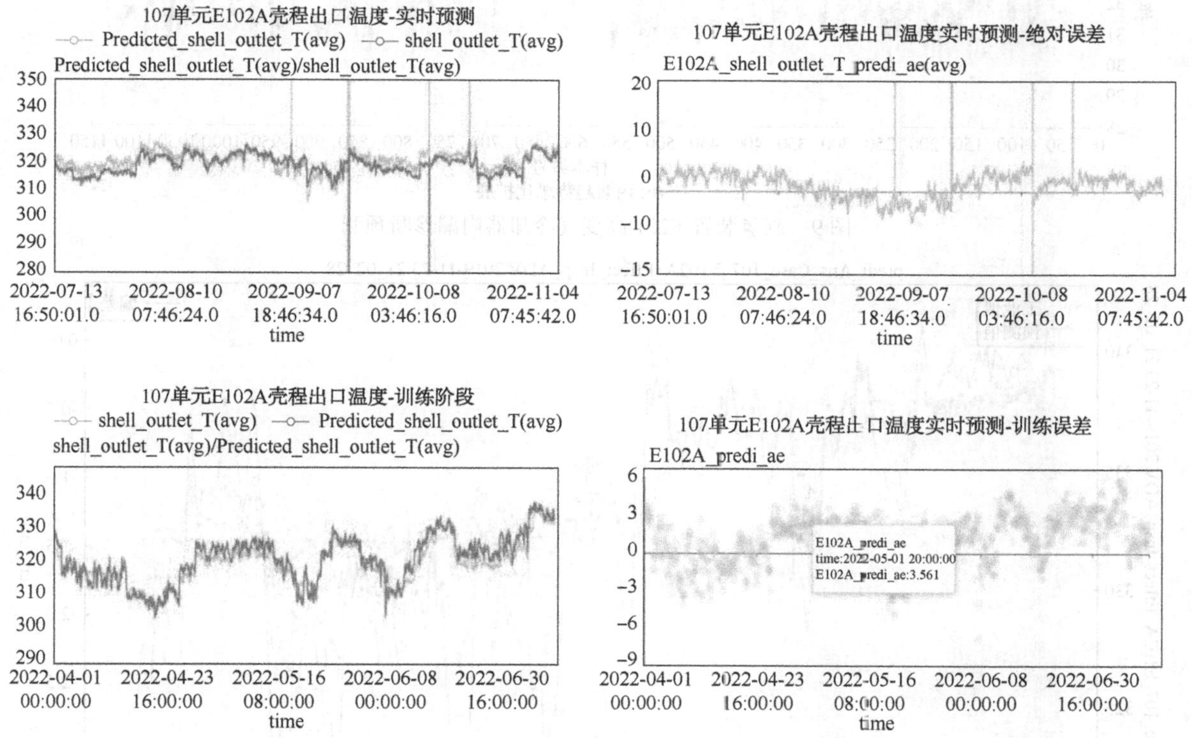

图 8　炼化大数据 AI 平台换热器出口温度实时预测画面

4　应用场景

经深入生产现场技术交流调研，聚焦换热器瓶颈问题，目前已成功用于全厂 19 台换热器(18 台加氢进料换热器、1 台制氢工艺高变气冷却器)的实时监控，部分异常工况换热器的预测结果如图 9、图 10 所示。

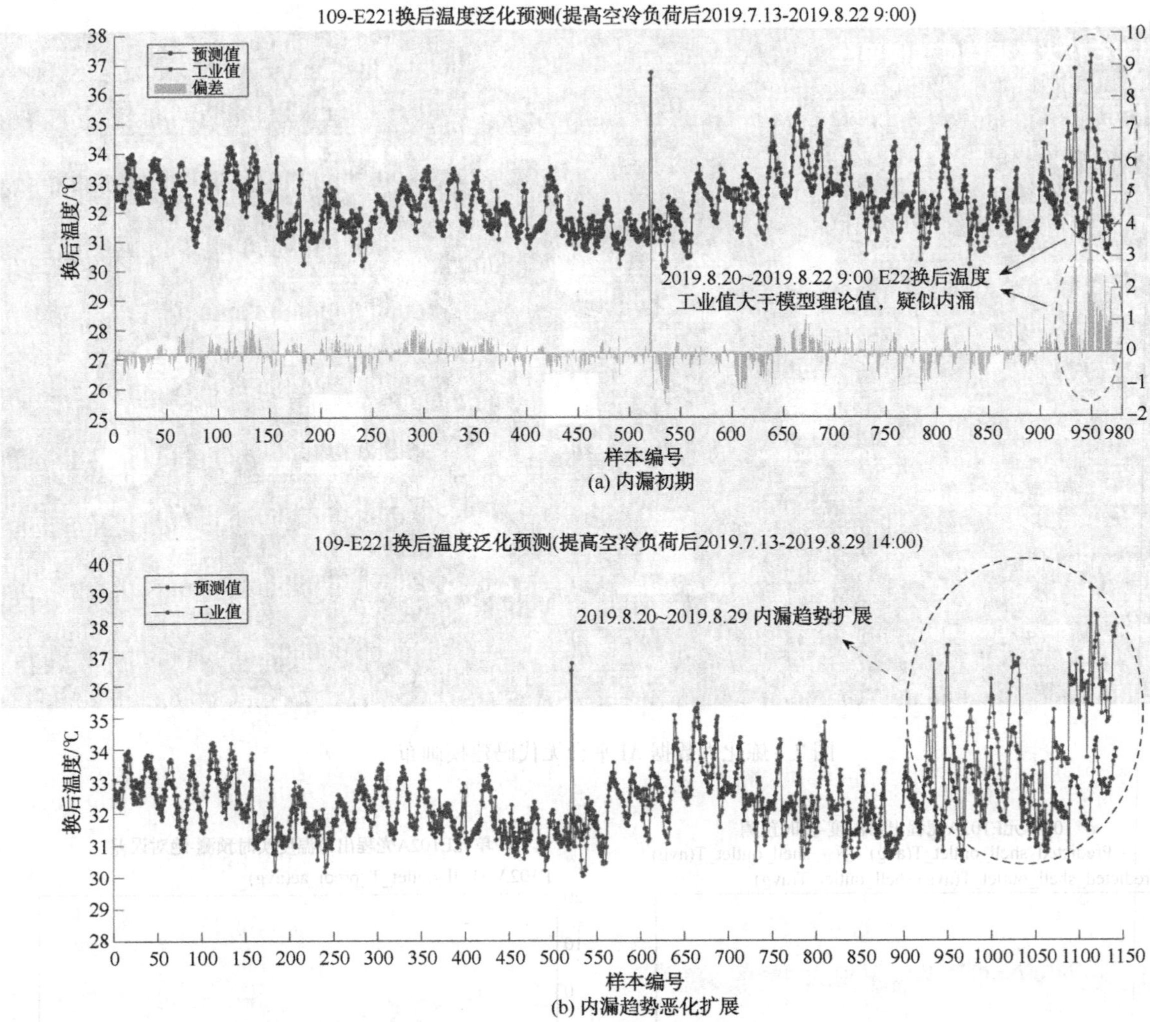

图 9　制氢装置 E221 高变气冷却器内漏诊断预测

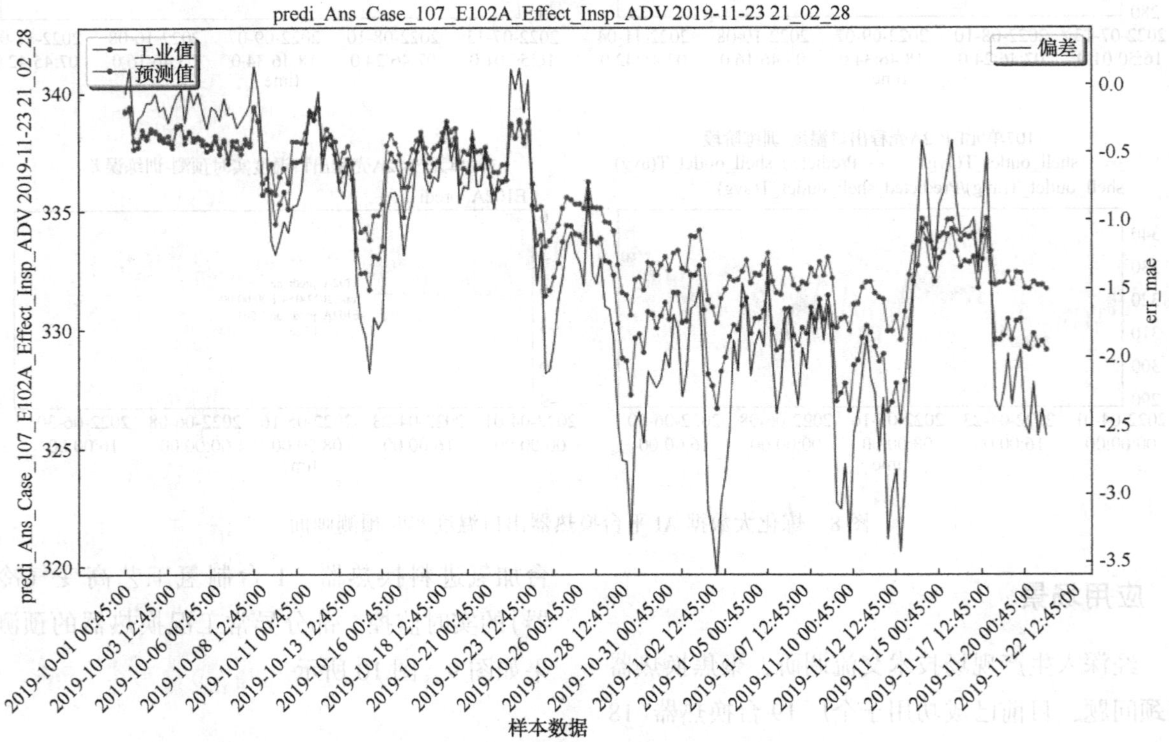

图 10　加氢装置 E102A 壳程原料油结垢诊断预测

5 项目效果和效益分析

（1）提前诊断换热器初期异常

针对石化流程工业特点研发的“基于神经网络的换热器初期异常诊断预测技术”，通过实际应用验证，具有建模简单实用、训练时间短、监测预警准确、鲁棒性能好的特点，能够比人工提前10多天发现换热器初期异常，是一种较好适用于石化行业换热器监控预警的技术（图11）。基于该技术构建的异常换热器实时监测预警系统，通过对生产工况的在线有效监控和准确预测，可以帮助管理、技术及操作人员对换热器异常工况早期感知，为进行有效的处置赢得了时间、降低处置成本，降低有关人员日常工作负担、有效地防控各种突发事件的发生，保障装置的安全、稳定、长周期运行。

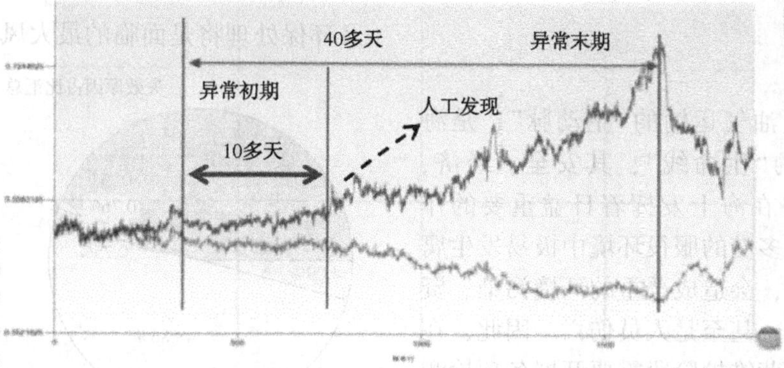

图11 基于神经网络的换热器结盐初期诊断预测

（2）效益分析

基于神经网络AI技术的换热器初期异常诊断预警技术，可以提前发现换热器结垢、结盐、内漏征兆，协助工程师提前优化装置生产、协调缓解换热器恶化趋势，从而避免非计划停工。

根据生产统计数据，换热器异常事故发生频率为每年1到2次，按照1.5次计算，引起装置非计划停工，造成损失如下：

装置停工损失主要包括两部分：①装置停工期间固定费用损失；②装置停工公用工程消耗损失。

项目总效益为避免两方面损失即停工成本：

① 以2022年加氢装置平均月固定费用为：辅助材料2万，人工成本88万，折旧费663万，修理费81万，其他制造费113万，合计947万元，装置停工以7天计的固定损失费用：947×7/30＝221万元；

② 装置开停二期间主要公用工程消耗：燃料气246吨，3.5MPa蒸汽500吨，4.0MPa氮气10万立，0.8MPa氮气16万立，电750000kWh，氢气200吨，净化风5万立，除盐水250吨，循环水140万吨，依据当时单价费用共计472.2万元；

综上，项目经济效益为221＋472.2＝693.2万元/年。

原油海底管线"一管一策"创新管理实践

完成人：徐家旭　周贵田　梁文彬　付海曦　刘奉云　柳冰瑞　吴建蓓
曹　峰　张志新　陈罗汉　王　爽

（中国海油惠州石化有限公司）

1　项目背景

海管作为海上油气运输的"主动脉"，是海洋油气生产系统的"生命线"，其安全、经济、节能、快捷的优势在海上发挥着日益重要的作用。但海管在复杂多变的服役环境中极易发生腐蚀，一旦发生泄漏，会造成严重的环境污染、资源浪费、经济损失，甚至是人员伤亡。因此，在海管全生命周期运营维护阶段需要开展各项检测和维护措施，为其安全运行与维护管理提供相关依据。

"一管一策"创新管理的目的在于指导和加强海底管道完整性管理提升工作。针对每根海管的实际运营情况，通过实施完整性管理专项提升，保证管道功能不受损害、提高管道的可靠性，避免安全事故的发生，提升本质安全。

2　总体情况

"一管一策"创新管理实践，以海管设计、建设、运营、检维修、报废等全生命周期管理为抓手，根据每根海管现有实际情况，制定对应的安全、合规管理措施。

通过明确组织机构、岗位职责、风险识别、日常管控相关措施，精准开展预防性维修维护，加强海管运行风险动态分析、腐蚀控制、巡检管理、应急管理、合规化管理等，提升海管本质安全。

3　技术路线和技术亮点

3.1　技术路线

3.1.1　海管风险量化分析

混输海管在海管完整性系统中通过量化风险评估得出该条海管最大的风险因素在于腐蚀/侵蚀，同时一旦发生泄漏后的停产损失、声誉影响及环保处理将是面临的最大风险（图1）。

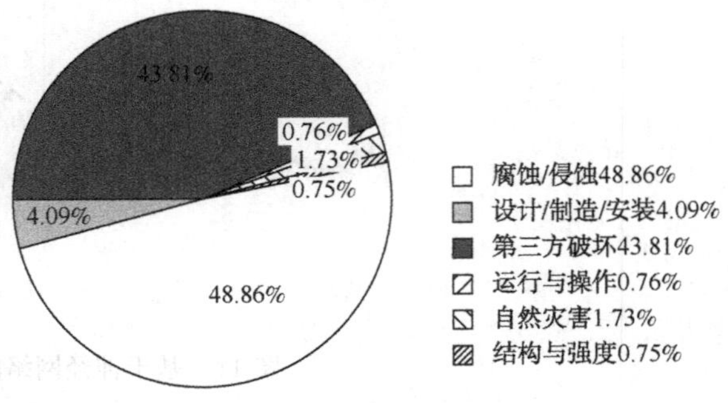

图1　海管风险评估图

3.1.2　海管腐蚀控制管理

全面梳理并形成海管腐蚀防护技术体系，聚焦监检测技术、评估评价技术及治理技术三个方面，完整性评估维护海底管道安全运行。

3.1.2.1　海管内腐蚀控制方案

（1）海管内的腐蚀介质检测，海底管道的腐蚀介质控制包括生产水、腐蚀性气体（H_2S/CO_2/O_2）、固体颗粒物（泥浆、砂）、微生物（SRB、TGB、FB）及露点的控制。对海底管道在介质组分、工况条件无明显改变时每年开展1次组分化验工作。如果管道输送的介质不断地增加，并且导致介质组分发生变化，需每6个月进行1次组分化验工作。保留测试分析原始记录，负责数据校核并上传至海管完整性系统。

（2）腐蚀速率检测（腐蚀挂片及探针），每年至少拆检两次腐蚀挂片、探针，海底管道腐蚀监测结果需单独出报告。

（3）海管定期清管，每2～3年通球一次，首先通一个泡沫球，根据接收球体完整情况是否良好，再通机械球。特殊情况，增加通球频次。通球结束，提交完整的清管作业记录表、图片、图像等资料，并对清出物进行分析，提交分析报告（图2）。

图 2 清管球及清出金属杂质

（4）每 5 年至少委托有资质的单位做一次管道内检测，检测内容包括海底管道内部金属损失、凹坑，管壁分层、气泡、夹渣、变形、裂纹等缺陷。对海底管道安全运行状况进行综合评价并形成报告。

按照《油气管道内检测技术规范》（SY/T 6597—2018），检测数据的缺陷量化采用分类量化方法。6 种测量数据+标称壁厚，作为缺陷模型输入。缺陷模型的输出形成量化结果，如图 3 所示。

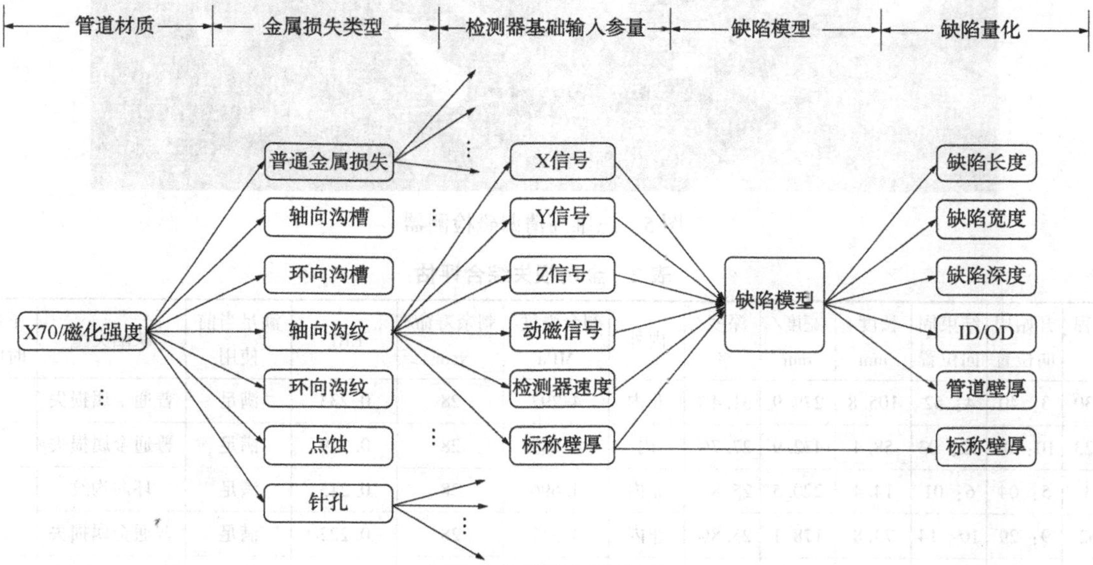

图 3 分类量化架构图

剩余寿命计算方法为按着现行腐蚀的发展速度，用未来 n 年的长度与深度尺寸重新计算管道的剩余强度，以年为单位进行迭代，计算当剩余强度或者深度中一项数据首先达到极限的年限为管道的剩余寿命。

参照 SY/T 6477—2017《含缺陷油气管道剩余强度评价方法》，依照计算的剩余强度，按管道的腐蚀速度来计算发展后的缺陷尺寸，带入剩余强度计算公式进行迭代，当发展的缺陷尺寸使管道的剩余强度不再满足当前的最大使用工作压力时，认为管道的使用寿命已到。

ERF 为当前管道的工作压力与管道剩余强度比值。根据 SY/T 6151—2009《钢质管道管体腐蚀损伤评价方法》，如表 1 所示。

表 1 ERF 维修参考表

ERF 值	损伤类别	修复计划
ERF>1.39	1	立即维修
1<ERF<1.39	2	限期修复
ERF<1	3	监测使用

当 ERF<1 时，后续使用的响应时间（下次检测年限）参考 SY/T 6621—2016《输气管道系统完整性管理规范》，如图 4 所示。

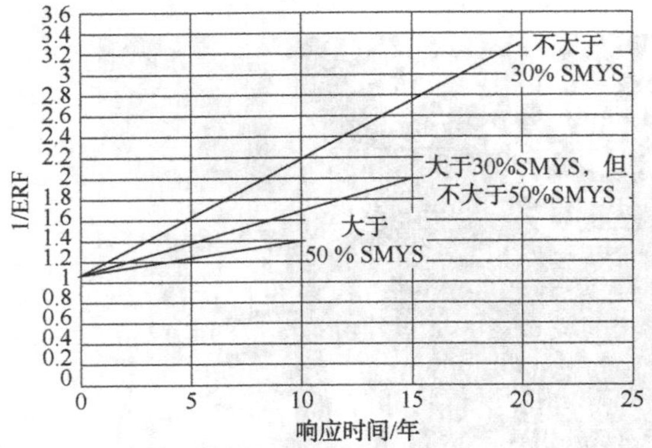

图4　管道监测计划图

应用实例：

开展惠州石化的原油海管内检测综合评估。

步骤1：惠州石化34寸海管上实施了漏磁内检测作业。检测器状态良好，无机械损伤，下载的检测数据完整有效(图5)。

步骤2：通过相关计算过程，得到惠州石化海底管道剩余强度/剩余寿命/ERF的计算结果，综合评估修复计划和下次检测时间(表2)。

图5　三维高清漏磁检测器

表2　金属损失综合评估

绝对里程/m	开始周向位置	结束周向位置	长度/mm	宽度/mm	深度/%	内外	剩余强度/MPa	剩余寿命/year	ERF	满足当前使用	缺陷类型	下次检测时间/year
428.030	3：40	4：52	105.8	279.9	31.4%	非内	4.297	28	0.233	满足	普通金属损失	10
431.423	10：06	12：03	58.4	432.9	27.7%	内	4.559	28	0.219	满足	普通金属损失	10
5.843	5：04	6：01	14.4	220.5	25.8%	非内	4.696	28	0.213	满足	环向沟纹	10
49.762	9：29	10：14	73.8	178.1	25.8%	非内	4.511	28	0.222	满足	普通金属损失	10
74.196	3：26	4：00	89.8	135.7	24.5%	非内	4.463	28	0.224	满足	普通金属损失	10
431.415	8：27	9：55	50.7	326.7	24.5%	内	4.608	28	0.217	满足	普通金属损失	10
9383.453	6：35	7：00	9.3	101.8	23.9%	非内	4.702	28	0.213	满足	环向沟纹	10
428.334	6：44	8：01	49.5	54.7	23.3%	内	4.619	28	0.217	满足	普通金属损失	10
430.824	10：00	11：32	7.6	356.3	23.3%	非内	4.703	28	0.213	满足	环向沟纹	10
8.860	12：05	12：43	75.8	147.0	22.6%	非内	4.532	28	0.221	满足	普通金属损失	10
125.762	8：45	9：25	8.1	68.0	22.6%	内	4.703	28	0.213	满足	环向沟纹	10
217.527	3：15	4：09	219.5	212.1	22.6%	非内	4.151	28	0.241	满足	普通金属损失	10
273.116	11：42	1：14	7.4	343.0	22.6%	内	4.703	28	0.213	满足	环向沟纹	10
307.943	9：06	9：22	7.2	7.2	22.6%	非内	4.704	28	0.213	满足	针孔	10
619.200	10：04	10：22	7.2	7.2	22.6%	非内	4.704	28	0.213	满足	针孔	10

3.1.2.2 海管外检查管理

定期委托有资质的第三方开展海底管道路由调查工作，采用多波束测深系统、浅地层/管线剖面仪、验潮仪、侧扫声呐等，完成地貌扫测、浅剖测量及水深测量作业等。

3.1.2.3 海管入海、出海处管道外防腐技术

(1) 海管入海及出海立管会分别经过大气区、飞溅区、潮差区、全浸区、泥土区，管道在飞溅区和潮差区腐蚀严重，详见图6。

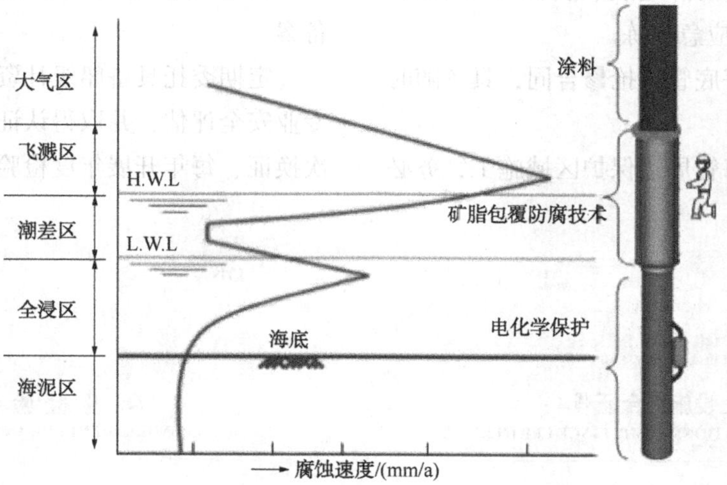

图6 各区间腐蚀速率

复层矿脂包覆防腐蚀技术(PTC)由四层紧密相连的保护层组成，即矿脂防蚀膏、矿脂防蚀带、密封缓冲层和防蚀保护罩(图7)。

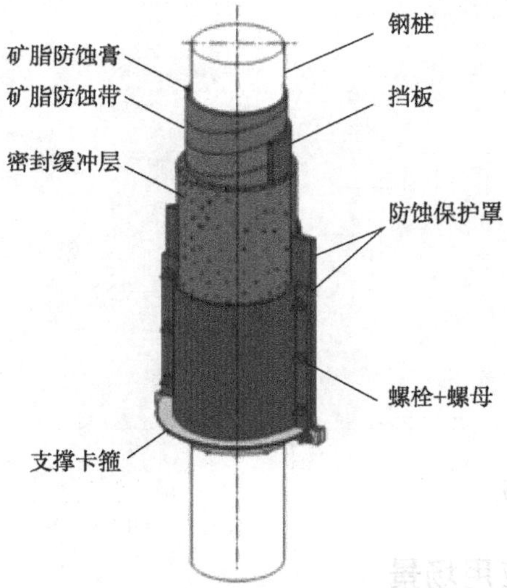

图7 PTC技术结构

(2) 海管入海前和出海后的绝缘法兰，长期暴露在海洋大气环境下，螺栓等异形件腐蚀情况严重。包覆材料防腐技术采用了3层相连的保护层，从内到外分别是防腐膏、防蚀带和外部保护剂。此外，异形件防护还采用防蚀胶泥填充局部空隙(图8)。

图8 复层矿脂包覆防腐

3.1.3 海管综合管理

3.1.3.1 海管巡检管理

(1) 管线巡线管理，每天一次巡海(特殊天气除外)，建立巡海记录，发现海面有油花、第三方破坏等异常情况需立即报告运行部内操及主管领导。

(2) 运行参数管控，定期监控和记录海底原油管道的运行压力和温度，以及管道输油种类及运行时间等，进行数据监控、存档。

(3) 入海及出海平台处，朝向海管端均有警

示标识牌，定期对平台人员进行培训，告知其海管路由及警示标识，便于日常半小时巡检重点巡查。

3.1.3.2　*海管应急管理*

（1）编制、发布专项海底管道事故应急预案，每年开展海管事故（地震、腐蚀穿孔泄漏、第三方施工破坏等）应急演练。

（2）签订专项海底管道抢修合同，具备随时应对突发情况能力。

（3）第三方在海管周边保护区域施工，务必提前签订海管保护协议，并经当地海事部门备案同意。

（4）海管入海及出海口处布置24小时监控摄像，随时发现现场问题。

3.1.3.3　*海管合规化管理*

新建和报废海管需完成当地主管部门的备案。

定期委托具备船级社资质单位进行海底管道专业安全评估，并取得认证证书，每五年进行一次换证、每年开展年度检验（图9）。

DNV

证书号：FC/PRC/SH-093 Rev.1
Certificate No.: FC/PRC/SH-093 Rev.1

挪威船级社（中国）有限公司
DNV CHINA COMPANY LIMITED

海上设施符合证书
OFFSHORE INSTALLATIONS COMPLIANCE CERTIFICATE

本证书应有附件：
This certificate shall be supplemented by a supplement

编号 ：FC/PRC/SH-093-S
No. ：FC/PRC/SH-093-S

设施名称 Name of the Installation ：34寸马鞭洲码头至东联码头混输海底管道 34 inches Subsea Multiphase Oil Pipeline from Mabianzhou Pier to Donglian Wharf

设施类型 Type of the Installation ：海底管道 Subsea Pipeline

设施位置 Location of the Installation ：自515200.82E，2508842.95N到511157.87E、2516075.65N From 515200.82E，2508842.95N to 511157.87E、2516075.65N

业主 Owner ：中海油惠州石化有限公司 CNOOC China Ltd. Shenzhen Huizhou Petrochemical Co.,Ltd.

作业者 Operator ：中海油惠州石化有限公司 CNOOC China Ltd. Shenzhen Huizhou Petrochemical Co.,Ltd.

兹证明该设施已经挪威船级社（中国）有限公司根据《海洋石油安全生产规定》的要求，按照业主的申请与相关协议规定的范围进行了检验，符合《海上固定平台安全规则》，适合在上述规定的区域内作业，但须满足下列限制条件（如有时）：

THIS IS TO CERTIFY that the installation has been surveyed by **DNV CHINA COMPANY LIMITED** following ***Provision of Safe Operations for Offshore Petroleum Industry***, as per the scope defined in the application by the owner and the relevant agreement, and found to satisfy the requirement and/or principle given in Safety Rules for Offshore Fixed Platforms, subject to the following limitations (if any):

无/Nil

本证书有效期至**2027年9月20日**，在此期间尚应进行为保持证书有效的年度检验。
This certificate is valid until **September 20, 2027**, subject to annual survey to maintain the validation of the certificate.

8617

发证地点 Issued at　上海 Shanghai
发证日期 Issued on　2022年6月21日/21st June, 2022

冯长清 Feng, Changqing
授权负责人 Authorized Person
挪威船级社（中国）有限公司
DNV China Company Limited

1/2

DNV

证书号：FC/PRC/SH-093 Rev.1
Certificate No.: FC/PRC/SH-093 Rev.1

年度检验签证
EDNORSEMENT FOR ANNAUL SURVEY

兹证明本设施业已按照上述法令的有关要求进行了检验，符合法令的有关规定。年度检验中的条件项(如有的话)须在要求的时间内关闭，以保持证书有效性。
THIS IS TO CERTIFY that upon the survey required by the Decree, this installation was found to comply with the relevant provision of the Decree. The findings recorded as Conditions (if any) of annual survey shall be closed before due date to maintain the validation of the certificate.

地点 Place　惠州
日期 Date　2023年12月19日

DNV CHINA COMPANY LIMITED NO.118
挪威船级社（中国）有限公司
DNV China Company Limited
（签名/Signature）

地点 Place
日期 Date
挪威船级社（中国）有限公司
DNV China Company Limited
（签名/Signature）

地点 Place
日期 Date
挪威船级社（中国）有限公司
DNV China Company Limited
（签名/Signature）

地点 Place
日期 Date
挪威船级社（中国）有限公司
DNV China Company Limited
（签名/Signature）

2/2

图9　海管符合证书

3.3.2　技术亮点

（1）以全生命周期管理为基础，风险识别贯穿始末，采用“管理、技术、经济完整性”手段提高设备管理工作；

（2）以海管真实数据为基础，精准评估海管具体运行、维修、检测情况，避免盲目维修、检测，节约维修维护费用；

（3）从本质上提升海管运行安全、延长海管使用寿命，为公司创造更多效益。

4　应用场景

中海油惠州石化原油海底管道“一管一策”创新管理应用，针对海管具体情况，系统性开展基础信息、基础管理、建设管理、运维管理、保护管理、应急管理及合规化管理等，根据海底管道全生命周期开展设备完整性管理，确保了海底管道本质安全、合规运行。

5 项目效果和效益分析

5.1 项目效果

通过“一管一策”管理，有效了解了海管的运行情况、安全管控措施及内外缺陷状况并进行了完整性评估。根据结果，发现海管主要缺陷为陆岸管段外腐蚀，已通过开挖验证并进行了加固修复，大大降低了海管溢油风险，同时延长了海管剩余寿命。

5.2 效益分析

5.2.1 经济效益

“一管一策”管理实践，有效延长设备使用年限、降低维修维护费用。及时发现和消除潜在隐患的同时，保障了海底管道安全平稳合规运行，为公司生产经营创造效益。

5.2.2 社会效益

“一管一策”管理实践，荣获惠州市大亚湾经济开发区管委会“2022 年度大亚湾区安全生产正向激励持续进步奖优秀奖”。同时，可以给石油石化行业内企业海管完整性管理提供技术参考。

利用转动设备状态监测分析提高设备预防性维修效果

完成人：许春伟　陈兆虎　卢绍明　梁文彬　王景阳　姚竞文　唐海军

（中国海油惠州石化有限公司）

1　项目背景

转动设备作为工业生产的核心部分，其稳定性直接关系到整个生产装置的安全和效率。在现代工业生产过程中，转动设备的状态监测和故障诊断已成为保障设备正常运行、防止突发故障的关键技术手段。转动设备状态监测的重要性主要体现在能够实时掌握设备运行状态和提前预警故障。通过实时监测转动设备的运行参数，如振动、温度、润滑油参数等，可以及时发现设备潜在的故障和问题，从而采取措施进行修复和调整，避免设备因突发故障而停机，确保生产的连续性和稳定性。

随着工业互联网平台的发展，转动设备状态监测的技术手段得到了极大的提升。通过采用高精度的传感器采集设备运行数据，并利用无线传输技术将数据传输至云平台进行分析和处理，可以实现对设备的远程实时监控和故障预警。这不仅降低了传统的有线传输方式的成本和施工难度，还提高了数据采集和分析的效率。

转动设备状态监测系统的成功应用，显著提高了企业的设备管理水平。通过对关键设备实施全面的监测，企业可以更准确地掌握设备的健康状况，制定合理的维护计划，减少不必要的维修成本。此外，系统还能提供详细的设备运行报告和故障分析数据，为企业优化生产流程、提升设备性能提供有力支持。

2　总体情况

中海油惠州石化有限公司设备中心致力于推进状态监测技术在转动设备上的应用，目前在全厂范围内已配置了大机组状态监测系统本特利内华达 System1、关键机泵离线精密监测系统法康 XPR300、定期润滑油液分析。下面以运行二部为例分别对上述系统及管理制度进行介绍。

运行二部共有离心式压缩机 5 台，其中 4 台为汽轮机驱动，1 台为电机配液力耦合器驱动。上述机组均为装置 A 类设备，配置有本特利内华达公司的状态监测系统 System1，通过和机组原先配置的 3500 在线监测保护系统通讯，获得机组运转时的数据(如轴振动、轴位移、转速、键向、轴瓦温度、传感器间隙电压等)，并利用其集成先进的监测技术和数据分析，提供可表征设备健康状态的图谱。状态监测及故障诊断工程师可通过上述图谱监测大机组健康状况。目前惠州石化执行的管理制度为运行部状态监测工程师每月 20 号前完成当月的大机组管理月报，设备中心动设备组的故障诊断工程师完成全厂关键机组状态监测月报。

运行二部重要机泵实施的状态监测共有 82 台，主要策略是为功率超过 160kW 的机泵、热油泵及危险介质的机泵执行精密状态监测。具体是使用法康 XPR300 高性能智能振动数据采集分析仪，每个月的第 1、3 周采集机泵振动波形，第 2、4 周运行部状态监测工程师完成上述机泵的诊断报告，设备中心动设备组的故障诊断工程师设备完成全厂关键机泵状态监测月报。

此外惠州石化还执行重要机组和机泵的润滑油样分析检测，委托广州研究院对润滑油进行每月一次的油样分析。对主要性能指标的检验分析，可以提前掌握机器润滑油润滑污染、磨损等情况，根据润滑油分析报告运行部可掌握设备的运行状态，提前对机泵润滑油进行置换、过滤，提前制定设备预防性维修计划。

3　技术路线和技术亮点

目前大多数石油化工企业的转动设备的现状，主要存在的问题第一是缺乏有限监测手段，数据监测方面仅依靠操作及维保人员每日一次的振动有效值采集，数据的采集频次低、可重复性差、无法做故障诊断。其次是石化化工企业的转动设备的故障诊断过度依赖于有经验的设备维护人员，缺乏数据支撑，诊断效果不稳定。基于上述两点，大多数石油化工转动设备维修还停留在故障性维修阶段。惠州石化对于转动设备的管理理念是基于时间的预防性维修和基于状态监测相结合，其转动设备状态监测系统主要如下：

3.1　大型机组状态监测及故障诊断

大型机组使用本特利内华达公司的状态监测系统 System1。该系统是一款专门用于对关键设备进行实时状态监测和故障分析的软件平台。通过整合和分析来自不同传感器和监测设备的数据（轴振动、轴位移、转速、键相、轴瓦温度等），它能够提供关于设备运行状况的深入洞察，使设备技术管理人员能够在问题变得严重之前及时作出响应。其展示的图谱包括振动监测总图、时域波形图、频谱图、轴心轨迹图、轴心位置图、伯德图、级联图、瀑布图、APHT 图等(图 1、图 2)。

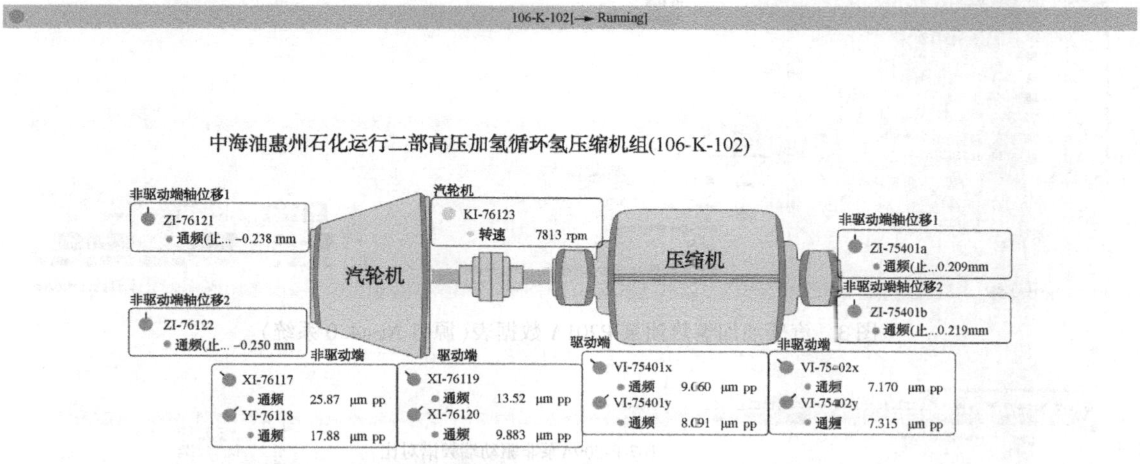

图 1　蜡油加氢循环氢压缩机状态监测总图(源自 System1 系统)

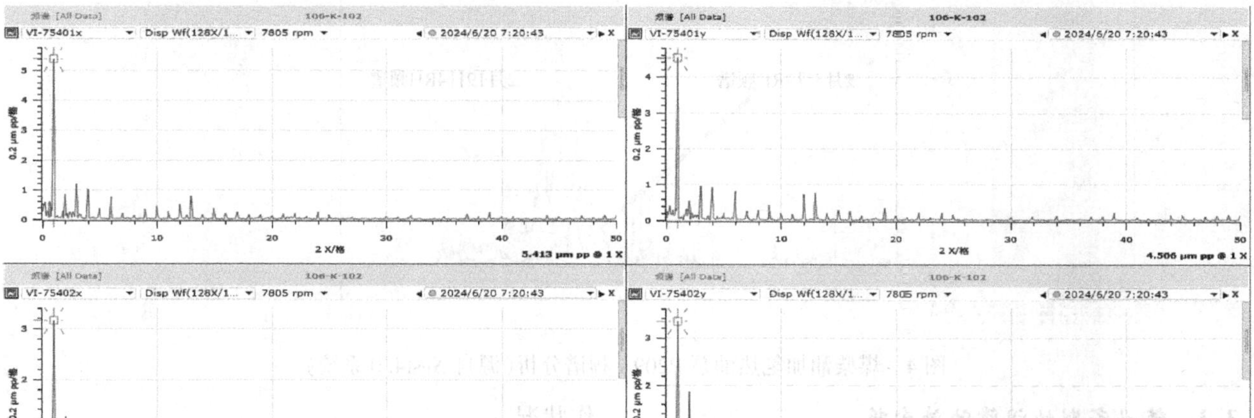

图 2　蜡油加氢循环氢压缩机汽轮机频谱图(源自 System1 系统)

3.2　关键性机泵状态监测及故障诊断

关键机泵状态监测机故障诊断使用法康 XPR300 高性能的智能振动数据采集分析仪，分析频率可达 20kHz。这种高频率的数据采集能力使得 XPR300 能够捕捉到设备运行中的微小变化，为故障诊断提供了详尽的数据支持。硬件采集的波形数据上传至数据库，分析软件 Nest4.0 调用振动数据通过快速傅利叶变换(FTT)对振动波形数据分解形成频谱图，状态监测即故障诊断工程师根据不同的频谱结构来判断机械故障部位、通过幅值能量的大小来判断故障严重程度、通过频谱成分的变化速率来判断故障发展趋势（图3、图4）。

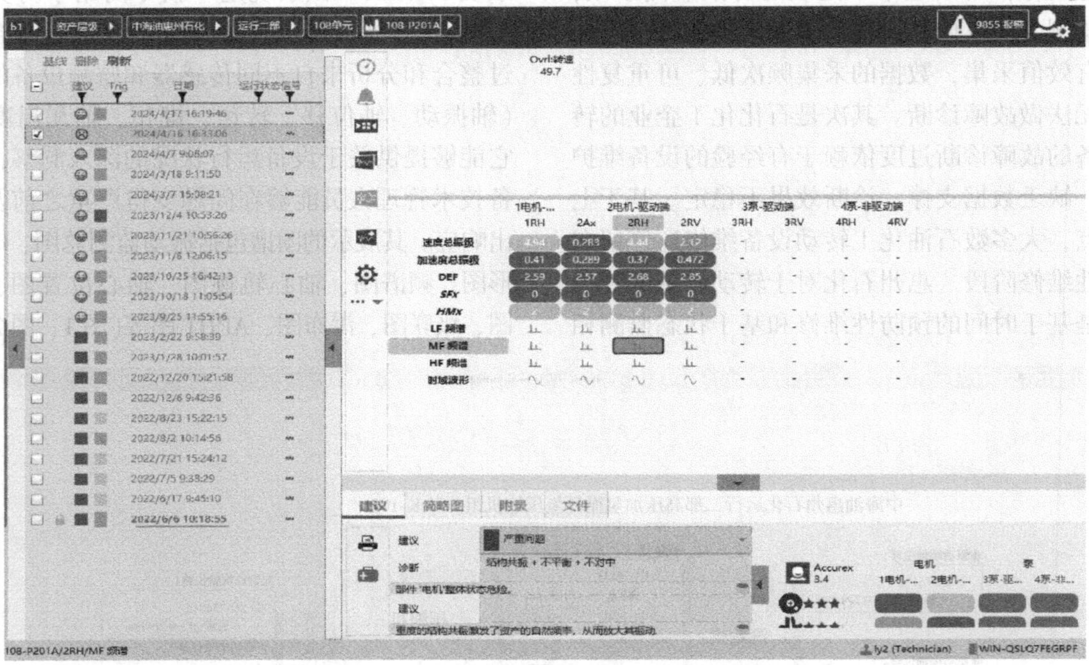

图3　汽柴油加氢热油泵 P201A 数据表（源自 Nest4.0 系统）

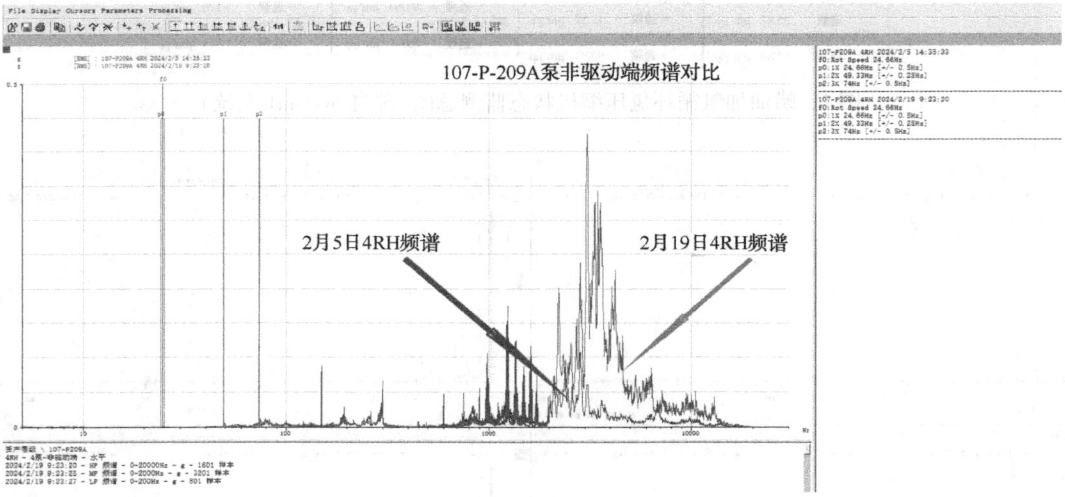

图4　煤柴油加氢热油泵 P209A 频谱分析（源自 Nest4.0 系统）

3.3　辅以定期的润滑油液分析

油液分析法是监视润滑油系统中的一些物化特性，从中获取润滑油流经设备内部所携带的信息，是旋转机械状态检测与故障诊断中的一个重要方法。通过对润滑油油液的黏度、闪点、酸值、破乳化度、灰分、残碳、凝固点、极压性、机械杂质、水分、锈蚀试验、抗氧化安全性等主要性能指标的检验分析，可以准确掌握润滑油本身的性能信息，也可以大致了解轴承、密封等工作状况。

利用颗粒计数、铁谱分析、光谱分析技术，对油液中的磨损颗粒进行监测，可以掌握转动部件的磨损状态，并进行相应的故障诊断。

惠州石化对重要机组、机泵润滑油液分析频次为每月1次，根据润滑油分析报告，并结合机泵故障诊断软件，运行部每月20日前完成对润滑油问题的机泵处置并形成反馈报告（图5）。

广研检测

监 测 报 告

设备编号： 2508 106-P-207B 柴油产品泵
油品名称： 海疆 L-HM 46#抗磨液压油
客户名称： 中海油惠州石化有限公司
设备名称： 运行二部 柴油产品泵
设备型号：
取样位置： 轴承箱底部
备　　注：

报告编号： 6620240301650
报告页码： 第1页，共3页
取样日期： 2024.03.05
收样日期： 2024.03.11
报告日期： 2024.03.22
自 编 号：
样品包装： 100mL，塑料瓶

结论与建议

润滑状态： 油品理化指标正常，但污染元素Si含量偏高，通常来源于外界粉尘污染；
磨损状态： 系统磨损情况正常；
建议措施： 建议关注下一次监测数据的变化情况。

样品信息		本次数据	上次数据	历史数据	参考值
样品编号		6620240301650	6620240200443	6620230902209	惠炼油雾系统泵 ISO VG 46(纯油雾润滑)
油品名称		海疆 L-HM 46#抗磨液压油	海疆 L-HM 46#抗磨液压油	海疆 L-HM 68#抗磨液压油	
取样日期		2024-03-05	2024-01-30	2023-09-07	
设备运行时间		--	--	--	
油品使用时间		--	--	--	
理化指标					
运动黏度 40℃	mm²/s	48.96	47.05	59.59	--
酸值	mgKOH/g	0.51	0.48	0.49	--
污染指标					
水分	%(w/v)	<0.03(痕迹)	<0.03(痕迹)	<0.03(痕迹)	--
污染度 NAS 1638等级	--	9	9	9	≤14
5μm-15μm	counts/100mL	113659	69000	81250	≤4100000
15μm-25μm	counts/100mL	2980	1840	2275	≤730000
25μm-50μm	counts/100mL	920	560	975	≤130000
50μm-100μm	counts/100mL	240	80	150	≤23000
>100μm	counts/100mL	0	0	125	≤4096
污染度 ISO 4406等级	--	22/17/13	21/17/12	21/17/12	≤-/22/19
≥4μm(c)	counts/100mL	2121660	1823060	1207675	--
≥6μm(c)	counts/100mL	119800	71480	84775	≤4000000
≥14μm(c)	counts/100mL	4140	2480	3525	≤500000

图 5　蜡油加氢热油泵 P207B 润滑油分析报告(源自广研检测)

4　项目效果和效益分析

4.1　项目效果

以下通过几个具体案例来说明状态监测分析提高转动设备的预防性维修效果。

2023 年 12 月 26 日运行二部通过 XPR300 系统发现煤柴油加氢装置液化气泵 P211A 非驱动端轴承存在润滑不良、振动偏大(5.2mm/s)的情况，进一步分析频谱图中并未发现明显的轴承故障缺陷频率，表面轴承还未受损。设备工程师根据状态监测的结果制定该泵的预防性维修计划，将该泵的润滑方式由油雾润滑更改为吹扫型油雾润滑方式，由于数据显示该泵轴承未受到损伤故检修计划无需更换轴承及机械密封(该泵为悬臂泵)。预防性维修计划完成后再次复测振动数据发现该泵振动恢复正常，频谱中表征润滑不良的高频能量消失(图 6)。

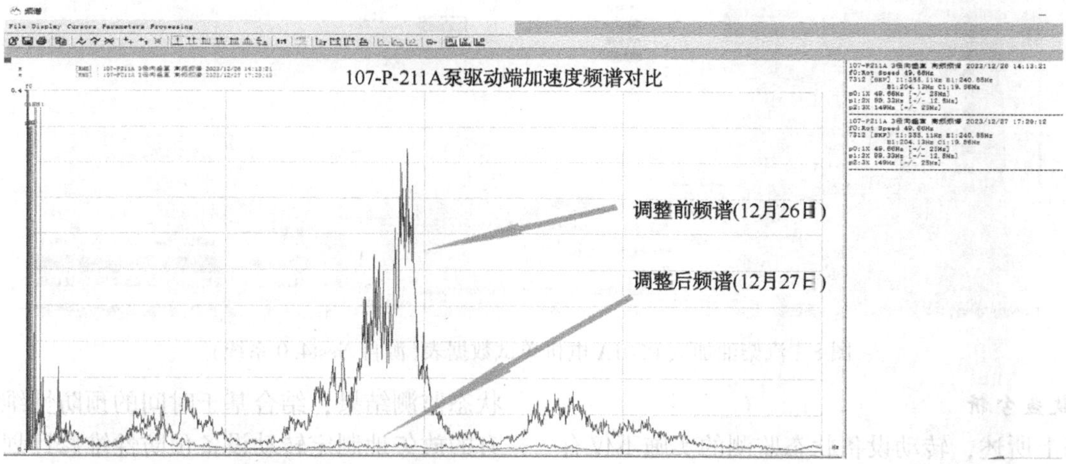

图 6　煤柴油加氢液化气泵 P211A 频谱分析(源自 Nest4.0)

2024 年 2 月 19 日，运行二部状态监测工程师发现煤柴油加氢裂化热油泵 P209A 非驱动高频能量较上次数据(2 月 5 日)幅值明显地上涨(图 7)。将该泵切至备用后对该泵进行检查，发现轴承箱非驱端油封存在漏油现象。由于该泵的轴承及机械密封未到预防性检修规定时间，且频谱结构显示轴承未损伤，故对该泵的预防性检修计划仅为更换油封 0 型圈，机泵在 4 个小时内便恢复了备用。

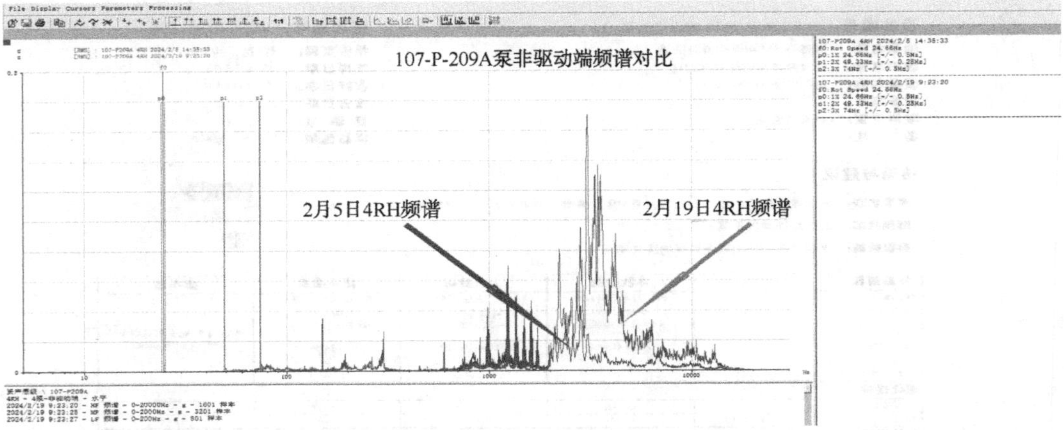

图 7　煤柴油加氢热油泵 P209A 频谱分析(源自 Nest4.0)

2024 年 4 月 15 日，汽柴油加氢装置 P201A 电机振动偏大进入 C 区运行，其中驱动端振动达到 5.3mm/s。解开联轴器对电机单试，使用 XPR300 采集波形数据发现电机振动偏大的原因主要是 1 倍频(1X)上涨所致，同时发现频谱中存在 2 倍电源工频的分量(2XLF)，分析结果指向电机软脚。现场逐个松开电机地脚螺栓，当松开西南脚螺栓时振动明显下降，确定电机软脚。制定该电机的预防性维修计划为电机重新找软脚、机泵重新精确对中，P201A 半天即完成备用(图 8)。

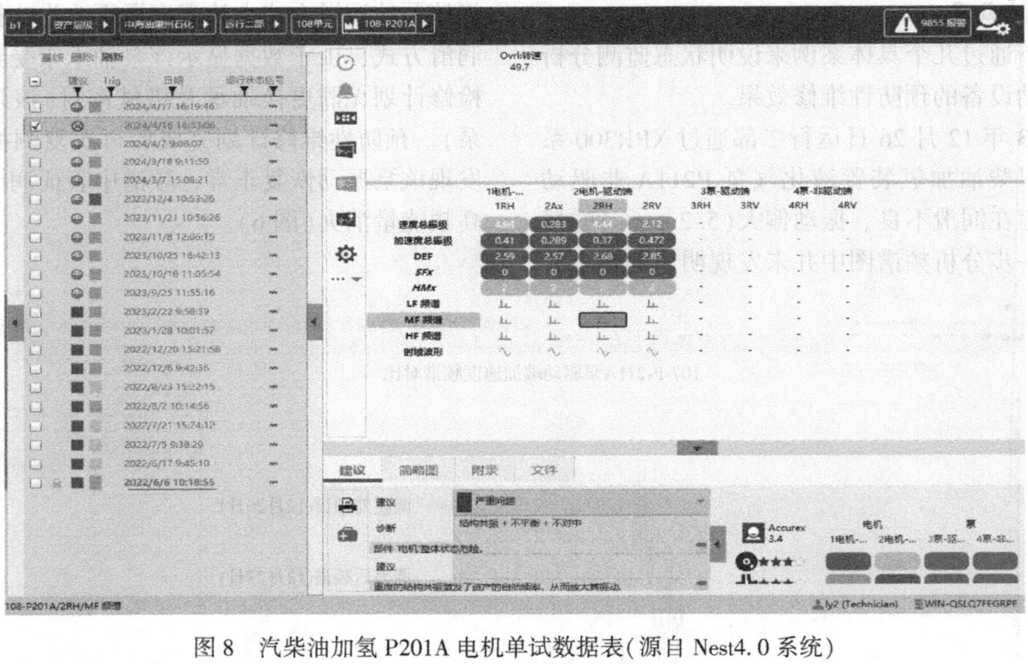

图 8　汽柴油加氢 P201A 电机单试数据表(源自 Nest4.0 系统)

4.2　效益分析

综上所述，转动设备状态监测的实施不仅有助于提高设备的可靠性和生产效率，还能为企业带来显著的经济效益。设备管理技术人员可根据状态监测结果，结合基于时间的预防性维修策略有的放矢地制定转动设备预防性维修计划，提高预防性维修效果。

机泵群状态监测与故障诊断系统的应用

完成人：张旭亮　李家鹏　江嘉勇　胡大月

（中海石油宁波大榭石化有限公司）

1　项目背景

目前，公司动设备状态监测工作，主要包括两部分，一是采用了北京博华信智科技公司的BH5000在线监测系统，对22台重要设备进行了在线监控，包括离心压缩机、螺杆压缩机、主风机、往复压缩机、离心泵等。二是对全公司所有的A/B类工艺泵、风机等进行离线监测，由北京博华安排每月对其中的一部分进行数据采集并分析，每月出一份当月数据的监测报告，所有A/B类机泵的监测周期为3个月。

尽管目前采用的在线监测系统有许多优点，但在实际使用中暴露出的缺陷也是明显的，由于在线监测系统采用有线传输数据，使得系统建设费用相对较高，限制了系统在企业中的应用范围，公司目前纳入在线监测的设备仅有22台，远不能满足安全、长周期运行的需要；此外，在线监测的数据需远程传输到外网（北京博华监控中心），存在信息安全隐患。离线监测的局限性：首先是离线采集数据工作量大，测量数据准确性相对较低，单机版的数据分析系统功能单一，图谱类型少，不能满足精密分析要求；对设备劣化反应迟钝。

2　总体情况

由于在线监测机泵数量较少，离线监测的局限性，对106台A类设备增加机泵群状态监测与故障诊断系统，可有效降低故障的损失和设备维修费用的同时，保证设备的安全运行，同时采用报警前置策略，通过短信、监测软件等方式直接将突发性故障的报警推送给现场设备管理人员，是对突发性故障进行预警。

3　技术路线和技术亮点

3.1　技术路线

3.1.1　核心组件

3.1.1.1　加速度传感器

集传感器、数据采集、数据传输于一体，同时实现测振、测温。

实现稳态和非稳态设备的看护，静态数据（总值）、动态数据（频谱）传输。

Zigbee无线通讯协议，简单、可靠、安全，为机泵群、风机群等关键设备提供无线监测方式，尤其适用于那些不适合在厂区范围内安装布线的企业。

3.1.1.2　无线通讯站

全无线状态监测产品，实现电缆零敷设，显著降低了监测的现场实施和维护难度。

支持60个振动传感器，集测振、测温、转速于一体，实现稳态和非稳态设备的监测。

多种触发方式的数据采集策略，同步采集、转速触发采集、报警触发采集等；支持断网数据储存，避免监测数据丢失。

3.1.1.3　现场状态监测系统

状态监测系统，可满足现场设备管理与运行维护人员的设备监测与故障分析需求，通过该模块提供的分析工具，可判断机组的工作状态，定位故障部位、故障原因以及故障劣化的模式。为现场设备故障诊断工程师提供了各类分析方法包括：设备运行趋势、时域波形、频谱、多时域、多频谱、多趋势、长波形、瀑布图、转速波形、倒频谱、包络解调谱等（图1）。

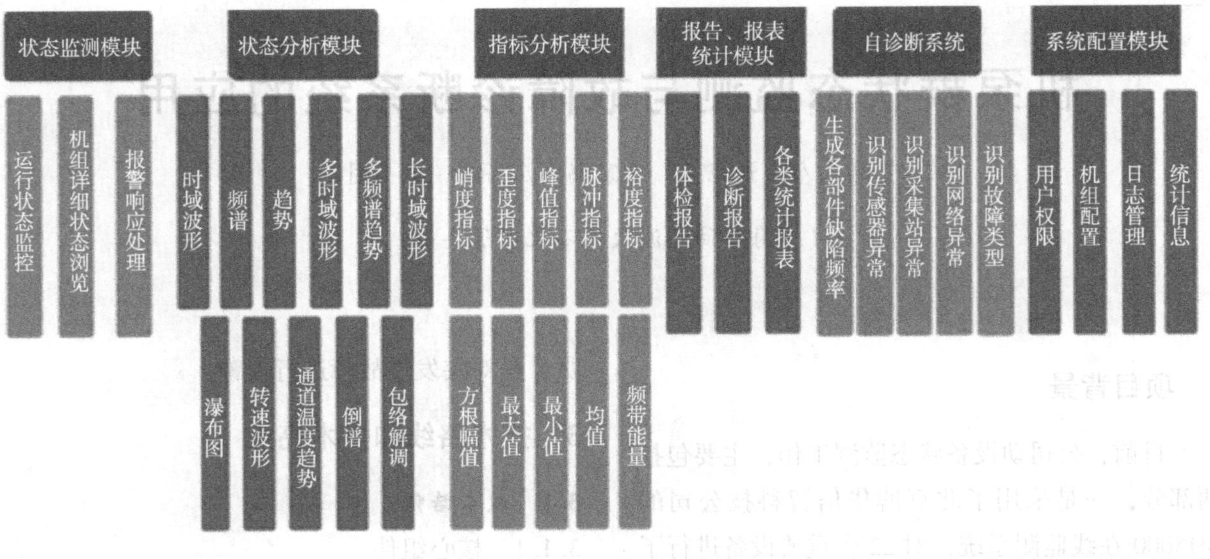

图 1　系统分析工具

3.1.1.4　远程诊断系统

远程诊断系统是针对设备进行集中远程智能监测的平台。通过该系统平台，可以通过智能报警策略，及时发现设备异常，并通过远程专家会诊功能，实现机组状态的精准分析，找出问题的根源以及存在的潜在故障，避免由于潜在故障以及批量问题停机造成的巨大经济损失，同时通过对潜在故障根源的分析以及损伤部件的寿命预测，实现机械部件最大限度利用。专家通过出具体检报告和诊断报告，进而指导现场检维修动作（图 2）。

图 2　远程诊断系统界面

3.1.2　测点配置

根据振动监测评估标准 ISO 10816-3 第三部分测量方法与操作条件中第二节规定：

振动测量的位置与方向必须对于测量机器的动态力要有足够的灵敏度典型情况下需要在每一个轴承盖或轴承座二个相互正交的径向位置进行测量。

测点布置示意图见表 1、表 2、图 3。

表 1　悬臂泵

设备名称	监测部位	测点位置	测点类型及数量
悬臂泵	电机	电机负荷端 H	RH505x1
	泵	泵端 H	RH505x1
		泵端 V	RH505x1
		泵端 A	RH505x1

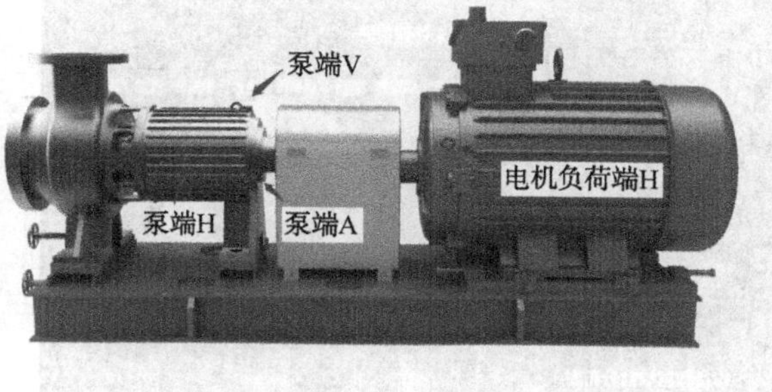

图3　测点布置示意图

表2　双支撑泵

设备名称	监测部位	测点位置	测点类型及数量
双支撑泵	电机	电机负荷端 H	RH505x1
	泵	泵负荷端 H	RH505x1
		泵负荷端 V	RH505x1
		泵自由端 H	RH505x1
		泵自由端 A	RH505x1

3.1.3　系统价值

远程智能监测系统的实施，可以实时获知受控机组的运行状态，实现设备全生命周期中各个环节的安全监测，也实现了企业由流程驱动型管理向数据化、信息化驱动管理的现代化模式变革，是企业对设备管理模式的升级。

3.2　技术亮点

3.2.1　实施运行特点

3.2.1.1　无线监测器便捷的安装施工与维护

中海油动设备远程监测诊断中心智能无线监测系统采用工业频段设计，抗干扰能力强，数据无线传输距离远，系统实施仅需电源线敷设，监测器与数据采集单元间信息传输及与服务器间数据传输全部

3.2.1.2　“零”线缆敷设

智能无线监测器采用磁座+强力粘接的无损安装方式，同时配合2年使用寿命的大容量电池，降低了现场实施与维护成本，简化了现场检维修工作。

3.2.1.3　振动、温度同步采集

中海油动设备远程监测诊断中心无线监测器可以实现对振动、温度的同步采集，通过对振动、温度数据的双重监测，在传统机械故障实现监测的基础上，有效实现了机组突发性故障的预警，提高机组运行可靠性。

3.2.1.4　智能数据采集、智能报警

利用智能无线监测器，实现机组振动、温度信号的自动采集、处理与传输，异常设备的数据采集策略自动调节，轻松实现设备无人值守监测。系统通过多种信号、多种报警机制相结合的智能报警体系，确保异常设备报警信息的准确性与及时性，实现所有监测设备的安全看护。

3.2.2　分析特色技术

3.2.2.1　长波形采集

对于减速箱低速级等低转速的部件监测而言，是业内公认的监测难点，针对低速变载设备的运行特点，针对性地开发了长波形采集技术，单条数据最长可达2M，以20k分析频率计算，单条波形数据可连续采集40.96s，可以记录多个故障周期。该技术对于轴承故障的发现和精确定位十分重要。而业内同行单条数据多在s级或ms级，从技术角度上难以精确定位故障。

3.2.2.2　个性化“远程听筒”功能

中海油动设备远程监测诊断中心基于自身在长波形采集特色技术上的优势，利用智能算法针对性开发了远程听筒功能，将持续数分钟的长波形，转换成声音信号播放出来，对于辅助判断减速箱低速齿故障定位有重要意义，同时远程听筒功能的开发，使得现场人员在办公室即可实现设备侧运行的监听，极大节约现场点巡检人员的工作量。

4　应用场景

公司在运行六部、运行七部、运行八部、运行九部共计106台关键机泵配置了机泵群状态监测与故障诊断系统，远程智能监测系统的实施，可以实时获知受控机泵的运行状态，实现设备全生命周期中各个环节的安全监测，也实现了企业由流程驱动型管理向数据化、信息化驱动管理的现代化模式变革，是企业对设备管理模式的升级（图4）。

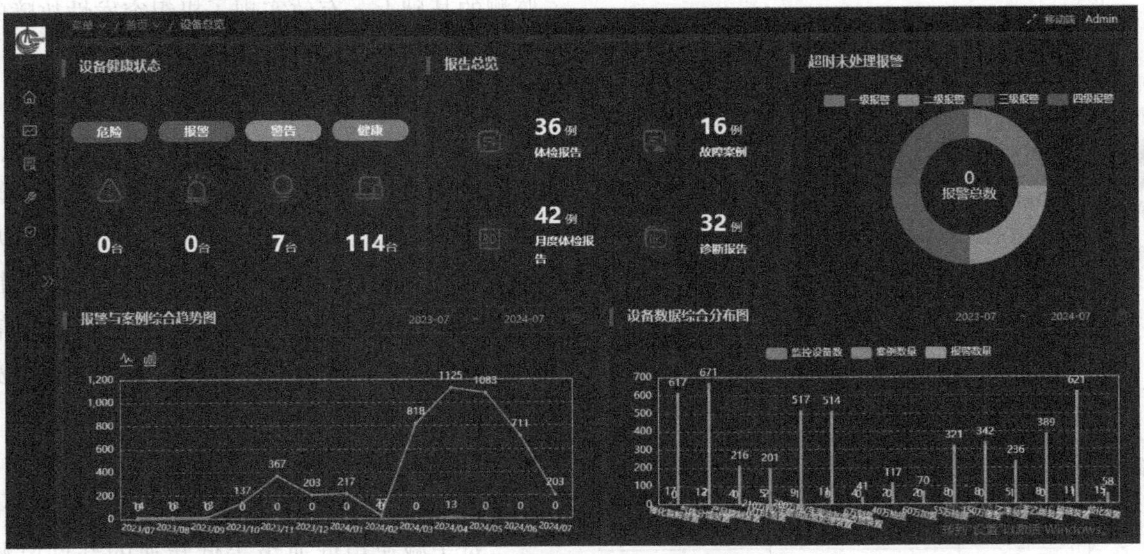

图4　机泵群状态监测与故障诊断系统

5　项目效果和效益分析

目前公司已围绕着该系统，建立了相应的专业微信群，所有设备管理人员都在群内，凡泵群监测系统发出的报警或诊断信息，设备管理人员均可在第一时间知道。

2022年机泵在线监测服务出具状态监测分析提供12份月度体检报告，远程诊断中心全年进行后台数据值守，日常预警18次。月度预警和监测设备状态分布分别见下表。通过在线监测评估数据分析，设备运转正常状态占比91.6%、基本正常状态占比8.4%、低值报警占比0%、高值报警占比0%。设备完好率保持较高状态且相对稳定。

2023年预测性维护系统共预警72次，已形成闭环案例6个，其中夜间推送预警为3次，主要预警类型为轴承类和动静磨碰类预警，轴承类预警以轴承本体损伤为主，主要表现为以保持架断裂，内外圈磨损，滚动体点蚀剥落，也包含部分润滑不良造成的振动上升。累计形成案例6个，故障类型占比主要为轴承预警和润滑不良，其中轴承故障共5个，占比83%。其中润滑不良问题，现场得到及时提醒，起到早期预警维护作用，轴承部件级损伤，通过现场及时配合，及时进行了检修，降低了设备运行的安全风险，减少了非计划停机的经济影响。

干气密封状态监测系统的应用

完成人：张旭亮　李家鹏　江嘉勇　胡大月　黄映峰

（中海石油宁波大榭石化有限公司）

1　项目背景

现代工业中的密封设备已经非常精密，但对于管道及压力容器等设备依然存在着泄漏的问题。泄漏轻则造成能源浪费、物料流失、环境污染，重则酿成火灾、引起爆炸、甚至直接危及人身安全。而根据日本对石油化工企业灾害的统计，在化工装置发生的786起事故中，约有332起是由泄漏引起的。密封是防止泄漏的有效设备，在石油化工领域，90%以上的炼油化工设备都使用了密封设备，尤其是干气密封因其高可靠性和长寿命等优点被广泛应用于石化等领域。由此可见，干气密封技术在现代工业中起着越来越重要的作用。

典型的干气密封一般由端面密封副、弹性元件、辅助密封、传动件、防转件和紧固件组成。根据工作原理的不同，干气密封工作时密封端面并不贴合，而是依靠封气或被密封介质所形成的一层气体膜来实现润滑及密封的作用。随着现代工业的发展，干气密封的工作环境愈发严苛。特别是化工重要设备上的轴端密封要求在使用上更为可靠，连续运行周期更长，不允许出现一点闪失。干气密封虽体积小，但结构复杂，装配精密，往往决定着机械设备的性能。其中任何零部件的故障，都可能导致密封失效，从而引起设备泄漏，造成重大安全事故。因此，为了保障工业系统的安全性和可靠性，须对干气密封进行良好的维护和管理。

目前对于干气密封的维护主要采用失效检修和定期维护，其中失效检修是指对密封的泄漏率进行监测，一旦泄漏率超标，便对设备进行停机检查，并更换其故障零件；而定期维护是指根据设计和使用经验，对干气密封进行定期的检查和维护，并当设备到达可靠寿命之时，无论其是否失效，均进行整体更换。这种管理维护方式虽然简单，但缺点也显而易见。对于大多数剧毒或者具有易燃易爆特性的被密封介质，其泄漏率必须被严格控制，密封工作期间不允许失效，因此失效检修并不可靠；而对于定期维护，由于密封件结构复杂，设备失效的故障因子较多，导致密封在正常寿命期间存在随机性失效，因此维护中往往出现维护过剩或维护不足的情况。而一些特殊工作环境下的密封设备，其零部件拆卸极为不便，不仅需停工整个装置，而且还需配备专门的拆卸工具和工程人员，维护代价可想而知。

由此可见，传统的维护方式具有盲目性大、可靠性低、维护频率高和维护成本高等缺点。对于作为石化工业最关键设备之一的压缩机，其轴端干气密封运行状态直接影响着其工作的稳定性和可靠性。要提高整个系统运行的可靠性，须对密封的维护和管理方式进行改善升级，以适应现代化工业发展的潮流。

2　总体情况

根据前期方案，在公司12台压缩机加装干气密封监测系统，其中运行七部、运行八部需要新增温度变送器，项目于2023年11月3日开始上线试运行，目前监测数据平稳，干气密封状态监测系统上线后，将对大榭石化干气密封进行更加全面的技术诊断，通过新技术，全力保障压缩机干气密封健康运行。

3　技术路线和技术亮点

3.1　技术路线

3.1.1　设计内容

本方案主要设计内容为中海石油宁波大榭石化有限公司运行六部、运行七部、运行八部、储运二部干气密封状态监测及健康管理系统。对拟加装干气密封状态监测及健康管理系统的压缩机一级泄漏气管路加装温度变送器，并将其引入

DCS 控制系统。安装干气密封状态监测服务器，用于部署相关软件实现待监测机组监测参数请求读取、加密封装、同步转发等。

以中间绿色条所示“互联网”为分界，主要分为上下两部分。

第一部分为数据传输，在甲方实施数据读取、封装、传输，是整个项目的基础数据来源。

第二部分为数据分析，在乙方完成，主要对监测数据进行分析处理。

系统架构如图 1 所示。

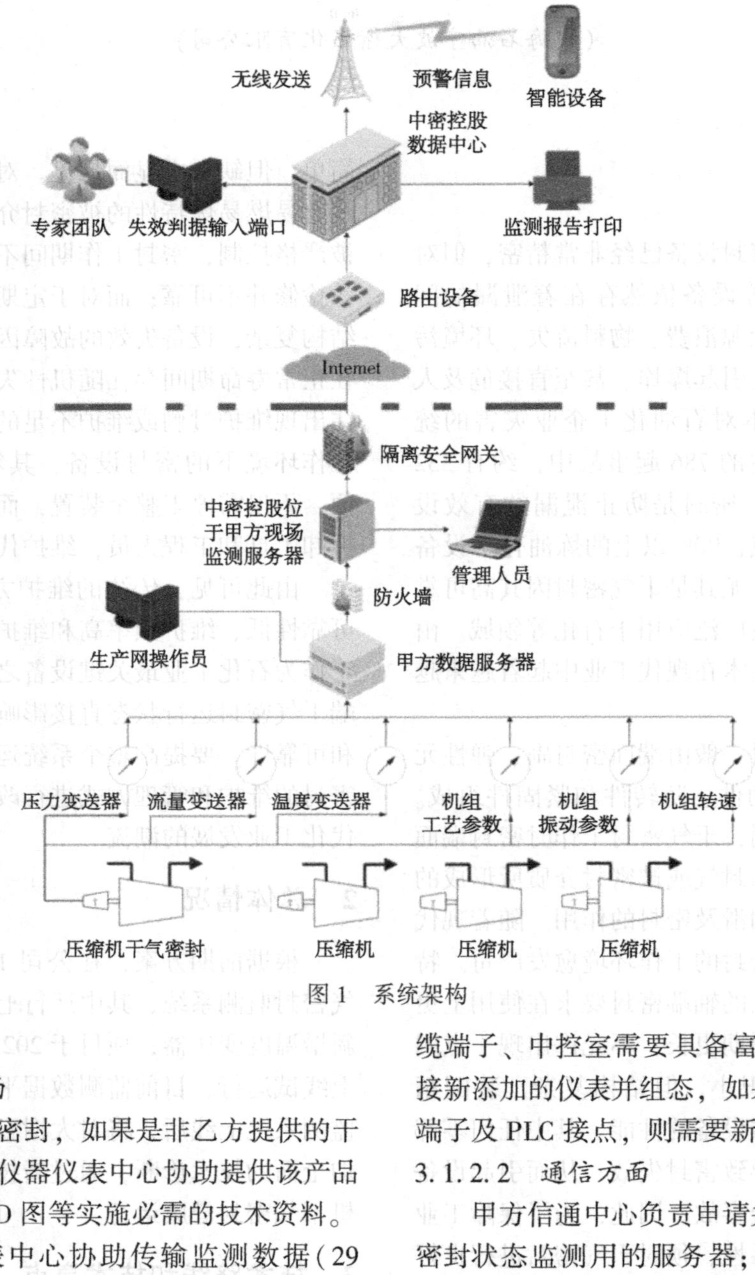

图 1　系统架构

3.1.2　设计方案

3.1.2.1　*仪表方面*

本次实施监测密封，如果是非乙方提供的干气密封系统，甲方仪器仪表中心协助提供该产品的密封装配图、PID 图等实施必需的技术资料。

甲方仪器仪表中心协助传输监测数据（29 路）；

甲方仪器仪表中心负责新增一级密封气和一级泄漏气温度监测，温度变送器安装在干气密封一级密封气入口和一级泄漏气出口位置，对一级密封气和一级泄漏气的温度进行监测；

待温度变送器安装好后，甲方仪器仪表中心要将新安装的温度变送器连接至 DCS 控制中心信号采集接线端子。现场需要具备富裕的接线电缆端子、中控室需要具备富裕的 PLC 接点以连接新添加的仪表并组态，如果没有富裕接线电缆端子及 PLC 接点，则需要新增。

3.1.2.2　*通信方面*

甲方信通中心负责申请并开通一台用于干气密封状态监测用的服务器；该服务器设置在甲方，安装地点安全可靠，设置在：DMZ 区；

服务器安装地点不间断供电电源：交流 220V；

服务器安装地点具有甲方内网连接端口，并开通相应机组干气密封数据的访问权限及方法。

服务器安装地点具备互联网连接端口，并开放互联网对应 9200 端口给中密，以便服务器数据外发及远程对服务器的维护管理。

甲方信通中心负责将用于干气密状态监测的数据通过 pi SDK 方式获取到后发送给乙方指定互联网云端地址（中密云地址：47.108.208.12）；

3.2　技术亮点

SIMS 系统实时更新，通过多源数据分析并在决策级进行融合处理，实现了对高压干气密封在线状态监测及预警功能。

SIMS 监测系统关注干气密封运行参数的变化值，即实际值与特征值的差异。

SIMS 监测系统抓取的是参数的变化值，对变化值进行跟踪、统计、计算。

SIMS 监测系统模型算法自学习不断迭代，数据分析更为精准。

SIMS 监测系统具有专家诊断功能，用户最终设备健康目录、设备健康评估报告、短期失效预测报告，指导设备维护维修。

4　应用场景

大榭石化在运行六部、运行七部、运行八部、储运二部共计 12 台关键机组配置了干气密封状态监测系统，干气密封状态监测系统将对大榭石化干气密封进行更加全面的技术诊断，尤其对运行七部 210 万蜡油加氢装置循环氢压缩机干气密封进行重点监控，通过新技术，全力保障压缩机干气密封健康运行(图 2)。

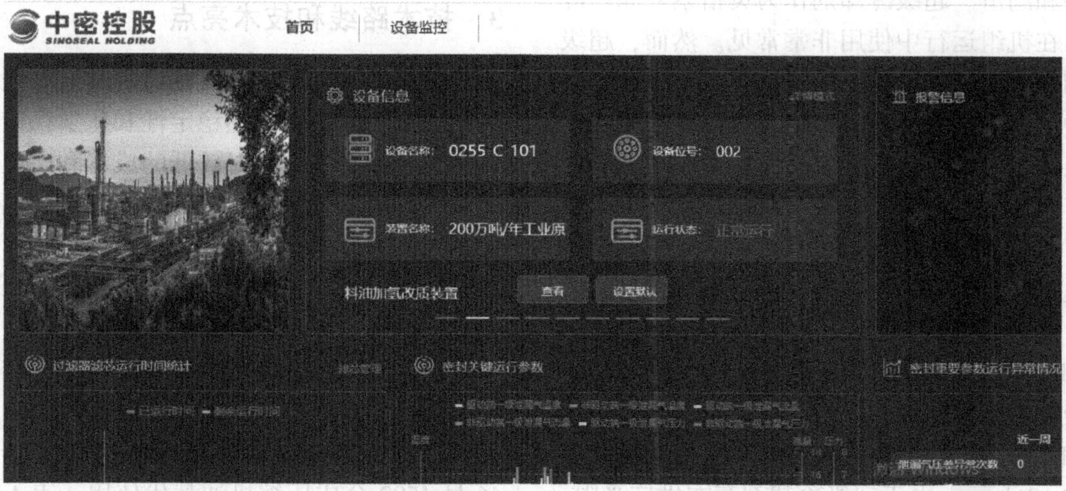

图 2　干气密封状态监测系统

5　项目效果和效益分析

干气密封状态监测系统项目由机械动力部进行统筹，运行七部、运行八部提报温度变送器、电缆等材料，到货后由长炼机电进行施工，科技信息部采购防火墙并负责安装，中密控股进行干气密封状态监测系统安装，并于 2023 年 11 月 3 日开始上线试运行，对机组干气密封进行全面监测，保证机组干气密正常运行。

干气密封状态监测系统由首页和设备监控页面组成，首页有设备信息、报警信息、过滤器滤芯运行时间统计、密封关键运行参数、密封重要参数运行异常情况统计、密封健康指数、一级密封泄漏气关键参数曲线图等，设备监控页面可以详细查看干气密封的运行参数，通过设备运行状态可知设备是否正常运行，报警信息查看是否有数据超标准，密封健康指数越高说明干气密封状态越好。干气密封状态监测系统上线后，为用户和密封厂双向服务，管理模式从被动转为主动，与设计、制造、试验等数据进行一对一的分析，更加精准、科学；降低巡检、设备管理对人员专业知识、能力、管理的要求；基于专家的分析，可准确判断干气密封的健康状态，提供预知性分析建议，既杜绝极端的突发事故，又有效延长使用；从原有的故障处理到故障预知，状态维修到预防性维修、智能控制，以及实时享受持续、统一标准的系统或技术专家的服务。

英格索兰空压机润滑油国产化

完成人：张旭亮　李家鹏　江嘉勇　胡大月　包磊磊　黄映峰

（中海石油宁波大榭石化有限公司）

1　项目背景

空压机是工业生产中常用的设备之一，其运行过程中会产生大量的热量，需要使用润滑油进行冷却和润滑。超级冷却剂作为英格索兰原厂冷却液，在机组运行中使用非常常见。然而，超级冷却剂的价格较高，且供应受到限制。因此，寻找一种可以替代超级冷却剂的方案具有重要的实际意义。

2　总体情况

生产运行十部老厂区螺杆压缩机设备目前配置共 3 台，运行模式为 1 开 2 备，设备位号 C364ABC，均为英格索兰品牌，机组使用英格索兰超级冷却剂进行冷却润滑，年耗费冷却剂量约为 400L，又要通过单一来源采办，年消耗修理费用约 10 万元。由于超级冷却剂存在供应受限，同时价格较为昂贵，极大地增加了运行成本，无法达到公司“降本增效”理念。

因此，在确保装置安全稳定运行的条件下，寻找一种可以替代空压机超级冷却剂的技术，增加经济效益迫在眉睫。

3　技术路线和技术亮点

超级冷却剂通常具有优良的耐高温性、极低的凝固点以及良好的热稳定性和化学稳定性。而国产润滑油则具有相对较低的成本和广泛的供应来源，同时，一些高性能的国产润滑油也具有较好的耐高温性、抗乳化性和稳定性。

计划通过对超级冷却剂的化验分析，对比国内其他牌号的全合成润滑油，经过使用业绩等相关对比，在机械动力部的技术支持下，推荐选用长城 46 号 4502 合成压缩机油替代使用。

结合在用英格索兰超级冷却剂情况，长城 46 号 4502 合成压缩机油替代使用，表 1 是二者的理化性能对比结果。

表 1　英格索兰超级冷却剂和长城 4502(46) 性能对比

分析项目	英格索兰 超级冷却剂	长城 4502(46)	试验方法
基础油类型	醚酯型	合成酯+PAO	GB/T 6040
运动黏度/(mm^2/s) 40℃ 100℃	 47.56 8.896	 47.67 6.959	GB/T 265
酸值/(mgKOH/g)	0.24	0.32	GB/T 7304
闪点(开口)/℃	265	228	GB/T 3536
倾点/℃	−50	−41	GB/T 3535
铜腐蚀(T_2 铜，100℃，3h)	1b	1b	GB/T 5096
抗乳化性(54℃)/min	>30	4.0	GB/T 7305
残炭/%	0.20	0.01	SH/T 0170
密度(20℃)/(g/cm^3)	0.9854	0.9401	SH/T 0604

从表中数据看：

（1）英格索兰超级冷却剂与长城 4502（46）的基础油类型有差异，英格索兰超级冷却剂为醚酯型，长城 4502（46）为合成酯+PAO 类型，但二者相容性好。

（2）长城 4502（46）合成压缩机油在抗乳化性、残炭等性能上优于英格索兰超级冷却剂。

（3）长城 4502（46）合成压缩机油倾点较高，闪点低于英格索兰超级冷却剂，但均能满足使用环境的要求。

（4）其它性能二者基本相当。

为保证替代工作的顺利进行，排除油品使用中外界带来的不可预料的因素，首次替代使用时，将原设备用油采用最低点排放，并对油箱加入新泊进行循环清洗，避免残留油的影响。

4 项目效果和效益分析

（1）项目效果

通过现场试验，老厂区空压机 C364A 自 2022 年 10 月更换润滑油运行三个月后，各运行指标均正常。后续部门陆续对 C364BC 机组进行润滑泄替换，各机组陆续投入运行。

2023 年 12 月，结合对 C364A 解体大修的契机，对空压机 C364A 转动部件进行检查，各项检查结果表明，老厂区空压机 C364A 机各转动部件处于正常状态。故在现环境下，长城 46 号 4502 合成压缩机油替代使用超级冷却剂作为空压机润滑油使用非常成功(图 1)。

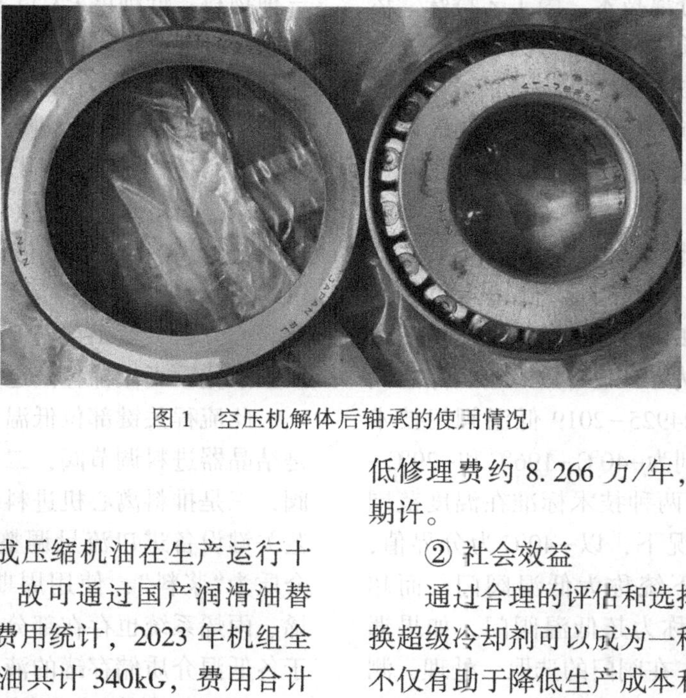

图 1 空压机解体后轴承的使用情况

（2）效益分析

① 经济效益

长城 4502（46）合成压缩机油在生产运行十部具有替换使用成功，故可通过国产润滑油替换，经过 2023 年实际费用统计，2023 年机组全年消耗长城 4502 润滑油共计 340kG，费用合计 1.734 万元，远低于技术攻关目标值 3 万元，降低修理费约 8.266 万/年，达到“降本增效”的期许。

② 社会效益

通过合理的评估和选择，使用国产润滑油替换超级冷却剂可以成为一种成熟可行的方案。这不仅有助于降低生产成本和提高供应稳定性，而且能够确保机组稳定运行。

基于结晶法 PX 装置低温调节阀的国产化应用

完成人：张旭亮　李家鹏　王学聪　田鸿鹏　黄映峰

（中海石油宁波大榭石化有限公司）

1　项目背景

大榭石化 160 万吨/年芳烃装置是国内首批采用结晶法分离法提纯对二甲苯的装置。结晶单元采用 LUMMUS 结晶工艺专利技术和工艺包，引进两段重浆化结晶分离技术。因工艺特殊，运行状态下，结晶单元长时间保持低温状态，混合二甲苯进入卧螺离心机、推料离心机的“浆料”介质温度介于-66℃与-36℃之间，其中最大固体含量 45%。因此，此部分对进料所选低温调节阀的要求较高。

低温调节阀在设计、制造、实验和安装方式等方面均与一般阀门有所不同。截止到目前为止。国内的低温阀门在设计、制造以及测试的标准主要有两种，分别为 JB/T 7749-1995 低温阀门技术条件和 GB/T 24925-2019 低温阀门技术条件，它们的温度分别为-40℃-196℃和-29℃-196℃的法兰。尽管这两种技术标准在温度范围上有所不同，一般情况下，以-40℃为分界值，介质温度在-40℃以下统称为低温阀门，而超过-101℃时，阀门统称为超低温阀门。如果遇到温度更低的情况时，在阀门的选取、处理、测试和安装等方面则需要格外注意。

2　总体情况

首先针对芳烃结晶单元工艺流程做简要概述。异构化反应后的混合二甲苯、歧化甲苯塔底混合物、重整装置二甲苯塔顶分馏产品同时进入二甲苯回收塔 T401，分馏塔第 97 层侧采 C9 芳烃返回歧化装置，CT#3 塔盘侧线抽出的液相混合二甲苯和第 33 层塔盘气相混合二甲苯冷凝后的液体混合后，经过换热器和空冷器降温至 45℃，然后进入 TK501（结晶原料罐），结晶原料经过冷却至-37℃（高于初始结晶温度约 1℃），然后进入带夹套的结晶器，夹套中的液态乙烯通过相变吸热给结晶器内的混合二甲苯降温，PX 在结晶器的器壁上结晶析出，结晶器的搅拌刮刀把器壁上析出的 PX 刮落，最终产生固含量 17%左右的浆料，浆料通过结晶器输出泵打至卧式螺旋沉降离心机，浆料经过卧螺离心机分离后产生三种物料：低纯度 PX 母液（PX 含量约 9%）送至回收段母液罐，再由回收段母液泵通过一系列换热升温后送至异构化进料罐；卧螺离心机分离产生的滤液返回结晶器进行回收；分离产生的 PX 滤饼（由纯 PX 晶体和附着在晶体表面的母液组成）靠重力流入增效段重浆化罐，滤饼在重浆化罐中被较高纯度 PX 的液体洗涤提纯，产生固含量约 45%的浆料，然后浆料通过推料离心机进行离心分离，产出合格 PX 产品和滤液，滤液返回重浆化罐当做稀释液进行回收利用。

此流程关键部位低温调节阀可分为三处，一是结晶器进料调节阀，二是卧螺离心机进料调节阀，三是推料离心机进料调节阀，主要围绕此工艺关键设备进口流量调整而设置，具有温度低，介质为“浆料”，使用周期长的工作特点。另乙烯、丙烯系统也存在部分低温控制阀，主要集中于各低温介质储存罐的液控及压控位置。

低温调节阀主要使用进口品牌 FISHER、MSAONEILAN、FLOWSERVE 较多，本项目针对此工艺特性及调节阀选型性能的多次确认，进行国产替代化制造及测试投用及合理改造，效果较好，大大降低了采购成本。

3　技术路线和技术亮点

3.1　阀门选材

在低温条件下，绝大部分的金属或非金属材料的性能都会发生或多或少的变化，对于其材料而言，低温冲击韧性是除了机械强度外最为重要的指标。低温介质不仅温度极低。其自身的渗透性也极强。在低温条件下，相应材料的低温冲击任性和脆性会发生变化，其脆性与温度成正比关系，温度越低，相应的脆性越低。低温冲击韧性则相反成反比关系，温度越低，相应的低温冲击韧性越高。因此，综上所述，低温阀门阀体、阀盖等耐压零件的材料一般要选取低温强度表现好的材料，其次还应该考虑焊接性、机加工性能、稳定性和经济性等因素。

3.2 条件设置

材料选取完成后，即可对实验条件进行设定。本方向上的低温等级通常取-46℃、-101℃和-196℃这三个温度。其中，在-46℃条件下，通常选用低温碳钢。-101℃和-196℃条件下，由于300系列奥氏体不锈钢有适中的强度、较好的韧性和较好的加工性能，所以通常选取此材料。如表1及表2所示。

表1 常用低温铸件

材料类别	材料牌号	最低使用温度/℃	执行标准
碳钢	LCA	-32	JB/T 7248
	LCB	-46	
碳锰钢	LCC	-46	
碳钼钢	LC1	-59	
2.5%镍钢	LC2	-73	
镍铬钼钢	LC2-1	-73	
3.5%镍钢	LC3	-101	
4.5%镍钢	LC4	-115	
9%镍钢	LC9	-196	
13%铬镍钼钢	CA6NM	-73	
奥氏体不锈钢	CF8	-196	JB/T 7248
	CF8M		
	CF3		
	CF3M		

表2 常用低温铸件

材料类别	材料牌号	最低使用温度/℃	执行标准
碳钢	16MnD	-45	NB/T 47009
3.5%镍钢	08Ni3D	-100	NB/T 47009
合金钢	06Ni9D	-196	NB/T 47009
奥氏体不锈钢	S30408	-196	NB/T 47010
	D31608	-196	
	S30403	-196	
	S31603	-196	
	S34779	-196	

3.3 低温阀门的试验

如图1所示，低温深层处理是将金属放置在零下100℃的条件下进行处理。通过处理得到高强度的马氏体，其表面的疏松程度和粗糙度及其他各项指标均有改善，从而实现延长零部件的使用寿命的目的。

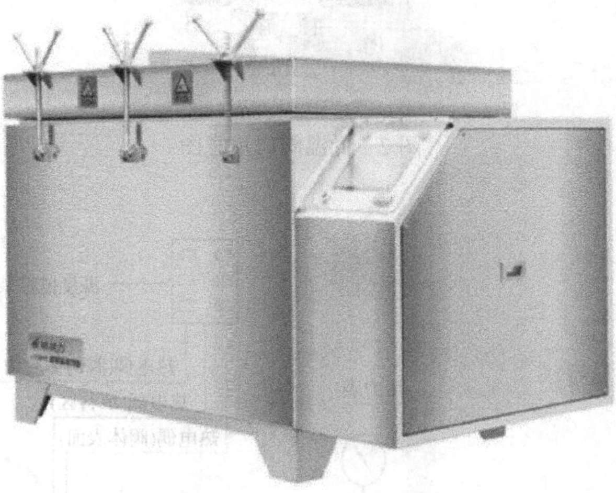

图1 低温深冷处理

图2为低温阀门示意图，从图中可以看出其阀门拥有一个长颈结构。加长的阀盖结构主要是为了避免操作人员因为温度过低造成不良影响，同时，还可以确保填料函和压套在正常的温度下使用，此特点在低温调节阀中同样适用。在此项目中，乙烯罐低温调节阀工作温度低达-66.5℃，阀杆过短不能有效提高介质与阀门执行机构间的冷热置换能力，空气中常温状态的水汽预冷急速凝结，造成阀门阀杆处结冰严重，无法正常动作，针对此问题，在原有阀门的基础上，选用PCTFE（聚三氟氯乙烯）填料材质作为替代，PCTFE具有优良的化学稳定性、绝缘性和耐候性，可在-196℃至125℃长期使用，同时，将原阀杆长度由378mm提至641mm，并由单密封改为双密封，增强冷热置换能力的同时加强了阀门盘根处的密封效果。从而根本性地解除安全隐患。

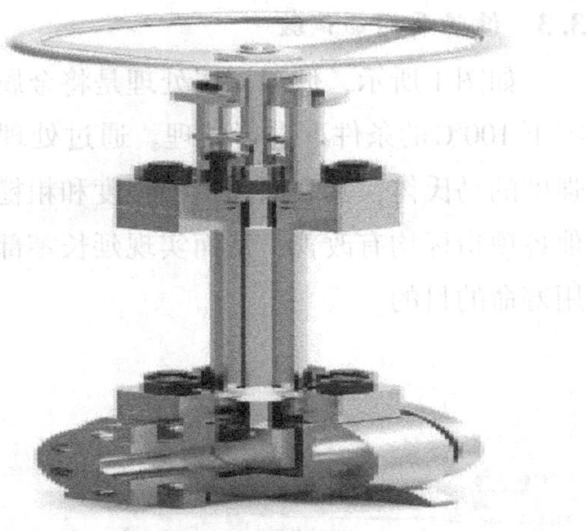

图 2　低温阀门示意图

在按照 GB/T 26480 进行必要的常温试验外，必要的低温实验可验证其相应的性能。表 3 为实验介质的相关标准。

表 3　实验介质的相关标准

试验温度 t	试验介质
≥-110℃	90%氮气+10%氦气或 97%氦气
-196℃≤t<-110℃	97%及以上的氦气

注：试验温度不低于-110℃，如没有氦气检漏要求，试验介质亦可采用 97%以上的氮气。

在常温情况下，利用氮气或空气先对设备做初始测试，此操作的目的是为了保证低温阀门在合适的条件下顺利运行。图 3 展示了低温阀门典型试验装置的详细连接方式以及工作流程。

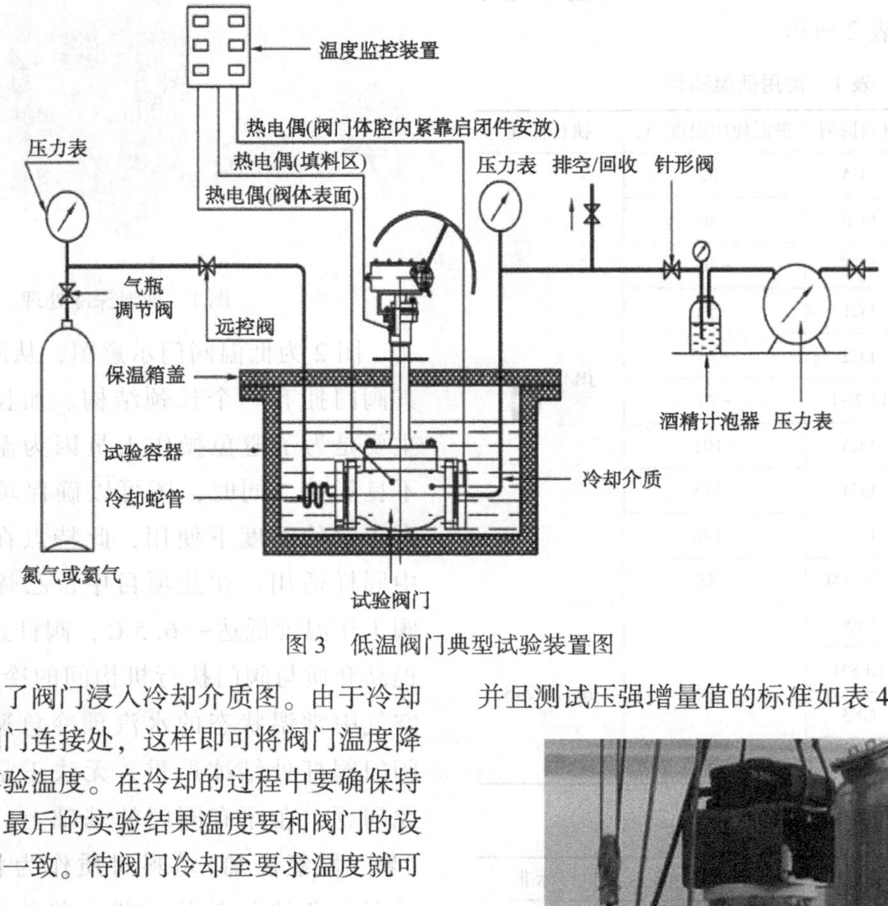

图 3　低温阀门典型试验装置图

图 4 展示了阀门浸入冷却介质图。由于冷却介质覆盖在阀门连接处，这样即可将阀门温度降低至相应的实验温度。在冷却的过程中要确保持续充气状态。最后的实验结果温度要和阀门的设置最低温度相一致。待阀门冷却至要求温度就可以停止充气。

实验具体的操作流程如下。首先，本实验一定要在低温条件下进行，将压强调整至 0.2MPa，反复重复启动和关闭阀门 5 次对其性能进行测试。配有驱动装置的阀门同样按照以上步骤操作，直到上述操作完毕且压强保持平稳状态再测量阀座的泄漏率。其次，必须要注意的是，本实验要在高压气体条件下进行，这就要确保实验气体的安全性，保证实验的人员以及现场的安全，并且测试压强增量值的标准如表 4 所示。

图 4　阀门浸入冷却介质图

表4　压强增量值的标准的相关标准

公称压力	CWP	测试压力增量值	压力等级
PN16	1.6	0.4	Class150
PN25	2.5	0.5	Class300
PN40	4.0	1.0	
PN63	6.3	1.5	—
PN100	10.0	2.0	Class600
PN160	16.0	3.0	Class900
PN250及以上	25.0	5.0	Class1500及以上

高压气体试验时，应从较低压力开始试验，并按测试压力增量值逐渐增加压力，直到达到最大允许测试值。

低温仪表阀测试值按合同规定。

参照上表数据，逐步增压直到达到阀门的CWP冷工作压强。再对阀门进行密封试验处理。常规调节阀密封性常采用平面密封。在超低温空旷下，根据热胀冷缩系数、每个密封器件在超低温空旷下的压缩量大不相同，因此常会导致阀门泄漏。针对上述情况，超低温调节阀常选用稳定性较高的材料并搭配深冷处理同步操作。双向密封的超低温调节阀要从两端同时充气才能完成实验，当超低温调节阀中腔压力升高至不大于CWP的1.5倍时，即可进行下一步操作。

当超低温调节阀处于半开启模式时，将出口处的针形阀门关闭，再对阀体增加压力直至CWP冷工作压强，这时应要检查调节阀填料处、阀体和阀盖连接处的密封状态是否良好，这就要求操作人员的操作流程必须严格按照规范执行。最后，如需逸散性能实验，则按照JB/T 12622的规定在上述条件性进行。具体步骤为将超低温调节阀从取下，并快速检查各处密封情况即可。

4　项目效果和效益分析

（1）项目效果

中海石油宁波大榭石化有限公司芳烃运行部国产低温调节阀在160万吨/年芳烃装置的首次应用，该成果技术可行，经济效益和社会效益显著，具有很好的推广前景。

（2）效益分析

① 经济效益

低温调节阀三要仍以FISHER、MSAONEILAN、FLOWSERVE等进口品牌为主，本装置低温系统各尺寸低湿调节阀41台，若采购进口品牌，合同价值近400万元，采用国产低温调节阀采购成本降至约200万元，节约成本200万元左右。

② 社会效益

大榭石化160万吨/年芳烃联合装置采用结晶法生产对二甲苯，该方法比常规吸附法更节能、环保，更符合国家提出的低碳环保战略，结晶法将是化工生产对二甲苯的主流方式。低温调节阀是结晶法芳烃装置中的关键设备，在以后的市场中有广泛的应用前景，国产低温调节阀的成功应用在打破进口设备垄断、价值昂贵、性价比较低、交货周期长等方面有重要意义。

228 装车站智能化系统改造

完成人：张明辉　贺孝忠　陈罗汉　李　枫　徐家旭　周贵田　柳冰瑞
曹　峰　余鹏程　董国辉　赵晓丽　陈婷婷
（中国海油惠州石化有限公司　深圳市旭永实业有限公司　中海油华南销售公司）

1 项目背景

惠州石化 228 单元汽车装车站于 2008 年建设，从开工投用以来一直采用传统装车模式，客户车辆需在销售部门临时停车场进行进场前车辆检查和领取提货单，拿提货单后再到 228 单元装车站按照步骤流程进行装车信息导入、车辆检验、人车信息核对、系统开单、过磅、结算，各步骤均为人工方式，整个业务流程不顺畅，存在人为干预多、装车效率低、人工操作强度大和易出错、车辆安全管控难的问题。

因此急需通过信息化及自动化技术手段，将两地装车办理和现场人工操作装车流程进行系统化智能整合，建立数字式自动化装车模型，实现在线预约提货、电子车检、自助服务、自动排队叫号、自动门禁、无人值守称重、自助装车、自助结算等功能，实现一卡式自动装车，提高装车效率和安全管理水平。

2 总体情况

惠州石化 228 单元智能装车系统改造项目，采用先进的“现代物流管理技术、工业控制、现场总线、工业以太网、移动互联网、大数据”技术，构建一套完整的智能装车系统，通过智能化管理模块，实现物流计划、远程预约、进厂安检、自助登记、排队叫号、自助称重、定量装车、自助打单结算、出入门禁智能验证、自动生成业务记录报表等功能，以减少整个装车流程的人工干预，提高装车效率和单天装车能力、降低人工劳动强度。同时，并通过数据接口与工厂现有计量管理系统、LIMS 系统、MES 系统、DCS 系统交互数据，实时采集计量数据上传至数据中心，可通过监控工作台查看，同时为公司决策层和管理层提供可靠、准确、一致的可视化经营数据(图 1)。

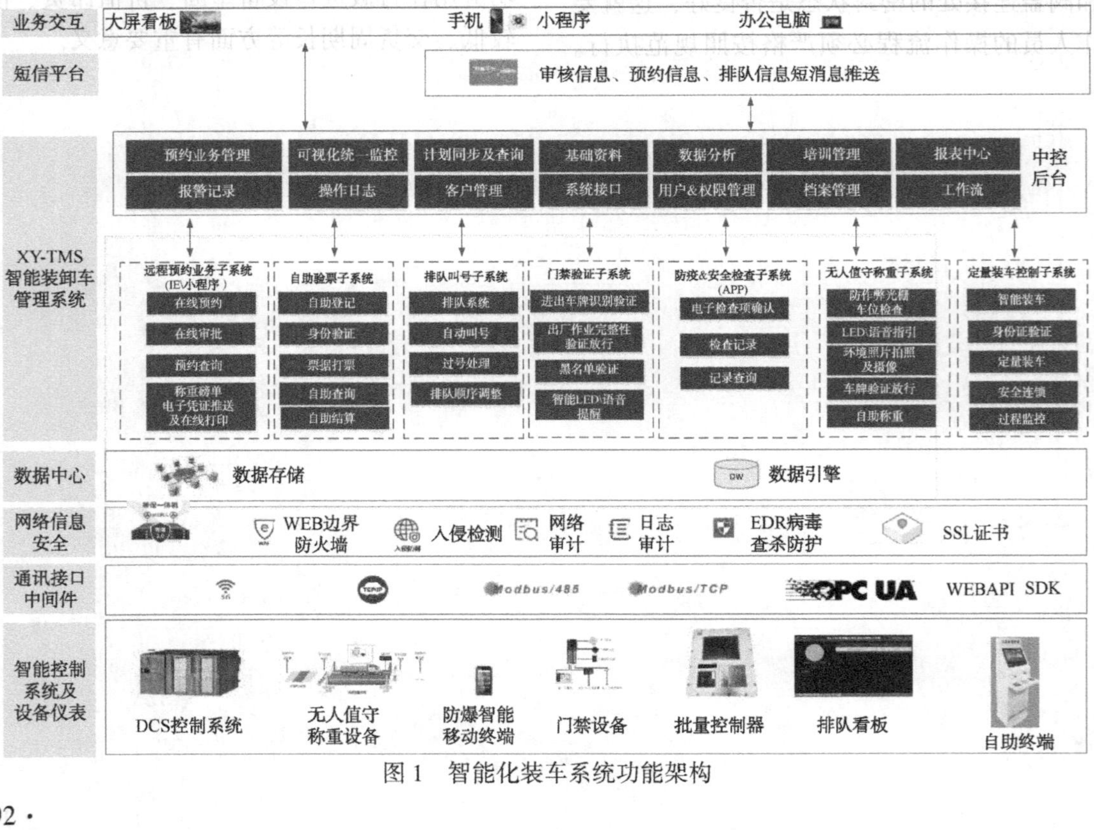

图 1　智能化装车系统功能架构

3 技术路线和技术亮点

3.1 技术路线

3.1.1 建立智能化全流程装车模块，实现全流程自动装车

开发智能化管理模块，实现全流程一卡通，解决人为作弊、易出错、效率低的难题。通过创建预约提货管理模块+停车场门禁管理模块+电子车检管理模块+自主服务管理模块+排队叫号管理模块+装车区门禁管理模块+无人称重管理模块+定量装车监管模块+自助结算管理模块+过程监控模块，实现物流计划、远程预约、进厂安检、自助登记、排队叫号、自助称重、定量装车、自助打单结算、出入门禁智能验证、自动生成业务记录报表等功能。

（1）预约提货系统模块。创建微信小程序App符合客户手机使用习惯，操作简单便捷，客户在App中根据自己身份证号唯一对应提货单和二维码，在装车过程中系统对提货单和二维码做销项关闭，确保每次装车的单据真实有效，规避了使用虚假或过期提货单造成的经济腐败问题；预约系统中增加了在线安全考核，集成"危险化学品运输安全教育和培训考试"功能，视频和题库可由惠州石化管理人员根据惠州石化作业安全要求，在后台配置并发布，司机提货人员通过在线观看发布的在线视频，并完成随机抽取的考卷，考试合格才可进行预约，提高人员自身的安全防范意识，降低安全事故隐患(图2)。

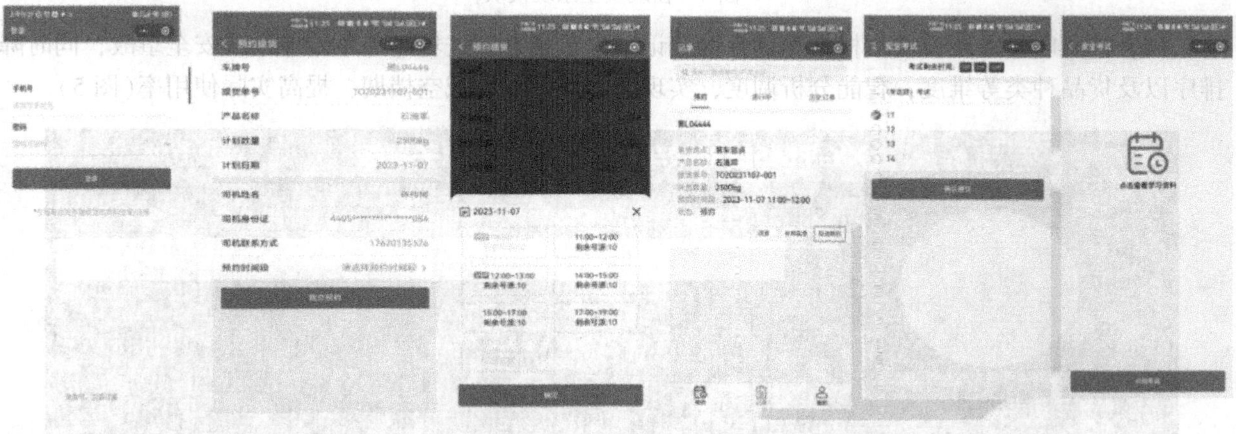

图2 微信APP预约系统模块

（2）自助验票系统模块。利用触控一体化智能操作终端，采用身份证读卡器提取工单信息，并通过AI人脸识别算法进行人证比对，杜绝人员私下顶替作业等违规行为；司机登记AI人脸与身份证比对，防止提货人员顶替进场作业(图3)。

（3）在线安检系统模块。基于5G技术，通过防爆手持终端APP预先设定的安全检查项(停车场安检、装车前安检、装车中安检、装车完成安检)，对人员作业期间各个环节以及车辆进行严格检验，并支持拍照与录制视频进行现场取证(图4)。

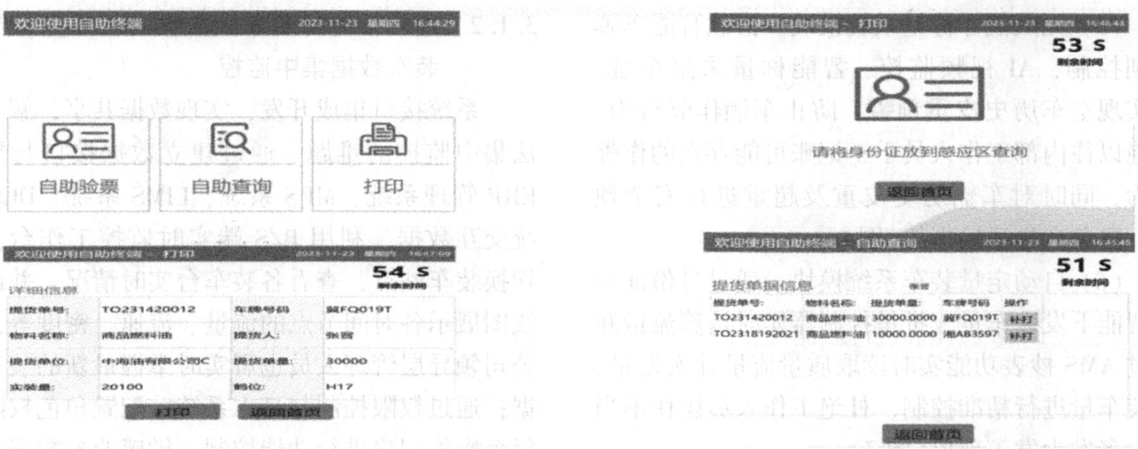

图3 自助验票系统模块

图 4　在线安全系统模块

（4）排队叫号系统模块。根据车辆自助登记排序以及货品种类等维度，智能分析调度，实现车辆有序进场避免争抢导致的安全事故，同时降低作业区域空档期，提高实际使用率（图 5）。

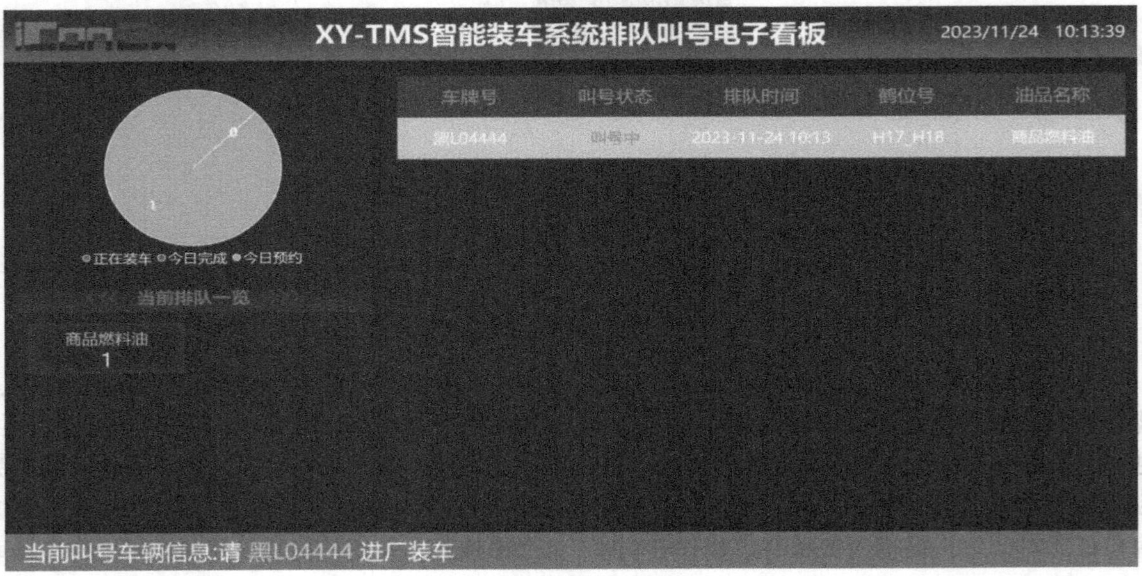

图 5　排队叫号管理模块

（5）无人值守称量系统模块。搭载智能车牌识别控制，AI 视频监控、智能称量采集系统，可实现空车历史皮重预警，防止车辆作弊行为，杜绝以往内部工作人员手工记账可能存在的作弊行为，同时对车辆历史皮重及超重进行安全预警，避免产生运输事故（图 6）。

（6）自动定量装车系统模块。通过身份证验证智能下发装车量，批量控制器实时计算流量并通过 AMS 抄表功能实时读取质量流量计实发量，对装车量进行精准控制，杜绝工作人员操作不当产生多发少发等现象（图 7）。

3.1.2　建立智能化装车大数据监控平台，实现装车数据集中监控

系统接口集成开发，实现数据共享，解决无法集中监控的难题。通过建立数据接口与集团 ERP 管理系统、MES 系统、LIMS 系统、DCS 系统交互数据，利用 B/S 端实时监控工作台，可切换装车站点，查看各装车台实时情况，并以曲线图展示各时间节点的流量、流速、密度等，使公司领导层管理人员也可实时掌握最新的装车数据；通过权限控制与日志系统，配置角色权限对每个操作用户进行功能控制，敏感业务数据不可

修改，同时对重要功能的导入导出保留数据副本，结合数据审计日志可追溯至原始的产出数据，防止操作用户进行数据篡改。实现计划装车信息的数据互联互通和智能管理系统的集中监控。

图 6　无人值守现场

图 7　定量装车系统画面

3.2　技术亮点

（1）创建智能化装车管理模块，实现一卡通装车；

（2）创建数据监控平台，实现装车数据的互联互通和集中监控。

4　应用场景

228 单元装车站进行智能系统改造，开发通过开发智能化管理模块，客户无需再到销售部门进行提货开单，可以利用微信 APP 进行线上预约，预约系统提前对司机、押运员、车辆等资质文件进行备案，系统审核确认通过后，即可按预约时间到装车站下单提货。

客户车辆按照智能装车系统内设置的串联智能管理模块，实现身份证一卡通装车，客按顺序开展出入门禁智能验证、进厂安检、自助登记、排队叫号、自助称重、定量装车、自助打单结算，减少了人为干预，实现从人工管理到智能管理的升级，提高管理效率。

5 项目效果和效益分析

5.1 项目效果

惠州石化228单元智能装车系统在投用3个月期间，通过线上客商平台，实现司乘人员及车辆信息在线备案281名司机、押运员，在线预约装车单据17139张，累计完成5527辆装车测试，共装运145419吨，228单元装车由传统业务操作方式向大数据智能化装车系统成功转型，解决了全流程装车效率低、人工劳动强度大和安全管控风险高的难题，同时也为装车站单天装车量的提升提供了条件。

5.2 经济效益及社会效益

5.2.1 经济效益

通过微信小程序远程预约子系统，实现物流计划在线预约，现场等待提货的危化品车辆大幅减少，每年可节约驻厂办临时停车场租赁费用180万元。

通过线上车检模块子系统，优化缩减车检岗位4名员工配置，每年可节约30万元人工成本，另外实现入厂车检、装车车检、出厂车检PDA端电子作业，同比以往手工检车作业，车检效率提升80%。

通过线上安全培训子系统，实现司机押运员入厂的HSE在线安全培训及考试，同比以往线下培训培训效率提升90%。

通过自助登记子系统，实现到厂身份证自助登记。相比以往人工换票发卡作业，开票效率提升80%。

通过智能排队叫号子系统，实现进出厂车辆智能调度，大幅度缩短车辆进出厂时间，同比以往人工调度，装车场调度效率提升80%。

通过无人值守称重子系统，实现进出厂车辆有序智能称重，大幅度缩短过磅时间，同比以往手工主称重，过磅称重效率提升80%，过磅数据准确率提升100%。

通过自动定量装车子系统，规范装车作业流程，规避装车作业过程的安全风险，实现装车刷身份证验证定量装车及流程控制连锁、报警智能提醒，最终实现流程化的智能装车安全管理。同比以往人工刷卡装车作业，生产安全隐患率下降90%。

通过自助结算子系统，实现出厂身份证验证自助票据打印及电子结算单链接线上推送。同比以往人工打票，结算效率提升80%。

通过系统接口与计量系统、MES系统、DCS系统互联互通，打破信息孤岛，实现系统间数据信息共享及无纸化作业。相比以往信息传递效率提升90%，业务数字化率提升100%。

5.2.2 社会效益

228单元智能装车系统的成功应用，提高了客户业务办理流程的便捷性，提升客户服务体验，提升服务品质，树立公司良好的服务形象，打造中海油品牌形象。

该项目属于炼厂智能化和数字化转型的先进典型，受到南方日报和大亚湾电视台的高度关注，并给予高度评价，为石油化工炼化厂、储运库、LNG接收站的智能物流装卸车的改造提供了良好的借鉴价值。

5G+仓储智能化在两聚产品业务中的设计与应用

完成人：夏圣雨　潘二亮　孙　旺　陈　浩　张子悦　郭　涛　刘海洋　胡　浩　尹俪锦

（中安联合煤化有限责任公司）

1　项目背景

该企业主要产品年产70万吨聚乙烯、聚丙烯，产品入库、出库、装车需要人工进行。随着企业数字化转型不断推进，传统式人工叉车进行大包装产品入库、出库、装车过程中，存在产品转运时间过长、用工需求过多、劳动强度过大、安全隐患较多等多重矛盾，已不适应企业改革发展新需求。

当前，新一轮科技革命和产业变革与我国加快转变经济发展方式形成历史性交汇，现代工业信息化发展已迈入建设智能制造的历史新阶段，工厂智能化已逐渐成为现代化企业提升竞争力的必然之路。为了紧抓这一发展机遇，在国家部署实施制造强国战略布局的背景下，运用信息技术改造传统产业，以信息化带动工业化，加快推进信息技术与工业技术不断融合，已经迫在眉睫。该企业贯彻落实习近平总书记"提升数字化智能化水平，催生新的发展动能"，加快智能化提升和数字化转型工作部署，实现"预约提货、出入库智能化管理、全流程信息共享与业务协同、共享托盘全面应用、推进AGV机器人叉车应用"等五个方面力推产品出入库"智能化"目标。

2　总体情况

2.1　现状分析

2.1.1　两聚仓储共有33辆电动叉车和37名叉车作业人员，其中入库叉车工实行上一休一模式，而出库叉车工则采用轮休制模式。

2.1.2　包装线设置有4台码垛机，每台每小时码40t产品采用机械方式将物料放入该托盘上的相应位置，自动升降装置和气动夹头对货物进行定位夹紧并进行套膜包装。其中底座为"田"字托盘，尺寸1300×1100×150mm。每托盘堆码8层，其中8层盘重为1t、高1.4m。其控制系统自成一体，入库叉车司机根据包装过程目测完成产品搬运。

2.1.3　采用人工入库模式，叉车司机需要持续关注包装现场，根据包装线托盘封装情况，手动操作叉车将产品有序地运送至指定的库区位置。

2.1.4　采用人工出库模式，叉车司机随时接收保管员下达的出库指令，根据出库要求完成从库房、月台、车辆的搬运任务，且托盘不随产品出厂，在产品库房内循环利用。

2.1.5　采用旋转推出器叉车2层装车的形式，可装载量为32托，32t/车。

2.1.6　旋转推出器叉车采用液化气作为动力，在库房内排放尾气且车辆工作过程中噪声大，整个库房搬运环境较为恶劣。

2.1.7　库房产品未能按照批次进行明细化管理，每到月末需要人工进行库房盘点，确认库存产品的批次、数量，达不到精细化管理水平。

2.2　存在问题

2.2.1　叉车司机工人平均年龄为40岁，用工成本较高，因此随着减员增效，用工矛盾将日益凸显。

2.2.2　传统的人工叉车在物料转运过程中存在着劳动强度大、安全性难以得到保障等问题。

2.2.3　在部分流程中，自动化程度不高，例如在入库过程中，司机需要实时关注包装线的包装情况，以便随时进行操作。

2.2.4　由于缺乏信息系统支撑，搬运环节与上游的石化e贸、电子提货，中间层的ERP、MES、Lims、作业层的PLC无联动，智能化水平有待提高。

2.2.5　除了视频监控，搬运环节缺乏对入库和出库环节的实时数据流监控。

2.2.6　现场进行出入库作业和管理人员巡

检的过程中，存在着一定的安全隐患。

3 技术路线和技术亮点

借助5G、云计算、人工智能、大数据等新一代数字技术，大力推进智能化库房建设，采用自动导航AGV车辆(Automated Guided Vehicle)物流系统，运用信息技术实现固体仓库产品入库、出库及托盘自动补充；采用RGV轨道机器人及传送带，通过出库系统与控制系统的联动，快速完成产品装车进度。通过深度融合信息技术和控制技术，实现仓储过程的自动化进出，从而进一步提升仓储智能化管理和现场安全管控的水平。

3.1 技术路线

3.1.1 设计思路

结合现有管理现状，设计一种智能搬运系统，代替人工进行入库、移库、出库操作。该系统包括仓库管理系统和物流运输控制系统两部分。由库房保管员通过系统下达作业指令，AGV叉车自动完成从包装线的入库操作、库区内部移库操作、从库区到站台的搬运，完成全流程自动化作业。

3.1.1.1 配备32台AGV车辆，让产品入库、出库、空托盘补充各过程自动化操作。设立自动充电间，AGV检测电量消耗自动完成充电。

3.1.1.2 建设RGV装车输送线、空托整理器等设备，实现从全流程自动化操作。

3.1.1.3 与石化e贸、电子提货、ERP、MES、LIMS等系统无缝融合，以实现高效的集成与协同。

3.1.1.4 建设仓库管理、AGV调度、RGV装车等系统，实现入库、出库、盘点、统计分析等功能。

3.1.1.5 建设仓库集中控制室，增加大屏应用实时展示，通过现场的AGV车辆运行轨迹、入出库数据流、仓库平台图形化、现场视频流等展示，提高仓库管控水平。

3.1.2 达到目标

基于现库房内的条件，结合目前实际运行情况，从产品下线到发货装车全过程实现无人化、智能化。

入库作业：能够完成PE车间4条包装线的成品自动入库功能，每条包装线的峰值产能1400包/h，即完成每条包装线35t/h，4条包装线140t/h的峰值产能。

出库作业：成品能够按照上游系统下发的出库指令，自动出库到装车码头，能够完成每天出库1400t，1h出库120托/195t的发货装车效率。

共享托盘存储和使用：系统能够对共享托盘进行自动存储和整理，并能够根据产线的包装情况及时补充空托盘，满足4条包装线的空托盘供应。

AGV物流系统实现与WMS系统和WCS系统的无缝集成，采集设备信号并实时与上游系统反馈设备的运行状态，自动更新成品的库存状态，提升仓储现场业务操作的规范性和业务数据传输的及时性。

3.1.3 系统优势

3.1.3.1 效率高。在包装线环节采用模块化设计，应用AGV实现搬运来回运输，确保产品搬运和往返运输的无缝衔接，从而提升了流水线的效率和稳定性。AGV自动充电功能，达到24小时连续运转工作，提高工作效率。

3.1.3.2 费用低。随着AGV技术的日益成熟，32台AGV叉车一次性投入使用，相较于不断攀升的人工成本，其性价比更加优越。

3.1.3.3 自动化水平高。在整个搬运作业过程中，实现无人化操作，有效地规避人员因素，从而确保安全。

3.1.3.4 可靠性高。相对于人工搬运的低效率，叉车行驶路径、速度和安全仍存在未知之处。AGV可按照固定的行驶路径进行，且其速度可控、定位精准。借助AGV控制系统，我们能够实现对AGV的全程监控，可靠性得到极大提高

3.1.3.5 较好的柔性和系统拓展性。AGV控制系统具备高度的灵活性，可对AGV小车的行驶路线进行最大限度的调整，并在分配任务后对AGV运行路线进行交通管制，以确保行车安全具有较好的灵活性。

3.1.4 方案制定

智能搬运系统将硬件和软件深度融合，系统核心硬件是AGV叉车，每台叉车能够按照规定路线，多台车在调度系统控制下分工协作，高效完成复杂搬运任务。该系统需要具备高精度的导航技术与算法，通过对数据采集设备获取的信息进行处理分析，从而实现准确、快速地引导小车运动轨迹，而AGV能精准运行靠的是车体定位，

在车体的前方安装有接触式机械防撞、非接触式激光安全传感器、声光报警指示灯、急停开关等，本系统采用激光雷达+反光柱实时定位车辆位置，沿着规划的路径行驶，借助360度柱体和3D激光全方位扫描，形成环形3D轮廓，精度控制在1cm以内。

智能仓储管理系统是系统的核心软件，承担下发出入库任务、分解批次至库位、检测库位状态、自动校验目的地等任务，串联起上层提货系统和下层调度系统，从而实现高效的物流调度。其AGV调度系统，是安全运行的核心工控软件，系统覆盖调度、导航以及综合管控，以毫秒级速度分配任务至每台叉车。车体分配急停按钮，引入安全激光，实时辨识异常，通过减速、停止等保障安全。自动装车系统上接仓储管理系统，下接其自身PLC，根据仓储系统发出的出库指令，配合AGV搬运托盘至其输送线，完成后续装车任务。

智能搬运系统软硬件清单如表1所示。

表1　主要软硬件清单

序号	名称	规格	数量	备注
1	AGV叉车	载重2.6t、举升高度2900mm	32台	满足1.625t托盘、2.2m举高搬运需求
2	叉车电池组	48V/400Ah磷酸铁锂电池	32组	不间断搬运≥6h
3	自动充电桩	43~58V	11套	
4	RGV轨道设备		1套	装车备货暂存
5	信息配套设备	服务器、工控机、工业AP、大屏幕	1套	通讯、系统应用
6	工控配置设备	光电检测机、PLC控制柜、输送线	1套	包装线、整形线、装车线配置工控设备
7	软件系统	仓储系统、调度系统、AGV控制系统、RGV装车系统	1套	仓储管理、AGV出入库控制、装车过程控制

3.1.5　流程设计

3.1.5.1　系统主要内容

智能仓储自动化物流系统开发项目以WMS库存管理为业务集中集成模块，接收来自上游生产提货系统的业务数据，同时，以WCS系统为任务核心，按照生产提货业务流程，串联系统内部各个子系统，控制AGV系统和配套的自动化设备进行物流搬运流转，实现与上下游相关业务系统的数据互通。

自动化仓储物流系统的建设内容主要包含软件和硬件两部分内容：WMS仓库管理系统、WCS仓库控制系统、AGV控制系统、AGV小车（含自动充电）、托盘输送线、托盘整理缓存线、包装码垛产线、IT和网络通讯设备。其中AGV物流设备包含以下内容：AGV叉车、AGV自动充电系统、发货输送线、托盘整理缓存线、RFID识别系统、条码识别系统、AGV调度控制系统。

（1）物流系统实现稳定调度30+台AGV，能够稳定运行并满足生产效率要求。

（2）系统实现对接其他系统和设备的信息交互，包括且不限于WCS、WMS、RGV、包装线等多种仓储物流设备。

（3）系统通过激光slam融合vslam技术来给小车提供复杂场景下的稳定定位，实现聚乙烯车间复杂场景下的导航精度和路线指引要求。

（4）通过多种运动控制算法来实现小车平顺且高精度地运行，完成成品的出入库搬运，实现成品入库和出库到准确的位置，位置准确率100%。

（5）使用视觉相机的高精二次定位来确保小车末端执行精度，实现成品的入库二层精确堆叠和出库拆垛，堆叠成功率和拆垛成功率不低于99.9%。

（6）物流系统通过软件技术和通讯网络技术，设备执行数据实时上传，上游的数能够实时下发现场的执行端，能够准确掌握设备现场的运行状态和执行上游下发的作业指令，数据通讯接口稳定，数据获取误差小于99.9%。

3.1.5.2　系统整体布局

整个仓储物流区域共划分为8个区域：包装码垛产线、空托盘存储区、成品存储区、AGV

待命区、AGV 充电区、空托盘暂存区、RGV 装车输送线、装车发货区。

(1) 包装码垛产线区：在生产线输送线出口，分别加装机械限位和光电扫码检测，用于托盘精度和产品信息校准，是入库起始点。

(2) 空托盘存储区：预设 210 个空托盘存放位，可存放 1680 个托盘。

(3) 成品存储区：采用地堆形式(1 层或 2 层堆叠)，产品分类按列存放，是产品入库终止点。

(4) AGV 待命区：无任务或回该区域充等待。

(5) AGV 充电区：AGV 自主充电位置，小车低电量时，回该区域充电。

(6) 空托盘暂存区：空托盘从厂外用货车送到发货广场上，人工叉车将空托盘从车上卸货，依序搬运到空托盘缓存线，当现场空托盘仓需要时，对接 AGV 系统，自动下发空托补给任务，将空托盘 8 个一组，放置到空托盘存储区。

(7) RGV 装车输送线：WMS 系统发起出库指令生成任务，执行任务后，调用 AGVS 接口发送搬运指令，将所需产品自动搬运至装车输送线等待装车，同时用于出库产品暂存。

(8) 装车发货区：提货车辆装车区域。

3.1.5.3 入库流程说明

入库系统数据流程如图 1 所示。

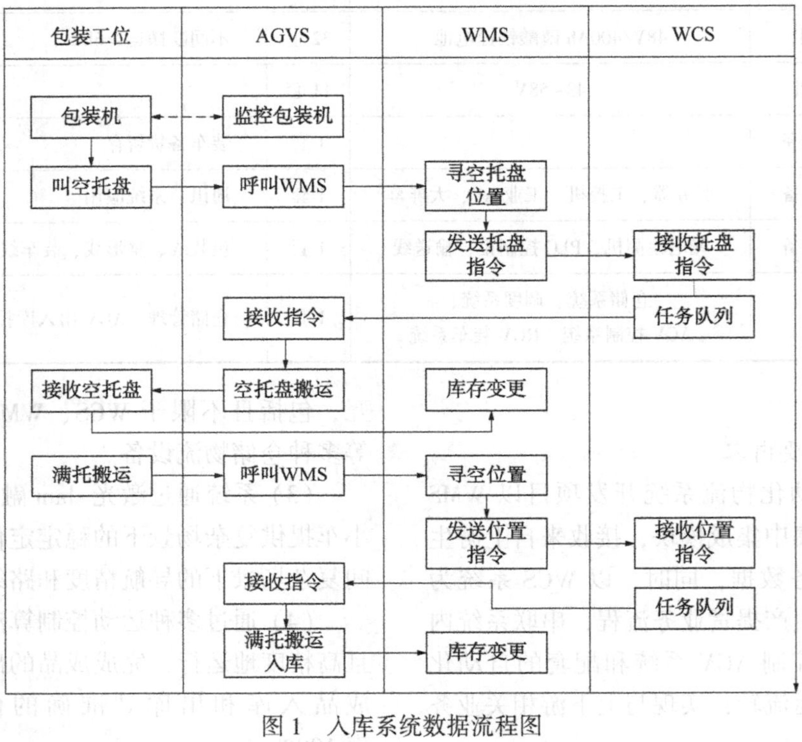

图 1 入库系统数据流程图

AGVS 和包装机进行实时数据通讯与互联，监控包装机的进度和需求。

(1) 空托盘流转

当包装机需要空托盘的时候，发送叫空托盘指令给 AGVS，AGVS 则呼叫 WMS 空托盘需求指令，WMS 寻找库区内的库存后发送空托盘位置和数量以及目的地位置信息给 WCS，WCS 接收空托盘指令，形成任务发送给 AGVS，AGVS 进行空托盘搬运作业，完成后发送指令给 WMS，WMS 进行空托盘库存变更，完成本次流程。

(2) 成品入库

包装机满托后，发送满托搬运指令给 AGVS，AGVS 呼叫 WMS，WMS 根据传送来的牌号，批次信息寻仓库空闲位置，然后发送位置指令给 WCS，WCS 接收后产生任务队列，执行后，发送给 AGVS 进行搬运，把成品运送到指令中的空闲位置后，发送完成指令，WMS 根据此指令完成库存增加，完成本次流程。

3.1.5.4 出库流程说明

(1) 自动提送货系统发起出库计划，然后调用 WMS 接口发起出库。

(2) WMS 接收到出库内容：牌号，批次，数量等信息，根据此信息进行库存寻找，按照先进先出原则，找到后，调用 Lims 数据库，查看此牌号是否完成检验，合格后发出出库指令给WCS，WCS根据接收到的牌号，批次，位置指令生成任务队列，执行任务后调用AGVS接口发送搬运指令。

（3）AGVS接到指令后，进行牌号的搬运到出库传送带后完成搬运，并回传指令给WMS，WMS根据结束指令完成库存的减少。

出库系统数据流程如图2所示。

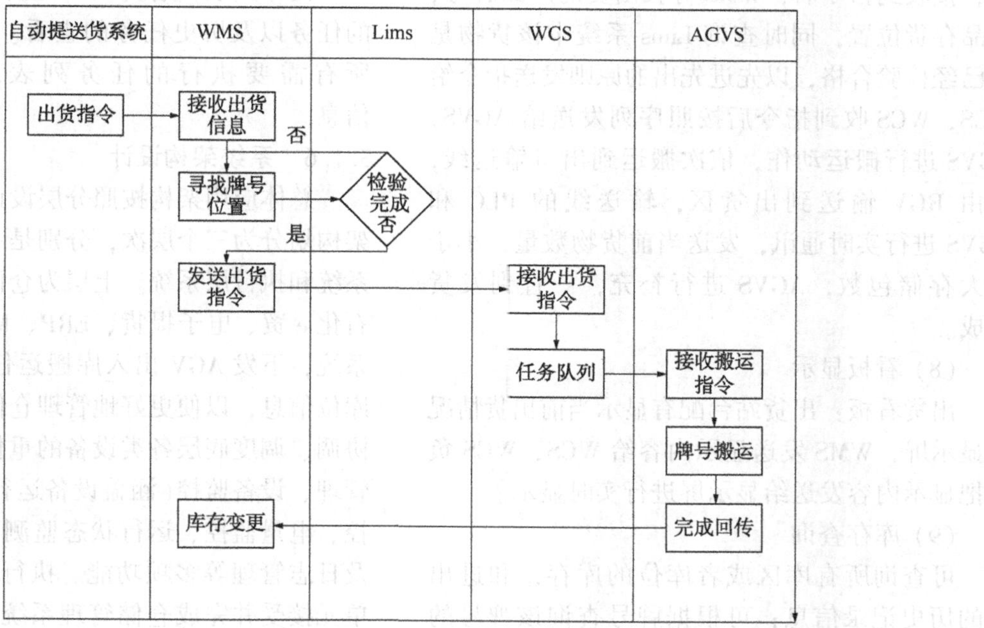

图2　出库系统数据流程图

3.1.5.5　系统功能模块

（1）库位管理

库位管理为仓库管理的基础模块，该模块定义了库区的基本信息，如：库区编号、库区名称、库区状态、库区类型等信息，库区内为库位两级管理。

库位是指AGV放置货物的最小单元，某库区内存在多个库位，还包含库位的使用状态，如：禁用、载货、缓存等。具体内容包含：库区名称、库位编号、库位名称、列、行、启用情况等信息。

（2）牌号管理（成品物料号）

该页面数据由人工导入WMS中，WMS不可进行修改和删除操作。该页面数据将是后面的包装入库的基础数据，WMS将根据去分配库区，库位。

（3）空托盘运送

包装工序接收生产计划，按照日生产计划进行包装作业，AGVS系统与包装PLC进行监控，当达到缺少空托盘的时候，AGVS发送指令给WMS，WCS呼叫AGVS进行空托盘传送指令，WMS发给AGVS到仓库的具体位置拉动空托盘到指定输送线端，输送线接收到空托盘后启动运送，送至包装工序。

（4）成品入库作业

包装工序PLC程序与AGVS实时通信，AGVS系统监控包装进度，当达到一个满托的时候，AGVS发送指令给WMS，WMS发动搬运指令给WCS，WCS发送搬运指令给AGVS，AGVS接收到地点指令，位置指令，搬运到的目的地指令后进行搬运动作，当按照WMS的指令完成后发送完成通讯，WMS进行库存，库位，产品等信息的记录。

（5）仓库调拨

仓库与仓库间成品调拨，PDA生成调拨单，发送指令给WMS，WMS发送给WCS，WCS执行指令起点位置，终点位置给AGVS进行移动作业，完成后WMS进行库存扣减和添加，完成本次仓库调拨。

（6）盘点

定期对仓库发起盘点，对物料库存数量进行核对。发起盘点后，WMS给WCS下达指令，WCS根据WMS给的任务列表一个货位一个货位地依次发给AGVS，AGVS搬运指定货物到仓库门口，人工核定数量，填入PDA界面，依次直到盘点完成。

(7) 成品出库

自动提送货系统发送发货指令给WMS系统，接收到指令后，WMS寻找出货的产品牌号，产品存货位置，同时查询Lims系统中该货物是否已经检验合格，以先进先出的原则发送指令给WCS，WCS收到指令后按照序列发送给AGVS，AGVS进行搬运动作，依次搬运到出口输送线，再由RGV输送到出货区，输送线的PLC和AGVS进行实时通讯，发送当前货物数量，小于最大存储包数，AGVS进行补充，一直到发货完成。

(8) 看板显示

出货看板：出货站台配有显示当前出货情况的显示屏，WMS发送显示内容给WCS，WCS负责把显示内容发送给显示屏进行实时显示。

(9) 库存查询

可查询所有库区或者库位的库存，和进出库的历史记录信息；可根据牌号查询该牌号的所有库存信息；可根据日期范围查询进出库的信息；

(10) 指令控制模块

出/入库方式：接收WMS的指令，指令包含入库内容，入库位置，出库内容，出库位置等信息，WCS按照指令序列发送给AGVS，并和AGVS实时通讯，依次执行。

(11) 任务列表

任务列表内容为AGV正在执行的和未执行的任务以及历史任务的查看。实时的在线查看所有需要执行的任务列表，状态，报警等信息。

3.1.6 系统架构设计

总体应用架构按照分层设计的原则，将应用架构划分为三个层次，分别是上层系统、调度层系统和执行层系统。上层为仓储管理系统，对接石化e贸、电子提货、ERP、MES、Lims等自有系统，下发AGV出入库搬运任务，收录产品和库位信息，以便更好地管理仓储。调度层担负着协调、调度底层各类设备的重任，其中包括任务管理、设备监控(涵盖设备运行路线实时位置监控、电量监控、运行状态监测、故障预警等)以及日志管理等多项功能。执行层是AGV等执行单元接受并完成仓储管理系统下发的搬运任务，实现对仓库作业过程中各相关要素的控制与管理，及时反馈完成搬运任务信号至上层系统(图3)。

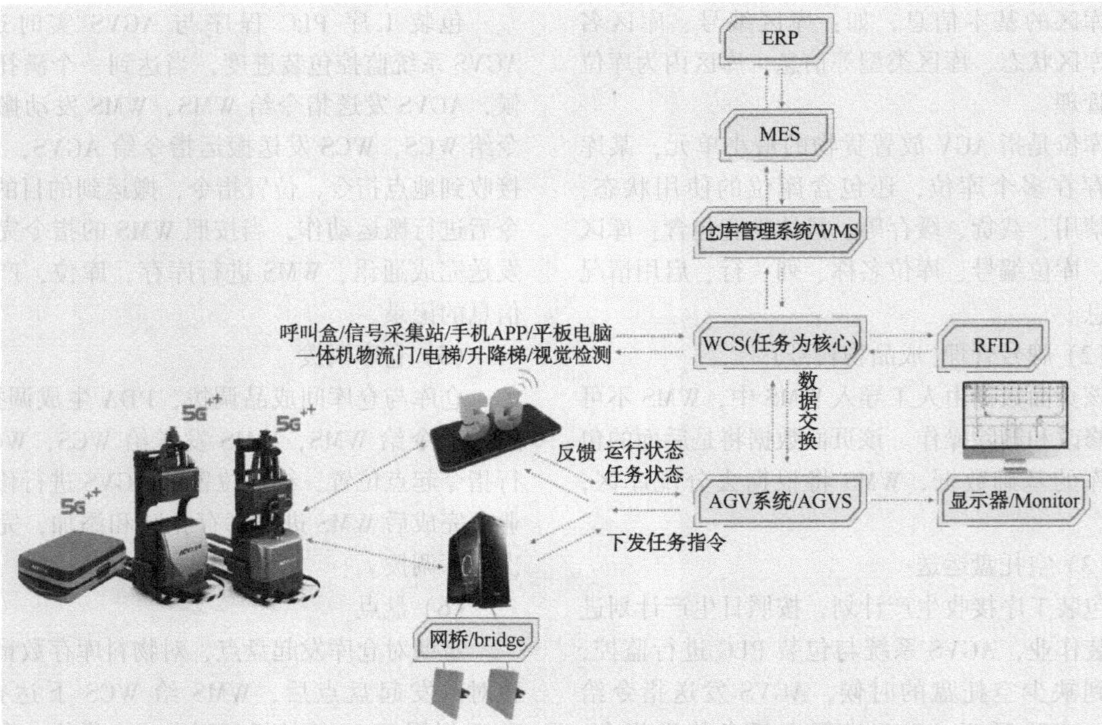

图3 上层系统、调度层系统和执行层系统

3.2 技术亮点

3.2.1 5G+工业互联网创新应用，采用基于5G网络技术，生产数据及物流设备数据通过高速实时传输，形成一套基于云化共享管理、集中智能调度，且高速稳定可靠的智能仓储物流系统。

3.2.2 搭建数字孪生平台AIDT，将AI、物联网、云计算、大数据、移动机器人等技术应用于企业内部，通过3D化建模，将生产基地的整体厂房、产线进行全线实时大屏展示。同时支持数据报表、和3D模型的混合显示以及数据实时绑定更新，支持设备信息查询、设备风险等级空间可视化、动设备实时状态监测。

4 应用场景

该项目于2022年1月开始至2023年12月完成项目研究和自动化仓储系统开发项目建设。应用于企业聚乙烯仓库，并取得良好效果。

5 项目效果和效益分析

5.1 应用效果

5.1.1 通过自动化仓储物流系统开发项目建设，使聚乙烯车间的生产业务、提货业务、仓库库存管理业务整体全局可视、可控、可参与。企业高级管理层、企业中间管理层能够通过数字化手段透视仓库的生产业务、提货发货业务、成品进出库业务情况，做到实时掌握，便于管理决策。

5.1.2 通过自动化仓储物流系统开发项目建设，采用智能AGV小车、自动化输送设备、系统集成联动，提升仓库的智能化和自动化作业水平，实现企业生产作业、提货发货及仓储作业流程的自动化、智能化、规范化、管理的精细化，不断提升企业的综合竞争力(图4)。

图4 AGV小车自动运行

5.1.3 通过自动化仓储物流系统开发项目建设，对成品仓库的作业进行统一标准化流程管理，实时掌握所有产品的账面库存与实物库存，有效提高库存准确率，减少库存积压，加快库存周转，提高产品的入库效率、发运效率和物流效率，增强保供降本能力。

5.1.4 通过自动化仓储物流系统开发项目建设，大幅提升仓库的管理层次，达到节省作业人员数量、降低仓库人员的工作强度和难度，减少对人员熟练程度的依赖，减少对单据的依赖，降低生产作业的安全风险，基本实现仓库生产管理的信息化、自动化化、智能化。

5.2 经济效益

5.2.1 上线此项目前：

人工叉车12台：28万/台，共336万元；

人工：24人，15万/人·年，共360万元；

叉车燃料费：23 元/小时·台，按照 330 天/年，16 小时/天计算，共 146 万元/年；

保养费用：2 万/台·年，共 24 万元；

每年投入：设备和人员各项费用约 530 万元。

5.2.2 上线此项目后：

智能物流系统含：

AGV 叉车 32 台、AGVS 控制系统和充电站，空托整形回收系统，

RGV 装车输送系统，5G 专网网络搭建，WMS/WCS 等软件系统，网络监控系统等，各子系统共约 1800 万元。

土建基础设施：

充电房土建设计与施工，配套的非标输送设备和自动充电区域强电施工，气源改造消防改造，地面处理等共约 100 万元；

人工：3 人，15 万/人·年，共 45 万元。

AGV 能源费：1.6 元/小时·台，按照 330 天/年，16 小时/天计算，共 27 万元/年。

非标设备能源费：5.0 元/小时，按照 330 天/年，8 小时/天计算，每年费用共 1.3 万/年。

保养费用：0.3 万/台·年，共 9.6 万元。

每年投入：设备和人员各项费用约 83 万元。

投资效益说明：按照项目的投资金额计算，智能化项目投资的回收周期 3.5 年，$(83\times3.5+1900)-(530\times3.5+336)=-0.5$ 万元。

从第 3.5 年之后，每年的费用对比原有的人工作业模式降低 $530-83=447$ 万元。

5.3 社会效益

5.3.1 通过 WMS、AGVS、RFID 信息化系统对全过程进行监控，并通过 AGV 自动搬运系统，实现现场物资自动出入库、空托盘补充、物资追溯、仓库物资盘点等功能；增加图形化的数据展示形式，为领导决策、事故事件回顾提供强大的数据支撑，展示智能化 AGV 物流管理模式。

5.3.2 通过聚乙烯智能物流系统建设，增加 AGV 自动搬运，代替人工搬运，增加 RFID 信息系统及 WMS 仓库管理，增加多个功能模块的 APP 移动端操作。通过突破系列关键技术，实现智能仓储的操作业务优化升级。实现智能信息化技术的整体效用，实现移动端 APP，为方便操作员物资过账提供强大技术支撑。该技术具有良好的通用性和可推广性，还可以将这一技术推广应用到其他企业物资仓储管理上，预计会有广阔的市场空间。

5.3.3 实施高密度仓库 AGV 智能物流系统是提高石化企业工作效率的典型应用，可以明显提高企业物资仓库的管理水平，为企业带来明显的社会效益。

6 结语

通过聚乙烯智能化仓储项目建设，打通了该企业首个 35 万吨级重载包装产品自动下线、入库、出库流程，也是企业向数字化转型发展的一次有益尝试，全面取代人工叉车，实现叉车尾气零排放，促进了绿色低碳和本质安全水平提升，为后续智能搬运技术推广积累了经验。以智能化替代人工，不断降低生产成本、提升运输效率、降低安全风险，这是践行数字化、智能化发展的一次有益探索，其成功经验将为未来更多的智能化建设提供可借鉴的样板，不断提高在同行业中的竞争优势，全力打造企业生产管理的新亮点，为推动企业高质量发展积蓄力量。

SE 东方炉“七程式”标准检修管理的创新与实践

完成人：孙晓伟　杜少华　李欢欢　黄圣豪

（中安联合煤化有限责任公司）

中安联合有限责任公司（简称中安联合）成立于2010年12月，采用中国石化自主知识产权的干粉煤气化技术，气化装置规模为每小时生产515000Nm^{3}有效气（$CO+H_2$），项目一期共设置7系列SE东方炉，5开1备1检修。2018年10月28日气化装置全面中交，2019年6月15日第一次投料试车成功。

为提高气化炉检修效率、经济性，保证检修质量及安全、环保，自2020年开始，中安联合气化装置多措并举狠抓气化炉检修，最终实现了SE东方炉标准高效检修管理，形成了“七程式”标准检修管理方法。

1　SE 东方炉“七程式”标准检修创新管理的背景

2020年，我国煤化工投资超过5000亿元，甲醇产能9800万t/a，乙烯产能3200万t/a。煤化工将会逐步取代对外依存度较高的石油化工，进而发展成我国化工原料的主要来源。煤化工企业生产运行目前还难以实现长周期运行，边生产边检修的运行模式，检修质量安全风险大，管理要求高，标准化检修是公司运行、创效的关键，是中石化自主粉煤气化技术推广的基础，也有利于煤化工行业的进步。

1.1　SE 东方炉“七程式”标准检修是公司稳定运行的基石

SE粉煤气化装置是中安联合的“龙头”装置，气化装置停工将导致合成气供应中断，将造成公司降负荷。气化炉原设计5开1备1检修，仅2020年一年气化炉停车检修17次，设备的故障频发，气化炉检修标准化不高，检修效率较低，检修质量标准不一导致气化炉运行过程中故障频发，设备无法长周期运行，公司高负荷连续稳定生产无法保障。预防性、标准化、高效且安全检修，保证全年1台气化炉备用率95%以上，是公司稳定运行的基石。

1.2　SE 东方炉“七程式”标准检修有利于中石化自主技术的推广应用

SE粉煤气化技术首次大规模、多系列工业化应用，长周期运行、气化炉检修的经济性及便捷性关系到中石化自主技术在市场上的推广应用。

2　SE 东方炉“七程式”标准检修的创新管理的内涵

2.1　SE 东方炉标准化超高效安全检修瓶颈分析

SE粉煤气化装置是SE粉煤气化技术首次工业化、多系列、大型化运运。仅2020年全年中安联合气化炉检修17台次，全年有300多天装置处于边生产边检修状态。气化炉系列检修需要各专业共同完成，检修制约因素较多，检修强度高，常态化检修安全风险极大，维保检修单位员工来自五湖四海，检修经验不足且检修习惯各不相同，因此采用先进的检修管理理念及管理方法使气化炉检修标准化、高效安全环保、高质量检修是目前亟待解决的问题（图1）。

图1　SE-东方炉检修管理的3座大山

2.2　SE 东方炉“七程式”标准检修创新管理的内涵

针对 SE 东方炉气化装置运行及检修特点，中安联合气化装置以“体系+核心”为创新管理的核心指导思想，抽选管理和业务骨干组建创新管理实施小组，明确责任分工，细化工作方法，以“气化炉党建共建”为核心的团队管理；以“预防性”为核心的检修计划管理；以“界面”为核心的检修专业管理；以“长周期”为核心的检修质量体系管理；以“主线”为核心的动态检修进度管理；以“两条底线”为核心的检修廉洁、安全环保管理；以“提质增效”为核心的持续优化管理这 7 个程式(要素)出发在实施过程中持续优化，最终实现创新管理目标：气化炉标准化检修。这 7 个程式(要素)构成了 SE 东方炉“七程式”标准检修管理模型(图 2)。

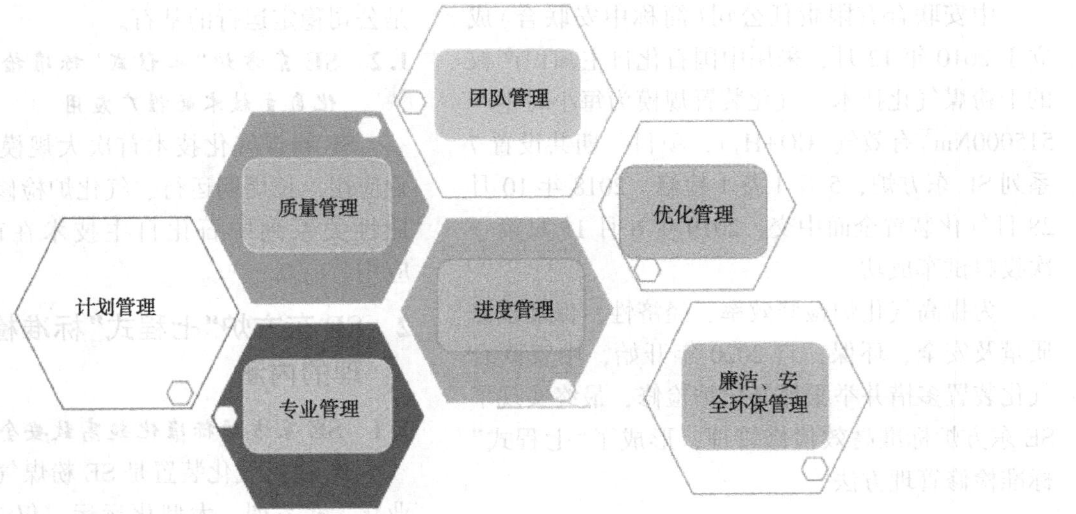

图 2　SE 东方炉“七程式”标准检修创新管理

3　SE 东方炉“七程式”标准检修创新管理的主要做法

3.1　明确组织机构，统筹检修管理

成立“气化装置气化炉检修创新管理实施小组”，发布《实施小组创新管理纲要》。纲要主要包含：标准化管理、计划管理、预防性管理、专业管理、全面质量管理、设备完整性管理、持续优化管理、团队管理 8 个部分，制定《实施小组工作计划》(含目标、责任划分、实施指南、考核细则等)定期召开工作组会议，每次气化炉检修结束实施小组主要负责人对工作完成情况汇报总结，领导小组组长就工作计划目标完成情况等按照考核细则进行考评(图 3)。

3.2　加强专业管理，强化检修过程管控

3.2.1　检修计划管理

气化炉检修计划管理创新以“预防性”为核心，围绕缺陷管理、信息化管理、项目对接管理、计划网络管理开展预防性管理工作，为检修计划的标准化创新管理提供数据及物质基础，最终实现检修计划的标准化管理。

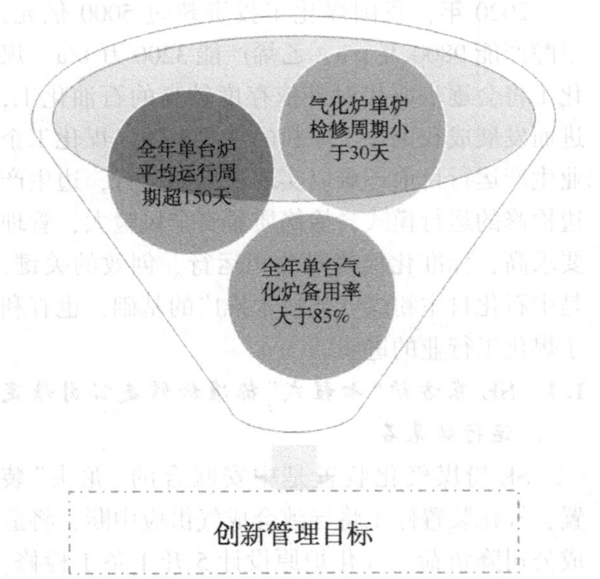

图 3　创新管理目标

(1) 缺陷管理

煤气化部成立泄漏隐患大排查大整治工作小组，持续开展静密封泄漏隐患排查整治，明确责任人排查出的问题相关责任人员立即整改，不能

立即整治的要按照隐患治理"五定"要求，建立换热设备台账、泄漏隐患大排查大整治重点部位LDAR台账、泄漏隐患大排查大整治专项检查表等等基础设备台账为标准化检修计划管理提供数据支撑，打好基础(图4)。

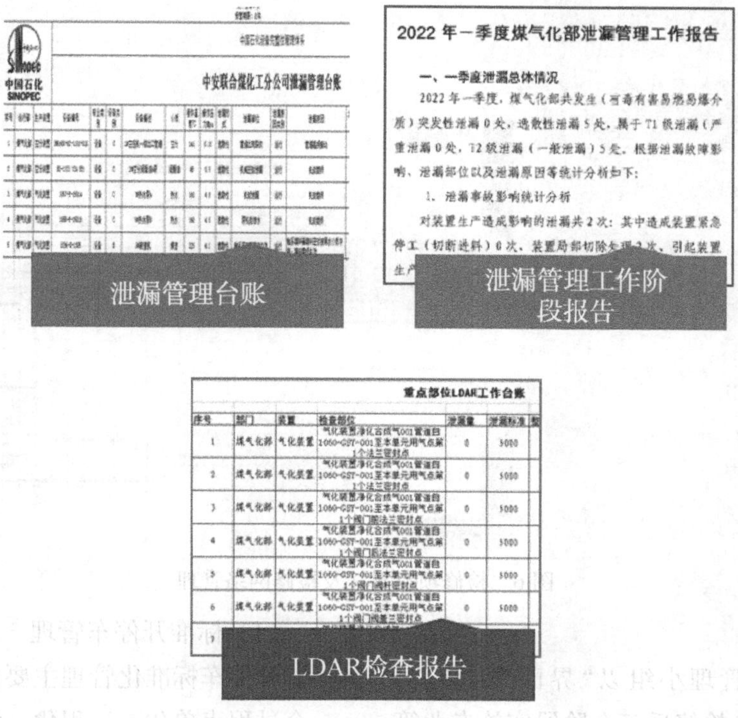

图4　泄漏隐患管理

(2) 泵群检测系统、ERP、MES系统等设备信息化管理

对关键设备上线了泵群检测系统，实现了对设备全周期、全天候、全方位的精准管理，针对设备故障预判情况和检修情况，形成故障分析报告，给出预防性维护建议及策略，为检修计划的标准化制定提供数据支撑(图5)。

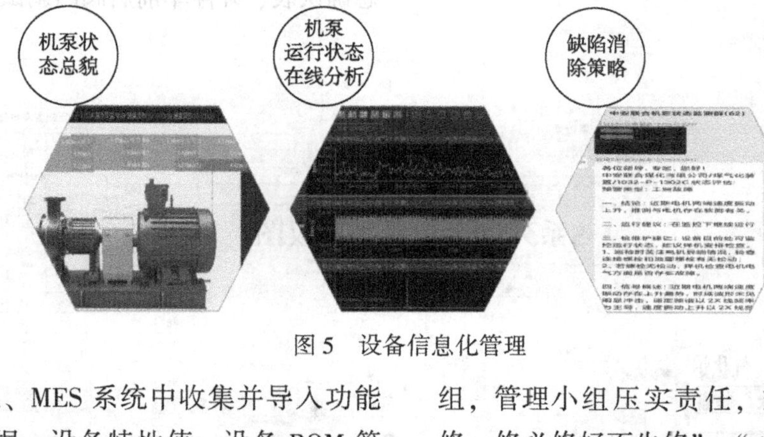

图5　设备信息化管理

在ERP系统、MES系统中收集并导入功能位置、设备主数据、设备特性值、设备BOM等各类数据，实现设备与设备之间形成互联。对设备及缺陷等进行分级管理，制定主要设备故障应急预案，设备预防性管理水平提高，给气化炉预防性检修提供强有力的支撑基础。

(3) 检修项目对接及检修网络管理

气化装置与协作单位成立检修计划管理小组，管理小组压实责任，秉承"应修必修不过修，修必修好不失修"、"八分准备，二分实施"的原则，建立一炉一策略，组织对检修项目进行讨论，按照重要程度及是否在关键线路上确定关键重点项目，分为A/B/C三级管理，同时管理小组对每个项目编制模块化施工网络及资源网络，持续优化，最终形成一套标准化检修计划(图6)。

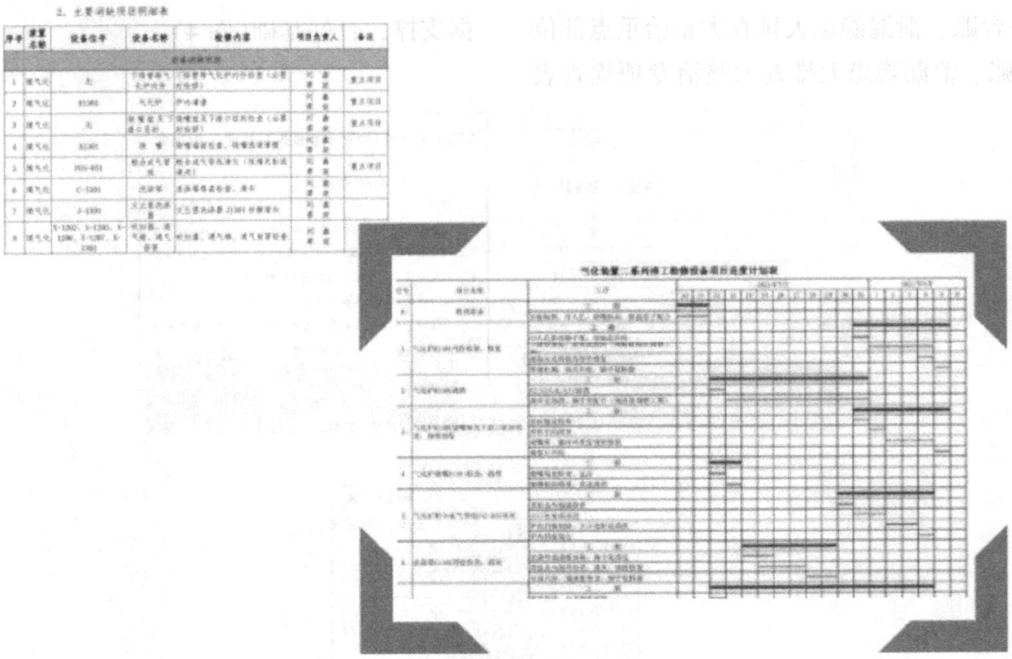

图 6　检修项目对接及检修网络管理

3.2.2　专业管理

气化装置检修管理小组以“界面”为核心，从检修前、检修中、检修后三个阶段实施专业管理，压实专业检修职责，分工明确，停车/开车主要工艺专业负责，检修管理设备专业负责。气化装置气化炉系列标准化检修专业管理主要围绕：标准化停车管理、标准化检修施工管理、标准化开车管理。

（1）标准开停车管理

开停车标准化管理主要体现在将开停车的每一个过程表单化、流程化、体系化包括气密查漏确认表、设备停送电纪录表、设备置换吹扫一览表、大联锁确认表、盲板确认表、能量隔离确认表，放射性仪表确认表、作业安全分析表、开工/停工步骤及条件检查确认表、开停车前后阀门状态确认表、开停车前后阀门调试清单等(图 7)。

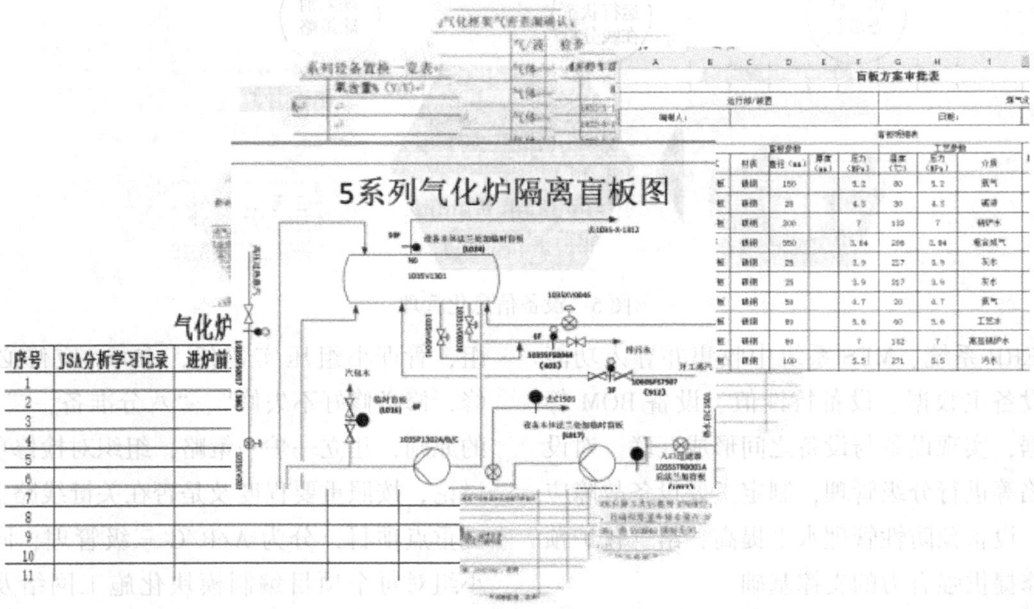

图 7　开停车标准化管理

（2）标准检修过程管理

气化装置编制《SE 东方炉检修技术规程》、《SE 东方炉检修技术方案》气化炉标准化检修日工作签证单、动静设备检修质量验收表、工序交接记录、检修现场 5S 管理等，确保检修过程有规章及标准可依(图 8)。

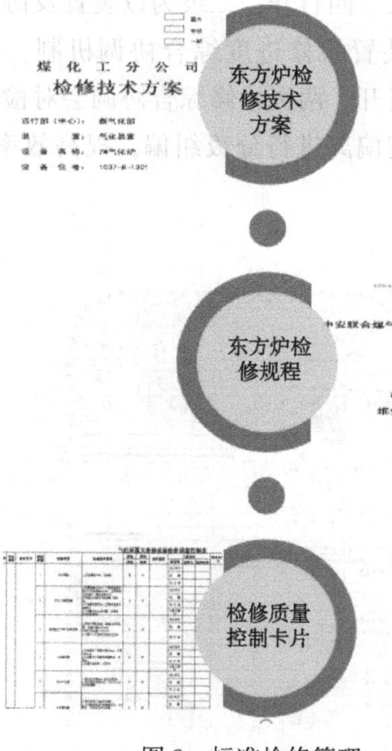

图 8 标准检修管理

3.2.3 质量管理

气化炉系列检修以“长周期”为核心的检修质量管理，严控设备、仪表等检修原始态共检、检修材料入库管理，检修策略制定、检修质量 A/B/C 分级管理，从源头抓起、狠抓全面质量管理，气化炉检修质量逐步提高，质量管理成效显著，目前气化炉单炉连续运行周期已从 60 天逐步达到 381 天。

（1）建立全面质量管理体系

制定了《SE 东方炉检修技术规程》、《气化炉系列检修质量控制卡片》、气化炉检修 A/B/C 质量共检表等质量控制文件检修项目质量控制点按照重要性进行 ABC 分级，真正做到气化炉检修全流程有规程、有控制卡片可依，系列检修原始态记录表及检修结束质量共检表，保证检修过程质量。

（2）检修备件等材料质量监控

气化炉检修实施小组建立气化炉检修材料台账，由气化装置与协作单位共同对检修材料质量把关确认，实施期间发现备件缺陷 56 起，避免检修材料源头故障。

（3）检修质量过程管理

气化炉检修突出原始态共检，正所谓“对症下药”，在检修初期掌握设备原始态情况，并签字确认，及时验证运行过程中问题的判断，有利于及时制定调整处理措施；检修结束各专业共检，根据检修策略及质量验收卡对检修质量进行检查，签字确认，形成台账，阶段性总结评价；同时对于检修过程验收发现的问题形成纠错台账，大数据管理，逐步消除检修盲区(图 9)。

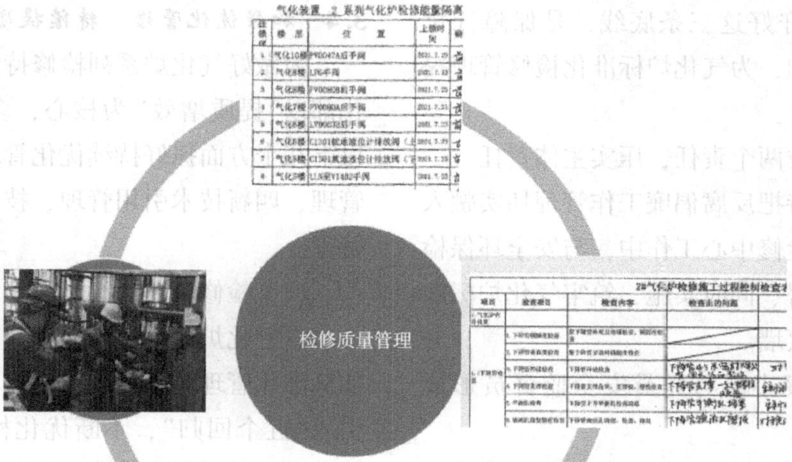

图 9 标准检修质量管理

3.2.4　进度管理

气化炉系列检修进度管理形成制度，进度控制表单化，以“主线”为核心，二级进度控制方法，PDCA 动态检修进度管理方法，以确保项目开工即进入检修高速公路，一路通畅直至到达目的地。

（1）检修进度制管理制度化

为切实保证检修进度如期完成，气化炉检修进度管理形成《实施小组创新管理纲要》，前期气化炉检修实施小组在检修计划编制前期逐项核对检修施工进度计划，确保进度可行性；中期应用 PDCA 动态管理方法对检修动态偏离预警及纠偏；后期对整体检修进度进行重点分析及总结。

（2）检修进度综合协调例会制度、检修日报及进度表单化管理

气化炉检修进度综合协调例会分为二级，一级为以煤气化部为主体的部门检修进度综合协调机制，每周二、四召开；二级为以装置及协作单位为主体的装置检修进度综合协调机制，每周一、三、五召开。两级检修综合协调会对检修过程出现的进度偏离进行分级纠偏，提高效率(图 10)。

图 10　标准进度管理

3.3　做好安全、环保、廉洁，守住三条底线

近年来，安全、环保、廉洁已成为检修管理的三条“底线”，守好这三条底线，是保障气化炉检修的重要基础，为气化炉标准化检修管理提供良好环境。

（1）准确定位两个责任，压实主体责任

气化装置坚持把反腐倡廉工作管理切实融入到气化炉标准化检修中心工作中，与安全环保检修同研究、同部署、同时实施，筑牢气化炉标准化检修管理的防火墙。

（2）纪检监察小组与党员安全监督员形成合力

煤气化部纪检督查小组采用随机抽查和重点检查的方式，对隐蔽性工程，特别是塔内、罐内、反应器内、数量多、不显眼的位置和检修项目进行重点监督检查。随时发现问题及时提醒督促整改，多项督查与检查工作机制形成合力，防控检修安全、环保、廉洁风险。

3.4　加强优化管理，持续提质增效

为做好气化炉系列检修持续优化管理，煤气化部以“提质增效”为核心，多措并举，持续从以下几个方面抓好持续优化管理：检修策略优化管理、四新技术引用管理、技改技措管理、挣值管理。

（1）检修策略持续优化管理

自气化炉系列检修以来，为保证气化炉检修的标准化管理，气化装置检修粗略持续优化管理引入“五个回归”，不断优化检修项目顺序及检修进度、质量相关策略。

（2）四新技术引进管理

气化炉自 2019 开始检修以来，影响气化炉长周期运行的关键问题为角阀缓冲桶、气化炉环

形空间密封等，为保障气化炉长周期运行，气化装置结合气化炉系列检修，积极引进"四新技术"，自2021年后再未出现气化炉开停车环形空间超温故障，单系列气化炉平均开车时长由原来的12h缩短至4h，解决了生产负荷无法提升的问题，且减少单系列气化炉开车物料损耗，单台炉开车平均节省30万左右。

（3）技改技措管理

针对SE东方炉长周期运行及检修过程中遇到的难点，气化装置持续开展技改技措相关工作，不断完善工艺流程、设备结构、降低成本、节约能源、提高质量。SE粉煤气化装置运行以来已经实施及计划实施技改技措项目共30余项（表1）。

表1　技改技措项目表

序号	施工地点	项目名称
1	磨煤框架	循环风机取样口改造
2	磨煤框架	低压燃料气管线改造
3	气化框架	渣场改造
4	灰水框架	气化装置澄清水换热器 E1504 流程变更
5	气化框架	气化装置7个系列烧嘴冷却水换热器增加旁路
6	气化框架	气化框架二楼不稳定 CO_2/稳定 CO_2/高压氮气系列总管调节阀后（安全阀前）增加调节阀组及放空线
7	……	……

（4）挣值管理

在气化炉标准检修持续优化管理方面，气化装置引入挣值管理理念，将资源计划编制与进度安排、技术成本和进度要求相关联，实施小组对系列检修挣值进行分析，在小组成员绩效考核中实施（图11）。

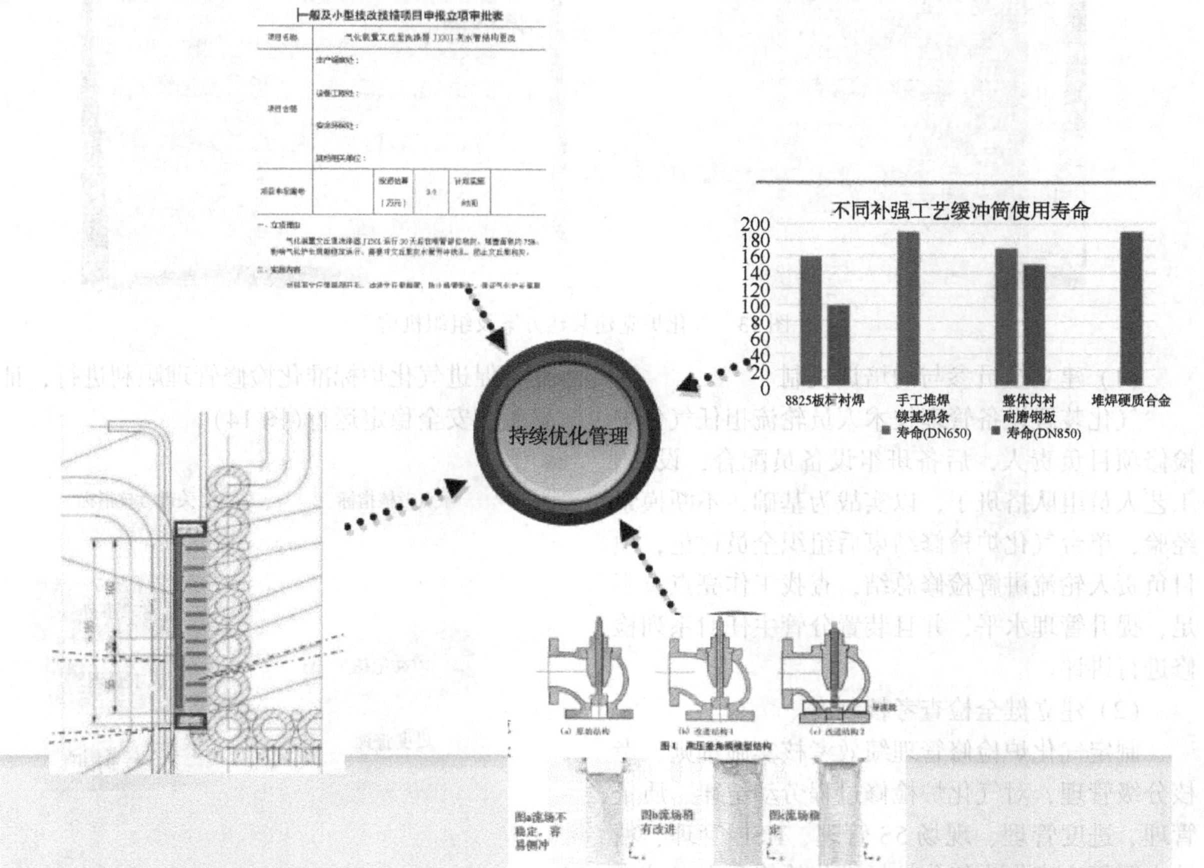

图11　持续优化管理

3.5　加强团队建设，凝聚集体力量

气化炉标准化检修管理的重要基础是人才，为打造一支善打硬仗，能打胜仗的检修标准化管理队伍，气化装置检修团队管理以“气化炉党建共建”为核心，制定气化炉检修党建共建机制，狠抓全员参与培训管理；建立健全检查及考核机制促进装置及协作单位团队管理水平及能力提升。

气化炉检修党建共建以“五保”、“四好”、“两清晰”、“一实现”为基本目标，即保安全、保环保、保质量、保进度、保费用；停炉好、交出好、检修好、开炉好；气化炉停工交付检修界面清晰、气化炉检修结束交付开车界面清晰；气化炉检修后实现长周期高负荷稳定运行（图 12、图 13）。

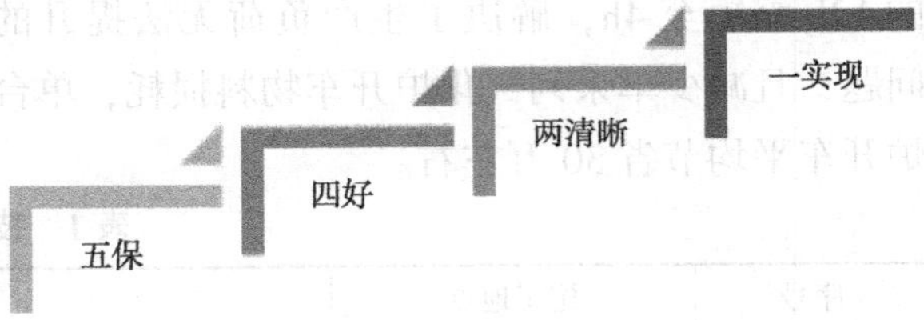

图 12　气化炉党建共建检修管理目标

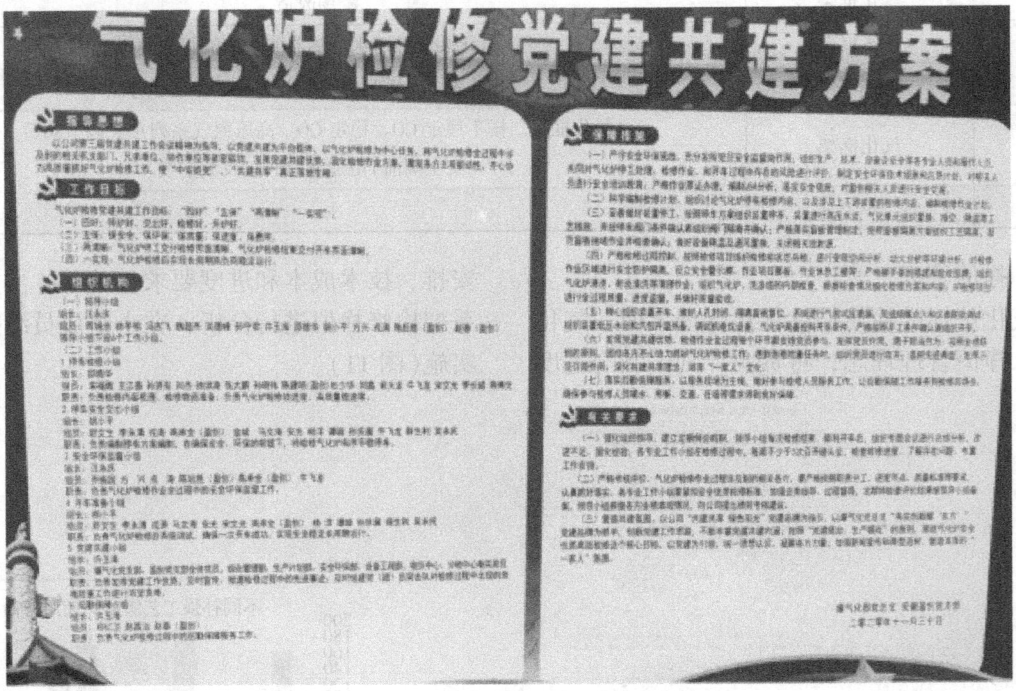

图 13　气化炉党建共建方案及组织机构

（1）建立全员参与的培训机制

气化装置设备管理技术人员轮流担任气化炉检修项目负责人，后备班组设备员配合，设备、工艺人员组队搭班子，以实战为基础，不断摸索经验，单台气化炉检修结束后组织全员讨论，项目负责人轮流讲解检修总结，查找工作亮点及不足，提升管理水平，并且装置分管主任对系列检修进行讲评。

（2）建立健全检查考核制度

制定气化炉检修管理绩效考核实施细则，考核分级管理，对气化炉检修过程劳动纪律、质量管理、进度管理、现场 5S 管理、HSE 管理、精神文明等内容作为气化炉标准化检修重点考核指标，通过开展绩效考核进一步调动职工的积极性，促进气化炉标准化检修管理顺利进行，证装置生产安全稳定运行（图 14）。

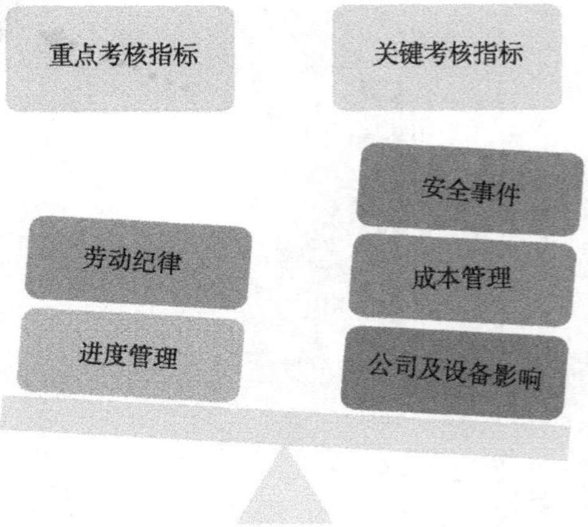

图 14　考核分级管理

4　SE 东方炉“七程式”标准检修创新管理的效果

气化炉检修已实现标准化管理，检修质量大幅提升，气化炉检修计划按时完成率 95%，SE 粉煤气化装置运行已实现全年每台气化炉运行周期均突破 180 天，单炉连续运行 381 天，五台气化炉在线运行率大于 95%。

4.1　经济效益

通过 SE 东方炉“七程式”标准检修创新管理管理，每年可减少开停车 10 次；每次开车节省粉煤 97 吨，折原料煤 112 吨、减少使用低压脱盐水 175 吨、减少外排污水 180 吨、减少用电 17800 度、节约燃料气 1245 标方、节约超高压蒸汽 7 吨、节约氮气 6 万标方、减少氧气 72 吨；每次开车物料成本共计 22.7 万元，每年节约 227 万元，减少外排污水 3600 吨，减少脱盐水 3700 吨，减少停车检修 10 次，减少检修费用 21×10=210 万，每次检修周期 25 天，检修人数 103，节约人工成本 10×25×103×200=515 万元，只计算开停车、检修费用每年可减少 952 万元，减少外排污水 3600 吨，减少脱盐水 3700 吨。

4.2　社会效益

SE 东方炉“七程式”标准检修创新管理，验证了中石化自主知识产权的粉煤气化技术在多系列大型化工业应用上的稳定性、安全性和先进性，验证了气化炉检修的经济性及便捷性，增强了煤化工企业的本质安全与环保，培养人才队伍，促进了国家能源化工技术的发展，为国家能源化工战略作出了积极贡献。促进我国石化行业高质量发展，抢占新一轮产业竞争制高点产生深远影响。

矩阵式金属探测技术在管状带式输送机中的设计与应用

完成人：夏圣雨　肖　剑　潘二亮　杨保勇　郭　涛　陈　浩　荣光辉

（中安联合煤化有限责任公司）

1　项目背景

该企业主要依靠水路流程管状带式输送机接卸煤炭，管状带式输送机作为一种结合了管道输送和带式输送特点的新型输送机，广泛应用于煤炭、矿石、粮食、水泥、纸浆以及混凝土等各种块状与粉状物料的输送。其运行过程中，皮带在运行区域可自行封闭成圆管状，而在受料区与卸载区则展开成平面状。这种设计旨在提高输送效率，降低对环境的影响，但也引入了一些新的挑战，特别是金属异物可能对输送机构成的潜在威胁。尤其是在皮带运行区域的存在，金属异物可能导致严重的损坏。超过一定宽度的金属异物可能穿透皮带，引发纵向范围广泛的破坏。为了应对这一问题，传统上使用金属检测器对物料进行检测。然而，目前的金属检测器仅能判断金属异物是否存在，而无法准确识别其大小。因此，现有技术中的金属检测器往往会在面对金属异物时发出报警，而无法判断其是否对输送机构成实际威胁。

2　总体情况

当前在这类管状带式输送机上，煤炭中掺杂的金属异物可能导致严重的皮带损坏，而传统的金属检测器无法准确判断异物的大小，导致频繁的误报停机，降低了工作效率。为解决这一问题，提出在输送机展开段设置矩阵金属检测器，通过多个金属检测传感器协同工作，准确检测金属异物的长度、宽度和角度，判断其是否会造成皮带损坏。具体的技术方案包括在展开段上方安装矩阵金属检测器，通过编码器记录数据，经过滤波处理后传送到主控制器进行综合计算。计算结果包括长度、宽度、角度等参数，通过评估金属异物的外形尺寸，判断其摆放位置是否能安全通过运行段，从而实现对输送机的智能监测和控制。该方法相较于传统技术具有明显的优势，减少了误报停机次数，提高了工作效率，有效防止了皮带损坏，保护了输送机的正常运行，延长了输送机的使用寿命。

3　技术路线和技术亮点

3.1　技术路线

在输储煤作业区 M4#B 管带机尾部，导料槽出口附近，设计一台可以进行金属检测报警的装置，金属检测器以交变磁场在铁磁性物质上面产生涡流，进而反馈至阵列传感器震荡线圈，从而实现金属物体长度和角度的检出，实现报警，并将报警信号送至系统 PLC，实现联锁停车，从而避免进入皮带的金属杂物对管带机造成损伤。

3.1.1　传感器设计。在输储煤作业区 M4#B 管带机尾部，尽量靠近尾部导料槽的位置，安装金属检测装置，这个金属检测器的核心组成部分是多个矩阵排列的上金属检测传感器。这些传感器通过精心设计的排列方式，使它们的检测直径互不叠加干扰，覆盖整个皮带的检测区域。每个上金属检测传感器都具有特殊的检测直径，它们之间相互协作，形成一个矩阵。这样的设计保证了传感器之间不会叠加干扰，可靠地捕捉金属异物的信息。这些传感器的灵敏度和精度经过精心调校，以确保对各种大小和形状的金属异物都能做出准确的检测和测量。

通过这种布局，上矩阵金属检测器能够有效地检测金属异物在皮带上的位置、长度、宽度和角度。将报警信号经码头变电所 PLC 机柜引入系统 PLC，在 PLC 程序中对应皮带机组态，建立相关停车联锁，实现对 M4#B 管带机及下游皮带的保护。

3.1.2 金属检测装置的安装方式。在M4#B管带机尾部，尽量靠近尾部导料槽的位置，安装金属检测装置。安装需拆除中部进程段的部分托辊和支架。检测装置须从M3转运楼旁的变电所中接入电源，并敷设现场变电所PLC机柜的信号线，将检测装置相关运行报警信号送入系统PLC。

3.1.3 编码器的安装。在安装上矩阵金属检测器的同时，需要在皮带上安装编码器。编码器记录皮带的运行数据，包括速度、位置等信息。这些数据将与金属检测器捕捉到的金属异物信息一同传递给金属检测控制器，为后续的处理提供必要的输入。

3.1.4 PLC组态方式。金属检测装置将相关信号传递至系统PLC中，在上位机中需进行组态，实现金属检测装置运行状态、故障状态和报警信息等各项信息的显示，并在系统中增加报警后引起M4#B管带机停车的联锁条件，实现其报警停车功能。

3.1.5 涉及材料见表1。

表1

序号	设备名称	规格型号	单位	数量	备注
1	皮带金属探测器及配套装置	GJT-20F	台	1	
2	信号电缆	ZR-DJYVP10×1.5	米	200	
3	电源线	ZR-KYJV3×2.5	米	200	

3.1.6 信号连接。

上矩阵金属检测器和编码器分别与金属检测控制器进行信号连接。这种连接确保了金属检测器捕捉到的信息和皮带的实时运行数据能够同步传递给金属检测控制器，为后续的信号处理提供准确而全面的数据支持。

3.1.7 检测信号传递及滤波处理。

金属异物的检测信号传递和滤波处理是整个系统中至关重要的步骤。在这一过程中，上矩阵金属检测器和编码器协同工作，以确保金属异物的相关信息被准确、及时地传递给金属检测控制器，并通过滤波处理进行信号优化。

当皮带运行时，上矩阵金属检测器实时监测皮带表面。一旦某个上金属检测传感器探测到金属异物，它会生成相应的检测信号。同时，编码器记录下当前的运行数据，包括位置、速度等。这两类数据通过相应的信号传输线路，传递给金属检测控制器。

金属检测器和编码器之间的协同工作是实现对金属异物全面监测的关键。编码器提供了时间和位置的参考，而金属检测器则负责捕捉异物的具体信息。这种协同使系统能够在三维空间中精确定位金属异物，为后续的分析提供了丰富的数据基础。

金属检测信号可能受到各种干扰，包括但不限于电磁干扰、振动引起的噪音等。为了优化信号，减少误报，系统采用了滤波处理的方法。

在金属检测控制器接收到检测信号后，先进行滤波处理。这一处理阶段通过滤除信号中的高频噪音和异常波动，保留真实的金属异物信号。可以采用数字滤波算法，如低通滤波器，来对信号进行平滑处理，确保金属异物的检测结果更加稳定可靠。滤波处理不仅有助于减少误报，提高系统的可靠性，还有助于提取金属异物的精确信息，为后续的尺寸和角度计算提供清晰的信号基础。

3.1.8 主控制器的计算过程。

主控制器是整个系统的核心，负责接收并处理从上矩阵金属检测器传来的信号，进行长度、位置、角度、宽度等多维度的计算。以下详细阐述主控制器的计算过程，其中包括采用中位值平均滤波法的步骤。

3.1.8.1 信号接收

主控制器首先接收由上矩阵金属检测器传来的信号，这些信号包括金属异物的位置、时间，以及编码器记录的皮带运行数据。通过这些信息，系统能够准确地捕捉金属异物的存在及其在皮带上的运动轨迹。

3.1.8.2 预处理与滤波

接收到的信号进行预处理，包括滤波操作，以消除由于电磁干扰、振动等原因引起的噪音。采用中位值平均滤波法，系统通过连续采样一定数量(n)的数据，去除一个最大值和一个最小值，然后计算剩余数据的算术平均值。这样的处理方式能够有效平滑信号，确保后续计算的准确性。

3.1.8.3 长度计算

在金属异物通过矩阵中的上金属检测传感器时，通过编码器记录的数据和滤波处理后的信号，对金属异物信号进行记录为C1，当检测不到金属异物信号后记录为C2，此时该金属异物的长度C＝C2－C1。有多个上金属检测传感器，得到多组数据后，采用中位值平均滤波法，通过多次采样的数据，可以减少异常值对最终计算结果的影响，提高长度计算的精度。

3.1.8.4　宽度计算

主控制器进一步进行宽度计算，考虑了金属异物通过多个上金属检测传感器的情况。通过测量传感器之间的间距、金属异物通过的传感器数量，以及传感器检测到的直径，系统计算金属异物的宽度。对于不同情况，系统采用不同的计算公式，确保对各类金属异物都能进行准确测量。

3.1.8.5　角度计算

主控制器进行角度计算。通过矩阵中一排上金属检测传感器之间的距离(x)以及金属异物先后通过这两个传感器的距离(y)，系统采用三角函数的计算方法，求解金属异物的角度(α)。这一步骤是为了更全面地了解金属异物在皮带上的运动状态。

3.1.9　外形尺寸评估

完成对金属异物长度、宽度、角度的计算后，系统进一步进行外形尺寸的评估，以判断金属异物是否能够安全通过管状带式输送机的运行段。以下是外形尺寸评估的详细步骤：

3.1.9.1　*长度评估*

系统根据上述步骤计算得到的金属异物长度(C)，对其进行评估。通过记录金属异物进入检测区域的时间和位置，系统可以得知金属异物在一定时间内的运动距离。综合考虑金属异物的长度和运动速度，系统判断金属异物是否能够在规定时间内完全通过运行段。若金属异物长度小于等于其在规定时间内的运动距离，则被判定为可以通过。

3.1.9.2　*宽度评估*

通过计算得到的金属异物宽度(W)，系统进行宽度评估。考虑管状带式输送机的结构和宽度，系统判断金属异物是否足够狭窄，以适应运行段的通道。系统可以预设一个安全宽度阈值，若金属异物宽度小于该阈值，则判定为安全通过。

3.1.9.3　*角度评估*

经过角度计算得到的金属异物角度(α)，系统进行角度评估。考虑管状带式输送机的弯曲半径和结构设计，系统判断金属异物是否在运行段的弯曲处能够保持足够的稳定性。若金属异物的角度在规定范围内，则判定为可以安全通过。

3.1.9.4　*综合评估*

系统将以上三个方面的评估综合考虑，通过设定的评估标准，判断金属异物是否能够安全通过管状带式输送机的运行段。若符合所有评估标准，则系统输出安全通过信号，输送机继续运行；反之，系统输出停机信号，防止可能的损坏和事故发生。

通过外形尺寸评估过程，系统能够在金属异物进入运行段之前准确判断其是否会对管状带式输送机造成损坏，实现对输送过程的实时监测和控制。

3.2　技术亮点

研究发明一种应用于管状带式输送机的矩阵式金属探测方法及装置并申请专利。

4　应用场景

该项目于2022年1月开始至2024年1月完成项目研究和管状带式输送机矩阵式金属探测器项目建设。应用于输储煤装置管状带式输送机尾部，并取得良好效果。

5　项目效果和效益分析

5.1　项目效果

管状带式输送机上金属异物检测方法及装置相较于现有技术具有明显的优势和创新点，主要体现在以下几个方面：

5.1.1　减少误报停机次数

传统金属检测器只能检测金属异物的存在，而无法准确判断其大小和对输送机的潜在威胁。协成机电采用矩阵式金属检测方法，通过多个传感器协同工作，能够准确获取金属异物的长度、宽度和角度等信息。这种精细化的检测方式可以有效减少误报停机次数，提高金属异物检测的准确性。

5.1.2　实时监测金属异物的多维信息

与传统金属检测器只能提供金属异物是否存在的信息相比，协成机电在运行段之前的展开段设置矩阵金属检测器，实时监测金属异物的长度、宽度和角度等多维信息。这使得系统能够更全面地了解金属异物的特征，为后续的判断和处理提供更多的参考信息。

5.1.3　提高工作效率

通过对金属异物进行综合评估，系统可以在金属异物进入运行段之前做出及时决策，判断其是否能够安全通过。这种实时监测和判断的方式有效提高了管状带式输送机的工作效率，避免了频繁的误报停机，使得输送过程更为稳定和高效。

5.1.4　精准控制金属异物的通行

协成机电发明的矩阵式金属探测方法及装置不仅能够检测金属异物的存在，还能够对其长度、宽度和角度等进行精准计算和评估。通过这些信息，系统可以更具针对性地控制金属异物的通行，确保其在输送机运行段的通道中安全通过，避免对输送机造成损坏和影响。

综上，本发明通过引入矩阵式金属检测方法，创新性地解决了管状带式输送机上金属异物检测存在的问题，减少误报停机，提高工作效率，实现了对金属异物的全方位、多维度监测和精准控制，具有显著的技术优势和创新性。

5.2　效益分析

5.2.1　经济效益

按照2022年1月1日维修处理角铁扎穿管带机检修进行测算，即使在能够及时发现的情况下，也需要更换静音托辊450件，支架450件，按照托辊400元/件、支架50元/件计算，需约22.25万元；更换头尾四道清扫器费用2.2万元；管带机皮带被扎穿后，轻则需要2天时间补胶硫化，重则需要割除皮带进行更换硫化，按照更换50米皮带计算，更换费用7.5万元；此外，以上检维修作业，按照《石油化工行业检修工程预算定额》(2021年版)计算，产生检维修费用约3.7万元，金属检测设备采购费9万元。避免此类事件节约维修费27万元。

实施金属检测报警技术项目，避免了因类似事件发生所造成的检维修费用。

5.2.2　社会效益

5.2.2.1　减少因更换、硫化产生的高风险作业次数。

5.2.2.2　减少因管带机皮带扭管造成的洒煤漏煤现象。

5.2.2.3　减少设备非计划停车故障，降低维修成本和保供风险。

5.2.2.4　申请了一项《一种应用于管状带式输送机的矩阵式金属探测方法及装置》专利，提升公司技术竞争力。

6　结语

本成果提供了一种应用于管状带式输送机的矩阵式金属探测方法及装置，该技术方案可在多个领域得到应用，特别适用于需要对输送进行高效、连续运行的工业生产场景。此项技术成果的实施将为管状带式输送机的安全运行和维护提供一种可靠的解决方案，有望在相关领域产生重要的经济和社会效益。

基于AI智能图像识别的管带机扭管在线监测和自动调偏技术的探索与实践

完成人：夏圣雨　肖　剑　杨保勇　潘二亮　陈　浩　荣光辉　郭　涛
刘海洋　胡　浩　尹俪锦　张子悦

（中安联合煤化有限责任公司）

1　项目背景

管状带式输送机简称为管带机，因其环保效益明显、具备垂直爬坡角度大、可承受一定水平转角等优势，在长距离散货物料输送中得到广泛的应用。

我单位建成2套管带机，全长2.5km，额定输送能力2000t/h，带速5m/s，由三台710kW电机采用头2尾1的布置进行驱动。M4A管带机于2019年4月建成投用，截至2024年6月，累计运行1.6万小时，输送煤炭1315.6万吨，期间故障停车共计99次，停车检修时间约440h，因扭管或与其相关的故障占停车故障总数的50%，扭管相关故障检修时间超过250h，该故障是影响管带机正常运行的主要问题。

针对这一问题，我单位决定通过研发具有AI功能的视觉监控软硬件，包括实现针对管带机扭管、跑偏、边缘破损等异常实时检测与报警的系统，以及根据系统报警、指令配套安装可实现自动纠偏的智能纠偏装置，从而达到尽早发现和解决设备异常故障，缩减人员判断和决策周期、减少设备损失的目标。

2　总体情况

基于AI智能图像识别的管带机扭管在线监测系统，是通过大量素材图片对破损素材特征进行提取，在管带机运送物料的过程中使用目标检测算法、工业红外热成像仪等手段，连续监测判断扭管、夹带、高温等异常状态，抓拍的同时在上位机发出报警。

3　技术路线和技术亮点

3.1　技术路线

3.1.1　根据现有M4A管带机分布状况和相关报警需求，在线扭管监测系统现场总共布置12路摄像头：

（1）在管带机成管段的两侧加装4组共8路AI智能摄像头，用于成管段扭管和咬边的监测；

（2）在尾部展开段安装1路防爆双光摄像头，用于煤炭料流和料温监测；利旧1路防RGB爆摄像头，进行皮带跑偏和皮带边缘破损的监测；

（3）在尾部过渡段利旧1路防爆RGB摄像头，实现管带机胀管和反包监测；

（4）在头部展开段利旧1路防爆RGB摄像头，进行皮带跑偏和皮带边缘破损的监测。

具体如图1、图2所示。

视频监控系统结构为：前端采用网络高清摄像机，通过光纤接控制中心交换机。上位机获取共计8路摄像机以及1路防爆双光摄像机的图像数据，同时通过交换机连接现场已有的3路防爆摄像机，通过多线程同时对12路视频进行算法处理。

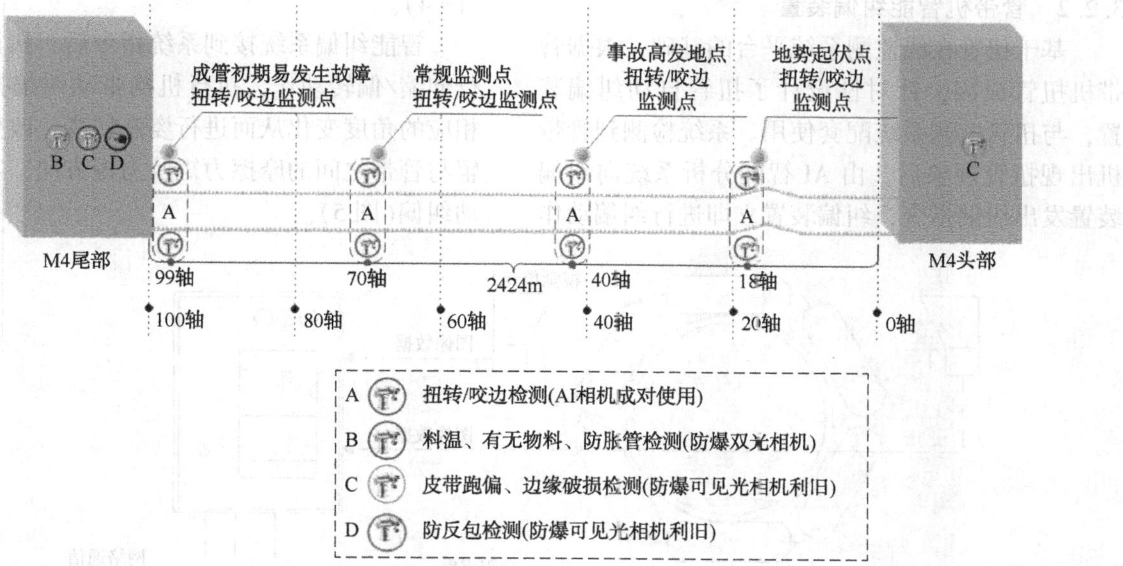

图1　监测设备具体布置图

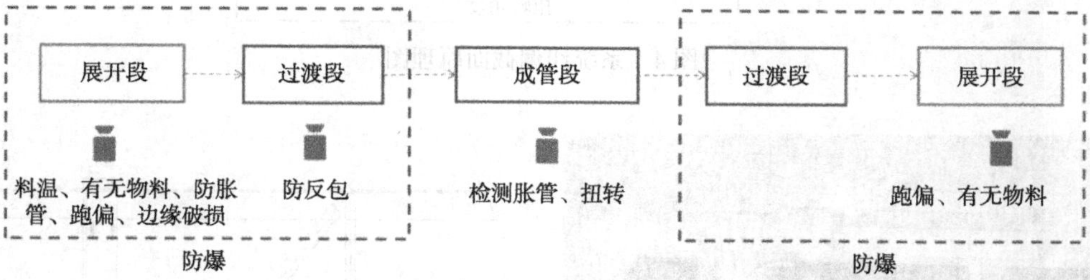

图2　故障检测功能分布图

3.2　技术亮点

3.2.1　AI智能监控

本系统是基于视觉采集和智能分析，在充分利用M4A管带机原有视频监控的基础上，新增部分具有AI功能的视觉监控软硬件，实现管带机的智能化监控。系统功能包括皮带跑偏（头尾部展开段）、皮带边缘破损、煤温、扭管、胀管和反包（尾部进程过渡段）等皮带异常的实时检测（图3）。

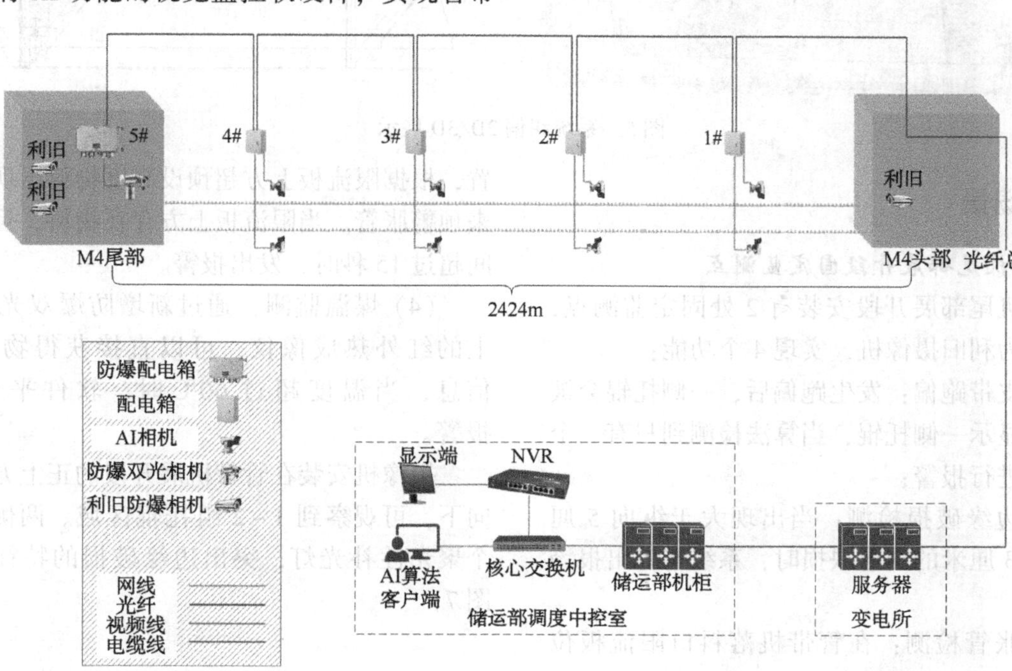

图3　网络拓扑示意图

3.2.2 管带机智能纠偏装置

基于扭管在线监测系统平台的基础，根据管带机扭管成因，针对性设计了扭管自动纠偏装置，与扭管监测系统配套使用。系统检测到管带机出现扭管现象后，由AI智能分析系统向纠偏装置发出纠偏指令，纠偏装置立即进行纠偏动作(图4)。

智能纠偏系统接到系统指令后、执行机构进行伸缩/偏转动作，执行机构带动纠偏托辊进行相应的角度变化从而进行姿态转变，改变纠偏托辊与管带之间的摩擦力矩及力矩方向，实现全自动纠偏(图5)。

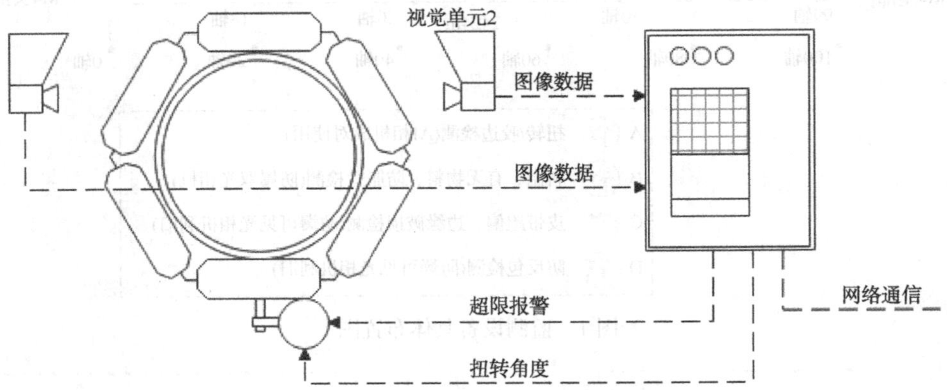

图4 系统纠偏截面原理图

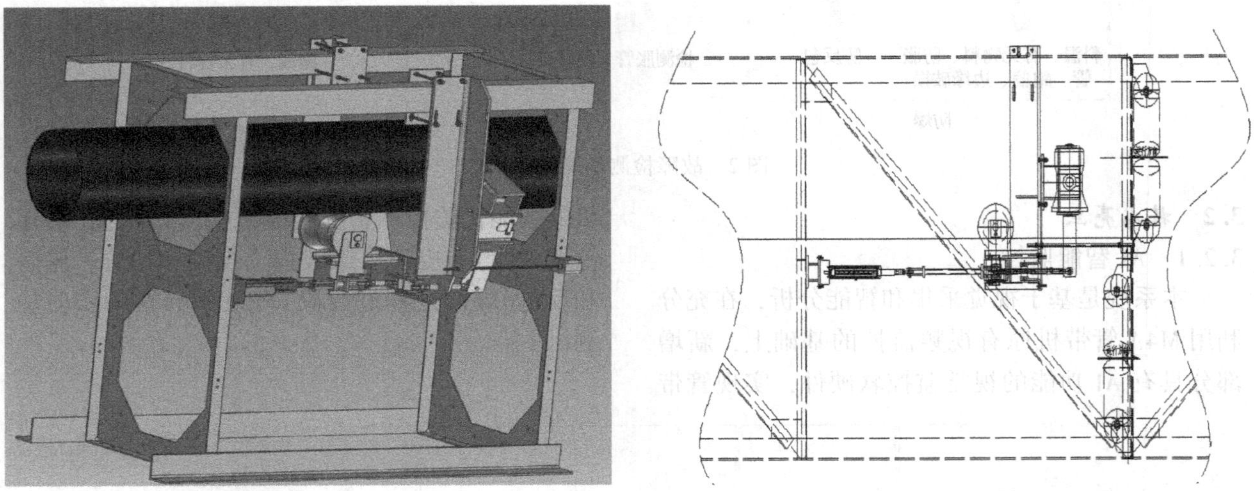

图5 系统纠偏2D/3D展示

4 应用场景

4.1 管带机尾部展开段固定监测点

管带机尾部展开段安装有2处固定监测点，其中1处为利旧摄像机，实现4个功能：

(1) 皮带跑偏：发生跑偏后，一侧托辊会被遮挡，只显示一侧托辊，当算法检测到只有一个托辊时，进行报警；

(2) 边缘破损检测：当出现大于纵向5厘米、横向3厘米的图形缺损时，系统将发出报警信息；

(3) 胀管检测：在管带机落料口限流板位置，根据限流板上方超预设高度物料出现的时间来预警胀管。当限流板上方存在物料，且连续时间超过15秒时，发出报警。

(4) 煤温监测：通过新增防爆双光摄像头上的红外热成像仪，可以直接获得物料温度信息，当温度超过60℃时，软件平台进行报警。

摄像机安装在管带机展开段的正上方，视场向下，可观察到1~2组托辊区域。两侧增加2个聚光性补光灯，突出边缘破损的特征(图6、图7)。

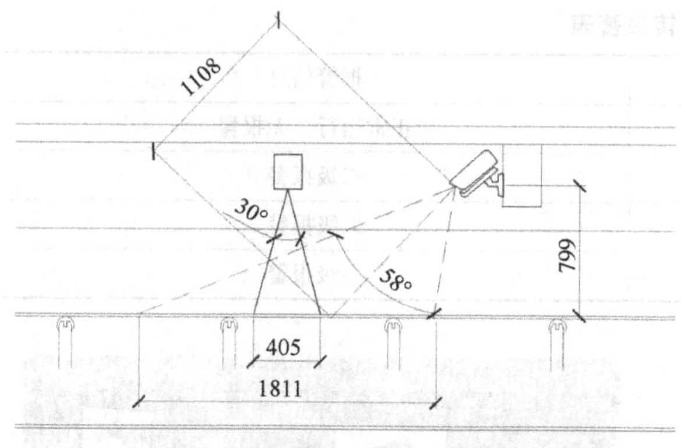

图6　摄像机安装示意图

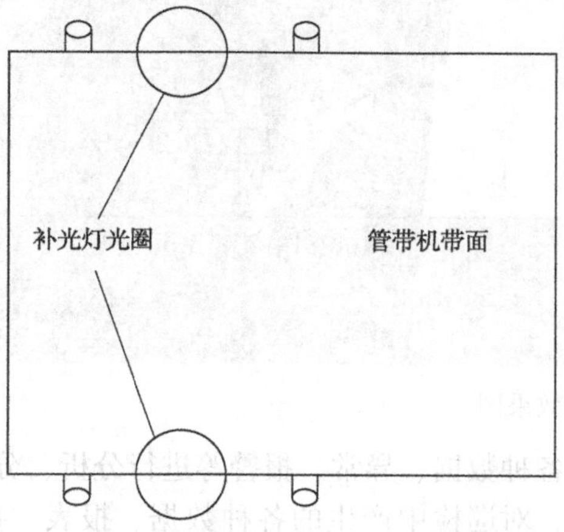

图7　聚光灯安装示意图

4.2　管带机尾部过渡段固定监测点

管带机尾部过渡段利用一台原有的摄像机实现防反包检测。算法通过检测压紧托辊边缘直线的角度来判断其角度。正常情况下，左侧托辊角度小于右侧托辊，且角度不变，对皮带进行包裹作用。当托辊角度变大，可能引起反包。检测托辊角度超过30°时系统报警，预防发生反包。摄像头视场如图8所示。

图8　摄像头现场图

4.3　管带机成管段扭转咬边监测点

（1）扭管：在管带机成管段4组位置使用固定式AI智能监控设备，对扭转、咬边等进行检测。其中90轴处为成管段，为主要关键检测点，80轴为常规的检测点，40轴为扭转事故多发点，20轴此处地势高低起伏，物料因重力和其他原因可能会对皮带有所冲击，从而造成扭转现象的发生。当皮带发生扭转时，皮带边缘会出现在智能检测单元的视野中，依据边缘在视野中的上下位置来判断扭转的轻重程度(图9)。

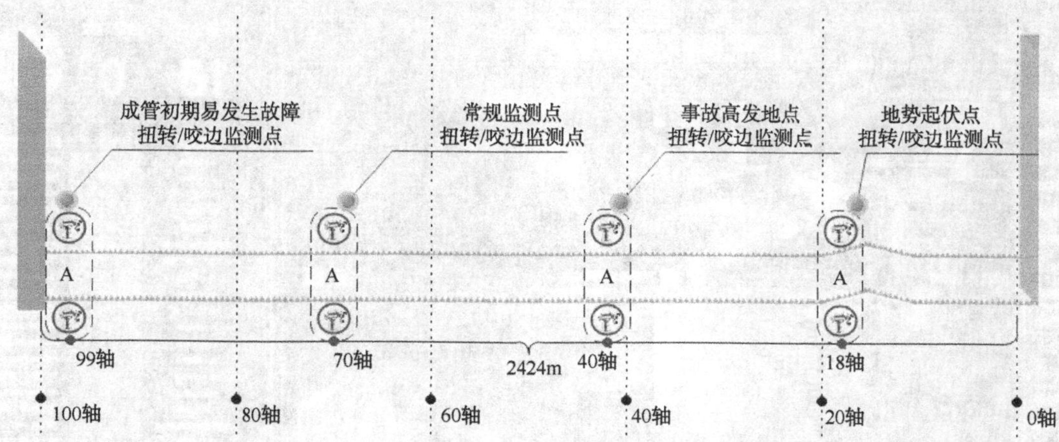

图9　扭转检测点位图

摄像机的实际观察角度是120°，由此设定三级报警的判断逻辑：同一组的两侧摄像机同时检测不到皮带边缘即是三级报警。目前三级报警的准确率可以达到98%以上。

（2）咬边：是伴随扭转产生的故障现象，当管带机发生扭转时，皮带边夹到两托辊中间的缝隙内，皮带边缘与机架发生摩擦，造成皮带边缘的破损。摄像机安装在成管段两边，正常情况下，对向光通过托辊间隙，在相机成像视野中显示高亮区域，当发生咬边现象时，皮带进入托辊间隙，光源无法透过缝隙进行成像，由此判断是否发生咬边现象。呈现效果如图10所示。

表1　管带机扭转报警表

序号	角度范围	报警信息
1	0°～30°	正常运行，无报警
2	30°～90°	三级报警
3	90°～120°	二级报警
4	120°～	一级报警

图10　摄像机咬边检测效果图

4.4　软件的相关功能和设定

系统实现了上位机操控与监视页面融合，通过智能监测管理软件，操作人员可在集控室进行实时查看、报警信息查阅等操作（图11）。系统会对各种数据、异常、报警等进行分析、分类和汇总，对巡检中产生的各种数据、报表、报警、图片信息、视频信息等进行存储。软件主要包含以下具体报警及功能：

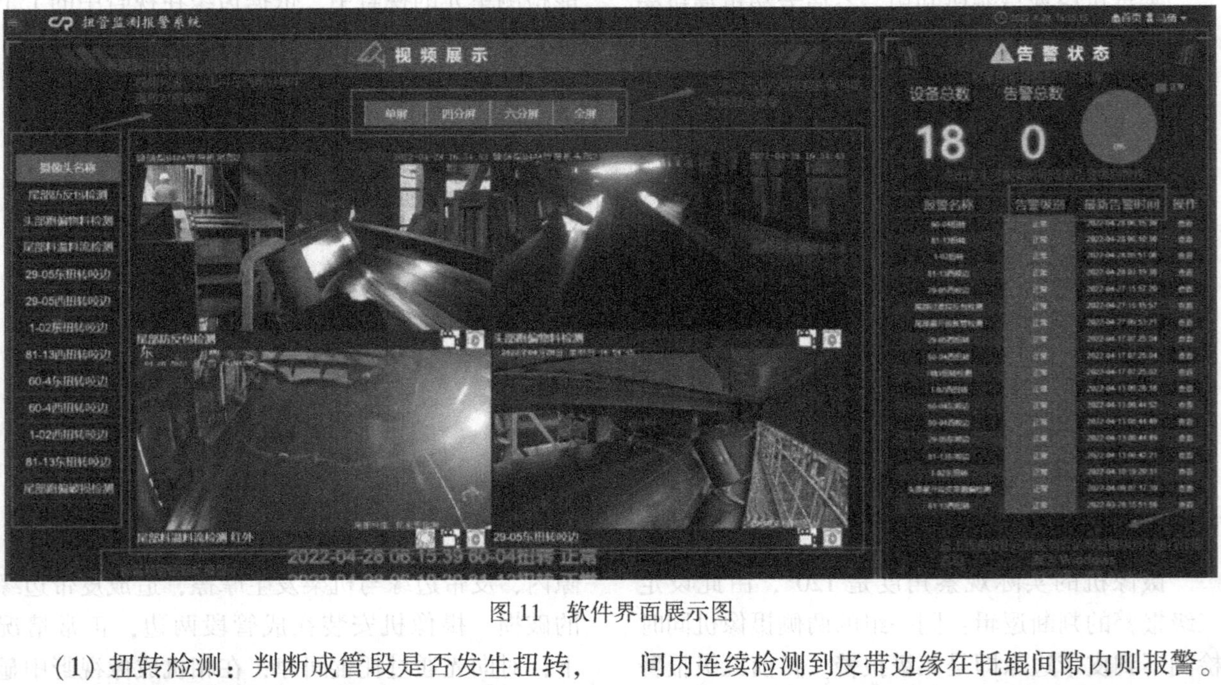

图11　软件界面展示图

（1）扭转检测：判断成管段是否发生扭转，并分等级报警。皮带边缘在画面中位置检测精度为可达到±1cm。

（2）咬边检测：判断是否发生咬边，单位时间内连续检测到皮带边缘在托辊间隙内则报警。

（3）皮带跑偏检测：头尾部展开段图像分析皮带边缘是否跑偏超出托辊头，在皮带跑偏覆盖托辊头时进行报警。

（4）边缘破损：目前能够识别的最小破损面积为5×5cm。

（5）物料检测：软件可识别限流板是否发生堆积，单位时间内连续检测到超出限流板则发出报警。实时显示此区域最高温度及其位置，当温度超出阈值后，实现报警，并在报警抓图中标出最高温物料的位置及温度。

（6）胀管反包检测：软件通过尾部过渡段图像分析压带轮是否发生角度变化，超出则报警，检测精度为±3°。同时分析皮带边缘位置变化，判断皮带反包并报警。

（7）软件其他功能：软件能实时查看所有在线的智能监测设备，支持rtsp，onvif和国标协议图片抓拍功能。软件具备自我学习功能，数据库丰富的同时，会逐渐提高其分析的准确性。

5 项目效果和效益分析

截止2024年6月底，AI智能图像识别的管带机扭管在线监测系统已上线运行2年6个月，系统功能有了较为充分的验证。

该系统为管带机长跨度特殊设备的巡检工作提供了一种较低成本的智能化解决方案。系统利用智能摄像机视觉识别技术实时采集管带机各种运行状态信息，并进行预防性故障诊断，从而做到“早发现、早维护”，极大提高了巡检效率，有效提高事故隐患发现率，延长设备寿命。系统的投用极大降低了人工巡检的负担，在推进智能化、自动化管理的同时，提高了管理水平，降低了运营成本。

输煤装置三元自动配煤技术的探索与应用

完成人：肖　剑　夏圣雨　杨保勇　潘二亮　陈　浩　荣光辉　杨永君
郭　涛　刘海洋　胡　浩　尹俪锦　张子悦
（中安联合煤化有限责任公司）

1　项目背景

中国石化持续大力落实习近平总书记关于“煤化工产业潜力巨大、大有前途，要提高煤炭作为化工原料的综合利用效能，促进煤化工产业高端化、多元化、低碳化发展。”的煤化工发展战略。中石化自主研发的SE-东方炉首次在中安联合成功取得工业化应用，高质量的配煤对其稳定运行起到重要作用。

为持续优化运行，综合SE-东方炉运行指标、煤炭原料成本、朱集西煤质等，对原料煤做出由二元到三元配煤的改进，持续扩大原料煤煤种范围，并依据煤质灵活调整配煤比例，因此，配煤工作的复杂程度不断提高。我单位作为配煤的主要装置，负责向气化装置提供质量达标的混配煤，为保证配煤精度和质量的稳定，持续优化配煤工艺，在长期配煤经验的基础上，努力探索自动化技术的应用，并取得了初步成果。

2　总体情况

2.1　三元配煤工艺路线

在原设计二元配煤工艺线路的基础上如何实现精准的三元配煤，需要满足各煤种可独立稳定输出控制、独立计量、工艺线路符合顺控逻辑这三项主要条件，据此，我单位进行比选论证，开发出一条较为成熟、稳定的配煤线路(图1)。

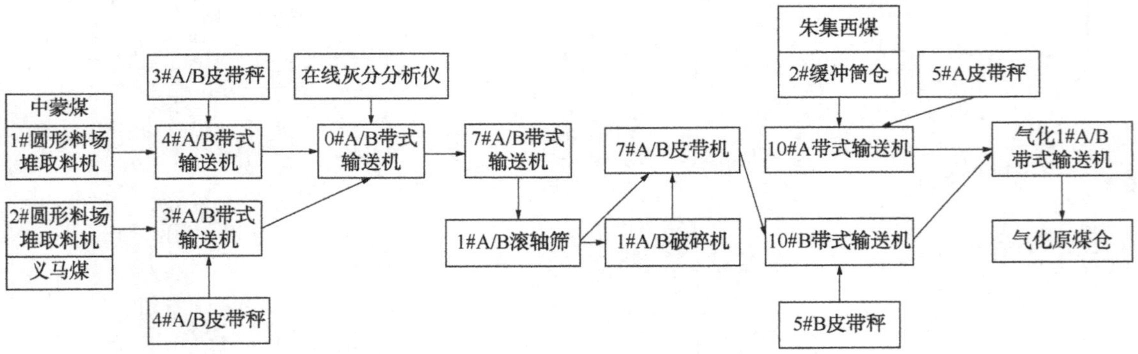

图1　圆形料场+筒仓配煤双线配煤流程

以中蒙、义马、朱集西化工煤三元配煤为例，将1#圆形料场蒙煤和2#圆形料场义马煤进行一次配煤，再利用现有“1#、2#缓冲筒仓至气化原煤仓二次配煤流程”，两元煤流混合后，单独走一条输煤线路，当煤流到达缓冲筒仓下部10#皮带机时，朱集西化工煤由筒仓放出经10#皮带备用线同步输送，两股煤流在煤气化皮1#带机尾部汇聚在一起，从而实现三个煤种按照比例掺配的要求。

此配煤方案优点在于操作方便，三个煤种均有皮带秤进行单独计量，给煤的流量容易控制，较为稳定。同样，降低破碎设备的瞬时工作量。同时，由于缓冲筒仓配煤前已经储存一定量的朱集西化工煤，筒仓前段的配煤设备故障时，三元配煤操作依然不受影响，抗风险能力较强。但是，在配煤中，10#皮带机需要双线开启，同时增加了筒仓输煤路线，增加了一定能耗。

2.2 三元配煤自动化

为降低人工操作配煤造成的误差，追求更高、更稳定的配煤质量，我单位积极推动自动化技术在配煤中的应用。2022 年，“三元配煤自动化控制项目”顺利列入公司技研发项目，并与装置原操作系统厂家上海弘特公司签订研发合同，确定了在 PLC 现有 HTView SCADA 系统平台上新增三元配煤自动化控制程序这一无需新增硬件的成本最优的技术方向。项目于 2023 年底完成试用，正式投用。

该程序是在现有控制系统基础之上，在不增加硬件的情况下，添加一套自动控制的程序，用来实现三元配煤相关活化给煤机按照设定量的自动控制，根据配煤工艺线路实现三元煤的联动控制，并将配煤瞬时量、累积量及相关比例实时显示，操作人员由原来的手动操作升级为自动化配煤监盘。程序控制原理完全模仿人工操作，根据皮带秤的反馈量，计算偏差，对活化给煤机锁煤板、振动频率分别或组合调整，实现对瞬时流量的控制。自动程序能实现比人工操作更精细更频繁的操作。

3 技术路线和技术亮点

3.1 技术原理

基于输储煤系统现有的 HTView SCADA 系统平台，不增加硬件，通过编制三元自动配煤程序，对输储煤活化给煤机的一个自动控制方式，程序按照设定瞬时煤量对选定的活化给煤机进行控制，实现自动调节瞬时煤量，以达到自动精细化配煤的目的，活化给煤机由系统自动控制，程序能对突发情况做出应急停车等处理，实现三元配煤的自动化，使得配煤更加稳定、精准。

关键方法是基于线性参数设定控制技术和 PID 控制技术，构建自动控制系统，实现活化给煤机锁煤板开度及激振电机频率的闭环智能调节。锁煤板开度，通过继电器的闭合来控制，其可视为线性控制；另一个是振动频率，通过 4-20mA 信号来控制，振动频率的 4-20mA 信号控制通过 PID 控制来实现，控制原理如下：

$$U(t)=Kp\left[e(t)+\frac{1}{Ti}\int_0^t e(t)\,\mathrm{d}t+Td\frac{\mathrm{d}e(t)}{\mathrm{d}t}\right] \tag{1}$$

式中，Kp 为比例系数，Ti 为积分时间常数，Td 为微分时间常数；$Ki=Kp/Ti$，为积分系数；$Kd=Kp\times Td$，为微分系数。PID 控制器是一种线性控制器，它根据给定值 $r(t)$ 与实际输出值 $y(t)$ 构成偏差：$e(t)=r(t)-y(t)$。将偏差的比例(P)、积分(I)和微分(D)通过线性组合构成控制量，对受控对象进行控制。其控制规律也可以简化为：

$$U(t)=Kp+Ki+Kd \tag{2}$$

3.2 技术线路

(1) 通过对被控对象(煤流量)的实时数据采集与设定值比较计算得出的误差，通过控制活化给煤机的两部分执行机构，系统按照比例、积分和微分控制技术进行控制，实现煤炭瞬时流量的稳定控制。

(2) 系统会根据瞬时量偏差幅度采用不同的调节方式，力求流量得到及时调整的同时，减少设备执行机构动作负担。系统通过把流量波动分为 4 个阶段，偏差在±3%以内为正常；±3%～±5%为波动区间，通过调节活化给煤机频率来控制；±5%～±10%为较大波动区间，除频率调节外，还会通过调节活化给煤机落煤板开度进行辅助控制；±10%以上为严重波动区间，两种调节方式同步作用，并加大锁煤板调节力度。

(3) 系统自动配煤过程中实现三个煤种联动，系统记录三元煤累积量，实时计算三元煤累积量比例，得出三元累计值偏差，以某一煤种为基准，微调其他两元煤瞬时流量，实现累积量的比例控制；对设备故障配煤无法继续或系统大幅波动无法短时间内完成调整的做出停机处理等应急措施。

3.3 技术亮点

原料煤配煤的目的是在其达到气化炉运行指标的前提下，降低运行成本，提高运行效率。根据各煤种性质确定配煤比例后，配煤的关键就在于均匀性，而保证均匀性的关键则在于各煤种流量的控制。

本款自动配煤程序最大的优点在于其是基于输储煤原有的 HTView SCADA 系统平台研发，无需新增任何硬件，在已有信息采集(煤炭流量数据)、指令下达(上位机下达操作指令)、执行机构(活化给煤机)这一原有系统中，新增了一个可自动进行数据计算、分析并发出指令的单元。这就使得该程序不存在与系统融合的问题，同时极大地降低了开发成本(图 2)。

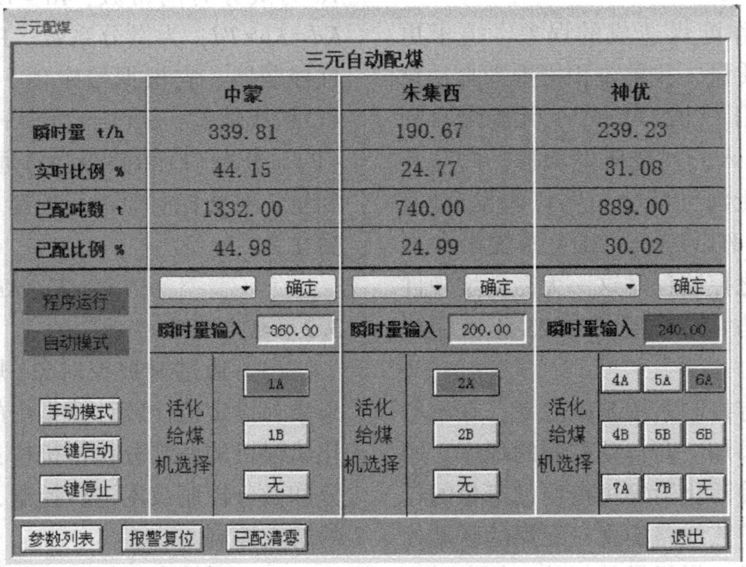

图 2　三元自动配煤操作界面

该程序模仿人工操作原理，人机交互界面简洁且功能齐全，在系统设置相应煤种的瞬时流量，关联活化给煤机，达到及时调节瞬时流量波动、提高配煤过程精度的要求。程序具备“一键启动”、“一键停止”、配煤参数设置、趋势调取等操作功能，且在程序运行中，可任意切换手、自动模式。系统在自动配煤出现的波动时，会做出分级提示，在出现设备故障影响配煤、或大幅波动等情况时，做出活化给煤机停机，提示手动操作等应急处理措施。由于自动配煤程序与人工操作机理相同，在出现大幅波动或设备故障时，操作人员可直接采取手动操作，不会出现衔接上的问题。

4　应用场景

三元自动配煤程序 2023 年 3 月在我单位投入试用，截至目前已投入工业化应用一年有余。程序运行时，内操人员由原先约 2min/次的活化给煤机较高频次操作变为只需监盘，在有效降低内操工作量的同时，较好避免了一些因人的疏忽造成的流量波动，同时内操人员也有更多精力通过摄像头巡查现场情况以及监盘设备电流、温度等关键指标。

除了正常三元配煤以外，在公司生物质掺烧科研工作中，自动配煤也发挥重要作用。生物质掺配是在原三元配煤的基础上新增“一元”生物质，由于自动配煤程序与原系统的高度融合性，在掺配中实现了自动配煤程序进行原有三元煤的掺配，人工进行生物质这一元处的操作这一“3+1”操作模式，有效保证了掺配精度，最大偏差 0.41%，远小于 5%的公司指标。

粉料的掺配在煤化工、煤矿、建筑材料等行业的应用中十分广泛，在这些场景中基本都采用了 PLC 自动控制，但控制内容基本停留在人工操作阶段，采用类似我单位三元自动配煤思想，利用原有硬件，仿照同样的控制机理，实现掺配过程自动化，将会对提高产品质量、降低操作人员工作强度起到帮助。

5　项目效果和效益分析

5.1　项目效果

配煤的关键就是均匀性，而均匀性直接反映在瞬时流量与操作（设定）值的差距上，我单位为检验配煤过程，会对配煤过程随机进行瞬时量抽查，计算偏差。三元煤累计偏差 1%，扣除 100 分，如表 1 所示，抽取一组自动配煤投用前后的同比数据对比。

表 1　瞬时量抽查偏差对比

班次	1	2	3	4	5	6	7	8	9	10	11	12	13	14	15	平均偏差
23 年偏差	265	307	218	249	345	288	162	113	148	96	131	283	222	241	286	219
24 年偏差	146	85	145	133	102	125	134	324	113	118	111	140	361	174	161	158

抽查数据同比，三元煤瞬时量总偏差下降0.61%。按此方式，同比2023年上半年和2024年上半年，自动配煤程序正式投用后，瞬时量总偏差下降0.52%。由此可见，自动配煤技术运行稳定可靠，有效提升了配煤质量。

内操人员在自动配煤程序投用后，也有更多精力投入到监盘中。由内操在控制室通过监盘发现设备运行指标异常、落煤管漫煤等问题的总数2024年以来较去年同期上升了约50%，这也为系统稳定运行创造了更好条件。

三元自动配煤技术的成功应用，具有极高的推广价值，它打破了传统意义上煤炭等不规则粒料难以自动精细控制流量的观念，对煤炭相关产业以及更广范围的粒料、粉料输送相关产业的自动化、精细化控制都有着现实意义。

5.2 效益分析

自动配煤带来的配煤质量提升，对于气化炉的稳定运行、有效气产量的提升、比氧耗的降低都有着十分直观的好处。同时，气化装置的稳定运行也给下游甲醇装置的良好运行打下基础。

后期，三元自动配煤技术在我单位主要供(配)煤全面实现自动化后，可有效降低用人成本，每班可视情况减少一名内操人员，每年可节省用人成本约40万，长期效益可观。

锅炉低温段H型省煤器利用管理创新延长设备使用寿命及检修更换周期案例

完成人：张　亮　陈永凡　路　翔　黄志强　李毅然

（中国石油吉林石化公司化肥厂）

1　项目背景

省煤器作为锅炉尾部烟道换热设备，主要用于吸收高温烟气的热量从而降低排烟温度，且加热给水起到节省能源降低燃料消耗，提高锅炉工作效率的作用。按照结构形式分为光管省煤器和H型省煤器，光管省煤器采用错列布置，H型省煤器采用并列布置。

吉林石化公司化肥厂机炉车间1#、2#、3#锅炉下级省煤器，随脱硝改造项目于2015年完成改型投运。运行三年后于2018年开始连续出现泄漏情况，至2019年因泄漏频繁严重影响安全生产，陆续在单炉检修中更换全部下级省煤器。截至2023年3月份第二检修更换周期四年半后，1#炉下级省煤器又出现泄漏情况。相比较于第一次更换省煤器，首次磨损泄漏延长18个月。

本案例简要介绍锅炉低温段H型省煤器利用管理创新延长设备使用寿命及检修更换周期的成功案例，希望能提供借鉴。

2　泄漏原因分析

省煤器泄漏原因大致分为以下几种：

（1）磨损原因造成的泄漏。其在省煤器泄漏问题中出现频繁，是主要泄漏原因；

（2）管子材质和加工存在问题。此类问题主要是由生产厂家在加工过程中出现质量控制问题导致的，随着制造标准化的不断完善，近几年较少出现此类问题；

（3）安装存在问题。吊架等膨胀余量不足，或安装中焊接存在缺陷等，一般在锅炉投入运行初期发生，长期运行后此类问题较少。

3　磨损因素分析

影响省煤器磨损的因素很多，如飞灰的粒度和硬度、飞灰浓度、烟气流速、受热面布置与结构形式等。但根据影响程度及可变程度，大致分为三类：

（1）影响较小或变化不大的因素。这类因素有飞灰的密度、硬度、强度、几何形状和化学性质，以及管径、管材的抗磨性和使用年限等，这些因素主要与煤灰的特性和省煤器材质有关。

（2）与浓度有关的因素，主要有飞灰浓度和浓度场不均匀系数。不同的省煤器结构有不同的飞灰浓度和不同的浓度场及不均匀系数，尽管变化不是很大，但直接影响磨损量。

（3）烟气速度有关的因素。这类因素有平均烟气速度、速度场不均匀系数、平均负荷下烟速等。烟气速度与磨损的影响主要有两个方面：首先是速度大小的变化对磨损的影响。其次是速度分布的形式对磨损的影响。这些因素对磨损量有很大影响，是省煤器磨损的最主要因素。

4　磨损机理分析

煤粉炉的烟气带有大量的飞灰颗粒，受温度的影响，低温段省煤器区域的磨损常常大于上级受热面区域，主要原因是经过低温段省煤器区域的烟气温度较低、灰粒变硬，这些飞灰颗粒带有一定的动能，烟气冲刷受热面时，会不断地冲击管壁，且每一次冲刷都会从管子上切削去极其微小的一块金属屑，时间一长，管壁就因磨损而变薄，强度下降，造成管子的损坏。管子金属磨损与冲击灰粒的冲击动能和冲击次数有关系，动能越大，冲击次数越多，则磨损越严重，特别是烟气走廊区烟气流速高，有时候比平均流速大三到四倍，这样磨损就会增加几十倍。

5　现场漏点情况分析

（1）漏点位于后箱第1管排第2层甲侧，如

图1所示，一二层部分盖板已经磨没，周边积灰较为严重。

图1

（2）减薄严重位置，分别为后箱第2管排第2层、后箱第3管排第3层、前箱第18管排第3层、前箱第19管排第2层和前箱第20管排第2层，如图2所示。

图2

（3）未清理前，多处省煤器管束间堵灰严重无法通过烟气，其他通流部位形成烟气走廊加剧磨损，如图3所示。

图3

（4）个人统计泄漏及减薄位置，如图4所示。

结合以上磨损机理因素及现场实际情况，综合分析机炉车间低温段省煤器磨损及泄漏原因，省煤器正常通流部分出现非正常情况较大面积堵塞问题且堵塞较为严重，迫使局部通流区域形成烟气走廊，高速烟气不但呈切线冲刷第二、三层管排，同样以法线方向撞击第一排管排，作为冲击力和切向力综合磨损最严重区域，防磨盖板被撞击冲刷损坏后，又直接磨损管排造成泄漏，属于典型的短期局部飞灰磨损，漏点及磨损严重部位大多靠近两侧墙附近，是因为该区域管束一侧为烟道墙体，相对流通阻力小，本身烟气流速较高，不易堵灰更容易形成烟气走廊。短期局部磨损只有在泄漏磨损前后期发生，因而单炉检修检查期间不易发现。

6　管理创新：减轻磨损的措施

6.1　本身管排加装防磨盖板

（1）防磨盖板的安装

根据磨损机理，省煤器管子容易磨损的地方已经进行防磨处理，主要是在前几排管束上加装防磨盖板，该方法是用鱼骨形圆弧合金板扣在省煤器管子上，由于本身 H 型省煤器结构特性，省煤器盖板不用安装抱卡等结构，直接扣装即可保证其固定状态，但存在弊端，一旦安装完成，除非整排拆装无法更换已经磨损的防磨盖板。

（2）防磨盖板材质的选择

防磨盖板选用1Cr13不锈钢材质，该材质一个重要特点是其硬度水平高，且具有良好的耐热性，即使在高温状态下也能保证其机械性能。厚度2mm可正常有效保护管排。

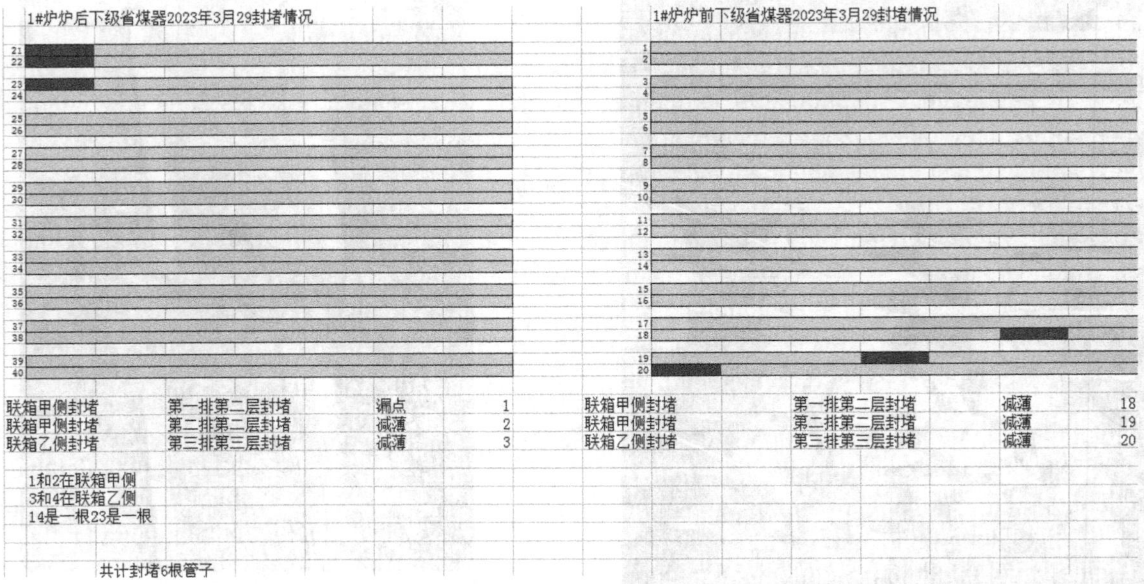

图4

6.2　运行中避免形成烟气走廊

H型省煤器采用顺列布置，H型鳍片将空间分成若干小的区域，对气流有均流作用本身结构不易积灰，与采用错列布置的光管省煤器比较，在其他条件相同情况下，磨损寿命高3~4倍。正常情况下，一个检修周期内无明显磨损情况，如不发生短期剧烈磨损，不会出现泄漏，且长期磨损在检查中比较容易发现，因而形成烟气走廊主要考虑烟气本身问题。

对比上、下级省煤器状况可发现，其结构完全相同，只是上级省煤器区域温度高约550℃左右，无SCR投入。下级省煤器温度低300℃左右有SCR投入。在历次单炉检修检查中，上级省煤器从未发生堵灰及局域磨损情况发生。排除飞灰随温度降低变硬不可控因素外，主要考虑减少或合理控制投用SCR，避免脱硝催化剂下部烟气过分潮湿，附着在省煤器翅片上造成部分管排间挂灰堵塞，烟气无法正常流通，局部通流部分形成高速烟气走廊。

6.3　加强检修维护工作

（1）逐排检查每组上部管排，如果发现有磨损现象，必须更换防磨盖板或封堵管排。

（2）整体管排检查有无变形，支吊架、管卡等固定装置是否正常，保证管排间距。重点检查支吊架有无断裂、不正、或者影响管子膨胀的地方。避免发生位移或歪斜，使得管排散乱、变形、间隙不均匀，从而形成烟气走廊，需要进行调整校正。

（3）管排穿墙部分的检查，联箱穿墙管部分采用盖板铺设避免冲刷，检修时检查其变形或开焊情况，保证覆盖效果。

（4）利用水压试验排查底部无法观测部位管排，发现泄漏缺陷及时封堵。

7　优化延长设备使用周期方案

由于了解管排无规律性堵塞，且非均匀磨损特性，车间制定延长省煤器使用周期优化方案。虽然仍无法彻底解决磨损问题，但由于检修措施实施得当，泄漏情况出现比较上一个检修更换周期延长一年半左右，仅此一项就为工厂节省了包括定期更换备件、检修施工和频繁启停炉消耗原料，等多项大量费用发生，具体措施如下：

车间每次单炉检修都组织建修特种车间，开展下级省煤器冲洗检查工作，每次检修要求彻底清理管排间积灰，一是方便检查发现磨损问题可直接处理，二是避免积灰形成烟气走廊，造成局部冲刷磨损。

图5为每次单炉检修检查冲洗前管排。图6

为每次单炉检修冲洗后检查过程照片。

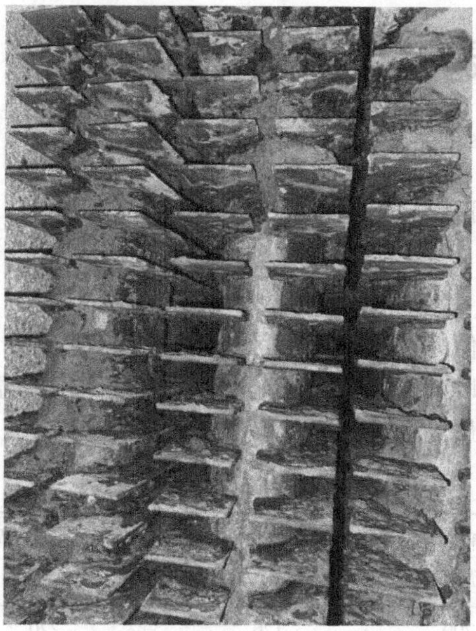

图5

图6

检查过程中，对第一层防磨盖板磨损严重的进行更换，对第二、三层防磨盖板磨损或其他管排磨损重复位置，采取上方局部铺设防磨挡风板处理，（第四层及四层向下由于间隙过小，磨损情况不具备检查条件）。

借省煤器更换时机，将原1Cr13材质，2mm的防磨盖板厚度增加至3mm提高其抗磨程度，弥补第一层以下省煤器防磨盖板无法进行更换，及不方便检查磨损情况的不足，进而延长设备使用周期。

8　效益分析

三台锅炉延长省煤器使用寿命及更换周期预计可以节省598万元。具体计算如下：

2台220T/H燃煤锅炉更换一次省煤器费用=施工费35万×2+140万备件费×2=350万元。

1台410T/H燃煤锅炉更换一次省煤器费用=施工费48万+200万备件费=248万元。

将原有三年检修周期提升至四年半，降低了检维修成本，达到提质增效的目的。

9　结语

锅炉低温段H型省煤器利用管理创新是机炉车间锅炉装置挖潜增效、提质增效、降本增效的重要举措，本次创新不仅提高了省煤器使用寿命，更是延长接近18个月的更换周期，节约检修费用近600万元。

蒸汽管线保温纳米孔气凝胶温新材料应用

完成人：张　亮　胡日东　许海军　李世峰　丁骁勇　董春生

（中国石油吉林石化公司化肥厂）

1　项目背景

目前工厂高温蒸汽管道大部分采用传统绝热材料，如岩棉制品、玻璃棉制品、硅酸铝纤维制品，经过长周期在高温工况下运行，再加上管道振动、雨水渗透和绝热材料性能逐步衰减等因素影响，现有绝热结构出现堆叠、下沉、滑移等状况，多处绝热层呈现出上薄下厚现象，导致热损失超标，不仅浪费大量热能，使蒸汽消耗量增加，经济性下降，同时由于绝热层外表面温度较高，也对巡检人员的安全造成威胁。针对上述情况，对全厂高温管道绝热情况进行调研排查，梳理出存在的问题。对高温管道拟采用新型绝热制品材料进行更换，以实现节能增效，长周期运行的要求。

2　总体情况

按照《工业设备及管道绝热工程设计规范》(GB 50264—2013)、《石油化工设备和管道绝热工程设计规范》(SH/T 3010—2013)规定，凡测试数值超过允许最大散热损失值时视为不合格，应采取节能改造等措施。管道及其附件保温后的允许最大散热损失见表1。

表1　最大允许热损失量表

设备和管道外表面温度 t/℃	绝热层外表面最大允许热损失量[Q]/(W/m²)	
	常年运行	季节运行
200	126	220
250	147	251
300	167	272
350	188	—
400	204	—
450	220	—
500	236	—

本次对蒸汽管网530线(三期小门至丙烯腈463泵房段)蒸汽线和377线(三期西小门至减温减压站)蒸汽线进行检测，并进行相应的保温更换整改(表2)。

表2　蒸汽管线保温节能情况统计表

工厂	管线名称	起点	终点	入口-出口温度/℃	管线压力/MPa	流量/(t/h)	原保温厚度/mm	改造后保温厚度/mm	管线直径/m	长度/m	改造前保温表面积/m²	改造前单位面积热损失/(W/m²)	改造后单位面积热损失/(W/m²)	单位面积节省热损失/(W/m²)	节省热损失量/MW	折合蒸汽量/(t/h)
化肥厂	530线	三期西小门	丙烯腈463泵房	400	4	160	120	70	0.530	1680	4062	545.77	204	341.77	1.39	1.70
	377线	三期西小门	减温减压站	400	4	120	120	70	0.377	2035	3943	376.32	204	172.32	0.68	0.85

原中压蒸汽管网绝热材料为硅酸铝棉制品，操作温度为430℃/375℃。由于保温年久失修，管道热损失巨大。管道绝热层外表面热损失远超《石油化工设备和管道绝热工程设计规范》(SH/T 3010—2013)的规定要求。

本次改造，DN500的中压蒸汽管道采用70mm厚气凝胶绝热制品（中国石油吉林石化公司炼油厂、化肥厂、乙烯厂蒸汽管线保温隐患治理10623046B未经中石油华东设计院有限公司书面许可，不得传至第三方）5-18+0.75mm镀锌薄钢板，使绝热层外表面平均温度略高于环境温度，最大散热损失不超过204W/m^2，DN350的中压蒸汽管道采用70mm厚纳米孔气凝胶绝热制品+0.75mm镀锌薄钢板，使绝热层外表面平均温度略高于环境温度，最大散热损失不超过204W/m^2。

3　技术路线和技术亮点

纳米孔气凝胶复合绝热制品是一种新型绝热材料，它是以多种无机纤维、二氧化硅气凝胶填料等材料为主体，通过溶胶凝胶法，将增强材料与溶胶复合，然后用一定的干燥方式，是气体取代凝胶中的液相形成（中国石油吉林石化公司炼油厂、化肥厂、乙烯厂蒸汽管线保温隐患治理10623046B未经中石油华东设计院有限公司书面许可，不得传至第三方）5~10级多孔复合制品。该产品具有优良的绝热性能、化学性能和防水性能，与常规绝热材料相比，具有导热系数低、结构强度高、氯离子含量低等优点，尤其适用于石化行业高温管线绝热。该结构整体稳定性好，不因管道震动或渗水而出现整体塌陷变形、上薄下厚等现象，表面温度均匀，绝热效果提高，在降低管线表面散热强度的同时，可使绝热厚度减少，大幅度降低高温管道绝热后外径，使高温管道总散热量下降，减少表面热损失60%以上，从而实现降低能耗的目的。

如表3所示，陶瓷纤维类绝热制品、纳米孔气凝胶复合绝热制品作为新型保温材料，其性能基本相似，市场上也有大量应用业绩。但鉴于目前国内气凝胶复合绝热制品应用地越来越广泛，性能更加优越，前期吉化应用也取得了很好的效果，针对本项目高温管道长期高温运行的具体情况，本次以气凝胶绝热制品为基础进行设计。

表3　各种绝热材料相关参数对比表

项目材料	纳米孔气凝胶制品	陶瓷纤维棉	硅酸铝棉	复合硅酸盐毡	
容重/(kg/m^3)	200±20	200±20	≤200	60~80	81~130
常温导热系数/(W/m·K)	0.021	0.021	0.044	0.043	0.044
导热系数随温度升高速率	慢	慢	快	快	
应用温度范围/℃	-196~650	-196~1000	≤1000	≤550	
耐火性能	A级不燃	A级不燃	A级不燃	A级不燃	
憎水率	≥99%	≥99%	理论上≥98% 实际易吸水	理论上≥98% 实际易吸水	
使用年限	20	20	3~5	3~5	
施工	易裁切安全环保	易裁切安全环保	不易裁切，材料渣球较多，纤维刺痒	材料可塑性差，绝热界面贴合性差	
空间占用	材料体积小 占用空间少	材料体积小 占用空间少	材料体积大 占用空间大	材料体积大 占用空间大	
绝热结构负重	轻	轻	重	重	
绝热结构抗沉降能力	好	好	差	差	

纳米孔气凝胶复合绝热制品技术指标鉴于国内气凝胶绝热制品种类的繁多，所选用的气凝胶绝热制品技术指标应符合以下要求：

（1）纳米孔气凝胶复合绝热制品应有优异的

整体防水性能，不受潮，不会在任何环境腐蚀管道。

（2）纳米孔气凝胶复合绝热制品具有良好的机械性能，优良的抗压和抗拉强度，长期使用无下沉。

（3）纳米孔气凝胶复合绝热制品供货商应保证在保用期内不得发生鼓包、粉化、下沉、减薄等现象。

（4）纳米孔气凝胶复合绝热制品受热前的储存和安装过程中不得发生霉变和变质。

（5）纳米孔气凝胶复合绝热制品在使用条件下具有良好的耐老化性能，在正常使用条件下，持续使用寿命不低于20年。

纳米孔气凝胶绝热制品技术指标见表4。

表4　纳米孔气凝胶绝热制品技术指标表

序号	项目	检测条件	指标值	检测标准
1	导热系数/(W/m·K)	平均温度300℃	≤0.036	《绝热材料稳态热阻及有关特性的测定 防护热板法》GB/T 10294—2008
2	体积密度	常温	200±40kg/m³	GB/T 34336—2017
3	质量吸湿率	温度50℃、相对湿度95%×96h	≤5%	《矿物棉及其制品试验方法》GB/T 5480—2017
4	体积吸水率	全浸	≤1%	《矿物棉及其制品试验方法》GB/T 5480—2017
5	憎水率	60L/h、连续喷淋1h	≥98%	《绝热材料憎水性试验方法》GB/T 10299—2011
6	燃烧性能	总热值≤2.0MJ/kg、炉内升温≤30℃、无持续燃烧	A1	《建筑材料及制品燃烧性能分级》GB 8624—2012
7	加热永久线变化	650℃×24h、慢热法	≥-2.0%	《耐火纤维制品试验方法》GB/T 17911—2018
8	振动质量损失率		<1%	GB/T 34336—2017
9	压缩回弹率	100kPa，5min	≥90%	GB/T 34336—2017
10	抗拉强度	650℃×48h 常温	横向：≥200kPa 纵向：≥200kPa	GB/T 17911—2006
11	最高使用温度	650℃	不应超过热面温度90℃ 厚度变化≤5%	GB/T 17430—2015
12	溶出液pH值		7~9	《覆盖奥氏体不锈钢用绝热材料规范》GB/T 17393—2008

4　应用场景

本次改造使用气凝胶保温毡，为未来空分（公用工程）蒸汽管网装置更换新型保温提供宝贵经验。

5　项目效果和效益分析

通过本次改造，可使中压蒸汽管网散热损失满足标准要求，两条管线节约蒸汽2.55t/h（4.0MPa），每年节约蒸汽费用538.9万元，项目实施后每年增加利润总额约207.6万元。

常减压装置常压塔顶系统腐蚀原因分析及防护措施

完成人：李文宇　关　淼　张　驰

（中国石油吉林石化公司炼油厂）

中国石油天然气股份有限公司吉林石化分公司Ⅰ常减压装置加工能力为380万吨/年，加工原料以吉林油田油为主，大庆油仅占30%。在装置的长周期运行中，低温腐蚀一直是困扰长周期运行的关键问题，由于原油中含油氯化物和硫化物受热分解或水解产生氯化氢和硫化氢，以及原油中含有轻有机酸等腐蚀介质的共同作用，往往对常减压蒸馏装置低温设备及管线造成腐蚀。近年来，虽然已经在常减压装置上采取了一些防护措施，但如何进一步提高防腐蚀速率，以满足常减压装置长周期四年一修的安全运行要求，始终是设备管理和技术研究的重要内容之一。

1　低温腐蚀概况

1.1　空冷腐蚀情况

2020年8月，常减压车间Ⅰ常减压装置根据《炼油装置腐蚀监测选点规范》对常压塔顶空气冷却器出口弯头进行定点测厚，发现3#空气冷却器出口弯头壁厚由2月的5.84mm减薄至3.59mm，腐蚀速率达到4.5mm/年，腐蚀速率上升，车间为了避免发生腐蚀泄漏等事故，组织更换了该弯头。同时对常压塔顶其他4台空冷器出口弯头进行了定点测厚，发现其他4台空冷腐蚀速率无明显变化。该弯头更换后，发现内部存在腐蚀情况，最薄处为3.59mm，见图1。

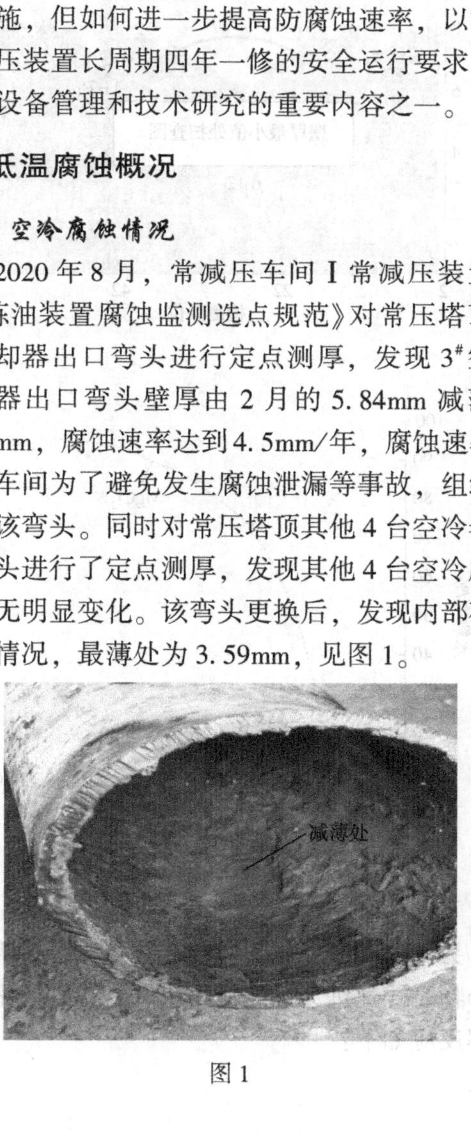

图1

常顶3#空气冷却器为2018年5月新更换的空气冷却器，运行初期换热良好，效果明显，截至2020年8月已运行2年有余，期间未进行过管束清洗等作业。

空冷系统包括5组空冷器，每组空冷包含2台管束共4个入口及4个出口，4个出口通过集合管集合后进入常顶水冷器，具体流程见图2。

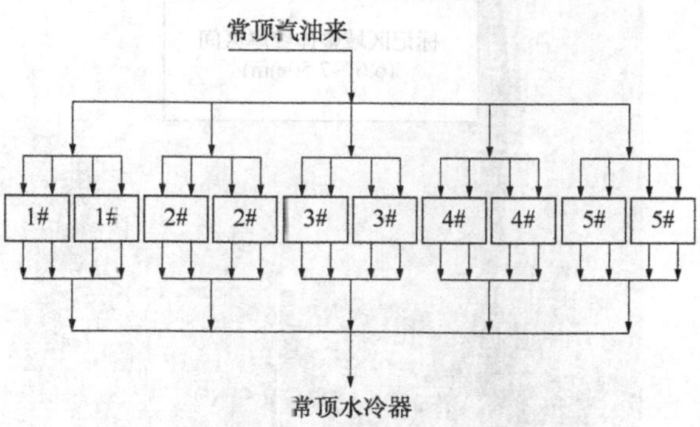

图2

针对常顶空气冷却器，根据《炼油装置腐蚀监测选点规范》对出口弯头进行定点测厚，数据见表1。

从测厚数据可以看出，同一处弯头选择两点分别进行测厚，一处腐蚀速率较高，另一处正常。分析其原因，常顶3#空冷器管束运行时间较长，管束内部出现了部分堵塞，导致管束内油气流速过低，存在油气滞流情况，致使3#空冷器腐蚀加剧，而且腐蚀点在弯头下部，说明该点是油气滞流的集中区域，造成了该点的局部腐蚀。

1.2 塔顶油气线腐蚀情况

P102常压塔顶挥发线短节经检测发现壁厚明显减薄位置，实测壁厚最大值9.63mm，实测壁厚最小值6.67mm，设计壁厚10.00mm，减薄率33.30%，且标记处垂直方向区域均存在减薄（整体壁厚区间6.67~7.50mm），见图3。

表1

常顶空冷出口弯头	1#	1#	2#	2#	3#	3#	4#	4#	5#	5#
	原始壁厚/mm	原始壁厚/mm	原始壁厚/mm	原始壁厚/mm	原始壁厚/mm	原始壁厚/mm	原始壁厚/mm	原始壁厚/mm	原始壁厚/mm	原始壁厚/mm
	8	8	8	8	8	8	8	8	8	8
2020年2月	实测壁厚/mm	实测壁厚/mm	实测壁厚/mm	实测壁厚/mm	实测壁厚/mm	实测壁厚/mm	实测壁厚/mm	实测壁厚/mm	实测壁厚/mm	实测壁厚/mm
	6.24	6.62	6.35	6.26	5.84	5.97	5.79	5.92	5.73	6.08
2020年8月	实测壁厚/mm	实测壁厚/mm	实测壁厚/mm	实测壁厚/mm	实测壁厚/mm	实测壁厚/mm	实测壁厚/mm	实测壁厚/mm	实测壁厚/mm	实测壁厚/mm
	6.21	6.59	6.31	6.22	3.59	5.89	5.75	5.87	5.69	6.03
腐蚀速率/(mm/年)	0.06	0.06	0.08	0.08	4.5	0.16	0.08	0.1	0.08	0.1

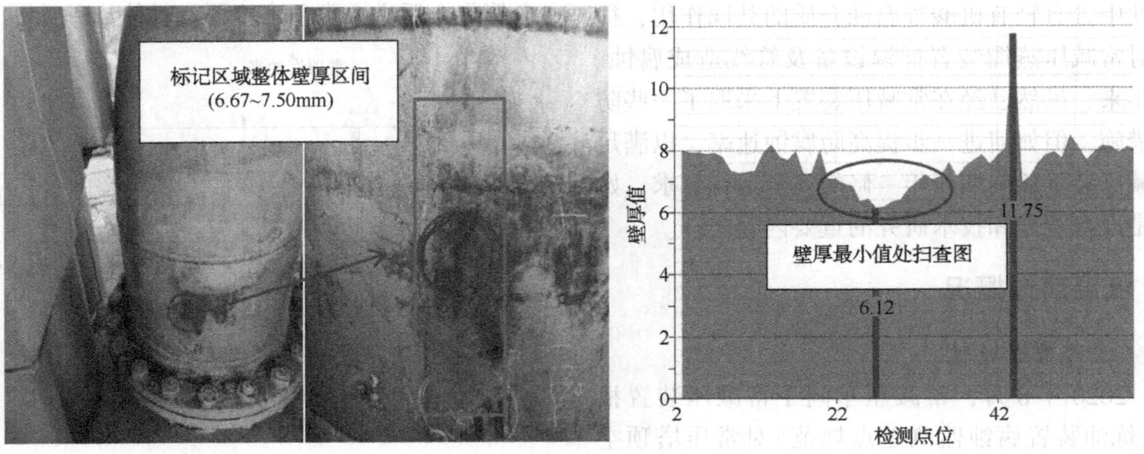

图3

2　低温腐蚀原理

2.1　塔顶冷凝系统的腐蚀成因（$HCl-H_2S-H_2O$ 腐蚀）

常减压装置塔顶冷却系统发生腐蚀的原因在于油气中水蒸气冷凝后含有 HCl、H_2S 等腐蚀介质。HCl、H_2S 只要来自原油中氯化物和硫化物受热分解，与水冷凝后形成 $HCl-H_2S-H_2O$ 腐蚀环境。

原油中氯化物可分为无机氯和有机氯两类。原油中的无机氯盐主要有 NaCl、$MgCl_2$ 和 $CaCl_2$，其中 $MgCl_2$ 和 $CaCl_2$ 分别在 120℃ 和 200℃ 左右开始发生水解，在 340℃～370℃ 时大约 95% 左右 $MgCl_2$ 和 10% 左右 $CaCl_2$ 发生水解；NaCl 比较稳定，在 340℃ 时大约只有 2% 发生分解。三种无机盐在不同温度下的水解曲线见图4。

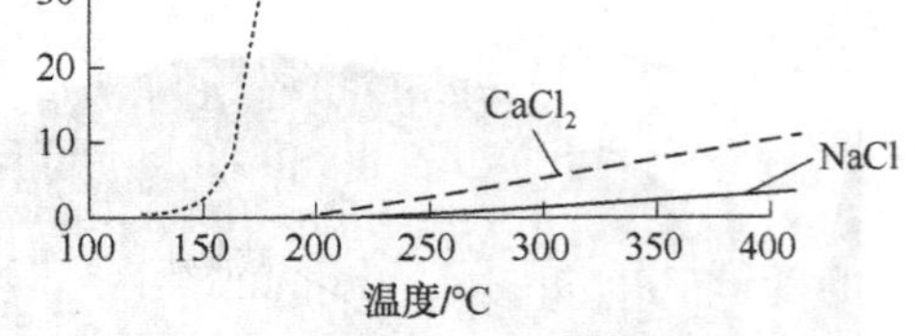

图4　无机盐在不同温度下的水解曲线

另外研究发现原油中存在环烷酸或某些金属化合物时能促进无机氯盐的水解。无机氯化物的水解反应如下：

$$MgCl_2+2H_2O \xrightarrow{120℃} Mg(OH)_2+2HCl$$

$$CaCl_2+2H_2O \xrightarrow{200℃} Ca(OH)_2+2HCl$$

$$NaCl+2H_2O \xrightarrow{232℃} NaOH+HCl$$

原油中有机氯化物是在采油过程中添加的含氯代烃化学助剂以及在炼油过程中使用可能含有机氯化物的药剂。常规原油电脱盐工艺不能将有机氯化物脱除，在蒸馏过程中部分有机氯化物发生水解产生 HCl，水解反应温度和程度与有机氯的结构有一定的关系，其水解反应如下：

$$R-Cl+H_2O \xrightarrow{R-OH} +HCl$$

塔顶冷凝系统的 H_2S 来自原油中存在 H_2S 以及硫化物裂解产生 H_2S。另外在油井酸化、原油脱盐脱水过程中，使用到如甲酸、乙酸、丙酸等小分子有机酸提高油井产量及原油脱水效果。原油中这些小分子有机酸伴随油气上升到蒸馏装置塔顶，进入水相降低冷凝水 pH 值，加剧塔顶腐蚀。

2.2 塔顶冷凝系统的腐蚀机理及部位

通常蒸馏装置塔顶油气中 HCl 和 H_2S 在没有液态水时对设备基本无腐蚀（如常压塔顶部封头及常顶馏出线气相部位）。但是在冷凝冷却系统中的相变区域，出现极少量的水滴冷凝（露点部位），大量的 HCl 进入初期冷凝水中，盐酸的浓度高达 1%～2%，使露点位置的初期冷凝水 pH 值很低，形成一个腐蚀性很强的“稀盐酸腐蚀环境”。随着冷凝过程的进行，冷凝水的量不断增加，高浓度的盐酸被稀释，水相的 PH 值升高，设备和管线的腐蚀比露点位置减轻；但在此过程中，H_2S 在水相的溶解度迅速增加，提供了更多 H^+，因而又促进了氢的去极化腐蚀反应作用，因此在常减压装置塔顶及冷凝冷却系统的腐蚀表现为 $HCl-H_2S-H_2O$ 类型腐蚀。目前对于 $HCl-H_2S-H_2O$ 腐蚀环境造成的腐蚀破坏机理尚无统一认识，多数人接受的观点是该类型腐蚀是由于 HCl 和 H2S 的相互促进构成的循环腐蚀而引起。具体腐蚀反应如下：

$$Fe+2HCl \xrightarrow{FeCl_2} +H_2$$

$$FeCl_2+H_2S \xrightarrow{FeS} +2HCl$$

$$Fe+H_2S \xrightarrow{FeS} +H_2$$

$$FeS+2HCl \xrightarrow{FeCl_2} +H_2S$$

影响 $HCl-H_2S-H_2O$ 类型腐蚀的因素主要是 HCl 的含量和 H_2S 的分压，该类型腐蚀主要发生在常压/减压塔的顶部及其冷凝冷却系统，如常压塔顶部（上部五层塔盘及塔体）、常压塔顶油气管线、塔顶空冷器、油水分离罐，减压塔顶油气管线、冷凝冷却器等部位。

2.3 $HCl-H_2S-H_2O$ 腐蚀特征

（1）碳钢和低合金钢在 pH<4.5 下的任何浓度的盐酸中都会遭受严重的腐蚀，一般碳钢为均匀腐蚀。

（2）铁素体不锈钢、奥氏体不锈钢在盐酸中点蚀。

（3）在盐酸环境使用奥氏体不锈钢氯化物应力腐蚀开裂。

（4）400 系列合金（蒙乃尔合金）、钛合金及镍基合金耐稀盐酸腐蚀性能优异。

（5）盐酸腐蚀环境中存在氧化剂（氧离子、铁离子和铜离子）将会大幅增加很多材质的腐蚀速率，400 合金和 B-2 合金尤其严重。

3 腐蚀检查结论及建议

3.1 结论

随着油田采油范围扩大，采油注剂繁杂计量加大，以及原油品质逐渐劣质化，腐蚀问题日益突出，加强装置腐蚀防控需提上日程。

本次腐蚀检查发现低温部位腐蚀比较严重，腐蚀问题与原油性质变化情况关系比较密切，特别是硫含量，应弄清原油中硫含量的提升或某种腐蚀性介质的增加对装置整体腐蚀的影响。重点关注常顶系统的设备和管线。从腐蚀形貌上看，设备上部的气相部分腐蚀相对严重，说明运行过程中有较多的 H_2S 生成，在易结露的部位冷凝，形成湿 H_2S 腐蚀。气相 $HCl-H_2S-H_2O$ 腐蚀，易出现垢下腐蚀、点蚀及应力开裂等腐蚀，应给予足够的重视。

3.2 建议

3.2.1 工艺防腐措施

工艺防腐就是做好“一脱四注”（或三注、二注），即破乳剂电脱盐和塔顶注氨、注碱、注水、注缓蚀剂。由于注碱会增加汽柴油中的钠离子，现在不再注碱了，而注氨、注缓蚀剂。现在一般采用将两者合二为一，即注中和缓蚀剂，将有机中和剂与缓蚀剂合理调配，如 HZJ-9 中和缓蚀剂，避免了因氨和缓蚀剂的配比引起缓蚀效果不佳；如果再将中和缓蚀剂用水进行稀释，这样就可将“一脱四注”简化为“一脱二注”或者“一脱一注”。

原油脱盐脱水是控制轻油低温部位腐蚀的有效措施，如果原油盐质量浓度脱至5mg/L以下或更低，再加上中和剂、缓蚀剂和水等措施，可以使塔顶冷凝水中的铁离子、氯离子质量浓度分别控制在1mg/L和20mg/L以下。

3.2.2　材料改进与材质升级

低温部位防腐蚀，虽然不能够通过对材质的改进来进行抑制，但可以对碳钢设备进行防腐蚀处理，比如采用对冷凝器的冷凝管进行渗铝或镀镍和磷或涂防腐蚀涂层。

渗铝后的金属材料表面显微硬度增加，具有良好的耐磨性能，目前已经先后开发出粉末包埋渗铝和料浆感应渗铝。采用这些技术可以进行换热管、型钢、格栅材料、塔板等的渗铝，对硫腐蚀有很好的抑制作用。在渗铝技术基础上还开发出渗钛、多元共渗等技术，并在防止硫腐蚀方面取得良好效果。

通过将镍基合金粘结在金属表面，在高温下烧结，形成镍基合金熔镀涂层。经涂层处理后，材料的强度、塑性无影响，经实验证明其具有优异的耐腐蚀性。防腐涂料防护措施相对成本低廉，实施比较容易，对各种腐蚀介质都有很强的抗腐蚀效果。

进行材质升级，就是把设备及管道更换成为更耐腐蚀的材质。提高材料耐腐蚀性的实质就是在金属材料中加入合金Cr，Ni，Mo形成一定的氧化物，合金元素生成的氧化物可以看做是一层保护膜，能够阻止金属离子的扩散，从而保护金属不受进一步的腐蚀。

3.2.3　定期工艺参数检测

对于包括塔顶温度、加热炉出口温度、侧线抽出温度、回流量、原油量等主要操作参数，需严格控制及定期考核，加强装置工艺设备的使用与维护力度。根据换热器的投用、停用等规律，加强操作的规范性，严格避免出现空冷器泄漏或者气阻问题。在常压塔顶空冷器前后管线上安装在线腐蚀检测仪，对腐蚀情况进行定期检测，对腐蚀规律进行深入分析，加强保护措施。对于较为容易腐蚀的管道、容器、设备等，实行在线定点测厚，提高检测频率，及时排除隐患，避免产生严重事故。

基于炼化设备维护的分析

完成人：周　旭　关　淼　张　驰

（中国石油吉林石化公司炼油厂）

炼油化工厂是重要的工业生产原料来源，在国民经济中占有较为重要的地位，能够有效保障国民经济的快速发展。同时炼化生产其内部的工艺非常复杂，对生产条件的要求也较为苛刻，生产过程中具有较多的危险情况以及不可控因素。炼油设备是现代工业生产中不可或缺的重要组成部分，按照不同的工艺流程分类，可以包括反应器、换热器、分馏塔、压缩机、机泵等多种不同的设备。作为生产流程中的核心组成部分，炼油设备的维护与保养对保障生产稳定性、提高设备寿命和节能降耗等方面具有非常重要的作用。维护与保养炼油设备是保障炼油生产稳定的必要条件，因此在使用炼油设备的过程中，我们应该注重对设备的定期检查、设备的保护、设备的维护等方面进行精心的管理和维护，以便确保设备的性能和品质始终保持在最佳状态下。

设备安全维护与检修能有效提升炼油整体生产的安全性及稳定性，炼油厂设备众多，需要重视设备的维护和检修，如果管理不到位，就有可能引发重大安全事故，造成设备损坏、人员伤亡。本文主要探讨炼油设备维护与检修管理的原则、要点，分析设备的检修准备工作及安全决策，探讨在检修前后如何进行安全生产。

1　定期检查设备状态

炼油设备作为生产流程中的关键部分，需要通过定期检查来了解设备的运行状态，在发现设备异常时及时进行维修。

（1）操作工层面的不间断检查，一是在监盘时保证不超负荷，不超设计参数运行；二是现场实地检查设备不存在泄漏，零部件缺失或失效，压力、温度、液位在正常范围内，润滑正常，三是借助检查仪器对设备进行检查，出具数据，结合原设计、使用规范和使用经验综合研判。

（2）属地部门管理人员层面的双重检查，一是一般管理人员的精心检查，一定要做好专属管理，例如此名管理人员专管哪些区域，哪台设备，建立专人专管的制度，使管理人员有责任感；二是设备主管层面的专业检查，这个层面的检查人员一定要有极强的责任心，高度的专业素质，较强的分析判断能力，长远的眼光和领导能力，从多种角度观察设备运行，分析判断运行状态，研究管理方法，推动下属人员积极完成工作任务。

（3）机动部门的检查，这个层面的检查十分有必要性，一是从管理层面指出基层管理存在的不足，二是建立一种有效的整改机制，即有问题及时处理，不要等上级部门检查出来，能更有效地促进设备管理的提升。

2　保护设备

在设备运行过程中，有时有偏离工况的情况存在，每台设备有原设计的既定工况，同时有一定的操作弹性，当设备在过高或过低的负荷运行，超过操作弹性时，会对设备造成损害。作为设备管理人员，我们以设备的本质安全为出发点，要掌握设备的运行工况，熟知运行情况，避免偏离工况运行，及时做出判别和调整，特殊情况下，要有应对措施和监控运行方法。

在设备维护保养，维修过程中，要以原设计，原制造为基准点，保护设备及其零部件的安全稳定运行。

3　懂机理晓原理知结构

设备管理人员在设备的维护保养、故障处理、维修等整个过程需要有明确的目标、足够的知识储备、对设备的充分了解。才能更好的做好设备维护工作，使其恢复或保持在最佳状态运行。

（1）我们要熟悉设备的功用，其内部工艺介质的性质，温度，压力，是有腐蚀性还是磨蚀性，是否存在相变等，总之要知晓机理。如催化装置的反再容器，我们要熟知整个反应的过程，参与反应的原料油温度、压力，催化剂的温度，提升管的线速，滑阀的压降，裂解反应后的产物等。

（2）设备的结构是设备维护管理人员必须要掌握的知识。该台设备由哪些零部件组成，这些零部件是怎么连接的，都是什么材质，分别有什么功用。以轴流风机为例，自内向外有轴、动叶片、静叶承缸、壳体，在具体到小的部件有静叶轴承、密封胶圈、进气组件、扩压组件等。以催化装置沉降器为例，内部有旋风分离器、提升管反应器、集气室、拉杆结构、气相返回线、气体段的挡板结构、衬里结构、反吹风的布置等。具体到每种结构的形状、尺寸都要熟知。这样便于我们更好的进行维护、故障判别。

（3）作为设备管理人员，一定要知道设备运行的原理，具体到每个部件的原理。以动设备的离心机泵为例，电机做功原理，离心泵原理，具体到零部件，如双端面机械密封的原理，圆珠滚动轴承的运行原理，迷宫密封的原理，小到一个甩油环的运行原理，一个轴头紧定螺母的紧固原理。在我们日常维护中，结合原理、结构、功用，在判断、处理故障时会更为精准，能更好的、更快地解决设备隐患问题。

4 结合实际的科学地维护保养

随着科学技术的不断进步，炼化企业管理者的认识提高，在企业中逐步引进了较为科学的设备设施，例如：视频监控、状态监测、腐蚀监测等。为设备管理者和操作人员提供了直观的影像资料和技术数据，可以较大程度地发现机泵的异常运行状态，预知性地做好机泵检修工作，避免较大事故的发生，大为提高了设备设施运行的安全性。

（1）在机泵房设置视频监控设施。将装置中的重点部位纳入监控中，视频监控最好做到全覆盖。一是可以随时查看机泵的运行状态；二是可以随时发现机泵的泄漏和其他异常状况；三是可以记录影像资料。

（2）各级人员的精心巡检。我装置执行三位一体的机泵房巡检，设备主任、设备员、操作人员。针对不同的机泵制定了巡检方案，规定查看部位，巡检时间长度，测振仪测定运行机泵振动速度，最大程度保证机泵在最优工况运行。

在炼油化工装置中，机泵作为装置运行的动力，起着至关重要的作用，且动设备较于静设备故障率要高，任何一台机泵出现故障都有可能造成单元或者整个装置的生产波动。所以要求我们做好机泵的维护保养和检维修工作。本文中只是简单阐述了机泵管理的一些经验做法，在具体工作中，我们还需要根据实际做好机泵的管理工作，保证设备的本质安全，实现机泵的安全平稳高效运行。

5 行之有效的检修

转动设备相比较于静止设备，不可控因素较多，特别是易损件的质量情况和寿命周期等影响因素。轴承和密封是转动设备最易出问题的两个部件，故障率也最高，机泵检修的很多情况是针对轴承和密封进行的。炼油化工装置一般都有好几十台机泵，怎样合理地布置机泵检修，使装置的所有机泵处于良好的检修周期，不要事后检修，机泵隐患最优的解决方法是预知性检修，解决“未病”，保证运转和备用机泵都处于完好状态，随时可互为切换。所以机泵的预知性检修显得尤为重要，设备管理人员需要持续贯彻下去。做到有计划性的预知检修，做到科学合理的预知检修，保证在运的每台机泵处于最佳运行工况。

针对不同的输送介质和工作条件，由于操作不当或者长期磨损等因素，离心泵容易发生各种故障，机械方面的故障居多，这将直接导致泵的性能下降，甚至成为事故隐患。本论文从机泵的安全运行为出发点，阐述了机泵的维护保养，切换策略，科学维修等方面的内容。离心泵的日常维护保养，是岗位员工必须完成的维护保养任务。检查离心泵各密封点有无泄漏，运转声音正常与否，轴承箱振动情况、温度情况、油位油品质情况，冷却水情况，电机电流情况，电机运行声音、轴承振动、温度情况，出口压力情况。在热油泵检查中，还要关注备泵预热情况。在双端面密封机泵中，还要检查隔离液罐液位情况、压力情况，温度情况。在干气密封机泵中，还要检查氮气压力情况、流量情况、放空泄漏量情况等。

三柴油加氢装置液力透平机械密封故障分析及改进措施

完成人：关　淼　于文新　张　驰　石全生

（中国石油吉林石化公司炼油厂）

1　引言

吉林石化公司炼油厂Ⅲ加氢装置中的高分液能量回收透平机械密封采用某厂家产品，自2019年至2022年3次检修时间间隔均不足6个月，期间长时间无法投用，未能实现长周期运行，虽然原厂家对密封进行了数次改进，但问题始终存在。此次与国内知名密封厂家联合攻关，对机械密封的失效原因进行分析，重新进行结构设计，优化材质选取，并对现场机械密封辅助系统进行了部分升级，希望通过此次改造可以实现设备的长期稳定运行。

2　原机械密封基本情况

高分液能量回收透平设备型号为：150×100（B）DCS7，回收介质为高分液，温度50℃，进口压力8.65MPaG，出口压力1.4MPaG；转速2980r/min；冲洗方案采用Plan11+53B，密封安装位置腔体压力约为1.75MPaG，机械密封隔离液压力为1.85MPaG。原机械密封为双端面弹簧式机械密封，采用串联式布置，静环及弹簧采用静止式，介质侧和大气侧动环放置在轴套上并列布置，动环底部有密封圈及调整垫片，如图1所示。

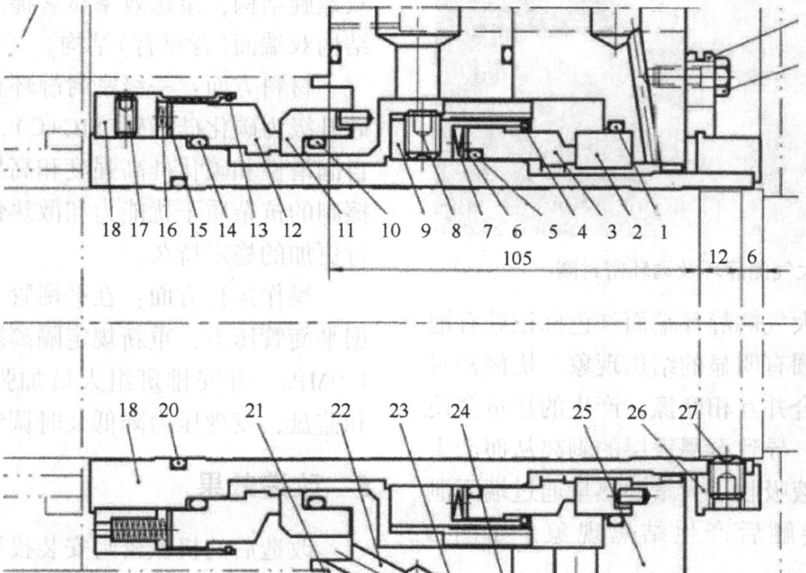

图1

机械密封介质侧静环材质为碳化钨，大气侧静环材质为石墨，动环材质均为碳化硅。因为透平输送介质含硫化氢，因此要选用API682标准中的布置方式3的密封结构（每套集装式密封中有两对密封端面，隔离流体由外部引出到两对密封端面之间，且压力高于密封腔压力）。该设备选用Plan53B作为机械密封的辅助冲洗方案。蓄能器和隔离液的压力高于密封腔的压力，能够形成正向压差，无论哪个端面泄漏，泄漏的均是隔离液，因此可以有效避免有毒有害介质泄漏到大气环境中。隔离液流体采用内置循环装置来进行循环，通过系统中的换热器来给隔离液进行降温。隔离液的压力是通过囊式蓄能器来维持的。使用囊式蓄能器可以防止加压气体和隔离液相接触，这就避免了加压气体被隔离液吸收，使密封可以用于压力较高的操作工况。

3 机械密封失效分析

对失效密封进行拆解，通过密封各零件运转后的情况判断失效原因，为机械密封改造提供依据。机械密封介质侧动、静环端面有轻微磨痕，属于正常磨损，密封圈也未发现有明显变形。但大气侧动环及静环辅助密封圈发现有明显变形，其中静环密封圈已经发生老化变硬，橡胶表面有坑点出现；动环密封圈已经失弹，有飞边现象产生，如图 2 所示。

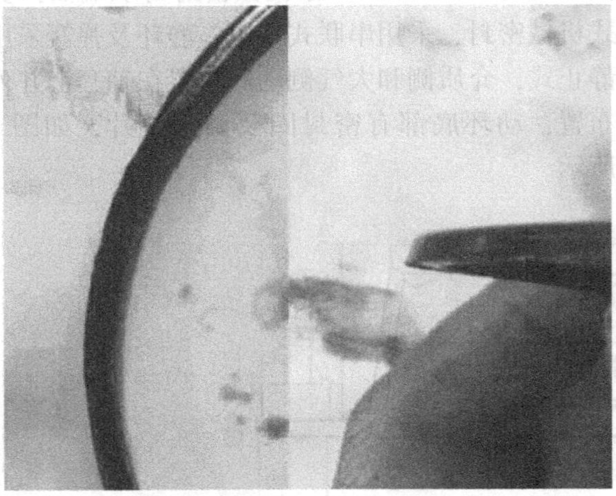

图 2 大气侧静环及动环密封圈

失效密封的大气侧静环端面红色标记处有泡疤出现，动环内圆有明显的结焦现象。机械密封动、静环紧密贴合并互相摩擦，产生的热量会使端面的温度上升，导致石墨表层的剥离从而产生泡疤，密封隔离液吸收了大量的热量通过端面泄漏后，与氧气接触后产生结焦现象，如图 3 所示。

根据拆解情况可以判断机械密封的失效是因为局部高温引起，而高温是因为密封隔离液的循环效果较差导致机械密封产生的热量无法被辅助系统及时带走引起的。

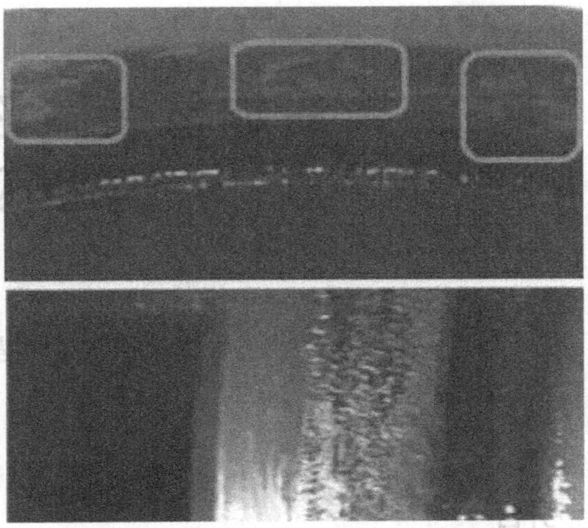

图 3 大气侧静环(上)大气侧静环内圆(下)

4 机械密封的改造方案

结构方面：透平密封在综合了以前的失效分析基础上，本次对密封结构进行了大幅改动，由原有的串联式机械密封改为双端面(背靠背)结构形式机械密封。背对背结构密封对于透平密封的优点体现在 53B 压力高于介质侧压力，一级密封承受正向压力运行更稳定。对比原有的串联式密封的内封空间，背对背形式的空间要更大，53B 系统的循环性效果更好，并且螺旋套改型为双螺旋结构，泵送效率显著提高。如图 4 所示新结构双端面(背靠背)结构。

材料方面：一级密封静环材质由原来的碳化硅升级为碳化硅加碳(SIC+C)，该材质兼顾石墨自润滑性和碳化硅高强度和高导热性，提高了摩擦副的抗杂质干扰能力和散热性，从而使密封运行更加的稳定持久。

操作运行方面：在平衡管上加装压力表，根据平衡管压力，重新规定隔离罐工作压力，定为 1.9MPa。并安排班组人员加强关注，认真巡检和监盘，发现压力降低及时调整。

5 改造效果

改造后的机械密封安装投用后已稳定运行至今，原料油泵电机电流从 150A 降至 120A，每小时可节约电能 280 度，每小时节约电费 168 元，全年共可节约费用约 147 万元，通过此次改造不仅降低了装置的能耗，减少了检修和维护的强度，同时也给公司带来了巨大的经济效益。

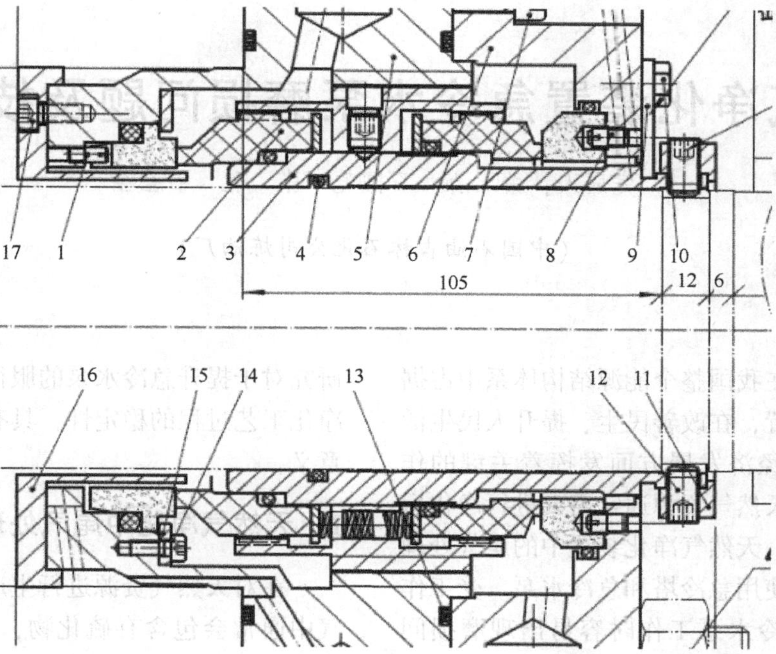

图 4

6 结论

（1）每台设备运行工况千差万别，与之匹配的机械密封的失效原因也多种多样，因此要对失效密封进行详尽的解体，可以直观地看到失效后的表现，进而找到失效原因。

（2）原密封发热严重，端面位置有泡疤和结焦现象，橡胶圈有老化现象，通过优化参数，控制发热量，同时改进循环装置，提升循环降温效果，来控制密封内部温升，及时带走端面热量。

（3）改善密封运行环境，不能局限在密封本体上，更加适合的冲洗方案可以给机械密封运行提供良好的运行环境。因此现场辅助系统的优化升级也可以给机械密封的长期稳定运行提供支持。

天然气净化装置急冷水泵磨损问题及技术改进

完成人：关　淼　石国乾　张　驰　石全生

（中国石油吉林石化公司炼油厂）

天然气资源在我国整个能源结构体系中占据着非常重要的位置，在改善民生、提升人民生活质量和促进国民经济发展方面发挥着关键的作用。开采得到的天然气资源通常需要进行净化后才能够正常使用，天然气净化装置中的尾气处理工艺流程中需要使用急冷塔和急冷水泵。受工作环境的影响，急冷水泵工作时容易出现磨损问题，影响急冷水泵运行过程的可靠性和稳定性，进而影响整个天然气净化装置中尾气处理工艺环节的连续性。基于此，有必要对天然气净化装置急冷水泵工作时发生磨损的原因进行深入分析，在此基础上提出建设性的技术改进措施。本文的研究对于提升急冷水泵的服役寿命和整个天然气净化工艺过程的稳定性，具有一定的理论和实践意义。

1　天然气净化中尾气处理概述

在对天然气资源进行生产加工时，排出的尾气中通常会包含有硫化物，如 H_2S、SO_2 等，如果直接对外排放，不仅会对周围的环境造成严重污染，还会造成资源的浪费，所以还需要对尾气进行进一步的处理，以降低尾气中的各类硫化物含量，避免对环境造成污染。如图 1 所示为天然气净化中尾气处理的工艺过程图。

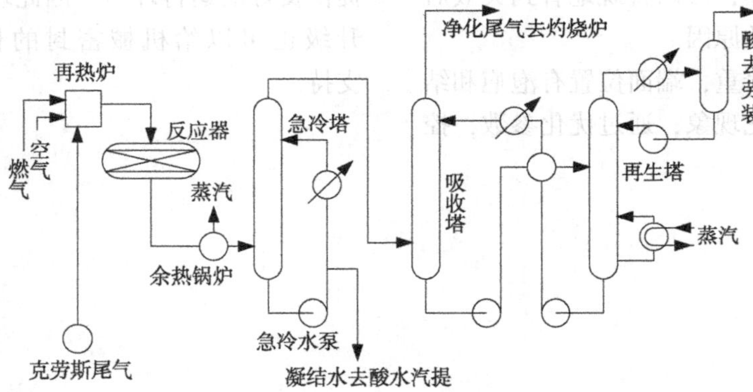

图 1　天然气净化中尾气处理工艺过程

整个处理过程可划分成三个阶段，分别为还原段、急冷段和吸收再生段。其中，还原段是在反应器中添加氢气和还原剂，对尾气中的各类硫化物进行还原处理。由于还原反应会释放大量热量，使气体温度升高，急冷段的作用是对高温气体进行冷却处理，同时消除气体中的水蒸气。考虑到气体中包含有酸性成分，所以对冷却水的 pH 值有一定的要求。吸收再生段的作用就是对硫磺进行回收。

2　急冷水泵磨损问题及其原因分析

2.1　急冷水泵磨损问题

急冷水泵的主要作用是为冷却塔提供循环水，对锅炉中排出的高温气体进行冷却降温，同时使内部包含的水蒸气进行凝结。天然气净化装置中使用的急冷水泵具体型号为 2.5GC－6×8，水泵的出口压力和流量分别可以达到 2.5MPa 和 $50m^3/h$。如图 2 所示为急冷水泵机械密封结构示意图。水泵整体上为两端支撑式结构，基于内装式单端面大弹簧对水泵进行机械密封，密封面中的动环和静环分别通过碳化硅和石墨材料来生产加工。急冷水泵在运行初期整体比较稳定，但是经过长时间的运行以后，水泵的机械密封装置经常出现失效的现象，导致急冷塔的冷却水流量达不到设计要求，使冷却效果大打折扣，对生产工艺过程造成了严重的不良影响。对水泵进行拆解后发现机械密封装置存在明显的磨损现象。

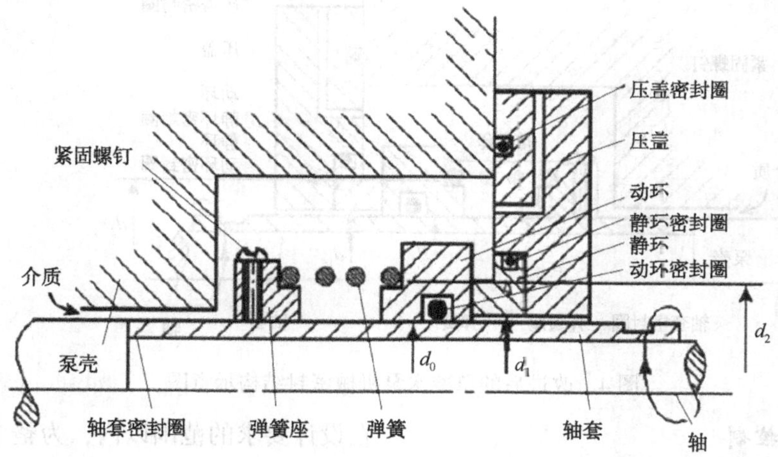

图2 急冷水泵机械密封结构示意图

2.2 磨损原因分析

2.2.1 固体颗粒物

由于天然气净化中尾气处理工艺过程较为复杂，工作时急冷介质中不可避免的会混入一些杂质和固体颗粒物，如图3所示为急冷介质中固体颗粒物连续12个月的变化情况。从图中可以看出，固体颗粒物的含量在4000~6000mg/L范围内变化。急冷介质中包含的固体颗粒物，不仅会对机械密封结构件的表面造成严重的冲刷，更重要的是使机械密封结构件之间的相互摩擦形成变成了颗粒磨损。与其他磨损形式相比较而言，颗粒磨损的速度最快。所以，急冷介质中包含有大量的课题颗粒物是导致急冷水泵出现严重磨损的最主要原因。

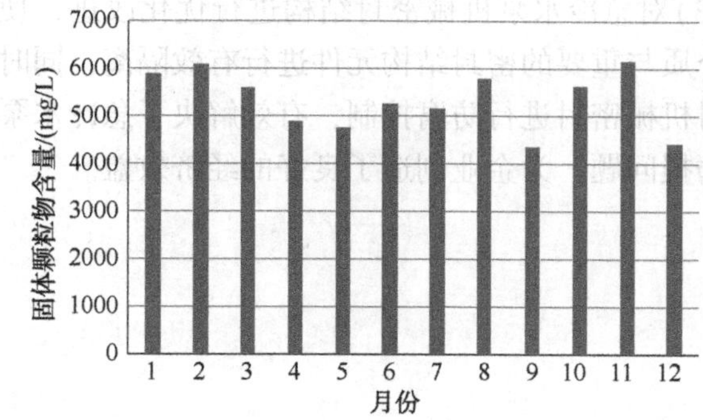

图3 急冷介质中固体颗粒物的变化情况

2.2.2 急冷介质pH值

急冷水泵工作时，介质中不仅会混入固体颗粒物，还会混入部分酸性物质导致介质整体的pH值降低。众所周知，介质的pH值越低对金属的腐蚀作用越强，而急冷水泵机械密封装置内部包含有很多金属物，如果介质pH值控制不当，会对机械密封装置造成腐蚀，从而加速磨损过程。通常情况下，急冷介质的pH值应该控制在6~9范围内，使之保持中性。但是前期在对急冷介质进行检测时，发现急冷介质的pH值普遍在4~7范围内，呈酸性。所以认为急冷介质的pH值偏低是导致机械密封磨损的重要原因之一。

3 急冷水泵磨损技术改进措施

3.1 机械密封结构改进

急冷水泵原有的机械密封结构中，各类密封元件并没有与急冷介质进行有效隔离，导致介质中包含的固体颗粒物会在密封元件表面堆积。所以对机械密封结构进行技术优化改进时，主要的思路是将急冷介质与重要的密封元件进行有效隔离，避免两者发生接触，从而加速机械密封磨损，影响急冷水泵的使用寿命。如图4所示为优化改进后的急冷水泵机械密封结构示意图，最大的改进是添加了隔离套，见图中的红线部分，可有效实现机械密封元件与冷却介质之间的隔离。另外，为了提升机械密封结构中动环和静环的耐磨性，将原有的碳化硅和石墨材料全部替换成为硬质合金，此类型材料具有很高的硬度和耐磨性，可有效缓解工作时的磨损问题，提升急冷水泵使用寿命。

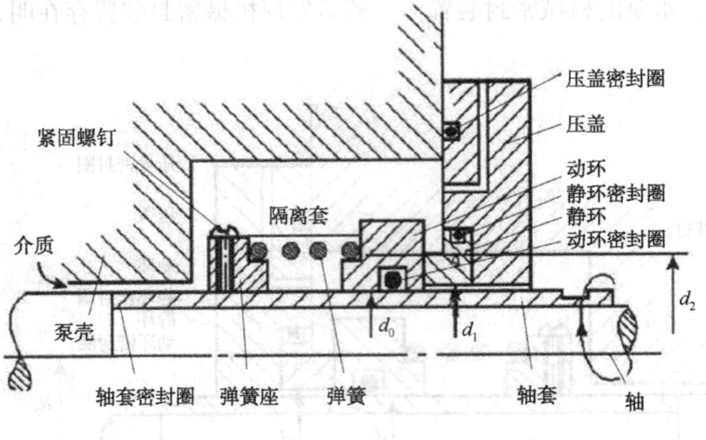

图4　改进后的急冷水泵机械密封结构示意图

3.2　机械密封防腐控制

虽然通过机械密封结构的改进使急冷介质与重要密封元件产生了隔离，但为了进一步提升急冷水泵的使用寿命，仍需要做好密封元件的防腐工作。为避免急冷水泵机械密封装置工作时发生腐蚀进而加速磨损现象的出现，需要强化机械密封结构的防腐工作，从被动防腐和主动防腐两个方面着手：第一为被动防腐，基于先进的防腐涂层技术对所有的机械密封结构件表面全部涂上耐腐蚀涂层；第二为主动防腐，在整个生产过程中，需要对急冷介质的 pH 值进行实时监测，如果发现 pH 值偏低，则立即向内部添加适量的碱性调和剂，确保 pH 值控制在 6~9 范围内。

4　技术改进实践应用效果评价

基于上文所述的磨损问题技术改进措施对急冷水泵开展技术改造工作，将改造后的急冷水泵应用到天然气净化装置中的尾气处理中，并进行连续 12 个月时间的观察。结果发现，在整个观察期间急冷水泵的运行过程较为稳定与可靠，没有出现明显的故障问题，出水压力和流量均保持在设计要求的范围以内，为整个工艺过程的顺利推进奠定了良好的基础，同时还降低了急冷水泵的日常维护保养成本。可见，此次针对天然气净化装置急冷水泵磨损问题的技术改造工作是成功的，取得了期望的实践应用效果，改善了整个工艺过程的可靠性，为企业创造了良好的经济效益。

5　结论

对天然气净化装置急冷水泵的机械密封结构磨损问题进行了深入分析，并提出对应的技术改进措施，所得结论如下：(1)急冷水泵中使用的介质中混入了大量的固体颗粒物，使机械密封结构件之间的摩擦形式变成了颗粒磨损，是导致水泵发生严重磨损的主要原因；(2)介质的 pH 值偏低，整体上呈酸性，对机械密封结构件造成了一定程度的腐蚀，加剧了机械结构的磨损；(3)对急冷水泵机械密封结构进行优化改进，使介质与重要的密封结构元件进行有效隔离，同时对机械密封进行防腐控制，有效解决了急冷水泵磨损问题，为企业创造了良好的经济效益。

第二篇　产品创新篇

高压加氢装置离心压缩机干气密封国产化技术推广应用

完成人：蔡卫疆　邓宗华　张伟东　言　钧　康少华　宋迎剑

（中国石油广西石化公司）

1　项目背景

加氢装置循环氢离心压缩机是装置的核心动设备，其出口压力与反应压力基本一致最高可达20MPa，随着近年来发展，加氢装置循环氢压缩机很早已经完成了国产化，部分中低压压缩机干气密封也是实现了国产化，但高压加氢装置压缩机配套的核心部件——20MPa压力等级的干气密封却完全依赖进口且售价较高。

广西石化公司现有离心式压缩机13台，机组有25套干气密封，备用干气密封25套，其中中低压加氢装置4台压缩机8套密封已经实现了国产化，并且使用良好，但是仍有9台压缩机干气密封使用的为进口干气密封。由于高压加氢装置干气密封压力高、轴颈大、风险高等因素几乎被国外公司垄断，每次单台机组干气密封的维修费用都超百万，不仅价格高昂，还存在进口备件交货期长、易受国际局势影响等"卡脖子"问题，为进一步解决该问题对高压加氢装置干气密封国产化进行攻关。

2　总体情况

2.1　总体思路

首先组织调研国内高压加氢装置干气密封使用情况收集高压加氢干气密封容易出现的问题，再与国内制造厂进行技术交流，梳理出高压加氢干气密封国产化重难点工作，依据以上内容制定国产化方案并对方案设计核算，最终完成制造后确定安装方案及确定试运行方案并正式投用验证。

2.2　重点攻关内容

高压加氢干气密封国产化存在诸多难点，为进一步实现密封长周期运行项目组对以下技术难点开展攻关。

（1）高压及频繁启停工作状态下槽型的优化设计。高压和大尺寸（15MPa&180mm）并存是本密封技术难点之一，全压启停也是操作上重要特点，在两种工作状态下，槽型优化设计显得至关重要。项目组利用积累的干气密封试验数据和现场使用数据，通过多组模型数据的对比分析对端面槽形参数进行优化，使得所形成的端面槽型，具有更佳的流体动压和静压效应，确保密封在静态、高压差下具有更大的气膜刚度和更好的稳定性，保证密封安全、可靠运行。

（2）摩擦副变形控制技术。高压对动静环产生变形是无法消除的，因此采用有效的方法控制变形显得尤为重要。通过对动静环结构和材料进行了科学的分析，掌握其在压力、温度、热载荷下的变形的规律，继而通过设计的优化和制造工艺的改进有效的控制密封端面的变形，获得最佳的使用性能。

（3）辅助密封圈设计、安装技术。辅助密封圈采用弹簧蓄能密封圈型式，相比传统的橡胶密封圈，安装难度大、安装精度要求严格是其重要的特点。密封圈形状设计和安装方法控制不当，都会引起该密封圈质量下降甚至使用失效，引起泄漏。拟对不同尺寸和不同安装位置的密封圈进行测试，在材料选择、过盈量设计、安装方法等方面摸索出一套设计经验，确保质量达到设计要求。

（4）表面喷涂DLC技术。目前，在用的压缩机进口干气密封，大部分采用了碳化硅静环表面喷涂DLC技术，应用已经非常成熟，而国内DLC技术用于干气密封领域，缺乏成熟设计经验，测试数据、以及成熟的DLC的制备工艺，应用推广较少。针对该问题项目组与中密控股股份有限公司进行深入的交流，制定出相应的解决方案，确保在极端情况下涂层的安全性和可靠性。

（5）静环材质选择问题。由于压力等级提升到15MPa，从工程经验上来讲，该压力已经达到了传统石墨材料推荐使用的极限，因此静环材料的选择问题就更加突出。考虑到本项目的工作参数和在役的密封大部分均采用"硬对硬"设计技术，项目组针对本项目拟采用了"硬对软"，也采用了"硬对硬"设计，通过测试两种密封性能后确定出更好的稳定性和重复性。

2.3 实施情况

2022年3月1日完成编制国产化干气密封安装方案，在渣油加氢一系列换剂时进行安装；

2022年3月15日完成编制国产化干气密封试运方案，在渣油加氢一系列换剂检修完成后进行开工试车，并一次开车成功；

2023年11月15日完成开停工过程及日常运行数据的收集，对标原设计参数，对比分析。

2.4 实施后效果

（1）干气密封国产化后压缩机振动、轴瓦温度等关键参数运行正常，与国产化前机组参数运行情况基本一致。

（2）干气密封现场运行稳定，满足现场需求，国产化干气密封端面泄漏量小于13.5Nm^3/h，进口泄漏量小于13.2Nm^3/h，二者泄漏量基本一致，小于45Nm^3/h要求，低于行业标准及国外同类参数干气密封的泄漏要求。

（3）国产化干气密封已经经过一次渣油换剂检修周期考验，压缩机再次启停后各项参数运行正常。

3 技术路线和技术亮点

3.1 技术路线

（1）国产化干气密封为串联式结构，摩擦副采用"硬对硬"（动环材料为碳化硅，静环材料为碳化硅表面喷涂DLC涂层），密封圈使用弹簧蓄能圈+氟橡胶材质，静止金属件采用17-4PH+Cr不锈钢，旋转金属件采用Cr不锈钢，紧固件采用304不锈钢。

（2）采用专业的干气密封软件计算气膜参数，重点优选动环端面的槽形参数，并分析在密封盘车、启动、停止、变转速、变压力以及稳态运行工况下的端面性能。通过计算得知，槽数变化对气膜厚度、气膜刚度以及泄漏率的影响相对较小。在10.0MPa、17.7MPa和20MPa压力下，随着槽数的增加，气膜厚度、气膜刚度和泄漏率均呈抛物线趋势变化。当槽数$n=18$时，三种压力下的密封端面气膜刚度、泄漏率以及气膜厚度均达到最大值。因此，本项目端面槽数定为18个。

（3）密封在20MPa压力下，随着转速的变化，密封端面气膜刚度、气膜厚度变化连续，不存在阶跃性突变；端面最小气膜厚度大于端面开启临界气膜厚度密封端面处于非接触状态。因此，在变转速工况下，密封端面不会发生端面接触摩擦，密封运行可靠。

（4）由于本项目摩擦副采用的为"硬对硬"（动环材料为碳化硅，静环材料为碳化硅表面喷涂DLC涂层）碳化硅材料的弹性模量可达420GPa，在承受相同高压时石墨产生的变形远大于碳化硅。原国外密封动环选用比重小、耐热冲击性能优良的氮化硅材料制成，静环采用硬度比氮化硅略高、耐热冲击性能同样优良的碳化硅材料制成，但工作面喷涂了DLC涂层，一般有DLC涂层的碳化硅静环与无DLC涂层的碳化硅动环对磨时，其启动扭矩可以降低50%，满足密封在盘车、启停等极端操作工况下的性能要求。

（5）密封在转速0～10500r/min和压力0～20MPa范围内运行时，密封端面最小气膜厚度始终大于端面开启临界气膜厚度，密封端面不会存在接触摩擦，可以满足机组升速、升压以及硫化钝化等工况中压力和转速动态变化的运行需要。

3.2 技术亮点

该项目是中石油系统内首台渣油加氢装置压缩机使用国产化干气密封，从设计，材料，制造及试验可借鉴资料不多，产品的成功使用是中石油系统内干气密封的一次突破。相关技术亮点如下：

（1）高压下干气密封动压槽的设计选择

高压和大尺寸（15MPa&180mm）并存是本密封技术难点之一，全压启停也是操作上重要特点，在两种工作状态下，槽型优化设计显得至关重要。项目组利用积累的干气密封试验数据和现场使用数据，通过多组模型数据的对比分析对端面槽形参数进行优化，使得所形成的端面槽型，具有更佳的流体动压和静压效应，确保密封在静态、高压差下具有更大的气膜刚度和更好的稳定性，保证密封安全、可靠运行。

(2) DLC技术在干气密封上的应用

高压压缩机进口密封碳化硅静环端面大部分采用了DLC技术，该技术也是该密封的重要难点之一，直接影响产品质量和使用效果。本项目选用“硬对硬”设计技术，因此项目组对DLC技术进行深入的研究和测试，取得大量有价值的研究数据。

(3) 副密封追随性设计及制造

提升可靠性的关键是在保证密封性能的前提下减小微动密封圈金属表面的摩擦力，摩擦力是密封圈和配合零件表面相对滑动的阻力的衡量标准，它与密封圈材料的摩擦系数和正常负荷值有直接关系，同时影响摩擦的因素有润滑、温度和配合零件表面的粗糙度，因此从密封圈材料和金属零件表面状态两个方面着手解决，极大地提升了副密封的追随性。

4　应用场景

炼油三部渣油加氢循环氢压缩机130-K102干气密封国产化应用为中石油首套高压加氢装置循环氢压缩机干气密封国产化应用，通过近两年的运行考验，干气密封运行稳定，二系列压缩机130-K202也已经完成采购，今年大检修期间更换，同时在广西石化实现国产化后，该项技术也在吉林石化加氢装置得到了应用，也实现了加氢装置干气密封的国产化。

5　项目效益和效益分析

公司炼油三部渣油加氢有2台压缩机，装有4套干气密封，一般运行3年左右(两个渣油换剂周期)机组干气密封需要进行更换确保长周期运行。渣油加氢干气密封每套进口价格为350万元/台套，国产化后价格为90万元/台套，每台机组可节约255万元，使用周期36个月，即3年两台机组国产化可节约费用510万元。

煤直接液化高压油煤浆进料泵国产化及工程应用

完成人：孔光跃　胡庆斌　刘庆华　朱正伟　陈德泉　李建新
富宇鹏　马　源　曹　海　李家顺　薛　飘　牛　刚
（国能中国神华煤制油化工有限公司鄂尔多斯煤制油分公司　上海福思特流体机械有限公司）

1　项目背景

国家能源集团煤直接液化项目，在关键技术和核心设备方面，采用了全新理念和设计，具有重大创新和极高的可靠性，该工艺以煤为原料，采用纳米级催化剂，在供氢溶剂作用下，通过高温、高压加氢反应，将煤炭中的大分子转化为小分子，再对煤液化产物进行加氢提质、分馏处理及产品调和，主要生产石脑油、柴油和液化气产品，副产煤液化沥青和粗酚。

国能鄂尔多斯煤制油公司高压油煤浆进料泵是煤液化装置的核心设备，其结构设计和材料选择十分苛刻，只有国外几家大的机泵制造公司在国外煤直接液化中试装置中有过使用经验，国内厂家基本没有这方面的生产制造业绩。该型泵由国外进口专门为煤直接液化装置设计制造，是世界上第一台以油煤浆为工作介质的五柱塞往复式泵。该泵入口压力 0.54MPa（g），出口压力 20MPa（g），操作温度 168.6℃，最大流量 93.8m^3/h。由于该泵输送的介质由煤粉、溶剂油、催化剂组成，其中固体含量约 52%，扬程高，进出口压差大，因此该泵设计为浆料式固定排放的五柱塞往复式泵。

在煤直接液化项目中，进口高压油煤浆进料泵在煤直接液化项目中起重要作用，但进口泵在使用初期故障率高、部分泵体结构设计不合理及备件采购周期长、价格昂贵，成为煤直接液化装置长周期安全稳定低成本运行的制约因素，因此进口高压油煤浆进料泵技术攻关改造及整泵国产化研发意义重大。

2　总体情况

国家能源集团煤直接液化项目针对生产中操作条件最为苛刻的高压油煤浆进料泵的介质特性、结构特点及几种不同工况下机泵的运行情况，对该型泵从选型、泵体结构、材料耐磨、密封设计等方面进行结构改进，并整泵研发出了首台套适用于煤直接液化项目中高温、高压、高含固油煤浆工况的进料泵。通过生产实践证明，煤直接液化高压油煤浆进料泵可以长周期稳定运行，整体性能达到进口产品水平、部分性能超过进口产品。解决了该型泵进口备件国产化和同类进口设备的替代问题，降低了生产投资和维护成本，为国产化指明了研究方向。一系列相关改进也适用于其他含固、易磨损、高温、高压的煤制油、煤化工项目。

3　技术路线和技术亮点

3.1　技术路线

本项目拟采用消化吸收进口产品的技术特点，及实际应用性能、可靠性情况。进行深度的理论分析与试验研究相结合的方法。充分发挥企业、高校、研究所及用户的各自优势，建立技术研发、产品制造协作平台，形成一条完整的产、学、研、用合作模式，紧密围绕煤直接液化核心装备结构特点和技术性能要求，通过科研攻关、自主研发出适合的技术方案、产品制造方案，以此来满足工程项目的要求。

3.2　主要的技术亮点

高压油煤浆进料泵技术亮点：

（1）大推力动力端结构设计。

（2）先进结构的液力端设计，防止煤浆淤积。

（3）特殊泵体结构及进、排液阀的关键技术。

（4）注入、冲洗、密封三合一回程冲洗技术。

（5）进出口压力脉动补偿方法。

（6）国产变频控制及DCS操作系统。

（7）高压密封、预热和冷却系统关键技术。

4 应用场景

经过10余年的使用和运行，煤直接液化高压油煤浆进料泵总体设计是成功的。但是仍有部分设计存在缺陷，导致运行过程中故障频发。高压油煤浆进料泵故障类型主要为：填料函密封圈泄漏、注射油管线管件焊缝泄漏、阀组件磨损内漏、填料函泄漏、入口膨胀节及液缸体裂纹泄漏、入口集合管煤浆淤积等问题。

4.1 高压油煤浆进料泵故障原因分析及改进措施

（1）填料函O形圈泄漏问题分析及改进措施

高压油煤浆进料泵填料函分为两段，其中中低压填料通过其填料压紧锁母进行调整，高压填料通过内部弹簧加载密封，两段填料函之间密封为耐油氟橡胶O形圈。经过分析，填料函O形圈泄漏主要原因为煤浆或冲洗油内的固体颗粒在该部位有沉积及进口泵特殊设计的密封面存在缺陷。O形圈在沟槽内有轻微的径向移动。O形圈与密封面产生了摩擦。固体颗粒的沉积加剧了摩擦，导致密封失效。

填料函O形圈改进措施：将填料函沟槽内侧堆焊至与外侧同高，将填料函槽深进行激光熔覆修复；将O形圈更换为密封垫。改造的思路是通过改变密封面结构减小内压对垫片的直接冲击，同时防止在此处沉积的固体颗粒进入密封面，确保密封面清洁。改进后使用效果良好，未再发生泄漏。

（2）入口膨胀节泄漏问题分析及改进措施

高压油煤浆进料泵入口膨胀节为柱塞式波纹管膨胀节，柱塞在膨胀节内有一定的自由活动角度，可以在膨胀节安装及伸缩时及时调整膨胀节的变形量，避免受到拉伸损坏。由于柱塞在膨胀节内有一定的活动自由度，当温度变化较大，如启泵前引入介质时，柱塞有较大的移动位移，导致两端的密封圈失位，泄漏随即发生；由于介质中含有溶剂油，腐蚀性很强，一般材质的O形密封圈很快即被腐蚀损坏，对密封圈材质要求很高，给密封圈选用带来很大难度。

入口膨胀节改进措施：采用不锈钢双波纹管结构，能有效吸收因温度变化产生的各个方向的扭矩及拉伸力；内置一端自由的耐磨衬管，油煤浆通过衬管进入油煤浆进料泵液力端入口，介质不与波纹管直接接触，避免了油煤浆直接冲刷波纹管；双层波纹管的结构设计，消除了油煤浆介质大量泄漏的风险。

（3）液缸体透镜垫泄漏问题分析及改进措施

高压油煤浆进料泵液力端液缸体与填料函之间密封采用透镜垫密封，能够满足泵运行高温、高压工况。透镜垫密封为球面对球面密封。

由于液力端液缸体重量较大，安装过程中紧固液力端液缸体螺栓时透镜垫易发生偏移，导致密封面接触不对中，从而发生泄漏。

液缸体透镜垫改进措施：当油煤浆进料泵液缸体透镜垫部位发生泄漏时，通常无法通过在线紧固的方式消除泄漏。相对于液缸体透镜垫，液力端液缸体与填料函组件尺寸大、结构复杂，不易改造。通过对液缸体透镜垫密封球面进行车削加工，使透镜垫两侧球面密封改为线密封，彻底解决了进料泵液缸体垫处的泄漏。

4.2 高压油煤浆进料泵整泵国产化

结合多年高压油煤浆进料泵运行、改造积累的经验，国能鄂尔多斯煤制油公司进行了高压油煤浆进料泵首台套国产化技术开发和研制。首台套国产高压油煤浆进料泵采用三柱塞结构，主要参数为出口流量60m³/h，出口压力20.1MPa，输送介质为含47.2%~52%固体（催化剂、煤粉）的油煤浆，操作温度168.6℃，最高温度290℃。截至2023年6月底，国产化三柱塞高压油煤浆进料泵已经完成超过16000小时的油煤浆工况试运行（图1）。

图1

随着煤直接液化二代技术的发展，高压油煤浆进料泵在煤直接液化项目的作用更为重要，对该泵的运行稳定性、大流量等技术指标提出了更高要求。国能鄂尔多斯煤制油公司在充分积累国产三柱塞高压油煤浆进料泵运行经验的基础上，持续加大国产化研发力度，与国内厂商联合研制大流量五柱塞高压油煤浆进料泵。国产化五柱塞高压油煤浆进料泵最大流量 $120m^3/h$。截止 2024 年 6 月，国产化五柱塞高压油煤浆进料泵已经完成超过 4000 小时的油煤浆工况试运行(图 2)。

图 2

5 项目效果和效益分析

煤直接液化高压油煤浆进料泵成功进行了关键零部件国产化，例如液力端阀组件、填料函、液力端缸体等关键零部件通过进行技术攻关，国产化产品 100%代替进口零部件。首台套国产化研制及应用，彻底摆脱依靠国外进口泵的局面，打破了国外垄断。同时，为国内煤化工行业、石油化工行业相似工况的设备应用提供了首次运行经验及数据收集，推动了行业国产化进程，大幅降低项目投资及备件采购费用。

目前，国产化高压油煤浆进料泵在煤制油现场应用良好。国产化三柱塞高压油煤浆进料泵实现了首台国产化运行，连续运行时间已超过 16000 小时，运行良好，整体性能达到进口产品水平；国产化五柱塞高压油煤浆进料泵连续运行时间已超过 4000 小时，现继续进行高负荷性能考核，最大流量等部分性能已超过进口产品。国产化应用后设备故障率大幅降低，单台投资额为原进口泵的 10%~20%。

大型延迟焦化装置进料球阀的国产化研究与实践

完成人：陈泳健

（中海油惠州石化运行四部　中海油惠州石化设备中心）

1　项目背景

惠州石化420万吨/年延迟焦化装置焦炭塔进料隔断球阀112-SP6共有四台，属于装置关键阀门。其工作介质主要为高温(500℃)渣油、蒸汽、水，工况恶劣、操作频繁，导致阀门易发生泄漏和故障，介质中焦粉、固体颗粒、硫化物等其他组分还会对阀门造成冲刷、腐蚀，导致阀门内漏。因此阀门最初选用的是进口VELAN(威兰)高温防结焦球阀。

随着焦化装置加工的介质越来越恶劣，阀门长期运行后存在以下主要问题有蒸汽耗量增加、阀芯结焦磨损、备件价格昂贵采购困难等问题制约设备安全长周期运行。自装置开车以来，就曾发生过因阀门故障装置紧急分炉停工案例，影响装置和全厂正常生产。

因此，需对此特阀进行改造，选用性能满足装置长周期生产、可靠性不低于进口产品、且耗气量更低更节能的国产高温防结焦球阀，即可以提高生产经济效益，又降低作业安全风险及劳动强度。

2　总体情况

4台进料隔断球阀规格型号为DN400/600LB，运行模式为18小时周期性开闭，操作温度60～500℃，操作压力0.3～0.5MPa(G)。阀门结构如图1所示。

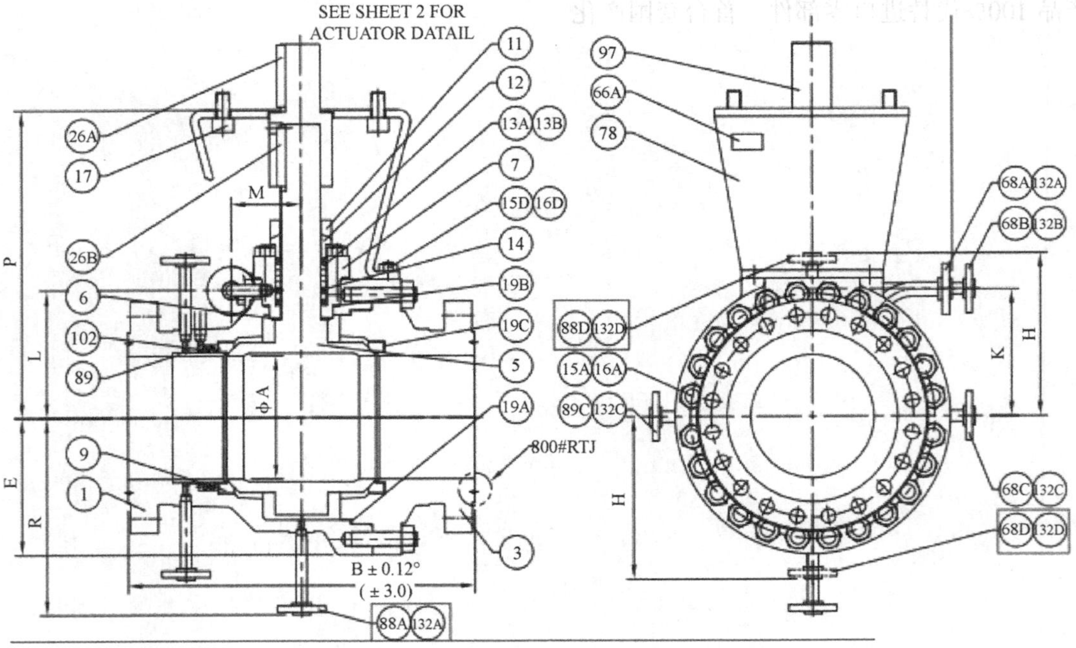

图1　VELAN(威兰)进料隔断球阀示意图

随着焦化装置加工的介质越来越恶劣，阀门长时间运行后，影响阀门长周期运行的问题主要有以下三点：

(1) 阀腔结焦加剧，蒸汽耗量增大。

由于球阀的结构特点，部分介质和焦粉可进入阀体与球体之间的空腔内。虽然阀门设计时考虑了蒸汽吹扫口，但由于原阀门进口处无密封且吹扫口位置设置不佳，大部分阀腔吹扫蒸汽直接吹入通道，造成蒸汽耗量大，介质及焦粉也无法被彻底吹扫干净，会在阀体空腔发生沉积，产生结焦。

阀座和阀球经过多次维修研磨后，两者间的密封已大不如前，因此耗气量也增大许多，从800kg/h变成1000kg/h，意味着阀门能耗过大，也增大了结焦可能性。另外由于焦化加工的介质组分越来越复杂，掺炼了污油、催化油浆等介质，导致阀球上的结焦更硬，更难被阀座刮除，阀座密封性能降低，形成恶性循环。

一旦阀内开始结焦，阀座失衡变形，密封失效，结焦速度加快，就会引起大面积结焦，最终使阀芯卡死，无法开关，内漏直至无法使用（图2）。

图2　阀腔、阀座拆检情况

（2）波纹管结构变形，蒸汽耗量大。

通过对下线后阀门拆检发现，波纹管出现结焦及破裂故障。波纹管与阀座焊接连接，推动阀座与球体贴合，吹扫蒸汽注入后形成密封腔，阀腔及波纹管理论上不应进入杂质，但由于阀腔密封性降低、球体划伤、阀门长时间高低温温变载荷的作用下，阀座和波纹管产生变形，进而加剧结焦。另外波纹管与阀座直接连接，受加工精度影响，波纹管易破裂导致阀座失稳，介质从阀座与球体密封处进入阀腔及波纹管外腔形成结焦（图3）。

图3　波纹管拆检结焦情况

波纹管内蒸汽吹扫腔敞开，蒸汽消耗大；导流筒与阀座采用金属端面密封，存在间隙，吹扫蒸汽易从间隙泄漏，增大蒸汽耗量。

（3）进口备件采购昂贵，采购周期长，不可控因素导致采购困难。

阀门维修所需波纹管等关键备件只能原厂进口，费用很高，采购周期长。同时由于贸易战等不可控原因，导致备件采购困难，存在阀门维修无备件的风险。

3　技术路线和技术亮点

结合以往检修经验，影响进料隔断球阀使用

周期的主要问题为阀体阀座密封性能不佳和波纹管预紧结构蒸汽耗量大、波纹管易变性。阀体阀座密封性能不佳的问题主要采用喷涂堆焊耐磨材料和重新设计密封蒸汽注入位置解决，波纹管预紧结构蒸汽耗量大易变形的问题采用改造为碟簧预紧结构的办法解决。

3.1 新型阀体阀座使用

新阀座密封面采用堆焊 STL6，HRC38-42，新阀球面喷涂 Ni60 或 CrC，HRC58-62，抛光密封表面，确保阀门密封面全行程紧密接触。阀座密封面两侧采用刮刀式结构设计，使球体及阀座在开关过程具有自清洁功能，有效防止球体和阀座间颗粒的积沉和粘附，确保阀门动作顺畅连续，不卡阻（图 4）。

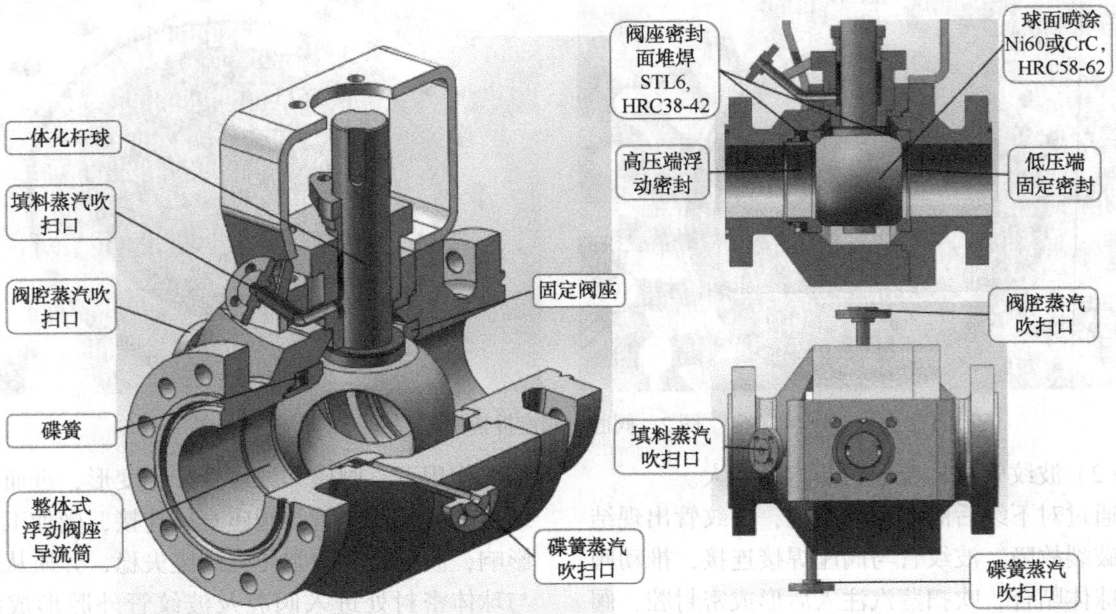

图 4　新型阀体阀座使用

原阀门进口无密封，大部分阀腔吹扫蒸汽直接吹入通道，造成蒸汽耗量大，介质及焦粉也无法被彻底吹扫干净。改造后的进料隔断球阀重新设计了阀腔吹扫密封蒸汽的注入位置，确保能把阀腔内的介质及焦粉彻底吹扫干净。

3.2 阀座预紧结构为碟簧预紧结构代替波纹管预紧结构

碟簧预紧结构设计方案如下：

（1）从结构上，采用碟簧预紧结构代替波纹管预紧结构。采用金属弹性密封阀座，碟簧加载预紧式密封阀座设计，可以有效解决高温膨胀卡死问题及低温收缩密封泄漏问题；碟簧结构比波纹管结构稳定性更好，不易变形导致阀座失稳，持续为阀座与球体提供足够的预紧力，保证良好的密封性。

（2）从蒸汽耗量上，旧阀波纹管内蒸汽吹扫腔敞开，蒸汽消耗大，而新阀碟簧蒸汽吹扫腔采用密封圈实现封闭，蒸汽消耗小；另外新阀采用整体式阀座导流筒，避免波纹管与阀座、导流筒与阀座端面金属密封存在间隙，造成蒸汽耗量增大，使新阀蒸汽耗量大大降低。

碟簧型式与 VELAN 内部结构对比见图 5。

4　应用场景

经过国产化改造的进料隔断球阀，自 2023 年 5 月投用至今已有 14 个月，未出现故障且目前运行状态良好。采用碟簧为弹性元件的设计方案技术优势明显，可靠性高，可以满足装置工艺要求，又显著降低了蒸汽耗量，是目前解决进料隔断球阀长周期运行的可行方案，尤其适用于加工介质组分复杂、旧阀密封不佳蒸汽耗量增大的延迟焦化装置，对生产稳定、节能降耗要求较高的石油化工企业可以使用。

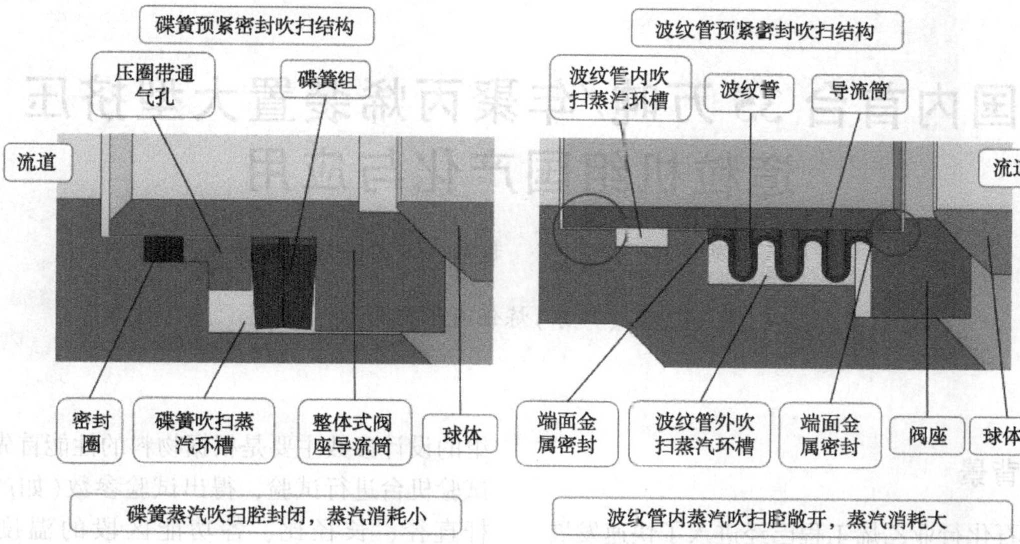

图 5　碟簧型式与 VELAN 内部结构对比

5　项目效果和效益分析

5.1　项目效果

实现了 1 台 SP6 进料隔断球阀全年良好运行无检修，较以往减少了 1 次更换作业，根据生产运行情况，4 年运行周期内预计可以减少 3 次进料隔断球阀检修作业。碟簧预紧式进料隔断球阀的试用成功，解决了延迟焦化装置的长周期运行技术难题，具有可复制、可推广、可借鉴的意义。

5.2　效益分析

经济效益分析如下：

（1）节省备件费用：以一台 SP6 计算，平均 1.5 年更换一次，更换 1 个波纹管。每个波纹管价格为 26 万元。维修费用 10 万元。

即如果改造成功，每一台进口进料隔断球阀每年可节省维修和设备费用：

$$(26+10)/1.5=24 \text{ 万元。}$$

（2）节省蒸汽耗量费用：目前每台 SP6 蒸汽耗量约为 500kg/h。改造成功后耗汽量降低至 100kg/h，按照蒸汽 140 元/吨价格，计算每年每台阀门可节省能耗费用为：

$$0.4\times24\times355\times140=49 \text{ 万元。}$$

国内首台35万吨/年聚丙烯装置大型挤压造粒机组国产化与应用

完成人：胡圣忠　李　文　赵裕春　梁　棋　曾帝海

[中科(广东)炼化有限公司]

1　项目背景

我国石化行业乙烯工程已经进入了快速发展的新时期，并已成为世界乙烯工程的重要组成部分，而且是越来越重要的组成部分。是衡量一个国家石化工业发展水平的重要标志。因此乙烯装置在石化行业中具有特别重要的地位。聚乙烯和聚丙烯是当前需求量最大、用途最广的合成树脂，是大型乙烯工程的主要产品。

大型挤压造粒机组是在聚乙烯装置中进行混炼、塑化、挤出、水下切粒、分离干燥，并最终加工成规则的颗粒制品。大型挤压造粒机组包括树脂及辅料的计量、混合、挤压造粒、工艺水与聚合物颗粒分离、粒料的干燥贮存，以及工艺水循环等具有高技术含量的全套工艺装置。由于其整体技术水平高、装置运行的可靠性要求较高，多年来我国现有乙烯装置的大型挤压造粒机组长期依赖进口装备。

作为核心装备——大型混炼挤压造粒机组是我国实现“大型乙烯关键设备”国产化的重要组成部分。以中科炼化一体化项目为依托，启动35万吨/年聚丙烯挤压造粒机组国产化攻关研制工作。

2　技术路线

采用“产学研”联合方式，以用户需求为导向、以制造企业为主体、以联合单位为技术支持，采取借鉴、吸收、创新的途径，对大型挤压造粒机组成套设备的关键技术进行系统研究，研制与我国石化行业发展相适应的35万吨/年大型聚丙烯挤压造粒机组。

2.1　大型挤压造粒机组工业放大设计

根据研发大型挤压造粒机组的经验，大型机组的设计参数主要是根据物料的性能首先在小型试验机台进行试验，得出试验参数(如产量、螺杆直径、长径比、各功能区段的温度、压力等)，依据相关放大设计原则，对关键参数进行放大计算，经过对比分析得出大型机组的设计参数，并对这些参数进行反复的模拟和修正，最终才能确定机组研发的整体参数和机组结构配置。通过自主开发了混炼元件开发软件，创建了理论放大模型，已经掌握了大型挤压造粒机组研发的放大理论，再基于已建立的系列同向双螺杆挤压造粒机组的试验平台和连续混炼挤压造粒试验平台，进行两种类型挤压造粒机组试验和研究。验证希望得到的最好及最差的工艺参数，为大型机组提供更加全面的工艺技术支撑与放大设计工程验证，如图1所示：机组三维模型简图。

图1　机组三维模型简图

2.2　大型同向双螺杆混炼挤压系统的技术研究

机组满足大产量(max60t/h)宽泛熔指(0.2~80)聚丙烯物料输送、混炼及塑化的螺杆构型设计；非牛顿流体(聚丙烯树脂)的混炼塑化进行流场模拟、仿真分析研究；修正工艺性试验平台参数及大机组螺杆参数，以满足物料、产能及工艺要求。

双螺杆的三维模型简图如图2所示。

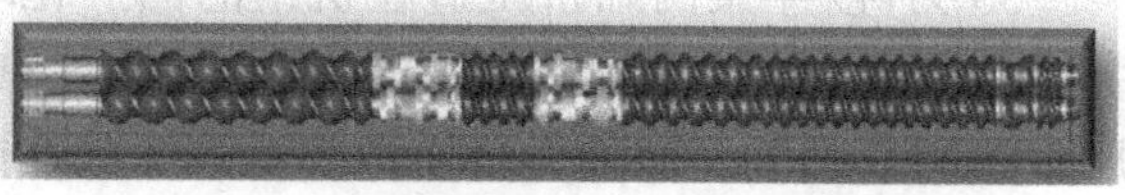

图2　双螺杆的三维模型简图

研究螺杆非牛顿流体流场特征，主要研究物料在挤压过程中的温度、速度、压力、剪切速率、黏度等参数变化情况，用于判断物料的熔融状态，与试验机台得到的参数进行对比分析，如图3所示。

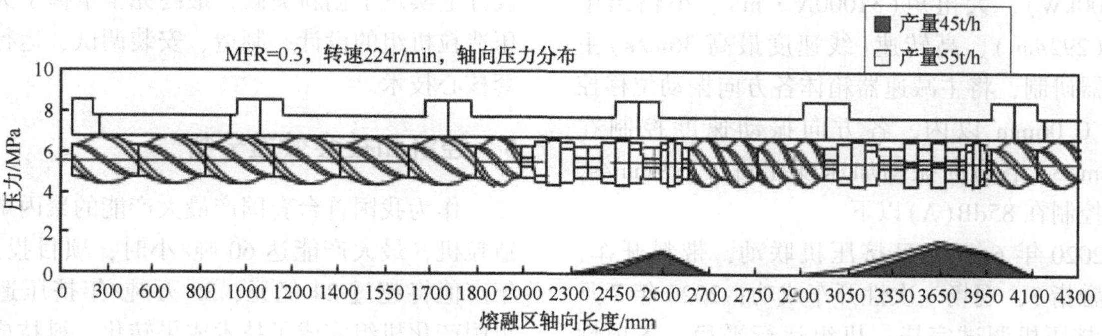

图3

2.3　超长、超大扭矩的螺杆芯轴的研制

开展细长芯轴加工工艺技术，确保10.5m整根细长芯轴的直线度、花键尺寸的精度，最终保证螺杆元件的啮合间隙、长周期稳定使用。如图4所示。

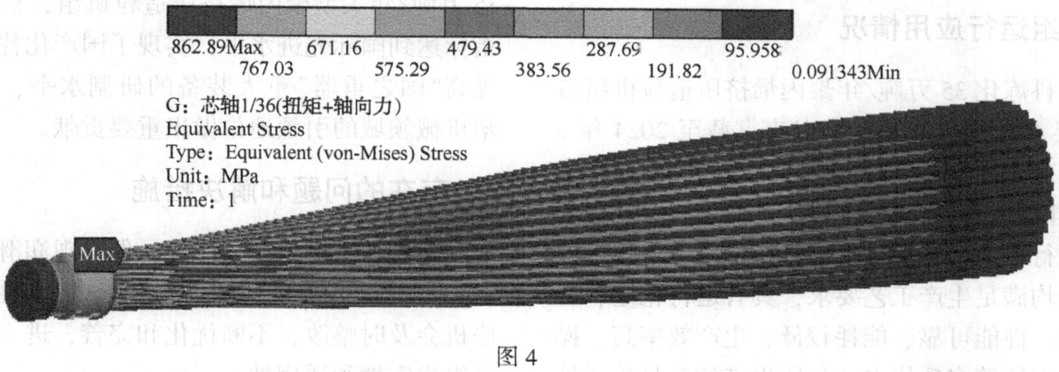

图4

2.4　大功率、大扭矩主减速器设计及制造技术

应用二次分流"双圆柱螺杆挤出机的双对齿轮啮合传动装置"计算理论，通过充分的计算及理论分析；各级齿轮副的优化结构设计；箱体动力学分析；以提高减速器运行稳定可靠、保证使用寿命为目的结构优化；提高热处理和加工装配的精度等方案，研制大功率驱动（13000kW）、单输入同步高转速双输出、大扭矩、窄输出中心距292mm、结构复杂超大型减速器（净重102t）。

2.5　机电仪一体化、智能化控制技术

混炼挤压造粒机组运行状态多物理量智能监测技术以机组研制为目标，以传感技术和测试技术为基础，以智能计算、数据融合等信息处理技术为手段，采用参数化及定制化监测技术，完成造粒机组复杂监控系统内外置传感信息、动态监测信息与系统设计信息的有效融合与资源共享，实现机组的全面状态监测、系统集成、一键式开车技术。

3　机组试验成果情况

35万吨/年大型聚丙烯挤压造粒机组是大型乙烯成套装备中的关键设备，是将在乙烯工程中催化聚合而成的聚丙烯根据工艺要求，与其它辅料按严格比例均匀混合，并对其进行混炼、塑化、挤出、切粒、分离干燥，最终加工成规则的树脂颗粒制品。历时37个月的攻关研制，35万吨/年大型聚丙烯挤压造粒机组终于实现了国产化，填补了国内空白，其主电机驱动功率13000kW，生产能力达60t/h，可实现年连续运转8000h。

在研制过程中，在充分分析机组重点、难点、关键点、风险点的基础上，通过大量模拟实

验、工艺性试验和验证试验，攻克了机、电、仪等九大攻关课题，并在理论分析、试验研究、模拟仿真和结构设计上实现了创新突破，最终完全掌握了大型挤压造粒机组的设计、制造、安装调试、运行等全套核心技术。完成了大功率(13000kW)、大扭矩(31000N·m)、小输出中心距(292mm)、高转速(线速度最高36m/s)主减速器研制，将主减速器箱体各方向振动位移控制在0.06mm以内，各方向振动速度控制在1.8mm/S，各方向振动加速度控制在1.9mm/s，噪音控制在85dB(A)以下。

2020年6月9日挤压机联动，带料开车，物料融指3，现场一次性开车成功；2020年7月11日挤压机调试完毕，机组运行平稳，各项性能指标合格，2020年9月4日，280吨聚丙烯树脂产品在中科炼化立体仓库装车出厂，标志着由我国首台35万吨/年大型聚丙烯挤压造粒机组生产的首批化工产品入市。

4　机组运行应用情况

中科炼化35万吨/年聚丙烯挤压造粒机组自2020年6月投产开车运行以来，截至2024年3月已生产过3、8、17、20、25、38、45等8个牌号不同融指的物料，经过生产使用验证：机组总体运行平稳，各项运行参数稳定，各项技术性能指标均满足生产工艺要求，具有运行稳定、产量可控、性能可靠、能耗较低、生产效率高、操作维护方便等多项优点，且所生产的产品粒子外观质量好、均匀，各项指标均达到国家优等品标准。工艺各项参数均达到了设计值，保证了装置整体的能耗及产品收率达到较高的水平，机组的各项机械参数均满足长周期运行条件。

35万吨/年聚丙烯挤压造粒机组的国产化攻关应用，在充分分析机组重点、难点、关键点、风险点的基础上，通过大量模拟实验、工艺性试验和验证试验，攻克了机、电、仪等九大攻关课题，并在理论分析、试验研究、模拟仿真和结构设计上实现了创新突破，最终完全掌握了大型挤压造粒机组的设计、制造、安装调试、运行等全套核心技术。

5　经济和社会效益分析

作为我国首台套国产最大产能的聚丙烯挤出造粒机，最大产能达60吨/小时，项目投产后，年产值将超过24亿元，35万吨/年挤压造粒机组国产化机组完成了技术成果转化，科技成果在中石化、中石油及合资化工企业的重点项目上逐渐得到推广和应用，目前已有6台设备在各石化企业应用，成为挤压机组制造新的经济增长极。

项目具有自主知识产权、填补国内空白的35万吨/年大型聚丙烯挤压造粒机组，整体技术指标达到国际先进水平，实现了国产化替代；对提高“国之重器”重大装备的研制水平、夯实橡塑机械领域的引领地位做出重要贡献。

6　存在的问题和解决措施

随着大型机组深入应用，偶发现润滑渗漏问题，虽不影响机组正常生产运行，但需要利用检修机会及时整改，不断优化和完善，进一步提高机组稳定性和适用性。

随着机组产业化建设不断完善，机组设计、制造、检测、安装、调试等工作需要进行标准化规范，以期不断提高机组生产质量和产成效率。

聚烯烃装置PDS系统高频阀国产化应用探索

完成人：卫小科　王　超　罗炎贻　王立新　徐丽　池　军　王伟强　于现建　王　凯
（广东石化有限责任公司化工二部　上海纽京阀门有限公司）

1　项目背景与意义

近年来，随着国内聚烯烃行业的快速发展，阀门作为关键设备，其需求也日益增长。然而，长期以来，国内的聚烯烃项目在高频阀门选型上主要依赖进口产品，如ARGUS、NELES、KTM等品牌。这种高度依赖进口的局面不仅导致产品价格高昂，增加了企业的运营成本，而且供货周期长，难以满足国内市场的快速变化需求。同时，技术服务不到位也严重影响了设备的使用效果和维护质量。

因此，推进PDS阀门的国产化，打破国外技术垄断，成为当前亟待解决的问题。国产化不仅有助于降低产品成本，提高供货效率，更能推动国内阀门行业的技术进步和产业升级。

2　总体情况

广东石化有限责任公司40×2万t/a全密度聚乙烯装置引进美国UNIVATION公司气相法流化床聚乙烯专利生产技术，设计两条生产线，年操作时间8000h，操作弹性50%~110%，是中国石油广东石化炼化一体化项目化工区项目之一，建设于广东省揭阳大南海石化工业区。该装置使用某进口品牌PDS阀56台，运行以来，多台阀门先后出现内漏严重，其中一台阀杆断裂，多台阀门开关时自身振动大，进而频繁出现支架螺栓松动，执行机构晃动，气路连接件脱开和断裂，阀门失控的情况，严重制约着装置高负荷平稳生产，尤其以4台J阀最为典型，内漏严重加执行机构附件气路连接件多次脱开和断裂，更换为国产上海纽京高频耐磨阀以来，目前运行6个月以上，情况良好，国产阀门的成功应用打破国外技术壁垒，突破卡脖子技术，进一步扩大了聚烯烃行业国产化技术应用成果。不仅提升了企业的竞争力，更是为聚烯烃行业的技术进步做出积极贡献。

3　技术路线和技术亮点

为了实现PDS阀门的国产化，国产阀门采用了先进的技术路线和工艺方法。具体而言，主要包括以下几个方面：

金刚石处理：纽京公司成功运用独特的喷涂工艺，打造出具有显著优势的金刚石涂层。该涂层不仅具备HRC≥80的卓越硬度，更展现出组织致密、无孔隙及氧化物的优质特性，确保了涂层的稳固与耐用。摩擦系数稳定在0.03至0.05之间，显著降低了设备运行时的摩擦损耗。涂层厚度精准控制在300μm，既满足了使用需求，又保证了涂层的稳定性。同时，金刚石涂层的使用温度限制在≤800℃，即使在高温环境下，也能维持其优异的性能。值得一提的是，该涂层与基体之间采用冶金结合方式，有效防止了涂层在使用过程中出现裂纹或脱落现象（表1）。

表1　常用密封材料参数

材料	碳化钨WC-12Ni	碳化铬Cr C_2-25Ni Cr	镍基合金Ni60	镍基碳化铬88Ni-16Cr C_2	金刚石
硬度	68~72HRC	57~62HRC	45~50HRC	55~50HRC	80HRC以上
温度	Max. 450℃（848℉）	Max. 800℃（1472℉）	Max. 800℃（1472℉）	Max. 800℃（1472℉）	Max. 800℃（1472℉）
结合力	>10000Psi	>10000Psi	微冶金结合	微冶金结合	微冶金结合

360°镜面配磨：纽京360°镜面配磨技术，通过设定三个方向进行旋转配磨。该技术通过三

轴联动的方式，巧妙地在三维空间内实现了1080°的全方位配磨，从而确保阀球在配磨过程中能够获得均匀且细致的加工效果。确保阀门密封面的圆整度和光洁度达到最高标准。这种处理方式不仅提高了阀球的加工精度和表面质量，还有效延长了阀球的使用寿命，为相关行业的技术进步和性能提升提供了有力的支持。

五面一体加工：阀体与阀盖的加工采用了先进的五面一体加工技术，此项技术使刀具能够在加工过程中实现360°的全角度工作。借助这一技术，我们能够在无需对阀体、阀盖进行二次装夹的情况下，高效地完成五面一体加工工序。这种一体化的加工方式有效避免了因二次装夹可能导致的加工误差，确保了工件加工的高精度和同心度的精准控制，从而提高了整个阀门的性能和可靠性。

4　应用场景

纽京 PDS 阀门以其卓越的耐用性和高效性能，可广泛应用于各类严苛工况中，尤其在高频开关、开关时间短以及粉料结焦等环境下表现尤为出色。该阀门能够满足复杂工业环境中对阀门快速响应、高效运行和长期稳定的严苛要求，为国内工业发展注入了新的活力。

在粉料结焦环境中，纽京 PDS 阀门同样展现了出色的性能。其特殊的无中腔结构和材料选择有效防止了粉料在阀门内部的结焦和堵塞，保证了流体的顺畅流动。这大大降低了因结焦导致的生产中断和设备损坏的风险，提高了整体生产效率。

值得一提的是，纽京 PDS 阀门的频繁开关次数最高可达三年内320万次，并取得德国TUV认证，这一数据充分体现了其卓越的耐用性和稳定性。这一特点使得纽京 PDS 阀门成为那些需要频繁操作、对开关速度有较高要求的工业领域的理想选择。

综上所述，纽京 PDS 阀门国产化项目的成功实施，不仅打破了国外技术垄断，为国内工业发展提供了自主可控的关键设备，也为国内阀门行业的转型升级和技术创新注入了新的动力。

5　项目效果及效益分析

在广东石化有限责任公司全密度装置中应用的国产高频耐磨阀门，由于使用了超强耐磨硬度HRC80以上的金刚石涂层专利技术以及阀内件的特殊设计及装配技术，最大程度的避免了涂层磨损和阀内积料从而影响泄漏量，运行过程中阀门内漏量小，完全能满足工艺对泄漏量的需求，开关过程中阀门动作平顺，开关到位，开关时阀门本身振动很小，开关时噪音极小。此前此处应用的进口高频耐磨阀门，运行4个月后，内漏量很大，开关时阀门本身振动很大，内漏量和阀门稳定运行方面不能满足工艺高负荷平稳生产的需求，经下线拆检发现球体碳化钨涂层磨损很严重，球体基材磨损也较严重，造成了阀门内漏严重。

国产高频阀制造周期相比进口阀门大幅缩减，由1年缩减至3个月，价格成本节约50%以上。装置在运行过程中如果发生阀门内漏，负荷需降低10t/h，更换一台阀门约10h，装置产量降低约100t，降低销售额约75万元，如若频繁发生故障，不利于装置长周期稳定运行，产能大幅降低，影响全公司上下游物料平衡，对全年的销售额及利润影响巨大。高频阀国产化的成功应用，不仅对聚烯烃行业提供了经验和帮助，更是推动了国产化工作的高质量发展。

1#聚丙烯造粒机 PLC 控制系统国产化改造

完成人：李　明　严冠豪　魏光恩　牛建峰　武云云　袁保平　汤玉合　秦凯戈　郭　琪

（中国石化洛阳分公司）

1　项目背景

大型挤压造粒机是石化行业成套设备中的重大关键装备之一，大型挤压造粒机组基本为德国科倍隆、日本制钢所、日本神户制钢所等几家企业所制造；在过去的 30 多年中，石化企业大量应用了这三家公司的挤压造粒设备，并且各家都自带 PLC 控制系统，给后续的维护和升级带来了很大的困难，随着使用年限的增加，控制系统出现各种问题亟待解决：

（1）系统可靠性降低：系统使用时间长，零件陈旧，维护成本高，备件成本高。且挤压造粒机控制系统大多为国外 PLC 控制系统，存在供应商响应不及时、提供支持不足等问题。

（2）维护不便：国外控制系统控制程序加密、PLC 程序互相嵌套，逻辑复杂，软件英文界面，造成操作、维护复杂，故障排查难。

（3）开停车操作复杂：开停车操作流程复杂，部分老旧设备完全靠现场操作盘控制，造成开车成功率降低。

（4）设备的独立 PLC 造成数据孤岛：智能工厂建设中，包设备智能应用难以触及，且高级应用软件与 PLC 交互困难，无法有效的提升装置的自动化、智能化程度。

2　项目总体情况

洛阳石化 1#聚丙烯造粒机为日本制钢所 CMP-230X 型号造粒机，控制系统为日本三菱 PLC 系统，系统 1991 年投用，已使用 32 年，使用时间长，硬件老旧，已到寿命周期。且单 CPU 控制器，CPU、电源、关键信号卡件不冗余，无 SOE 记录。系统模拟量全为盘装仪表，部分联锁为继电器联锁。无操作员站和工程师站不利于系统维护和进行故障判断。无法实现集中监控，且现有控制室离装置设备较近，不利于人员安全。因上述原因，在 2023 年洛阳石化联合中控技术股份有限那公司（后续简称：中控技术）对造粒机控制系统进行了国产化控制系统替换更新，因在石化行业内，没有日钢挤压造粒机控制系统成功实施国产化改造的经验案例，所以在进行改造时，洛阳石化工艺、仪表、设备等各专业部门与中控技术深度结合，对改造控制方案详细推敲，现场调试反复测试，最终成功完成系统国产化改造。

3　技术路线

3.1　硬件方案

原 PLC 系统采用中控技术最新的 OMC 系统替换，项目组根据现场机柜端子布置情况及原有三菱 PLC IO 梳理出 IO 清单与电缆表，根据梳理出的 IO 表进行卡件配置，并根据机柜位置与电缆长度进行端子排布与机柜布置，对机柜进行原拆原建，在设计阶段充分考虑，减少实施阶段的工作量。

原机柜拆除并更新为新系统机柜（图 1）；

将原机柜间的机柜上现场盘操作改为 DCS 操作，现场盘按钮做成画面软按钮（图 2）；

切割机刀片位移、颗粒干燥机速度等非标准信号，DCS 厂家提供 0-10V 输入、频率输入卡件，采集信号进系统，实现上位机画面统一监控。

3.2　软件改造

项目组通过解读三菱 PLC 中的程序，对原控制方案进行充分解读，对比工艺流程，确认控制逻辑，形成控制方案。

图 3 为读出的三菱 PLC 程序。

对可以优化的程序进行优化，形成电子文件资料（图 4），方便存档及作为后续组态依据。

图 1

序号	通道号	描述	旋钮	触点
1	X000	操作方式"手动"	CS01	NO
2	X001	操作方式"自动"		NC
3	X002	自动启动"启动"	PB02A	NO
4	X003	自动启动"停止"	PB02B	NC
5	X004	互锁"断开"	CS03	NO
6	X005	互锁"接通"		NC
7	X006	操作方式"湿"	CS04	NO
8	X007	操作方式"干"		NC
9	X008	混合器电机"启动"	HS_501C	NO
10	X009	混合器电机"停止"		NC
11	X00A	启动电机"启动"	HS_501A	NO
12	X00B	启动电机"停止"		NC
13	X00C	G/P电机"启动"	HS_502	NO
14	X00D	G/P电机"停止"		NC
15	X00E	切割机电机"启动"	HS_504A	NO
16	X00F	切割机电机"停止"		NC

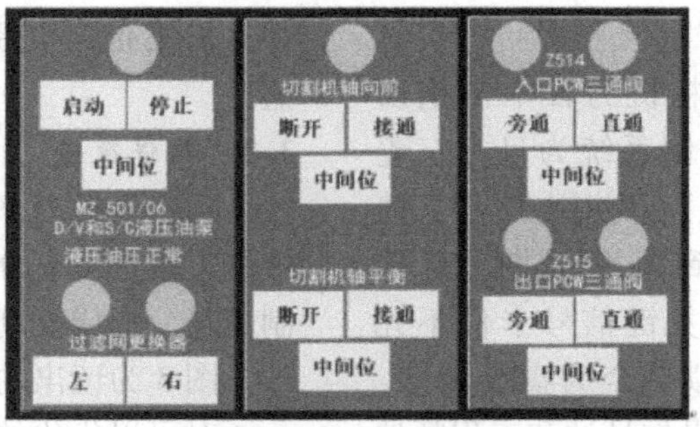

图 2

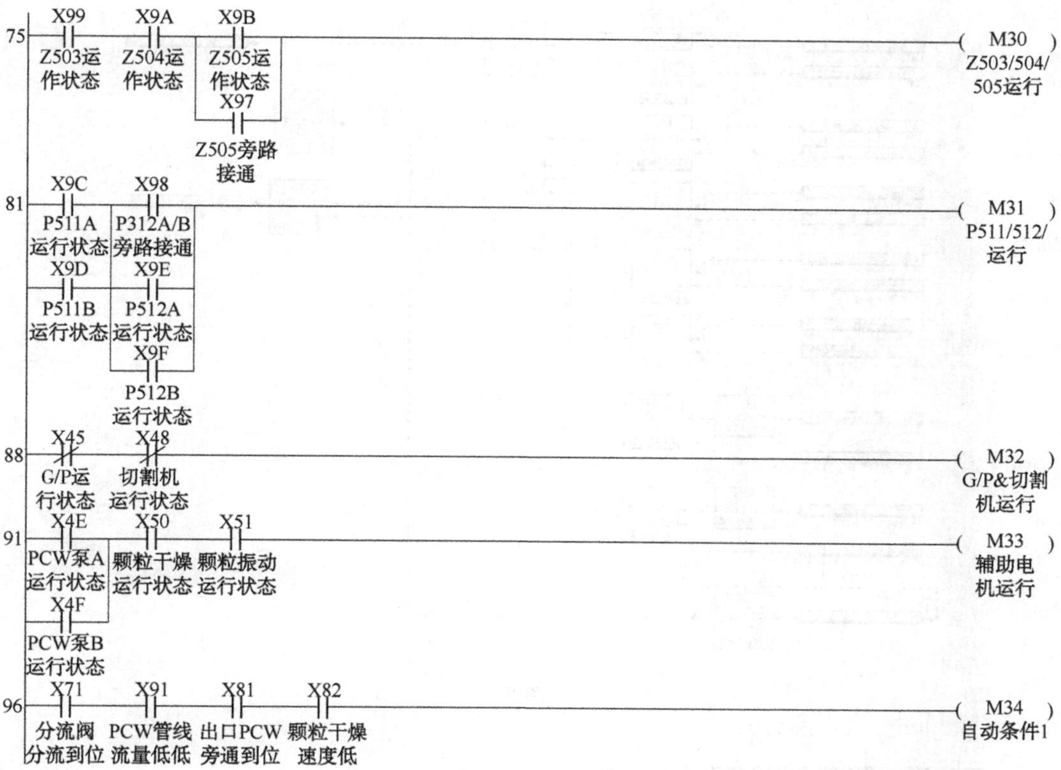

图 3

变量类型	输入变量	位号			逻辑			位号	输出变量	变量类型
开关量中间量	Z503称和电机都运行	XL_Z503_YX. VALUE		AND				BM30. VALUE	Z503/504/Z505运行	开关量中间量
开关量输入	Z504“运行”	XL_Z504. PV	OR							
开关量中间量	Z_505旁路开关“接通”（接通时闭合）	Z_505_PL. VALUE								
开关量输入	Z505“运行”	XL_Z505. PV	OR							
开关量中间量	Z_505旁路开关“接通”（接通时闭合）	Z_505_PL. VALUE								
开关量输入	G/P电机“运行”	XL_501_02. PV	取反	AND				BM32. VALUE	G/P切割机运行	开关量中间量
开关量输入	切割机“运行”	XL_503. PV	取反							
开关量输入	PCW泵（A）“运行”	XL_519A. PV	OR	AND				BM33. VALUE	辅助电机运行	开关量中间量
开关量输入	PCW泵（B）“运行”	XL_521A. PV								
开关量输入	颗粒干燥机“运行”	XL_514A. PV								
开关量输入	颗粒振动筛“运行”	XL_518A. PV								
开关量输入	D/V阀“分流”	ZO_510. PV		AND				BM34. VALUE	自动条件1	开关量中间量
开关量中间量	PCW管线流量“低低”（低低时断开）	FSLL_552. VALUE								
开关量输入	出口PCW三通“旁通”	ZSC_551. PV								
开关量中间量	颗粒干燥器速度“低”（低时断开）	SSL_517. VALUE								
开关量中间量	操作方式切湿	X006. VALUE	AND	OR				BM35. VALUE	自动条件2	开关量中间量
开关量输入	入口PCW三通“直通”	XZO_514. PV								
开关量中间量	操作方式切干	X007. VALUE	AND							
开关量输入	入口PCW三通“旁通”	XZC_514. PV								
开关量输入	颗粒料斗料位“高”	LSH551A. PV	AND	OR				BM36. VALUE	颗粒料仓高	开关量中间量
开关量输入	颗粒料斗料位“高”	LSH551B. PV								
开关量输入	颗粒料斗料位“高”	LSH551A. PV	AND							
开关量输入	颗粒料斗料位“高”	LSH551C. PV								
开关量输入	颗粒料斗料位“高”	LSH551B. PV	AND							
开关量输入	颗粒料斗料位“高”	LSH551C. PV								
自动启动条件										
开关量中间量	Z503/504/Z505运行	BM30. VALUE						BM4C. VALUE	自动启动条件	开关量中间量
开关量输入	混合器电机“运行”	XL_502B. PV								
开关量中间量	G/P切割机运行	BM32. VALUE								
开关量中间量	G/P停机条件	BM20. VALUE	取反							
开关量输入	G/P电机“就绪”	RD_501_02. PV								
开关量中间量	切割机停机条件	BM25. VALUE	取反							

图 4

解读后的程序，通过中控 ECS-700 组态编程实现替换(图 5)：

原 PID 控制器盘装仪表，通过软件控制实现(图 6)。

取消所有模拟量二次表，模拟量直接进系统，在控制系统中进行联锁值判断(图 7)。

硬件延时继电器通过软件定时器来实现(图 8)。

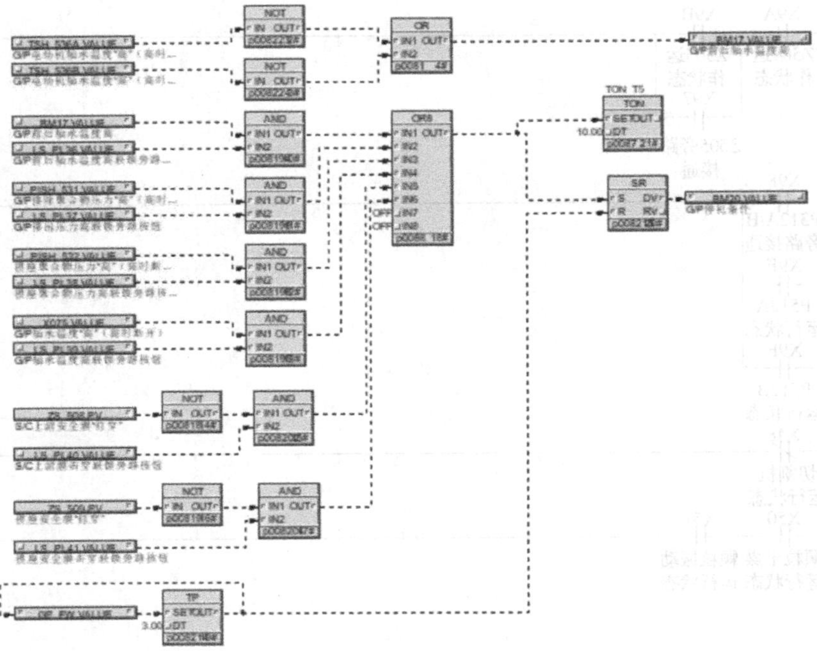

图5

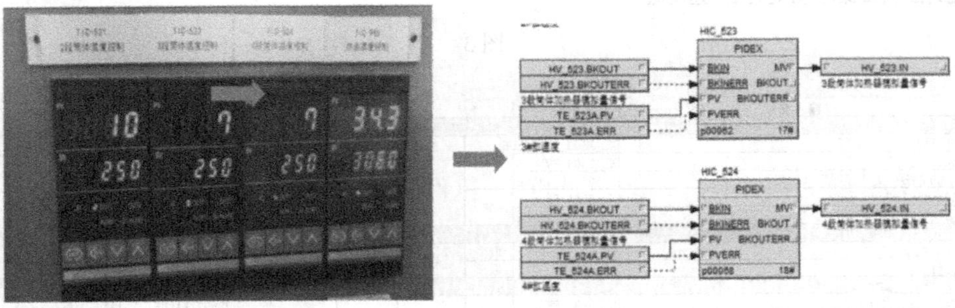

图6

图7

序号	延时继电器编号	描述	输入	延时	输出
1	TX01	自动启动定时器“切割机轴向前接通信号”	Y180 PLC输出	5S	NO触点，进PLC
2	TX02	自动启动定时器“入口PCW三通阀直通信号”	Y181 PLC输出	1.2S	NO触点，进PLC
3	TX03	自动启动定时器“G/P电机启动信号”	Y182 PLC输出	2.5S	NO触点，进PLC
4	TX04	自动启动定时器“分流阀直通信号”	Y183 PLC输出	3S	NO触点，进PLC
5	TX05	自动停止定时器“混合器转矩联节轴打滑”	滑动检测器NC点（滑动时打开）	12S	NO触点，进PLC
6	TX06	自动停止定时器“混合器电机停止信号”	Y185 PLC输出	15.6S	NO触点，进PLC
7	TX07	自动停止定时器“G/P电机停止信号”	Y186 PLC输出	3S	NO触点，进PLC
8	TX08	自动停止定时器“切割机电机停止信号”	Y187 PLC输出	9.6S	NO触点，进PLC
9	TX09	自动停止定时器“入口PCW三通阀旁通信号”	Y188 PLC输出	19.8S	NO触点，进PLC
10	TX10	自动停止定时器“切割机轴向前断开信号”	Y189 PLC输出	1S	NO触点，进PLC
11	TX11	FSLL552延时　（流量低时断开）	报警设定器节点	0.24S	NO触点，进PLC

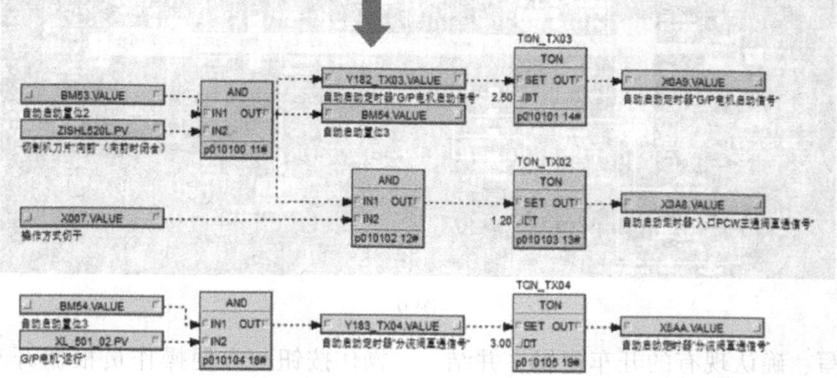

图 8

3.3　改造实施

改造实施阶段与中控技术合作，从项目前期资料梳理到竣工投运，密切配合。

项目实施流程总体分为：现场与设计资料梳理，详细设计，出厂测试，现场调试。

设计资料梳理：梳理现有系统的 IO 排布和布置情况，对比系统和机柜中位号，完成 IO 清单及回路接线表。与中控工程师、工艺专业人员一起对现有控制系统进行程序解读，共同梳理出控制方案，破解全部的逻辑关系，并按照控制设备分类整理，形成纸质文档资料，方便作为后期调试依据及归档。与工艺人员共同确认流程图画面风格及画面划分，使新系统的操作画面更符合操作员的操作习惯。

有些待改造仪表设备年代久远，市面上无法找到合适的替代型号，或者因成本原因无法替换，通常这些设备不是标准的 4~20mA 信号；针对这类设备需要做出识别，要求中控技术配置专用的卡件产品及信号转换模块，将这类信号接入控制系统中。

详细设计：中控技术根据现场梳理出来的设计资料进行机柜设计与组态设计，机柜端子排布尽量保证现有 IO 的接线位置不变，以有利于系统拆除后的恢复工作。

出厂测试：为了保证项目上电后一次成功，在系统出厂前，进行出厂测试。出厂测试将重点对以下内容进行测试：系统配置检查、硬件安装质量、控制系统上电检查；模拟工程应用环境，进行软硬件功能测试、性能测试等。

现场调试：现场设备断电后，线缆逐根拆除，且保留原来线缆上的线标，做到新线标与旧线标同时存在，并以原接线端子为单位做好分组处理，方便新系统接线；在完成现场接线工作后，对装置设备进行现场联调，现场联调的同时完成联锁的调试工作，充分全面的测试造粒机的所有功能，保障装置的正常开车。

同时，根据现场的调试情况，完善项目设计图纸，保证所有设计图纸与现场实际情况一致，便于用户后期维护。

4　亮点

亮点 1：系统替换升级为中控 DCS 系统，并配置 SOE 卡件，快速扫描控制器，实现事件顺序的快速记录，方便对停车故障等问题进行排查。

亮点 2：采用中控 DCS 重新进行组态，DCS 程序清晰易维护，可实时监控程序状态、联锁、故障等问题查找更方便。

亮点 3：与 1#聚丙烯主装置、风送 DCS 并网，实现了操作、监控统一管理，诊断、报警统一管理、组态、权限统一管理，极大的方便了装置的统一操作与设备的统一维护。

亮点 4：根据聚丙烯主装置流程图风格绘制了挤压造粒机流程画面，既保证了操作人员的操作习惯，也不再是操作盘的按钮操作，监控与操作更直观(图 9)。

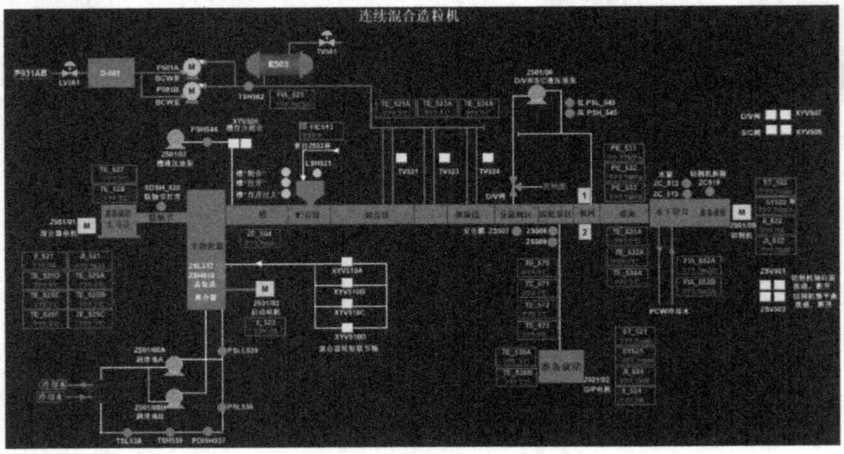

图 9

亮点 5：编写、确认现有的开车逻辑，并结合开车操作规程，形成电子化、规范化的开停车流程。并在流程图画面中按照开车操作顺序放置操作按钮，方便操作员根据开车顺序进行操作(图 10)。

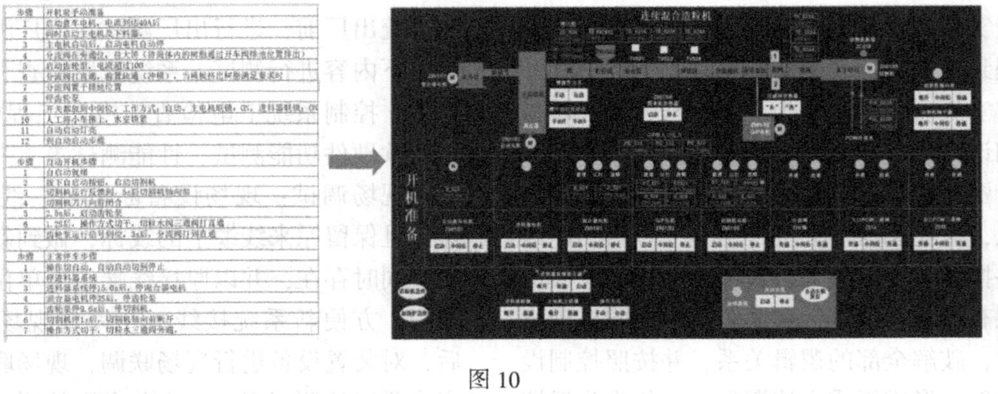

图 10

亮点 6：关键设备启停有专门的启动条件画面和联锁停车画面。并在画面绘制了关键联锁和自动条件的联锁逻辑图，在程序中做了首出报警指示，方便进行问题定位与排查(图 11)。

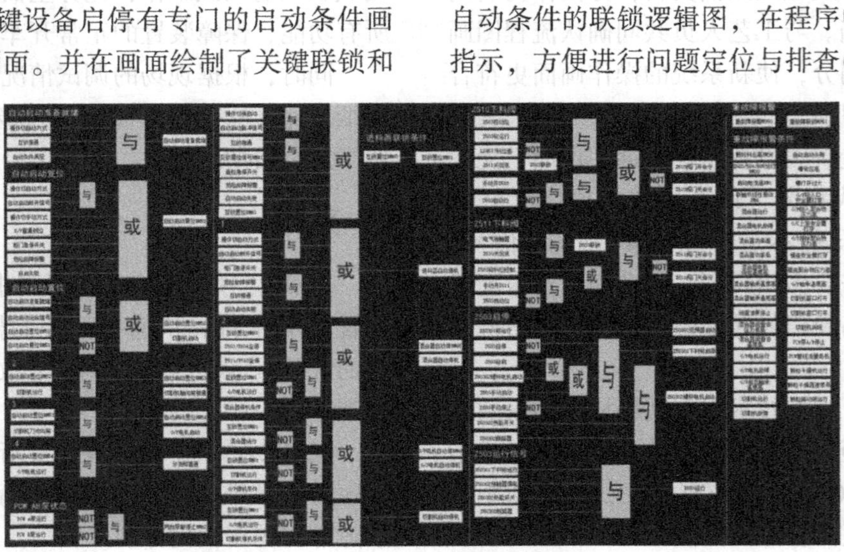

图 11

5　项目效果和效益分析

1#聚丙烯装置挤压造粒机控制系统升级改造后，主要带来如下效益：

（1）提高装置的自动化水平，实现控制更精确，报警更规范，操作人员更易上手。

（2）缩短了故障排查时间，提升维护效率，故障排查时间减少 40%。

（3）系统国产化改造，实现程序自主可控；系统维护、备件成本下降 40%。

（4）开停车等操作、生产自动化可视，减少失误、提升操作效率，降低操作失误率。

6　造粒机智能化改造规划

挤压造粒机控制系统升级改造后，打通了数据链路，更多的智能化应用可以在改造后的系统上展开，通过这些智能化应用，可以减少操作员的操作压力，提升维护人员的维护效率。

6.1　运用操作导航简化操作

挤压造粒开车有大量的操作步骤，包括开车前的手动准备工作以及自动程序步骤，根据挤压机的开车流程，运用操作导航，为操作员提供图像、文字等详细操作指导。在操作流程界面上可以对每个步骤进行展开，直至细化为每个具体的操作(图 12)。

步骤	开机前手动准
1	启动盘车电机，电流到达40A后
2	同时启动主电机及下料器，
3	主电机启动后，启动电机自动停
4	分流阀在旁通位，拉大饼(将筒体内的树脂通过开车阀排地位置排出)
5	启动齿轮泵，电流超过100
6	分流阀打直通，前置疏通(冲模)，当模板挤出树脂满足要求时
7	分流阀置于排地位置
8	停齿轮泵
9	开关都放到中间位，工作方式：自动。主电机联锁：ON。进料器联锁：ON
10	人工将小车推上，水室锁紧
11	自动启动灯亮
12	到自动启动步骤
步骤	自动开机步骤
1	自启动就绪
2	按下自启动按钮，启动切割机
3	切割机运行反馈到，5s后切割机轴向前
4	切割机刀片向前闭合
5	2.5s后，启动齿轮泵
6	1.2s后，操作方式切干，切粒水阀三通阀打直通
7	齿轮泵运行信号到位，3s后，分流阀打到直通

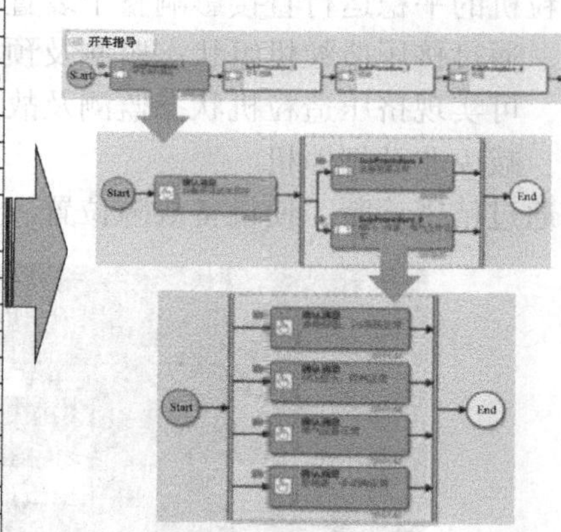

图 12

对挤压造粒机的牌号切换操作，可以在操作导航中设置不同的牌号对应着不同的主机转速、筒体温度、熔融泵转速、切粒水温度。操作员选择相应牌号后，就可以直接调整这些参数(图 13)。

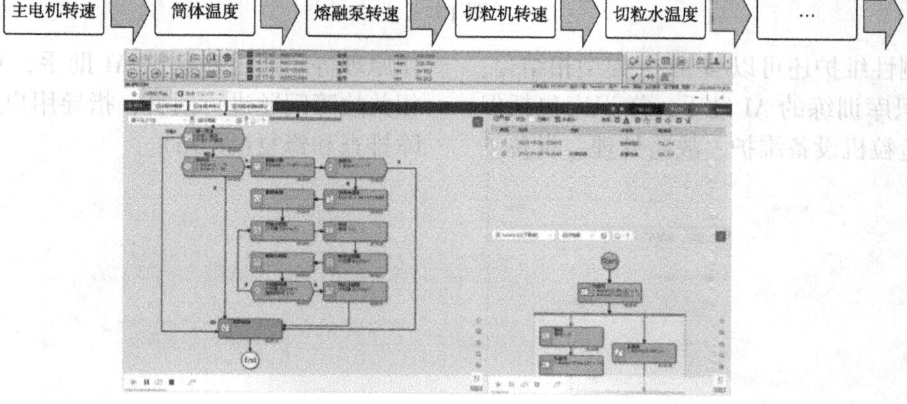

图 13

6.2　控制系统便捷性维护

可通过系统完整性(OMC Integrity)实现系统资产管理、组态变更跟踪定位、仪表回路信号流可视化、电子化管理功能。可对工控系统工程组态进行采集、解析，实现动态台账管理，建立控制系统完整视图进行统一监控。快速检测资产运营存在的安全漏洞、组态缺陷、非法组态变更等问题(图 14)。

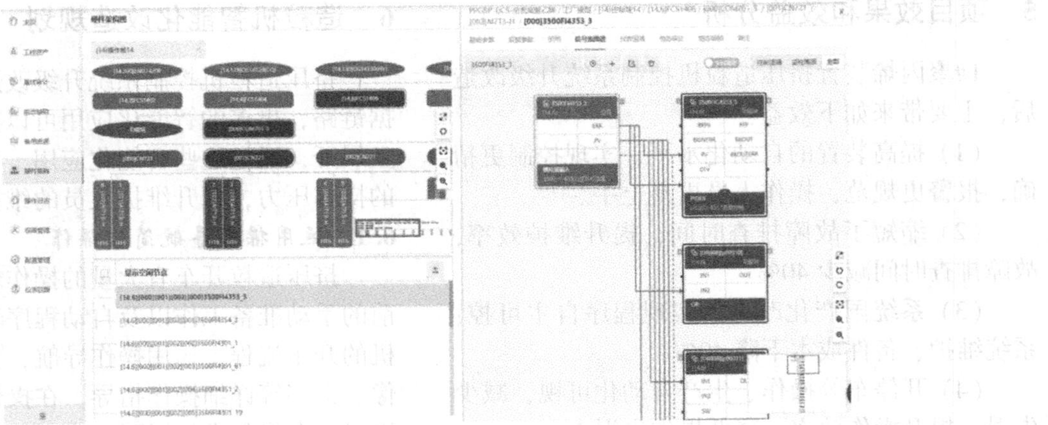

图 14

6.3 挤压造粒机组状态监测及预测性维护

挤压造粒机的平稳运行直接影响整个装置的连续性生产。通过挤压造粒机组状态监测及预测性维护系统，可实现挤压造粒机状态监测及故障预测及诊断，减少非计划停机。

该系统通过精密诊断，使设备故障位置、形成原因一目了然，检修项目确立和设备系统部件的更换具有针对性、方向性；从而实现有针对性地按状态维修，哪里坏了修哪里，而不是大拆大卸，缩短了检修时间，提高检修质量，减少备件储备，提高设备的维修管理水平(图 15)。

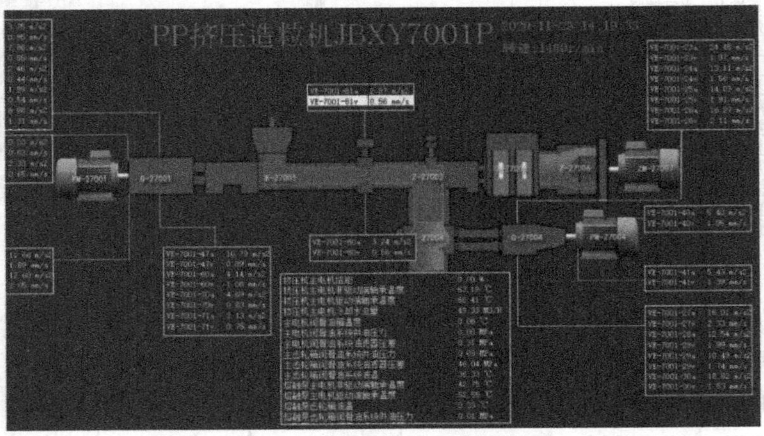

图 15

故障预测性维护还可以与 AI 大模型相结合，提供基于知识库训练的 AI 助手，知识库包括但不限于挤压造粒机设备维护、故障处理、设备工作原理等。通过对话式 AI 助手，对挤压造粒机相关故障问题进行回答，指导用户进一步执行故障排查和修复(图 16)。

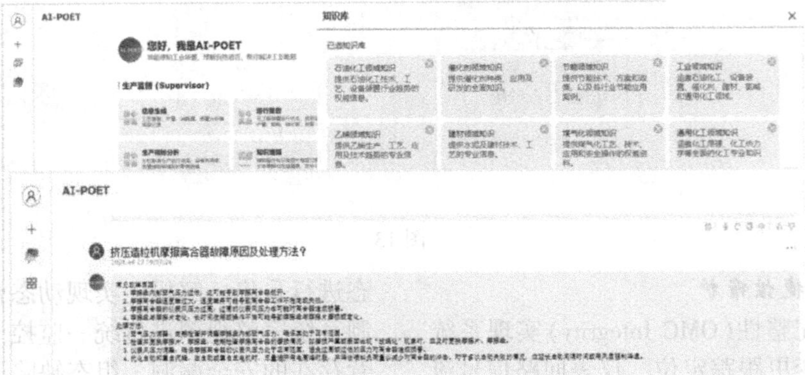

图 16

无刷双馈节能电机在工业企业的应用

完成人：纪　松　蔡永亮　陈　劲　刘晓峰　公维伟　姜　斌　公　正　李　静
（中国石化济南分公司公用工程部）

1　无刷双馈节能电机的项目背景

中国石化济南炼化公司有4座循环水场，正常生产时，第一循环水场运行2台冷水泵、第三循环水场运行3台冷水泵、第四循环水场运行冷水泵3台、第五循环水场运行3台冷水泵，每个循环水场的设计供水能力均大于实际需求量，因冷水泵电机均为高压电机且正常运行都为工频定速运行，无法通过变频方式进行调节水泵流量，为了满足装置生产需求，冷水泵均采用限制阀门开度的方式调节循环水流量，从而导致循环水场电耗和能耗较高。同时，由于冷水泵电机采用直接启动，启动电流较大(一般为额定电流的6~8倍)，在启动时易对电机绝缘造成损害，甚至还会对电网造成严重的冲击，影响电网上其他设备的稳定运行，另外由于冷水泵出口阀门限流，造成机泵长期处于"憋泵"状态，增加了机泵的故障率。无刷双馈交流电机及智能调速系统通过低压变频控制高压电机，小功率调速控制器控制大功率电机，可根据循环水用户的实际工况，通过调整电机转速就能满足用户需求，不仅延长电气设备及水泵、管道等设备的寿命，降低设备的维护费用，还节约了大量的电能。

2　无刷双馈节能电机的总体情况

循环水场冷水泵均使用高电压高功率工频电机，目前存在循环水的系统设计供水能力大于实际需求水量的问题，因此循环水的水量调节需限制冷水泵出口阀门开度，造成了大量电能被浪费，同时，长期限流易导致电气系统出现故障、机泵及阀门出现磨损等问题，无刷双馈交流电机及智能调速系统可以通过低压变频控制高压电机、小功率调速控制器控制大功率电机来调整循环水供水量，该电机采用电网电源和变频电源同时馈电的方式，结构简单可靠，其定子铁芯内一般放置两套不同极对数的独立绕组，通过合理设计的转子来使各自磁场间接耦合，进而实现不同绕组间能量的流动。控制绕组作为电机的交流励磁绕组，可以方便的通过电源进行电压幅值与频率的调节，来实现电机的同步、双馈等不同工作状态的切换。无刷双馈电机功率因数可调，可靠性高，运行时不要求变频器提供全功率，而只要求提供"转差功率"，不仅变频器容量小，也可采用较低的电压。装配了无刷双馈电机冷水泵不仅节约了大量的电能，同时还延长电气设备及水泵、管道等设备的寿命，降低设备的维护费用。

目前交流电机有主要异步电机和同步电机，两种电机具有以下优缺点：采用普通笼形转子结构的异步电机，结构简单、成本低廉、运行可靠，具有较强的过载能力和弱磁控制性能；若采用绕线式转子结构，则可以通过调节转子外串电阻来改善电机的启动性能，并实现串级调速。然而，异步电机无单独的励磁绕组，功率因数较低，在轻载和低速运行状态下难以提高效率，制约了其应用范围。同步电机转速稳定，若采用电励磁结构，功率因数可方便调节；若采用永磁体励磁，则可提高电机功率密度与效率，具有较好的低速性能。然而，同步电机在启动过程中往往需要借助全容量变频装置，成本较高、结构复杂，这在一定程度上限制了它的普及。

3　无刷双馈节能电机技术路线及技术亮点

3.1　技术路线

无刷双馈节能电机取消了普通交流励磁双馈电机中的电刷与滑环，结构简单而坚固，其定子铁芯内一般放置两套不同极对数的独立绕组，分别被定义为功率绕组和控制绕组。它们通过合理设计的转子来使各自磁场间接耦合，进而实现不同绕组间能量的流动。控制绕组作为电机的交流励磁绕组，可以方便的通过电源进行电压幅值与频率的调节，来实现电机的同步、双馈等不同工作状态的切换。当控制绕组自短路连接或串接外电阻，无刷双馈电机将运行于异步状态，这种状态可以很好的弥补普通同步电机难以自行启动的缺陷。无刷双馈电机作为一种交流励磁型电机，其控制绕组与功率绕组中流过的功率共同决定电机的额定功率。在一定的转速范围内，功率绕组将承担绝大多数电机的功率，而控制绕组中只流过小部分功率，与普通双馈电机中转子绕组流过的转差功率类似。因此，无刷双馈电机在交流传动系统中应用，其功率绕组可直接连接工频电网，控制绕组连接低压小功率的变频电源。这样，整个系统的成本将大大缩减，并削弱大容量变频器对电网的谐波污染。同时，无刷化的实现将降低工业事故的发生概率，使得传动系统更为稳定与可靠。在电动状态，可以调整与控制绕组相连接的变频电源的频率、幅值与相位来调节电机的转速和功率绕组的功率因数，在实现变速驱动的同时可随时根据电网负载特性进行感性和容性的切换，以维持电网稳定。

3.2　技术亮点

（1）无刷双馈电机是一种新型交流感应电机，它兼有异步电机和同步电机的共同优点，通过可调节的转速和功率因数提高了电机的能力，降低了线路损耗和无功功率补偿装置的投入。

（2）该电机通过变频器的功率远远小于电机功率，低压变频器为电机的控制绕组提供“转差功率”实现对高压电机的控制，例如 1000kW/10kV 的高压电机只需用 250kW/380V 左右的低压变频器即可，大大减少了所需的功率模块数量，所以变频器的体积较小，降低了设备成本。

（3）无刷双馈电机只有小部分电能需要处理，因而谐波对电网造成污染很小、系统效率>94%高于普通电动机，加上无刷双馈电动机调速系统自耗电相比全功率变频器少 60%左右，因此节能效果十分明显。

（4）该电机的运行转速仅与功率绕组和控制绕组的频率及相序有关，而与负载转矩无关，且该电机采用定子磁场和定向矢量控制，可以快速控制电机输出扭矩和转速，具有良好动态性能，因此能满足不同工况运行要求。

（5）无刷双馈是低压双核智能模块化设计，系统为可平滑切换的冗余型调速模式，当系统发生故障时，能自动更换模块，使电机在原状态下继续运行，而鼠笼式感应电机、绕线式感应电机、双馈电机等只能切换到工频高速运行。

（6）无刷双馈交流电机实现了交流电机的无刷化，取消了滑环和电刷、结构上更加安全可靠，降低了运行维护费用。

4　无刷双馈节能电机应用场景及项目效果

4.1　单台设备节能效果

对 4 台冷水泵改造前与改造后的电机功率进行测算，计算功率如表 1 所示。

表 1

序号	位置	改造前电机功率/kW	改造后电机功率/kW	差值/kW
1	一循	486.35	245.51	240.84
2	三循	364.76	248.19	116.57
3	四循	483.07	455.03	28.04
4	五循	626.64	403.63	223.01
合计		1960.81	1352.37	608.44

4.2　循环水系统节能效果

济南炼化公司有 4 个循环水场，除一循设置操作人员外，其余三个循环水场已经实现无人值守，通过对冷水泵进行无刷双馈电机改造，操作人员可以根据生产需要远程调整冷水泵运行状态，实现对电耗的动态管理，当生产装置用水量降低时，操作人员可根据水量和压力变化降低无刷双馈电机的变频，降低电机能耗。2022 年，各循环水场利用无刷双馈电机的变频调节对整个系统进行节能调整，效果较为显著。

2022 年二季度，三循通过系统调整优化，小时电耗由 2021 年的 2122kW 降至 1686kW，小时节电 436kW；四循通过运行无刷双馈变频电机机泵，优化冷水泵运行数量，停运了两台工频机泵，小时耗电量由 2021 年的 1552kW 降低至 1091kW，小时节电 461kW；五循在通过优化调整，小时耗电量由 2021 年的 1923kW 降低至 1689kW，小时节电 234kW。

2022 年，循环水场冷水泵更换无刷双馈节能电机后，通过系统优化及合理运行各循环水场机泵数量，循环水系统年度节电 511.09×10^4kW·h，节标煤量 1584.38t，减少 CO_2 排放量 4813.96t。

除节能效果较为显著外，使用无刷双馈变频电机的冷水泵出入口在运行时全部开启，减少机泵出口出现“憋压”情况，降低了冷水泵的故障率，同时减少了对机泵出口调节阀门的冲蚀，在延长动设备和电气设备使用寿命方面也起到较为积极的作用。

30万吨/年聚丙烯装置挤压造粒机组国产化应用

完成人：张旭亮　王首宝　李家鹏　蒲　君　黄映峰
（中海石油宁波大榭石化有限公司）

1　项目背景

中海石油宁波大榭石化有限公司新建的30万吨/年聚丙烯装置，填补了海油炼化板块聚丙烯连续生产法应用空白，推动中国海油形成聚烯烃产品方面的规模效应。大型挤压造粒机组是该装置的关键设备，通过机组对PP粉料进行混炼、塑化、挤出、切粒、分离干燥，最终加工成规则的颗粒制品。

1.1　国内大型聚丙烯装置的挤压造粒机以进口为主

国内大型聚丙烯装置（超过3.0×10^5t/a万吨）的挤压造粒机以进口为主，主要被德国科倍隆（W&P）、日本制钢所（JSW）、神户制钢所三家公司垄断，其中科倍隆和JSW占有全世界80%以上市场。进口机价格昂贵、售后服务不及时，备品备件价格高，且制造周期长，影响大榭石化项目的建设投产时间。

1.2　国产的30万吨/年挤压造粒机处于空白

目前国内10万吨~20万吨/年聚丙烯挤压造粒机组，技术成熟，性能稳定，应用业绩较多，石家庄炼化、茂名石化等石化企业，其20万吨/年聚丙烯挤压造粒机组运行平稳。但30万吨/年规模国产化聚丙烯挤压造粒机组，国内尚无运行业绩。

2　总体情况

大榭石化响应中国海油集团“三新三化”发展战略，积极推动核心设备国产化，拥有多次“第一个吃螃蟹”的经验，自三期项目以来，实现了国内最大的DCC装置工艺和核心设备国产化、DCS控制系统全系列国产化、3000m^{3}丙烯丙烷球罐钢板国产化、蜡油加氢高压注水泵国产化等多项耀眼成绩，有一批敢于决策、技术过硬、技能娴熟的人才队伍。

大连橡胶塑料机械有限公司（DXS）作为研制出90多项首台套大型挤压造粒机组的我国橡塑机械发展的摇篮，积极响应国家重大装备国产化号召，是目前国内唯一、全球第四家大型挤压造粒机组的制造商。其产品质量和性能得到业内等用户认可，具备较强的研制能力。

鉴于以上情况，大榭石化同大连橡胶塑料机械有限公司（DXS）开展30万吨/年聚丙烯挤压造粒机组国产化的研制，打破国外厂家在30万吨/年聚丙烯挤压造粒机组上的行业垄断，最终完全掌握大型挤压造粒机组的设计、制造、安装调试、运行等全套核心技术，为海油该类设备国产化和稳定运行提供“大榭方案”。

3　技术路线和技术亮点

为充分了解国产挤压造粒机组的研制、运行情况，大榭石化项目组先后赴中科炼化等3家单位实地调研。考察到大连橡胶塑料机械有限公司大型挤压造粒机总共有12套业绩，其中已应用的业绩7套，正在安装的业绩5套。装置规模从7万吨/年至35万吨/年均有涵盖，特别是甘肃华亭20万吨/年聚丙烯装置，其工艺与大榭石化一样，均为Novolen工艺，其使用经验及运行性能，均对大榭石化挤压机有借鉴作用且大橡塑挤压机已得到专利商Novolen的认可。

通过调研和业绩评审，大榭石化对挤压机螺杆的制造要点、现场安装等有了更加全面的认识，也更坚定了国产化的信心。

大榭石化与专利商Novolen和大橡塑多次沟通，在科学评估的基础上，确定了“同向双螺杆+齿轮泵”的机组配置型式，签订技术协议，明确了技术参数要求，对主电机、减速器、齿轮泵等重要部件配置提出了明确的要求。

1）设计制造

根据大榭石化要求的机组性能指标，大橡塑

厂家应用工程化实验、数值模拟计算等手段，完成机组的设计和制造。

（1）应用计算机数值计算技术，工艺性试验、理论计算及模拟仿真分析，为机组构型确定及设计提供依据(图 1、图 2)。

图 1

图 2

（2）攻克细长螺杆花键芯轴、双通道机筒、超高扭矩大型减速器、熔体齿轮泵壳体、熔体齿轮泵转子等关键零件加工、表面强化以及热处理技术方面的难点；

（3）研究水下切粒机的切粒水室、切刀、刀盘的力学结构、刀轴移动和调节及水下切粒装置联动控制技术，分析切粒机运行过程中的系统力学模型，研制大型挤压造粒机模板和水下切粒装置；

（4）研制大型挤压造粒机组检测和控制系统，实现远程在线监控及机组智能控制。

2）安装调试

在大榭石化 30 万吨/年聚丙烯装置的建设工期计划内，按时完成核心设备挤压造粒机组的安装、调试，严格保证质量，达到装置开工条件(图 3、图 4)。

在机组安装过程中，大榭石化按照网络计划和质量控制点，专人负责，一丝不苟的检查、记录安装数据，对重要参数进行复核。大榭石化高度重视机组的投料试车，为确保一次成功，成立了公司级的试车组织机构，调动了工程、设备、设计、制造厂、运行部等各方力量，前期编制并培训了试运方案、制定了开机条件确认表、试车步骤销项卡等技术文件，对参与试车人员多次培训，确保梳理掌握操作规程和运行指标，掌握试车过程中异常情况的应急处置方法。

图 3

图 4

2022 年 7 月 19 日，国产挤压造粒机一次开车成功，大榭石化用精湛的操作，创造了两项同行业纪录，这两项数据在国内同行业里是绝无仅有的成绩。

一是历时最短，从垫料到开车成功产出合格聚丙烯粒料，仅用时 4 天。

二是试车过程产生的废料最少，仅 11 吨。

3）长周期运行

通过大榭石化自主操作运行，整体技术指标达到或优于设计要求，掌握开、停机，故障处理等操作方法，实现长周期稳定稳定。

2022 年 10 月至 2024 年 7 月，面对试运行阶段出现的各种问题，大榭石化不断摸索经验，持续改进优化，攻克了近 30 起技术难关，解决了挤压机存在的各类问题，掌握了故障处理、检维修技术，积累了丰富的经验。

4 应用场景

各种工艺路线的30万吨/聚丙烯装置的造粒系统均可应用。

5 项目效果和效益分析

5.1 项目效果

国产化挤压造粒机组达到性能指标：

(1) 生产能力

熔体流动速率为2~150g/10min(2.16kg，230℃)时，生产能力达到47t/h；

熔体流动速率为0.3~0.9g/10min(2.16kg，230℃)时，生产能力达到38.5t/h。

(2) 机组考核期间（6个月)连续运行时间≥4000h。

单机试运期间，正常负荷37.5 t/h，极限负荷47t/h，主电机、挤压机及各辅助系统均运行正常，挤压机一次开车成功。性能考核期内，2023年2月1日至7月31日，挤压机平稳运行约4000小时，生产粒料12万吨。所有考核指标均达到目标。

5.2 效益分析

(1) 经济效益

表1　挤压造粒机进口与国产化对比

项目	国产	进口
配置	高配，含齿轮泵	低配，不含齿轮泵
报价	××××万	××××万
交货期	16月	19.6月
现场服务费用	免费	1000欧元/天
现场服务时间	随时	提前一月预约

如表1所示，对比进口机组，通过国产化，费用降低14.2%，交货期缩短了3.6个月，并且国产机组还配置齿轮泵，省减了齿轮泵的额外投资。该机组的制造、安装、调试均处于国内疫情严格管控期间，若采用进口方案，外方人员到场会受到较大限制，需要至少提前一个月以上预约，且我方需承担其来华以后疫情隔离期间的费用。

国产化机组在价格、配置、交货期、服务响应等方面具备明显优势。

(2) 社会效益

大榭石化完全掌握了该机组的长周期运行、维护技术，填补国内30万吨/年大型聚丙烯挤压造粒机组空白的，为海油乃至业内提供了又一成功国产化的范本。

国内大型离心三级蒸汽压缩机升压技术首次应用

完成人：马智超
（中海油惠州石化运行九部　中海油惠州石化设备中心）

1　项目背景

本项目150万吨/年芳烃联合装置属于炼化企业中的一套大型联合化工装置，包括芳烃抽提、歧化及烷基转移、吸附分离、异构化、二甲苯分馏装置及配套公用工程设施。由于芳烃联合装置五套主体工艺装置流程高度关联，装置内各精馏塔之间高度热联合、热集中，且由于芳烃联合装置自身的工艺特性决定了整个装置循环量特别大，造成设备大型化，各精馏塔负荷非常高，而对于行业内目前传统的常压塔来说，由于压力低、温位低、塔顶低温余热回收困难，因此大量低温热没有做好回收利用，因此导致芳烃联合装置是炼化企业中的能耗大户。

高能耗是芳烃联合装置的典型特点，能耗的高低直接决定了装置的竞争力。传统的芳烃联合装置由于工艺技术的限制，其低温热源没有充分的利用，多为简单产生低低压饱和蒸汽输送到公司管网，但是大部分炼油装置低低压饱和蒸汽都存在过剩，此部分蒸汽基本只能作为伴热使用，同时饱和蒸汽长距离输送要面临冷凝损失大的问题，大部分都需再次进行过热，也会消耗一部分热量，故此部分低温余热产蒸汽的方案实际利用率和利用价值都不高。

本项目目前在炼油行业内首次引入大型蒸汽离心压缩机升压技术，通过蒸汽压缩将装置内自产106t/h的0.62MPa(g)饱和蒸汽，升压至1.8MPa(g)，供装置内高温位需求用户和芳烃抽提装置使用，仅消耗少量电能，就实现了低低压蒸汽热能的升级利用，减少了低低压蒸汽过热环节和长距离输送的损失，提高对低温热的利用率和利用价值。

2　总体情况

本项目蒸汽压缩机是将低温余热转化为高温热能，从而提高能源的有效利用率。目前蒸汽压缩技术在理论上相当成熟，且在制药、海水淡化、制盐等工业中广泛应用，在石油化工行业涉足较浅。该技术是一种经济的能量集成技术，可以减少一次能源的浪费，避免抽余液塔顶大量气相被空冷器冷却，无法高效利用。

本项目抽余液塔顶产的低低压蒸汽通过压缩机叶轮的旋转作用使入口的低低压蒸汽获得能量，提高出口蒸汽的压力，使低低压蒸汽的温度和压力均上升，蒸汽焓值也随之增高。将温度和压力升高的蒸汽用于装置内需求用户。仅消耗少量电能，实现了低低压蒸汽热能的升级利用。

本项目采用蒸汽升压方案，在设计初已经考虑好了装置关联使用用户，产生的蒸汽完全由内部消耗，减少输送过程中的损失，真正做到高效率利用。蒸汽压缩机设计选型采用三级压缩，在一级压缩出口和循环返回线设置了级间注水，防止温升过大，导致过大的热膨胀。蒸汽经压缩机三级压缩后在效能的转换方面转换效率可达到96%以上，按照70430 kg/h，蒸汽量计算蒸汽压缩机能量转换效率计算见表1。

表1　蒸汽压缩机利用效率计算数据表

电能消耗											
轴功率(含机械损失)：6158kW											
蒸汽增压											
一级入口		一级出口		二级入口		二级出口		三级入口		三级出口	
压力	0.62	压力	0.96	压力	0.94	压力	1.37	压力	1.37	压力	1.9
温度	164	温度	224.4	温度	197.4	温度	243.1	温度	243.1	温度	288.3
焓值	2765.5	焓值	2882.1	焓值	2818	焓值	2909	焓值	2908	焓值	2997

注释：表中温度单位为：℃；表中压力单位为：MPa(A)；表中焓值为对应压力和温度下蒸汽的焓值，其单位为：kJ/kg。

3　技术路线和技术亮点

芳烃联合装置对蒸汽的稳定性尤其重要，1.8MPa管网蒸汽为自产自用，一旦蒸汽压缩机故障将会导致管网蒸汽中断，导致抽提单元和高温需求用户都将因蒸汽中断导致停工，进而影响整个芳烃联合装置的物料和热量平衡，导致芳烃联合装置被迫停工。因此，蒸汽压缩机是整个装置的能量输送心脏。

(1) 国内炼油行业首次引入蒸汽压缩机升压技术

在炼油行业内首次引入蒸汽压缩机升压技术，利用蒸汽压缩技术将装置内自产多余的0.62MPa(g)升压至1.8MPa(g)用于装置内高温位需求用户和芳烃抽提装置，减少3.5MPa(g)减温减压能耗的损失。如图1所示(备注：红色方框为蒸汽压缩机入口蒸汽来源；绿色方框为蒸汽压缩机出口高温蒸汽需求用户；黄色圆圈为蒸汽压缩机)。

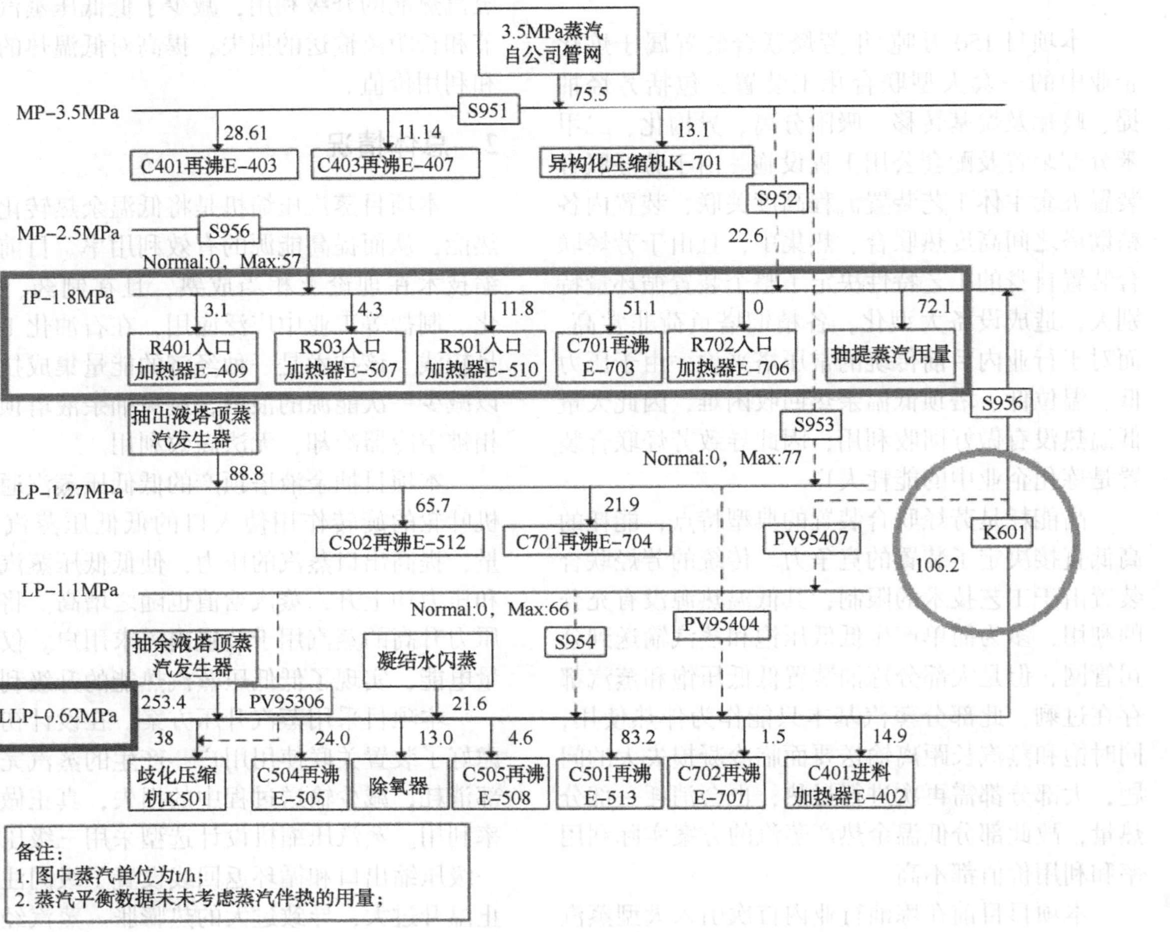

图1　芳烃联合装置蒸汽管网示意图

(2) 两开一备，保证"核心"稳定

在设计前期经过充分调研并分析可能存在的情况，优化压缩机设置方案为两开一备。两台机组采取并联运行，降低了入口蒸汽流量以符合蒸汽压缩机的选型要求，且两台压缩机同时出现机械故障的概率非常小，单台压缩故障管网中蒸汽减少量小，在蒸汽管网设计时已充分考虑了一台压缩机故障的应急工况，分别设置公司管网3.5MPa(g)蒸汽管网和2.5MPa(g)蒸汽管网两路汽源作为应急手段，一旦单台压缩故障可通过公司高等级管网减温减压后补入1.8MPa(g)蒸汽管网避免装置因此造成停工，极大地增加了运行稳定性。

(3) 备用机组可以平稳无扰动切机

芳烃联合装置配置有3台离心压缩机组，每台机组由6800kW主电动机驱动，采用三级压缩的整体齿轮离心式压缩机，运行方式为两开一备，并联运行。当一台压缩机组出现故障需要停机维护时，可以平稳实现机组无扰动切机。该机组设置有防喘振线，并在压缩机一级出口和防喘振线设置级间冷却注水方式，保证了机组在开机时可以实现自循环运行，待出口压力调整到并网压力时，实现自动无扰动并网(图 2)。

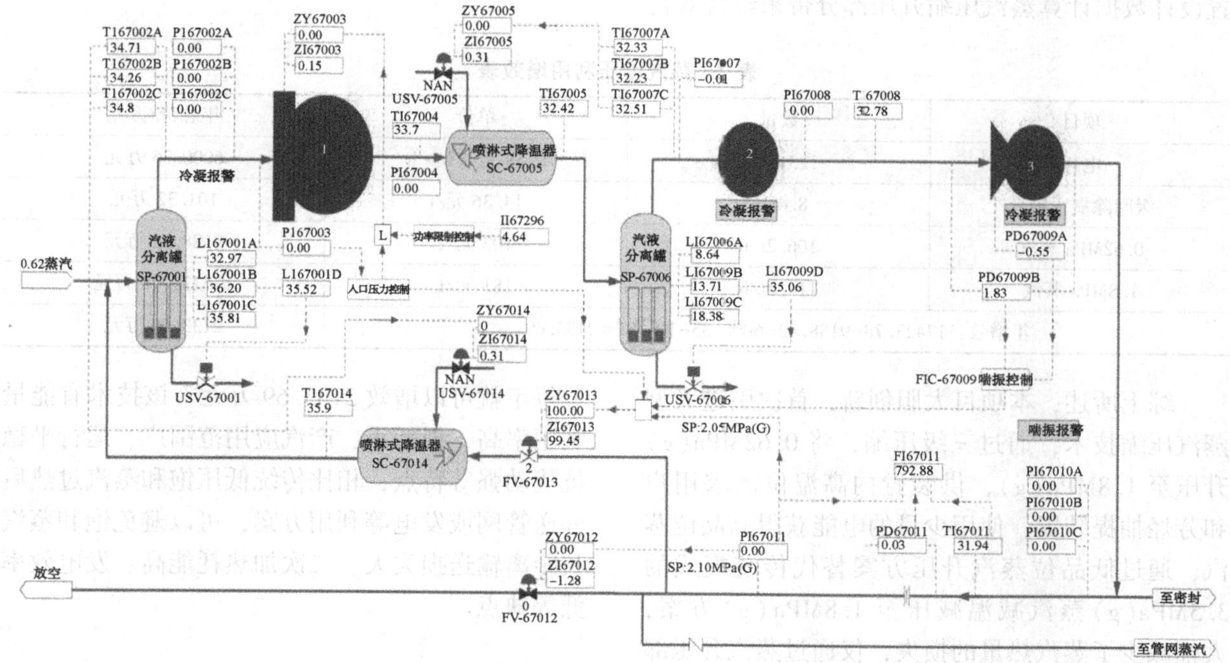

图 2　蒸汽压缩机流程示意图

（4）电力系统分段设置和运行方式优化配置

由于机组采用高压电动机驱动，且运行功率非常大，因此在设计时，已将 A 机布置在一条 220kV 电力线路，另外 BC 两台机组布置另一条 220kV 电力线路；同时在生产运行时，优化运行配置，采取 A+B 或 A+C 两台机组的运行模式，避免因电力系统线路故障或天灾人祸的意外情况导致两台机组同时停机，从而使得装置能量断链而停工，优化运行模式后保证了装置的平稳性，减少意外波动。

4　应用场景

本项目芳烃联合装置于 2023 年 6 月一次开车成功，目前装置生产稳定。3 台蒸汽压缩机均经过开停机操作，当机组需要切机进行维护时，也能实现无扰动切换，目前运行效果平稳，最长运行记录已达到 7362 小时。

目前，本项目大型三级蒸汽压缩机升压技术在国内炼油行业尚属首例，其技术优势明显，可靠性高，同时可以满足装置工艺要求，大大降低装置能耗。当下国内装备制造趋于大型化，能量需求越来越大，炼油化工装置对于能耗指标、节能降耗环保要求也随之越来越高，该技术可以将低品位废蒸汽提升到高品位蒸汽，变废为宝，节约能源并能创造巨大的经济效益，有效避免了各类中低温余热直排环境造成的浪费，有效减少高品位热源使用，同时其内部循环利用，较直接购买高品位蒸汽相比，该技术的稳定性高、回报率快、降低能耗的潜力广阔，为炼油化工装置中的低温热利用打开了一种解决思路和新方向，尤其适用于各种低压蒸汽、乏汽以及蒸汽凝液等中低温余热的场合，对生产稳定、节能降耗要求较高的炼油、化工、钢铁、电力等行业均可推广，从而实现显著的节能降碳效果。

5　项目效果和效益分析

（1）项目效果

本项目通过抽余液塔顶蒸汽发生器自产的 0.62MPa 蒸汽约 106t/h，利用 2 台蒸汽压缩机升压技术压缩至 1.8MPa，实现装置内低温热量的高效、充分利用。

同时采用两开一备的方案，保证在装置生产运行过程中，其中 1 台机组出现运行故障的同时，能快速实现机组切换，保证机组及装置的平稳运行，同时高质量完成备用机组的预防性检维修。

（2）效益分析

本项目蒸汽压缩升压方案虽增加了压缩机驱

动电耗、级间除氧水消耗，但产出端多出了1.8MPa(g)的蒸汽，以150万吨/年芳烃联合装置设计数据计算蒸汽压缩升压部分带来经济效益计算如表2所示，仅通过蒸汽升压部分每年就可以增效约2133.69万元。

表2　蒸汽增压利用增效表

项目	数量	单价	年总价/万元
电耗	12316kW	0.58元/kW·h	6000.35万元
级间除氧水消耗	8.4t/h	14.36元/t	101.32万元
0.62MPa蒸汽	106.2t/h	103元/t	9188.42万元
1.8MPa蒸汽	114.6t/h	181元/t	17423，78万元
年增效：17423.78−9188.42−6000.35−101.32＝2133.69			2133.69万元

综上所述，本项目大胆创新，首次引进大型蒸汽压缩技术，通过三级压缩，将0.62MPa(g)升压至1.8MPa(g)，供装置内高温位需求用户和芳烃抽提装置，使用少量的电能获得高品位蒸汽，通过低品位蒸汽升压方案替代传统模式的3.5MPa(g)蒸汽减温减压至1.8MPa(g)方案，大幅减少了蒸汽热量的损失，仅通过蒸汽升压部分每年就可以增效2133.69万元。该技术有能量利用率高、损耗小、产汽应用范围广、运行平稳抗扰动强等特点，相比传统低压饱和蒸汽过热后外送管网或发电等利用方案，可以避免饱和蒸汽长距离输送损失大、二次加热耗能高、发电效率低等缺点。

超纯铁素体不锈钢在石化设备的应用

完成人：李春树　刘景明　陈　勇　姚连仲　陈　玺　王　乐
位卫卫　刘正来　王杜娟　刘春辉　王冰洁　高丽岩
［中石化（天津）石油化工有限公司装备研究院］

1　项目背景

随着工业化进程的加速，水资源短缺问题日益凸显。天津作为沿海地区，拥有丰富的海水资源，通过海水淡化技术将海水转化为淡水，成为解决水资源短缺的重要途径。天津石化积极响应国家节约水资源、发展循环经济的号召，充分利用淡化海水等非常规水资源用作循环冷却水，实现了水资源的有效利用。

然而使用高含氯的水质作为循环冷却水补充水时，当循环水流速比较低，氯离子产生聚集时，使用碳钢材质水冷器会造成严重的均匀腐蚀导致经常泄漏，使用300系列奥氏体不锈钢材质常因应力腐蚀开裂产生泄漏，严重的会导致非计划停车。为了避免和减少腐蚀泄漏，有必要寻找一种既耐局部腐蚀又耐均匀腐蚀的材质来制造水冷器，它不仅可以替代腐蚀严重的碳钢水冷器，还可以替代易产生应力腐蚀开裂的300系列奥氏体不锈钢水冷器。

超纯铁素体不锈钢，具有优异的耐氯离子应力腐蚀开裂的能力，能够用于苛刻的腐蚀环境。同时其价格显著低于镍基合金和钛材等耐腐蚀材料。用于水冷器的含氯水腐蚀环境，性价比优于奥氏体不锈钢。S11972/444是一种超低碳氮、含18%铬与2%钼、高耐蚀的超纯铁素体不锈钢。超低的碳氮含量，既提高了材料的塑性和韧性，也增强了耐蚀性。尤其增加了1.75%～2.5%的Mo，大大提高了耐氯离子腐蚀性能。稳定化元素Nb和Ti，改善了可焊接性，避免焊后晶间腐蚀。

发达国家已经把超纯铁素体不锈钢换热器普遍用于炼油、化工、以及污水处理等装置中。但是受限于国内的供需关系、技术配套状态、设计制造水平等因素，国内较少使用铁素体不锈钢制造换热器。

随着国炼钢技术工艺的进步，超纯铁素体不锈钢产品已经投放市场，制管技术和装备不弱于国外，能够满足超纯铁素体不锈钢换热管生产。

2　总体情况

为了解决水冷器腐蚀问题，天津石化于2015年申请中国石化集团公司科技部《经济型耐腐蚀水冷器开发应用》项目。

项目通过筛选不同材料分别进行抗应力腐蚀开裂、点蚀实验、晶间腐蚀及旋转挂片腐蚀实验等试验，从中筛选出一种既耐均匀腐蚀又耐局部腐蚀的材料——019Cr19Mo2NbTi（以下简称S11972/444）超纯铁素体不锈钢材料。

通过对超纯铁素体不锈钢焊接性研究、铁素体不锈钢的焊接工艺评定、热处理对铁素体材料性能影响研究以及管板与换热管焊接工艺研发等工作掌握了超纯铁素体制造加工、检测重点控制内容以及控制焊接质量的措施。

通过全方位攻关，保证换热器整体制造质量，成功制造超纯铁素体不锈钢制换热器，并规范了超纯铁素体不锈钢设备制造、检验要求，为制造类似产品提供了质量保证。基于此项目研究成果，2017年至2023年间，天津石化在炼油部、化工部、南港乙烯项目先后制造完成21台超纯铁素体不锈钢换热器。

为了进一步推进超纯铁素体在石化设备中的成果转化应用，从材料性能特点及优势、原材料生产工艺把控、换热设备设计及制造质量保障、应用效果跟踪等全流程开展了大量工作，形成超纯铁素体制换热器设计、制造及质量控制成套技术。

3　技术路线和技术亮点

3.1　技术路线

首先调研和了解超纯铁素体不锈钢材料性能

特点及优势；

结合天津石化设备存在的腐蚀问题，对超纯铁素体不锈钢应用场景进行可行性研究；

通过包括腐蚀试验在内的材料性能试验对材料性能进行深入的了解；

通过焊接性研究、热处理对铁素体材料性能影响及焊接工艺优化等研究掌握超纯铁素体制造加工、检测重点控制内容；

全方位攻关，保证换热器整体制造质量，成功制造超纯铁素体不锈钢制换热器；

形成超纯铁素体制换热器设计、制造及质量控制成套技术；

超纯铁素体不锈钢制换热器应用情况跟踪，确定应用效果。

3.2　技术亮点

（1）采用超纯铁素体不锈钢解决高含氯介质的腐蚀难题；

（2）全方位攻关，保证超纯铁素体不锈钢换热器整体制造质量；

（3）形成超纯铁素体制换热器设计、制造及质量控制成套技术。

4　应用场景

超纯铁素体不锈钢具有优异的耐氯离子腐蚀能力、高性价比，目前超纯铁素体不锈钢主要应用于换热器领域。使用超纯铁素体制换热器在保证设备清洁度和可靠性的前提下降低含氯环境设备造价。

由于超纯铁素体不锈钢具有多项优良的材料特性，在多个领域展现出显著的应用优势。在高端化工领域，超纯铁素体不锈钢正逐渐崭露头角，成为替代传统不锈钢材料的新选择。特别是在水冷器的应用上，超纯铁素体不锈钢以其卓越的性能，成为理想的替代材料。在乙烯装置等高端化工装置中，原本由于技术条件限制而未能采用超纯铁素体不锈钢的换热器和水冷器，如今正逐步采用这种新材料，以提高设备的性能和效率。

此外，在废水处理和碱中和装置中，超纯铁素体不锈钢也展现出了其独特的优势。它能够替代传统的高牌号奥氏体不锈钢，提供更高的耐腐蚀性和更长的使用寿命，从而降低了设备的维护和更换成本。

对于含氯物料的管线和内件，超纯铁素体不锈钢同样表现出了出色的适应性。它能够抵抗氯离子的侵蚀，确保管线和内件的长期稳定运行，为装置生产提供了可靠的保障。

综上所述，超纯铁素体不锈钢不仅能够替代传统不锈钢材料，提高设备的性能和效率，还能够降低维护成本，延长使用寿命，为石油化工生产的可持续发展提供了有力的支持。

5　项目效果和效益分析

5.1　项目效果

天津石化共完成制造21台超纯铁素体不锈钢换热器，正在使用的共六台，2017年项目研究成果首次应用于天津石化1#加氢裂化装置航煤水冷器，该设备为利旧设备，使用的冷却水为炼油部2#循环水，180根换热管已经堵了70根，使用研制的S11972/444材质对换热管管束进行更换后，于2017年5月8日在现场进行了安装，到目前为止已应用7年，运行很好，未发生泄漏，水冷器工艺侧物料出口温度降低了5~6℃。

2019年在炼油装置白土塔进出料换热器投入运行2台S11972/444材质管束，2021年在CHPPO装置换热器投入运行3台S11972/444材质换热器，至今都运行平稳。天津南港乙烯项目15台水冷器管束采用超纯铁素体，有12台的换热管选用了444(S11972)材质，其中1台为裂解气压缩机二段后冷器，为关键设备，与其他并列位号的碳钢加涂料防腐换热器做技术对比。因装置未投用，暂无运行数据。

超纯铁素体不锈钢制换热器在含氯水腐蚀环境，应用效果良好，可有效避免氯离子引起的腐蚀及应力腐蚀开裂，性价比优于奥氏体不锈钢。

5.2　效益分析

炼油装置、化工装置、煤化工装置、环保装置等普遍存在氯离子腐蚀环境，换热器是常用设备之一，对于含氯离子腐蚀环境的换热器管束，碳钢无法保证耐腐蚀性能时，不锈钢对氯离子腐蚀较为敏感，采用镍基合金钛材等耐腐蚀材料成本高昂。双相不锈钢虽然能够耐受氯离子腐蚀，但是近年来问题频出，使用受限严重。铁素体不锈钢，能够耐受氯离子腐蚀，性价比高，具有广泛的适用性。

污水处理系统、废碱液处理系统等存在大量酸、碱和盐等腐蚀性介质，且伴随着高含量氯离子，为苛刻的腐蚀环境。在循环水冷却器中采用超纯铁素体不锈钢替代 304L、316L，造价相当，设备使用寿命可增长一倍。采用超纯铁素体 446 制造替代高等级不锈钢、Ni 基合金、钛材等耐蚀合金，造价降低 30%～40%。铁素体不锈钢换热器具有优异的耐氯离子腐蚀能力、高性价比，使用超纯铁素体制换热器在保证设备清洁度和可靠性的前提下降低含氯环境设备造价；腐蚀事故会大大减少，保障关键装置安、稳、长、满、优正常运行，减少非计划停车和由此带来的经济损失。该项目成果成功应用将有效避免含氯环境换热器泄漏事故，减少非计划停车，减少因泄漏造成的环境污染，保障安全生产，研究该项目将产生明显的经济效益和社会效益。

COD_{cr}试剂国产化及应用成果

完成人：张雅欣　张双久　贺秀成　郭俊兰　唐玉霞　吴雨琴
（国能包头煤化工有限责任公司）

1　项目背景与意义

化学需氧量（COD_{cr}）是指水样在一定条件下，以重铬酸钾为氧化剂，处理水样时水样中的溶解性物质和悬浮物所消耗氧化剂的量，以氧的质量浓度 mg/L 来表示。它是衡量水体中有机物含量的重要指标，反映了水体受到有机物污染的程度。COD_{cr}值越高，表示水体中的有机物含量越高，水体污染越严重。

在水处理和环境保护领域，COD_{cr}的测定具有重要的背景和意义。COD_{cr}的影响因素主要有以下几方面：①工艺影响：COD_{cr}过高会超出活性污泥的处理能力，影响 COD_{cr}和氨氮的去除率，对活性污泥系统造成冲击。②环境影响：水体中 COD_{cr}值过高不仅影响水处理系统的正常运行，也反映了水体对生态系统的潜在影响。如果对生态系统造成长期影响，会产生水体富营养化、水生生物死亡等问题。当水体中有机物含量过高时，微生物降解有机物所消耗的氧量增加，当空气中氧的溶解速度小于水中氧气的消耗速度时，将造成水体呈厌氧或缺氧状态。此时，厌氧微生物活动加剧，产生硫化氢等物质，造成水体腐化，发黑发臭，水质严重恶化，不仅影响环境卫生，而且会导致水生生物大量死亡，水源受到污染等等。③污染指示：含有大量有机物的水体在通过除盐系统时，会污染离子交换树脂，尤其是阴离子交换树脂，导致树脂的交换能力降低。这些有机物在预处理会除去一部分，剩余的在除盐系统中无法完全去除。因此，COD_{cr}是评估水质的一个重要参数，COD_{cr}测定值低意味着水体中有机物含量较低，从而减少对水处理系统的影响。

综上所述，COD_{cr}值还是评估水质的重要指标之一，对于保护水资源、实现环境可持续发展具有重要意义。然而，传统的 COD_{cr}监测方法主要依赖于昂贵的进口试剂，这些进口试剂不仅价格昂贵，而且供应由于是进口试剂，存在很多不稳定因素，难以满足大规模、长期的水质监测需求。因此，推动 COD_{cr}试剂的国产化，开发低成本、高效能的 COD_{cr}监测技术，成为了当前环境保护领域的重要任务。

2　总体情况

COD_{cr}试剂快速消解分光光度法，此方法安全、快速，并且精密度、准确度都能符合国家标准规定。但是进口药剂特别昂贵，单支药剂高达 27 元左右，日常分析样品需要几十支试剂，成本极高。在此情况下，中心管理人员建议采用国产试剂，代替进口 COD_{cr}试剂，单支试剂的成本仅仅需要 14 元左右，使试剂成本的降低约一半左右。在此实验过程中，最终通过大量的对比试验，国产试剂与进口试剂具有同样的精密度和准确度，可以替代进口试剂运用到生产实践活动中。

以下为进口试剂和国产试剂用不同量程的标准物质数据对比图，以标准物质 A，不确度为（78.1 ± 6.1）mg/L 和标准物质 B，不确定为（1010 ± 5%）mg/L 测得，均在不确定度范围内，精密度和准确度均符合标准要求。如图 1、图 2 所示。

以下为进口试剂和国产试剂用不同量程的样品数据对比图，以样品一、样品二、样品三、样品四、样品五测得，平行样相对偏差不超过±10%，结果精密度均符合国家环境保护标准要求。如图 3 所示。

试验数据证明，国产试剂与进口试剂有相同的精密度和准确度，可以替代进口试剂广泛应用到多种类型的水样 COD_{cr}测定中。

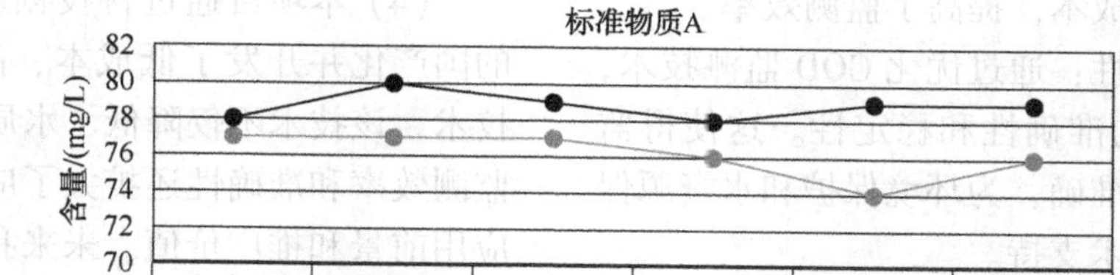

	1	2	3	4	5	平均值
国产	77	77	77	76	74	76
进口	78	80	79	78	79	79

图 1　标准物质 A(单位：mg/L)

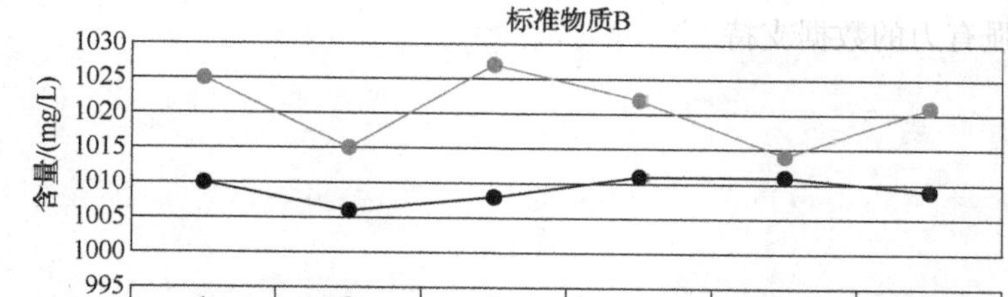

	1	2	3	4	5	平均值
国产	1025	1015	1027	1022	1014	1021
进口	1010	1006	1008	1011	1011	1009

图 2　标准物质 B(单位：mg/L)

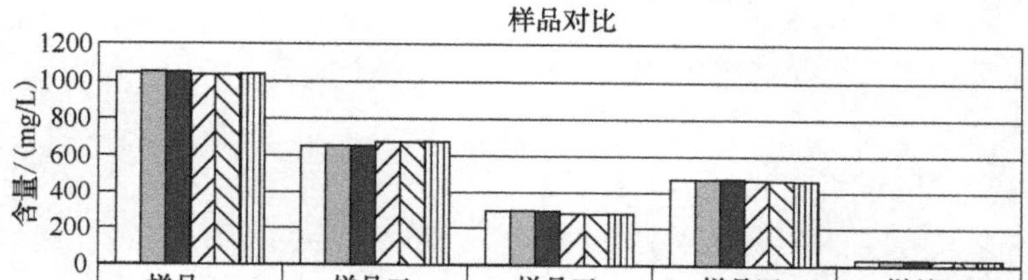

	样品一	样品二	样品三	样品四	样品五
国产	1045	651	295	475	32
	1051	653	296	474	32
	1048	652	294	478	32
进口	1035	674	281	469	31
	1036	674	279	468	31
	1039	676	280	465	31

图 3　样品对比(单位：mg/L)

3　技术路线和技术亮点

本项目旨在通过科技创新，实现 COD_{cr} 试剂的国产化，并开发低成本、高效能的 COD_{cr} 监测技术。将国产 COD_{cr} 试剂和优化的 COD_{cr} 监测技术应用于实际的水质监测中，进行应用示范和推广。通过实际应用验证国产 COD_{cr} 试剂和 COD_{cr} 监测技术的性能和效果。

4　应用场景

通过应用更具有高性能指标的国产 COD_{cr} 试剂，这不仅降低了 COD_{cr} 监测的成本，还提高了试剂供应的稳定性。针对国产 COD_{cr} 试剂的特点，通过优化反应条件、改进操作方法等手段，提高了 COD_{cr} 监测的准确性和稳定性。同时，还采用了快速消解分光光度法等技术手段，提高了 COD_{cr} 监测的效率和灵敏度。国产 COD_{cr} 试剂适用于多和类型的水质监测场景，包括地表水、地下水、生活污水和工业废水等。这使得该技术具有广泛的应用前景和推广价值。

5　项目效果与效益分析

本项目的国产 COD 试剂已经在多个水质监测站点进行了实际应用示范和推广。通过实际应用验证，该技术具有以下优化的 COD 监测技术优点和效益：

（1）降低成本：与进口 COD 试剂相比，国产 COD 试剂的成本降低了约一半左右。这大大降低了水质监测的成本，提高了监测效率。

（2）提高准确性：通过优化COD监测技术，提高了COD监测的准确性和稳定性。这使得监测结果更加可靠和准确，为环境保护和水资源保护提供了有力的技术支持。

（3）效益亮点：采用国产COD试剂，以分析检测中心水质环保站为例，一支是14元，一年约用8760支试剂，一共节约了11.4万元，成为中心节能降耗的一个突出亮点。为环境保护和水资源保护提供了强有力的数据支持。

（4）本项目通过科技创新实现了COD试剂的国产化并开发了低成本、高效能的COD监测技术。该技术不仅降低了水质监测的成本提高了监测效率和准确性还扩大了应用范围具有广泛的应用前景和推广价值。未来我们将继续深入研究和完善该技术，进一步提高其性能和稳定性，以满足更广泛的水质监测需求。同时我们也将积极推广该技术为环境保护和水资源保护做出更大的贡献。

锦西石化聚丙烯装置粉料输送转阀国产化应用情况总结

完成人：李志勇　徐渐平　李增强　张志刚　李家辰　王鑫鑫　付　博　张玉杰

（中国石油锦西石化分公司）

1　项目背景

粉料输送转阀是聚丙烯（PP）工段的关键阀门，主要作用是将物料连续地、均匀地输送到下一工艺过程中，其输送量可以根据工艺流程的不同要求进行调节。由于输送介质可为粒料，也可为粉料，在输送过程中由于切料、架桥等原因阀门的卡涩、堵塞、密封泄漏等问题时有发生，因此对转阀设计及加工提出了较高要求。工艺简介：物料通过插板阀进入分离器再进入旋转阀，根据工艺要求来调整旋转阀的适当转速，最终达到工艺所需要的物料量进入混合器后输送至相应位置。工艺流程图如图1所示。

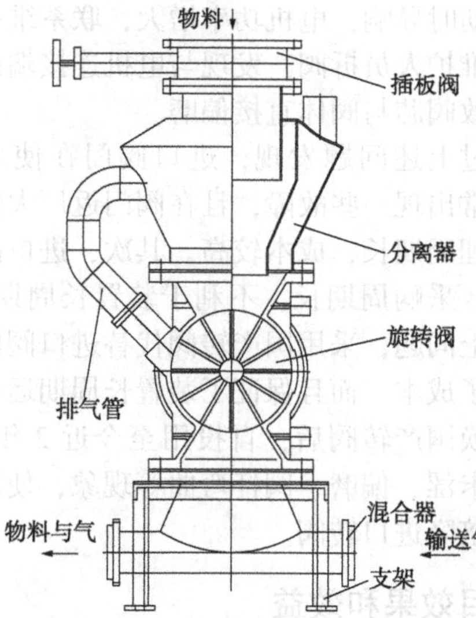

图1　旋转阀与附件安装图

2　总体情况

聚丙烯装置采用的是Novolen气相法工艺技术，可生产43种均聚物和15种无规共聚物。聚丙烯粉料输送装置转阀具有以下特点：

阀门在电机减速机的驱动下连续运转，根据工艺要求来调整旋转阀的适当转速来调节流量。转阀在输送物料的过程中存在粉料易架桥堵塞、粒料易剪切卡涩，轴侧密封易泄漏等问题。物料常常有片料、块料等不均匀介质、有的硬度还很高，容易造成阀门卡涩。

转阀驱动端一般采用电机、减速机驱动，链条传动；有的厂家也采用电机、减速机驱动，阀杆与减速机直连的方式。在设计时由于考虑物料中片料、块料等不均匀介质等因素的影响，电机减速机的选取一般要比按正常物料选取的安全系数要高，因此电机减速机较大、较重。在电机、减速机相对于阀门较重时不易采用直连的方式，否则容易出现因阀杆弯曲导致阀门卡涩或阀杆断裂等故障。

3　技术路线和技术亮点

国产聚丙烯粉料输送装置转阀采用的是合肥通用生产的阀门，它拥有阀门进口防卡涩切刀，可排放式密封腔技术，粒料防剪切、粉料防搭桥结构以及带充气系统的轴密封等独特设计，为聚丙烯装置长周期稳定运行提供了保证。国产合肥通用转阀电机减速机与阀体之间的连接采用背包式连接（也可采用底座式连接），电机采用无锡锡安达防爆电机，减速机采用SEW产品，轴承采用SKF产品，电机、减速机、轴承等附件通用性、替换性强。而进口科倍隆转阀电机减速机与阀体之间的连接采用单侧穿轴式直连结构，该连接方式使得阀轴单侧变为悬臂梁，阀杆容易弯曲、易造成阀门卡涩进而堵塞出料线，影响装置正常运行。如图2、图3所示。

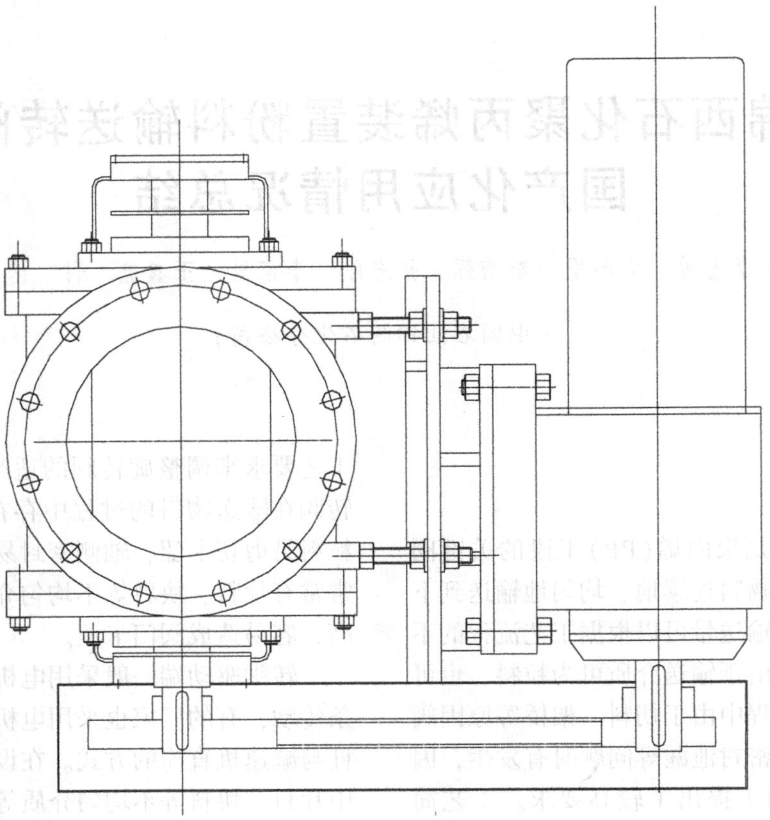

图 2　转阀背包式连接方式

图 3　转阀底座式连接

4　应用场景

问题 1：进口科倍隆转阀 FH－351 阀门卡涩故障，导致出料线停运，联系维护人员现场检查阀门情况。

处理过程：维护人员现场检查科倍隆转阀发现，由于介质中含有块料和片料，在阀体入口处科倍隆转阀的切刀未能切断一块较大的块料，块料卡在阀芯与阀体直接，转阀无法旋转，上游物料无法及时输送至下游，阀门上游管道架桥堵塞，阀门下游无物料进入导致单线停车。

问题 2：阀杆弯曲

处理过程：操作人员反映 FH－351 阀门偏磨，转动时异响，电机功率增大，联系维护人员处理，维护人员拆阀，发现与电机连接端阀杆弯曲，导致阀芯与阀体直接偏磨。

通过上述问题发现，进口阀门在使用过程中，经常出现一些故障，且在阀门返厂大修过程中，修理周期长，成本较高。其次，进口阀门价格昂贵，采购周期长，不利于装置长周期运行。针对以上问题，采用国产转阀代替进口阀门，不仅降低了成本，而且保证了装置长周期运行。

更换国产转阀后，自投用至今近 2 年时间，未发生卡涩、偏磨、阀杆弯曲等现象，使用效果好于科倍隆进口转阀。

5　项目效果和效益

通过对以上阀门的国产化改造替代，消除了装置故障，取得了预期的使用效果，解决了大修周期长，成本高的问题。其次，进口阀门价格昂贵，采购周期长，不利于装置长周期运行。针对以上问题，采用国产转阀代替进口阀门，不仅降低了成本，而且保证了装置长周期运行。

煤制甲醇项目大型装备国产化及创新

完成人：梁中超 张秀龙 史 强 杨双利 杜迎春 张 跸 苏军龙 辛 渊
王战军 聂 涛 乔有富 杨定远 先志强 樊建华 张绍武 杨 超
（国能榆林化工有限公司）

1 项目背景

国内180万吨/年及以上煤制甲醇项目中关键设备和材料还主要依赖进口，国能榆林化工有限公司组织做了大量技术调研和论证，最终在榆林循环经济煤炭综合利用项目（一阶段工程）中实现了200万吨/年煤制甲醇项目合成塔、大型净化低温塔国产板材应用和年产200万吨煤制甲醇合成气压缩机首次采用国产化等多项国产化和大型化目标，实现直接经济效益6705万元，开工后每年预计可节约394.2万元，为以后同类大型煤制甲醇项目国产化和大型化建设奠定了基础。

2 总体情况

（1）实现200吨万/年煤制甲醇合成塔创新设计、主材及制造国产化。

（2）实现大型净化低温塔国产低温板材（98mm厚）应用。

（3）DAVY甲醇工艺包200万吨/年合成气压缩机组首次国产化。

3 技术路线和技术亮点

3.1 实现了200万吨/年煤制甲醇合成塔设计和制造首次国产化，125mm厚壳体板材SA387GR22CL2首次国产化应用，合成塔结构创新设计

3.1.1

同类装置甲醇合成塔的壳体板材材质为SA387GR22CL2，厚度为125mm，这种板材在合成塔设计中都采用进口板材，为进一步降低项目投资，提高国产化率，项目团队对国内板材做了调研，并得出以下结论：

（1）通过与供应商的交流，与哈锅和东锅一起对国产SA387 GR22 CL2钢板进行了对比论证，同时又与天辰院进行材料国产化论证认为国内钢厂具备制造甲醇合成塔SA－387Gr.22Cl.2钢厚板的能力，建议选用国产材料进行甲醇合成塔制造，既满足制造要求，又可以缩短供货周期。

（2）交流后，专利商Davy对哈锅的技术报价进行审查，结果认为满足专利商要求。

（3）哈锅中标后，业主团队又组织了一次壳体和封头板材材料国产化评审会，设备壳体和封头材质为ASTM A387 Gr.22 Cl.2，国产舞阳和兴澄的板材首次在JM（DAVY）合成塔上应用，为了确保合成塔板材国产化成功，特邀请国内设备设计和材料专家、JM（DAVY）的设备和材料工程师、哈锅内部专家。各位专家认真评审了两家板材的元素组成和机械性能报告，一致认为国内钢厂舞阳和兴澄具备制造甲醇合成塔SA－387Gr.22Cl.2钢厚板的能力，选用国产材料进行甲醇合成塔制造，既满足制造要求，又可以缩短供货周期及制造成本。

3.1.2 合成塔结构创新设计

（1）优化了合成塔出口外部收集器支撑环与设备筒体连接方式，将直接焊接结构改为锥体焊接结构，锥体柔性较好，应力水平可控，既避免了焊缝的应力大、易开裂和危害筒体纵焊缝的问题，又避免了焊缝开裂后内部漏气问题。

（2）合成塔进出口管道和法兰复杂且螺栓尺寸大，在检修拆卸和密封把紧时难度较大，本项目优化了合成塔的管道和法兰布置，为所有的螺栓留有足够的检修空间。

3.2 大型低温甲醇洗三台低温塔国产板材（98mm厚）首次应用，推进大型设备国产化进程，优化塔器设计据塔器各段温度不同，将塔设备分段选材

国内同类净化装置的3台低温塔因为设计温

度低，压力高，主材主要采用SA203Gr. E，这种板材国内暂时无法制造，所以几乎所有工厂均采用进口板材进行制造，投资费用大，制造周期时间长。为此本项目尽量避免采用进口板材SA203Gr. E的设计，通过对塔工作条件的详细分析，采用上下段板材不同材质的方法来降低成本，成功用国内板材代替大部分进口板材，由中石化宁波院详细设计，大连金重制造厂负责制造，大大节约了项目建设成本。

三台低温塔的工艺包和同类工厂选用壳体板材均为3.5Ni钢，对应的型号为SA203 Gr. E，国内没有板材供应商，需要进口，针对此种情况，项目组与设计院共同调研了国内板材的情况，如下：

(1) 三台低温塔的工艺包和同类工厂选用壳体板材均为3.5Ni钢，对应的型号为SA203 Gr. E，国内没有板材供应商，需要进口，针对此种情况，项目组与设计院共同调研了国内板材的情况，如下：

(2) 目前国内09MnNiDR规范中最大厚度是120mm，有使用业绩的厚度是105mm；08Ni3DR(3.5Ni钢)规范中最大厚度是100mm，有使用业绩的厚度是75mm。

(3) 变换气吸收塔上段的工作温度为-61度，再降6~8度，接近-70度，如果使用09MnNiDR的话，厚度为100mm，温度富裕量小，厚度富裕量也小，使用08Ni3DR的话，目前没有98mm厚度业绩可借鉴，只能选择SA203 Gr. E进口板材。

(4) 未变换气吸收塔全塔的工作温度的最低值为-54.8度，再降6~8度，其最低温度也只为-63度，离-70的材料极限温度也有7度的富裕量，所以可以整体选择09MnNiDR。

(5) 二氧化碳吸收塔的中间一段工作温度的最低值为-61.2度，再降6~8度，接近-70度的极限温度，所以使用08Ni3DR，厚度为70mm，有业绩可借签；第三段工作温度的最低值为-36度，选择09MnNiDR即可，厚度为75mm。

结论：三台低温塔的选择满足规范要求，满足工艺包的设计要求，与设计工况相比有合理的温度富裕量和厚度富裕量，同时选用的材料在国内有使用业绩支撑，兼顾经济性。

3.3 DAVY工艺包的年产200万吨煤制甲醇合成气压缩机首次采用国产化

合成气压缩机采用透平驱动，国内没有同等规模的合成气压缩机组，合成气压缩和循环气压缩在同一缸体内，介质以一氧化碳和氢气为主，设计压力较高，制造难度大，榆林公司经过两轮技术交流，又经过Davy专利商的反复审查，最终确定了沈鼓压缩机的设计方案。

本机组在2018年2月正式将招标书挂网进行公开招标，最终沈鼓中标。经过技术澄清后，和Davy专利商的详细审查，反复修改方案，最终得到Davy专利商认可，在2018年6月21日与沈鼓正式签订采购合同，2020年12月投用，目前运行状况良好。

本项目不仅仅对压缩机组进行了国产化，同时将为压缩机透平配套的排汽冷凝系统采用更节能的ACC系统(空冷系统)，可以减少循环水的消耗，这对于节省水资源具有非常重要的意义。

4 应用场景

适用于煤制甲醇项目的大型装备国产化，为以后同类煤制甲醇项目国产化和大型化奠定了基础，起到示范作用。

5 项目效果和效益分析

5.1 项目效果

1) 甲醇合成塔2020年12月首次应用，和同类合成塔相比使用效果良好，运行平稳。

2) 大型低温甲醇洗三台低温塔2020年12月首次应用，目前各项工艺参数正常，设备运行稳定。

3) 合成气压缩机2020年12月首次应用，使用效果良好。

5.2 直接经济效益

1) DAVY技术180万吨以上合成塔设计、主材及制造国产化：Davy技术同规模进口合成塔投资为1亿元，经过设备和材料国产化后中标价格为7664万元，节约了2336万元费用。

2) DAVY技术180万吨以上合成气压缩机组国产化。节约项目投资。本类机组进口价格为7000万元，经过国产化后中标价格为4169万元，节约了2831万元。

3) 净化低温塔板材国产化

按照2018年初钢材市场价格，SA203 Gr. E为17000元/吨，08Ni3DR为13000元/吨，09MnNiDR为7000元/吨，进行了成本测算：

(1) 变换气吸收塔的工艺包和同类工厂选用

的壳体板材均为 SA203 Gr. E，重量 818700kg，成本为 1391 万元。上部板材不变，下部板材国产化改为 09MnNiDR，成本 899 万元，节约成本 492 万元。

（2）未变换气吸收塔的工艺包和同类工厂选用的壳体板材均为 SA203 Gr. E，重量 916800kg，成本为 1558 万元。国产化后板材改为 09MnNiDR，成本 675 万元，节约成本 883 万元。

（3）二氧化碳吸收塔的工艺包和同类工厂选用的壳体板材均为 SA203 Gr. E，重量 256560kg，成本为 436 万元。国产化后上部板材改为 08Ni3DR，下部板材改为 09MnNiDR，成本 273 万元，节约成本 163 万元。

共计节约成本：2336+2831+492 万+883 万+163 万=6705 万

5.3 社会效益和间接经济效益

1）压缩机透平配套的排汽冷凝系统采用更节能的 ACC 系统（空冷系统），可以减少 $5000m^3/h$ 循环水的消耗，按照循环水蒸发量损失 1%，原水 9 元/吨计算，每年可节约 9×5000×24×365×1%＝3942000 元，即 394.2 万元。

2）国产化和大型化设备会节约生产运行期间的备件采购费用、设备维护费用和技术服务费用。

3）该项目实施对国内机械制造行业发展必然会起到推动作用，同时为今后同类甲醇项目国产化实施起到示范作用，社会效益巨大。

高压煤浆泵系统国产化研究

完成人：王军光　王彦海　刘　伟　刘　泽　刘胜华　袁晓光　贾　磊
张临乐　毛兆锋　李　峰　朱　奇　曾　伟　祁　文　许岳峻
（国能包头煤化工有限责任公司　陕西航天动力高科技股份有限公司）

1 项目背景

为了保证国家能源安全，结合我国煤多油少的基础国情，国内现代煤化工行业正在高速发展，其中水煤浆工艺技术是该行业最成熟可靠的主流工艺技术之一，因此煤化工市场需要大量可靠性高、长周期运行的水煤浆输送设备，双软管隔膜高压煤浆泵应运而生，但是双软管隔膜泵技术和市场被国外公司垄断，国内煤化工企业为保证设备运行付出了很大的代价，其设备销售价格高和易损件消耗使得企业运行成本也越来越高，且进口产品和零备件供货周期很长，付款条件要求苛刻售后服务不及时等，造成国内企业备件库存占用资金量大、生产成本高等被动局面，甚至也影响到了我国的能源安全生产，为了逐步摆脱这种被动局面，国家能源集团和中国航天合作进行高压煤浆泵(双软管隔膜泵)系统的研制开发，替国家进行责任担当势在必行。

陕西航天动力高科技股份有限公司是军民融合骨干企业之一，公司在发展过程中形成了完整的科研、生产、试验体系，拥有强大的机电产品设计开发能力、工艺加工能力、系统集成能力。尤其在先进制造与重大装备国产化方面积累了丰富经验，具有很强的核心竞争力。

国能包头煤化工有限责任公司和陕西航天动力高科技股份有限公司双方开展的合作开发高压煤浆泵系统国产化项目，正是为了满足国家能源集团对重大装备国产化的迫切需求，充分发挥中央企业在建设创新型国家中的主力军作用，双方根据各自的发展需要和产业互补性强的特点，站在以国为重、振兴民族工业的高度，通过合作研制开发打破国外垄断，实现高压煤浆泵系统的国产化，以替代进口，从而推动国家重大装备国产化进程，降低成本，实现双赢。

2 总体情况

高压煤浆泵系统由高压变频电机、变频器、大速比减速机、动力端总成、传动总成、液力端总成、机电液控制系统、进出口稳压系统及泵组控制系统组成。

项目主要研究了以下内容：

（1）动力端总成和传动总成的润滑、强度、可靠性及使用寿命；

（2）液力端总成的高压密封性、密封寿命、隔膜寿命、单向阀的可靠性及寿命；

（3）机电液控制系统的隔膜行程快速控制及密封腔补油，压力罐的稳压控制；

（4）泵组控制包括泵运行状态情况监控，远距离控制及并联控制。

（5）完成高压煤浆泵的研制和样机生产。

（6）完成高压煤浆泵现场运行和性能考核。

项目取得了丰硕的成果：掌握了关键技术，主要有高强度曲轴结构与设计、双软管隔膜泵排油补油控制技术、双软管隔膜输送技术、双软管隔膜输送技术、隔膜与单向阀密封技术、单向阀音频故障诊断技术及机液驱动补油技术。本项目共申请相关专利 9 项(包含实用性专利)。其中高强度曲轴结构与设计，完成了曲轴在实际工作过程中的受力与破坏机理理论分析与研究，延长曲轴的实际使用寿命，降低曲轴断裂带来的风险，通过结构设计、理论校核与实际载荷仿真三种方式解决延长曲轴寿命的问题；目前，本项目曲轴已在国能包头煤化工有限责任公司使用 20 个月，运行状态正常，有效解决了前期 1#高压煤浆泵用进口曲轴时存在的振动大和无法稳定提升输出流量的问题，同时也大大降低了更换曲轴的成本。国产化高压煤浆泵满足生产工艺指标，能够长周期稳定运行。

3　技术路线和技术亮点

3.1　技术路线

高压煤浆泵系统由高压变频电机、变频器、大速比减速机、动力端总成、传动总成、液力端总成、机电液控制系统、进出口稳压系统及泵组控制系统组成。结合现场使用高压煤浆泵过程中遇到的实际问题，国能包头煤化工有限责任公司提供技术支持，陕西航天动力高科技股份有限公司进行产品的优化设计和生产，进行设备零部件设计和优化，做出样机零部件成品后，将单向阀、柱塞、曲轴、隔膜等零部件按计划逐步替换设备原有进口零部件，每部分再分步骤通过水压试验、煤浆循环试压运行、实际工况运行，进而整泵系统按水压试运行、实际工况运行、优化目标调试运行等步骤，最终实现项目国产化目标。

主要技术方案：

(1) 隔膜泵动力端总成采用模块化设计，吸收进口高压煤浆泵动力端设计特点，利用陕西航天动力高科技股份公司的技术基础和优势进行国产化自主研发。

(2) 液力端总成采用参考样机并与陕西航天动力合作开发相结合的方式进行研发，其中像隔膜、活塞密封、核心易损件单向阀等已经实现国产化且寿命达接近国外同类产品水平的，可以进一步优化后直接采用。

(3) 隔膜行程控制系统和泵组控制系统采用包头化工有限责任公司技术人员和中国航天机电液控制专业技术人员合作进行开发。

(4) 泵组整体设计：参考国外先进技术产品进行消化吸收，国产化项目组自主进行设计工作。

3.2　技术亮点

3.2.1　高强度曲轴结构与设计

曲轴是异形长轴类零件，具有轴线不连续，轴径比大，结构复杂等特点，是将电机旋转运动转换为活塞往复运动的传力核心关键件，其设计、分析、加工与检测、热处理直接影响隔膜泵整机性能，曲轴在锻造过程中，必须保证加工精度，检测采用大型三坐标检测设备。通过结构设计、理论校核与实际载荷仿真三种方式解决延长曲轴寿命的问题(图1)。

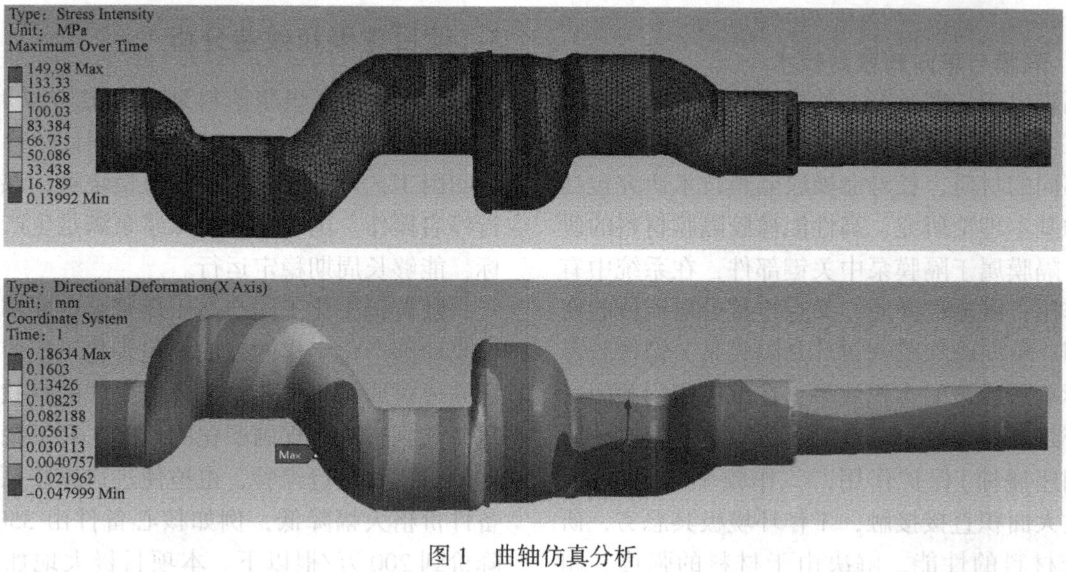

图1　曲轴仿真分析

3.2.2　双软管隔膜泵排油补油控制技术

双软管隔膜泵补油排油控制技术实现隔膜腔内部的排油补油，保持隔膜内外压力平衡，延长隔膜的寿命。研究建立隔膜变形量与排油补油阀门开度的曲线关系，对补油排油系统通过液力计算与系统仿真，自动达到阀开补油，阀关即停，保持隔膜腔内部工作介质恒定，这样既能提高流体的输送效率，又能发挥隔膜的最大能力，同时隔膜寿命最长。双软管隔膜泵在结构及原理上是一个创新，采用纯机械结构装置，通过转接装置，实现隔膜泵的自动补排油，由于机械装置能长期可靠稳定工作，大大提高隔膜泵的系统稳定性(图2)。

3.2.3　双软管隔膜输送技术

双软管隔膜泵介质的输送与隔膜和隔膜腔体有关。对于双软管隔膜泵，由于电机与减速机的

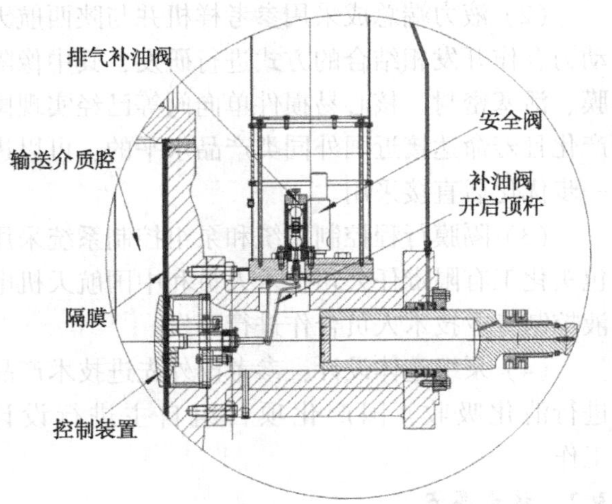

图2　双软管隔膜泵机械式补油排油技术

驱动，在油池中通过活塞使液压油作用到隔膜，这一过程又通过第二种驱动液(水或类似液体)驱动泵软管，隔膜产生变形而挤压隔膜泵软管内含有被输送的介质。泵软管将被输送的介质与液压系统完全隔离开来。在内、外隔膜受到挤压后，隔膜会变形，同时受到油液与输送介质作用力，如果隔膜变形量超过隔膜材料所能承受的最大应力，隔膜就会破裂，研究隔膜受力变形与材料关系的理论与相关试验，能够有效延长隔膜使用寿命。

3.2.4　隔膜与单向阀密封技术

隔膜由于长期运行在油介质与矿浆中，对不同的工艺系统，矿浆性质差异较大，因此隔膜要采用不同的材质，长寿命橡胶隔膜技术研究包括橡胶的基本理论研究、高性能橡胶隔膜材料的研究等。隔膜属于隔膜泵中关键部件，在系统中有双重作用，既输送介质，又在连接处对流体起密封作用。单向阀橡胶密封环是隔膜泵关键橡胶零件，影响隔膜泵的容积效率，在单向阀门关闭时用来密封输送介质，以及对运动阀芯的缓冲(防止与阀座碰撞)保护作用，工作频率高强度大，与介质大面积直接接触，工作环境极其恶劣，研究橡胶材料的性能，解决由于材料的强度、耐磨、耐腐蚀、抗疲劳等引起的整机可靠性问题。

3.2.5　机液驱动补油技术

双软管采用机液驱动补排油方式，双软管隔膜在柱塞回程中，受到输送介质的液力挤压，产生回弹力，驱动隔膜的控制盘，通过转接杆，打开补油阀门，实现补油过程。在补油过程中，确定合适的控制盘推力，完全采用机液驱动，打开补油阀门，稳定性与可靠性得到提高。

3.2.6　完成高压煤浆泵现场运行和性能考核

国产化高压煤浆泵系统在包头化工投入生产，连续平稳运行140余天，累计运行3454h，平均负荷煤浆量$85m^3/h$以上。期间因工艺调整需求气化炉更换烧嘴，煤浆泵进行停启操作。国产化高压煤浆泵满足生产工艺指标，能够长周期稳定运行。

4　应用场景

为了保证国家能源安全，结合我国煤多油少的基础国情，大力发展新型煤化工是我国能源长期稳定发展的战略和现实选择，新型煤化工以生产洁净能源和可替代石油化工的产品为主，其中水煤浆工艺技术是该行业最成熟可靠的主流工艺技术之一。煤化工市场需要大量可靠性高、长周期运行的水煤浆输送设备，故双软管隔膜形式的高压煤浆泵国产化开发市场应用前景广阔。

5　项目效果和效益分析

国产化高压煤浆给料泵自2022年7月10日至12月1日平稳运行140余天，累计运行3454h。其间因工艺调整需求气化炉更换烧嘴，煤浆泵进行停启操作。国产化高压煤浆泵满足生产工艺指标，能够长周期稳定运行。

随着包头化工国产高压煤浆泵主要零部件及整泵的国产化工作的完成，包头化工成为国内首家完成对原有德国菲鲁瓦公司生产的双软管隔膜从备件到整泵实现国产化的厂家。有了我公司成功的更换和运行经验，也迫使进口煤浆泵的各项备件价格大幅降低，例如核心备件由350万/根降价到200万/根以下。本项目极大地加速了进口高压煤浆泵国产替代化的进程，解决了煤化工行业“卡脖子”的问题。

开关柜精巧型红外成像测温模块及设备专家诊断系统的应用

完成人：王群峰 马宏文 刘澄宇 王星联 朱寿岷 王锁红
白兴良 王 勇 芦周红 王书付 陈云丽

（中国石油兰州石化公司机电仪运维中心 深圳市行知达科技有限公司）

1 项目背景

1.1 现状分析

由于石油化工对于安全的关注逐年增高，且存在减员增效的管理趋势，加之目前存在大量有主电流，主回路的位置无法做到异常问题及时发现，存在安全“死角”，对于设备的安全管理，故障的排查，存在较大难度；且对于人员的能力有一定的要求，如丰富的判断、处置经验等。随着智能化水平的提高，安全管理的完善，对于人的依赖性会越来越低，此方面的改善需求日益凸显。

开关柜作为石化行业主要设备之一，在整个系统安全运行中起着举足轻重的作用。抽屉柜事故多为动触头、静触头、电缆及连接器接头等松脱、虚接、老化、磨损、过载等原因造成接触电阻过大，运行中接触部位发热严重，最终导致绝缘烧毁、形成短路，引发火灾等安全事故。

传统对电气柜的监测主要采用人工巡检，巡检工作量大、周期长，检测情况受人为因素影响大，且无法有效且实时检测设备内部温升情况，可靠性及安全性都无法满足现今安全管理的需求，因此采用在线检测及诊断技术，以实现预测性维护迫在眉睫。

1.2 方案设计

本项目对电气抽屉柜里各器件或设备进行在线温度监控，通过各机柜的收发模块（设备内部采用本地有线网络，对外采用 WLAN 通信或者有线通讯）与设备房的交换机连接，上传温度检测数据，接收控制室控制命令。所有设备数据在服务器进行存储和处理，控制中心进行监控显示。开发精巧型红外成像测温模块，安装在柜内，对低压开关柜进行全天候巡检、状态判别、图像识别、视频监控、环境监测、红外测温、自动报表输出、异常预警及联动处置，以解决目前开关柜仍然依靠人工巡视、测温和分析诊断的现状，且在发生异常紧急情况时，代替人工及时查明设备故障，降低人员的安全风险。通过红外成像模块、行程传感器、独立的采集单元、储能电机电流传感器等，对开关柜进行全面监测及诊断。

2 总体情况

研究开发精巧型红外成像测温模块，对低压开关柜进行全天候巡检、状态判别、图像识别、视频监控、环境监测、红外测温、自动报表输出、异常预警及联动处置，以解决目前开关柜仍然依靠人工巡视、测温和分析诊断的现状，且在发生异常紧急情况时，代替人工及时查明设备故障，降低人员的安全风险。

（1）开发红外成像模块，易于安装在抽屉柜内，在线实时监测抽屉柜内原器件的运行状况，杜绝低压柜因原器件和触头接触不良造成的故障。

（2）开发专家诊断系统通过监测与诊断手段，识别故障的早期征兆，对故障部位、故障的严重程度及发展趋势做出判断，从而确定最佳的维修计划，实现状态维修。

（3）采用本系统可以节省维修费用、延长设备的使用寿命、保证供电的可靠性、降低维修风险。

（4）将高、低压开关柜发热短路故障降低，减少非计划停车；减少非计划停车避免造成经济损失 600 万元。

3 技术路线和技术亮点

3.1 技术路线

通过红外成像模块、行程传感器、独立的采集单元、储能电机电流传感器等，对开关柜进行全面监测及诊断。

（1）低压开关柜在线监测的“精巧型”红外热成像测温模块的开发。研究了电气低压开关柜里各器件或设备温度在线监控的实施方案，对抽屉柜的温度场进行实时监测。

（2）控制中心监控软件，接收各机柜温度数据，配置各个部位报警阈值等参数，建立核心部件的温度变化曲线。

（3）基于温度场变化的电气故障诊断方法和模型，实现对抽屉柜核心部件的温度故障进行状态监测和故障预警。

（4）采用先进传感器技术、数据通信技术与在线监测技术，可实现对断路器运行过程、动作状态实时监测，实现对操作机构和储能机构的故障诊断，实现对触头电寿命的综合分析，对断路器的开断电路、燃弧性能、触头行程等重要数据在线监测。

3.2 技术亮点

（1）研发了一款专门基于不低于 160×120 分辨率的高性价比的精巧型红外测温模块的研制。

（2）开关柜温度检测系统大规模部署的供电及数据传输系统的创新设计。

（3）高效实时的在线温度监测软件的开发设计。

（4）专家诊断系统软件针对不同故障模式研究其失效机理，确定失效判定指标，开展基于现有状态评估的失效定量分析技术研究，并针对不同的失效机理建立失效物理模型。

3.3 创新点

（1）专门基于不低于 160×120 分辨率的高性价比的精巧型红外测温模块的研制。实现了开关柜的全天候、不间断温度监测，具有温度场图像清晰，图像数据实时性高、温度预警响应快，性价比高、适应小空间的快速部署特点。

（2）开关柜温度检测系统大规模部署的供电及数据传输系统的创新设计：考虑到大规模部署的数据传输及汇总统计的需求，热成像模块采用 POE 供电，数据传输和供电只需要一根线即可实现，在现场部署就地交换机，汇总数据至监控中心。

（3）高效实时的在线温度监测软件的开发设计：基于大规模部署的测温模块全幅温度传输压缩算法。专门研制控制中心监控软件，接收各机柜温度数据，配置各个部位报警阈值等参数，建立核心部件的温度变化曲线。

4 应用场景

开关柜精巧型红外成像测温模块价格较低，柜内部署 1 只红外成像测温模块能满足要求，价格为 3000 元，柜内部署 6 只无线测温装置能满足要求，价格为 6000 元，有推广的价值。应用于石油化工的变电所开关柜的实时温度检测、断路器运行状态的检测及报警、历史趋势分析；部署简单，稳定性高，便于维护，可达到减员增效，防止因开关柜内器件故障造成的人员伤害和资产损失的效果。

5 项目效果和效益分析

开关柜精巧型红外成像测温模块结合现场待测电气抽屉内部署空间狭窄的现状以及全天候的测温需求研发了一款结构小巧，部署简单、监测视野大的开关柜精巧型红外成像测温模块。该模块视场角要远大于传统热像仪，使得可监控的面积更大，实现大视场角的检测，使得在极短的检测距离内的探测面积最大化。与本项目开发的控制中心监控软件数据联动，即可实现接收各机柜温度数据，配置各个部位报警阈值等参数，建立核心部件的温度变化曲线的功能，在获取大量抽屉柜温度数据的基础上，建立基于温度场变化的电气故障诊断方法或模型，实现对低压开关柜核心部件的温度故障进行状态监测和故障预警，实现低压开关柜的“状态检测”。

该项目可推广前景较大，价格和技术性能有优势，并预留了数据接口；推翻了传统的点测温模式，可在其他石油化工、钢铁煤炭等单位的其他开关柜上应用。

自投运以来，在2023年4月16日960变电所通过监测系统发现一次触头发热到87℃的故障，及时进行了处理，避免了非计划停车。

表1

装置	项目		单位	数量	单价(元)	损失效益(万元)
高密度聚乙烯装置	物料	聚合釜乙烯等物料放空	t	10	10000	10
		报废聚乙烯浆折合产品	t	5	20000	10
	清理					10
	产品	正品(终端进料1天，日产按照240吨计算)	t	240	边际贡献4000元/吨	96
	合计					126
	能源	氮气	km^3	10	1003	1.003
		生产恢复，无效用电	kW·h	50000	0.6	3
		D级蒸汽	t	60	110	6.6
		过滤水	t	500	4.25	0.21
		脱盐水	t	500	14.24	0.712
						11.525
						137.5

进口电动执行器国产化替代

完成人：金福鑫　王力强　安经纬　赵纯禹　董怀亮　李立博　李　力　杨树静　李立新

（中国石油锦西石化分公司）

1　项目背景

（1）锦西石化各储运罐区内目前使用的紧急切断阀为2017年厂内罐区增设远程快速切断阀措施项目时所增设，切断阀配套电动执行器均为美国LIMITORQUE（Flowserve/美国），近两年个别执行器多次出现“硬件、编码器、电机超温”等故障，这些故障造成紧急切断阀在紧急状态下不能正常工作，存在安全隐患。所以必须对这些执行器进行修复或替代。

（2）热电生产部6#炉对空排气电动门、主气电动门品牌为意大利BIFFI，这两台电动执行器运行时间已超过运行周期，经常出现报警、跳闸现象，这些故障造成主汽门和对空排气门在紧急状态下不能正常工作，只能使用手动方式开关，存在安全隐患。所以必须对这些执行器进行修复或替代。

2　总体情况

公司各罐区内目前安装的LIMITORQUE品牌执行器共计79台，频繁出现故障的执行器为4台，经判断执行器出现的故障均为内部电路板问题，因为执行器为美国进口品牌，购买时需要找代理商，到货周期长达1年，而且价格昂贵，执行器出现的“硬件、编码器”故障，需要更换执行器内部的主板、编码器、信号反馈板，三个备件的报价就达到5.9万左右，而且还不含到场服务费。所以经商议，决定对出现故障的执行器进行国产化替代。

热电生产部6#炉对空排气电动门、主气门为2002年投入，由于运行时间过长、电动执行器可靠性降低，公司计划于2022年计划对这两台电动执行器进行更新，但是执行器为意大利进口品牌，购买时需要找代理商，到货周期长达1年，而且价格昂贵，后期修理、维护费用昂贵、还需额外支付到场服务费，售后人员到厂耗时长。所以经商议，决定对出现故障的执行器进行国产化替代。

3　技术路线和技术亮点

先对LIMITORQUE品牌、BIFFI品牌执行器的工作原理，一次、二次接线原理弄清，然后比对国产品牌执行器，确保替代后，所有功能一致。然后办理变更，由相关技术及主管单位进行确认后，编制国产品牌执行器询价书进行采购，厂家中标后到现场进行实际测绘，确保执行器与阀杆本身、一次二次电缆能正确连接，货到后到现场进行更换调试。

本次国产化替代的技术亮点就是国产品牌执行器全部为中文显示，造价低，售后服务及时。

4　应用场景

（1）已经对出现故障的汽油罐区363罐的MV3013执行器进行了国产化替代，燃后逐步推广。

（2）已经对6#炉对空排气电动门、6#炉主气门进行了国产化替代，然后逐步推广。

5　项目效果和效益分析

汽油罐区363罐的MV3013执行器国产化替代后，在功能方面和进口品牌执行器一致，无需修改相关操作规程。同容量的执行器，国产品牌的仅2万左右（含到场服务费），从效益上计算，修复一台LIMITORQUE品牌执行器简单更换三个电路板就需5.9万以上（不包含服务费），进行国产化替代后，仅一台执行器节约成本就在4万元以上，如79台执行器到使用寿命后全部更换，可节约成本316万以上。

6#炉对空排气电动门、6#炉主气门国产化替代后，在功能方面和进口品牌执行器一致，无需修改相关操作规程。同容量的执行器，国产品牌的价格仅为原品牌的 40%～60%，并且售后情况得到改善，厂家能够及时到达现场进行问题处理。

附：其他辅助材料(图 1～图 8)

图 1　LIMITORQUE 执行器运行中故障 1

图 2　LIMITORQUE 执行器运行中故障 2

图 3　LIMITORQUE 执行器运行中故障 3

图 4　LIMITORQUE 执行器运行中故障 4

图 5　原 LIMITORQUE 执行器外观

图 6　国产执行替代后外观

图 7　现场操作为中文面板

图 8　分体式结构

锦西石化电加热器国产化替代

完成人：赵纯禹　董怀亮　李立博　王　莹　吴国翠　杨志祥　王　焕

（中国石油锦西石化分公司）

1　项目背景

我国的加热器制造技术起步较晚，改革开放初期工业用电加热器基本上全部依赖于进口。锦西石化重整装置原有电加热器为进口品牌产品，服务成本高，反应速度慢，影响生产进度。

2　总体情况

近年来我国电加热器制造工艺和性能不断提高，国产高端电加热器在石油、化工等领域开始逐步取代国外产品。

锦西石化重整装置原电加热器及控制系统为进口产品，2001 年产品，设备老旧，多次出现故障，影响电加热器正常工作，存在安全隐患。2016 年对这些电加热器进产品升级为扬州优珂产品。改造后，设备运行可靠，保护完善，满足生产工艺需求，服务及时，响应迅速。

锦西石化三千制氮装置内加热炉目前使用的电加热器为 1993 年产品，电加热器接线盒防护等级低（接线端子部分裸露），控制系统落后，不能实现平滑控制温度变化，近几年多次出现故障，影响电加热器正常工作，存在安全隐患。计划对这些电加热器采用同样技术路线进行国产化升级改造。

3　产品特点

3.1　国产化加热器的结构、性能设计

结合现场情况，通过实际使用工况进行换热计算进行校核，并采用有限元模拟现场的温度磁场。最终达到满足现场工艺条件，使加热器稳定工作。

3.2　加热束带 10%~15%的备用元件

在容器内部空间允许的情况下，增加备用元件，其优势是当个别加热元件损坏时，可甩开接线，接上备用元件，保证设备满功率。而国外加热器没有备用元件。

3.3　在现场空间允许的条件下，加大防爆接线腔接，内部由铜排连接改为高温导线连接

增大防爆接线箱空间可以更加方便维修及接线；内部由铜排连接改为高温导线连接后，当个别加热管损坏时，可以不用全部拆掉铜排，直接甩开对应的高温导线即可，减少维修工作量。

4　主要创新点及关键技术

主要创新点为：技术改造、节约采购成本、交货期快、售后及时。

关键技术主要体现在加热元件上，加热元件的寿命是直接影响电加热器使用寿命的关键点：

（1）加热元件外壳采用 INCOLOY800“U”形管状电加热元件，外径为 ϕ12mm，壁厚 1.25mm，具有良好的耐高温腐蚀性能；

（2）绝缘材料采用优质高纯度（纯度达 99%以上）的结晶氧化镁粉，它在高温下仍具有良好的绝缘性能和介电强度；

（3）电阻丝采用优质进口 Cr80Ni80 高温粗直径的电阻丝；

（4）电热元件的封口材料采用耐高温二次固化绝缘密封（环氧树脂），避免加热元件绝缘下降、泄漏电流增大的不安全问题。

（5）电加热器 U 形弯头处经二次挤压成型，确保电加热元件各处氧化镁密度均匀；

（6）加热元件成品后经过高温烧结处理；

（7）电加热元件的引出棒和电阻丝的连接采用柔性连接和氩弧焊接；

（8）加热元件与管板焊接严格按照深口焊工艺要求进行，确保二者之间的焊接牢固、可靠、安全。

以上措施和工艺，可确保加热器使用寿命。

5 国产化的意义及必要性

(1) 国产加热器价格远远低于进口品牌，国产造价约是进口的2/3，大幅降低采购成本；

(2) 进口设备供货周期长，以管束为例，进口设备需要至少12个月以上，这将可能使连续重整装置停产；

(3) 售后服务有保证，当设备出现故障时，国内厂家技术人员第一时间赶到现场进行技术指导及维修，保障装置持续、安全运行；国外品牌，从人员出门开始计时收费且响应速度拖沓；

(4) 维护成本较低，即使设备出现故障需要维修或者更换，价格都远远低于进口的价格；

(5) 进口产品的元件器更新换代较为频繁，可互换性较差。尤其是美国的元器件，受技术所限，国产元器件无法替换，一旦出现问题无法快速及时解决，影响持续安全生产。

6 国产化改造成果

(1) 技术方面：加热器满足工艺参数，运行及控制稳定，既保证了装置平稳持续运行，又推动了优珂技术提升；

(2) 经济方面：节约采购和维护成本；

(3) 货期方面：国外加热器的正常交货周期12个月，国产加热器比国外加热器至少快4个月以上；

(4) 服务方面：即时响应，随叫随到。

锦西石化公司中压变频器国产化替代

完成人：赵纯禹　董怀亮　李立博　李梓硕　王尧　方　原　佟伟弨　焦东雷　王　斌　朱　征

（中国石油锦西石化分公司）

1　项目背景

公司厂内在用中压变频器共计21台，原变频器分别为东芝、西门子、施耐德等进口品牌，运行至一定年限后，伴随内部电气元器件的老化程度，变频器多次出现“模块故障、光纤故障、过热”等故障，而受到进口品牌厂家现场服务费用以及材料采购周期等问题，往往这些故障得不到及时有效修复。但随着国产中压变频器技术的日益成熟，在功能方面已经能够达到用户的现场使用需求，且售后速度快、材料采购周期短，能够保证设备长周期稳定运行。

2　总体情况

目前，公司各配电间在用的中压变频器共计21台，该设备配套的电气元器件中相对而言，功率模块的故障率占比很高，而进口品牌变频器的功率模块等元器件供货周期又极为漫长，技术人员现场服务费较为昂贵。所以，在综合考虑之下，决定对已到或已超使用年限的中压变频器进行国产化替代。

3　技术路线和技术亮点

对进口、国产品牌中压变频器的工作原理、接线以及各设备功能等方面进行确认，然后与国产品牌变频器功能等方面进行比对，确保所有功能一致，能够满足现场使用条件。通过设备采购技术规格书、技术协议等对产品性能、设备型号等进行把关，经几方共同确认无误后，对设备进行采购。设备更新时，由厂家技术人员配合，现场对于变频器配置的各项功能逐项进行验证，确保设备满足生产需求。

4　应用场景

目前，已对公司北蒸馏高压间、碧海高压间、南蒸馏高压间、热电4#炉引风机等7台中压变频器进行了国产化替代，剩余变频器根据各自不同的使用年限逐步进行更新。

5　项目效果和效益分析

碧海高压间进口品牌中压变频器功率模块费用约12万/台，而相同性能的国产品牌中压变频器配套的功率模块费用仅5万左右（含到场服务费），而此变频器功率模块共计24台，如果按照进口品牌费用计算，全部更新至少需要288万元，但国产品牌变频器仅需120万元，可以极大缩减后期的维护成本，并且进口品牌配套设备的供货周期较长，包括技术人员现场服务费用也是国产品牌的几倍之余。如图1～图3所示。

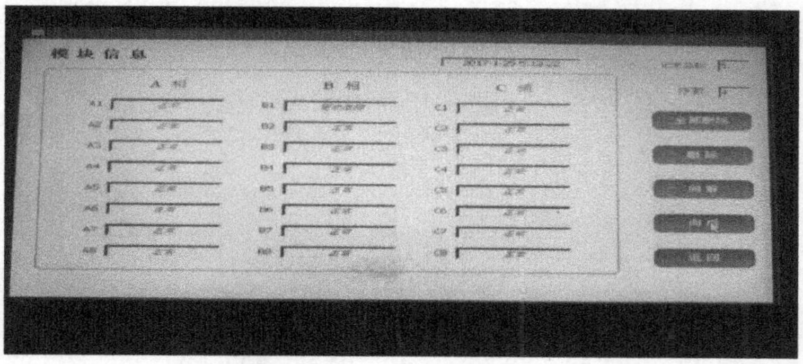

图1　碧海高压间进口品牌中压变频器“功率单元”故障

图2　南蒸馏原进口中压变频器

图3　南蒸馏国产品牌中压变频器

锦西石化聚丙烯装置PDS阀门国产化应用情况总结

完成人：何晓光　付　迪　赵亚超　笪国贵　张秋满　王　琦

（中国石油锦西石化分公司）

1　项目背景

PDS高频阀门是聚丙烯（PP）工段的关键程控阀门，年开关频率在20万~220万次。由于温度交变、超细粉末、气液固三相介质共存、固态介质硬度大、气态介质易燃易爆、高频次开关、动作速度极快、严格顺控、对PDS高频阀门要求就比较高。工艺简介：当搅拌器DC310压力达到1.0~1.2MPa，反应温度到达70℃以上，且床层14点温度有梯度变化时，证明反应器中丙烯反应生成聚丙烯粉末，此时就可以投用出料线A线和出料线B线。工艺流程图如图1所示。

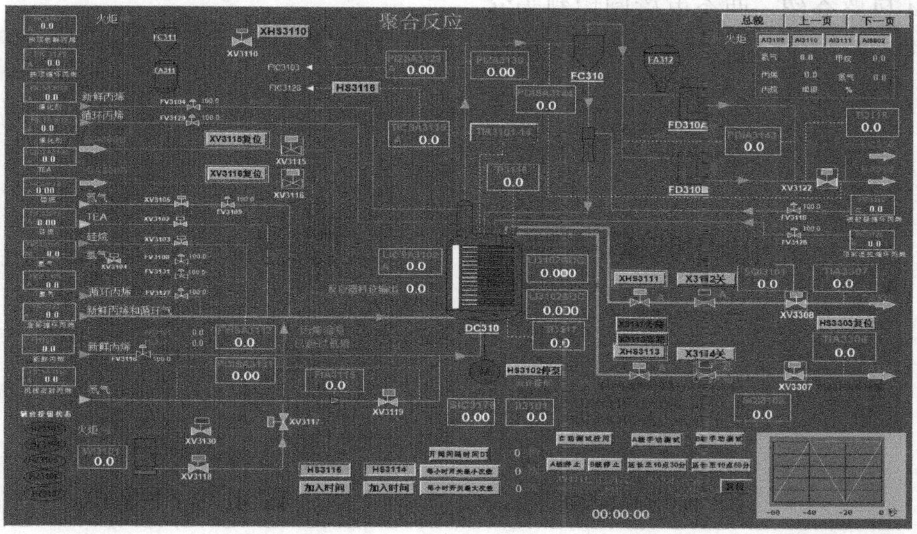

图1　工艺流程

2　总体情况

聚丙烯装置采用的是Novolen气相法工艺技术，可生产43种均聚物和15种无规共聚物。聚丙烯烯装置PDS高频阀门具有以下特点：

极高的动作频率和循环次数，频繁动作对阀门需要极高的可靠性。大量聚丙烯粉末及颗粒，对阀门密封面极度磨损。同时在催化剂的活性下，颗粒硬度大的容易自聚，高频次的动作对阀门的密封面带来磨损非常严重，并容易停留球面与阀座缝隙内，要求阀门在结构上要有耐磨和防尘的特点。工艺要求密封等级高，阀门泄漏等级要求达到Ⅵ级密封。高压差下带细粉及颗粒产品对阀门的冲刷十分严重。适应聚合反应的温差变化，在紧急事故状态下，在高压时会形成低温，要求阀门适应低温达到-45℃。阀门开关时快速动作，开关时间分别要求在2.5S以内。

3　技术路线和技术亮点

国产PDS阀门采用的是苏州安特威阀门，它拥有适用高频开关的专用涂层材料，并具有叠簧补偿、双轴承结构、自密封轴承腔、自动导灰槽结构、双侧刮刀以及多符合填料密封等独特设计，为聚丙烯装置长周期稳定运行提供了保证。国产安特威阀门气路部分采用SMC通用两位三通气控阀，电路部分ASCO WSNF8327B112电磁阀，仪表附件通用性、替换性强，而进口福斯阀门采用的都是进口气控阀，通用性差、可替换性差、低温环境下工作性能差，容易造成阀门卡涩进而堵塞出料线，影响装置正常运行。

阀门动作顺序：当反应器温度和压力满足条件时，首先打开 XV-3307 和 XV-3308；其次打开 XV-3111 和 XV-3113；最后打开 XV-3112 和 XV-3114 即可投用出料线。

通过下面逻辑图可以看出，当 XV-3111、XV-3112 和 XV-3308 有一个阀门回讯故障，均会导致出现料线 A 故障(即停运)；同理出料线 B 线中只要有 XV-3113、XV-3114 和 XV-3307 有一个阀门回讯故障，聚会导致出料线 B 线故障(即停运)。其中 XV-3114PDS 高频阀门厂家福斯，型号 AGGUS FK79M MUP，气缸 FISHER。阀门附件由两个 ASCO 电磁阀、一个 ROSS 两位四通措气阀、一个过滤减压阀和一个回讯器组成。XV-3114 风路介绍：两个电磁阀控制为冗余设计，正常时两个均带电，其中一个出现断电情况另一个电磁阀依然能满足阀门正常动作。措气阀为两位四通措气阀，其中 2 和 4 接到气缸控制开关，其中 1 进气和 3 排气。气路图如图 2 所示。

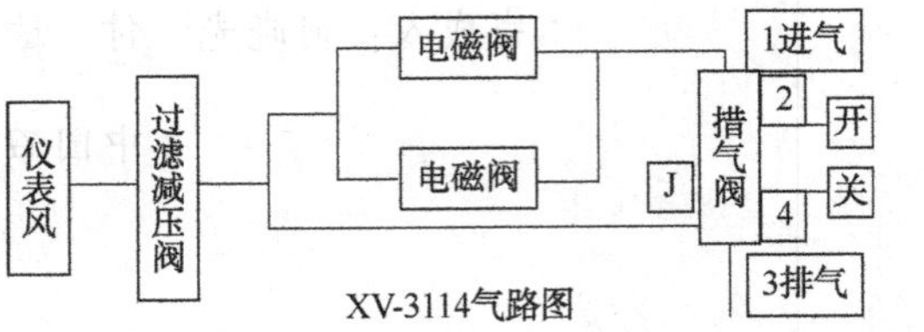

图 2　XV-3114 气路图

其中 XV-3112 厂家为苏州安特威，阀芯型号 ATW，气缸型号 METSO-B1CU13/55CLF。阀门附件由两个电磁阀、两个两位三通气控阀、一个过滤减压阀和一个回讯开关组成。通过气路图可以看出气源故障时阀门位置保持，电源故障时阀门位置为关闭。如图 3 所示。

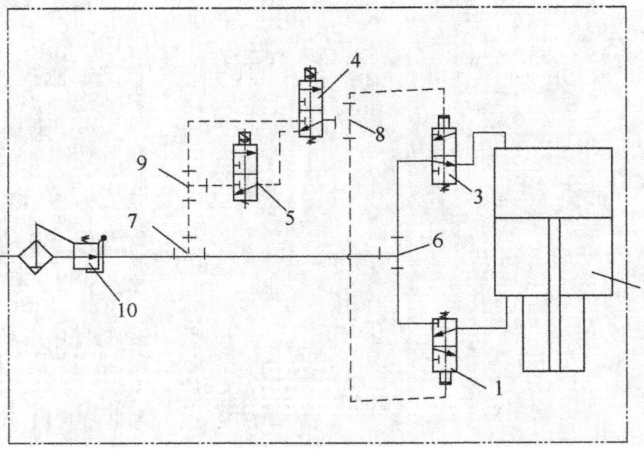

图 3

注：其中实线表示操作气路，虚线表示控制气路；图中 10 表示过滤减压阀，6、7、8、9 表示三通，4、5 表示电磁阀，2、3 表示气控阀

4　应用场景

问题 1：发现出料线 B 线 XV-3114 阀门故障，导致出料线 B 线停运，联系维护人员现场检查阀门情况。

处理过程：维护人员现场检查发现挫气阀关闭侧出风正常，开阀侧出风风量较小，无法带动气缸打开，导致阀门无法打开，进而影响出料线 B 线正常运行。现场仪表维护人员将挫气阀拆卸，并对内部进行清理，发现挫气阀阀杆及进气口杂质较多，清理并重新润滑后进行回装，挫气阀动作正常，阀门开关正常，重新投用出料线 B 线出料正常。XV-3114 阀门卡涩，导致问题 2：阀体故障。

处理过程：操作人员反映出料线 B 线停运，联系维护人员处理，直接用仪表风接入气缸，发现阀门卡涩。维护人员拆阀，发现阀芯与阀座之间有 PP 粉末，导致阀门动作卡涩。

通过上述问题发现，进口阀门在使用过程中，经常出现一些小的故障问题，且在阀门返厂大修过程中，修理周期长，成本较高。其次，进口阀门附件昂贵，采购周期长，不利于装置长周期运行。针对以上问题，采用国产高频阀门代替进口阀门，不仅降低了成本，而且保证了装置长周期运行。

其中在聚丙烯装置开工过程中，进口 PDS

阀门每三个月就要主动更换一次。更换国产阀门后，大大超出了三个月使用范围，而且在检修期间检查阀芯可以发现，XV-3114 磨损程度远远大于 XV-3112 磨损程度。其中 XV-3114 球面如图 4 左图，磨损严重；XV-3112 球面使用时间上远远超过 XV-3114，球面磨损与 XV-3114 一样。

图 4

5 项目效果和效益

通过对以上阀门的国产化改造替代，消除了装置故障，取得了预期的使用效果，解决了大修周期长，成本高的问题。其次，进口阀门附件昂贵，采购周期长，不利于装置长周期运行。针对以上问题，采用国产高频阀门代替进口阀门，不仅降低了成本，而且保证了装置长周期运行。如图 5 所示。

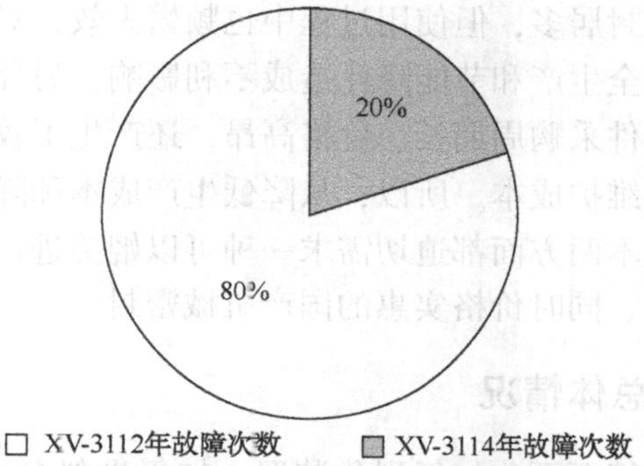

图 5　PDS 进口高频阀门与 PDS 国产高频阀门故障率对比

锦西石化加裂装置原料泵及透平密封国产化应用情况总结

完成人：李　琦　李增强　徐浉平　李广财　宁德君　郭立峰　付　博　王琦喆　吴　宁　吕晨昊

（中国石油锦西石化分公司）

1　项目背景

加氢进料泵是加氢裂化装置的关键机组，负责向系统输送高压进料，其特点是扬程高，转速高。另外其配套的“液力透平”也是装置重要的节能设施，特点是压力高，温度高。目前使用进口密封居多，但使用过程中也频繁失效，对装置的安全生产和节能降耗造成不利影响。另外，由于配件采购周期长、价格高昂，还产生了较高的后期维护成本。所以，从降低生产成本和降低维护成本两方面都迫切需求一种可以媲美进口密封质量、同时价格实惠的国产机械密封。

2　总体情况

锦西石化加氢裂化装置，加氢进料泵（含液力透平）P102A+HT101，扬程 2335m，泵转速 4770rpm，泵出/入口压力 18.2/0.2MPa，液力透平出/入口压力 2.6/15.6Mpa。原密封为约翰柯兰进口产品，于 2014 年投入运行。进口密封在运行中经常可见密封轴向有“油烟”飘出，随着运行时间增加，开始出现隔离液滴漏，颜色变身，滴漏速度变快等异常现象，密封的平均寿命仅为 1 年左右。

回顾 10 年间的检维修过程，密封解体后，多次发现端面有过热、过度磨损迹象，且存在结焦物质，发生过端面裂纹 1 次。

3　技术路线和技术亮点

加氢进料泵及透平的密封设计特点为高温、高压、高转速等参数的叠加，密封负荷特别大，而且此设备对装置长周期和节能至关重要，密封必须保证有很高的可靠性及稳定性，普通结构很难达到要求。锦西石化机动处组织相关技术骨干对 10 年间的检修数据、检修资料进行汇总分析，摸索出了原进口密封的设计思路和结构原理，在此基础上进行替代，确保国产化后功能保持一致。

本次国产化替代的技术路线主要是在模仿进口密封的基础上，进行一些密封结构的改造，通过技术交流后，确定由丹东克隆密封集团负责实施。如图 1 所示。

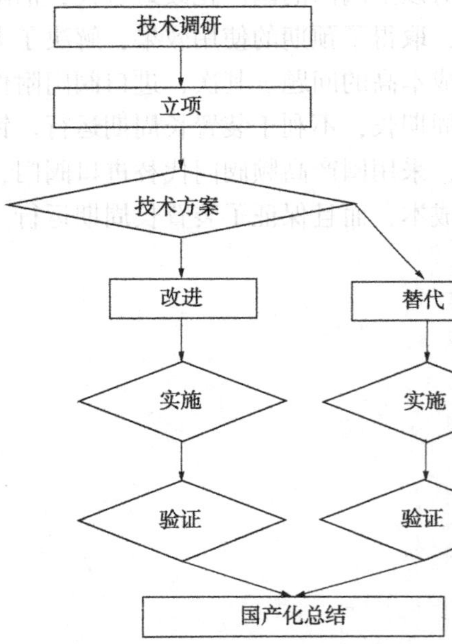

图 1

本次国产化的亮点是在模仿进口密封的基础上进行了结构上的改造和优化，大大提高了密封的可靠性。具体改造如下：

（1）采用平衡性波纹管

此密封为双端面波纹管密封（3CW-FF），介质温度较高，转速较高。本次将波纹管密封进行了改造，采用静止式面对面布置，两侧密封工作时同时承受正压，无论承受正压或者反压，波纹管作用直径均在密封端面范围内，为双向平衡性密封结构，提高密封的可靠性。如图 2 所示。

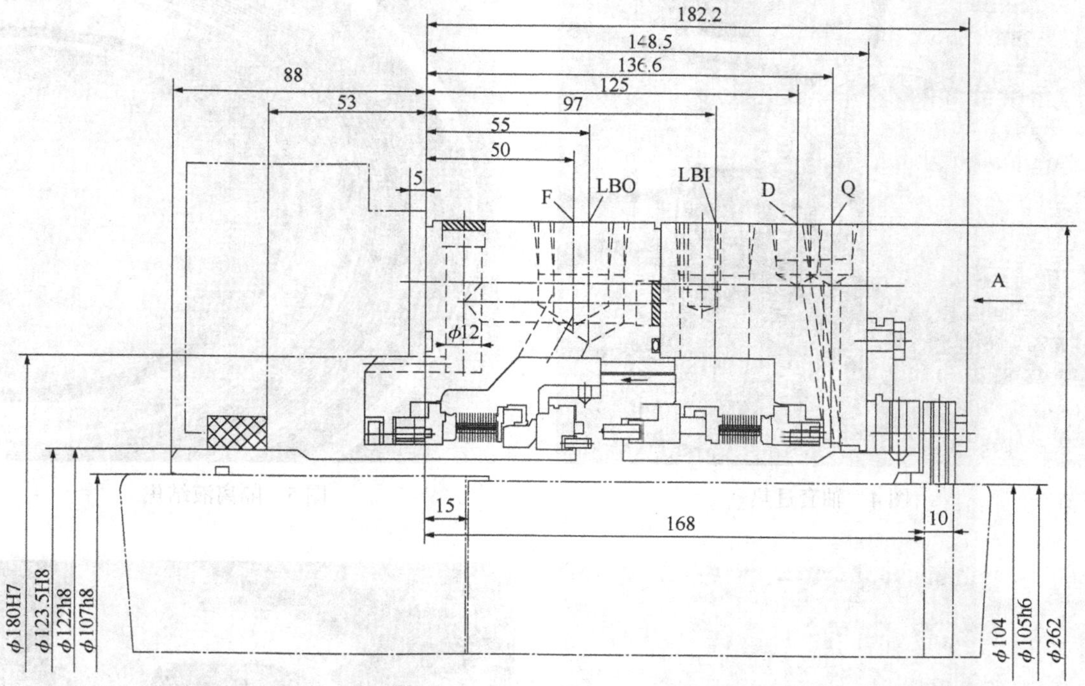

图 2

（2）双泵送环

原进口密封为单泵送环结构，本次改为内外双泵送环结构，增加泵送效率，提高流体的循环能力，更好的带走热量，确保密封处于稳定的运行环境，利于长周期运转。

（3）优化密封冲洗方案

进料泵密封冲洗方案在原 plan62＋02＋53B 基础上增加了 plan32，能够进一步降低密封腔和密封端面的温度，延长使用时间。

4 应用场景

（1）2023 年 5 月首先完成了对液力透平机械密封进行了国产化改造。截止到 2024 年 6 月，国产化密封已经连续运行超过 1 年，达到了原进口密封的平均寿命。

（2）2024 年 1 月对进料泵机械密封进行了国产化改造。截止到 2024 年 6 月，已连续运行 4000 小时，密封隔离液温度由改造前的 105℃降低至 80℃，对降低隔离液结焦，延长密封寿命十分有利。

5 项目效果和效益分析

锦西石化加氢进料泵和液力透平机械密封的国产化已相继完成。目前运行状态良好，性能已完全达到进口产品相同水平。在效益方面，原进口机械密封单套的配件价格为 36.7 万元，国产单套集装价格 21.8 万元，一次检修最少可以增效 29.8 万元。由于设备运行周期逐年延长，检修次数继续降低，增效幅度会更加明显。同时，进料泵和透平的长期稳定运行对装置生产总体平稳和节能降耗方面都起重要作用。

附图：

图 3 端面过热、过度磨损

图 4　轴套过热

图 5　隔离液结焦

图 6　左图进口密封 右图国产密封

锦西石化酸再生装置浓硫酸泵国产化应用情况总结

完成人：李　琦　李增强　徐渐平　王瑞夫　都业辉　李　楠　杨树武

（中国石油锦西石化分公司）

1　项目背景

我公司酸再生装置采用的是美国孟莫克公司的干法制硫酸工艺，原料是烷基化装置退出的废硫酸，经过本装置裂解、净化、转化、吸收四部分，最终再生成99.2%的新硫酸。

酸再生装置干燥塔循环酸泵为装置的重要机泵，输送介质为93.5%浓硫酸，正常流量63t/h，泵出口压力为0.4MPa，操作温度在64℃左右。该泵输送的介质腐蚀性强、输送流量大、温度偏高，同时初始设计为单泵运行，无备用泵，因此要求机泵必须能满足长周期稳定运行（图1）。

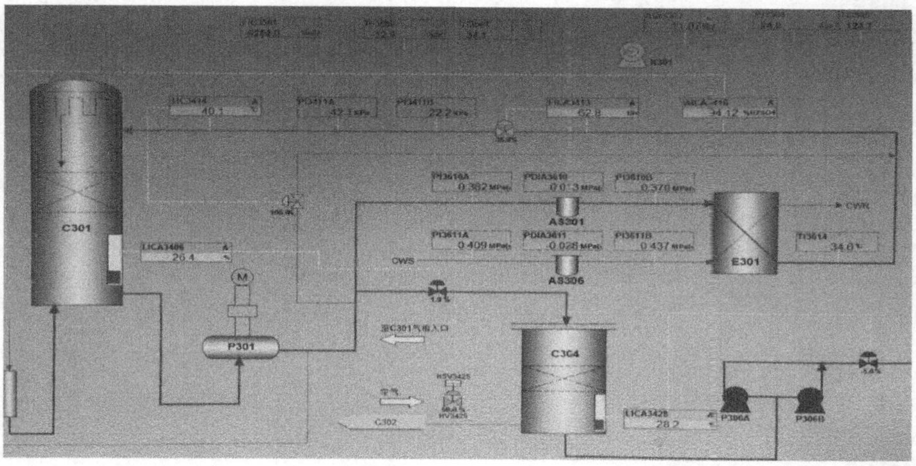

图1

2　总体情况

酸再生装置干燥塔循环酸泵（长轴液下泵）原始设计为美国路易斯泵，型号为MSH-2212-1/2，主要过流部件材质为路密特合金。当前进口酸泵主要选择美国路易斯公司产品，进口设备供货周期长，价格昂贵，技术垄断，使用过程中也存在没到设计寿命就出现泄漏的情况。公司经研判，决定对该泵进行国产化改造，经过招投标，昆明嘉和JHB高温浓硫酸液下泵在我公司酸再生装置成功应用。

3　技术路线和技术亮点

该泵为单级、单吸、轴向吸入径向剖分液下离心泵，应用于硫酸生产中干燥和吸收循环系统及成品浓硫酸输送，供输送温度$T \leqslant 120$℃，浓度为93%～100%的浓硫酸，采用自主研发耐高温耐腐蚀耐磨蚀专利材料。

据了解，硫酸材质是昆明嘉和与中科院金属腐蚀与防护研究所联合开发的JSB系列新型合金材料（发明专利号：ZL2006 1 0010626.6；ZL2010 1 0511348.9），在140℃浓硫酸介质中年腐蚀速率<0.2mm。其中泵体、泵盖、轴、中间接管、出口管、弯管、吸入管选用JSB-1/JSB-2合金，是在传统酸泵材质基础上加入了Ni、Cr、Mo、Cu等元素改良形成的，经正火-回火处理的JSB-1合金金相组织为：球光体+索氏体+球状石墨。由于在其中加入合金成份，一是提高材料本身的耐腐蚀性，二是改善金相结构，细化晶粒，使其在高温浓硫酸中生成致密的$FeSO_4$·

$CrSO_4$·Mo SO_4 胶体，表面形成稳定的复合钝化膜，达到保护材料不受腐蚀的作用。这种材料不但具有良好的机械性能、耐冲刷磨蚀性能，在高温浓硫酸环境中的腐蚀速率仅为 0.2mm/a。

4　应用场景

酸泵主要运用硫磺制酸、硫铁矿制酸、冶炼烟气制酸、硫酸盐制酸、含硫废液制酸以及废酸回收制酸。

5　项目效果和效益

自 2022 年 9 月份安装以来，运行平稳，各项参数满足工艺要求。单台采购价格不到 30 万元，同规格进口酸泵 90 余万元，经济效益明显。

锦西石化烷基化装置反应器水力头机械密封国产化应用情况说明

完成人：李 琦 李增强 徐渐平 李志勇 邵国威 都业辉 李 楠 杨树武

（中国石油锦西石化分公司）

1 项目背景

烷基化装置主要以较为成熟的硫酸法为主，DuPont(杜邦)公司的Stratco工艺是目前全球对烷基化油生产的主要代表性工艺，卧式偏心反应器是当今最为成熟的搅拌混合反应器且市场占有率极高，在我公司烷基化装置应用。

该反应器是一种液压混合机，专门设计用于酸性催化剂对烃类进行烷基化，同时去除烃类化学反应产生的热量，复杂的工艺流程对机封的长周期运行有很大挑战。介质腐蚀性强、黏度大、工况复杂，对密封稳定、长周期的运行有着很大的挑战，以往一直从杜邦进口(福斯代工)如图1所示。

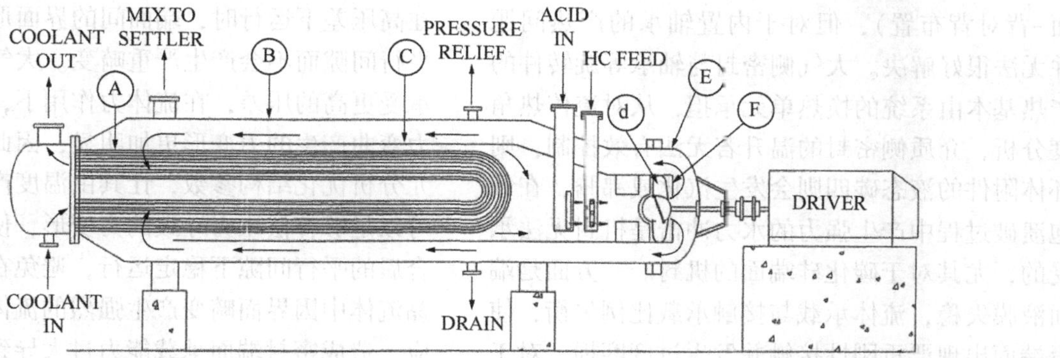

图1

2 总体情况

当前密封系统采用Plan32+53A，密封油选用壳牌31#航空液压油(原厂推荐)，冲洗介质为异丁烷。接触器内流体的循环受到位于液压头特殊轴流式叶轮的影响，物料在抽送过程中，与轴相连的叶轮会遭受流体强力剪切作用及高度湍流冲击，因此轴摆及振动对机封运行的稳定性是有极大影响的。B台在日常运行过程中出现过两次密封失效的情况，主要判断为密封轴套锁紧装置不可靠，尤其在2021年疫情期间突然损坏，无法正常采购到原厂配件，借助丹东克隆对密封开展国产化攻关。第一套使用18000h，由于操作波动的影响造成密封失效，整体看应用效果能满足现场需要。

3 技术路线和技术亮点

3.1 密封与系统方案

密封方案选用布置方式三，3CW-FB A型密封，沿用Plan32+53A，密封油与冲洗液也沿用之前配置要求。介质侧端面采用碳化硅配对碳化硅，大气侧端面采用石墨配对碳化硅；金属材料采用耐蚀合金NS1403；弹簧采用哈氏合金NS3303；辅助O形圈采用全氟醚橡胶。如图2所示。

3.2 结构特点分析

仿照原设计采用内置调心滚子轴承，能够补偿一定的同轴度误差，也可实现自动调心，避免与设备发生轴系干涉或过定位问题，同时具有较好的抗冲击能力及较强的承载能力。不同于以往搅拌器机封轴承的安装位置，此机封将轴承安装在两组端面之间，不仅可以提高机封抗摆能力以及提高轴系的刚性以改善桨叶强烈的振摆情况，同时可以避免远端缓冲套被动承担支点的作用，降低缓冲套间隙处的磨损程度，使其功能性寿命大大延长，这对密封腔的保压及阻隔效果有明显提高。

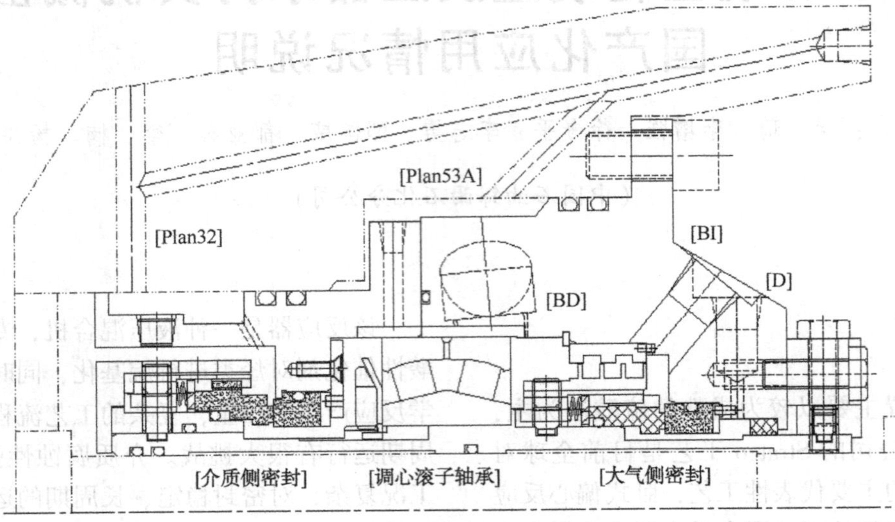

图 2　机械密封结构图

此工况的常规选型一般是 3CW-BB（双端面-背对背布置），但对于内置轴承的产热问题并无法很好解决。大气侧密封与轴承等旋转件的产热基本由系统的换热单元承担，从对流传热角度分析，介质侧密封的温升若无法有效控制，则环体附件的液态碳四则会发生汽化或沸腾，在气泡溃破过程中产生强力的水力冲击是机封无法承受的，尤其对于碳化硅端面的机封。一方面是端面液膜失稳，流体承载与接触承载比例失衡，使得端面出现严重刚性接触并发生过度磨损，对于硬对硬材质的摩擦副端面是不可逆的损坏，极易造成热弹失稳引发严重后果；另一方面是滑动 O 形圈发生频繁"章动"对滑移直径处磨损加剧，易发生早期失效，甚至在 O 圈压缩比过大时，弹簧无法提供足够的补偿克服阻尼，在频繁的水力冲击中发生端面崩牙，造成环体破裂。

因此在考虑传热效应的情况下，将机封采用串联布置。对于介质侧密封而言，由于 Plan32 冲洗存在强制对流现象，因此根据牛顿冷却定律 $Q=\alpha A(T-T_w)$ 可知，增加环体的对流换热面积并充分利用低温碳四的冲洗效果，可以有效达到降温的目的；在密封腔内，由于转速较低，旋转件引起的黏滞阻力在冲洗流换热的情况下，所产生的热量并不会对介质侧密封所处的密封腔环境造成影响，因此端面接触摩擦产生的热量为密封腔内的主要热源。对于大气侧密封而言，需保证其在高压差下运行时，端面间的界面形状保持趋近平行间隙而不会产生严重畸变。大气侧密封由于承受更高的压差，在流体力作用下，截面形状受力弯曲产生的力变形更加明显，因此需通过有限元分析优化结构参数，让其由温度产生的热变形可以足够补偿压力导致的力变形，使得端面在耦合后的平行间隙下稳定运行，避免在油类这种高黏流体中因界面畸变产生强烈的流体动、静压效应，造成密封端面承载能力过大导致开启或流体承载力过小，导致端面刚性接触而发生严重磨损。

4　应用场景

通过实际使用效果来看，烷基化卧式反应器水力头机械密封的国产化应用基本成功，使用寿命及各项参数与进口机封相比基本一致。

5　项目效果和效益

目前已使用超过 1 年以上，机封运行平稳，从拆解照片来看，端面摩擦痕迹均匀，未发生严重磨损，与前期设计结果基本保持一致。进口密封进行国产化改造后，完全满足装置运行，运行效果良好，节约采购成本，缩短采购周期。

连续重整装置进口提升风机国产化

完成人：原　泉　陈明忠　张海涛　马德友　李玉杰　徐照宇　赵忠超

（中国石油哈尔滨石化公司）

1　项目背景

我公司连续重整装置提升风机是由某进口公司制造，该风机于 2009 年投运，主要作用是通过提升氮气将流至 L 阀组的待生催化剂吹出并通过催化剂提升线送至分离料斗进行分离，分离后的氮气回到风机入口后完成整个氮气循环。由于该风机是反再系统的关键设备之一，设备运行时间较长，故障率高，维修工期紧，无法实现精修，一旦设备发生故障停机，将造成催化剂再生系统热停车，如短期无法维修完成时，将造成催化剂无法完成提升循环，长时间会致使催化失活，严重时造成再生器超温联锁，直接影响装置催化剂再生系统的安全平稳运行，乃至整个装置的长周期运行。同时由于该风机为进口设备，备件采购费用高，且供货周期较长，也制约了整个装置长期稳定运行。

综合上述因素，经过调研国产风机技术成熟，可以达到降低维修费用，保障装置长周期运行的目标。在 2023 年大检修期间，我公司对该风机进行了国产化。

2　总体情况

该项目于 2022 年 11 月开始进行立项实施，项目委托设计院设计完成，项目于 2023 年 6 月利用全公司停工检修期间实施现场安装施工，项目主要是委托设计院进行设计核算，利用现有场地，在原有风机东侧空地安装国产化提升风机及其辅助配套设备设施，国产化提升风机是由某石化技术装备工程有限公司制造，该风机与一般整体式齿轮增速离心风机不同，风机采用立式结构，具有结构紧凑，占地面积小的突出优点。

3　技术路线和技术亮点

（1）由设计院按照风机运行参数和现场实际运行工况等数据，按要求进行核算、设计、选型、采购。

（2）设计院对国产化风机基础及管路布置进行现场核实确定，并进行设计核算，保证工艺需求和运行寿命。

（3）国产化提升风机属于整体式齿轮增速离心风机，风机通过三维 CAD 软件进行整体设计，结构高效紧凑。过流部分采用 NREC、CFTURBO 等软件进行了 CFD 流场高效优化设计，使风机具有较高的效率和优良的气动性能，入口压力可达 15. 0MPa。工业运行证明，性能达到进口风机同类水平。高速风机采用模块化设计，本体由增速箱，密封体，过流部分等几部分组成，结构高效紧凑，运行使用维护方便，部件通用性强，备件供应响应速度快。增速箱箱体采用航天级铝合金精铸，加工中心精密加工而成，具有强度大，精度高，不易变形，重量轻等优点。

4　应用场景

国产化风机采用撬装形式布置安装，具有安装方便、占地面积小、结构紧凑、检修空间充足、操作方便等优点。目前国产化风机运行状态良好，风机振动值为 0. 7mm/s，其它各项参数均在指标范围内，其配套的流程设施运行状态良好，达到了预期效果。如图 1、图 2 所示。

图 1

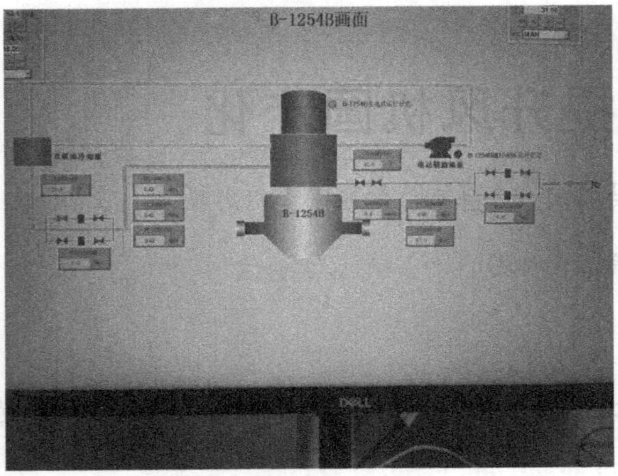

图 2

5 项目效果和效益分析

(1) 风机国产化后，可以高质量实施精修，保证维修工期和维修质量，保证风机安全平稳运行的同时，可有效降低风机的故障率及维修费。

(2) 风机国产化后，避免由于国际关系等因素，造成配件无法采购或采购周期长等问题。

(3) 风机国产化后，避免了设备故障导致的再生系统热停车事件的发生及再生系统的生产波动，保证了装置的平稳运行，可节约氮气约 $900Nm^3/h$。

控制系统 100%国产化升级实践

完成人：原　泉　陈明忠　刘晓峰　李宪文　刁振江　刘树财　刘　宇

（中国石油哈尔滨石化公司）

1　项目背景

长久以来，我国化工行业于控制系统领域过度仰仗进口，这不但给国家经济安全潜藏了一定的风险，而且在国际贸易摩擦与技术封锁的局势之下，诸多问题纷纷暴露无遗。故而，推动控制系统的国产化，已然成为化工行业前行的必经之路。化工行业作为国民经济的关键支柱产业，其稳定有序的发展举足轻重。

依照老旧装置电子设备超过 15 年的准则，对哈尔滨石化的各个装置展开排查，确立了 2023 年长期服役 DCS 隐患治理项目。此项目涵盖两套催化、连续重整、PSA 机组、化学水、调和等 9 套系统，15 套远程机架。这些项目原本均采用 Honeywell、uop、tricon、西门子等国外产品，存在核心控制加密且不对用户开放的状况。此次升级改造相当于全厂主装置均有较大变动，故而需要有清晰明确的目标纲领。在当今国际形势多变、大国博弈激烈、地缘政治复杂的背景下，为顺应时代的发展潮流，在立项之初，就确立了长期服役 DCS 隐患治理项目的基调：达成 100%国产化。

2　总体情况

长期服役 DCS 隐患治理项目，对厂内 4 套装置（Ⅰ催化装置、储运油品调合、Ⅱ催化装置）的 DCS 进行了整体更新；对Ⅰ催化装置、常减压装置、甲乙酮装置的 SIS 实施了整体更新；在中心控制室新增甲乙酮装置、Ⅱ催化装置、加氢改质装置、气分装置 SIS 辅操台和远程 IO；PSA 装置 CCS 实现了整体更新；重整装置 CRCS 完成了整体更新；将动力车间化学水 PLC 更替为 DCS；对全厂 200 个主要控制回路 PID 予以评估与整定；对全厂主要装置在用 DCS 的操作站和服务器（总计 43 台）开展了硬件及软件升级；对全厂主要装置在用 SIS 的操作站和工程师站（共 16 台）进行了硬件及软件升级。通过对上述控制系统的优化、整合与更新。自筹备起始，摆在眼前的首要任务便是优选国产系统，如何与既有系统相互适配，能否彻底实现国产化替代，需要严谨缜密的科学论证，既要为日后的数字化转型铺平道路，也要充分利用好大修这个难得的窗口期。

3　技术路线和技术亮点

在 2023 年的大检修过程中，凭借组织调研、方案比对筛选、技术研讨攻关的持续努力，成功达成了多套系统的 100%国产化替代。其中，连续重整 CRCS 系统升级，汽柴油调和实现国产化运作，四套装置 DCS 系统、三套装置 SIS 系统以及 PSA 机组控制系统皆圆满完成国产化替换，在石化企业的升级改造中全部实现的情形极为罕见。

特别是连续重整 CRCS 系统和油品调和系统、离心机组的国产化升级。

连续重整装置所采用的催化剂再生工艺为 UOP CycleMax 铂催化剂重整再生工艺，将重整反应器中的催化剂通过反应器-再生器进行连续再生，恢复其活性后再送回反应系统加以运用。连续重整装置，作为公司的一类装置，乃是生产高辛烷值汽油的核心装置，也是最主要的产氢来源，确保四套加氢装置的运行。鉴于连续重整高温低压低氢油比的特性，再生系统的稳定运行，乃是重整的关键核心所在。

通过选用本公司统一的浙江中控的国产硬件，采用浙江中控的国产 TCS900 系统，成功攻克了与 DCS 通讯转换编译的难题，解决了优化自适应模式的问题，完善了再生 2 块微量氧分析仪表的在线切换功能。既实现了开放所有的内部原程序代码，又实现了成本的大幅降低。

其中最关键的是自适应模式，自适应模式补充阀系统的功能就是减少闭锁料斗的两个均衡阀的启闭动作所导致的闭锁料斗缓冲区中的压力波动。其目标就是使得闭锁料斗缓冲区和再生催化剂二次提升管之间的差压保持恒定，从而将再生催化剂提升速率的波动减小到最低限度。自适应模式是外国封锁的关键技术，是控制稳定的关键。如图1所示。

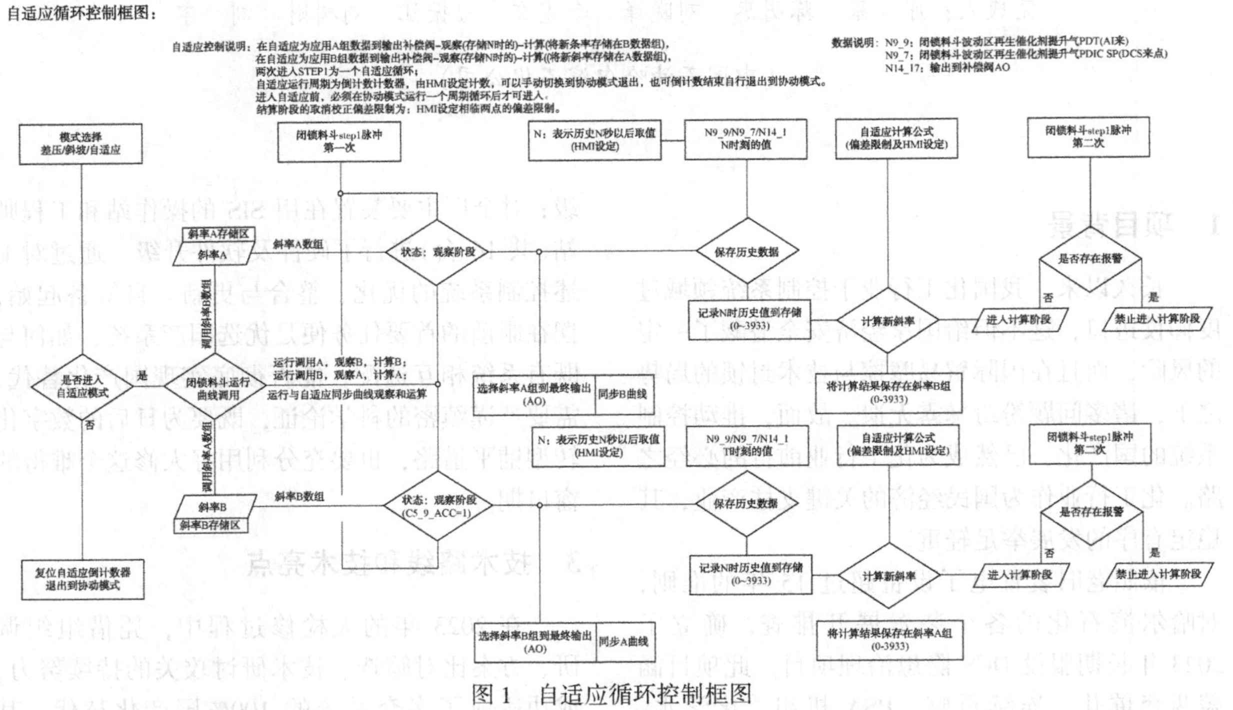

图1　自适应循环控制框图

更为重要的是，实现了程序代码的全部国产化及开放，这不但彰显了对国产化技术的充分自信，也为后续的技术升级和创新创造了有利条件。

系统已连续平稳运行一年，其控制性能及自适应控制模式可与原UOP系统相媲美，充分验证了国产化替代的成功与可靠。这一成果不仅为企业带来了直接的经济效益，也为化工行业的国产化进程树立了信心与典范。

本次改造的第二个重点，在于应用国产的油品调和系统，调和系统长期被honeywell等外国公司所垄断，若要实现100%国产化，必须勇敢迈出这关键的一步。前期，对国产浙江中控和和利时进行调研，均提示具备相关系统，但实际回访却存在较大的功能差异。通过一系列的技术交流、对接以及功能开发等工作，成功实现了该项目单泵组双调合头的调合工艺模式。汽油在线管道调合系统设计兼顾连续调合模式与间断调合模式两种调合方式。如图2所示。

汽油产品的调合组分将加氢轻汽油、MTBE、重整汽油、加氢重汽油、加氢汽油、烷基化油、抽余油等产品质量全部达到国VI标准。一次开车圆满成功。

在一催化、二催化控制系统国产化升级过程中，充分剖析了解控制系统国产化后带来的控制算法的差异，重新对控制回路的PID进行了整定，对控制算法予以了优化。

另外，针对离心机组也实施了国产化升级，例如，一催化主风机，PSA机组，一催化主风机主备机原本由西门子控制系统把控，PSA装置压缩机组由1台离心机和2台往复机组成，原控制系统采用GE公司PACSystemsTM RX3i控制系统，两套控制系统自1998年建成以来，运行了23年，系统老化，硬件停止生产，系统多次出现故障。在本次改造中，结合沈阳鼓风机集团自动控制系统工程公司的机组控制能力，顺利完成了机组控制系统的国产化改造，与采用美国TRICON公司的产品相比，成本节约超过80万。

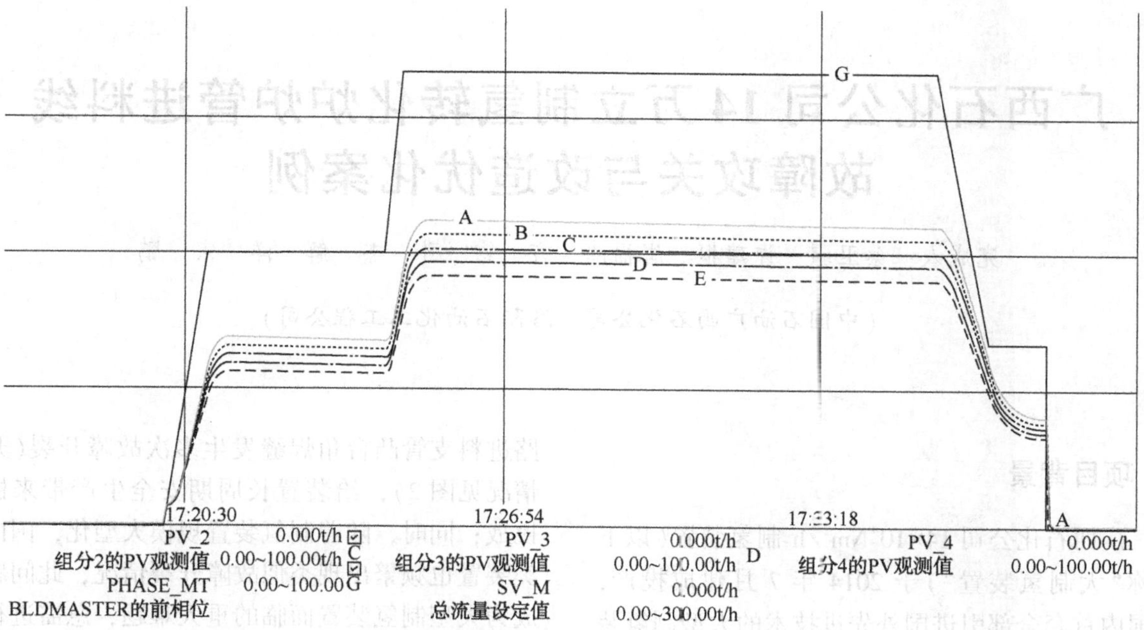

图 2 调合批次组分流量控制曲线

4 应用场景

目前升级的控制系统基本是九十年代建设的，当时我国尚无能够与外国产品相抗衡的控制系统产品，致使当时的控制系统基本选用国外的产品。当下依据老旧装置评估标准，均已到了应当升级换代的时刻，是继续选用国外产品，还是选用国产化产品，面对当今时代脱钩断供的“卡脖子”行为，国产化势在必行，被赋予了全新的时代意义。尤其是我国广泛采用的美国 UOP CRCS 控制系统、油品调和系统，成功摒弃美国 SM、TRICON 系统，选用国产浙江中控系统，在国内尚属首例，为其他企业的升级换代，提供了更多的国产化方案参考，具有极其广泛的推广价值。

控制系统 100%国产化的成功实践，具有多方面的重要意义。一方面，它增强了我国化工行业的自主创新能力，提升了行业的核心竞争力。通过自主研发和国产化替代，我们能够掌控更多的核心技术和知识产权，减少对国外技术的依赖。另一方面，国产化降低了成本，提高了企业的经济效益。此外，国产化还有助于保障国家经济安全和产业安全，避免在关键技术上被他人牵制。

5 项目成果及效益分析

本次改造，通过统一招标的方式，选用了浙江中控的产品，在确保硬件统一的基础上，将功能程序国产化，保障了后续数字化应用的拓展能力，为企业应对瞬息万变的国际形势，筑牢了防线。通过选用国产系统，将进口系统的投资预算从 1200 元/点，降低至 680 元/点，并且内部安全栅也采用了国产系列，由选用英国 MTL 等品牌的 260 元/点，降至 160 元/点，连续重整再生系统升级，在成本方面，成效显著，其他石化企业升级进口系统的费用在 240 万–350 万之间，而 UOP 原厂升级报价高达 70 万美金，我企业仅用 168 万就完成了整个国产化升级过程，实现了大幅度降低成本。油品调和的费用也从动辄几百万降低到百万级别左右，此项目与其他同类企业升级相比，整体实现了节省约 30%的投资，软硬件费用节约约为 350 万元，在节约成本的同时，实现了完全自主、完全开放、性能可靠，一次开车成功。

此外，行业标准和规范的完善也是推动国产化的重要保障，本次国产化改造也依托于国产化工程整体实现了技术飞跃，拥有先进可靠的优秀系统可以依赖，有优秀的团队可以攻克技术壁垒，为国产化道路提供可靠保障。

总之，连续重整 CRCS 系统，油品调和等一系列 100%国产化升级乃是化工行业控制系统升级的一个成功范例。彰显了企业在技术创新和国产化替代方面的能力与决心。未来，我们应当继续坚定不移地推进控制系统国产化，加强技术研发和创新，提升国产化产品的质量和性能，为我国化工行业的可持续发展和国家经济安全贡献更大的力量。

广西石化公司14万立制氢转化炉炉管进料线故障攻关与改造优化案例

完成人：蔡卫疆　许建枢　唐福鸿　言　钧　孙　杰　解　洋　宋　鹏

（中国石油广西石化公司　洛阳石油化工工程公司）

1　项目背景

广西石化公司 $14\times10^4Nm^3/h$ 制氢装置（以下简称“大制氢装置”）于2014年7月建成投产，是国内首套全部引进国外先进技术的大型制氢装置，也是目前国内最大的单系列烃类水蒸气转化制氢装置。大制氢装置造气部分引进德希尼布公司的轻烃水蒸气转化技术，由洛阳石油化工工程公司设计，转化炉炉管进料管系由转化炉原料/蒸汽过热段（以下简称“CE202”，设计压力3.4MPa，设计温度690℃，外径660mm、厚度43mm、材质为TP347H）、进料集合管和九路支管（设计温度690℃，设计压力3.45MPa，集气管总管外径762mm、厚度50mm，支管外径219mm、厚度12.7mm）、378根炉管和冷壁集合管等管道组成，原料经CE202加热至600℃后进入进料集合管，分九路进料支管进入转化炉炉管进行转化反应后，进入出口冷壁集合管。

自装置开工至今，转化炉CE202出口管线发生焊缝故障开裂（开裂情况见图1），集合管九

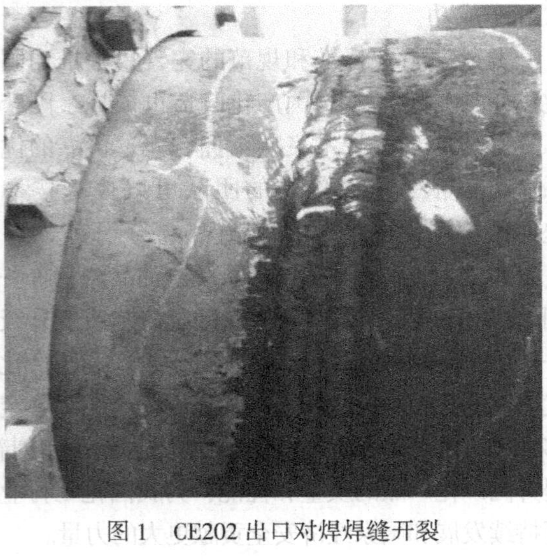

图1　CE202出口对焊焊缝开裂

路进料支管凸台角焊缝发生多次故障开裂（开裂情况见图2），给装置长周期安全生产带来极大挑战；同时，随着制氢装置规模大型化，国内同类装置也频繁出现类似故障开裂情况，此问题已成为大型制氢装置面临的重大难题，急需进行研究和攻关解决。

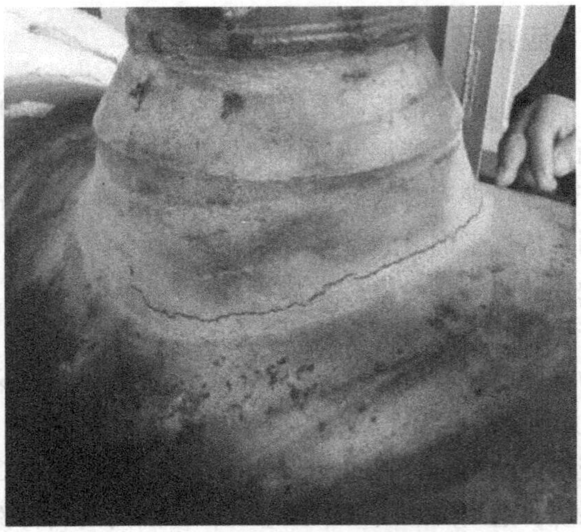

图2　九路进料线凸台角焊缝开裂

2　总体情况

广西石化公司根据大制氢装置转化炉炉管进料线CE202、九路进料线集合管先后出现的故障开裂情况，以工程实际情况出发，组织相关专家开展原因分析和理论研究，通过分析比较国内同类装置问题情况，多次的专家论证和现场实践，采取了有效的措施，成功解决了转化炉进料线频繁故障开裂问题，至今已连续运行48个月，实现装置长周期稳定运行。主要解决以下两个方面的问题：

2.1　转化炉进料线CE202出口焊缝故障开裂

转化炉进料转油线CE202出口至进料集合管的第一道焊缝（尺寸 $\phi660\times43mm$，材质

TP347H)发生2次故障开裂，裂纹长度1380mm，超出管口周长3/4，且焊缝表面有横向裂纹，造成介质(甲烷、水蒸气、CO)泄漏。通过与设计单位(中石油洛阳工程有限公司)和工艺包供应商共同研究分析，认为主要因刀状腐蚀及热应力等综合因素导致管线焊缝开裂。经验研究分析，采取以下两方面措施：

(1)管系应力消除和布局优化。由于国内无同规模的制氢装置运行经验，转化炉的进料管线布局无相关经验借鉴，需要根据现场工程实际和理论计算相结合，不断进行调整优化，有效消除二次应力。通过前期数据积累，根据管道材质、设计温度、管径、壁厚等因素，进一步对管系进行应力计算，通过调整管系支撑布置，CE202出口集合管处由南北向滑动改为限位，在弯头处紧靠弯头增加一个刚性吊架，对原来的刚性吊架吊点进行加高处理，减小吊杆摆角，有效降低管道热膨胀应力值，二次应力水平由原来的50%降低至10%，全面改善管系二次应力受力情况。

(2)优化修复焊接工艺。针对管道焊缝开裂的情况，结合前期工程经验，对焊缝修复的工艺进行研讨和优化，有效保证焊接质量。首先，在裂纹终止点向下约20mm处进行打磨，打磨至距管内壁约15mm，打磨出防止裂纹延伸的断开点；第二步清除裂纹，使用角磨机进行清除，直至PT无损检测到无裂纹出现为止，并处理好坡口做好焊接前准备。第三步焊接修复，产生裂纹部分每焊接一层焊缝需进行一次PT检测，当产生裂纹部分打底焊+填充焊焊接层厚度达15mm时，未产生裂纹部分经角向磨光机打磨修整到距管内壁15mm，即形成一圈完整的同等厚度的焊缝，对产生裂纹部分的补焊焊缝和未产生裂纹部分一起进行RT无损检测，焊缝最终施焊完成后，焊缝表面检查无裂纹、未熔合、气孔、夹渣和咬边等缺陷，再对整圈焊缝表面进行PT、UT无损检测。

2.2 进料集合管九路支管角焊缝开裂

转化炉九路进料线集合管与支管采用凸台锻件连接，凸台连接角焊缝连续多次出现裂纹(见图3)。通过与设计单位(中石油洛阳工程有限公司)和工程建设单位共同研究，进行建模和应力计算分析，结果显示正常操作态下，集合管本体、加强接头处和支管焊缝处应力值均超出许用值范围。同时，使用焊接凸台结构，使用的TP347焊材会形成大量焊接融合部位，存在高温塑性差的问题。经研究，主要从以下两方面进行改进优化：

(1)优化集合管与支管接口形式。首次尝试采用拉拔式三通代替原凸台结构，减少TP347材质的焊接工作量。通过应力计算，拉拔式三通结构形式的集合管，多个拔头两孔间的有效补强面积远大于需补强面积，拔口尺寸基本满足补强要求。

(2)优化焊接工艺。使用英国曼彻特高温3XXH类不锈钢用16.8.2实心焊丝(全氩弧焊接)代替伯乐347H不锈钢焊条(药芯焊丝打底)，该焊材适用于焊接钛和铌稳定的18/8高碳奥氏体不锈钢321H和347，其高温塑性优于347H不锈钢焊条。

图3　凸台连接部位焊缝开裂

广西石化公司与设计院、工程建设单位进行了多次论证和现场考察，从管线布局、应力分析、焊接工艺、焊材选取、结构优化和工艺操作等多方面，进行了模型分析和多次试验，全面研究转油线管系开裂的具体原因，力争彻底解决转油线管系频繁开裂问题，并在实践中逐步应用改进。目前，已实现制氢装置连续48个月的长周期稳定运行。此案例从转化炉进料线开裂的原因分析、理论计算、设计优化、工程实施、效果验证的全流程实施，有效解决国内同规模制氢装置的难题，可在同行业内进行推广。

3　技术路线和技术亮点

本案例以工程实际为依托，通过不断地积累经验，比较分析，技术迭代，在管线布局、应力分析、焊接工艺、焊材选取等方面经过反复研究论证，通过调整管系布局、改进九路进料线集合管结构、优化焊接工艺进行改造优化。主要技术路线有以下三个方面：

3.1 解决大型制氢装置转化炉高温进料转油线二次应力问题

14 万立制氢装置是国内最大规模运行装置，大型转化炉和相关热力管道无相关工程应用经验，进料转油线存在二次应力问题，在临氢材质的影响下，频繁发生故障开裂的情况，无法达到长周期运行的要求。通过生产过程中数据积累，进行理论计算和实践应用相结合的方式，进行技术迭代。对进料管线布局进行优化调整，通过调整，核算二次应力，在对比原方案(见图 4)和新方案(见图 6)的二次应力计算结果(见图 5、图 7)，二次应力水平由原来的 50% 降低到 10% 左右，管线受力情况得到有效改善，解决长周期运行问题。

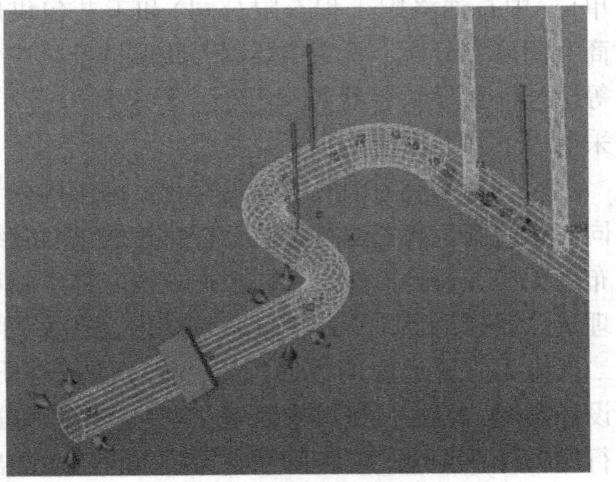

图 4　原方案(原安装方案)

CASE 5 (EXP) L5=L3-L4

NODE	Bending Stress KPa	Torsion Stress KPa	SIF In Plane	SIF Out Plane	Code Stress KPa	Allowable Stress KPa	Ratio %	Piping Code
1	92451.9	-3263.9	1.512	1.260	92566.5	205101.3	45.1	B31.3

图 5　原方案二次应力计算结果

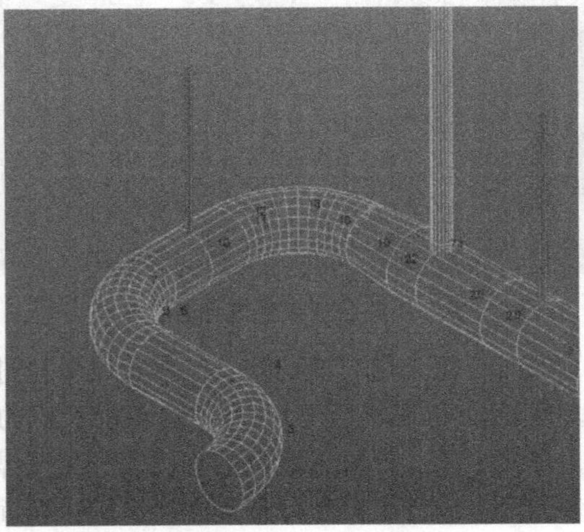

图 6　新方案管道布局

3.2 拉拔式三通结构集合管在制氢装置实现首次应用

国内制氢装置的转化炉进料集合管和支管普遍采用凸台结构连接，因焊接过程的热应力的影响，在实际运行过程中造成焊缝开裂情况频繁发生。通过对九路进料集合管建立三维模型(图 8 三维模型)，采用拉拔式三通代替原凸台结构后，采用 Ansys workbench 静应力计算，通过热处理冷却降温过程温差应力计算，加强接头焊缝处应力值超过屈服强度；操作态应力计算(内压+节点弯矩+节点力+温差)，集合管本体、加强接头处和支管焊缝处应力值均超出许用值范围。加温差之后各处应力值减小，温差应力和内压以及外部弯矩产生的应力方向相反，两者叠加之后综合减小。通过计算，多个拔头两孔间的有效补强面积远大于需补强面积，拔口尺寸基本满足补强要求，理论上可行。集合管经改造后，已连续运行 48 个月，相比之前最长 15 个月的运行周期有明显改善，基本解决凸台焊缝开裂问题。

CASE 5 (EXP) L5=L3-L4

NODE	Bending Stress KPa	Torsion Stress KPa	SIF In Plane	SIF Out Plane	Code Stress KPa	Allowable Stress KPa	Ratio %	Piping Code
88	25486.7	88.8	1.000	1.000	25487.3	204560.0	12.5	B31.3
90	11204.7	-88.8	1.000	1.000	11206.1	205664.4	5.4	B31.3
90	11204.7	88.8	1.000	1.000	11206.1	205664.4	5.4	B31.3
1	14474.7	-88.8	1.575	1.575	14475.2	205455.2	7.0	B31.3
1	13833.6	88.8	1.512	1.260	13834.2	205504.7	6.7	B31.3

图 7　新方案二次应力计算结果

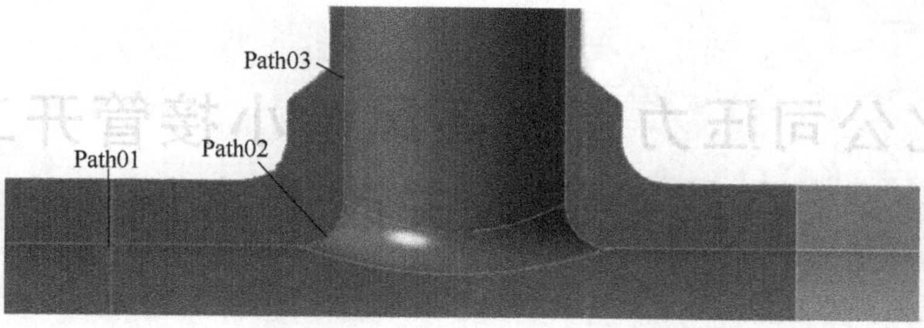

图8　九路进料线模型

3.3　优化焊接工艺

前期工程建设中，管道焊接均使用伯乐347H不锈钢焊条，该焊材适用于焊接钛和铌稳定的18/8高碳奥氏体不锈钢321H和347。经过焊接试验和市场调研，使用英国曼彻特高温3XXH类不锈钢用16.8.2实心焊丝，该焊材优化了其焊接组织的高温性能，使用于工作温度达800℃的高温服役，其较低的铬+钼总量及严格控制的碳元素及铁素体含量保证了焊缝金属具有很强的抗金属间化合物导致的热脆性的能力，从而可平衡并控制在650℃以上服役时，长期高温滞留可能造成的不利影响。同时，该焊材可以避免厚度大于12mm结构的焊接热影响去在服役中失效，同时取消了焊后热处理的工艺。

4 应用场景

本项目主要应用于大型制氢装置转化炉转油线管系开裂的故障消除，为解决国内大型制氢装置面临的普遍性难题，提供了有力的实践探索和经验。同时，也可以应用于大直径、高厚度、长期运行在600℃环境下的TP347工艺管道的设计、焊接以及制氢、乙烯等高温转化/裂解炉的设计、选材、焊接等优化方面。

5　项目效果和效益分析

5.1　效益分析

14×10^4 Nm^3/h 制氢装置转化炉进料线开裂故障消除，保证了装置长周期平稳运行，对比前期13个月/次的故障频率，从效益角度分析，因管线开裂故障造成了直接损失预计为400万元/年，主要为消除故障的施工费用约50万元/次，装置开停工直接经济损失约350万元，主要包含原料消耗、动力燃料消耗。因制氢装置停工对全厂用氢装置生产造成的严重影响，对公司经济效益带来巨大的间接损失。同时，制氢装置的长周期平稳运行，带来的安全环保效益，消除了潜在的安全生产风险，其价值已远超其带来的经济效益。

5.2　项目效果

通过调整管系结构，降低转化炉进料管系的二次应力，从而消除CE202处管线开裂故障；通过改进九路进料集合管的结构，由凸台结构调整为拉拔式三通，降低运行状态下管线应力，有效提高九路进料集合管线的长周期运行能力；对TP347材质焊接工艺的不断摸索和技术迭代，解决了影响装置长周期运行的难题。大制氢装置实现了连续运行48个月的长周期平稳运行，为解决国内大型制氢装置同类问题提供了参考和借鉴，为装置的安全、平稳运行奠定了基础。

广西石化公司压力管道高风险小接管开工状态下在线处置攻关改造案例

完成人：刘宝哲　许正财　唐钰淏　高佳龙　白得勋　金成哲　赵　云
杜维有　葛　品　解　洋　李　兵　王建生　魏鑫波

（中国石油广西石化公司）

1　项目背景

广西石化公司十万吨级码头筹建于2005年5月，于2009年投用，输送介质主要有原油、汽油、柴油、航煤、三苯(苯、甲苯、二甲苯)，每条油品管线在设计时考虑低点排凝均设计有ϕ25mm、ϕ32mm、ϕ45mm、ϕ57mm小接管。由于小接管壁厚均较主线壁厚要薄，且长期暴露在海洋大气环境中，受海洋腐蚀环境大气腐蚀、海盐沉积、Cl^-腐蚀、盐雾腐蚀、微生物腐蚀等诸多因素影响，极易在在用压力管道小接管表面形成点蚀、直至穿孔泄露，若出现泄漏只能通过退料、置换、吹扫以满足动火条件后方可处理。届时工艺处置难度大，修复成本高，同时将会严重影响公司原油接卸和成品油下海任务及市场供需。

为了保障原油接卸和成品油下海任务，保障市场供给，降低压力管道运行安全风险，今急需在不停工处理的前提下进行小接管隐患治理攻关。

2　总体情况

2.1　在役小接管现状

广西石化公司10万吨级码头成品油管线、原油管线小接管常年处于海洋大气环境中，同时码头装卸工作非连续性作业，存在有害介质滞留沉积情况。装置小接管已发生不同程度的内、外部腐蚀减薄，严重部分已出现泄漏情况，已无法满足安全生产要求，日后运行存在较大安全风险。因此急需对装置小接管采取消减处理措施，进一步提高装置运行的安全可靠性。如图1所示。

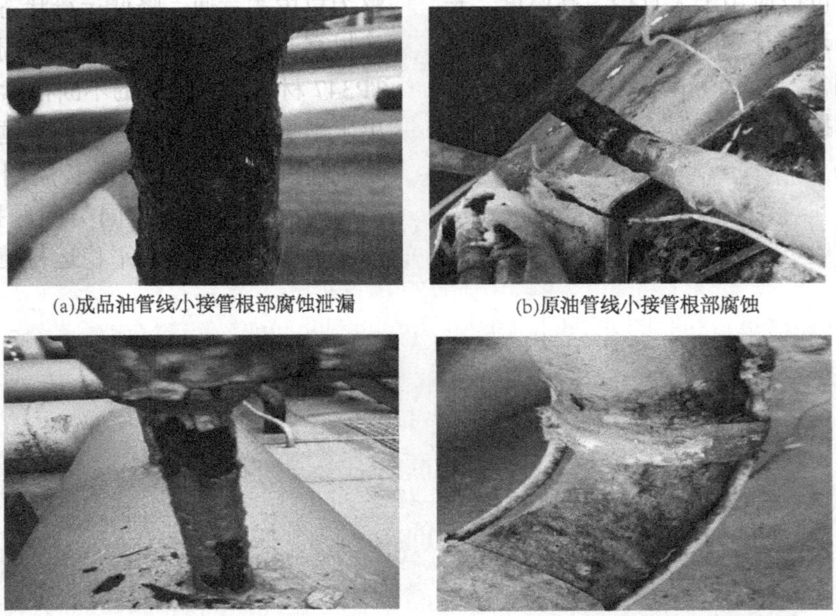

(a)成品油管线小接管根部腐蚀泄漏　(b)原油管线小接管根部腐蚀　(c)仪表小接管腐蚀　(d)低点排凝小接管弯头处腐蚀

图1　装置小接管腐蚀图

2.2 腐蚀成因分析

广西石化公司10万吨级码头位于北部湾沿海地区，地处亚热带，年平均气温21.9℃，最高气温42.5℃，相对湿度81%，湿度在60%以上及雨天将近150天，气温高、紫外线强、湿度大且空气中盐雾含量高。在用压力管道、管件及其附件多采用普通碳钢，主要以20#为主。根据环境及腐蚀机理分析，造成腐蚀主要原因为海洋大气环境下的电化学腐蚀，其主要机理有：大气腐蚀、盐雾腐蚀、Cl^-腐蚀、微生物腐蚀(MIC)、酸性水腐蚀、保温层下腐蚀(CUI)。由于受特殊地理环境影响，广西石化公司10万吨级码头小接管腐蚀形态主要呈现为内、外部同时发生腐蚀。

（1）大气腐蚀(外腐蚀)：

根据API 571及GB/T 30579，大气腐蚀是与大气条件相关的湿气引起的腐蚀。海洋环境和带有空气污染物的潮湿、污染的工业环境最为严重。其主要影响因素有：

a）大气成分：含有氯离子的海洋大气，潮湿工业大气或含有强烈污染的环境大气易发生该腐蚀，

b）湿度：干燥的大气腐蚀能力很弱，而湿度较大的大气环境，尤其是容易凝结水滴的大气环境腐蚀能力较强。以碳钢为例，当空气中相对湿度超过60%以上时，碳钢腐蚀速率按指数关系增大，而空气相对湿度低于50%，腐蚀速率则较低。

c）温度：材料表面温度宜高出环境露点温度至少3℃以上，否则易在材料表面形成冷凝水造成腐蚀。

d）海洋环境可能具有很强的腐蚀性(约20mpy)，工业环境也可能含有可形成酸的酸或硫化物(约5mpy至10mpy)。

e）暴露于中等降雨量或湿度的内陆地区被视为中度腐蚀性环境(约1mpy至3mpy)。

腐蚀反应原理：

阳极反应：

$$Fe \longrightarrow Fe^{2+} + 2e$$

$$Fe^{2+} \longrightarrow Fe^{3+} + e$$

阴极反应：

$$O_2 + 2H_2O + 4e \longrightarrow 4OH^- \text{（中性或碱性溶液）}$$

$$O_2 + 4H^+ + 4e \longrightarrow 2H_2O \text{（酸性溶液）}$$

（2）盐雾腐蚀、Cl^-腐蚀(外腐蚀)：

盐雾是指大气中由含盐微小液滴所构成的弥散系统。其成因，主要由于海洋中海水激烈扰动，风浪破碎，海浪拍岸等产生大量泡沫、气泡，气泡破裂时会生成微小的水滴，海水滴大部分因重力作用而降落，部分处于同涡动扩散保持平衡的状态而分布于海面上。它们随气流升入空中，经裂解、蒸发、混并等过程演变成弥散系统，形成大气盐核，并随空气流动。盐雾中的主要成分为NaCl，而NaCl的溶液中是以Na^+和Cl^-的形态存在的，盐雾的沉积率与Cl^-的浓度成正比关系。盐雾的腐蚀作用受到温度和盐液浓度的影响，当温度在35摄氏度，盐液浓度在3%时其对物体的腐蚀(化学反应)作用最大。盐雾中高浓度的(NaCl)迅速分解为Na^+离子和活跃的Cl^-离子与金属材料发生化学反应生成强酸性的金属盐，其中的金属离子与氧气接触后又还原生成较稳定的金属氧化物。

（3）微生物腐蚀(MIC)(内、外腐蚀)：

由细菌、藻类或真菌等活生物体引起的腐蚀。它通常与结核或黏液性有机物的存在有关。通常，细菌以点蚀或缝隙腐蚀的形式产生局部腐蚀。

受影响的装置或设备：

a）微生物腐蚀(MIC)通常存在于储罐底部水层、停滞或低流量管道以及与某些土壤接触或近土壤的管道中。有积水的停滞工艺管线也会受到MIC的影响。

b）与码头和船舶装卸设施相关的排水系统和其他含水系统可能会出现微生物腐蚀(MIC)。

c）消防水系统也会受到微生物腐蚀(MIC)影响。

主要影响因素：

a）水分：微生物腐蚀通常发生在水溶液或有水存在的环境中，尤其是在允许或促进微生物生长的可滞流或低流速区域。

b）环境：微生物可在苛刻环境中生存和繁殖，典型情况有缺氧、缺光或黑暗、高盐度、pH值在0~12.0之间、温度在-17~113℃之间。未对环境采取控制措施时，即使只是少量微生物混入，经过增殖扩散，亦可形成强腐蚀性。

c）养分：不同微生物所需养分不同，养分可以是无机物，如硫、氨、硫化氢，也可以是有机物，如烃有机酸等。此外碳、氮、磷是微生物生长所必需的基本元素。

(4) 酸性水腐蚀(内腐蚀)：

损伤描述及损伤机理

含有硫化氢、二氧化碳以及其他酸性且 pH 值介于 4.5~7.0 之间的酸性水引起腐蚀。

阳极反应：

$$Fe \longrightarrow Fe^{2+} + 2e$$

阴极反应：

$$2H^{+} + 2e \longrightarrow H$$

主要腐蚀形态：酸性水腐蚀一般为均匀腐蚀，有氧存在时易发生局部腐蚀或沉积垢下局部腐蚀，含有二氧化碳的环境还可能同时出现碳酸盐应力腐蚀。同时，由于流速低或停滞亦会造成酸性水沉积，从而引起浓缩池电化学腐蚀。

(5) 保温层下腐蚀(CUI)：

敷设隔热层等覆盖层的金属在覆盖层下发生的腐蚀，又称层下腐蚀。

主要影响因素：

a) 大气成分：在海洋环境或水汽充沛的地方，发生隔热层下腐蚀的温度上限还可能远远超过 121℃；多雨、温暖和沿海地区的装置比干燥、寒冷和内陆地区的装置更容易发生隔热层下腐蚀；产生空气污染物，如氯化物或二氧化硫的环境可能加速腐蚀。

b) 温度：在水露点以下运行的设备容易在金属表面结露，形成潮湿环境，增加腐蚀可能性；当金属温度没有超过水快速蒸发的温度点时，随温度升高，腐蚀速率增大；当金属温度在水的沸点 100~121℃之间时，腐蚀非常严重。在该温度范围内，水很难蒸发，隔热层会长时间处于潮湿状态。

3　攻关思路与方案实施

3.1　总体思路

装置码头日常有装卸船任务，直接影响影响公司利益，为保证码头正常运转，在不停工、不影响生产的前提下，通过注胶——封堵——补强——焊接套管，最终消减装置现役小接管。具体思路如下：

(1) 夹管：在一条小接管上选取相对完好的一截管道，安装夹管器(图 2)。

匀速平稳压管，防止施压过快导致管线破裂(图 3)

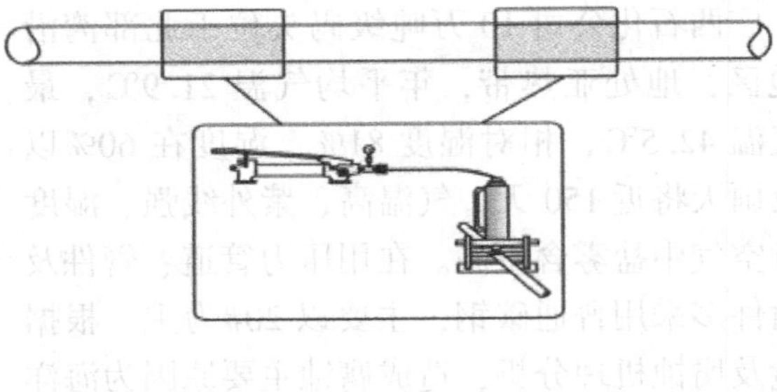

图 2

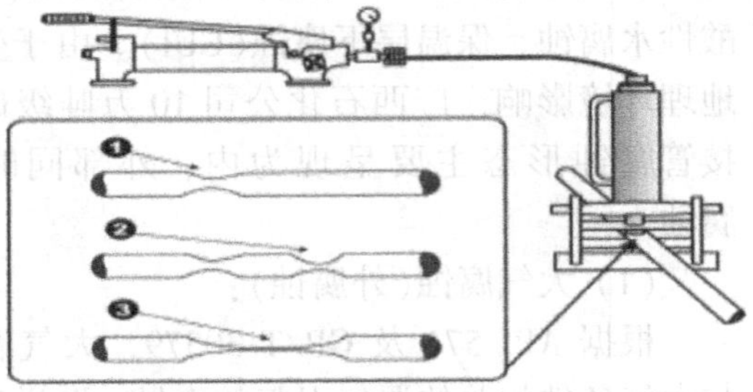

图 3

(2) 安装卡具：安装固定注胶用卡具(图 4)。

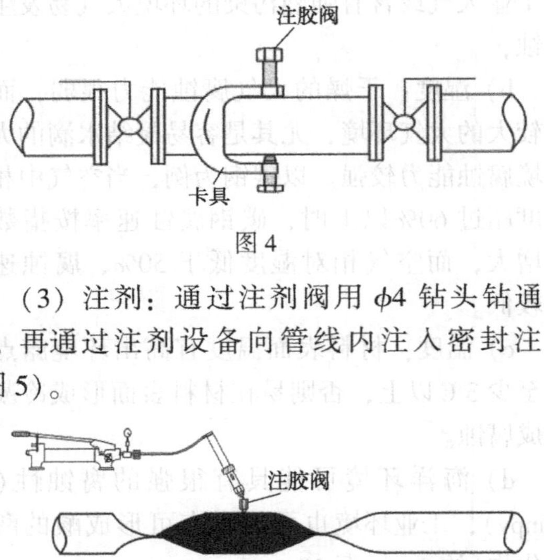

图 4

(3) 注剂：通过注剂阀用 $\phi 4$ 钻头钻通壁厚，再通过注剂设备向管线内注入密封注剂(图 5)。

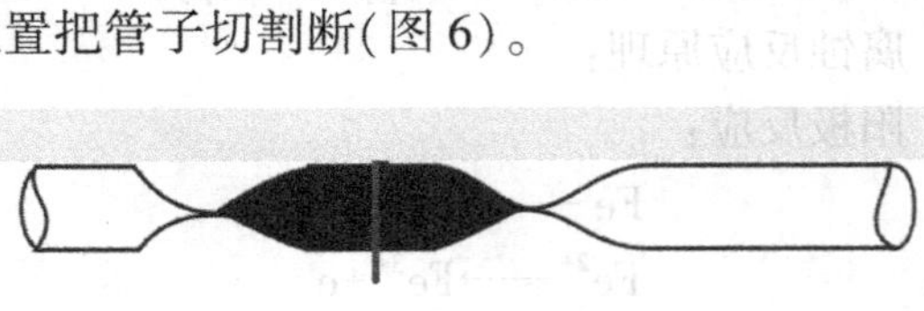

图 5

(4) 割管：确认无泄漏后在注胶短管的中间位置把管子切割断(图 6)。

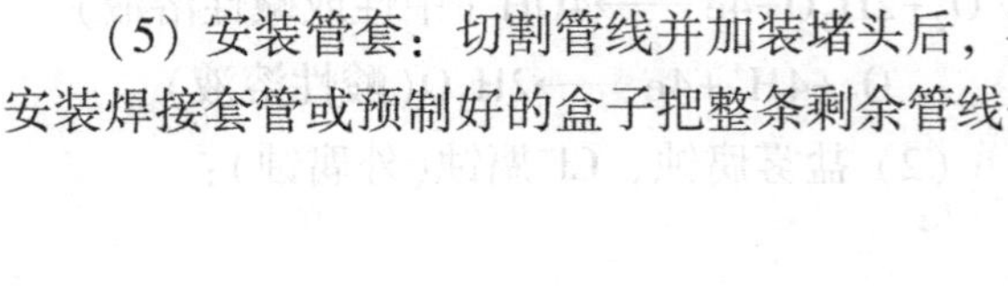

图 6

(5) 安装管套：切割管线并加装堵头后，再安装焊接套管或预制好的盒子把整条剩余管线全部包起来并焊接在母管上，彻底消除小接管泄漏安全隐患。

3.2 实施方案

3.2.1　主要施工内容

分为小接管包盒子和主管线贴板补强两部分：

第一部分是成品与主管线焊接。

第二部分是预制相应尺寸贴板与管线贴板焊接进行补强。

在进行小接管包盒子之前，需要对每一处的小接管进行夹管注胶工作。封堵后，小接管冷切割、包盒子焊接作业及贴板补强焊接。小接管包盒子焊接，利用 DN150 的弯头钢管预制套管，钢管材质与油料管线材质一致为 20#钢。主管线贴板补强，直管段补强部位，利用与主管线规格一致，材质相同的管线，按照补强部位的相应尺寸进行备料施工。弯头补强部位，利用与主管线弯头规格一致，材质相同的弯头，按照补强部位的相应尺寸进行备料施工。

3.2.2　实施情况

3.2.2.1　小接管施焊作业。

小接管夹管注胶验收合格后，经同意再进行小接管包盒子焊接。如图 7 所示：

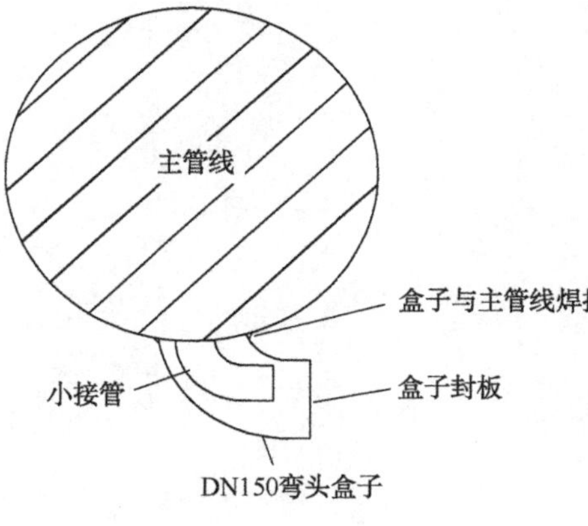

图 7

（1）利用 DN150 的弯头钢管预制套管，钢管材质与油料管线材质一致为 20#钢，套管规格为：$\phi168*5.5$mm. 预制套管的长度为 60mmm，套管与码头管线小接管角焊缝焊接部位坡口为 45 度。

（2）将预制好的 DN150 的套管套在小接管角焊缝处。

（3）在焊接前由专业测厚单位对码头管线小接管焊接部位进行测厚，并记录数据。

（4）利用 J427ϕ2.5mm 焊条将套管底部与码头管线小接管之间的角焊缝焊死，将套管顶部与小接管之间的角焊缝焊死，焊接时采取跳焊。

（5）焊接过程中电流控制在 90A 左右，分段跳焊，避免局部热量过大。

（6）焊接完成后对所有角焊缝 PT100%检测。

3.2.2.2　贴板施焊作业。

（1）选用板材或钢管材质与油料管线材质一致为 20#。贴板与管线腐蚀处焊接部位坡口为 45 度。

（2）将预制好的贴板贴到管线腐蚀处，贴板弧度按现场实际管道腐蚀处实测数据下料制作。

（3）在焊接前由专业测厚单位对码头管线腐蚀部位进行测厚，并记录数据。

（4）利用 J427ϕ2.5mm 焊条将贴板四面管线腐蚀部位的角焊缝焊死，将贴板底部与管线之间的角焊缝焊死，焊接时采取跳焊。

（5）焊接过程中电流控制在 90A 左右，分段跳焊，避免局部热量过大。

（6）焊接完成后对所有角焊缝 PT100%检测。

3.2.2.3　焊接质量检测

焊接完成后对角焊缝表面的飞溅、工卡具疤痕进行打磨。经验收合格后，采用渗透（PT）检测对焊缝质量进行检查，I 级合格。

3.3 技术亮点

（1）降低装置运行过程中小接管泄漏率，消减因小接管泄漏造成的安全、环保事故事件风险。

（2）装置运行状态下对小接管进行去除治理，治理过程无需退料吹扫处理。

（3）有效降低避免小接管在更换消缺过程中出现的安全风险。

（4）适用于各生产装置小接管隐患治理。

4　应用场景

本项目适用于不具备停工处理条件或需对隐患部位进行紧急处理的情况。同时也适用于相近的 D 类焊缝连接的支管消除治理或隐患消除作业。近年来，因小接管引发的安全事故事件时有发生，国家亦加大对小接管的排查治理力度，对于运行中装置，使用该法对小接管进行消除治理，可有效降低治理成本，降低施工难度，有效控制装置运行风险以及停工处理带来的开停工风险。

5 项目效果和效益分析

5.1 效益分析

(1) 降低小接管更换、消缺成本

经核算：每处小接管泄漏后包管焊接费用 7000 元/处计算，对油品管线进行置换，平均需要顶水量为 $200m^3$/处，用水价格 3.2 元/m^3，污水处理 6.92 元/m^3。需治理小接管 88 个。

管线整体处理后去除小接管费用合计：88×7000+88×200×3.2+88×200×6.92=794112 元。

(2) 治理消除小接管，降低日常维护管理成本

根据《炼化装置小接管管理导则》7.5 中"对锅炉、Ⅱ、Ⅲ类压力容器，GC1、GC2、GD1 压力管道附属小接管，检查频次不低于 3 次/月，对其它小接管检查频次不低于 1 次/月"要求，每年单个小接管检验检测费用：低温 20 元×12 月=240 元；高温 60 元×12 月=720 元。保温拆装及防腐：$1m^2$ 约 300 元/处，300 元×12 月=3600 元。

小接管总数 88 个。

合计(每年)：88×240+88×3600=337920 元。

以 10 年为小接管使用寿命计算：小接管生命周期维护成本=337920×10=3379200 元。

(3) 消除特种设备事故事件及环保事故事件影响

该项技术措施使用后，有效降低小接管处理作业过程中的安全风险，避免发生人身伤亡。以及有效避免因小接管泄漏而造成的环境污染事故事件。

(4) 总和统计

根据小接管更换消缺成本及小接管日常维护管理成本核算：累计节约成本=(小接管生命周期维护成本)+(小接管更换消缺成本)=3379200+794112=4173312 元，约 417.4 万元。

年节约成本=4173312 元/10 年=417331 元，约 41.8 万元。同时，若发生油品排海环保事故，产生相关费用不可估量。

5.2 项目效果

通过对小接管采取夹管注胶处理，可以有效的对小接管腐蚀带来的安全环保隐患进行防控，同时避免了退料的处理方式，确保了生产运行的连续生产，取得了令人满意的效果。同时，年累计节约成本 41.8 万元，项目累计节约成本约 417.4 万元。

乙烯装置规模大型化后“乙烯三机”适应性升级

完成人：李慧涛　周家成　王　纲　白明超　郭飞虎　韩　帅　王立新　常广东
（广东石化有限责任公司化工一部　沈鼓集团股份有限责任公司）

1　项目背景

广东石化有限责任公司140万吨/年乙烯装置的裂解气压缩机组额定功率为74270kW、乙烯压缩机组额定功率为23884kW、丙烯压缩机组额定功率为36493kW，是国内已投用的额定功率最大的“乙烯三机”。由于乙烯三机的功率增加，压缩机组的设计制造难度急剧增加，通过对机组特殊的适应性升级，确保乙烯三机能满足工艺生产运行要求，同时也满足乙烯装置“四年一修”的长周期运行需要。

2　总体情况

裂解气压缩机高压缸和乙烯压缩机高压缸操作压力高，压缩机的结构既要保证大型水平剖分压缩机壳体在高承压状态下壳体的整体密封性，还要满足壳体的刚度和强度要求。随着广东石化140万吨/年乙烯装置规模扩大，离心压缩机的叶轮直径也随之增加，而叶轮直径增加后对于叶轮的制造加工方案以及加工制造的精度等有了新的、更高的要求。作为离心压缩机的心脏部件，三元叶轮的加工质量直接影响离心压缩机的各种性能指标。针对广东石化乙烯装置工艺流程压缩机操作工况多、调节范围宽、对压缩机各段压力/温度等性能要求匹配度高、外部侧流抽加气对压缩机性能影响较大的新要求，因此乙烯三机组的设计制造难度急剧增加。

3　技术路线和技术亮点

（1）开发整体端盖式水平剖分高压的压缩机机壳。

针对大型整体端盖式水平剖分高压压缩机壳体在高压力条件下的应力分布特点，采用“整体端盖+水平剖分壳体”的新型壳体结构方案。整体端盖式布局重点攻关整体端盖与壳体、轴承区与壳体的配合型式、定位方式和紧固方式和压缩机轴承和干气密封区外部接口的加工方式及外部接管的布置方式以及出口隔板的结构型式及安装方式等难点。正对大型化后的机壳中分面，重点攻关接触面的状态非线性难题，对中分面的密闭性进行分析，确定螺栓载荷、螺栓分布、中分面局部尺寸等设计参数。

（2）开发大型叶轮加工新工艺。

在粗加工时采用先进的三元叶轮插铣工艺提高大型叶轮系统的刚性和粗加工效率，从而保证整个大型叶轮加工系统的刚性。在精加工时重新设计带有锥度的非标铣制刀具用于大型乙烯装置用乙烯三机组压缩机的三元叶轮加工。深入分析本次加工的叶轮结构并结合多年的经验积累，使用多种方案组合的办法解决叶轮铣制空间基准重合问题，以保证三元叶轮的加工精度，同步开展相关的工艺参数匹配实验以保证三元叶轮的叶片表面铣制质量达到机组的设计参数要求。

（3）开发叶轮模型级产品。

针对乙烯装置工艺流程压缩机操作工况多、调节范围宽、对压缩机各段压力/温度等性能要求匹配度高、外部侧流抽加气对压缩机性能影响大等特点，开发大型乙烯装置乙烯压缩机专用叶轮模型级，以满足项目的需求。通过开发4个系列叶轮母型级并进行性能试验验证并根据试验结果进行叶轮结构的修正从而完成叶轮模型级的系列化衍生。对满足性能前提的4个模型级叶轮进行结构有限元强度分析校核，采用线弹性和弹塑性有限元分析，确保叶轮结构的完整性和安全性。

4　应用场景

140万吨/年乙烯装置年操作时数为7560h，操作弹性为60%～110%，原料为来自炼油区的加氢轻石脑油、混合石脑油(焦化)、LPG、丙烷和乙烷以及装置自产的乙烷、丙烷、戊烷(后脱工况)，主要产品为乙烯、丙烯、副产品有氢气、裂解汽油、裂解碳四、裂解燃料油、燃料气等。裂解气压缩机通过提高裂解气压力，为后续分离单元前冷节约冷量降低能耗，减少干燥器脱水和精馏塔负担。乙烯压缩机为两缸四段离心式压缩机，乙烯压缩机与乙烯精馏塔组成了一个开式热泵循环系统，压缩机四段出口可外送3.7MPa的气相乙烯，同时提供-101℃和-76℃两个级位的冷量。丙烯压缩机为单缸四段压缩机，丙烯制冷系统为一个闭式循环系统，为乙烯装置提供-40℃、-25℃、-10℃、7℃四个温度等级的冷剂。

5　项目效果和效益分析

2022年12月份，广东石化有限责任公司乙烯装置三机组顺利实现联动试车，机组各项运行指标处于优良状态，乙烯装置负荷已达到设计负荷100%，压缩机组运行状态良好，机组各项机械振动指标正常平稳，沈鼓设计制造的压缩机组达到了技术协议的各项要求，为乙烯装置大型化后的国产三机组打下了坚实的基础，避免了乙烯三机组在乙烯装置规模大型化后出现的“卡脖子”风险。如图1~图3所示。

图1　裂解气压缩机组机械振动参数

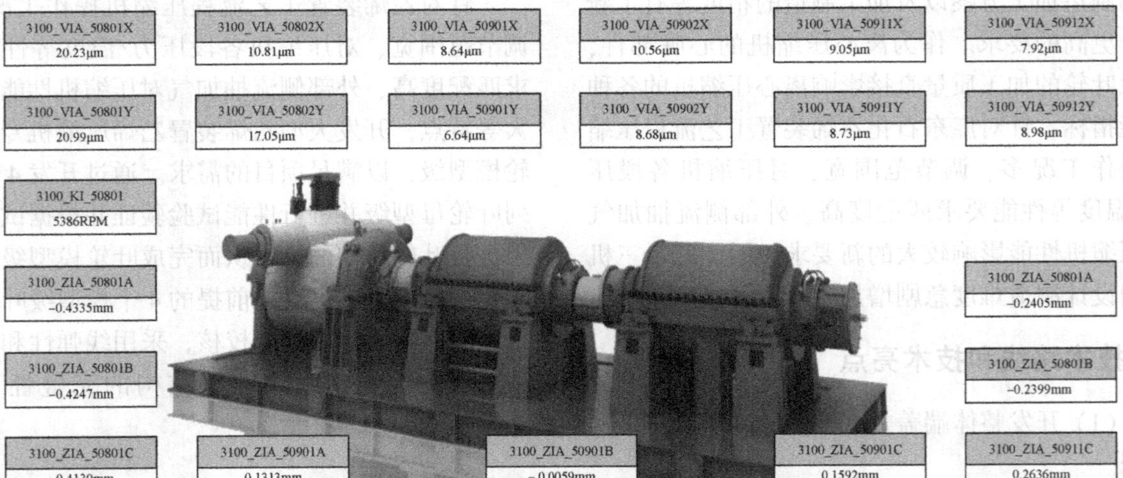

图2　乙烯压缩机组机械振动参数

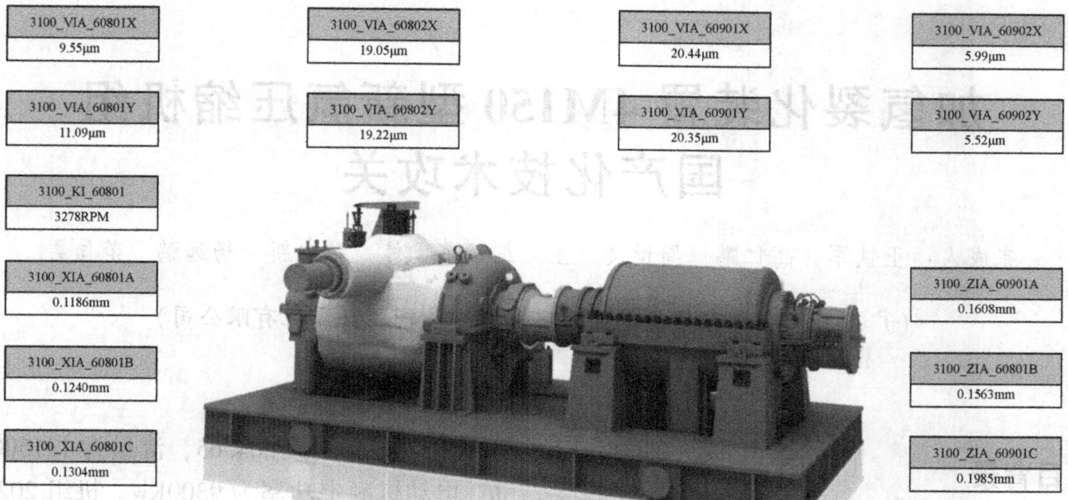

图3　丙烯压缩机组机械振动参数

2023年2月18日，广东石化有限责任公司140万吨/年乙烯装置实现全流程打通，并成功产出合格的乙烯产品，从2023年2月正式投产以来累计生产各类油品1200多万吨、乙烯150多万吨、芳烃近300万吨，2023年全面实现营业收入超过930亿元，税费超过144亿元，利润约0.28亿元，广东石化有限责任公司实现了中国石油首个开工即实现盈利的炼化一体化项目。广东石化有限责任公司贡献了揭阳市2023年GDP的41.4%，助力揭阳地区GDP、规上工业增加值等重要经济指标增速跃升广东省第一，充分发挥了国有骨干能源企业促进经济发展“压舱石”的作用，产生的社会经济效应显著。

140万吨/年乙烯装置的乙烯三机组国产化的适应性改造的成功应用意味着我国大规模乙烯装置的关键技术、关键设备实现了自主可控和创新发展，不仅为后续其他乙烯项目选择国产的“乙烯三机”提供了经验和参考，也为大型机组国产化研制及其应用起到重要推动作用。

加氢裂化装置 4M150 型新氢压缩机组国产化技术攻关

完成人：王铁军　高仁鹏　周世文　王　纲　董　健　孙中新　杨远鹏　范佳男

（广东石化有限责任公司炼油三部　沈鼓集团往复机有限公司）

1　项目背景

广东石化 370 万吨/年加氢裂化装置设计配置新氢压缩机组（2401-K-0102ABC）共 3 台套，2 开 1 备，均为往复式压缩机。其中 2 台进口压缩机（2401-K102AB）为项目前期采购，已经到货。由于工艺包升级后装置新氢用量增加，再加上要考虑利用 2 台已采购压缩机，所以只能增加新氢压缩机（2401-K102C）的流量来满足装置新氢用量的要求。新氢压缩机（2401-K102C）流量为 131500Nm^3/h，电机额定功率为 9300kW，机型为 4M150。当时通过向沈鼓集团往复机有限公司咨询了解得知，2401-K102C 4M150 机型比进口 2401-K102AB 4BDC 机型一、二级缸径还要大，此机型电机功率在沈鼓集团当时业绩中（最大 8600kW）并未涵盖。新氢压缩机大型化带来相应的气流脉动及机体振动加大、安全可靠性降低等问题，设计制造难度增大。基于当时考虑该项目概算严重不足，进口设备价格昂贵，订货周期长影响项目建设进度等实际问题，根据国家降本增效政策及大型压缩机组的国产化要求，鉴于沈鼓集团已有 4 台相近机型制造经验和短期运行业绩，广东石化公司决定与沈鼓集团共同将加氢裂化装置 4M150 型新氢压缩机国产化作为技术攻关课题，降低采购成本和后续运行维修成本，缩短采购周期，最终摆脱国外 4M150 型大功率往复式压缩机技术垄断，拥有自己的核心制造技术，规避后续进口压缩机备件采购“卡脖子”风险。

2　总体情况

370 万吨/年加氢裂化装置新氢压缩机（2401-K102C），机型为 4M150，机组型号为 4M150-54/49.23-204.65，流量为 131500 Nm^3/h，电动机额定功率为 9300Kw。机组 2020 年签订采购合同开始制造，制造过程中沈鼓集团对制造质量严格把关，2021 年 5 月制造完成，发货运到广东石化现场。

在广东石化和沈鼓集团的共同努力下，新氢压缩机（2401-K102C）机组于 2022 年 9 月顺利完成安装、调试、单机空气负荷试运行工作，2023 年 1 月该机组正式投用。

新氢压缩机（2401-K102C）机组从投入运行以来，总体运行平稳，经采取增设孔板减振措施后流量、各级压力、出口温度、轴瓦温度、机身及管路振动值等技术性能均达到设计要求，满足装置工艺需求，主要技术指标达到了国际同类产品先进水平。

3　技术路线和技术亮点

2401-K-0102C 机组为对称平衡型往复式压缩机，为四列两级压缩，气缸和填料按有油润滑设计，少油润滑操作。该机组气缸采用双作用式，每级气缸进、排气口均按上进、下出布置，由除盐水站对气缸和填料进行强制冷却。

该机组中体采用符合 API618 要求的长短型隔距件（D 型），中体的开孔设有带垫片的整体金属盖板，两侧中体的中间密封填料和刮油填料均连续地通入和排出氮气，以置换从气缸漏出并滞留在中体内的油气或易燃易爆气体，并设漏气回收系统，接至集液罐后去火炬系统。

该机组气缸出口法兰处的实际排气温度≤135℃，采用贺尔碧格公司的 HydroCOM 无级气量调节系统，可实现压缩机气量 20%~100%调节，设置逐级返回旁路调节。

该机组进、排气缓冲器的最小容积为其连接

气缸每转活塞排量的12倍，缓冲器的长径比不超过4。气体压力脉动和管道振动的分析设计方法选择API618方法3。该机组的设计和制造符合API618标准。

4　应用场景

广东石化加氢裂化装置设计规模为370万吨/年处理量，年操作时间8400h，操作弹性60%~110%。原料为委油中质减压蜡油、中东油中质减压蜡油以及少量重芳烃，主要产品为重石脑油、航煤、柴油和尾油、轻石脑油。装置由反应、分馏和公用工程部分组成，采用UOP公司的两段全转化加氢裂化工艺技术，中国石油工程建设公司为EPC总承包商，中石油华东设计院负责基础设计和详细设计，中油一建施工。2020年1月开工建设，2022年7月中交，2023年1月投料试车。

加氢裂化装置因加氢反应需要不断地向反应系统补充高纯度氢气，因此配置了新氢压缩机，满足装置加氢反应的需要。

5　项目效果和效益分析

加氢裂化装置4M150型新氢压缩机组投用一年多来，从运行数据来看，该机组研制的各项性能指标满足设计要求，机组的机身、曲轴、连杆、十字头、活塞杆最大可承受动载荷1500kN。采用自动控制系统，机组能耗少、噪声低、可靠性高，轴功率偏差不大于3%。机组运行平稳，机身最大振动烈度为1.54mm/s，缸头最大振动烈度为6.4mm/s，预期可实现机组运行寿命不低于20年。

该机组在370万吨/年加氢裂化装置中发挥着极其重要的作用，保证了装置的安全平稳运行。该机组的研制与开发填补了国内空白，降低新氢压缩机组采购成本约1100万元人民币，提高了国内产品与国外产品的抗衡能力，可广泛推广应用于石油化工等行业，经济效益和社会效益显著。

首创电磁阀在线诊断成套技术助力流程工业安全发展

完成人：杨占强 魏剑萍 陈 乐 刘一鸣 杨银江 陈胜宜 王汉文 杨红雨 李智深 杨宝会 庄宇迪 寿炯杰 郭威杰 郑 炜 戴 洋 龚小虎 沈钟明 朱 丽 周炽南 王小三

（中国石化镇海炼化分公司）

1 项目背景

在流程工业中广泛应用的电磁阀，一般用作二个用途：一是作为全流程连续生产过程异常工况联锁保护性终断的执行元件，二是作为单元流程周期性步序控制的执行元件。前一种场合，生产过程正常运行时，电磁阀始终处于“静默”状态，基于事故安全的设计电磁阀线圈始终励磁，即线圈中始终有电流流过，电磁阀所控制的最终元件也处于维持连续生产的工作状态，一旦生产过程出现异常需要紧急终止连续生产过程时，电磁阀立即失磁相应的最终元件迅速切换至预设的故障安全状态，确保异常生产过程终止防止事故扩大。第二种场合，通常需要多台程控阀协同工作实现工况控制，要求每台电磁阀在预设的时序内转变励磁、失磁状态，控制相应的最终元件在预设的时序内转变工作状态，周而复始以确保流程正常运转，这种场合的电磁阀每年需要切换动作几万次至几十万次，由于高频动作，电磁阀容易发生线圈寿命缩短、电子部件性能下降、阀芯磨损卡涩等现象。无论是第一种还是第二种应用场合，都属于流程工业的核心控制部分，如何有效进行电磁阀的寿命管理以及预防性维护成为保障连续安全生产运行的关键因素。

当前，行业内暂无有效的电磁阀性能实时检测手段，通行的预防性维护策略中推荐的方法是：人工使用红外测温枪定期检测电磁阀线圈所在的外壳的温度，若外壳异常发热则判断电磁阀可能存在缺陷，但该方法不仅易受环境温度影响，实时性及效率也较低。文献中有把电流变送器直接串联接入到电磁阀线圈回路中检测电流的方法介绍，但这种方法需在回路中增加接点，增加了故障点，同时因电磁阀内阻通常较小电流变送器内阻可能会对回路电流造成影响干扰电磁阀正常工作且测量电流失真，难以在高危的流程工业中采用。

2 总体情况

针对联锁电磁阀涉水、导线搭壳、线圈疲劳、电子部件老化、阀芯卡涩等严重制约连续生产过程安全运行的问题，利用电流互感原理，采用互感电流变送器把电磁阀回路的一根导线穿过电流变送器的互感线圈测量电磁阀工作电流。检测出的电流与“镇海炼化设备健康管理系统”内的设定的额定电流值相比较，检测到超过一定范围时就发出报警提醒维护人员介入。这种“非接触”检测电流的技术，未破坏原电磁阀回路的结构，不新增故障点，避免电流变送器内阻对电磁阀工作电流的影响确保检测电流准确，可以在线诊断电磁阀的健康状态，从而有效避免因电磁阀突发故障导致生产过程误终断造成重大经济损失，或因电磁阀故障失效导致生产过程异常时无法终断，造成重大安全事故。

该创新项目的应用可实时监测电磁阀性能，及时发现电磁阀缺陷，并进行报警。维护生产过程运行并不断创造产业及社会价值，对实现社会“共富”有极其重大的意义。

3 技术路线和技术亮点

电磁阀的故障高发点之一是线圈故障，现场应用表明：线圈因绝缘老化、接线盒受潮等因素容易发生故障。线圈绝缘损坏、进水时会造成电流偏大，当线圈电流高于正常电磁阀的电流，则可判定为电磁阀设备本身存在缺陷。

为了实现上述目的，本项目设计一种在线诊断联锁电磁阀故障的系统，该在线诊断系统可以解决目前电磁阀性能检测缺乏有效手段的问题。

（1）创新性专业定制检测设备：

目前应用最广的 24VDC 供电的低功耗电磁阀，其功率约为 3、4W，电流约为 150mA DC 左右。由于应用场合特殊且稀少，项目团队创新性定制微小电流 mA 级、精细采集 ms 级的直流电流互感器。

（2）配套设备结构组成简单，应用原理成熟可靠

所述在线诊断电磁阀故障的系统包括：互感式电流变送器、电磁阀回路、以及信号采集监视系统。回路示意如图 1 所示：

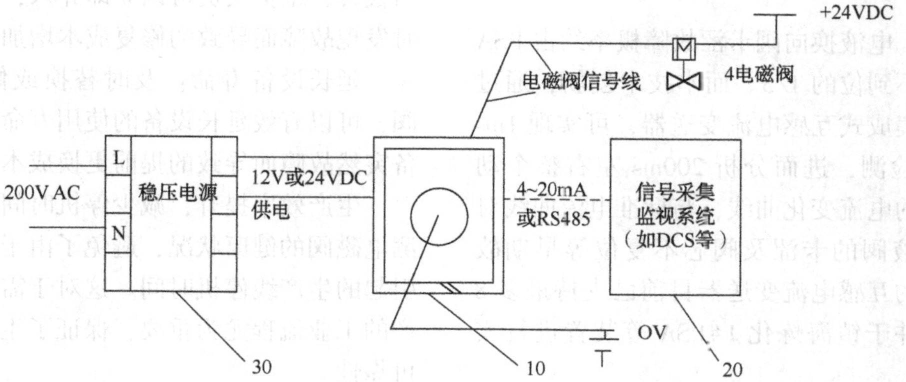

图 1

（3）创新性的电流检测方法，实现 24 小时无人自动检测

通过非接触式检测电磁阀线圈的电流来判定电磁阀健康状况，24 小时实时检测到的电磁阀电流。针对长期得电的联锁电磁阀检测场合，通过将检测到的电流与“采集监视系统”中设定的该型号电磁阀额定电流值相比较，并在系统内预设故障判断逻辑，若偏离正常值超过报警限则发出报警，提前检查并排查潜在的异常情况，避免电磁阀及回路严重故障引起生产异常。针对日常高频开关的阀门，通过 1ms 的快速采样检测，进而分析电磁阀开或者关动作的 200ms 左右时间里，整个动态切换过程的电流变化曲线，与标准电流曲线对比来发现电液阀的卡涩及阀芯不复位等早期故障，提前通知进行预防性维护。

（4）依靠工业通讯控制网络，实现数据有效采集分析

通过仪表集散控制系统及第三方的工业通讯协议将此类电流信号相关数据传输至各个平台，从而进行方便有效的数据分析以及统筹管理，对设备寿命分析及性能监控有良好的促进意义，对后续电磁阀预防性维护章程的建立完善均有较好的指导意义。

（5）良好的应用前景和不同的应用场景

可应用于流程工业中不同的电磁阀应用场景，例如炼油化工装置中关键阀门的紧急联锁动作场合，或用于部分工艺顺序控制阀门高频动作场合等；同时，该创新方法既可适用于气动电磁阀，也适用于液动电磁阀，基本实现全覆盖应用。

（6）项目施工工程简单，成本低廉，经济社会效益显著，真正实现“共富青创”。

全面统筹互感式电流变送器设备费用，工程项目施工费用，以及配套仪表控制系统通讯卡，单个点的成本约为 600 元左右，即可实现电磁阀全生命周期的性能监控，且后期维护成本极低，也节省大量人工维护费降低劳动频次。

4　应用场景

本技术已在中国石油化工股份有限公司镇海炼化分公司两种场景进行应用，第一种场景在渣油加氢、煤气化、乙烯等装置中进行实际应用 1022 余台次，覆盖上述装置的关键高危流程。2021 年 9 月，公司 1#渣油加氢装置发现级间分离器差压控制电磁阀电流偏大，检查发现该电磁阀内有进水痕迹，及时更换相关设备，消除了装置误跳车的潜在隐患。第二种场景在镇海炼化 1 #SORB 装置闭锁料斗系统程控阀进行实际的应用。

通过数采器将数据上传至镇海炼化设备健康管理系统，对全厂上千台电磁阀进行异常电流报警设置，并记录电流趋势，一旦检测到异常，系统自动发出报警。同时通过对电磁阀电流的数据进行大模型数据分析，能够及时预防电磁阀老

化、进水等问题，对设备寿命分析及性能监控有良好的促进意义。

此外，该技术基于现有资源，无需对被监测对象进行任何改动，且不需要大规模配套投资，只需具备电流互感器狭小安装空间即可，在不同的场景中有着广阔的应用前景，具备全面推广价值。

据统计，电液换向阀卡涩故障概率约占PSA顺控阀切换不到位的1/3。而本技术创新，通过采用升级的集成式互感电流变送器，可实现1ms的快速采样检测，进而分析200ms左右整个动态切换过程的电流变化曲线，与标准电流曲线对比来发现电液阀的卡涩及阀芯不复位等早期故障。集成式的互感电流变送器目前已支持最多8点的集成，并于镇海炼化1#PSA等装置进行实际的应用。

随着应用的不断成熟，多点集成的互感式电流变送器会不断代替原先的单点设备。有效解决了仪表控制系统机柜内的空间紧缺问题，配合专门配套研发的监控软件可实现电磁阀及电液换向阀两种不同场合的统一应用，提高该设备实际应用的施工标准化及规范化。有助于该创新项目在同类型化工装置的广泛推广应用。

5 项目效果和效益分析

预防生产中断和事故：通过实时监测电磁阀的工作状态，及时发现电磁阀的潜在故障（如线圈老化、进水等），可以避免突发故障导致的生产中断或事故。例如，在石油化工装置中的应用实例中，及时更换电磁阀消除了装置误跳车的潜在隐患，确保了生产的连续性和稳定性。

成本效益：降低维护成本：项目采用了非接触式的电流检测技术，无需人工频繁检查，节省了大量人力成本和维护费用。且接入镇海炼化设备健康管理系统，一旦检测到异常，系统自动发出报警，维护人员可以立即介入，避免了因未及时发现故障而导致的修复成本增加。

延长设备寿命：及时替换或修复故障电磁阀，可以有效延长设备的使用寿命，减少了因设备突然故障而导致的提前更换成本。

生产效率提升，减少停机时间：由于能够预测电磁阀的健康状况，避免了由于电磁阀故障而引起的生产线停机时间。这对于需要高度连续生产的工业流程尤为重要，保证了生产的稳定性和可靠性。

技术创新和推广应用：该项目采用了互感电流变送器等先进设备，为电磁阀健康状态的在线监测提供了新的解决方案。具备广泛的应用前景，可在不同的工业场景中推广应用，为工业生产过程的安全性和效率提升做出贡献。

社会和环境效益：减少生产事故对环境的影响：通过提高工业生产设备的安全性和可靠性，减少了可能由于设备故障而导致的事故对环境的潜在影响，符合可持续发展的要求。

综上所述，该项目不仅在技术上实现了对电磁阀故障的有效预测和监控，还在经济和社会效益上带来了显著的提升，为工业生产的可持续运营和安全生产提供了有力支持。

乙烯裂解炉SS蒸汽放空阀阀内件国产化改造

完成人：雷庆国 朱 健 崔 博 白 亮 戴劲翔 王 燮
主成雷 余 洋 曹逸涵 佘新宁 郑子钊
（中国石化扬子石油化工有限公司电仪中心 中国石化扬子石油化工有限公司设备部）

1 项目背景

扬子石化烯烃厂乙烯装置裂解炉超高压蒸汽放空阀，使用工况比较恶劣，以2#乙烯装置BA1101裂解炉放空阀HV8012为例，蒸汽压力11.6MPa，温度525℃，设计要求为阀门关闭状态下，达到V级泄漏标准。若泄漏量超标，蒸汽长期泄漏放空，且在生产运行中泄漏量会逐渐增大，造成大量能源浪费，带来经济效益的严重损失，与化工生产要求的装置安全、平稳、高效运行的目标相背离。

2 总体情况

HV8012原品牌为美国FISHER，放空阀结构图详见图1。

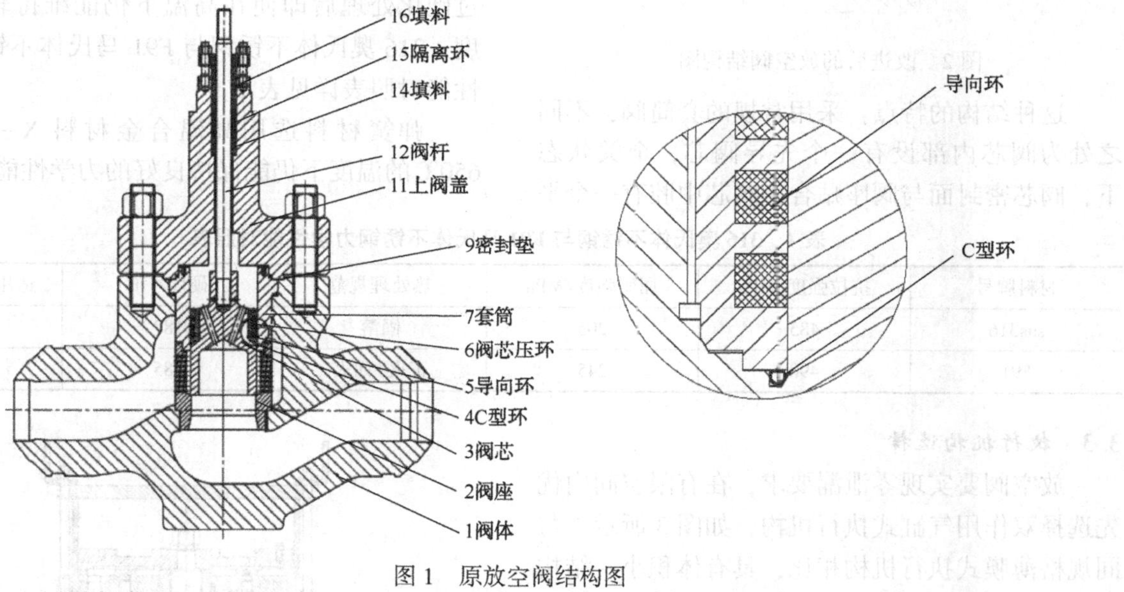

图1 原放空阀结构图

该调节阀为压力平衡式双座阀，其结构特点是密封面有两个，一个密封面与阀座贴合，另外一个密封面在套筒上。由于两个密封面均为金属密封，加工精度很高，两个密封面同时贴合才能保证不会泄漏，所以在阀芯上有一个能够弹性补偿的C形密封环，在高温情况下，能够通过微小的形变来补偿热胀冷缩。但通常在使用一段时间后，会出现C型密封环处或阀座密封面处泄漏，且维修困难。

该调节阀在实际使用过程中主要存在以下问题：因阀门前后压差大，介质气液两相严重，造成调节阀阀芯磨损快，内漏严重，运行周期短，不仅检修费用高，而且不能从根本上解决问题，造成SS蒸汽损失、能源浪费。该调节阀长期以来的检修效果均不理想，三年前更新一台同型号阀门，安装后效果仍不佳，内漏情况仍未改善。

3 技术路线和技术亮点

3.1 结构选型

根据现场使用的工况，由于压差太大，如果选用单座调节阀，需要的执行机构很大，推力超过98000N，现场安装空间位置有限。所以必须采用一种全新的结构，既要兼顾套筒调节阀压力平衡的优点，又能确保放空阀在关闭状态下能实现蒸汽无泄漏的要求。采用先导阀芯的套筒阀结构很好的解决了裂解炉放空阀泄漏的问题。其结构图详见图2。

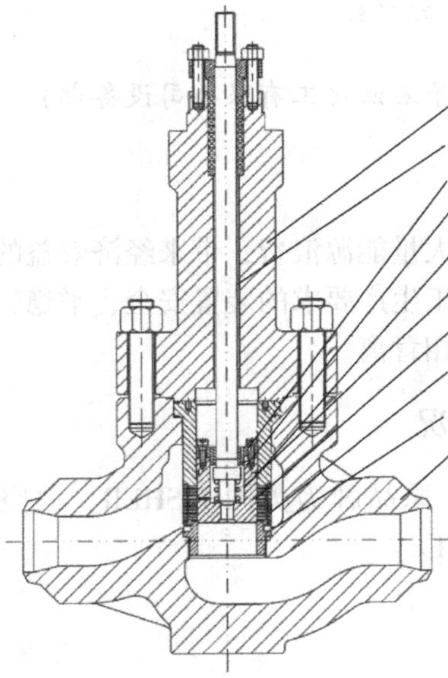

图2　改进后的放空阀结构图

这种结构的特点：采用常规的套筒阀，不同之处为阀芯内部设有一个先导阀芯，全关状态下，阀芯密封面与阀座贴合，阀芯中腔有一个平衡孔，先导阀芯将平衡孔关闭，此时的阀芯功能就相当于一个单座阀。内部的弹簧用于在开启状态下维持阀芯的稳定，防止流量的波动，先导阀芯与主阀芯之间有防转销，防止主阀芯相对于先导阀芯旋转，由于介质流向为高进低出，上腔的压力将阀芯向下推，即阀门越关越紧。在开启状态下，先导阀芯首先打开。将上腔的11.6MPa压力释放后，不平衡力减小，阀门打开，正常调节，这种结构的优点是适用于高温高压蒸汽场合，打开需要的推力小(与单座阀相比)，选用执行机构相应减小，调节精度高，动态稳定性好，动作灵敏，关闭后借助介质压力，实现严密切断。

3.2　材料选择

原厂阀内件材料均为316材质，改型后材料进行了升级，套筒阀芯用F91材料，F91为马氏体不锈钢，在650℃以下具有优良的持久和蠕变性能以及较低的线膨胀系数和良好的工艺性，经过硬化处理后即使在高温下仍能维持较高的硬度。316奥氏体不锈钢与F91马氏体不锈钢力学性能对照表详见表1。

弹簧材料选用高温合金材料X-750，在650℃的温度下仍能保持良好的力学性能。

表1　316奥氏体不锈钢与F91马氏体不锈钢力学性能对照表

材料牌号	抗拉强度/MPa	屈服强度/MPa	热处理规范	硬度/HB	适用温度/℃
sus316	485	205	固溶	187	650
F91	490	245	正火+回火	285	650

3.3　执行机构选择

放空阀要实现零泄漏要求，在有限空间内优先选择双作用气缸式执行机构，如图3所示。与同规格薄膜式执行机构相比，具有体积小，结构简单，推力大的特点。缸体内壁研磨加工后，可达到很高的光洁度，配合原厂智能定位器，其基本误差、回差、死区、始终点偏差、额定行程偏差均在调节阀国家标准GB/T 4213的允许范围内。气缸直径选择400，气源压力0.45MPa，可产生49000N的输出力，放空阀的开启和关闭留有足够的安全系数。

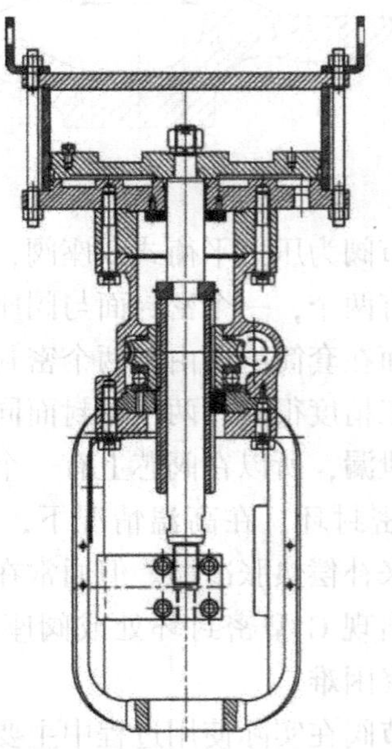

图3　双作用气缸式执行机构

3.4　气路选择

调节阀气路原理图如图4所示。定位器为双作用定位器，两个气室均设有增速器，增加阀门的动作速度，定位器的两个输出作为信号器，控制阀门的开度变化。压力开关在工作状态下，可以设置一个压力设定值，通常不低于0.1MPa，两位三通气控阀处于打开状态，相当于两个通路，当气源压力低于设定值，控制下气室的三通气控阀排气，上气室的三通气控阀切换为储气罐供气，阀门关闭。如出现断气故障改手动操作时，打开气室连通阀，即可手动开关阀门。

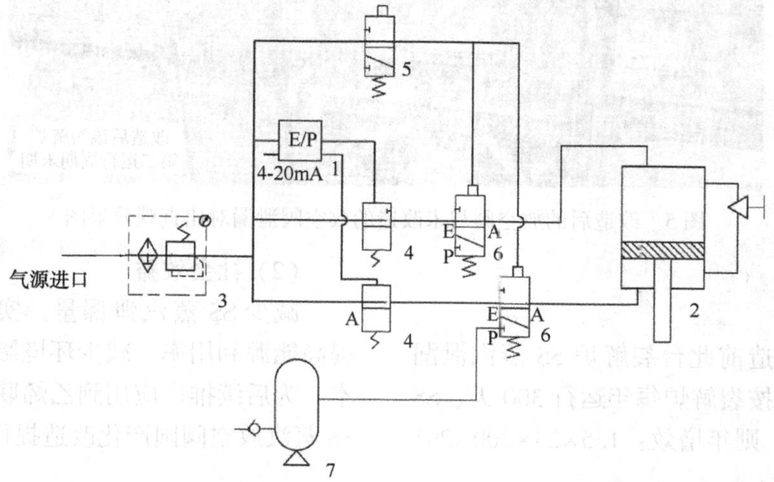

图4 调节阀气路原理图

1—双作用定位器；2—双作用气缸；3—减压阀过滤器；4—增速器

5—压力开关；6—两位三通气控阀；7—储气罐

4 应用场景

经过改造后调试和现场应用论证，最终完成2#乙烯装置BA1101裂解炉放空阀HV8012阀内件国产化改造及控制方式优化改进工作，自2023年10月份投用以来运行状况良好，实现了零内漏。

5 项目效果和效益分析

5.1 项目数果

放空阀HV8012改造后的规格及关键参数详见表2。

表2 超高压蒸汽放空阀改造后的规格及关键参数表

阀门口径	4寸
压力等级	2500Lb
法兰形式	焊接式(BW)
阀体材质	WC9
内件材质	F91+HT
上阀盖材质	WC9(高温型)
填料	柔性石墨

续表

阀门口径	4寸
介质	高压蒸汽
温度	525℃
最大流量	37500kg/h
阀前压力	11.5MPa
阀后压力	0.35MPa
泄漏等级	CLASS VI(TSO)
流量特性	线性
额定Cv值	57.33
执行机构	活塞式双作用气缸(带手轮)
供气压力	0.45MPa

改造后，完全达到了严密切断的要求。经过裂解炉两个运行周期的考验后，阀门关闭状态下的泄漏量仍能保持为零，与未改造的放空阀泄漏对比直观效果详见图5。同时在调节性能及噪音控制方面达到了设计目标，完全满足现场工艺生产的要求。目前，先寻式套筒调节阀已在其他裂解炉上推广应用。

图5　改造后的放空阀与未改造的放空阀泄漏对比直观效果图

5.2　效益分析

(1) 经济效益

经过测试，改造前此台裂解炉 SS 蒸汽泄漏量大约为 1.5t/h，按裂解炉每年运行 300 天、SS 蒸汽 291 元/吨计，则年增效：1.5×24×300×291 =314.28 万元。

(2) 社会效益

减少 SS 蒸汽泄漏量，实现装置节能降耗，提高能源利用率，减少环境影响，并降低生产成本。为后续推广应用到乙烯联合装置其它裂解炉 SS 蒸汽放空阀国产化改造提供了技术支撑。

洛阳石化2#催化装置烟机国产化改造

完成人：成 科 李 明 武春阳 牛建峰 齐 浩 李艳松 李文建

（中国石化洛阳分公司）

1 项目背景

洛阳石化2#催化装置现役1#主风机组为"烟气轮机-轴流压缩机-齿轮箱-电动/发电机"三机组型式，轴流压缩机型号AG070-10R，烟气轮机型号E-138。该机组为美国DRESSER-RAND公司成套提供，GE电机，1997年10月投用开始服役，已超过20余年，主要设计参数如表1所示。

表1

项目	烟气轮机	主风机
型号	E-138	DR/AGO70/10R
流量 Nm^3/min	2850	3000
入口压力/MPaA	0.24	0.096
入口温度/℃	660	14.2
出口压力/MPaA	0.108	0.34
出口温度/℃	513	155
输出功率/kW	9666	9327
转速/(r/min)	5424	5424
最大连续转速/(r/min)	5695	5695
效率/%	84	88.6

机组主要存在下列问题：

（1）二催化装置140万吨/年扩能至160万吨/年改造后，再生烟气量增大，现役烟机达到设计负荷时，双动滑阀关到10%左右，约$400Nm^3/min$再生烟气无法回收能量，装置能耗升高。

（2）烟机壳体变形严重，静叶、动叶叶顶间隙变大，且分布不均，最大间隙超过5mm，严重超过标准值，造成烟机能量回收效率降低，影响装置能耗及企业效益。烟机外排气壳体中分面漏烟气，无法有效治理，每个周期烟机阻尼风管线都腐蚀穿孔甚至断裂，造成气封失效而蒸汽倒窜，影响润滑油性质，给烟机长周期运行带来较大隐患。

（3）烟机轴承箱端面损伤严重，目前只能简单修复，但烟气持续泄漏，轴承箱腐蚀还在不断加剧。

（4）烟机润滑油进油管腐蚀减薄严重。2019年6月大检修期间，发现烟机润滑油进油管腐蚀减薄严重，且导致润滑油泄漏，由于原进口烟机轴承箱体设计问题，该管线无法进行更换，只能用碳纤维加密封胶缠绕处理，虽然管线试压不漏，但存在再次泄漏导致润滑油压力降低造成轴承润滑不良甚至机组联锁停机、装置非计划停工的风险。

（5）汽封体端面磨损严重，上下贯通窜气，气封位置冲刷出大量凹坑，无法保证壳体与汽封体配合间隙。

（6）烟机超期服役时间过长，材料、强度等在长期高温的工况下，整体可靠性降低，易发生疲劳损坏事故（图1）。

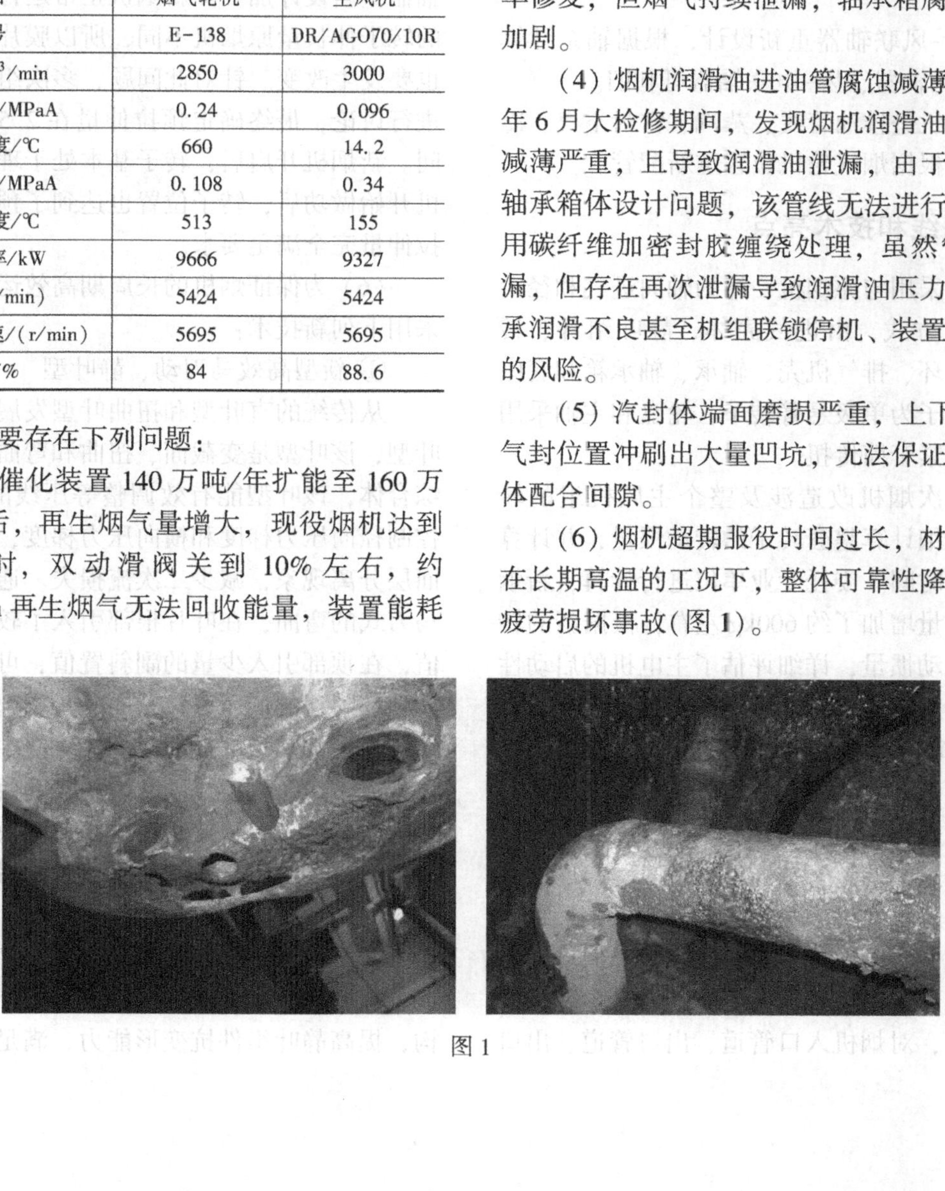

图1

鉴于以上因素，综合考虑装置的安全性、平稳性和经济性，决定将2#催化装置烟机进行国产化改造。

2 总体情况

总部组织青岛炼化、济南炼化、金陵石化等公司设备专家对改造方案进行讨论，公司内部根据实际情况，最终确定具体改造内容如下：

（1）将原有E-138型烟机更换为一台国产烟机，基础利旧，同时增加备用转子。

（2）烟机的入口管线中心不变，入口短节重新设计，用于连接管道及烟气轮机进气锥短节，更新烟机出口膨胀节，烟机出口管线需要根据烟机布置图重新设计更换。

（3）更换烟机出口水封罐。

（4）对机组进行整体轴系核算，转动惯量计算。

（5）重新核算润滑油系统，确定现有油站利旧。

（6）烟-风联轴器重新设计，根据轴系计算确认风-齿联轴器、齿-电联轴器可利旧。

（7）烟机进排油管线、蒸汽、密封空气、冷却水管线等根据烟气轮机位置重新配管。

3 技术路线和技术亮点

烟轮机采用与原烟机一样的轴向进气和径向向上排气的方式，由进气壳体、静叶组件、转子、过度衬环、排气机壳、轴承、轴承箱和底座等组成。转子为单级悬臂转子，轮盘和主轴采用拉杆螺栓拉紧套筒传扭。

（1）本次烟机改造涉及整个主风机组的转子，需要详细计算整套转子的转动惯量，并计算电机的启动时间。委托专业单位进行计算，新烟机的转子重量增加了约600kg左右，根据新的转子质量和转动惯量，详细评估了主电机的启动性能，结论为：评估起动时间增加1S，导条温度增加1℃，确定对主电机影响不大，起动机组基本没有问题。

（2）对烟机进出口管道进行重新设计核算。为避免管道过多调整，在详细设计时，与厂家进行了详细沟通，通过多次重新设计改版，最终确定进口管道中心线保持不变，同时为降低排气压阻，决定将烟机出口管道向北移动。设计院根据新烟机数据，对烟机入口管道、出口管道、出口膨胀节及出口水封罐均进行了重新设计，烟机改造施工时同步进行了更换，为机组的顺利开机奠定了基础。

（3）对烟机基础进行核算。新烟机详细设计资料出来后，设计院根据新烟机的型式、重量等参数，对基础进行了核算，最终确定基础可以利旧，同时为最大限度的减少工作量和对基础的施工，决定烟机地脚螺栓孔位置不变，烟机厂家依据现场实际螺栓孔位置进行新烟机底座的设计。

（4）润滑油系统核算。由于新烟机增加了150L/min的润滑油量，所以需重新核对润滑油系统。经过详细计算，最终确定改造现冷油器，增大传热面积，同时日常开启2台油泵，备用1台油泵，能够满足整个润滑油系统的需要。新烟机润滑系统管路均要求重新同步铺设，保证烟机的进油及回油顺畅。

（5）烟-风联轴器重新设计。由于新烟机转子质量改变，转动惯量发生变化，故将烟-风联轴器重新设计加工。新烟机正常运行时较冷态下的转子伸长量原烟机不同，所以膜片的预拉伸量也要发生改变。针对此问题，多次组织相关专家进行讨论，最终确定预拉伸量在2.5~3.0mm之间。新烟机开启后，转子基本处于理想状态，烟机开始做功后，转子位置也达到了预期，说明预拉伸量完全满足要求。

（6）为保证烟机的长周期高效运行，新烟机采用下列新技术：

① 新型高效马刀动、静叶型

从传统的直叶型和扭曲叶型发展到高效马刀叶型，该叶型是变截面、扭曲和弯曲三项技术的综合体，该叶型能有效调整等压线的分布形状，控制径向压力梯度和横向压力梯度，抑制根部附面层分离现象，减少二次流损失。通过叶片类似马刀式的弯曲，在叶片根部引入了较大的正斜置值，在顶部引入少量的副斜置值，可以使得根部和顶部附近的低压区位置向叶片中部方向少量移动，使根部和顶部低能区的流体向中部流动，并被主流带走，从而提高叶片的气动效率，增加叶片的做功能力，这使得烟机的通流效率得到较大的提高，同时由于流线的平行和顺滑，对缓解催化剂的结垢也起到了一定的作用。

② 插入式静叶结构

静叶片采用插入式结构，优化静叶受力结构，提高静叶组件抗变形能力，满足长周期运行需要。

③ 进气锥采用高效导流结构

进气锥采用高效导流结构及防开裂隔板结构，优化流场分布，提高抗变形能力，满足长周期运行需要。

④ 高效扩压器

对于和烟气轮机类似的燃气轮机动力透平，一般都采用无导流板的长扩压段。但是受烟机的悬臂结构限制，在轴向不方便采用长的轴向扩压段，且烟气轮机单级的焓降一般比燃气轮机大，为了减小排气机壳的扩压损失，采用带有导流板的高效排气机壳，在烟机壳体设置高效导流支承板，提高动叶出口截面流场的均匀度，减少扩压损失，以提高烟机回收效率。

⑤ 动叶片采用新型锁紧销式锁紧方式

采用新型锁紧方式，可以提高叶片锁紧可靠性，消除原锁紧片轮盘后侧的局部冲蚀现象及轮盘外圆面开槽导致的榫齿承载力下降的问题，且可以有效控制动叶片轴向位移量。

⑥ 壳体的内涡壳预制整体保温，有效降低壳体热量散失，大幅降低壳体散热对轴承箱体的热辐射影响。

⑦ 进行烟机转子振动敏感性分析。在烟机动叶片处选取恒定的不平衡质量来模拟叶片上的堆积的催化剂剥落情况，通过优化烟机转子结构尺寸和采用可倾瓦轴承等措施，使烟机的前后轴承处横向振动的峰峰值最低，降低了烟机转子对于动叶片催化剂剥落敏感性，降低了振动能量，延长了烟机结垢后的工作周期。

⑧ 采用节油节能可倾瓦轴承技术：由于现场的润滑油站较小且利旧，为了保证更新后的烟机有足够的润滑油量，需要采用节油、节能轴承；采用节油、节能轴承的同时应避免节油轴承带来的轴瓦结焦、轴瓦温度高等情况。

⑨ 动叶围带流道表面进行毫克能光整处理，以提高表面光洁度，延缓催化剂结垢，满足长周期运行需要。

⑩ 主轴轴颈及测振带采用毫克能光整处理，以提高表面光洁度及硬度，能够有效提高烟机运行的平稳性，减小加工误差带来的振动监测虚假值，提高设备运行的可靠性。

4 应用场景

烟机主要应用于催化装置的主风机组，主要用于回收再生器烧焦产生烟气的能量。烟气流经烟机，推动烟机转子做功，降低主风机组主电机做功，从而降低机组耗电量(图 2)。

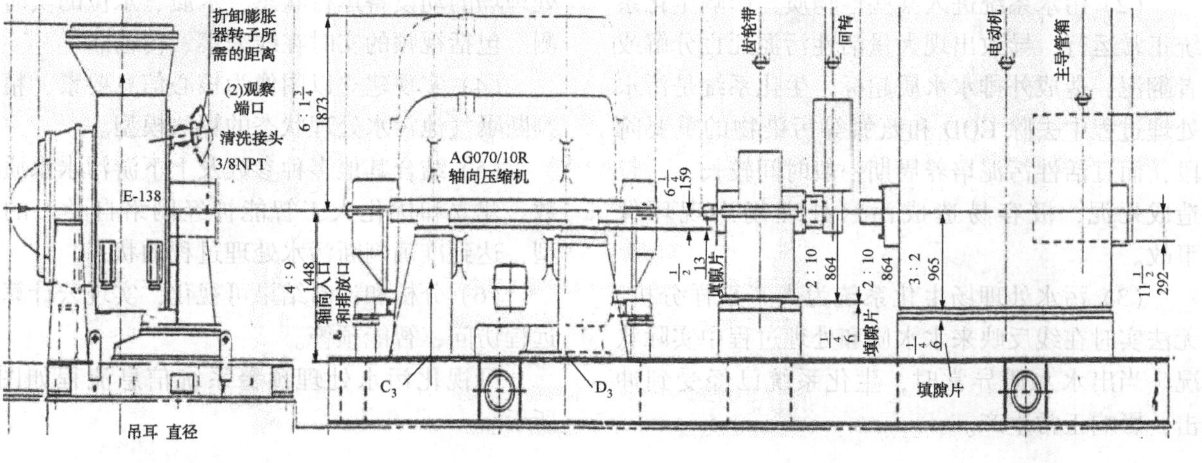

图 2

5 项目效果和效益分析

烟机更新后使二催化烟机的烟气流通能力提高，机组绝热效率提高，输出功率更大，节能效益显著，并且实现了大型机组的长周期安全稳定运行。

新烟机目前已稳定运行 1 年左右，目前运行平稳，监测数据正常，工况稳定，达到了预期的改造目标，该主风机组耗电量平均每小时在 600kW 左右，节能效果明显。

该烟机是目前中石化系统内首台进口烟机成套国产化改造的案例，为系统内其他进口烟机成套国产化改造提供了有力的依据，意义重大。

AI智能预警系统在污水处理装置中的应用

完成人：纪　松　蔡永亮　陈　劲　姜　斌　公维伟　史艳允　公　正　赵　鹏

（中国石化济南分公司公用工程部）

1　AI智能预警系统的项目背景

济南炼化公司污水处理场于1992年开始投入使用，目前已连续运行32年，随着近年来《生态环境保护法》的颁布执行及环保要求越来越严格，污水处理场现在已经实现全流程封闭，而且对污水工艺要求由以前的末端排口控制提高到对全过程控制管理，对各工段的工艺操作要求也具体到量化管理。因此，原先的操作控制方法已经不适合新的要求，以下是存在的几个问题：

（1）污水处理全流程密闭，生产过程中无法直观了解来水和处理过程中的实际情况

污水来源情况复杂，污水水质波动较大，容易发生水质超标等异常情况，影响后续污水处理系统稳定运行

（2）污水系统进入某些性物质，影响生化系统正常运行，导致出现大量活性污泥死亡分解或者翻泥，造成外排水水质超标。生化系统是污水处理过程中去除COD和氨氮等污染物的重要阶段，而且活性污泥培养周期一般时间较长，一旦造成死泥，极容易造成污水处理场出现环保事故。

（3）污水处理场生化系统为人工采样分析，无法实时在线反映来水水质和处理过程中实际状况。当出水水质异常时，生化系统已经受到冲击，影响正常生产。

2　AI智能预警系统的总体情况

系统采用先进的物联网技术、传感技术和AI处理技术，运用神经网络自学习功能，实现对污水处理过程的实时在线可视化监测和异常诊断预警系统。该系统实现从污水进水水质，污水处理浮选池、生化曝气池、沉淀池等处理过程，泵房和鼓风机，刮渣机进行整体实时在线监测和异常诊断。发现异常时，系统自动预警并通知相关人员及时做出处理，避免大量翻泥死泥等恶性事故发生，最大限度减少对污水处理的不利影响，保证污水场的平稳运行。同时代替污水处理场现有的人工采样和巡检，做到24小时不间断监测。

3　技术路线和技术亮点

（1）污水处理场全景展示，当池、罐或转动设备出现异常系统自动预警，全景画面自动弹出异常设备的视频画面，方便查看了解详情。

（2）开发在线识别监测污水沉降比和悬浮物的装置，并把监测结果和视频实时上传系统实现共享，出现异常系统报警，系统自动弹出识别画面，实现远程实时查看。

（3）实现以物联网为通讯技术载体污水处理处理场的动设备运行状态，水质、水位的实时监测。包括视频的实时在线采集、传输。

（4）实现建立以图像为核心信息要素，精确判断曝气池污水处理状态的算法模型。

（5）结合其他多种参数及上下游污水水质参数，建立和优化人工智能神经网络自学习的模型，达到准确判断污水处理过程的状态。

（6）分析和诊断结果可视化，实现云计算和远程访问，智能预警。

可视化污水处理预警系统信息流程如图1所示。

4　AI智能预警系统的应用场景

4.1　系统配置

4.1.1　系统构成

污水处理可视化预警系统由四部分组成，分别为前端的信息采集：包括三轴振温复合传感器、智能压力传感器、智能相机、智能雷达液位计、智能低功耗温度传感器、智能氨氮传感器等；中间信号传输：包括采集器专用嵌入式通信

软件－WWP 和中继器通用嵌入式通信软件－WWP；后端的数据处理与分析，包括故障诊断与数据分析软件－WWP 和 AI 识别软件－WWP；用来预警信息和结果展现的客户端。由硬件和软件两部分组成。

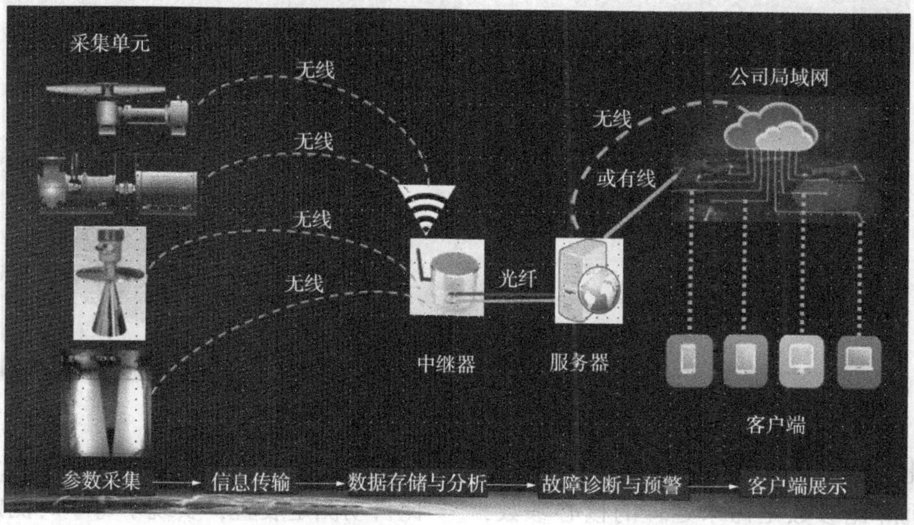

图 1　可视化污水处理预警系统信息流程图

4.1.2　系统监测设备

针对污水处理场污水含油高，设备受沾染后不易清除，监测数据会出现偏差的情况，企业定制开发了自动喷水智能水质识别装置。

来水水质通过图像 AI 识别和光学复合传感器相结合的方式来实现实时监测。实时拍摄到的图像和传感器信息先由超级电脑通过建立的人工智能神经网络算法计算后将结果发送给服务器。格栅池和气浮池中非常潮湿，含有高浓度的油污，传统的摄像和识别装置没办法使用，为此开发订做了自带喷水和智能雨刷拍摄装置。本装置采用防冻玻璃水作为清洗镜头的清洗液，能全天候使用，自动回收重复利用，一箱清洗液能使用半年。

电脱盐水的颜色监测，通过 AI 识别技术每 10 分钟对水灰度的进行一次分析，形成趋势图，对颜色变化较大的情况适时报警，通知操作人员适时进行工艺调整。同时可从报警详情中查看数值及相关信息。

4.1.3　监测项目

（1）污水进水口格栅池，气浮池，好氧池和沉淀池的可视化及关键参数监测

气浮池、好氧池和沉淀池都是封闭的，操作人员需打开看窗，使用手电观察池内状况，因池内存在硫化氢等有毒有害气体，对人员身体健康造成较大影响，存在安全隐患。安装完成后，操作人员即可在操作室内查看池内情况，及时调节工艺操作，降低人身伤害风险(图 2)。

图 2　密闭池内可视化监测

本项目的监测系统采用人工智能图像识别，建模，训练，神经网络自学习功能可以实时准确

判断池子中的进水突变等异常现象(图3)。

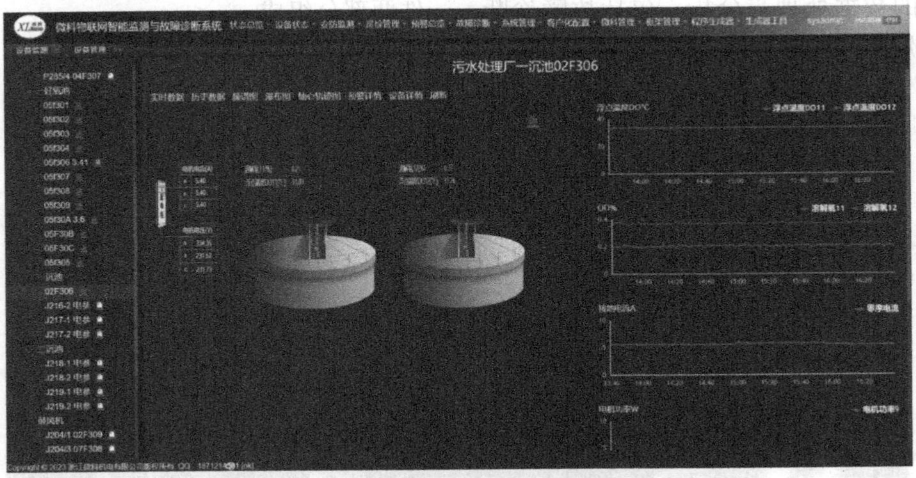

图3　系统关键参数监测

(2) 生化池沉降比监测

生化池沉降比参数是污水处理的核心参数，直接影响到生化池的处理效果。沉降比参数的测定原方法采用人工取样，费时费力。该装置采用自动定时取样，采用AI识别方法，设计了沉降比自动测定装置，实现了每小时测定一次，并能按控制指标范围实现超范围报警功能(图4)。

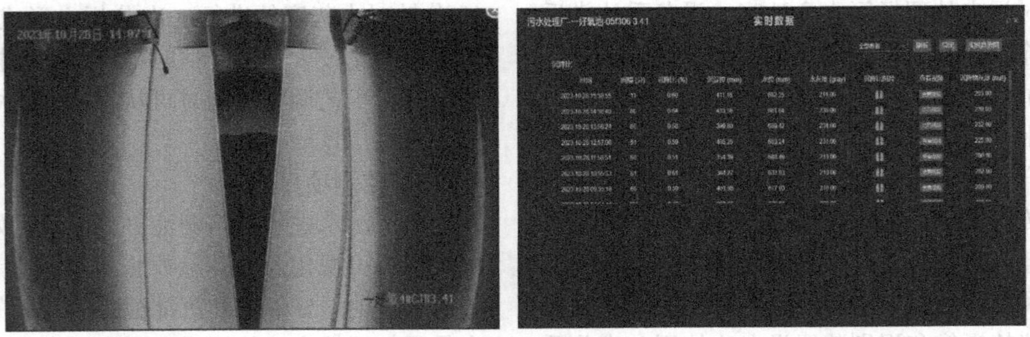

图4

图4沉降比的识别采用AI图像识别技术和自动采样控制相结合，精准控制采样时间，30分沉降比运行时间，实现自动控制与图像识别技术有机结合。

(3) 机泵出口压力、振动监测

动设备的正常运行给工艺处理提供动保障，该系统监测了核心动设备的振动参数，监控设备平稳运行。出现异常及时报警，操作人员可以及时换备用机泵，给管理维护人员提供决策依据。

系统每二分钟采集一次数据，形成趋势图如图5所示。

5　AI智能预警系统的项目效果

5.1　技术指标

(1) 完成了基于AI的可视化污水处理场预警系统的开发设计和实施；

(2) 开发了无线采集转换模块和驱动程序；该模块可以直接单独对接每一种需要的传感器，并把从传感器采集的参数无线发送给中继器。

(3) 开发了基于AI的图像和污水处理场数据库和分析软件；实现对监测参数的12个区块分类储存和分析。

(4) 实现了基于神经网络自学习功能的简易诊断和综合诊断相结合的诊断方法。设备正常运行时，动设备监测参数每2分钟上传一次，污水中各种参数浓度监测参数每10分钟上传一次，正常状态时采用简易诊断，一旦一个参数简易诊断出异常，立刻自动启动综合诊断，诊断出异常的原因。

5.2　社会效益

(1) 及时发现生产异常并进行预警

该项目自安装投用以来，多次发现污水处理

场来水异常并进行预警。其中格栅池视频监控多次预警电脱盐来水水质波动，辅助操作人员提前发现异常，及时采取应对措施，有效避免电脱盐污水含油较多对污水场浮选单元及生化单元的冲击，保证了污水处理水质的稳定达标；隔油池气相 VOCs 监测能够及时反应上游装置来水所含挥发性气体情况，为 RTO 提前调整及问题排查提供参考，可以一定程度减少 RTO 波动；沉淀池刮泥机电参数波动有效解决了沉淀池刮泥机没有运行状态所带来的监控难的问题；高效气浮视频监控有效减少班组劳动强度及有毒有害气体对班组人员人身安全所带来的潜在威胁，为高效气浮平稳、安全、环保运行提供支持。

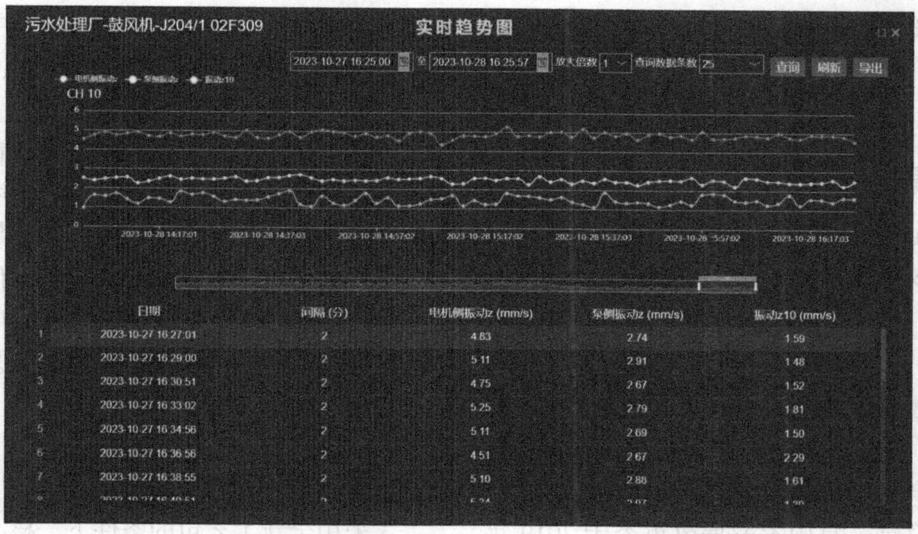

图 5

（2）基于 AI 的可视化污水处理系统不仅监测污水的各个环节，而且对各个环节的设备运行状况也做了全面的实时在线监测和故障诊断。为污水处理场少人值守甚至是无人值守提供可能，采样、巡检等人员的人工成本可实现大幅降低，为实现污水处理场智慧化打下基础，在硬件及软件方面提供了保障。

（3）提高污水处理场运行的精准控制水平，大幅降低故障率，降低因检修造成的工艺介质排放量、维修材料消耗、人工费用等。

（4）确保污水处理环保达标运行，避免出现环保事故，为企业深入贯彻习近平总书记关于黄河流域生态保护和高质量发展的重要指示精神夯实基础。

湖南石化环保型环氧氯丙烷国新工艺环化反应器国产化研制案例

完成人：何　俊　吴　锋　闫　帅　邓建平　李思奇

（中国石化湖南石油化工有限公司树脂部　中石化上海工程公司　中石化石油化工科学研究院）

1　项目背景

环氧氯丙烷是湖南石油化工有限公司生产环氧树脂系列产品的重要原料，发展扩大环氧氯丙烷的生产能力，是增强企业发展后劲的重要前提。

目前环氧氯丙烷工业生产的主要方法为氯醇法和甘油法，上述两种方法都需经过氯醇和皂化两道工序，产生大量含氯废渣及废水的同时存在严重的设备腐蚀。自国家发展改革委于2019年10月30日修订发布《产业结构调整指导目录（2019年本）》之日起，国内开始逐步限制以上2种高污染性环氧氯丙烷生产工艺。市场迫切需要研发一种新型绿色环氧氯丙烷新工艺。本项目所用新技术取代了现有的环境污染严重的工业生产方法，彻底解决氯醇化和皂化过程中带来的严重环境污染问题，填补了国内外环氧氯丙烷工业绿色生产的空白，简化流程的同时降低了成本，在节能减排的基础上实现了可持续发展，不仅满足了日益增长的市场需求，也对该工艺的工业化生产起到了示范性引领作用。

2　总体情况

采用全新工艺包的条件下，核心设备为3台环氧化反应器，环氧化反应器用于的用途须引入3台环氧化反应器直接参与前期环氧化反应，反应过程工况见表1。

表1　工况条件

工艺方法	设备名称	设备位号	工况条件	温度	压力	介质
过氧化氢法	环氧化反应器	R101A/B/C	正常反应工况	35~65℃	0.9MPa	双氧水、氯丙烯、环氧氯丙烷
			催化剂复活工况	185℃	3.5MPa	甲醇（约98%）

因工艺需达到换热效果，结合实际建设需求，该工艺包选用立式固定式列管换热器作为反应器的主要形式，具体参数见表2，（增加（在表格后附设备简图）主要介质成分包括双氧水、氯丙烯、环氧氯丙烷，pH值约4，Cl^-含量0.2%。

表2　设备参数

名称	筒体规格/mm		换热管规格/mm			
	直径	高度	管径	长度	数量/（根/台）	重量/（吨/台）
环氧化反应器	2900	11034	$\phi28\times2$	8200	4499	51.095

反应过程处于过氧化及氯离子酸性环境，具有极强的腐蚀性。据了解，立式固定列管反应器在此工况环境下，未曾有如此大量换热管的使用业绩，作为国内外首套攻关项目，力争通过国内大型哈氏N06022管式反应器反应管坯料国产化研发、反应管及设备国内加工制造，解决国外

“卡脖子”难题，形成具有中国自主知识产权的专有技术。

截至目前，通过设备国产化先后攻克以下难题：

（1）哈氏N06022材质在本工况介质中的腐蚀研究，材质的探索选择及确定。

①工艺包阶段选用进口哈氏N06022、TA2、316L、304，4种目标材料分别在不同介质工况下开展腐蚀验证试验。认为哈氏N06022材质更适用于本工况，具备工艺开发的试验要求。

②中试装置反应器（哈氏N06022）4年的实际运行经验，进行了多轮次正常反应操作和再生操作，反应器运行正常，未发现腐蚀和泄漏情况。

③中国特种设备检测研究院就反应器3种目标材料：进口哈氏N06022，进口哈氏N10276和国产哈氏N10276在不同工况下的腐蚀试验，C22耐蚀性能强于C276。最终选材：哈氏N06022。

（2）哈氏N06022反应管坯料熔炼及加工性能认识，加工工艺方法探索。

（3）国产哈氏N06022反应管试制及各项指标试验。

（4）国产哈氏N06022反应管全流程加工技术方案确定及检验项目和评价方法的创立。

（5）国产哈氏N06022反应器加工制造及焊接工艺的探索。

（6）完成针对反应管温度计精确开孔的管板钻孔加工设备及六轴开孔设备研制。

（7）制定从原材料进场到设备出场各阶段里程碑式检、试验标准。

（8）工艺放大工程问题对设备的腐蚀评判及工艺全流程的优化。

3 技术路线和技术亮点

3.1 技术路线

（1）在满足各种工况计算的前提下，综合材料的冶炼技术、材料的经济性和设备的制造难度，选择合适的反应管、管板和壳体材料。

（2）将原粉催化剂挤条成型应用于固定床反应器中，每台反应器内含4499根反应管，每根管内部构成独立的反应空间，为使反应器的结构更加合理紧致，每根反应管上下两端采用金属弹簧对催化剂进行支撑，减少了管帽加工的复杂性，降低安装及检修难度。

（3）参考以往经验进行调研，制定哈氏N06022反应管及板材的材料订货规定。制定设备的制造、检验和验收等技术要求。

（4）通过设备设计参数以及需要达到的具体指标进行针对该项目的大批量哈氏N06022反应管及大直径反应器加工成型的研究及开发。

（5）UNS N06022合金管材的热挤压工艺研究，制备高表面质量和高均匀性的热挤压母管。采用大变形工艺制备高尺寸精度（±0.75%）和组织均匀性好（晶粒度5级更细）的反应管。

（6）优化N06022复合板焊后热处理方案，保证N06022耐蚀性能。

（7）专项研制管板钻孔加工设备，保证管板孔加工精度

（8）优化N06022复合板焊后热处理方案，保证N06022耐蚀性能。

（9）分析记录热处理方式选择对产品性能的影响

（10）优化制造工艺及方案，提出设备制造过程中的设计可优化点以及工艺步骤的优化点。

3.2 技术亮点

（1）壳程循环水出口/蒸汽进口结构研究及折流板与壳体无缝间隙密封技术开发保证国产反应器与新工艺的匹配程度。

（2）反应管坯料快速锻造和径锻工艺开发工艺的开发保证了国内首批哈氏C22反应管坯料大批量冶炼的稳定性。

（3）热挤压、大变形制管工艺的研究及开发保证了国内首批哈氏C22反应管大批量加工的稳定性。

（4）设备管头焊接坡口形式专项设计强化了哈氏C22材料设备加工过程中的焊接质量。

4 应用场景

通过国内大型哈氏N06022管式反应器反应管坯料国产化研发、反应管及设备国内加工制造，解决国外“卡脖子”难题，形成具有中国自主知识产权的专有技术并为行业提供一定的技术储备及使用经验。在国内外环氧氯丙烷绿色生产新技术核心设备的研发领域处于领先水平。

5 项目效果和效益分析

根据开发的直接氧化法环氧氯丙烷工艺包中

的相应工艺数据，对环氧化反应器进行工艺及结构研究设计，开发国内目前最大体量哈氏N06022反应管生产，并完成最大直径哈氏N06022反应器制造。以适应反应器的各种运行工况。

通过本项目的实施，形成反应器设计、制造的专有技术，填补国内空白。

由于采用合理的结构、合适的材料及准确高效的计算方法，单台反应器可节约生产成本约1600万元，具有显著的经济性。

环氧化反应器国产化缩短了设备的生产、制作周期。较进口产品采购成本下降30%，交货期由18~20个月缩短至14~16个月。

直接氧化法制环氧氯丙烷作为环氧树脂产业链中重要的一环，环氧化反应器国产化攻关成功有利于进一步降低技术风险和建设成本，有望成为未来环氧氯丙烷生产的最佳工艺选择，是一种绿色高效的环氧氯丙烷合成新技术。彻底解决氯醇化和皂化过程中带来的严重环境污染问题，实现了废水量减少50~80倍，基本无废渣，简化流程的同时降低了成本。

国产在线烃组成色谱应用典型案例

完成人：刘海春　周　力　邓　凯　孙立宇　凌　旸　乐文清

［中石化湖南石油化工有限公司设备管理部　生产管理部、储运部（一区）］

1　项目背景

汽油中的烯烃、芳烃和苯含量是“车用汽油”标准 GB 17930 中重要的质量指标，在汽油质量升级过程中，汽油烃组成特别是汽油中的烯烃和芳烃含量一直是汽油质量升级的重点项目。准确测定汽油调和组分及汽油产品中的烃组成含量对汽油调和的优化和产品质量的保障都具有重要的意义和价值。

目前国内炼化所有企业汽油及调合组分中烯烃、芳烃的测定还是采用定期现场采样、送到实验室在台式色谱上进样获得分析数据，由于人力和设备资源等条件的限制，数据获取的时间间隔较长，不利于生产装置的优化和产品质量的管控。

2　总体情况

舜仪科技采用国内先进的智能化色谱技术平台研究开发了满足 GB/T 30519“轻质石油馏分和产品中烃族组成和苯的测定多维气相色谱法”（对应的国际标准为 ASTM D7753）要求的汽油烃组成在线多维气相色谱分析系统，系统包括样品预处理单元和在线色谱分析单元。样品（汽油）由加压从工艺管路中抽到色谱预处理，通过过滤及其分流后，一部分样品返回总管，另一部分通过过滤减压进入色谱，样品高温汽化，再通过切阀，样品由载气带入色谱柱中进行分离，在氢火焰检测器上燃烧产生带电离子，被收集，经过放大处理产生电流信号，再通过软件处理，得到不同物质的相应谱图。

依据湖南石化对汽油产品质量控制的需求，舜仪科技有限公司（简称舜仪科技）与湖南石化达成“汽油烃组成在线多维分析系统”试用协议，2023 年 10 月 20 日投入运行，经近 3 个月的现场运行和实验比对，圆满完成既定的实验内容。

3　技术路线和技术亮点

3.1　方法设计的分离原理

样品进入色谱系统后首先通过极性分离柱（简称 BCEF 柱），使脂肪烃组分和芳烃组分得到分离。由饱和烃和烯烃构成的脂肪烃组分通过烯烃捕集阱时烯烃组分被选择性保留，饱和烃组分则穿过烯烃捕集阱进入氢火焰离子化检测器（FID）检测。待饱和烃组分通过烯烃捕集阱后，此时芳烃组分中的苯尚未到达极性分离柱的柱尾，通过六通阀切换使烯烃捕集阱封闭并暂时脱离载气流路，此时苯通过旁路进入检测器检测；苯洗脱检测后，通过切换另一个六通阀对 C_7^+ 芳烃组分进行反吹，C_7^+ 芳烃组分进入检测器检测，待 C_7^+ 芳检测完毕后，再次通过阀的切换使烯烃捕集阱置于载气流路中，在适当的条件下使烯烃捕集阱中捕集的烯烃完全脱附并进入检测器检测，检出的色谱峰依次为饱和烃、苯、C_7^+ 芳烃和烯烃（见图 1）。

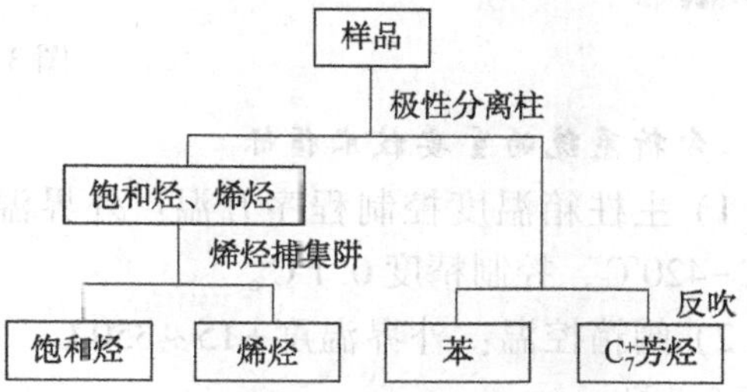

图 1　分析原理简图

3.2　分析系统构成

分析系统由样品预处理系统和在线多维气相色谱分析系统组成（见图 2、图 3）。样品经侧线经稳流、稳压、过滤等样品预处理后进入在线分析系统，根据分析周期设计自动完成进样、数据处理和数据传输。

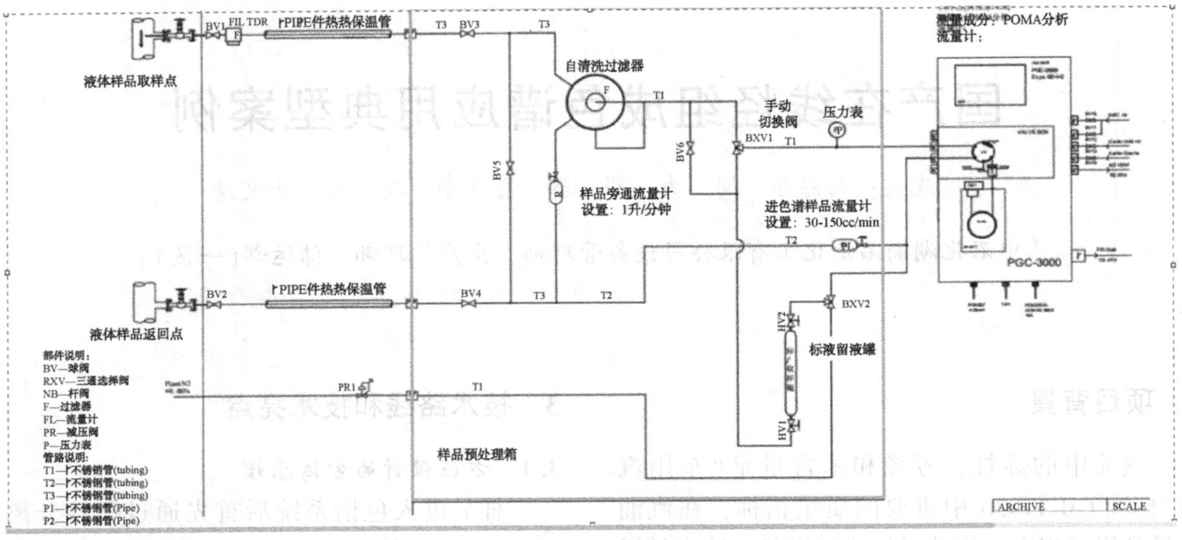

图 2　在线分析系统框图

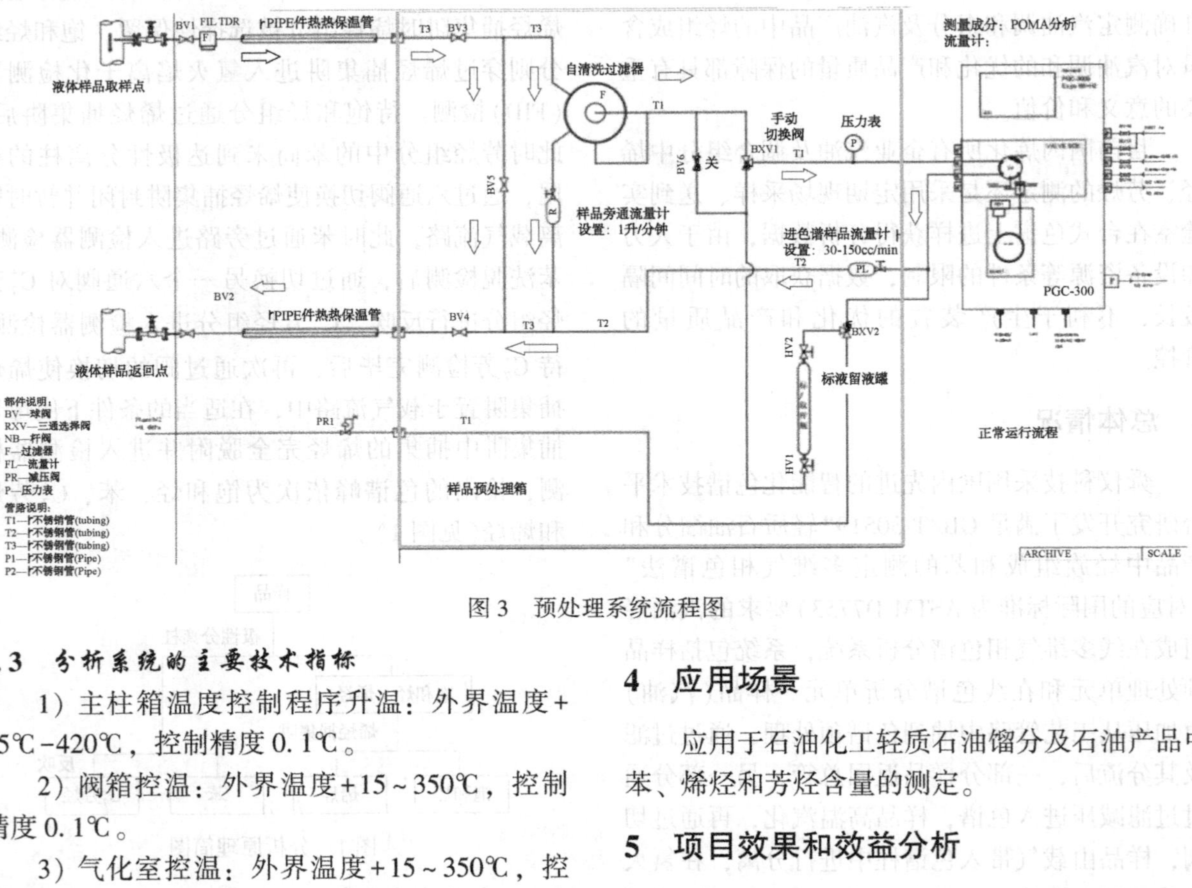

图 3　预处理系统流程图

3.3　分析系统的主要技术指标

1）主柱箱温度控制程序升温：外界温度+15℃-420℃，控制精度 0.1℃。

2）阀箱控温：外界温度+15～350℃，控制精度 0.1℃。

3）气化室控温：外界温度+15～350℃，控制精度 0.1℃。

4）检测器控温：界温度+15～350℃，控制精度 0.1℃。

5）全气路 EPC 共四路：其中氮气 4 路，空气 1 路，氢气 1 路，控制精度 0.001psi。

6）检测器：火焰离子化检测器，单样分析周期 20 min。

7）防爆认证：Ex px IIB+H2 T4，GB ZONE1。

4　应用场景

应用于石油化工轻质石油馏分及石油产品中苯、烯烃和芳烃含量的测定。

5　项目效果和效益分析

5.1　项目效果

2023 年 10 月 27 日至 2024 年 1 月 26 日期间，将在线分析仪测定结果与同期采样后送实验室进行测定的 60 个批次样品进行了数据比对，其中苯分析平均偏差-0.02，烯烃分析平均偏差-0.39，芳烃分析平均偏差 0.11。

通过实验室比对确证以下结论：

1）研制设计的汽油烃组成在线多维气相色

谱分析系统设计合理、运行安全可靠。

2）通过与实验室分析仪（安捷伦 GC8890 和赛默飞 GC1310 气相色谱仪）同期采样测量的数据相比统计平均偏差分别为烯烃 0.39%（v/v），芳烃 0.11%（v/v），苯 0.02%（v/v），均在标准方法精密度要求的重复性之内，说明在线仪表测定的数据与实验室离线测定的数据高度一致。

3）在线分析系统仪器完全依据 GB/T 30519 标准方法（汽油烃组成测定仲裁方法）设计，系统运行成本低、维护方便，大大节省了人力，分析数据的及时反馈有利于汽油调和的优化和产品质量的管控。

4）先进的预处理系统保障在线色谱分析系统的平稳运行。

5）在线分析系统智能化程度高，需要时可开展远程管理和仪器状态监控。

5.2 效益分析

1）成本效益：相比于进口设备，国产在线色谱仪具有更高的性价比。初次购置成本、维护成本以及后续升级的费用较低，有助于企业降低运营成本，提高资金使用效率。

2）技术自主与安全性：国产化设备的成功应用增强了国家在高端分析仪器领域的自主创新能力，减少了对外依赖，提高了产业链的安全性。在敏感行业如石油化工，这尤为重要，能确保技术信息安全。

3）响应速度与定制化服务：国产厂商更贴近国内用户需求，能更快响应用户的技术支持和服务请求，提供更加符合本土化需求的定制化解决方案，缩短故障处理时间，提高生产效率。

4）产业升级推动：国产在线色谱仪的成功应用促进了相关产业链的发展，带动上游材料、零部件供应商以及下游应用服务商的共同进步，对整个行业技术水平的提升有积极作用。

5）数据分析与决策支持：在线色谱仪实时监测烃类组成，提供了快速、准确的数据支持，帮助企业及时调整生产工艺，优化资源配置，减少能耗，提升产品质量和市场竞争力。

6）科研促进：国产设备的应用不仅服务于工业生产，也为科研机构提供了先进的研究工具，加速了新技术、新方法的研发，推动了科学技术的进步。

水煤浆气化装置氧气切断阀国产化典型案例

——己内酰胺产业链搬迁与升级转型发展项目

完成人：王　舜　张　珂　罗彦彬　余庭辉

（中石化湖南石油化工有限公司新区己内线酰胺部）

1　项目背景

中石化湖南石化己内酰胺产业链搬迁与升级转型发展项目是以煤炭、苯、醋酸、硫磺等为原料，生产己内酰胺和聚酰胺产品的工程项目，采用一批中石化自主开发新技术，一次性建设60万吨/年己内酰胺产业链。其中煤气化装置设置3台气化炉，二开一备。气化炉采用中国石化与华东理工大学合作开发的SE水煤浆气化技术。

2　总体情况

2.1　国产化背景

随着国内化工产业的快速发展，对高性能、高质量阀门的需求日益增长。然而长期以来，我国水煤浆气化装置氧阀市场主要依赖进口，这不仅增加了生产成本，也限制了我国化工产业装备的自主发展。因此，加快水煤浆气化装置氧阀的国产化进程，已经成为当前化工产业发展的重要任务。此外，中石化组织召开氧气阀国产化论证会，与会专家讨论了氧阀的铸锻件生产和国产化方案，会议认为国内部分企业已经有了一定的业绩，可以考虑氧阀的国产化。

2.2　国产化优势

一是降低成本。通过国产化，可以降低进口氧阀的高昂成本，从而降低整个气化过程的成本。

二是提高质量。国内阀门制造企业可以根据实际工况需求，定制符合要求的阀门产品，确保产品质量的稳定性和可靠性。

三是增强自主创新能力。国产化可以推动我国阀门制造企业在技术研发、工艺创新等方面取得突破，提升我国化工产业装备的自主创新能力。

2.3　国产化挑战

（1）氧阀的操作条件及选型

① 氧阀的操作条件

氧阀的操作介质为纯净氧气，以SE水煤浆技术为例，氧阀的典型操作条件如下：介质压力为7.5~8.6MPa，最大操作温度为60℃，开启压差7.5~8.6MPa。

② 氧阀的选型

氧气具有强氧化性，在氧阀设计选型时对于氧阀的结构类型、部件材质、开关时间、泄漏等级等要求很高。由于球阀具有开关速度快、流道平缓、流通能力大、密封性能好等优点，因而在煤气化装置氧气管线上普遍选用气缸推动的硬密封球阀作为氧气切断阀，同时要求双向密封，又普遍采用硬密封固定球阀。

（2）氧阀国产化的技术难点

现有煤气化装置中氧气管线上的氧阀多数采用原装进口阀门，高压氧阀的国产化替代主要存在以下几个方面的技术难点。

① 易燃易爆问题

氧气是易燃易爆的高危介质，存在众多安全隐患。静电起弧；阀门不光滑存在毛刺等缺陷；脱脂不彻底可燃物残留在流道内；高压工况下氧气燃点骤降等因素均有可能引起氧气介质的燃烧爆炸。

② 氧阀开关卡涩

输氧管线中的氧阀大多为硬密封固定球阀，由于脱油、脱脂的原因，摩擦面为干摩擦，其摩擦系数与润滑摩擦的摩擦系数相比成倍增加，因而会造成阀门的摩擦磨损。90%以上的摩擦磨损为附着磨损和氧化磨损，这两者之间，又以附着磨损为主。

（1）附着磨损，即在密封面硬质合金之间存在的黏结现象，当两个固体表面挤压在一起，在高压、高温、脱脂以及干燥环境中开关时，两固体表面局部位置非常容易发生微观焊接现象，造成摩擦系数增加，甚至导致密封材料的损伤，密封面拉伤。典型表现就是氧阀使用一段时间后，阀门扭矩大幅增加，甚至无法开关到位。

（2）氧化磨损是在摩擦过程中，由于温度升高，涂层表面的化学活性得到提高，涂层会发生严重的氧化腐蚀，在滑动的过程中，该氧化层脱落，导致里层的涂层裸露出来，而裸露出来的涂层又将被进一步腐蚀，如此重复进行下去，直至密封面拉伤，开关卡涩。从上述的分析中可以看出，氧阀对于密封面硬质合金涂层的要求近乎苛刻。如果选用不合适，密封面很可能拉伤，造成阀门扭矩增大，开关卡涩，如遇油脂等可燃物或细小颗粒，甚至发生爆炸。从国外氧阀密封面的使用情况来看，除极少数品牌阀门外，密封面的整体寿命比较短。

2.3 氧阀泄漏

氧阀泄漏包括内泄漏和外泄漏：

（1）氧阀外泄漏。固定球阀为球体固定，阀座浮动，阀门在上游充压后，阀座受介质力的作用紧密贴紧球体，并将介质力传递给球体，而目前进口氧阀的结构普遍采用阀杆承受球体传递的介质力，导致阀杆会产生一定的偏斜，阀杆填料腔不再固定、封闭，在开关一段时间后，填料可能被挤压变形，造成泄漏。

（2）氧阀内泄漏。基于阀座与阀体间采用柔性石墨密封的难度较大，而目前又没有其他合适的密封材料替代，因而部分进口氧阀阀座与阀体间依旧采用 O 型圈密封，且因为 O 型圈在氧气介质中的使用效果较差，所以此部分进口氧阀无法保证长久稳定良好密封，出现内漏。

从上述分析中可以得出，影响氧阀使用寿命的因素包括：密封面硬质合金涂层的选择；阀门的结构设计；阀门零部件材质选择；阀门加工、装配、清洗及检验等相关工艺过程质量控制。

3 技术路线和技术亮点

3.1 密封面硬质合金涂层的选择

目前国内外多数氧阀厂家的硬质合金选择用碳化铬，而碳化铬材质目前并没有在氧气环境下使用的理论支撑，国内外的期刊、论文包括相关专利等所有文献均没有碳化铬材质使用在氧气介质的案例。合金中的碳元素对氧气介质工况并没有明显的积极作用，反而在碳元素超过 1%的情况下，合金强度会随着碳元素的逐渐增多而明显下降。如果仅从阀芯硬度，交货验收的角度考虑而选择碳化铬材质作为硬质合金的话是以偏概全，体现不出氧阀专业性，必须从氧阀的阻燃性、抗氧化性、耐磨性等多方面综合考虑，通过大量严格的试验对比来验证材质的可靠性。搬迁项目氧阀对几百种密封副材料进行配比试验，通过上万次开关试验，研制使用的专用硬化镍基合金涂层材料具有超强工况针对性，抗腐蚀、抗冲刷、保证阀门动作顺畅、启闭时间满足要求。

3.2 阀门的结构设计

填料选用氧切专用的防火型柔性无油石墨填料，采用新型组合式结构，在确保密封性的同时可有效降低 20%摩擦，增加使用寿命 50%，耐高温、耐磨、抗腐蚀，填料压板处采用多片式碟簧动态加载，可以自动补偿介质温度、压力变化引起的填料密封性能变化，提高密封可靠性。

3.3 零部件材质选择

阀体内部为金属硬密封结构，防火防静电设计，其接地电阻不大于 10 欧姆，法兰间电阻不大于 0.03 欧姆，测试静电压最高值为 12V。全阀禁用“O”形圈，密封件采用 BAM 认证的金属增强型石墨垫片，使用温度可达 500℃。

3.4 工艺过程质量控制

阀门制造需保证严格的过程工艺控制。清洗过程严格按照欧洲 4WPI-SW70003《氧气清洗和检查验收要求》的规定进行零部件的脱油、脱脂处理；阀门的装配、包装都在洁净车间内进行，洁净车间设计需满足 GB50073《洁净厂房设计规范》。

4 应用场景

搬迁项目 SE 水煤浆气化装置的氧气切断阀属于工艺安全关键设备，信号进入 SIS 系统，安全完整性等级 SIL2，阀门失效会直接导致气化装置停车。氧气切断阀是水煤浆气化装置生产中不可或缺的组成部分，其质量和性能直接影响到整个气化过程的稳定性和效率。因此，实现水煤浆气化装置阀门的国产化，对于提升我国煤化工产业的自主创新能力、降低生产成本、提高产品质量具有重要意义。

5　项目效果和效益分析

搬迁项目SE水煤浆气化装置总共32台国产化氧气切断阀，自2023年11月开车以来，国产化氧气切断阀均未出现任何故障，保障了装置的安全稳定运行。

氧气切断阀国产化在项目投资阶段降低了整体投资成本，在搬迁项目气化装置工况下，与进口氧气切断阀相比，一台8英寸氧气切断阀国产化可节省费用约为50万元，整个项目氧气切断阀国产化节省费用超过600万元。

此外，氧气切断阀国产化可大幅缩短产品供货周期，降低设备维护成本，更快速地响应现场售后服务。搬迁项目通过氧气切断阀国产化，摆脱了对进口氧气切断阀的依赖，国产化氧气切断阀性可靠性高，完全满足SE水煤浆气化装置的生产要求，为今后中石化同类项目氧气切断阀国产化起到了示范性作用。

锂系聚合物胶液绿色前处理设备研制及应用

完成人：许　鹤　龚林林　袁永铭　魏　强　邓婧婷

（中石化湖南石油化工有限公司分析检验中心）

1　项目背景

湖南石化橡胶部现有20万吨/年SBS、10万吨/年SEBS、6万吨/年SIS、6万吨/年SSBR、2万吨/年SEPS锂系聚合物产品。生产中的聚合物胶液分析检验前需脱除溶剂，目前是将检测样品胶液浸入搪瓷桶的热水中，通蒸汽加热去除胶液中溶剂。这种开放式煮胶存在的不足：①存在安全隐患。煮胶过程中，大量溶剂随蒸汽析出，煮胶周围1m范围内VOC浓度最高达到68210mg/m^3，远高于《石油化学工业污染物排放标准》GB 31571—2015要求企业边界大气污染物浓度中非甲烷总烃（VOC）≤4.0mg/m^{3}的要求，同时存在蒸汽冲出胶皮软管伤人、环境局部可燃气浓度达到爆炸极限的安全隐患；②物料浪费。每天约有180L溶剂排到大气中，造成资源浪费。③环境污染大。煮胶过程中，溶剂直排大气，对环境和人员健康造成影响，与公司绿色发展理念不符。因此，急需研制锂系聚合物检测所需的胶液预处理设备（即密闭煮胶器），实现安全环保煮胶、回收样品中溶剂并降低现场VOC排放。

2　总体情况

2020年，湖南石化分析检验中心项目组与湖南智强公司联合启动研制实验室密闭煮胶器，经过近两年的研制、试用、条件优化和数据收集，首次开发出防爆型密闭煮胶器，最终替代开放式煮胶。煮胶过程实现一键操作，单次煮胶耗时由原来30min降至12min、现场VOC浓度由原来60000mg/m^{3}以上降至（1～4）mg/m^3，溶剂回收率由0%升至95.78%～99.40%，年回收溶剂34.63吨。

3　技术路线和技术亮点

项目组通过文献查阅，并受橡胶装置胶液后处理三釜凝聚工艺的启发，改进现有胶液的脱溶剂方式，采取釜式加热，将胶液放入设备脱除溶剂并通过冷凝器回收，实现快速绿色脱除胶液溶剂目的。项目的技术亮点及成果核心技术主要表现在：

（1）石化系统内首次开发出适用于胶液脱溶剂的设备，解决了胶液粘壁、溶剂回收不完全、胶液溶剂脱除不完全等问题，年产生经济效益15.19万元。

（2）操作简单，实现一键操作，提升分析技术的自动化和智能化水平，单次耗时原来30min降至12min，缓解了岗位减员带来的人力资源压力。

（3）降低环境污染，年回收溶剂34.63吨再返回装置再利用，使现场VOC浓度由原来60000mg/m^{3}以上降至mg/m^{3}以下，溶剂回收率由0%升至95.78%～99.40%。

4　研制过程

4.1　第一代密闭煮胶器

2022年12月，第一代密闭煮胶设备研制成功并投入现场使用，如图1所示。

图1　第一代密闭煮胶器

4.2　第一代密闭煮胶器试用结论

项目组在试用近半年后，通过对煮胶桶水加入量、内胆壁涂层的选择、胶液量的选择、桶直径和煮胶时长的确定、回收溶剂容器体积的反复实验后，还存在以下问题：①密闭煮胶器使用导热油加热，设备本身高温、易产生静电，无防爆设计，存在本质安全隐患。②设备操作步骤繁琐，煮胶前需人工控制水温，水温太高（超过60℃）造成溶剂挥发，造成室内可燃气局部浓度高，易带来安全隐患。③溶剂回收系统需手工操作，需增大溶剂回收容器容积。

4.3　第二代密闭煮胶器

2023年6月，第二代密闭煮胶设备抵达现场，通过程序控制蒸气加热并做防爆处理，即开即用，降低使用过程中的风险。二代密闭煮胶器由煮胶单元、电控单元、气动单元组成。该设备具备不粘黏涂层的28L煮胶器内胆，煮胶参数为水加入量14 L、加入胶液体积2L、每次煮胶时长12min，采用桶直径为40cm的Z型特氟龙涂层内胆。在第一代研究基础之上，对加热系统、现场VOC进行测试研究。

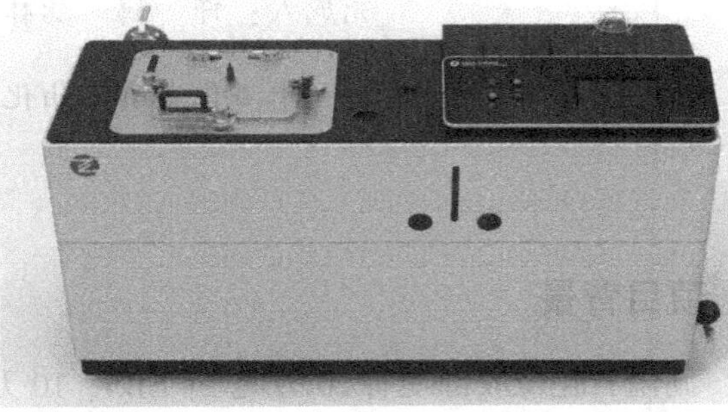

图2　第二代环保绿色密闭煮胶器

4.4　第二代密闭煮胶器VOC检测

用不同类型胶液进行蒸煮，并对蒸煮后的干胶进行VOC检测，结果如表1所示。

表1　蒸汽加热煮胶后VOC残留情况

牌号	VOC残留情况，mg/m^3						
YH-188E	2	4	≤1	3	≤1	3	2
YH-792E	≤1	2	2	2	1	≤1	≤1
YH-1105	≤1	≤1	3	≤1	1	2	3
YH-4016	2	2	2	2	≤1	3	≤1
YH-2605	≤1	≤1	≤1	≤1	1	2	≤1
YH-2601	2	≤1	4	≤1	≤1	3	2

从表1可以看出，二代密闭煮胶器改为蒸汽加热后VOC残留为（1～4）mg/m^3，符合GB 31571—2015《石油化学工业污染物排放标准》中非甲烷总烃限值4.0mg/m^3的要求。

4.5　回收溶剂系统的改进

一代煮胶器回收的溶剂采用25L堆码塑料桶收集，每次煮胶就需回收一次溶剂，每天产生7-8桶溶剂回收液，增加收集工作量。二代煮胶器采用自动回收系统控制，且回收效果更好。以胶液量在2L时，对SIS YH-1105溶剂的回收情况进行溶剂回收试验，回收情况如表2、表3所示。

表2　一代密闭煮胶器SIS YH-1105溶剂回收情况

理论回收值/mL	实际回收值/mL	回收率/%	理论回收值/mL	实际回收值/mL	回收率/%
1660	1590	95.78	1660	1630	98.19
1660	1600	96.39	1660	1570	94.58
1660	1570	94.58	1660	1620	97.59
1660	1640	98.80	1660	1640	98.80
1660	1610	96.99	1660	1640	98.80
1660	1600	96.39	1660	1580	95.18
1660	1590	95.78	1660	1570	94.58
1660	1620	97.59	1660	1590	95.78

从表 2 中可以看出，采用一代密闭煮胶器的溶剂回收率在 94.58%~98.80%之间，回收情况良好。

表 3　二代密闭煮胶器 SIS YH-1105 溶剂回收率情况

理论回收值/mL	实际回收值/mL	回收率/%	理论回收值/mL	实际回收值/mL	回收率/%
1660	1630	98.19	1660	1650	99.40
1660	1610	96.99	1660	1600	96.39
1660	1630	98.19	1660	1610	96.99
1660	1600	96.39	1660	1590	95.78
1660	1630	98.19	1660	1640	98.80
1660	1620	97.59	1660	1590	95.78
1660	1650	99.40	1660	1620	97.59
1660	1590	95.78	1660	1620	97.59
1660	1640	98.80	1660	1640	98.80

从表 2、表 3 可看出，采用二代密闭煮胶器的溶剂回收率在 95.78%-99.40%之间，相对于一代密闭煮胶器的溶剂回收率略有提升。

4.6　不同煮胶方法试验结果比较

根据密闭煮胶器确定的最佳使用参数和使用条件，对原蒸汽加热煮胶和密闭煮胶器处理胶液时大气中的 VOC 进行监测。分别对不同类型胶液进行研究，分析结果如表 4 所示。

表 4　两种煮胶方法 VOC 监测的结果

牌号	蒸汽煮胶 VOC 情况/(mg/m^3)	煮胶器 VOC 情况/(mg/m^3)
YH-188E	61002	未检出
YH-792E	68210	未检出
YH-1105	65563	未检出
YH-4016	66204	未检出
YH-2605	62001	未检出
YH-2601	64212	未检出

从表 4 中可以看出，不同类型胶液通过密闭煮胶器煮胶时，均未检测出 VOC。

5　应用场景

5.1　安全技术评审

为确保使用安全，2023 年 8 月，公司专家组织专业线人员对密闭煮胶器进行现场评审，评审组认为，第二代密闭煮胶器已满足使用条件和安全环保要求。如图 3 所示。

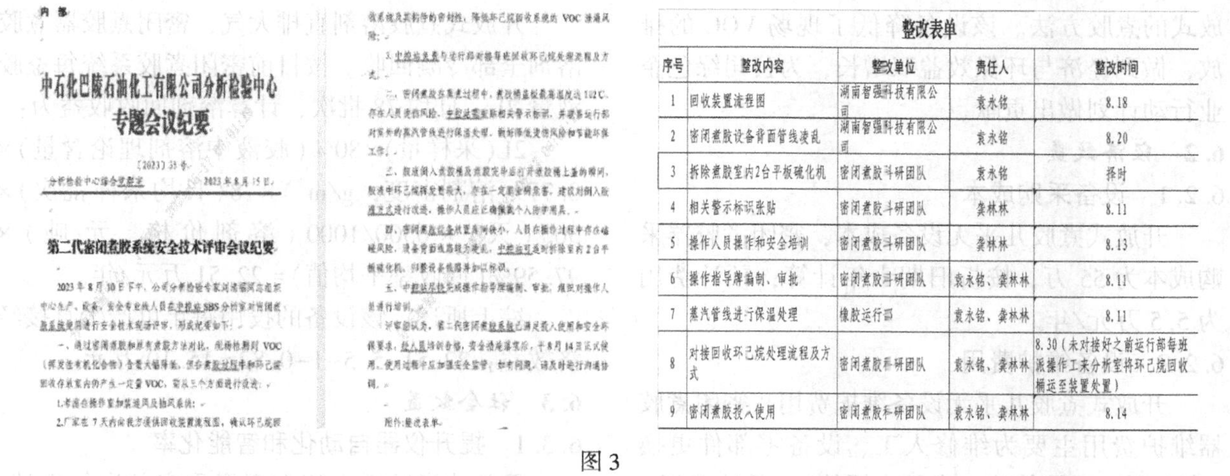
内部

中石化巴陵石油化工有限公司分析检验中心
专题会议纪要

〔2023〕35 号

分析检验中心综合管理室　2023 年 8 月 15 日

第二代密闭煮胶系统安全技术评审会议纪要

2023 年 8 月 10 日下午，公司分析检验专家到达现场组织中心生产、设备、安全专业线人员在中控站 SBS 分析室对密闭煮胶系统使用进行安全技术现场评审，形成纪要如下：

一、通过密闭煮胶和原有煮胶方法对比，现场检测到 VOC（挥发性有机化合物）含量大幅降低，但在煮胶过程中和环己烷回收存放室内仍产生一定量 VOC，需从三个方面进行改进：

1.考虑在操作室加装通风及抽风系统；

2.厂家在 7 天内向我方提供回收装置流程图，确认环己烷回收系统及其附件的密封性，降低环己烷回收系统的 VOC 泄漏风险；

3.中控站负责与运行部对接尽快回收环己烷处理流程及方式。

二、密闭煮胶在蒸煮过程中，煮胶桶盖板最高温度达 102℃，存在人员烫伤风险，中控站需张贴相关警示标识，并要求运行部对背面的蒸汽管线进行保温处理，做好降低烫伤风险和节能环保工作。

三、胶液倒入煮胶桶及煮胶完毕后打开煮胶桶上盖的瞬间，胶液中环己烷挥发量较大，存在一定职业病危害，建议对倒入胶液方式进行改进，操作人员应正确佩戴个人防护用具。

四、密闭煮胶设备放置房间狭小，人员在操作过程中存在碰撞风险，设备背面线路较为凌乱，中控站可适时拆除室内 2 台平板硫化机，归整设备线路并加以标识。

五、中控站尽快完成操作指导牌编制、审批，组织对操作人员进行培训。

评审组认为，第二代密闭煮胶系统已满足投入使用和安全环保要求，经人员培训合格，安全措施落实后，于 8 月 14 日正式使用。使用过程中应加强安全监管，如有问题，请及时进行沟通协调。

附件：整改表单

整改表单

序号	整改内容	整改单位	责任人	整改时间
1	回收装置流程图	湖南智强科技有限公司	袁永铭	8.18
2	密闭煮胶设备背面管线凌乱	湖南智强科技有限公司	袁永铭	8.20
3	拆除煮胶室内2台平板硫化机	密闭煮胶斗研团队	袁永铭	择时
4	相关警示标识张贴	密闭煮胶斗研团队	龚林林	8.11
5	操作人员操作和安全培训	密闭煮胶斗研团队	龚林林	8.13
6	操作指导牌编制、审批	密闭煮胶斗研团队	袁永铭、龚林林	8.11
7	蒸汽管线进行保温处理	橡胶运行部	袁永铭、龚林林	8.11
8	对接回收环己烷处理流程及方式	密闭煮胶科研团队	袁永铭、龚林林	8.30（未对接好之前运行部每班派操作工来分析室将环己烷回收桶运至装置处置）
9	密闭煮胶投入使用	密闭煮胶科研团队	袁永铭、龚林林	8.14

图 3

5.2 建立密闭煮胶器操作指导牌及进行员工培训

密闭煮胶器投入使用前，根据设备特点建立操作指导牌，明确操作要点及安全注意事项，并组织分析人员进行操作培训（图4）。

图4

6 项目效果和效益分析

6.1 项目效果

通过研究，使用密闭煮胶器煮胶时，现场VOC检测为（1～4）mg/m^3，符合GB 31571—2015的要求，且溶剂回收率在95.78%～99.40%之间。经过试验验证，密闭煮胶完全能够替代开放式的煮胶方法。该设备降低了现场VOC的排放，做到经济与环保效益双增长，为公司绿色企业行动计划做出贡献。

6.2 经济效益

6.2.1 设备采购成本

开放式煮胶几乎无设备成本，密闭煮胶器采购成本为55万，按折旧期十年计算，预计费用为5.5万元/年。

6.2.2 设备维护费用

开放式煮胶几乎无设备维护费用，密闭煮胶器维护费用主要为维修人工、设备零部件更换（真空泵、连接管路、煮胶内桶等），预计费用1万元/年。

6.2.3 能源消耗费用

开放式和密闭煮胶系统在蒸汽和水的消耗上基本相同，露天煮胶无电能消耗，密闭煮胶控制单元、抽气单元、冷凝水单元耗电量约0.85kW/时，年用电费用约0.82万元/年。

6.2.4 溶剂回收收益

开放式煮胶溶剂直排大气，密闭煮胶器煮胶溶剂全部冷凝回收。按目前密闭煮胶系统每釜胶液量2L，日均78批次，计算溶剂回收收益为：

2L（采样量）×80%（胶液中溶剂理论含量）×0.779（溶剂密度，g/m^3）×78（日均采样批次）×365（天）×6500/1000（溶剂价格，元/吨）×97.59%（回收率平均值）=22.51万元/年。

综上所述，该设备的投用每年可产生直接经济效益：22.51-5.5-1-0.82=15.19万元。

6.3 社会效益

6.3.1 提升仪器自动化和智能化率

开放式煮胶需人工在现场看守并进行搅拌。

密闭煮胶器全过程由仪器自动完成，一键式操作。

6.3.2　消除环境污染

开放式煮胶挥发的溶剂直接排放到大气中，职工直接接触。采用密闭煮胶后可以做到溶剂完全回收，减少了 VOC 排放，杜绝对职工健康的影响，符合现代环保和企业绿色发展理念。

6.3.3　缓解人员压力

橡胶分析现有职工 46 人，承担了橡胶部 44 万吨/年过程产品的分析检验任务，分析项目大多为胶液分析，劳动强度大，分析任务繁重。采用密闭煮胶器能有效缓解人员压力。

新型抗气缚离心式卸车泵应用

完成人：程　军　张殿立　陈利军　符伟庆

（中国石化中原石油化工有限责任公司）

1　项目背景

我国是一个石油类产品的进口大国、生产大国和消费大国，在这每个阶段过程中不可避免的是运输和卸载。随着国民经济的发展，运输和卸载量将越来越大。卸载是将火车、轮船或汽车运输的油类、烃类产品输送到储存罐中，这一过程是由泵类产品来完成。完成卸车的泵类产品分为容积泵：滑片泵(叶片泵)、齿轮泵、摆动转子泵；离心泵：普通离心泵、普通自吸泵、卸车自吸泵。离心泵是在离心力的作用下，使所输送的介质获得动能，从而完成卸载。

为防止卸车完成后，液体从泵的吸入管外溢，造成不安全的隐患，标准规定在卸车泵的吸入管路上要设置一鹤管，即在吸入管上设计一个U形管，由于这一U形管的存在导致吸入管路存有气体，气体进入泵形成“气缚现象”。离心泵在启动前没有灌满被输送的液体，或者是在运转过程中泵内渗入了空气，因为气体的密度小于液体的密度，产生的离心力小，无法把空气甩出去，泵壳内的流体在随电机作离心运动产生负压不足以吸入液体至泵壳内，泵像被“气体”缚住一样，失去了自吸能力而无法输送液体，称作离心泵的气缚现象。随着卸载低密度介质量的不断增加，无法将车内的介质卸干净的问题越来越突出。

2　总体情况

本实用新型是抗气缚离心式卸车泵，包括泵体，所述泵体的内部空间被划分为吸入段、前腔室、蜗室、排出腔室、分离腔室、排出段和储液腔室；所述前腔室内设置有前置叶轮，所述蜗室内设置有主叶轮；含气体的液体介质从吸入管进入泵体，依次流经吸入段、前腔室、蜗室和排出段，一部分液体介质从排出管排出，另一部分液体介质在排出腔室扩散，此时有部分气体逸出，其余气体随着没有进入排出管的液体介质返回分离腔室和储液腔室，液体介质再从储液腔室通过回流口进入蜗室进行下一循环气体脱出。本实用新型具有高抗气缚能力、高效能和占地面积小等特点，保证罐(槽)车内介质无残留、卸载彻底完全。如图1所示。

图1

3 技术路线和技术亮点

一种抗气缚离心式卸车泵具有高抗气缚能力、高效能和占地面积小等特点，保证罐(槽)车内介质无残留、卸载彻底完全。

为了实现上述目的，采用以下的技术方案：

一种抗气缚离心式卸车泵，包括泵体，所述泵体的内部空间被划分为吸入段、前腔室、蜗室、排出腔室、分离腔室、排出段和储液腔室；所述前腔室内设置有前置叶轮，所述蜗室内设置有主叶轮，所述前置叶轮和主叶轮均固定在主传动轴上，所述主传动轴从泵体后端穿出；所述吸入段的入口处固定连接有吸入管，所述排出腔室的出口处固定连接有排出管，所述排出管内设置有注液口；含气体的液体介质从吸入管进入泵体，依次流经吸入段、前腔室、蜗室和排出段，一部分液体介质从排出管排出，另一部分液体介质在排出腔室扩散，此时有部分气体逸出，其余气体随着没有进入排出管的液体介质返回分离腔室和储液腔室，液体介质再从储液腔室通过回流口进入蜗室进行下一循环气体脱出。

第一次开始卸载的初始阶段，需要通过注液口 13 加注与卸载介质成分相同的液体，加注的介质经回流口 27 充满泵壳体 14 的吸入段 1、前腔室 2、蜗室 3、储液腔室 7、分离腔室 5 和排出段 6；当主传动轴 10 在动力机构的带动下旋转时，泵壳体 14 内的介质在前置叶轮 8、主叶轮 9 的带动下排出到排出管 12，泵壳体 14 内形成真空，泵的吸入管 11 与罐车底部排出口间的连接管路的介质连同管路内的气体一起进入前腔室 2、蜗室 3 和排出段 6，由于气体存在，介质只能部分进入排出管 12，另一部分在排出腔室 4 扩散，此时有部分气体逸出，其余气体随着没有进入排出管 12 的介质返回分离腔室 5 和储液腔室 7，介质再从储液腔室 7 通过回流口 27 进入蜗室 3 获得动能进行下一循环气体脱出；逸出的气体则聚在排出腔室 4，由排出段 6 排出的介质带入到排出管 12，输送到储液罐中。直至管路内的气体完全排出，泵进入正常的卸载程序，卸载的后期阶段还会有气体随介质一起进入泵体，重复上述步骤，完成整个卸载，从而彻底将罐车内的介质抽吸干净。

与现有技术相比，本实用新型具有以下优点：

当卸载的液体介质中含有气体时，该液体介质从吸入管进入泵体，依次流经吸入段、前腔室、蜗室和排出段，一部分液体介质从排出管直接排出，另一部分液体介质在排出腔室扩散，此时有部分气体逸出，其余气体随着没有进入排出管的液体介质返回分离腔室和储液腔室，液体介质再从储液腔室通过回流口进入蜗室获得动能进行下一循环气体脱出；直至管路内的气体完全排出。本实用新型的卸车泵可以克服气缚现象，不会因为气体在泵内堆积影响泵的自吸能力而无法输送液体，这样便于将罐车内的介质卸干净，避免由于卸载不干净为用户造成的经济损失，避免了罐车非空车返回造成的燃油损耗增加，避免了剩余介质在罐车内挥发对沿途道路造成污染，损害路人健康。再者，将吸入段、前腔室、蜗室、排出腔室、分离腔室、排出段和储液腔室组合在一起，减小了泵体积，减少了安装占地面积。

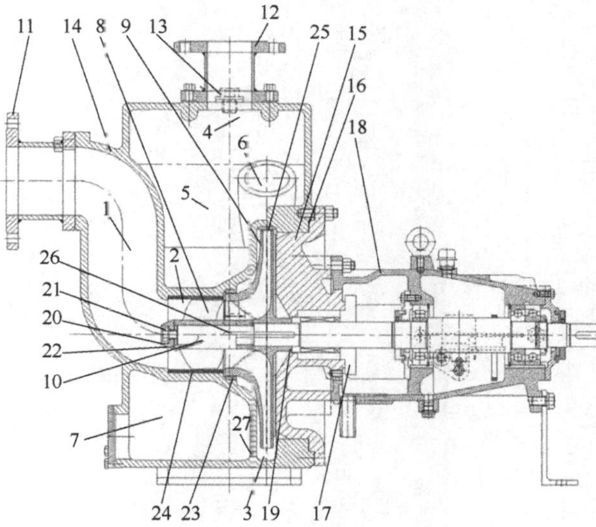

图 2

1—吸入段；2—前腔室；3—蜗室；4—排出腔室；5—分离腔室；6—排出段；7—储液腔室；8—前置叶轮；9—主叶轮；10—主传动轴；11—吸入管；12—排出管；13—注液口；14—泵壳体；15—泵盖；16—泵体密封垫；17—机械密封；18—悬架组件；19—叶轮密封垫；20—叶轮压帽；21—叶轮螺栓；22—密封圈；23—泵体口环；24—前置叶轮套；25—分离阀板；26—传动键；27—回流口

4 应用场景

本实用新型属于液体卸车技术领域，具体涉及一种抗气缚离心式卸车泵，不仅可用于石脑油卸车，也可广泛用于卸载强挥发性轻质烃类液体、甲醇等场合，具有非常高的适用性。

5　项目效果和效益分析

一种抗气缚离心式卸车泵应用效果良好，新型卸车泵结构为离心泵，易损件少，设备运行稳定，故障率大大降低，克服了容积式卸车泵易卡死故障率高的缺点，在卸车领域有非常好的适用性。

新型卸车泵为普通结构离心泵，运行稳定，故障率大大降低。按照容积式卸车泵的使用寿命，每天进行 4-5 次卸车时运转三个月需返厂维修，按照每次维修费用 2 万元，则每年的维修费用约 8 万。新结构离心泵为普通离心泵，按照 3 年进行一次大修，每次大修费用约为 0.6 万元，则每年维修费用约 0.2 万元，一台泵一年维修费用可节约 7.8 万。卸车站卸车泵较多，以某厂有 30 台卸车泵进行计算，每年可节约费用 200 多万元，具备非常可观的经济效益。

IGCC 气化炉耐火材料国产化及改进

完成人：郭清辉　林建东　邱丽生　陈伟雄　任兴举

（福建联合石油化工有限公司机械设备部　无锡市亿洲耐火材料有限公司）

1　项目背景

福建联合石油化工有限公司 IGCC 装置有三台同类型气化炉（设备位号为 6421-R001、6422-R001 和 6423-R001），工艺操作压力 6.4MPa，操作温度 1390℃，炉衬均采用 GOUDA 公司供应的进口耐火材料。2009 年 05 月 IGCC 装置建成投产，在初期气化炉运行过程中，气化炉主烧嘴运行周期仅有 2~3 个月，三台气化炉均存在主烧嘴寿命过短的问题，同步检查烧嘴火盆砖存在开裂或冲刷缺损严重。综合进口的火盆砖及烧嘴间隙密封材料等易损件的失效情况，需关注气化炉耐火材料逐步国产化及持续改进工作。

2　总体情况

气化炉壳体内径为 Φ3100mm，总高度为 205216mm，气化烧嘴设置在气化炉球形封头顶部，火盆耐火砖结构主要由火盆砖 12A、12C/12D 圆筒形环砖及挂砖 12B 组成，竣工图截图见图 1，其中火盆烧嘴砖 12A 与气化烧嘴的安装间隙控制在 7mm，12A 与挂砖 12B 的安装间隙 5~7mm 以内，挂砖 12B 与拱顶砖的膨胀缝宽 10mm，加上耐火砖砌筑的砖缝 2mm，这些构造缝在生产运行中是潜在的合成气串气通道。

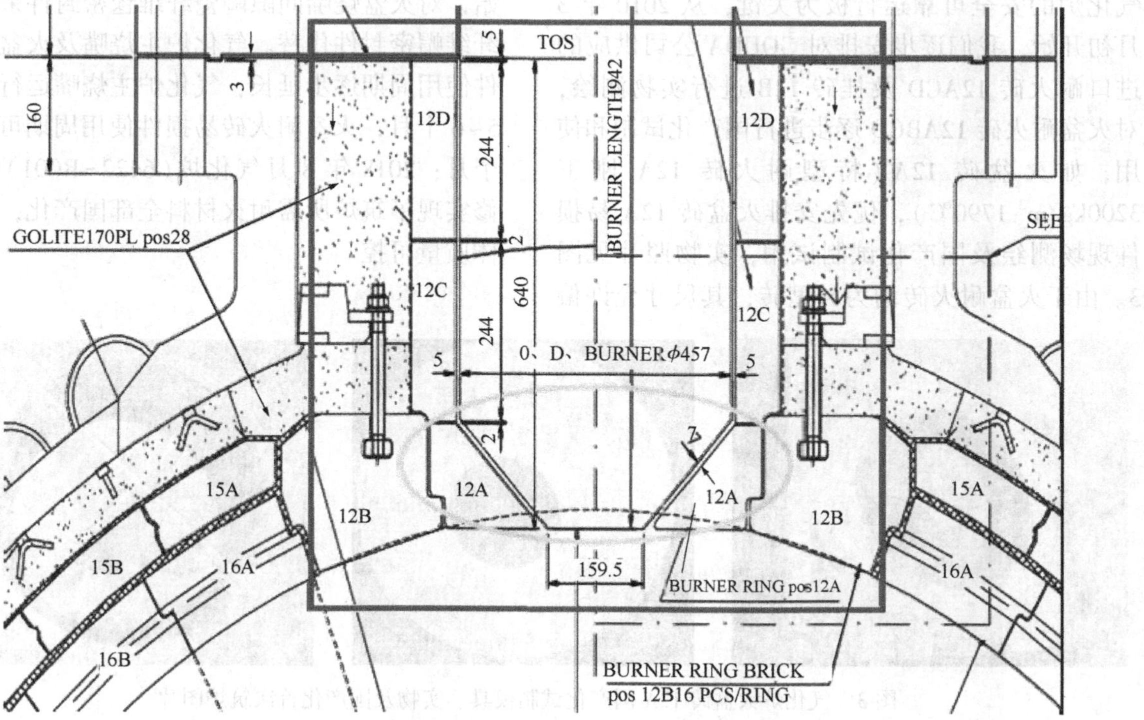

图 1　气化炉拱顶烧嘴及火盆耐火砖结构示意图

运行初期火盆烧嘴砖 12A 及其烧嘴安装间隙密封件采用在火盆砖 12A 顶部放两层（2 × 6.4 mm）陶瓷纤维毯，做成火盆锥面形状。由于陶瓷纤维毯整体强度低，易被气流冲刷形成串气通道，高温气流对烧嘴冷却水夹套进行加热，伴随高频率的热流波动及温差变化，导致了烧嘴头部水夹套异种金属焊缝处的开裂或致主烧嘴局部烧损。而烧嘴的水夹套一旦泄漏，就会对火盆耐火砖 12A 进行直接冲击，导致 12A 冲刷缺损严重，典型照片见图 2 中左图；随着火盆砖 12A 的缺损，烧嘴失去保护，易至烧嘴开裂或烧蚀，典型照片见图 2 中右图，加剧烧嘴的泄漏量，停炉检修在所难免。在气化炉初期运行过程中，三台气化炉主烧嘴运行周期仅有 2~3 个月，同时火盆耐火砖结构维修频繁，因此，火盆耐火砖 12A 及烧嘴间隙密封件成为气化炉检修的主要易损件。

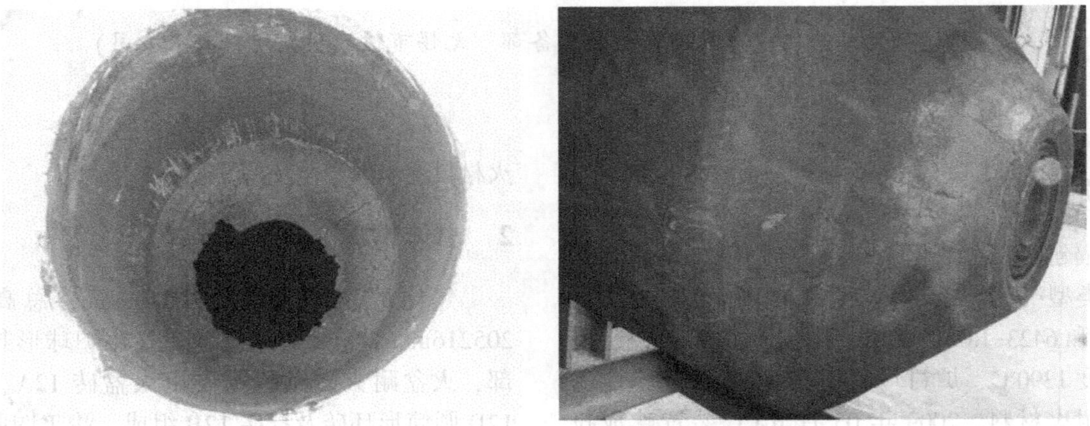

图 2　火盆砖 12A 缺损和主烧嘴开裂烧蚀现场图片

3　技术路线和技术亮点

3.1　技术路线

基于气化炉火盆耐火砖及烧嘴间隙密封件对气化炉的安全可靠运行极为关键，从 2010 年 3 月初开始，我们逐步安排对 GOUDA 公司供应的进口耐火砖 12ACD 及挂砖 12B 进行实物测绘，对火盆耐火砖 12ABCD 逐步进行国产化试制和使用，如火盆砖 12A（特型耐火砖 12A 刚玉 3200kg/m^3 1790℃），优先安排火盆砖 12A 易损件现场测绘及国产化试制试用，实物照片见图 3。由于火盆耐火砖均为异型砖，其尺寸允许偏差比普通耐火砖更严格，标准更高。对比国产砖与进口砖的筑炉安装匹配要求，适当调整细部尺寸，如火盆砖 12A 与主烧嘴的锥度匹配，对控制主烧嘴间隙密封非常重要。从 2010 年 6 月开始，对火盆烧嘴间隙陶瓷纤维毯密封件采用陶瓷纤维帽密封件代替。气化炉主烧嘴及火盆砖易损件使用周期逐步延长，气化炉主烧嘴运行周期达 5~6 个月，火盆耐火砖易损件使用周期可达 5~7 个月；2018 年 8 月气化炉（6422-R001）炉衬大修实现了筑炉所需耐火材料全部国产化，炉衬整体质量可控。

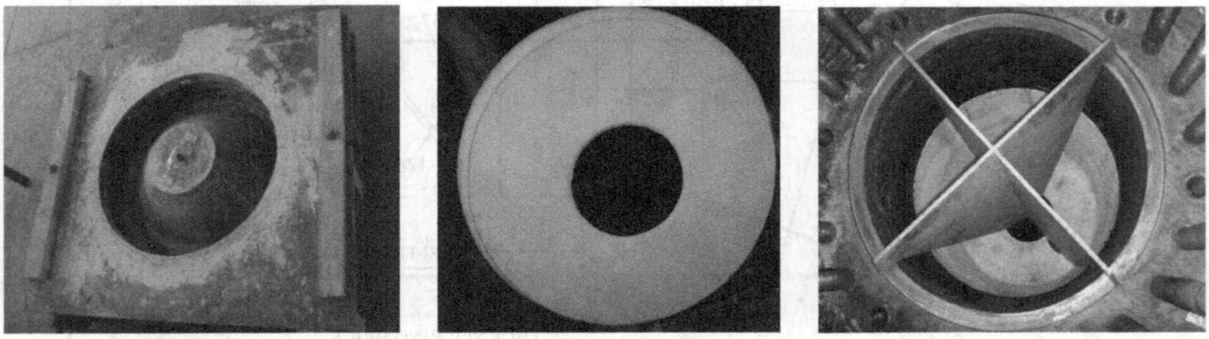

图 3　气化炉火盆砖 12A 国产化试制模具、实物及国产化首次筑炉图片

3.2　技术亮点

技术亮点主要是对气化炉主烧嘴火盆砖 12A 平底口部加厚、间隙陶瓷纤维绳帽密封件等易损件进行改进及安装工序质量控制优化。

（1）气化炉火盆砖 12A 原设计为锥状平底结构，截面呈环形三角状口部偏薄，易开裂。针对初期国产火盆砖锥状平底口部仍存在开裂或缺损现象，2014 年 1 月对火盆耐火砖易损件 12A 进行平底口部进行加厚增强改进（图 4），来增强火盆砖整体抗裂强度，使用效果良好。

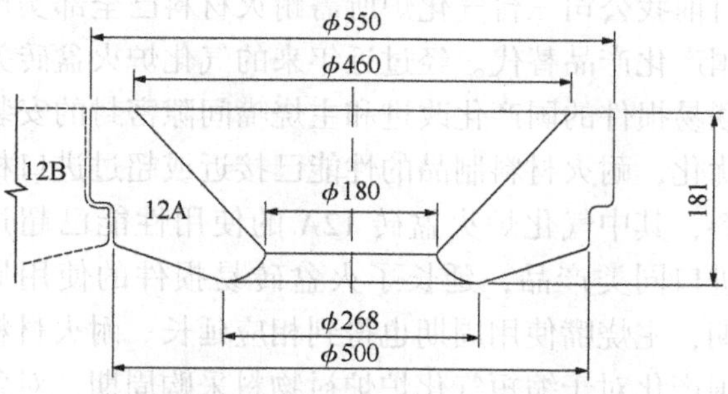

图 4　气化炉火盆砖 12A 底部加厚增强

（2）对主烧嘴间隙陶瓷纤维绳帽密封件进行加长保护主烧嘴水夹套。

原安装指导书标注陶瓷纤维绳帽保护范围从主烧嘴唇口至距离水夹套筒肩处（主烧嘴头变径界面）约 50mm（图 5），最后圈绳子的位置在距离水夹套筒肩处大约 5 cm 处这样主烧嘴有近 50mm 局部裸露，即应对可能的窜气缺乏有效保护。针对主烧嘴陶纤帽覆盖保护不足，2020 年 4 月对烧嘴间隙陶瓷纤维绳帽（陶瓷纤维绳耐火度为 1600℃，$600kg/m^3$）密封件进行适当加长，并对陶瓷纤维绳帽的压缩量提出定量控制要求，陶瓷纤维绳在 2 吨压力作用下的压缩量为 35%。

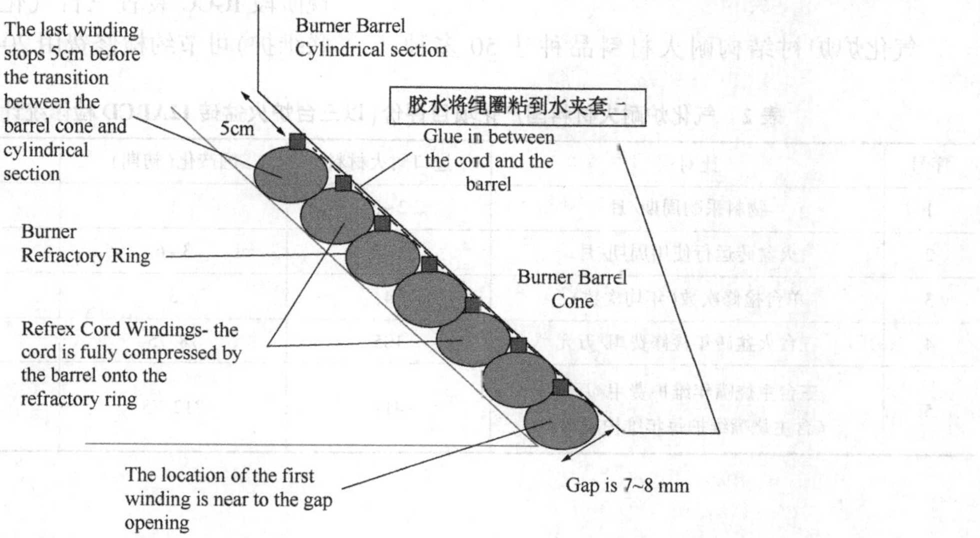

图 5　原安装指导书标注陶瓷纤维绳帽保护范围截图

（3）主烧嘴间隙密封安装工序质量控制优化

主烧嘴的安装间隙保护效果取决于耐火陶纤绳帽的密封效果，控制火盆砖结构的筑炉质量，确保安装间隙测量数值符合间隙控制要求。耐火陶纤绳帽规格压缩量按 35%～40%控制，绳圈的厚度需综合主烧嘴与火盆的实际间隙及合适的压缩量来确定陶瓷纤维绳的最佳厚度（表 1）。当气化炉火盆耐火砖结构基本完好（如运行期间停炉检查或周期性替换主烧嘴，火盆仅局部裂纹，但透光检查合格，仅间隙值存在偏差），或检修工期受限，间隙偏差可通过调整耐火陶纤绳帽与陶纤纸规格组合来满足水夹套的封堵要求。

表 1　主烧嘴耐火陶纤绳帽规格选择

序号	火盆砖间隙值/mm	耐火陶纤绳帽规格/mm	备注
1	（5~6）	Φ10	烧嘴垫片+1.0mm/+0.5mm
2	（6~7）	Φ10	
3	（7~8）	Φ12	

4　应用场景

炉衬耐火材料质量及安装精度是制约气化炉安全稳定长周期运行的关键，从2018年8月至2021年2月期间我公司已先后完成IGCC装置三台气化炉炉衬大修工作，大修所需耐火材料已全部国产化(物料由无锡市亿洲耐火材料有限公司供应)，红外热成像显示壁温可控，国产化耐火材料完全可以胜任气化炉的操作工况；对同类气化炉火盆砖的细部尺寸进行优化、主烧嘴间隙密封件选择及安装工序质量控制优化，有积极的借鉴意义。

5　项目效果和项目效益

气化炉炉衬结构耐火材料品种达50多种，目前我公司三台气化炉所需耐火材料已全部实现国产化产品替代。经过近年来的气化炉火盆砖关联易损件的国产化改进和主烧嘴间隙密封的安装优化，耐火材料制品的性能已接近或超过进口材料，其中气化炉火盆砖12A的使用性能已超过进口同类产品，延长了火盆砖易损件的使用周期，主烧嘴使用周期也得到相应延长。耐火材料国产化对于缩短气化炉炉衬物料采购周期，对急需耐火制品进行定制和改进创新，节约可观的检修费用，提高产品的品质都有积极的优势和可观的运行成本效益。以三台炉火盆砖12ABCD检修统计为例(表2)，火盆砖经国产化改进，其中火盆砖结构维护费用每年可节约检修费用48万元；现阶段IGCC装置三台气化炉每年(含主烧嘴关联维护)可节约检修费用204万元。

表2　气化炉耐火材料国产化项目评价(以三台炉火盆砖12ABCD检修统计为例)

序号	比对项	进口耐火材料	国产化(初期)	国产化改进
1	物料采购周期/月	2~3	1	1
2	火盆砖运行使用周期/月	2~3	3~6	6~12
3	单台检修次数(年均次数)	4	3	2
4	三台火盆砖年检修费用/万元	105	78.75	57
5	三台主烧嘴年维护费用/万元 (含主烧嘴维护每年维护成本)	417	312.75	213

GE 发电机组仪电控制交直流电源系统国产化及创新

完成人：吴伟忠　陈　峻

（福建联合石油化工有限公司机械设备部）

1　项目背景

公司 GE 燃气发电机交直流电源系统装置 2009 年随 GE 发电机一起引进，是机组控制的关键设备，为发电机组仪表电气控制保护提供可靠电源：直流电 DC125V 和交流电 AC220V。因电源设备使用时间已久，电子设备老化严重，设备故障率高，主要器件逆变器发生故障且已不生产，面板显示异常，设备已无法正常运行。

2　总体情况

公司 GE 发电机组仪表电气保护及控制电源分别采用 125V 直流和 220V 交流电源，此交直流不间断电源装置的逆变器由比利时生产提供（图 1），工作原理由市电通过整流加电池提供 125V 稳定的直流电源和由市电加逆变装置提供可靠稳定的 220V 交流电源。因装置备件需进口采购，设备发生故障又无法按时采购，同型号主要设备如逆变装置已经不生产，其他部件老化严重，造成设备故障率高，已无法满足发电机组正常安全运行，需通过国产化技术改进消除电源设备长期存在的隐患。

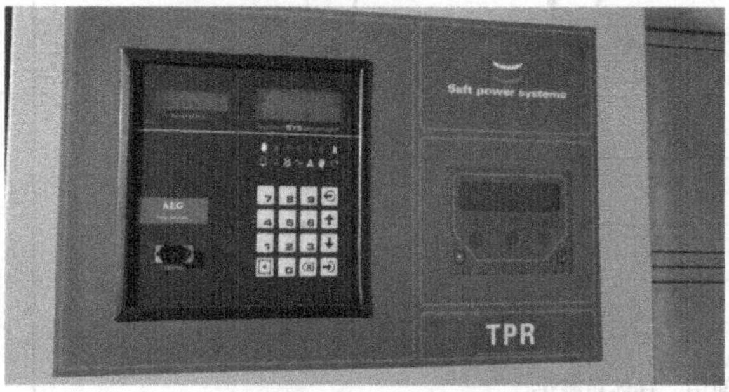

图 1　原交直流系统装置

3　技术路线与技术创新

3.1　技术路线

3.1.1　原设备存在问题

（1）设备老化，无主要备品备件，设备长期处理异常状态；

（2）无电池智能管理系统，如电池无法进行自动均充活化，影响电池使用寿命；

（3）直流系统接地无法识别，直流系统发生接地时无法及时得到处理，将会造成机组保护误动，降低设备可靠性；

（4）原整流充电装置采用可控硅整流，直流系统纹波大，电子器件易受干扰，设备故障率高；

（5）原为进口设备，同类型改造更新无法推进，存在技术瓶颈。

因此，急需通过技术创新进行国产化改造工作。

3.1.2　通过设备运行参数及生产技术要求分析

（1）确认电源技术参数，如容量、电压、电流、配置设备电源相应开关等，绘出相关设备电气原理图（图 2）。

（2）确认供电交直流系统负荷情况，直流系统（125VDC）供配电：燃气发电机 GE 保护装置、燃气发电机励磁装置、燃机低压电机保护装置及燃机监控系统电源；交流逆变电源（220VAC）供配电：9 路交流电分别是闪烁指示灯、断路器 1/2、相对湿度露点传感器、消防控制柜、HMI、应急照明、24VDC 整流器、气体检测盘、断路器 3/4/5/6 等，配置相应负载开关。

（3）确认 7 个报警信息点（分别是逆变器 1 模块故障、静态开关模块故障、逆变器 1 故障、UPS 系统故障、UPS 旁路故障、电池电压低、并联电池充电器故障等），配置相应与发电机组仪表控制系统的报警信息。

（4）按原设备功能和需提升技术要求制定技术方案，并设计改造图（图 3）。

3.2　技术创新

（1）消除因设备老化无备件的维修瓶颈，通过技术创新，推进设备国产化更新改造工作；

（2）交直流电源的直流模块控制、逆变控制、相位同步、输入整流控制、逻辑控制等由

DSP 来控制，控制精度高、速度快、整机综合性能好。

(3) 将原来直流系统可控硅整流装置升级改造为先进的开关电源装置，实现模块化设计(图3)，提高设备抗干扰能力，提高电源整体可靠性；

(4) 智能电池管理技术，在电池的充放电方面有专业的管理方案，可对电池进行自动测试，提高电池的可靠性和使用寿命。因原电池充电功能的改善，实现自动对电池定时强充活化，消除了电池长期无法活化的隐患；

(5) 完善电源直流接地故障报警功能，接地故障能及时得到处理，大大提高供电可靠性。

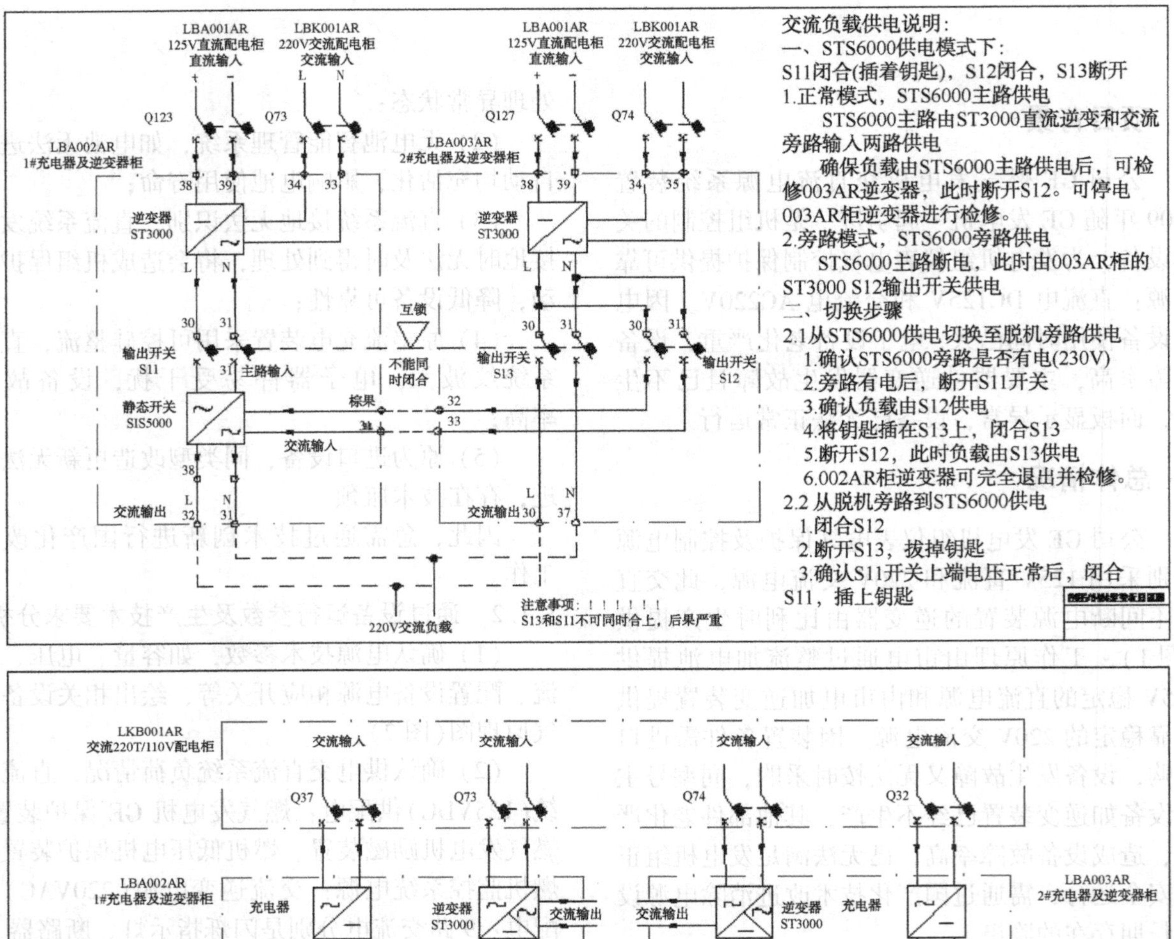

图2 原设备原理图

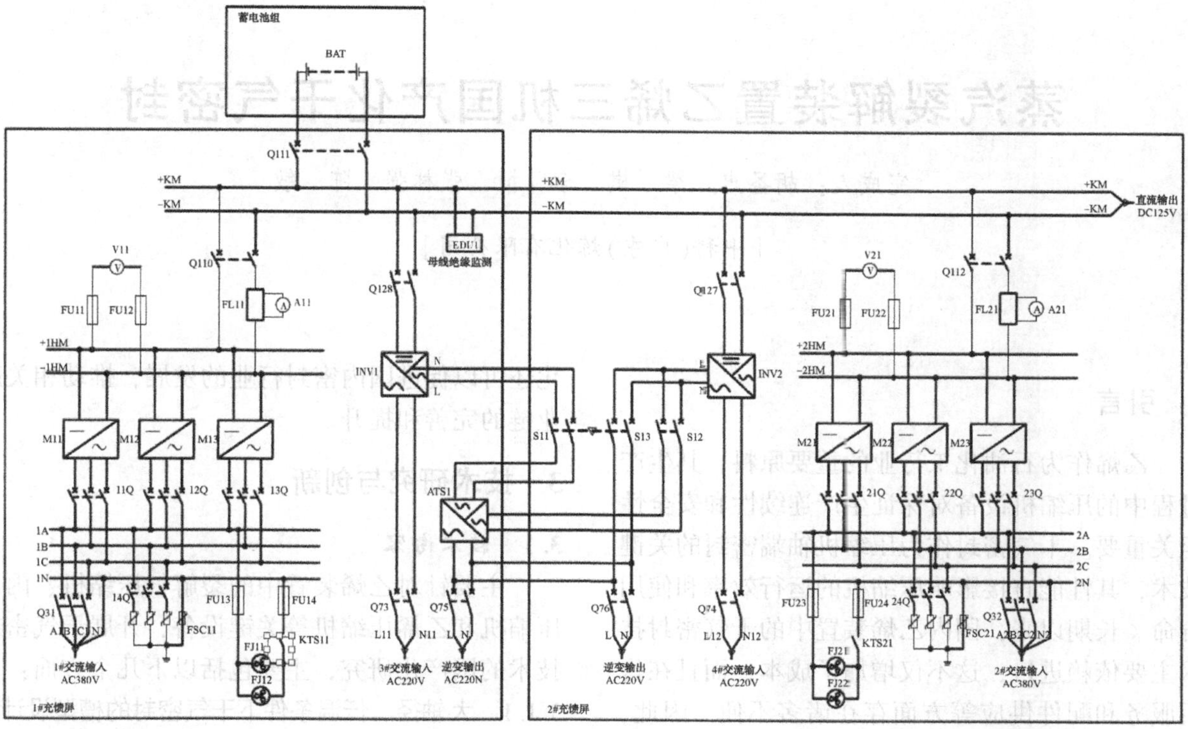

图 3　模块化设计

4　应用场景

通过设备改造升级(图 4)，设备采用模块化组合，原来单一整流充电器件改为 3 个高频整流模块冗余设计；增加逆变器的容量由原 3000W 增加为 5000W，并提升设备故障自诊断功能，安全可靠性大大提高。通过三年的安全运行及维护跟踪，设备直流系统和交流系统均满足相应技术要求，在供电质量、设备自诊断和电池管理上得到了优化，有非常好的推广前景和实际应用价值。

5　项目效果和效益分析

经过生产运行检验，国产化改造后完全满足 GE 燃机控制保护电源的所需的技术要求，并在设备功能、安全、故障诊断及电池使用寿命上都有进一步提高。原来进口两个逆变器备件需 30 万元，这次通过技术创新两套整体整改造投入 19 万元，有较好的经济效益，是一次成功的国产化技术改造创新实践。

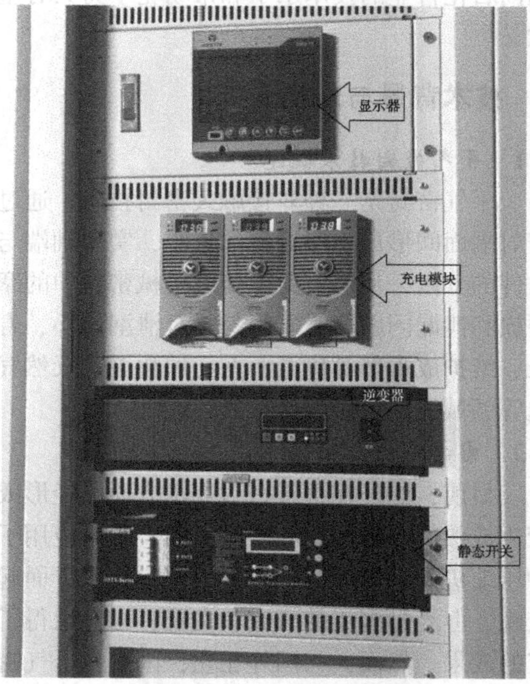

图 4　改造后 1#充电屏整体效果图

蒸汽裂解装置乙烯三机国产化干气密封

完成人：胡圣忠　梁　棋　李　恒　张林强　陈　敏

［中科（广东）炼化有限公司］

1　引言

乙烯作为石油化工行业的重要原料，其生产过程中的压缩机设备对保证生产连续性和安全性至关重要。干气密封作为压缩机轴端密封的关键技术，其性能直接影响压缩机的运行效率和使用寿命。长期以来，国内乙烯装置中的干气密封技术主要依赖进口，这不仅增加了成本，而且在售后服务和配件供应等方面存在诸多不便。因此，开展乙烯三机干气密封技术的国产化，对于提升国内石化行业的技术水平和市场竞争力具有重要意义。

2　技术背景与现状分析

2.1　干气密封技术概述

干气密封是一种非接触式密封技术，通过在密封端面间形成一层极薄的气膜，实现轴端与密封件的分离，从而避免了传统机械密封中的摩擦磨损和泄漏问题。干气密封具有泄漏量小、寿命长、维护成本低等优点，在石油化工、天然气输送等领域得到广泛应用。

2.2　国内外技术现状

目前，国外在干气密封技术方面已经形成了较为成熟的技术体系和产品系列，广泛应用于各种压缩机设备中。国内在干气密封技术方面起步较晚，但经过多年的研究和发展，已经取得了一定的成果。然而，与国外相比，国内在干气密封技术方面还存在一定的差距，尤其是在大轴径和低温条件下的密封性能方面仍有待提高。

2.3　国产化干气密封技术的必要性

实现乙烯三机干气密封技术的国产化，对于提升国内石化行业的技术水平和市场竞争力具有重要意义。首先，国产化可以降低设备成本，提高企业的经济效益。其次，国产化可以缩短供货周期，提高设备的可靠性和安全性。此外，国产化还可以促进国内密封行业的发展，推动相关产业链的完善和提升。

3　技术研究与创新

3.1　技术内容

主要针对乙烯装置中的裂解气压缩机、丙烯压缩机和乙烯压缩机等关键设备，开展干气密封技术的国产化研究，主要包括以下几个方面：

3.1.1　大轴径、低温条件下干气密封的槽型设计

国内在中小轴径密封的理论研究及应用方面已经非常成熟，但是对大轴径和低温密封的工作机理特性、运行特性方面的经验相对较少。该项目以有限元分析、耦合分析先进计算手段对摩擦副的结构参数、端面工作间隙、温度场、压力场对摩擦副变形的影响进行深入研究，考核端面压力分布、开启力、泄漏量及刚漏比的大小及变化趋势。以刚漏比作为设计主要依据，通过多组数据的对比分析，对端面槽形参数进行设计优化，确保密封端面具有更大的刚度和更小的泄漏量，同时获得合理的端面平衡间隙值。

3.1.2　对关键零部件进行结构优化设计

密封尺寸超大，端面线速度较高，故应考虑零件尤其是动静环在离心力、介质压力综合作用下产生的应力及应变，对动静环的尺寸形状，固定和夹持的方式进行设计指导。同样，由于金属零件多为大尺寸薄壁零件，在受压和运转的状态下容易变形。故需对关键金属结构件（轴套、推环等）进行计算分析，判断零件应力的大小、分布状况对环体形状的影响情况、程度，并根据相关结果确定零件的尺寸。

3.1.3　大轴径干气密封的动静环材质选择问题

干气密封的动环材料是整套干气密封成败的关键因素之一，所以在大轴径干气密封上应考虑采用高强度无压烧结碳化硅。但超大尺寸的碳化硅的烧制是一个世界性的难题，外径超过

400mm 的碳化硅目前少量用于低速的反应釜机械密封上，在国内离心压缩机上应用实例极少，尚需做许多的调研和试验工作。同样，大规格石墨静环的强度、耐磨和传热问题尚未有太多成熟的经验可以借鉴。

3.1.4 大轴径干气密封的金属结构件加工问题

由于大轴径干气密封的金属结构件多为大尺寸薄壁件，如何能保证极高的尺寸精度和形位公差要求，需在加工工艺、设备及热处理上采用不同于常规密封的特殊手段。

3.1.5 大尺寸表面流体动压槽加工技术

槽深的一致性和粗糙度是流体动压槽非常关键的两个参数，也是影响气膜稳定和性能的重要指标，如何加工需要制定详细的加工工艺。

3.2 技术创新点

在干气密封技术方面取得了以下创新成果：

（1）高可靠的双向槽设计技术：一般来讲双向槽的工作间隙会更小，因此为了保证优化更准确，计算的结果更加精确，我们分析了微米级端面的件气体状态，引入稀薄流体概念，将稀薄流体力学和格子波尔兹曼算法（LBM）引入到双旋向槽型密封端面流场的分析，从而设计出满足使用条件的最优的脱开转速和更小的泄漏量。

（2）低温干气密封设计：设计过程中对于乙烯压缩机，重点分析了低温下温度对密封端面泄漏量和气膜刚度的影响程度，从而从设计上保证低温下气膜刚度的稳定。

（3）辅助密封圈材料选择：密封圈的性能往往是决定密封能否长周期运行的重要因素，乙烯三机工况都较为苛刻，可靠性要求极高，因此设计上选择了新型的簧加载的聚合物密封圈并加以针对性优化，具有耐低温、耐久、抗化学腐蚀、低摩擦系数等优点，可以提升整个密封的使用可靠性。

（4）副密封追随性设计及制造技术：提升可靠性的关键是在保证密封性能的前提下减小微动密封圈金属表面的摩擦力，摩擦是密封圈和配合零件表面相对滑动的阻力的衡量标准，它与密封圈材料的摩擦系数和正常负荷值有直接关系，同时影响摩擦的因素有润滑、温度和配合零件表面的粗糙度，因此从密封圈材料和金属零件表面状态两个方面着手解决，尤其是制造上采用超精磨工艺后，极大地提升了副密封的追随性。

（5）密封抗干扰设计及试验技术：设计了专用工装，对新开发的双向槽进行了微观测量研究，测量了端面的脱开间隙，脱开转速及压力分布情况，然后再与计算过程和模型进行比对不断优化槽型设计，让计算的结果更加趋近于真实情况，从而在低速（慢转）、变压、变速、反转、低温的工况下具有最佳的技术特性。

3.3 实验验证与工业应用

本次应用实践，对国产化干气密封技术的性能进行了全面评估。应用结果表明，国产化干气密封技术在大轴径和低温条件下均表现出优异的密封性能和使用寿命。

4 经济效益与社会效益分析

4.1 经济效益分析

实现乙烯三机干气密封技术的国产化，可以带来显著的经济效益。1 套规模不低于 100 万吨/年乙烯装置，其“乙烯三机”通常共六个缸，每个缸装两套干气密封，配一个控制系统，加上备件共有 24 套密封，6 套控制系统。当前进口密封市场平均价格在 100 万元/套左右，控制系统平均价格在 200 万元/套左右，国产密封及控制系统价格仅为进口的 50%左右，这样一个 100 万吨/年乙烯装置中采用国产密封及控制系统将节约总费用近 1800 万元。另一方面进口密封的市场平均修复价格在 50 万元，一套装置一次密封的维修费用近 600 万元，国内密封企业修复价格只有 300 万元左右。

4.2 社会效益分析

实现乙烯三机干气密封技术的国产化，还可以带来显著的社会效益。首先，国产化可以促进国内密封行业的发展。随着国内干气密封技术的不断提升和普及应用，将带动相关产业链的发展和完善提升国内密封行业的整体竞争力。其次，国产化可以降低对国外技术的依赖程度。通过自主研发和创新实现干气密封技术的国产化将降低对国外技术的依赖程度并提升国内石化行业的技术水平和市场竞争力。最后国产化还可以推动环保和可持续发展。采用国产干气密封技术可以降低泄漏率和排放污染物的数量从而减少对环境的污染并推动环保和可持续发展目标的实现。

轴径向变换炉内件国产化研发项目

完成人：余建良　李　民　刘　泽　周　鹏　姬加良　郭云飞　赵旭清　贾　磊　王彦海
王　庚　徐楚文　邢　宇　刘柱元　郭　瑞　袁晓光　谭金浪　赵云峰　沈　超
李　强　王　斌　辛　岗　刘　磊　杨　钊

（国能包头煤化工有限责任公司）

1　项目背景

国能包头煤化工有限责任公司(简称包头化工公司)甲醇中心净化装置包括一氧化碳变换单元、低温甲醇洗单元和冷冻单元，分别按两个系列设置。变换单元的主要任务是处理来自上游气化装置的粗水煤气，通过一氧化碳变换单元将粗煤气中的多余一氧化碳经过变换反应转化为氢气，调节氢碳比以满足后续甲醇合成的进料需求，单系列处理量为 $265000Nm^3/h(CO+H_2)$。

目前包头化工两系列的两台变换炉都采用国外引进的庄信万丰轴径向变换炉内件。根据庄信万丰内件的设计要求，每台变换炉能够预装变换催化剂 $65m^3$。根据目前的运行情况，变换单元能够满足系统 110%运行负荷的需求。但当前包头化工甲醇中心正在实施甲醇合成扩能改造，预计 2021 年投入运行。合成扩能项目投入运行后，甲醇中心变换单元的处理能力将达到 120%运行负荷的处理量(预计处理有效气 $318000Nm^3/h$)，届时两系列变换炉已无法满足变换反应要求。并且包头化工两台变换炉内件自 2010 年投入运行至今，已有 11 年的运行周期，存在强度降低的安全隐患。

综上所述，将两台变换炉内件通过国产化研发更换，能够将变换系统的处理能力再增加 10%，既解决了甲醇合成扩能后变换单元运行的瓶颈问题，又可以大幅降低引进国外变换炉内件所带来的更换成本；同时增加了变换炉内件的使用寿命，有利于变换系统的安全、稳定、高效运行。

2　总体情况

2.1　工艺简介

变换反应是粗煤气中的一氧化碳借助于催化剂的作用，在一定温度下，与水蒸气反应，生成二氧化碳和氢气的工艺过程。通过变换除去了一氧化碳，同时得到了氢气。CO 变换反应是反应前后体积不变的可逆放热反应，反应方程式如下：

$$CO+H_2O \longrightarrow H_2+CO_2+41.6kJ/mol$$

在含有 CO、CO_2 以及水蒸气等气相体系中，可能会有一些副反应的发生：

$$2CO = CO_2+C$$
$$CO+H_2 = C+H_2O$$
$$CO_2+2H_2 = C+2H_2O$$
$$2CO+2H_2 = CO_2+CH_4$$

CO 变换反应的放热量，随温度升高而降低，其热效应如下：

$$\Delta H_R=-1000-0.219T+2.845\times10^{-3}T^2-0.9703\times10^{-6}T^3(cal/mol)$$

CO 变换反应的化学平衡常数可以用各组分的分压计算：

$$K_P=\frac{p^*_{CO_2}\times p^*_{H_2}}{p^*_{CO}\times p^*_{H_2O}}=\frac{y^*_{CO_2}\times y^*_{H_2}}{y^*_{CO}\times y^*_{H_2O}}$$

式中，p_i^* 表示平衡状态下各组分分压，y_i^* 表示平衡状态下各组分摩尔分数。平衡常数与温度的关系，可以由下面公式计算：

$$\lg K_P=\frac{2185}{T}-0.1102\lg T+0.6218\times10^{-3}T-1.0604\times10^{-7}T^2-2.218$$

CO 变换反应本身是一个放热反应，反应温度的降低有利于化学平衡的右移；但反应速率也会随温度的降低而减慢，即温度降低不利于整个 CO 变换反应的进行。在工业上一般都会采用催化剂来提高反应速率，变换炉的操作温度通常在 200~500℃。CO 含量越高，则变换反应温升越大，因此，必须采用分段变换移走反应热量的方式保证催化剂床层热点温度不至于过高。

耐硫变换单元主要采用成熟可靠的“分股变换”工艺技术，满足氢碳比要求。为降低系统压降，节约氢气压缩机功耗，中温变换炉采用“轴径向变换炉”专利技术，通过采用活性表面高的小颗粒催化剂，减少催化剂的装填量，节省装置建设投资。

该项目耐硫变换单元的处理能力如下：

粗合成气量正常操作工况：392000Nm³/h（正常工况有效气量为265000Nm³/h），设计工况为：392997Nm³/h；CO含量约40%～50%（V%，干基）；其中1#变换炉入口CO含量约48.36%（V%，干基），出力能力为390000～440000Nm³/h，变换炉出口CO含量降至3%～7%（V%，干基）。

2.2 轴径向变换炉内件应用研究

轴径向变换炉内件主要包括顶部气体入口处的分布器、测量床层温度的温度计管、使得反应气均匀进入床层的外分布筒以及反应后用于气体收集的中心管（图1）。

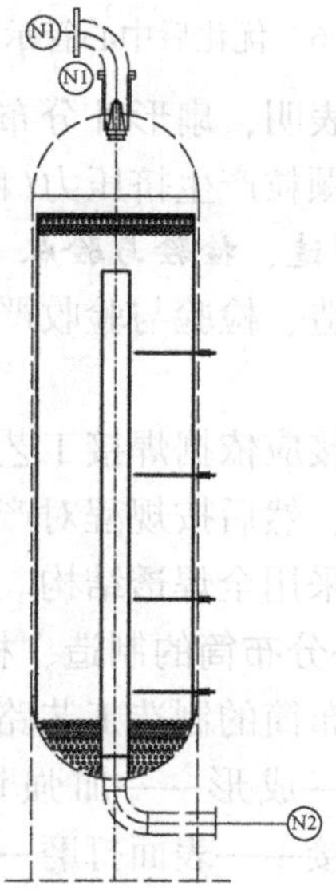

图1 优化前后轴径向变换炉示意图

2.2.1 催化剂装填量的优化

原设计中催化剂装填量为65m³，可以满足装置110%负荷运行。目前，甲醇装置拟按照120%负荷操作，为了满足长周期使用寿命，需增加催化剂装填量，采用多孔介质模型对催化剂床层进行近似模拟，经过核算催化剂装填量需达到70m³。

2.2.2 外分布筒优化

在径向反应器流体均布研究中，如细划分可把分流、集流流道的流动过程划分为四个基本流动模型，动量交换型流道、摩阻型流道、动量交换占优势型流道和摩阻占优势型流道。

径向反应器流体的流动如图2所示。流体沿中心的分流流道A不断均匀地穿过中心分布管的小孔进入催化剂床层，在床层中作径向流动，反应后穿过外分布筒小孔，进入集流流道B，最终经集流后出反应器。

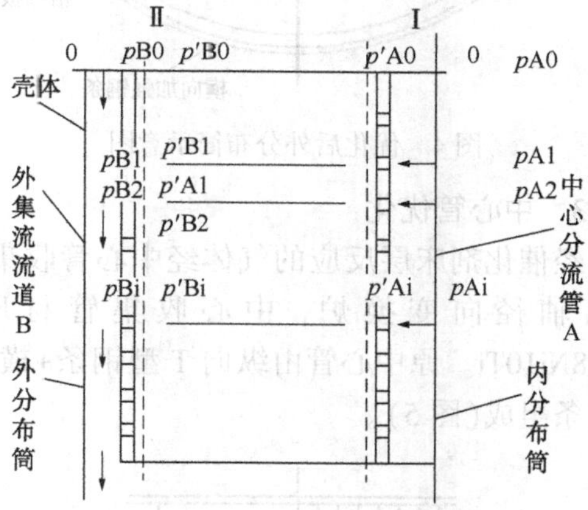

图2 反应器流体均布示意

要使流体沿催化床层轴向高度均匀分布，其必要条件是内外集流环面上静压p'_A与的p'_B差压沿轴向各高度上保持相等。如此，流体均布问题可归纳为分流、集流流道间静压差的问题和流体侧流穿孔静压降的两大问题。

径向反应器的开孔调节是保证流体沿轴向均匀分布的一个重要手段。

轴径向变换炉外分布筒上均匀开孔，对进入催化剂床层的气体进一步分布，使得气体径向均匀流经催化剂床层。外分布筒材质为0Cr18Ni10Ti。

原外分布筒由34块扇形式的小分布筒组成，小分布筒示意图见图3。单个小分布筒是由纵向T型钢条+横向T型钢条+底板组成。

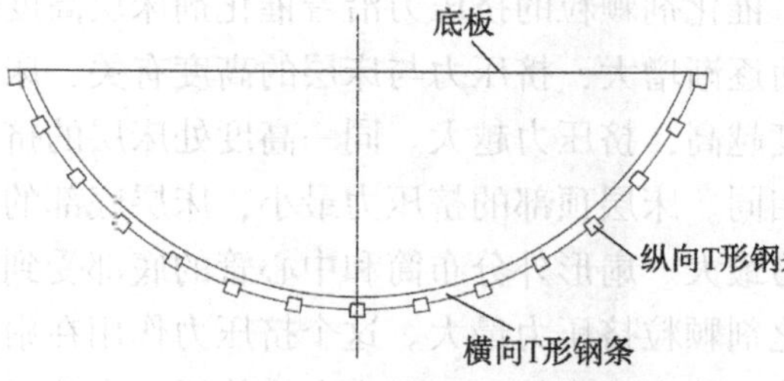

图3 原外分布筒示意图

新外分布筒由34块扇形式的小分布筒组成，对单个小分布筒进行优化。单个小分布筒由格栅板+横向加强钢条+底板组成。格栅板开长条孔，用于气体流通；横向加强钢条间距布置，支撑格栅板，底板用于固定格栅板以及加强钢条，组成单个小分布筒。小分布筒示意简图见图4。

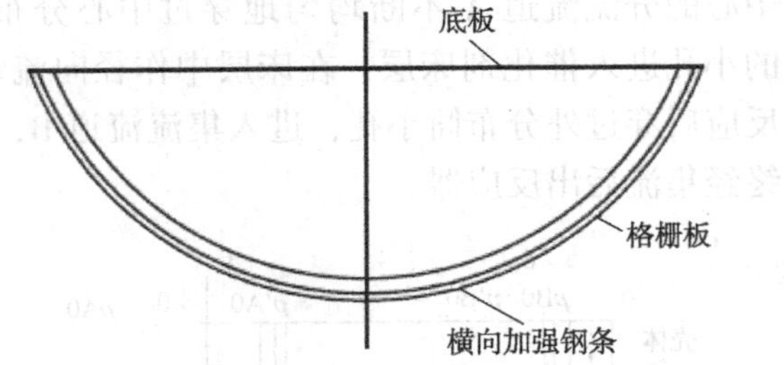

图4　优化后外分布筒示意图

2.2.3　中心管优化

经催化剂床层反应的气体经中心管收集后，送出轴径向变换炉。中心收集管材质为0Cr18Ni10Ti。原中心管由纵向T型钢条+横向T型钢条组成(图5)。

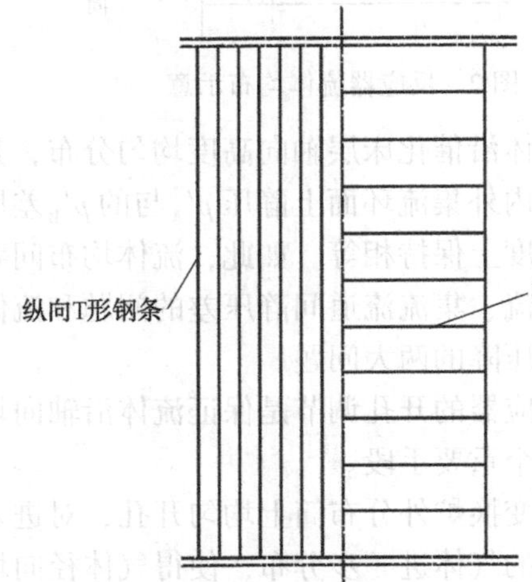

图5　优化前中心管示意图

优化后的中心管，由筒体、支撑筋和格栅板组成，其整体强度大大增强(图6)。

2.2.4　内件破坏性试验

催化剂颗粒的挤压力沿着催化剂床层高度增加而逐渐增大，挤压力与床层的高度有关，床层高度越高，挤压力越大。同一高度处床层的挤压力相同。床层顶部的挤压力最小，床层底部的挤压力最大。扇形外分布筒和中心管的底部受到的催化剂颗粒挤压力最大。这个挤压力作用在扇形外分布筒和中心管上，超出允许值后，会造成扇形和中心管的局部凹陷、瘪塌等，使得催化剂泄漏而影响内件的正常使用。中心管为圆筒形结构，受力较好，而扇形分布筒为弓形结构，受力较差，因而只对扇形分布筒进行破坏性试验。

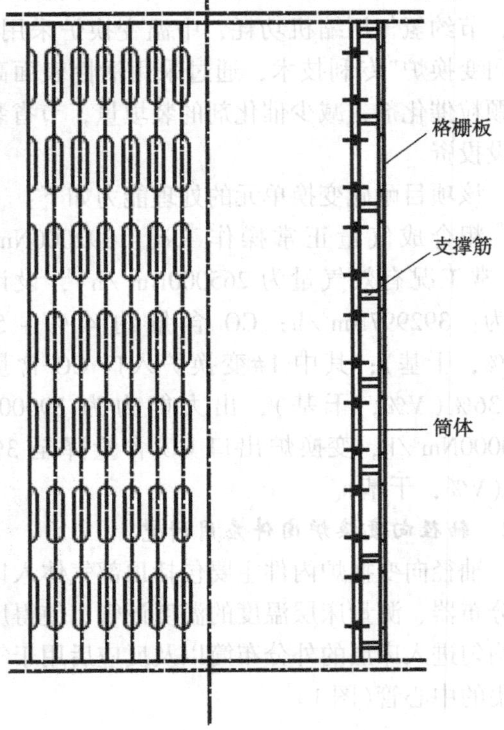

图6　优化后中心管示意图

试验结果表明，扇形外分布筒能够承受压力远大于催化剂颗粒产生挤压力(图7~图10)。

2.3　内件的制造、检验与验收

内件的制造、检验与验收严格按设计文件要求进行。

内件的焊接应依据焊接工艺评定结果，编制焊接工艺规程，然后按规程对产品进行焊接。所有对接焊缝应采用全焊透结构。

2.3.1　扇形外分布筒的制造、检验和验收

扇形外分布筒的制造工艺路线图：格栅板下料——冲孔——成形——加强钢条焊接——校正——底板焊接——表面打磨——酸洗。

首先，格栅板下料后按图纸要求进行冲孔，并去除开孔周边毛刺后，压制成形，用样板进行检查，合格后方可焊接加强钢条。然后，焊接加强钢条，并进行检查、校正。最后，分布筒焊接完毕后，应对焊缝表面进行打磨，直至露出金属光泽，再酸洗钝化。

2.3.2　中心管的制造、检验和验收

中心管的制造工艺路线图：筒体下料——冲孔——卷圆——焊接——表面无损检测——支撑筋焊接——格栅板焊接——表面打磨——酸洗。

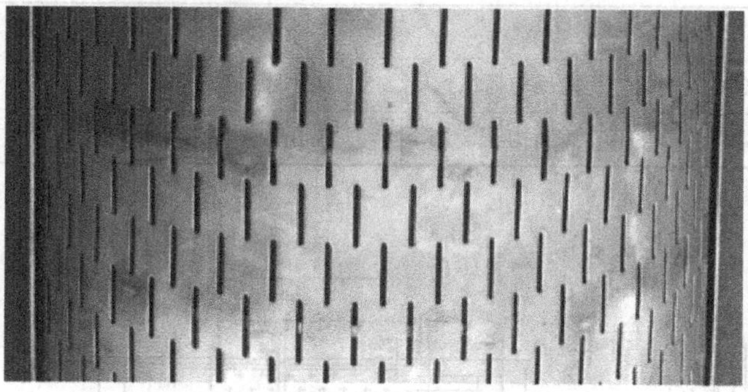

图7 扇形分布筒试验前形状

图8 扇形分布筒试验中

图9 扇形分布筒压力试验后的情况

图10 扇形分布筒试验压力

首先，筒体下料后按图纸要求进行冲孔，并去除开孔周边毛刺；纵、环焊缝的对接坡口，应采用机械加工；进行卷制、焊接；制造公差按 HG/T 20584 的相关要求；对接焊缝表面按照 NB/T 47013.5 进行 100% PT 检测，Ⅰ级合格。然后，依次焊接支撑筋、格栅板。最后，分布筒焊接完毕后，应对焊缝表面进行打磨，直至露出金属光泽，再酸洗钝化。

2.4 相关技术专利

轴径向变换炉及其变换工艺流程为宁波工程公司专利技术，该技术在变换流程设置、变换炉气体分布器、出口气体收集器、催化剂封、中心管及侧壁开孔率、开孔分布情况等均有自己的特色。在轴径向变换炉内件及开孔计算方面，宁波工程公司有自己的经验取值，并且已经过多次现场运行的验证。轴径向变换炉相关专利技术汇总如表1所示。

3 技术路线和技术亮点

（1）中心管设计制造：优化结构，增强中心管强度及可拆卸，便于运输(图11)。

（2）外分布筒设计制造：根据流体模拟，轴径向变换炉外分布筒上均匀开孔，对进入催化剂床层的气体进一步分布，使主流道间流体静压差的差别与穿孔压降相平衡。使得气体径向均匀流经催化剂床层(图12)。

表 1

序号	专利(申请)号	专利名称	专利类别	法律状态
1	ZL 201320071589.5	一种用于耐硫变换工艺的轴径向反应器结构	发明	授权
2	ZL 202023201691.1	一种反应器的催化剂支撑结构	实用型新	授权

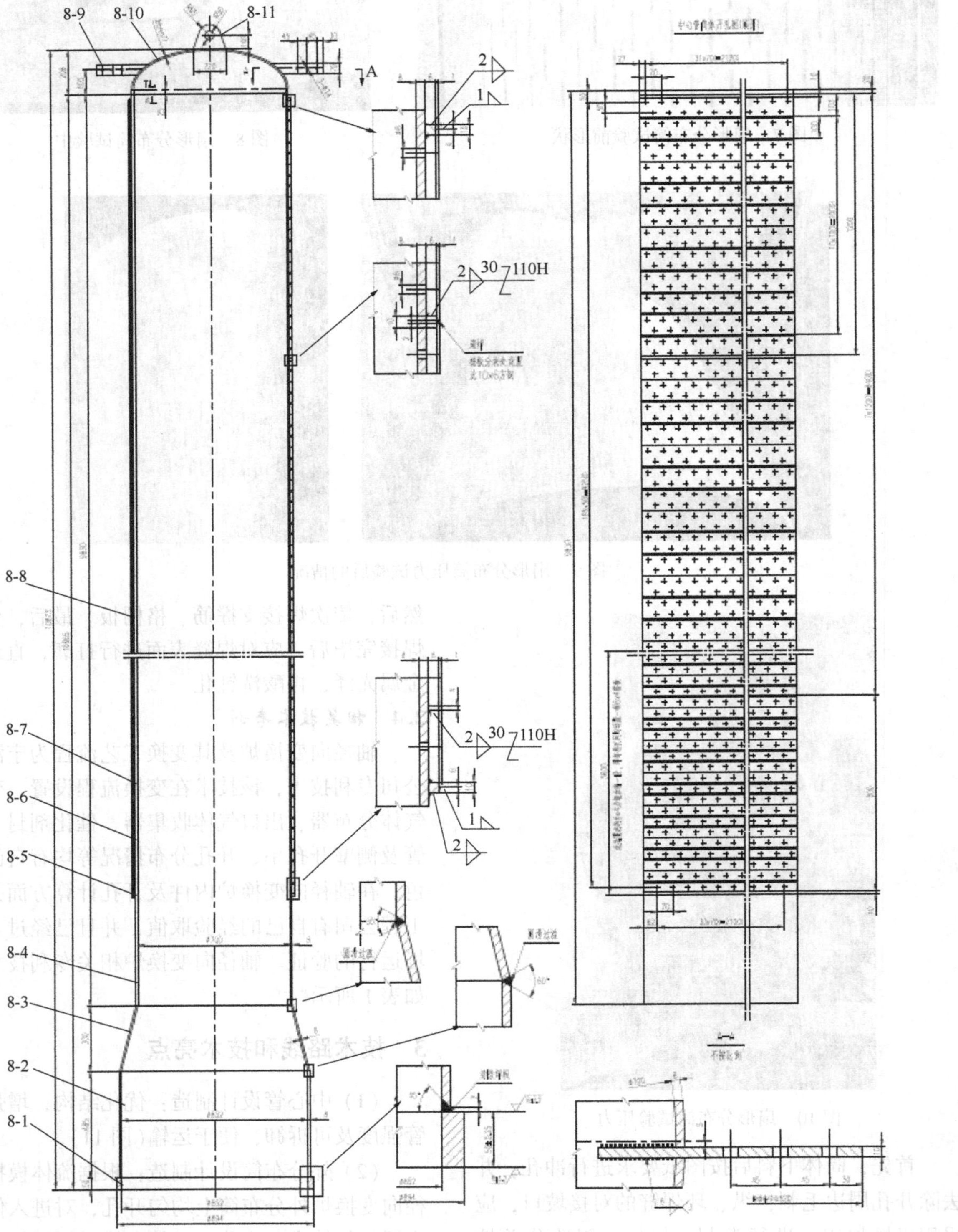

图 11

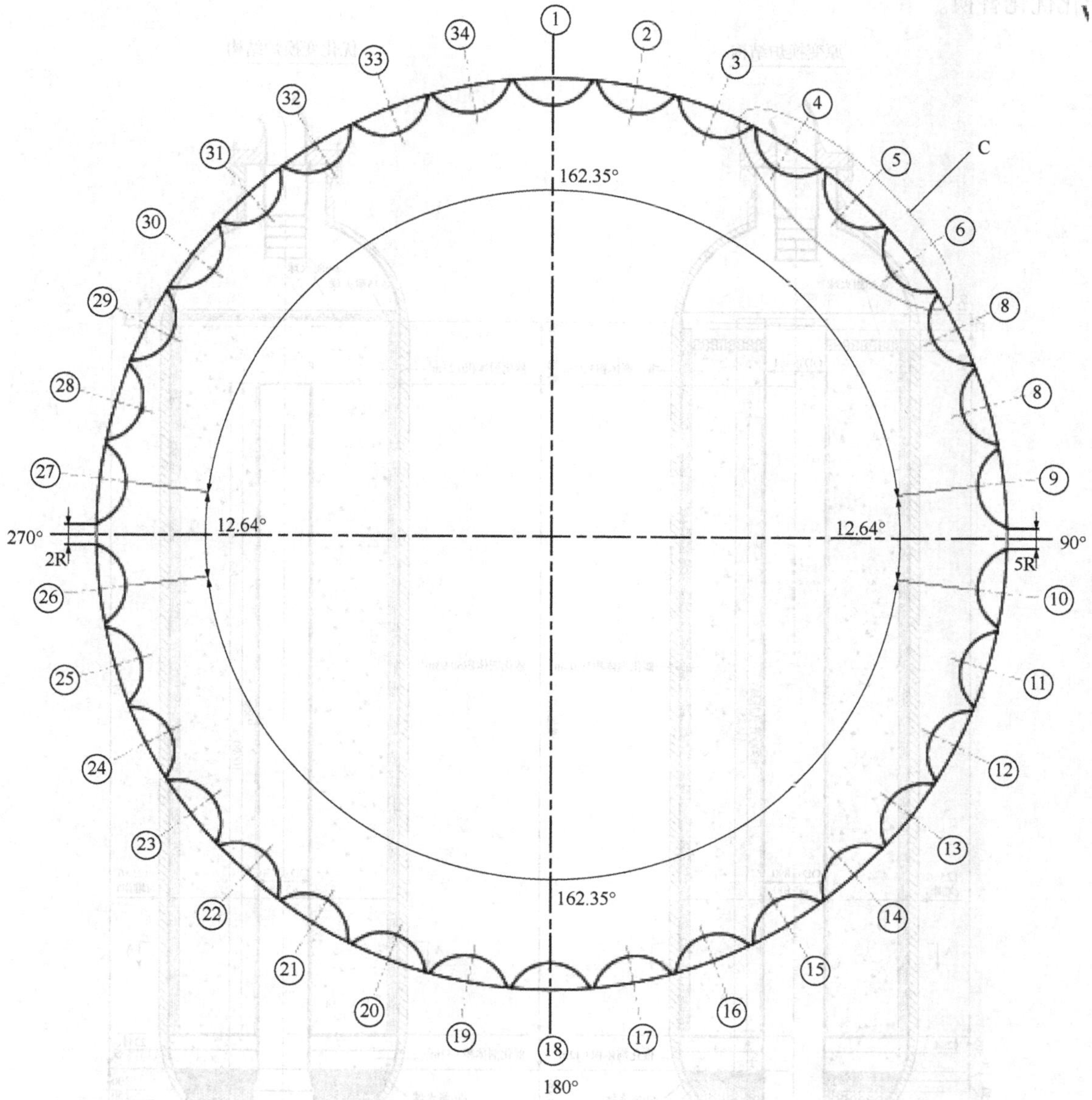

图 12

（3）气体分布器设计制造；根据中心管改进，重新制作气体分布器。

（4）依据负荷进行催化剂装填设计；根据新内件设计，计算满足 120%负荷所需催化剂装填量及装填形式（图 13）。

采用国能包头煤化工有限责任公司研发的耐硫变换轴径向反应器内件技术，由配合单位中石化宁波工程有限公司制造。满足以下性能要求：

① 内构件的设计使用寿命为 15 年；

② 变换炉进口与出口压降≤50kPa；

③ 满足变换炉 50%～120%操作弹性（当进变换炉水煤气指标满足：一氧化碳含量（mol%）40%～50%（mol%，干基）、温度 250～300℃、水汽比 0.97～1.15 时，变换炉处理气量满足 19.6WNm^3/h～47.2WNm^3/h 的运行需要，同时热点温度≯450℃，变换炉出口一氧化碳含量≤5.5%（mol%，干基）；

④ 变换炉的内件设计满足≥70m^{3}催化剂装填能力；

⑤ 内构件的制造、验收，符合设计文件及有关规范的要求；

⑥ 保证内构件原材料的化学成分与机械性能满足规范及设计文件的要求。

4 应用场景

通过对比国内外轴径向变换炉应用情况，分析使用效果，优化内构件结构形式，采用有自主知识产权的国产化内构件，完成对进口内构件的国产化优化替换。

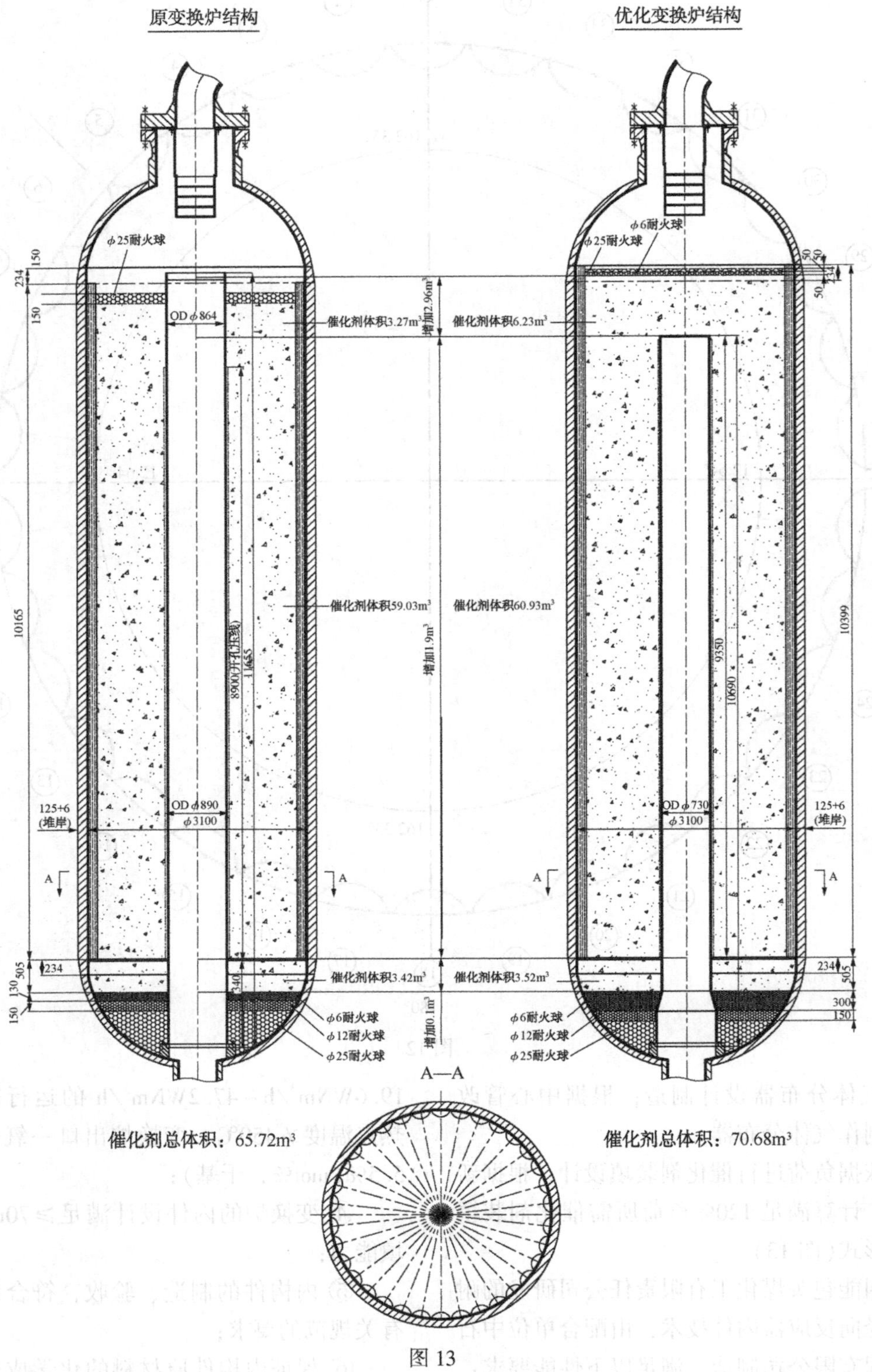

图 13

1）国外轴径向变换炉应用情况

世界上已工业化的变换炉从气流的走向上分类，目前有 3 种：轴向变换炉、轴径向变换炉、径向变换炉。轴向变换炉是最早开发且普遍使用的变换炉，具有结构简单、操作维护方便等特点，轴径向变换炉和径向变换炉是在轴向变换炉基础上开发的新型变换炉，具有结构较复杂、高效节能等特点。轴径向变换炉和径向变换炉均是由承压外壳和内装有催化剂的催化剂筐组成，轴径向变换炉中少部分物料呈轴向流动，大部分物流是径向流动。而径向变换炉中物流全部是径向流动。世界上最具有代表性的是瑞士 Casale 轴径向变换炉和庄信万丰轴径向变换炉。国际上最先提出通过轴径向降阻技术的是 Casale 公司，其轴径向变换炉主要用于合成氨、合成甲醇生产中，应用最为广泛。

Casale 轴径向变换炉设计的主要特征如下：

（1）低压降

轴—径流型低压降的特点是由于通过催化剂的气体流速非常低。

催化床层的低压降允许使用一种较小颗粒更活泼的催化剂量。当产量受工艺气压缩机的生产能力限制时，可以降低变换部分的压降来维持合成气体压缩机吸入口的压力相同。

（2）小颗粒催化剂

低压降更好的优势是使用小颗粒的催化剂量。众所周知，任何中心扩散受限的反应，例如 CO 转化，表层的催化剂活性由于仅仅是颗粒的外部易于使用而与颗粒的大小成反比。

较小颗粒的催化剂比大颗粒的更活泼，因为它的单位体积有更高的几何表面积。高表面积的催化剂使得相同的 CO 转化反应需要催化剂的体积减小，由于它们的单位面积较大，催化剂的操作寿命可以提高 30%~50%。

2）国内轴径向变换炉应用情况

鉴于轴径向氨合成塔改造成功，贵州赤天化股份有限公司早在 1988 年便要求轴径向反应器专利拥有者瑞士卡萨利公司开发轴径向变换炉。云天化是全国的大化肥厂之一，1995 年 5 月进行第二次节能技术改造，其中将“轴向”中低变炉改进为“轴径向”变换炉是重要改造项目之一，该技术为卡萨利公司提供。改造后的低变炉采用川化集团公司催化剂厂研制的薄片型 CB-5 高铜低变催化剂。根据云天化改造后考核测定，变换系统阻力降减少约 0.05MPa，合成气压缩机减少能耗折算成中压蒸汽约 2t/h。若按每吨 50 元计，年节支额为 79.2 万元。

针对装置大型化和系统对变换单元压降的要求，在对反应机理、设备设置方案进行深入研究，结合多年来在 CO 变换单元积累的丰富生产运行经验，确定了轴径向变换炉的研究方向。目前，制造单位宁波工程公司是国内第一家拥有轴径向变换炉专利技术的公司，制造的轴径向变换炉在新建项目上的应用也越来越多，此项目与国能包头煤化工合作研发的新型轴径向变换炉内件拥有自主知识产权，是实现关键设备国产化的重要一步。

5 项目效果和效益分析

5.1 直接经济效益

项目总投资额

栏目 年份	新增销售额	新增利税	节支额
2021	0	657	657
累计			

各栏目的计算依据：

目前购买一台庄信万丰的轴径向变换炉内件需花费约 55 万欧元，折合人民币 428.45 万元，更换两台变换炉内件预计要约 857 万元。新开发的轴径向变换炉内件的费用，两台变换炉共计约 200 万元，节约费用约 657 万元。

另外国能包头煤化工有限责任公司与联合研发单位及设备制造厂家签订协议，公司除分享技术专利，同时对产品销售额 2%的收益，每套可为公司增收约 10 余万元。

5.2 社会效益和间接经济效益

本项目主要配套于制造清洁能源的现代煤化工市场，相较于进口产品，本课题研发攻关的产品价格低、供货周期短、售后服务及时等，扭转了国内企业生产成本升高的被动局面，消除了影响到了我国的能源安全生产制约因素，产品成功替代进口，从而也推动国家重大装备国产化进程，为促进我国经济快速高质量发展做出了积极贡献。

气化炉全水夹套工艺烧嘴改造创新

完成人：刘　泽　周　鹏　姬加良　郭云飞　贾　磊　赵旭清　王彦海　王　庚　刘柱元
郭　瑞　袁晓光　张临乐　代厚鑫　毛兆锋　刘　广　罗　刚　冯　超　李颜清
李志祥　朴东哲　张先锋　孙　斌　雷国华

（国能包头煤化工有限责任公司）

1　项目背景

包头化工自原始开车以来，通过对气化炉渣口砖、锥底砖及易磨易冲刷管线的改造。气化炉的平均运行周期已经提高到目前平均212天，最长使用273天。而原有工艺烧嘴的使用寿命只能达到85~90天，单台气化炉运行周期内需要使用3台工艺烧嘴，才能满足气化炉运行周期，并且在使用第3台工艺烧嘴的情况下，由于多次连投，气化炉激冷水管线垢片受温差变化脱落堵塞激冷环，使得激冷水量变低，从而导致不能形成良好的水膜保护气化炉内件，导致气化炉低负荷运行甚至被迫停车，制约了气化炉的稳定长周期运行。为了保证单台气化炉运行周期，必须延长工艺烧嘴的使用寿命，减少单台气化炉运行周期内的投料次数，通过前期的外出调研、研究及考察，可以通过提高煤浆喷头的材质硬度和改变外环氧喷头的冷却结构实现工艺烧嘴的使用寿命的延长，从而满足单台气化炉运行周期内使用2台工艺烧嘴的要求。

并且随着烧嘴使用寿命的延长，能够减少一次单台气化炉运行周期内的开停车次数及甲醇损耗，既提高经济效益，又降低作业安全风险及劳动强度。

2　总体情况

气化装置配置7台水煤浆加压气化炉，运行模式为5开2备，气化温度1350℃，气化压力6.5MPa(G)。气化炉采用上Φ3.2m/下Φ3.8m的激冷式热壁气化炉，单台气化炉投煤量(干煤)约为1500t/d，煤浆给料泵流量设计流量控制范围是42.5~$10^2m^3/h$，最大操作压力9.6MPa(G)，目前正常运行负荷为85~93.5m^3/h煤浆。制浆工段制备合格的水煤浆由煤浆给料泵输送，与空分制得的氧气经由工艺烧嘴雾化喷入气化炉，进行气化反应，生成以CO和H_2为主要成分的粗煤气，供下游工段使用(图1)。

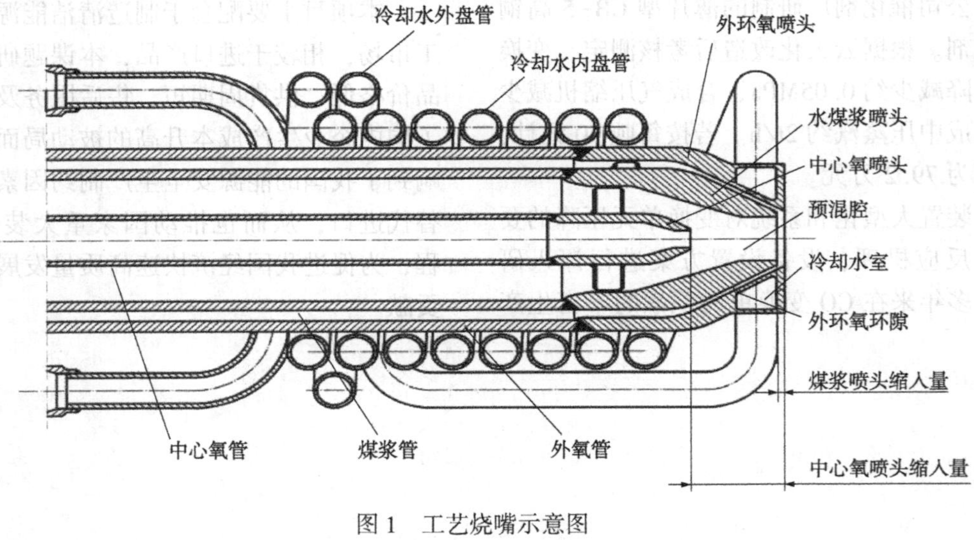

图1　工艺烧嘴示意图

现阶段工艺烧嘴影响使用周期的因素有两点：

(1) 外氧喷头端面龟裂严重。运行 80~90 天下线后对工艺烧嘴外氧头进行 PT 探伤发现，外氧头端面龟裂较为严重，裂纹平均长约 38mm，宽约 1.1mm，若工艺烧嘴继续运行，则存在裂纹贯穿至水室，导致工艺烧嘴泄漏，从而引起停车或跳车的风险。不利于煤气化装置的安全、稳定、长周期运行(图 2)。

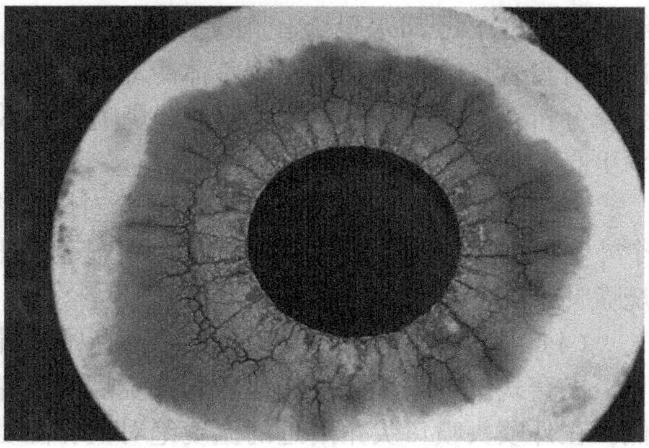

图 2　外氧头龟裂情况

(2) 煤浆喷头外棱磨灭严重且不规则。通过对下线后工艺烧嘴煤浆喷头的观察及测量发现，煤浆喷头外棱向上平均磨灭量接近 3mm，烧嘴外环隙发生变化，影响原工艺烧嘴设计的工艺参数变化，导致烧嘴黑区的变化，从而影响工艺烧嘴使用寿命(图 3)。

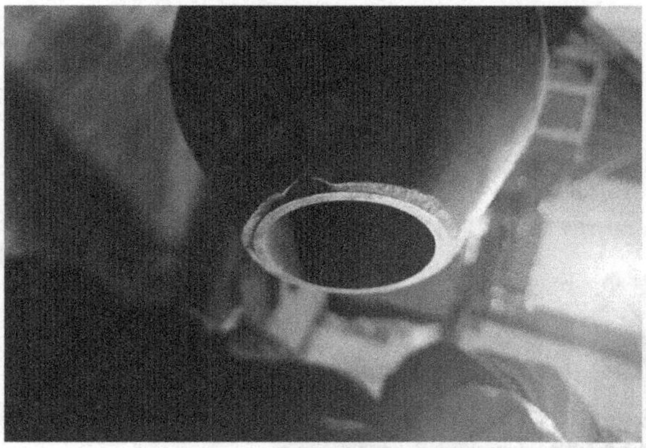

图 3　煤浆喷头磨损情况

因此，延长工艺烧嘴使用寿命，确保装置安全稳定运行、节省人力物力及增加经济效益，烧嘴改造势在必行。

3　技术路线和技术亮点

目前公司工艺烧嘴损坏现状，主要存在的问题为煤浆头磨损和外氧头龟裂。煤浆头的磨损问题准备采用新型耐磨材料的使用解决，外氧头龟裂准备从改善冷却结构的方式，提高冷却效果进行解决。

3.1　新型煤浆耐磨喷头使用

改造前煤浆喷头采用工业耐磨陶瓷衬里，使用寿命可以达到 85~90 天。但使用后期会由于煤浆喷头外壁被磨损导致环隙的变化从而导致烧嘴压差的波动，并加剧烧嘴损坏，影响使用寿命。改造后的煤浆喷头采用新型全耐磨煤浆喷头，使用 85~90 天后，检查煤浆头内壁、外壁、及喷头基本无磨损，使用寿命可以达到 240 天(图 4、图 5)。

图 4　原煤浆喷头使用 80 天

图 5　新型煤浆耐磨喷使用 80 天

3.2　烧嘴冷却形式为新型高效水夹套冷却代替盘管冷却

夹套式冷却设计方案采用冷却水全流程折返冷却方式，强化头部的换热，保障外喷头喷口尖角处无换热死区，降低应力集中点绝对温度，从而减缓头部龟裂，对伸入高温气化炉内的外氧管也有全程冷却保护作用。夹套式冷却设计方案不改变工艺烧嘴管口方位以及烧嘴主体结构，与原烧嘴具有完全互换性(图6、图7)。

图6　盘管烧嘴

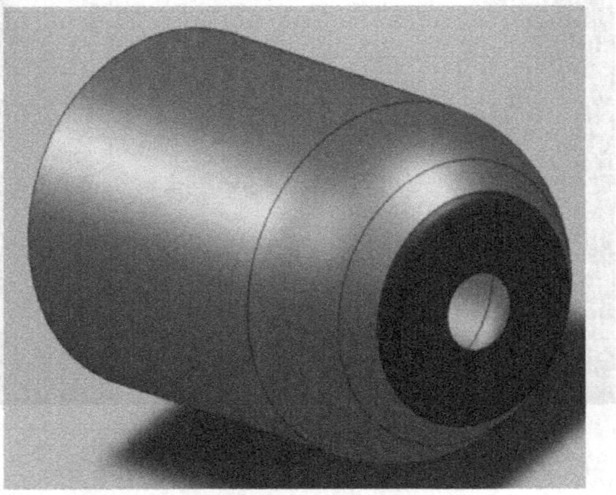

图7　夹套烧嘴

夹套式冷却设计方案如下：

(1)从结构上，由设计方案显而易见，夹套式冷却方式取消了冷却水盘管，规避了外喷头与冷却水盘管焊缝容易开裂的技术问题，在正对迎火面区域没有焊缝，极大地降低了外喷头的冷却水泄漏风险。

(2)从冷却效果上，夹套式烧嘴冷却效果优于盘管烧嘴。传统的盘管烧嘴外氧头水室腔体尖角处存在换热死区，冷却水流速低，换热效果差。水夹套烧嘴由于内部设置分布器、导流舌等结构，保证了冷却水量无死角，导热效果更高。通过对盘管烧嘴和夹套烧嘴的整体冷却系统换热效率分析，如图8、图9所示，夹套烧嘴换热效率更高，换热效果更好。

(3)温度分布上，夹套式冷却方式会对烧嘴整个外壁和外喷头进行冷却，强化换热，可显著优化烧嘴头部及外管的冷却效果，改善温度环境。

(4)经过热模拟实验，在相同的边界条件下，夹套式烧嘴头部温度相比盘管式烧嘴明显降低，在外喷头喷口尖角附近的温度绝对值和温度梯度分布更小，极大地改善了外喷头侧面的烧蚀问题(图10)。

(5)夹套式冷却方式的冷却范围不仅包含外喷头，对伸入高温气化炉内的外氧管也有全程冷却保护作用。带来的热应力变形也很小，这将会极大地改善外喷头的轴向应力环境。在极端情况下，还可避免外环氧管道失效氧气外泄引发局部超温烧毁气化装置的灾难性后果。

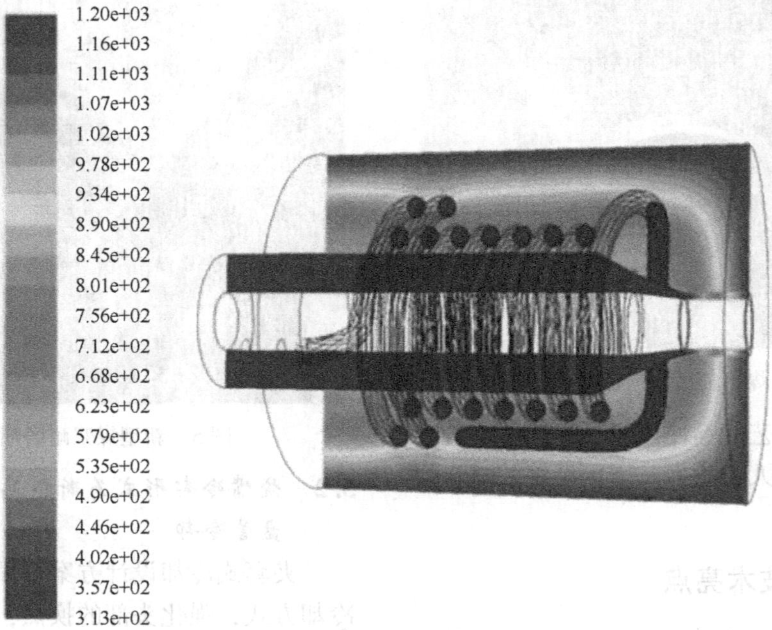

图8　盘管烧嘴整体换热

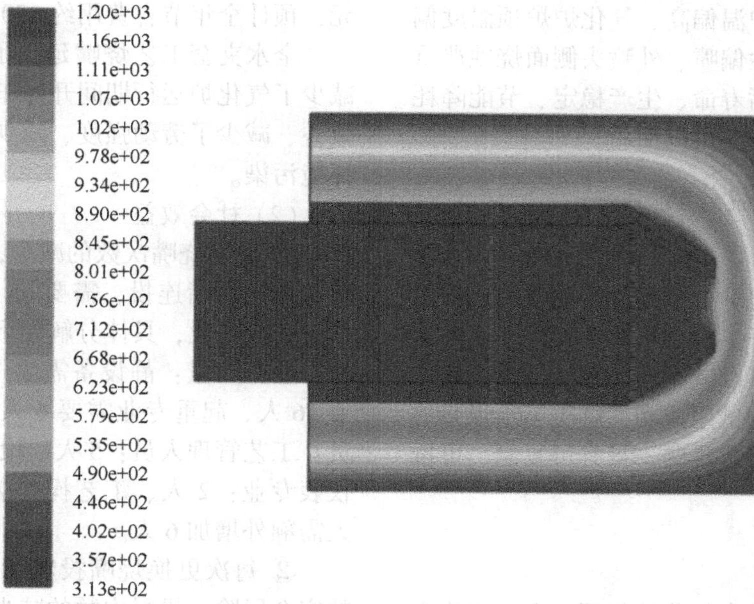

图 9 夹套烧嘴整体换热

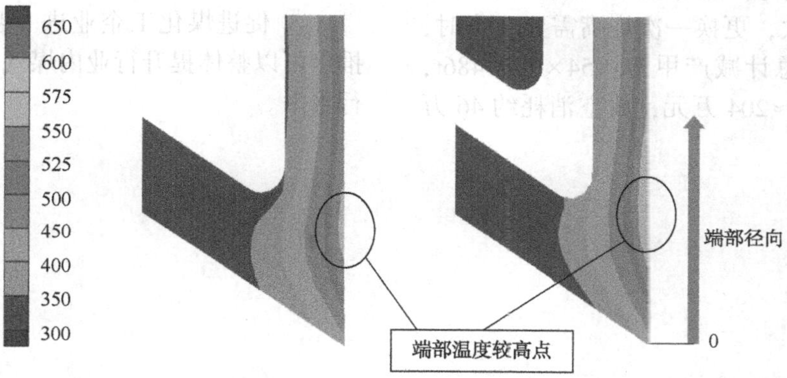

图 10 改造前后温度分布对比(左：盘管式；右：夹套式)

(6) 在烧嘴冷却水流量和压力设计方面，夹套式方案水流量和流动阻力可根据项目实际要求个性化设计，可通过成熟的水夹套结构设计确保改造前后冷却水流量、流阻与盘管烧嘴一致，并可以在液流试验台实测工艺烧嘴的冷却水流阻，保证项目的安全稳定运行。

(7) 冷却水夹套烧嘴安装方便，头部外型面规则不易粘结炉渣，较盘管烧嘴抽拔更加安全快捷(图 11、12)。

图 11 盘管烧嘴使用 85 天情况

图 12 水夹套烧嘴使用 120 天情况

4 应用场景

经过创新改造，包头化工试用的全水夹套烧嘴使用寿命都在 120 天，最长的使用寿命达到 132 天。全水夹套式冷却设计方案技术优势明显，可靠性高，可以满足装置工艺要求，是目前解决工艺烧嘴长周期使用寿命的重要发展方向，尤其适用于气化炉炉温偏高、气化炉炉顶温度偏高、工艺烧嘴易发生偏喷、外喷头侧面烧蚀严重的场合，对工艺烧嘴寿命、生产稳定、节能降耗要求较高的煤化工企业可以使用。

5　项目效果和效益分析

5.1　项目效果

实现了1台气化炉1个运行周期使用2台工艺烧嘴检修，减少了1次更换作业，根据生产运行情况，全年预计可以减少6次更换烧嘴连投作业。全水夹套烧嘴的试用成功，解决了水煤浆气化炉的长周期运行技术难题，具有可复制、可推广、可借鉴的意义。

5.2　效益分析

(1) 经济效益

原有工艺烧嘴单台气化炉使用3台，改为全水夹套烧嘴单台气化炉使用2台工艺烧嘴，全年减少更换烧嘴6次，更换一次烧嘴需要9小时，放空约3小时，总计减产甲醇：54×9h＝486t，486t×700元×6次≈204万元，放空消耗约46万元；预计全年节省费用约250万元。

全水夹套工艺烧嘴延长了烧嘴的使用寿命，减少了气化炉运行期间开停车次数、提高了经济效益、减少了劳动强度、减少了原材料的浪费及环境污染。

(2) 社会效益

① 更换烧嘴次数的减少，减少了劳动强度。单次更换烧嘴连投，需要65人连续作业9小时才可完成作业，具体分解如下：保运队伍主要涉及专业劳动量：静设备需要16人、仪表专业需要16人、起重专业需要4人。生产运行涉及人员：工艺管理人员：5人、设备管理人员：6人、仪表专业：2人、工艺操作人员除当班人员10人需额外增加6人。

② 每次更换烧嘴投料工作量大、具有一定的安全风险，投料次数的减少一定程度上也减少了作业安全风险。

③ 促进煤化工企业进一步发展，进一步的推广可以整体提升行业内煤气化装置的长周期运行水平。

移动高压电机底座式磁轮调速器及其在大功率机泵系统上的应用

完成人：王向东　周丽萍　王艾科　徐曼曼　王淮阳　汤海波

（芜湖磁轮传动技术有限公司　安徽工程大学　南京艾凌节能技术有限公司）

1　项目背景

2021年2月，《国务院关于加快建立健全绿色低碳循环发展经济体系的指导意见》提出推进工业绿色升级，遏制高能耗、高排放行业盲目发展，推动传统产业优化升级，努力构建高效、清洁、低碳、循环绿色制造体系。在实施碳达峰、碳中和战略的背景下，探索从规模发展向技术进步转型的能源治理体系。

目前高能耗企业中的水泵、风机等生产系统，多以阀门或者风门等形式进行调节。特别是高能耗企业中大量的循环水泵和浆液循环泵由于受到现场安装条件的限制，没有更好的技术能够适应大功率、小尺寸的环境进行调节控制，这种方式浪费了大量的能源。随着能源价格的上涨和环保要求的提高，企业需要寻求更加高效、节能的解决方案来降低生产成本。

现有循环水系统中，水泵大多采用工频或恒压变频运行，通过手动阀门调节水量，这导致系统难以根据实际需求进行灵活调节。例如，在钢铁企业等行业中，循环水系统通常使用工频+全手动阀门调节各终端配水量，这种方式难以保证冷却终端之间的水力平衡，也不能按照终端需求进行水量的合理输配。这种不调速的运行方式使得管网能量损失过大，尤其是在阀门处于大阻尼工作点时，能量浪费尤为严重。

随着节能节水行业的发展和能源形势的日趋紧张，对高能耗企业的循环水系统进行节能改造已成为重中之重。节能改造不仅有助于企业降低能源消耗，减少运营成本，还能促进企业的可持续发展。节能改造的主要手段包括优化控制系统、更新高效节能设备、改进管网布局等。其中，控制系统的优化可以实现水量的自动调节，提高系统的运行效率；高效节能设备的应用则可以减少能量损失，提高能源利用效率。

而目前节能改造的主流方向是对泵进行分级供水，并将泵升级为高效泵。但仍不能对现场的实际工况进行调节，浪费大量能源。因此以节能降碳为导向，适应小空间的机泵系统进行节能升级的磁轮调速技术在高能耗企业循环水系统进行智慧化和深度节能升级化中的研发及产业化显得尤为重要。

2　总体情况

本项目针对高能耗企业的市场需求，自主研发基于永磁涡流传动技术和伺服驱动技术的移动高压电机底座式磁轮调速器，突破现有技术结构复杂、维护困难、控制精度低、调速范围有限等技术难题，适用于更大功率风机泵循环系统。随着功率的增加，特别是大功率高压设备，磁轮调速器的传动结构、主体散热结构、电气控制方式、抗震性能等都需要较大的优化和提升。主要从技术原理入手，通过对传动结构、永磁排布方式、伺服驱动控制方式的优化和关键设备的研发与产业化，研发一种集节能环保、结构紧凑、高控制精度、寿命长、免维护等优势于一体的磁轮调速器。

目前我公司对磁轮调速技术的研究已成熟，正在进行该节能技术向大功率产品的应用阶段，总体目标是完成2500kW级别大功率产品的研制，并在相关领域推广应用，完成该级别磁轮调速器的产业化。

磁轮调速器主要由筒式导体转子、筒式永磁转子、移动底座三部分组成。导体转子通过法兰胀套安装在电机轴上，永磁转子通过法兰胀套安装在负载轴上，两个转子同心套设，由气隙隔开，无机械接触，导体转子和永磁转子可随各自安装轴独立旋转。通过移动电机的方式调节导体转子与永磁转子的轴向相对位置，以改变两者的啮合面积，从而改变导体转子与永磁转子之间传递转矩的大小，实现机泵无级调速。如图1～图3所示。

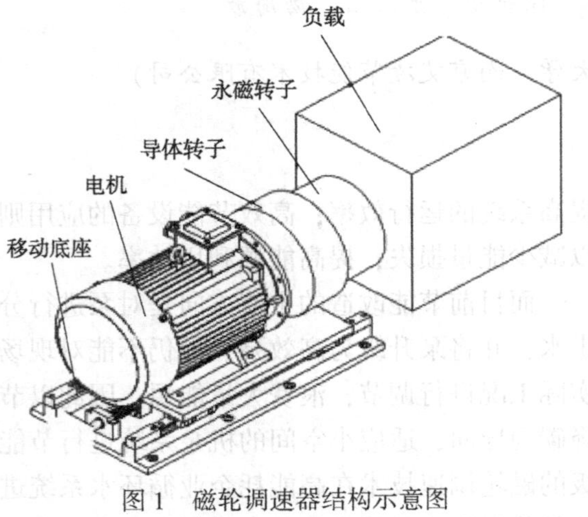

图1　磁轮调速器结构示意图

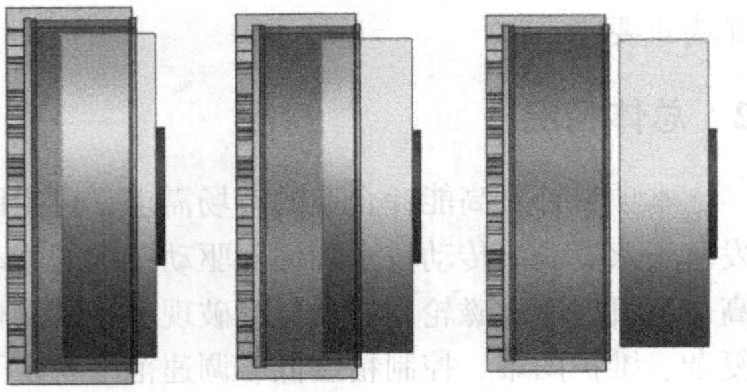

图2　啮合面从大到小

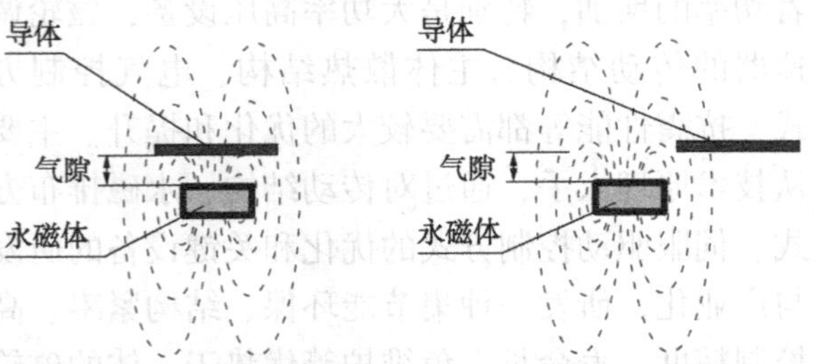

图3　调速原理-改变啮合面积

3　技术路线和技术亮点

3.1　技术路线

1）优化调速转子的结构，使其能够匹配循环水泵的性能，并且结构可靠，足够的强度、刚度、耐腐蚀性能，安装对中方便，不会对电机和循环水泵产生较大的轴向力影响轴承的使用寿命。

2）改进调节器结构，采用移动底座的形式，通过带动电机轴向移动改变调速转子的耦合面积，并且移动底座能够适应电机的动静负荷，调节精度高，承载能力好，不会使电机的振动超标，并且在移动过程中不会对电机接线产生影响。

3）设计冷却系统，冷却系统采用闭式水循环系统，通过外接工业循环水和板换对内循环水进行冷却。冷却水量根据磁轮调速器的发热量确定，满足磁轮调速器最大发热状态时的冷却需求。

4）磁轮调速器及其辅助设备的工程实施、现场试验及系统优化。

5）磁轮调速技术在石化企业的应用推广。

3.2　技术亮点

1）移动高压电机底座式磁轮调速器由筒式导体转子、筒式永磁转子、移动底座三部分组成，通过移动电机的方式调节导体转子与永磁轮转子的轴向相对位置，以改变两者的啮合面积，从而改变筒式导体转子与筒式永磁转子之间传递转矩的大小，实现机泵无级调速；

2）导体转子通过法兰胀套安装在电机轴上，永磁转子通过法兰胀套安装在负载轴上，两个转子同心套设，由气隙隔开，取消了联轴器，安装对中更加方便，轴向尺寸减小；

3）移动底座由活动上底板、固定下底板构成，上下底板之间通过导轨滑块连接，采用丝杆螺母调节，取消永磁调速器产品中所有的轴承，没有备品备件，实现免维护。

4）有以下技术特点：

a. 结构简单：磁轮、铜轮、移动底座（无轴承、无联轴器）；

b. 安装简单：无联轴器（对中要求1mm；单边气隙5mm）；

c. 使用维护简单：免维护（无备品备件）；

d. 升级改造简单：轴端距小：0.15m（一次基础不需延长）；

e. 改造时间短：钢基础高度>0.2m，只需1~3天；其他：10天左右；

f. 振源判断简单：为判断动设备系统的振源提供便捷手段。

4　应用场景

磁轮调速技术市场主要定位于工业领域，尤其是长时间连续运行、高可靠性及高环保要求的应用环境，例如在电力、石化、钢铁、造纸等领域中，可实现离心式风机、泵、压缩机等设备的调速节能改造，目前该技术属于国内外空白、占地最小、零部件最少的调速节能技术，也是唯一一个用于机泵系统没有联轴器、真正隔振的调速技术。而且几乎不受环境的限制，应用范围非常广泛，有好多地方只有该技术产品能应用。

磁轮调速技术在炼化领域取得巨大成功，至今该技术已经在巴陵石化、兴长石化、海南炼化、辽阳石化、大庆石化、天津石化、裕龙石化、石家庄炼化、京博石化、北海石化等石化企业推广应用并取得显著的节能效果。以兴长石化应用推广为例，详细介绍磁轮调速技术在石化行业应用情况。

岳阳兴长石化烷基化项目一台酸循环泵（800kW，1000rpm）和一台烃循环泵（355kW，1500rpm）采用磁轮调速技术进行节能改造。改造后，酸循环泵的振动由 2.8mm/s 降至 1.6mm/s，电机电流由 58A 降至 34.5A，节电率达到 40.5%，每年可节约电费 57.6 万元。烃循环泵的振动由 3.4mm/s 降至 1.4mm/s，电机电流由 25A 降至 11A，节电率达到 42.8%，每年可节约电费 28.4 万元。如图 4、图 5 所示。

图 4　酸循环泵改造后照片

图 5　烃循环泵改造后照片

5　项目效果和效益分析

5.1　项目效果

1）提高机/泵系统的可靠性

a. 隔振、减振：将原有长轴系直接断开为两个独立的短轴系；

b. 机/泵、电机得振动全面下降，下降幅度：20%~60%；

c. 机/泵、电机得机封寿命、轴承寿命显著延长；

d. 软启动：电机空载启动，逐步带载；

e. 过载保护：不会出现抱轴、断轴等恶劣事故。

2）节能降耗效果显著，投资回报期短

a. 节能：节电率：10%~50%；

b. 投资回报期：2 年左右；

c. 调速范围：0~98%。

5.2　项目效益分析

1）广阔的市场前景

a. 磁轮调速技术具有广阔的市场前景，特别是在电力、石油、钢铁、化工等工业领域，具有替代传统齿轮传动的潜力。

b. 随着技术的不断发展和应用领域的拓展，磁轮调速技术将在节能减排、提高生产效率等方面发挥更大的作用。

2）未来 3 年的经济效益预测（表 1）。

表 1　经济效益预测　　万元

时间	销售收入	利润	税收
2024 年	6000	600	200
2025 年	8000	800	300
2026 年	12000	1000	500

3）间接经济效益

本项目的实施，对产业链和上下游企业都起到了带动作用，促进了整个产业链的经济增长。同时，项目也吸引了政府及外来投资，对当地经济产生积极影响。

4）创造就业机会

本项目技术成果转化过程中，预计将在研发、生产、销售和服务等各个环节增加近 50 个岗位。同时，还将引进磁科技、结构设计、工艺设计、仿真计算等领域的专业人才 10 人，管理和营销方面人才 10 人。

加氢裂化循环氢压缩机高压干气密封摩擦副国产化技术攻关

完成人：韩英杰　袭　文　赵　奔　毕晓明

（抚顺石化公司石油二厂）

1　项目背景

在当今全球化的经济格局中，炼油行业作为能源领域的重要组成部分，其设备的高效运行和技术创新对于保障能源供应、提高生产效率和降低成本具有至关重要的意义。然而，长期以来，我国炼油行业在关键压缩机组干气密封的应用上严重依赖进口，这不仅导致了高昂的采购成本，还在技术支持和设备维护方面面临诸多限制。为了突破这一困境，实现炼油设备的国产化和自主创新，全面推动干气密封国产化的项目应运而生。为提高石油二厂加氢裂化循环氢压缩机整体运行水平，解决制约装置运行维护的“瓶颈”问题，确保装置“安、稳、长、满、优”运行、降低维护成本、节能降耗、挖潜增效。

2　总体情况

2.1　立项阶段

2016年1月20日：完成加氢裂化循环氢压缩机高压干气密封摩擦副国产化术攻关项目论证。2016年2月20日：完成高压干气密封摩擦副国产化技术攻关计划上报。2016年3月10日：完成高压干气密封摩擦副国产化方案提报。

2.2　施工阶段

2016年4月20日，完成高压干气密封摩擦副国产化方案会审。2016年5月10日，高压干气密封摩擦副国产化方案开始施工。2016年8月10日，完成高压干气密封摩擦副国产化成品试车工作。

2.3　生产投用阶段

2016年10月31日，问题整改完毕，全部投用。

3　技术路线

针对高压干气密封摩擦副国产化方案：原进口高压密封动环采用比重小且耐热冲击性能优良的氮化硅材料制成，高速旋转的动环的离心力小，降低了动环碎裂事故的发生。静环采用硬度比氮化硅略低但耐热冲击性能同样优良的碳化硅（表面喷涂DLC）材料制成，行业内以往对此类“硬对硬”密封的修复、国产化时由于受DLC涂层技术的限制，基本都采用了“硬对软“的设计进行了技术替代。通过这种设计更改，大量的应用经验表明：在保证密封可靠性的前提下，对于尺寸相同且工作参数相同的两种密封，硬对软设计的密封泄漏量约是硬对硬的3～5倍，主要原因就是因为静环在承受高压的条件下，石墨材料的变形远大于碳化硅，因此，往往都会增加一定的泄漏量来保证密封可靠性。

所以国产化须保持原密封“硬对硬”的设计理念，同时关键零部件应具有互换性。为此确定合适的DLC涂层将是国产化主要的技术的难点，须通过深8 的研究DLC涂层的技术特性，干摩擦性能，干运转性能尤为重要。

4　项目效果

加氢裂化装置循环氢压缩机（位号k101）轴端密封干气密封原值76.048万美元/套（一套包含进气端和排气端密封），更换摩擦副福斯报价为原值70%即53.2336万美元/套折合人民币（汇价按6.3计）335.37168万元。

本次国产化修复费用45万元人民币/套，直接经济效益335.37168-45=290.3715万元/套。

国产化干气密封的成功应用，不仅打破了该

产品被国外长期垄断的局面，还大大节省了干气密封及控制系统维修更换的费用，降低了企业的成本。同时，其良好的运行效果也保障了炼化装置的安全、稳定运行。在实际应用中，还需结合设备运行特点，加强巡检和特护，以确保干气密封及控制系统的长期稳定运行。

石油二厂DCS/SIS系统国产化改造

完成人：袁　文　韩英杰　赵　奔　林　兵　徐　阳　王超尘

（抚顺石化公司石油二厂）

1　项目背景

石油二厂蒸馏一、焦化、硫酸车间的DCS/SIS系统为XP操作系统，但微软公司官方已于2014年4月8日停止了对Windows XP系统的全面支持，全厂西门子DCS/SIS操作控制系统面临重大隐患，为了消除这一隐患，避免因XP操作系统缺少更新包导致的系统失效进而引起装置工艺操作波动甚至非计划停工的事故事件发生。

乙苯车间原控制系统为ABB FREELANCE2000系统，2003年投用至今，使用18年，相关配件已停产，同时该控制系统单回路供电，对装置长周期运行存在安全隐患。

硫酸车间、乙苯车间气体检测控制系统（GDS）未独立，不符合GB/T 50493—2019国家标准。

基于以上原因，拟对以上四个车间的DCS/SIS系统进行升级改造，消除安全隐患。

2　总体情况

更新蒸馏一、焦化、硫酸、乙苯4个车间8套DCS，4套SIS，2套GDS系统，新增管控网络柜，各装置操作台更新双屏支架，新增管控网络柜一台。

3　技术路线

（1）供电电源柜至各机柜供电重新设计，实现报警分级、分区、分类管控以及分类筛选及统计功能；

（2）实现自控率的统计和趋势，间歇使用的工况下，能依据工艺条件进行重新计算；

（3）蒸馏一车间DCS机柜利旧、安全栅利旧，GDS利旧，SIS整套换新；

（4）乙苯车间DCS、GDS机柜拆除换新；

（5）硫酸车间硫磺、污水汽提装置机柜利旧，安全栅利旧，控制系统换新，硫酸装置DCS，硫磺装置SIS系统机柜换新，GDS系统机柜换新；

（6）焦化车间DCS机柜利旧，安全栅利旧，GDS利旧，SIS系统整套换新。

（7）硫酸、乙苯车间操作台更换，现场操作室内的双屏支架换新，采用上下屏安装方式。

（8）管控机柜间内增加一台网络柜，放置蒸馏、乙苯、焦化装置交换机。

4　项目效果

此项目于2020年11月开始立项，石油二厂机动工程部负责整体项目的具体实施工作，经过半年时间的筹备，按照既定工期，准时完成机柜及内部卡件、DCS/SIS系统控制软件安装，现场仪表经机柜间控制器至操作员站所有回路联校工作。最终一次开车成功，运行至今情况良好，无故障发生。

原系统为西门子系统维护量较大，软件系统升级、硬件配件价格昂贵、供货周期长，且操作系统为英文界面，不易于操作，报警分级不清晰，国产化系统稳定可靠，降低了控制系统厂家的外协费用，同时降低了在线维护的风险，使用和管理方便，操作权限上进一步细化，全面降低人员误操作带来的风险，改造后的系统人机界面风格与改造前一致，操作人员可以迅速上手，平稳过渡到新系统，实现了工业自动化控制系统自主可控，节约了大量的人力物力财力。抚顺石化公司首次大规模（超过3000点）DCS/SIS系统国产化改造，新系统程序可读性强，逻辑简单，操作便利，AMS设备管理系统成功应用，可在操作室内读取仪表设备信息，第一时间发现仪表设备运行异常，节约了大量判断故障的时间，打破了工业自动化控制系统被国外技术垄断的局面，提高了炼化企业的安全性，为今后的大规模控制系统国产化改造提供了经验，奠定了坚实的基础。

抚顺石化乙烯部聚乙烯装置 DCS 国产化改造应用

完成人：张振江　许宝双　高鹏翔　张　帆　马振凇　李红东
工　建　陈秀军　裴福利　任晨明　张大伟　陈晓东
（抚顺石化公司乙稀部机动设备组　抚顺石化工程建设有限公司六中心）

1　项目背景

聚乙烯 DCS 系统与 1991 年建成，是 ABB 公司 MOD-300 系统，2005 年升级为 ABB 公司 ADVANT 500，至今运行十二年多，其中经历工程师站损坏更换，操作站 OS2 损坏更换。在 2018 年 1 月 27 日损坏，现将乙烯装置系统改造后淘汰的工程师站更换到了聚乙装置，重装系统后目前运行正常。

聚乙烯 DCS 系统有服务器 3 台，是 HP 公司生产的 B2600，分别是历史站 OS3，操作站 OS2，工程师站 ESOS1，PC 机有 4 台，可以挂在操作站、历史站及工程师站上，每台服务器最多可挂 3 台 PC 机。这套 DCS 系统操作系统为 UNIX 10.2 操作系统，应用程序为 ABB 公司 ADVANT-BUILDER 程序，光盘安装，PC 机为 DELL 厂家的电脑，DELL170 型号和 DELL270 型号，用 win2000 及以下系统，安装 EXCEED 应用软件，此软件只能在 win95、win98、及 win2000 下运行。

B2600 服务器已经停产多年，目前装置用的都是乙烯改造后卸下的旧机器和仪表车间拼凑的旧件，质量不能保证，并且目前已经没有备件，旧机器也已经拆卸完，没有可用的元件；再者目前市场上已找不到 win2000 及以下系统的软件。

2　总体情况

聚乙烯装置 DCS 系统是上世纪 80 年代末随装置工艺引进的集散控制系统，系统共有 I/O 点 1782 点，其中安全联锁点数为 582 点，操作台 5 台，机柜 24 面。该系统担负着装置生产过程控制、逻辑联锁、过程监控和生产优化任务。该系统于 2005 年进行过部分升级改造，但是结构及主要硬件并没有改变。

聚乙烯装置 DCS 系统已经运行了近 30 年，部分硬件及通讯接口松动，氧化、腐蚀严重，服务器操作站。部分卡件已经停产多年，软件版本极低，经常发生控制器故障，操作站服务器死机故障，系统运行不稳定，造成装置失去控制，甚至非计划停车。原有 DCS 中还包括装置联锁控制，不符合国家安监总局 2014 年 116 号文件要求，聚乙烯装置应设置独立的 SIS 和 GDS 系统，与 DCS 分开。

DCS 项目改造选用国产化控制系统浙大中控，能很好的解决过程控制系统隐患，保证装置的平稳生产，能提高装置安全风险的抵抗能力，确保装置处于长周期安全状态。

3　技术路线和技术亮点

浙江浙大中控技术有限公司（简称浙大中控）的 DCS 系统很好的实现了工艺过程的控制、检测、操作、报警、数据和事件记录、数据存储等功能，并且能实现与其他控制设备或系统的数据通信、显示、报警、数据和事件记录及存储等功能。浙大中控 DCS 系统亦能通过网络将过程控制层的各类设备构成统一整体，也能实现全系统的控制、检测、操作、报警、数据和事件记录、数据存储、数据通信等信息集成，没有硬件、软件的功能限制。

DCS 系统的构成包括过程控制站、操作站、工程师站、历史数据库服务器站、IAMS 设备管理服务器站、通信系统、辅助操作台、GPS 时钟同步服务器以及防病毒服务器。浙大中控的 DCS 系统配备了完整的备份和恢复方案及相应的设备。工程师站和所有的数据服务器都能提供 SCSI 硬盘镜像冗余，确保了数据安全。提供标准系统软件、组态软件及全部用户端软件。

SIS 系统与石油化工装置和操作人员的安全

紧密联系。因此浙大中控的SIS系统配置了先进的、高可靠的设备。中控的SIS系统是成熟的、经过实际应用考验的系统，充分满足了石油化工装置的紧急停车和安全联锁的需要。

聚乙烯装置为易燃易爆、高度危险、连续生产的、大型化的重要的石油化工企业，GDS系统与全厂装置的操作紧密联系，因此GDS系统应配置先进的、高可靠的设备。浙大中控GDS系统是成熟的、经过实际应用考验的系统，满足了石油化工装置的需要。

浙大中控系统有至少三家在国内外同类项目，使用了同样系统，并且有连续运行一年以上的应用经历。浙大中控具有ISO9001质量体系认证，所有设备和技术资料是通过CE认证的。系统符合IEC61508、DIN V19250标准，获得SIL2认证。

中控的GDS系统是模块化设计，方便了日后维护，模块能够带电插拔，而且不会对系统造成任何损害。输入和输出设备都具有过电保护功能，能应付现场出现的短暂晃电现象。

浙大中控的GDS系统先进可靠，组态方便、灵活，能与工厂扩展，具有开放式的结构，有完备的冗余技术。有完善的内部诊断功能，能提供全部的应用编程软件和操作系统软件。

浙大中控更新的DCS、SIS和GDS控制系统，操作简便、技术先进、成熟可靠，具有先进的控制水平，具有长期在石油化工领域成功使用的业绩，保证了聚乙烯装置长期，安全平稳的运行。

4 项目效果和效益分析

乙烯部聚乙烯车间采用的浙大中控控制系统是抚顺石化公司第一家试用单位，国产化改造节约资金400万元，实现了DCS、SIS和GDS控制系统相互独立设置，规范了控系统设置、提高了监控效果、保证了装置安全平稳运行和人员安全，减少了由于控制系统老化问题导致的生产装置无故障停车。

350万吨/年重油催化裂化装置烟气能量回收控制系统性能优化项目

完成人：邓宗华 蔡卫疆 张 磊 王宝鹏 史光辉 隋春明 吴乙博 杨中国 付 冲 吴章柱

（中国石油广西石化公司 北京林克富华技术开发有限公司
北京康吉森自动化设备技术有限责任公司）

1 项目背景

中国石油广西石化公司350万吨/年重油催化裂化装置（以下简称“催化装置”）于2010年8月建成投产，是国内首套全部引进国外先进技术的大型重油催化装置。烟气能量回收控制系统（图1）是维持再生器-沉降器差压（两器差压）稳定控制的主要控制手段。

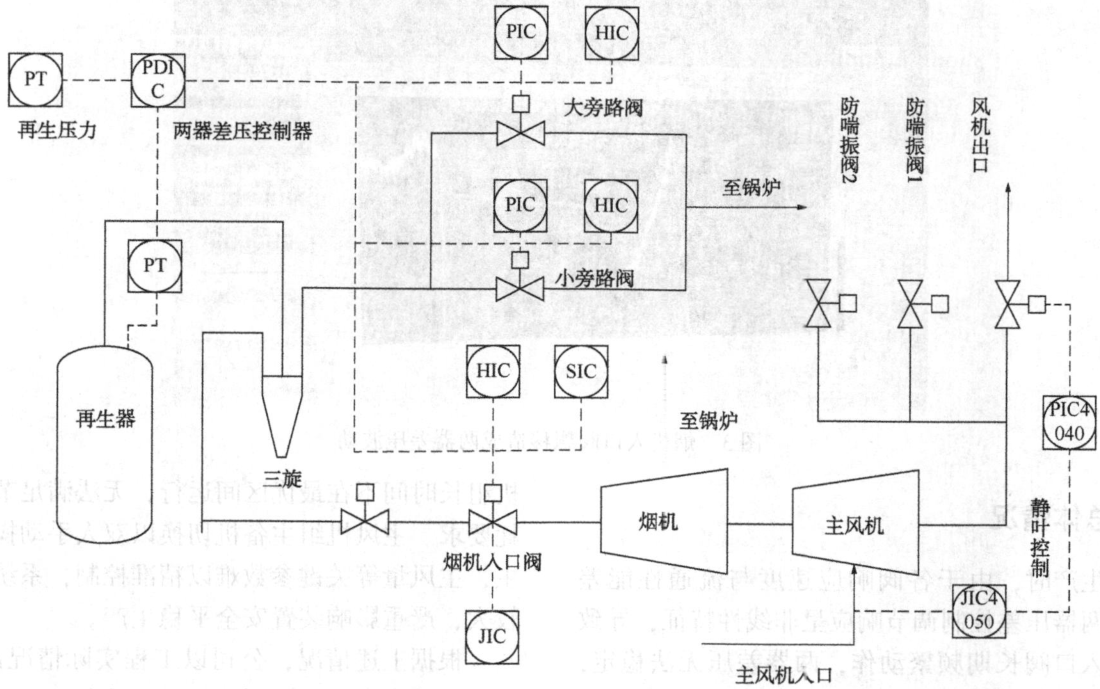

图1 烟气能量回收控制系统流程图

催化装置采用烟机-主风机-电动机三机组配置，正常生产时，烟机和电动机共同驱动主风机运行。装置生产时，两器差压调节器PDIC-4053进行三分程控制烟机入口调节蝶阀和烟机旁路大小蝶阀开度（图2）。

装置自首次开工以来，烟气能量回收控制系统多次出现烟机入口蝶阀大幅关小、阀位飘移失控等异常情况，导致两器差压、主电机功率大幅波动，波动情况见图3，成为装置安全生产的严重隐患，同时，主风机静叶调节和防喘振控制算法落后，调节响应不及时、抗干扰能力弱、操作不智能等问题，也严重影响了企业高效、安全、数智化的发展水平。因此，对烟气能量回收控制系统进行全面性能优化改造成为了催化装置亟需解决的问题。

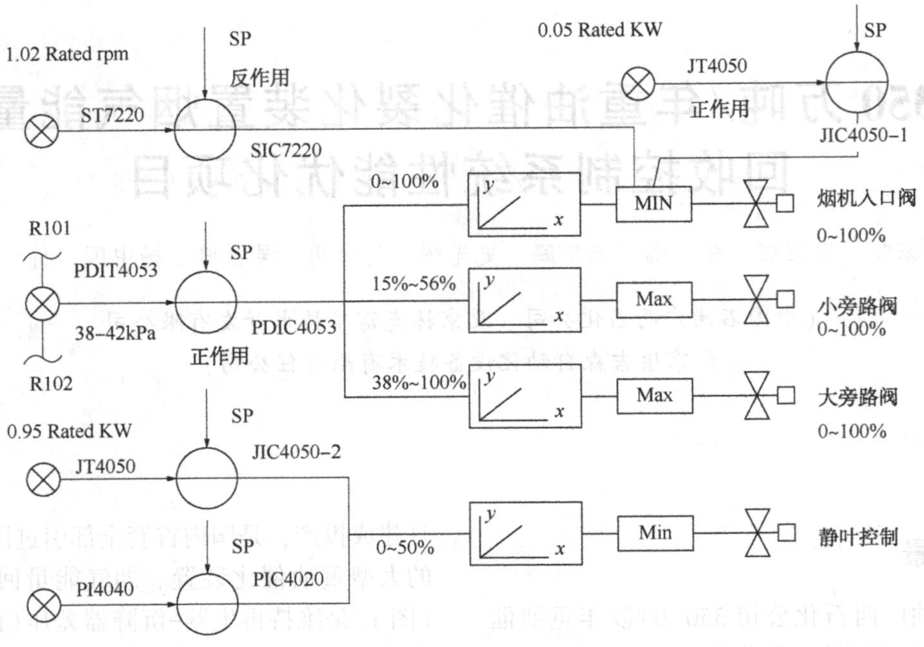

图 2　两器差压及主风机控制逻辑图

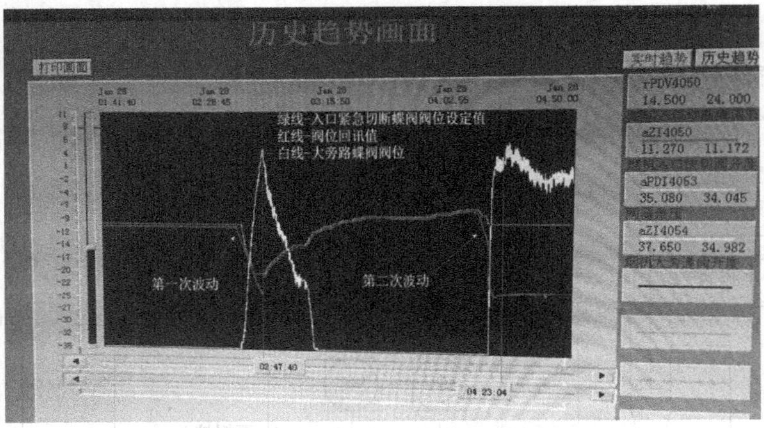

图 3　烟机入口阀飘移造成两器差压波动

2　总体情况

生产时，由于各阀响应速度与流通性能差异，两器压差控制调节响应呈非线性特征，导致烟机入口阀长期频繁动作，两器差压无法稳定，主电机功率波动明显。目前，国内烟机入口调节阀电液控制系统以采用 PLC 电控集合控制器为主，其主要元器件（备件）的主要供货商多为 BAFCO、阿达姆斯等国外厂家，高精尖器件对国外厂商的依赖程度高且供货周期长，烟机入口调节阀电液控制系统安全平稳运行成为装置的“卡脖子”技术难题。

同时，主风机静叶调节和防喘振控制算法落后，响应不及时，防喘振控制的安全裕量设置不合理，日常操作中无法保证低风量“卡边”操作，机组长时间不在最优区间运行，无法满足节能降耗要求。主风机组主备机切换以双人手动操作为主，主风量等关键参数难以精准控制，系统波动较大，严重影响装置安全平稳生产。

根据上述情况，公司以工程实际情况出发，组织相关专家开展原因分析和理论研究，通过分析比较国内同类装置问题情况、理论论证和现场实践考察，采取了有效的措施，成功解决了烟气能量回收控制系统调节频繁、控制波动、响应落后、智能化水平不高等问题，至今已连续运行 36 个月，实现装置长周期稳定运行。主要体现在以下两个方面：

2.1　烟机入口蝶阀电液执行机构国产化改造

（1）采用控制精度更高、静态特性更好并且带阀芯反馈监测的电液比例阀替换现有的电液伺服换向阀，解决伺服阀对液压油清洁程度高，容易堵塞的故障难点。

（2）采用耐高温性能更好ISA智能电控系统替换PLC电控集合控制器，利用先进的控制算法克服比例伺服阀的非线性缺陷（图4），突破比例阀控制难题。

（3）根据优化控制原则，ISA控制器将根据系统压力变化或起泵/停泵、补压/卸荷间隔，自动选择液压油泵间歇工作、连续工作和自适应工作三种模式中最合适的油泵运行方式。在保证运行需要的前提下，最大限度提高油泵运行效率，使电机-泵的实际带载运行率≤5%。

（4）根据系统发出控制信号和位移传感器传来的阀位信号，经ISA同步实时采集并进行比较、运算，自动选择正常调节模式或备用调节模式，实现阀门多冗余回路调节（图5）。

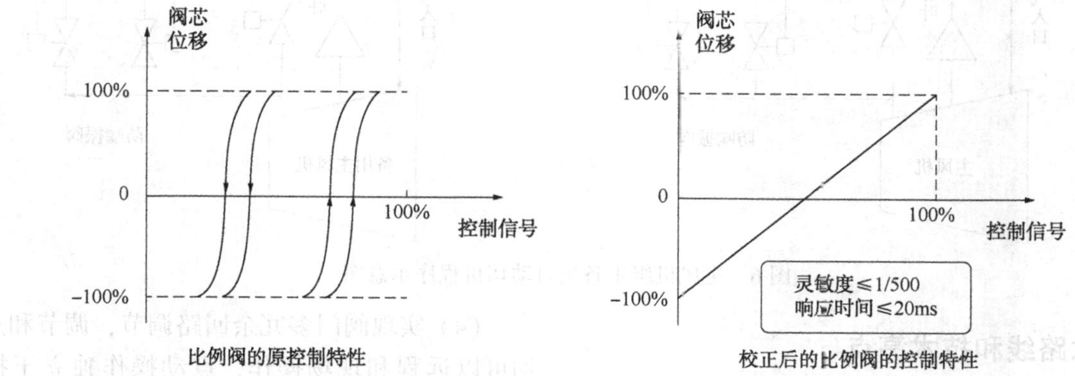

图4 比例阀控制特性对比图

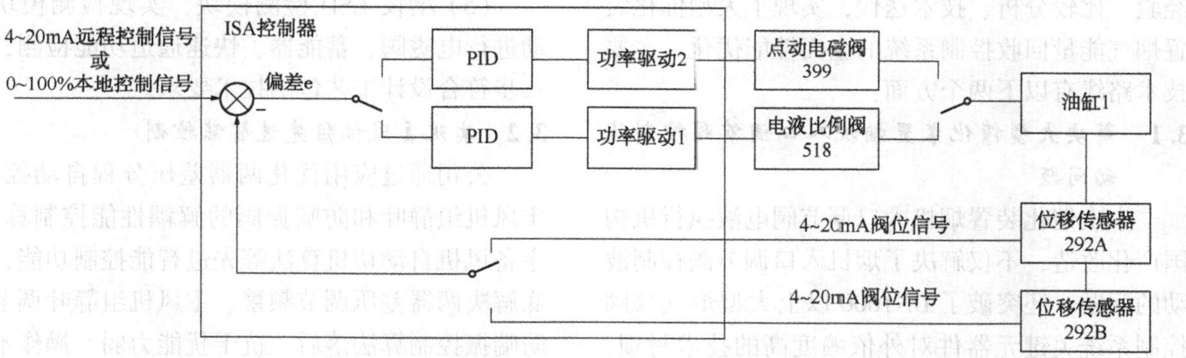

图5 阀门的调节控制回路图

（5）增设ESD检测模块。原控制机构的检测系统仅能手动检测电磁阀动作状态，改造后的检测模块可以自动进行电磁阀、蓄能器、快速通道功能检测使该机构完全符合装置设计工艺包的技术要求。

2.2 主风机组先进智能控制功能完善与优化

（1）优化两器差压三阀分程控制算法，平衡控制速度与稳定性矛盾。

通过分析烟机入口阀和大小旁路蝶阀的阀门特性和流通性能，采用有差调节，减少各阀动作频率和幅度动作；调整各阀PID参数，使两器差压控制更接近线性关系。

（2）优化主风机静叶和防喘振阀的解耦控制，实现防喘振工作点"压线"运行。

更新控制系统防喘振函数库，在稳定主风总量和再生器压力基础上，加入主风机静叶和防喘振控制的解耦功能，全面完善静叶调节开度和防喘振阀主风放空的平衡，尽量减小防喘振阀开度，降低主风机的总体能耗。

（3）整合主风机组主备风机性能控制模块，增加主备风机自动切机程序。

将原TRICON控制系统CPU版本升级，使系统扫描时间从80ms缩短到50ms，更高的系统采样频率能更及时地反馈现场数据运行情况，从而提升控制性能。通过整合主备风机性能控制模块，将机组出口风量和总管压力加权性能控制，实现主备风机自动切机（图6）。

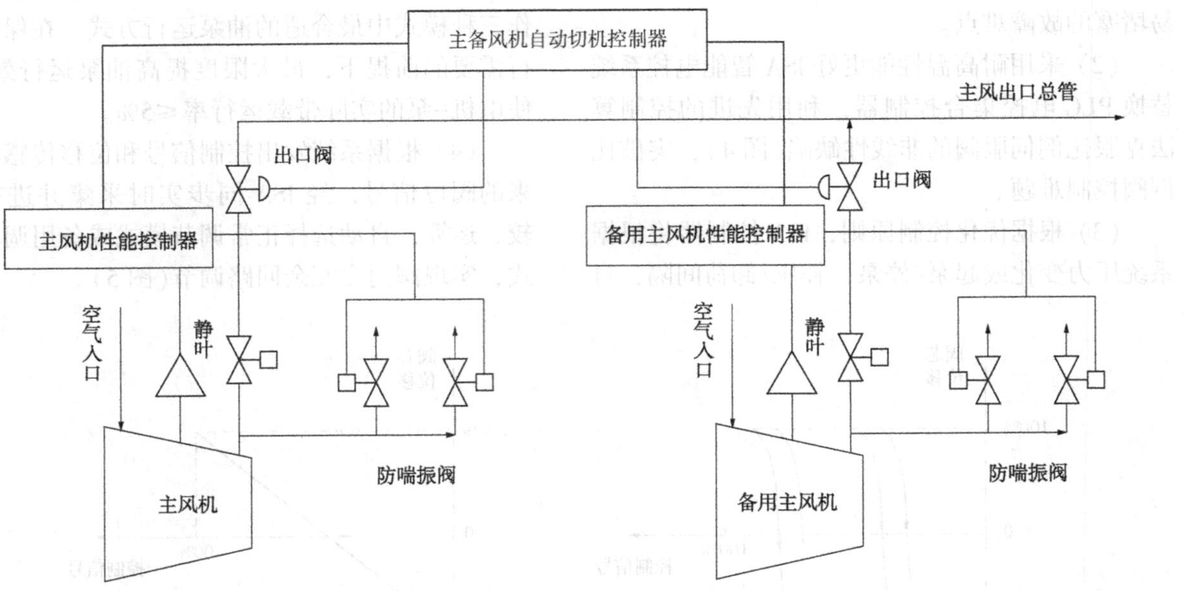

图 6　主风机组主备机自动切机程序示意图

3　技术路线和技术亮点

本案例以工程实际为依托，通过不断地积累经验、比较分析、技术迭代，实现了大型催化装置烟气能量回收控制系统的全面性能优化。主要技术路线有以下两个方面：

3.1　解决大型催化装置烟机入口调节阀控制波动问题

本次催化装置烟机入口调节阀电液执行机构国产化改造，不仅解决了烟机入口调节阀控制波动的问题，还突破了 DN1600 以上大型烟气蝶阀控制系统关键元器件对外依赖度高的技术封锁，填补了国内同规模场合的应用空白。

(1) 采用电液比例阀替换电液伺服换向阀。根据相关精度要求，伺服阀为 ISO4406，比例阀为 ISOΔΔ006，比例阀采用 10μ 全流量过滤器就能满足清洁度要求。另外，比例阀动频特性为 10Hz，伺服阀动频特性为 30Hz，而实际控制系统动频特性≤1Hz，采用比例阀对系统的控制精度和系统稳定度具有足够裕度。

(2) 采用耐高温性能更好 ISA 智能电控系统替换 PLC 电控集合控制器，使阀门调节回路控制精度≤1/1000，阀门行程调节速度≤5s，ESD 功能速度≤0.5s。

(3) 在保证运行需要的前提下，自动选择最合适的油泵运行方式，最大限度提高泵运行效率，使电机-泵的实际带载运行率≤5%。

(4) 实现阀门多冗余回路调节，调节和点动均可以远程和现场操作，点动操作独立于控制器，即便关闭 ISA 控制器，点动依然有效。

(5) 增设 ESD 检测模块，实现检测模块自动进行电磁阀、蓄能器、快速通道功能检测，进一步符合设计工艺包的技术要求。

3.2　实现主风机组先进智能控制

公司通过应用优化两器差压分程自动控制、主风机组静叶和防喘振阀的解耦性能控制算法、主备风机自动切机算法等先进智能控制功能，彻底解决两器差压调节频繁、主风机组静叶调节和防喘振控制算法落后、抗干扰能力弱、操作不智能等问题。

(1) 通过优化控制逻辑(图 7)，实现烟气旁路零流通，烟气能量最大限度回收，主电机功率下降约 2500kW(图 8)；控制系统中各阀门有差调节，设置 0.2%阀位的调节死区，减少了各阀动作频率；调整自适应 PID 参数，使各阀之间的响应速度、调节幅度更接近线性控制关系。

(2) 通过更新控制系统防喘振函数库，优化主风机静叶和防喘振阀的解耦控制，保证工作点控制在喘振控制线的 1%至 3%之间工作，实现防喘振阀全关、主风总管流量波动小于 $30Nm^3/min$、主电机功率同比下降 1200kW 的效果。

(3) 通过整合主风机组主备风机性能控制模块，实现主备风机自动切机(图 9)。整个切换过程只用十分钟，相较以往人工手动切换用时 1 小时、主风总量波动200~300Nm^3/min，自动切换过程中主风流量波动幅度始终小于30Nm^3/min，两器差压实现零扰动，大幅降低了操作人员的劳动强度和安全风险。

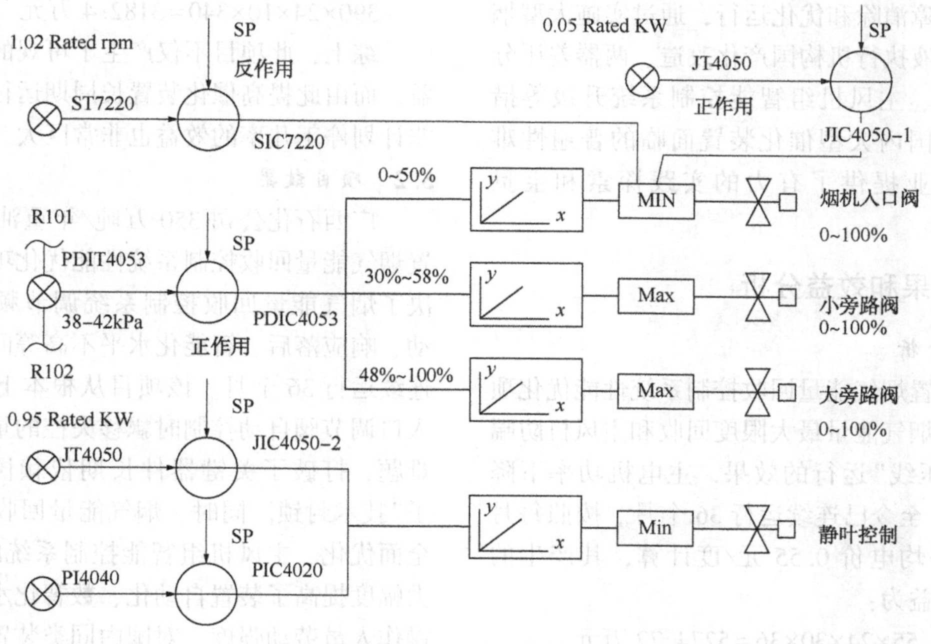

图7 两器差压三分程优化逻辑图

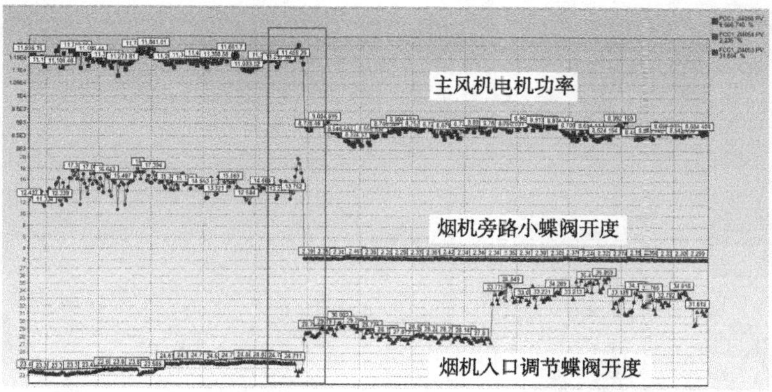

图8 两器差压三分程控制优化后效果图

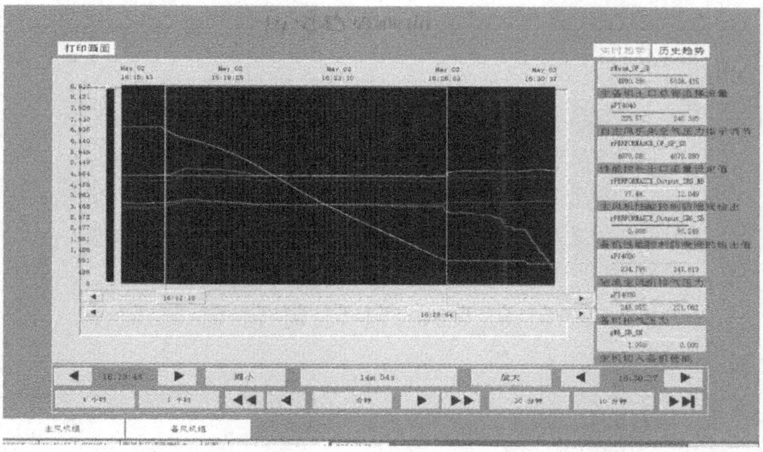

图9 主备风机自动切换过程各参数变化趋势

4　应用场景

本项目主要应用于大型催化装置烟气能量回收控制的故障消除和优化运行，通过实施大型烟机入口阀电液执行机构国产化改造、两器差压分程控制优化、主风机组智能控制系统升级等措施，解决了国内大型催化装置面临的普遍性难题，为同行业提供了有力的实践探索和宝贵经验。

5　项目效果和效益分析

5.1　效益分析

催化装置烟气能量回收控制系统性能优化项目，实现了烟气能量最大限度回收和主风机防喘振工作点“压线”运行的效果，主电机功率下降3700kW/h，至今已连续运行36个月。按照每月30天、年平均电价0.55元/度计算，其产生的直接经济效益为：

3700×0.55×24×30×36＝5274.72万元

同时，催化装置非计划停工一次（按每次停工复产需要10天、催化处理量390t/h、催化原料吨油综合效益340元计算）的直接效益损失为：

390×24×10×340＝3182.4万元

综上，此项目不仅产生了可观的直接经济效益，而由此提高催化装置长周期运行水平、降低非计划停工几率的效益也非常巨大。

5.2　项目效果

广西石化公司350万吨/年重油催化裂化装置烟气能量回收控制系统性能优化项目，成功解决了烟气能量回收控制系统调节频繁、控制波动、响应落后、智能化水平不高等问题，至今已连续运行36个月。该项目从根本上解决了烟机入口调节阀自动控制时飘移失控的重大生产技术难题，打破了关键器件长期依赖国外的“卡脖子”技术封锁。同时，烟气能量回收控制系统的全面优化、主风机组智能控制系统的成功应用，大幅度提高了装置自动化、数智化水平、降低了操作人员劳动强度，对国内同类装置有很强的指导意义。

重整进料换热器国产化节能改造

完成人：刘健男　王　超　秦会远　纪传佳　杜荣林　肖昌宇　刘奉云　王晶晶　李彦军　黄平武　孙雪冬　盛腾飞　成　名　闫乃锋　赵庆林　魏建海　蔡泽千　罗伟强　李　辉　周铁辉　董　振　王敏华

（中国海油惠州石化有限公司）

1　项目背景

中海油惠州石化有限公司运行三部 200 万吨/年连续重整装置的原重整进料产物换热器 110-E-201 为法国 Alfa Laval 公司生产的板式换热器，该换热器在重整工艺流程中的位置及作用是来自重整进料缓冲罐的冷料与循环氢混合后从底部进入换热器壳程，经过换热后从顶部壳程出口进入重整进料加热炉 110-F-201，从第四反应器来的热料从顶部进入换热器管程，经过换热后从底部管程出口流出至重整产物空冷器 110-A-201，冷料与热料在换热器中进行传热传质，详细流程图如图 1 所示。

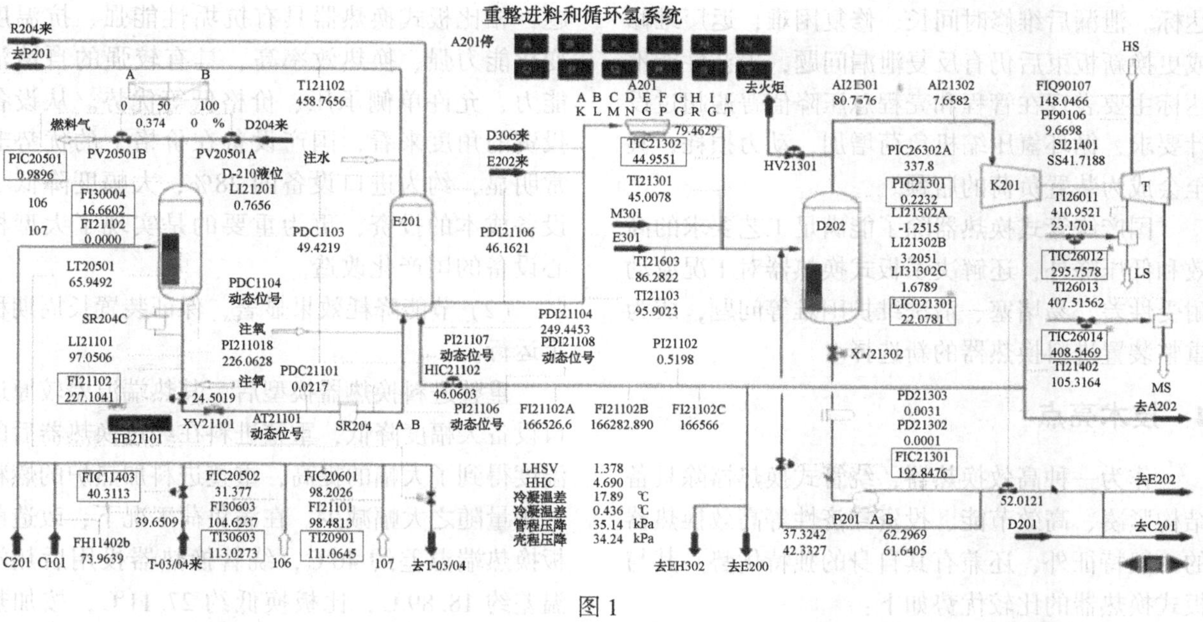

图 1

重整进料换热器是重整进料和重整反应之间的热交换器，其进料侧压差上涨至一定值时会造成循环氢流量下降，导致待生催化剂碳含量高，影响再生烧焦，同时会造成再生还原尾氢排放不畅，还原段催化剂流化，反应器内构件堵塞等问题。换热效率的高低也直接影响着重整进料加热炉的负荷。原板式换热器自 2009 年安装并投入使用以来，一直保持运行状态良好，但在 2016 年 2 月开始出现进料侧压差上涨和换热效率下降的趋势，对装置造成一定的影响。

2　总体情况

面对原进口板式换热器在运行期间出现易堵塞、换热效率下降、抗温差变化能力差等问题，重整技术管理团队联合公司设备中心对国内外重整装置重整进料换热器的结构型式、应用效果、制造周期、价格等方面进行了充分调研论证，最终确定以国产绕管式换热器替代原进口板式换热器。项目投用后绕管式换热器热端温差较原板式换热器表现优异，提高了重整进料的温度，大幅降低了重整进料加热炉 110-F-201 的燃料气用量，且新设备的价格较原进口设备价格大幅降低，新设备投用带来的经济效益成果非常显著，同时绕管式换热器完全弥补了板式换热器在运行过程中出现的性能下降问题，绕管式换热器更加适应重整装置的运行工况，为装置的满负荷长周期稳定运行提供了有力的保障。

3　技术路线

进口板换主要问题为随着装置长周期运行工艺性能下降。长期运行后，进料侧压差及热端温差上升明显，能耗显著增高，无法满足工艺要求，成为装置负荷的瓶颈，并且板换对清洗要求非常高，清洗后性能改善有限，清洗导致的泄漏风险很高，且进口板式换热器制造周期长，难度大，价格昂贵。

国产板换主要问题为容易泄漏和工艺性能不达标。泄漏后维修时间长、修复困难，返厂维修或更换新板束后仍有反复泄漏问题，工艺性能不达标主要表现在管程和壳程总压降值普遍超过设计要求，循环氢压缩机负荷增加，动力损耗，甚至会成为装置负荷的瓶颈。

国产绕管式换热器除了能满足工艺要求的高效和低压降外，还解决了板式换热器对工况波动耐受性差、易堵塞、清洗维护困难等问题，成为重整装置进料换热器的新选择。

4　技术亮点

作为一种高效换热器，绕管式换热器除具备结构紧凑、高效节能、投资经济性等高效换热器的一般特征外，还兼有其自身的独特优势。其与板式换热器的比较优势如下：

（1）高效单旋式换热器的换热管采用层间反向螺旋缠绕的结构，极大地改变了流体流动状态，实现强烈的湍流效果，提高了换热效率。

（2）高效单旋式换热器因其自身缠绕形式、柔性设置等特点，使得设备承受瞬间冲击的能力更强，更好适应装置事故工况及非计划停车。

（3）板壳式换热器在开停工过程中有严格的升降温速度要求。而高效单旋式换热器本身对此类升降温速度并非十分敏感，使得设备在开停工过程中的操作弹性及安全性大大增加。

（4）高效单旋式换热器管、壳程特殊的流态（管程流体方向的冲刷作用及截面方向的二次流；壳程管间通道的变流速的脉冲流作用）使得换热器本身具有较强的自清洁能力。

（5）高效单旋式换热器在停工期间对设备的检查、维修简单快捷，实施堵管方便，且完成堵管后可靠性高。相比之下，板式换热器的维修就十分困难。

除了绕管式换热器本身的技术亮点外，还具有以下两方面突出优势：

（1）实现大型核心设备的国产化改造，大幅降低了设备采购成本。

原重整进料产物换热器 110-E-201 为法国阿法拉伐公司生产的板式换热器，该换热器制造难度大，制造周期长，且价格昂贵。虽然板式换热器可以国产化，但国产板换的稳定性差，在多套重整装置中的应用效果均不理想，因此考虑板式换热器的改型。绕管式换热器可以基本解决国产板式换热器在应用过程中的问题，相比板式换热器具有抗垢性能强、抗温度变化能力强、换热效率高、具有较强的自清洁能力、允许单侧承压、价格低等优势。从设备投资的角度来看，国产设备在价格上的优势非常明显，约为进口设备的 28%，大幅度降低了设备成本的投资，更为重要的是实现了大型核心设备的国产化改造。

（2）节能降耗效果显著，保证装置长周期稳定运行。

重整进料换热器换型后，其热端温差较原进口设备大幅度降低，重整进料在经过换热器后的温度得到了大幅的提高，重整进料加热炉的燃料气用量随之大幅减少。在满负荷工况下，改造前板换热端温差约 46℃，绕管换热器投用后热端温差约 18.89℃，比板换低约 27.11℃，按加热炉效率 93% 计算，燃料气热值取 47472kJ/kg，每年可节约 5684.45 吨燃料气，燃料气价格按 4334.54 元/吨计算，加热炉能耗每年可节约 2463.95 万元，具有可观的经济效益。

5　应用场景

新绕管式换热器于 2023 年 5 月份投入使用，2023 年 10 月在装置满负荷的工况下对新绕管式换热器进行标定，并对比改造前板式换热器，相关数据如表 1、表 2 所示。

表 1　改造前板式换热器相关运行数据

项目	原料油流量/(t/h)	循环氢流量/(Nm^3/h)	管程压降+壳程压降/kPa	热端温差/℃
2015/06/25 数据	240	150652	120	46
2015/07/25 数据	240	150025	120	45
2015/08/25 数据	241	146438	120	46

表 2　改造后绕管式换热器相关运行数据

项目	原料油流量/(t/h)	循环氢流量/(Nm^3/h)	管程压降+壳层压降/kPa	热端温差/℃
2023/10/09 数据	237.37	148816.88	73.97	18.89
2023/10/10 数据	239.39	153097.75	74.61	19.3
2023/10/11 数据	239.45	158722.83	77.16	19.44

从以上对比数据可以看出，在满负荷工况下改造后的绕管式换热器在热端温差和管壳程总压差的性能表现都优于原板式换热器，绕管式换热器更加符合重整装置运行工况的要求，本次替代达到了预期的目的和效果。

6　项目效果和效益分析

该项目的实施在设备采购成本和节省加热炉燃料气用量两大方面所带来的经济效益成果尤为显著。具体计算过程如下：

（1）设备采购成本

原板式换热器为法国进口设备，采购价格昂贵，国产绕管式换热器的价格相对较低，国产设备的价格仅为原进口设备的 28%左右，直接节约非常可观的设备采购费用。

（2）节省燃料气用量

设备国产化改造后，其热端温差较原进口设备大幅度降低，重整进料在经过换热器后的温度得到了大幅提高，重整进料加热炉的燃料气用量随之大幅减少，具体计算如下：

设备更换前板换热端温差约 46℃，绕管换热器投用后在相同负荷下热端温差约 18.89℃，比板换低约 27.11℃，可以使加热炉燃料气用量减少，按加热炉效率 93%计算，100%负荷时一年可节约 2.6985×1011kJ 能量，燃料气热值取 47472kJ/kg，每年可节约 5684.45t 燃料气，燃料气价格按 4334.54 元/t 计算（公司 2023 年外购天然气不含税年均价），加热炉能耗每年可节约 2463.95 万元。

节约燃料气：$3.74\times27.11\times294665/0.93/47472/1000=0.67$t/h

节约成本：$0.67\times8400\times4334.54=2463$ 万元/年

注：比热 3.74kJ/kg·℃、优化温度 27.11℃、重整进料和重整循环氢流量 294665kg/h、燃料气热值 47472kJ/kg、年运行时长 8400h、燃料气单价 4334.54 元/吨、加热炉效率 93%。

新绕管式换热器自投入使用至今运行稳定，在装置满负荷运行的工况下设备各参数满足技术协议和运行工况的要求，达到公司对重整装置长、满、优运行的期望，保证了下游芳烃联合装置的满负荷运行，使公司的全年生产效益目标得到了有效保障，同时为行业内重整装置核心设备国产化改造与降本增效提供了良好的借鉴经验。

硫磺回收装置硫比值分析仪国产化研究与实施

完成人：徐德义　王福兵　王喜亮　蒋学明　赵庆林

（中国海油惠州石化有限公司）

1　项目背景

硫比值分析仪是硫磺回收装置的关键仪表，它对装置尾气中的 H_2S 和 SO_2 浓度进行监测，根据监测数据反馈控制制硫炉配风流量，使过程气中 H_2S：SO_2 摩尔比例为 2：1，达到最优的硫回收率，同时结合相应的尾气处理技术实现更高的硫回收率，并满足环保要求。目前装置内采用美国阿美泰克公司生产的 880-NSL 硫比值分析仪，由于缺少竞争，存在备件费用高、供货周期长、厂家技术服务不及时等问题。同时鉴于当前国际形势，存在配件断供的风险。

近几年来，国内硫比值仪的研发取得较大进展，经调研，聚光科技、南化院自主研发的产品有一定的市场应用、用户反馈使用效果良好，满足现场要求。与进口分析仪相比，国产分析仪具有单价便宜(约进口仪表单价的 1/2)，供货周期短，技术支持响应快等优点。

2　总体情况

硫磺回收装置一系列增设 1 台国产硫比值分析仪，分析仪输出 3 路信号接入 DCS 系统，其中 H_2S/SO_2 比值信号参与进炉副风控制，接入现有控制回路。保留进口硫比值分析仪 H_2S/SO_2 比值信号，与国产硫比值分析仪进行比对，国产应用效果满足要求后将逐步停用进口硫比值分析仪。

主要施工内容有：仪表平台制作，新增槽盒敷设，仪表设备安装、电源及信号电缆敷设，仪表信号接线、回路调试，管线连接以及伴热线施工等。

3　技术路线和技术亮点

3.1　技术路线

UV-Ⅱ型硫回收装置 H_2S/SO_2 比值分析仪是中石化南京化工研究院有限公司自行开发的一种新型紫外光度法 H_2S/SO_2 比值专用在线分析仪器，属于国内首创，经 2011 年中石化科技部鉴定，其性能达到了国际先进水平。

国产硫比值分析仪采用紫外光度分析法，连续测量硫回收装置尾气中的 H_2S 和 SO_2 含量及 H_2S 与 SO_2 的体积比值。可提供独立的四路 4～20mA 模拟量信号输出。仪器外形如图 1 所示。

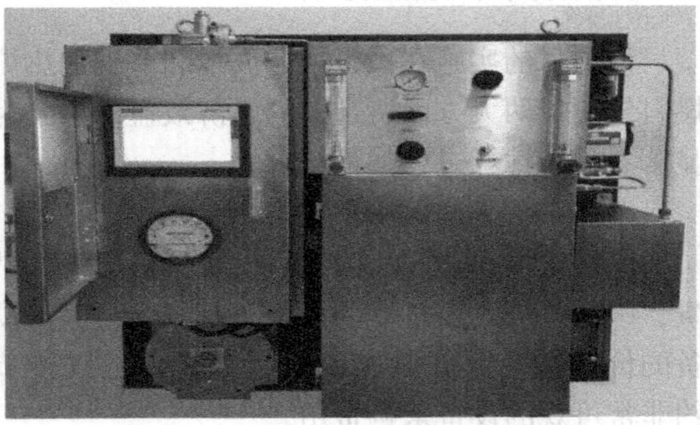

图 1

分析仪由控制箱、加热箱、光度计组成，集成安装公共基板上，整体安装在管道上。气体可直接从工艺管道中提取，并通过同一采样探管返回到过程管道中，降低了昂贵的加热样品管线的费用。

安装图如图 2 所示，分析仪安装时需在硫冷凝出口的尾气管道上预留安装法兰，分别为样气取样法兰、样气回气法兰。法兰上配夹套保温球阀。分析仪的二个安装法兰与此相对接。

3.2　技术亮点

(1) 进口与国产化分析仪同步运行，测量信号相互参照

硫磺回收装置一系列新增国产硫比值分析仪与现有进口 880-NSL 分析仪同步使用，两台仪器安装位置相邻，互不干扰，工艺人员可以互相参照对比，验证国产分析仪的应用效果。

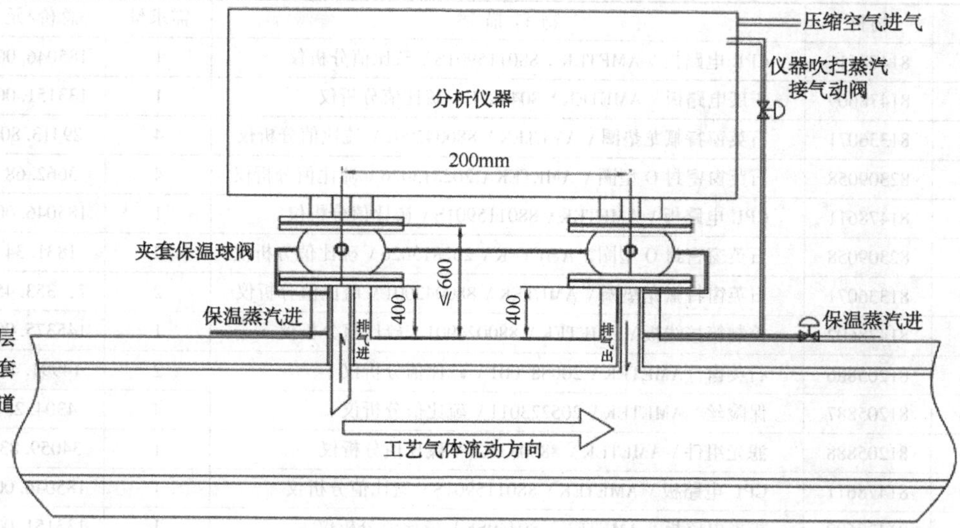

图2 分析仪安装图

（2）优化硫比值DCS控制回路，将常规PID控制回路修改为选择性控制回路

国产和进口分析仪 H_2S/SO_2 比值信号与制硫炉副风调节阀设计为选择性控制回路，工艺人员根据实际情况随时切换，消除分析仪测量不准导致制硫炉生产波动的隐患。

（3）多种创新设计，设备性能进一步提升

创新设计了高光强、长寿命紫外光源、多波长接收传感器及配套电子线路，仪器稳定性及精度高；开发了"电控温"和"差温"除硫技术，有效减缓了硫对仪器的污染；发明了就地取气、就地返回的取样流程，气路系统全封闭安全可靠；可连续测量装置尾气中的 H_2S 和 SO_2 含量及 H_2S 与 SO_2 的比值，提供独立的四路4~20mA模拟量信号输出，这些信号与 H_2S 和 SO_2 体积气体浓度百分比成比例关系；预处理系统简单，响应速度快，测量精度高，抗干扰能力强等特点。

4 应用场景

（1）国产化硫比值分析仪与进口AMETEK880分析仪配件费用对比

国产化硫比值分析仪整套采购费用约50万，进口AMETEK880分析仪整套费用约110万元，进口AMETEK880分析仪的历年配件采购记录如表1所示，2011年至今两套AMETEK880分析仪配件采购费用274万元，国产化后将极大地降低配件采购费用。

表1

订单	物料	物料描述	需求量	总价/元	需求日期
1206583	81205889	电源模块\AMETEK\880114901S\硫比值分析仪	1	75672.00	2011/3/15
1600550	81205889	电源模块\AMETEK\880114901S\硫比值分析仪	1	75672.00	2011/4/26
1209149	81205889	电源模块\AMETEK\880114901S\硫比值分析仪	2	151344.00	2011/9/26
1216430	81205890	温控器\CAL3201\AMETEK\269323011\硫比值分析仪	1	8274.34	2012/11/19
1218053	81205890	温控器\CAL3201\AMETEK\269323011\硫比值分析仪	1	8274.34	2013/4/1
1610303	81205889	电源模块\AMETEK\880114901S\硫比值分析仪	1	75672.00	2014/1/11
1010923	81205889	电源模块\AMETEK\880114901S\硫比值分析仪	1	75672.00	2014/4/17
1011046	81915864	键区\880061001\AMETEK\硫比值分析仪	1	55949.00	2014/4/23
1011751	81478611	CPU电路板\AMETEK\880115901S\硫比值分析仪	1	185046.00	2014/7/1
1011923	81478609	扩展电路板\AMETEK\80449SE\硫比值分析仪	1	133151.00	2014/7/9
1016215	81205890	温控器\CAL3201\AMETEK\269323011\硫比值分析仪	1	8274.34	2015/6/24
1016402	81478602	控制箱接线板\AMETEK\880024901\硫比值分析仪	1	145375.00	2015/7/9
1017969	81205889	电源模块\AMETEK\880114901S\硫比值分析仪	1	75672.00	2015/11/3
1021118	81205889	电源模块\AMETEK\880114901S\硫比值分析仪	1	75672.00	2016/6/3

续表

订单	物料	物 料 描 述	需求量	总价/元	需求日期
1024035	81478611	CPU 电路板 \ AMETEK \ 880115901S \ 硫比值分析仪	1	185046.00	2016/11/30
1024035	81478609	扩展电路板 \ AMETEK \ 80449SE \ 硫比值分析仪	1	133151.00	2016/11/30
1024272	81336071	石英窗特氟龙垫圈 \ AMETEK \ 880042001 \ 硫比值分析仪	4	29413.80	2016/11/29
1024272	82309058	石英窗密封 O 型圈 \ AMETEK \ 202813026 \ 硫比值分析仪	4	3662.68	2016/11/29
1027114	81478611	CPU 电路板 \ AMETEK \ 880115901S \ 硫比值分析仪	1	185046.00	2017/6/15
1618243	82309058	石英窗密封 O 型圈 \ AMETEK \ 202813026 \ 硫比值分析仪	2	1831.34	2018/1/5
1618243	81336071	石英窗特氟龙垫圈 \ AMETEK \ 880042001 \ 硫比值分析仪	2	7，353.45	2018/1/5
1036061	81478602	控制箱接线板 \ AMETEK \ 880024901 \ 硫比值分析仪	1	145375.00	2018/9/7
1038206	81205886	石英窗 \ AMETEK \ 200887001 \ 硫比值分析仪	2	14991.46	2018/11/29
1038206	81205887	保险丝 \ AMETEK \ 205223011 \ 硫比值分析仪	4	4304.28	2018/11/29
1038206	81205888	滤光组件 \ AMETEK \ 880033901 \ 硫比值分析仪	1	34059.83	2018/11/29
1041989	81478611	CPU 电路板 \ AMETEK \ 880115901S \ 硫比值分析仪	1	185046.00	2019/4/18
1048981	81478609	扩展电路板 \ AMETEK \ 80449SE \ 硫比值分析仪	1	133151.00	2020/3/23
1063116	81478609	扩展电路板 \ AMETEK \ 80449SE \ 硫比值分析仪	1	133151.00	2021/11/22
1063117	81478602	控制箱接线板 \ AMETEK \ 880024901 \ 硫比值分析仪	1	145375.00	2021/11/22
1068681	81205890	温控器 \ CAL3201 \ AMETEK \ 269323011 \ 硫比值分析仪	1	8274.34	2022/4/21
1077012	81336071	石英窗特氟龙垫圈 \ AMETEK \ 880042001 硫比值分析仪	1	7353.45	2022/10/10
1033168	83050660	程序芯片 \ AMETEK \ 880062904 \ 硫比值分析仪	1	35398.00	2018/5/2
1041989	83050660	程序芯片 \ AMETEK \ 880062904 \ 硫比值分析仪	1	35398.00	2019/4/18
1054328	83050660	程序芯片 \ AMETEK \ 880062904 \ 硫比值分析仪	1	35398.00	2020/11/2
1058619	83227817	扩展电路板 \ AMETEK \ 804490901 \ H_2S/SO_2 比值分析仪	1	119836.00	2021/4/30
1628769	84215118	O 形圈 \ AMETEK \ 202813026	2	1946.90	2022/3/29
1628769	84214821	垫圈 \ AMETEK \ 880042001	2	5256.64	2022/3/29

目前硫回收装置(Ⅱ)硫比值分析仪已申请立项进行国产化改造，预计2025年5月完成。

5　项目效果和效益分析

5.1　国产化硫比值分析仪初始投用问题及故障原因分析

国产化硫比值分析仪的测量数据需要与化验中心出具的过程气采样结果多次比对，确认国产化分析仪数据真实可靠。同时需保证仪器本身及连接管道伴热温度，避免硫堵塞。

2023年5月对国产硫比值分析仪114-AT-10703进行投用，与进口硫比值分析仪114-AT-10702运行趋势基本一致，但存在以下问题：(1)因正压吹扫气压力不够，仪表不定时停止运行；(2)国产仪表比进口仪表测量响应时间慢。

经分析原因如下：(1)分析仪机柜内部设计工作压力为5bar，机柜正压通风保护系统外接氮气，由于氮气系统压力时常低于5bar，引起分析仪机柜正压通风保护系统频繁启动，导致仪表工作不稳定；(2)滞后问题，国产仪表设计出厂运行周期TM2：120秒，其中样气测量时间22秒，样气吹扫调零时间TM1：30秒，仪表吹扫时间TM3：28秒，蒸汽吹扫前时间TM9：5秒，蒸汽吹扫时间TM10：30秒，蒸汽吹扫后时间TM11：5秒。国产分析仪单次运行周期较长，样气测量时间较短，不能连续的实时反映工况。

5.2　解决方案

将仪表正压管线与系统吹扫管线分开(图3)。正压通风气改用用8bar的仪表风，系统吹扫气还用氮气。避免因气压不足导致仪表停运行情况；根据现场时间工况对国产分析仪运行周期中的样气测量时间进行优化(图4)。样气测量时间由原先的22秒，优化调整到50秒，这样样气测量及样气吹扫时间达到80秒，提高测量时间占比，缩短吹扫间隔时间，优化调整后国产和进口分析仪运行曲线运行趋势基本一致，满足工艺生产要求(图5~图7)。

出厂时间设置如下：TM1：30秒，TM2：120秒，TM3：28秒，TM9：5秒，TM10：30秒，TM11：5秒

优化后的时间设置如下：TM1：5秒，TM2：

120 秒，TM3：30 秒，TM9：5 秒，TM10：0 秒，TM11：30 秒

经过 1 年多时间运行跟踪观察，国产硫比值分析仪运行平稳，测量数据准确，与进口分析仪运行趋势基本一致，测量数据能实时反映工况，满足使用要求。

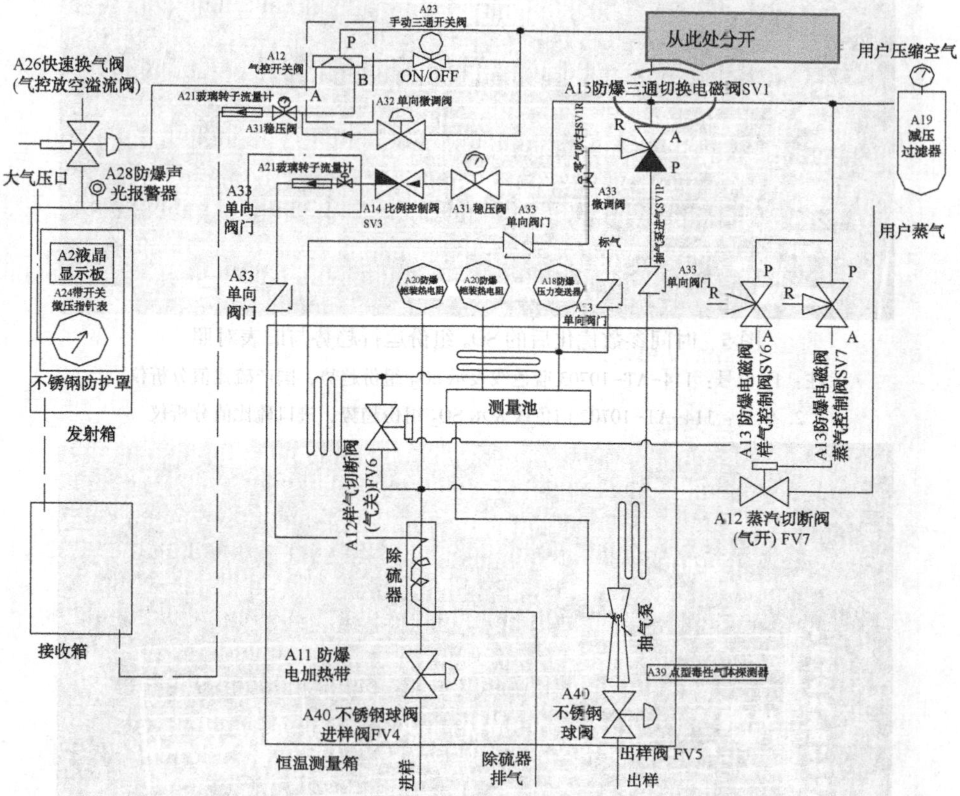

图 3　分析仪表流程图

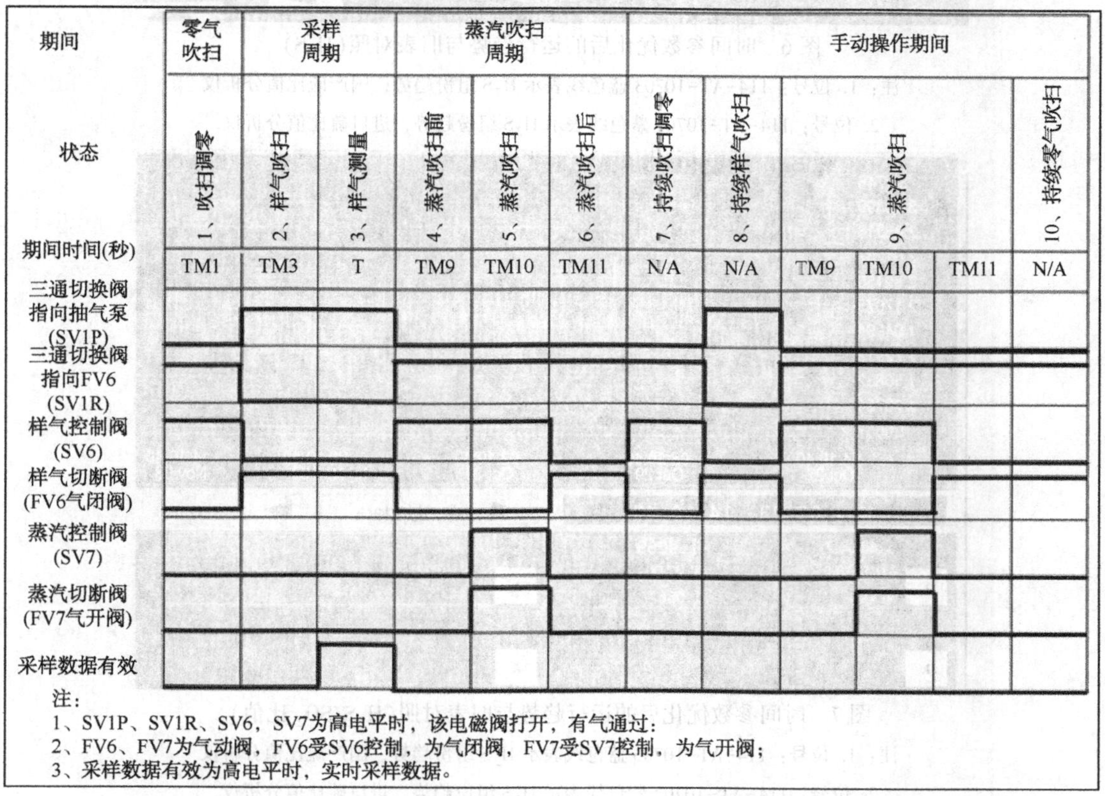

图 4　分析仪测量序列，样气测量时间 = TM2-TM1-TM3-TM9-TM10-TM11

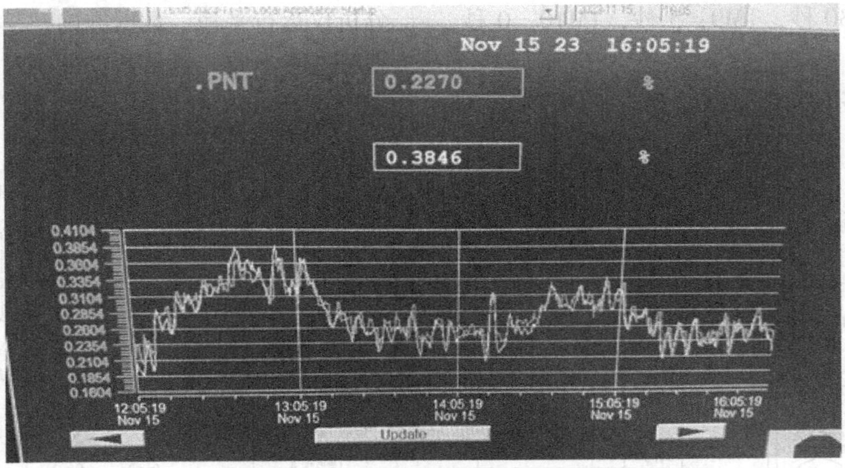

图 5　时间参数优化后的 SO_2 组份运行趋势与旧表对照

注：1. 位号：114-AT-10703 蓝色线表示 SO_2 组份趋势，国产硫比值分析仪

2. 位号：114-AT-10702 白色线表示 SO_2 组份趋势，进口硫比值分析仪

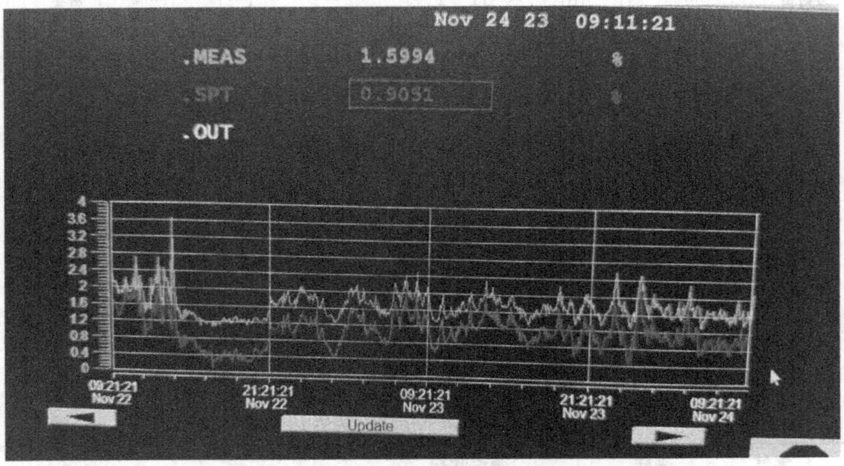

图 6　时间参数优化后的运行趋势与旧表对照（H_2S）

注：1. 位号：114-AT-10703 蓝色线表示 H_2S 组份趋势，国产硫比值分析仪

2. 位号：114-AT-10702 紫色线表示 H_2S 组份趋势，进口硫比值分析仪

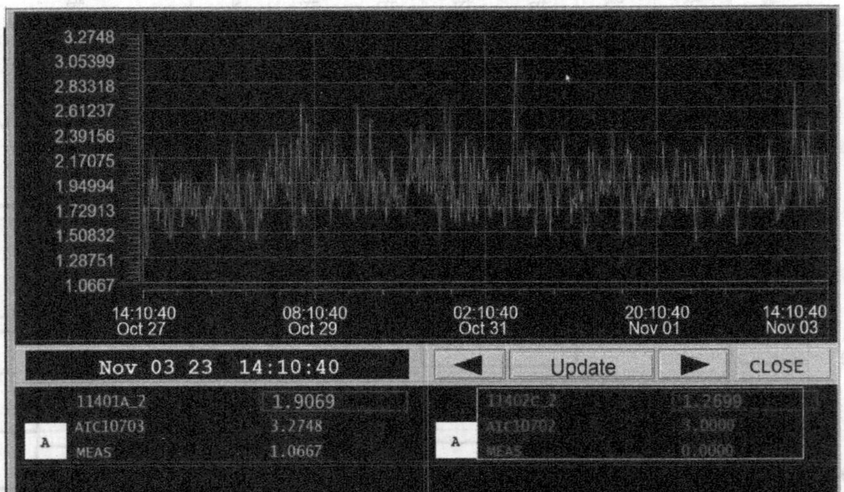

图 7　时间参数优化后的运行趋势与旧表对照（H_2S/SO_2 比值）

注：1. 位号：114-AT-10703 蓝色线表示 H_2S 组份趋势，国产硫比值分析仪

2. 位号：114-AT-10702 紫色线表示 H_2S 组份趋势，进口硫比值分析仪

95+高效超净工业炉余热回收技术在惠州石化的应用

完成人：黄佳富 韩文华 纪传佳 杜荣林 盛腾飞 秦会远 汤 纪 胡智翔 蔡泽千 王天宇 罗伟强 李 辉 甘一凡 王一帆 李 杰 凌晓东 金 鹏 刘奉云 王晶晶 赵庆林 魏建海 高立平 王洪峰 许春伟 吕佳琪 李彦军 黄平武 周铁辉 董 振 王敏华

（中国海油惠州石化有限公司）

1 项目背景

加热炉作为石油化工装置的耗能大户，其能效的高低直接关系到装置的能耗指标，长期以来实现加热炉的节能减排都是石化企业不断追求的目标。尤其是“十四五”期间，国家提出了碳达峰和碳中和的远景规划和日趋严格的环保标准。如何在目前产能过剩及激烈的市场竞争环境下，在创造效益的同时助力实现碳中和及零污染排放的目标，不断创新改进生产工艺和流程将是必经的途径。

常规加热炉采用预热空气的方式来回收烟气余热，设计热效率一般在93%以下。能在一定程度上降低加热炉排烟温度，并提升热效率，但存在以下三点核心问题有待完善和改进：

（1）如何确保加热炉在设计热效率下的长周期稳定运行

常规空气预热方案采用更耐腐蚀的空气预热器材料如铸铁板或玻璃板来延缓低温露点腐蚀，没有从根源上减少烟气中的露点腐蚀污染物和杂质。炉管及预热器的低温段表面在运行过程中会不断吸附粘性污染物和杂质，造成低温区域逐渐结垢甚至堵塞流道。随着时间的增加，加热炉热效率会逐渐降低，开工初期设计热效率能够达到，但不能长期稳定保持。同时低温烟气对于引风机和尾部烟道及烟囱的露点腐蚀也难以避免，存在影响长期稳定运行的不利因素。

（2）如何实现污染物和杂质的近零排放和大幅减排

炼厂燃料气来源较多，如常减压、焦化、催化裂化、加氢精制、加氢裂化、重整等装置，含有含硫化合物、含氯化合物、含氮化合物等杂质组分，操作过程中变化范围较大。一般情况总硫含量约30~50ppm（其中硫化氢约10~15ppm，硫醇和硫醚约10~15ppm，其他类型硫化物约5~15ppm）；总氯含量约5~10ppm；同时含有微量的含氮化合物。这些杂质组分以SO_2、NO_x、氯化盐类等形式存在于烟气中。

① 常规空气预热方案仅从节能的角度出发，只能单纯提高热效率，中间过程并没有减小燃料气和烟气自身携带的污染物和杂质含量，不能有效实现SO_2、NO_x、氯化物和颗粒物等污染物和杂质的近零排放和大幅减排的目的。

② 在烟气中存在的SO_2、NO_x、氯化盐类等，对余热回收设备的寿命影响无法预料。

（3）如何最大化实现加热炉节能降耗及降低碳排放和碳中和

由于以上两条的限制，同时余热回收的冷介质来源单一，会受到两端传热温差的限制，加热炉的热效率一般设计在93%及以下，且难以长期稳定保持。同时也难以将热效率提升至95%及以上，没有最大化的实现节能降耗和降低碳排放的目的。

采用95+技术实施加热炉改造，可以大大降低装置能耗，给企业带来巨大的经济效益；同时，可以大大降低污染物的排放浓度，满足最新环保要求，具有重大的社会效益。

2 总体情况

中海油惠州石化有限公司（以下简称惠州石

化）是中国海洋石油集团有限公司独资建设的第一座大型现代化炼厂，现有原油加工能力2200万吨/年。自投产以来，惠州石化以“打造精品炼厂、树立行业标杆”为发展目标，积极探索节能减排、提高资源能源利用效率的技术，节能管理由目标管理逐步过渡到过程管理，节能增效各项指标显著提升，单位能量因数能耗达到国家标杆水平。

惠州石化运行三部芳烃联合装置加热炉能耗约占装置能耗的75%左右，计算热效率大于92%，设计排烟温度较高，余热回收系统普遍采用热管式空气预热器。其中该装置二甲苯再蒸馏塔重沸炉、二甲苯塔重沸炉四台加热炉能耗约占装置总燃料气消耗的55%。通过定期检测表明，四台加热炉的余热回收系统检修后，排烟温度随着运行时间的增长而上升，热效率逐步下降约1%；同时原有热管式换热器检维修工作量极大，2019年大检修期间更新约总量的30%，维修成本较高。

二甲苯再蒸馏塔重沸炉（F-401A/B）和二甲苯塔重沸炉（F-402A/B）各设置有一套余热回收系统，F-401A/B设计负荷为126.39MW，改造前排烟温度为140.8℃，热效率为92.76%；F402A/B设计负荷为75.11MW，改造前排烟温度为140℃，热效率为92.70%。

为进一步提高装置加热炉热效率，结合业内加热炉节能减排的95+技术，需对原加热炉余热回收系统进行改造，使改造后的加热炉热效率提升至不低于95%，降低装置的综合能耗和维修成本，实现节能减排。

3 技术路线和技术亮点

通过前期多次与95+技术厂商交流，确认上海浩用的加热炉95+技术满足惠州石化加热炉节能减排需求。该技术特点如下：

（1）突破常规，设置燃料气复合阻蚀系统，从前端解决问题，对燃料气进行精制处理，将燃料气中的硫化物、含氮化合物、氰化物、氯化物等污染杂质进行去除和吸附，将露点腐蚀和污染物解决在燃烧之前。

（2）预热及精制处理后的燃料气在燃烧器金属软管处不会产生铵盐结晶体堵塞管道，进入加热炉后可以实现洁净燃烧，另外也杜绝了C5以上常温液态组分和燃料气带液燃烧的问题，为长期稳定地提高加热炉热效率创造了有利条件。

（3）由于燃料气经过精制处理，SO_2和颗粒物零排放，空气预热器低温段产生的水凝液酸碱度为中性，可直接排放，不会造成二次污染源，无需增加碱液系统来中和。

（4）采用燃料气空气双预热技术，最大限度降低冷介质烟气的温度，提高热效率，降低燃料气使用量和烟气排放量。

（5）采用两段式预热技术，一方面可以避免冷介质来源单一、受设备两端传热温差的限制；另一方面尽可能地保证风机始终处在理想的运行温度工况，有利于维持动力系统的长周期持续运行。

（6）优化工艺流程，通过将引风机布置在低温空气预热器前，解决引风机的腐蚀、结垢问题。

（7）高温段预热器和低温段预热器均使用压槽液膜板式结构，此种结构能使烟气冷凝潜热快速传递又可以保证冷凝水不存留，而换热板采用耐蚀钢及表面金属渗透技术，提高了设备的耐腐蚀能力。

（8）应用超低氮燃烧器，燃烧器采用了燃料分级、分段燃烧和炉内烟气循环相结合的低NO_x燃烧技术，以最大限度限制热力型NO_x的生成，尽可能在较低过剩空气因子下进行有效完全燃烧，进一步降低NO_x及颗粒物的生成。

4 应用场景

该95+技术应用在惠州石化运行三部芳烃联合装置二甲苯单元四台加热炉的两套余热回收系统改造项目；经过前期各项准备工作，该改造项目于2023年3月至5月实施，并与生产装置同步开工、投用（图1）。

图1 95+技术改造后的芳烃联合装置余热回收系统

5 项目效果和效益分析

5.1 项目效果

该两套余热回收系统改造后，经第三方检测，检测结果显示加热炉 F401A、F401B、F402A、F402B 的热效率分别为 95.88%、95.83%、95.71%、95.69%（反平衡法计算），均达到热效率高于 95% 的改造要求，排烟温度降至 85℃以内，预期在整个运行周期内保持稳定，适合石化行业工业炉及其他类似工业炉的节能减排改造。

5.2 效益分析

（1）经济效益

该改造项目实施后，按效率提升后的节能量计算，四台加热炉年燃料气节约量在 5000 吨以上（每年运行按 8400 小时计），按外购天然气不含税单价 4000 元/吨计，年节约燃料气费用在 2000 万元以上，扣除新增消耗（阻蚀剂、电耗、设备折旧等），年降本在 1500 万元以上，具有明显的经济效益。

（2）社会效益

该改造项目投用后的第三方检测报告表明，SO_2 未检出，二氧化碳年减排量约 11721 吨，氮氧化物减排量约 4181kg，具有显著的社会减排效益。

大型芳烃联合装置能量高效多级创新应用

完成人：马智超

（中国海油惠州石化运行九部　中海油惠州石化设备中心）

1　项目背景

在全球能源转型和可持续发展的大背景下，炼化行业面临着提升能源效率和降低碳排放的双重挑战。大型芳烃联合装置作为炼化企业的重要组成部分，其能耗优化对整个行业的绿色发展具有重要意义。本文探讨了大型芳烃联合装置在能量高效多级创新应用方面的最新进展，分析了通过技术创新实现能源梯级利用和节能减排的可行性，并以现场装置的实践为例，展示了该技术的实际应用效果。

大型芳烃联合装置是炼化企业中能源消耗的主要部分，其高效运行直接关系到企业的经济效益和环境责任。随着能源价格的波动和环保标准的提升，如何通过技术创新实现能源的高效利用和节能减排，已成为行业发展的关键。

2　总体情况

当前，芳烃联合装置的能耗主要集中在加热炉燃料消耗、蒸汽系统和电力消耗等方面。通过对国内典型芳烃联合装置的能耗构成进行分析，发现燃料消耗在总能耗中所占比例最大，为60%~80%。因此，降低燃料、电和蒸汽消耗是实现节能降耗的关键。由于工艺流程复杂，设备众多，传统的能源利用方式存在效率不高和能源浪费的问题。能量高效多级创新应用关键技术便应用于现场。

（1）低温热产汽升压耦合技术

该技术通过引入蒸汽压缩技术，将装置内自产的低压蒸汽升压，实现能量的梯级利用，将装置内自产0.62MPa(g)饱和蒸汽升压至1.8MPa(g)供装置内需求用户使用，减少了能源的浪费。

（2）自产低压蒸汽直接驱动技术

利用自产的低压蒸汽直接驱动关键设备，如歧化循环氢压缩机，直接利用装置自产0.62MPa(g)蒸汽替代了传统的3.5MPa(g)蒸汽高压蒸汽使用，有效降低了能耗。

（3）精馏塔顶低温余热的变压耦合技术

通过对精馏塔的操作条件进行优化，蒸汽产生热量梯级利用，实现了低温余热的有效回收和利用，提升了能源的整体利用效率。

（4）高效加热炉及余热回收系统

采用先进的加热炉设计和余热回收技术，选用高效火嘴增加燃烧效能，降低燃料消耗且采用最新防低温腐蚀材料，提高了加热炉的热效率，减少了燃料消耗。

3　技术亮点

3.1　能量梯级利用

项目采用蒸汽梯级利用和变压耦合技术，多角度挖掘、全方位利用装置低温余热，实现能量的高效多级利用。

3.2　创新的蒸汽压缩技术应用

行业内首次成功应用大型蒸汽升压技术，将自产的低低压蒸汽加压至更高压力等级，提高了能源的有效利用率。

3.3　低压饱和蒸汽的创新驱动

首次使用低压饱和蒸汽直接驱动压缩机和芳烃抽提装置热进料，这一创新举措显著降低了装置能耗。

3.4　高效余热回收系统

选用组合式余热回收系统，显著提高了加热炉的热效率，同时避免了因管板和换热管连接失效导致的潜在安全生产风险。

3.5　经济效益与社会效益的双重提升

项目实施后，不仅实现了显著的经济效益，还通过大量减少二氧化碳排放，为节能降碳做出了重要贡献。

3.6 推动行业技术进步

该项目的成功实施为行业内同类装置的改造升级提供了标杆，推动了芳烃联合装置技术的创新和发展。

3.7 跨装置和跨部门的低温热综合利用

通过深度挖掘低温热生产热水，实现了跨装置和跨部门的综合利用，最大化地节约了能耗并提升了能源利用效率。

本项目的技术特色与亮点体现了在芳烃联合装置能量高效多级创新应用方面的深入研究和创新实践，为炼化企业的节能减排和可持续发展提供了有力的技术支持。

4 应用场景

本项目芳烃联合装置于 2023 年 6 月一次开车成功，目前装置生产稳定。按照芳烃联合装置蒸汽利用方案，该装置 1.8MPa(g)、1.27MPa(g)和 0.62MPa(g)等级的蒸汽生产总量平稳。在装置详细设计时，芳烃联合装置结合了公司蒸汽管网等级特点，降低了高压蒸汽的消耗，并充分考虑了装置开停工、事故处理及正常操作时的蒸汽冗余，对蒸汽管网进行了全面优化。目前该方案降低能耗的潜力广阔，为炼油化工装置中的低温热利用打开了一种解决思路和新方向，尤其适用于各种低压蒸汽、乏汽以及蒸汽凝液等中低温余热的场合，对生产稳定、节能降耗要求较高的炼油、化工、钢铁、电力等行业均可推广，从而实现显著的节能降碳效果。

5 项目效果和效益分析

5.1 能耗降低效果

通过实施上述技术，芳烃联合装置的能耗得到了显著降低，实现了与国家发展改革委等部门发布的能耗标杆相比的大幅度降低。

141 单元芳烃联合装置 2023 年 6 月一次开车成功，且生产运行稳定。为全面掌握新建装置的各项性能，验证本项目实施效果，在 2023 年 9 月组织开展了连续 72h 的性能标定，成绩显著。

本装置低温耦合蒸汽管网运行良好。在实用型专利“芳烃联合装置的蒸汽梯度利用系统”的辅助下，装置蒸汽系统操作弹性大、冗余性强。0.62MPa(g)蒸汽比设计多产出约 30t/h，但是依然可以通过蒸汽耦合操作实现全部高效利用，且保持管网的稳定。

行业内首次蒸汽压缩热泵技术成功应用。两台离心式蒸汽压缩机通过优化调整，实现了高负荷稳定运行，两台压缩将 0.62MPa(g)加压至 1.8MPa(g)后供装置内其他用户使用，仅通过蒸汽升压即可实现增效 2133.69 万元/年。

5.2 经济效益分析

技术的应用不仅降低了能源成本，还提高了装置的运行效率，为企业带来了显著的经济效益。芳烃联合装置自 2023 年 6 月 20 日开工正常生产后截止 2024 年 6 月 18 日稳定运行近一年，以这一年实际加工物料成本、燃动消耗量、人工成本、维保费用、三剂费用、维修费用和产品产出价值计算，该项目实施后产生效益 14.63 亿元。

5.3 社会效益分析

能耗的降低直接关联到碳排放的减少，对推动行业的绿色发展和实现碳达峰、碳中和目标具有重要意义。本项目实施以来装置能耗大幅下降，以国家发展改革委等部门印发的《关于发布〈工业重点领域能效标杆水平和基准水平(2023 年版)〉的通知》文件中对二甲苯生产标杆能耗为基准，经计算可实现二氧化碳减排量 68.9 万吨/年，节能降碳效果显著，为碳达峰做出重要贡献。多种新技术的成功应用，推动了行业的整体发展，为行业内同类装置的改造提供了依据，目前低温热发汽和蒸汽升压技术已经在惠州石化一期芳烃改造应用，本项目的成功实施在节能降碳方面取得了具有良好的社会效益。能耗优化技术的实施，不仅为企业带来了经济效益，更在社会效益方面发挥了重要作用。通过降低能耗和减少碳排放，企业在环境保护和可持续发展方面做出了积极贡献，提升了企业的社会形象和责任感。

低低压蒸汽驱动歧化循环氢压缩机国内首次应用

完成人：杜荣林

（中国海油惠州石化运行三部　中海油惠州石化设备中心）

1　项目背景

吸附法芳烃联合装置是炼化一体化企业的核心装置。芳烃联合装置流程长，循环物料多，分离过程多，分馏塔也多，塔顶冷凝低温热源多，大部分的低温热由于温位较低。大部分的低温热由于温位较低，低温热量没有充分利用，导致能耗无法降低。在芳烃装置规模越来越大、利润持续减薄的背景下，降低芳烃装置能耗对企业的可持续发展及双控目标意义显著。

吸附法芳烃联合装置采用热加工工艺，包括芳烃抽提、歧化及烷基转移、吸附分离、异构化、二甲苯分馏装置及配套公用工程设施。联合装置的的特点是精馏塔多，普遍采用热联合流程以提高热能利用率，为回收能量，部分精馏塔采用加压操作，塔顶副产水蒸汽来回收能量，以获得较好的节能效果。由于抽出液塔和抽余液塔的热负荷最大，因此对此 2 个塔加压操作，节能效果最为明显。本项目 150 万吨/年吸附法芳烃联合装置在抽出液塔顶副产低压蒸汽 89t/h（1.2MPa），抽余液塔顶副产低低压蒸汽约 250t/h（0.6MPa）。在项目设计阶段就面临着装置内自产 0.62MPa(g)蒸汽过剩难以消耗，公司管网中 3.5MPa(g)蒸汽不足的情况。如何来平衡这两种等级蒸汽是我们面临的一大难题，通过技术交流和论证，在满足可靠性的前提下，提出采用 0.62MPa(g)饱和蒸汽驱动循环氢压缩机，实现降低 3.5MPa(g)蒸汽用量的方案。

2　总体情况

芳烃联合装置的凝结水闪蒸和抽余液塔顶产生的 0.6MPa 低低压蒸汽（LLPS）用于换热设备加热还有剩余，由于 LLPS 等级低，外输困难，所以一般用于驱动汽轮机发电。蒸汽发电（热—电路线）方案是将低温热产生的饱和蒸汽或热水驱动膨胀机做功或发电，因发电方案的能量下行，水蒸汽潜热得不到回收，总体效率不高，投资回收期较长。

歧化、异构化循环氢压缩机是芳烃联合装置的关键设备。传统的设计方案是用 3.5MPa(g)的中压蒸汽（MPS）驱动歧化、异构化循环氢压缩机，剩余的 LLPS 用于发电。通过对比歧化、异构化循环氢压缩机使用不同等级蒸汽驱动的不同方案，采用 LLPS 驱动歧化循环氢压缩机替代 LLPS 发电方案，使整个芳烃联合装置不输出 LLPS，同时减少系统外 MPS 的输入量。使芳烃联合装置内部的蒸汽充分利用并优化芳烃联合装置的蒸汽网络，可以降低芳烃联合装置的能耗。

歧化、异构化循环氢压缩机驱动方案进行对比分析：

方案一：使用 MPS 驱动歧化、异构化循环氢压缩机；抽余液塔顶和凝结水闪蒸产生 LLPS，部分用于加热热源和发电，剩余 LLPS 经蒸汽压缩机增压至 IPS，全部用于加热热源。

方案二：使用 MPS 作加热热源；抽余液塔顶和凝结水闪蒸产生的 LLPS，用于加热热源和驱动歧化、异构化循环氢压缩机，剩余 LLPS 经蒸汽压缩机增压至 IPS，全部用于加热热源。

方案三：使用 MPS 作加热热源和驱动歧化循环氢压缩机；抽出液塔顶产生 LPS 全部用作加热热源；抽余液塔顶和凝结水闪蒸产生 LLPS，用于加热热源和驱动异构化循环氢压缩机的动力，剩余 LLPS 经蒸汽压缩机增压至 IPS，全部用于加热热源。

方案四：使用 MPS 作加热热源和驱动异构化循环氢压缩机；抽出液塔顶产生 LPS 全部用作加热热源；抽余液塔顶和凝结水闪蒸产生 LLPS，用于加热热源和驱动歧化循环氢压缩机，剩余 LLPS 经蒸汽压缩机增压至 IPS，全部用于加热热源。见图 1。

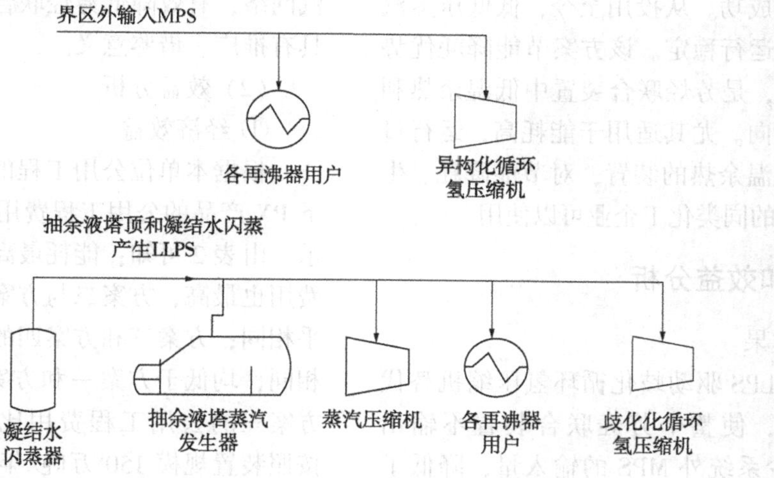

图1　歧化、异构化循环氢压缩机驱动方案四

歧化、异构化循环氢压缩机驱动方案能耗评价：

各驱动方案下的主要公用工程用量见表1。

表1　各驱动方案下的主要公用工程用量

项　目	方案一	方案二	方案三	方案四
电量/kW	33886	31048	33058	33332
3.5MPa 蒸汽量/(t/h)	72.60	79.55	67.99	66.55
凝结水量/(t/h)	-446	-471	-460	-458
循环水量/(t/h)	4666	4666	4666	4666
除盐水量/(t/h)	26	26	26	26
除氧水量/(t/h)	434	452	452	452
燃料气量/(t/h)	35.6	35.6	35.6	35.6
能耗/(MJ/t)	12354	12346	12227	12213

从表1可以看出：采用LLPS蒸汽用于发电的方案一的能耗最大，原因是蒸汽发电的效率较低，造成大量热能的浪费。采用LLPS别驱动歧化循环氢压缩机的方案四能耗最低。与方案一相比，方案四的能耗降低141MJ/t，按照装置150万吨/年规模为计算，则能耗每年降低2.12×10^{8}MJ。

3　技术路线和技术亮点

通过使用LLPS驱动歧化循环氢压缩机、MPS驱动异构化循环氢压缩机的方案，充分利用了系统产生的LLPS，同时也减少了MPS的量，降低了能耗。但该方案也增加了芳烃装置设备、系统之间的关联风险。为保证汽轮机运行时饱和蒸汽压力、温度、流量等参数稳定以及机组安全运行稳定，采取了下列防控和改进措施。

（1）优化抽余液塔顶蒸汽发生器。

为避免因蒸汽发生器故障导致低低压蒸汽管网大幅波动进而影响机组运行，抽余液塔顶设置了9台蒸汽发生器，每台蒸汽发生器都可以单独切出隔离检修。蒸汽发生器管束采用分体式双管板结构，用以监控外漏。在蒸汽发生器的油侧出口设置微量水分析仪，用以监控内漏。

（2）优化LLPS至汽轮机入口蒸汽流程。

当歧化循环氢压缩机跳停时，汽轮机入口的主蒸汽阀关闭，会造成低低压蒸汽管网系统压力快速上涨，整个生产工艺波动较大，而且会带来系统超压的安全隐患。为了降低此类风险，在蒸汽入口设置两个蒸汽放空调节阀，实现分级开启、快速调整管网蒸汽压力。

为了防止0.6MPa蒸汽管网压力波动造成机组停车，充分考虑正常生产、开停工、事故状态下的蒸汽调节方案，保证各种异常状态时对装置影响程度最小，在进汽轮机前蒸汽管线上，增设1.1MPa至0.6MPa蒸汽管网的补充蒸汽管线。见图2。

（3）增加蒸汽入口分液罐并设置两级联锁。

低低压饱和蒸汽压力、温度低且湿度大，当蒸汽湿度过大时，会导致汽轮机末级叶片水蚀，汽轮机运行时出现较严重的振动。为防止蒸汽带水对汽轮机叶片造成损坏，在进汽口前增设汽水分离器，保证入口蒸汽在各工况下蒸汽干度均可以提至99%以上。另针对汽水分离器设置了液位>20%联锁打开底部切断阀排液以及液位>60%联锁停机逻辑。

4　应用场景

该低低压蒸汽驱动歧化循环氢压缩机于2023

年6月一次开车成功。从投用至今，低低压蒸汽工况稳定，机组运行稳定。该方案节能降耗优势明显，稳定可靠，是芳烃联合装置中低温余热利用的重要发展方向。尤其适用于能耗高，运行过程中产生大量低温余热的装置，对节能降耗、生产稳定要求较高的同类化工企业可以使用。

5　项目效果和效益分析

（1）项目效果

通过采用LLPS驱动歧化循环氢压缩机替代LLPS发电方案，使整个芳烃联合装置不输出LLPS，同时减少系统外MPS的输入量，降低了对界区外公用工程系统的依赖性。使芳烃联合装置内部的蒸汽充分利用并优化芳烃联合装置的蒸汽网络，有效降低芳烃联合装置的能耗。该项目具有推广、借鉴意义。

（2）效益分析

① 经济效益

根据本单位公用工程的价格，4种驱动方案下PX产品的公用工程费用的计算数据如表2所示。由表2可知：能耗最高的方案一的公用工程费用也最高，方案二与方案一的公用工程费用几乎相同；方案三和方案四的公用工程费用也几乎相同，均低于方案一和方案二的公用工程费用。方案三的公用工程费用比方案一低7.07元/t，按照装置规模150万吨/年计算，则每年的公用工程费用比方案一减少1060万元。

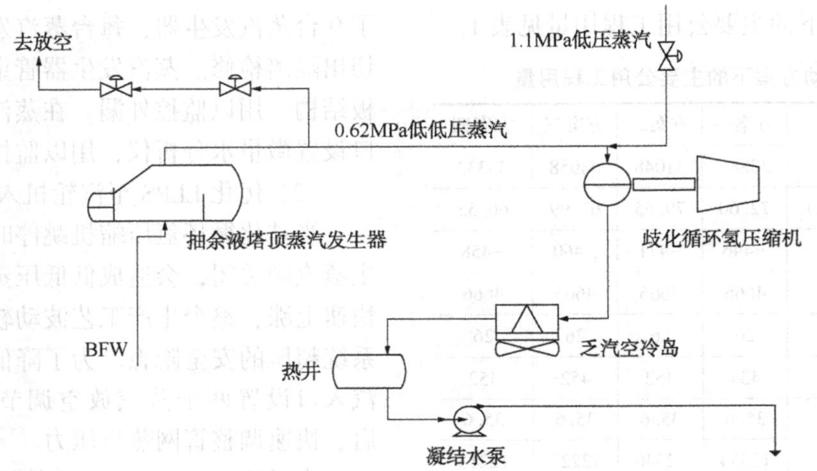

图2　优化后入口蒸汽流程

表2　各驱动方案下公用工程费用

单位：元

项　目	方案一	方案二	方案三	方案四
电	20331	18629	19835	19999
3.5MPa蒸汽	15246	16706	14278	13976
凝结水	−1786	−1885	−1838	−1832
循环水	1633	1633	1633	1633
除盐水	247	247	247	247
除氧水	6239	6495	6493	6493
燃料气	106800	106800	106800	106800
公用工程	832.78	832.30	825.71	824.97

该方案有效利用了装置的低温余热，降低了能耗，节约能源并减少对环境的污染。

② 社会效益

芳烃联合装置低温余热低低压蒸汽驱动歧化循环氢压缩机运行约一年，机组运行稳定，未出现过故障停机事故，且维护简单方便，经测算年效益比传统方案节省1060万元公用工程费用。成功运行经验表明，该可以在炼化企业芳烃联合装置低温余热利用中推广应用。

由于低压蒸汽流量大、湿度大等特点，使得低压汽轮机在结构、配置等方面具有自身特点。随着国家对节能事业的重视，低低压饱和蒸汽应用对汽轮机制造厂也提出了更高要求。做好低压汽轮机研发、应用等工作需要各行业共同提升，共同完成国家节能降耗新要求。

加热炉余热回收系统的应用

完成人：杨毅锋　崔晓冬　杨　盟　杨国夫

（中海沥青股份有限公司运行一部）

1　项目背景

中沥公司 120 万吨/年加氢改质装置、60 万吨/年重交道路沥青装置加热炉普遍存在排烟温度高，热效率偏低，燃料气消耗量大等问题，需要通过技术改造解决目前存在问题。2022 年加热炉余热回收节能优化改造前，两套装置加热炉运行过程中主要存在以下几方面的问题：①加热炉的排烟温度较高，热效率偏低。加氢改质加热炉排烟温度最高时达到 180℃左右，加热炉的热效率在 90.5%左右；沥青装置加热炉排烟温度达到 160℃左右，加热炉的热效率在 90%左右；两套装置加热炉的燃料气消耗量较大，能耗较高，同时烟气排放温度较高，大量余热未得到充分利用。②原加热炉及余热回收系统并未配置任何污水或含酸冷凝水处理设备，冬季或低负荷工况下出现的冷凝水均采用直接排放的方式处理，存在有环保隐患。③余热回收系统工艺相对简单，不具备深度降低烟气温度，有效抵抗露点腐蚀功能。④原空气预热器主要材质防腐蚀、防堵塞能力欠缺，不宜进行烟气深度降温换热。其中 60 万吨/年重交道路沥青装置原有加热炉还存在减压炉烟气余热回收系统因报废已于 2021 年检修期间拆除、常压炉烟气余热回收系统采用顶置式扰流子空气预热器，设备技术落后、换热效率低等因素。

2　总体情况

2.1　项目设计原则

（1）在满足工艺、保证装置安全可靠运行（不产生露点腐蚀）前提下，提高加热炉的热效率，降低装置能耗；

（2）采取可靠有效的技术，解决露点腐蚀问题，保证长周期运行；

（3）设置必要测点，便于运行监测和操作。

2.2　项目内容

本项目采用将加氢改质装置、60 万吨/年重交道路沥青装置加热炉原空气预热器更换为高效防腐组合板式空气预热器进行余热回收节能优化改造。

加氢改质装置的项目内容：

（1）新增的空气预热器空气入口、烟气出口不做任何改动。空气出口重新做连接段与原风道连接，缩短原顶部烟道与烟气进口连接，整体烟风道不改变原来管道走向布局，不增加改造工作量；

（2）地基利旧，施工简单，仅吊走原预热器装置，将新预热器装置原地吊装就位，烟风道管口连接完毕即可。

60 万吨/年重交道路沥青装置项目内容：

（1）拆除旧的空气预热器更换为组合板式烟气-空气预热器（高温段金属焊接板式+低温段玻璃板式空气预热器）。

（2）新增鼓风机 1 台 2500Pa、19100kg/h、16.9kW，新增引风机 1 台 2500Pa，20000kg/h，20.1kW。

（3）新增冷、热烟道和冷、热风道及调节挡板。

2.3　主要解决问题

（1）降低加热炉系统最终排烟温度，提高加热炉效率。改造后加热炉效率可基本提升至 94%左右。

（2）降低目标加热炉燃料消耗量和碳排放总量。

（3）使用能够长周期稳定的在冷凝工况下工作的空气预热器设备。

（4）解决冷凝水随意排放的环保问题。改造后冷凝水可以达到 GB31570 标准中规定的“间接排放”标准，不影响厂区环保。

3　技术路线和技术亮点

3.1　技术路线

本项目利用现有的单独换热器技术整合成新

领域内的应用成套工艺技术，涉及多项工艺技术及应用。每个环节的工艺技术在国内均有相应的成熟应用，应用性能均非常稳定；

本项目采用高效防腐组合式空气预热器直接将空气与烟气进行换热，低温段换热模块采用玻璃板式换热器，其换热板采用特种耐热玻璃，可以完全抵抗酸露点腐蚀，高温段模块换热板材质为碳钢。烟道、空气管道、外支架材质为碳钢；

本项目高效防腐组合式空气预热器空气经四个换热流程S形流动后同侧进出预热器，烟气从预热器顶部进入预热器，底部出预热器与引风机连接进入冷烟道进行排烟。烟气与空气错流换热，整个换热器共四个流程；高温段三个流程，低温段一个流程；

本项目预热器低温段玻璃换热模块上方设置喷淋清洗装置，用以定期对低温模块进行喷淋冲洗，纯水喷淋时需采用除盐水，化学清洗时由预热器供货厂家提供清洗剂和循环喷淋装置进行现场操作，清洗产生的污水通过排污阀引入全厂排污管道；

预热器低温段下方设置积液箱，底部设置排污管组及排污阀，可以实时连续排除冷凝水及清洗水。积液箱内部涂刷防腐涂料，可有效防止冷凝水对积液箱的腐蚀；

烟气排烟温度110℃以下，低温段会出现明显的冷凝现象，故低温段换热器盖板、立柱表面均喷涂玻璃鳞片进行防腐。

3.2　技术亮点

（1）采用全新的烟气深度余热回收工艺

重新布局系统内工艺，采用高效防腐组合式换热结构，在目前的普通余热回收工艺基础上，再提高系统热效率3%以上。

（2）新型换热材料用于低温烟气换热过程

低温段换热模块采用玻璃板式换热器，其换热板采用特种耐热玻璃，可以完全抵抗酸露点腐蚀，实现换热器在酸性冷凝工况中长周期稳定运行，连续运行时间不少于4年(一个大修周期)，系统使用寿命不低于8年(两个大修周期)。

（3）烟气深度冷凝净化工艺

深度回收余热的同时深度降温除尘，将烟气排放固体粉尘颗粒物降低至10mg/m^{3}以内。

（4）新型低压降液滴捕集设备，保证其捕集效率高于90%

使用低压降液滴捕集工艺及设备，产生的压降不超过系统总压降的10%，连续使用时间不少于5年。

（5）低温段积液箱防腐、防水及防漏工艺

低温段换热器积液箱内部涂刷防腐涂料，盖板、立柱表面均喷涂玻璃鳞片进行防腐，确保低温段可以长周期稳定的在低温工况下运行。

（6）开发了新型配套冷凝书自动化处理工艺设备。

底部设置排污管组及排污阀，可以实时连续排除冷凝水及清洗水，使烟气降温产生的冷凝水可以在环保要求下进行排放。

加热炉改造前后对比，如表1，表2，图1~图4所示。

表1　加氢改质装置加热炉

	改造前	改造后
运行效果验证	排烟温度151℃	排烟温度98℃
	F101、F201炉燃料消耗量1576Nm^3/h（月平均天然气消耗量）	F101、F201炉燃料消耗量1375Nm^3/h（月平均天然气消耗量）
	F101、F201热效率90.48%	F101、F201热效率93.97%

表2　60万吨/年重交道路沥青装置加热炉

	改造前	改造后
运行效果验证	排烟温度176℃	排烟温度91℃
	F101炉燃料消耗量1279Nm^3/h（月平均天然气消耗量）	F101炉燃料消耗量1157Nm^3/h（月平均天然气消耗量）
	F101热效率90.20%	F101热效率93.81%

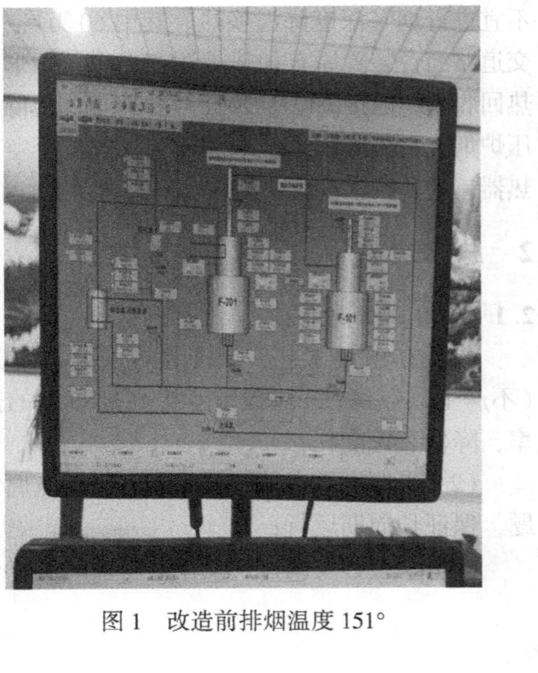

图1　改造前排烟温度151°

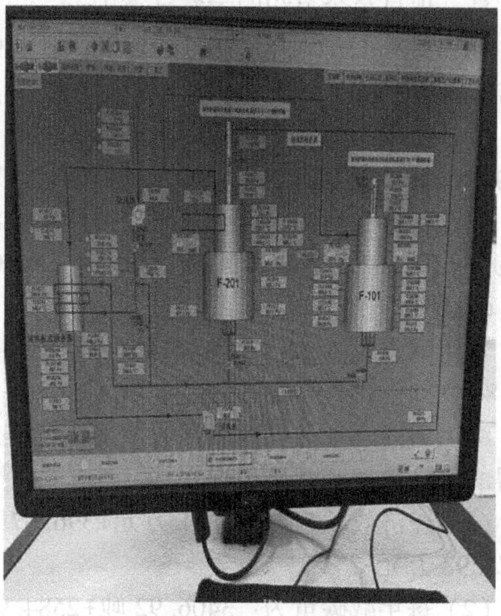

图 2 改造后排烟温度 98°

图 3 改造后的加氢加热炉空预器

图 4 改造后的沥青加热炉空预器

4 应用场景

2022 年 4~5 月，利用公司大修的机会，加热炉余热回收节能优化项目实施完成。2022 年 6 月 2 日加氢装置开工后，两台加热炉排烟温度逐渐降低至 100℃左右，加热炉热效率提升至 94%左右；加热炉的燃料气消耗量明显降低，同时降低了碳排放总量；60 万吨/年重交道路沥青装置改造后加热炉排烟温度降为 95℃，加热炉热效率提升为 93.8%左右。

目前两套加热炉余热回收系统已运行超过一年，空气预热器、冷烟道及引风机排风系统，能够长周期稳定的在冷凝工况下工作；解决了冷凝水随意排放的环保问题，改造后冷凝水可以达到 GB31570 标准中规定的“间接排放”标准，不影响厂区环保。具有良好的经济效益和环保效益。

5 项目效果和效益分析

5.1 加氢改质装置加热炉余热回收节能优化的经济效益

加氢改质装置加热炉余热回收节能优化前加热炉排烟温度较高，最高时为 180℃左右，加热炉热效率较低为 90.5%左右，天燃气用量较高；优化后加热炉排烟温度逐渐降低至 100℃以下，加热炉热效率提升至 94%左右；加热炉的燃料气消耗量明显降低，同时降低了碳排放总量。

在装置的加工量、原料比例和其他条件一致的情况下，改造前加氢反应进料炉及重沸炉天然气消耗量为 1576Nm^3/h，一个月的标定期内天然气消耗量的平均值。改造后加氢反应进料炉及重沸炉天然气消耗量为 1375Nm^3/h，在一个月的标定期内天然气消耗量的平均值。由于本项目与加热炉喷涂耐高温节能涂料技改项目同时完成，根据两个项目节能效果的不同及厂家反馈意见区分，本项目对节能的贡献为 80%。项目至今已运行 14 个月，按 9800 小时计算，项目至今节约的天然气量为：

(1576－1375) Nm^3/h×0.8×9800h＝157.58 万 Nm^3。

装置使用天然气 2023 年 1 月~2023 年 8 月平均价格为 3.77 元/Nm^3，2022 年 6 月至 2023 年 8 月设备折旧费为 17.77 万元，折算年经济效益为：157.58 万 Nm^3×3.77 元/Nm^3－17.77 万＝576.31 万元。

每年减碳量为：157.58×5.956×0.99×44/12 =3406.92 吨 CO_2

5.2　60万吨/年重交道路沥青装置加热炉余热回收节能优化的经济效益

加热炉余热回收节能优化优化前60万吨/年重交道路沥青装置加热炉排烟温度较高为160℃左右，加热炉热效率较低为90.2%左右，天燃气用量较高；优化后排烟温度降为95℃，加热炉热效率提升为93.81%，天燃气用量明显降低，同时降低了碳排放总量。

在装置的加工量、原料比例和其他条件一致的情况下，改造前加热炉天然气消耗量为1279Nm³/h，一个月的标定期内天然气消耗量的平均值。改造后加热炉天然气消耗量为1157Nm³/h，在一个月的标定期内天然气消耗量的平均值。项目至今已运行14个月，按9800小时计算，项目至今节约的天然气量为：

(1279 − 1157) Nm³/h × 9800h = 119.56万 Nm³。

装置使用天然气2023年1月~2023年8月平均价格为3.77元/Nm³，2022年6月至2023年8月设备折旧费为54.07万元，折算年经济效益为：119.56万 Nm³×3.77元/Nm³ − 54.07 = 396.67万元。

每年减碳量为：119.56×5.956×0.99×44/12 =2584.92 吨 CO_2

综上所述，加热炉余热回收节能优化实施后取得的经济效益和减碳情况：

(1) 经济效益为：576.31万元+396.67万元 =972.98万元

(2) 每年减碳量为：3406.92 吨+2584.92 吨 =5991.84 吨 CO_2

生产一区两套 PKS 系统国产替换升级项目

完成人：崔瑞芝　王　冬　史占勇　于　萍　于新华

（中海沥青股份有限公司设备管理部）

1　项目背景

中沥公司生产一区的 120 万吨重交沥青装置、30 万年吨润滑油加氢脱酸装置的两套 DCS 系统，分别筹建投运于 2012 年、2013 年。两套系统的品牌均是美国霍尼韦尔公司的 PKS R400 系统，自开工投运至 2021 年历时 9 年的时间，系统先后出现过服务器主板故障、A/B 服务器数据不同步、主控器内程序不同步、DCS 系统报警数据丢失、系统不报警、控制器电源故障、网卡故障等问题。为了解决 DCS 系统已达到生命周期问题，2021 年 8 月立项，准备将两套 DCS 系统升级，升级内容为在 DCS 原基础上升级：将软件版本由 R400 升级为 R510X，更换 4 台服务器、10 台操作站，4 台思科交换机更换为国产品牌，同时做防病毒方案。

因项目是在原系统的基础上升级，材料属于单一来源，经过 4 轮价格谈判，2021 年 3 月 29 日最终价格为 129.8 万元，2021 年 4 月 14 日，炼化公司上会审批通过。2021 年 4 月 22 日，公司采办组接炼化公司通知，因中海油被列入“实体名单”，中石化霍尼韦尔（天津）有限公司不能提供“120 万吨装置绿色停车及喷淋项目”PKS 系统扩容采购的卡件，导致 DCS 系统无法扩容。

为解决这两套 DCS 系统扩容、升级后能安全平稳运行，后续不被卡脖子问题，经项目组成员紧急商讨做出备用方案：用国产 DCS 系统替换升级。2021 年 5 月底“生产一区两套 PKS 系统升级项目变更材料来源说明”在公司总办会上一致通过：使用国产 DCS 系统替换升级。

2　总体情况

本项目实施原则遵循国家、行业现行的有关规范，提前规划、高度集成、整体优化、分步实施。在实施过程中坚持统一规划、集中管理、节约投资，以实现装置控制策略优化、信息流整合、最短时间内恢复装置生产的目标。改造后实现所有功能应充分遵循原 DCS 系统的技术规范，并根据装置生产进行优化和完善。本项目拟在 2022 年 4 月至 2022 年 5 月底公司装置大修期间完成。

专人专责的项目管理：由于改造项目的复杂性，项目实施双方分别成立工作组，并由中沥公司项目负责人担任工作组组长，每个小组人员分配具体负责事项，以应对项目实施中的各类问题，并形成有效的资源保障工作。

项目进度计划管理：本次改造项目实施周期较短（不足 3 周时间），且现场实施时具有较多不确定性因素，根据公司装置大修进度及 DCS 系统替换改造项目实际情况，项目负责人制定了项目各里程牌事件的详细工作计划，严格控制施工队施工进度、质量，督促并配合中控技术人员进行项目实施，以保证项目按期完成。图 1 为项目重点控制图。

3　技术路线和技术亮点

3.1　技术路线

1）提前做好系统架构：整个项目的网络框架不变，拆除原柜室内的旧机柜，按照原来机柜布局安装新机柜。DCS 外操站安装在原外操室，DCS 内操站安装在生产一区抗爆中控室，工程师站、OPC 服务器设在抗爆中控室总工程师站。机柜设备均集中在各自的机柜间，两个控制室与抗爆中控室内操之间敷设光纤通讯，装置的 DCS 控制单元独立设置，以保证各装置在正常生产和开、停车过程中互不干扰，减少关联影响。

2）各方工作界面明确：两套 DCS 系统的总 I/O 点数约 2500 点，新系统的供货、组态编程迁移由中控技术人员负责；原系统 11 面旧机柜理线、拆线、机柜拆除、11 面新机柜安装、端子柜现场 I/O 信号接线，由公司招标的施工队负责。本次项目改造范围不涉及到 UPS 供电系统，保留原有 UPS 供电系统。为便于电器人员管理，将 2 套 UPS 及电池组移至配电室，原 DCS 系统现场仪表外部接线不变。图 2～图 5 为旧机柜拆除、新机柜运输及安装图。

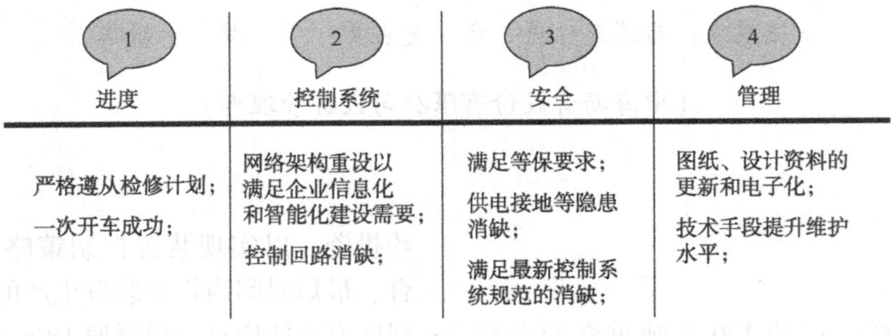

图 1

图 2

图 3

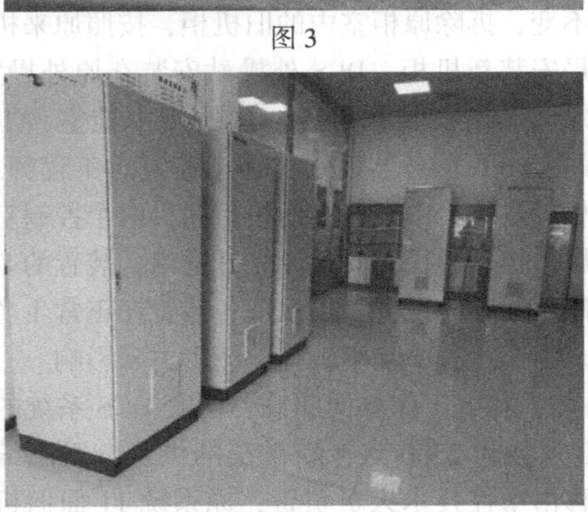
图 4

图 5

3）原系统设计资料的梳理及完善：由于项目原设计资料保留不全，公司控制系统技术人员与中控技术人员在现场机柜间一起梳理现有系统的 I/O 排布和主线缆及分支电缆的布置情况。通过参照现有 PKS R400 的系统组态资料及仪表回路图、对比、校对完成 I/O 清单，做出新机柜设计图。图 6、图 7 为升级后的系统柜、安全栅柜。

图 6　改造后系统机柜设计图

图 7 改造后安全栅机柜设计图纸

3.2 技术亮点

1）原 DCS 系统控制方案的程序解读、恢复

在现场组态编成期间，公司控制系统技术人员与中控技术人员一起查对 PKS R400 服务器的组态程序，对原 PKS 系统程序解读，共同完成并优化符合这 2 套装置运行要求的控制方案，协助中控技术人员完成组态标准化迁移，完成新 DCS 系统组态编程、调试投运。图 8 为组态标准化迁移图。

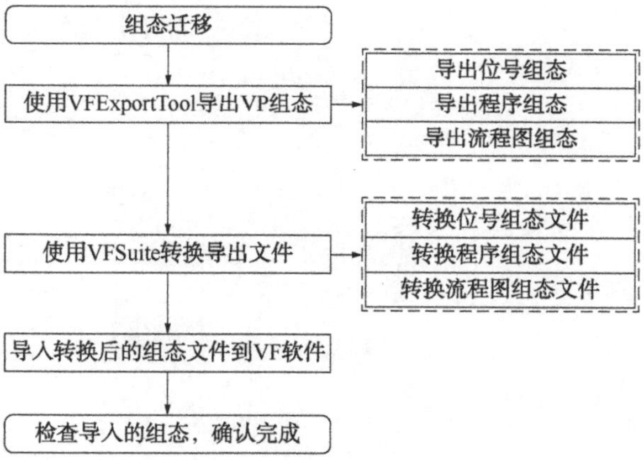

图 8

2）流程图画面的 1∶1 还原

为便于操作工对新 DCS 系统操作的快速上手、熟悉，公司控制系统技术人员对现有系统中的工艺流程图采用截屏、拍照等方式进行获取流程图样张，同时由工艺签字确认是否需要进行修改。中控技术人员与操作工一起对装置的流程图画面进行优化，使新系统的操作画面更符合中国人的操作习惯。

3）第三方系统集成

ECS-700 的 COM741 通过主/从方式与第三方设备进行通信。COM741 作为主站初始化每个数据通信，从站设备仅在需要时进行响应。为提高通信的可靠性，COM741 可冗余配置。互为冗余的 COM741 模块安装于同一基座上，分别与第三方设备相连，同时读写数据。工作/备用模块之间通过冗余通讯交互信息，并由工作模块与主控制器进行通信。同时对于非标准协议，COM741 支持自定义方式的通信。

中控的软件工程师与公司控制系统技术人员共同梳理并完成第三方系统的通讯点表，并由中控软件工程师负责并完成 DCS 与第三方系统的通讯与调试工作。

4 应用场景

经过近 20 天的升级改造，120 万吨重交沥青装置、30 万吨润滑油加氢脱酸装置 2 套 DCS 系统试车连续运行 72 小时，系统运行平稳正常。自 2022 年 6 月初装置开车投运至今 2 年多，2 套 DCS 系统性能优良、可靠性高，完全满足生产装置自动化操作要求。中控的 ECS-700 是目前解决控制系统升级、国产替换的重要发展方向，尤其适用化工行业的装置使用。其强大功能和可靠性可以全面帮助企业提升生产效能，是实现生产过程自动化的大规模联合控制系统，对于石化、电力、冶金、建材、食品、造纸等要求系统稳定、精细化高、节能降耗要求较高的各工业领域均可使用。2 套 DCS 系统经过 2 多年的实际运行考验，被公司认可为国产最成熟的控制系统之一。

5 项目效果和效益分析

5.1 项目效果

（1）解决控制系统生命周期问题：将原来的系统完全替换，解决了电子元器件老化达到使用寿命的问题，替换后的系统进入一个全新的生命周期，解决“低、老、坏”问题。

（2）完成进口 DCS 系统三年国产替换任务：生产一区 DCS 系统仅有的两套美国产品全部替换完成，响应中海油“三年国产化替换”计划实施。

（3）保证装置安全按期投产：项目总体工作进度控制较好，均在计划的时间节点前完成各项工作，保证 2 套装置按期投产。项目的建设单位、设计单位、监理单位等均按要求进行，成果均达到相关专业行业要求，系统运行稳定，项目达到了预期目标。

综合上述评价，该项目的升级目标都已全部实现，且取得了的预期效益和影响，项目综合成功度评定为好。

5.2 效益分析

(1) 经济效益

① 性价比高，节约公司投资：原升级方案只升级4台服务器、10台操作站，DCS系统版本由R400升级为R510X，总价格为129.8万元，最终升级方案是控制器、I/O卡件、安全栅、工程师站、操作站、DCS系统软件替换为中控的ECS-700，软、硬件全部更换，连同扩容增加的卡件等设备总价格为132万元，节约了大量的投资。

② 备件费用降低：此项目升级后的备件也可以用于生产二区精密分馏DCS系统，三套系统都是浙大中控的ECS-700，所需备件相同，节约备件购置费用80%。

③ 便于运维管理：系统品牌相同，运行维护人员对此系统的组态、编程、故障排查非常熟悉，节约维护力量，降低维护风险。

(2) 社会效益

① 界面友好，易于操作：原来的PKS R400系统界面不友好，对英语要求高，操作工使用不方便，新系统完全符合中国人的操作习惯，操作工操作方便，易于上手。

② 解除被美国卡脖子的情况：生产一区两套美国品牌DCS系统全部被替换升级，解决了美国产品不能供货，DCS系统扩容受限问题。2022年大修完成国产替换升级后，两套装置平稳、高效运行，为社会创造更多的经济价值。

③ 解决安全生产问题：如果仍采取在原系统升级的方案，不能保证美国品牌的DCS系统软件开后门，被远程控制问题，替换升级后解除此类安全隐患，为公司装置安全生产保驾护航。

储运部储罐喷涂太空特种保温涂料应用说明

完成人：牟国平　商玉军　舒德鑫　张　兵　贾　伟

（中海沥青股份有限公司储运部）

1　背景

中海沥青股份有限公司储运部现有石脑油储罐 8 台，轻质污油储罐 2 台，储存量共 25000m^3 且皆为浮箱全接液双密封式内浮顶储罐。日常储运部根据公司生产经营任务调配各个储罐的使用状况，当储罐收油时或环境温度变化时，储罐会产生大量油气挥发，经储罐罐顶油气回收管线统一收集后送入末端油气治理设施处理后达标排放。夏季时因太阳辐射和环境温度过高，储罐产生的油气量过大，对油气治理设施的平稳运行造成风险，同时也增加了环保事故的发生风险。

2　材料情况说明

情况说明见表 1。

表 1

材料名称	太空特种保温涂料	产地厂商	深圳市华创化工有限公司		
规格型号	NH2	执行标准	QB/T 002—2014	生产批号	23-BH2-0812
使用单位	原油工段 T3301～T3306 罐、成品工段 T4107 罐、仓储工段焦化石脑油 0301-001A、0301-001B 罐、轻污油 0302-001B 罐，共 10 台储罐				
使用情况					

（1）保温涂料情况说明

新型太空特种保温涂料(NH2)主要原料为惰性乳液及中空陶瓷微粒，有较低的导热系数，储运部储罐喷涂前后储罐表面温度由 56.2～63.6℃降至 32.2～35.4℃，平均降温 25.4℃。喷涂新型太空特种保温涂料后，石脑油储罐罐表温度明显下降。

基本性能	测试值	测试标准
容器中状态	无硬块，搅拌后呈均匀状态	目测
涂膜外观	无针孔、流挂，涂膜均匀	目测
干燥时间(表干)	≤4h	GB/T 1708—1979
干燥时间(实干)	≤24h	GB/T 1708—1979
附着力(划格法)	≤1	GB/T 9286—1998
耐冲击性/cm	50cm(无裂纹)	GB/T 1732—1993
导热系数	≤0.04	GB/T 10295—2008
物理性能	测试值	测试标准
密度/比重/(g/cm³)	0.65	GB/T 6750—2007
涂布率/(kg/1000μ)	1.2	
机械性能	测试值	测试标准
柔韧性/mm	3	GB/T 1748—1979
热性能	测试值	测试标准
耐高温性/℃	180	GB/T 1735—2009
耐低温性/℃	-50±2	GB/T 1766—2008

续表

材料名称	太空特种保温涂料	产地厂商	深圳市华创化工有限公司

（2）保温涂料耐腐蚀情况说明

经厂商提供资料表明该新型太空特种保温涂料（NH2）经多种腐蚀性材料（盐雾、水、酸、碱、汽油等）试验表明该涂料耐腐蚀效果良好，长时间测试涂料不起泡、不开裂、不剥落，不开裂，不粉化，不生锈，变色不大于2级。

耐腐蚀性	测试值	测试标准
中性盐雾（720h）	无起泡、开裂、剥落等现象	GB/T 1771—2007
耐水性（浸168h）	涂膜无异常	GB/T 1733—1993
耐酸性（浸168h）	涂膜无异常	GB/T 9274—1988
耐碱性（浸168h）	涂膜无异常	GB/T 9265—2009
耐油性（168h，92#）	涂膜无异常	GB/T 9274—1998
	测试值	测试标准
施工性	涂刷二道无障碍	GB/T 9755—2014
固含量	≥50%	GB/T 1725—2007
人工气候老化（800h）	涂膜不起泡、不开裂、不剥落、不开裂、不粉化、不生锈、变色不大于2级	GB/T 1865—2009

建议	太空特种保温涂料（NH2）在储运部石脑油储罐、污油储罐的应用效果超过预期标准，是公司在储运部罐区挥发性有机物VOCs源头治理方式上一种新的措施，有效地减少储罐因太阳辐射而造成的VOCs排放量。建议在液化气、柴油等有可能因VOCs排放而造成环保事故的储罐上进行喷涂，从储罐本身做出环保治理的一步。

图1

图2

3 材料使用情况总结

3.1 技术核心

太空特种保温涂料（NH2）的技术核心是采用特种中空陶瓷微粒做主填料，微粒约200~250目，微粒内空腔为中空和真空，由于采用特种陶瓷微粒，使涂层内和涂料层表面具有良好的热力性能。

（1）由于微粒内为空腔粒径非常小且为中空，因此起到如下作用：

（2）降低涂料层的比重，增加涂料层的空隙率，可减少固体传导；

（3）微粒内空隙为封闭结构，而且内径非常小，可限制对流传热；

（4）微粒内为真空，可以进一步限制对流传热和消除微粒内气相的传导传热；

（5）微粒内腔形成大量的反射、辐射面，从而可减少辐射传热。

3.2 喷涂前后储罐温度对比

2023年8月22日下午14时，天气晴北风3级，环境温度31℃，对于储运部生产一区石脑油罐区同种工况储存介质为直馏石脑油两储罐T3301与T3302罐分别取罐顶五处相同位置做温度对比，其中T3301罐喷涂太空特种保温涂料

(NH2)，T3302罐为传统环氧富锌漆(表2)。另取石脑油罐区同种工况储存介质为加氢石脑油两储罐T3305与T3306罐罐顶五处相同位置做温度对比，其中T3305罐喷涂太空特种保温涂料(NH2)，T3306罐为传统环氧富锌漆(表3)。

表2 直馏石脑油储罐罐顶温度对比表

位置	T3301（NH2）	T3302（环氧富锌漆）	温差
罐顶北侧检测点	31.8℃	54.6℃	22.8℃
罐顶中心检测点	33.6℃	56.2℃	22.6℃
罐顶南侧检测点	34.4℃	63.8℃	29.4℃
罐顶西侧检测点	34.4℃	63.2℃	28.8℃
罐顶东侧检测点	30.4℃	54.2℃	23.8℃

表3 加氢石脑油储罐罐顶温度对比表

位置	T3305（NH2）	T3306（环氧富锌漆）	温差
罐顶北侧检测点	34.4℃	54℃	19.6℃
罐顶中心检测点	34.4℃	59.8℃	25.4℃
罐顶南侧检测点	35.4℃	63.6℃	28.2℃
罐顶西侧检测点	33℃	62.8℃	29.8℃
罐顶东侧检测点	32.2℃	56.2℃	24℃

通过表格中同种介质储罐同样环境条件下同样位置的温度数据表明，新型太空特种保温涂料(NH2)对于太阳辐射有着明显的反射效果，其中温差可达19.6~29.8℃，大大减少了储罐因太阳辐射致使罐表温度急剧升高的情况，从而减少了罐内油品介质因温度的变化而气化造成大量挥发性有机物VOCs的排放的问题。

4 总结

4.1 缺点

太空特种保温涂料(NH2)因其优秀的保温隔热性能，当储罐内油品本身温度因装置生产原因过高而超过工艺控制指标，且油品需长时储存重新作为原料应用时，罐内介质温度不能在环境温度下有效散发降热，从而作为原料参与生产作业时存在一定的高温风险。

例如因生产工艺波动而造成石脑油储罐收料温度过高，原料泔本身温度会对石脑油的蒸气压存在一定影响，从而造成大量挥发性有机物生成排放，随着存储时间和环境温度变换，高温石脑油可自行散热从而降低储存风险。若喷涂太空特种保温涂料(NH2)后，虽可缓解外部高温天气对储罐温度的影响，减少太阳辐射造成储罐升温的风险，但同时也造成罐内介质温度不能有效散发。从而在特定条件下存在安全风险。

4.2 优点

太空特种保温涂料(NH2)作为一种高效率、高性能的涂料，在石油化工领域可用于保护各类储罐、管道等设备，由于该涂料具有优良的保温隔热性能和防护作用，可有效减少储罐、管道等由于高温和化学腐蚀造成的损坏，提高储罐管道的使用效率和安全性。

太空特种保温涂料(NH2)在介质挥发性较强的储罐上应用，可有效隔绝环境温度和太阳辐射对于储罐温度的影响，从而减少油气挥发和罐内压力上升，达到安全环保的目的，同时该涂料在储罐上的应用也在环保领域打开了一条新的通道和方式，该涂料在缓解环保问题的同时也减少了油品的自然损耗，为公司创造了一定的经济效益。

从其在石脑油储罐上的应用效果，建议公司对液化气球罐本体同样使用该涂料，预计既可以减少夏季液化气气化而造成的安全风险，同时也可替代降温喷淋水对液化气球罐的降温应用，从而减少水耗，达到节能减排的目的。

自动反冲洗过滤系统在不同品质原料外送上的应用

完成人：袁井贤　商玉军　贾　伟　朱学良

（中海沥青股份有限公司储运部）

1　项目背景

自2016年12月以来，因外送原料油中含有杂质，对加制氢装置反冲洗过滤器的运行造成影响，并制约了装置的高量生产。中沥公司储运作业区为提高原料油外送质量，先后为原料油加装了滤布式过滤器和列管式换热器，这一系列技术改造取得了显著的成果。

但进入2018年后，由于多方面原因，原料油质量骤降，原有改造加装的传统滤袋式过滤器过滤能力有限，已无法完成对当前原料油的过滤工作，9月焦化装置计划性停车检修，焦化停车后，加氢改制料作为加制氢装置的唯一加工原料来源，外送量必须达到75t/h以上，才能保障装置的正常运行，现有的过滤系统根本无法完成这一要求，为提高外送能力，提升过滤精度，中沥公司储运作业区领导组织相关技术人员，深入到工段，现场对照工艺流程：决定在现有的过滤系统上再加装一套反冲洗过滤器，以彻底解决外送原料油含杂质和外送量低的瓶颈问题。

2　关键技术内容

针对原料油中存在杂质问题，对照现场原有工艺流程，设计改造加装一整套完善的过滤系统，以达到提高原料外送能力，提升原料过滤精度的作用，经过一系列的技术改造，现整套加制氢改制原料过滤系统共有两台6.7m^3滤布式过滤器、一台换热面积125m^2列管式换热器和一套过滤精度25μm自动反冲洗过滤系统组成。

（1）两台并联结构6.7m^3滤布式过滤器主要起到原料一级过滤作用，可单独和组合使用，共配有50~150μm的4种类型滤布，通过近百次试验比对，针对在不同油品质量情况下，总结得出最为合理的滤布组合使用方式。

（2）自动反冲洗过滤器由两列过滤罐组成，可交替或并联使用，起到二级过滤作用，并且也是核心过滤作用，以蒸汽作为吹扫气源，通过控制柜调控自动运行，过滤精度25μm，有效解决了原料中的杂质问题，同时大幅度提升了原料外送能力。

（3）换热器主要用于原料油在常温、低温情况下，为加氢装置提供热进料，以及在不同油品质量下，控制原料更为合理的输出温度，降低杂质对反冲洗系统的影响。

整套系统组合搭配使用，针对不同情况，调整不同参数，以达到保质保量输送原料油的作用，大幅度提升了加氢装置的加工总量和产品质量。

3　应用及推广

整套过滤系统试用后，原料输送量显著提升，过滤效果较之前显著提高，本次在加氢原料外送上加装反冲洗过滤系统，使用效果非常理想，本项目的顺利完工为公司积累了宝贵的技术数据和实践经验，同时也为以后类似相关技术改造提供了有效的技术支持。

4　经济效益与社会效益

（1）自动反冲洗过滤系统投用后，设备反冲洗时间约4~12h，外送量由改造前的40~50t/h提升到了80~100t/h，在反冲洗时间表现出色的前提下，稳定输送量整整提高了一倍有余，大幅度提高了加氢装置的加工量。

（2）本套自动反冲洗过滤系统，可以出色高效过滤出原料油中的杂质，保护加氢装置催化剂

（3）反冲洗过滤系统投用后，过滤能力显著提升，原料油中杂质含量明显减少，直接有效地提高了加氢装置产品质量

（4）本套自动反冲洗过滤系统，设备反冲洗由控制柜调控自动运行，使用更为高效，操作更为易懂，大大节约了人力。

（5）自动反冲洗过滤器的使用，减少了人工更换一级过滤器滤布的次数，节省高额人工费用。

富气压缩机中压变频国产替换升级

完成人：彭敬习　刘　国　隋　波　刘德芳

（中海沥青股份有限公司设备管理部）

1　项目背景

运行四部焦化装置富气压缩机现用变频器品牌为日本安川，出厂日期为2013年，2015年安装投入使用，该压缩机为单机长期运行设备，变频器功率单元等原器件出现老化问题，不定期发生故障，造成压缩机停机影响正常生产(图1)。

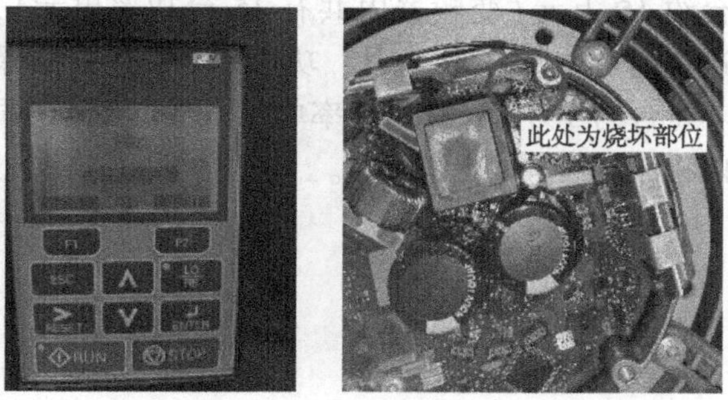

图1

如果继续使用原变频器，需要采购新配件或进行对其进行升级保养，目前日本安川在国内已暂停整机及配件生产，现在只做售后服务，采购新配件需要进口，价格高、采购周期长。功率单元每台约15万元(变频器内共有15台功率单元)，进口到货周期约11个月；功率单元返厂升级保养每台约5万元。

2　总体情况

目前国内的优秀变频器厂家已经形成了规模化生产，生产工艺和技术水平大幅提升，产品质量和性能都在不断提高，而国产变频器的价格更有优势，如果使用进口合资品牌价格约140万/台，采购价格42.04万/台，最终选用国产一线品牌，顺利完成进口设备国产化替代，节约了大量资金，取得了良好的经济效益，解决了设备运行安全隐患。

3　技术路线和技术亮点

3.1　技术路线

一次原理图采用如图2所示的"一拖一"手动方案

10kV电源经变频装置输入刀闸QS2到高压变频装置，变频装置输出经出线刀闸QS3送至电动机；10kV电源还可经旁路刀闸QS1直接起动电动机。进出线刀闸和旁路刀闸的作用是：由于变频装置与用户开关联锁，一旦变频装置出现故障，即可马上断开用户开关，待变频装置掉电完全后，断开变频装置出线刀闸QS3，再断开变频装置进线刀闸QS2，将变频装置隔离，手动合旁路刀闸QS1，合上用户开关，在工频电源下起动电机运行。旁路刀闸柜符合"五防"闭锁的要求，旁路柜高压有电或高压侧开关在合闸位置时，闭锁所有刀闸操作，前后柜门不能开启；旁路刀闸QS1、输入刀闸QS2、出线刀闸QS3之间机械闭锁，防止误操作，QS1、QS3刀闸可以同时拉开，不能同时合上。QS1、QS2、QS3刀闸的合闸位置、分闸位置接点信号分别远传至DCS，每个刀闸提供3常开3常闭辅助接点。

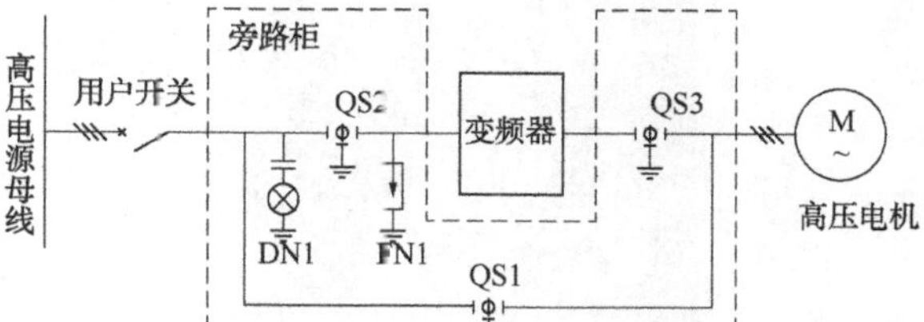

图2　变频装置与电动机一次接线方案

旁路柜由三把单刀单掷刀闸组成，刀闸操作均在旁路柜操作盘上进行。刀闸联锁同时采用机械和电气两种方式，其中电气联锁由电磁锁实现。机械联锁方式是操作盘上实现，旁路刀闸和进线刀闸采用互锁方式，进线刀闸和出线刀闸采取顺序闭锁方式。即：当旁路刀闸 QS1 合上时，进线刀闸 QS2 不能合上，出线刀闸 QS3 也不能合上；当旁路刀闸 QS1 断开时，进线刀闸 QS2 才能合上，出线刀闸 QS3 在：QS2 合上之后才能顺序合上。在变频装置旁路方式下，保证能够隔离变频器以便于检修。

3.2　技术亮点

（1）主电源失电跨越

当输入主电源丢失时，利用旋转的电机和负载的动能继续维持运行。当供电恢复后，电动机自动地加速至原来设定的速度值并回复到正常工作状态。根据负载惯性，失电跨越的时间可达 5 秒甚至更长。

（2）飞车启动

自动检测电机的运行状态并重新启动电机。飞车启动功能既适用于标量也适用于矢量控制模式。传动可以控制正在运行的电机，这是风机等转动惯量大，空转时间长的应用通常需要的功能。

（3）临界转速

当电机在调速过程中需要避开某些电机速度或速度带时，例如机械振动问题，可采用临界转速功能。

4　项目效果和效益分析

4.1　项目效果

变频装置内的功率模块单元具有自动单元旁路功能。如有一块功率单元故障损坏，变频可不停机仍能输出 80% 的负载，这样可基本不影响生产的情况下继续运行，然后在合适的生产工况下计划安排检修，该功能对于设备不间断运行很有意义。

4.2　效益分析

（1）性价比高，节约公司投资：原安川变频器价格大约 150 万左右，而国产汇川变压器不足 50 万，在实现同等工艺要求的情况下经济性很突出

（2）备件费用降低：汇川变频器功率单元每台约 15 万元（变频器内共有 15 台功率单元），进口到货周期约 11 个月；功率单元返厂升级保养每台约 5 万元。国产功率单元不超 2 万元，国内物流发达供货也很及时。

富气压缩机机组控制系统国产化改造

完成人：郑军杰　郑　舟　陈　俊　翁双恺　柯显义　贾红进

（中海石油舟山石化有限公司）

1　项目背景

中海石油舟山石化延迟焦化装置自建厂开工以来，其富气压缩机机组控制一直采用横河DCS系统结合woodward505机组转速控制系统的方式进行控制。操作人员需根据生产工况变化手动在505控制系统中调节机组转速设定值和在DCS系统上调节防喘振阀开度，无法实现自动控制运行，自动化程度低。同时，由于焦炭塔周期性生产的特点，压缩机负荷变化大，机组稳定运行操作难度较大，为防止压缩机发生喘振对机组造成影响，操作人员在调节防喘振阀开度时会留有一定余量，使阀的开度长期保留在10%以上，这就造成了蒸汽浪费。

在如今国家提倡节能降耗以及大力提升自动化水平的大趋势下，富气压缩机机组现有的操作模式存在明显的不足之处，有优化节能运行的潜力。

2　总体情况

舟山石化富气压缩机采用的是一台离心式压缩机，通过汽轮机进行驱动。汽轮机转速在机组正常运行时需通过woodward505转速控制系统进行手动控制。在正常工况下，防喘振控制阀一直处于手动状态，每次延迟焦化装置进行切塔放空时，为防止机组发生喘振都需要操作人员通过横河DCS系统增大防喘振阀开度，等切塔结束后再减小防喘振阀开度。

为切实有效解决现有机组控制自动化程度低、防喘振性能差、蒸汽耗量浪费等诸多痛点，舟山石化联合浙大中控对机组控制进行改造优化。将原机组过程控制系统（横河DCS）与机组转速控制系统（woodward505）整合到1套机组控制系统（ITCC），实现自动控制与保护，减少操作工手动调节防喘振阀及转速的频次，实现全自动控制切塔及放空。同时，引入防喘振曲线，实现在任何工况下都能自动进行防喘振控制，消除控制偏差和手动操作的余量，尽可能的减小防喘振控制阀的开度，实现节能降耗的目标。

3　技术路线与技术亮点

根据目前公司富气压缩机组存在的主要问题，公司工艺、设备、仪表等主要技术人员经过与浙大中控技术人员开展多次的技术交流后，最终确定技术优化方案，采用浙大中控完全独立开发的防喘振软件T9100 AntiSurge、性能控制软件T9100 Performance、调速控制软件T9100 Governor来实现压缩机机组的防喘振控制和性能控制。

3.1　压缩机机组防喘振控制

对压缩机喘振线进行核算，并通过轻度喘振进行实测校准。增加性能控制，机组转速及防喘阀将根据分馏塔顶塔顶压力自动调节。防喘振控制算法采用无量纲坐标系算法，消除气体组分和入口条件变化对喘振线的影响，形成唯一的一条喘振线（图1）。计算公式如下：

$$WS = K_{SLOP} \times f_2(T) \times f_3(Z) \times \frac{f_1(H_{RED})}{Q^2_{RED}} \qquad (1)$$

机组防喘振控制具有以下特点：

（1）PI响应

在喘振曲线SLL右方预留设置安全裕量，生成防喘控制线（SCL）。工作点到达喘振控制线SCL时，输出PI响应，控制喘振阀打开，将运行点拉回到安全域。

PI响应能给较小的扰动以足够的保护和控制，能够在发生较小和较平缓的扰动的情况下进行平稳的控制和保护。

（2）阶跃响应

在SLL、SCL之间设置阶跃响应线（SRL）。当工作点触及SRL，系统将以步进阶梯式的方式快速打开防喘振制阀。

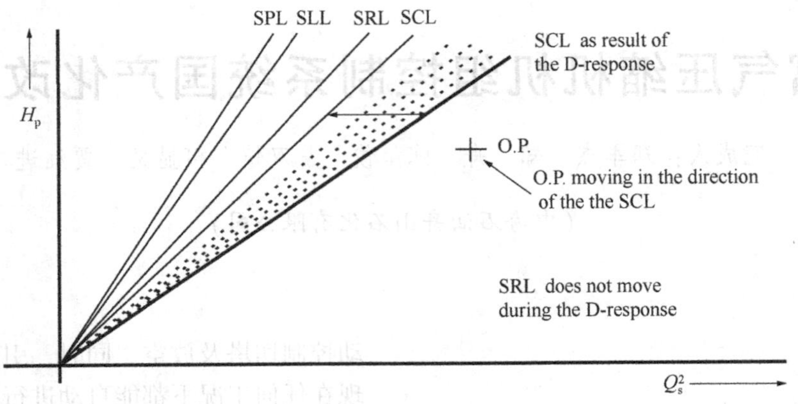

图1
喘振线—Surge Limit Line，SLL；喘振控制线—Surge Control Line，SCL；微分算法—D-response；
阶跃响应线—Step Response Line，SRL；喘振保护线—Surge Protect Line，SPL

(3) 温度补偿

采用专用温度补偿算法 f2(T) 修正由于温度变化对喘振线的影响。

(4) 前馈响应 D-Response

当运行点快速向喘振控制线 SCL 移动，其移动速率(dS/dT)超过一定限制后，喘振控制的安全裕度可以动态增加，使得喘振控制线右移，PID 可以提早作出反应，防止突然快速的工艺扰动造成机组喘振。

(5) 自增益喘振保护响应

当工作点触碰 SPL 或者喘振被内部程序检测发生，系统将立刻全开防喘阀迅速制止喘振，同时向右增加一定的 SCL 的裕度(最多五次)并触发报警并锁定，直至操作人员复位。

(6) 限制控制

为保证压缩机的安全运行，每一个喘振控制器可设置三个限制控制回路，以帮助在防喘振的同时，限制相关的工艺变量。被限制的变量可以是入口压力、出口压力、压比、入口温度、出口温度等。例如：

出口压力高限控制：可根据现场实际情况设置压缩机出口压力高限控制，在后续装置异常的情况下，如果出口压力超限时，系统自动打开防喘阀维持出口压力在限制值之下，起到保护压缩机安全运行的目的。

压比高限控制：可根据现场实际情况设置压缩机压比高限控制，当压缩机前后工段异常的情况下，如果压缩机的压比超限时，系统自动打开防喘阀维持压比在限制值之下，防止压比过高危害压缩机的正常运行。

3.2 压缩机机组性能控制

富气压缩机的作用是将分馏塔顶产生的富气送至稳定吸收稳定系统，需要保证分馏塔顶一定的压力，才能保证产品的合格，而分馏塔顶压力的稳定主要是靠富气压缩机来实现的。在性能控制方案中，主要靠性能控制器来实现的防喘阀和速度耦合控制。并加入了故障退守策略功能和解耦控制功能。前者为一旦仪表回路断路或者元器件故障而动作时，性能控制器自动退出到前一状态值，这时操作工可以手动操作防喘阀和速度。后者为防喘振控制器和速度控制器的耦合控制，具体为两个控制器的调节不能因为单个作用而引起另一个控制器的失调。同时增加了机组喘振时，防喘阀阶跃打开限制功能，主要以解除机组喘振为目的，不会使防喘阀一次性全部打开，起到保护装置平稳生产同时又可以解除机组喘振的目的。

1) 具体工作原理简要概述如下：

(1) 需要降低分馏塔顶压力时，控制系统会首先关闭防喘振阀，而后再提升转速。

(2) 需要提高分馏塔顶压力时，首先降低转速，而后再开防喘振阀。

2) 性能控制工作方式

根据分馏塔实际压力和设定压力进行自动调节。由性能控制 PIC 和汽轮机调速控制 SIC 组成分馏塔压力控制到转速控制的串级控制回路，保证分馏塔压力始终稳定在一个工艺要求的数值上。在性能自动控制模式中，性能控制器检测到的分馏塔压力实际值(PV)和输入的设定值(SP)自动进行 PID 计算，并将结果发送给汽轮机调速器，作为汽轮机调速器的远程转速目标值，调速器再根据实际转速值和远程转速目标值自动进行 PID 计算，保证转速稳定在目标值上，从而实现了对分馏塔压力的自动调节控制(图 2、图 3)。

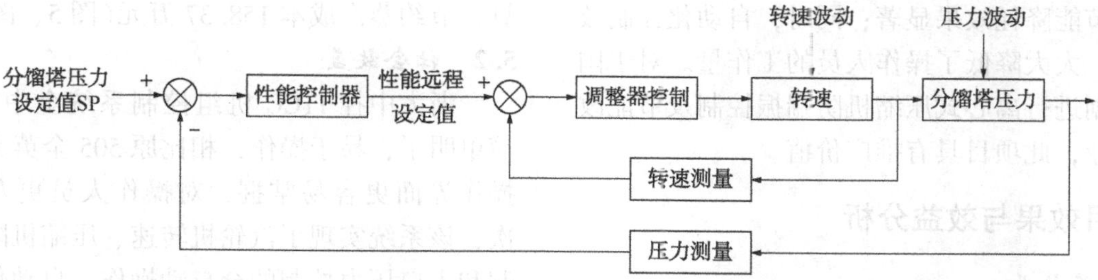

图 2　性能和转速串级控制示意图

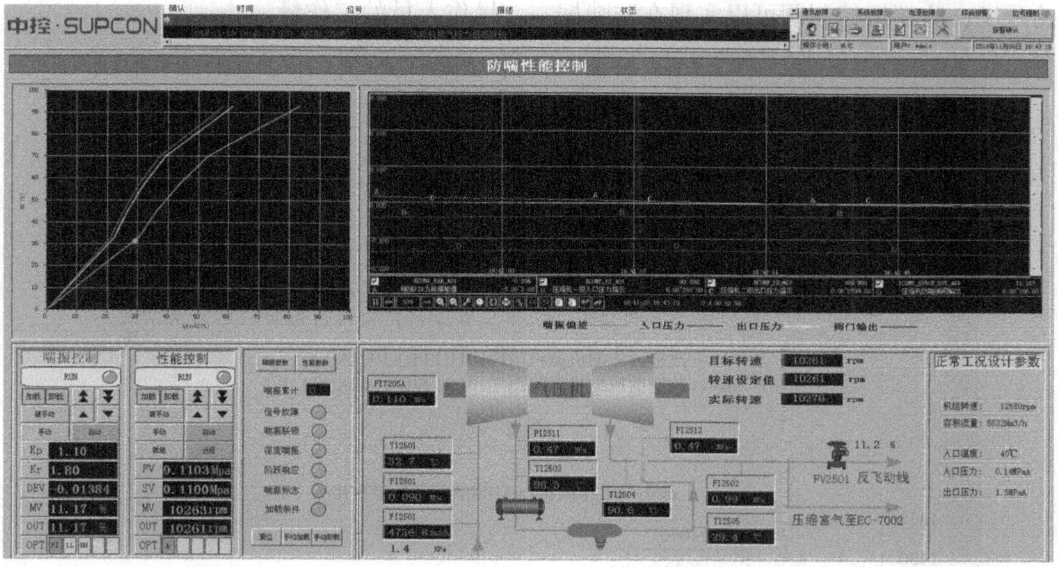

图 3

3.3　增加汽轮机速度与防喘阀解耦功能的优化控制

在功能上增加防喘振控制器(UIC)和性能控制器(PIC)的解耦控制，分别为防喘振控制到性能控制器的解耦和性能控制器到防喘振控制的解耦。当压缩机防喘振控制器检测运行点越过喘振控制线 SCL 时，防喘阀控制器 PID 计算结果会打开防喘阀，而防喘阀打开会提高分馏塔压力，防喘阀动作到分馏塔压力变化再到性能控制器调整，通常会造成性能控制器的调整作用明显滞后，增加防喘振控制到性能控制的解耦，会使得防喘振控制器动作时性能控制的及时和精确。同理，增加性能控制到防喘振控制的解耦，会让性能控制器动作时防喘振控制及时和精确(图 4)。

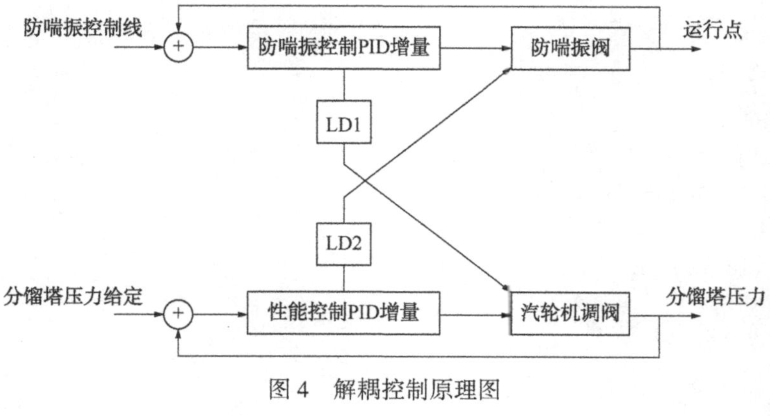

图 4　解耦控制原理图

4　应用场景

本项目在舟山石化240万吨/年延迟焦化装置富气压缩机上完成实施，自2022年6月投用至今，节能降耗效果显著；同时，自动化控制效果突出，大大降低了操作人员的工作量。对于国内有计划进行离心式压缩机防喘振控制及节能改造的行业，此项目具有推广价值。

5　项目效果与效益分析

5.1　经济效益

在节能方面，引入防喘振曲线后，减少了防喘振阀的开度，防喘振控制阀可以实现在防喘振线附近工作，消除控制偏差和手动操作余量，每小时的蒸汽消耗量明显下降，按设备8400h/年运行周期计算，每年可节省1.0MPa蒸汽约10466t。按照2022年全厂1.0MPa蒸汽成本计算，节约蒸汽成本158.37万元(图5、图6)。

5.2　社会效益

浙大中控ITCC机组控制系统全中文界面，简单明了，易于操作，相比原505全英文多层级操作界面更容易掌握，对操作人员更友好。其次，该系统实现了汽轮机转速、压缩机防喘振控制和入口压力控制的全自动操作，自动化程度得到显著提升，满足全工况下的自动调节，降低了操作人员的工作量。

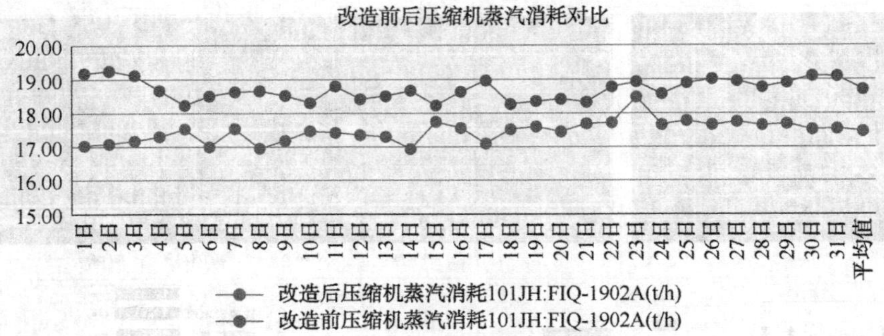

图5

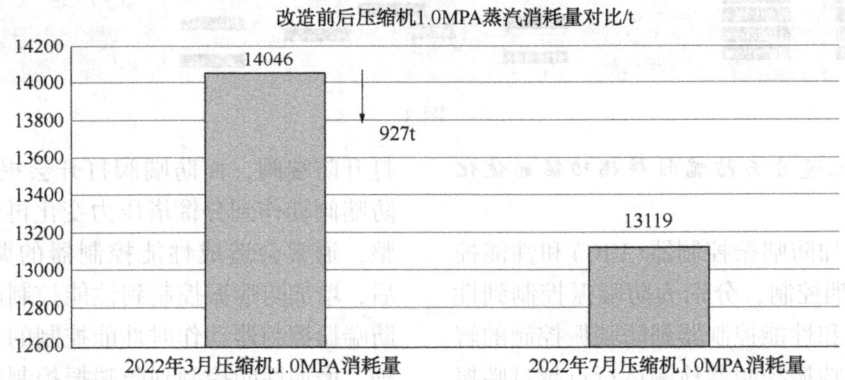

图6

硫磺回收装置硫磺比值分析仪国产化应用

完成人：郑军杰　郑　舟　贾红进

（中海石油舟山石化有限公司）

1　项目背景

舟山石化3万吨/年硫磺回收装置的硫磺比值分析仪，它作为硫磺装置的关键设备，使用的是美国AMETEK(艾美特克)生产的880NSL。在克劳斯硫磺回收工艺中，通常采用硫化氢/二氧化硫比值分析仪对制硫尾气中的H_2S与SO_2浓度进行分析，参与制硫炉酸性气/空气配比控制，精确控制制硫炉的配风量，提高制硫装置硫回收率，同时防止尾气部分发生SO_2穿透，因此提高硫比值分析仪的精确度、缩短分析时间和降低故障率，对于硫磺回收及尾气处理装置的操作至关重要。该分析仪自2008年投用运行至今已达15年，达到设备使用寿命，为确保仪器的长周期稳定运行需对光学测量部件及电路板进行更换。因该分析仪国内代理独家垄断，不仅配件价格昂贵(整机更换100万元以上，关键配件40万元以上)，而且配件要从国外进口，采购周期长，合同签订后要1年左右到货，不利于设备长周期稳定运行。

2　总体情况

硫磺回收装置主要通过测量末级硫冷凝器出口管道中H_2S和SO_2含量，且判断H_2S/SO_2比值是否为2∶1来控制阀门以增加或减少燃烧空气，使得H_2S在燃烧炉中燃烧后H_2S/SO_2比值为2，达到硫化氢完全反应还原成硫，以降低酸性气的排放。

现阶段因硫磺比值仪影响使用周期的因素有以下几点：

(1) 加热箱本体保温效果较差。样品自管道蒸汽伴热130℃进入加热箱测量池被加热至150℃。取样阀底座保温伴热均良好的情况下，加热箱本体在冬天较低温度时保温不佳，经常出现抽吸器结晶堵塞的现象。最后在两路蒸汽伴热的加持下，加热箱内还需要塞满保温棉，此现象才得以改善。

(2) 主要核心部件均已更换。

① 滤光片更换

2012年11月01日，H_2S一直显示为零，最终滤光片更换后正常。

② 温控器更换

温控器设计一用一备。数据跑直线，现场循环zero cycle周期，经检查温度控制器故障，更换后正常，并于2012年08月03日、2016年01月13日、2017年05月05日、2017年06月28日、2018年03月05日，五次更换温控器。

③ 光源更换

2014年8月17日，硫化氢含量较低，且二氧化硫和硫化氢曲线反应不灵敏，出现数据走直线的现象。在处理过程中零点和量程校准均未通过，同时间歇性出现低光度报警。最终确定光源亮度不够且不稳，时亮时暗，更换光源后正常。

④ CPU主板/电源模块更换

2012年11月01日，因H_2S一直显示为零，最终厂家确认需要更换主板。

2015年3月30日，显示屏显示乱码，重启后RAM测试失败，更换电源模块和主板后仪表显示恢复正常。

由于分析仪的长周期运行，检测元件及电子器件老化等问题，分析仪需要有足够的备件来确保仪器出现故障后能及时候修复，但备件采购价格昂贵，不确定哪个配件会出问题，而且采购周期长，因此对整套分析仪进行更新反而有利于减少采购费用。

3　技术路线和技术亮点

舟山石化积极推进进口设备国产化进程，以规避进口设备采购周期长、配件价格昂贵及国外技术封锁无备件可用的风险，保证公司设备长周期安稳运行，与国内生产同类产品的厂家进行了技术交流，了解设备使用情况，最终确定了聚光科技（杭州）股份有限公司的 OMA-3510 的产品符合国产化替代要求。

3.1 国产化硫磺比值分析仪应用

聚光科技在 2008 年正式发布硫磺比值仪，历经多年研发投入、现场应用和持续优化，产品已经非常成熟。聚光科技是硫磺比值仪化工行业标准的第一起草人（HG/T 5227—2017《流化催化裂化再生烟气激光气体分析仪》），在硫磺回收装置中拥有丰富的应用业绩。

3.2 OMA-3510 系统组成

原位测量、安装维护方便、结构简单、全光谱分析，内置捕雾器、全程热法测量。

系统样气被射流泵抽取，经过采样探管和捕雾器进入气体室，由紫外分光光谱分析仪测量尾气中的 H_2S/SO_2 气体成分，分析后的尾气回排至工艺管道，可实现工艺样气的快速分析和零排放。整个过程样气由蒸汽夹套和防爆电加热器两部分进行伴热。其中捕雾器和气体室有精确温度控制。

OMA-3510 硫磺比值分析系统设计采用正压吹扫防爆方式，作为正压吹扫气的仪表空气必须是干燥、无尘、无油的洁净气体。

系统设计有仪表空气自动调零/反吹功能，由中央单元通过开关量逻辑控制的调零/反吹电磁阀后，可实现仪表的自动调零/反吹。系统设计有机柜内蒸汽空间伴热，保证仪表柜内温度在正常工作范围内。

系统设计有校准气路，通过中央单元的界面操作以及外围校准气体的连接和开启，可以快速完成仪器的校准工作。

3.3 国产化硫磺比值分析仪的优势

聚光科技 OMA-3510 硫磺比值仪采用分体式设计，取样探头箱安装在管道上，分析机柜安装在管道旁边。相对于 880NSL，OMA-3510 安装更加方便；OMA-3510 取样探头箱与 880NSL 接口通用，替换工作量小。OMA-3510 硫磺比值仪取样探头箱整体为高温部分，电气部分则安装在常温的分析机柜内，高温部分和低温部分的分开设计，电气使用寿命长。相对于 880NSL 的电气部分紧贴高温探头的设计，OMA-3510 硫磺比值仪的电气预期故障率更低、寿命更长。

聚光科技 OMA-3510 硫磺比值仪采用全光谱分光吸收光谱法，光源发出的紫外光通过光纤传输到气体室，穿过气体室时经被测气体吸收后，通过光纤传输到光谱仪。采用全息光栅对被测气体吸收后的光谱进行分光，以获得各被测介质的连续吸收光谱。在 200～450nm 范围内获取高分辨率的光谱信息，根据不同波段下不同气体的特征吸收情况，从而真正实现多组份的精确测量，消除各种硫组分之间的交叉干扰。880NSL 硫磺比值仪采用非分光紫外吸收光谱法，只采集几个波长的数据，没有算法，测量精度偏低。从光路可靠性上分析：OMA-3510 硫磺比值仪整体光路为全固化设计，没有运动部件，而 880NSL 由于需要滤波，有运动部件，且分析的组分越多，滤波片的需求越多，光路的设计越复杂，运动部件越多；因此 OMA-3510 硫磺比值仪在光路上可靠性更高（图 1、图 2）。

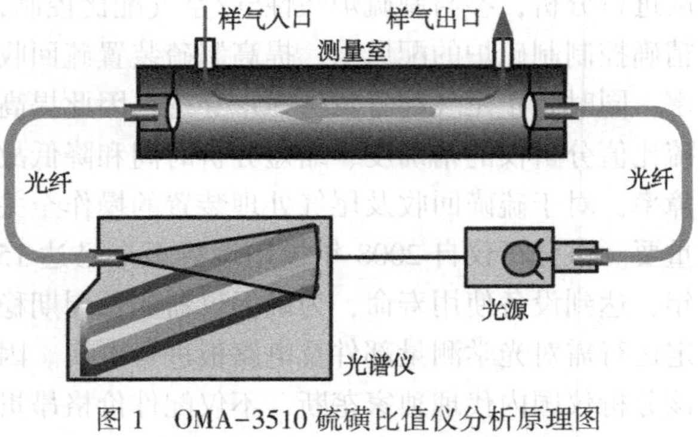

图 1 OMA-3510 硫磺比值仪分析原理图

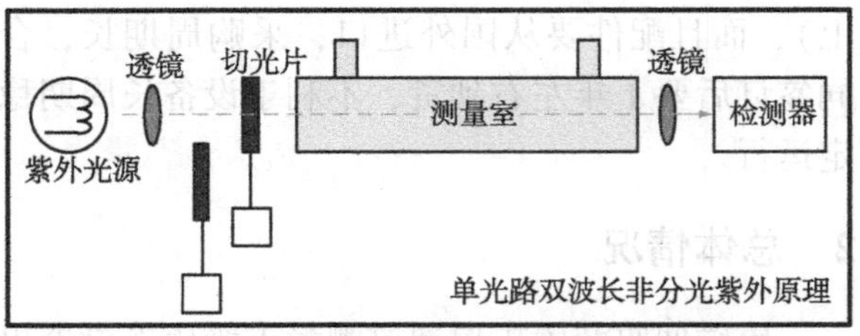

图 2 880NSL 硫磺比值仪分析原理图

差分光学吸收光谱算法（DOAS-Differential Optical Absorption Spectroscopy）是一种高精度化学计量学算法，其核心思想是将吸收光谱分成快变化和慢变化两部分，慢变化只跟粉尘和水分的吸收有关，通过扣除慢变后的快变部分来反演被测气体的浓度（图 3）。OMA-3510 采用 DOAS 算法，所以测量可以不受颗粒物和水份等因素的干扰，测量准确度高。而 880NSL 采用紫外非分光光谱法，在样气中有粉尘或镜头被污染的情况下，无法区分气体吸收和粉尘水分的干扰，会导致测量数据失真（图 4）。

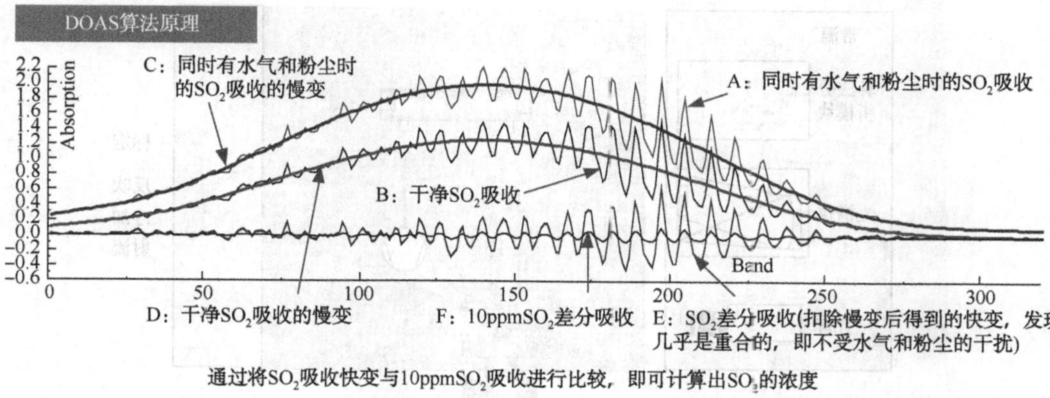

图 3　DOAS 算法原理图

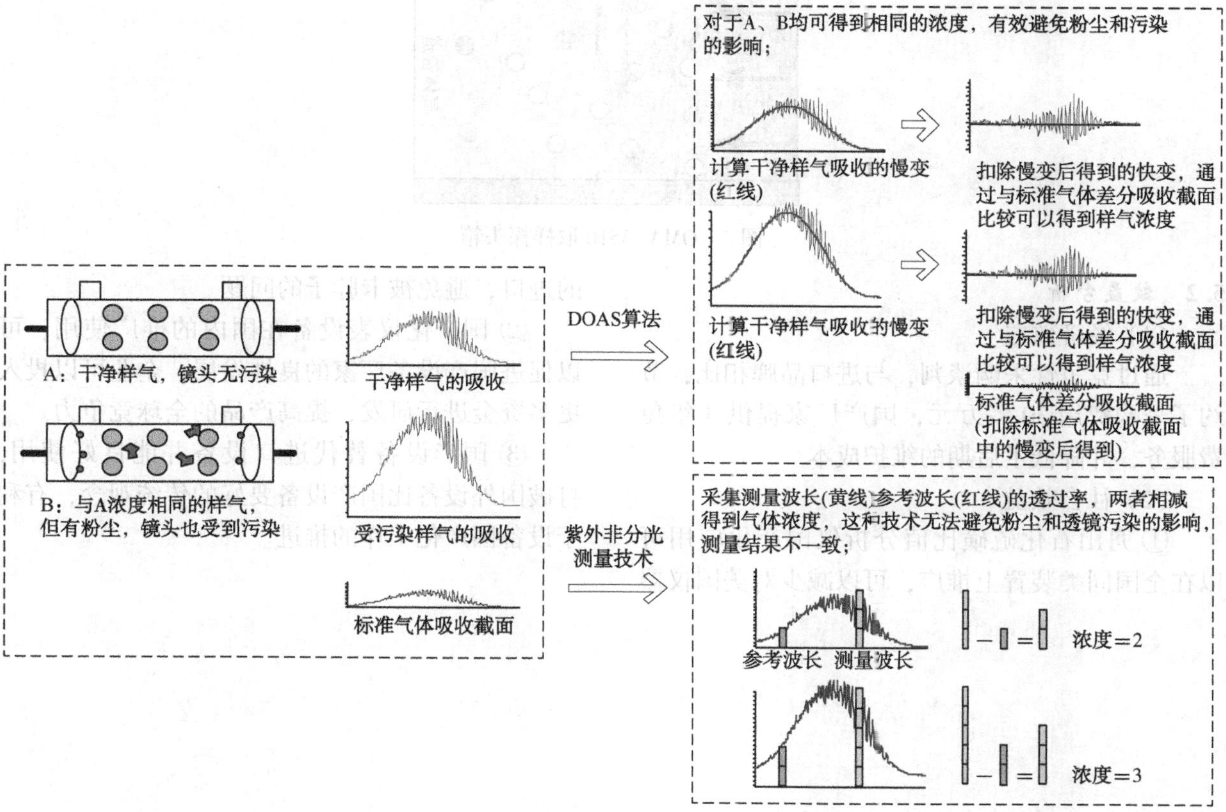

图 4　DOAS 算法和紫外非分光光谱法的测量对比图

聚光科技 OMA-3510 硫磺比值仪在取样探头箱设计上与 880NSL 的设计理念基本一致，采用电伴热设计，对蒸汽等公用工程依赖程度低，长期运行稳定性高；探头箱内设置有用于硫捕集的过滤器，能精准的捕雾除硫，有效防止硫磺堵塞问题(图 5)。

4　应用场景

经过国产化更新改造，3 万吨/年硫磺回收装置的硫磺比值分析仪稳定运行近 2 年，没有出现仪器故障问题。在硫磺装置升、降负荷过程中都能反应及时、准确测量，为工艺操作人员提供了可靠的判断依据。

5　项目效果和效益分析

5.1　项目效果

实现国产化更新后，经使用发现硫磺比值分析仪响应快速、测量精准，完全满足替代要求。解决了原硫磺比值仪长期使用后设备老化、性能下降，配件更换价格昂贵的问题，在硫磺装置应用具有可复制、可推广、可借鉴的意义。

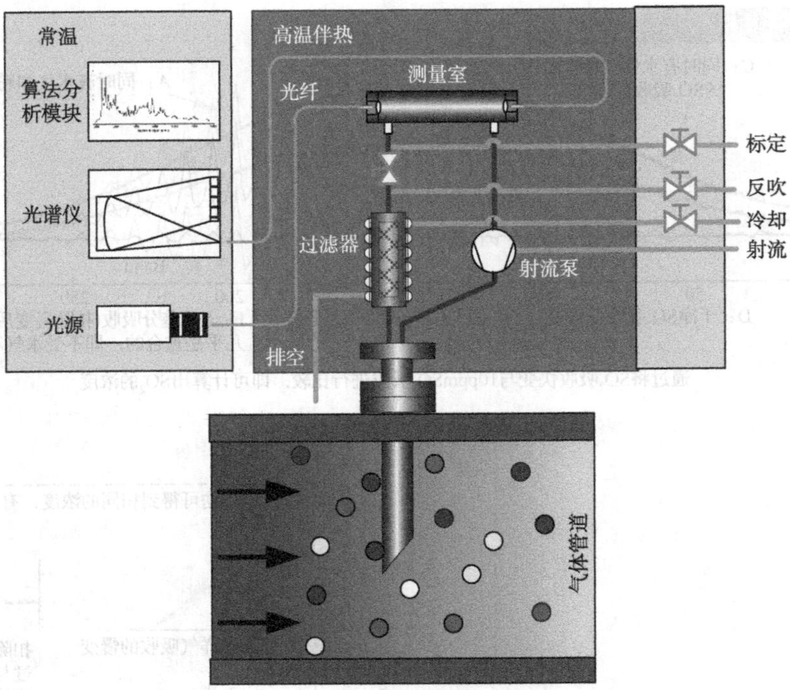

图5　OMA-3510 取样探头箱

5.2　效益分析

（1）经济效益

通过竞争性采购谈判，与进口品牌相比，节约了采购费用30多万元，国产厂家提供3年免费服务，并降低了后期的维护成本。

（2）社会效益

① 舟山石化硫磺比值分析仪国产化应用可以在全国同类装置上推广，可以减少对美国仪器的进口，避免被卡脖子的问题。

② 国产化仪表设备在国内的推广使用，可以促进国产设备厂家的良性发展，企业可以投入更多资金进行研发，提高产品的全球竞争力。

③ 国产设备替代进口设备并能良好使用，打破国外设备比国产设备要好的传统观念，有利于设备国产化工作的推进。

中安联合气化装置圆顶阀国产化项目

完成人：时 超 祁志荣 方 根 张皖兵 刘江波
（中安联合煤化有限责任公司 郑州新玉源机械工业有限公司）

1 项目背景

气化装置仓泵圆顶阀为磨煤单元粉煤输送环节中重要的组成部分，共计8套48台进口阀门，其职能是保障装置物料输送的安全稳定运行。同时，该圆顶阀具有调节物料的输送量，密封管道上下游物料反吹，满足气化装置长周期安全运行的需要。目前实际使用效果不佳，使用寿命周期短，维修频繁，耗费巨大，而且不能长周期稳定运行。气囊是由仪表风充压，一旦气囊破损则有空气进入管道与高温干燥煤粉直接接触，存在煤粉自燃风险，给装置安全运行带来极大隐患。中安联合气化装置一直采用气囊式软密封进口圆顶阀，因进口圆顶阀充气气囊损坏频繁、阀内件冲刷严重，更换费用高，供货周期长，无法满足装置长周期生产需要且存在安全风险。现把圆顶阀软密封改为硬密封形式的陶瓷圆顶阀，减少了对进口圆顶阀门的依赖，缩短供货周期、降低设备成本、延长设备使用寿命、便于维护，打破行业对进口圆顶阀在关键技术垄断方面具有深远意义，同时消除了煤粉自燃的安全隐患。通过国产化研发新型硬密封陶瓷圆顶阀可方便、快捷地长周期进行安全稳定操作运行，满足生产需求，并符合集团公司要求重要设备国产化长周期运行的要求，从而提高了生产效率，降低了生产成本，提高了装置长周期稳定运行的实效性，实现气化装置安全稳定的生产需要。

2 总体情况

圆顶阀作为一种新型的散料专用阀门，能够有效地进行迅速的开闭以进行散料和拦截，目前广泛地应用于冶金、水泥、电力、化工、建材、食品等行业，圆顶阀一般包括阀体、设置在阀体内的半球体，半球体一般通过转轴转动设置在阀体上，通过驱动转轴旋转来驱动半球体在阀体内的转动，从而使其在阀体中的位置进行调整而调整阀口的开闭状态。

目前圆顶阀一般采用单独的硬密封或者单独的软密封结构，采用硬密封结构时，转动阀杆的过程中，物料很容易被挤压并附着在阀芯与密封结构之间，导致结构损坏密封性能变差；当只采用软密封时，弹性圈磨损快寿命短，不耐使用。目的在于提供一种复合密封圆顶阀结构，以解决现有技术中圆顶阀采用单独的硬密封或者单独的软密封结构存在密封性能差、磨损快的问题，该复合密封圆顶阀结构采用硬密封与软密封相结合的结构，硬密封结构保证了较好的密封性能，软密封在将阀芯上附着的物料清扫刮除的同时，又能提供辅助性密封的功能，整体密封性好，不易磨损，性能更加稳定。

3 技术路线和技术亮点

3.1 技术路线

本项目选择中安联合气化装置圆顶阀为研究对象，开展工艺过程分析，运用计算流体力学欧拉-欧拉方法数值模拟气相与固相流动参数，开展流动磨损预测方法研究，进行结构优化设计；针对新型结构陶瓷，进行陶瓷圆顶阀球与阀座的弧面密封结构及特殊阀座设计；采用有限元分析方法重新设计并校核适合该工艺工况的耐磨陶瓷密封圆顶阀；采用现有的先进生产及加工技术，开展陶瓷圆顶阀的研制。详细的技术路线如图1所示。

（1）建立用于程控圆顶阀流动磨损、泄漏、堵塞分析的相关基础数据库

针对中安联合煤气化装置，收集典型运行工况、介质组成及开关频率等操作数据，建立程控圆顶阀流动磨损、泄漏分析及其他失效形式的原始数据库。

（2）煤气化系统工艺过程关联分析

根据工艺、运行工况、操作参数及结构特

性，研究圆顶阀磨损位置与操作温度、管道伴热设施等关联关系，确定引起圆顶阀泄漏磨损的工艺影响因素。

（3）耐磨陶瓷的整体结构设计

通过可调节型填料压盖设计，实现填料磨损时的自动调节功能；阀杆进行特殊的硬化处理和设计，保证不会被拉伤或“咬死”、飞出。

（4）开展从结构陶瓷原料配方、研磨、造粒，到阀芯及阀座的等静压、粗加工、烧结、精细加工成型工艺研究，阀门瓷件与金属阀体的装配工艺研究，通过精密的研磨加工实现阀座与阀芯的弧面Ⅵ级密封，达到零泄漏。高频调节过程耐磨球阀的可靠性研究。

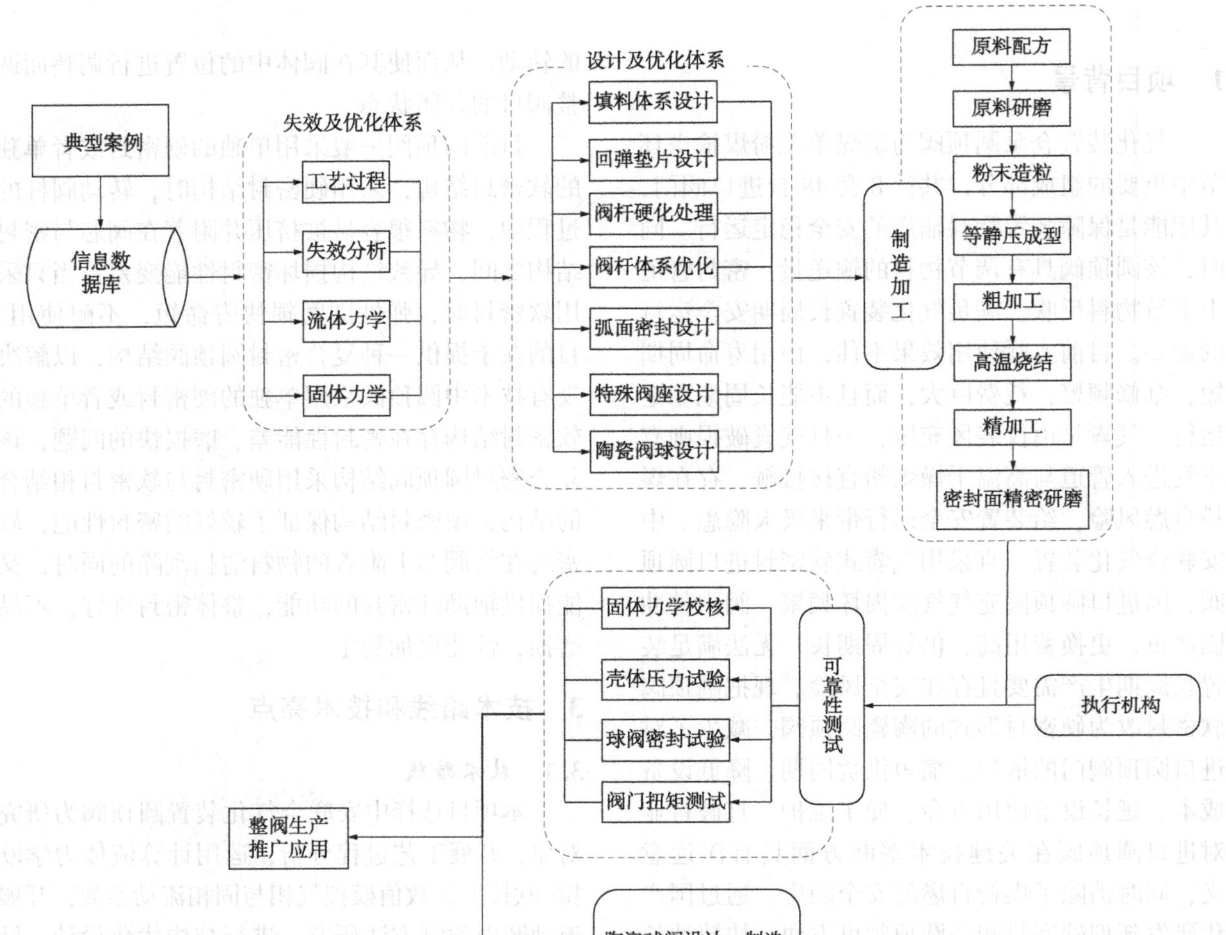

图 1

基于固体力学理论，对阀芯、阀座在高频工况下进行流动磨损泄漏试验，使产品开发中的强度、疲劳断裂、应力等问题在设计阶段得到解决并进行优化设计，量化阀芯每一个组成部分的功能及工况极限。

（5）气化装置高频圆顶阀设计、制造、检验、运行企业标准。

基于气化装置高频圆顶阀设计准则，提出适用于高频气固两相流陶瓷圆顶阀的设计准则、材料选择、优化制造、优化运行等闭环管理措施，编制适用于煤化工、石油化工多相流苛刻工况的阀门企业标准，推广工程应用。

3.2　技术亮点

（1）阀门形式的研发，将充气式软密封阀门改造为陶瓷硬密封阀门。

（2）阀座的研发，将圆顶阀充气式阀座改造成金属陶瓷硬密封阀座，去掉气路设计，消除管道内进入空气煤粉自燃的可能。

（3）阀芯的研发，将半球式阀芯改造成压盖式固定金属陶瓷密封环，与阀座接触工作实现硬密封。

(4) 阀内件的硬化研发，将阀芯与上下固定轴及流道做硬化喷涂处理，提高阀门的使用寿命，满足长周期运行。

(5) 阀体材质的研发，提高阀体材质，提高阀体整体的抗压及抗磨性。

(6) 硬密封阀门低扭距，高频的研发，将阀芯密封面与阀座都改造成金属陶瓷，同时结构设计为弧面，运行时实现零泄漏，因金属陶瓷具有自润滑性，动行时能耗低能满足高频与低扭距两项目标。

(7) 节能降耗的设计，因是硬密封不需要气路运行，节约了气源，降低了阀门整体费用。

4 应用场景

本项目的研制成功，不仅实现了圆顶阀的国产化，打破了国际品牌对气化装置关键阀门的技术垄断，减少了中安公司对进口圆顶阀门的依赖，同时对于缩短供货周期、降低设备成本、延长设备使用寿命、便于维护等方面均具有深远意义。

5 项目效果和效益分析。

项目效果：复合密封圆顶阀结构采用硬密封与软密封相结合的结构，硬密封结构保证了较好的密封性能，软密封在将阀芯上附着的物料清扫刮除的同时，又能提供辅助性密封的功能，整体密封性好，不易磨损，性能更加稳定。

效益分析：(1)经济效益：因进口圆顶阀充气气囊损坏频繁，阀球冲刷严重，该金属陶瓷圆顶阀的使用寿命是进口圆顶阀的6~7倍，气化装置共有8套系统48台进口圆顶阀，若装置全部采用金属陶瓷圆顶阀，每年将节省备品备件费、检修费达200万元以上，经济效益非常可观。(2)社会效益：研究成果的实际应用有益于企业的安全稳定、长周期生产，减少非计划停工事故。且本科研完成后所取得的硬密封圆顶阀的关键技术，具有自主知识产权，将对我国甚至国际煤化工行业的技术创新产生重大的影响和显著的促进作用。此外，研究成果在中安联合示范应用的基础上可在中石化其他单位推广应用，有利于提高我国煤化工企业的核心竞争力，促进国民支柱产业的持续健康发展。

先进控制(APC)在120万吨沥青装置的应用

完成人：崔瑞芝　王　冬　史占勇　于　萍　于新华
（中海沥青股份有限公司设备管理部）

1　项目背景

在石油炼化企业，生产规模在不断扩大，生产精细化的要求越来越高，对工业节能降耗，安全生产和自动化控制程度的提升，不断提出新的要求。先进控制(APC)对石油化工生产过程控制实现了革命性的突破，对传统的PID控制效果不好，甚至无法控制的复杂工业控制问题，提出了很好的解决办法。

120万吨沥青是常减压装置，原油来源多样，轻重组分含量不一，蒸馏过程复杂，其控制过程是典型的大滞后、有约束、多变量强耦合，控制难度大。120万吨沥青装置使用的是中控的ECS-700 DCS控制系统，对主要工艺参数如温度、压力、流量、液位等参数的显示、记录、累计、报警和设备运行联锁功能比较完善，在此基础上，引进先进控制系统实现沥青装置的精细化控制和“卡边”优化，提高生产装置的综合自动化水平，稳定产品质量，降低能耗，实现挖潜增效。

2　总体情况

120万吨沥青装置先进控制系统根据沥青装置的生产特点建立装置内各个单元之间诸多变量的协调控制，极大程度的降低关键被控变量的波动，实现生产操作的长期、安全、最优、卡边控制。先进控制系统有效的处理各生产单元相关变量之间的多变量控制，综合考虑上下游操纵变量与被控变量之间的关系，更好的处理多个不断变换的工艺约束条件及各种干扰因素，将工况逐步推向最优工艺目标值，保证装置的整体、长期最优化。

先进控制系统总体架构如图1所示。

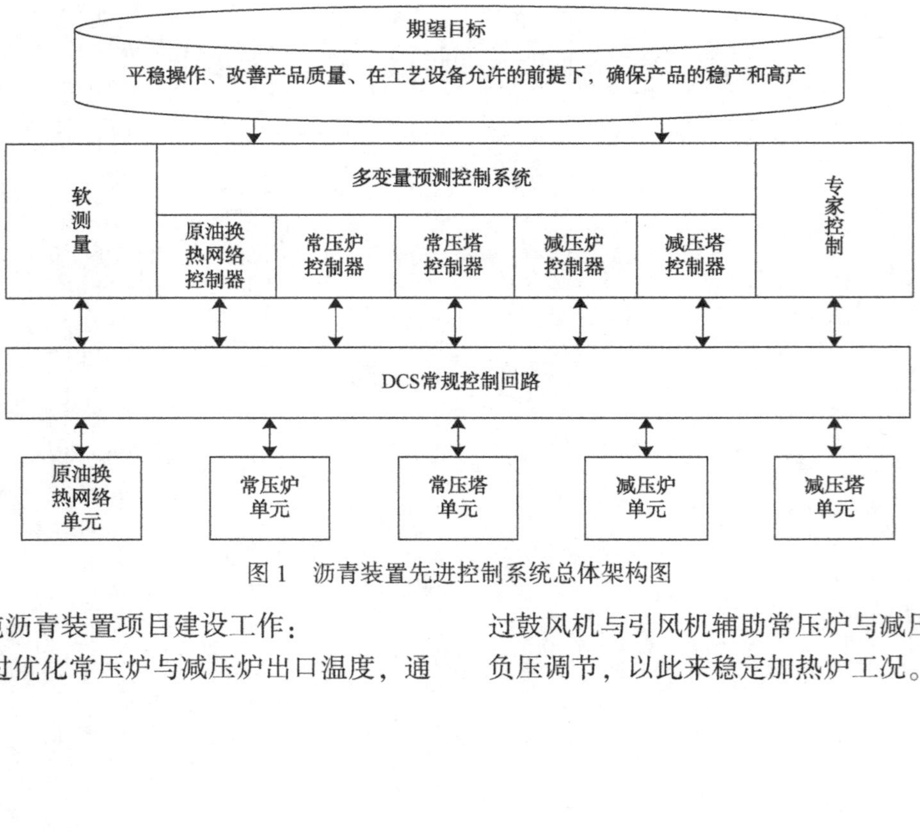

图1　沥青装置先进控制系统总体架构图

120万吨沥青装置项目建设工作：

(1)通过优化常压炉与减压炉出口温度，通过鼓风机与引风机辅助常压炉与减压炉氧含量及负压调节，以此来稳定加热炉工况。

(2) 通过稳定闪蒸塔进料和常压塔塔底出料，来减少进料量对常减压炉的影响，并且引入多个干扰变量，控制器会对当前的扰动提前做出响应，从而能减少原油切换与负荷升降带来的干扰。

(3) 通过控制常压塔回流来稳定塔温保证产品质量，控制减压塔回流稳定塔温保证产品质量，在合理的情况下多增加产品产量，提高原油的拔出率。

(4) 通过建立常压炉与减压炉支路流量与支路温度的模型关系，实现常压炉与减压炉支路温度自控调节，提高自控率。

(5) 通过燃料气控制常压炉、减压炉出口温度及炉膛温度，减少因为进料温度、进料量波动而导致的炉出口温度波动，稳定炉膛及炉出口温度，提高自控率。

3 技术路线和技术亮点

3.1 技术路线

3.1.1 系统硬件集成

先进控制系统在DCS系统平台之上实施的，采用先进控制上位机方式实现。先进控制上位机采用服务器。先进控制硬件系统通过HUB或交换机与安装有标准OPC接口软件的服务器连在以太网上，建立先进控制上位机与DCS控制站数据传送的物理链接。先进控制系统的硬件结构如图2所示。

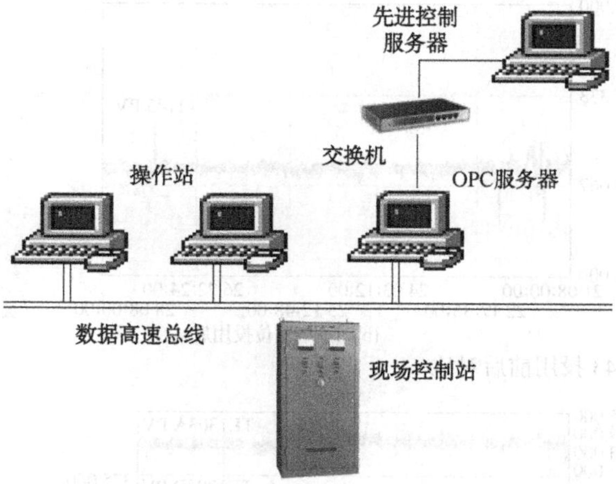

图2 硬件系统网络结构图

3.1.2 系统软件集成

物理通讯实现后，通过安装相应软件完成先进控制系统与DCS实时数据的交互。先进控制平台从OPC服务器获取或发布数据。多变量预测控制软件和智能软测量软件对先进控制平台进行数据读写(图3)。

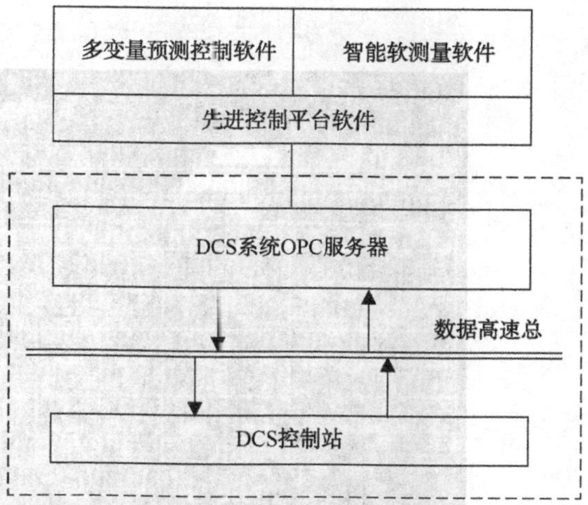

图3 DCS系统软件系统集成方案图

3.1.3 控制策略

先进控制与常规控制可以实现无扰动切换。DCS上的先进控制画面主要以表格形式集中了先进控制系统相关的信息，便于操作人员对先进控制系统进行查阅与操作(图4)。

(1) 中间变量建立

为实现先进控制系统与常规控制之间的数据传输，需要在DCS系统上建立实施先进控制所需的中间变量。这些位号包括：DCS通讯保护程序相关位号；控制器开关、报警位号；先进控制系统位号。先进控制系统位号包括：被控变量(CV)的相关位号，包括设定值、上限、下限、开关标志位、报警等；操纵变量(MV)的相关位号，包括先控输出值、上限、下限、速度约束、开关、报警等。

(2) 通讯监控功能实现

为保障系统安全，当先进控制上位机和DCS之间的通讯中断，先进控制上位机发生死机，网络中断等异常状况时，需要自动切除先进控制系统，并给出报警以提示操作人员及时进行处理。

(3) 安全切换功能实现

安全切换程序的主要目的是实现先进控制系统与常规控制系统的切换工作。为了让先进控制系统具有良好的灵活性，先进控制系统每一回路均可以自由切换。

当控制器或控制回路投运或切除先进控制时，DCS系统自动进行报警提示。

(4) 操作界面设计

操作界面主要实现了系统总开关、各分开关、各控制变量回路的上下限、设定值输入及数值显示等功能。先进控制系统操纵变、量和被控变量均有上下限约束保护，APC控制量只在约束范围内调节，不会导致系统触发联锁保护条件。

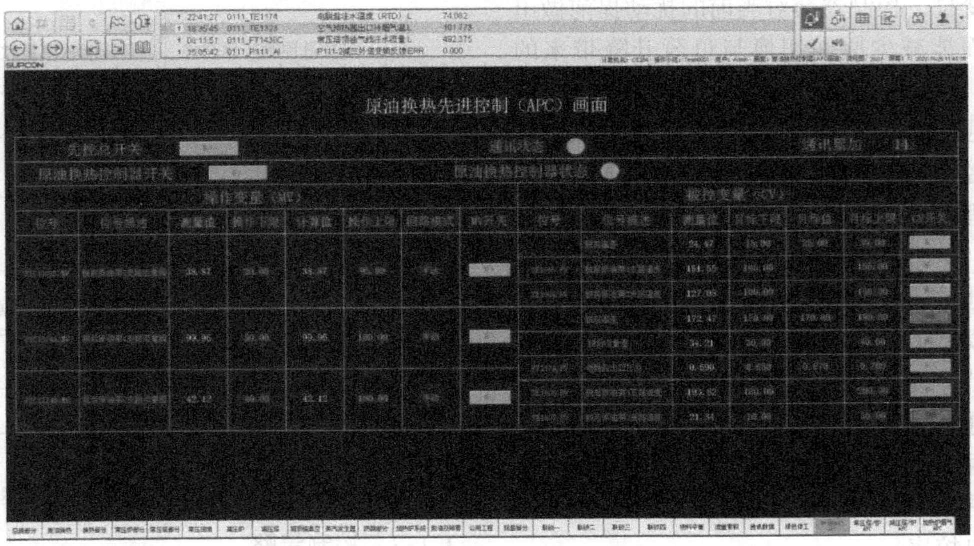

图4 先进控制操作画面

3.2 技术亮点

(1) 先控系统投用率，见表1。

表1

	总数	已投运数	未投运数	投运率	综合投运率
MV	20	20	0	100%	97.33%
CV	30	30	2	93.33%	
控制器	4	4	0	100.0%	

综合投运率=控制器投运率×0.2+CV投运率×0.4+MV投运率×0.4

(2) 关键变量平稳性

分别统计先进控制系统投运前后相同时间间隔内的关键工艺参数的标准偏差，对标准偏差进行对比。

① 常压炉-常压塔控制器关键变量平稳性对比(图5~图8、表2)。

② 减压炉-减压塔控制器关键变量平稳性对比(图9~图11、表3)。

③ 加热炉烟气优化控制器关键变量平稳性对比(图12、图13、表3)。

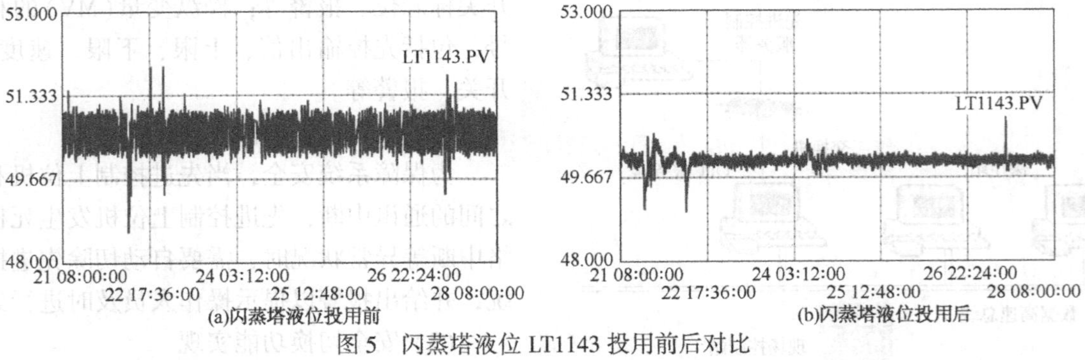

图5 闪蒸塔液位LT1143投用前后对比

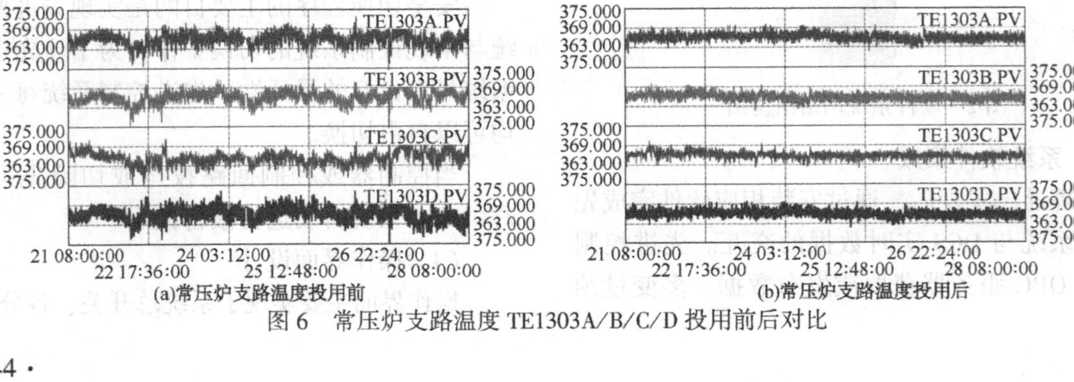

图6 常压炉支路温度TE1303A/B/C/D投用前后对比

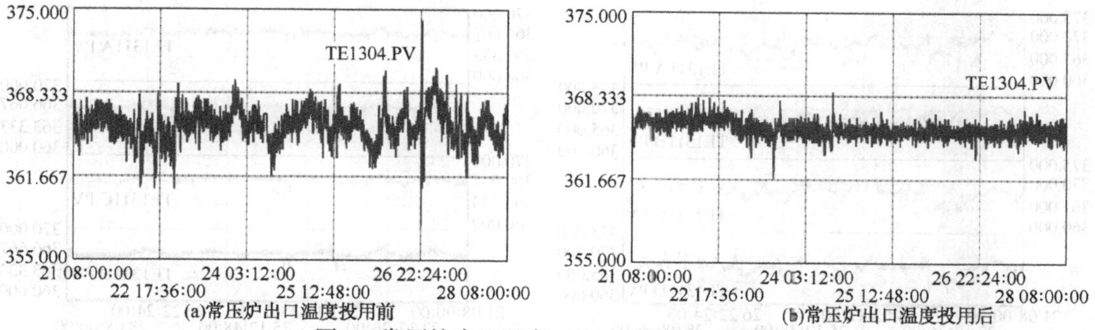

(a)常压炉出口温度投用前 (b)常压炉出口温度投用后

图7 常压炉出口温度 TE1304 投用前后对比

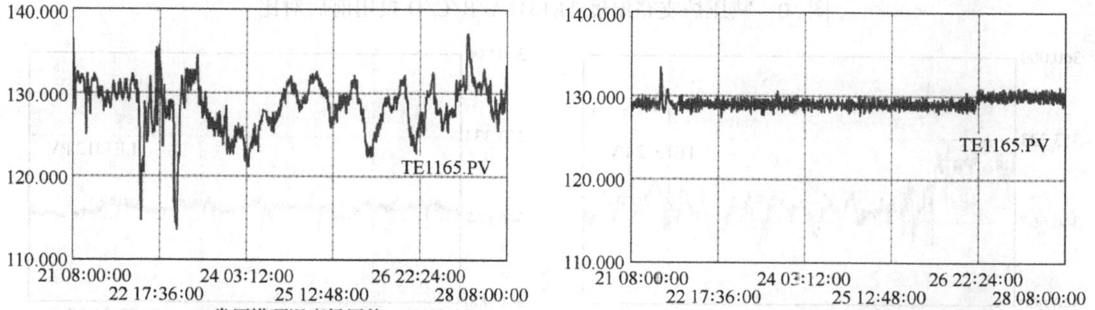

(a)常压塔顶温度投用前 (b)常压塔顶温度投用后

图8 常压塔顶温度 TE1165 投用前后对比

表2 常压炉-常压塔控制器投运前后数据对比

	时间段	最大值	最小值	平均值	标准偏差	标准偏差减少率
LT1143. PV	投运前	51. 92	48. 615	50. 57895	0. 278635	58. 82%
闪蒸塔液位	投运后	50. 85	48. 99	49. 99676	0. 114719	
TE1303A. PV	投运前	374. 3345	357. 6515	365. 8731	1. 822661	44. 92%
常压炉支路 A 温度	投运后	370. 06	361. 345	366. 0994	1. 003759	
TE1303B. PV	投运前	377. 447	357. 1535	366. 1601	1. 771414	44. 80%
常压炉支路 B 温度	投运后	370. 06	361. 7185	365. 8604	0. 977809	
TE1303C. PV	投运前	373. 795	355. 95	365. 3091	1. 878425	49. 55%
常压炉支路 C 温度	投运后	370. 5165	361. 677	365. 8892	0. 947581	
TE1303D. PV	投运前	377. 447	356. 116	366. 2659	2. 049098	51. 82%
常压炉支路 D 温度	投运后	370. 06	361. 7185	366. 0895	0. 987192	
TE1304. PV	投运前	374. 127	357. 7345	365. 7207	1. 295783	54. 94%
常压炉出口温度	投运后	368. 649	361. 76	365. 7013	0. 583818	
TE1165. PV	投运前	137. 1295	113. 52	128. 4091	3. 035514	80. 17%
常压塔顶温	投运后	133. 4495	127. 343	129. 2129	0. 601684	

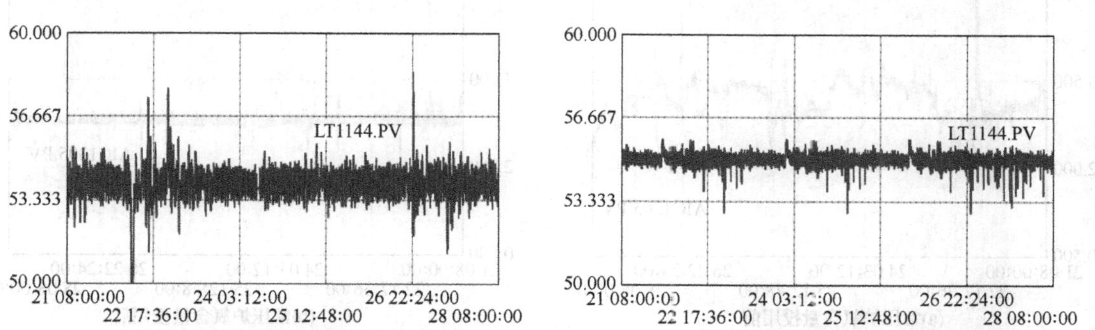

(a)常压塔塔釜液位投用前 (b)常压塔塔釜液位投用后

图9 常压塔塔釜液位 LT1144 投用前后对比

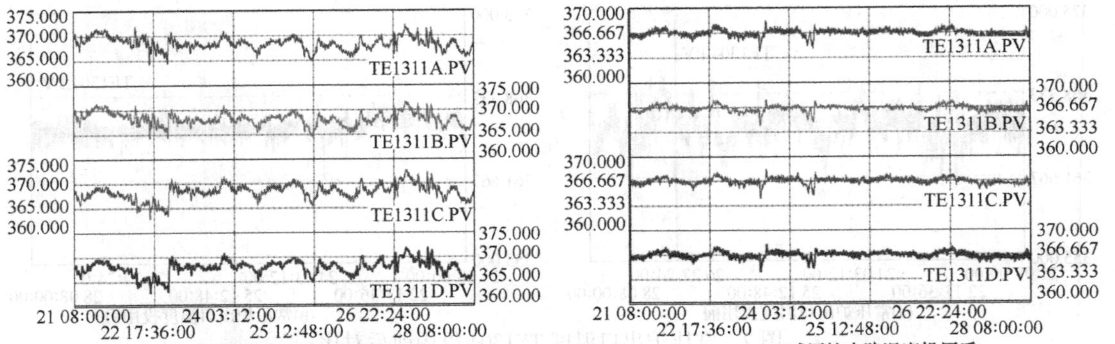

(a)减压炉支路温度投用前　　(b)减压炉支路温度投用后

图 10　减压炉支路温度 TE1311A/B/C/D 投用前后对比

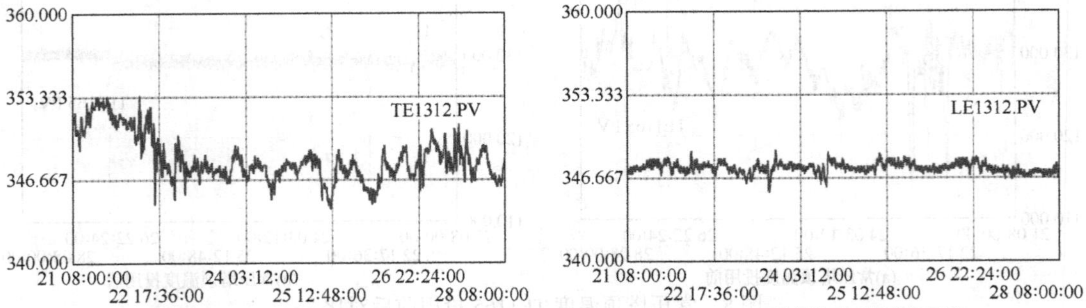

(a)减压炉出口温度投用前　　(b)减压炉出口温度投用后

图 11　减压炉出口温度 TE1312 投用前后对比

表 3　减压炉-减压塔控制器投运前后数据对比

	时间段	最大值	最小值	平均值	标准偏差	标准偏差减少率
LT1144. PV 常压塔底液位	投运前	58. 425	48. 775	53. 97546	0. 632497	67. 13%
	投运后	55. 835	52. 71	54. 9710	0. 207893	
TE1311A. PV 减压炉支路 A 温度	投运前	372. 218	364. 2915	368. 4398	1. 300818	67. 55%
	投运后	368. 2755	364. 25	366. 6374	0. 422101	
TE1311B. PV 减压炉支路 B 温度	投运前	371. 6785	364. 333	368. 2127	1. 294195	68. 66%
	投运后	367. 736	364. 2085	366. 5340	0. 405557	
TE1311C. PV 减压炉支路 C 温度	投运前	372. 6745	362. 839	368. 3197	1. 493624	71. 51%
	投运后	368. 234	364. 333	366. 6475	0. 425468	
TE1311D. PV 减压炉支路 D 温度	投运前	371. 9275	362. 7145	367. 8751	1. 422508	70. 50%
	投运后	368. 151	364. 333	366. 6173	0. 419568	
TE1312. PV 减压炉出口温度	投运前	353. 46	344. 2885	348. 3837	1. 844141	78. 90%
	投运后	348. 978	345. 5335	347. 5030	0. 389153	

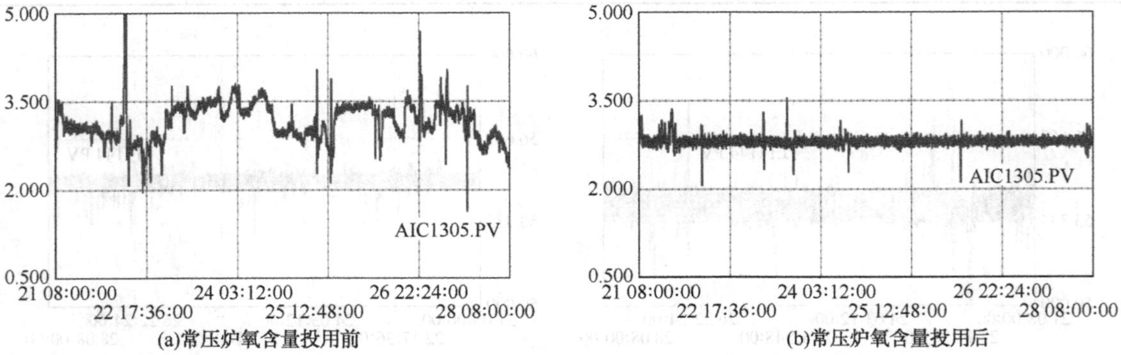

(a)常压炉氧含量投用前　　(b)常压炉氧含量投用后

图 12　常压炉氧含量 AIC1305 投用前后对比

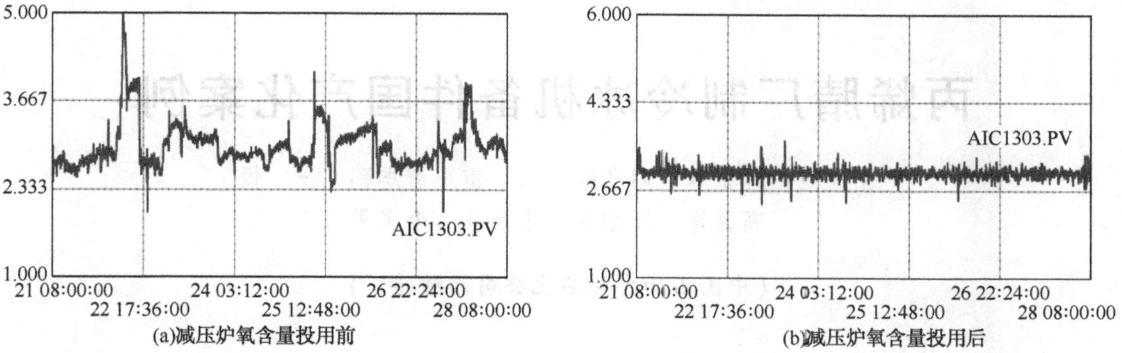

(a)减压炉氧含量投用前 (b)减压炉氧含量投用后

图13 减压炉氧含量 AIC1303 投用前后对比

表4 加热炉烟气优化控制器投运前后数据对比

	时间段	最大值	最小值	平均值	标准偏差	标准偏差减少率
AIC1305. PV 常压炉氧含量	投运前(8月)	5. 951562	1. 633125	3. 150806	0. 321366	76. 41%
	投运前(10月)	3. 553125	2. 053437	2. 805996	0. 075808	
AIC1303. PV 减压炉氧含量	投运前(8月)	5. 373125	1. 985	2. 990239	0. 330174	72. 18%
	投运前(10月)	3. 615	2. 4	3. 004991	0. 091842	

4 应用场景

120万吨沥青装置先进控制系统一直在线稳定运行，主要先控回路控制作用明显，对实现装置平稳生产起到一定的效果，有利于装置精细化操作，装置自动化程度明显提升，为装置进一步挖潜增效提供了有力保障。120万吨沥青装置实施先进控制系统后，装置运行平稳性和自动化程度有明显提升，通过卡边操作，提高了产品合格率，降低了装置能耗，使生产成本有所降低，达到项目技术预期效果。

5 项目效果和效益分析

(1) 先进控制系统的平稳性:

标准偏差减少百分比=[(常规控制变量标准偏差-优化控制变量标准偏差)/常规控制变量标准偏差]×100%。

以TE1303B. PV常压炉支路B温度为例:

(1. 771414-0. 977809)/1. 771414×100%=44. 80%

以TE1165. PV常压塔顶温为例:

(3. 035514-0. 601684)/3. 035514×100%=80. 18%

关键控制点标准方差降低44. 80%~80. 18%，显著提升了重交沥青装置关键变量平稳性。

(2) 通过引入干扰变量的模型预测控制手段来平稳常压炉出口温度、减压炉出口温度以及常压塔顶温度等重要工艺参数，在稳定关键变量的同时，还提高了装置的抗干扰能力，使得在原油加工量变化或换罐原油组分变化时能有较平稳的工况，有效地保障了产品合格率。

(3) 常压炉支路平衡控制与减压炉支路平衡控制，在优化各支路温度平稳率的同时也减少了各支路温度之间的偏差，降低了支路汇流时因温度偏差引起的能量损耗。

(4) 软仪表的使用可以使操作人员在化验值没有出来的情况下，能有一个产品质量的理论依据，通过装置关键产品质量的实时指示，从而实现及时控制，以达到产品质量快速稳定，提高装置沥青产品合格率的目的。

(5) 常压炉与减压炉出口温度、常压炉与减压炉氧含量及负压等重要工艺参数均由先进控制系统自动控制，有效地降低了操作人员劳动强度。

综合投运率=控制器投运率×0. 2+CV投运率×0. 4+MV投运率×0. 4

100%×0. 2+93. 33%×0. 4+100×0. 4=97. 33%

先进控制系统的使用显著提升了重交沥青装置的自控率，在正常生产条件下，先进控制系统的投运率达到95%以上，有效地降低了操作人员劳动强度。

丙烯腈厂制冷冰机备件国产化案例

完成人：姚张春　赵冬强　明　雷　唐志鹏　王　恒
高嘉峰　逯柏双　朱嘉成　李秉晏

（中国石油吉林石化公司丙烯腈厂）

1　项目背景

丙烯腈厂第三丙烯腈装置A/B线丙烯制冷机组压缩机厂家为York公司，汽轮机厂家为西门子公司，此前检修使用的备件均由原厂家提供，供货周期长，且价格高昂。近两年来由于贸易原因，采购阻力近年来逐年增大，且采购价格严重上浮，为此公司提出全力推进进口备件国产化。

2　总体情况

2.1　冰机压缩机

目前冰机压缩机安装的油封、挡油环及平衡活塞汽封环已实现国产化，制造厂家为沈阳鼓风机集团，安装后运行正常，符合预期要求。2024年沈鼓公司测绘人员对尚未实现国产化的18笔备件进行了测绘，计划在下次压缩机大修时实施。

2.2　冰机透平

2024年杭汽公司测绘人员已对尚未实现国产化的23笔汽轮机备件进行了测绘，计划下次冰机透平大修时实施。

3　技术路线和技术亮点

国产化备件各项性能指标不低于原进口备件各项性能指标，厂家应对照原配件材质、机械性能数据、设计参数、实验数据等列出对应数据，能够实现与原备件完全互换。

结合生产能力、质量管理体系、技术实力和售后服务，以及近三年的合作记录，最终确认压缩机备件由沈阳鼓风机集团进行测绘制作，汽轮机备件由杭州汽轮机公司进行测绘制作，机械密封由丹东克隆公司测绘制作。

4　应用场景

此次丙烯制冷机组国产化探索，为同类制冷机组备件国产化贡献了宝贵经验，在缩短制作周期的同时，也将大大降低备件费用，实现双赢。

5　项目效果和效益分析

5.1　国产化明细

备件明细见表1、表2。

表1　冰机压缩机备件(18笔)

设备材料名称	计量单位	数量	进度
定位环 081-02463-000	件	1	已实施
联轴器密封环 029-13766-012	件	1	已实施
挡油环	件	1	已实施
平衡活塞密封环 064-38119-017	件	1	已实施
轴承 064-28985-005	件	1	已测绘
迷宫密封环 064-16897-009	件	1	已测绘
迷宫密封环 064-16898-010	件	1	已测绘
迷宫密封环 064-16898-010	件	1	已测绘
迷宫密封环 064-37252-000	件	1	已测绘

续表

设备材料名称	计量单位	数量	进度
轴迷宫密封 064-16570-000	件	2	已测绘
轴承 029-24905-000	件	1	已测绘
止推轴承 029-24904-000	件	1	已测绘
涡壳密封环 081-10545-000	件	1	已测绘
反向推力轴承 064-13025-000	件	1	已测绘
A4 密封 076-17925-000	件	2	已测绘
A4 密封 064-38015-000	件	4	已测绘
A4 密封环 064-37484-000	件	4	已测绘
A4 气封 064-37511-000	件	4	已测绘

表 2　冰机透平备件(24 笔)

设备材料名称	计量单位	数量	进度
汽轮机配件 RG4 蒸汽端挡油环 3A4898-24	件	2	已测绘
汽轮机配件 RG4 排气端挡油环 1A14267-1	件	1	已测绘
汽轮机配件 RG4 迷宫密封 5A1275-11	件	13	已测绘
汽轮机配件 RG4 弹簧 1A4099-18	件	26	已测绘
汽轮机配件 RG4 止动销 1S338-61	件	16	已测绘
汽轮机配件 RG4 迷宫密封 5A0921-12	件	2	已测绘
汽轮机配件 RG4 弹簧 1A4099-17	件	4	已测绘
汽轮机配件 RG4 止动销 1S338-83	件	4	已测绘
汽轮机配件 RG4 止动销 1S338-68	件	8	已测绘
汽轮机配件 RG4 油滤器滤芯 1A11304-1	件	1	已测绘
汽轮机配件 RG4 填料圈 1A5588-2	件	21	已测绘
汽轮机配件 RG4 安装环 3A1210-14	件	2	已测绘
汽轮机配件 RG4 垫片 1A1664-1	件	2	已测绘
汽轮机配件 RG4 O 型圈 1A12920-1	件	2	已测绘
汽轮机配件 RG4 清洁环 1A12871-1	件	2	已测绘
汽轮机配件 RG4 活塞环 1-2089-1	件	2	已测绘
汽轮机配件 RG4 动力缸 ϕ200×2607A6126-2	件	1	已测绘
汽轮机配件 RG4 导向阀 1A1649-1	件	1	已测绘
汽轮机配件 RG4 导向阀杆 3A1940-77	件	1	已测绘
汽轮机配件 RG4 排气端径向轴承 ϕ300×250×201A14267-1	件	1	已测绘
汽轮机配件 RG4 蒸汽端径向轴承 ϕ300×250×201A14267-1	件	1	已测绘
汽轮机配件 RG4 推力瓦 ϕ150×120×201A5672-1	件	10	已测绘
汽轮机配件 RG4 专用推力瓦 ϕ260×200×201A9296-1	件	1	已测绘
汽轮机配件 RG4 专用推力瓦 ϕ260×200×201A9297-1	件	1	已测绘

5.2　质量控制要求

为确保机组检修使用国产化备件能够恢复原有性能，对国产化备件质量做出如下要求：

(1) 为厂家提供了明确的现有备件使用工况

参数。

(2) 明确质量验收标准、寿命约定：执行国家标准、行业标准的已注明标准号，相应的材质、硬度、尺寸、重量、加工精度等项目的质量约定。

(3) 明确国产化厂家的售后服务、质量保证承诺、质量损失索赔条款。

(4) 承诺保证国产化备件的质量符合原备件的标准，承诺进行质量检测和验证，包括原材料选择、制造工艺、性能测试等。

(6) 评估国产化备件与现有设备或系统的兼容性。确保备件的技术参数、尺寸、接口等与原备件相匹配，避免不兼容或安装困难的问题。

6　结语

丙烯制冷机组备件国产化是实现提质增效的一项重要举措，不仅可以减少对进口产品的依赖，降低采购成本，避免因进口环节导致的中间费用。还能够消除进口备件带来的不稳定因素，如物流、质量、售后等复杂问题。我们要充分把握好这样的机会，为日后在同类型设备的采购、技术方面提供支持，全面实现降本控费、质量提升。

丙烯腈厂甲甲酯装置酯化釜国产化备件案例

完成人：姚张春　赵东强　明雷　唐志鹏　逯柏双　于凡博

（中国石油吉林石化公司丙烯腈厂）

1　项目背景

酯化釜是甲甲酯装置生产线上重要的反应设备，工作温度高（110℃～135℃），介质含稀硫酸，具有强腐蚀性，两套装置共有16台酯化釜。一旦泄漏，将造装置停车，耗费大量人力物力及原料损失。原国产酯化釜的使用寿命短，平均1~2年。进口酯化釜的价格昂贵，供货周期长，故亟需在国内重新寻找具备相应的进口酯化釜生产替代厂家，打破进口制作技术瓶颈。

2　总体情况

2.1　工艺流程简介

由酯化单元100%硫酸和丙酮氰醇在加热情况下混合成的物料切线进入酯化釜，同时加入甲醇和蒸汽，反应生成的物质通过气相进入后续单元。

2.2　设备及备件情况

2.2.1　设备情况

丙烯腈厂甲甲酯装置使用的酯化釜为法国德地氏进口酯化釜，规格DN2000×7000，容积17立方米。

2.2.2　备件情况

车间共计16台酯化釜，平均使用寿命在10年以上，已超出设计使用年限。

2.2.3　进口备件费用情况

整台套酯化釜约合人民币450万元每台。

3　技术路线和技术亮点

与南京正源公司就酯化釜实际运行工况及运行要求进行了深入交流。从材料选择上看，采用了日本进口的搪玻璃釉料原料釉加工，这是在国内率先使用与国际最高档搪玻璃釉料同品质的高性能釉料，在制造材料这方面追赶上世界先进的制造厂商。

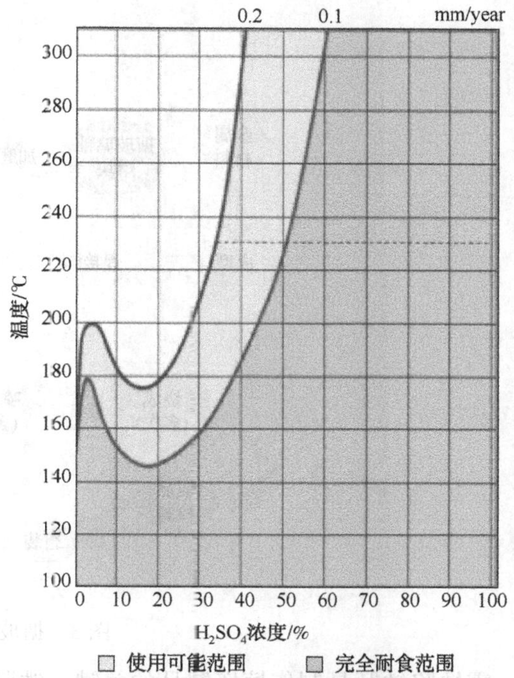

图1　OTC88-200BW腐蚀曲线

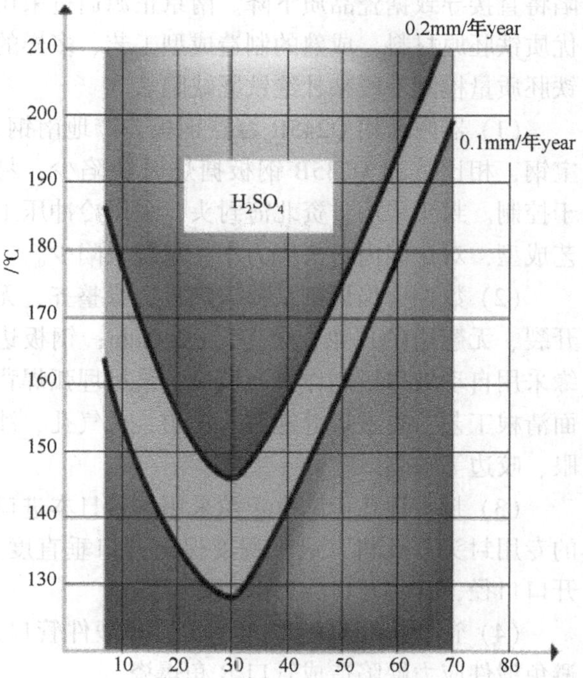

图2　德地氏瓷釉腐蚀曲线

甲甲酯装置酯化釜硫酸浓度在20%左右，温度在135℃左右，从上图可以看出，南京正源引进的OTC88-200BW瓷釉同比德地氏的3009釉在耐蚀性上更占优势。

从搪烧工艺上看，采用了法国等西方国家先进的冷喷缓烧工艺，克服了国内常用的热喷高温快烧工艺带来的搪玻璃产品易产生缺陷等质量问题。

从制造流程上看，严格按照先进的制造工艺流程，从铁胚制作、釉料调制、喷粉(底釉、面釉)、烧成到成品检验，具体流程如图3所示。

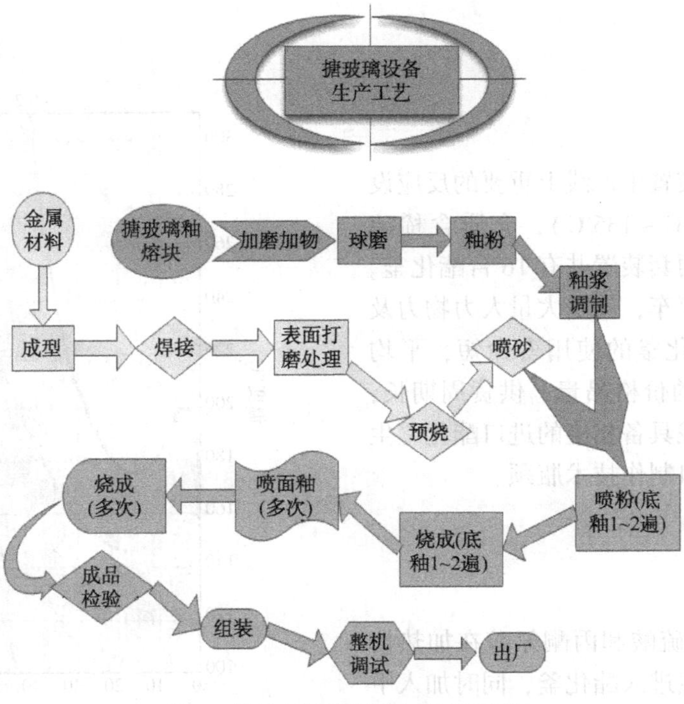

图3 搪玻璃设备制造工艺流程图

零缺陷铁胚是制作搪瓷制品的关键。铁胚缺陷将直接导致搪瓷品质下降。南京正源通过采用优质铁胚原材料、成熟的制造成型工艺、多样的铁胚质量检测手段来杜绝铁胚缺陷。

(1) 器内采用Q245R容器钢板，产地南钢、宝钢，相比普通Q235B钢板搪烧时缺陷少，易于控制。封头采用日资北海封头，采用冷冲压工艺成型，对比国内封头应力小，搪烧缺陷少。

(2) 数控火焰切割，要求钢板边缘整齐、无开裂、无翘边的现象，公差：±2.0mm；钢板边缘采用自动坡口机制作整齐坡口；采用埋弧焊背面清根工艺，要求焊缝饱满、均匀，无气孔、沙眼、咬边等缺陷。

(3) 封头顶孔：南京正源采用的是日本进口的专用封头顶孔机，最大程度保证开口垂直度、开口口径，且将开口应力降至最低值。

(4) 管口采用厚壁管车加工，非锻件管口，避免锻件应力缺陷造成管口R角爆瓷。

(5) 铁胚焊接完成后，逐台进行PT、RT、MT结合检测探伤，确保每台铁胚完全满足冷喷缓烧工艺要求。

(6) 检测后铁胚进行高温退火消除应力，内外打砂去除杂质。

(7) 搪烧前铁胚外喷涂底釉，防止高温下铁胚氧化皮掉落在搪瓷表面形成杂质砂眼。

(8) 釉药研磨房由日本专门设计，设备进口，完全按照日本200BW釉药配方配制研磨，所有釉块、釉药添加剂均为八光进口，研磨用水为高纯水。

(9) 采用法国等西方国家先进的冷喷缓烧工艺，全程采用智能电脑控温，温度曲线按预设规定缓慢升降，搪瓷层致密性大大提升。冷喷是搪瓷设备在常温状态下进行的喷釉作业，便于在喷釉前对钢坯或半成品的进行检查，可以将前次施工可能产生的缺陷完全消除。南京正源通常采用2遍底釉、4~5遍面釉，每一次搪烧后，均随炉冷却到350℃以内，然后出炉并继续冷却到室温，由专职检验人员对搪瓷质量进行一次全面的检验，这样经多次喷釉后，可确保瓷层厚度均匀（表1）。

（10）对搪烧后的搪瓷采用进口测厚仪、直流无损电火花检漏仪与人工45°角灯光检查相结合对搪烧缺陷进行细致检查，确保搪瓷质量过关。

表1

对比项目	热喷快烧	冷喷缓烧
搪烧次数	底釉：1遍，面釉2~3遍	底釉：1~2遍，面釉5~6遍
每遍搪烧时间	30~40分钟	3小时以上
每遍瓷层厚度	0.45~0.6	底釉0.2mm以下，面釉0.2~0.3mm
平面瓷层厚度	0.8~2.2	1.0~1.5
R角瓷层厚度	0.8~2.0	0.8~1.2
搪后瓷层质量（同为国产釉，研磨表面0.2mm后）		
	热喷快烧，瓷釉致密性差，瓷釉暗沉，表面以下空泡较多，易爆瓷	冷喷缓烧，瓷釉致密性好，瓷釉鲜亮，表面没有空泡，不易爆瓷，防渗透强。

4 项目效果

第一甲酯装置B-630酯化釜于2023年7月更换为整套南京正源生产的国产酯化釜，截至目前，使用效果良好，消除了进口酯化釜价格昂贵、制造周期长等不利因素的影响，给现有酯化釜更新换代以及转型升级设备采购提供了新的选择。

5 效益分析

单台酯化釜节约300万元，现场剩余15台酯化釜，共计节约300×15=4500万元。

6 结语

通过这次酯化釜设备的国产化工作，让我认识到了"技术立企、创新驱动"的中心思想及重要性。对"四新"理念有了进一步的了解，对我们的专业知识以及管理能力又提出了更高标准和要求。在关键设备的储备及选择上，要求我们更加精细化管理，摒弃因循守旧、墨守成规的观念，用新思想、新理念、新要求武装头脑，用新思路、新办法、新机制破解难题。最后，要将"科技引领、技术立企、追求卓越"的科技创新理念入脑入心，并应用到实际工作中，转变工作作风，要具有担当意识，敢于碰壁，真正做到用技术指导生产，擎起丙烯腈行业领跑者的使命担当。

电石厂空分装置氧气压缩机国产化备件案例

完成人：孙 强 蒋 蘭 张 岩 黄 铁 魏新发 卫 庆
孙 娇 周志明 米佳璐 李其儒 张源康

（中国石油吉林石化公司电石厂）

1 项目背景

近年来，随着制造业不断发展，进口备件国产化趋势愈加明显，让国产备件替代价格高昂的进口备件，这是吉林石化公司近年来降本增效工作的一个重要举措。吉林石化公司电石厂 $6000Nm^3/h$ 空分装置以三年为一个大检修周期间断产氮运行。2023 年末，吉林石化公司电石厂接到了公司下达的“老空分装置计划于 2024 年 5 月 30 日试车，9 月末至 2025 年 4 月末单套装置运行，为公司转型升级项目建设及大检修氮气、氧气保供”的任务。老空分装置因生产优化已停运 3 年，一直未进行检修，空压机、氮压机、氧压机都属于大型机组，特别是两套氧压机，自 2014 年停运后再未开启，停运十年的大型机组是这次检修的重中之重，要想重新达到开车运行条件，每台设备、每个零件、每个检修环节，都必须逐一检修确认，容不得丝毫差错。

然而，两台氧压机为往复式压缩机，是瑞士布克哈德进口设备，这次检修如果继续采用进口的气阀、刮油环、活塞环等部件，一方面到货时间长，影响检修进度，另一方面费用高，每套费用就高达 90.5 万元，最小的密封圈价格都是国产的 10 倍。在“省一分比挣一分容易”的今天，电石人毅然选择了国产化替代这条创新之路。

本案例简要介绍往复式氧气压缩机备件国产化改造的成功案例，希望能提供借鉴。

2 总体情况

2.1 工艺流程简介

来自分馏塔纯度为 ≥ 99.6%、流量为 $6000m^3/h$ 的氧气，送入氧压机入口缓冲罐，然后经入口过滤器，过滤后进入第一段入口缓冲罐，再进入氧压机，氧压机分三段压缩、三级冷却，将氧气加压到 2.9MPa，送入氧压机的出口缓冲罐，由缓冲罐直接送至外管网供环氧乙烷、乙二醇两个用户使用，剩余部分氧气再由室内压力调节装置减压至 1.6MPa 以下后送往电石厂。

2.2 设备及备件情况

2.2.1 设备情况

电石厂 $6000Nm^3/h$ 空分装置氧气压缩机为瑞士布克哈德原装进口设备，型号为 4D300－3F，运行介质为氧气，结构为往复式，主要备件均为布克哈德原装进口，涉及气阀、填料函、刮油环、密封组件等。

2.2.2 备件情况

机组于 1996 年投入使用，于 2014 年停机，装置由于机构整合及人员变更，已停车 10 年。两台压缩机共需气阀 56 只、填料函及刮油环 36 件、气缸密封件 8 套(图 1)。

图 1

2.3 进口备件费用情况

经过对比分析，进口备件费用如下：1 级气阀 39.52 万元、2 级气阀 17.88、3 级气阀 8.3 万元、活塞环 15.2 万元、刮油环 9.6 万元，两套机组进口备件代理商报价共计 90.5 万元。

3 技术路线和技术亮点

3.1 技术路线

针对机组实际情况，工厂开展了氧压机国产化备件的相关技术研究，主要包括：备件及安装尺寸测绘、压缩气体分布分析、机组运行参数比对采集（主要包括各级气阀吸排气温度、压缩机进出口压力、油温油压等方面）、各供应厂商资质比对，最终确定备件型号及供货商。

经过最终研究分析，最终确定需更换的国产化配件包括：压缩机进排气阀、活塞环、刮油环、进排气阀密封、阀盖密封。

针对国产化备件的装配要求，要与原装进口备件一致，通过行试车期间性能测试、密封性检查，根据压缩机技术手册要求，详细记录试车阶段监测机组各项参数，并对所换备件进行逐一检查。在机组各级工作压力与初始参数一致的前提下，国产化备件性能参数与原装备件基本持平。

3.2 技术亮点

经过车间、工厂、公司三级审议国产化实施方案，从根本上保证了项目的可实施性，在国产化备件的选择上，始终秉持安全性、可靠性兼顾的原则，制定科学的实施方案，有序推进备件国产化进程。

（1）测绘上精准

在前期备件测绘上，工厂严格把关，安排专人及厂家人员共同测绘并与压缩机技术手册进行细致比对，保证合理装配（图 2）。

（2）把控上严格

对于国内供货厂商把控上，通过对相关资质研究，多方查找国内各大机组运营厂商，在保证质量的前提下，比对技术规格、核算成本价格，更好的完成了厂商确定工作（图 3）。

图 2

图 3

(3) 测试上准确

为避免氧气运行的危险性及特殊性，对于国产化使用后的第一次试车，工厂及车间决定先用空气进行预试车，对于各级气阀温度、各级冷却器进出口温度、压缩机进出口压力、油温油压、密封面泄露等方面进行严格把关，为氧压试车做好充分条件，既保证了安全生产，又对备件进行了多次测试(图4)。

图4

4　应用场景

此次氧压机备件国产化的经验探索，为未来公司与空分装置氧压机类似的活塞式压缩机或压缩介质为氧气等特殊介质的同类型压缩机备件国产化提供了范本，为转型升级项目往复式压缩机备件国产化、气阀维修等工作积累宝贵经验。

5　项目效果和效益分析

5.1　项目效果

此次备件国产化共涉及气阀56只、填料函及刮油环36件、气缸密封件8套，在机组试车期间，通过对重点部位排查、对重点数据进行监控，国产化是运行参数见表1。

表1　国产化备件试车参数

采样部位 / 出口压力	一级出口温度	二级出口温度	三级出口温度
1.0MPa	137℃	151℃	95℃
1.5MPa	156℃	154℃	100℃
2.0MPa	158℃	160℃	119℃
2.5MPa	161℃	164℃	136℃

各级出口温度均在标准范围内，各级气体冷却器出口温度经过工艺、设备共同配合，调节回流量，均可至最佳工况。提压期间对气阀、活塞杆利用气体检测仪对氧气进行查漏，密封面均无泄漏。

备件国产化缩短了备件到货时间，相对于进口备件的长采购周期，国产化备件制造周期缩短近一半以上。

5.2　效益分析

两台氧压机1、2、3级气阀、活塞环、刮油环、O型密封圈等6套备件费用预计可以节省61.44万元。具体计算如下：

2台机组备件节省费用=(进口备件价格(90.5万元)-国产化备件价格(59.78万元)=1级气阀(39.52-26)万元+2级气阀(17.88-11.54)万元+3级气阀(8.3-5.2)万元+活塞环(15.2-10.64)万元+刮油环(9.6-6.4)万元)×2=61.44万元。降低了检维修成本，达到提质增效的目的。6000Nm^3/h空分装置在新空分装置建成前运行7个月，为转型升级项目和大检修过渡期节约创效1.3亿元(图5)。

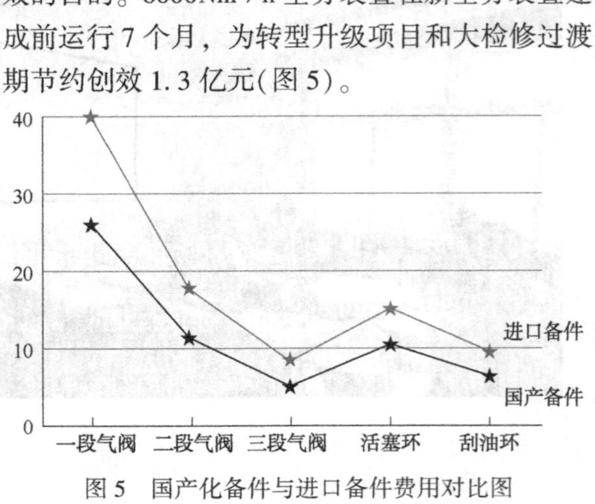

图5　国产化备件与进口备件费用对比图

6 结语

氧压机备件国产化是公司、工厂及车间挖潜增效、提质增效、降本增效的重要举措，本次国产化改造不仅解决了氧压机停滞多件备件不足问题，通过掌握国产化备件的技术路线，实现了对大型压缩机易损件、精密部件及故障件的国产化，在采购上大幅降低了采购成本，并在性能指标上不低于进口备件，实现备件国产化，通过检修全流程把控，充分利用工作经验和现场测试研究数据相结合的方式，将进口设备备件国产化之路走稳走远，为公司内同类型设备奠定了良好的基础，真正达到提质增效的目的。

苯乙烯装置 GB-301 碳环密封国产化科技创新攻关案例

完成人：张硕良　石全生　栗守才　李　佳　侯霁乘　袁风龙　殷富贵　周天璞

（中国石油吉林石化公司化肥厂）

1　项目背景

吉林石化公司化肥厂苯乙烯装置于 2012 年 10 月投产开车，采用美国 Lummus 专利工艺包，年产 32 万吨聚合级苯乙烯。尾气压缩机为脱氢反应系统保持负压，同时把脱氢尾气送至变压吸附，是装置重要设备，苯乙烯装置 GB301 尾气压缩机为 SKUEL816 型双螺杆压缩机，由德国 MAN Turbo 制造。机组原机采用进口福斯碳环密封，在运转过程中，运行较为稳定，但投用后存在蒸汽消耗量大、进口备件费用昂贵、售后服务不及时、技术响应时间长等弊端，在国内密封厂家技术日臻成熟，且国家大力倡导备件国产化科技创新的背景下，将尾气压缩机碳环密封作为国产化目标显得尤为重要。

2　总体情况

尾气压缩机碳环密封国产化项目于 2019 年年初开始立项，经过充分的现场调研、密封厂家考察、技术交流、技术评审、商务谈判等环节，于 2021 年 9 月供货至现场，并于 2023 年 6 月安装至机组上，于 2023 年 7 月初开车，经过近 1 年的使用，国产化后的碳环密封运行稳定，使用效果良好，不但节约了备件费用，而且大大降低了运行过程中密封蒸汽、密封氮气消耗，实现了国产化目标，达到了科技创新，节能降耗目的。

3　技术路线和技术亮点

3.1　技术路线

3.1.1　尾气压缩机机组参数如下

压缩机型号：SKUEL816

密封轴径：340mm

介质：尾气（成分：氢气 72.6%，水 16.7%，乙苯 4%，苯乙烯 3.1%，二氧化碳 2.2%，其他 2.4%）

入口压力：0.029MPaA

出口压力：0.145MPaA

入口温度：34.3℃

出口温度：80.0℃

转速：3165r/min

最大连续转速：3328r/min

跳车转速：3709r/min

3.1.2　公用工程条件

氮气压力：1.0MPaG，温度：常温

密封蒸汽压力：0.4MPaG，温度：200℃

密封气条件：

高压密封蒸汽入口压力：0.145MPaG　温度：190℃

低压密封蒸汽入口压力：0.030MPaG　温度：190℃

密封氮气入口压力：0.025MPaG　温度：常温

3.1.3　国产化实施技术路线

（1）执行技术标准

API619 石油、化工和天然气工业用旋转容积式压缩机

API614 石油、化工和气体工业用润滑、轴密封和控制油系统及辅助设备

3.2　具体实施方案

3.2.1　化肥厂苯乙烯装置对国产密封厂家的资质、相关业绩、技术实力等进行详细考察和交流，了解同行业相关业绩使用情况。

3.2.2　国产密封厂家对苯乙烯现场尾气压缩机的设备参数、工艺参数、现密封系统配置、现密封运行情况等进行详细的考察和交流，了解

进口密封的工作原理。

3.2.3　化肥厂同国产密封厂家进行细致的技术交流，共同确定国产化攻关方案。

3.2.4　国产密封厂家新做成套碳环密封4套，主要技术要点如下：

3.2.4.1　选取合适的耐高温材料——进口石墨，用于制造浮环密封中的碳环。

3.2.4.2　根据运行温度、材质特性(膨胀系数)、蒸汽流量、起浮流速、轴径尺寸、转速等参数，计算碳环内孔尺寸，确定合适的浮环间隙，本次设计中选取的浮环间隙为直径0.08~0.12mm。

3.2.4.3　为了提高浮环强度，增加抗干扰能力，选择镶嵌结构作为浮环加强措施，其中金属套采用高强度不锈钢制造，再根据二者的材料特性(膨胀系数)、材料比重、耐高温性能等参数，确定浮环外侧加强金属套与浮环的镶嵌过盈量。本次经过计算，选择直径方向过盈量为0.56~0.62mm。

3.2.4.4　根据起浮流速、浮环厚度、材质特性(膨胀系数)计算波片弹簧弹力大小，并确定波片弹簧材料(哈氏合金)并进行制造。

3.2.4.5　选用合适的轴套材料，对其进行加工。轴套属于薄壁件，尺寸加工难度很大，对于形位公差要求很高，故对轴套加工工艺进行特殊编制，控制加工变形量，保证形位公差尺寸。

3.2.4.6　选用合适的密封腔体材料，对其进行加工。密封腔体属于薄壁件，对加工工艺进行特殊编制，控制加工变形量，保证形位公差尺寸。

3.2.4.7　选用合适的隔环材料，对其进行加工。对加工工艺进行特殊编制，控制加工变形量，保证形位公差尺寸。

3.2.4.8　选用特殊牌号的橡胶密封圈，制作全部的密封圈。其耐高温、耐腐蚀，完全符合本次使用工况。

3.2.5　制作专门的工装，模拟腔体尺寸、轴径尺寸，在国产密封厂家内部专用试验台上，模拟现场介质压力、蒸汽压力和转速等参数，对碳环密封性能进行实测，验证密封性能。试验方案如图1所示。

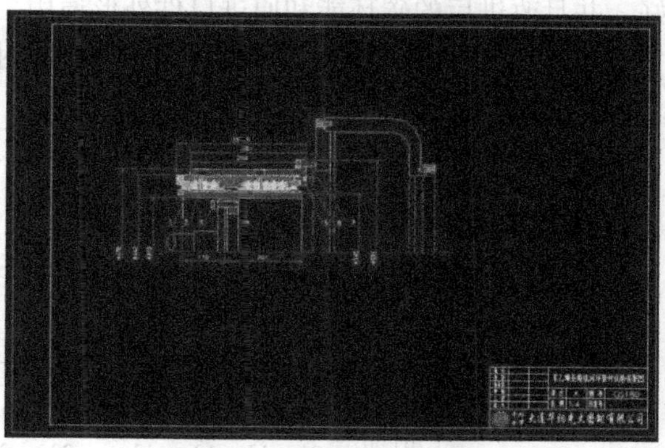

图1

3.2.6　在新装碳环密封时，国产密封厂家指派经验丰富的售后工程师对拆装全过程进行指导，并对控制系统进行同步调试，保证国产化密封使用效果。

3.2.7　国产密封厂家对碳环密封运行情况进行不定期回访和服务，积极响应现场的各种需求。

3.3　技术亮点

3.3.1　通过本次国产化，确定了国产密封材料配置方案(表1)。

表1

零部件名称	材质
碳环	优质石墨
密封圈	进口橡胶圈
轴套	316L
腔体	316L
弹簧	哈氏C

3.3.2　通过精心设计，对国产化浮环密封的细节进行了一些改进：

(1) 轴套表面进行喷涂处理(喷涂硬质合金)，提高其强度及耐磨性，使轴套不易被磨损划伤，使用寿命更长。

(2) 通过多碳环金属座进行研磨，提高平面度，使碳环更好的贴合在金属座上，减少碳环的磨损。

(3) 通过调整碳环的侧向弹簧力及其与金属座的贴合面积，使碳环更好地贴合金属座，减少碳环的磨损。

(4) 在设计中，改进碳环的防转方式，使其在设备运转时受到的冲击力更小。

(5) 在设计中，改进碳环内部动压槽形状和数量，增强动压效果，使碳环运转时更稳定。

改进后，密封的使用寿命更长，密封性能更

好，并且改进后的碳环能和原进口件外形通用。

3.3.3　国产化后的碳环密封与原进口密封外形尺寸一致，保证互换性(图2、图3)。

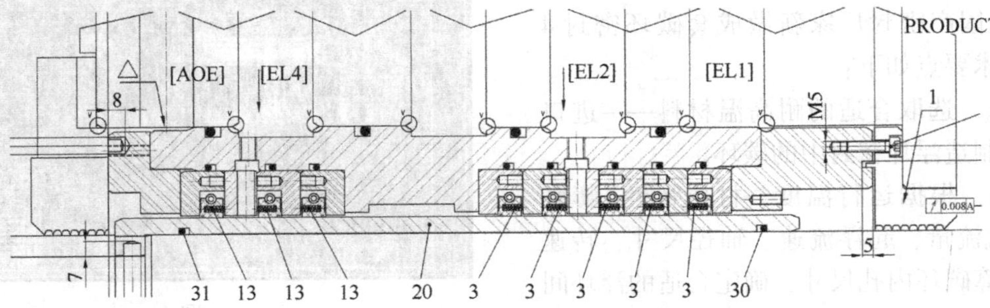

图2　原进口密封结构图

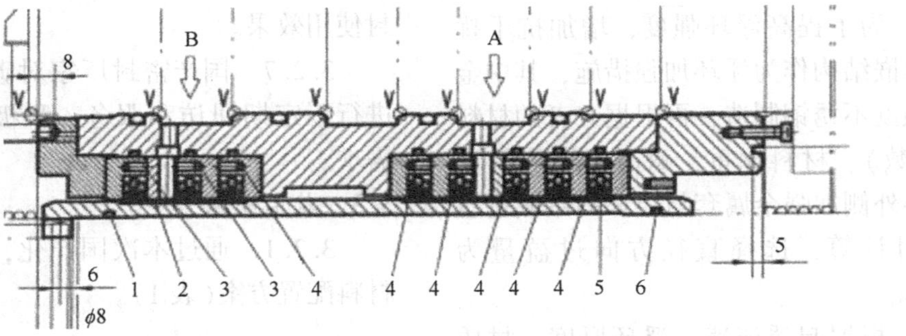

图3　国产化密封结构图

4　应用场景

据统计，目前中国石油公司下属苯乙烯装置大概7套，其中广东石化、大庆石化、锦州石化、锦西石化与吉林石化苯乙烯装置均采用Lummus工艺包，独山子石化苯乙烯装置采用Badger工艺包，抚顺石化采用上海石油化工研究院技术。在这些装置中，尾气压缩机均采用双螺杆压缩机，其中大部分均采用碳环密封，均为本项目的可应用对象。

5　项目效果和效益分析

5.1　项目效果

国产化密封于2023年6月安装至尾气机组上，于2023年7月初开车，经过近1年的使用，国产化后的碳环密封运行稳定，使用效果良好。不但节约了备件费用，而且密封厂家积极响应现场各项需求，确保了碳环密封在现场的良好使用，达到了国产化目标。

5.2　效益分析

原进口碳环密封单套价格约150万/套，4套备件费用约600万元，而国产化后的碳环密封价格仅为90万元/套，4套备件费用约360万元，平均每次更换密封节约240万元。攻关后的碳环密封大量节约密封蒸汽消耗，原来碳环密封蒸汽消耗是4800NL/min，攻关后蒸汽消耗是1800NL/min，每天预计可节约0.4MPa蒸汽4.32吨，年可节约1555.2吨蒸汽，按照每吨蒸汽300元计算，每年可节约蒸汽费用46.65万元。

化肥厂丁辛醇装置反应器搅拌器减速机国产化改造案例

完成人：张 岩 张爱民 任金玉 陈新宇 李东宇

（中国石油吉林石化公司化肥厂）

1 项目背景

丁辛醇车间 OAJ401、OAJ402、OBJ401、OBJ402 搅拌器减速机，为美国凯米尼尔制作，已连续运行 23 年，经历多次维修，输入轴和轴承座均有不同程度磨损和变形，轴和轴承内圈过盈量减小，在径向和轴向力综合作用下发生跑套，内圈防松花键损坏，锁紧螺母松动，轴向发生串动，斜齿轮对磨损。导致搅拌器振动过高，影响搅拌器机封的使用寿命。

2 总体情况

2.1 工艺流程介绍

丁辛醇车间搅拌器减速机是 400 单元反应所用到的关键设备，废羰基合成反应是放热反应，反应热由反应器外部冷却器导出。从 OB401 底部采出的反应液通过 PB401A/B 泵后，一部分经外部的 1#羰基合成反应器冷却器（WB401）冷却后，分别送入 PB401A/B 泵的吸入口处、1#羰基合成反应器（OB401）和 2#羰基合成反应器（OB402）冷却盘管。返回 PB401A/B 泵入口的反应液由 FIC04006 控制流量，从而调整换热的冷热流体温度，改善冷却效果，以维持反应温度。循环回 OB401 的反应液流量由 TIC04005 控制，TIC04005 控制在（80～110）℃，去 OB402 冷却盘管的反应液温度由温度控制器 TIC04067 调整冷热反应液的混合情况来控制在 50℃。

含有溶解的催化剂、副产品和未反应丙烯的丁醛产品在 OB401 的液位 LIC04002 控制下经 PB401A/B 泵送至 2#羰基合成反应器（OB402）。

2.2 设备及备件情况

化肥厂年产 28 万吨丁辛醇装置搅拌器减速机原厂为美国凯米尼尔进口设备，型号为 9HTN——177，主要作用为 400 单元反应器充分反应。主要备件构成为美国凯米尼尔进口，涉高速轴直齿轮、大散齿轮、低速轴、斜齿轮等。

3 项目效果及效益分析

3.1 项目效果

车间通过委托大连华锐重工有限公司进行形位测量检查，制作了新的减速机进行更换，安装投用后，运行状态良好，并且具备长周期稳定运行。

3.2 效益分析

美国凯米尼尔原厂的减速机价格为 75 万元/台，于 2010 年通过零购更新采购过，车间通过国产化新制作一台需要 45 万元，减速机节约设备制造费 75-45＝30 万元。车间目前共计四台减速机，预计节省 30×4＝120 万元。

4 结语

减速机备件国产化是工厂及车间提质增效、降本增效的重要举措，本次国产化改造不仅解决了减速机运行不稳定的问题，通过掌握国产化备件的技术路线，实现了对减速机的国产化，在采购上大幅降低了采购成本，并在性能指标上不低于进口备件，实现备件国产化，通过检修全流程把控，充分利用工作经验和现场测试研究数据相结合的方式，将进口设备备件国产化之路走稳走远，为公司内同类型设备奠定了良好的基础，真正达到提质增效的目的。

合成氨装置氨气压缩机干气密封系统改造案例

完成人：张硕良　张　岩　马洪卓　刘潘洋　袁潮琦　尹　昊

（中国石油吉林石化公司化肥厂）

1　项目背景

吉化公司合成氨装置在用氨气压缩机干气密封由于其密封系统缺少气液分离及密封气增压单元，其干气密封使用寿命短，每年更换一次干气密封，达不到干气密封3~5年的平均使用寿命。为提高干气密封使用寿命，对干气密封系统进行改造，增加气液分离及密封气增压单元。

2　总体情况

吉化合成氨装置在用氨气压缩机C1101为意大利新比隆生产，于2000年投入使用。C1101压缩机为两缸三段式压缩，压缩机输送介质为气氨，压缩机将-0.02MPa的氨气压缩到1.47MPa送出。由于输送介质危害程度较高，压缩机密封形式采用二级串联式干气密封形式。因设备制造时间较早，干气密封系统技术不成熟，现使用的压缩机干气密封系统存在多处缺陷。

（1）干气密封一级密封气无增压控制单元。一级密封气为压缩机三段出口气体，在压缩机停车机体压力降至常压及开车压缩机冲压阶段，干气密封一级密封气压力会低于机腔内气体压力，这样未经过滤的含有固体颗粒的气体就会进入干气密封端面。压缩机升速过程中进入干气密封端面的固体颗粒会划伤密封端面，造成压缩机干气密封失效。由于没有增压控制单元，每次压缩机停开车，都会存在干气密封动静环磨损的情况。停开车次数越多，干气密封使用寿命越短。

（2）压缩机干气密封控制系统无除水单元。压缩机回路中有一台循环水换热器E1102易发生泄漏，换热器泄漏后易造成进入干气密封一级密封气带液。密封气带液进入高速旋转的干气密封端面，会使干气密封动、静环炸裂，干气密封失效。

（3）干气密封一级、二级密封气无流量指示，无法监控进入干气密封气流量，不及时监控及调整各级密封气的流量，会造成由于密封气流量减少或中断引起密封动静环碰撞或干磨，密封使用寿命缩短的后果。

由于在用干气密封系统存在的问题，造成压缩机干气密封使用寿命较低，影响了机组的长周期稳定运行，增加设备维护成本。

通过与国内干气密封制造厂家中密控股公司设计人员沟通，交流，更新改造氨气压缩机干气密封控制系统，增加了增压控制单元、除水单元以及流量指示和调节阀，自2021年改造后运行至今，效果良好。

3　技术路线和技术亮点

（1）压缩机干气密封控制系统无除水单元，采用的是高效型除湿器，即能达到气液分离作用，同时能过滤3μm以上大颗粒固体（图1）。

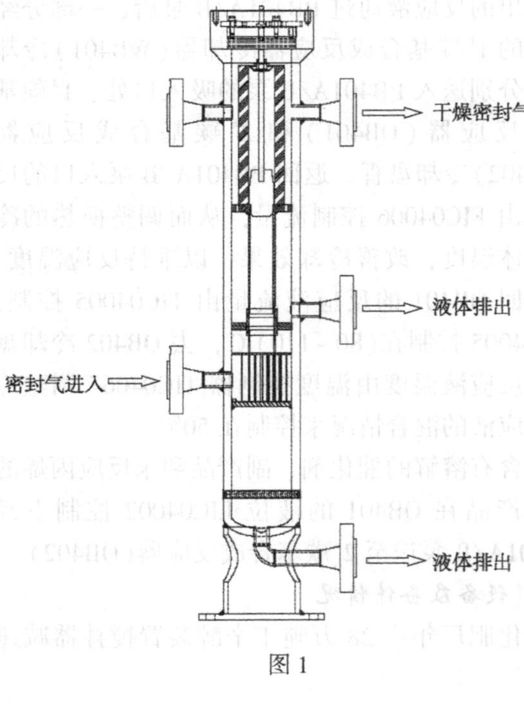

图1

（2）为提高密封气过滤效果，在除湿器前、后分别安装过滤器，密封气采用二级过滤，过滤精度分别为 10μm 及 1μm。这样可以延长除湿器及各级过滤芯使用时间(图 2)。

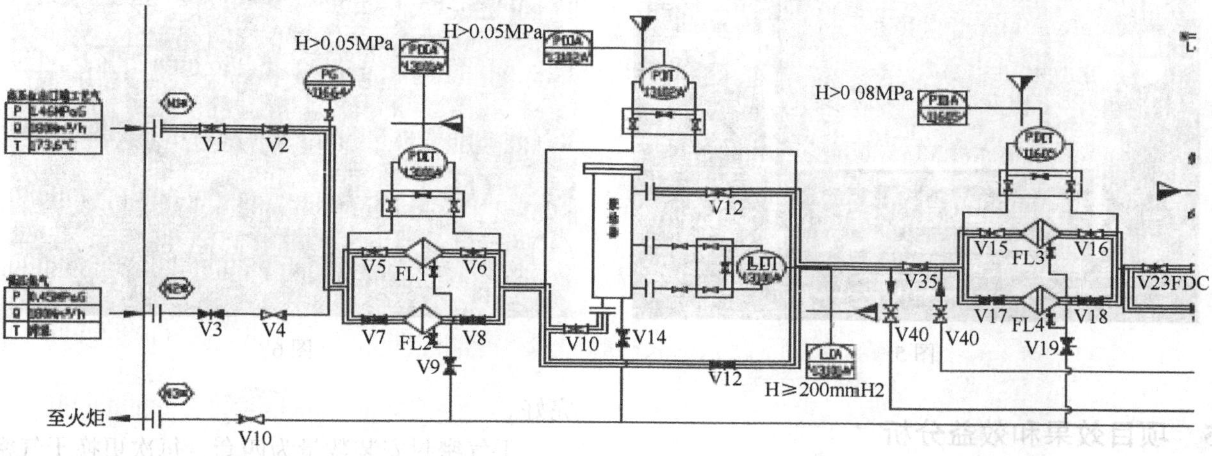

图 2

（3）干气密封一级密封气增压控制单元，主要通过气体增压泵在压缩机运行过渡阶段(压缩机停开车阶段)为干气密封提供压力高于压缩机腔体内的密封气，保证密封气洁净(图 3)。

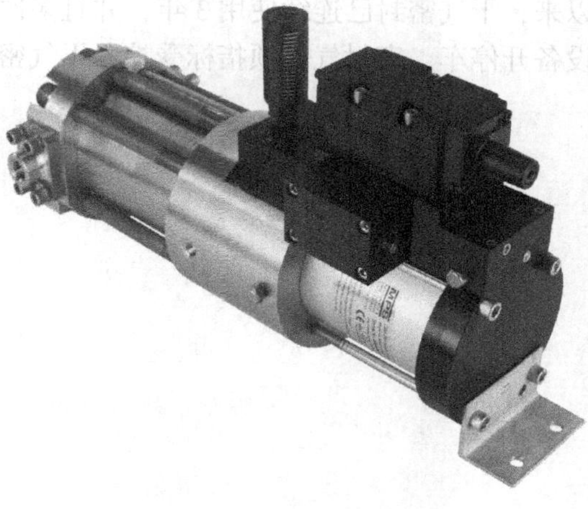

图 3

4　应用场景

原干气密封系统结构简单，工艺管路密集、作业空间狭窄，不便于操作及维护。改造后工艺管路清晰，各级密封气均有仪表指示并能调节，便于监控干气密封运行情况。将干气密封各项数据传输到 DCS 系统中，便于极早发现和判断干气密封运行的异常问题(图 5、图 6)。

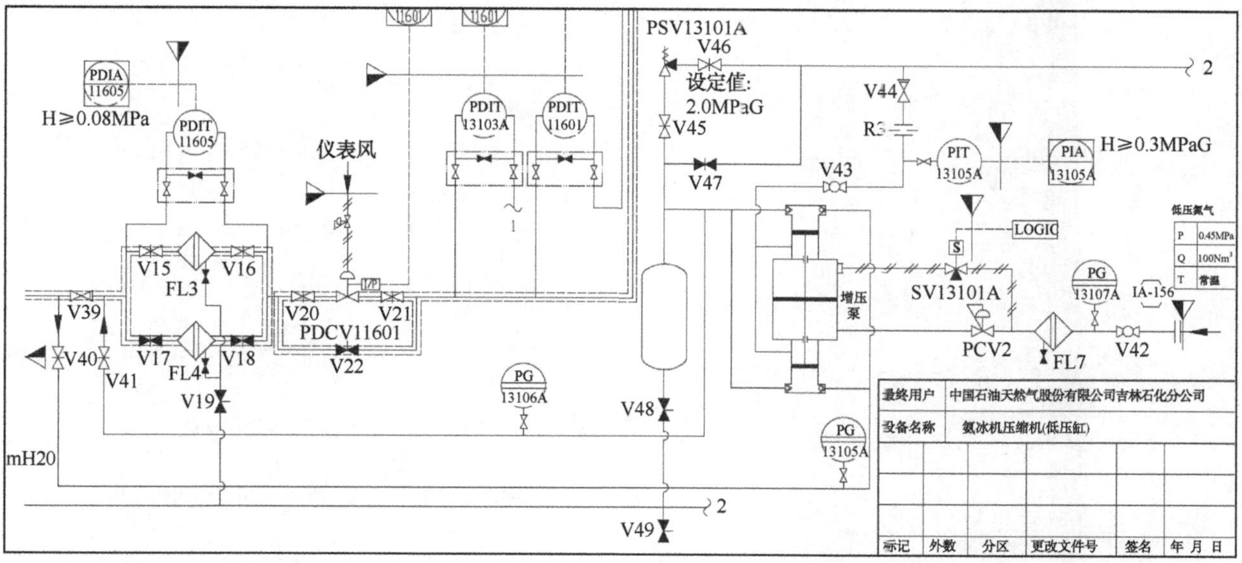

图 4

图 5

图 6

5 项目效果和效益分析

2021 年对氨气压缩机干气密封系统投入使用以来，干气密封已连续使用 3 年，并且多次经历设备开停车，密封气各项指标受控，干气密封完好。

干气密封安装数量为四套，每次更换干气密封约花费 65 万元。运行至 2024 年，约节省 65×3＝195 万元。

乙烯厂低密度聚乙烯车间新挤压造粒熔融泵减速机 2YR-7004 国产化技术攻关

完成人：刘庆龙　周大朋　石全生　常恕安　于海涛　徐　达　王庆程
于春元　李永良　张文彬　孙东宇　姜　磊　常东海　许兰英

（中国石油吉林石化公司乙烯厂）

1　项目背景

2020 年 6 月 16 日低密聚乙烯装置按照生产计划安排进行周期性清洗检修，在对新造粒机组熔融泵减速机 2YR-7004 进行内部检查过程中发现输入轴伞齿轮 G1 齿根有裂纹。随即对该减速机 5 根齿轮轴进行全面拆检，发现输入轴伞齿轮齿面存在点蚀，其余齿轮轴和齿轮未发现异常。经过受力分析计算和承载能力计算，对输入轴伞齿裂纹进行修复，于 27 日设备投用运行。针对该减速机设备隐患，对比进口设备价格和设备性能参数，研究决定进行国产化攻关。

2　总体情况

减速机 2YR-7004 简介

减速机型号：CMP320；

额定功率：550kW；

输入轴转速：115~898rpm/min（恒定转矩），898~1150rpm/min（功率恒定）；

输出轴转速：4.2~32.7rpm/min（恒定转矩），32.7~41.9rpm/min（功率恒定）；

减速比：1：27.435；

工作温度：正常工作使用环境温度范围：5~40℃，加载后使用温度不大于 80℃；

减速机结构型式：箱体水平剖分，一级伞齿加三级平行轴传动的紧凑式齿轮箱（图 1、图 2）；

使用润滑油：昆仑 L-CKD220 重负荷齿轮油，加油量 280L；重量：7500kg。

3　技术路线和技术亮点

由于进口备件价格高且采购周期长，工厂克服困难组织邀请公司专家及大连华锐重工技术专家进行技术论证，同时根据减速箱结构进行力学分析，决定 2YR-7004 减速机进行国产化技术攻

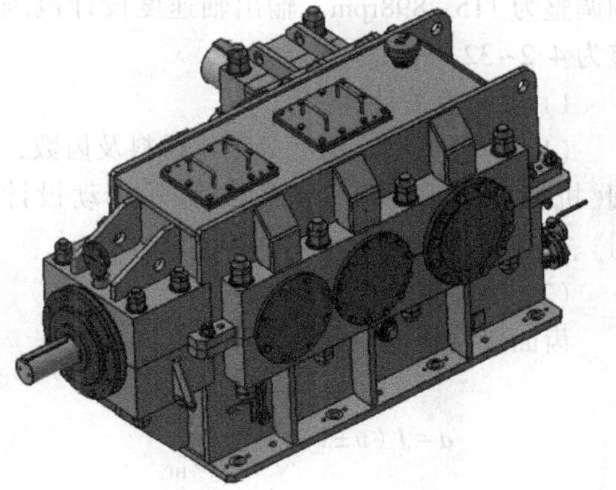

图 1　外形图

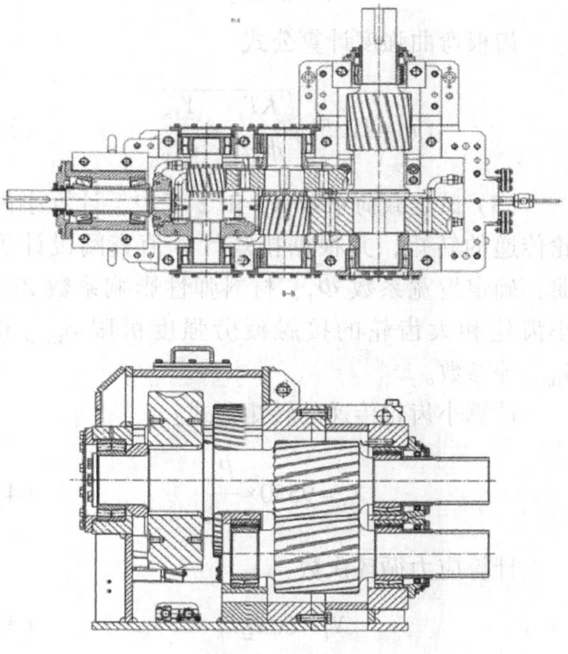

图 2　结构图

关。在2022年周期性清洗期间对2YR－7004新造粒熔融泵减速机进行国产化安装应用，截至目前减速机运行良好，各项指标符合原设计标准。

国产化攻关过程中，对该减速机与新造粒机组运行参数进行数据采集，同时对减速机运行载荷、减速比、扭矩等参数进行计算对比，将国产化减速机减速比调整为1：27.435；将减速机控制模式调整为扭矩/功率可变双控模式，分别为扭矩恒定模式及功率恒定模式，其中功率恒定模式下，输入轴速度设计范围调整为296～1150rpm，输出轴速度设计范围调整为32.7～41.9rpm。扭矩恒定模式下，输入轴速度设计范围调整为115～898rpm，输出轴速度设计范围调整为4.2～32.7rpm。

1）设计攻关计算：

（1）齿轮类型、精度等级、材料及齿数，查阅《机械设计手册第3卷》、《齿轮传动设计手册》、《锥齿轮公差标准DIN3965》

（2）齿轮选择及计算

齿面接触强度设计公式

$$a=J_e(u\pm1)\sqrt[3]{\frac{KT_1}{\phi_a u\sigma_{HP}^2}} \tag{1}$$

$$d_1=J_d\sqrt[3]{\frac{KT_1}{\phi_d\sigma_{HP}^2}\times\frac{u\pm1}{u}} \tag{2}$$

齿根弯曲强度计算公式

$$m=12.5\sqrt[3]{\frac{KT_1}{\phi_m z_1}\times\frac{Y_{FS}}{\sigma_{FP}}} \tag{3}$$

（3）试选载荷系数$K_t=1.2\sim2.2$，计算小齿轮传递的转矩，并根据扭矩计算值查阅设计手册，确定齿宽系数Φ_d、材料弹性影响系数ZE、小齿轮和大齿轮的接触疲劳强度极限δ_{Hlim1}和δ_{Hlim2}等参数。

计算小齿轮传递的转矩公式：

$$T_1=9550\times\frac{P_1}{n_1} \tag{4}$$

计算应力循环次数：

$$N_1=60n_1jL_h \tag{5}$$

（4）锥齿轮传动

锥齿轮用于传递相交轴之间的运动和动力（图3），无特殊要求是，取轴交角$\Sigma=90°$。

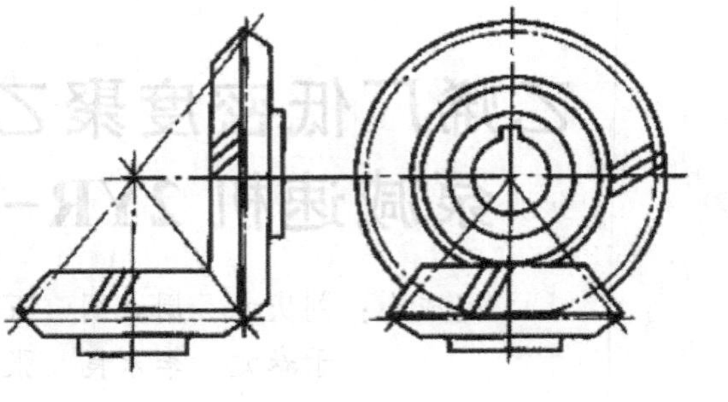

图3　锥齿轮传动

在充分考虑装置运行工况的同时，车间又详细查阅了该造粒机组历年事故事件，针对前期运行中出现的输入轴齿轮齿损伤等异常问题，在本次减速机国产化改造中重点考虑齿轮负荷问题，优化调整了齿轮齿型，针对性提高了输入轴齿轮负载，可以充分延长减速机使用寿命。

2）运行数据对比

减速机整体更换后运行情况正常，前后运行数据对比如下：

（1）驱动电机电流：

更换前410～450A；更换后410～450A。

驱动电机为变频电机，电流与造粒负荷有关，总体对比电流更换前后变化不大。

（2）减速机监测数据对比：

6A（减速机输出轴外壳体振动点）：更换前0.4～0.5μm；更换后0.2～0.4μm。

6B（减速机驱动端轴外壳体振动点）：更换前0.9～1μm；更换后0.4μm。

（3）驱动端轴承温度：

更换前50～55℃；更换后52～55℃。

减速机运行声音明显降低。

4　应用场景

造粒挤出机预防性维修，按照参考日方减速箱轴承更换周期、对轴承和主要受力的齿轮进行储备，结合装置自身运行情况，每1～2个大修周期对轴承及齿轮进行检查、更换。

5　项目效果和效益分析

减速机振动及运行噪音明显降低，运行参数达到预期效果，为新造粒机组长周期运行提供可靠保障。

节省进口备件采购费用120万元。

图 4　更新前的减速机

图 5　更换的减速机

某厂乙丙橡胶装置挤出机增压齿轮泵减速机国产化应用研究

完成人：唐　闯　侯广宇　周天诣　张　鹏

（中国石油吉林石化公司有机合成厂）

1　背景概况

某厂乙丙橡胶装置 Z401 挤出机，型号：R305-30.55W-3V-GP，是日本制钢所广岛制作所（日）制造，1997 年投产，运行至今已 27 年，挤出机机组由双螺杆挤出部分、增压齿轮泵、筛网变换器、水下切割单元组成，作用是把 90% 浓度的胶乳经过双螺杆的挤压、捏合脱出 10% 的溶剂，经过增压齿轮泵加压、通过筛网变换器过滤杂质，在水下造粒后用水输送到脱水机进行脱水。乙丙胶牌号较多，门尼值范围比较广，对挤出机的适应性要求也较高。该机在乙丙橡胶流程中是承上启下的重要设备，也是橡胶生产至关重要的关键机组（图 1）。

2　设备故障经历

乙丙橡胶产品开发多半走自主研发道路，先后开发出了 J0010、J3092E、J3080、J2070、J0050 等牌号，但这其中大部分的产品并不适用于 Z401 挤出机的设计要求，理论计算也无经验，其中关键技术参数是否满足生产高门尼的 J-3092E、J2070、J-3080 不清楚，尤其在产品门尼上的波动，致使挤出机万向联轴节，增压齿轮泵，增压齿轮泵减速机多次故障停车。2015 年 8 月至 2019 年 6 月增压齿轮泵减速机国产化攻关期间，因 Z401 故障致使生产波动非计划停车次数明显增多，具体见表 1、图 2。

自主开发的生产的牌号门尼比较高，参数对比见表 2。

通过产品门尼计算联轴节受力，目前还没有具体并可靠的方法。我们可通过电机的实际功率大致进行计算：齿轮泵电机电流为 175A，转数 427 转/分。

电机输出功率：$P=1.732\times U\times I\times \cos\varphi=1.732\times 380\times 175\times 0.8=92.2kW$

转速 $n=350rpm$

电机扭矩：$T=9549\times P/n=9549\times 92.2/427=2062N\cdot m$

减速机输出扭矩 = 电机扭矩×减速比 = $2062\times 18=37116N\cdot m$

图 1

表 1

时间	故障类型	停车时间	生产牌号
2015.8.4~8.8	万向联轴节断裂	96 小时	J3092E
2016.3.8~3.10	万向联轴节断裂	48 小时	J3080
2016.7.4~7.17	增压齿轮泵减速机齿轮断齿	312 小时	J2070
2017.1.9	增压齿轮泵减速机齿轮断齿	72 小时	J2070
2018.1.5	增压齿轮泵减速机齿面磨损	72 小时	J2070
2019.6 大检修	增压齿轮泵减速机国产化更新攻关		

增压齿轮泵齿面点腐磨损

齿轮泵减速箱开低门尼胶乳时齿轮状态

齿轮磨损照片1

齿轮磨损照片2

图 2

表 2

牌号		门尼值	
		100℃	125℃
开车日本提供	4045	40~50	
开车日本提供	3072E	71.4~85.4(计算值)	47~57
开车日本提供	4095	84~103.6(计算值)	56~70
自行开发	J-0010	8~13	
自行开发	J-3092E	91~105(计算值)	61~71
自行开发	J-4090	89.6~103.6(计算值)	60~70
自行开发	J-2070	62.2~74.2(计算值)	39~49
自行开发	J-3080	96.6~110.6(计算值)	65~75

如图 3 所示，由图纸我们可以看到：联轴节正常工作扭矩为 15.7kN · m，最大扭矩为 25.1kN · m。在超出许用载荷的作用下，联轴节发生断裂。

如表 3 所示，从对比参数看 C 线挤出机能力比 A 线大，适应的门尼范围宽；尤其是齿轮泵的数据变换比较大. 齿轮泵的万向联轴节扭矩值大 2.67 倍，说明此值的设计与胶的门尼值增大不是线性倍数的关系，减速机的减速比也有2.55倍关系，C线齿轮的转速低且承受扭矩大。从实际运行的参数看同样挤出量时齿轮泵的转速A线比C线的速度值大，C线各项强度数值都远大于A线。

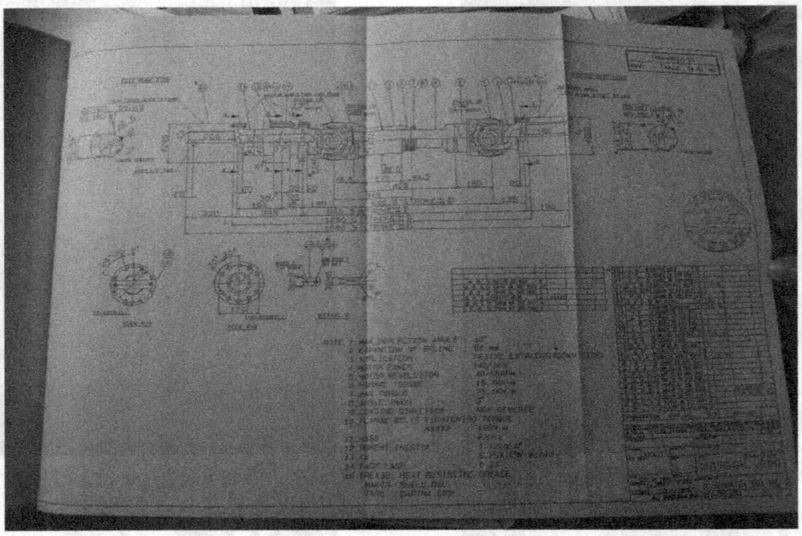

图3

表3　A线和C线挤出机齿轮泵参数对比

项目	主机型号	能力	门尼范围	螺杆直径/mm	螺杆长径比	主机电机功率/kW	主电机转速/rpm	主机转速/rpm
A线	R305-30.5SW-3V+GP	1.3~4.0t/h	8~95(经验值)	305	30.5	850	100~1000	5.5~55
C线	R305-30.5SW-3V+GP	1.8~5.0t/h	8~105(设计值)	305	30.5	1000	103~1026	6.6~66
项目	齿轮泵型号	齿轮泵电机功率/kW	齿轮泵电机转速/rpm	齿轮泵转速/rpm	万向联轴节最大扭矩/kN·m	万向联轴节正常扭矩/kN·m	齿轮泵减速机减速比	
A线	GP224T	140	100~1000	5.5~55	25.1	16.7	1：18.1	
C线	GP280T	200	128~1276	2.1~27.6	66.9	44.6	1：45.89	
项目	筛网变换器型号	筛网变换器过滤面积/cm^2	切割系统转速/rpm	切割系统电机功率/kW	磨面孔的数量	磨面材质		
A线	NSC200DBW	718	65~650	75	904	碳化钨		
C线	NSC250DBW	1164	75~750	110	1080	碳化钛		

3　近几年来维护方式

针对挤出机运行服役年限较长，故障频发的状况，车间根据实际制定了高门尼牌号挤出机特保特护运行方案，从工艺负荷，齿轮泵转数，电流值，PC417压力控制，齿轮泵温度控制，日常巡检，应急抢修等各个方面进行了要求，经过不懈的努力，基本控制住了故障频发的状况，从突发性抢修向计划性检修迈进坚实一步，其中采取了以下措施。

（1）加强定期工作

每周对增压齿轮泵减速机进行开检查孔检查，对齿面磨损状态进行连续跟踪，充分掌握设备运行状况。

（2）高门尼产品改线生产

C线的挤出机无论从新旧程度，门尼适用范围，承受扭矩能力都要比A线20多年的老机组强很多，因此车间根据生产实际将门尼较高的

J3092E，J3080 等高门尼牌号改线至 C 线生产。

（3）备件准备到位

为应对突发状况，将故障率较高的增压齿轮泵减速机二级、三级齿轮组、万向联轴节等关键备件准备充足，减少故障检修时间，降低影响生产程度。

（4）攻关背景

经历近几年的各类大小故障，以厂长带领的攻关团队，一直没有对挤出机的运行放松警惕，虽然生产能够稳定了，但一些细节问题并未完全解决，齿轮备件加工精度难以保证，备件存在批次差，国产备件运行时间不足一年，减速机拆装更换齿轮组时间较长难度较大，有时还要反复拆装试运，增加了运行的不确定性。攻关组根据以上问题提出了进行增压齿轮泵减速机整体更新的思路，经过费用对比，论证研讨，决定与大连华锐重工集团合作进行减速机国产化更新改造。

4　攻关过程遇到的困难

新减速机到货后，在装置年度大检修期间，决定对减速机进行更换，期间遇到了以下几个问题。

（1）机组找正出现较大偏差

挤出机因是常年高温运行，且机组外形较长，日方设计时已考虑到机体膨胀问题，但在这之前我方安装人员对此并无经验，膨胀量多少？数据如何计算？等问题都是比较难以攻克的难关。新减速机坐定后，进行初次找正，发现偏差数值大得惊人，达到 25mm，这在机械上是根本无法找正的。设备管理人员在现场蹲了一天终于发现机体膨胀这个问题，他提议对机组进行整体加热至工作温度后再重新找正，因减速机与齿轮泵间距较大，激光找正已超出范围，为此又专门制作了找正工具。待机体温度升至工作温度后，机体膨胀量也测量出来，最后通过专用工具使两侧内外表达到±0.05mm 要求内。

（2）万向联轴节短接错口，无法连接

顺利完成找正工作后，在连接万向联轴节时，发现新减速机的三级传动轴上部无法与万向联轴节连接，错口角度偏差 5mm。将连接短接拆除，重新加工法兰后回装，连接错口问题解决。

（3）新减速机电机侧联轴节处间距较小，膜片联轴器无法安装。

该减速机是先将输入轴位置定准后再进行电机侧的输入端的找正，但在找正后回装联轴器时又发现，轴端间距较窄，无法安装联轴器。重新制作联轴器法兰，安装后正常（图 4）。

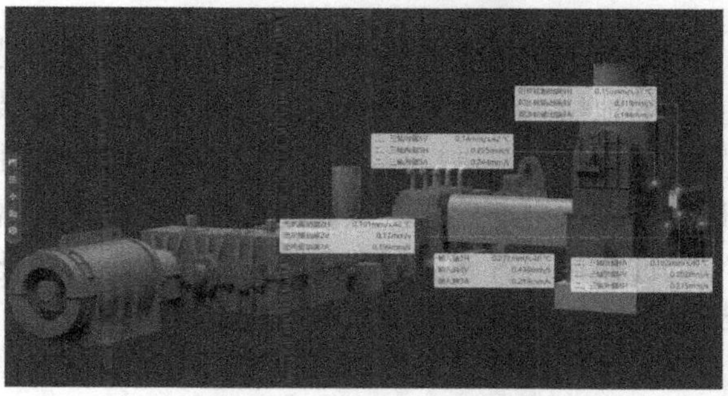

图 4　新减速机安装后各参数运行正常

5　效益测算

新设备未更换前，每年因增压齿轮泵故障造成非计划停车两次，其中消耗备件费用：轴承 15 万元/年，齿轮组件 56 万元/年，润滑油：2 万元/年，油封：1.5 万元；因非计划停车产生的工艺损失：损失正品胶量 420 吨；按每吨利润 1.1 万元计算，每年减少非计划停车可多创效 420 万元。因此更换国产减速机后的总效益为 494.5 万元。

6　攻关效果评价

乙丙装置开车后，挤出机运行正常，更换的国产化减速机运行平稳，无杂音，电流值在可控范围内。经半年运行，每周依然进行开检查孔检查，减速机齿面无磨损现象发生。经几个牌号周期的检验，挤出机都无较大问题发生，攻关效果达到预期。车间将继续对该减速机进行特保特护运行维护，保证机组安稳运行。

进口功率控制器国产化的实践与探索

完成人：王玮琦　陶传志　唐龙庆

（中国石油大庆炼化分公司）

1　项目背景

随着炼化企业产品在国民生活中占据越来越重要的地位，炼化装置的连续运行至关重要，装置内部一些重要进口设备达到甚至超过其正常使用寿命，在定期检修、试验的条件下，仍然出现零部件损坏或者元器件老化等不利情况，对炼化装置的长周期运行构成严重威胁。

大庆炼化公司 30 万吨/年聚丙烯一期装置、聚丙烯二期装置是中国石油天然气集团公司的核心装置之一，一整套聚丙烯装置主要分为三个部分：聚合单元、造粒单元以及包装单元，其中造粒单元在整个聚丙烯生产环节中具有承上启下的核心作用，造粒单元的部分重要设备出现异常或故障，将造成整套聚丙烯装置联锁停工。

挤压筒体是聚丙烯颗粒生产的核心环节，影响聚丙烯颗粒质量的关键因素包含挤压筒体的温度、导热油的温度、冷却水的温度等等，其中挤压筒体外部需要加热板加热，保持聚丙烯料浆的黏稠度，温度过高或过低均会降低聚丙烯颗粒质量，甚至导致切粒刀缠刀装置停工；切粒模板需要导热油持续加热维持一定温度，防止聚丙烯颗粒冷却变硬，阻塞模板。

因此，挤压筒体加热板、切粒模板导热油的温度控制在整个聚丙烯颗粒生产工艺流程中影响巨大。

2　总体情况

大庆炼化公司 30 万吨/年聚丙烯一期装置、聚丙烯二期装置造粒单元挤压筒体加热板、导热油的温度由晶闸管功率控制器控制，共有晶闸管功率控制器 22 台，其中聚丙烯一期造粒单元挤压筒体加热板晶闸管功率控制器 7 台、导热油晶闸管功率控制器 5 台，聚丙烯二期造粒单元挤压筒体加热板晶闸管功率控制器 7 台、导热油晶闸管功率控制器 3 台（图 1～图 4）。

图 1　聚丙烯一期装置造粒单元切粒模板导热油

图 2　聚丙烯一期装置造粒单元挤压筒体及加热板

图 3　聚丙烯一期装置造粒单元导热油加热控制器

图 4　聚丙烯二期装置造粒单元筒体加热板加热控制器

两套聚丙烯装置造粒单元采用的晶闸管功率控制器是日本东洋电机株式会社成套进口设备，运行时间最长甚至超过 15 年，价格昂贵且说明书均为外文，售后极为困难，经济上不仅与炼化企业提质增效的理念相悖，技术上还受制于外国企业，两项不利条件严重影响大庆炼化公司两套聚丙烯装置的长周期运行。因此，晶闸管功率控制器的国产化刻不容缓。

3　技术路线和技术亮点

晶闸管功率控制器(也称：电力调整器)在炼化企业广泛应用于筒体、热油等的加热控制，是一种以晶闸管(也称：可控硅)为主要元器件，以智能数字控制电路为核心的电源功率控制电器。晶闸管功率控制器通过对电压、电流和功率的精确控制，从而实现精密控温。并且凭借其先进的数字控制算法，优化了电能使用效率，满足现场控制要求。

大庆炼化公司两套聚丙烯装置造粒单元采用原装进口东洋 XP3 型功率控制器，为了实现功率控制器的国产化，大庆炼化公司电仪运行中心领导组织牵头，成立攻关小组，合理分工，对功率控制器从软件和硬件两个方面出发进行深入研究、探索。

1）软件方面

日本东洋 XP3 型功率控制器技术说明书全篇为日文，为了深入了解和掌握该型号功率控制器的原理和技术特点，攻关小组对日文说明书进行逐字翻译，填补该进口设备技术资料的国内空白，通过研究分析日本东洋 XP3 型功率控制器技术说明书，发现该控制器具有：限流率控制、软启动控制、加热器断线检测、加热器断线检测值清空、可控硅整流元器件异常检测、过流异常检测等功能，这些关键技术资料的获得为更好的匹配国产功率控制器提供强力支持(图 5、图 6)。

2）硬件方面

日本东洋 XP3 型功率控制器由触发板、专用散热器、风机、外壳、控制板与可控硅模块等组成；攻关小组对日本东洋 XP3 型功率控制器的结构组成、接线方式及控制原理图进行深入研究、分析，在满足原设计的控制要求和接线方式方面下功夫，详细对比，理论联系实际，对功率控制器国产化提供关键支持(图 7、图 8)。

3. 各部の名称と機能

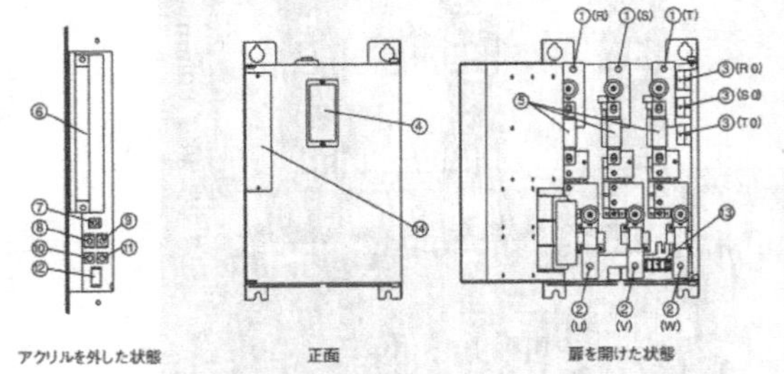

番号	名称	機能	備考
①	主回路電源端子	主電源へ接続	
②	主回路負荷端子	負荷へ接続	
③	制御電源端子	基板用電源端子	
④	シートキー設定器	各種設定用（XP-SK、XP-SC：オプション）	
⑤	速断ヒューズ	サイリスタ素子保護用	
⑥	操作端子台（TB1）	制御信号入出力用	
⑦	ヒータ断線検出用基準値スイッチ	ヒータ断線検出機能の基準値設定用	注1
⑧	ヒータ断線率用ロータリー SW	ヒータ断線検出機能の断線率設定用	注1
⑨	ソフトスタート用ロータリー SW	ソフトスタート時間設定用	注1
⑩	勾配ボリューム	勾配率設定用ボリューム	注1
⑪	限流ボリューム	限流率設定用ボリューム	注1
⑫	7 セグメント LED	異常識別用 7 セグメント	注2
⑬	冷却ファン・アース用端子台（TB3）	200／220V 以外の主電源の場合、200V 接続必要	注3
⑭	アクリルカバー	制御端子保護カバー（M3 ネジ止め）	

9.2 エラーコード表

ユニットが異常を検出した場合、本体 7 セグメントおよび設定器にエラーコードが点滅し、下記のエラーコードを表示します。対策、制御状態および解除条件などを下記に示します。

（　）内はオプションの「シートキー設定器」の表示

エラーコード	内容	
0 または 0 の回転	名称	正常動作
	対策	——
	異常出力	——
	出力制御	——
	異常出力解除条件	——
1（E01）	名称	逆相異常
	対策	電源端子接続の確認
	異常出力	励磁
	出力制御	制御停止
	異常出力解除条件	電源再投入
2（E02）	名称	ヒューズ断線
	対策	ヒューズ点検／交換
	異常出力	重故障　励磁
	出力制御	制御停止
	異常出力解除条件	電源再投入
3（E03）	名称	サイリスタ素子異常／負荷開放検出
	対策	電源ラインの点検／負荷の点検／ユニット交換
	異常出力	重故障　励磁
	出力制御	制御停止
	異常出力解除条件	電源再投入
4（E04）	名称	ヒータ断線検出異常　＊1
	対策	負荷の点検／交換
	異常出力	軽故障　励磁
	出力制御	制御継続
	異常出力解除条件	負荷改善後、自動復帰
5（E05）	名称	温度異常　＊2
	対策	冷却改善／ファン交換
	異常出力	軽故障　励磁
	出力制御	制御停止
	異常出力解除条件	温度低下後、自動復帰
6（E06）	名称	通信異常　＊3
	対策	設定器の交換、本体制御基板故障
	異常出力	非励磁
	出力制御	制御継続
	異常出力解除条件	設定器交換、ユニット交換
7（E07）	名称	欠相／瞬停検出
	対策	電源ラインの点検
	異常出力	軽故障　励磁
	出力制御	制御停止
	異常出力解除条件	復電後、自動復帰
8（E08）	名称	過電流検出異常
	対策	負荷の点検
	異常出力	重故障　励磁
	出力制御	制御停止
	異常出力解除条件	電源再投入
9（E09）	名称	周波数判別異常
	対策	電源ラインの点検
	異常出力	重故障　励磁
	出力制御	制御停止
	異常出力解除条件	電源再投入

图 5　日文技术说明书

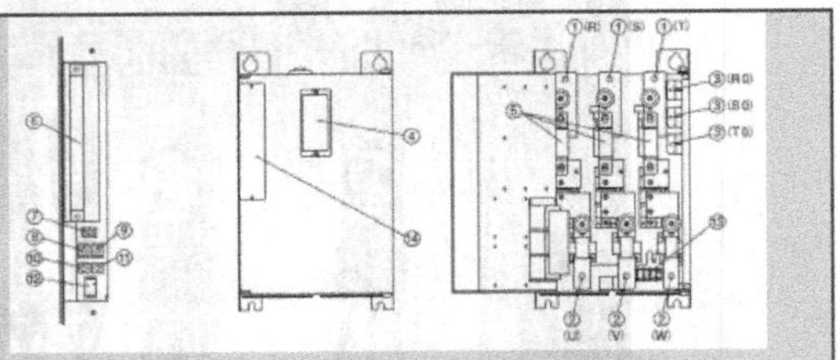

1、主电源接入端子；

2、负载输出端子；

3、控制电源端子（三相）；

4、设定器；

5、速断保险，位于可控硅上侧、主电源下侧；

6、二次端子排（TB1），用于控制信号输入输出；

7、加热器断线检测用开关（HP），用于加热器断线检查功能标准值的设定；

8、加热器断线斜率用转盘开关（HBR），用于加热器检查功能断线率的设定；

9、软启动电路转盘开关（SOFT），用于软启动电路的时间设定；

10、勾配率（倾斜度）设定用转盘开关（GAIN）；

11、限流率设定用转盘开关（C.LIMIT）；

12、7 扇形 LED，识别异常用 7 扇形齿轮，正常情况下旋转，转速越快，输出越大，故障时停止旋转；

13、冷却风扇接地端子 TB3。

14、透明树脂罩子，用于保护控制端子的罩子。罩子左侧端子接线无罩子。

9.2 故障代码表

如果设备在运行过程中检测到异常情况，主机通过 7 段液晶屏打出下表中的故障代码，下表介绍了对策、异常输出及应对方法等。

代码	内容	
0 旋转	名称	正常动作
	对策	
	异常输出	
	输出控制	
	异常输出解除条件	
1（E01）	名称	相序异常
	对策	电源端子和控制端子反向
	异常输出	励磁
	输出控制	停止
	异常输出解除条件	电源再投入
2（E02）	名称	快熔断线
	对策	检查或更换熔断器
	异常输出	重故障 励磁
	输出控制	停止
	异常输出解除条件	电源再投入
3（E03）	名称	可控硅异常或负荷开路
	对策	检查电源/检查负荷/检查可控硅
	异常输出	重故障 励磁
	输出控制	停止
	异常输出解除条件	电源再投入
4（E04）	名称	负荷断线检查异常
	对策	检查负荷/更换负荷
	异常输出	轻故障 励磁
	输出控制	继续运行
	异常输出解除条件	改善负荷后自动恢复
5（E05）	名称	温度异常
	对策	改善环境温度/更换风扇
	异常输出	轻故障 励磁
	输出控制	停止
	异常输出解除条件	温度下降后自动恢复
6（E06）	名称	
	对策	
	异常输出	
	输出控制	
	异常输出解除条件	

图 6　中文技术说明书

从技术指标、控制方式、设备成本等多个方面出发，攻关小组对数个国产晶闸管功率控制器进行综合对比分析，研究发现杰顿科技有限公司生产的 JS3K@ -3PH 三相晶闸管功率控制器满足上述技术、安装要求，性能优越，完全可以替代日本进口东洋 XP3 型功率控制器，实现国产化（图 9~图 11）。

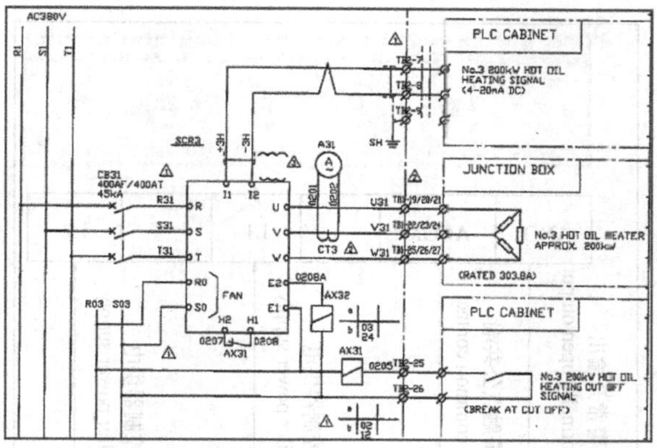

图 7　晶闸管功率控制器电气原理图(日本东洋 XP3)

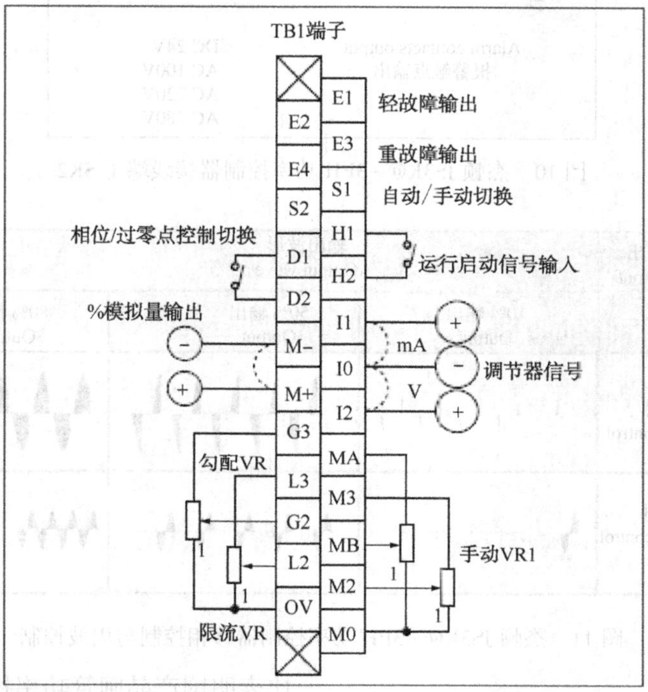

图 8　晶闸管功率控制器端子功能图(日本东洋 XP3)

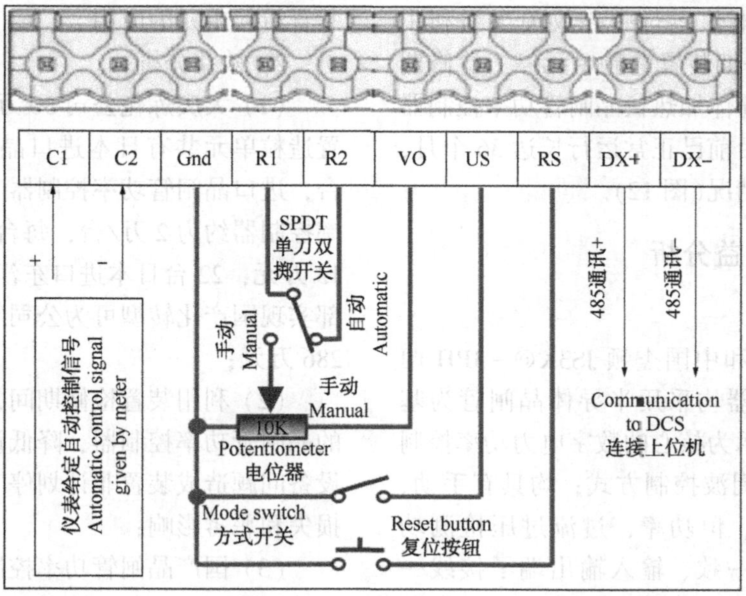

图 9　杰顿 JS3K@ –3PH 功率控制器接线端子 SK1

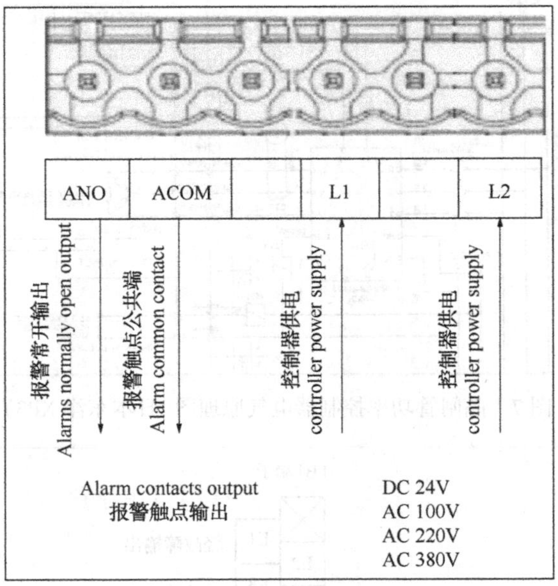

图 10　杰顿 JS3K@ -3PH 功率控制器接线端子 SK2

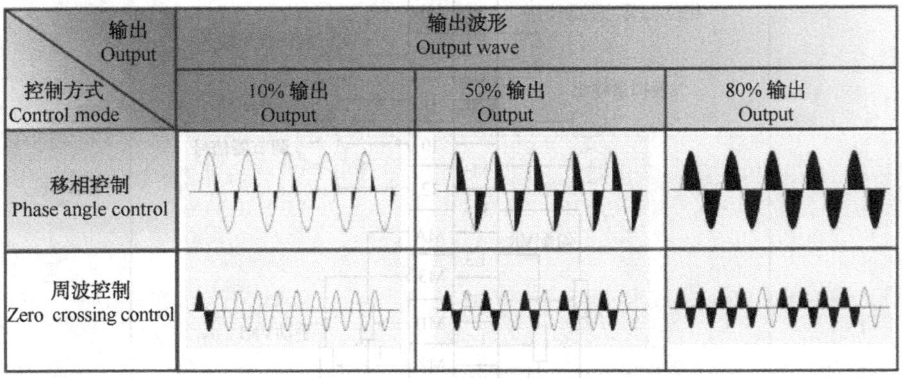

图 11　杰顿 JS3K@ -3PH 功率控制器移相控制与周波控制

4　应用场景

大庆炼化公司电仪运行中心攻关小组利用 30 万吨/年聚丙烯一期装置造粒单元停工检修期间，对挤压第 5 段筒体加热板晶闸管功率控制器进行国产化改造，目前已正常运行长达 36 个月，无任何故障及异常情况(图 12)。

5　项目效果和效益分析

1）项目效果

日本东洋 XP3 和中国杰顿 JS3K@ -3PH 两款晶闸管功率控制器均采用半导体晶闸管为基础，以数字处理技术为核心的数字电力功率控制器；均采用移相和周波控制方式；均具有手动、自动，恒流、恒压、恒功率，过流过压检测功能，外部输入信号一致、输入输出端子接线一致。国产化改造后，通过实际工况运行，试验对比表明国产晶闸管功率控制器在性能和控制方面可完全替代进口东洋晶闸管功率控制器在聚丙烯装置造粒单元的应用。

2）效益分析

（1）大庆炼化公司 30 万吨/年聚丙烯两套装置造粒单元共有日本进口晶闸管功率控制器 22 台，进口晶闸管功率控制器 15 万/台，国产的功率控制器约为 2 万/台，每台可节约费用 12 万～13 万元，22 台日本进口东洋 XP3 功率控制器全部实现国产化转型可为公司节约费用约 264 万～286 万元；

（2）利用装置检修期间，及时更换到达寿命的晶闸管功率控制器，降低设备故障率，避免因设备问题造成装置非计划停工，造成巨大的经济损失和恶劣影响；

（3）国产晶闸管功率控制器可广泛应用于工业各领域的电压、电流、功率的调节，适用于电阻性负载、电感性负载、变压器一次侧等，主要应用如下：

① 以镍铬、铁铬铝、远红外发热元件及硅钼棒、硅碳棒、钼丝、石墨、白金漏板等为加热元件的温度控制；

② 盐浴炉、工频感应炉、淬火炉、熔融玻璃的温度控制；

③ 整流变压器、电炉变压器一次侧控制；

④ 真空镀膜设备、拉丝机变压器一次侧等；

⑤ 三相力矩电动机的速度控制；

⑥ 电压、电流、功率、灯光等无级平滑调节；

⑦ 恒压、恒流、恒功率控制；

晶闸管功率控制器应用十分广泛，在炼化企业中可进行推广使用。

(4) 从长远来看，晶闸管功率控制器的国产化应用还将推动国内电力电子技术的自主创新和发展。通过不断的技术创新和升级，国内电力电子产业将逐渐摆脱对进口技术的依赖，实现更加独立和可持续的发展。

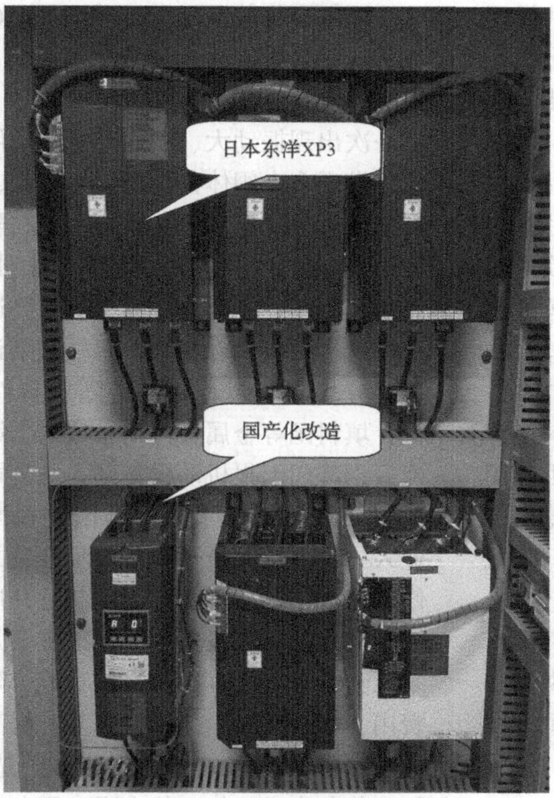

图 12 杰顿 JS3K@ -3PH 功率控制器

加氢裂化装置进口注塞泵备件国产化技术攻关

完成人：高仁鹏　周世文　董　健　孙中新　李晓峰　杨远鹏　范佳男

（广东石化有限责任公司炼油三部　江南石化机械有限责任公司）

1　项目背景

广东石化370万吨/年加氢裂化装置共设置高压注水泵2台，1开1备。该泵型式为卧式往复7柱塞泵，由意大利贝洛尼泵业有限公司制造。

该柱塞泵结构复杂，易损件多，故障率高。通过运行一年多的情况来看，每3~4个月就因故障停机一次，进行紧固或更换填料、更换进出口阀门组件或弹簧、更换主副填料函组件等故障维修。随着服役年限增加，运动部件磨损加剧，需更换的备件会越来越多。因该泵原装进口备件价格昂贵，订货周期长，而且原设计的填料函等备件材质为碳钢，等级较低、腐蚀严重、拆卸困难，精度下降，不能满足注水泵长周期平稳运行要求。为了解决上述问题，节约生产成本，降低检修费用，同时确保急需备件能快速加工供货，满足装置连续注水要求，将进口柱塞泵备件国产化作为降本增效、保障安全生产的技术攻关课题，降低备件成本，缩短供货周期，摆脱国外技术垄断，规避进口备件“卡脖子”风险。

2　总体情况

加氢裂化装置高压注水泵2401-P-0105A型号为Titano 3140S-Ø 75×120，设计流量32m³/h、出口压力16.795MPaG，转速151rpm，电机额定功率220kW，该泵于2022年11月安装调试、单机试运完毕。

该泵为2013年项目前期采购的设备，在当时按照设计参数和应用业绩，无合适的高速泵和多级离心泵泵型，所以选择了国内加氢装置应用最多的意大利贝洛尼柱塞泵。柱塞泵的最大缺点是流量脉动，极易造成泵体和相连管路振动超标，虽然设计上对整个高压注水系统进行了脉动分析，但对于柱塞泵在故障状态下（如阀弹簧损坏、填料泄漏大、密封圈失效等）运行时，依然会产生较大振动，严重影响设备安全运行。

加氢裂化装置于2023年1月16日一次开工成功，正式投入生产运行。装置运行2个多月，高压注水泵2401-P-0105A于2023年3月24日第一次出现振动大、响声异常故障停运，解体后检查发现多个阀体密封圈损坏失效，造成介质内漏，高压窜低压产生冲击振动。在随后的运行过程中，5月27日、10月8日、11月29日相继因阀弹簧损坏、填料泄漏大等故障停运3次，故障率较高，更换配件频繁。因柱塞泵订货时只采购了部分填料、阀芯和弹簧随机备件，其他阀组件、填料函等金属备件均未采购。第一次出现故障后，部门汇报机动设备部，与公司机加工维保单位-浙江江南石化机械有限公司沟通，安排专业人员到现场测绘易损备件尺寸，并以最短时间修复完成损坏的零部件，回装后开启运行正常。

实施柱塞泵备件国产化，主要是为了使柱塞泵能够更好地发挥其自身的功能，降低设备维修费用，出现故障后能尽快修复，提高设备运行可靠性。备件国产化实施单位必须选择人员素质好、装备先进、加工能力强、服务质量高的国内设备制造企业来协助完成。经调研，浙江江南石化机械有限公司具备上述条件，并且已有十几台进口设备备件国产化经验，又是广东石化机加工维保单位，在厂区附近设有机加工中心，具有完备的质量管控体系，适合承担该柱塞泵备件的国产化改造实施工作。

3　技术路线和技术亮点

调研借鉴国内同行进口泵备件国产化改造经验，由浙江江南石化机械有限公司（以下简称：江南石化机械）协助实施柱塞泵备件国产化攻关。针对国产化攻关内容及目标，编制柱塞泵备件国产化实施方案。首先，采集柱塞泵备件相关数据，利用柱塞泵故障停运拆解机会，由江南石化机械技术人员对攻关备件进行尺寸测绘、材料成分分析、硬度以及加工精度检测等。其次，设计出图、加工制造阀体、阀芯、阀座、阀弹簧等首批易损备件。再次，对加工完成的国产备件进行性能监测或性能试验，并与原装进口备件进行比较。最后，在高压注水泵2401-P-0105A上进行应用试验，达不到进口备件性能的持续改进直至达标，并对部分备件材质由碳钢升级为304不锈钢。此次攻关目标是实现柱塞泵全部备件技术性能和使用寿命均达到或超过进口备件，降低备件采购周期和维护费用，满足柱塞泵平稳运行要求。

4 应用场景

广东石化加氢裂化装置设计规模为370万吨/年处理量，年操作时间8400小时，操作弹性60%~110%。原料为委油中质减压蜡油、中东油中质减压蜡油以及少量重芳烃，主要产品为重石脑油、航煤、柴油和尾油、轻石脑油。装置由反应、分馏和公用工程部分组成，采用UOP公司的两段全转化加氢裂化工艺技术，中国石油工程建设公司为EPC总承包商，中石油华东设计院负责基础设计和详细设计，中油一建施工。2020年1月开工建设，2022年7月中交，2023年1月投料试车。

加氢过程中生成的H_2S、NH_3和HCl，在结盐温度以下会生成NH4Cl和NH4HS的晶体，沉积在低温换热器和空冷器管束表面，引起系统压降增大。为了避免铵盐结晶析出，在反应产物进入低温换热器和高压空冷器前通过加注高压水来溶解铵盐，减缓设备腐蚀，为此配置了高压注水泵。

5 项目效果和效益分析

2023年3月开始实施柱塞泵入口阀组件、出口阀组件、填料、主副填料函、填料压盖等备件国产化加工制造并投入试用，经过一年多的使用情况来看，备件运行稳定，质量可靠，价格低廉，技术性能不低于进口备件，部分备件的使用寿命比进口备件长，完全可以替代进口备件，达到了预期效果，实践证明进口柱塞泵备件国产化替代改造取得了阶段性成果。预计2024年12月，完成2401-P-0105A剩余备件(缸体、柱塞等)国产化攻关目标。经测算，备件国产化改造实施后，采购成本比进口备件降低约54%，每年至少可节省维修费用约120万元人民币，同时由于维修次数的降低，减少了维修废物的产生，产生一定的经济效益和社会效益。

中国石化沧州分公司进口机组及分析仪表国产化攻关项目

完成人：梅昌利　刘艳斌　杨洪彬　张洪伟　郑晶磊　唐万增
孙艳丽　王作涛　郭义昌　孙海军　刘军华

（中国石化沧州分公司）

1 项目背景

近年来随着生产工艺提升，对产品质量的要求越来越高，就要求生产所需的关键设备的运行水平和维保质量要求极高。在维保要求方面既要质量好，速度快，还要考虑成本因素，进口产品不能全部满足。在线分析仪表及进口关键机组国有产品起步较晚，因此在役的多为进口产品，在运行过程中，配件采购价格高，采购周期长，技术服务存在滞后，已经对公司的生产运行产生制约。为了大幅降低采购费用、大幅缩短采购周期，让技术服务响应及时，建立进口机组及关键分析仪表攻关项目。

2 总体情况

我公司共有 4 台进口空压机组，80 余台进口关键分析仪表。经过多年运行，空分装置空压机组扩压器的磨损，叶轮和扩压器间隙的变化，造成压缩机流量、压力的下降和喘振区的变化。2023 年对空分装置 4#空压机拆解检查，发现三级叶轮、扩压器磨损严重，如图 1 所示。

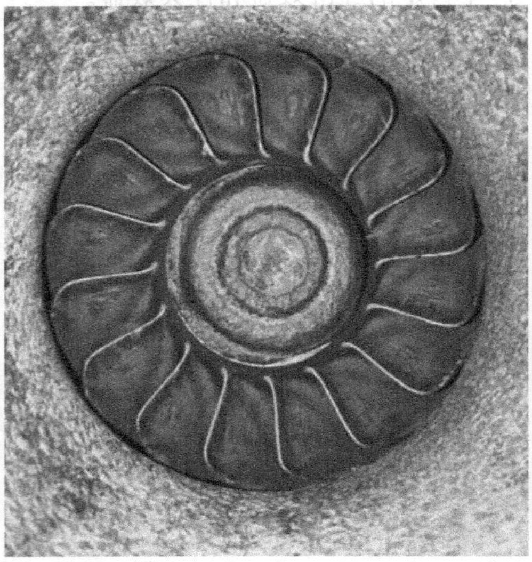

图 1　4#空压机三级叶轮、扩压器

焦化装置 F02 加热炉 CO 分析仪采用邦贝克 CO-3100 在线分析仪。分析仪使用中红外光源，可在烟道上直接测量，实现了实时在线分析，反应灵敏、精度高、测量快速。仪器正常使用 5 年后故障率大幅增加，配件采购周期长、价格贵，维护难度大(图 2)。

催化烟脱装置所有在线 pH 计为梅特勒托利多公司在线冲洗 pH 计。因介质脏、含有杂质，酸碱浓度高等因素，一直存在寿命短、维护难度大、成本高等问题(图 3)。

图 2 焦化装置 F02 加热炉 CO 分析仪

图 3 催化烟脱装置 AT16302 在线 pH 计

3 技术路线和技术亮点

通过前期大范围调研，选取石化企业同类装置已有运行经验的成熟产品，进行逐步的替代，如空压机扩压器、总硫分析仪、水质分析仪等。先选取非关键部位，与运行部进行工况的详细分析，与国产化厂家进行技术交流，对产品进行适合公司工况的改进，试运行，经运行验收合格后进行推广，逐步进行替代。替代产品投用一段时间验收后，分析数据合格，满足生产需求，再全厂全面推广。

国产化替代后，采购价格大大降低，分析仪表及关键机组配件价格至少降低 30%以上。采购周期由原来 3~6 个月降低到 1~2 个月，极大提高了故障处理速度。维护、维修等售后难度也大大降低。进口产品一般采取代理制，售后人员缺失，资料不完善，维护难度大。国产化后完全解决了以上难题。

4 应用场景

因体积小、性能好，英格索兰品牌的空压机在中石化各个企业中应用非常广。进口空压机组扩压器、叶轮等部件的国产化应用技术突破，具有非常广泛的应用前景，适合大范围的推广，产生非常好的经济效益。

常减压、烟脱等装置的 pH 计工作环境恶劣，进口设备因采购周期长、价格贵等原因，一般使用情况较差。同时因 pH 计一般需要采购到货后及时使用，否则存在寿命消耗等问题，造成实际使用时间减少。经过多个测量点位全面国产后，完全解决了以上难题，适合全面推广。每个炼化企业至少 80 套以上 pH 计算，因采购周期短，可采用每年节省大量配件采购费用及维保投入。

5 项目效果和效益分析

对空分装置 4#空压机其叶轮、扩压器进行国产化。目前运行电流为最大电流 37A，状态稳定。对三级叶轮、扩压器进行国产化，与进口相比节约采购费 40 余万元。配件采购时间减少 50%以上(图 4)。

对空分装置 1#空压机和 5#空压机联轴器、密封圈、冷却器等配件由进口英格索兰改为国产，节省配件费用 62 万元，配件采购时间减少 50%以上(图 5)。

储运部北区油气回收压缩机由进口纳士改为国产，费用节省 10 万元，返厂检修周期由三个月降低到半个月(图 6)。

焦化装置 F102 炉 CO 分析仪通过多方对比、攻关改造为国产品牌。该分析仪采用固态激光光源，可在烟道上直接测量，实现了实时在线分析，反应灵敏、精度高、测量快速，基本无运维工作量。于 2022 年安装，截至目前使用正常，未更换配件。设备采购费用从百万级降低到原来四分之一，基本实现免维护，维护费用基本忽略(图 7)。

图 4　4#空压机三级叶轮、扩压器进口(左)与国产(右)

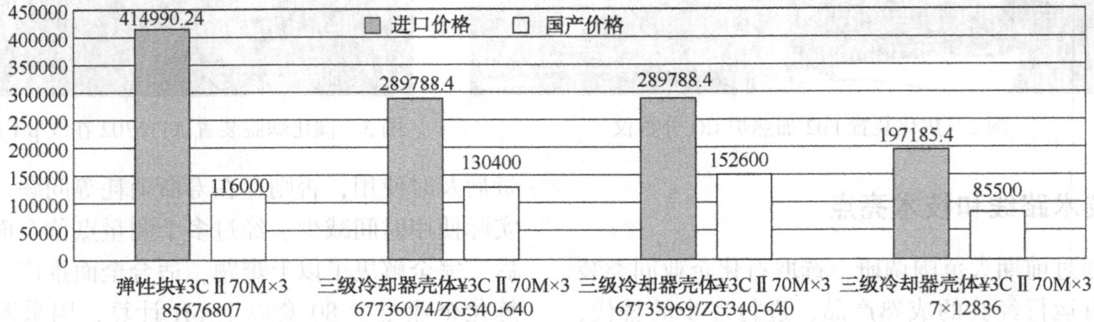

图 5　空压机典型部件进口和国产价格对比

图 6　储运部北区油气回收压缩机进口纳士

图 7　焦化装置 F102 炉国产 CO 分析仪

催化烟脱装置 AT16302 梅特勒电极测量滞后于工艺加碱操作，流通池后路改造成如照片反 U 形弯，保证电极测量点无气泡并充分浸泡在浆液里，显著改善了测量滞后问题，有效指导了工艺操作。设备采购价格降低到原来三分之一，配件采购价格降低到原来四分之一，寿命基本一致，维护难度大大降低(图 8、图 9)。

图 8　烟脱装置 AT16415B 国产 PH 分析仪

图 9　烟脱装置 AT16302 国产 pH 分析仪(右)

第三篇　工艺创新篇

常减压装置工艺防腐精准加注系统应用

完成人：杨　锋　任　刚　刘　昕　陈　江　刘　伟　张　林

[中韩(武汉)石油化工有限公司　杭州原创软件有限公司]

1　项目背景

目前国际上先进炼油企业已实现主要生产装置五年或六年一修的长周期运行，为企业带来了良好的经济效益。常减压装置作为炼油企业的龙头生产装置并为以后的二次加工提供原料，其长周期、安全、稳定的运行对整个炼油厂的生产至关重要。近年来，由于原油劣质化，导致常减压装置加工高硫、高酸的原油越来越多，使装置的设备、管线面临越来越大的腐蚀风险。其中，最突出的问题是常减压分馏塔顶部和塔顶冷凝冷却系统的设备和管线的低温型 $HCl-H_2S-H_2O$ 腐蚀。对设备和管线造成严重腐蚀，严重地造成了非计划停工，影响装置的长周期运行。

由于低温腐蚀系统比较复杂，单纯的材质升级不能解决问题。工艺防腐方面主要通过“一脱三注”，但是原料劣质化后塔顶低温部位腐蚀并没有得到根本性的转变。现役常减压装置的工艺防腐措施都是通过采用离线分析含硫污水的 pH 值和铁离子浓度来人工调节中和剂和缓蚀剂的注入量，注水量更是通过经验的手段进行调整，离线分析数据滞后，无法对现场工艺或工况的变化进行及时调整，使得塔顶低温部位腐蚀防控更加困难。炼油装置缺乏智能的工艺防腐技术。

因此，开发并推广应用一套在线与离线检测相结合的，能反映不同工艺油组分、生产负荷、工况的炼油装置智能工艺防腐技术，将设备腐蚀控制在合理范围内，防止局部严重露点腐蚀和垢下腐蚀，优化中和剂和缓蚀剂的加注量，保驾装置安全平稳运行，有十分重要的意义。

2　总体情况

项目以中韩(武汉)石化公司 1#常减压装置为炼油装置工艺防腐技术研究背景，研究炼油装置智能工艺防腐技术，实现注水、注中和剂和缓蚀剂等工艺防腐措施的自动精准加注，有效控制装置塔顶低温腐蚀。从 2018 年至今，在系统成功应用的基础上，已在中石化 17 家企业推广并成功应用。截至 2023 年项目合计每年能为中石化取得 18720 万元/年的经济效益，炼油装置工艺防腐精准加注系统应用累计已取得经济效益 2.7635 亿元。

该技术主要包括：一套控制塔顶低温腐蚀的工艺防腐技术策略；一套塔顶系统工艺仿真与离子平衡模型，结合装置塔顶工艺流程，研究确定了不同工艺油成分、生产负荷、电脱盐率等操作条件下工艺防腐精准加注方案与控制目标；一套工艺防腐方案的硬件系统，含现场泵撬、控制柜、电气柜、在线 pH 监测系统、注水阀和流量计等；工艺防腐智能控制软件和工艺腐蚀管控一体化软件。

3　技术路线和技术亮点

3.1　技术路线

针对目前国内外研究现状，结合我国炼油企业面临的实际情况和问题特点，以中韩(武汉)石化 1#常减压装置常压塔塔顶冷凝冷却系统为研究对象，并作为本项目工程实施的样板装置，应用成功后，进行技术推广，本项目研究的技术路线如下：

(1) 确定炼油装置工艺防腐技术的控制策略。在收集和分析研究近三年样板装置工艺、设备、工艺防腐和腐蚀调查等现状信息的基础上，通过工艺仿真和离子平衡计算，研究样板装置塔顶露点腐蚀和铵盐沉积控制机理，得到不同工艺油组分、工况和不同工艺防腐加注方案下样板装置塔顶露点温度及初凝区位置，氯化铵盐结晶温度及结晶位置；研究样板装置塔顶设备腐蚀控制的优化工艺防腐控制策略，建立不同工艺油组分、工况下合理腐蚀控制与工艺加注参数的关系，确定工艺防腐精准自动加注系统的控制目标。

（2）研究炼油装置工艺防腐技术的实验系统。为研究开发工业化精准自动加注系统搭建实验系统，试验研究工艺防腐精准自动加注系统的总体架构；高可靠性在线 pH 检测系统；基于在线与离线相结合的智能控制算法与软件；测试精准自动加注实验系统的功能和可靠性，为工业化系统研发奠定技术基础。

（3）研发炼油装置工艺防腐技术的工业化系统，包括：精准加注自动控制器和加注系统撬装设备设计；可靠 pH 值在线检测仪设计；上位机、离线检测控制数据库与操作监控软件的研发；开发管控一体化软件，以实现操作友好的三顶控制界面，形象化展现初凝区域的温度、位置以及各种关键操控参数。

（4）样板装置工艺防腐技术系统的工程实施、现场试验及系统优化。

（5）炼油装置工艺防腐技术在石化企业的应用推广。

3.2　技术亮点

该技术的主要亮点为：提出了塔顶低温腐蚀的智能防腐技术策略；通过建立塔顶系统工艺仿真与离子平衡模型，确定了不同工况下的，系统方案与控制目标；成功研发了工艺防腐方案的软硬件系统。

4　应用场景

该技术可直接应用于炼油装置的塔顶低温腐蚀控制，主要包括：常减压装置的初馏塔、常压塔和减压塔，催化裂化装置的分馏塔、稳定塔，焦化装置的分馏塔等的塔顶冷却系统的低温腐蚀工艺防腐控制。

5　项目效果和效益分析

5.1　项目效果

中韩（武汉）石化塔顶工艺防腐技术系统自 2018 年 10 月上线以来，对 1#常减压装置常压塔顶回流罐切水的各项指标进行了有效控制。精准自动加注系统的使用效果显著，具体体现如下：

（1）塔顶腐蚀风险显著下降，确保了装置长周期运行

1#常减压装置常顶工艺防腐精准自动加注系统投运后，塔顶回流罐的铁离子浓度的平均值，由系统上线前的 1.019mg/L 降低至系统上线后的 0.45mg/L，下降了约 55.8%，大大降低了装置常压塔顶低温腐蚀风险，如果仅考虑均匀腐蚀，常顶油气管线、换热器、空冷器片的平均使用寿命延长一倍，确保了常减压装置长周期运行。

（2）露点位置得到有效控制

系统上线运行后，系统露点温度与换热器出口温度实测数据对比图表，系统控制冷凝露点温度始终高于换热器出口实测温度约 8℃，严格将露点温度控制在材质等级较高的塔顶油气换热器内，有效控制了初凝区腐蚀，保护了下游碳钢管道及设备的安全。

（3）pH 值控制更精准

精准控制 pH 值有利控制塔顶设备腐蚀，系统从 2018 年 10 月上线运行后，常顶回流罐含硫污水 pH 值平均控制值为 7.44，控制更精准，有效减少了氨水的注入，降低了铵盐腐蚀风险。如图 1 所示。

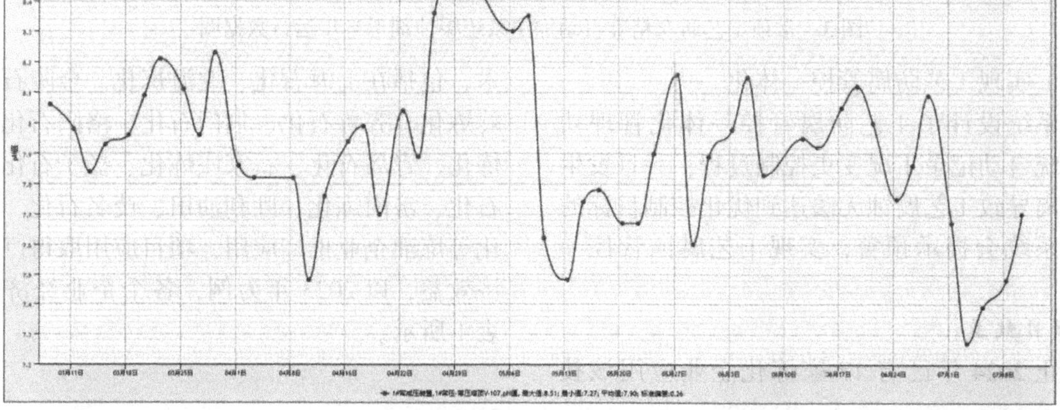

图 1　常压塔顶回流罐 2024 年 3 月 7 日至 2024 年 7 月 14 日 pH 监测图

（4）节省了中和剂与缓蚀剂

加注系统投运后，通过精准加注在更有效的控制低温腐蚀风险的前提下，优化了中和剂与缓蚀剂加注量，中和剂消耗较系统上线前约下降40%；缓蚀剂消耗量约降低35%，节约了生产成本。

常顶氨水注入平均量由系统上线前的400L/h左右下降为系统上线后的150L/h左右，中和剂流量变化DCS趋势展示如图2所示。

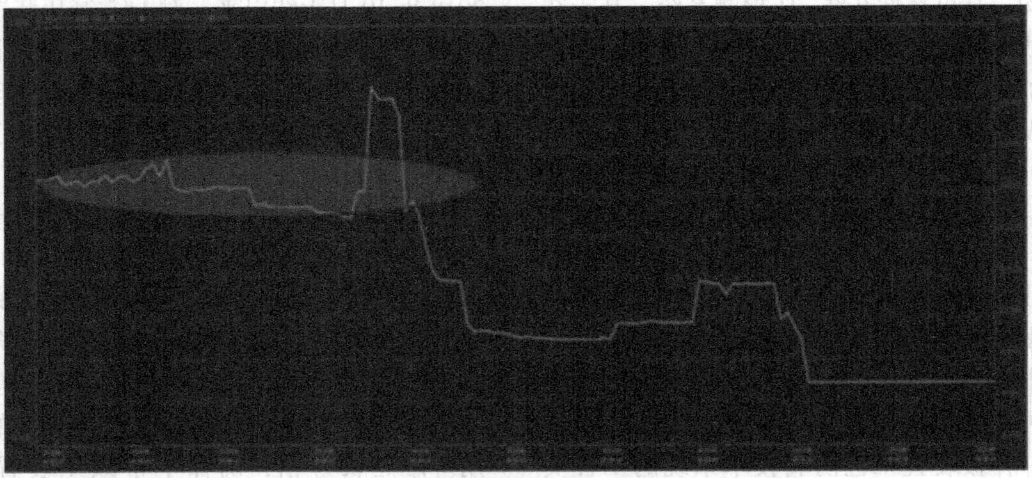

图2　1#常减压装置常顶中和剂流量计DCS导出图

常顶缓蚀剂注入平均量由系统上线前的45L/h左右下降为系统上线后的20L/h左右，系统缓蚀剂近半年运行数据如图3所示。

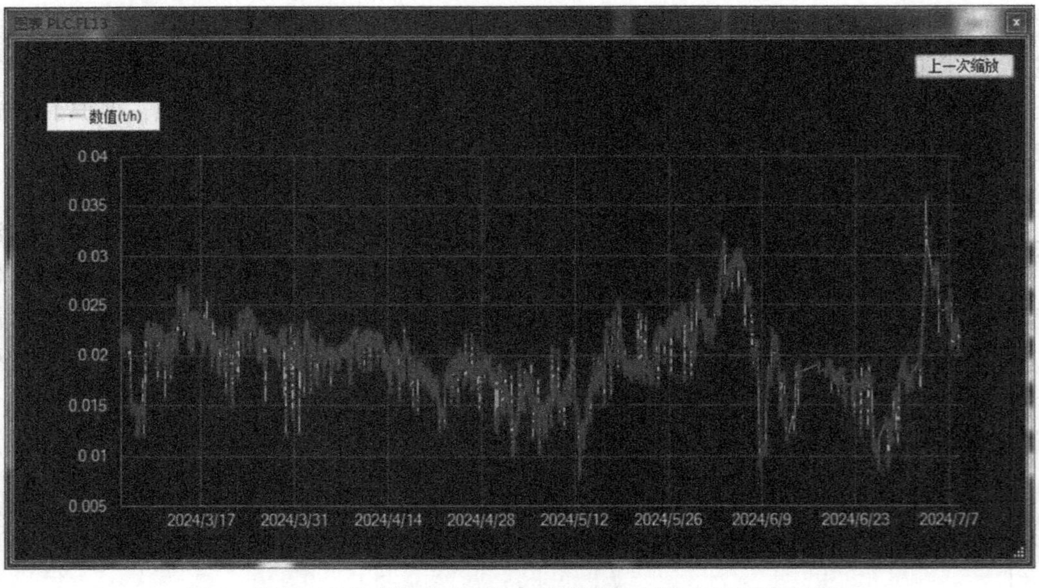

图3　常顶工艺防腐精准自动加注系统缓蚀剂近半年运行数据图

（5）实现工艺防腐管控一体化

本系统设计了工艺防腐管控一体化管理功能，系统自动记录工况变更控制过程，一旦发生严重偏离导致工艺腐蚀无法达到优化控制目标的要求，系统会提示预警，实现工艺腐蚀管控一体化。

5.2　项目效益

截止2024年已有17家炼化企业应用该技术，包括在上海石化、北海炼化、金陵石化、长岭炼化、齐鲁石化、荆门石化、洛阳石化、青岛炼化、青岛石化、石家庄炼化、扬子石化、天津石化、济南炼化、胜利油田、茂名石化、燕山石化等炼油企业推广应用，项目应用取得巨大的经济效益，以2023年为例，各个企业经济效益如表1所示。

表1　各企业精准加注系统效益统计表

序号	企业	应用效益万元/年	投用年	投用至今的经济总效益、万元
1	中韩(武汉)石油化工有限公司	1254	5	6270
2	中国石化金陵石化	2747	2	5494
3	中国石化长岭石化	1152	2	2304
4	中国石化齐鲁石化	1083	1	1083
5	中国石化北海炼化	2510	1	2510
6	中国石化洛阳石化	1069	1	1069
7	中国石化上海石化	1938	1	1938
8	中国石化荆门石化	1181	1	1181
9	中国石化济南炼化	1358	1	1358
10	中国石化茂名石化	1033	1	1033
11	中国石化扬子石化	2362	1	2362
12	中国石化胜利石化	1033	1	1033
	总计	18720		27635

固体颗粒物质多性质红外分析仪快速测定树脂产品性能

完成人：张雅欣　刘国圣　贺秀成　徐　颖　刘文星　覃顺飞　段丽菲　赵　芳
胡景芳　李瑞涛　余占武　闫晓飞　廖珊珊

（国能包头煤化工有限责任公司）

1　研究背景

国能包头煤化工有限责任公司是世界首套煤制烯烃示范项目，首次采用具有中国自主知识产权的 DMTO 工艺技术，实现将甲醇转化为低碳烯烃这一重要的石油化工基础原料的产业化示范装置，开辟了一条以煤为原料生产聚烯烃的新型煤化工技术路线。国能包头煤化工有限责任公司每年可生产 30 万吨聚丙烯，30 万吨聚乙烯。从 2020 年起，为了提高公司效益，在以销定产、谋发展，以变应变抢先机的前提下，包头化工积极进行聚乙烯、聚丙烯新产品开发生产，寻求效益最大化、生产最优化、最适宜包头化工生产的新产品。公司已经开发了许多新的牌号的产品，包括高融指纺丝料聚丙烯 S2040、S2024、V30G、H30S，薄壁类聚丙烯 WLZ30S 等聚丙烯产品；聚乙烯产品 DMDA-8320、DMDA8920、DFDC-7050、DGDA-6094 等产品。

在聚烯烃分析中，外观、熔体质量流动速率、密度、等规指数、黄色指数、灰分、拉伸性能等是聚烯烃生产加工、流通和出厂必检指标。目前完成一个聚烯烃样品上述多项性质的测定，须使用我国现行的国家标准和行业标准（共 12 种）及其数十种不同测试设备进行分析，测试过程繁琐耗时，至少需要 56 小时才能完成。在切换牌号过程中主要根据熔体质量流动速率、密度、外观等参数进行工艺参数调节。按照国家标准的步骤进行分析，熔体质量流动速率完成一个样品至少需要 45min，密度至少需要 3.5h。分析时间长、分析成本高、耗费人力、物力多，不能满足聚烯烃切换牌号的即时检测需求。切换过程中工艺调节的速度越快，产生的过渡料就会越少，过渡料的价格比正常料价格降低 200 元/吨左右，若提前一天完成切换牌号，减少一天的过渡料，公司将避免产生 180000 元的损失。

因此，为了降低分析成本，提高公司效益，研究一种聚烯烃多项性质即时测定方法已成为聚烯烃生产、流通和应用等领域中亟待解决的重大课题。为此，本项目提出按照“石油及石油产品分子光谱即时测定方法第 7 部分：漫反射近红外光谱法即时定量测定聚烯烃多项性质。

2　总体情况

本项目研究固体颗粒物质多性质红外分析仪对聚烯烃新产品性能的影响，通过累积聚丙烯、聚乙烯粉料、粒料样品，熔体质量流动速率、等规指数、灰分、黄色指数、密度等项目分别按照相应国家标准的操作要求进行分析，然后将每批样品在固体颗粒物质多性质红外分析仪扫描，采集样品光谱，建立定标数据库，使用此数据库对盲样进行分析，在获得大量聚烯烃各性能项目的数据后，建立光谱和定标数据库，通过数据库建立相应的分析方法，以替代熔融指数仪、密度梯度仪等仪器分析的数据，达到快速分析，满足快速指导生产的需求。

3　技术路线和技术亮点

本项目通过固体颗粒物质多性质红外分析仪替代熔融指数仪、密度梯度仪等仪器可同时测试聚烯烃产品多种性能分析数据，可快速指导切换牌号或者工艺调整。

3.1　固体颗粒物质多性质红外分析仪仪器介绍

3.1.1　基本原理

固体颗粒物质多性质红外分析仪是一台光谱

结合化学计量学的仪器，其基本原理是：样品组成变化引起样品属性变化，同样也引起属性之一光谱的变化。样品成分浓度或性质变化与对应的光谱变化之间存在着相关关系。基于这一相关关系，通过采用化学计量学将光谱与样品成分浓度或性质进行关联，建立光谱变化与样品成分浓度或性质变化之间的定量或定性关系，即定标数据库，然后定标数据库和未知样品光谱实现定量预测未知样品一种或多种成分浓度或性质，如图 1 所示。

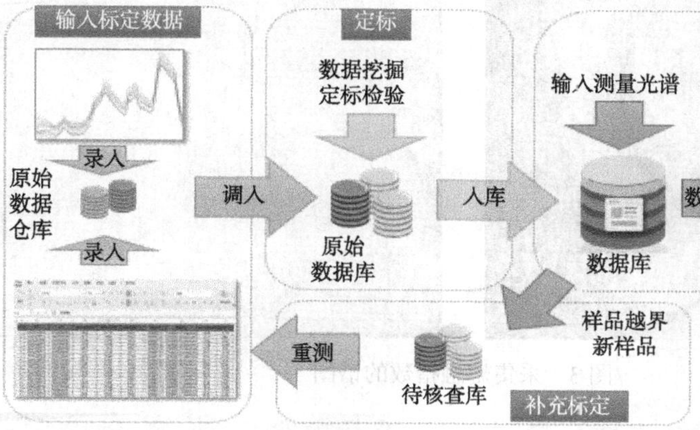

图 1　光谱化学计量学分析原理

3.1.2　固体颗粒物质多性质红外分析仪结构

固体颗粒物质多性质红外分析仪主要由光学平台、光源模块、准直镜、遮光装置、参比模块、测样附件、光谱检测器和控制电路组成。

(1) 光学平台

光学系统工作采用高强度合金铝板作为基座平台，将光学相关的器件连接形成稳固的光学检测单元。

(2) 光源模块

光源模块主要由光源和光源主体结构组成。采用卤素灯作为光源。卤素灯主体结构采用铝基板散热片式设计。

(3) 参比设计

采用聚四氟乙烯做参比，并设计一个参比旋转装置，以便快捷的对参比进行采集。

(4) 测样附件

测样附件由旋转载物台和固体样品池构成。旋转载物台装置由电机、同步带及同步带轮、轴承、载物台构成。主要通过电机旋转带动样品容器架旋转，完成样品池的匀速旋转，实现对样品的采集，增加光谱采集代表性。

3.2　项目的研究路线

3.2.1　第一阶段：以聚丙烯由 L5E89 牌号转切至 WL-700X 牌号为研究对象进行熔融指数数据的收集，L5E89 牌号转切至 WL-700X 牌号的熔指是由 3.5g/10min 到 80.0g/10min 的跨度，因此，在转切牌号过程需要收集大量的树脂粉料和粒料的熔融指数数据，作为固体颗粒物质多性质红外分析仪的定标值(图 2)。

图 2　聚丙烯转切牌号过程中收集的数据

3.2.2　第二阶段：基于转切牌号过程中聚丙烯粉料、粒料的熔融指数数据和泛函分子光谱，建立基于光谱预测样品熔融指数指标的标准曲线，以此作为定标数据库，建立熔融指数分析方法(图3、图4)。

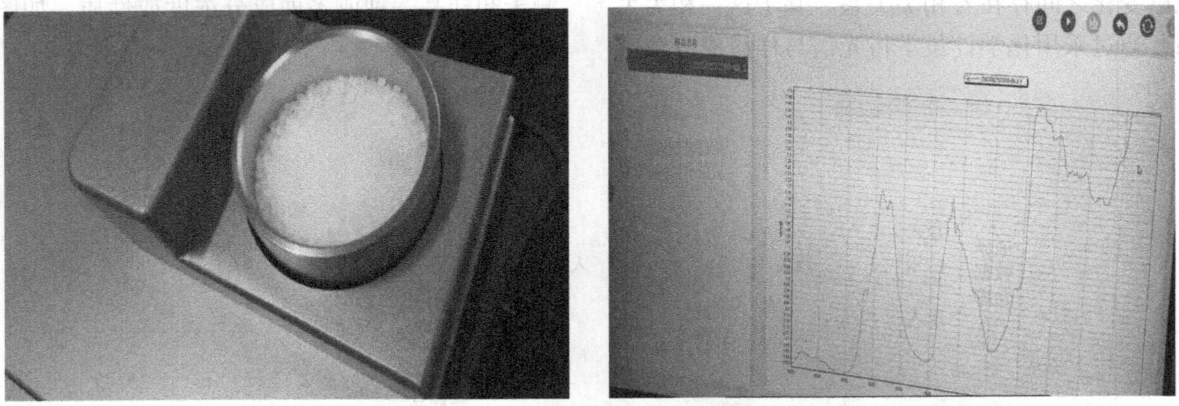

图3　采集熔融指数的谱图

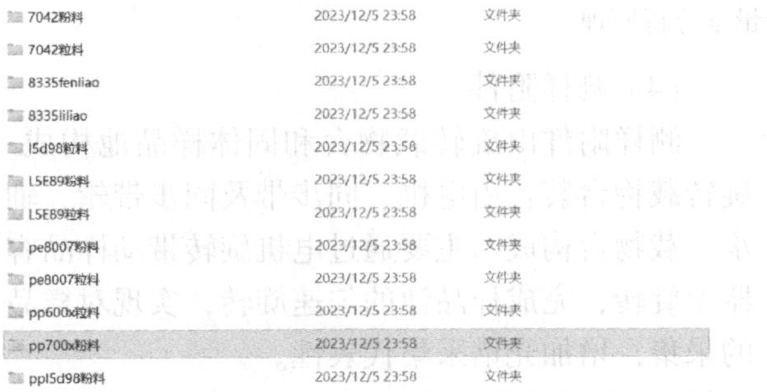

图4　建立熔融指数的定标数据库

3.2.3　第三阶段：用标样对该方法进行验证(图5)。

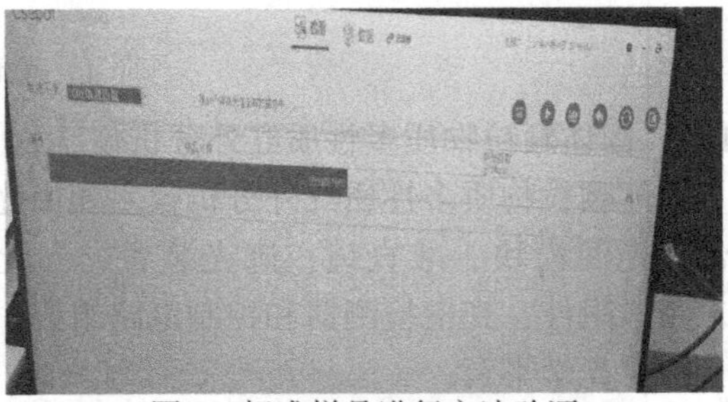

图5　标准样品进行方法验证

3.2.4　第四阶段：以聚乙烯DFDA-7042的密度和熔指分析，聚丙烯L5E89的熔指分析为例，将熔融指数仪、密度梯度仪与固体颗粒物质多性质红外分析仪分析数据进行比对，试用三个月，以验证方法的可靠性和稳定性(表1)。

表1　DFDA-7042、L5E89数据比对

	熔融指数			熔融指数	密度	熔融指数	密度
	红外	熔指仪		红外		熔指仪	密度仪
L5E89粒料	3.35	3.13	7042粒料	2.00	0.9209	1.96	0.9212
	3.44	3.29		2.03	0.9208	1.99	0.9207
	3.38	3.23		1.75	0.9214	1.85	0.9213
	3.27	3.30		1.86	0.9214	1.87	0.9214
	3.34	3.24		2.00	0.9211	1.98	0.9212
	3.43	3.32		2.13	0.9211	2.00	0.9211
	3.82	3.45		2.18	0.9210	2.02	0.9210
	3.82	3.37		2.05	0.9212	2.29	0.9211

通过以上阶段的研究和探索，固体颗粒物质多性质红外分析仪所建立的快速分析方法，能够快速得出检测结果，保障分析数据快速及时反馈，解决了原有方法分析时间长、分析成本高、耗费人力物力多等劣势，避免了转切牌号过程慢导致过多过渡料的产生，为公司提高了经济效益。

3.3 技术亮点

本项目利用固体颗粒物质多性质红外分析仪替代熔融指数仪、密度梯度仪等仪器可同时测试聚烯烃产品多种性能分析数据，可快速指导切换牌号或者工艺调整。熔融指数分析时间由原来的30~40min缩短为现在的3~5min，密度分析由原来的3.5h缩短为现在的3~5min，能耗小，操作方便简单，分析速度快，节省了大量的时间成本和劳动力成本，提高了工作效率。

4 应用场景

本项目以聚乙烯DFDA-7042的密度和熔指分析，聚丙烯L5E89的熔指分析为例，将熔融指数仪、密度梯度仪与固体颗粒物质多性质红外分析仪分析数据进行比对，已试用三个月，验证了该方法的可靠性和稳定性。目前，该项目在本公司生产稳定的聚乙烯DFDA-7042的熔指和密度分析和聚丙烯L5E89熔指分析进行了试用，已积累了大量的比对数据，获得了很好的效果。下一步，将在更多的产品及更多的分析项目上进行研究和探索，以达到多性质同时检测同时获得结果的应用效果。

5 项目效果和效益分析

（1）本项目的聚烯烃性质包括熔体质量流动速率、等规指数、灰分、黄色指数、密度等项目，实现聚烯烃多个项目的即时和同时测定，大约5min即可得到多个分析项目的数据，操作简单，绿色环保，适用于聚烯烃生产、流通和加工等领域过程中即时和同时检测，解决了聚烯烃性质即时检测技术难题，加快切换速度，减少过渡料的产生，提高公司的经济效益。

（2）本项目能更快更好地配合切换牌号分析，减少切换时间，减少过渡料的产生，提高公司效益。若减少一天的切换时间（一天三批），可避免产生三批过渡料，可避免大约300吨×200元/吨×3=180000元的损失，如果2023年切换了68次，可为公司减少12240000元的经济损失。

（3）本项目建立样品数据库，实现聚烯烃多个项目的即时和同时测定，在切换牌号、日常样品分析时，大约5min即可得到多个分析项目的数据，每个样品即可节约4h的工作量，节约工费大约150元，日常分析频率为4h/次，一天可节约工费150元×6=900元，一年可节约900元×365天=328500元。

气化炉系统创新优化

完成人：刘　泽　周　鹏　姬加良　郭云飞　贾　磊　赵旭清　王彦海　张临乐　代厚鑫　毛兆锋　李志祥　冯　超　朴东哲　罗　刚　张先锋　刘　广　李颜清　刘柱元　邢　宇　徐楚文　郭　瑞　袁晓光　王　庚　孙高攀　孙　斌　雷国华　孟祥南　张瑞同　陆　冰　毛兆锋

（国能包头煤化工有限责任公司）

1　背景

国能包头煤化工有限责任公司包括气化装置、净化装置、甲醇装置、甲醇制烯烃装置、烯烃分离装置、PE 装置和 PP 装置等工艺装置。公司气化装置共有德士古水煤浆气化炉 7 台，运行方式为 5 开 1 备 1 检修。

气化炉运行周期主要受煤质变化、烧嘴使用时间、炉砖使用寿命、激冷环和下降管使用情况等综合因素影响。随着近几年来的不断攻关和优化，气化炉运行日趋稳定，煤质变化的影响已通过操作优化基本消除；气化炉烧嘴的使用时间最长已达到 94 天以上，长期可以稳定在 80 天以上；激冷环和下降管的使用时间也有很大的提高。但仍然存在不能满足系统高负荷运行的要求、激冷环使用寿命短、渣口与锥底砖等使用寿命不匹配、高负荷下烧嘴供氧量不足等问题，还有比较大的提升和改造空间。

2　总体情况

本创新致力于通过对烧嘴、炉砖、激冷环等进行系统性改造，对配套设备能力进行系统性核算，通过开展相关调研、论证、实施、考核、总结等工作，实现最优的运行效果，创造更大的经济效益，为装置长周期高负荷运行创造条件。具体创新改造内容如下：

2.1　工艺烧嘴改造

为满足改造后新负荷下烧嘴正常雾化，重新设计烧嘴头部配合尺寸。需新制加工更换外氧头、煤浆头、中心氧头。

为控制氧气和煤浆的合理流速，烧嘴煤浆通道由原来 5″改为 6″。同时外接管线也需由原来的 10″变 8″变 5″改为 10″变 8″变 6″，同时为了更好的雾化效果，确保充足的氧气流量，在不影响氧气调阀调节性能前提下将外环氧环隙增大 0.5mm（图 1）。

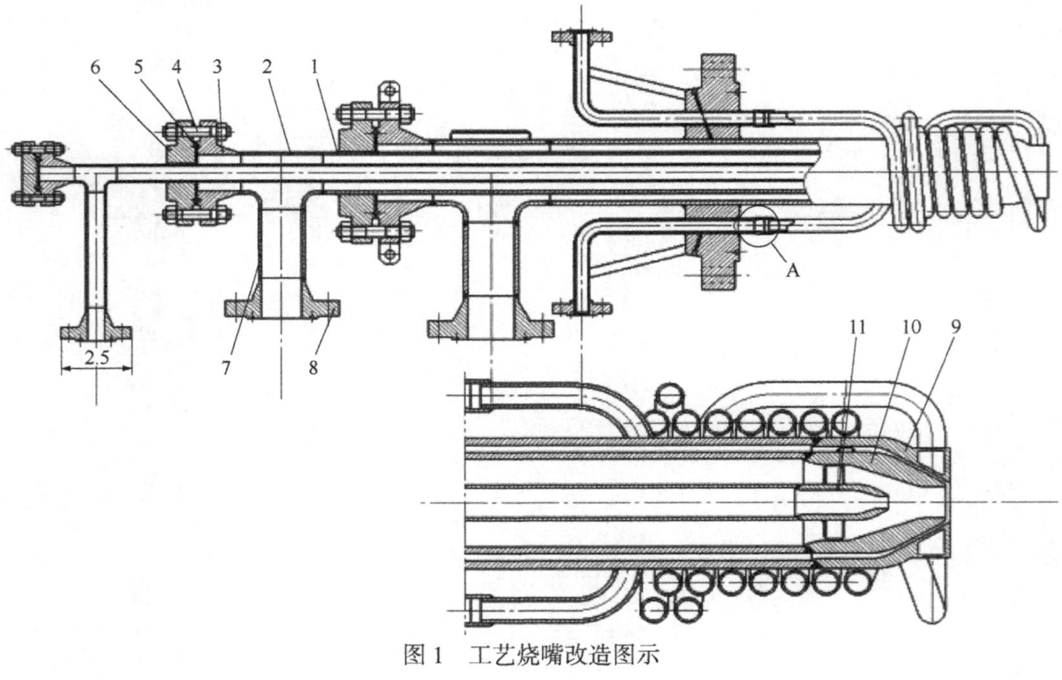

图 1　工艺烧嘴改造图示

2.2 激冷环改造

激冷环重新设计，激冷水量由原有 370m³/h 增加至 500m³/h，喷射孔由原来 Φ20mm-36 孔均布改为 ϕ17mm-72 孔均布。激冷环水室整体加厚，将激冷环水室厚度由原有 60mm 增加至 85mm。维持水腔内激冷水停留时间。在激冷环设计时，出水孔流速需要维持一定的范围，流速过高易于冲穿挡水锻件，降低激冷环使用寿命，流速过低则难以形成环形均匀水膜保护下降管，引起下降管烧穿并引起气化气出口温度过高(图 2)。

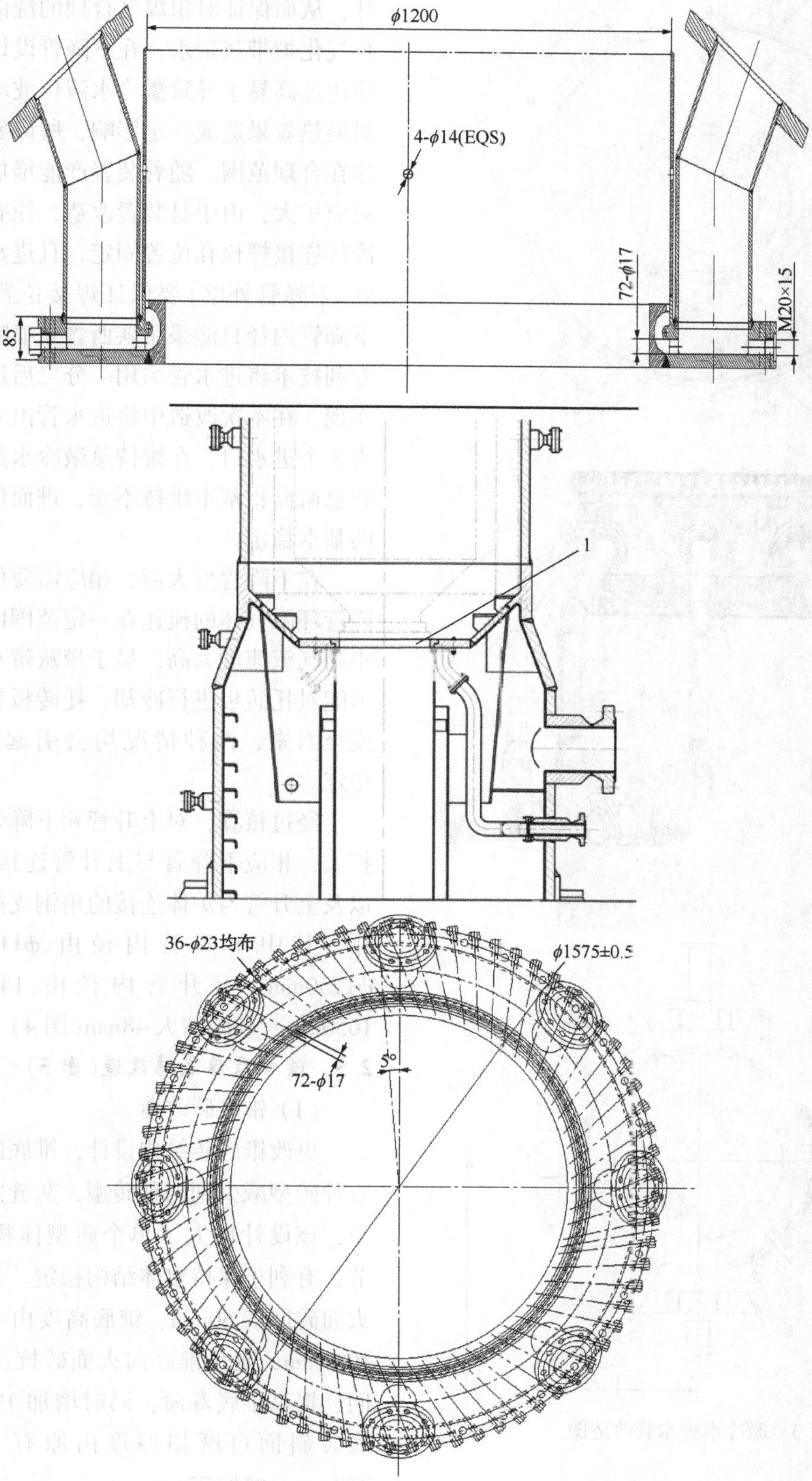

图 2　激冷环改造图示

2.3　激冷环进水管改造

为使激冷水分布将更加均匀，激冷环进水由原4组Φ159×8mm激冷水管改为8组Φ114.3×6.02mm激冷水管线(图3)。

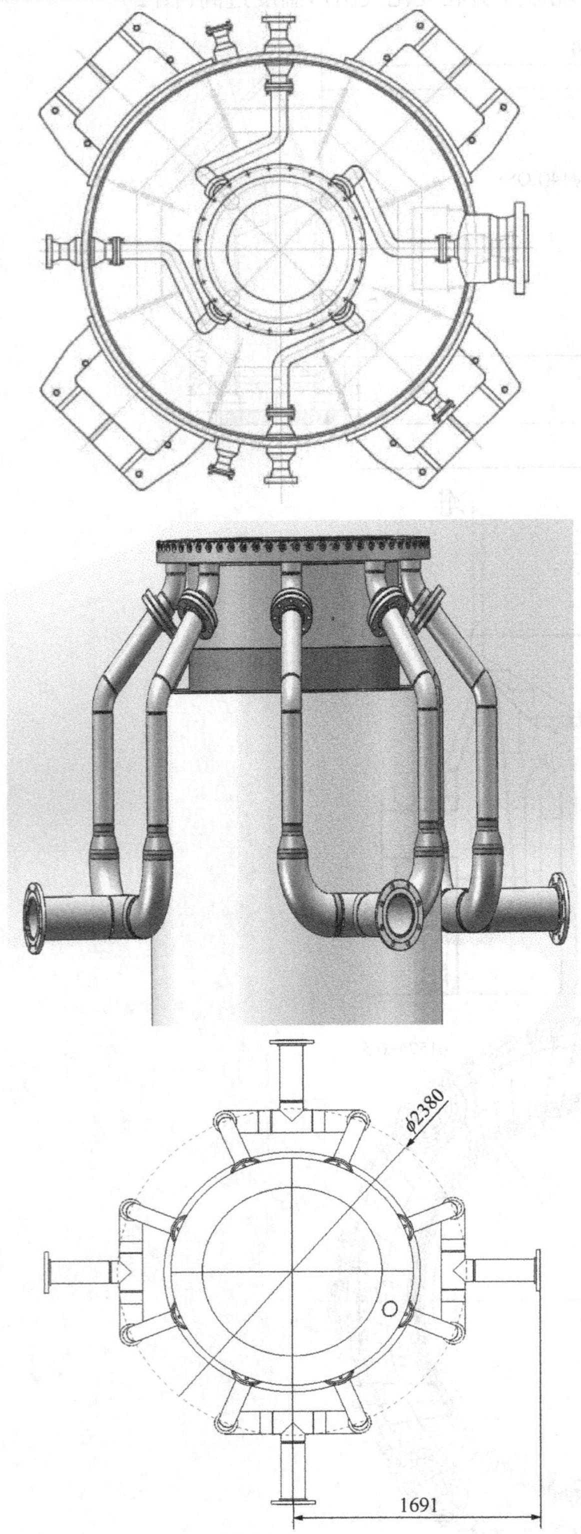

图3　激冷水进水管改造图

2.4　下降管、上升管的改造

根据现有煤质的工业分析、元素分析、灰熔点、发热量及灰组分，对气化炉系统进行了整体核算，改造后高负荷下产气量增加较多，热负荷也随之增大，需要对下降管及上升管进行重新设计，从而保证对粗煤气合理的洗涤降温，并且防止气化炉带灰带水。在下降管设计时，下降管内流速过高易于导致激冷水液位波动过大，过低则对换热效果造成一定影响，所以要维持通道内流速在合理范围。随着装置产能增加，下降管需要对应扩大，由于是装置改造，原有的托砖板与激冷环连接螺栓孔位置固定，且进水管与激冷环短管(下降管外壁)要保证焊接位置，因此要扩大下降管内径只能采用陕西鑫立喷嘴研制有限公司专利技术将进水管采用一分二后进水管径缩小来实现，在本次改造中将进水管由4个进水口变更为8个进水口，在维持总激冷水量的条件下进水管总截面积基本维持不变，进而保证管内水流速的基本稳定。

在下降管变大后，相应需要保持上升管与下降管环隙气体的流速在一定范围内，环隙面积过小则气流速度太高，易于带灰带水，流速过低则不能对托砖板进行冷却，托砖板易于超温触发不安全因素，两种情况均会引起激冷室液位不稳定。

经过核算，对上升管和下降管的内径进行了扩大，相应下降管与上升管连接的T型连接板以及上升管与炉体连接的角钢支撑进行了重新制作。其中下降管内径由ϕ1156mm更改为ϕ1250mm，上升管内径由1460mm更改为1650mm，环隙增大48mm(图4)。

2.5　渣口及锥底砖改造(图5)

(1) 锥底砖改造

更改锥底砖结构设计，锥底砖斜面高铬砖由五种砖型减少到四种砖型，灰缝由四个减少到三个，该设计增大了单个砖型体积，减少薄弱环节，有利于保持整体结构稳定。并且增加锥底向火面砖厚度50mm，锥底高度由1037mm增加至1087mm，延长锥底向火面砖抗冲刷、侵蚀的时间，提高锥底寿命，同时增加1913砖，使得锥底砖斜面可磨损厚度由原有151mm增加至228mm，增加77mm。

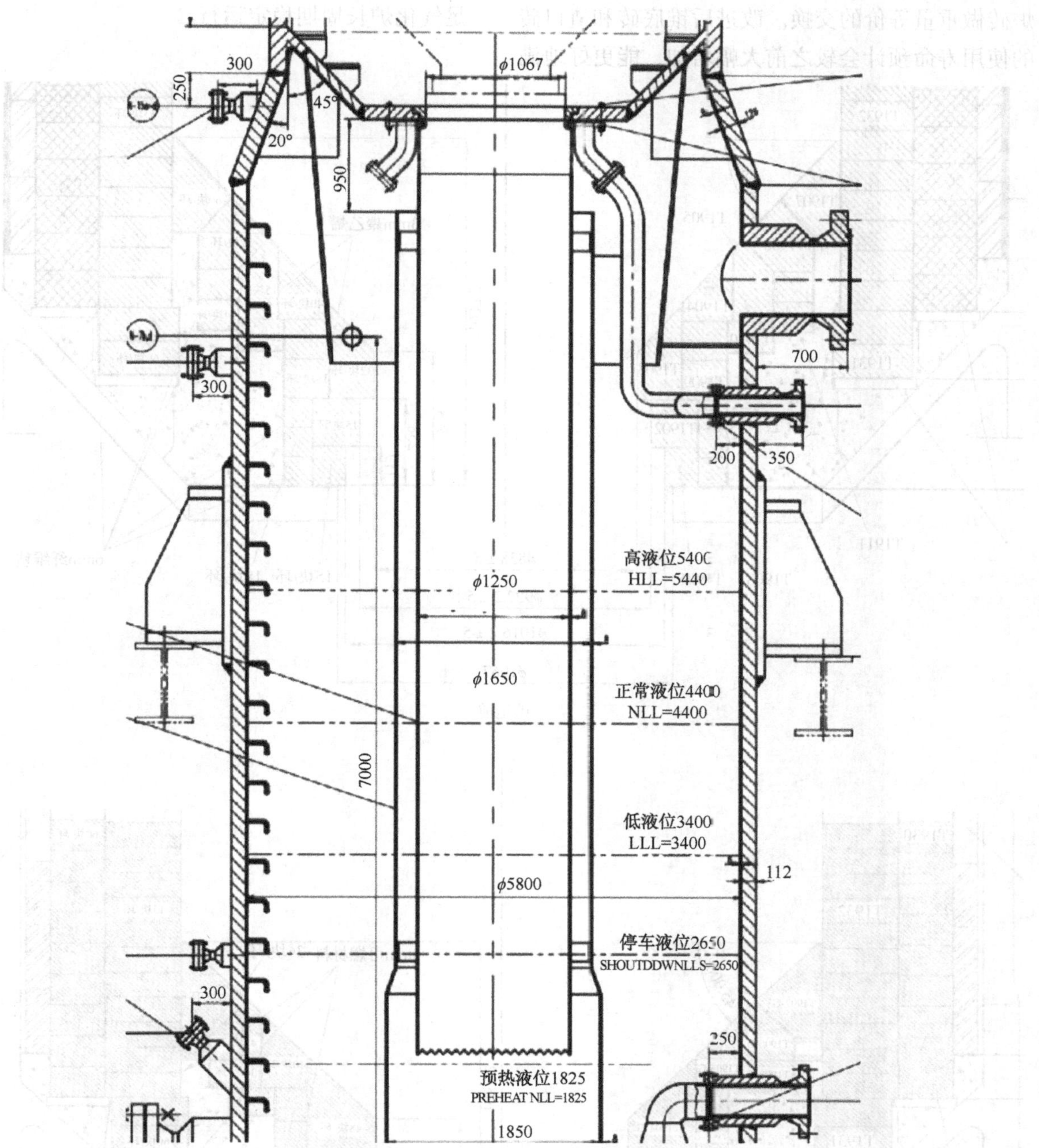

图 4　下降管上升管改造示意图

（2）渣口砖改造

将渣口砖由原有的 3 环增加至 4 环，同时渣口砖厚度增加 54.4mm，同时渣口下部耐火砖向火面采用平滑斜面设计，该结构增加了渣口砖抗侵蚀的有效面积，同时平滑斜面避免了向火面涡流的形成，相较直角平面更有利于降低高铬砖受到的冲刷损毁，提高渣口的使用寿命，减少开停车次数。

（3）改进炉砖后对气化炉的影响

本次改造渣口及锥底砖的改造，会造成炉膛体积减少 0.15m^3，气化炉原始砌筑炉砖后空间为 24.947m^3。气化炉运行一个周期后，拱顶砖磨损量为 80mm，筒身砖磨损量为 120mm，锥底砖磨损量为 60mm，气化炉整体空间变为 30.734m^3，实际空间增大 5.787m^3。通过实际运行观察，气化炉运行前后期体积的变化，并没有对操作和运行造成任何影响。

改进后锥底方案高铬砖增加 1268.11kg，重质浇注料减少约 270kg，由此造成锥底实际增重小于 1 吨，锥底托砖板平面面积 23070.82cm^2，承载量增加量小于 0.0433kg/cm^2，亦不会对锥底的承重有任何影响。炉砖增加重量以现在中标炉砖做重量等价的交换。改进后锥底砖和渣口砖的使用寿命预计会较之前大幅增加，能更好地满足气化炉长周期稳定运行。

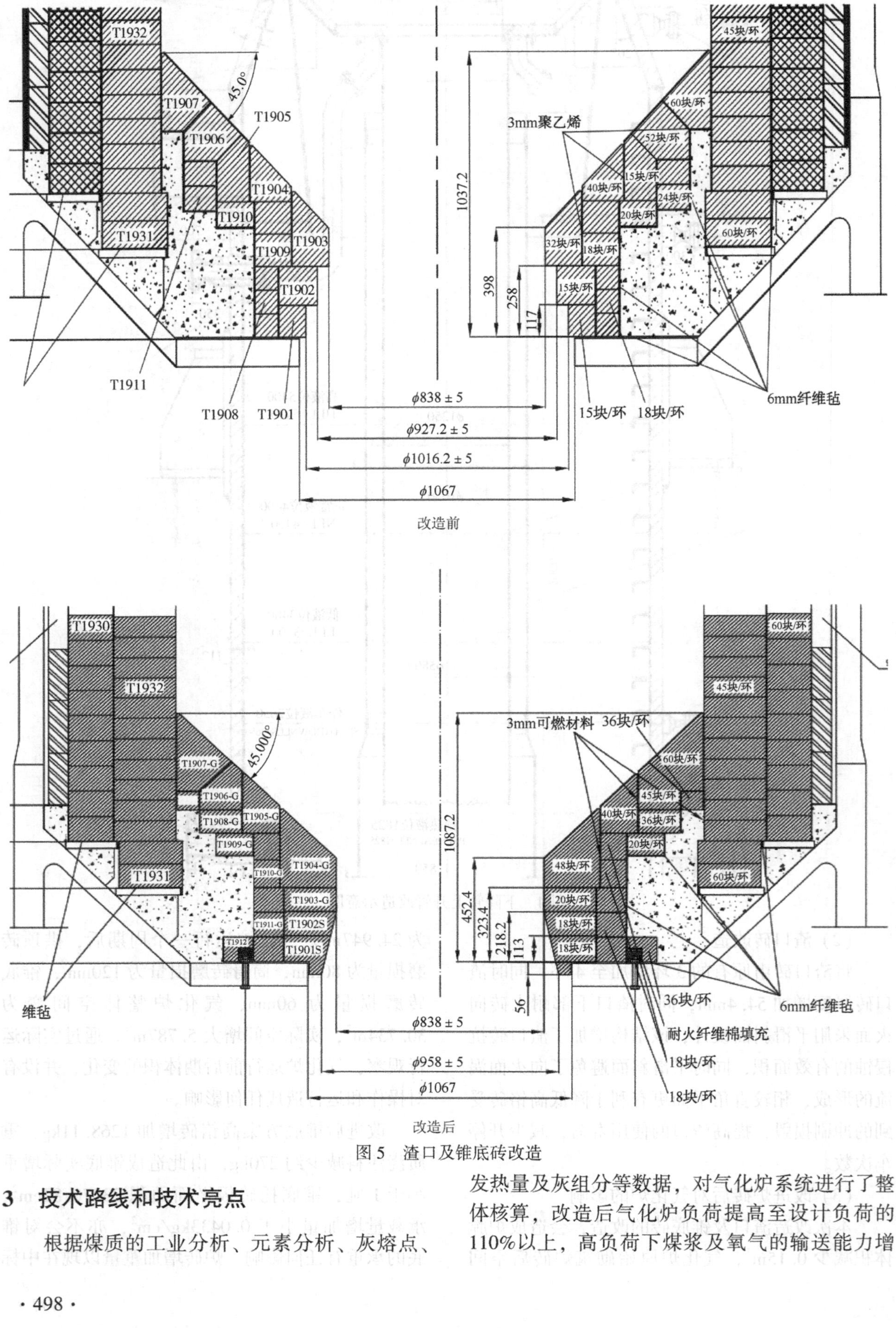

图5 渣口及锥底砖改造

3 技术路线和技术亮点

根据煤质的工业分析、元素分析、灰熔点、发热量及灰组分等数据，对气化炉系统进行了整体核算，改造后气化炉负荷提高至设计负荷的110%以上，高负荷下煤浆及氧气的输送能力增加、烧嘴雾化效果变差、气化炉热负荷增加、产气量增加，需要对相应的设备管道进行相应的改造。结合装置运行状况，以及对国内同行业企业扩能改造方案的充分了解，公司最终确立了气化炉系统创新优化研发方向，即通过充分利用原有设备，按照小改动、少投资的目标进行气化炉扩能改造工作。

4 应用场景

本创新主要运用于需要扩能改造且其它附属设施能够满足扩能改造后运行需求的单喷嘴顶喷气化炉，通过过对烧嘴、炉砖、激冷环等进行系统性改造，气化炉负荷可增加10%，有效气增加15%，残碳量减少了约1%~2%，通过对气化炉系统的创新改造成为煤化工行业与污染物控制、碳减排的主要技术难题，形成煤炭清洁高效利用的方案。

5 项目效果

国能包头煤化工有限责任公司3#气化炉作为第一台改造的气化炉，改造完成后运行80天，其中在93.5m^3煤浆负荷下运行64天，运行过程中，通过对比和标定，各参数基本正常，改造内件使用情况良好，包头化工对其余气化炉逐一进行优化改造。优化改造后主要效果如下：

（1）气化炉负荷由85m^3/h提升至93.5m^3/h，经烧嘴改造后，烧嘴压差不升反降，烧嘴压差的降低有利于减缓水煤浆对工艺烧嘴头部的冲刷，延长烧嘴的使用寿命；

（2）改造后激冷水量随负荷增加而增加，导致支撑板温度略低于改造前温度，支撑板温度降低有利于提高气化炉锥底砖的使用寿命；

（3）在其它条件不变前提下，气化炉渣口压差随气化炉负荷的提高而增加，考虑到3#炉下降管、上升管环隙有所增大，气化炉阻力降低，因此气化炉负荷由85m^3/h提高至93.5m^3/h，渣口压差反而有所降低，压差的降低有利于保护渣口砖，缓解冲刷，延长渣口砖使用周期；

（4）从洗涤塔出口合成气的温度、压力来看，改造前后并未对洗涤塔及后系统造成大的波动或干扰，完全满足后续变换工段的温度、压力需求；

（5）从合成气流量来看，气化炉正常工况下的负荷增加10%，合成气流量相应增加13.85%，有效气产量增加14.8%；

（6）从有效气（$CO+H_2$）组分百分含量可以看出，改造后的3#炉在93.5m^3/h标定负荷下，气化炉有效气含量有所上升，粗渣残碳有所降低，碳转化率提高，气化效率有所提升；

（7）改型后渣口砖使用平均寿命已经达到6601h，相较于改造前平均使用寿命3458h，有了大幅提升；

（8）工艺烧嘴状态良好，期间未出现烧嘴冷却水流量差波动、出口在线分析CO报警等，气化炉停炉后烧嘴头部也未出现泄漏；

（9）气化改造后内件使用情况：

① 内环情况良好，表面原始加工纹路可见。

② 激冷环：无破损，无变形。

③ 下降管：无破损，基本无变形，经测量上下垂直度良好。

④ 上升管：无破损，基本无变形，经测量上下垂直度良好。

⑤ 激冷水分流管：完好。

6 效益分析

（1）气化装置改造目前正常投入煤浆量约为85m^3/h（煤浆浓度60%），研究实施将我厂单台气化炉投煤量逐步提至设计负荷110%，即93.5m^3/h，年可增产甲醇约72000t，年可实现利润增收约1080万元（利润按150元/吨测算）。对应氧耗约为40850Nm^3/h。气化装置改造后正常投入煤浆量约为93.5m^3/h（煤浆浓度60%），对应氧耗约为44900Nm^3/h。在现装置正常运行的基础上产能明显提升。

（2）创新优化充分利用了原有设备，改动少、投资省。优化升级后，将激冷环的使用寿命提高至15000h。激冷环的喷嘴雾化效果更好，以更好的保护下降管，延长气化炉运行周期，氧耗与煤耗与现有装置运行相比呈现较小幅度降低，其它性能指标（有效气含量、产气率、碳转化率）略有升高。同时可实现气化炉筒身砖和激冷环的更换周期同步，每年可节约费用约300万元；

（3）渣口砖的使用周期由原目前的3500h提高到优化后的平均寿命6120h，实现连续使用三台烧嘴再进行停炉检修，渣口砖、筒身砖、拱顶砖的使用和更换周期将更合理，单台气化炉年运行时间达到225天，全年气化炉检修次数由目前的14~15次/年降低至8~10次/年，年可节约检修费用约294万元。

反再系统卸剂线采用翅片管降低卸剂温度，解决卸剂线频繁泄漏问题

完成人：陈以虎　马　赟　魏兴科

（中国石油兰州石化公司炼油运行二部　上海卓然工程技术股份有限公司）

1　项目背景

（1）国内外研究现状：国内外同类装置依然采用从再生器底部卸出催化剂，且同样面临管线长期在高温磨损条件下泄漏的风险。

（2）存在的阻碍等实际困难、问题：

① 300万吨/年装置反再卸剂线第一道弯头背面频繁磨穿；

② 弯头包套施工难度大，弯头间隙不均匀，灌刚玉往往弯头背面灌不实，弯头重量过大等诸多弊端，未能很好的解决弯头磨损的难题；

③ 300万吨/年装置反再卸剂线由于材质在660~680℃强度较差，频繁泄漏，造成环境污染，频繁堵漏施工，给运行装置带来一定风险。

（3）本成果投资较小，施工简单方便，兰州石化公司300万吨/年重催装置2023年应用本成果后，效果显著，可推广性较强。

2　总体情况

此成果可应用与所有催化裂化装置反再系统。兰州石化公司300万吨/年重催装置自2003年开工以来一直从第二再生器底部卸高温催化剂，卸剂线经常出现泄漏问题。分析表明，卸剂温度过高和线速过高是造成管线泄漏的根本原因。改造后，卸剂线采用翅片管从第二再生器底部卸剂，显著提高了卸剂线散热量，保证了卸剂线强度，因此2023年检修后再未出现泄漏情况，保证了卸剂线的长周期运行；在保证低温条件下，缩短了近2/3卸剂时间，提高了卸剂速度，解决了在高温下长时间连续使用过程中，卸剂线发生塑性变形、蠕变，抗冲击性能下降的问题。保证了装置的长、稳、优运行。

难题现状：1. 300万吨/年装置反再卸剂线第一道弯头背面频繁磨穿；2. 为了解决弯头磨穿的难题，所有弯头采用DN150大曲率半径6D弯头外面包套DN200大曲率半径弯头，套管间隙中灌AA级耐磨衬里的方案，但存在弯头包套施工难度大，现场无法预制；厂家在制造弯头过程中，需要提前将DN150管材穿套在DN200管材内进行炜弯，炜弯后不可避免的存在弯头间隙小、不均匀的问题，导致填灌刚玉难度大，而最容易被磨穿的弯头背面往往灌不实，起不到加强的目的；套管弯头中间填灌刚玉，整条卸剂线重量过大，对管线本身和管线托架产生较大拉力等诸多弊端，未能很好的解决弯头磨损的难题；3. 300万吨/年装置反再卸剂线由于材质在660~680℃强度较差，频繁泄漏，造成环境污染，频繁消漏漏施工，给运行装置带来一定风险。

改造内容：1. 对冲刷泄漏最为严重的第一道弯头改造为标准件四通件，解决第一道弯头因热磨损最突出导致弯头泄漏的情况；2. 对除第一道弯头之外所有弯头只包磨损最严重区域的弯头背部，解决施工难度大，套管间隙小，刚玉灌不实，弯头重量过大的问题3. 对高温区（水平段）原1Cr5Mo管材进行升级为304H材质翅片管，提高了管线强度的同时，通过翅片管高效散热可快速降低介质和管线温度，解决管线在高温条件下加剧磨损的情况；通过材质升级，原卸剂线材质为1Cr5Mo，虽然在500℃以下具有较高的热强性（$\delta_b \geqslant 440MPa$）和抗氧化性，并具有一定的抗氢腐蚀能力。但当使用温度大于550℃，其热强性能显著降低。由于300万吨重催装置第二再生器密相操作温度大约在660~680℃，远高于550℃。所以原卸剂线在此工况下强度较低，造成频繁磨穿，催化剂泄漏，本次改造采用材质为304H翅片管，在高温下具有良好的抗氧化性

能并具有较高的高温强度。4. 在卸剂线输送风手阀后加装限流孔板，经过现场调研发现，反应岗位操作人员因操作习惯普遍调节输送风量过大，造成卸剂线内稀相输送，气-固运动很剧烈，催化剂在床层中剧烈搅动，造成催化剂颗粒对管道弯头和管内壁的快速磨损。在手阀后加装限流孔板，以最简单经济的方法解决了操作不当的问题。

经济效益：统计2023年平均20天左右，就要卸剂线消漏施工一次，每次施工机具、吊车、材料、加人工成本约8000元，每年146000元。更换卸剂线Z2仿阀门(每台不含税4.6万元)，每年平均10台Z2仿阀门。合计每年仅卸剂线维修成本606000元。如果按照保守计算，改造后卸剂线使用寿命为10年，可节约606000元/年×10年=6060000元。经济效益=节约费用-改造成本=6060000-161210=5898790。直接经济效益约589.88万元。

间接经济效益：在装置运行期间，平均20天就要对卸剂线进行一次消漏施工，作业过程中存在高处、动火、吊装、临时用电等危险作业，存在较大安全风险，经过改造后，避免了高频次的作业安全风险。

3　技术路线和技术亮点

(1) 第一道弯头改造为标准件四通件，解决最易泄漏弯头的磨损情况；

(2) 对所有弯头只包磨损最严重区域的弯头背部，解决施工难度大，套管间隙小，刚玉灌不实，弯头重量过大的问题；

(3) 对高温区(水平段)原1Cr5Mo管材进行升级为304H材质翅片管，提高管线强度，延长管线使用寿命；

(4) 通过翅片管散热可快速降低介质和管线温度，解决管线长期在高温条件下加剧磨损的情况；

(5) 在卸剂线输送风手阀后加装限流孔板，解决岗位操作人员因操作不当，调节输送风量过大，造成卸剂线内呈稀相输送，气-固运动很剧烈，催化剂在床层中剧烈搅动，造成催化剂颗粒对管道弯头和管内壁的快速磨损的问题；

4　应用场景

目前，所有炼油企业都面临的问题是：由于催化裂化生产工艺条件决定，反应器内催化剂要保证较高活性58~63，所以必须持续向再生器内不断加入新鲜催化剂，并且从再生器内持续卸出高温平衡剂来保证催化剂活性，所以，在所有催化装置都存在高温催化剂在卸剂过程中，都存在卸剂线因热磨损导致卸剂线破损问题的困扰。通过使用翅片管等改进措施，可以投入较小的成本的前提下，一次性施工，解决卸剂线常年修修补补的问题。

5　项目效果和效益分析

经济效益：统计2023年平均20天左右，就要卸剂线消漏施工一次，每次施工机具、吊车、材料、加人工成本约8000元，每年146000元。更换卸剂线Z2仿阀门(每台不含税4.6万元)，每年平均10台Z2仿阀门。合计每年仅卸剂线维修成本606000元。如果按照保守计算，改造后卸剂线使用寿命为10年，可节约606000元/年×10年=6060000元。经济效益=节约费用-改造成本=6060000-161210=5898790。直接经济效益约589.88万元。

加氢裂化装置进料反冲洗过滤器顺控程序完善和优化

完成人：雷庆国　崔　博　白　亮　戴劲翔　徐　进　路　旭
冯　斌　杨晓宇　张业飞　崔晓飞

（中国石化扬子石油化工有限公司电仪中心）

1　项目背景

扬子石化芳烃厂1#加氢裂化装置进料原料为VGO（减压柴油）、LCGO（轻质焦化柴油）、HCGO（重质焦化柴油），通过FD101反冲洗过滤器对原料中存在的固体颗粒杂质进行过滤，防止污染催化剂，影响反应器床层压降及催化剂的活性和寿命，增加装置检修、换剂的成本，降低装置的经济效益。经过FD101的原料油进入FA116脱水罐进行脱水，最终进入Ⅰ系列新鲜进料缓冲罐FA102供装置使用。工艺流程图如图1所示。

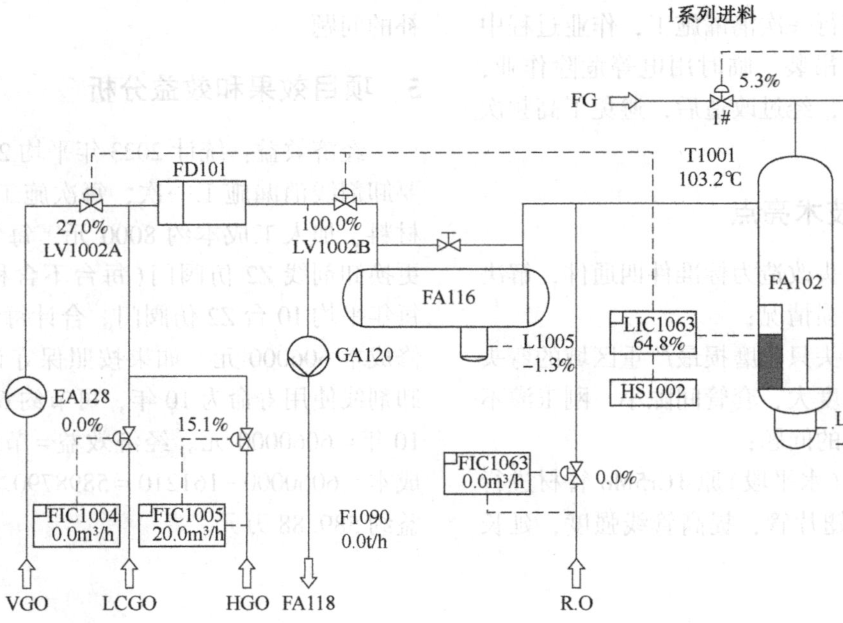

图1　FD101反冲洗过滤器工艺流程

FD101反冲洗过滤器由三台相同的过滤罐并联而成，正常运行时为“两用一备”的状态，即两台过滤，一台备用，待过滤器滤网堵塞或运行时间到，则切入备用过滤罐，切出在运的一台过滤罐进行反冲洗并备用，如此往复，达到自动反冲洗不断料的目的。FA121为氮气罐，用于存储反冲洗所需要的0.8MPa压力的氮气，FA123为污油罐，用于存储反冲洗后的脏油，当污油罐液位到达设定值时，自动排向公用工程FA2601罐，进行污油处理。PD101为总进料与总出料压差，当压差高时，代表过滤网堵塞严重，需要切入新罐，切出旧罐进行反冲洗步骤。单元运行图如图2所示。

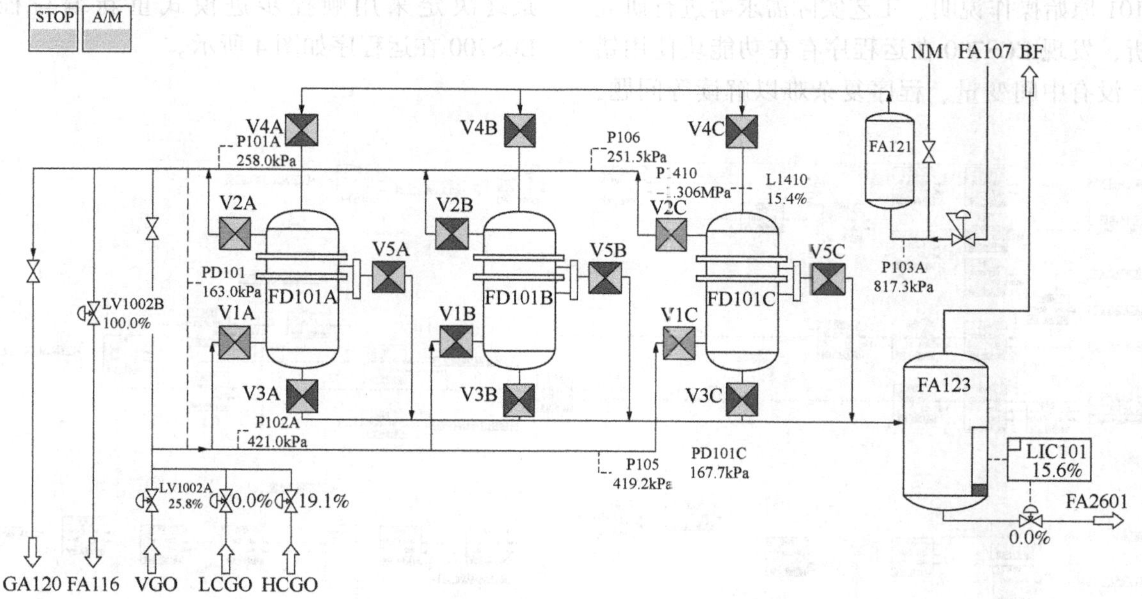

图 2　FD101 反冲洗过滤器单元运行图

每个反冲洗过滤罐都由五个阀门独立控制，分别叫做 V1、V2、V3、V4、V5，通过不同阀门的开关，从而实现五种功能状态，分别是赶气、过滤、充压、反冲洗和备用。反冲洗过滤罐示意图如图 3 所示。功能表如表 1 所示。

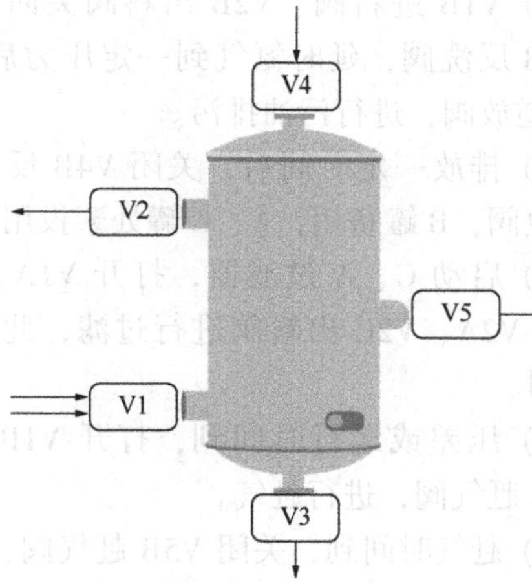

图 3　反冲洗过滤罐示意图

表 1　反冲洗过滤罐功能、阀门状态对应表

序号	功能	阀门开关状态	作用
1	赶气	V1、V5 开	清除残余杂质
2	过滤	V1、V2 开	过滤原料
3	充压	V4 开	氮气充压
4	反冲洗	V4、V3 开	清理滤网
5	备用	阀门全关	备用

2　总体情况

2022 年大修后，1#加氢裂化装置 DCS 控制系统由日本横河公司 CENTUM-CS3000 更新为浙江中控 ECS700，由浙江中控厂家提供 FD101 反冲洗过滤器的下位程序，但在实际使用过程中，工艺人员反映存在以下问题：

（1）三台过滤罐的运行混乱。无论先投用 AB、BC、AC，切入自动时都会切换到 AB 开始运作，导致 AB 罐的使用频率高于 C 罐，寿命损耗不平均，增加检修次数；

（2）投用操作先后顺序混乱。究竟是先手动启用两台过滤罐还是先投自动没有固定的操作规范，有时能投自动，有时不能，导致增加工艺人员的操作频数；

（3）程序运行混乱，不应同时开启的阀门同时开启。在旧程序过滤过程中，V3 阀会自动打开，无法及时发现，导致污油罐 FA123 液位持续升高，排出污油量增加，极大增加污油处理成本，不利于环保。

经过芳烃电仪车间会议商讨，决定独立编写 FD101 反冲洗过滤器的下位程序，从根本上解决上述问题，满足工艺生产需求，实现安全生产。

3　技术路线和技术亮点

通过对大修改造前 CENTUM CS3000 顺控表、ECS700 在运程序、开车以来故障原因分析、

FD101 原始操作说明、工艺实际需求等进行研究分析，发现 ECS700 在运程序存在功能块使用错误、没有中间变量、程序复杂难以解读等问题，最终决定采用顺控步进模式重新编写程序。ECS700 在运程序如图 4 所示。

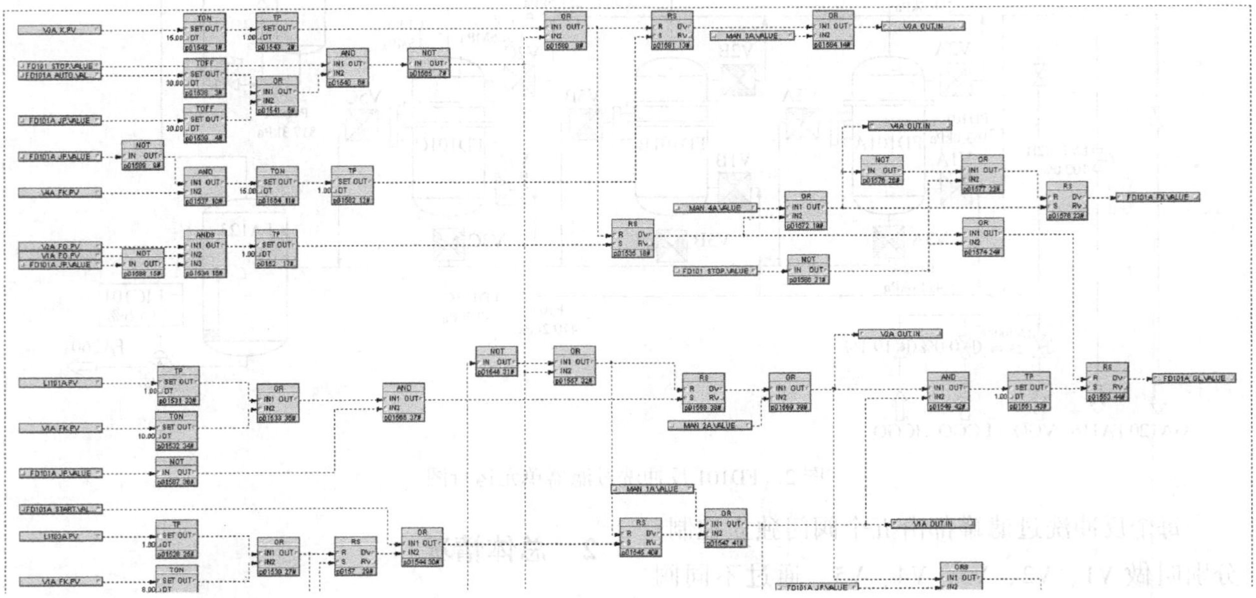

图 4　ECS700 在运程序

FD101 控制说明如下：

(1) 在过滤器投用前，所有阀门处于关闭状态。

(2) 手动启动 A、B 过滤器，打开 V1A、V1B 进料出料阀、V2A、V2B 进料出料阀进行过滤，此时投入自动状态。

(3) 进出料压差高或运行 5 小时时间到，打开 V1C 进料阀，V5C 排气阀，进行赶气步骤。

(4) 赶气时间到，关闭 V5C 赶气阀，打开 V2C 出料阀，延时一段时间，检测 V1C 进料阀、V2C 出料阀开回讯到，C 罐开始过滤，关闭 V1A 进料阀和 V2A 出料阀，切出 A 罐。

(5) V1A 进料阀、V2A 出料阀关回讯到，打开 V4A 反洗阀，延时氮气到一定压力后，开启 V3A 逆放阀，开始反冲洗，进行污油排污。

(6) 排放一定时间后，关闭 V4A 反洗阀，V3A 逆放阀，A 罐备用，B、C 罐处于投用状态。

(7) 启动 B、C 过滤器，打开 V1B、V1C 进料阀、V2B、V2C 出料阀进行过滤，此时 B、C 罐投用。

(8) 压差或运行时间到，打开 V1A 进料阀，V5A 赶气阀，进行赶气。

(9) 赶气时间到，关闭 V5A 赶气阀，打开 V2A 出料阀，延时一段时间，确保 V1A 进料阀、V2A 出料阀打开，关闭 V1B 进料阀和 V2B 出料阀。

(10) V1B 进料阀、V2B 出料阀关回讯到，打开 V4B 反洗阀，延时氮气到一定压力后，开启 V3B 逆放阀，进行污油排污。

(11) 排放一定时间后，关闭 V4B 反洗阀，V3B 逆放阀，B 罐备用，A、C 罐处于投用状态。

(12) 启动 C、A 过滤器，打开 V1A、V1C 进料阀、V2A、V2C 出料阀进行过滤，此时 C、A 罐投用。

(13) 压差或运行时间到，打开 V1B 进料阀，V5B 赶气阀，进行赶气。

(14) 赶气时间到，关闭 V5B 赶气阀，打开 V2B 出料阀，延时一段时间，确保 V1B 进料阀、V2B 出料阀打开，关闭 V1C 进料阀和 V2C 出料阀。

(15) V1C 进料阀、V2C 出料阀关回讯到，打开 V4C 反洗阀，延时氮气到一定压力后，开启 V3C 逆放阀，进行污油排污。

(16) 排放一定时间后，关闭 V4C 反洗阀，V3C 逆放阀，C 罐备用，A、B 罐处于投用状态。

整个步进顺控程序主要分为两个模块，分别是"步序"和"阀门条件"。根据控制说明，编写步序流程表如表 2 所示。

表 2　步序流程表

步骤＼运行	A、B	B、C	C、A
过滤	V1 A　V2A	V1 B　V2B	V1 C　V2C
	V1 B　V2B	V1 C　V2C	V1 A　V2A
赶气	V1 C　V5C	V1 A　V5A	V1 B　V5B
	V2C	V2A	V2B
	V1 A　V2A	V1 B　V2B	V1 C　V2C
充压	V4A	V4B	V4C
反冲洗	V3A	V3B	V3C
备用	阀门全部关闭	阀门全部关闭	阀门全部关闭

根据步序流程表，编写步序流程图如图 5 所示。

最终完成改进后的程序共分 5 页，包含 24 块步进程序、15 块阀门条件触发程序、327 个功能块，结构清晰，逻辑性强，可根据过滤器实际冲洗效果，实时改变运行周期。

改进过程中还拆除了现场非防爆跨接箱，重新铺设分支电缆，解决了防爆不完善问题，降低了回路故障率。

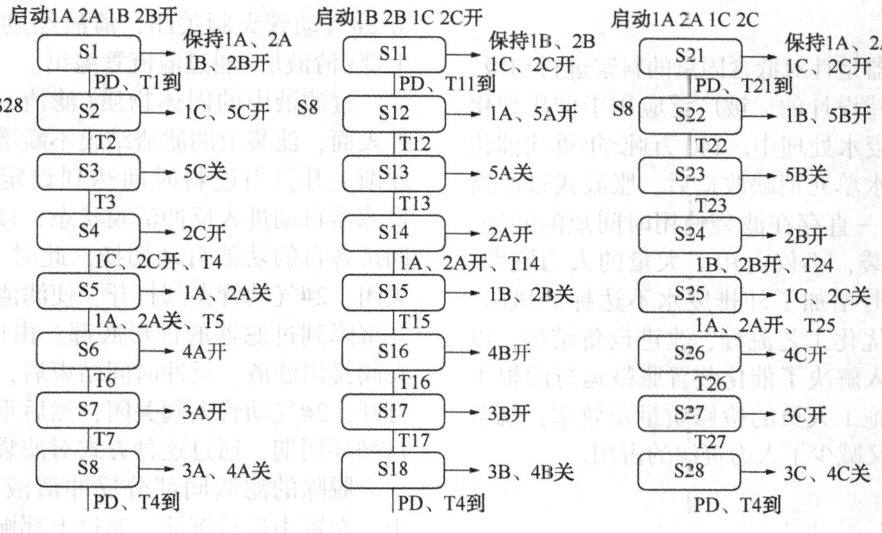

图 5　步序流程图

4　应用场景

经过程序调试和现场论证，最终完成对 1#加氢裂化装置反冲洗过滤器 FD101 的改进工作。

（1）从 2023 年 5 月份投用至今程序零故障。监控运行期间，工艺确认其符合操作运行要求，降低了内操人员的操作成本，避免发生溢罐事故，实现安全生产。

（2）改进后的程序采用模块化编程，逻辑性强，可以根据过滤器前后压差曲线判断出过滤器状态，适当延长过滤器切换周期，进而减少反冲洗次数，减少资源浪费。

（3）对 1#加氢裂化装置 II 系列反冲洗过滤器 FD103 进行改进推广，同步完成 FD103 程序改进，进一步实现降本增效。

5　项目效果和效益分析

该项目顺控控制程序完全由扬子石化电仪中心自主编写，结构清晰，逻辑性强，可以根据过滤器前后压差曲线判断出过滤器状态，适当延长过滤器切换周期，进而减少反冲洗次数，减少资源浪费。超过了原有控制系统的控制水平，属于当前同类装置中较先进的控制技术。

FD101 过滤器正常运行时，每天冲洗 6 到 7 次，在 2023 年 2 月，反冲洗次数最高达到每天 30 次以上。程序优化后，冲洗次数，稳定在 4 到 5 次，平均每天减少 2 次。FD103 平均每天减少 1~2 次。全年 FD101 和 FD103 共可减少反冲洗 1095 次到 1460 次。污油罐总容积为 3.2m^3，每次反冲洗大约产生 60%总容积的污油，即每次产生 1.92m^3 污油并消耗 2.5m^3 氮气。以厂际核算为依据，减少污油可节约 1640 元/m^3，氮气成本为 0.39 元/m^3。优化后的年经济效益约为 345 万元（$(1.92\times1640+2.5\times0.39)\times1095=$ 3449003.625 元）。

140万吨/年重油催化裂化装置胀鼓过滤器运行及结构优化

完成人：唐敬坤　武　一　杜　亮　张兴胜

（中国石化济南炼化炼油一部）

1　项目背景

胀鼓过滤器是针对低含固量的料浆进行初级、强制分离而独特设计的，被广泛应用于催化裂化装置烟气脱硫废水处理中。140万吨/年重油催化裂化装置对废水单元消缺改造后，胀鼓式过滤器（简称为胀鼓）一直存在滤袋使用时间短的问题。频繁的更换滤袋，不仅占用了大量的人力资源、资金费用，同时增加了外排废水不达标的风险。技术人员通过优化工艺流程、改进设备结构，以较小的成本投入解决了催化装置胀鼓运行的根本问题，提高了施工人员的检修质量及效率，既节省了材料费用又减少了人力资源的占用。

2　总体情况

140万吨/年重油催化裂化装置在烟气洗涤过程中，需要外排部分吸收强酸性气体的急冷水及固体颗粒，以保持塔底固体含量在允许范围内。急冷塔外排水进入胀鼓后，投用中的胀鼓下方2#气动管夹阀关闭，清液经过滤后进入筒体上部（清液层）通过溢流管溢出。

过滤液中的固体物质（滤渣）被滤袋截流在外表面，滤袋上的滤渣结膜不断增厚使过滤压力逐渐上升，当进料时间达到设定时间后（2h），过滤器自动进入反冲清膜状态，1#、2#气动管夹阀按各自的功能自动切换，此时1#气动管夹阀关闭，2#气动管夹阀打开，使滤渣脱离滤袋表面并沉降到过滤器的锥形底部，由底部2#气动管夹阀排出滤渣。反冲时间结束后，1#气动管夹阀打开，2#气动管夹阀关闭，然后重新进入下一运行循环周期，通过这种方式对滤袋进行“再生”。

脱除的滤渣同部分反冲清液被送入渣浆罐中，在罐中进行沉淀，通过上部撇液阀将上清液撇除，滤渣被浓缩滤出后，清液进入烟气脱硫废水处理边沟，统一收集进入滤液池，再通过滤液池泵送回胀鼓前，实现封闭循环，如图1所示。

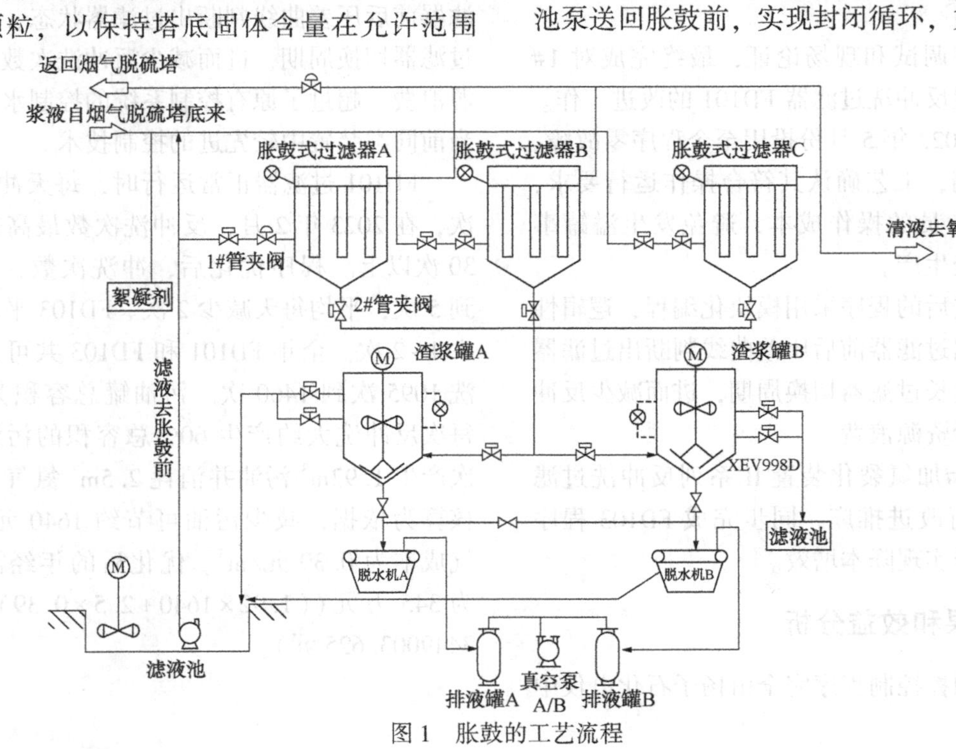

图1　胀鼓的工艺流程

胀鼓由设备壳体和滤袋、膜支承笼架等构成，并配套有气动控制阀、现场仪表接线箱、手动蝶阀等部件。滤袋通过喉箍紧固于支撑笼架上，每根笼架通过三颗螺钉固定于过滤器管板上，每台胀鼓包含180根滤袋。胀鼓出入口均设有气动管夹阀，通过程序设置实现胀鼓定期排料，表1为详细数据。

表1 胀鼓规格参数

名称	代号或单位	SYZD-60
处理能力	m^3/h	15
操作压力	MPa	0.03~0.1
过滤面积	M^2	60
过滤元件个数	根	180
过滤元件长度	mm	1500
设备直径	DN，mm	2100
设备总高	H，mm	4480
支架安装尺寸	D_1，mm	2730
进料口径	a，mm	100
底出料口径	b，mm	200
上清液出料口径	c，mm	200

胀鼓滤袋使用时间短，主要原因是滤袋上的滤渣在反冲清膜过程中，没有完全脱除；根本原因在于，胀鼓排料口距离渣浆罐进料口的高度差较小，且渣浆罐撤液口设计过高，撤液后渣浆罐最低液位仍高于渣浆罐入口管线，造成排液线中长期存有液柱，算上液柱高度，胀鼓排料口距离液面高度仅有0.9米，如图2所示，造成胀鼓排料背压大，排料效果差。

由于滤袋上的滤渣无法定期脱除，导致滤渣不断在滤袋表面积累，胀鼓压降上涨速度快，滤袋更换频率高。同时，由于高频率的更换滤袋以及设备结构存在不合理的情况，导致螺栓在多次拆卸后，螺纹损坏，螺栓断入管板中；又或是在施工人员紧固过程中，由于紧固垫片尺寸较小、较薄，导致笼架螺纹孔产生形变，使旧滤袋较难拆出更换。

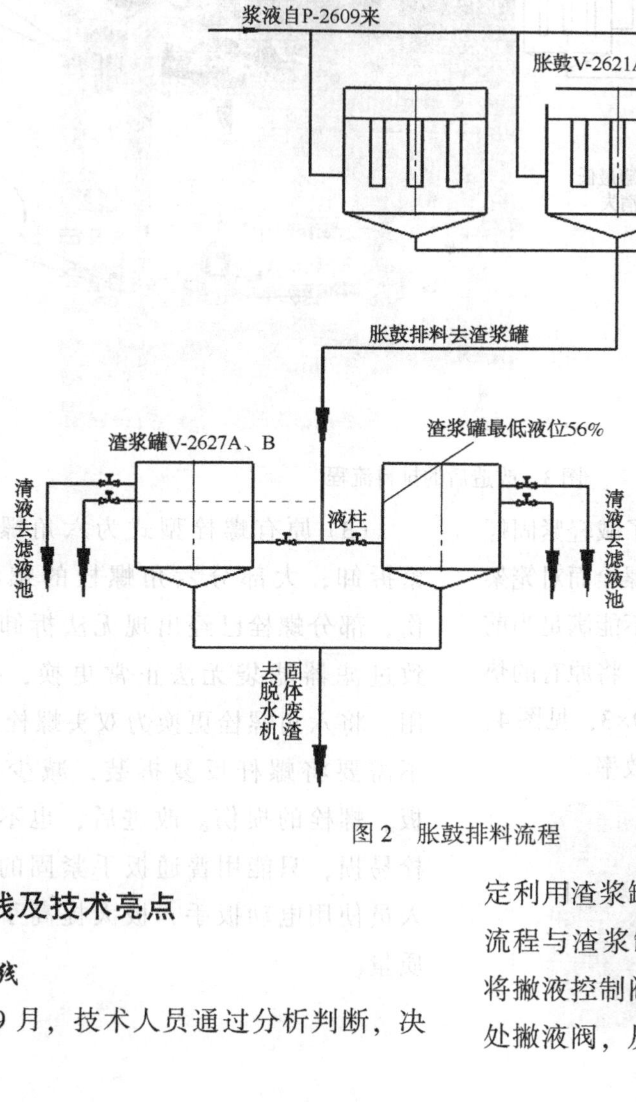

图2 胀鼓排料流程

3 技术路线及技术亮点

3.1 技术路线

2023年9月，技术人员通过分析判断，决定利用渣浆罐罐体下部冲洗水流程，将冲洗水流程与渣浆罐撤液总管相连，作为新撤液线。将撤液控制阀依次下移后，废除原渣浆罐最高处撤液阀，从根本上达到降低渣浆罐罐内留存液位的目的。渣浆罐内低液位也有利于渣浆浓缩系统的运行以及滤液池液位的控制，使废渣脱除效率更高、含水量更少以及能够降低大量排水对滤液池液位的冲击，减少了工艺系统的波动。

此外，技术人员基于更换滤袋过程中出现的螺栓断裂、无法拆卸，笼架螺纹孔变形、旧滤袋较难拆出更换等因素，导致的检修时间长、质量差、效率低的情况。技术人员一方面改进螺栓形式，将原有的六角螺栓改进为双头螺栓，这样不需要拆卸螺杆就能将笼架取下；另一方面，调整螺母垫片的尺寸，将螺母垫片尺寸加厚加大，这样及时紧固力稍大也不会导致笼架螺纹孔产生的形变。

以上措施的实施既节省了材料，又减少了人力资源的占用，同时还降低了工艺系统的波动，值得推广应用。

3.2　技术亮点

（1）由于胀鼓及渣浆罐安装位置设计不合理，导致胀鼓排料后路背压大，反冲效果差，部分滤渣附着在滤袋表面无法抖落，加速了胀鼓滤袋的失效周期。技术人员巧妙借用原有工艺管线、调节阀进行改造，不更换新渣浆罐，不移动两设备相对位置，仅利用罐体冲洗水线，将撇液口挪至冲洗水线处，通过原冲洗水线流程撇液，实现了降低胀鼓排料背压的目的，见图3。

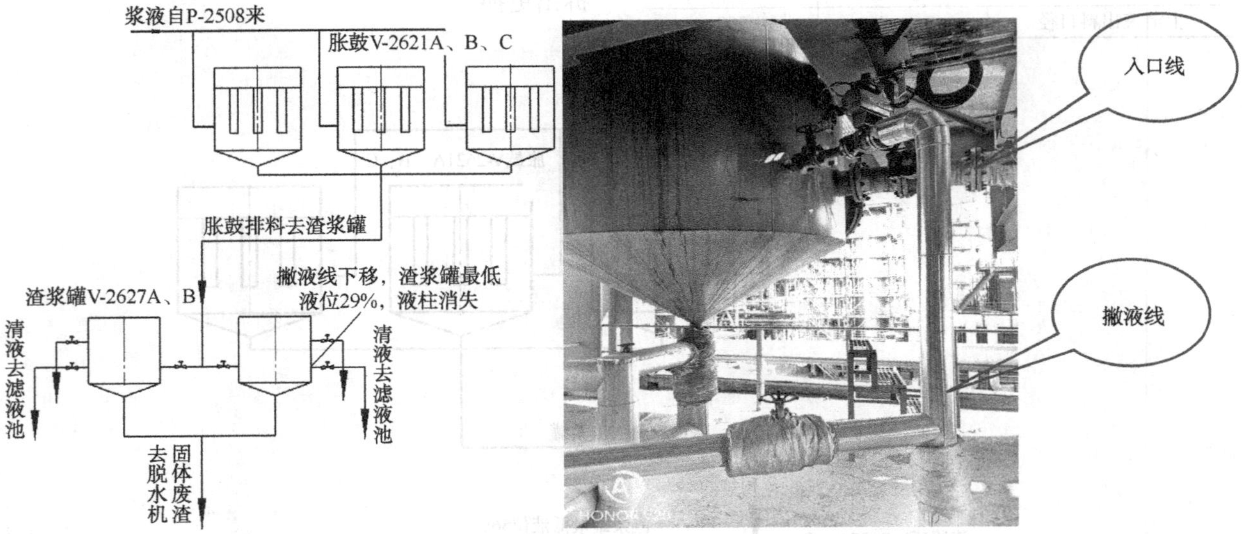

图3　改造后的排料流程

（2）紧固垫片设计的目的是为了减轻紧固螺母对笼架的压强，从而减少因紧固螺栓而对笼架螺纹孔产生的形变影响。现有垫片不能满足当前的安装要求，为了不降低施工效率，将原有的垫片尺寸由Φ16×9×1.5调整为Φ24×9×3，见图4，方便了施工人员拆装，提高了检修效率。

图4　新旧垫片对比

（3）原有螺栓型式为六角螺栓，经过频繁拆卸，大部分六角螺栓的螺纹都出现损伤，部分螺栓已经出现无法拆卸的情况，导致过滤器滤袋无法正常更换，甚至无法使用。将六角螺栓更换为双头螺栓后，见图5，不需要将螺杆反复拆装，减少了对胀鼓管板、螺栓的损伤。改进后，也不会出现因螺栓易损，只能用普通扳手紧固的情况，施工人员使用电动扳手，极大提高了检修效率及质量。

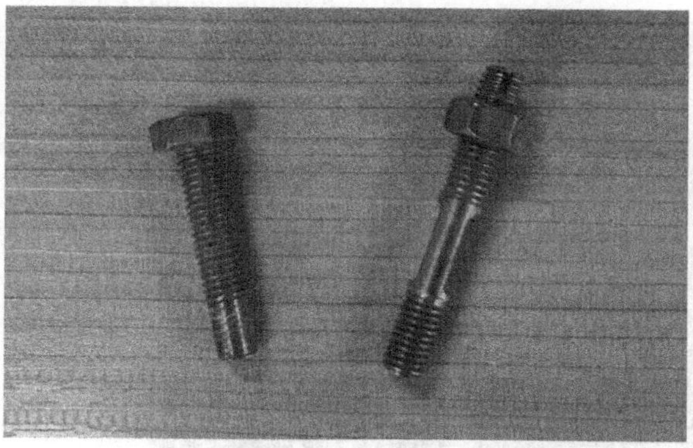

图 5　新旧螺栓对比

4　应用场景

胀鼓过滤器工艺流程以及结构的优化改进，极大的延长了胀鼓过滤器滤袋及设备本体的使用寿命，有利于催化装置及相似装置废水处理系统的长周期运行，对同类型问题的解决有借鉴和参考意义。

5　项目效果及效益分析

5.1　项目效果

（1）胀鼓运行及结构优化前，单台胀鼓的滤袋平均使用时间仅为 30~60 天，如表 2 所示(以胀鼓 A 为例)。优化后，单台胀鼓的滤袋平均使用时间延长至 90~120 天左右，如表 3 所示，使用时间大大增加，减少近 65%的滤袋、喉箍、橡胶垫片的费用，材料节省费用明显。从更换后的滤袋情况来看，旧滤袋附着滤渣明显减少，如图 6 所示，说明已经从根本上解决排料效果差的问题。

表 2　胀鼓 A 滤袋更换情况

更换日期	运行时间/天	更换数量/根	单台累计运行时间/天
2022.05.08~2022.07.04	57	120	85
2022.07.07~2022.08.04	27	60	81
2022.09.07~2022.10.12	25	60	75
2022.11.06~2022.11.25	20	60	60
2022.11.25~2022.11.30	6(内漏)	60	18
2022.12.01~2023.02.03	62	180	62
2023.02.05~2023.02.15	10(内漏)	60	30
2023.02.20~2023.02.27	8	60	24
2023.03.28~2023.04.11	15	60	45
2023.04.21~2023.05.04	15	60	45
2023.05.06~2023.05.11	6	30	36
2023.06.01~2023.07.06	35	120	46.7
2023.07.07~2023.07.14	7	30	42
2023.07.17~2023.07.31	14	60	42
2023.08.03~2023.08.11	9(内漏)	60	27
2023.08.16~2023.08.28	13	60	39
2023.09.06~2023.09.12	7	30	42

表 3　优化后胀鼓 A 滤袋更换情况

更换日期	运行时间/天	更换数量/根	单台累计运行时间/天
2023.09.12~2023.10.30	48	60	144
2023.10.30~2023.11.24	25	60	75
2023.11.25~2023.12.26	31	60	93
2023.12.26~2024.02.02	39	60	117
2024.02.02~2024.03.25	52	60	156
2024.03.25~2024.04.23	29	60	87
2024.04.23 至今	/	/	/

图 6　优化前后废旧滤袋对比

(2) 紧固垫片尺寸的调整，使得施工人员更容易拆装笼架，更换滤袋；笼架螺栓型式的改进，使得施工人员可以使用电动工具进行检修作业。这两个方面，大大提高了胀鼓更换滤袋的检修效率及质量。改进后，单台胀鼓的检维修时间由 3 天/台降至 1.5 天/台，减低 50%的检修人工成本，同时还减少了拆装过程中对设备的损坏。

5.2　经济效益

每更换一条胀鼓滤袋，也要更换配套的一件橡胶垫片以及一副喉箍。胀鼓滤袋价格为 314.16 元/条，橡胶垫片价格为 3.98 元/件，喉箍价格为 2.57 元/副。

2023 年度共更换胀鼓滤袋 2850 条，总计花费：2850×(314.16+3.98+2.57)=914023.5 元。

2024 年初至 5 月中旬，共消耗滤袋 420 条，本年度计划消耗滤袋 1000 条，总计花费：1000×(314.16+3.98+2.57)=320710 元

节约材料费用总计：914023.5－320710 = 593313.5 元

普工按照 300 元/天计算，之前单台胀鼓检修时间为 3 天/台，需要至少 4 人配合检修，2023 年度共检修 2850÷180 = 15.83 台次，总计花费：300×4×3×15.83=56988 元。

优化后，单台胀鼓检修时间为 1.5 天/台，一年检修 1000÷180=5.56 台次，总计花费：300×4×1.5×5.56=10008 元。

减少人工成本总计：56988−10008=46980 元

总共节约费用：593313.5+46980=640293.5 元

国产化 TPES-Openbatch-DCS 智能控制系统在 SBC 全自动生产线的开发与应用

完成人：伍建华　徐　军　朱立辉　张　旭　罗　毅　谭　亮　尹志方　李　凯　邵亚利　黄子通

（湖南石化橡胶部）

1　项目背景

湖南石化公司依托弹性体技术中心（RTC），不断完善 SBC 工艺与装备技术，湖南石化自主开发的大型聚合釜与加氢釜技术、三釜凝聚节能技术、溶剂双效精制技术等达到全球先进水平，但是 DCS 操作自动化程度成为了制约湖南石化 SBC 弹性体发展的瓶颈，严重制约了产量，从而影响了公司效益。

当前，橡胶生产线 DCS 控制系统还存在着如下问题：

（1）橡胶生产线目前所使用的 DCS 控制系统主要以 Honeywell TPS、Honeywell PKS、横河 VP、ABB 800Xa 等相关国外的控制系统为主。而近几年随着国际局势的紧张，这些控制系统的备品备件购买难度增大，费用成本也就随之增加，维修维护的难度大。

（2）国外相关控制系统的使用不利于网络安全和国家安全，对于商业机密等信息保密程度不够，功能有待商榷完善。

（3）随着国内相关技术瓶颈的攻克，国产化 DCS 控制系统相继出现，并开始应用于化工领域，例如浙江中控 ECS700，和利时 Macs6 等 DCS 控制系统。但国产化的控制系统由于缺少实际应用的经验，对于 SBC 生产线并不能满足工艺相关要求。

（4）针对 SBC 生产线的一键全自动化操作的要求，减少人工干预的频率，从而避免因人为误操作而导致的安全事故和生产事故的发生，维护网络及国家安全，结合配方管理 VxBatch 实现控制组态。此方式虽然简化了控制组态的流程，但是，如果生产线的产品复杂多样，企业需根据订货量随时转换不同的产品进行生产，那么此时 Batch 单一主程序的编辑方式，会导致主程序冗长繁杂，系统运行时会增加 CPU 负荷和网络通讯负荷，存在系统崩溃的风险。

上述问题是目前化工领域 DCS 控制系统迫切需要解决的问题，影响了 SBC 产品在市场的竞争力，拖后了新产品的工业化进程。为解决上述关于化工领域 DCS 控制系统国产化、智能化一键全自动开车的相关关键技术难题。湖南石化就 SBC 生产线，开展 DCS 控制系统国产化改造及工艺设备仪控组态技术攻关工作。先后开发出 SBC 生产线专用 DCS 控制系统、实现一键全自动智能化开车的 TPES-Openbatch 算法、国产化 PID 先进控制参数换算算法、SBC 生产线温控、阀控等一系列专用控制算法，随着 2023 年橡胶部主控集中项目的完成，TPES-Openbatch-DCS 控制系统及相关算法开发成功并示范应用。

2　总体情况

2.1　研发思路和目的

湖南石化项目组依据 SBC 各系列产品的生产工艺、各类旧有 DCS 控制系统运行数据和性能参数积累，以问题为导向，应用实践经验+理论为依托，开展 SBC 生产线专用的 TPES-Openbatch-DCS 控制系统以及相关专属算法开发工作，力求开发出一套国产化一键全自动智能操作控制系统及相关算法，实现全自动生产，缩短生产时间，减少人力成本。

2.2　TPES-Openbatch-DCS 控制系统的设计

2.2.1　DCS 控制系统的开发与改进

为实现橡胶生产线智能化一键全自动开车，本文基于浙江中控 ECS700 控制系统进行再次开发和改进，使得此系统更适应于橡胶生产线，主要改造内容如下：在保证原系统框架稳定的前提下，由全封闭数据模式更改为半开放可访问更改的数据模式，便于对功能块，通讯接口等方面的改进；在此基础上，开发编辑橡胶生产专用的控制功能块，例如温变功能块等；除底层程序和上层操作交互外，开放第三层接口，用于后续TPES-Openbatch算法的接入，便于数据互通，为实现智能化一键全自动开车奠定基础。

2.2.2　TPES-Openbatch算法的开发与改进

在Batch的基础上，再开发改进为TPES-Openbatch，搭配改进的DCS控制系统，实现N类产品生产线对应N个主程序的模式，开车前只需对产品种类即主程序进行选择即可。

主要开发和改进的内容如下：将第三层即TPES-Openbatch层的数据接口进行开放，用于与DCS层进行数据互通，功能块调用等功能；利用TPES-Openbatch，采用顺序功能图的模式，对主程序进行编辑，实现与DCS层变量互通；通过增加延时块解决传统Batch中条件步判断通过后，执行步不动作的问题。通过TPES-Openbatch算法调用DCS中功能块子程序的方法，实现橡胶生产线一键全自动开车。

2.2.3　TPES-Openbatch-DCS系统和一键全自动开车的实现过程

图1为TPES-Openbatch-DCS控制系统一键全自动开车流程图。本文所构建的TPES-Openbatch-DCS控制系统主要是由TPES-Openbatch的算法和DCS两部分构成。主要为检查程序、加料程序、反应等待过程程序、出料/出胶程序等过程进行编辑，其中包含每个步骤之间衔接的条件判断，故障等待等程序。DCS是在国产化ECS700的基础上进行的数据开放，功能块再开发设计等一系列二次开发改进完成的，主要包括橡胶生产线专属的控制功能块的设计和开发，联锁安全控制等步骤。

由TPES-Openbatch搭建主程序，调用改进后的DCS中的阀门机泵控制模块，结合现场仪表监测信号，启动安全联锁控制模块，保障安全生产的前提下，实现一键全自动开车。

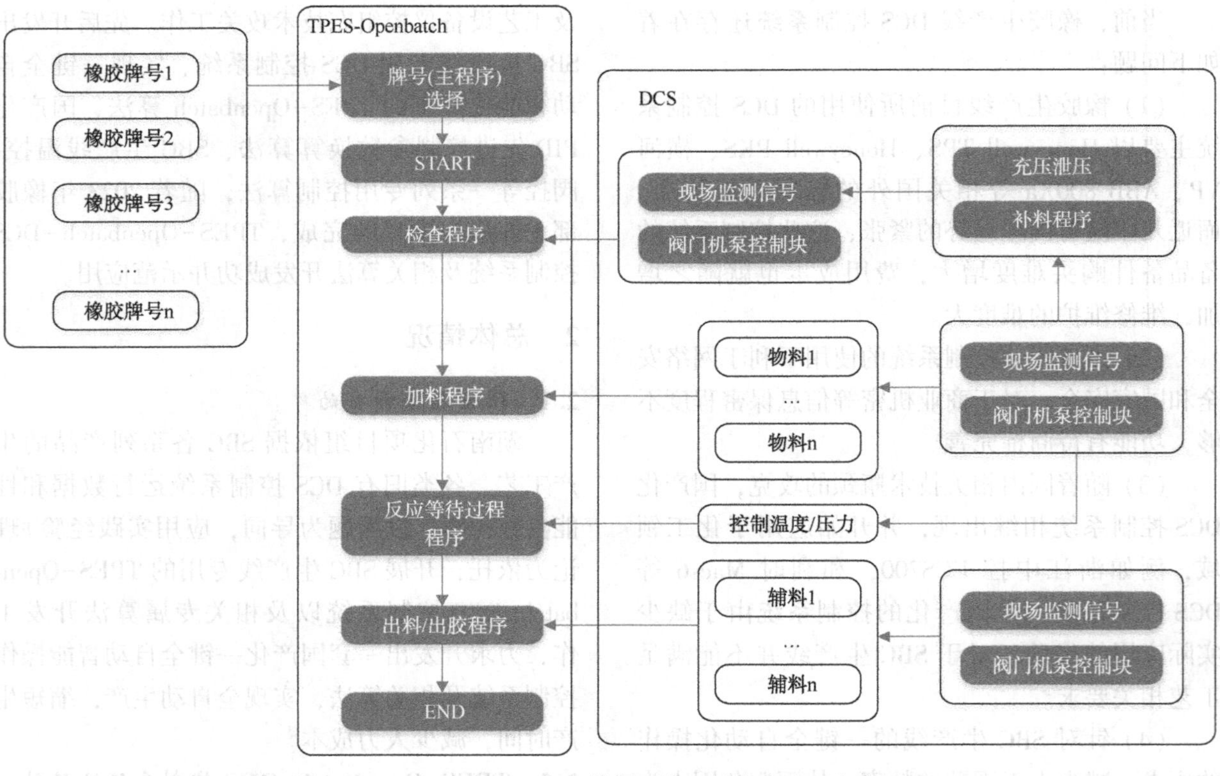

图1　TPES-Openbatch-DCS控制系统一键全自动开车流程图

2.2.4　保密及网络安全功能的改进

在硬件方面，增设USB外接设备隔离终端，将一切外设全部隔离在单独区间内，不能与系统数据进行直接访问。对保密功能进行改进，将所有需保密的工艺参数和工艺流程，全部封装在底层功能块中，只有最高权限账户才能进行访问，所访问的相关信息全部记录保存，以便于后续回溯查询。

3 技术路线和技术亮点

3.1 系统软件二次开发

本次国产化改造采用的是浙江中控 ECS700 控制系统，是一种拥有自主产权的国产化 DCS 系统，但是本次橡胶部改造是此系统第一次应用于橡胶生产线，精细化工领域，因此，我们在浙江中控 VF 软件中针对橡胶部生产的实际需求进行二次开发。

3.2 Openbatch 的首次应用及二次开发

Openbatch 是浙江中控提出的一种应用批量式配方模式的主程序编辑方式，应用环境为 Direct。本次应用是中石化精细化工领域首次应用。我们借助此软件，进行二次开发。针对橡胶部生产线的需求，最终实现全自动一键开车，由原先的两条生产线 3 人操作，改为目前可 1 人操作 4 条生产线。

3.3 PID 参数自整定组态开发

基于 ECS700 控制系统，将 PID 功能块进行二次开发，取消原有的跟踪功能，设计符合橡胶生产线使用的扩展 PID 功能块，比较两个系统 PID 功能块的计算公式，推算出两个系统中的 PID 三个参数的换算公式，利用旧系统的参数数据，按照换算公式进行换算，换算后的数据，作为新系统的 PID 参数进行设置，经过 1 个多月的实际应用，此方法设定的参数，完全符合橡胶生产线的使用。

3.4 网络安全及国家安全的提升，保密功能的改进

将控制系统内需要保密的相关工艺参数，以及工艺流程，隶属于公司机密的相关数据，进行底层封存，只有最高权限的账户才能对其进行访问，并将所有系统访问记录和操作记录进行保存。没有权限的任何账户和个人无权访问，无从知晓。避免了操作人员等对生产工艺相关需保密的产品参数流程泄密。

3.5 根据现场生产单元的重要等级，采取不同的改造方式

橡胶部老区生产单元复杂，有影响到全厂生产开车的 882 丁二烯精制单元，401 苯乙烯精制单元，501 储罐单元；以及影响到多装置生产开车的 307 环已烷精制单元；只影响自身装置的生产单元。为保证不改造不检修的装置正常生产，不影响少影响未停车装置的生产，保证公司效益，尽可能减少损失的前提下，根据生产单元的重要等级，采取不同的改造方式。

3.6 BPCS、GDS 和 SIS 系统在役生产模式下独立设置

BPCS、GDS 和 SIS 系统独立设置，为提高生产效率，不影响装置生产，因此此次改造在现役装置不停车生产模式下进行，主要为网络及硬件改造部分。

（1）在现有 BPCS 控制系统的硬件条件下，增加新的机柜，确保 BPCS、SIS 和 GDS 均拥有独立的控制机柜。控制器配置为冗余模式。保持现有机柜硬件不变的情况下，将原控制机柜内属于 GDS 和 SIS 的卡件分别移位到 GDS 机柜和 SIS 机柜内。

（2）网络硬件的组装采用双网冗余设置，利用光缆熔接的方式，实现各机柜间内的网络通讯。GDS 多个控制器内组成一个星型 Safer Net 网络，用于各 GDS 控制器内数据互通。各 GDS 柜和 SIS 柜内通过 MODBUS RTU 通讯模块，完成与 BPCS 系统通讯硬件连接。实现 BPCS 辅助监视 SIS 及 GDS 系统信息。

4 应用场景

本次改造主要应用于湖南石化橡胶部所有橡胶生产线，目前已经实现 SPG、SBS 和 SEBS 装置的国产化改造，智能化一键开停车组态升级，目前应用效果良好。

5 项目效果和效益分析

（1）经济效益

① 生产效率提高

该控制系统及相关技术于 2023 年 6 月 22 日开始在巴陵石化 SBC 生产线进行示范应用，该自主研发的控制系统较其他常规国内外 DCS 控制系统的适应性，智能化程度等方面优势明显，截至目前，由原 6 人操控 4 条生产线可实现 1 人操控 4 条生产线，节省人工成本 100 万/年。以年产 20 万吨的 SBS 装置为例，每釜 SBC 产品平均减少生产时间约为 5 分钟，每天每条生产线可多生产三分之二釜产品，每星期可多生产 126 吨产品，产生的经济效益平均约为 190 万元/星期。

② 设备采购成本大幅降低

项目开发的 TPES-Openbatch-DCS 控制系统硬件相关设备 2023 年采购价为 600 万元，同年

进口 Honeywell PKS 控制系统的采购价为 800 万元起步，节约投资成本约 200 万元。

③ 设备维护成本降低

开发的 TPES-Openbatch-DCS 控制系统从投用至今维修维护成本为 52.3 万元/年；进口 DCS 控制系统以 ABB 800Xa 为例，使用期间，维修成本为 137.4 万元/年。则开发 TPES-Openbatch-DCS 控制系统节约维修成本效益为 85.1 万元/年。

（2）社会效益

该控制系统及相关技术于 2023 年 6 月 22 日开始在巴陵石化 SBC 生产线进行示范应用，该自主研发的控制系统较其他常规国内外 DCS 控制系统的适应性，智能化程度等方面优势明显，共可生产 100 多种牌号产品，加快了巴陵石化 SBC 新产品的工业化进程，打破了国内外技术垄断。项目开发的核心技术已应用至巴陵石化 SEBS、SIS、SEPS 等生产线，大幅度提高了操作系统的自动化，智能化程度，降低了人为干预率，减少了人为误操作导致的安全生产事故的发生、提高了产品竞争力。该控制系统及相关算法技术已推广应用到巴陵石化与上海石化合作的上海金山 25 万吨/年热塑性弹性体项目。未来将探索将此系统及相关技术拓展至其他精细化工领域的应用。

自动引导搬运车(AGV 小车)控制系统的优化改造及应用

完成人：伍建华　徐　军　朱立辉　张　旭　罗　毅　谭　亮　尹志方　李　凯　邵亚利

(湖南石化橡胶部)

1　项目背景

自湖南石化橡胶部 SIS 装置立体仓库投用以来，AGV 小车工作过程中经常出现小车定位丢失、停滞不前或者导航方向错误、避障效果不佳等问题，从而使得所有小车停止工作。导致 AGV 小车调度系统瘫痪，使得小车控制系统报错，导致包装线输送中止，从而使得 AGV 全面停车，严重影响装置生产。

2　总体情况

2.1　适用领域

本创新成果适用于自动导航小车包装线产品转运领域，主要用于橡胶生产线包装产品转运存储。

2.2　解决的实际问题

自湖南石化橡胶部 SIS 装置立体仓库投用以来，AGV 小车工作过程中经常出现小车定位丢失、停滞不前或者导航方向错误、避障效果不佳等问题，导致 AGV 小车调度系统瘫痪，使得小车控制系统报错，在包装线输送中 AGV 全面停车，严重影响装置生产。

2.3　创新点

针对避障效果不佳的问题，增设四面毫米雷达测距及光电避障传感器。针对定位丢失的问题，将原红外激光导航系统更改为电磁导航识别系统。针对调度系统调控不佳的问题，优化导航数据算法，采用梯度下降法和冒泡算法联合优化程序参数，不断修正导航线路，采用 k-means 聚类轨迹纠偏算法改进数据库内相应数据类别，在原调度程序中进行优化升级改造。

2.4　实现的经济效益和社会效益

项目于 2022 年实施改造投用至今，改进优化效果明显，由原来的每天故障 25 余次，减少到目前的 0 次，大大提高了生产线的稳定性，减少了人工劳动量。

3　技术路线和技术亮点

国内首家橡胶产业包装线采用 AGV 小车转运存储企业。

3.1　硬件改造

(1) 采用电磁导航改进环境定位问题

针对 AGV 小车因缺少激光反射板造成定位丢失，且环境影响较大的故障。将 AGV 小车原有的红外激光导航模式更改为电磁导航模式进行路径识别，不需要激光反射板，既规避了环境对其的影响，也不需要三角定位运算，只需要在小车的行驶路径上铺设电磁轨迹即可。考虑到轨迹的铺设应不影响 SEBS 装置包装线和立体仓库的正常生产运行工作，且应简单易行，因此，AGV 小车采用电磁传感器进行轨迹检测，且采用的识别轨迹为易铺设的电磁二维码路径。

(2) 采用 360°避障模式优化避障效果不佳问题

改进后的 AGV 小车采用红外避障传感器和 360°毫米雷达波避障模式，在 AGV 小车的左前和右前方各配置一个红外避障传感器，当 AGV 小车行驶前方有障碍物时，传感器发射出去的红外光线被大部分反射回来。在行驶过程中，将会对小车行驶路径四周进行障碍物检测，当检测到有障碍物时，将会对小车与障碍物之间的距离进行计算，从而根据与障碍物之间的距离以及障碍物的方向，控制 AGV 小车做出相应的动作，例如减速，改变行进方向，停止等。

3.2　软件改造

(1) 增设 AGV 小车手动遥控控制系统

将原 AGV 小车控制系统增加手动控制界面，

AGV 小车在故障时，可进行手动干预控制，利用界面控制，发送前进，后退等指令，使得 AGV 小车可以灵活控制，不会出现因调度系统故障导致的整体小车控制系统瘫痪。

(2) 算法优化改进调度系统

优化导航数据算法，采用梯度下降法和冒泡算法联合优化程序参数，不断修正导航线路，采用 k-means 聚类轨迹纠偏算法改进数据库内相应数据类别，在原调度程序中进行优化升级改造。

3.3 及时性和实用性

目前国内橡胶生产行业包装线生产转运存储立体仓库是争论的热点话题，也是改造的重点项目，湖南石化橡胶部将原红外激光导航小车改进电磁导航，优化升级调度系统算法程序，成功试验用于包装线的转运存储，提升了智能化水平，是目前行业内唯一的改造成功的项目，并将经验借鉴到海南巴陵和上海巴陵项目。

改造过程简便实用，将每台 AGV 小车硬件改造完毕后，再将路径进行改造识别，最后根据实际情况，对调度系统进行算法优化程序升级即可。

4 应用场景

本次改造主要应用于湖南石化橡胶部 5 万吨/年 SEBS 生产线后处理无人化仓储单元，目前已经实现智能无人化 AGV 小车从产品下线口到立体仓库的转运过程，目前应用效果良好。

5 项目效果和效益分析

5.1 经济效益

截至目前，AGV 小车改造完毕至今已平稳运行 600 多天，经济效益按照 600 天计算。SEBS 橡胶产品 2023 年到 2024 年的国内市场价格约为 17100 元/吨，净利润约为 1500 元/吨。改造完毕后的 AGV 小车平均每天提高产能 20 吨/天，共产生实际净利润约为：1500×20×600 = 18000000 元。

未改造之前的 AGV 小车故障率频发，经统计每天故障频次高达 25 次，需维保人员 24 小时值守保运，共配置 4 名维保人员轮班进行维护处理，每人每年维保费用约 10 万元。自 AGV 小车改造完毕后，故障率几乎为 0，未出现因 AGV 小车故障而导致的非计划停车，无需人员专项保运，共计节约维保费用为：

$$10+((600-365)/365)\times10=16.4 \text{ 万元}$$

未改造之前的 AGV 小车因故障率频发，原 AGV 小车厂家每月需进行维保、处理故障一次，每次处理时间约为 3 天，每人每天付费 5000 元。除此之外，每次需更换的备品备件，检测的工器具费用约为 3000 元。自 AGV 小车改造后，只需每半年进行一次常规维护即可，共计节约维修费用为：(3×5000+3000)×17 = 306000 元。

综上所述，共计产生经济效益为：1800 万+16.4 万+30.6 万 = 1847 万元

5.2 社会效益

湖南石化橡胶部的 AGV 小车系统改造为整个智能搬运存储无人化橡胶生产线提供了一种新的思路，橡胶部的 AGV 小车改造也为海南巴陵项目和上海巴陵项目的立体仓库，智能转运领域提供了一种借鉴模式。属于中国石化集团橡胶生产领域的第一次应用，为智能工厂的建设奠定了基础。

AGV 小车的改造成功，提升了装置生产效率和生产稳定性，减少了人力资源，节约了电力损耗。而且改造后的 AGV 小车操作简单，容易掌握，自动手动模式切换自如，员工操作上手快。维护维保简便快捷，硬件设施结构简单，省时省力。

乙烯精馏塔塔盘升级改造

完成人：黄起中　梁中超　张秀龙　闫锡军　耿东方　刘海峰　苏军龙　王景彬　邓　昇
王洋洋　张　锐　王雪峰　胡双伟　王　敏　聂　涛　张绍武　杨　超

（国能榆林化工有限公司）

1　项目背景

国能榆林化工有限公司烯烃分离（LORU）单元是将甲醇制烯烃（MTO）装置产品气中杂质脱除，分离提纯乙烯、丙烯及 C4 等，为下游聚乙烯（PE）、聚丙烯（PP）装置提供合格原料，并副产混合 C4、煤基混合戊烯、丙烷及燃料气。丙烷、混合 C4 和煤基混合戊烯作为产品送往界区，燃料气进入燃料气管网，作为各用户的燃料。

烯烃分离单元的生产工艺见图 1，主要由以下几个单元组成：产品气压缩、酸性气体脱除、产品气干燥、脱丙烷、脱甲烷、脱乙烷、二氧化碳吸附、乙炔加氢、乙烯精馏、丙烯精馏、脱丁烷、丙烯制冷和公用工程系统。

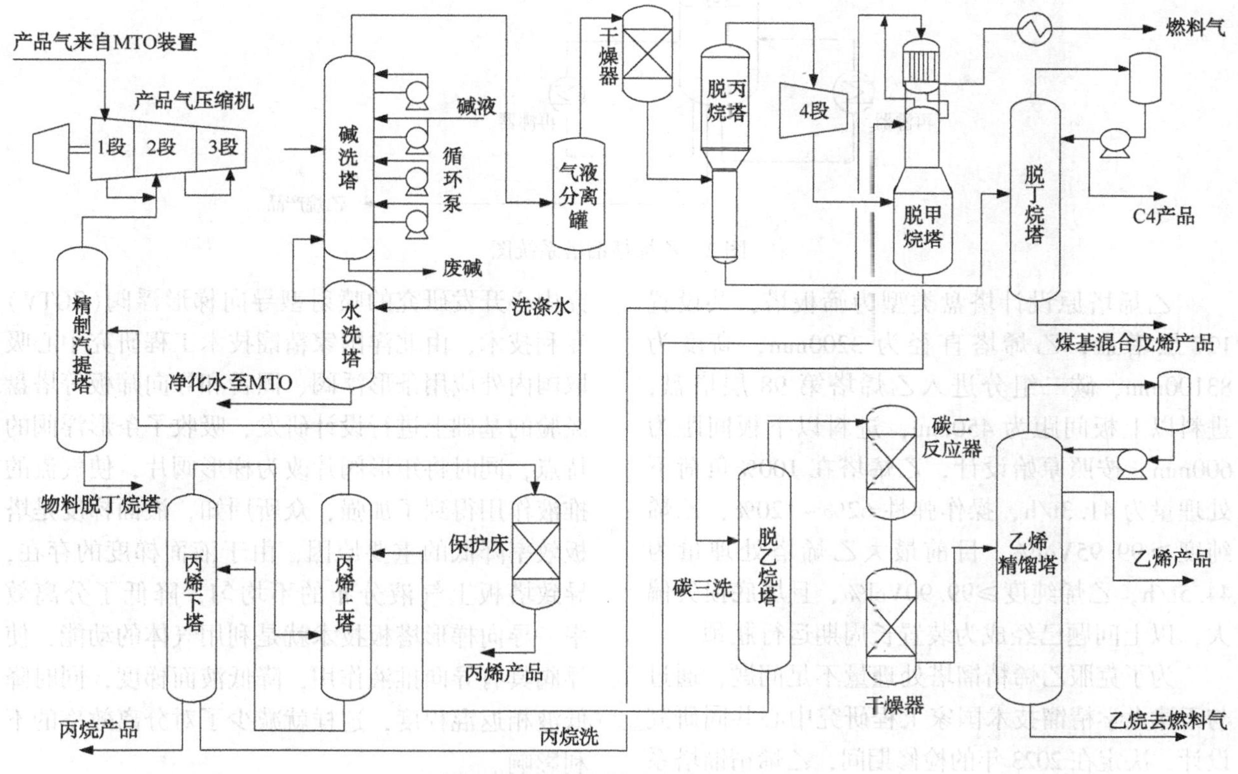

图 1　烯烃分离单元生产工艺流程

乙烯精馏系统主要任务是负责乙烯与乙烷产品的分离，原有的乙烯精馏塔内件采用的是筛板塔盘设计，相较于浮阀塔盘，其效率低、操作弹性小，2015 年装置原始开车后，随着甲醇制烯烃单元催化剂不断更新换代与装置优化升级，乙烯收率不断增加，乙烯精馏塔进料量和进料组成与原始设计值产生了显著偏离，造成乙烯精馏塔操作压力升高，塔釜乙烯损失增加，给操作调整带来了极大的困难，对装置的长期稳定运行产生了不利影响。乙烯精馏塔现处理能力已无法满足装置高负荷运行的要求，因此，要解决乙烯精馏塔运行中存在的问题，增加精馏塔的处理能力及分离精度，需对乙烯精馏塔进行改造。

2　总体情况

脱乙烷塔顶气相碳二物料经加氢脱炔、干燥后进入乙烯精馏塔，在塔顶分离出乙烯产品，塔底为乙烷产品。塔顶气相在乙烯精馏塔塔顶冷凝器中用-40℃丙烯冷剂冷凝，冷凝液去乙烯精馏塔回流罐，乙烯塔精馏回流罐中的液体通过乙烯精馏塔回流泵送到乙烯精馏塔塔顶作为回流，聚合级乙烯产品采用巴士精馏法侧线采出的方式，通过自压送到储运乙烯球罐，乙烯精馏塔流程图见图2。

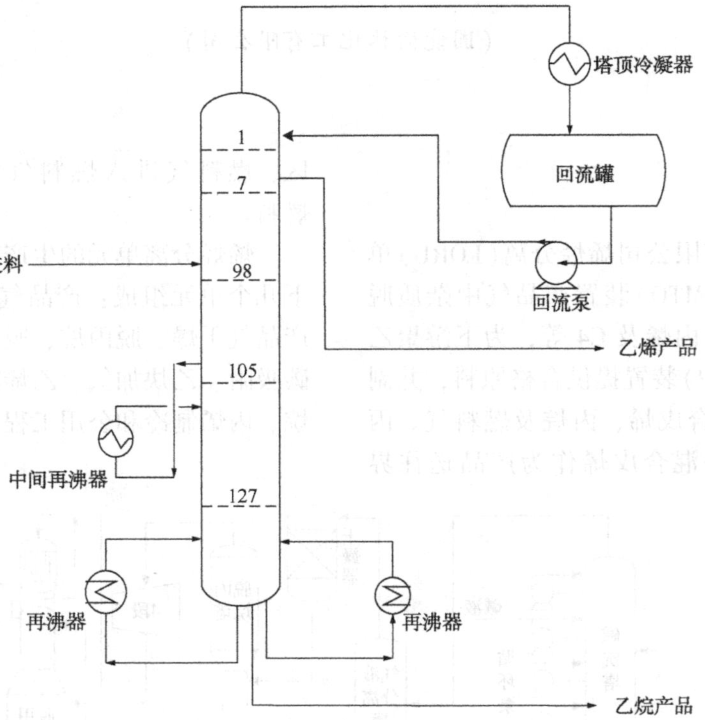

图2　乙烯精馏塔系统图

乙烯塔原设计塔盘类型为筛板塔，共设置127层塔盘，乙烯塔直径为3200mm，高度为83100mm，碳二组分进入乙烯塔第98层塔盘，进料以上板间距为450mm，进料以下板间距为600mm。按照原始设计，乙烯塔在100%负荷下处理量为41.3t/h，操作弹性62%~120%，乙烯纯度≥99.95Vol%。目前最大乙烯塔处理量为44.5t/h，乙烯纯度≥99.90Vol%，且塔底损失偏大，以上问题已经成为装置长周期运行瓶颈。

为了克服乙烯精馏塔处理量不足问题，通过与天津大学精馏技术国家工程研究中心共同研究设计，决定在2023年的检修期间，乙烯精馏塔系统进行针对性的改造，在不更换塔体的情况下，决定将原有的筛板塔盘替换为更高效的浮阀塔盘。改造完成后，系统一次性开车成功，显著提升了乙烯精馏系统的整体性能，达到了预定目标。

3　技术路线和技术亮点

乙烯塔采用了天津大学精馏技术国家工程研究中心开发研究的喷射型导向梯形浮阀（SGTV）专利技术，由北洋国家精馏技术工程研究中心吸取国内外应用条形浮阀、固舌和导向筛板等塔盘经验的基础上进行设计研发，吸收了条形浮阀的特点，同时将矩形阀片改为梯形阀片，使气流的推液作用得到了加强，众所周知，液面梯度是塔板效率降低的重要原因，由于液面梯度的存在，导致塔板上气液分布的不均匀，降低了分离效率。导向梯形塔板技术就是利用气体的动能，使浮阀具有导向推液作用，降低液面梯度，同时降低液相返混程度，这样就减少了对分离效率的不利影响。

此次改造中，塔体和塔内固定件利旧，只更换塔盘，将原筛板塔盘更换为高效浮阀塔盘。并根据需要对1~97层塔盘的边降液板、1~7层塔盘的中间降液板进行改造，塔内件主要工艺结构参数见表1。

表1 乙烯塔改造前、后工艺结构参数

	塔盘板序号	塔径/mm	板间距/mm	降液板宽度/mm	筛板开孔率/%
改造前结构数据	1#~7#	φ3200	450	500(边)/380(中)	8.61
	8#~97#	φ3200	450	500(边)/380(中)	8.61
	98#~105#	φ3200	450	500(边)/380(中)	6.58
	106#~127#	φ3200	600	900	2.76
	塔盘板序号	塔径/mm	板间距/mm	降液板宽度/mm	浮阀开孔率/%
改造后结构数据	1#~7#	φ3200	450	380(边)/330(中)	12.56
	8#~97#	φ3200	450	380(边)/380(中)	12.56
	98#~105#	φ3200	450	500(边)/380(中)	9.75
	106#~127#	φ3200	600	900	4.33

3.1 浮阀结构改造

图3为改造后的浮阀示意图，该阀体为梯形结构，短边朝向液流方向，阀体上开有导向孔。导向孔的方向与液流方向一致，该导向作用规定了气相通道，将有效地降低塔板上的气液相返混、气流相互冲击和鼓泡程度，从而提高板效率；此外，该导向作用还可加速板上液体流向降液管，从而降低板上液层高度、减小液面梯度，使板上气液分布更均匀、传质效率得到保证，进而保证产品的纯度指标。

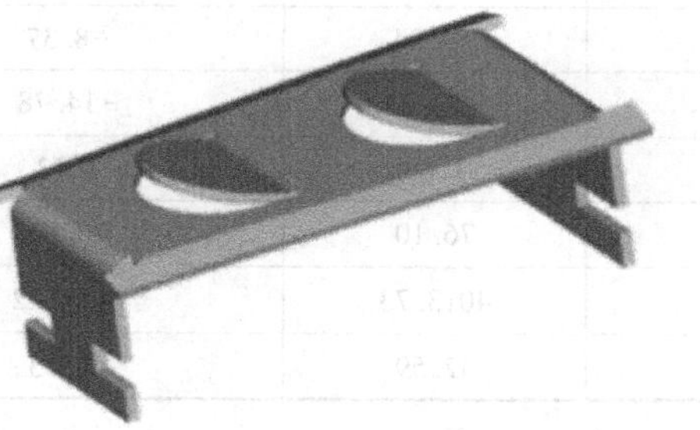

图3 高效浮阀结构示意图

3.2 降液管结构改造

降液管结构的改造其作用在于：(1)降低塔盘边降液板、中间降液板宽度，增加塔盘鼓泡区面积，使板上气液两相充分接触与分离；(2)提高降液管的液体通过能力。

3.3 支撑圈、降液板连接结构改造

采用在原焊接件上进行焊接改造，不直接与塔壁焊接的连接结钩，使得在塔盘连接处也可排布浮阀，消除塔盘连接处的传质死区，其作用为增加塔盘开孔率，提高处理能力，使整个塔盘浮阀排布均匀，改善气液接触状态，提高分离效率，易于安装。

4 应用场景

实际应用表明，采用喷射型导向梯形浮阀使塔盘的性能得到了较大的改善，具体表现在(主要指标与F1/V1型浮阀比较)：(1)不易卡死和脱落，不对称结构不易装错方向，安装简便；(2)独特的液流推动机理大大降低塔盘上液面梯度和液相返混程度；(3)干板压降和总板压降大大降低；(4)漏液下限大大降低；(5)雾沫夹带量小；(6)板上清液层高度降低；(7)操作弹性和稳定性提高；(8)抗堵塞性能增强，传质性能提高。

此次改造的成功，表明乙烯塔采用高效浮阀塔板在保证塔顶产品合格的前提下，物料损失与节能降耗，可以推广到行业同类装置使用。

5 项目效果和效益分析

对于改造后的效果，从以下几个方面进行分析：

(1) 处理能力的变化

改造前乙烯塔处理能力较小，最大进料量44.5t/h，当进料负荷达到最大时，操作比较困难，分离效率较低，塔釜液中乙烯含量较高，而且丙烯机负荷高，中压蒸汽消耗量大，使得能耗增大。此次改造后，在进料量达到46.8t/h时，各项指标合格，而且进料量在33.3~46.8t/h变化时，塔的操作正常，说明该塔盘的操作弹性大、分离效率高。

(2) 分离效率的变化

为提高乙烯纯度，降低乙烯损失，需要降低灵敏板温度和加大乙烯塔内回流来保证乙烯纯度

达标，但是造成丙烯机负荷高，中压蒸汽消耗量大，而且大量乙烯从塔釜损失。改造后灵敏板温度明显提高，减少了乙烯的损失。产品含量分析见表2乙烯塔改造前、后产品含量对比。

表2 乙烯塔改造前、后产品含量对比

项目		改造前		改造后	
负荷		84.46%	104.73%	84.46%	104.73%
进料量/(t/h)		37.52	43.67	35.33	41.79
塔釜乙烯损失/mol%		1.21	>2，超量程	0.27	0.54
塔顶乙烯产品	乙烯/%	99.97	99.93	99.99	99.96
	甲烷+乙烷/(mL/m^3)	163.78	569.24	56.09	361.39

由表2可看出，改造后乙烯塔塔釜乙烯含量摩尔分数大幅降低，说明改造后乙烯塔不仅提高了处理能力、增加了操作弹性，而且提高了分离效率，减少了乙烯损失。

(3) 操作参数的变化

改造后全塔压力大幅降低，改造前压力曾达到1.75MPa，改造后接近于1.72MPa，降低了丙烯压缩机的转速，有利于降低中压蒸汽消耗量，改造前、后操作参数的变化见表3改造前、后乙烯塔操作参数的变化。

表3 改造前、后乙烯塔操作参数的变化

项目	改造前		改造后	
负荷	84.46%	104.73%	84.46%	104.73%
进料量/(t/h)	37.52	43.67	35.33	41.79
塔顶采出量/(t/h)	36.74	42.79	34.55	40.97
回流量/(t/h)	148.61	161.87	143.53	154.54
塔釜采出量/(t/h)	0.78	0.88	0.78	0.82
塔顶温度/℃	-31.59	-31.31	-31.86	-31.26
塔釜温度/℃	-8.87	-10.31	-9.04	-8.37
灵敏板温度/℃	-18.82	-25.52	-12.63	-14.78
塔顶压力/MPa	1.72	1.75	1.68	1.72
塔压差/kPa	63.62	69.60	76.10	76.82
丙烯机转速/(r/s)	4088.11	4353.07	4013.73	4110.22
中压蒸汽消耗/(t/h)	47.21	55.47	42.59	48.83

化验室气相色谱分析仪器国产化网络化应用

完成人：张雅欣　覃顺飞　贺秀成　徐　颖　刘文星　段丽菲　刘国圣　赵安帮
王　锐　李瑞涛　杨海朝　闫晓飞　廖珊珊　黄彦璞　吴春燕　胡景芳

（国能包头煤化工有限责任公司）

1　研究背景

色谱技术是最重要的分离分析技术之一，凭借样品适用范围广、分离效率高、检测灵敏度高、分析速度快等特点，在制药、食品、环保、石化、农林、医疗卫生等领域广泛应用。

国能包头煤化工有限责任公司分析检测中心负责全厂水质分析、煤质分析、原辅材料、油品分析、中间控制、产品出厂、安全分析、职业卫生检测、环保检测、以及配合公司技改技措、技术攻关等分析检测工作，共有各类分析仪器530余台套，其中色谱分析应用最广，仪器数量最多。

分析检测中心共有70台气相色谱仪，分布于4个色谱分析室，应用涉及原辅材料、中间控制、成品分析、安全动火、环保检测、置换分析等检测工作。其中5台气相色谱仪为国产品牌气相色谱仪——磐诺气相色谱仪，为去年进行更新的设备，其余皆为岛津、安捷伦等进口品牌气相色谱仪，国产率只有7.1%。进口气相色谱约30~40万每台，同等配置国产气相色谱仪约20~30万，国产化后成本可节约25%~30%。

近年来，国际形势风云变幻，国外对中国的科技封锁时有发生，进口仪器和备件价格不断攀升，使得分析运营成本居高不下。而国产色谱仪器技术日趋成熟，取得了长足的进步。不过，当下国内色谱仪市场仍以进口产品为主，人们对国产仪器了解程度、信任度还有待提升。造成色谱国产化进程缓慢。

随着科学技术的发展进步，分析检测行业的发展由原来的化学分析逐渐被仪器分析所取代，而随着人工智能、云计算、大数据等技术的发展，分析检测设备逐渐实现自动化、智能化和网络化。网络化实验室、智慧化实验室、无人化实验室等概念的提出，对色谱及其工作站的研发提供了广阔的舞台，色谱网络化、分析仪器网络化管理将是大势所趋。网络化工作站不仅可减少工作电脑配置的数量，提高工作效率。通过对实验室设备的网络化构建与监控，加入优良的质量管理模块，实现检验质量与效率的双提升。

综上所述，推进仪器国产化、网络化，有利于降低分析成本，提高公司经济效益，研究化验室气相色谱分析仪器国产化网络化应用课题意义重大。

2　总体情况

本项目研究国产气相色谱在化验室的应用，通过磐诺公司开发的网络版气相色谱工作站，实现多台气相色谱网络化管理。通过使用国产气相色谱仪建立工业用乙烯中烃类杂质的测定、永久性气体的测定、微量一氧化碳、二氧化碳的测定、微量硫化氢的测定等分析方法，对方法的重复性进行分析，验证气相色谱国产的可行性，推进气相色谱国产化、网络化进程，降低分析成本，提高公司经济效益。

3　技术路线和技术亮点

本项目应用磐诺公司开发的网络版气相色谱工作站，实现多台气相色谱网络化管理，通过对常用检测器FID、TCD、FPD的色谱配置，使用国产气相色谱仪分别建立工业用乙烯中烃类杂质的测定、永久性气体的测定、微量一氧化碳、二氧化碳的测定、微量硫化氢的测定等分析方法，并对方法的重复性进行分析，验证气相色谱国产化的可行性。

3.1　技术路线

3.1.1　工业用乙烯中烃类杂质的测定气相色谱系统

根据《GB/T 3391—2002 工业用乙烯中烃类

杂质的测定气相色谱法》，对色谱仪器进行配置和参数设置，色谱分析流程图如图 1 所示，典型色谱图如图 2 所示。

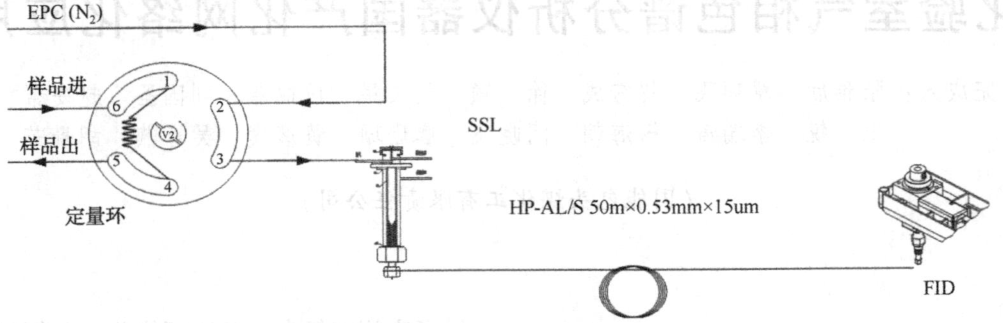

图 1　工业用乙烯中烃类杂质的测定流程图

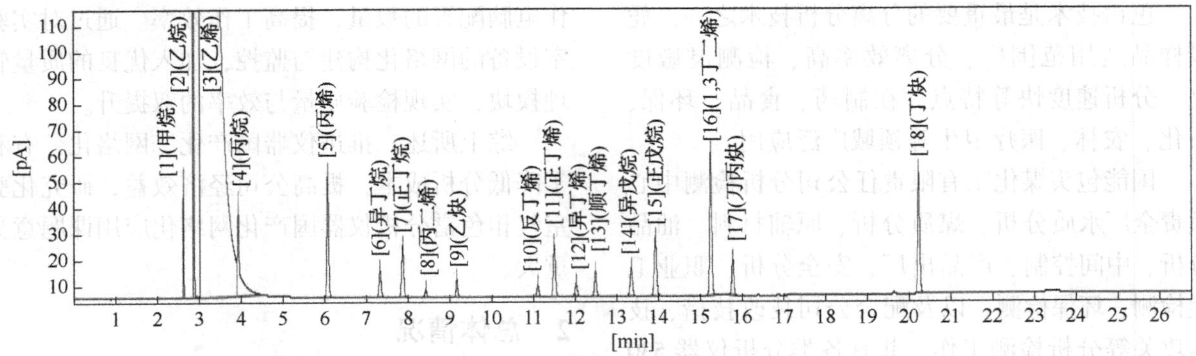

1—甲烷；2—乙烷；3—乙烯；4—丙烷；5—丙烯；6—异丁烷；7—正丁烷；8—丙二烯；9—乙炔；10—反丁烯；11—正丁烯；12—异丁烯；13—顺丁烯；14—异戊烷；15—正戊烷；16—1,3—丁二烯；17—丙炔；18—丁炔

图 2　工业用乙烯中烃类杂质的测定典型色谱图

在该仪器条件下，进行重复测定，查看方法重复性，分析结果见图 3。符合《GB/T 3391—2002 工业用乙烯中烃类杂质的测定气相色谱法》的重复性要求。

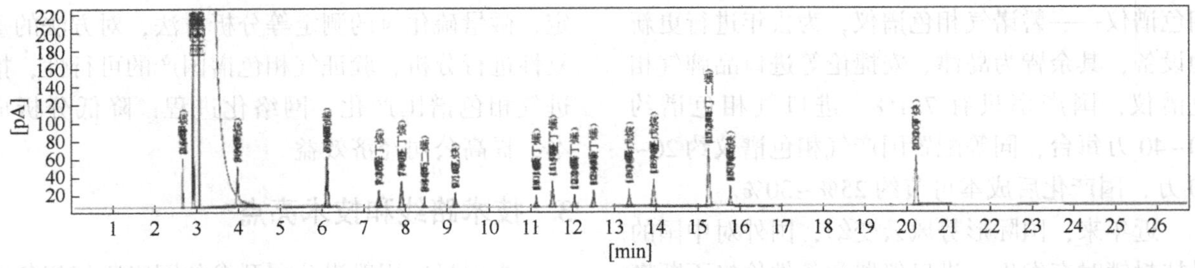

隐藏未知峰

峰序	组分名	平均时间	时间RSD%	平均面积	面积RSD%	平均峰高	峰高RSD%	平均含量	含量RSD%	含量最小值	含量最大值	谱图数
1	甲烷	2.650	0.087	45.21	1.446	46.02	1.213	0.0000	0.000	0.0000	0.0000	4
2	乙烷	2.898	0.128	879.70	0.935	893.97	0.976	0.0000	0.000	0.0000	0.0000	4
3	乙烯	3.071	0.136	2051029.41	1.003	369137.39	0.757	0.0000	0.000	0.0000	0.0000	4
4	丙烷	3.960	0.145	170.22	3.095	35.25	1.065	0.0000	0.000	0.0000	0.0000	4
5	丙烯	6.099	0.151	136.25	0.880	47.05	0.750	0.0000	0.000	0.0000	0.0000	4
6	异丁烷	7.350	0.124	35.89	1.151	10.13	0.490	0.0000	0.000	0.0000	0.0000	4
7	正丁烷	7.889	0.116	71.57	0.782	19.79	0.682	0.0000	0.000	0.0000	0.0000	4
8	丙二烯	8.437	0.104	9.38	0.834	2.91	0.708	0.0000	0.000	0.0000	0.0000	4
9	乙炔	9.177	0.093	21.80	1.276	7.17	1.532	0.0000	0.000	0.0000	0.0000	4
10	反丁烯	11.110	0.061	16.15	0.945	4.48	0.737	0.0000	0.000	0.0000	0.0000	4
11	正丁烯	11.504	0.059	73.31	0.545	20.00	0.480	0.0000	0.000	0.0000	0.0000	4
12	异丁烯	12.022	0.059	17.85	0.495	4.76	0.264	0.0000	0.000	0.0000	0.0000	4
13	顺丁烯	12.484	0.049	36.23	0.781	9.85	0.831	0.0000	0.000	0.0000	0.0000	4
14	异戊烷	13.339	0.040	45.88	1.248	10.92	1.165	0.0000	0.000	0.0000	0.0000	4
15	正戊烷	13.923	0.036	91.45	1.228	21.92	1.072	0.0000	0.000	0.0000	0.0000	4
16	1,3丁二烯	15.240	0.025	196.83	0.658	55.41	0.383	0.0000	0.000	0.0000	0.0000	4
17	丙炔	15.759	0.017	44.51	0.600	13.64	0.832	0.0000	0.000	0.0000	0.0000	4
18	丁炔	20.204	0.009	164.40	0.660	46.56	0.952	0.0000	0.000	0.0000	0.0000	4

图 3　工业用乙烯中烃类杂质的测定重复性分析

3.1.2　永久性气体的测定气相色谱系统

永久性气体的测定包括氢气、氮气、氩气（氧）、甲烷、一氧化碳、二氧化碳等组分，该分析系统多用于气化炉合成气、甲醇合成气、以及低温甲醇洗装置的过程气等，通常使用三阀五柱+双 TCD 系统进行配置，使用 PN、PQ、HQ 等柱进行组分的预分离及反吹，用 5A 分子筛柱或 13X 分子筛柱对氮气、氩气（氧）、甲烷、一氧化碳组分进行再分离。岛津和安捷伦也用该类分离系统。

磐诺气相色谱系统选用 HQ 色谱柱和 5A 分子筛柱的组合，完成永久性气体的分离分析。流程图见图 4。典型色谱图见图 5。

在设定的仪器条件下，进行重复测定，查看方法重复性，重复性分析结果见图 6。

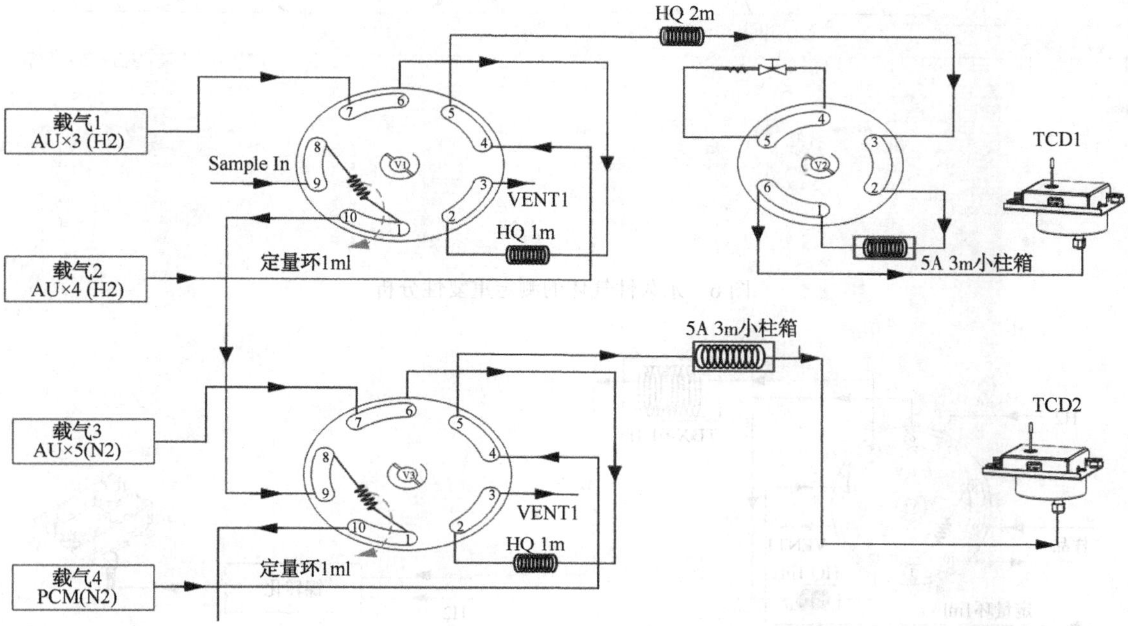

图 4　永久性气体的测定流程图

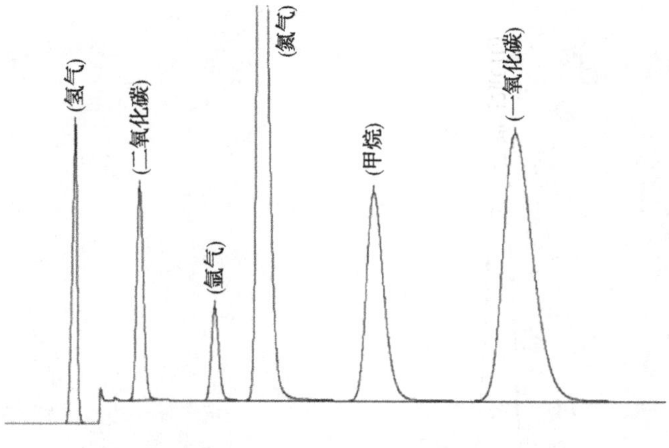

图 5　永久性气体的测定典型色谱图

3.1.3　微量一氧化碳、二氧化碳的测定气相色谱系统

根据《GB/T 3394—2023 工业用乙烯、丙烯中微量一氧化碳、二氧化碳和乙炔的测定气相色谱法》，对色谱仪器进行配置和参数设置，色谱分析流程图如图 7 所示，典型色谱图见图 8。

在该仪器条件下，进行重复测定，查看方法重复性，分析结果见图 9。符合《GB/T 3394—2023 工业用乙烯、丙烯中微量一氧化碳、二氧化碳和乙炔的测定 气相色谱法》的重复性要求。

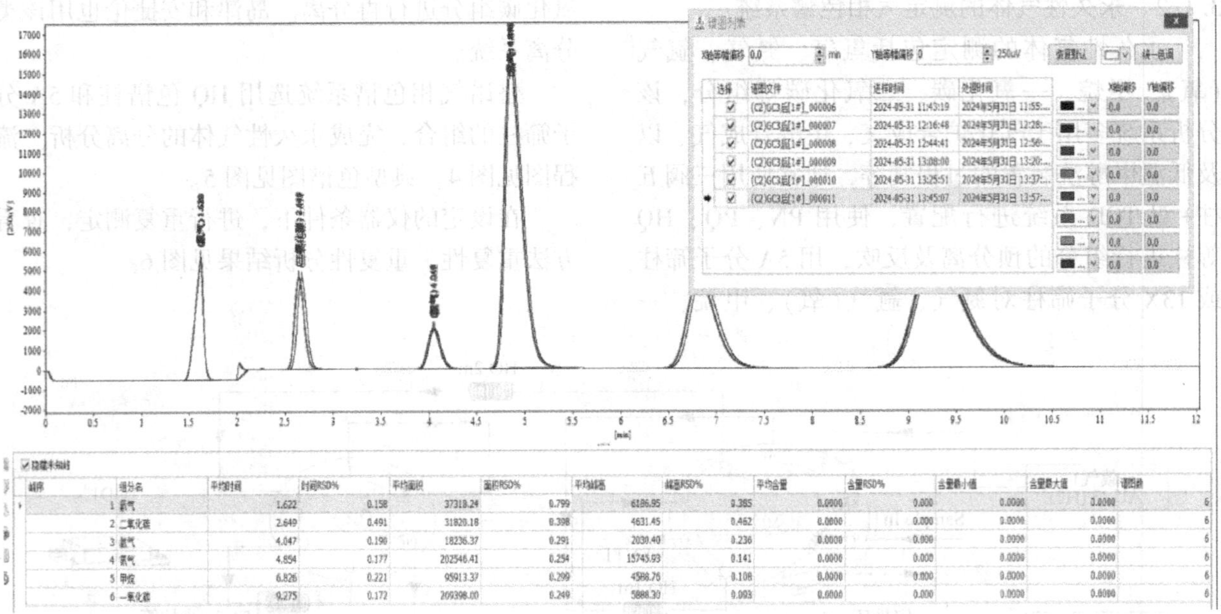

峰序	组分名	平均时间	时间RSD%	平均面积	面积RSD%	平均峰高	峰高RSD%	平均含量	含量RSD%	含量最小值	含量最大值	谱图数
1	氢气	1.622	0.158	37318.24	0.799	6186.95	0.385	0.0000	0.000	0.0000	0.0000	6
2	二氧化碳	2.649	0.491	31820.18	0.398	4631.45	0.462	0.0000	0.000	0.0000	0.0000	6
3	氧气	4.047	0.190	18236.37	0.291	2030.40	0.236	0.0000	0.000	0.0000	0.0000	6
4	氮气	4.854	0.177	202546.41	0.254	15745.93	0.141	0.0000	0.000	0.0000	0.0000	6
5	甲烷	6.826	0.221	95913.37	0.299	4588.76	0.108	0.0000	0.000	0.0000	0.0000	6
6	一氧化碳	9.275	0.172	209398.00	0.249	5888.30	0.093	0.0000	0.000	0.0000	0.0000	6

图 6　永久性气体的测定重复性分析

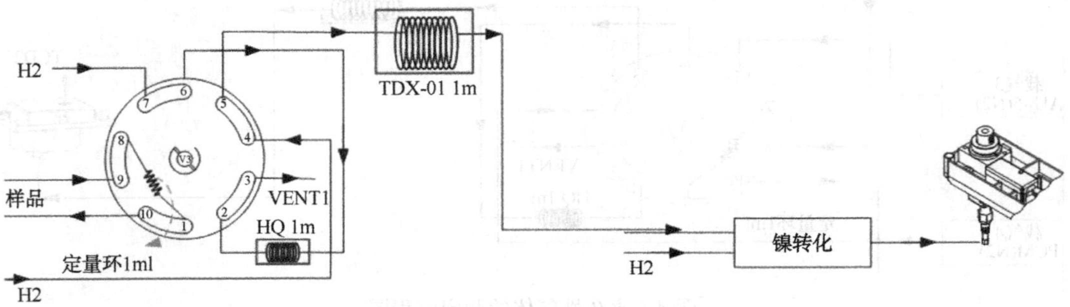

图 7　微量一氧化碳、二氧化碳的测定分析流程图

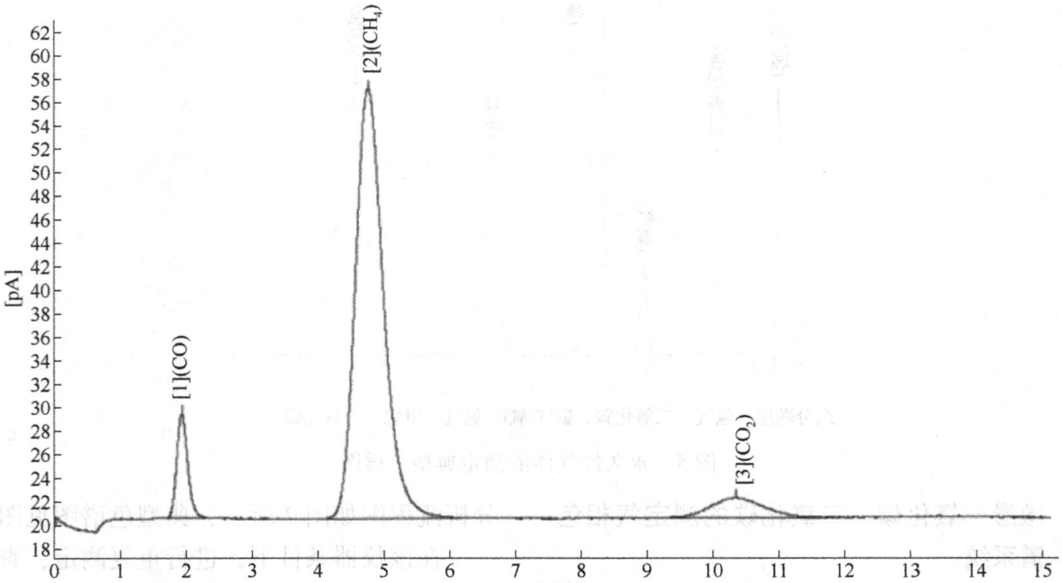

图 8　微量一氧化碳、二氧化碳的测定典型色谱图

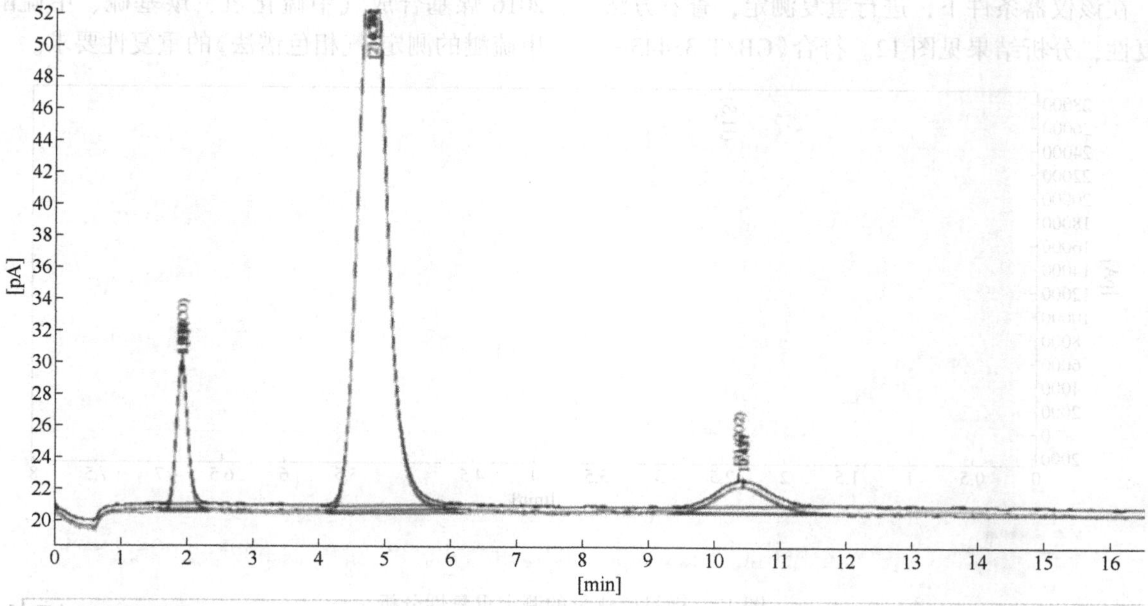

隐藏未知峰

峰序	组分名	平均时间	时间RSD%	平均面积	面积RSD%	平均峰高	峰高RSD%
1	CO	1.938	0.079	105.35	0.339	8.97	0.358
2	CH4	4.789	0.139	1115.08	0.475	37.14	0.571
3	CO2	10.409	0.339	95.43	2.096	1.69	1.898

图 9　微量一氧化碳、二氧化碳的测定重复性分析

3.1.4　微量硫化氢的测定气相色谱系统

根据《GB/T 33443—2016 煤基合成气中硫化氢、羰基硫、甲硫醇和甲硫醚的测定气相色谱法》，对色谱仪器进行配置和参数设置，色谱分析流程图如图 10 所示，典型色谱图见图 11。

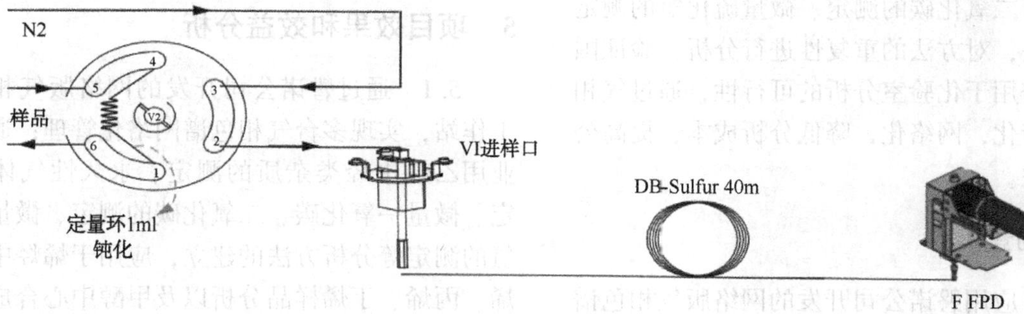

图 10　微量硫化氢的测定分析流程图

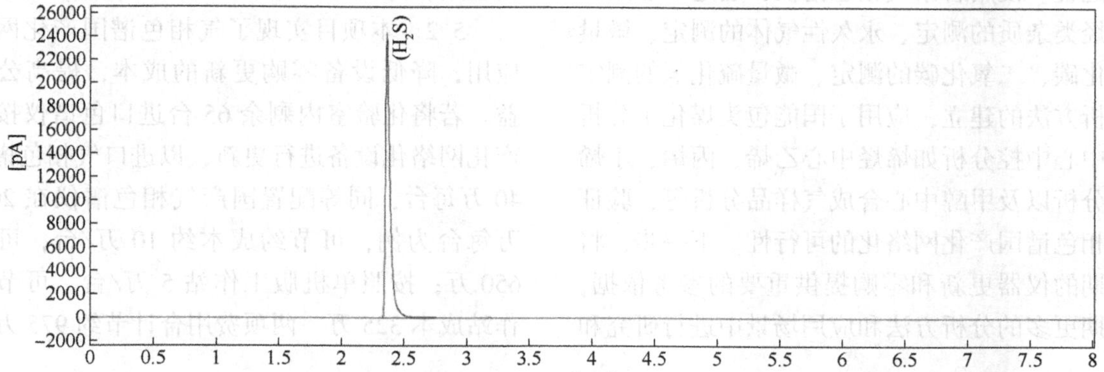

图 11　微量硫化氢的测定典型色谱图

在该仪器条件下，进行重复测定，查看方法重复性，分析结果见图 12。符合《GB/T 33443—2016 煤基合成气中硫化氢、羰基硫、甲硫醇和甲硫醚的测定 气相色谱法》的重复性要求。

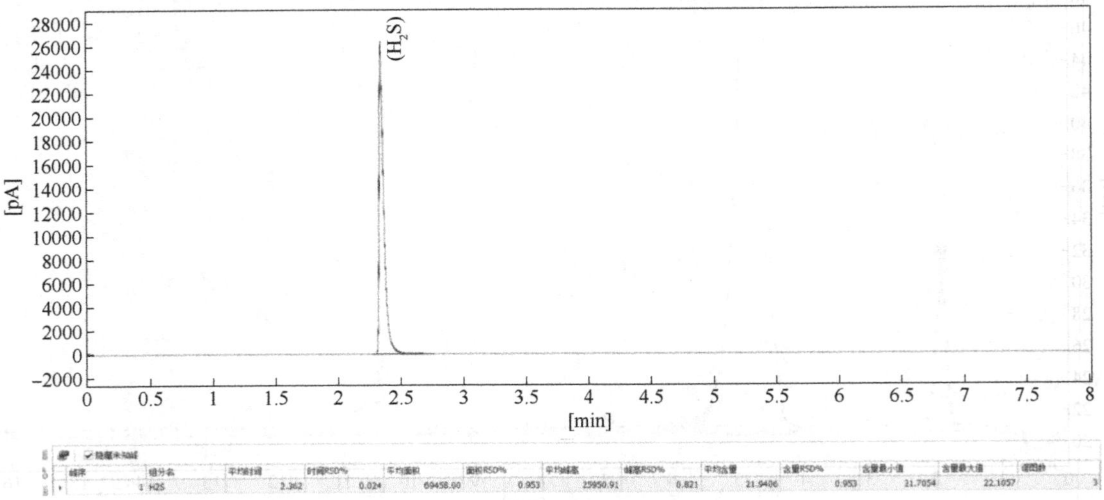

图 12　微量硫化氢的测定重复性分析

3.2　技术亮点

本项目应用磐诺公司开发的网络版气相色谱工作站，实现多台气相色谱网络化管理，减少工作站配置，虚拟数据备份，保障数据安全。

本项目通过对常用检测器 FID、TCD、FPD 的色谱配置，使用国产气相色谱仪建立工业用乙烯中烃类杂质的测定、永久性气体的测定、微量一氧化碳、二氧化碳的测定、微量硫化氢的测定等分析方法，对方法的重复性进行分析，验证国产气相色谱用于化验室分析的可行性，通过气相色谱的国产化，网络化，降低分析成本，提高公司经济效益。

4　应用场景

本项目应用磐诺公司开发的网络版气相色谱工作站，实现多台气相色谱网络化管理，减少工作站配置。使用磐诺气相色谱仪，通过工业用乙烯中烃类杂质的测定、永久性气体的测定、微量一氧化碳、二氧化碳的测定、微量硫化氢的测定等分析方法的建立，应用于国能包头煤化工分析检测中心中控分析如烯烃中心乙烯、丙烯、丁烯样品分析以及甲醇中心合成气样品分析等，验证了气相色谱国产化网络化的可行性。下一步，将为后期的仪器更新和零购提供重要的参考依据，在后期更多的分析方法和应用场景中进行研究和探索，以达到气相色谱的彻底国产化，分析仪器网络化，并推动实验室其他分析仪器国产化进程。气相色谱的国产化网络化案例应用，也能为其他化验室提供参考，推动分析领域的设备国产化网络化，抵御国际变化的风险，加快国产设备的研发和更新迭代，为国产品牌提供良好的市场环境。

5　项目效果和效益分析

5.1　通过磐诺公司开发的网络版气相色谱工作站，实现多台气相色谱网络化管理；通过工业用乙烯中烃类杂质的测定、永久性气体的测定、微量一氧化碳、二氧化碳的测定、微量硫化氢的测定等分析方法的建立，应用于烯烃中心乙烯、丙烯、丁烯样品分析以及甲醇中心合成气样品分析等分析场景，实现了气相色谱国产化网络化应用，降低分析成本，提高公司经济效益。

5.2　本项目实现了气相色谱国产化网络化应用，降低设备零购更新的成本，提高公司效益。若将化验室内剩余 65 台进口色谱仪按照国产化网络化设备进行更新，以进口气相色谱 30~40 万每台，同等配置国产气相色谱仪在 20~30 万每台为例，可节约成本约 10 万/台，可节约 650 万；按照单机版工作站 5 万/台，可节约工作站成本 325 万。两项费用合计节约 975 万。

甲醇合成系统消除瓶颈改造项目

完成人：余建良 李 民 王彦海 王 庚 刘 泽 周 鹏 姬加良 郭云飞 贾 磊
赵旭清 邢 宇 郑大伟 杨世新 李海涛 王 强 刘柱元 徐楚文 张春生
陆 冰 袁晓光 肖 强 杜金鹏 郭 瑞 雷进莹

（国能包头煤化工有限责任公司）

1 项目背景

原甲醇装置合成系统采用英国 Davy 甲醇合成工艺，为世界首套 180 万吨/年甲醇合成系统，由于合成塔换热面积不足，合成反应达不到工艺包中的物料平衡数据，导致机组长期超负荷运行，存在较大的安全隐患，即使如此，依然达不到原设计产能，影响整个工厂的经济效益。

因此，有必要对原合成系统进行改造，新增一套甲醇合成系统，消除原系统存在的瓶颈问题、解决装置目前运行潜在安全风险的同时使装置产能达到设计值，提高工厂总体经济效益。

2 总体情况

消瓶颈系统采用南京聚拓甲醇合成工艺，合成塔为束管水床式合成反应器，第一炉催化剂采用大连瑞克 RK-05 型甲醇合成催化剂，2024 年检修期间更换为西南化工研究院 XNC-98-5 型甲醇合成催化剂，压缩机组由陕鼓公司提供，实现了工艺技术和关键设备的完全国产化。该技术具有合成气转化率高、原料消耗低、系统压降小、能耗利用合理、流程简练、控制简单、三废排放少等特点，催化剂床层的温度可以通过调节蒸汽压力控制，反应器催化剂床层内温度较为均匀，副反应较少，粗甲醇产品质量高，催化剂使用寿命长。

本项目自 2022 年 1 月建成投产以来一直连续高负荷运行，各项运行数据与设计相符，产量、能耗、产品质量等关键指标均符合设计要求。

3 技术路线和技术亮点

（1）工艺流程描述

新鲜气来自净化装置（~5.1MPa、20℃）经合成气压缩机压缩至 7.8MPa 与循环段出口气混合后送至甲醇热交换器，与反应器出口气换热后（~210℃）送至合成反应器。甲醇合成反应器为两段式束管水床式反应器，塔内密布换热管，管内走锅炉水，管间装填催化剂，预热后的工艺气从反应器顶部进入中心管，中心管中间装有隔板，在反应器上部由中心管离心式向催化剂床层扩散，进行合成反应，反应气经塔壁收集器收集后在反应器下部向心式进入催化剂床层，经中心管收集后送出反应器。出塔气（~240℃）与入塔气换热后冷却至~100℃，再经过空冷器和水冷器进一步冷却至~40℃进入粗甲醇分离器进行汽液分离，液相甲醇经闪蒸罐闪蒸后送入稳定塔单元，未反应的工艺气经循环气压缩机压缩后继续在系统内循环。反应器内的反应热主要通过加热列管内的锅炉水副产 1.73MPa 饱和蒸汽移走。流程简图如图 1、图 2 所示。

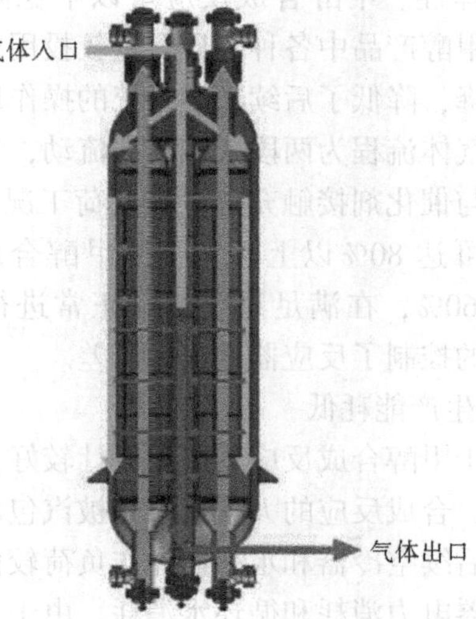

图 1 甲醇消瓶颈项目流程简图

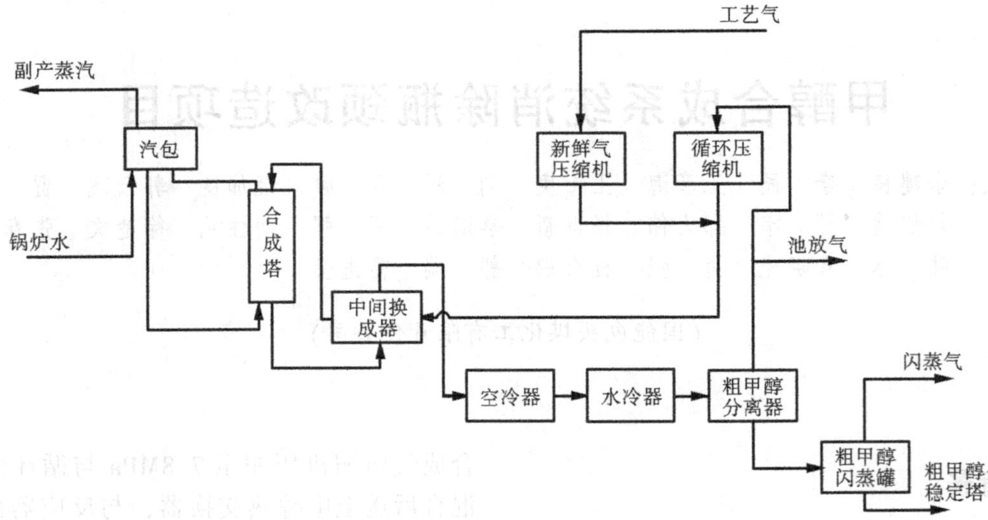

图 2　反应器内气体流程

(2) 技术特点：

① 塔型设计较好，能量回收合理

聚拓甲醇合成反应器为两段式束管水床式反应器，塔内密布换热管，换热面积高达 $3500m^2$，较原合成反应器(单塔约 $1100m^2$)有大幅度提高。管内走锅炉水，可以充分移走甲醇合成反应热，副产 1.73MPa 蒸汽并入全厂蒸汽管网，合理回收甲醇合成反应热。在总生产负荷不变的情况下，消瓶颈系统投用后较之前全装置 1.73MPa 蒸汽产量提升约 35t/h。

② 粗甲醇产品质量较好，塔内单程转化率较高

由于反应器内换热管分布紧密切均匀，使得反应器内催化剂床层温度分布较为均匀，无异常超温或低温点，催化剂在此温度下具有较高的活性和选择性。甲醇合成反应可以平稳高效的进行，粗甲醇产品中各种杂质含量较投用之前均有大幅下降，降低了后续精馏系统的操作压力。反应器内气体流程为两段式轴径向流动，气体分布均匀，与催化剂接触充分，满负荷工况 CO 单程转化率可达 80%以上，高于原甲醇合成 DAVY 系统的 60%，在满足系统反应正常进行的同时又合理的控制了反应器进出口压差。

③ 生产能耗低

由于甲醇合成反应器塔型设计较好，能量回收合理，合成反应的大量反应热被汽包水汽系统移走，后续空冷器和水冷器操作负荷较低，节约了空冷器电力消耗和循环水消耗。由于合成塔内反应较好，造成系统循环倍率较低，降低了循环机组的动力蒸汽消耗，平均节约 4.1MPa 动力蒸汽消耗约 18t/h。同时由于消瓶颈单元粗甲醇产品质量较好，也降低了后续精馏系统的能源消耗。

④ 设备管线耐腐蚀性较好，安全性能提升

相对于老合成系统，消瓶颈单元对合成反应器内件、各换热器列管及部分易腐蚀管线进行了材质升级，均采用不锈钢材质部件，提高了设备管线的耐腐蚀性能，增加了系统的安全性，降低腐蚀泄漏等事故隐患。

⑤ 塔型及塔内件设计较为合理，提升设备使用寿命

全部换热管系均为弯管，可以大部分地消除热应力，换热管束采用铠装膨胀节设置，能更好的消除管束残余应力，降低系统设备管线的应力腐蚀，提高安全性。管箱与上升管连接处，管口大小设置合理，可容许人员进入进行检修和检查。管箱上处加入直管段，以保证管箱内人进入后有检修和检查空间。设置震动加催化剂模式，催化剂装填过程更为简易，装填后的催化剂更为密实，避免出现局部催化剂架桥或者装填不均匀情况。反应器内换热管分布紧密，管间距较小，采用波形折流支杆结构进行固定可保证固定杆的强度，增强固定效果；固定杆上设置滑环，保证了管子膨胀收缩自如，防止出现因管束应力过大造成固定杆拉伤现象。

4　应用场景

“束管水床”式甲醇合成反应器由南京聚拓公司研发，第一套装置于 2010 年投产并稳定运行至今，该技术拥有多项国家专利技术。本技术

先后在万华化学集团（烟台）（福建）、九江心连心化肥有限公司、国能包头煤化工等二十余家国内甲醇生产企业应用，从已投产的装置运行情况看来，均达到设计目标，运行“本质安全”的优点、节能效果显著的特点、运行参数优的各项好处均被用户实践所验证，国能包头煤化工有限责任公司二期升级示范项目（200万吨/年）亦采用本技术，目前处于基础详细设计阶段。

5 项目效果和效益分析

项目效果：甲醇合成系统消除瓶颈项目投用后，原DAVY甲醇合成系统负荷降低至85%运行，压缩机组循环量大幅降低，降低了系统安全隐患，保障重要设备设施运行稳定。并且经过总体核算，此项目投用后降低了甲醇装置系统物耗、能耗及吨甲醇合成气单耗，增加了1.7MPa副产蒸汽产出，两段式合成塔CO单程转化率高，甲醇产率高，因此南京聚拓甲醇合成工艺技术具有较高的推广性。此项目采用国产南京聚拓甲醇合成工艺、国产甲醇合成催化剂、合成塔、压缩机组等关键设备及技术国产化，在国际环境风云变幻之际，能够有效避免“卡脖子”风险。

（1）直接经济效益分析

本项目投用后，主要增加的物耗能耗为电力消耗、4.1MPa蒸汽消耗、1.1MPa蒸汽消耗、0.46MPa蒸汽消耗、循环水消耗、锅炉水消耗、0.8MPa氮气消耗、仪表风消耗，同时增加了甲醇产量和1.73MPa蒸汽的产量。经综合核算，项目投用后较老装置单独运行时可实现直接经济效益约7362元/小时，按年运行8000小时计算，全年可实现直接经济效益约5889.6万元。

（2）间接经济效益和社会效益

由于原甲醇装置合成反应器换热面积不足，造成实际运行工况与设计工况偏差较大，导致合成气/循环气压缩机循环段长期超负荷运行，存在较大的安全隐患，甲醇合成系统消除瓶颈改造项目设立的目的旨在消除原甲醇装置运行瓶颈，降低运行风险。

甲醇生产过程为高温高压反应，反应物和产品均为易燃易爆物质，如设备长期超负荷运行，安全隐患较大，一旦发生安全生产事故，将会对公司员工和场内设施造成巨大伤害，同时也会对周边环境造成较为严重的污染，社会影响极大。消瓶颈项目投用后，降低了系统的运行风险，生产系统安全得以保证，安全性大幅提升。

设备长期超负荷运行，易使部分设备设施部件发生提前老化、磨损损坏等情况，造成设备设施检修频率增加，系统稳定性降低。在增加人员工作量和设备维修成本的同时也降低了产品产量，影响全厂经济效益。消瓶颈系统投用后，使设备回归于正常的工作状态，降低了设备的检维修成本，提升了系统的稳定性，全厂效益得以增加。

水样氨氮测定预处理自动化蒸馏装置

完成人：张雅欣　贺秀成　郭俊兰　吕艳芳　贺　莎　樊海霞

（国能包头煤化工有限责任公司）

1　项目背景

本实验室之前对水质氨氮测定中水样的前处理用的是传统的加硫酸锌溶液和氢氧化钠溶液进行絮凝沉淀处理的方法，但此方法在使用过程中也存在以下一些缺点：

（1）消耗时间长：絮凝沉淀需要一定的时间，会延长整个测定过程，影响实验室的工作效率。

（2）劳动强度大：操作传统絮凝沉淀步骤需要加药、调节酸度、过滤，工作量大且劳动强度高，不适合大规模的样品处理。

（3）干扰因素：絮凝过程中，悬浮物和有机物可能会与氨氮结合形成稳定的复合物，导致氨氮的实际浓度被低估，特别是在氨氮与有机物浓度较高的情况下。

（4）损失氨氮：凝过程中，氨氮可能被吸附在絮状物上，导致部分氨氮随着沉降而流失，影响最终的测定结果。

（5）操作难度：絮凝过程需要控制好条件，如絮凝剂的选择、投加量、搅拌时间和温度等，操作不当可能影响结果的准确性。

（6）不确定性和重现性：由于每个样品的特性不同，絮凝效果可能会有所差异，这可能影响结果的重现性。

因此，在氨氮测定中，通常建议直接取样进行测定，避免因絮凝沉淀过程带来的偏差。但如果样品浑浊或存在大量悬浮物，可能需要先进行预处理，本实验室探索使用国产智能一体化蒸馏仪对浑浊水样进行预处理。

2　总体情况

基于传统絮凝沉淀技术的诸多缺点，现阶段本实验室使用的国产智能一体化蒸馏仪对本厂各种水体中氨氮水样进行蒸馏预处理，在符合 GB/T 535—2009 标准的情况下，使用情况良好，并且样品预处理实现了安全高效、节能环保，准确可靠。

传统氨氮测定中通常采用样品预处理的方法中需要用到的使用仪器：氨氮蒸馏装置：由 500mL 凯式烧瓶、氮球、直形冷凝管和导管组成，冷凝管末端可连接一段适当长度的滴管，使出口尖端浸入吸收液液面下。预处理过程先除余氯：若样品中存在余氯，可加入适量的硫代硫酸钠溶液去除。每加 0.5mL 可去除 0.25mg 余氯。用淀粉-碘化钾试纸检验余氯是否除尽。接着进行絮凝沉淀：100mL 样品中加入 1mL 硫酸锌溶液和 0.1mL~0.2mL 氢氧化钠溶液，调节 pH 约为 10.5，混匀，放置使之沉淀，倾取上清液分析。必要时，用经水冲洗过的中速滤纸过滤，弃去初滤液 20mL。也可对絮凝后样品离心处理。预蒸馏将 50mL 硼酸溶液移入接收瓶内，确保冷凝管出口在硼酸溶液液面之下。分取 250mL 样品，移入烧瓶中，加几滴溴百里酚蓝指示剂，必要时，用氢氧化钠溶液或盐酸溶液调整 pH6.0（指示剂呈黄色）~7.4（指示剂呈蓝色），加入 0.25g 轻质氧化镁及数粒玻璃珠，立即连接氮球和冷凝管。加热蒸馏，使馏出液速率约为 10mL/min，待馏出液达 200mL 时，停止蒸馏，加水定容至 250mL。

3　技术路线和技术亮点

1）氨氮水样预处理采用蒸馏法具有以下亮点（图 1）。

2）智能一体化蒸馏仪器法操作步骤

（1）设备准备工作

① 确保设备正常运行：在进行任何实验之前，要先检查智能一体化蒸馏仪的各个部件是否齐全、无损坏，并确认设备的电源是否接通正常。若发现异常情况，应及时联系维修人员进行

检修。

② 清洁与消毒：使用前应将智能一体化蒸馏仪进行清洁与消毒处理，以确保实验环境的卫生和安全。可使用适当的清洁剂和消毒液对设备进行清洁处理，并注意正确使用和保存清洁消毒用具。

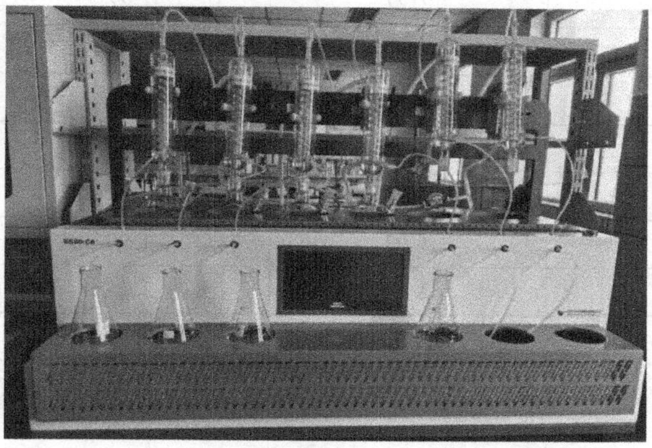

图 1

③ 校准与调试：需要对智能一体化蒸馏仪进行校准与调试，以保证设备的准确性和稳定性。校准和调试过程应按照设备说明书进行，严格按照规范操作。

（2）操作步骤

① 设置实验参数：根据实验的需要，设置合适的温度、压力、时间等实验参数。智能一体化蒸馏仪通常配备有触摸屏或控制面板，可通过设备上的操作界面进行参数设置。

② 样品处理：根据实验要求，对待蒸馏的样品进行预处理。可能涉及到样品的浸泡、过滤、稀释等步骤。在进行样品处理过程中，应注意操作的规范性和安全性，以防止对实验结果产生不必要的干扰。

③ 装填样品：将经过处理的样品装填在智能一体化蒸馏仪的适当位置，注意装填的准确性和均匀性。装填样品时，应遵循设备规范，以避免样品泄漏或堵塞等现象的发生。

④ 启动设备：设置好参数和装填好样品后，可启动智能一体化蒸馏仪进行实验。启动过程中，应密切观察设备运行状态，确保设备正常运转。

⑤ 实验监控：在实验过程中，要及时监控温

⑥ 实验结束：实验完成后，应关闭智能一体化蒸馏仪的电源，将设备置于待机状态。同时，应将实验结果进行记录和整理，以供后续分析和研究使用。

（3）注意事项

① 安全操作：实验过程中要注意安全操作，佩戴适当的防护设备，避免接触危险物质，并保持实验环境的通风良好。

② 设备维护：定期对智能一体化蒸馏仪进行维护和保养，清洁设备内部和外部，避免积尘和杂质对设备运行造成影响。

③ 参数设定：在进行实验前，要准确设定实验参数，确保实验过程的稳定性和准确性。

④ 数据记录：实验结果要进行及时、准确记录，并妥善保存。记录的数据应包括实验参数、样品信息、实验过程和结果等内容后续参考和分析。

（4）智能一体化蒸馏仪优点

① 实现有效分离：蒸馏法可以有效地将氨氮从水样中分离出来，因为氨氮在加热时容易挥发，而其他大部分无机和有机物质不会随蒸汽一起挥发。

② 减少干扰因素：通过蒸馏，可以去除水样中的许多干扰物质，如悬浮物、有机物和一些无机离子，提高后续测定的准确性。

③ 可以提高灵敏度：经过蒸馏，氨氮以氨的形式被浓缩到一个小体积的接收液中，提高了测定的灵敏度，使得低浓度的氨氮也能被准确测量。

④ 适用范围广泛：蒸馏法适用于各种类型的水样，包括高浊度、高有机物含量的水体，以及含有复杂成分的工业废水。

⑤ 标准化操作：蒸馏法是一种比较成熟的技术，可以保证结果的可比性。

⑥ 自动化可能性：蒸馏装置可以实现半自动或全自动操作，提高工作效率，减轻实验人员的工作负担。

⑦ 安全环保：相比于絮凝沉淀，蒸馏过程相对环保，不用任何试剂且不产生任何废物，利于后续处理和环境友好。

4 应用场景

首先本实验室运用国产智能一体化蒸馏仪对厂区内的甲醇装置、烯烃装置、污水装置、回用水装置以及各个污水池装置的水样的氨氮水样进行蒸馏预处理，使用效果良好（表 1）。另外，基于以上这些优点蒸馏预处理还可以在总氮、重金

属、挥发性有机物、水质净化和环境检测中得以广泛应用。

通过用标准物质进行质量控制检测智能一体化自动蒸馏法符合稀释后的标准值和不确定度范围(表2)。

表1　回收水池及合成雨水池数据

日期 期 期 样品名称	絮凝法回收水池/(mg/L)	仪器法回收水池/(mg/L)	絮凝法合成雨水池/(mg/L)	仪器法合成雨水池/(mg/L)
2024.1.1	1.03	1.02	2.22	2.22
2024.1.5	1.89	1.87	1.38	1.36
2024.1.8	1.42	1.42	2.34	2.35
2024.1.15	1.08	1.05	3.65	3.64
2024.1.19	1.09	1.08	2.83	2.81
2024.1.22	0.61	0.59	4.92	4.90
2024.1.26	0.79	0.75	2.27	2.25
2024.1.29	1.16	1.15	2.38	2.39
2024.2.5	1.24	1.23	1.73	1.71
2024.2.9	0.64	0.62	1.71	1.72

表2　标准物质絮凝法和自动蒸馏法的比对

序号	标准物质/(mg/L)	絮凝法/(mg/L)	自动蒸馏法/(mg/L)
1	0.729±0.045	0.736	0.731
2	0.729±0.045	0.725	0.733
3	5.58±0.17	5.56	5.57
4	5.58±0.17	5.54	5.58

水样石油类和动植物油类测定采用自动萃取装置

完成人：张雅欣　郭俊兰　贺秀成　吕艳芳　赵宇晨　刘春华

（国能包头煤化工有限责任公司）

1　项目背景

本实验室之前对水中石油类和动植物油类的测定使用的是传统的分液漏斗装置以四氯乙烯为溶剂进行萃取。此方法存在以下一些缺点：

（1）消耗时间长：因为萃取分离过程依赖于溶剂渗透和扩散的自然过程，传统萃取过程通常需要较长的时间，这导致工作效率低下。

（2）劳动强度大：操作传统萃取装置往往需要手动摇晃、过滤，工作量大且劳动强度高，不适合大规模或连续的样品处理。

（3）安全隐患：四氯乙烯的蒸气与空气混合可以形成爆炸性混合物，存在火灾和爆炸的风险。

（4）健康危害：四氯乙烯对人体有潜在的毒性，其液体形态具有一定的皮肤和眼睛刺激性，长期接触或吸入可能导致神经系统的损害，以及对肝脏和肾脏产生损害。

（5）试剂消耗量大：传统萃取方法通常需要大量的溶剂，这不仅增加了成本，而且可能带来环境污染问题。

（6）重现性：由于人为操作因素和溶剂扩散的不均匀性，传统萃取的重现性和准确性可能较低。

（7）清洗和维护：传统设备的清洗和维护工作繁琐，特别是对于含有固态残留物的设备，清理起来较为困难。

基于以上情况，为了克服以上缺点，本实验室探索使用国产具备自动萃取装置的红外分光测油装置，此方法通常能提高效率、减少溶剂使用并改善安全性。

2　总体情况

（1）萃取又称溶剂萃取或液液萃取，亦称抽提，是一种分离混合物的单元操作。

（2）萃取的目的是利用物质在两种互不相容（或微溶）的溶剂中溶解度或分配系数的不同，使溶质物质从一种溶剂内转移到另一种溶剂中，经过反复多次萃取，将绝大部分的化合物提取出来。广泛应用于化学、冶金、食品等工业，通用于石油炼制工业。

（3）红外测油仪方法制备样品的要求：在红外吸收光谱测试中应使用纯度大于98%的单一组分的纯物质，以避免杂质对吸收光谱的干扰。为获得纯物质，对多组分或含杂质样品可用重结晶、萃取、柱色谱、薄层色谱等方法纯化制备。

因此，利用萃取方法获得的物质越纯越好。基于传统萃取技术的较多缺点，现阶段本实验室使用的国产SYT700型自动红外分光测油仪对本厂各种水体中石油类污染物进行检测，在符合HJ 637—2018标准的情况下，使用情况良好，并且样品分析实现了安全高效、节能环保，准确可靠。

3　技术路线和技术亮点

1）全自动红外测油仪的原理是红外吸收光谱。全自动红外测油仪利用红外光谱技术进行油品质量检测，其工作原理基于红外光的吸收特性和油品中组分的特征。红外光谱技术是一种无损检测方法，通过测量物质对特定波长红外光的吸收情况，来分析和判断物质的组成、浓度和质量等信息。在全自动红外测油仪中，首先通过红外光源发射出一束宽频谱的红外光线，然后该光线经过样品室中的待测油品后，进入光谱学检测系统，最后由光谱仪进行光谱信号采集和处理。待测油品中的分子会对特定波长的红外光产生吸收作用，油品中的主要组分如饱和烃、芳香族化合物、脂环烃、醇类等具有不同的红外光吸收特性，它们在不同波长的外光下会表现出独特的吸收峰。红外测油仪利用光谱仪将通过待测油品的红外光信号转化为电信号，并进行数据采集和处理。

2）标准方法为：《水质 石油类和动植物油类的测定 红外分光光度法》HJ 637—2018。

3）自动萃取装置图

（1）自动萃取装置全图（图1）

图1

（2）自动萃取装置进样图（图2）

图2

（3）自动萃取装置萃取图（图3）

4）全自动油分析仪通过采用先进的传感器技术和自动化流程的技术路线，逐步替代了传统的萃取方法，主要技术亮点包括：

（1）高效快速：自动化程度高，可以快速完成样品的处理和测量，大大提高了工作效率，适合大批量样品的分析。

（2）准确可靠：从样品抽取、萃取、测量到结果输出，整个过程自动化，减轻了实验人员的工作负担，同时减少了人为误差，使得结果具有较高的准确性和重复性。

图3

（3）环保节能：与传统的萃取方法相比，对四氯乙烯全流程进行了封闭处理，最大程度的减少了有害有机溶剂的挥发，降低了环境污染和操作者的健康风险。

（4）数据管理：通常配备数据处理和管理系统，方便数据存储、分析和报告生成，符合现代化实验室的管理要求。

（5）标准化：符合国家和行业标准，确保了测试结果的可比性和法规合规性。

（6）维护简便：仪器结构相对简单，维护和校准工作较为便捷。

通过这些技术路线，不仅提高了分析效率，降低了操作复杂性，还显著提升了测量的准确性和可靠性，是现代环境监测和工业检测中的重要技术进步。

4　应用场景

首先本实验室运用自动红外分光油分析仪对厂区内的甲醇装置、烯烃装置、污水装置、回用水装置以及各个污水池装置的水样进行了石油及动植物油的测定，使用效果良好。其次，基于以上这些优点使得自动红外分光测油仪成为环境监测和工业生产中检测石油类污染物的首选设备。

5　数据情况

具体数据如表1所示。

表1　回收水池及总管油脂数据

日　期 样品名称	回收水池/ (mg/L)	总管/ (mg/L)
2024.2.5	0.22	0.93
2024.2.12	0.12	0.17
2024.2.19	1.06	1.07
2024.2.26	0.21	0.24
2024.3.4	2.52	0.17
2024.3.11	<0.06	<0.06
2024.3.18	0.23	0.34
2024.3.25	1.72	3.20
2024.4.1	<0.06	0.28
2024.4.8	0.44	0.46
2024.4.15	<0.06	<0.06
2024.4.22	1.17	
2024.4.25		0.28

电石炉自动出炉拉锅、冷却转运及翻锅装车系统技术国产化成功应用

完成人：解传明　张永璞　史河宁　薛桂虎　郭　吉　李　军　马占平　刘小刚
刘世军　曹智慧　闫　波　马　涛　邓建民

（宁夏英力特化工股份有限公司）

1　项目背景

电石是涉及国民经济重要的基础化工原料，在国民经济发展中具有不可替代的重要作用。目前，电石行业出炉系统普遍采用的操作方式是：电石炉打开炉眼后，熔融的电石液体从炉眼流入到电石锅内，由卷扬机牵引钢丝绳拉动电石小车及电石锅至冷却车间，经初步冷却凝固后人工打开电石锅上的模板，再用桥式吊车配合单抱钳将电石坨吊至地面上继续冷却，然后人工合上电石锅模板，等待下一个循环使用。此种冷却方式由于电石冷却时与空气接触面积较大，电石容易被风化，导致电石粉末化损耗较高；同时工人需要在高温的工作环境下电石锅开模、吊运电石坨、闭模工作，危险系数大、工况环境恶劣；而且由卷扬机牵引钢丝绳拉动电石小车，经常出现钢丝绳断裂事故，极易伤人、存在安全隐患。

无人化、数字化、智能化、集成化是电石生产技术的重要发展方向。研发和应用电石出炉拉锅、冷却转运及翻锅装车自动管理系统具有重要的现实意义，可以有效降低在高温电石出炉、冷却和搬运过程中发生安全生产事故的概率，改变了电石行业出炉系统采用钢丝绳拉运和冷却电石采用人工行车吊运的传统方式及冷却工段高温炎热的工作环境，提高出炉系统的连续性、安全性和可靠性，实现现场无人化、自动化操作运行，也必将为电石行业带来一次新的革命。

从国内外研究现状和发展趋势来看，美国和德国都曾研发过电石炉周边作业装备，随着产业结构发生转变，国外电石生产和需求逐步减少，相关作业装备技术没有持续升级。20 世纪 70～80 年代，日本对矿热炉电石冶炼作业装备进行研究并研制出相关产品，从现有的可查询资料显示，其矿热炉电石冶炼作业装备技术进步并不显著，对国内电石炉的出炉作业适应性也存在不足。电石后处理系统，包括拉锅、开模、闭模、垫锅底以及电石块吊运、冷却转运等还处于人工作业模式，不仅劳动强度大，而且工作环境恶劣，存在重大安全风险。

在国家能源集团宁夏电力英力特化工公司使用此套技术前国内外还没有电石出炉拉锅、冷却转运及翻锅装车自动管理系统应用案例。随着社会技术的不断进步，电石行业改革的不断深化，电石出炉拉锅、冷却转运及翻锅装车自动管理系统必将朝着无人化、数字化、智能化、集成化的方向发展。

2　总体情况

2.1　总体概论

无人化、数字化、智能化的电石锅物流自动管理系统是电石生产技术的重要发展方向，在高温电石出炉、冷却和搬运过程中，极易发生安全生产事故，电石锅物流自动管理系统的研发和应用具有重要的现实意义，在电石行业具有技术引领作用和里程碑意义，可以积极推进电石行业的技术革新能力。电石锅物流自动管理系统总体技术特征如下：

2.1.1　较高的安全生产保证

（1）在正常自动生产状态下，可以实现生产

区域无人化管理，由系统自动进行生产管理。

(2) 在正常生产状态下，人员或者设备异常进入生产区，自动管理系统通过安全检测进行报警或者停止生产处理，体现一切以人为本的设计思想。

(3) 充分考虑高温电石对系统的要求，针对生产时出现的喷料，出铁等异常情况，系统具有容错和应急处置能力，确保电石生产系统的生产平稳。

(4) 针对高温电石对运行设备要求高的特点，系统有完善的日常维护保养措施。在冷却厂房内设置专用维护保养区，使得日常设备维护与正常生产系统隔离。保障生产正常运行的同时，保证运维人员的安全。

2.1.2　完善的生产数字化基础和生产智能化提升空间

电石锅物流自动管理系统能够针对每一锅电石物料形成数字标签，控制中心能够及时生成热电石、冷电石、装车或者输送到破碎工序的电石统计数据。在此基础上，可以实时形成电石生产数据，提供给电石炉生产控制系统，以提升电石生产的智能化。同时，可以实时形成电石需求部门的电石储存情况报表，以保障后段生产管理，提升智能化管理能力。

2.1.3　电石出炉物料自动生产管理系统项目实施成功的确定性

在电石锅物流自动管理系统中，电石锅、电石搬运小车、电石小车驱动装置、电石锅吊具等重要设备均已经过三十多年生产实践验证，运行可靠。以机器人技术为支撑，采用“远程操控、局部自主”模式的智能天车自动完成热电石锅和空锅的上下线，热电石锅和空锅的转运，冷电石装载任务，确保系统能够稳定运行。

2.2　主要应用设备系统

2.2.1　循环接料系统

针对厂房结构空间和电石产量等技术条件，设计电石循环接料系统，该系统采用全新结构的电石锅承接熔融热电石液，电石锅置于出炉小车上，由驱动装置拖动出炉小车列将热电石输送至冷却车间。

2.2.2　炉口喷溅料处理及热锅监视系统

针对电石锅之间的缝隙，充分考虑漏料量及自动移锅的要求，设计炉口喷溅料处理及热锅监视系统。炉口轨道下方设置喷溅料处理装置，该装置采用链传动输送的方式，由集料槽、集料小车、链条、轨道等组成，炉口残渣落料通过集料槽收集，出炉结束后可以将集槽内的喷溅料通过小车导出至远离炉口处，而后进行处理。在炉前设置热锅监视系统，通过热成像判断电石锅内热电石液面高度，达到设定值后控制驱动装置运行，进而实现自动移锅。

2.2.3　智能天车系统

采用视觉技术，利用摄像头采集图像数据，通过软件分析图像数据，自动识别闭环轨道上电石锅的状态数据(满锅、空锅)、满电石锅的位置数据，并将这些数据信息反馈给智能天车系统，智能天车据此信息自动定位，完成电石锅上下线、转运等作业。

智能天车的大车和小车定位采用非接触编码定位系统，实现大小车机构的高精度定位。

起升机构采用闭环控制，起升机构卷筒上连接的旋转编码器与变频器构成闭环，以提高起升机构速度控制精度和起升电机的低速力矩特性。起升定位采用绝对编码器定位，在起升机构卷筒上连接编码器，以检测负载的实际位置。

智能天车属于移动设备，采用无线通讯方式与其他设备连接。其中智能天车上安装无线客户端，车间固定位置安装无线接入点，无线接入点与车间交换机相连接，车间交换机再与中控室通过光纤连接。这样就实现智能天车和中控室的通讯。

2.2.4　翻锅装车系统

负责将满足固相条件的电石从电石锅中全部倒出，并将空锅转运至接料系统。

智能天车负责将冷却充分的电石从电石锅内翻锅脱模装车，可根据负载实现自动识别脱模情况，无法脱模实现自动处理。

该系统具备以下特点：

(1) 翻锅装车现场实现无人化运行；

(2) 翻车、装车设备设有自动、手动两种操作模式。自动方式下，按工艺程序全线实现自动运行；手动时，操作人员在现场或中心控制室操作设备；

(3) 设备采用现场操作站并设有故障报警装置，设有声光报警功能；

(4) 翻锅装置配置电石空锅检测功能；

(5) 采取车体防砸措施，避免损坏车辆；

(6) 电石翻锅成套设备系统运行平稳、设备运行可靠度高、设备易于维护；

(7) 电石翻锅成套设备外露的旋转、移动部件等处，设置防护罩，设有电气保护，确保电机过负荷、短路、断路等。

2.2.5　定位系统

(1) 起升机构定位：

采用绝对值编码器，其安装在卷筒轴端部，通过编码器记录旋转圈数，进而换算成起升高度，数值应准确可靠，定位精度±10mm。

(2) 大车、小车定位：

大车和小车位置检测功能是智能天车的基础，由于车间温度较高，选择的传感器应能满足高温和高粉尘场景的需求，并且应能确保在车间内大车的位置基本一致。故考虑在天车的大车和小车被动轮上安装绝对值多圈编码器或倍加福的位置编码检测系统，如果采用绝对值编码器外应做好编码器的位置修正，避免累积误差造成系统数据丢失，其精度可达到毫米级。

2.2.6　应急生产运行系统

电石炉生产出现异常，主要是三个炉眼出现大量喷料或者跑料，喷溅料回收装置无法处置。小车和热电石锅倾覆或者轨道淹没，自动循环系统无法循环动作。电石炉不能马上停炉处理，系统可以提供短时间应急生产运行，自动循环出料系统迅速切入“现场遥控”操作状态，操作工通过遥控器在现场控制驱动系统运行，将不能移动的小车两端联接销轴拔出，将应急轨道与生产运行轨道交接处的一到两部小车联接销轴拔出，并将小车移出轨道。将应急轨道接入生产运行轨道，实现应急出炉。

2.2.7　维保小车及电石锅系统

动循环出料系统小车闭列，一直运行于高温粉尘环境。出炉小车车轮内置轴承润滑失效，是影响自动循环出料系统稳定运行的最大因素，检查轴承和车轮，更新小车部件的运行管理系统在生产运行轨道外，设置有两段出炉小车检修保养轨道，其中一段轨道上备有备用出炉小车，或者是已经检修保养完善的出炉小车在系统设置时间，利用出炉间隙，操作工手动控制驱动装置，脱开无小车检修保养轨道端的岔道小车联接销轴，将小车列推出到检修保养轨道的合适位置，反向驱动，空列处，将另一段岔道接入生产运行轨道，驱动小车列去联接停在检修保养轨道上的出炉小车，联接销轴。再次反向驱动，将车列拉入生产运行轨道，首尾联接，形成闭列，检修保养人员对停在检修保养轨道上出炉小车检修保养，根据生产运行的实际情况，制定定期保养检修的时间间隔，冷却厂房内配置维修保养设备区域并与生产系统隔离。

2.3　实现目标及成果

本项目以需求作为牵引，以系统研发带动技术突破，项目成果主要呈现为关键技术突破、循环接料原型系统、炉口喷溅料处理及热锅监视原型系统、智能天车原型系统、翻锅系统、定位系统、应急生产运行系统等形式。

突破大系统成套集成技术，确保各子系统、各分系统协同可靠运行；突破循环接料系统满锅自动识别、自动驱动技术；突破炉口喷溅料处理技术；突破智能天车系统智能调度技术、图像识别技术，实现电石锅上下线及转运、装车。

3　技术路线和技术亮点

3.1　技术路线

本项目通过目前电石行业存在的现状需求分析，以大系统成套集成及集散控制技术、电石满锅自动识别、自动驱动技术、电石锅自动上下线、自动翻锅装车、智能调度技术等关键技术突破为基础，研发循环接料系统、炉口喷溅料处理及热锅监视系统和智能天车控制系统等原型系统，通过单炉全系统、全要素运行测试，不断改进各分系统之间的接口及功能，实现电石锅自动接料、自动上下线及转运、装车，达到冷却车间无人化作业。

循环接料系统针对厂房结构空间和电石产量等技术条件，设计电石循环接料系统，该系统采用方形带有锅延结构、盛装1吨左右的电石锅承接熔融热电石液，缩短锅内电石的冷却时间，减小冷却占地面积，电石锅置于出炉小车上，小车分段链接，由驱动装置拖动出炉小车列将热电石输送至冷却车间。

炉口喷溅料处理及热锅监视系统针对电石锅之间的缝隙，充分考虑漏料量及自动移锅的要求，设计炉口喷溅料处理及热锅监视系统。炉口轨道下方设置喷溅料处理装置，该装置采用链传动输送的方式，由集料槽、集料小车、链条、轨道等组成，炉口残渣落料通过集料槽收集，出炉结束后可以将集槽内的喷溅料通过小车导出至远离炉口处，而后进行处理。在炉前设置热锅监视系统，通过热成像判断电石锅内热电石液面高度，达到设定值后控制驱动装置运行，进而实现自动移锅。

热电石锅移动至冷却工段后采用天车上摄像图的视觉技术，采集图像数据，通过软件分析图像数据，自动识别闭环轨道上电石锅的状态数据（满锅、空锅）、满电石锅的位置数据，并将这些数据信息反馈给智能天车系统，智能天车采用其安装在卷筒轴端部的绝对值编码器，通过编码器记录旋转圈数，进而换算成起升高度，数值应准确可靠，定位精度±10mm。大车和小车位置检测功能是智能天车的基础，由于车间温度较高，选择的传感器应能满足高温和高粉尘场景的需求，并且应能确保在车间内大车的位置基本一致。故考虑在天车的大车和小车被动轮上安装绝对值多圈编码器或倍加福的位置编码检测系统，如果采用绝对值编码器外应做好编码器的位置修正，避免累积误差造成系统数据丢失，其精度可达到毫米级，智能天车的大车和小车定位采用非接触编码定位系统，实现大小车机构的高精度定位。据此信息自动定位，完成电石锅上下线、转运等作业。

冷却段智能天车负责将满足固相条件的电石从电石锅中全部倒出，并将空锅转运至接料系统。智能天车自动翻锅装置负责将冷却充分的电石从电石锅内翻锅脱模装车，可根据负载实现自动识别脱模情况，无法脱模实现自动处理。

电石炉生产出现异常时，系统可以提供短时间应急生产运行，自动循环出料系统迅速切入“现场遥控”操作状态，操作工通过遥控器在现场控制驱动系统运行，将不能移动的小车两端联接销轴拔出，将应急轨道与生产运行轨道交接处的一到两部小车联接销轴拔出，并将小车移出轨道。将应急轨道接入生产运行轨道，实现应急出炉。确保异常情况下电石炉能够正常运行。

随着电石锅车系统运行磨损，其中一段轨道上备有备用出炉小车，或者是已经检修保养完善的出炉小车在系统设置时间，利用出炉间隙，操作工手动控制驱动装置，脱开无小车检修保养轨道端的岔道小车联接销轴，将小车列推出到检修保养轨道的合适位置，反向驱动，空列处，将另一段岔道接入生产运行轨道，驱动小车列去联接停在检修保养轨道上的出炉小车，联接销轴。再次反向驱动，将车列拉入生产运行轨道，首尾联接，形成闭列，检修保养人员对停在检修保养轨道上出炉小车检修保养，根据生产运行的实际情况，制定定期保养检修的时间间隔，冷却厂房内配置维修保养设备区域并与生产系统隔离，为电石炉安全稳定生产提供后勤保障。

3.2 技术亮点

3.2.1 突破电石热锅成像识别技术。利用高温成像仪，采集炉口电石锅内热电石液面轮廓图像，基于图像处理技术，研究热电石液面轮廓识别算法，解决电石满锅识别问题，实现电石出炉小车列自动驱动。

3.2.2 突破智能天车系统智能调度技术。通过图像识别、定位，调度系统向智能天车发送任务指令，将进入冷却区装满电石液的电石锅移动到冷却区域支架上，而后再将其它冷却区域支架上的空锅放回出炉小车上，根据存储区电石存储、冷却信息，自动进行转运和装车调度，实现电石锅上下线及转运、装车。

3.2.3 引领电石冶炼行业系统集成发展方向。提出一套完整的电石出炉拉锅、冷却转运及翻锅装车成套系统集成整体解决方案，在提高作业安全性、降低劳动强度的同时，实现减员增效、低耗高产，将引领电石冶炼行业向绿色化、智能化、集成化方向发展。

4 应用场景

适用于所有冶炼工艺出炉系统。对新建项目

应用需改变原有冷却车间设计理念，增加厂房面积、增加锅支架系统；对原有装置应用需要对对冷却车间进行改造。

5　项目效果和效益分析

5.1　经济效益

电石出炉拉锅、冷却转运及翻锅装车自动管理系统成功应用后，每台电石炉可以减少相关操作人员5人，实现减员增效。

采用全新结构的电石锅，不仅散热快、而且使用寿命长。(1)电石在锅内冷却，可以有效减少电石损耗。每台电石炉按年计算，预计减少电石损耗(按产量的3%计算)，(2)电石锅更换时间比现有圆形锅更长，这两项所产生的经济效益将非常可观。

5.2　社会效益

电石出炉拉锅、冷却转运及翻锅装车自动管理系统成功应用，将是国内电石行业又一次革命性的技术突破。以循环接料系统、炉口喷溅料处理及热锅监视系统和智能天车系统为核心，提供完整的矿热炉电石冶炼作业整体解决方案，改变电石行业现有人工生产方式，实现电石锅接料、运输、冷却、卸料等生产过程的全自动化运行功能，在提高作业安全性、降低劳动强度的同时，实现减员增效、低耗高产，提高了电石企业智能化水平。本项目的研究和推广应用，充分发挥系统集成化技术、智能化技术的优势，引领电石行业向绿色化、集成化方向发展。

第四篇　其他篇

有机合成厂储运车间成品装置小冰机更新案例

完成人：郝殿成　簿世超　石全生　唐　闯　李荣光　朱邵冬

（中国石油吉林石化公司有机合成厂）

1　项目背景

有机合成厂储运车间成品共设置六个罐区，即816罐区、裂解C4罐区、燃料罐区、丙烯罐区、丁二烯罐区(805E)、805F罐区。总储存能力为56300立方米。5个泵房，即：816泵房、805泵房、805D泵房、805E泵房、805F泵房，共有储罐40台，其中24台球罐，16台常压罐。机泵51台，其中屏蔽泵9台，变频泵2台，其余为离心泵。其他主要设施有7台消防机泵、冷却设备2台、柴油发动机1台、泡沫罐1台和火炬系统1套以及全部出入6个罐区的收付料管线约19万延长米。

成品罐区是厂成品、半成品、副产品及原料、燃料的储运车间。最初建有三个罐区：805罐区、816罐区、805D罐区及火炬系统，储量分别为11300m^3、14000m^3、6000m^3。为适应生产需要，作为30万吨乙烯的配套工程，扩建了805E、805F罐区，即丁二烯罐群组和MTBE罐群组及苯乙烯罐群组。苯乙烯罐群组是用来储运和输送苯乙烯装置生产的苯乙烯、炼油厂来的原料苯及芳烃装置来的甲苯和二甲苯，总容量为11000m^3，年储运苯乙烯10万吨。

805F泵房K-001小冰机系统是为V-8302A/B罐苯乙烯物料冷却使用，自1996年投用至今已运行28年。苯乙烯物料在高于25℃会产生聚合物，所以在夏季小冰机系统稳定运行对苯乙烯的存储至关重要。

成品E-001氨冷换热器是小冰机系统中给氨冷却用，E-002是小冰机给油冷却用，2台换热器的冷却介质为消防水系统。在2021年和2022年的检查中发现E-001和E-002的冷却水管束泄漏严重。

K-001压缩机因E-001/002的泄漏造成油和氨系统带水，造成压缩机机体磨损严重，在22年4月对压缩机转子、轴承压盖等进行了修复，更换了轴承、轴瓦，但压缩机内部腔体无法修复。

2　总体情况

2021年6月8日12：00，巡检发现K-001压缩机机封漏，下午组织检修，更换机械密封、更换轴承7011B4口，（原轴承为NSK，因无进口轴承，更换为国产哈尔滨轴承）。

事故经过：2021.6.8中午12点化工班组岗位人员巡检发现二段入口部位偶尔有杂音，通知车间领导和值班长并继续观察，确认发生声音部位为壳体和转子之间，下午声音增大，进行隔离置换，之后组织施工力量处理。

拆机检查情况及部件损坏情况：拆开一段和二段连接部分发现机体内部出现大量铁削。二段入口侧轴瓦端面磨损；机封失效，静环磨损严重

原因分析：润滑油原因：黏度适中：黏度过大或过小都会使摩擦功增大，排气温度升高。黏温性好：润滑油的黏度随温度的升高而降低。油温超过60℃时，黏度急剧下降，因此压缩机的油温要求的使用范围为30~60℃。水分：油与水混合，会引起油的乳化，黏度降低，润滑条件恶化，造成机械事故。必须控制油的含水量。工艺操作原因：工艺操作带液，排气压力高。

同时发现冰机氨冷却器E-001换热效果差，打开换热器检修发现共泄漏的管束11根，管板砂眼9处。并在2022年换热器检修发现共泄漏的管束28根，管板砂眼23处，管束封堵数量逐年上升，现换热器总共封堵管束39根，为消除隐患在22年4月更换了E-001中间段，但因换热管形式由波纹管更改为直管，换热面积由90m^2降到60m^2，在去年的夏季运行过程中发现，换热面积的下降成为冰机高负荷运行的瓶颈。E-002在21年封堵2根，补焊5处；22年

封堵10根，补焊11处。现共封堵管束12根，管板补焊16处，腐蚀也十分严重。

原因分析：成品车间E-001氨冷却器冷却介质为消防水，消防水压力0.7MPa，高于换热器最高操作压力0.6MPa，导致换热器管束长期超压运行出现多处漏点。

成品车间KA12.5C螺杆压缩机修理零部件情况：

螺杆压缩机维修部件：阴转子、阳转子、滑阀、压缩机壳体共计三段、端盖及连接件；共计8件。

螺杆压缩机损坏部位：阴转子：轴瓦位轴颈、转子螺旋端面磨损、根部有裂纹。阳转子：轴瓦位轴颈、轴承位轴颈磨损、根部有裂纹。滑阀：滑阀磨损有纵向拉伤。壳体：端面磨损严重。端盖及连接件：螺纹损伤。

修复流程：转子及壳体等件清洗除去表面杂质油污等。

1）阴转子：（1）两端轴瓦位轴颈磨损、螺旋端面磨损，打光谱分析材质（材质为QT600-3）。转子螺旋端面等离子粉末堆焊。做胎具对螺旋处修复；（2）磨床加工轴瓦位轴颈；（3）对轴瓦位轴颈进行激光熔覆；（4）对熔覆后的轴瓦位轴颈及转子螺旋端面进行磨床加工；（5）动平衡检测。

2）阳转子：（1）两端轴瓦位轴颈及轴承位轴颈磨损，打光谱分析材质（材质为QT600-3）；（2）磨床加工轴瓦位轴颈及轴承位轴颈；（3）对轴瓦位轴颈及轴承位轴颈进行激光熔覆；（4）对熔覆后的轴瓦位轴颈及轴承位轴颈进行磨床加工；（5）动平衡检测。

3）滑阀：（1）滑阀纵向拉伤处打磨处理磨损层；（2）等离子粉末堆焊修复；（3）上磨床加工。

4）压缩机壳体（滑阀滑道处）：（1）拉伤处打磨处理；（2）滑阀及滑道对研检测。

5）压缩机壳体（一段及中段）：（1）壳体磨损处打磨处理，打光谱分析材质（材质为QT600-3）；（2）等离子粉末堆焊修复；（3）上镗床加工。

6）端盖及连接件：（1）钻床扩孔加工；（2）重新攻丝。

原因分析：氨冷换热器E-001由于出现管束泄漏，导致氨里夹带消防水，水分跟随氨一起进入压缩机，由于水不容易压缩，在螺杆压缩机压缩过程中，大大超出了压缩机的压缩能力，导致高负荷运行的压缩机出现腔体内部磨损严重。

为消除小冰机系统运行隐患，保证苯乙烯物料的稳定存储状态，车间在2023年申请更新E-001、E-002换热器和压缩机组整体。

3　技术路线和技术亮点

通过编制技术协议和招标流程，对以下设备进行了招标采购并更新（表1）。

表1

序号	部件名称		数量	描述	制造商
			压缩机组		
1	压缩机LG12.5	压缩机转子	1台	阳阴转子4：6QT600	冰山集团
		压缩机壳体	1台	HT200	冰山集团
		轴承	1套		SKF/NSK
		压缩机轴封	1套	单端面机械密封	JOHNCRANE
		能量调节机构	1个	活塞+能量滑阀	冰山集团
		O形圈及垫片	1套	氯醇橡胶	冰山集团
2	主电机（三相异步）		1台	380V/55kW/3P/50Hz/DIIB T4/IP55	南阳或佳木斯
3	膜片式联轴器		1套	带无火花防护罩	冰山集团
4	吸、排气阀组		1套	吸气止回阀、吸气截止阀、排气截止止回阀	冰山集团
5	吸气过滤器		1套	永久性不锈钢滤芯，100目	冰山集团

续表

序号	部件名称		数量	描述	制造商
压缩机组					
6	油泵		1台		冰山集团
7	油泵电机		1台	380V/2.2kW/dIIBT4/IP55	南阳或佳木斯
8	油路系统	卧式油分离器	1台	内含3级油分离设施，带电加热器。	冰山集团
		油冷却器	1台	水油冷	冰山集团
		油粗过滤器	1台	不锈钢滤芯，100目	冰山集团
		油精过滤器	1台	不锈钢滤芯，160目	冰山集团
9	润滑油管路系统		1套	润滑油管线及阀门材质为不锈钢	冰山集团
10	经济器		1套		冰山集团
11	控制台		1台	正压通风型	冰山配套
12	仪表及电缆		1套		冰山配套
13	撬块外接管口配对法兰适用		1套	法兰HG/T20592	冰山配套
14	底座		1套	钢底座及地脚螺栓	冰山集团
15	备品备件及专用工具		1套	见本文件3.2条	冰山集团
冷凝器					
	冷凝器		1套		冰山集团

4　应用场景

此次小冰机更新，彻底解决了苯乙烯物料存储安全隐患。温度控制稳定，压缩机运行良好，为公司工厂冰机系统更新提供了范本，为转型升级项目冰机系统安装应用等工作积累宝贵经验。

5　项目效果和效益分析

冰机更新项目的效果和效益分析可以从多个角度进行考量，以下是对冰机更新项目效果和效益的详细分析：

（1）效果分析

节能降耗效果显著：通过更新换代，新型冰机采用先进的技术，具有更高的效能和更低的能耗。电机功率由原137kW下降到55kW。通过换代更新，新型冰机的能耗明显低于旧式冰机，新机的高效能和低耗能的特点使得整个系统在工作效率和能耗两个方面均有了明显的提高。

新冰机增加了经济器，这种过程不仅改善了单级螺杆压缩制冷循环的效率，提高了制冷量，还降低了压缩机的排气温度。设备运行优化和定制化调整也进一步提升了冰机的运行效率，降低了能耗。

性能提升：新型冰机不仅能耗低，而且性能也得到了显著提升。例如，通过压缩机改造和控制系统改造，可以提高冷却效果，使得冰机在运行过程中更加稳定、高效。定期的维护和保养措施也有效地保持了冰机的效能，减少了能源浪费。

环保效益：随着环保意识的提高，节能、环保型的制冰机成为未来市场主流。新型冰机的应用有助于减少能源消耗和环境污染，符合国家的环保政策要求。

（2）效益分析

经济效益：从财务角度看，冰机更新项目具有显著的经济效益。新型冰机的低能耗特点使得运营成本降低，提高了项目的盈利能力。同时，冰机更新实施后，冰机的运行效率和稳定性得到提升，减少了故障率和维修成本，进一步增强了项目的经济效益。

6　结语

综上所述，冰机更新项目在效果和效益方面均取得了显著的成绩。项目的实施不仅提高了冰机的运行效率和稳定性，降低了能耗和运营成本。

有机合成厂热油循环泵机械密封技术改造案例

完成人：张　健　侯广宇　高长胜

（中国石油吉林石化公司有机合成厂）

1　项目背景

本文主要阐述了热油循环泵机械密封泄漏的原因，详细介绍了波纹管机械密封的优缺点，经过技术分析改变进口密封的原设计，采用国产密封材料取代进口密封材料，彻底解决了国外密封不能长期运转的难问题。

随着我国石油化工行业的发展，新产品、新结构、新技术、加上进口设备不断地引进，给我们设备管理与维修带来了新的课题。某车间有热油循环泵 P-2831 泵，是由美国公司引进的双支撑单级离心泵，它是该装置的关键设备。泵型号为 10X17J，密封是采用焊接金属波纹管密封结构，型式是旋转型。密封的静环，是整体硬质合金浮装式安装，由于美国进口密封的设计问题，在运行期间机械密封频繁泄漏，十几天更换四套机械密封，已经危及装置正常的安全稳定生产。我们开始对进口密封泄漏进行技术分析以及改造。

2　总体情况

2.1　热油循环进口泵的技术参数

介质：热油；

流量：1100m^3/h；

温度：300℃；

工作压力：2.9MPa。

泵转速 $n=2950$rpm 机械密封冲洗，采用自身冷却冲洗，冲洗温度 180℃。机械密封冷却是用 160℃的低温蒸汽冷却。该泵在开工期间密封经常泄漏，机械密封使用效果不好，进口的 4 套机械密封在十天内全部损坏，已经危及正常生产，改造前进口原装密封实体，如图 1 所示。

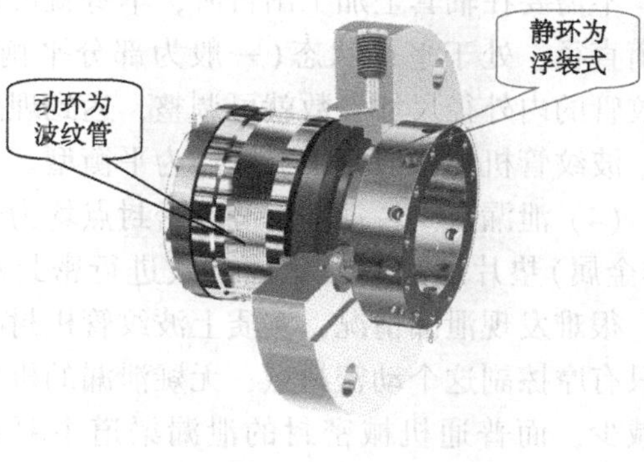

图 1

2.2　波纹管的原理以及特点

2.2.1　波纹管的原理

波纹管密封的波纹管是利用微束等离子焊接制成的一种全密封结构。由于波片本身波形的存在及焊接波距的存在，使之在轴向被压缩一定的位移度产生弹力，使动静环表面处于贴合状态并行成一定的比压在动静环表面磨损后始终处于弹力补偿状态。

2.2.2　波纹管的特点

（1）具有优越的追随性：由于波纹管密封本身全封闭结构，在结构上消除了普通弹簧密封中所必有的动静环与轴套（或轴）的动密封圈，使波纹管自身的弹率充分被利用来形成比压，而普通密封由于密封圈的存在，在动环轴套发生相对位移时需消耗部分平衡力。密封圈与轴套（或轴）间的摩擦力使其平衡力的大小受到了密封圈的加工尺寸精度及热处理的限制，波纹管机械密封显示其优越的追随性。

在使用过程中，普通机械密封常常会因为装置波动或操作工艺等多方面原因造成泵体抽空现象，此时动环密封圈的存在使端面打开后不能及时复位，而造成机械密封的泄漏，而波纹管机封在结构上消除了这个密封失效的途径。显示了其良好的补偿及性，这个特点是波纹管密封得以应用普及的一个重要原因。

（2）耐高温性：由于波纹管密封取消了普通弹簧密封中的动环密封圈的影响，适用的介质及温度大大扩大，通常普通机械密封中动环密封圈的材质多采用聚四氟乙烯和橡胶等有机化合物，这些有机化合物在一些介质中，会同介质全身产生化学反应，在低温和较高温度情况下，会改变其物理性能，产生硬化使密封失效，而波纹管密封可不受以上因素的限制，通常适用于苯、酮、烯烃、烷烃以及一般油类、酸、碱盐等众多介质，温度范围也可由-250~400℃，当然，这也需要对金属波纹管进行严格选材焊接及热修理。

(3) 平衡性：波纹管密封与普通机封相比较，不需要在轴套上加工出台阶，本身就可建立平衡直径，处于平衡状态(一般为部分平衡)当波纹管的内外径尺寸参数就可调整，达到理想状态，波纹管机封在应用中一般均为平衡型。

(4) 泄漏点少：动环与静环密封点均为金属(非金属)垫片通过螺栓紧固方式进行密封和联接，很难发现泄漏情况，实质上波纹管机封的泄漏只有摩擦副这个动密封点，无疑泄漏的机率大大减少，而普通机械密封的泄漏渠道主要有三个：动环密封圈、静环密封圈及摩擦副端面。在这些泄漏渠道中，因动、静环辅助密封圈失效造成密封泄漏占总泄漏的40%。

(5) 抗震性及高速性：波纹管密封取消了动环密封圈大大减少由于泵体震动或轴震造成的通过动环密封圈的传递而引起的动环的震动，使动环免受大的影响，通常也称之为机封的浮动性。当波纹管设计成带有阻尼装置的静止式结构时，阻尼器可有效地防止在高线速度情况下产生的与轴及泵体的共振，因此适用的线速度被大大地提高，其线速度可达100m/s。

(6) 可降低弹簧比压：在普通机械密封使用过程中弹簧比压一般设计在0.15~0.25MPa 波纹管密封的弹簧比压一般设计为0.05~0.15MPa 之间，波纹管密封为静止式结构时，弹簧比压明显偏小。因此，由弹簧比压PS 产生的摩擦热量减小，降低了端面温度，从而减少了摩擦时端面的磨损量，即减少了机械功耗，提高了密封性能及延长了密封使用寿命波纹管密封实体。

(7) 本身可传递扭矩，在普通机械密封运转中，必须附加传递密封的结构，结构形式多种多样，例如拔叉、销钉、螺钉及利用固紧来传递扭矩性能，一般情况下不另加传扭即可正常使用，结构上得以简化，避免了传递结构失效引起的故障，提高了机封的可靠性，当波纹管机封的工作压力超出许用扭矩时，常常在结构上增加拔叉等结构，增加其抗扭矩的能力及稳定性，起到辅助作用广泛应用于高压高速密封中。

(8) 设计一定的结构，可降低由于水结垢导致的密封失效：在很多地区，由于水质较差，结垢指数较高，再加上没有特定的软化水处理装置，普通机封中动环辅助密封圈因水结垢导致失效的现象很多一直成为老大难问题。把波纹管密封设计成为外冷式或静止式结构，可有效地防止其结垢，如果结构设计不合理或应用不当，波纹管密封也易结垢，导致密封失效，因此使用波纹管时，以冷却水作为冷却介质，波纹管密封工作环境会被大大改善，延长使用寿命。

3　技术路线和技术亮点

3.1　故障分析：

(1) 机械密封的自冲洗温度过高180℃，使机械密封端面液膜汽化、将密封端面推开造成机械密封泄漏。动环的金属材料在高温情况下产生温度变形，破坏精度极高的密封表面，使密封面变形造成密封泄漏。用光学平晶进行平面检查密封端面平面度不合格，我们是用光学平晶来进行测量密封的平面度的。图2是用光学平晶测量的接近于理想平面，平面偏差小于0.029um 是个合格的图像，表面合格的干涉带。图3是高温变形，磨损后的照片。

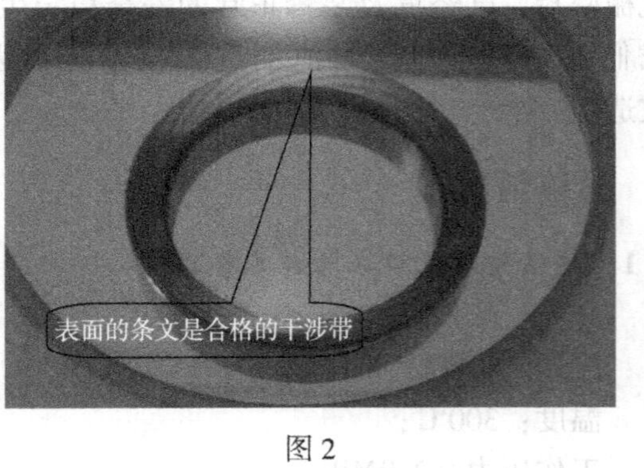

图2

(2) 机械密封水结垢十分严重，使机泵运转时间不长，焊接金属波纹管波纹之间就被结垢的油垢和水垢填死，使机械密封失去补偿性，造成机械密封泄漏(图4)。

(3) 进口机械密封的静环是采用浮装式装法，密封圈材质为膨胀石墨梯形环。当工艺波动抽空时静环被抽出不能归位造成静环偏斜使密封泄漏。

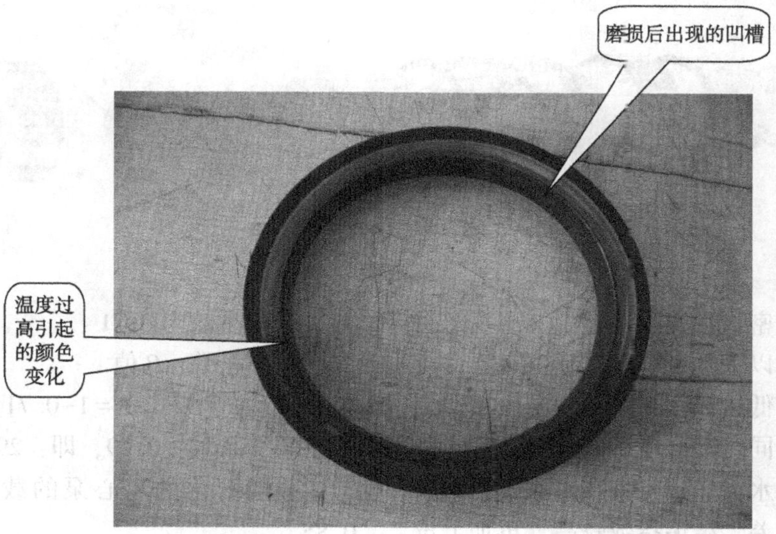

图 3

图 4

（4）机械密封冷却用 180℃ 低温蒸气冷却，机械密封冷却效果不好。介质温度 300℃，用 180℃ 的蒸汽冷却是错误的，这样会造成机械密封端面液膜汽化，使机械密封端面推开，用 180℃ 的蒸汽冷却明显不合理。

在进口机械密封备件用完的情况下，开始研制国产机械密封来代替进口机械密封。首先我开始测绘进口密封的各部尺寸，绘制密封改造图纸 15 张，完全改变进口密封的结构，改变静环的材质。

3.2　采取的措施

为了避免以上故障的出现，新设计的机械密封采用了以下几种方法：

（1）首先设计的焊接波纹管静止型的安装方法，波纹管的波型设计成双 S 型，然后将焊接波纹管连接在机械密封盖上，波片的材质采用 316L 它是一种很好的耐高温耐腐蚀材料，取消了原进口密封静环中的密封圈。

（2）动环与轴套采用法兰式连接，环座材料采用 4J42 一种铁镍低膨胀合金，所以不再受介质状况及温度的影响，适用的介质温度大大地提高。

（3）增加了机械密封冷却水套，并将蒸汽冷却改为水冷，降低了机械密封的冷却温度。制造实体图见图 5。

图5

改造后的机械密封在实际运转中又出现密封故障，分析原因有以下几点：

采用水冷来降低机械密封的温度，虽然达到了降温的目的，但同时又产生了新的问题：

（1）机械密封水垢导致机械密封失效，由于密封冷却水水质较差，结垢指数较高，再加上没有特定的软化水装置，所以水结垢在石油企业实际应用中是一个难问题。机械密封补助系统存在问题，而机械密封的自身冷却冲洗温度过高达180℃，可以考虑将机械密封自身冷却液降低温度，从而达到冷却的目的。

（2）机械密封端面比压过大，摩擦面磨损过大，需要对端面比压核算。

（3）机械密封的参数计算

为了解决密封泄漏问题我们对机械密封参数进行确定。

几何参数：主要确定动静环相接触面积内径和外径尺寸，即摩擦副内径 D_2 和外径 D_1。

$D_2=0.13$m；

$D_1=0.12$m；

波纹管外径 133mm=0.133m；

波纹管内径 113mm=0.113m；

波纹管的有效作用直径：经过对波纹管在受压时的受力分析，认为在压力不太高的情况下，可以把波纹管的中径作为有效直径。即：

$$DE=\frac{D_{外}+D_{内}}{2}=\frac{0.133+0.113}{2}=0.123$$

DE-波纹管中径

为了增加波纹管耐压性，一般密封腔压力 $p>1.5$MPa 时均采用双层焊接金属波纹管以增加耐压性，P501 泵采用双层焊接金属波纹管。

测量密封弹簧力：压缩为5毫米时，弹簧力为235N。

计算载荷系数 K 值：

$$K=\frac{d_2^2-d_0^2}{d_2^2-d_1^2}=\frac{0.13^2-0.123^2}{0.13^2-0.12^2}=0.71$$

载荷系数为0.71

平衡系数：β 值

$$\beta=1-K=1-0.71=0.29$$

平衡系数：0.29，即：29%。

一般石化的离心泵的载荷系数 $K=0.63\sim0.85$。

弹簧比压的计算：测得弹簧力压缩5mm时235N：

$$PS=\frac{P_{弹}}{\pi/4(D_2^2-D_1^2)}$$

$$=\frac{235}{\pi/4(0.13^2-0.12^2)}=0.12\text{MPa}$$

试中 PS 为弹簧比压。

密封端面比压计算：

计算公式：

$$Pg=Ps+P(K-\lambda)$$

反压系数 λ 值按标准内装式机械密封取0.5。

P 介质压力2.9MPa：

$$Pg=0.119+2.9(0.71-0.5)=0.73\text{MPa}$$

式中，Pg 为端面比压，MPa；Ps 为弹簧比压，MPa；P 为介质压力，MPa；K 为载荷系数；λ 为反压系数。

机械密封压缩量在5mm时，端面比压0.73MPa。

机械密封的端面比压一般取0.3~0.6，高黏在0.4~0.7左右。

经计算端面比压在使用范围之内，由于该泵机介质黏度比较大，0.73的端面比压符合标准。

线速度计算：

$$V=19.30\text{m/s}$$

PV 值计算：

$$PV\text{值}=0.73\times19.30=14.09\text{MPa}\cdot\text{m/s}$$

计算该密封的各种参数全部合格。

4　应用场景

此次热油循环泵机械密封国产化的经验探

索，为同类型类似介质和工况的机封改造提供了范本。

5　项目效果和效益分析

5.1　项目效果

此次机封国产化后运行效果良好，机封泄漏次数明显减少。同时国产化缩短了备件到货时间，相对于进口备件的长采购周期，国产化备件制造周期缩短近一半以上。

5.2　效益分析

原进口机械密封费用约为 8.5 万元，国产机封费用约为 2.6 万元，没改造前每年大约消耗 7 套，改造后年消耗 1 套，可以节约费用 $8.5\times7-2.6\times1=56.9$ 万元

6　结语

通过对进口机械密封的技术分析，找到了进口机械密封失效的原因，通过持续改进，解决了机械密封冷却以及机械密封泄漏的难题。降低了设备维护、维修费用以及劳动强度，而且有利于装置的长周期安全、稳定运行。

乙烯加氢循环氢压缩机 H-GB101 进口浮环密封改为国产干气密封

完成人：庞武超 张 炎 王文超 蒋俊平 何志洪 李 刚 高 峰 陆佳伟

（中国石化扬子石油化工有限公司烯烃厂）

1 项目背景

2023 年 11 月 18 日-12 月 10 日，扬子石化烯烃厂乙烯装置 H-GB101 压缩机酸性密封油罐 H-FA1017A、B 的液位频繁波动，期间对酸性密封油罐共清理 8 次，补加了 7 桶润滑油维持运行，其中 12 月 9 日清理酸性密封油罐 H-FA1017B 的浮球阀排油孔时，发现金属小颗粒和小合金片，12 月 11 日漏油增大，已无法满足正常运行条件，经领导决定停车检修。

2 总体情况

2.1 设备概况

2.1.1 设备位号：H-GT/GB101

设备名称：循环氢压缩机

制造厂：日本日立公司所制造

设备布置如图 1 所示。

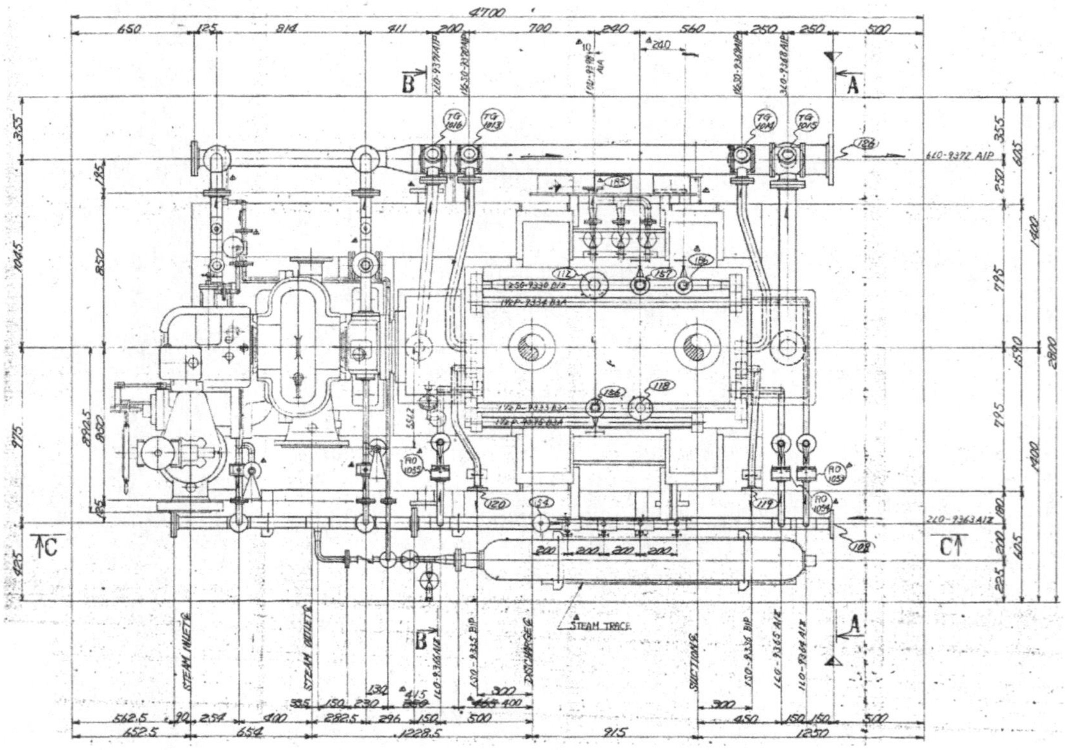

图 1 H-GB/GT101 设备布置示意图

2.1.2 主要工艺参数

压缩机：

（1）型号：BCL358；

（2）介质：氢气；

（3）流量：19908m^3/h；

（4）进口温度：46℃；

（5）出口温度：86℃；

（6）进口压力：2.678MPa；

(7) 出口压力：3.478MPa；

(8) 额定转速：12300rpm；

(9) 额定功率：330kW。

2.2 检修情况

(1) 12 月 12 日拆卸联轴节，解体径向轴承和止推轴承，检查瓦块，无异常。

(2) 拆检浮环密封，低压侧内浮环磨损严重，表面发黑且呈片状腐蚀，高压侧内浮环磨损更严重，布满黑色异物且磨损深度更深(图 2、图 3)。

图 2　高压侧内浮环部位黑色异物

图 3　高压侧内浮环磨损

(3) 机体内有少量润滑油，高压侧内浮环轴颈有轻微磨痕(图 4、图 5)。

(4) 安装干气密封，由中密控股厂家负责指导。

(5) 盘站到机体管线配制由检维修完成。

2.3 原因分析

该密封在 2023 年 2 月和 4 月发生两次类似密封故障的检修，做了原因分析，制订了更换干气密封的改进措施。原因分析如下：

(1) 直接原因

压缩机浮环密封环磨损，导致密封泄漏量增大。

图 4　压缩机体内润滑油

图 5　高压侧轴颈轻微磨损

(2) 间接原因

① 原设计密封气无前置过滤器，密封气系统中带有焦粒杂质进入密封面导致密封磨损。

② 浮环密封抗干扰能力差。

(3) 管理原因

① 故障改进措施实施不力，本次故障前密封已到货，计划择机安装，没有在故障前主动停机安装。

② 车间设备管理人员能力不足，未能分析出问题产生的根本原因，未识别出浮环密封泄漏的相关根原因，未能制定相对可靠的针对性措施。

③ 对机组浮环密封的运行原理及工艺运行条件分析不够透彻，未能制定有效的延缓措施，导致机组 2023 年总计检修 3 次。

3 技术路线和技术亮点

(1) 将进口浮环密封更新为中密控股生产的串联式干气密封。

(2) 干气密封改造接口说明：①利用原机组

轴封高位油箱参考气孔作为一级密封气入口；②利用原机组轴封封油入口作为一级泄漏气；③利用原机组轴封封油出口作为二级泄漏气；④利用原机组轴封大气侧排气口作为隔离气进气口。

（3）检维修负责专用、低压氮气管线配管，配管完成进行水压试验。

（4）检维修负责机组解体拆检清理：①拆卸联轴节；②拆卸机体附属管线，中密测绘管座尺寸并加工；③拆卸压缩机两侧端盖；④拆卸止推轴承，径向轴承；⑤拆卸浮环密封；⑥抽转子，机体及附属管线清理。

（5）太仓宝马负责转子高压射流清洗。

（6）检维修负责增设干气密封盘站和密封管线，安装管线有：①一级泄漏气排火炬管线配制；②仪表风管线配制；③高点放空管线配制；④低压蒸汽进出口管线配制；⑤压缩机出口端工艺管线配制；⑥压缩机出口管线开孔；⑦平衡管线配置三通；⑧管线吹扫干净。

（7）仪表负责信号组态调试。

（8）检维修负责回装：①转子回装；②中密控股厂家安装干气密封；③回装止推轴承，径向轴承；④回装压缩机两侧端盖；⑤回装机体附属管线；⑥联轴节找正。

（9）干气密封改造成功后，原酸性油脱气罐H-FA1012已不用，避免了VOC气体排放，减少了环境污染，达到安全环保效果。

（10）干气密封改造成功后，解决了压缩机密封油系统的跑冒滴漏，避免了能源浪费，提高了能源利用率。

4　应用场景

经过改造后调试和现场应用论证，最终完成1#乙烯装置H-GB101氢压机进口浮环密封国产化改造及控制方式优化改进工作，自2023年12月份开车以来，运行状况良好，工艺确认符合操作运行要求，降低了岗位人员的操作成本，避免发生泄漏事故，提高了设备运行的可靠性和安全性，确保装置的稳定运行。

5　项目效果和效益分析

5.1　项目效果

2023年12月19日上午，H-GB101氢压机按升速曲线开车，干气密封系统各项参数均正常，满足工艺生产，H-GB101干气密封改型更换成功（图6、图7）。

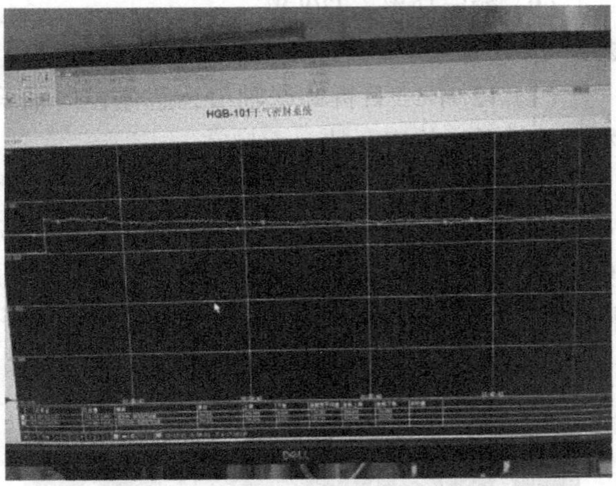

图6　主密封气进气

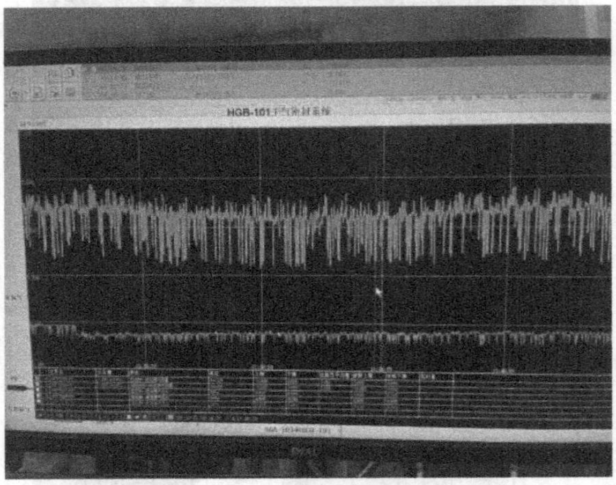

图7　主密封气泄漏气

5.2　效益分析

（1）经济效益

干气密封改型成功后大大降低了泄漏风险，解决了压缩机密封油系统的跑冒滴漏，避免了浮环密封泄漏量增大再次造成装置停车，装置停车损失+检修费用+零部件更换费用，总计避免损失达200万元。

（2）社会效益

① 解决了压缩机密封油系统的跑冒滴漏，提高了设备运行的可靠性和安全性，确保装置的稳定运行。

② 避免了润滑油等能源资源的浪费，提高了能源利用率。

③ 避免了VOC气体排放，减少了环境污染，达到安全环保效果。

④ 为后续推广应用到其他压缩机进口浮环密封改为国产干气密封提供了技术支撑。

60万吨/年重整氮气风机K702国产化应用

完成人：武志国　刘兵强　张志丹　梁　祥　田　强　陈　劲　杨　磊

（中国石化济南炼化维修部　济南炼化公司设备工程部）

1　项目背景

60万K702为重整装置氮气风机，其输送介质——氮气的主要作用是将催化剂从反应器底部提升至再生器顶部。设备生产厂家：某国外厂商，设备型号：32＊＊-67L＊＊＊＊。2021年1月至2023年1月期间，24个月时间里，K702累计发生故障7次，主要故障表现为振动偏大，密封泄漏。润滑油进入介质后，在管道内与细粉结合黏附在管道内壁和催化剂表面，影响催化剂的流动性和活性，影响后续过滤器的运行，使反吹的时长延长，缩短了滤袋的使用寿命。生产工艺允许的检修最长时长2天，超过2天装置将降量生产，超过7天装置将不得不停工。至此问题亟待解决。

2　总体情况

2021.1~2023.1 K702检修情况如表1所示。K702检修停用对装置的影响如表2所示。

表1　K702检修情况

序号	检修日期	检修项目	费用	生产影响
1	2021.1.16	更换总成	17.4万	催化剂活性降低
2	2021.2.23	备用总成大修	7万	催化剂活性降低
3	2021.9.15	更换总成	2万	催化剂活性降低
4	2021.9.29	振动大，更换膜片	0.5万	催化剂活性降低
5	2022.3.14	更换总成，更换联轴器	7.5万	催化剂活性降低
6	2022.8.6	大修，更换总成	7万	催化剂活性降低
7	2023.1.13	大修，更换总成	7万	催化剂活性降低

表2　K702检修停用对装置的影响

现场情况	停用时长	生产影响
K702检修停用	2天	催化剂活性降低
K702检修停用	3~4天	催化剂部分失活，装置降量生产
K702检修停用	5天以上	催化剂失活，装置停工

该设备的密封为波簧型式密封，介质和轴承箱间仅有1套单端面密封。轴承箱是一个封闭的腔体，密封泄漏后介质会进入到轴承箱内，轴承箱内的润滑油会进入介质输送腔内，随介质一起输送至工艺流程中。润滑油的减少会影响传动齿轮的润滑，传动齿轮磨损加剧后，转子振动也会变大，振动变大又会加剧密封泄漏，如此恶性循环，加剧了设备故障的发生。

后期采取措施：

（1）将K702轴承箱上部丝堵和迷宫密封腔体丝堵取消，用管线替代，并在管线上安装阀门，便于查看密封泄漏量及加注润滑油（图1）。

（2）检修完成后，在厂房内对密封试压，检验密封安装后性能。

（3）运行部在K702累计运行2个月左右时，进行停机检查油位。

图1　后期改进

采取相关措施后，检修质量得以验证，但是设备的运行周期还是比较短。

设备检修所需密封需从国外采购，采购周期6至8个月，无法及时到货，满足现场检修使用。因摩擦副及密封底座材质问题，国内密封厂家生产的波簧型密封设计使用寿命不足6个月，无法满足设备长周期平稳运行的要求。于是提出密封改型方案。

方案1：与国内密封厂家沟通，尝试将K702机密封改为干气密封。将密封腔尺寸反馈给密封厂家，密封厂家反馈因密封腔体尺寸不足，无法改为干气密封。

方案2：通过和罗茨风机制造厂家沟通，干气密封型式的罗茨风机在大庆石化、广州石化、燕山石化、宁波万华有应用，密封使用周期2~3年。制造厂报价新机头为19.8万，干气密封系统2.3万，合计费用22.1万元。

考虑到中外贸易摩擦，K702设备的其他部件的采购周期无法预料。目前K702两年检修费用48.4万元，远高于一台新设备22.1万元的价格，且该设备影响到装置催化剂的活性，甚至造成装置降量停工。通过沟通讨论，决定设备进行国产化。

3　技术路线和技术亮点

3.1　技术路线

3.1.1　进口机密封失效主要原因

(1) 进口设备的密封为波形簧型式密封，密封腔底部与进口密封底部金属面靠密封胶密封，且密封金属外盒与密封腔体间间隙偏小，在无专用工具的情况下更换，无法保证密封外盒的静密封面及动密封面的密封性。

(2) 泄漏的气体直接进入轴承箱，造成润滑油被逐步带入介质中。

(3) 设备运行平稳时关注度较低，若停机需进行工艺调整，导致润滑油液位补充得不到保证。

(4) 设备安装在狭小的隔音室内，加注润滑油需拆开丝堵，丝堵偏小，不易拆卸。

(5) 润滑油加油不及时，导致设备运行状态恶性循环。

3.1.2　国产设备密封方案

通过分析设备主要功能，结合其输送介质，参考同类型装置相同功能位置设备使用厂家、设备运行情况、设备密封寿命情况，最终决定采用国内公司的设备，密封采用干气密封型式(图2)。

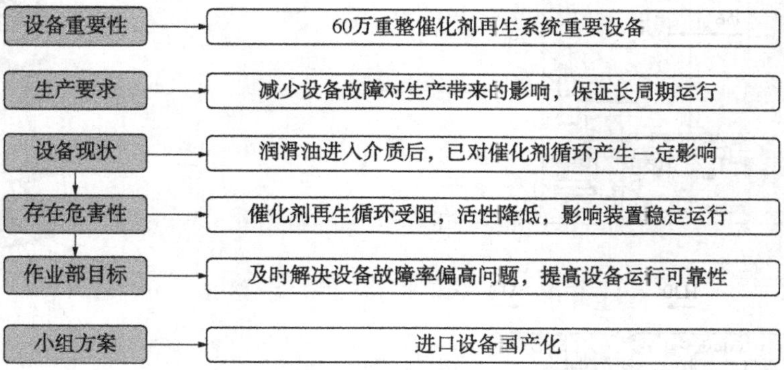

图2　国产设备结构图

从图3设备结构图中可以看到，密封压盖外侧与轴承箱间靠墙板连接，中间有一个安全腔，微漏的氮气、少量润滑油进入安全腔，然后通过放空管线排至大气，保证了介质气体不会串入润滑油，润滑油的油位得到保证，振动将趋于平稳。设备密封采用干气型式密封，设备输送的介质为氮气，干气密封的氮气进入氮气介质不会对介质产生任何影响，也保证了介质的纯净度，催化剂的活性、再生得到保证，生产装置的加工量和产品品质进而得到保证(图4)。

结合集团内兄弟单位相同功能位置的设备情况，采用干气密封型式密封，设备一个大修周期内运行平稳，大检修时进行预防性检修的经验，以及我们公司机泵干气密封的使用寿命经验。进口设备整机国产化目标可以实现。

3.2　技术亮点

2023年8月25日国产设备投用后，设备振动速度值1.6mm/s，达到了罗茨风机振动的A级振动标准。隔离腔润滑油泄漏量较大，经过与设备厂家技术人员现场排查，分析为油位视窗安装位置偏高，导致加注的润滑油偏多，偏多的润滑油越过梳齿密封后进入隔离腔(图5)。

现场将轴承箱和隔离腔加装排气阀，通过调整两阀的开度，使轴承箱和隔离腔压力达到平衡，润滑油不再泄漏(图6)。

通过定期巡检观察，设备运行正常，隔离腔内再无润滑油漏出。实现了进口设备国产化改造成功运行目标。

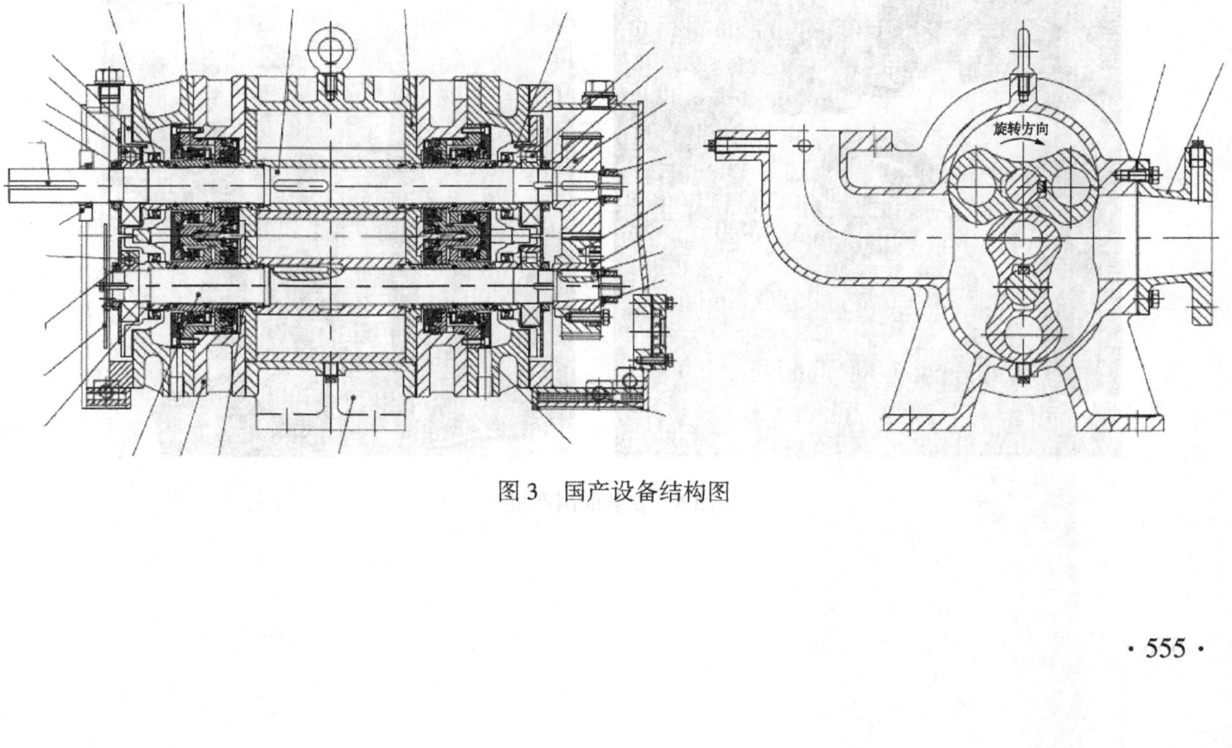

图3　国产设备结构图

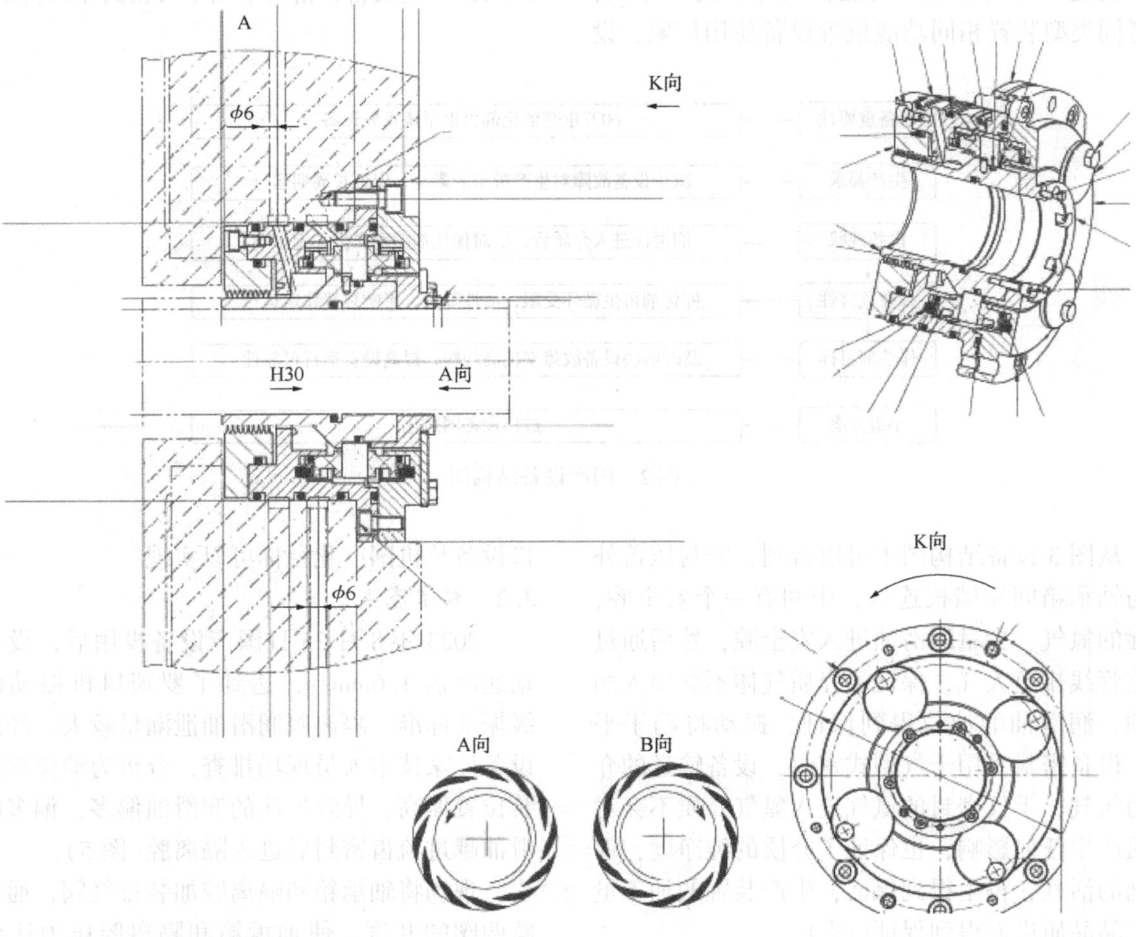

图 4　干气密封

图 5　安装的国产机

图 6 革新措施

4 应用场景

此类设备国产化适用于因密封故障设备故障率偏高，所输送的介质洁净度要求比较高，密封结构型式不易国产化，设备故障对整个装置运行有较大影响的进口设备。

5 项目效果和效益分析

国产设备投用 10 个月以来，设备运行平稳，保障了装置安全平稳运行，介质的洁净度得到了保障，进而催化剂的性能及再生得到了保障，后续的过滤工艺运行更加平稳。

降低设备故障检修频次 3 次/年，节约配件费用近 24.2 万元/年，节约检修人员费用 10 万元/年。主要是从根本上保障了数亿元的催化剂的性能，避免装置降量甚至停工对公司整体生产的影响。

中控技术 ECS-700 控制系统在大型己内酰胺产业链的应用

完成人：王　伟　周新华　罗彦彬　余庭辉

（中石化湖南石油化工有限公司新区己内线酰胺部）

1　项目背景

控制系统是流程工业控制的核心，其可靠性至关重要，控制系统也是工业信息化建设的重要内容。长期以来，国内石化和化工等流程工业的控制系统被横河、FOXBORO、艾默生等国外大公司所垄断。中控技术 WebField™ ECS-700 系统在中国石油化工股份有限公司湖南石化公司（简称：湖南石化公司）己内酰胺产业链搬迁与升级转型发展项目中的成功应用，打破了煤气化、己内酰胺等高危石油化工生产装置长期以来对国外 DCS 控制系统的依赖和技术垄断，对实现己内酰胺产业链核心设备国产化有重要的示范意义。

2　总体情况

2.1　系统架构

己内酰胺产业链搬迁与升级转型发展项目主体为 60 万吨/年大型己内酰胺联合生产装置，由 1 个中心控制室（CCR）和 14 个现场机柜室（FCR）组成，如图 1 所示。中心控制室与现场机柜间采用光缆连接。生产装置的 DCS 显示操作站和控制系统远程站及附属设备均集中在中心控制室，控制站分布在各机柜室内，以实现 DCS 集中操作、分散控制管理。同时在中心控制室的工程师室配有专用的工程师站和服务器，供系统维护和历史数据存放等用。在现场机柜室的外操室内设置 1～2 台只读显示操作站，供现场人员使用；在每个现场机柜室的内操室内设置 1 台现场工程师站、1 台 IDM 服务器，用于正常的系统维护和仪表数据库组态管理。

图 1　湖南石化新区己内酰胺项目中央控制室

2.2 系统配置及规模

本项目采用中控技术开发的 WebField™ ECS-700 DCS 控制系统，I/O 点共计 60272 点，共有 75 对控制器、671 面机柜、208 个操作台、212 个操作节点（含操作员站、工程师站、AAS 服务器、时钟同步服务器、OPC 服务器、IDM 服务器、ODS 服务器及历史数据服务器等）。整个项目网络分为 6 个控制域和 21 个操作域，各域之间相互隔离，均配置独立 OPC 服务器用于采集本域的数据，三层网配置 2 台全局 OPC 及工业网闸用于公司数据库采集，中央控制室机柜间如图 2 所示。

通过分域管理，将全厂的工艺装置通过过程控制网络有机地连接成一个整体，实现数据共享；同时各装置的 DCS 控制单元又相互独立、互不影响，以保证装置正常生产和开、停工过程的需要，并且有效减少系统网络负荷，保证在大规模系统构建下过程控制网系统的安全可靠运行，网络结构如图 3 所示。

本项目配置了完善的网络安全监控和主机防护方案，整个项目网络安全满足等保二级及中国石化生〔2019〕318 号文要求。

图 2　湖南石化新区己内酰胺项目中央控制室机柜间

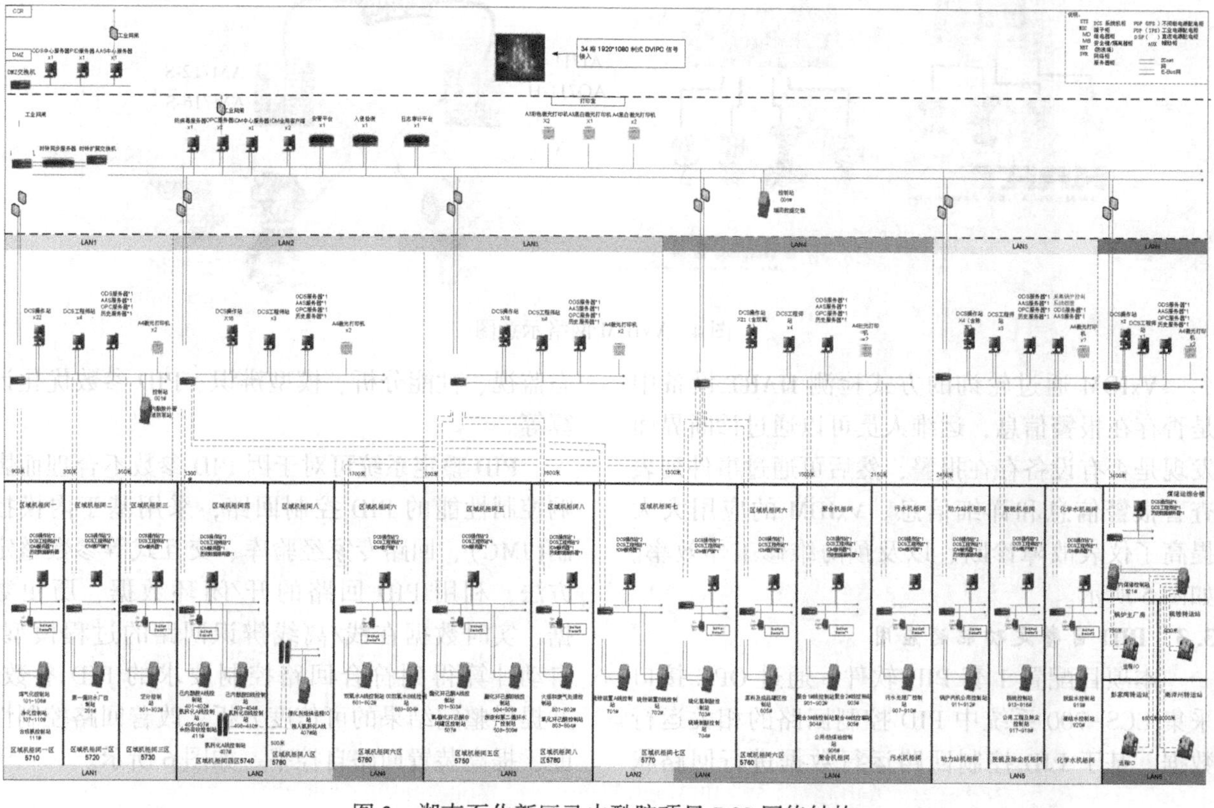

图 3　湖南石化新区己内酰胺项目 DCS 网络结构

3 技术路线及技术亮点

3.1 系统的高可靠性及可用性

国产DCS系统与引进型DCS系统最大的差距体现在软硬件运行稳定性和可靠性等方面。近年来国产DCS系统经过不断创新发展，国产DCS产品系统运行稳定性与技术水平得到显著提升，本项目采用中控ECS-700控制系统，通过全冗余的系统结构保障高可靠性、高运行率，系统最小平均无故障时间MTBF达102万小时(基于MIL-HDBK-217标准中的计数法)，平均故障修复时间MTTR为30分钟，可用率达到99.9996%。

3.2 VxIDM系统的应用

本项目配置了中控设备管理系统VxIDM，是中控自主研发的设备管理解决方案，VxIDM系统基于DD/EDD、FDT/DTM技术，能够对符合Foundation Fieldbus、HART及PROFIBUS DP/PA等现场总线智能设备进行全面管理。

本项目中控在各机柜间设置IDM服务器做各LAN的IDM数据采集及数据库，共14台，并在CCR设置两台全局客户端来访问各IDM服务器信息，网络图如图4所示。系统与ECS-700 DCS的Hart仪表实现了无缝连接，而且还成功将SIS、CCS等大量第三方设备的Hart信号接入系统，实现了对该项目智能仪表的集中统一管理和维护，并将FISHER的阀门监控诊断系统无缝嵌入在系统中，进一步扩展平台的管理功能。

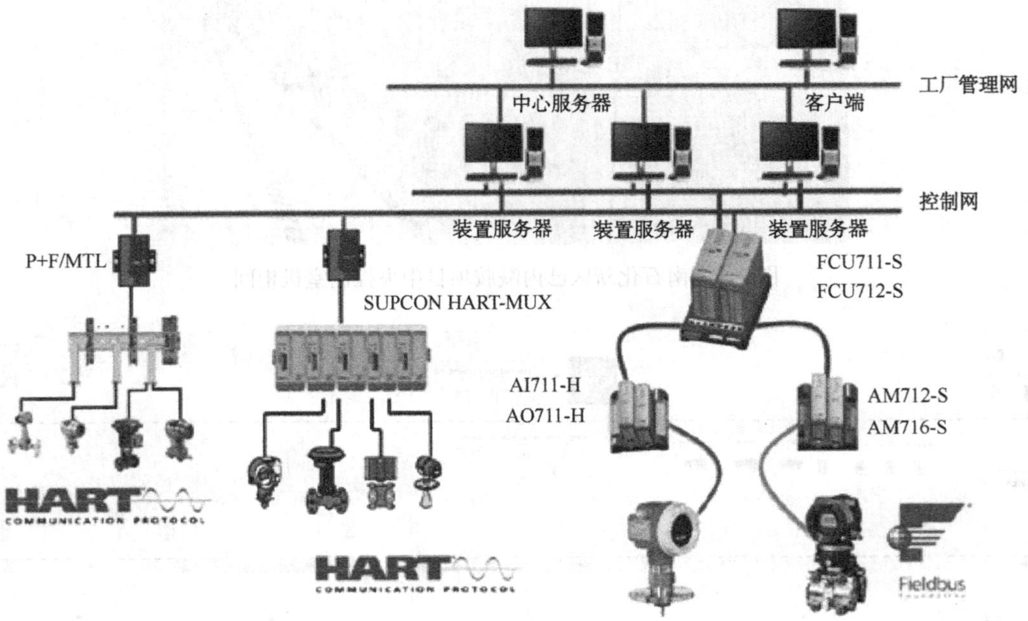

图4　VxIDM网络示意图

VxIDM通过轮询的方式检测HART设备中是否存在报警信息，运维人员可以通过诊断界面发现是否有设备存在报警，然后可通过事件列表查看报警信息和详细信息。VxIDM的应用大大提高了仪表故障诊断、以及预防维修工作效率。如图5所示。

3.3 PID自整定功能的应用

本项目配置1套PID软件，通过OPC接口采集ECS-700系统中PID控制回路的相关运行数据，基于PID控制回路运行数据进行回路状态监视、性能分析、模型辨识、PID参数优化计算等。

PID整定系统可对于因PID参数不合理而影响控制性能的PID控制回路，采用基于内模控制(IMC)、回路专家经验库、交互式等参数整定方法，利用PID回路的开/闭环数据、历史数据、实时数据在线/离线辨识回路的过程模型，自动计算得到符合回路控制要求的PID参数，并提供整定结果的可信度分析，改善回路控制性能，提高装置回路自控率。如图6所示。

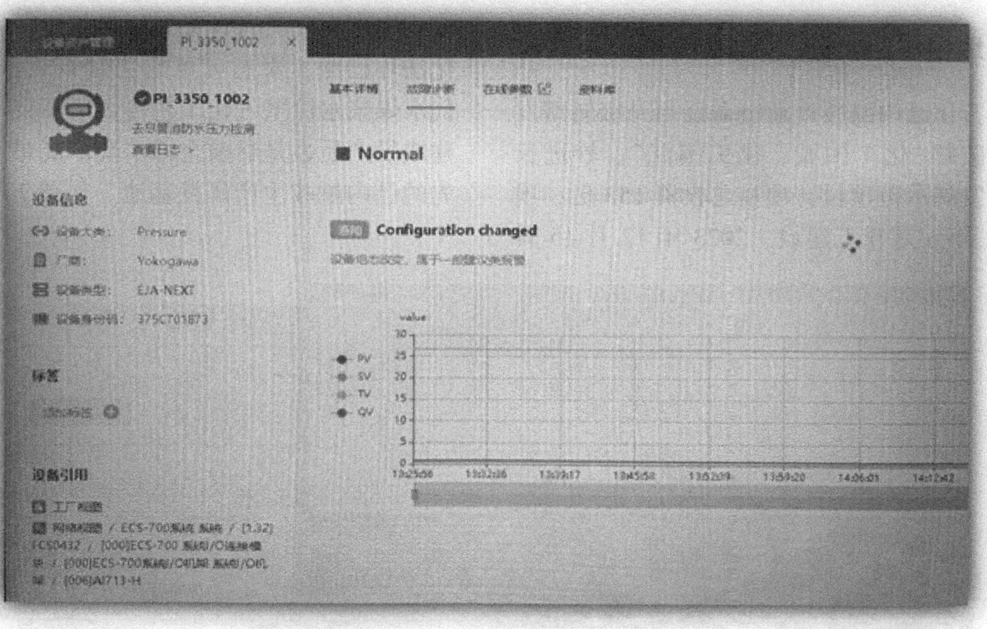

图5 VxIDM 仪表故障诊断画面

图6 PID 整定画面

3.4 AAS 高级报警管理的应用

本项目配置一套AAS高级报警管理软件，对工厂工艺过程和控制新系统的报警信息进行采集、分析、管理及优化的系统，协助工艺操作员发现工艺过程及控制系统出现的应关注并响应的报警，采集报警信息以支持事件记录、统计分析、报警管理、优化改进等工作。

通过AAS系统对报警数据进行分析，优化报警，对报警产生频率、报警持续时长、报警类型、报警设备、报警泛滥、陈旧报警等数据分析，正确地识别出滋扰报警，通过报警变更，减少滋扰报警的发生。

3.5 ODS 系统作为大型生产信息管理平台的应用

本项目配置一套ODS系统用于生产信息管理平台，提供工艺平稳率、自控投用率、高级报警管理等高级应用软件，用于生产过程统计分析，提供VxHistorian大型实时数据库，用于采集、统计和储存整个工厂的生产过程数据；提供基于Web技术的客户端应用软件，显示各类工厂监视画面，生成多种生产调度报表，展示全厂过程数据和统计分析数据。通过对比考核等管理手段，有效地增强操作工对生产的过程控制意识，改善生产过程的平稳状态，保障装置长期安全平稳运行，从而提升企业的运营管理效率。

4　应用场景

湖南石化己内酰胺产业链搬迁与升级转型发展项目是破解“化工围城、化工围江”、推进长江经济带发展示范项目，项目总投资153亿，项目于2021年6月开工建设，2023年12月15日项目全线顺利贯通，一次开车成功，该项目成功应用中国石化具有自主知识产权、行业领先的酯化法环己酮、浆态床蒽醌法制双氧水、SE第三代水煤浆水冷壁气化工艺等3项新技术，该项目建成投产后也是目前全球单套产能最大、技术领先的己内酰胺生产研发基地。如图7所示。

图7　湖南石化新区己内酰胺项目

为实现产业的绿色转型和高端发展，项目通过技术创新和设备国产化，实现了产业的高端化和智能化发展，项目中设备国产化率达99.9%，并按照“5G智慧工厂”标准建设，DCS控制系统全部实现国产化，采用了国内最新技术且稳定的中控技术WebField™ ECS-700控制系统，系统投用1年以来，运行稳定，为装置安稳运行提供了保障。

5　项目效果和效益分析

中控DCS系统在己内酰胺产业链搬迁与升级转型发展项目的成功实施，实现己内酰胺产业链核心设备的国产化，缩短产品交付时间，相比采用进口品牌系统至少缩短了工程建设周期12个月以上，加速了装置生产投运，相比采用进口品牌DCS系统，至少节约了工程投资6000余万元以上，实现了装置早开车、早产出的效益。2024年4月以来，各主要生产装置均实现90%以上高负荷运行，部分装置运行负荷达到100%，已连续两个月实现能耗指标全面达标。

该项目的成功应用，打破了煤气化、己内酰胺等高危石油化工生产装置长期以来对国外DCS控制系统的依赖和技术垄断。有了该项目成功实施的经验，相信国产DCS完全可以在大型石油化工联合装置上可靠运行，可直接替代进口大型控制系统，满足市场需求和国产化要求。

同时，该项目成功将CCR室内装修设计、工业液晶大屏幕、双屏操作台设计统一到DCS的工程设计和实施中，提高国产DCS厂商的综合成套能力；而VxIDM、PID自整定、AAS、ODS等功能的应用，提升了国产DCS厂商在石化行业解决方案的深度和广度。促进我国自动化产业持续发展，振兴民族自动化工业。

1120E618AB 丙烯精馏塔冷凝器升级改造

完成人：梁中超　闫锡军　耿东方　王景彬　邓　昇　胡双伟　王洋洋
聂　涛　杨　超　王明亮　张泽华　王　敏　白宝平　王　昊
（国能榆林化工有限公司）

1　项目背景

国能榆林化工有限公司烯烃分离（LORU）单元是将甲醇制烯烃（MTO）装置产品气中杂质脱除，分离提纯乙烯、丙烯及 C4 等，为下游聚乙烯（PE）、聚丙烯（PP）装置提供合格原料，并副产混合 C4、煤基混合戊烯、丙烷及燃料气。丙烷、混合 C4 和煤基混合戊烯作为产品送往界区，燃料气进入燃料气管网，作为各用户的燃料。

烯烃分离单元的生产工艺见图 1，主要由以下几个单元组成：产品气压缩、酸性气体脱除、产品气干燥、脱丙烷、脱甲烷、脱乙烷、二氧化碳吸附、乙炔加氢、乙烯精馏、丙烯精馏、脱丁烷、丙烯制冷和公用工程系统。

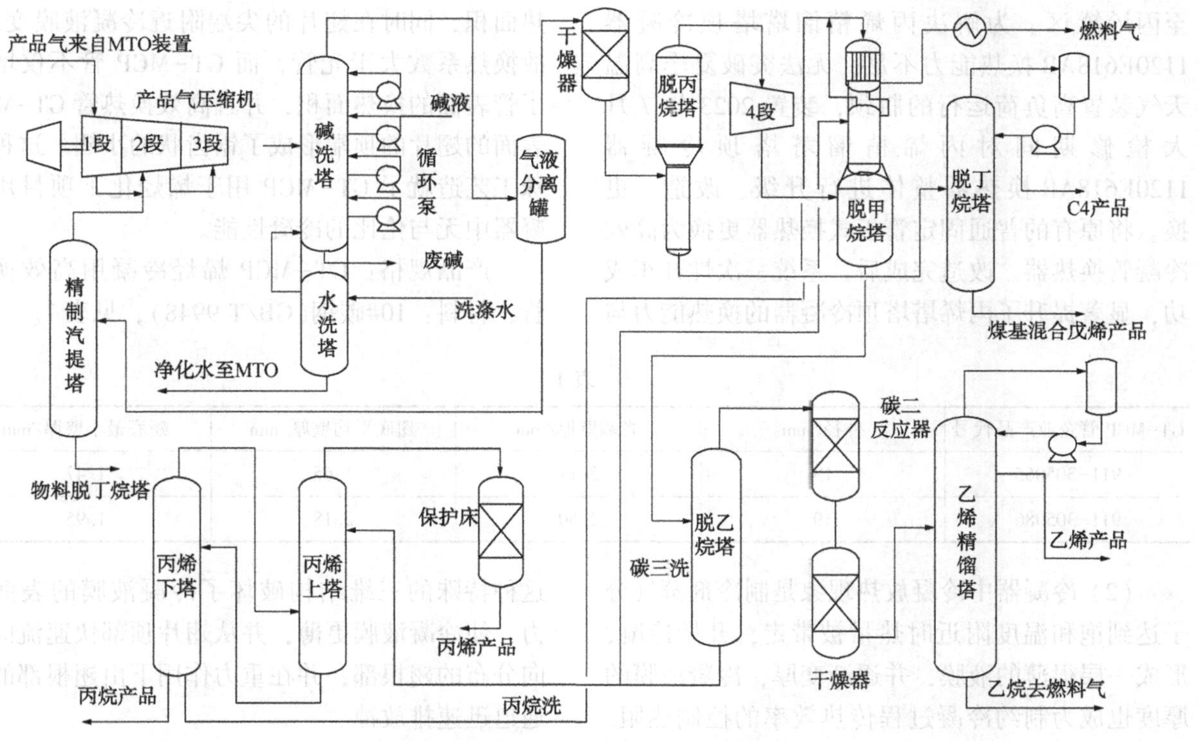

图 1　烯烃分离单元生产工艺流程

丙烯精馏系统主要任务是负责丙烯与丙烷产品的分离，丙烯精馏塔冷凝器（1120E618A/B）型式：固定管板式直径 DN2200，两台换热器采用并联方式运行。壳程介质：气相丙烯，管程介质：循环水。该换热器于 2015 年 12 月投入运行，运行 12 个月以后，管程循环水侧发生堵塞，致使换热器换热效果下降。该换热器在 2018～2020 年度期间，先后发生 3 次换热管泄漏情况，给装置的平稳运行制造了极大障碍。特别在夏季运行期间，LORU 单元循环水界区给水温度约 31.6℃的情况下，1120E618A/B 换热能力不足，循环水侧阀门全开的状态下，依然无法保证换热效果，造成丙烯精馏塔(1120T612)操作压力高。为了确保产品指标以及丙烯塔操作的稳定性，装置负荷被迫降低，该换热器在夏季无法满足装置高负荷运行的要求。装置低负荷运行后，不仅导致上下游装置降低生产负荷，还使得聚烯烃产品的成本增加，装置综合能耗增加，进而影响全厂经济效益，故建议对丙烯精馏塔冷凝器(1120E618A/B)进行升级改造。

2　总体情况

脱乙烷塔底液相碳三物料作为丙烯精馏系统的进料，在丙烯精馏塔顶分离得到丙烯产品，塔底得到丙烷产品。塔顶气相丙烯在1120E618AB换热器中用温度≤30℃的循环水进行冷凝，冷凝下来的液相丙烯进入丙烯精馏塔回流罐，丙烯塔精馏回流罐中的液相丙烯通过1120P613AB丙烯精馏塔回流泵进行升压，一部分作为丙烯塔的回流，一部分作为丙烯产品采出，经丙烯产品冷却器和丙烯产品保护床，冷却降温除去氧化物后送至丙烯罐区。为解决丙烯精馏塔塔顶冷凝器1120E618AB换热能力不足，无法突破夏季高温天气装置高负荷运行的瓶颈，装置2023年7月大检修期间对丙烯精馏塔塔顶冷凝器1120E618AB换热器整体进行升级、改造、更换。将原有的普通固定管板式换热器更换为高效冷凝管换热器。改造完成后，系统一次性开车成功，显著提升了丙烯塔塔顶冷凝器的换热能力与效果，满足了装置夏季高负荷运行条件，达到了预定目标。

3　技术路线和技术亮点

3.1　技术路线

针对丙烯精馏塔冷凝器(1120E618A/B)换热能力不足的情况，通过现场实验测试及其他企业应用反馈的真实数据，建议采用德国维联技术的GT-MCP高效冷凝管换热器，强化传热。在原工况的基础上，将原换热器换热管的规格型号Φ19X2更改为Φ25X2.5的规格，将翅化比达到2.8以上，并且在增大换热管表面的换热面积的同时，采用翅片尖部具有特殊导流槽结构，有效排掉冷凝液，促进了冷凝液膜的对流传热，使热流密度大幅度提高，大大增加冷凝传热系数，翅片根部采用圆滑过渡，避免形成应力集中，加强了机械性能。

3.2　技术特点

(1) 普通的翅片管仅仅只是增大管表面的换热面积，同时在翅片的尖端附近冷凝液膜变薄，故换热系数大于光管，而GT-MCP管不仅增大了管表面的换热面积，并且高效换热管GT-MCP表面的翅片的顶端形成了锯齿状的小翅。这种特殊工艺造就了GT-MCP用于烯烃化工项目用冷凝器中无与伦比的冷凝性能。

产品规格：GT-MCP烯烃冷凝用高效换热管；材料：10#碳钢(GB/T 9948)，见表1。

表1

GT-MCP管企业产品代号	外径/mm	光端壁厚/mm	翅底平均壁厚/mm	翅底最小壁厚/mm
911-305065	19	2.11	1.65	1.47
911-305086	19	2.50	2.18	1.95

(2) 冷凝器中冷凝放热现象是制冷剂蒸气分子达到饱和温度附近时热量被带走，开始冷凝，形成一层很薄的液膜，并逐渐变厚，冷凝液膜的厚度也成为制约冷凝过程传热效率的控制热阻。传统低翅片管只是增大管表面的换热面积，同时使在翅片的尖端附近形成的冷凝液膜变薄，故传热系数大于光管。高效换热冷凝管因翅片结构呈错开锯齿状，使冷凝液的流动呈扰动状态，增强"Gregoring"效应(冷凝液膜不均匀分布减小平均热阻)，从而促进了冷凝液膜的对流传热，使热流密度大幅度提高，增加冷凝传热系数。另外，这种特殊的三维结构破坏了冷凝液膜的表面张力，使冷凝液膜更薄，并从翅片顶部快速流向环向分布的翅根部，并在重力作用下由翅根部的微通道迅速排放掉。

(3) 高效冷凝管相较传统低翅片管而言，U型槽的型式加工应力较小，且高效冷凝管错开的锯齿状翅片使凝液迅速地排掉，形成传热效果良好的柱状冷凝，传热效率增加显著。

(4) GT-MCP翅片根部形成了完美的弧形，这种弧度可以有效地消除设备在运行过程中产生的振动对高效管的消极影响，消除应力腐蚀(图2)。

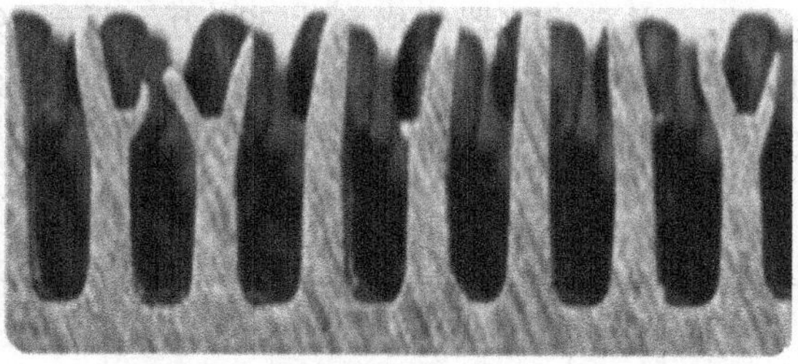

图 2

(5) GT-MCP 加工后，翅根部的金属分布均匀，层级分明，加工过程很好的保护了金属原有的层级，从而有效地消除了加工应力，阻断了应力腐蚀的根源。从而使得高效管在使用过程中，充分地吸收和消除设备运行过程中产生的震动，有效地延长高效管的使用寿命(图 3)。

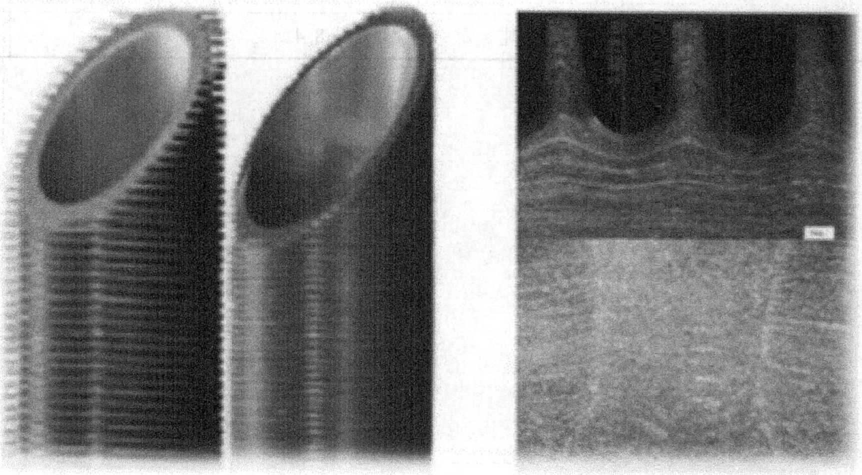

图 3　GT-MCP 管翅根金相分析图

(6) GT-MCP 管源自德国的特殊加工工艺，可以有效地延长高效管的使用寿命，维联传热技术公司采用了整体化的冷挤压加工翅片管技术，翅片与基体为一整体，不存在接触热阻及连接点的电化学腐蚀问题，强度高，耐振动，是一种改善换热器效率的重要手段，目前在国内外已有上百台设备运行，运行良好。

4　应用场景

该换热器目前广泛应用于煤化工、石油化工领域，主要应用在 MTO(催化裂化)、LORU(烯烃分离)、精细化工装置，适用于制冷剂或其他的轻质烃介质(如乙烯、丙烯、乙烷、丙烷)冷凝过程中的高效换热器，管内外表面均可强化换热方式以达到最佳的换热效果。由于该换热器在运行过程中时常出现循环水侧严重腐蚀、换热管泄漏的情况，而丙烯精馏塔冷凝器的冷凝效果对丙烯精馏塔的稳定操作和丙烯产品质量有直接影响，加之当前为适应国家节能经济发展的大趋势和大环境，国内近几年已有很多装置对原丙烯精馏塔冷凝器进行优化升级改造，多采用了换热效率更高、节能节水效果更好的高效式冷凝器，高效换热器技术在石化领域的应用均达到了预期效果，并被国家发改委列入《国家重点节能技术推广目录》。

5　项目效果和效益分析

(1) 改造前后直接经济效益对比：

改造前，1120E618AB 丙烯精馏塔冷凝器并联式运行，夏季高温阶段(5~9 月)单台换热器循环水用量每小时 2000t/h，为了满足夏季高负荷运行需求，5~9 月循环水用量约为：2000t/h×2 台×5 个月×30 天×24h＝1440 万吨。

改造后，1120E618AB 丙烯精馏塔冷凝器单台运行，换热效果完全满足夏季高负荷运转需求，高温阶段节约循环水用水总量 720t。

主要燃料动力及消耗的价格(含增值税)计算，见表 2。

直接经济效益每年节省：720 万吨×0.3955＝284.76 万元

(2) 改造前后间接经济效益对比：

该换热器管程介质为循环水，循环水介质极易对换热管造成严重的腐蚀，由于采用德国维联技术的 GT-MCP 高效冷凝管换热器，该换热管形式特殊，结构独特，减缓了循环水介质对换热管的腐蚀速度，随着换热管壁厚等级的升级，极大延长了设备使用寿命。该换热器设计使用寿命为5年，单台换热器价格高达398万，两台796万元。在确保设备设计使用寿命的基础上，每延长1年，节省设备更新费用约159.2万元。

表2

序号	项目名称	单位	用量	单价/元	万元/年
1	除盐水	万吨	10.8	13.8312	149.38
2	电	万千瓦	341.72	0.565	193.07
3	循环水	万吨	-1600	0.3955	-632.8
4	丙烯冷剂	万吨	-8.4	31.7	-266.28

开发一种煤化工行业聚烯烃颗粒振动筛入口接料装置

完成人：张　鑫　何　宝　赵　燃　赵　飞　王　根　王立东　李晓东

（国能包头煤化工有限责任公司）

1　项目背景

聚乙烯颗粒成品指标中有“大小粒”数量指标，通过造粒机成型的聚乙烯颗粒必须经过颗粒振动筛，通过振动筛将过大和过小的颗粒筛分出来，将符合指标范围内的颗粒送至下游设备。颗粒振动筛主要由驱动机头、底座、筛网、筛箱等组成，机头驱动筛箱做往复旋转式运动，聚乙烯颗粒通过入口接料装置进入振动筛，两层筛网将过大或者过小的颗粒筛出，过大的颗粒通过上层筛网筛出，进入颗粒回收袋，合格颗粒则在上、下层筛网之间，进入下游设备，过小的颗粒则通过两层筛网后，进入颗粒回收袋。目前颗粒振动筛存在问题：(1)颗粒振动筛入口接料装置使用软连接套管，材质为帆布料，容易破损漏料，寿命较低。(2)振动筛没有颗粒再分布器，颗粒直接冲击滤网，造成筛网破损，滤网寿命较低。

颗粒振动筛软连接套管寿命不高的原因有：(1)筛箱做旋转往复运动，软连接套周期性地被拉伸、压缩、弯折；(2)挤压机负荷较高，平均负荷在43t/h，颗粒在进入振动筛的过程中，不断和软连接套管进行冲击摩擦；(3)进入振动筛的颗粒仍带有一定量的水汽，腐蚀软连接套管。

筛网损坏的原因主要有：振动筛有两层筛网，颗粒从4m高的下料管线直接进入振动筛，不间断对上层筛网局部进行冲击，上层筛网疲劳破损，滤网破损后，尺寸过大的颗粒不能正常筛出，振动筛筛分效果不好，造成产品质量不合格。

2　总体情况

现有振动筛入口接料软连接套管材质为帆布，使用寿命较低，平均2个月，通过改变软连接套管的材质，例如模塑材质、硅胶材质等，寿命仍不足4个月，且更换软连接套管时，振动筛必须停机，振动筛停机则整个造粒系统都需要停机，或者造粒机降负荷（约为满负荷的一半）。颗粒从4m高下料管直接进入振动筛，对上层筛网进行局部冲击，筛网寿命降低，更换筛网振动筛必须停机。软连接套管破损或者筛网破损后，影响装置平稳生产，降低公司生产效益，增加装置维护成本。现开发一种新型振动筛入口接料设备，结构简单，寿命较高，且可在不停颗粒振动筛的同时，在线更换易损备件。同时，新型振动筛入口接料设备设有颗粒再分布器，通过颗粒再分布器降低颗粒对筛网的冲击，提高筛网寿命，保证颗粒振动筛平稳运行，降低维护成本。

3　技术路线

该振动筛接料设备包括（图1）：(1)进料偏移补偿管；(2)锥口下料法兰；(3)柔性波纹连接管；(4)滑动板；(5)耐磨滑环；(6)锥形耐磨滑环基座；(7)密封环；(8)直角梯形下料管。

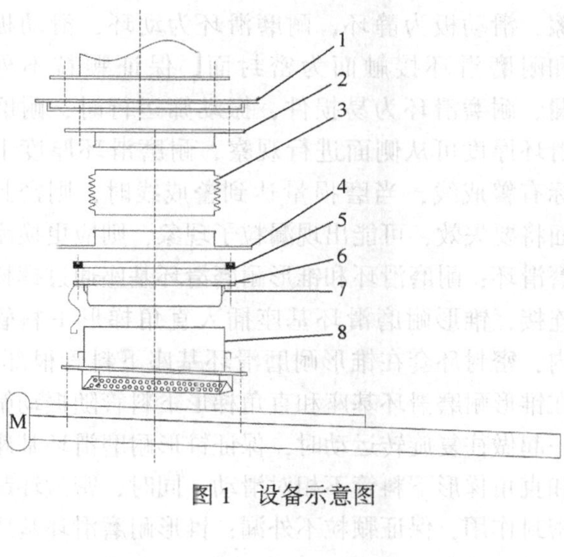

图1　设备示意图

进料偏移补偿管1、锥口下料法兰2、滑动板4、锥形耐磨滑环基座6和直角梯形下料管8材质均为304材料；柔性波纹连接管3为波纹形状，硅胶材质；耐磨滑环5材料为特殊尼龙；密封环7材料为硅胶。

下料管线和进料偏移补偿管法兰通过螺栓连接；进料偏移补偿管法兰和锥口下料法兰通过螺栓连接；锥口下料法兰和柔性波纹连接管通过卡箍连接；柔性波纹连接管和滑动板通过卡箍连接；滑动板和耐磨滑环之间相对滑动(滑动板静止不动，耐磨滑环固定在振动筛上，做往复旋转运动)；耐磨滑环内有螺栓连接凹槽，和锥形耐磨滑环基座通过螺栓连接；锥形耐磨滑环基座通过重力插入直角梯形下料管内，锥形耐磨滑环基座下料管根部有密封环，起固定和密封作用；直角梯形下料管上表面水平，下表面和振动筛倾斜角度一样，通过螺栓固定在筛箱上；锥形耐磨滑环基座和直角梯形下料管之间有弹性夹紧装置，将锥形耐磨滑环基座和直角梯形下料管进行固定。

原理：进料偏移补偿管、锥口下料法兰、柔性波纹连接管和滑动板固定在下料管线上，为静止部件；耐磨滑环、锥形耐磨滑环基座、密封环和直角梯形下料管固定在筛箱上，和筛箱一起做往复旋转运动。进料偏移补偿管的作用是补偿下料管线和筛箱入口中心线不重合问题；锥口下料法兰是过渡连接件，向上连接进料偏移补偿管，向下连接柔性波纹连接管；柔性波纹连接管柔软性较好，安装时让其收缩，使其具有自动补偿功能，保证滑动板和耐磨滑环平行度，保证摩擦效果和密封效果；滑动板和耐磨滑环相互摩擦，滑动板为静环，耐磨滑环为动环，滑动板和耐磨滑环接触面为密封面，保证颗粒不外漏，耐磨滑环为易损件，振动筛运行时，耐磨滑环厚度可从侧面进行观察，耐磨滑环厚度上标有警戒线，当磨损量达到警戒线时，则密封面将要失效，可能出现漏粒子现象，则应更换耐磨滑环；耐磨滑环和锥形耐磨滑环基座通过螺栓连接，锥形耐磨滑环基座插入直角梯形下料管内，密封环套在锥形耐磨滑环基座下料管根部，在锥形耐磨滑环基座和直角梯形下料管随振动筛一起做往复旋转运动时，保证锥形耐磨滑环基座和直角梯形下料管不相对滑动，同时，密封环起密封作用，保证颗粒不外漏；锥形耐磨滑环基座和直角梯形下料管通过弹性夹紧装置进行加固；直角梯形下料管内部有颗粒再分布器，起缓冲和再分布作用，降低颗粒对筛网局部冲击力，再分布器由两个倾斜的金属板组成，金属板内部有直径为25mm的圆孔。

进料偏移补偿管用以调整下料管线和振动筛入口中心线重合度，重合度可对筛箱驱动机构盘车，让筛箱转动，先转至0°和180°调整，再转至90°和270°调整；锥口下料法兰和滑动板上有安装卡箍的凹槽，用以连接柔性波纹连接管；柔性波纹连接管为可压缩式，压缩量至少20mm，当耐磨滑环磨损时，滑动板在重力作用下贴合耐磨滑环，保证良好摩擦效果；耐磨滑环厚度为25mm，警戒值为10mm；滑动板表面粗糙度Ra小于等于1.6；锥形耐磨滑环基座插入直角梯形下料管内，插入深度约为振动筛入口管的1/3～1/2，密封环上部为圆柱形，下部为锥形，利于锥形耐磨滑环基座和直角梯形下料管装配。

振动筛运行时在线更换耐磨滑环方法：为保证更换时间尽可能缩短，要求有一组装好的耐磨滑环、锥形耐磨滑环基座和密封环。拆下柔性波纹连接管和锥口下料法兰连接的卡箍，将柔性波纹连接管和滑动板一起拆除，打开耐磨滑环和锥形耐磨滑环基座间的弹性夹紧装置，将磨损的耐磨滑环和其相配合的锥形耐磨滑环基座同时取出，将备用的耐磨滑环和锥形耐磨滑环基座组件直接插入直角梯形下料管内，并用弹性夹紧装置夹紧，再将拆下的柔性波纹连接管、滑动板组件用卡箍和锥口下料法兰连接；安装过程中会有少量颗粒外漏。

改造前和改造后对比如图2和图3所示。

图2　改造前图片

图 3 改造后图片

4 应用场景

应用在聚烯烃挤压造粒机组颗粒振动筛。

5 项目效果和效益分析

项目效果的优点：(1)结构简单，零部件较少，连接可靠，易磨损件只有耐磨滑环和密封环，维护成本低，可靠性高。(2)原软连接不断被拉伸、弯曲、扭折，容易破损；此开发的下料装置中，柔性波纹连接管和下料管线固定在一起静止不动，避免了波纹套管被拉伸、弯曲、扭折的情况，并且柔性波纹连接管为硅胶材质，可有效防止颗粒所携带水汽中氯离子的腐蚀，该开发使用寿命较高。(3)易损件耐磨滑环有预警线，可提前预知密封失效，提前更换耐磨滑环，可预防性维修，降低被动维修成本。(4)振动筛的耐磨滑环和密封环可在不停机的情况下，在线更换，较少负荷波动，保证经济效益。(5)该开发降低颗粒对筛网的局部冲击，提高筛网使用寿命，降低因筛网破损造成挤压机停车。

效益分析：更改颗粒振动筛入口接料装置前，一年将停挤压造粒机组 4 次更换入口软连接。

停车更换软连接检修时间至少 2h，每次开车料约 50t，落地料约 2t，少生产树脂 80t。在线更换软连接检修时间 20min，每次产生落地料约 12t。开车料比合格品销售价低 1000 元/t，落地料比合格品销售价低 2000 元/t，树脂销售价格约 9000 元/t。

一年因更换该软连接造成的开车料与落地料损失：

(2000×2+1000×50+2000×12)×4＝312000 元

因机组停车减少树脂产量造成的损失：

9000×80×4＝2880000 元

每年因更换软连接造成的损失：

312000+2880000＝3192000 元＝319.2 万元

金属连接采购价格约 1.6 万元，使用新型金属连接后，预估年效益＝319.2－1.6＝317.6 万元。

德国 DORR 进口真空转鼓过滤机轴套国产化修复技术应用总结

完成人：才振亚　沙诣程　罗　凯　孙　涛

（抚顺石化公司石油一厂）

石油一厂共有德国道尔 103m^{2}真空转鼓过滤机 58 台，在 30 余年的使用过程中，频繁发生耳轴螺栓断裂、轴套损坏等故障，大部分轴套均进行过补焊等简易维修工作，以勉强维持生产；无法维持时对转鼓返加工厂上 12 米立车进行加工。2021 年 1 月，石油一厂对进口真空转鼓过滤机轴套立项攻关，开展现场的国产化修复，在经 3 年的反复探索、研讨、计算及现场勘查，最终获得了一套完整且行之有效的真空转鼓过滤机轴套在线修复及改造方案，且截至 2024 年 6 月，共实施 7 台次，详见下述。

1　攻关项目背景

石油一厂使用的德国道尔真空转鼓过滤机采用有轴结构，从动轴形式一端由 12 根 M24 螺栓固定在转鼓分配头错气盘端面的中心孔上，另一端伸到过滤机壳体的外边，在过滤机壳体外边设置一个用于支撑转鼓的双列球面调心滚子轴承及支座，从动轴与过滤机分配头之间的密封采用机械密封，该机械密封安装在分配头内部，考虑转鼓轴与过滤机壳体的径向跳动和轴向伸缩问题，将机械密封(包括分配头)安装在一段波纹管上，使之能够在一定范围内随轴一起浮动，为了保持机械密封与分配头之间的同心度和重量，机械密封内设置有滚动轴承(图 1)。

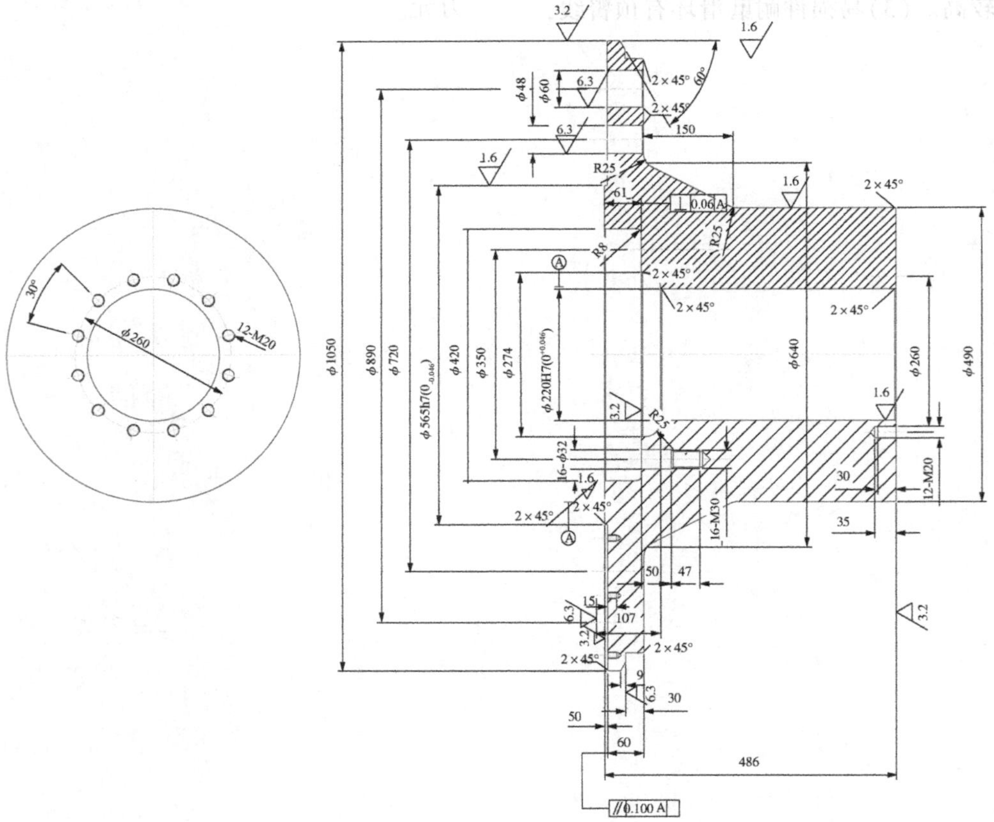

图 1

2 总体情况

对该型设备建立了力学模型——简支梁，如图 2 所示；且通过对故障现象的观察和对原系统的应力校核，如表 1~表 5 所示。

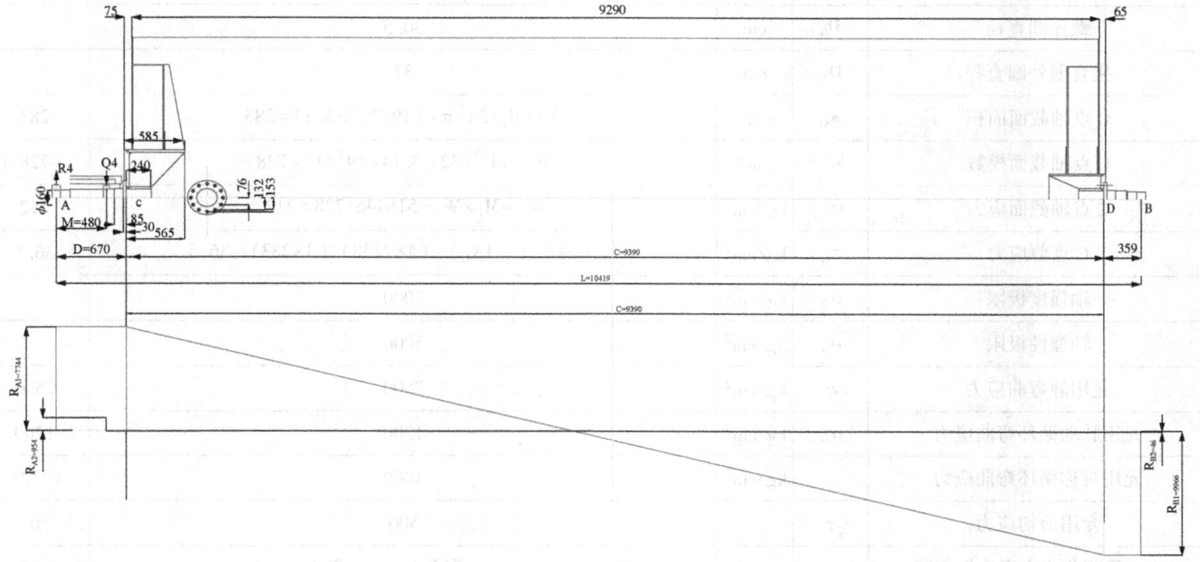

图 2

表 1

名称	符号	单位	计算公式	数值
转鼓自重	Q_1	kg		17000
过滤布等附件重量	Q_2	kg		710
蜡料及溶剂等重量	Q_3	kg		0
总重量	Q_0	kg	$Q_0=Q_1+Q_2+Q_3=17000+710+0=17710$	17710
简支梁总长度	L	cm		1042
均布载荷	Q	kg/cm	$Q=Q_0/1=17710/1042=17$	17
A 轴承支点到连接 C 法兰面距离	D	cm		67
受载荷长度	C	cm		929
A 轴承支点到最大弯矩处距离	A	cm	$A=d+c/2=67+929/2=531.5$	531.5
B 轴承支点到最大弯矩处距离	B	cm	$B=1-a=1042-531.5=510.5$	510.5
A 轴承支点反力	R_A	kg	$R_A=qcb/1=(17\times929\times510.5)/1042=7738$	7738
B 轴承支点反力	R_B	kg	$R_B=Q_0-R_B=17710-7738=9972$	9972
C 点法兰面弯矩	M_C	kg cm	$M_C=R_Ad=7738\times67=518446$	518446
G 点最大弯矩	M_G	kg cm	$M_G=qc[ba/1-(a-d)^2/2c]=17\times929[510.5\times531.5/1042-(531.5-$	

表 2

1. C 点轴截面静强度计算及安全性判断				
名称	符号	单位	计算公式	数值
轴材质			40Cr	
轴直径	D_1	cm	19	
螺栓直径		cm	M24	

续表

名称	符号	单位	计算公式	数值
螺栓根部直径	D_2	cm	2	
螺栓数量	n	个	12	
螺栓圆直径	D_0	cm	30.5	
接合面外圆直径	D_V	cm	37	
C 点轴截面面积	A_C	cm^2	$A=(d_1/2)^2\pi=(19/2)^2\times3.14=283$	283
C 点轴截面模数	W_C	cm^3	$W=\pi d_1{}^3/32=3.14\times19^3/32=728$	728
C 点轴截面应力	σ_C	kg/cm^2	$\sigma_C=M_C/W_C-518446/728=712$	712
C 点剪应力	τ_C	kg/cm^2	$\tau_C=(4R_C)/(3A_C)=(4\times7738)/(3\times283)=36.5$	36.5
轴强度极限	σ_h	kg/cm^2	7000	
轴弹性极限	σ_s	kg/cm^2	5000	
允用静弯曲应力	$[\sigma]$	kg/cm^2	2500	2500
允用脉动循环弯曲应力	$[\sigma_0]$	kg/cm^2	1200	1200
允用对称循环弯曲应力		kg/cm^2	1000	1000
允用剪切应力	$[\tau]$		500	500
C 点静弯曲应力安全性判断			$\sigma_C=712<[\sigma_{+1}]=2500$	安全
C 点循环弯曲应力安全性判断			$\sigma_C=712<[\sigma_{-1}]=1200$	安全
C 点对称弯曲应力安全性判断			$\sigma_C=712\not<[\sigma_{-1}]=1000$	安全
C 点静剪切应力安全性判断			$\tau_C=36.5<[\tau]=500$	安全

表 3

2. C 点轴截面疲劳强度计算及安全性判断				
名称	符号	单位	计算公式	数值
等效系数	ψ_e		0.25	
有效应力集中系数	K_e		1.45	
绝对尺寸影响系数	ε_e		0.54	
表面光洁度系数	K_R		1.1	
表面状态系数	β		1.6	
换算系数	λ_e		$\lambda_e=(K_e+K_R-1)/(\beta E_e)=(1.45+1.1-1)/(1.6\times0.54)=1.8$	
C 点计算安全系数	S_C		$S_C=(2\sigma_{-1})/[(\lambda_e+\psi_e)\sigma_C]=(2\times1000)/[(1.8+0.25)\times712]=1.37$	1.11
允用安全系数	[S]		1.3	1.3
疲劳强度安全性判断			$S_C=1.37>[S]=1.3$	安全

表 4

3. C 点螺栓和法兰静、疲劳强度计算及安全性分析				
名称	符号	单位	计算公式	数值
螺栓材质			35CrMoV	
螺栓数量	N	个	12	
螺栓圆直径	D_0	cm	30.5	
接合面外圆直径	D_M	cm	37	

续表

名称	符号	单位	计算公式	数值
接合面内圆直径	C_N	cm	23	
螺栓 1 点距中心线距离	L_1	cm	15.3	
螺栓弹性极限	σ_s	kg/cm²	9500	
螺栓 2 点距中心线距离	L_2	cm	13.2	
螺栓 3 点距中心线距离	L_3	cm	6.7	
最高点处螺栓拉力	F_1	kg	$F_1=M_CL_1/(L_1^2+2L_2^2+2L_3^2)=518446\times15.3/(15.3^2+2\times13.2^2+2\times6.7^2)=11798$	11798
螺栓截面面积	A_1	cm²	$A_1=\pi(D_2/2)^2=3.14\times(2/2)^2=3.14$	
接合面的面积	A_1	cm²	$A_1=\pi[D_M^2-D_N^2]/4=3.14\times[37^2-23^2]/4=660$	
接合面的抗弯截面模数	W_3	cm³	$W_3=\pi[D_M^4-D_N^4]/32D_M=3.14\times[37^4-23^4](32\times37)=4228$	
螺栓计算静拉应力	$[\sigma_1]$	kg/cm²	$[\sigma_1]=F_1/A_1=11798/3.14=3757$	3757
螺栓允用静拉应力	$[\sigma_J]$	kg/cm²	$[\sigma_J]=0.30\sigma_s=0.3\times9500=2850$	2850
螺栓允用脉动拉应力	$[\sigma_M]$	kg/cm²	$[\sigma_M]=0.15\sigma_s=0.15\times9500=1425$	1425
螺栓允用锁紧力	F_s	kg	$F_s=[\sigma_M]A_1/1.3=1425\times3.14/1.3=3442$	3442
单个螺栓需要的摩擦力	F_M	kg	$F_M=R_a/Nf=7738/12\times0.12=5374$	5374
接合面不出间隙条件时需要的螺栓力	F_X		$nF_S/A_1\geqslant M_C/W_3$ $F_X\geqslant(518446\times660)/(4228\times12)=6744$	6744
接合面挤压应力应满足条件	$[\sigma_2]$	kg/cm²	$[\sigma_2]\geqslant nF_Y/A+M_C/W_3$ $F_Y\leqslant660\times(300-518446/4228)/12=9755$	9755
螺栓总拉力	F_Z	kg	$F_Z=F_X+0.3F_1=6744+0.3\times11798=10283$	10283
螺栓最大拉应力	σ_Z		$\sigma_Z=F_Z/A_1=10283/3.14=3275$	3275
螺栓受静拉应力强度安全性判断			$[\sigma_Z]=3275\nless[\sigma_3]=2850$	2850
螺栓受脉动拉应力疲劳强度安全性判断			$1.3[\sigma_Z]=1.3\times3275=4258\nless[\sigma_M]=1425$	不安全

表 5

4. 由轴受 C 点弯矩所产生接触疲劳应力计算及安全性分析				
名称	符号	单位	计算公式	数值
轴直径	D_1	cm	19	
C 点法兰面弯矩	M_C	kg cm	$M_C=R_Ad=9558\times67=640386$	
轴两支点距离	S	cm	22	
轴接触长度	h	cm	3	
轴与套接触宽度	k	cm	19，实际可能要小 30%左右	
计算疲劳应力	$[\sigma_3]$	kg/cm²	$[\sigma_3]=m_C/khs=518446/(19\times3\times22)=413$	413
允用疲劳压应力	$[\sigma_0]$	kg/cm²	$[\sigma_0]=0.12[\sigma_S]=0.12\times2500=300$	300
不安全部位			在转鼓分配头端板轴套与轴接触部位，材质 16MnR	
法兰盘疲劳挤压应力安全性判断			$[\sigma_0]=300\ngtr[\sigma_3]=413$	不安全
结果			由于轴材质比轴套材质高许多，最终体现轴套外侧表面出现环向疲劳裂纹，实际情况已出现。	

综上所述，在原设计不满足实际使用条件的情况下，考虑对该型设备结构缺陷处进行补强，并依此制定了整套的国产化维修、改造、机加工、装配、对中、焊接、试运和验收评估方案。

3 技术路线和亮点

从上面计算结果和应力分析的结果上看 12 个 M24 接螺栓断裂（35CrMoA）是必然结果。且轴、轴套及连接法兰盘也发生断裂（40Cr），是因为：仅靠耳轴螺栓来承受 C 点的弯矩 M_C 和剪力 V_A，使得处于最下边的单个螺栓所承受的拉力应力超过了螺栓脉动拉应力疲劳强度极限，当螺栓产生屈服变形后，轴法兰盘的接合面就会产生间隙。此时当螺栓都达到了塑性变形后，整个弯矩和剪力都由轴和套来承担，使得本来接触疲劳应力就不够的轴套内外边缘，再加上冲击力产生接触应力，使轴套内外边缘很快产生了环向接触疲劳裂纹。

3.1 补强方案

鉴于上述情况，厂机动工程部作为攻关项目组牵头部门，制定了下述补强改造方案，并进行校核。

（1）螺栓由 M24 扩为 M27，数量增加至 16 个

（2）对侧螺栓孔圆中心距增加至 370 毫米。

（3）轴承支座向驱动端移位 170mm。

（4）插入轴端轴直径增大到 φ240m6。

（5）重新更换的轴套内直径为 φ240H7，加长到 635mm。

3.2 方案校核

校核如表 6~表 10 所示。

表 6

名称	符号	单位	计算公式	数值
转鼓自重	Q_1	kg		17000
过滤布等附件重量	Q_2	kg		710
蜡料及溶剂等重量	Q_3	kg		0
分配头重量	Q_4	kg		1000
总重量	Q_0	kg	$Q_0=Q_1+Q_2+Q_3=17000+710+0=17710$	17710
简支梁总长度	L	cm		1025
均布载荷	Q	kg/cm	$Q=Q_0/1=17710/1042=17$	17
A 轴承支点到分配头载荷距离	M	cm		48
B 轴承支点到分配头载荷距离	K	cm		994
A 轴承支点到连接 C 法兰面距离	D	cm	50	50
载荷分布长度	C	cm		939
A 轴承支点到最大弯矩处距离	A	cm	$A=D+C/2=50+939/2=519.5$	519.5
A 轴承支点到分配头载荷距离	M	cm		31
B 轴承支点到分配头载荷距离	K	cm		1011
B 轴承支点到最大弯矩处距离	B	cm	$B=1-a=1025-519.5=505.5$	505.5
A 轴承支点到轴加强点 E 距离	F	cm		40
A 轴承支点反力	R_{A1}	kg	$R_{A1}=qCB/1=(17\times939\times505.5)/1025=7873$	7873
B 轴承支点反力	R_{B1}	kg	$R_{B1}=Q_0-R_{B1}=17710-7873=9837$	9837
C 点法兰面弯矩	M_{C1}	kg cm	$M_{C1}=R_{C1}d=7873\times50=393650$	393650
E 点轴截面弯矩	M_{E1}	kg cm	$M_{C1}=R_C1f=7873\times40=314920$	314920
分配头载荷对 A 轴承支点反力	R_{A2}	kg	$R_{A2}=Q_0K/L=(1000\times1011)/1025=986$	986
分配头载荷对 B 轴承支点反力	R_{B2}	kg	$R_{B2}=Q_0-R_{B2}=1000-986=14$	14

续表

名称	符号	单位	计算公式	数值
分配头载荷对C点法兰面弯矩	M_{C2}	kg cm	$M_{C2}=R_{C2}M-Q_0(D-M)=986\times31-1000\times(50-31)=11566$	11566
分配头载荷对E点轴截面弯矩	M_{E2}	kg cm	$M_{E2}=R_{E2}F-Q_0(5.2)=986\times40-1000\times5.2=34240$	34240
C点法兰面总弯矩	M_C	kg cm	$M_C=M_{C1}+M_{C2}=393650+11566=405216$	405216
E点轴截面总弯矩	M_E	kg cm	$M_E=M_{E1}+M_{E2}=314920+34240=349160$	349160
A轴承支点总反力	R_A	kg	$R_A=R_{A1}+R_{A2}=7873+986=8859$	8859
B轴承支点总反力	R_B	kg	$R_B=Q_0+Q_E-R_B=17710+1000-8859=9851$	9851
C点轴处剪力	V_C	kg	$V_C=R_C-Q_C=8859-1000=7859$	

表7

1. C、E两点轴截面静强度计算及安全性分析				
名称	符号	单位	计算公式	数值
轴材质			40Cr	
C点轴直径	D_C	cm	24	
E点轴直径	D_E	cm	19.4	
螺栓直径		cm	M24	
螺栓根部直径	D_2	cm	2	
螺栓数量	N	个	16	
螺栓圆直径	D_0	cm	37	
接合面外圆直径	D_M	cm	44	
C点轴截面面积	A_C	cm^2	$A_C=(D_C/2)^2\pi=(24/2)^2\times3.14=452$	452
C点轴截面模数	W_C	CM^3	$W_C=\pi D_C{}^3/32=3.14\times24^3/32=1356$	1356
E点轴截面面积	A_C	cm^2	$A_E=(D_E/2)^2\pi=(19.4/2)^2\times3.14=295$	
E点轴截面模数	W_C	cm^3	$W_C=\pi D_E{}^3/32=3.14\times19.4^3/32=716$	
C点轴截面应力	σ_C	kg/cm^2	$\sigma_C=M_C/W_C=405216/1356=299$	
C点剪应力	τ_C	kg/cm^2	$\tau_C=(4R_C-40)/(3A_C)=(4\times8859-4\times1000)/$	23.2
E点轴截面面积	A_E	cm^2	$A=(D_E/2)^2\pi=(19.4/2)^2\times3.14=295$	295
E点轴截面模数	W_E	cm^3	$W=\pi D_E{}^3/32=3.14\times19.5^3/32=727$	727
E点轴截面应力	σ_E	kg/cm^2	$\sigma_{E1}=M_E/W_E=349160/716=488$	488
E点剪应力	τ_E	kg/cm^2	$\tau_{E1}=4V_E/(3A_E)=(4\times7859)/(3\times295)=35.5$	35.5
轴强度极限	σ_h	kg/cm^2	7000	7000
轴弹性极限	σ_s	kg/cm^2	5000	5000
允用静弯曲应力	$[\sigma]$	kg/cm^2	2500	2500
允用脉动循环弯曲应力	$[\sigma_0]$	kg/cm^2	1200	1200
允用对称循环弯曲应力	$[\sigma_E]$	kg/cm^2	1000	1000
允用剪切应力	$[\tau]$	500	500	
C点静弯曲应力安全性判断			$\sigma_C=299<[\sigma_C]=2500$	安全
C点脉动循环弯曲应力安全性判断			$\sigma_C=299<[\sigma_0]=1200$	安全
C点疲劳弯曲应力安全性判断			$\sigma_C=299<[\sigma_0]=1000$	安全

续表

名称	符号	单位	计算公式	数值
C 点静剪切应力安全性判断			$\tau_C=23.2<[\tau]=500$	安全
E 点静应力安全性判断			$\sigma_E=488<[\sigma_E]=2500$	安全
E 点脉动循环弯曲应力安全性判断			$\sigma_E=488<[\sigma_0]=1200$	安全
E 点疲劳弯曲应力安全性判断			$\sigma_E=488<[\sigma_{-1}]=1000$	安全
E 点静剪切应力安全性判断			$\tau_C=35.5<[\tau]=500$	安全

表 8

2. C、E 点轴截面疲劳强度计算及安全性分析				
名称	符号	单位	计算公式	数值
等效系数	ψ_0		0.25	
有效应力集中系数	K_0		1.45	
绝对尺寸影响系数	ε_0		0.54	
表面光洁度系数	K_o		1.1	
表面状态系数	β		1.6	
换算系数	λ_0		$\lambda_0=(K_0+K_0-1)/(\beta\varepsilon_o)=(1.45+1.1-1)/$	
C 点计算安全系数	S_C		$S_C=(2\sigma_{-1})/[(\lambda_0+\psi_0)\sigma_C]=(2\times1000)/[(1.8+0.25)]$	3.26
E 点计算安全系数	S_E		$S_E=(2\sigma_{-1})/[(\lambda_0+\psi_0)\sigma_E]=(2\times1000)/[(1.8+0.25)]$	2
允用安全系数	[S]		1.3	1.3
C 点疲劳强度安全性判断			$S_C=3.26>[S]=1.3$	安全
E 点疲劳强度安全性判断			$S_E=2>[S]=1.3$	安全

表 9

3. C 点螺栓和法兰静、疲劳强度计算及安全性分析				
名称	符号	单位	计算公式	数值
螺栓材质			35CrMoV	
螺栓数量	N	个	16	
螺栓圆直径	D_0	cm	37	
接合面外圆直径	D_M	cm	44	
接合面内圆直径	D_N	cm	28	
螺栓弹性极限	σ_S	kg/cm^2	9500	
螺栓 1 点距中心线距离	L_1	cm	18.5	
螺栓 2 点距中心线距离	L_2	cm	17.1	
螺栓 3 点距中心线距离	L_3	cm	13.1	
螺栓 4 点距中心线距离	L_3	cm	7.1	
最高点处螺栓拉力	F_1	kg	$F_1=M_CL_1/(L_1^2+2L_2^2+2L_3^2)=405216\times18.5/$	5468
螺栓截面面积	A_1	cm^2	$A=\pi(D_2/2)^2=3.14\times(2.6/2)=5.3$	
接合面的面积	A_1	cm^2	$A_1=\pi[D_N^2-D_N^2]/4=3.14\times[44^2-28^2]/4=904$	
接合面的抗弯截面模数	W_1	cm^3	$W_1=\pi[D_V^2-D_V^4]/32D_V=3.14\times[44^4-28^4]/(32\times44)=6988$	
螺栓允用静拉应力	$[\sigma_0]$	kg/cm^2	$[\sigma_0]=0.3\sigma_S=0.3\times9500=2850$	2850

续表

名称	符号	单位	计算公式	数值
螺栓允用脉动拉应力	$[\sigma_M]$	kg/cm^2	$[\sigma_M]=0.15\sigma_S=0.15\times9500=1425$	1425
螺栓允用锁紧力	F_S	kg	$F_S=[\sigma_M]A_1/1.3=1425\times5.3/1.3=5810$	5810
单个螺栓需要的摩擦力	F_M	kg	$F_M=(R_0-Q_0)/Nf=(8859-1000)/16\times0.12=4093$	4093
接合面不出间隙条件时需要的螺栓力	F_X	kg	$nF_Y/A_3\geqslant M_C/W_3$ $F_Y\geqslant(405216\times904)/(6988\times16)=3277$	3277
接合面挤压应力应满足条件	$[\sigma_2]$	kg/cm^2	$[\sigma_2]\geqslant nF_Y/A\geqslant M_C/W_3$ $F_Y\leqslant904\times(300-405216/6988)/16=13674$	
单个螺栓总拉力	F_Z	kg	$F_Z=F_W+0.3F_1=4093+0.3\times5468=5733.4$	5733.4
螺栓最大拉应力	σ_Z	kg/cm^2	$\sigma_Z=F_Z/A_1=5733.4/5.3=1082$	1082
螺栓受静拉应力强度安全性判断			$[\sigma_Z]=1082<[\sigma_Z]=2850$	安全
螺栓受脉动拉应力疲劳强度安全性			$1.3[\sigma_Z]=1.3\times1082=1407<[\sigma_M]=1425$	安全

表 10

4. 由轴受 C 点弯矩所产生接触疲劳应力计算及安全性分析				
名称	符号	单位	计算公式	数值
轴直径	D_1	cm	24	
轴两支点距离	S	cm	60.5	
轴接触长度	H	cm	h=0.5×8=4，安全角度考虑折减 50%	4
轴与套接触宽度	K	cm	k=0.5×24=12，安全角度考虑折减 50%	12
轴与套计算接触应力	$[\sigma_3]$	kg/cm^2	$[\sigma_3]=M_C/khs=405216/(16\times4\times60.5)=105$	105
允用接触疲劳压应力	$[\sigma_0]$	kg/cm^2	$[\sigma_0]=0.12[\sigma_0]==0.12\times2500=300$	300
不安全部位			在转鼓分配头端板轴套与轴接触部位，材质选用 $16M_0R$	
法兰盘疲劳挤压应力安全性判断			$[\sigma_0]=300>[\sigma_3]=105$	安全

3.3 *难点亮点*

综上，各项应力校核合格，且符合日常使用方实际经验，遂于 2021 年 12 月对频修滤机(60 万/年酮苯脱蜡脱油装置 FL-103/1 真空转鼓过滤机)投入实施，详见下述。

解决了 6 项施工难点，一是结构拆除复杂，需制作专用胎具予以固定移动镗床；二是现场机加工难度大，由于 40Cr 调质材质硬度较高，导致进刀深度很难提高，仅镗旧轴套耗时超过 70 小时；三是作业面狭窄，焊接困难；四是焊接面厚度极大，保障无缺陷难度较高；五是找正基准点对中困难；六是机加工及焊接热应力消除困难，上述均予以有效解决，并申请相关专利中。

4　应用场景

本项目所形成的大型低速重载转动设备轴套(轴)校核力学模型和计算方法，及在线检测、检验、修理及验收的方案、方法及机具使用方式等修复技术，无论从提高维修效率、节约维修费用方面考虑，或从缩短施工工期、保障设备连续平稳运行考虑，抑或从减少不可控的风险乃至规避不可抗力方面考虑，都是石蜡生产乃至整个过程工业中完整而行之有效的优秀解决方案。

5　项目效果和经济效益分析

截至 2024 年 6 月，石油一厂共进行该类真空转鼓过滤机耳轴现场国产化维修 7 台次，目前各台设备运行状态良好，均无非计划停机及各类突发故障，彻底改变了原本“一月一修”的运转模式，项目实施后，累计同比减少全厂滤机停工 78 台次，避免降低处理量 33550 吨，按蜡收率 39%、吨蜡利润 400 元/吨口径计算，累计效益超过 523 万元；同时，单次减少设备修理费 100 万元以上，二者合计效益 1223 万元。

抚顺石化相关装置采用浙大中控国产化 DCS 的成功应用

完成人：才振亚　沙诣程　葛建伟　李　东　邓志启　陆　宽

（抚顺石化公司石油一厂）

1　项目背景

抚顺石化石油一厂作为全国乃至世界最大的石蜡生产基地，一直致力于提高生产效率、保障产品质量以及提升企业的竞争力，随着原有 DCS 系统老化、故障率攀升，石油一厂决定选用国产 DCS 系统。

2　总体情况

本次改造项目涵盖了抚顺石化石油一厂的 60 万吨/年酮苯脱蜡装置和新建油蜡联产装置。通过引入浙大中控国产化 DCS 系统，旨在建立一个高度集成、智能化、高效可靠的生产控制与管理平台，实现对生产过程的精确控制、实时监测、故障预警与诊断以及数据的全面采集、分析与应用。

3　技术路线及技术亮点

3.1　PRIDE 架构的创建与应用

PRIDE 即“Predict（预测）”“Repair（修复）”“Inspect（检查）”“Diagnose（诊断）”“Evaluate（评估）”。仪控设备健康管理系统以其强大的功能，全面收集了全厂仪表的各类数据，包括但不限于仪表的实时运行参数、所处的工作环境数据（如温度、湿度、压力等）、详细的历史故障记录等。不仅如此，系统还充分整合了在线实时数据和离线数据，构建了一个完整、丰富的数据资源库。

为了实现高效、准确的数据收集，系统确保了不同类型和品牌的仪表均采用统一的通讯协议，如 Modbus、Profibus 等。这种标准化的通讯协议使得系统能够迅速、准确地获取和解析来自各种仪表的数据，为后续的数据分析和处理奠定了坚实的基础。

4　创新的技术应用与优化

通过巧妙运用“矛盾矩阵”，成功解决了提高监测精度与降低成本之间的矛盾。例如，运用“组合原理”，将多种低成本的传感器进行合理组合，在不显著增加成本的前提下，实现了更高精度的监测。

针对增强故障预测能力与降低误报率这一矛盾，灵活运用“自服务原理”，使仪表设备具备自我诊断和校准的功能。这一创新举措不仅显著提高了预测的准确性，还有效减少了误报的发生，为维护人员提供了更具可靠性的决策依据。

借助“物-场分析模型”和“标准解”等工具，深入剖析仪表设备健康管理系统中存在的复杂问题，并成功找到最具效益和可行性的解决方案。通过对系统中物质、场和作用关系的精细建模和分析，能够精准地发现潜在的改进点和创新方向，为系统的持续优化和升级提供了有力的理论支持和实践指导。

4.1　先进的机器学习与深度学习算法

引入了一系列强大的机器学习模型，如决策树、随机森林、支持向量机等。这些模型凭借其出色的模式识别能力，能够从海量、复杂的数据中自动提取关键特征和内在规律，从而实现对仪表故障的准确分类和诊断。例如，利用随机森林算法对大量的仪表故障数据进行深入学习和分析，能够在新故障出现时快速、准确地做出判断和分类，为维修人员提供及时、有效的指导。

深度学习模型，如卷积神经网络（CNN）和循环神经网络（RNN）及其变体如长短期记忆网络（LSTM）和门控循环单元（GRU），在处理大规模、高维度的仪表设备数据方面展现出卓越的性能。对于仪表设备产生的具有时间序列特征的数据，RNN及其变体能够有效地捕捉其中的长期依赖关系，从而实现更精确的故障预测。例如，通过使用LSTM网络对仪表的历史运行数据进行深度学习和训练，可以准确预测未来一段时间内仪表可能出现的故障，为预防性维护提供科学依据和决策支持。

4.2 应对数据采集与处理的挑战

大多数工业企业已经具备了一定的数据采集系统，如分布式控制系统(DCS)、可编程逻辑控制器(PLC)等。这些系统为仪控设备健康监测系统的建设提供了宝贵的数据来源基础。通过对现有系统的升级和扩展，能够实现更全面、更精细的数据采集，涵盖更多的设备和参数，为深入的数据分析和决策支持提供更丰富的数据资源。

然而，在实际应用中，不可避免地面临着一系列技术难点。例如，数据采集频率不一致可能导致数据的时效性和完整性受到影响；数据格式不统一增加了数据整合和分析的难度；数据传输不稳定可能造成数据丢失或错误。为了解决这些问题，需要采用统一的数据采集标准和协议，如OPC UA等，确保不同系统之间的数据能够无缝集成和交互，实现数据的流畅传输和共享。同时，优化数据传输网络，采用可靠的有线或无线传输技术，如工业以太网、5G等，提高数据传输的稳定性和实时性，保障数据的准确、及时送达。

近年来，尽管物联网、云计算、大数据等相关技术取得了快速发展，为实现仪表设备的健康监测和管理提供了强大的技术支持，但在将这些技术应用于实际工业场景时，仍然面临着诸多挑战。例如，工业现场环境通常极为复杂，存在高温、高湿、强电磁干扰等恶劣因素，这可能对传感器的性能和数据的准确性产生不利影响。针对这一问题，可以精心选用具有高防护等级和出色抗干扰能力的传感器，并对采集到的数据进行预处理和滤波，有效去除噪声和干扰，提高数据的质量和可靠性。此外，大数据分析和机器学习算法在处理海量仪表数据时，可能面临计算资源需求大、算法收敛速度慢等问题。为解决这些问题，可以采用分布式计算框架，如Hadoop、Spark等，显著提高计算效率。同时，对算法进行持续的优化和改进，如采用并行计算、模型压缩等先进技术，有效降低计算复杂度，提升算法的性能和响应速度。

5 应用场景

抚顺石化新建油蜡联产装置成功研发并应用了仪控设备健康管理系统。该系统接入了现场2套装置，全面涵盖了控制系统的状态诊断信息以及众多重要常规仪表，包括阀门、计量仪表、气报仪、环保仪表、质量分析仪表等各类设备，共计1700余个点位的状态信息。通过对这些设备的实时监测和数据分析，实现了对生产过程的精细化控制和优化管理。

在生产过程中，实现了对关键工艺参数如温度、压力、流量等的精确控制和实时调节。通过系统的智能控制算法，能够根据生产需求和设备运行状况，自动调整参数设定值，确保生产过程始终处于最佳状态，从而有效提高产品质量的稳定性和一致性。

6 项目效果和效益分析

6.1 仪表健康管理显著提升

基于PRIDE架构的健康管理模式，系统能够有效地对仪表设备的运行状态进行实时监测和预测。通过提前发现潜在的故障隐患，并及时采取相应的维护措施，成功避免了许多可能导致生产中断的突发故障。这不仅减少了因设备故障而造成的生产损失，还显著提高了生产的连续性和稳定性。

6.2 国产化打破技术壁垒

采用浙大中控国产化DCS系统，使抚顺石化石油一厂在技术上摆脱了对国外产品的依赖。这不仅降低了技术引进的成本和风险，还为企业在技术选择和应用方面提供了更大的自主性和灵活性。

6.3 高性价比优势明显

后期的维护和升级成本也相对较低。国产化系统在零部件供应、技术服务等方面具有更便捷、更经济的特点。这使得企业在系统的全生命周期内能够有效控制成本，提高了企业的经济效益和投资回报率。

6.4 人机交互便捷高效

浙大中控国产化DCS系统的人机交互界面设计简洁明了、操作便捷直观。操作人员无需经过复杂的培训就能迅速上手，大大缩短了操作适应期，提高了工作效率。

实时的数据反馈和清晰直观的图形显示功能，使操作人员能够在第一时间准确掌握生产过程中的各种动态信息。这有助于他们及时做出准确的判断和决策，有效地应对各种生产状况，确保生产过程始终处于最优状态。

6.5 强大的数据采集与分析能力

全面、精准的数据采集功能使得系统能够获取到丰富的生产数据。这些数据涵盖了生产过程中的各个环节和设备的运行状态，为企业进行精细化管理和决策提供了坚实的数据基础。

6.6 维护便利性突出

系统采用模块化的设计理念，使得设备的维护和更换工作变得更加简单快捷。当某个模块出现故障时，可以迅速定位并更换故障模块，而不影响整个系统的正常运行，大大缩短了维修时间和停机时间。

抚顺石化百万吨级乙烯“三机”干气密封首次国产化修复

完成人：李　楠　王全庆　于　彤　赵　林　陈广涛

（抚顺石化公司烯烃厂）

1　项目背景

乙烯“三机”（即裂解气压缩机、丙烯制冷压缩机、乙烯制冷压缩机）是乙烯装置的核心设备，干气密封则是“三机”的关键部件，一旦密封发生故障，机组停机将导致乙烯装置及下游相关装置非计划停产，损失巨大，因此对干气密封的可靠性、稳定性及寿命要求极高。中国石油抚顺石化公司 80 万吨/年乙烯装置“三机”共计 6 个缸 12 套干气密封均为进口产品，一方面，进口产品维修周期长，维修费用高；另一方面，在当前复杂的大环境下完全依赖国外产品存在风险性。从整个乙烯装置国产化率角度来看，干气密封仍是装置中卡脖子的关键产品，已成为制约乙烯装置设备国产化的瓶颈，只有突破这个瓶颈，乙烯装置设备全面国产化工作发展才能走得更快、更稳；才能打破国外垄断、促进国内密封技术发展；也能降低投资成本、维修费用，提升应急能力。

中密控股作为国内密封行业的领军企业，近些年在乙烯“三机”干气密封应用方面取得了明显突破，先后完成了多个国内乙烯装置干气密封配套项目，也完成了几个小规模“三机”干气密封的修复并成功应用，经过充分调研和论证，表明中密控股具有修复百万吨级乙烯“三机”干气密封技术能力和工程基础，确定由中密控股承担中国石油抚顺石化公司 80 万吨/年乙烯装置乙烯“三机”干气密封国产化维修工作。

2　总体情况

中密控股股份有限公司负责中国石油抚顺石化公司 80 万吨/年乙烯装置“三机”干气密封修复工作，包括干气密封的拆解、超声波清洗、零部件的检测及判定、零部件的修复、零部件替换、成套密封试验、包装与运输、现场安装和技术服务。12 套密封的参数如表 1 所示。

该项目从 2021 年 4 月技术论证开始，历时 27 个月，先后完成了干气密封国产化维修的技术方案编制，维修技术方案审查，密封的拆解修复、成套密封试验验收、修复产品交付等工作，主要的进度节点如表 2 所示。

3　技术路线及技术亮点

3.1　技术路线

预期的维修技术方案，根据零部件检测项目结果制定对应的修复方案，详见表 3。

表 1　抚顺石化 80 万吨/年乙烯装置“三机”干气密封工况参数表

设备位号	设备名称	设备型号	主机厂	密封轴径/mm	转速/rpm	入口/出口温度/℃	入口/出口压力/MPaA
201-K-1300	裂解气压缩机 LP	9H-4W	MHI	234	4685	40/86.7	0.125/0.254
201-K-1300	裂解气压缩机 MP	9H-4B	MHI	234	4685	37/84.9	0.23/0.48
201-K-1300	裂解气压缩机 HP	7H-7B	MHI	174	4685	38/86.9	0.88/1.8
201-K-1600	丙烯制冷压缩机	11H-6S	MHI	234	3856	-38/-9.1	0.15/0.286
201-K-1650	乙烯压缩机 LP	3MCL806	沈鼓	180	6006	-101/-5.4	0.104/1.3
201-K-1650	乙烯压缩机 MP	3BCL527	沈鼓	140	6006	-5.4/74.8	1.302/3.784

表 2 项目执行进度表

主要节点	时间	实施内容	完成情况
第一阶段	2021 年 04 月~2022 年 05 月	现场实地调研，搜集密封和系统的相关资料，密封外形测绘，收集机组和密封运行情况	完成
第二阶段	2022 年 07 月~2022 年 10 月	乙烯“三机”修复技术方案编制、审查，签订修复技术协议	完成
第三阶段	2023 年 01 月~2023 年 07 月	完成干气密封全部修复工作，出厂验收、交付	完成

表 3 零部件修复方案

项目	零件名称	不合格现象	修复方案
摩擦副	动环	外观有任何形式的裂纹及崩边情况等缺陷	更换
		端面磨损沟槽深度<0. 1mm	端面研磨，理论模型计算，确定槽形参数，重新刻槽
		端面磨损沟槽≥0. 1mm	更换
	静环	外观有任何形式的裂纹及崩边情况等缺陷	更换
		端面磨损沟槽<0. 1mm	端面研磨
		端面磨损沟槽≥0. 1mm	更换
转动件	轴套动环座 压紧套	表面有碰伤，拉伤，挤压，刮蹭，裂纹等痕迹或过热造成的发黑、发红痕迹	返修能达到关键配合尺寸及形位公差要求则利旧，否则更换
静止件	弹簧座梳齿环座 连接座	表面有碰伤，拉伤，挤压，刮蹭，裂纹等痕迹或过热造成的发黑、发红痕迹	返修能达到关键配合尺寸及形位公差要求则利旧，否则更换
易损件	密封圈		全部更换
	弹簧		全部更换
	紧固件		全部更换
	定心元件		全部更换

动环强度试验，所有动环进行强度试验，试验转速不低于压缩机最大连续转速的 1.15 倍，转速达到规定值后持续运行 1min，超速试验后动环不得有任何损坏现象。

动平衡校验，密封旋转组件组装后按照 ISO1940 标准进行动平衡校验，动平衡精度等级与原密封保持一致。

产品测试，修复的干气密封泄漏量指标与原密封保持一致，确保与干气密封控制系统完全匹配(表 4~表 9)。

表 4 裂解气压缩机(HP)

试验转速/rpm	试验压力/MPaG	端面泄漏量	
		期望值/(Nm^3/h)	保证值/(Nm^3/h)
0	2. 69	2. 34	3. 42
0	4. 8	4. 44	6. 9
4685	0. 79	0. 78	1. 14
4685	1. 47	1. 5	2. 22

表5 裂解气压缩机(MP)

试验转速/rpm	试验压力/MPaG	端面泄漏量	
		期望值/(Nm^3/h)	保证值/(Nm^3/h)
0	0.35	0.36	1.08
0	1.03	1.08	1.56
4685	0.13	0.18	0.6
4685	0.35	0.42	1.08

表6 裂解气压缩机(LP)

试验转速/rpm	试验压力/MPaG	端面泄漏量	
		期望值/(Nm^3/h)	保证值/(Nm^3/h)
0	0.35	0.36	1.08
0	0.5	0.48	1.08
4685	0.12	0.18	0.6

表7 丙烯压缩机

试验转速/rpm	试验压力/MPaG	端面泄漏量	
		期望值/(Nm^3/h)	保证值/(Nm^3/h)
0	1.47	1.56	2.34
0	2.04	2.28	3.36
3856	0.12	0.18	0.6
3856	0.17	0.24	0.6

表8 乙烯压缩机(HP)

试验转速/rpm	试验压力/MPaG	端面泄漏量	
		期望值/(Nm^3/h)	保证值/(Nm^3/h)
0	1.03	1.2	2.5
6006	1.204	0.6	1.37

表9 乙烯压缩机(LP)

试验转速/rpm	试验压力/MPaG	端面泄漏量	
		期望值/(Nm^3/h)	保证值/(Nm^3/h)
0	1.03	1.5	3.0
6006	0.137	0.2	0.34
6006	0.222	0.2	0.34

试验方案严格按照API 617-2014标准制定，内容包括静压试验、运转试验、超速试验、启停试验，拆解检查，出厂静压确认试验。

3.2 技术亮点

(1) 项目实现了国内百万吨级乙烯三机干气密封首次全部国产化修复，是工程应用方面的突破与创新，具有示范性意义。

(2) 弹簧加载聚合物密封圈的设计及安装技术，修复“三机”干气密封，所有的弹簧加载聚合物密封圈需要更换，此次“三机”干气密封修复，解决了该类密封圈的设计及安装问题，通过数字化测量手段，确保了密封浮动性，固化了安装工艺及检测标准。

(3) 超大尺寸动静环密封面高精度研磨技

术，“三机”干气密封修复，动静环最大外径超过350mm，通过工艺和设备改进，摸索出一套适用于直径≥350mm、端面宽度20~27mm、平面度0.3~0.6μm的高精度研磨工艺，并数字化定量对端面的研磨状态进行检测，确保密封性能达到预期。

4　应用场景

中国石油抚顺石化公司烯烃厂80万吨/年乙烯装置“三机”共计6个缸12套干气密封修复工作由中密控股股份有限公司完成，突破了三机干气密封被国外厂家垄断的制约瓶颈，促进了国内密封技术发展，降低了企业的运维成本、维修费用，提升应急能力。该项目的成功实施，，一方面实现了国内首台套应用，解决了卡脖子问题，另一方面可以在其他乙烯装置干气密封国产化维修上进行推广。

5　项目效果和效益分析

5.1　项目效果

经过周密策划和跟踪，此次乙烯“三机”干气密封执行API617-2014标准，质量可靠，进度完全满足项目要求，密封修复性能达到进口新密封水平，试验结果满足技术协议和现场使用要求，详见表10。

表10　修复密封性能指标情况

机组名称	压力/MPaG	转速/rpm	泄漏量合格标准/(Nm^3/h)	试验结果/(Nm^3/h)
裂解气压缩机 LP	0.13	4685	≤0.6	0.07
裂解气压缩机 MP	0.364	4685	≤0.6	0.17
	0.143	4685	≤1.08	0.04
裂解气压缩机 HP	1.474	4685	≤1.14	0.63
	0.799	4685	≤2.22	0.3
丙烯制冷压缩机	0.197	3856	≤0.6	0.05
	0.13	3856	≤0.6	0.03
乙烯压缩机 LP	0.137	6006	≤0.34	0.03
	0.222	6006	≤0.34	0.08
乙烯压缩机 MP	1.204	6006	≤1.37	0.41

5.2　效益分析

本项目成功实施，一方面代表我国密封应用领域取得新的突破，未来可在更多高参数压缩机组上实现干气密封国产化修复，提高现场应急能力；另一方面进口密封的市场平均修复价格在35万元/套，乙烯装置的密封维修费用近420万元，国产化修复平均价格仅不到6万元/套，为企业节约成本近348万元。

抚顺石化45万吨/年低密度聚乙烯装置挤压机系统切粒机水室紧固螺母、拉杆国产化

完成人：李　楠　王全庆　于　彤　吕　明　石一刚

（抚顺石化公司烯烃厂）

1　项目背景

聚合物加工中真正应用的双螺杆挤出机是在20世纪30年代，首先在意大利研制成功；60年代初70年代末发展起来的。更准确地说，现代啮合异向双螺杆挤出机是随PVC制品的发展而发展的，啮合同向双螺杆挤出机则是在聚合物改性的推动下发展的，也被称为大型改性挤出造粒机。

在双螺杆挤出机的发展过程中，除了螺杆原件及螺杆构型的研制外，最重要的就是止推轴承和变速箱的设计制造问题。因为双螺杆挤出机的螺杆中心距确定后，其承受巨大推力的止推轴承的安装空间有限，设计制造出性能良好的能承受轴向和径向载荷的推力轴承和径向轴承，及能均载的轴承组合结构比较困难，随着工业水平的提高，90年代后得到解决和快速发展。

45万吨/年线性低密度聚乙烯装置为新建装置，是中国石油抚顺石化公司千万吨炼油百万吨乙烯工程项目之一，由日本东洋工程公司基础工程设计，大庆石化工程有限公司EPC模式设计施工。采用美国UNIVATION公司的UNIPOL气相流化床聚乙烯生产工艺，装置设一条生产线，装置连续运转。设计年生产能力为45万吨，年操作时数为8000小时。

挤压造粒机组是本装置的关键机组之一，也是造粒单元的主要设备。该机组从日本KOBE公司引进，机组主要由LCM450H型双螺杆异向旋转混炼机、KNT150型齿轮式熔融泵、UP1000N型水下切粒机等设备组成。挤压造粒机组包括：进料缓冲罐、盘车电机、混炼机、熔融泵、换网器、模板、水下切粒机。

熔融树脂从模孔中不断被挤出，同时紧靠模板的切刀在切粒机电机的带动下不断旋转，将挤出的物料在水室被切成一定规格的颗粒，并被循环着的颗粒冷却水冷却，使颗粒凝固然后被送往脱块器。颗粒的大小可根据需要调节切粒机的转速来实现。

挤压造粒机是本装置后系统的核心设备，长期以来备品备件都是由原厂家日本KOBE公司提供，一方面，进口产品供货周期长，费用高；另一方面，在当前复杂的大环境下完全依赖国外产品存在风险性。从整个聚乙烯装置国产化率角度来看，挤压造粒机仍是装置中卡脖子的关键产品，已成为制约聚乙烯装置设备国产化的瓶颈，只有突破这个瓶颈，低密度聚乙烯装置设备全面国产化工作发展才能走得更快、更稳；才能打破国外垄断、促进国内挤压造粒机发展；也能降低投资成本、维修费用，提升应急能力。

浙江江南石化机械有限公司，成立于1985年，地处经济高度发达的东海之滨——温州，坐落在国家级风景区雁荡山南麓，温州经济开发区。公司占地面积35亩，现有标准化厂房25000多平米，拥有高资历、高技术、高素质的专业化人员80多人，是一家专业从事进口设备国产化、国产设备改造及生产、销售、售后服务一体化的高新技术型现代化管理企业，企业通过ISO9001质量体系认证、ISO14001环境体系认证、ISO45001职业健康安全管理体系认证，属中石化，中石油一级网络供应成员企业、中海油、荣盛集团、浙能集团供应协助单位。近40年来一直专注炼油、化工动静设备的改造及配件加工，特别是进口配件国产化和国产设备改造方面取得重大突破。经抚顺石化、克拉玛依石化、广西石化、四川石化、兰州石化、广东石化、燕山石化、茂名石化、镇海炼化、齐鲁石化、金陵

石化、古雷石化、中科炼化、中海油壳牌炼化、荣盛控股集团、浙江石化、中金石化、万华化学宁波有限公司、浙能电力集团等单位长期合作使用后，信息反馈，产品质量好、性能可靠稳定、性价比高，交货及时、售后服务周到、得到用户好评。

2 总体情况

浙江江南石化机械有限公司负责中国石油抚顺石化45万吨/年低密度聚乙烯装置挤压机系统切粒室的四套紧固螺母与水室拉杆的测绘与制造工作和技术服务。

水下切粒机的参数如表1所示。

该项目从2021年4月水下切粒机检修开始，历时2个月，紧急完成了切粒室的四套紧固螺母与水室拉杆的测绘、制造、验收、交付等工作，主要的进度节点如表2所示。

表1 抚顺石化45万吨/年低密度聚乙烯装置挤压机系统切粒机参数表

设备位号	设备名称	设备型号	主机厂	切刀数/个	转速/rpm	电机功率/kW
205-Y-7007	水下切粒机	UP1000N	日本KOBE	20	100~400	300

表2 项目执行进度表

主要节点	时间	实施内容	完成情况
第一阶段	2021年04月~2022年5月	现场实地调研，搜集密封紧固螺母与水室拉杆的相关资料，螺母与拉杆外形测绘，收集水下切粒机的运行情况。	完成
第二阶段	2021年05月~2021年6月	完成螺母与拉杆的制造工作，出厂验收、交付。	完成
第三阶段	2021年06月	完成紧固螺母与水室拉杆的安装工作，并试用成功。	完成

3 技术亮点

该项目实现了国内45万吨/年低密度聚乙烯装置挤压机系统切粒机水室紧固螺母、拉杆国产化替代，是切粒机水室备件替代的突破与创新，具有示范性意义。

4 应用场景

中国石油抚顺石化公司烯烃厂挤压造粒机是本装置后系统的核心设备，长期以来备品备件都是由原厂家日本KOBE公司提供，一方面，进口产品供货周期长，费用高；另一方面，在当前复杂的大环境下完全依赖国外产品存在风险性。从整个聚乙烯装置国产化率角度来看，挤压造粒机仍是装置中卡脖子的关键产品，已成为制约聚乙烯装置设备国产化的瓶颈，只有突破这个瓶颈，乙烯装置设备全面国产化工作发展才能走得更快、更稳；才能打破国外垄断、促进国内挤压造粒机发展；也能降低投资成本、维修费用，提升应急能力。

5 项目效果和效益分析

5.1 项目效果

挤压造粒机UP1000N型水下切粒机经过三年的使用，切粒室工作稳定可靠，产品颗粒均匀，证明配件质量可靠，完全满足项目要求，试验结果满足现场使用要求。

5.2 效益分析

本项目成功实施，一方面代表我国配件加工领域取得新的突破，未来可实现更多挤压机系统的配件国产替代，提高现场应急能力，在当前复杂的大环境下打破完全依赖国外产品的情况；另一方面进口切粒机水室紧固螺母和拉杆的市场价格在5万元/套，低密度聚乙烯装置的更换费用达到20万元，国产化价格仅2万元/套，为企业节约成本12万元。

DCS 控制系统网络信息安全系统集成应用

完成人：贾英超　张福仁　孙庆革　梁文彬　王景阳
郭宗斌　赵庆林　陆鹏飞　阮　冰　于海全

（中国海油惠州石化有限公司）

1　项目背景

随着“中国制造强国”等国家战略的推出，以及云计算、大数据、物联网等新技术、新应用的大规模使用，工业控制系统逐渐由封闭走向开放、由单机走向互联、由自动化走向智能化，随着工业互联网、大数据、智能的发展，互联的节点越来越多，暴露的机会多。伴随这一趋势，工业控制系统网络安全隐患日益突出，一系列国际网络攻击事件更为各国政府敲响了警钟。

工业控制系统已成为国家关键行业生产装置的“中枢神经”，其安全关系到国家的战略安全、社会稳定。作为炼油化工关键企业，更有责任和义务提升工控系统，尤其是 DCS 系统的控制网络信息安全防护能力。

2　总体情况

随着数字化、智能化、大数据时代的不断发展和两化融合，工业控制系统从封闭走向开放，网络安全问题逐渐暴露且不可避免。而工业控制系统是有别于普通 IT 系统的，各工业控制系统厂商使用的都是专用 DCS 系统设备及私有协议，IT 行业是不了解工业控制系统专有通信和平台机制，通用 IT 系统防护措施是无法完全保证工业控制系统的网络安全。

惠州石化一期 DCS 系统采用 Foxboro IA 系列产品，MESH 网络结构，2009 年 4 月投入使用，I/O 规模 30000 余点，各类工作站及服务器 190 余台，网络安全等级保护为三级。在进行 DCS 控制网络信息安全升级改造前，DCS 系统的控制网络安全防护主要靠管理及少量的技术措施，例如：安装防病毒软件、白名单，配置相关安全策略、封闭必要的 USB 口等。缺少必要的控制系统网络流量实时监测和审计、恶意代码和攻击行为检测监视、供应商运维服务行为审计等网络安全设备和技术手段，与《GB/T 22239—2019 信息安全技术网络安全等级保护基本要求》三级的要求相比，有一定差距，网络安全防护能力亟待提升。

本次升级改造旨在完善 DCS 系统网络安全防护能力，2023 年 5 月，按照“一个中心　三重防护”规划，部署网络安全系统，包括部署域控服务器、运维堡垒机、灾备服务器、多因素认证、入侵检测、日志及流量审计等，以满足《GB/T 22239—2019 信息安全技术网络安全等级保护基本要求》三级防护能力要求，通过等保三级测评及其他相关网络安全检查，实现 DCS 系统网络安全防护水平的大幅提升，为 DCS 系统正常运行提供网络安全的重要保障。

本次 DCS 系统控制网络信息安全整改，属于首次在中国海油 Foxboro IA 系统上，按照等保三级配置网络安全系统，并在 2023 年 10 月，通过网络安全等级保护三级测评。

3　技术路线和技术亮点

近年来，国产工业控制系统虽然发展迅速，但目前进口工业控制系统仍在大量使用，通用的国产网络安全设备不能完全兼容进口工业控制系统，信创设备从 CPU、芯片技术及性能、操作系统等方面全面兼容进口工业控制系统难度更大。本次改造首次在中国海油工控系统 Foxbro IA 系统按照“一个中心　三重防护”规划部署网络安全信创设备。

3.1　“一个中心”——安全管理中心

3.1.1　建立网络安全专网

在现有 DCS 系统网络的基础上部署安全专网，敷设 10 余万米光缆，涉及 20 余个机柜间、工程师站等。所有的安全管理、安全备份和安全运维的流量数据通过安全专网信创交换机 S5200 传输，以保障 DCS 系统的长期稳定运行，部署的安全设备、安全功能和组件不影响 DCS 系统的可用性、实时性和鲁棒性，以及对安全设备的统一管理(图 1)。

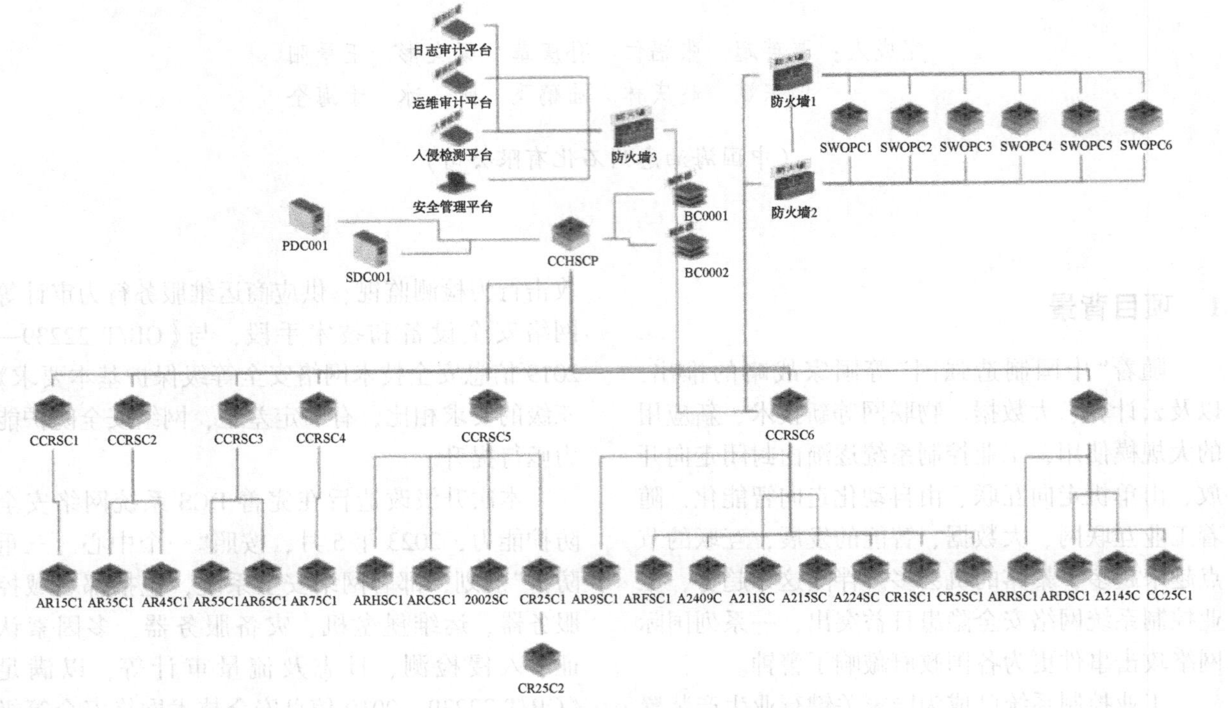

图 1　DCS 系统网络安全专网拓扑图

3.1.2　部署冗余域控服务器

新增冗余虚拟服务器，负责工控网络内全部工业主机的主机加固，包括身份鉴别、访问控制，授权管理、安全策略统一管理；病毒服务器和补丁服务器，对 DCS 系统的工程师站、历史站、操作员站等工业主机进行统一的补丁更新和病毒库更新，对主机防御策略(恶意代码防护、外设防范等功能)进行统一的管理。

3.1.3　部署运维审计平台

OSMS 运维审计平台对所有运维人员在网络安全设备上的运维行为进行审计。运维审计平台通过逻辑上将人与目标设备分离，建立“人->主账号->授权->从账号->目标设备”的管理模式，通过基于唯一身份标识的集中账号与访问控制策略，与各服务器、网络设备、安全设备等无缝连接，实现集中精细化运维操作管控与审计(图 2)。

本项目采用绿盟信创系列产品，应用“中标麒麟”操作系统配套兆芯 C4600 芯片硬件平台，以及“银河麒麟”操作系统配套飞腾 FT-1500A 和飞腾 FT-2000 芯片硬件平台等，主要有三大功能：集中账号管理、集中访问控制及集中安全审计。

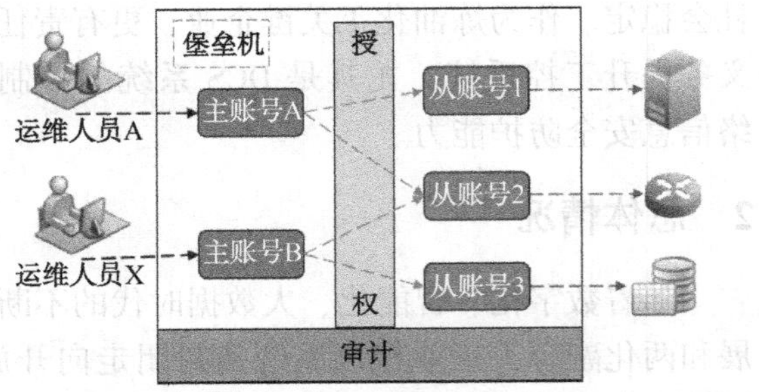

图 2　运维管控

3.1.4　部署日志审计平台

本项目采用信创绿盟 LASNX3 日志审计系统，基于国产麒麟操作系统及飞腾 FT-1500A/16 芯片。绿盟日志审计系统系统层次分为资源层、采集管控层、数据处理层、服务层以及业务层。通过对系统的分层设计，实现各层功能的松耦合对接。

安全日志审计平台不仅能够对操作系统、数据库、业务应用的重要操作进行记录、分析，还可以识别 DCS 系统中的非授权访问、异常流量、异常行为等，从而可以及时发现各种违规操作以及病毒和黑客的攻击行为，尤其是对于远程用户登录到工作站，甚至远程登录到下位机 DCS 控制器中的操作，进行严格的安全审计。可以满足DCS系统网络提供高性能的日志采集，存储和审计功能。满足6个月日志存储分析的时限要求(图3)。

3.1.5　安全管理平台可视化技术

信创安全管理平台INSP采用了可视化范式化技术，针对安全运维人员的范化需求，系统提供了可视化操作界面，运维人员可直接在页面完成编辑正则表达式和显示所需信息提取结果的操作，可视化范化技术不仅大幅简化了传统范化工作的流程，降低了编写正则表达式的难度，还提升了工作人员日志范化的日常工作效率，使平台变得更方便更高效。通过7×24小时大屏监控，发出弹窗及声音报警，运维人员及时响应(图4)。

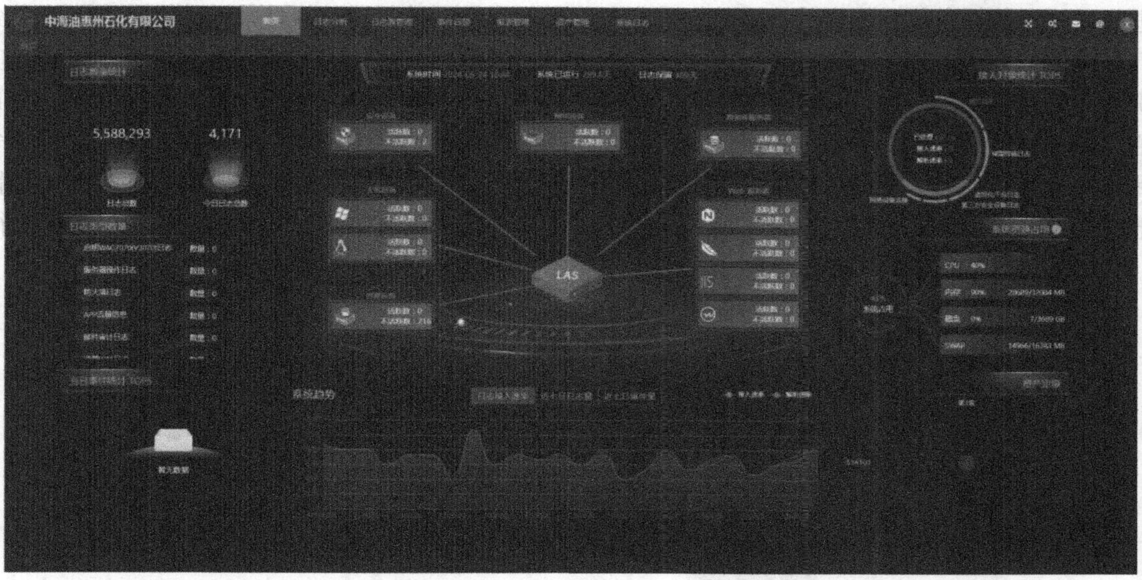

图3　日志审计

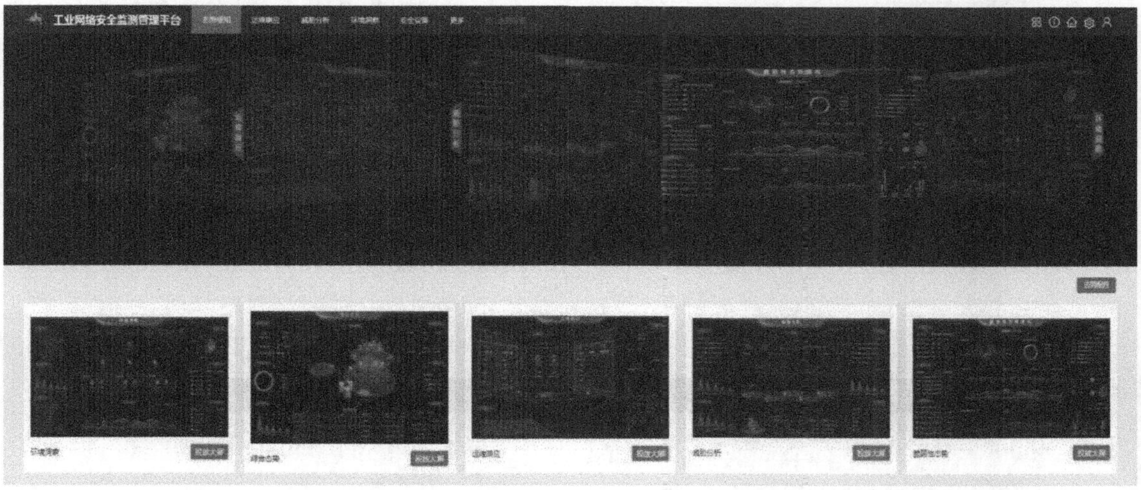

图4　监测管理大屏

3.2　“三重防护”之一安全计算环境

3.2.1　部署指纹登录设备

对DCS系统的工业主机部署指纹登录设备，国民认证信创产品，用于多因素身份鉴别。采用国密认证鼠标，支持信创操作系统。可通过配合部署服务系统实现应用系统、服务器、网络设备、数据库的指纹认证登录。不改变原有账号+口令方式登录流程，新增一种指纹鼠标登录跟原有账号+口令方式登录流程一致，满足等保2.0中关于身份鉴权双因素认证的要求。

3.2.2　系统安全加固

加固DCS操作站操作系统(Win10)及软件，配置补丁管理软件，并离线升级补丁。更新DCS系统交换机固件，并进行安全加固，关闭不必要的端口，服务，VLAN 划分，配置恢复等。更新 DCS 系统控制器固件，提高系统本身安全及运行效率。

3.2.3　部署冗余信创灾备服务器

浪潮 NF2180M3 基于 FT-2000 处理器的 2U 机架式服务器+64 核，2.2G 处理器，基于 Linux 内核的麒麟 V10 SP3 服务器操作系统。

部署中央灾备服务器，对系统中所有工控主机进行系统级数据备份和指定的重要数据进行备份，备份对 DCS 系统业务正常运营不造成影响，备份模式支持全量/增量/差分备份部署网络入侵检测设备进行网络攻击以及恶意代码实施检测。部署异地灾备服务器，对系统中的灾备数据进行异地备份。

3.3　“三重防护”之二安全区域边界

部署冗余工业防火墙，将工控行业特点与传统网络安全技术深度融合，它具备基础访问控制功能，实现了对 Modbus、OPCUA 等主流工业协议的指令级深度检测，实现 DCS 系统网络与工厂管理网 MES 的单向隔离，将安全管理平台、入侵检测、日志审计等网络安全设备及北斗时钟与网络安全底层设备实现隔离(图 5)。

3.4　“三重防护”之三安全通讯网络

在 DCS 边界或核心交换机中部署入侵检测及流量审计系统，通过采集网络边界和核心交换机的镜像流量，对工控网络中的恶意代码，攻击等非授权行为进行检测，采集网络边界以及 DCS 网络内部的网络流量，并对其进行分析和安全审计。对 DCS 系统控制设备的拒绝服务攻击漏洞、缓冲区溢出攻击漏洞等典型工控漏洞的攻击行为进行有效识别，并产生告警信息(图 6)。

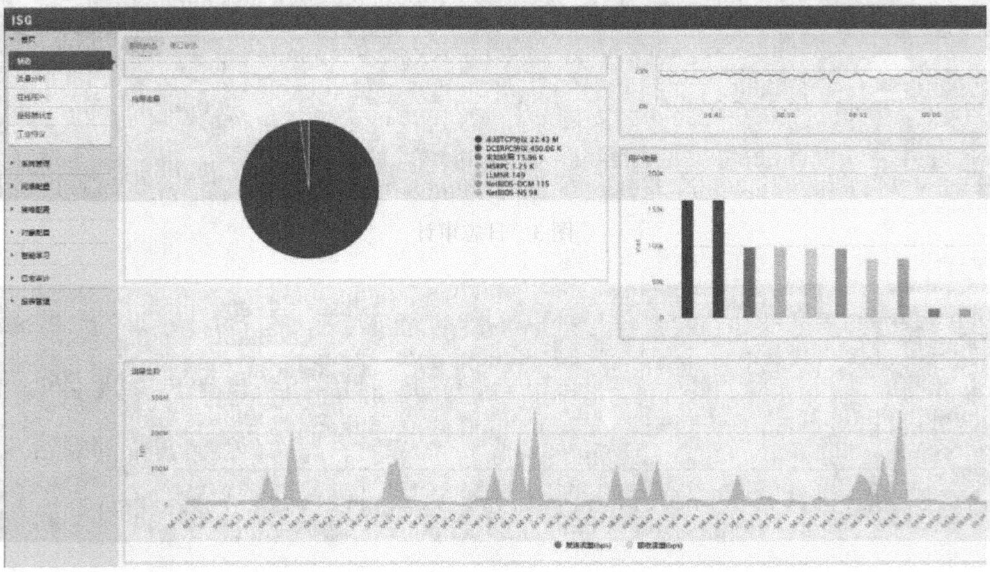

图 5　工业防火墙

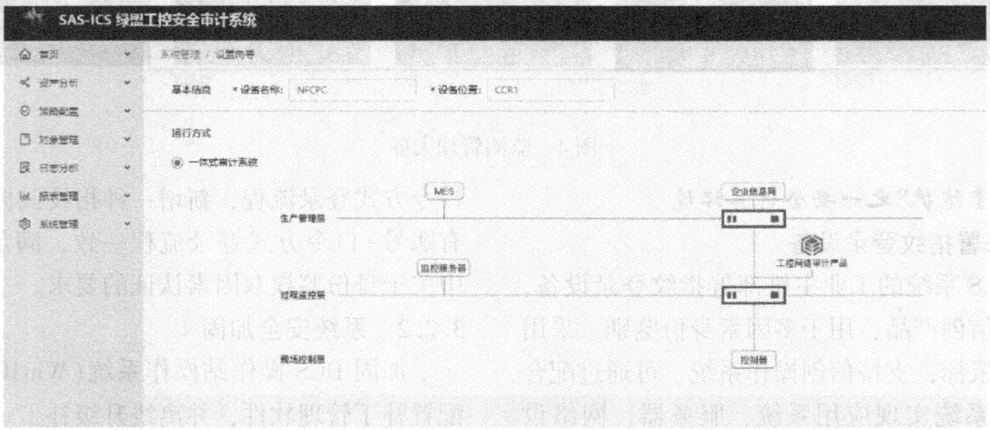

图 6　流量审计系统

4　项目效果和效益分析

4.1　项目效果

本次 DCS 系统控制网络信息安全整改，属于首次在中国海油 Foxboro IA 系统上按照等保三级配置网络安全系统，在 2023 年 10 月通过专业机构的网络安全等级保护三级测评。通过 1 年的运行，未发现兼容性问题，记录各类日志 560 余万条，为 DCS 系统网络安全事件分析提供了大量可靠的数据参考，有效地提升了 DCS 系统网络安全防护能力。

4.2　效益分析

4.2.1　经济效益

在 DCS 系统收到黑客攻击或植入木马病毒后，装置将会全面停工。装置停工期间，公司正常生产经营将受到影响，按照全年 1200 万吨/年加工量计算，每停工 1 日，将损失 3 余万吨加工量，利润 500 余万元。

4.2.2　社会效益

本项目部署了安全管理平台、入侵检测、日至审计、运维审计、工业防火墙、灾备服务器等网络安全设备，该系统自 2023 年 5 月投用以来，整体运行稳定、可靠、有效，实现 DCS 系统网络等保三级安全防护“0”的突破：

（1）采用 100%国产化设备，信创设备占比 90%以上。

（2）记录了 DCS 系统各类有效事件、日志等 560 余万条，为网络安全分析报告提供可靠且实时有效的数据支持。

（3）实现 DCS 系统过程数据的实时备份，冗余灾备服务器的异地设置，有效保障 DCS 系统过程数据的完整性和可用性，为异常情况下 DCS 系统数据恢复提供了坚实保障。

该系统的部署，极大的提高了 DCS 系统网络的安全防护能力，有效管控 DCS 系统网络安全事件的发生，为 DCS 系统的稳定运行及装置的安全生产提供了有效的网络安全保障。在同类项目中，具有极强地推广意义。

原油劣质化下的一期炼油装置腐蚀研究

完成人：郑明光　侯艳宏　刘奉云　梁文彬　蔡宝超　花　飞　吴培毅
孙立军　杨　威　邓成泳　杜荣林　黄佳富　魏泳龙　陈泳键

（中国海油惠州石化有限公司）

1　项目背景

石油炼制企业是发生设备腐蚀的“重灾区”，特别是加工劣质原油后，腐蚀问题更为突出。惠州石化一直加工高酸原油，随着国家不断加强安全生产管控，炼油防腐技术需随之提升。从资源可获取性、吨原油经济效益、装置的适应性等方面考虑，在合理解决好高硫高酸原油加工过程中的腐蚀问题的同时，高效、合理地加工原油，提高高酸原油加工比例，大幅降低原油采购成本，保证炼油装置安全长周期的运行，将给石化行业带来显著的经济效益。

2　总体情况

中海油惠州石化有限公司（简称惠州石化）是国内首家大规模（1200万吨/年）炼制高酸原油企业，通过对炼油一期重点设备和管道进行全面评估，掌握设备目前运行状况，结合计划加工原油性质或原油劣质化趋势等情况，制定适应的工艺防腐蚀和腐蚀监检测方案，并针对瓶颈部位提出材质升级方案，为现场生产和装置改造提供技术支撑，同时降低生产装置腐蚀风险，减少事故危害性。

惠州石化在国内首家开展多种劣质原油的腐蚀研究，获得专利1项；在提高劣质海洋重质原油加工量情况下，2022～2023年共增效7190.01万元。为国内外加工中海油生产海洋原油（曹妃甸原油、旅大原油、流花原油等）提供了成功经验，可在同油种、相似油种加工炼厂推广。

3　技术路线和技术创新点

3.1　技术路线

技术路线如图1所示。

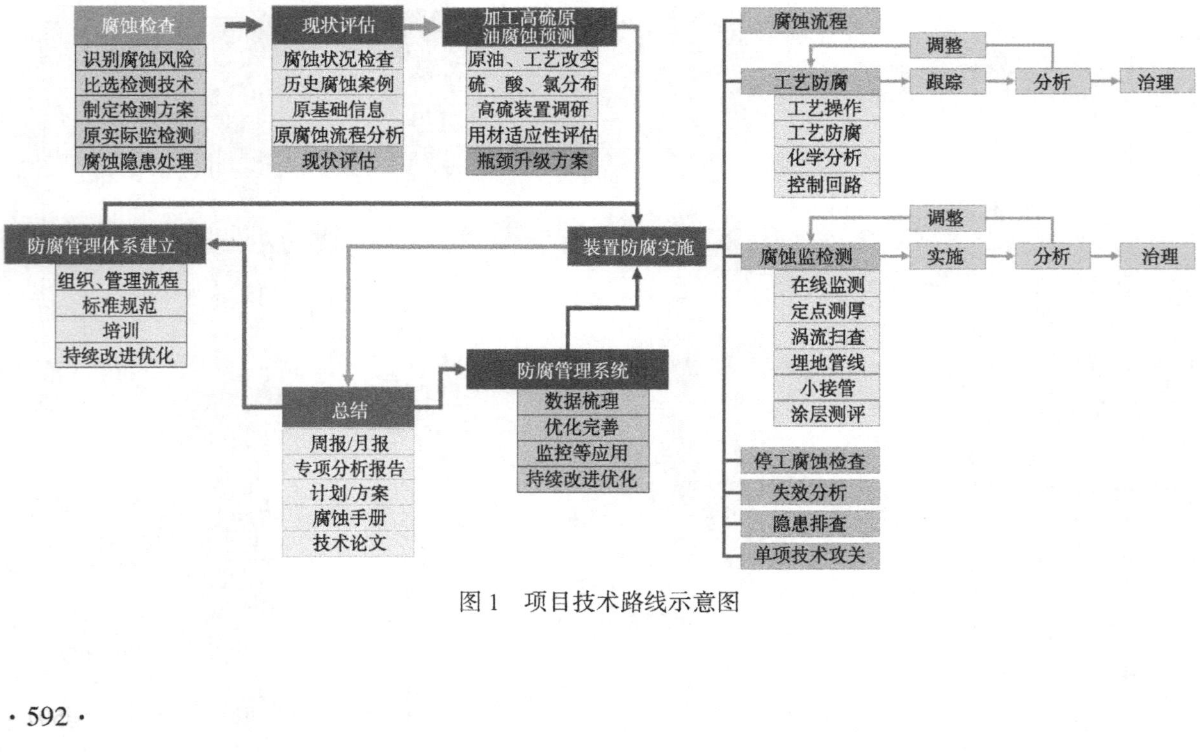

图1　项目技术路线示意图

首先开展装置现状评估和腐蚀检查，识别高风险流程及管线部位，对新型监测技术实验比选，制定腐蚀监检测方案，通过大量实际监检测实践，不断调整优化监测技术组合，形成精准性较高成套腐蚀监检测方法，高效、有效发现设备管线减薄情况并及时处理腐蚀安全隐患。

开展加工高硫原油腐蚀预测，结合装置腐蚀监检测实际情况和高硫原油腐蚀调研情况，明确装置薄弱部位，提出瓶颈材质升级方案；以设备完整性管理思想为指导，健全防腐管理体系，制定工作流程，优化完善腐蚀监测与风险评估平台，对腐蚀管理体系及装置防腐工作的开展起到支撑，保障装置防腐工作的顺利开展和实施。

开展装置防腐工作实施，主要包括腐蚀流程研究、工艺防腐管理、腐蚀监检测管理、腐蚀检查、专项失效分析、装置隐患排查及难点问题的技术攻关等，每项工作的开展基本上包括方案的制定、实施、分析、治理、优化等过程，针对装置防腐工作，定期或针对性地总结分析形成技术成果，这些技术成果反过来会促进防腐管理体系的进一步完善和腐蚀监测与风险评估平台的优化改进。

最终形成管理体系，《防腐管理体系手册》确定公司防腐管理的理念、方针、目标，提出了防腐管理体系的基本要求和实施策略，将以往优秀的防腐管理实践融入到防腐管理体系中。通过体系的运行、技术方法的集成应用、防腐管理信息系统的建设，进一步规范公司设备管理工作，提升管理水平和管理效能，保障装置安全、环保、高效、长周期运行。手册适用于(静)设备(以下简称设备)设计、选型、购置、制造、安装、使用、维护、保养、检验、检测、修理、改造、报废、更新等全生命周期防腐管理活动。

3.2 技术创新点

(1) 国内首家大规模炼制高酸原油炼厂开展多种劣质原油的腐蚀研究，获得了国内领先的成套的加工多种劣质原油的防腐技术。

① 经实践应用并获得整套长周期炼制多种劣质原油的腐蚀防护策略。以防腐理念为根本，实施并不断循环改进全流程的系统化防腐策略，包括防腐设计、材质适应、操作适应、工艺辅助防腐手段优化、腐蚀风险分级分类处置、防腐监测检测方案、腐蚀预防与处理、组织管理等方面，形成一套长周期炼制劣质原油腐蚀防护策略。

② 优选实践新型监测技术，获得整套高效、精准的腐蚀监检测方案。对新型监测技术实验比选，制定腐蚀监检测方案，通过实际监检测实践，不断调整优化监测组合技术，形成了检测精准性高的成套腐蚀监检测方法，有效提高了腐蚀风险管控率，腐蚀泄漏明显遏制。

(2) 国内首家在全厂所有主要装置实现数字赋能大背景下的防腐 AI 理念及应用。

炼油装置腐蚀监控与风险评估系统可动态评估设备和管道的腐蚀状态、及时发现设备和管道的腐蚀隐患并快速预警、对腐蚀监检测数据的集中管理和综合分析，具有完整的数据和工艺防腐计算功能。

(3) 以设备完整性理念构建了中国海油设备防腐完整性管理体系，填补中国海油炼厂防腐体系的空白。

4 应用场景

惠州石化实施并不断循环改进全流程的系统化防腐策略，经近 4 年检验，形成长周期炼制劣质原油腐蚀防护策略，有力支撑劣质原油加工，惠州石化通过提高劣质海洋重质原油加工量，2022~2023 年共增效 7190.01 万元。

同时，此技术为国内外加工中海油生产海洋原油(曹妃甸原油、旅大原油、流花原油等)提供了成功经验，可在同油种、相似油种加工炼厂推广。

5 技术效果和效益分析

5.1 技术效果

惠州石化建立完善了以设备完整性理念构建了中国海油设备防腐完整性管理体系，获得了国内领先的整套长周期炼制劣质原油的腐蚀防护策略，获得了成套腐蚀监检测方案(图 2、图 3)。国内首家在所有主要装置实现数字赋能大背景下的防腐 AI 理念及应用(图 4)。

及时发现多项隐患。检测一期 6758 个腐蚀风险部位，发现减薄隐患 255 处，其中减薄量 30%~40%的 65 处，减薄量 40%~50%的 15 处，减薄量 50%~60%的 8 处，减薄量 60%~70%的 3 处，减薄量 70%~80%的 2 处，减薄量≥80%的 1 处。

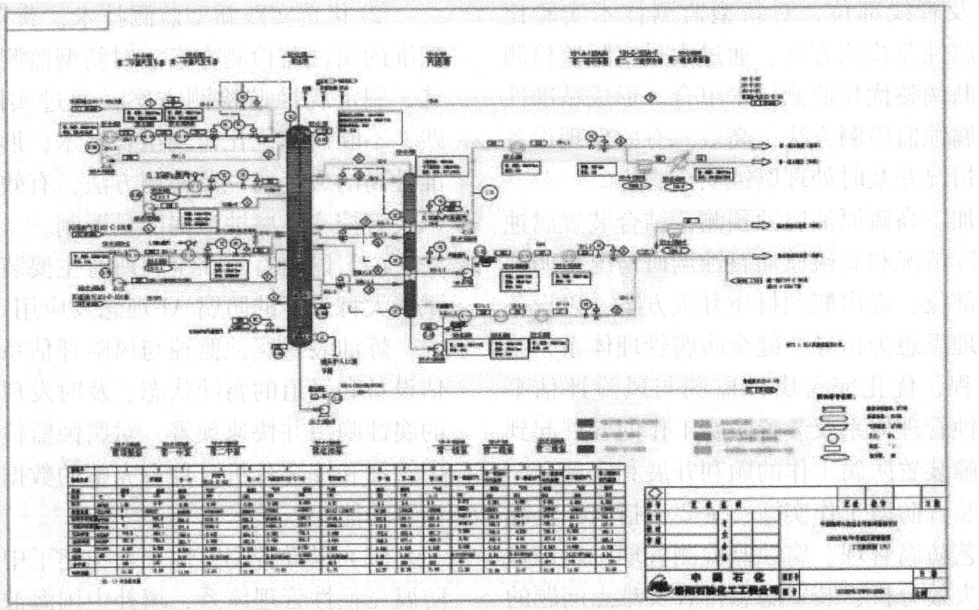

图 2　1200 万吨/年常减压装置常压塔腐蚀流程图

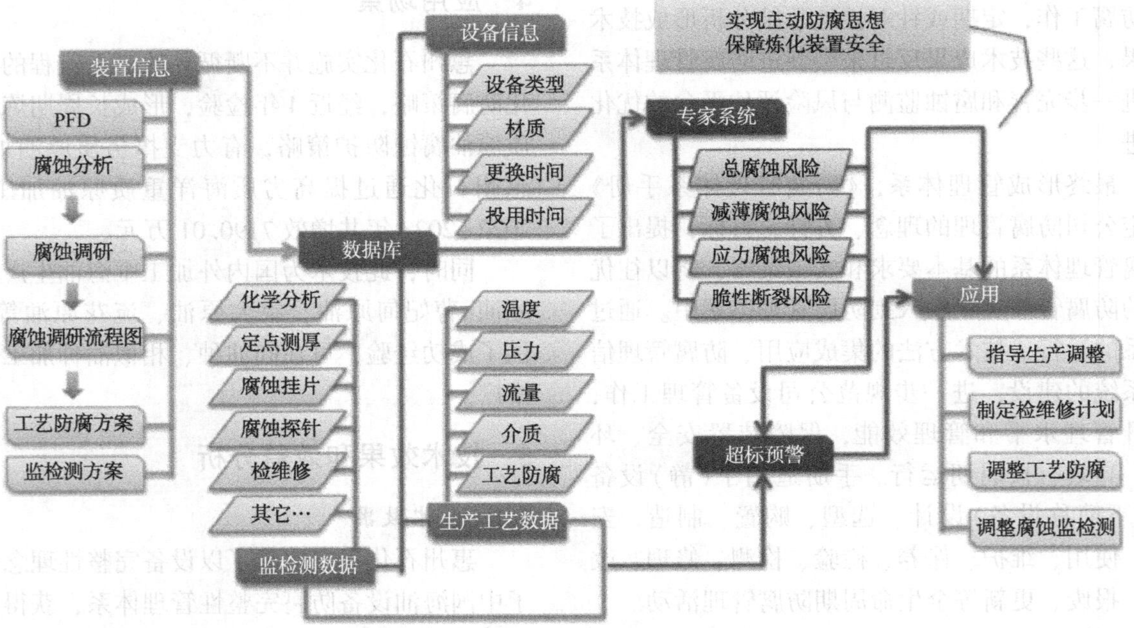

图 3　腐蚀监控系统的运行逻辑示意图

5.2　效益测算

以 2022 年 3 月公司原料及产品结算裸税价格为基础，利用 PIMS 模型和公司财务价格计算 2022 年 3 月航煤转产石脑油的增效情况。

利用 PIMS 模型计算得到曹妃甸、流花等原油加工毛利及加工数量，计算得到加工增效（表 1）。

（1）2022 年增效测算

按照 2022 年 2 月原油增效方法对月度原油加工及增效进行测算，2022 年原油劣质化累计增效 5831 万元。

（2）2023 年增效测算

2023 年因为一期装置检修，海洋重质原油加工数量有所减少。23 年原油劣质化得到增效为 2815 万元。

本项目共投入金额为 1455.99 万元，2022～2023 年实际产生增效 7190.01 万元。

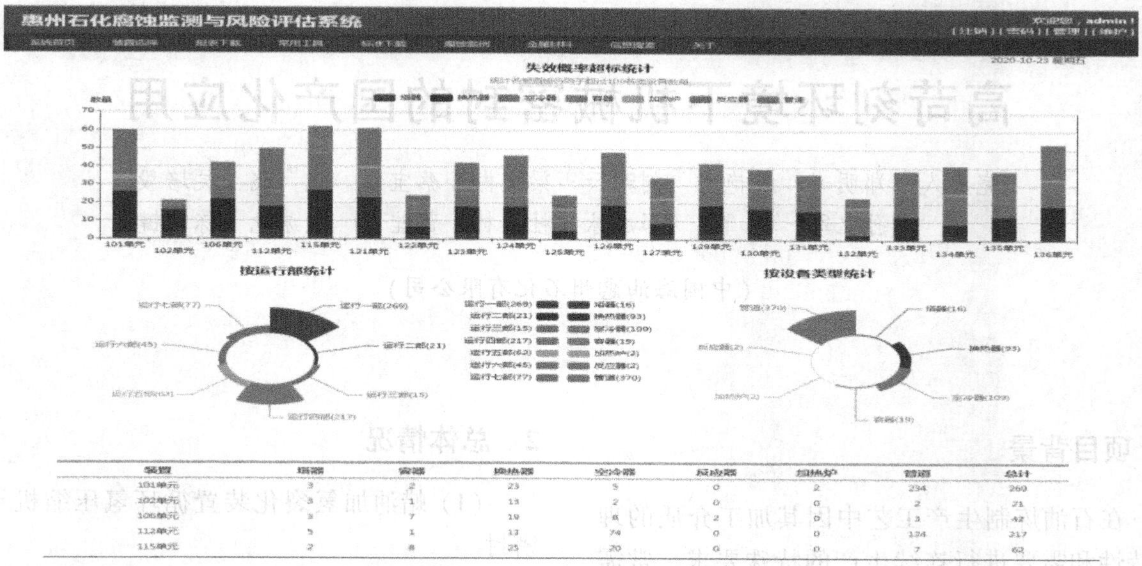

图 4　惠州石化腐蚀监测系统运行图

表 1　2022 年 2 月海洋重质原油加工数量较 2020 年月度平均增效

原油 项目	2022 年 2 月加工数量/万吨	2020 年月度平均加工量/万吨	加工毛利/(元/t)	加工增效/万元
蓬莱	53.01	27.51	309	0
曹妃甸	5.66	0.47	259	607
流花		3.13	376	−732
达里亚			142	
合计增效				−125

高苛刻环境下机械密封的国产化应用

完成人：郑明光　侯艳宏　刘奉云　梁文彬　蔡宝超　花　飞　吴培毅
孙立军　杨　威　邓成泳　杜荣林　黄佳富　魏泳龙　陈泳键

（中国海油惠州石化有限公司）

1　项目背景

在石油炼制生产工艺中因其加工介质的理化特性和需要进行连续生产的特殊要求，常需要设备在面临高温高压、易燃易爆、高速旋转、强腐蚀性介质、颗粒磨损、频繁的温度和压力波动等高苛刻环境下能保障长期可靠运行，因此在这些严苛工况下运行的设备的轴封常选用克兰、福斯等进口品牌，因其在设计、材料、制造工艺方面具有更先进的技术，选用生产的密封材料在耐腐蚀性、耐磨性、高温高压耐受性等方面性能更出色，在质量控制和检测标准上更为严格，在密封领域有更丰富的应用经验和实际运行数据，使其密封产品更加稳定可靠，能够在苛刻复杂的工况下长期保持良好的密封效果。

近年来随着国内密封制造厂家技术的不断发展和进步，密封专用数值仿真设计软件的应用，高参数大型试验平台设备的配备，国内密封基础材料性能的提升，现场实际运行经验的积累，国产密封品牌在高苛刻环境下的运行可靠性有了显著进步。同时炼化生产企业为降低对国外技术和产品的依赖、减少密封备件采购成本、避免因外部因素导致进口密封产品供应受限或延迟，而影响装置正常生产。

基于上述原因，惠州石化一直持续稳步推进高苛刻环境下进口密封产品的国产化替代工作，在进口密封产品多年的现场使用维护检修经验基础上，与国内密封生产厂家密切合作，分别于2022年在480万吨/年催化裂化装置油浆泵、2023年在400万吨/年蜡油加氢裂化装置循环氢压缩机等关键高危严苛环境设备上成功实现了进口密封产品的国产化替代并可靠运行。

2　总体情况

（1）蜡油加氢裂化装置循环氢压缩机干气密封

蜡油加氢裂化装置循环氢压缩机 BCL456/A 由意大利 Nuovo Pignone 公司生产。该机组干气密封系统由约翰克兰配套，密封型式为：XP28 串联式双端面干气密封。

机组性能参数如表1所示。

表1

额定转速	8385rpm
最大转速	9500rpm
最高工作温度	70℃
压缩机出口压力	163.6Bar
工艺介质	H_2、O_2、N_2、CH_4、C3、C4、C5、H_2S

干气密封需面临的严苛刻环境：

超高压力，设计压力高达20MPa，对干气密封运行可靠性要求极高，因循氢压缩机在确保加氢反应所需的氢气能够在系统中充分循环，维持反应压力，控制反应温度，促进物料混合，提高氢气利用率方面起着至关重要的作用，其设备突发故障会导致生产装置停工。同时氢气的泄漏也可能会引发严重的安全事故。

该机组自2009年开工到2023年3月，一直使用的进口克兰干气密封，使用期间分别于2011年、2014年、2016年、2019年、2022年进行过预防性维修或故障维修。总结历次干气密封维修经验，密封故障均是由驱动端干气密封一级推环配合处的静环座上的 POLYMER 弹性密封圈失效引起的(图1、图2)。

POLYMER 弹性密封圈的失效是和运行压力、接触介质、挤出间隙、相对运动(密封环和

图1　失效密封圈1

图2　失效密封圈2

弹簧座以及密封环和推环）相关联。运行压力方面，正常工况机组压力较平稳，但新氢系统波动时工艺要求蜡油加氢裂化装置配合稳定氢气管网压力，需进行频繁的提降量，密封运行压力短时间内波动较大。相对运动方面，该机组主轴驱动端密封锁母螺纹为越转越松的右旋螺纹，安装过程中需要锁紧轴向紧定螺钉进行防松，紧定螺钉的紧力不够或过大都可能造成转动件动环端面跳动超差，引起不正常的静环与推环高频摆动，大幅缩短了密封圈的寿命。因此在2016年4月后对锁母结构进行了改造。

2022年基于现场使用维护检修经验，联合国内密封生产厂家中密控股有限公司开始对该机组干气密封进行国产化改造，通过优化结构设计，材料优化，在2023年4月安装使用国产干气密封。目前该干气密封已累计运行16个月，主密封排气压力趋势较原进口密封平稳，未出现明显上升，运行效果良好。

（2）催化裂化装置油浆泵机械密封

催化裂化装置油浆泵为劳伦斯的HPX6000型悬臂泵，输送介质为高温油浆，介质温度高达330℃，机泵最大出口压力1.6MPa，同时油浆中携带催化剂颗粒，其固含量在5～20g/L之间，油浆泵的流量在650t/h左右，原厂配套约翰克兰机封为双端面密封结构，采用PLAN32+53A+62的冲洗方案。

油浆泵性能参数如表2所示。

表2

额定转速	1485rpm
额定功率	363kW
额定流量	1055.8m³/h
最大轴颈	150mm
介质温度	330℃
出口压力	1.2～1.6MPa

机械密封需面临的高苛环境：

耐高温。由于催化油浆的温度较高，机封材料需要能够在高温环境下保持稳定的性能，防止因高温导致变形或失效。耐磨损。油浆中存在的固体颗粒会对机封产生磨损，因此机封需要具备良好的耐磨特性，以保证长期运行时的密封效果。抗腐蚀。部分催化油浆可能具有一定的腐蚀性，机封材料要能够抵御这种腐蚀，防止被侵蚀而影响密封性能。适应压力变化能力，在泵运行过程中，压力可能会有较大波动，机封要能够适应这种变化，保持稳定的密封效果。

该泵自2017年投用到2022年运行期间，一直使用进口克兰密封，其故障现象主要表现为内封或外封动静环密封端面的失效。分析其失效原因：一是动静环接触面在高温严苛工况下，密封端面产热热量大，若高温封液无法被及时循环冷却，将严重影响端面材质寿命，进而造成密封环开裂、崩口等缺陷，进而引起机封泄漏。二是波纹管补偿力的变化，同样由于波纹管处于高温严苛的介质环境下，油浆会逐渐沉降或凝固在波纹管缝隙中形成焦炭，随着时间的推移，波纹管缝隙内的焦炭使波纹管不能自由进行轴向的拉伸、压缩，失去弹性这种情况下，波纹管就不能随着介质压力的变化而提供相应的轴向力，丧失了补偿作用，使端面液膜压减小，造成液膜反压系数和端面比压下降，从而导致机械密封失效。

2022年3月基于现场使用维护检修经验，联合国内密封生产厂家丹东克隆公司开展机封及辅助系统优化设计制造，成功实现了1台油浆泵的机封国产化改造替代，并后续又分别在2022年8月、2023年7月完成在其他2台油浆泵上的国产化推广应用。

3　技术路线和技术亮点

3.1　蜡油加氢裂化装置循环氢压缩机国产干气密封

3.1.1　应对超高压力

采用了中密公司最新开发的S9系列高压干气密封产品，该系列产品是经过总结密封失效案例、基于运行大数据通过分析计算产生的更优更可靠的结构设计、通过更先进的数控设备加工制造(图3、图4)。

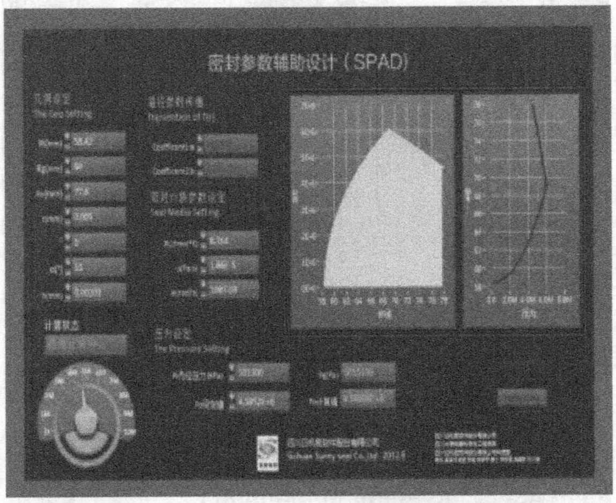

图3　结构设计

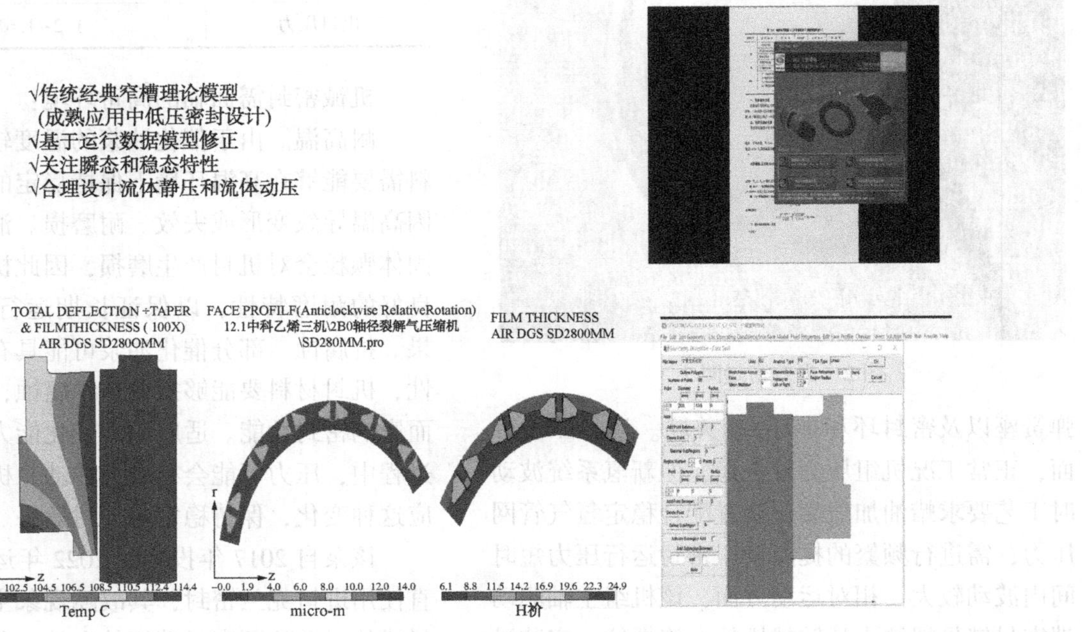

图4　大数据模型修正

3.1.2　应对可靠性

(1) 优化动静环摩擦副材料的配置。动、静环是干气密封的关键部件，其变形直接影响密封的稳定性和可靠性，特别在高压下，密封端面变形相对较大，因此干气密封动、静环应选择具有强度高、导热性好、弹性模量高的材料，以减小介质压力、离心力以及温升对端面变形的不利影响。就动环而言，高压、高速旋转所产生的离心力以及温升都会引起端面较大变形。硬质合金具有更高的弹性模量、强度以及韧性，但导热系数相对较低，端面温度梯度较大，端面自身的变形也较大。而无压烧结碳化硅具有抗弯强度高、导热性好、弹性模量高、重量轻、耐腐蚀性强的特点，因本干气密封的设计压力超过高达20MPa，石墨静环无法满足要求。反应烧结碳化硅抗弯强度约为石墨的7倍，弹性模量为石墨的22倍，在高压下可有效减小静环的压力变形，同时在反应烧结碳化硅表面喷涂DLC可以有效解决了碳化硅配对碳化硅组对的耐磨性的问题，既可以满足高压下静环的强度需求，又可以使静环端面具有良好的耐磨性和极低的摩擦系数。因此国产密封静环材料选择反应碳化硅喷涂DLC(图5)。

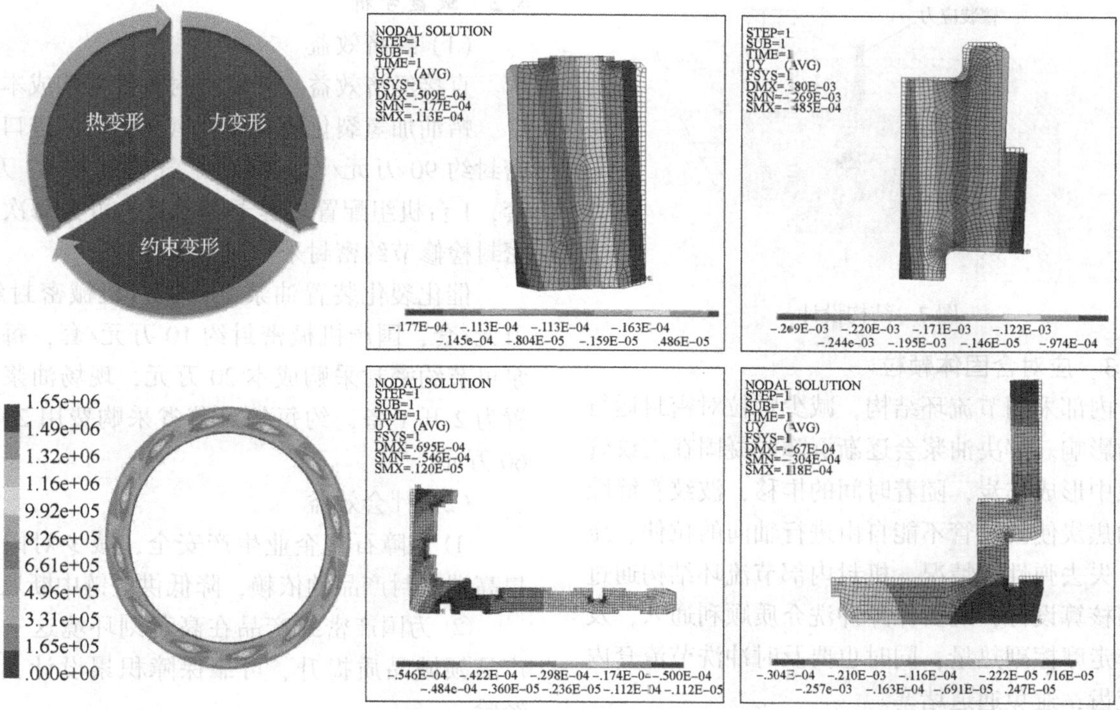

图5 模拟分析

(2) 副密封设计升级。辅助密封圈是密封设计和稳定运行的关键因素，耐磨性、高强度、润滑性、高可靠性是高压密封对辅助密封圈的要求，此密封采用全新的推环和副密封设计。新结构减小了推环重量，缩小了推环浮动密封圈的挤出间隙，大幅降低了浮动密封圈在高压下被挤出的风险，从而提升密封运行的稳定性和可靠性。

3.2 催化裂化装置油浆泵机械密封

3.2.1 应对高温

提升封液循环效率。密封腔内液体的定态温度是一个简单的热力学平衡函数，流进密封腔液体的热量减去从密封腔流出的热量即得出净热流。热流进有几个热源：密封端面的摩擦和流体的剪切而产生的热；密封旋转引起的涡流产生的热以及泵密封腔和轴的热；热流出包括密封腔或轴承反向传导到泵的热及通过对流或辐射发散到空中的热。虽然更多的冲洗液体带入可以起到最好的降温作用，但是过量轻质油进入密封腔而后进入高温泵体之内极易引起气化，造成机泵抽空，因此需要在循环密封介质侧加大换热效率。

与原进口机封比较，此次国产机封增加双向泵送机构，有效提升了密封介质的循环泵送效率，通过密封油换热器及时将机封内热量及时带走，有效降低高温对端面、波纹管的影响，保障机封运行稳定性。同时增加压盖流道设计，通过流道有效引导密封介质循环，同时对机封内部热源产热的主要部立，即密封端面处进行针对性的冲洗，有效提升换热效率，确保动静环密封端面的良好运行环境（图6）。

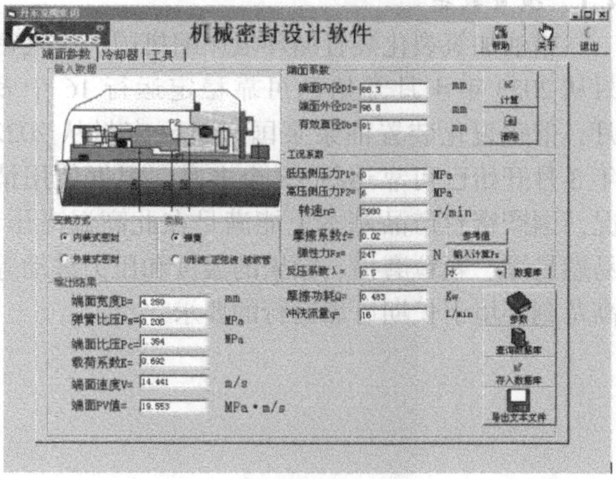

图6 设计分析

3.2.2 应对大轴径

优化波纹管结构形式及材质。本机泵轴颈达150mm，轴径大，波纹管的形状、尺寸、材料等，这些参数的选择将直接影响密封性能和使用寿命。国产机封采用了静止型结构，减少运离心力对密封的影响，可以避免波纹管在机泵运行过程离心力造成的变形干扰，相对稳定的环境可以保障均匀的补偿力，同时波纹管采用45°波形，有效分解焊接应力保证密封补偿性（图7）。

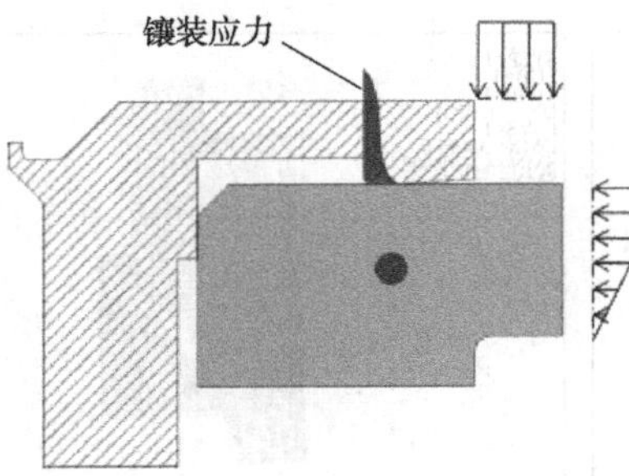

图 7　结构设计

3.2.3　应对含固体颗粒

内部采用节流环结构，减少颗粒对密封运行时的影响。解决油浆会逐渐沉降或凝固在波纹管缝隙中形成焦炭，随着时间的推移，波纹管缝隙内的焦炭使波纹管不能自由进行轴向的拉伸、压缩，失去弹性等情况。机封内部节流环结构通过严格核算设计，既要保障冲洗介质顺利通入，及时带走摩擦副热量，同时也要及时冲洗节流套内部梳齿，避免通道堵塞。

因此节流衬套尺寸结合冲洗介质压力、机泵密封腔压力和密封腔内热量平衡，进行核算设计，起到最佳配合效果。

4　项目效果和效益分析

4.1　项目效果

蜡油加氢裂化装置循环氢压缩机国产干气密封从 2023 年 4 月开始已可靠稳定运行 16 个多月，催化裂化装置油浆泵国产机械密封从 2022 年 3 月开始已可靠运行 28 个多月，根据使用情况，国产密封产品基本上能满足在此高温高压、易燃易爆、颗粒磨损、频繁的温度和压力波动等高苛刻环境下长期可靠运行的要求。

4.2　效益分析

（1）经济效益

直接经济效益：降低密封备件采购成本。

蜡油加氢裂化装置循环氢压缩机：进口干气密封约 90 万元/套，国产干气密封约 47 万元/套，1 台机组配置 2 套干气密封，可为每次机组密封检修节约密封采购成本 86 万元。

催化裂化装置油浆泵：进口机械密封约 30 万元/套，国产机械密封约 10 万元/套，每台机泵可节约密封采购成本 20 万元，现场油浆泵配置为 2 开 1 备，约每年可节省采购费用 20×3 = 60 万元。

（2）社会效益

① 保障石化企业生产安全，减少对国外进口高端密封产品的依赖，降低供应链中断风险。

② 为国产密封产品在高苛刻环境这一高端产品领域品质提升、可靠保障积累设计、运行经验。

③ 推动技术创新，缩小国产密封厂家与进口密封厂家在高参数密封理论设计、试验技术水平、密封基础材料性能等方面的差距。

往复式压缩机气量无级调节技术应用总结

完成人：韩建峰　毛文涛　李　鹏　武洪增

（中海沥青股份有限公司设备管理部）

1　项目背景

加氢制氢装置自投产后，原料气压缩机和新氢压缩机均存在较大比例的冗余负荷，为满足工况需要通过回流调节来实现机组做功平衡，造成了很大能源浪费。经考察调研，发现在大功率往复式压缩机上应用气量无级调节系统来消除冗余负荷可取得很好效益，通过对机组实际工况进行测算，两机组年节能降耗效益潜力合计在800万元左右，基于此，该项工作列入了技改工作计划。

2　采用的气量无级调节技术亮点

压缩机气量无级调节系统（以下简称气量调节系统）是一个独立的调节压缩机排气量的系统，系统与DCS通过接口相互通讯，与DCS兼容并行，便捷控制压缩机安全、稳定和高效运行。

顶开气阀的无级气量调节系统的原理如图1所示，高速电磁阀控制着液压缸的液压通路，当电磁阀带电时，阀芯动作使液压缸与液压站的高压油路连通，液玉力推动液压活塞，执行机构在液压活塞的作用下被压下，强制打开进气阀；当电磁阀断电时，阀芯复位使液压缸与液压站的低压回油路连通，玉叉在复位弹簧作用下复位，气阀在气体力与阀片弹簧作用下关闭，气缸内剩余的气体开始被压缩。压缩机达到所需气量的关键，是确定进气阀的延迟关闭时间，进气阀延迟关闭时间又是由电磁阀的带电时间长短决定的。在本设计方案中，电磁阀带电时间长短是由PLC可编程控制器的输出决定的，PLC控制模块根据排气压力（与活塞行程及气量对应）来输出一个控制信号。

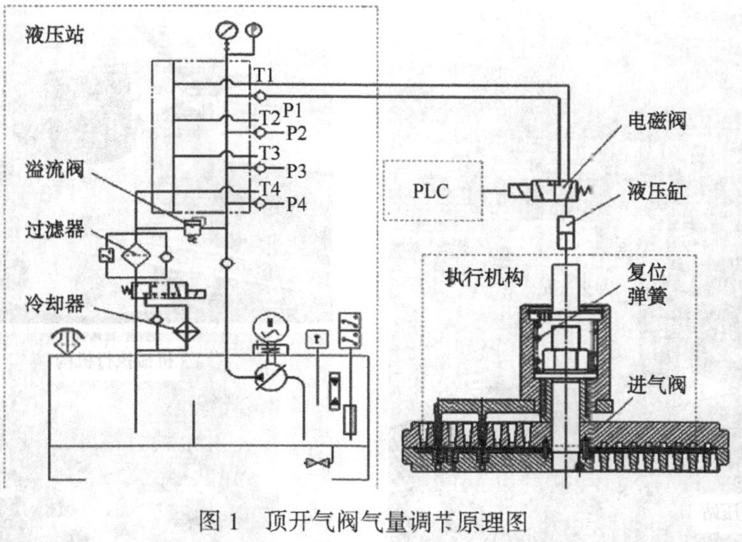

图1　顶开气阀气量调节原理图

气量调节过程中气缸内的p-V图如图2所示。当压缩机处于膨胀过程AB时，电磁阀未接通；进入吸气阶段BC，进气阀在气体力的作用下开始打开时，电磁阀接通，柱塞在高压油作用下推动压叉使进气阀片贴合在限制器表面；压缩机进入压缩阶段时，电磁阀仍然处于通电状态，阀片仍然被压叉固定在限制器上，此阶段CCr即为回流阶段，它将多余的气量不经过压缩自动排进进气管路中；在CrDr阶段，电磁阀断电，阀片在气体力作用下自动关闭，压缩机进入压缩阶段；DrA 即为压缩机的排气阶段。这一过程中，气缸内气体通过进气阀回流到进气腔或者进气管路中，达到减小排气量的目的，从 p-V 图上也可以发现后者节省了循环指示功，相比于现有的旁通管路气量调节方式，实现了压缩机的节能。

3　技改实施情况

2022 年 4~5 月份加氢制氢装置检修期间，完成了原料气压缩机 B 机(0103-C-101B)和新氢压缩机 B 机(0102-C-102B)两台机组的气量无级调节系统改造，采用的产品是由上海环天压缩机有限公司生产的 HRCS 型气量无级调节系统。

系统主要由液压站系统、机械执行机构、控制系统三大部分组成如图 3~图 6 所示。

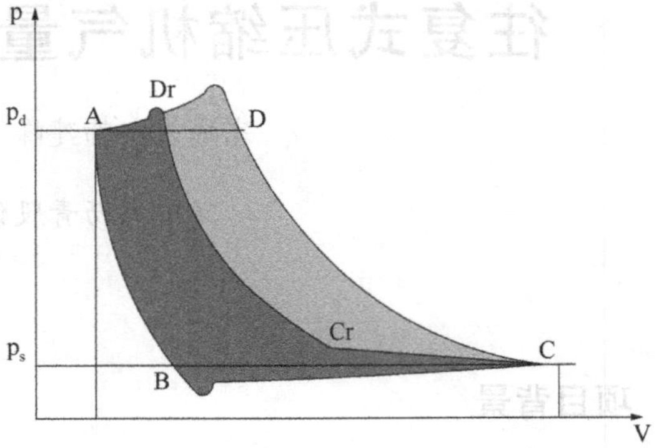

图 2　气量调节时的 p-V 图

图 3

图 4

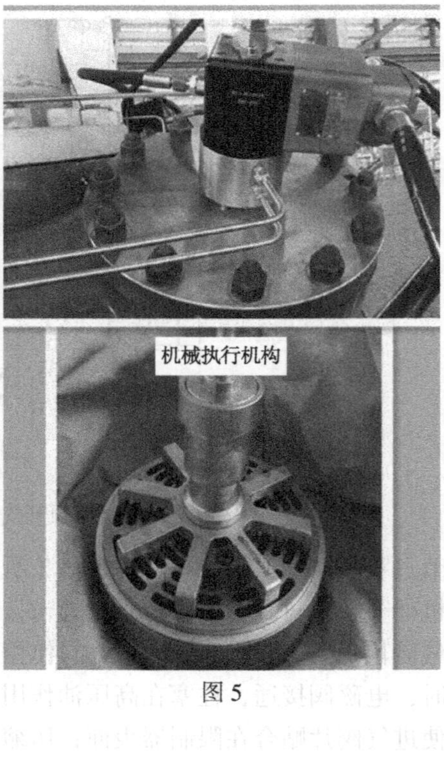

图 5

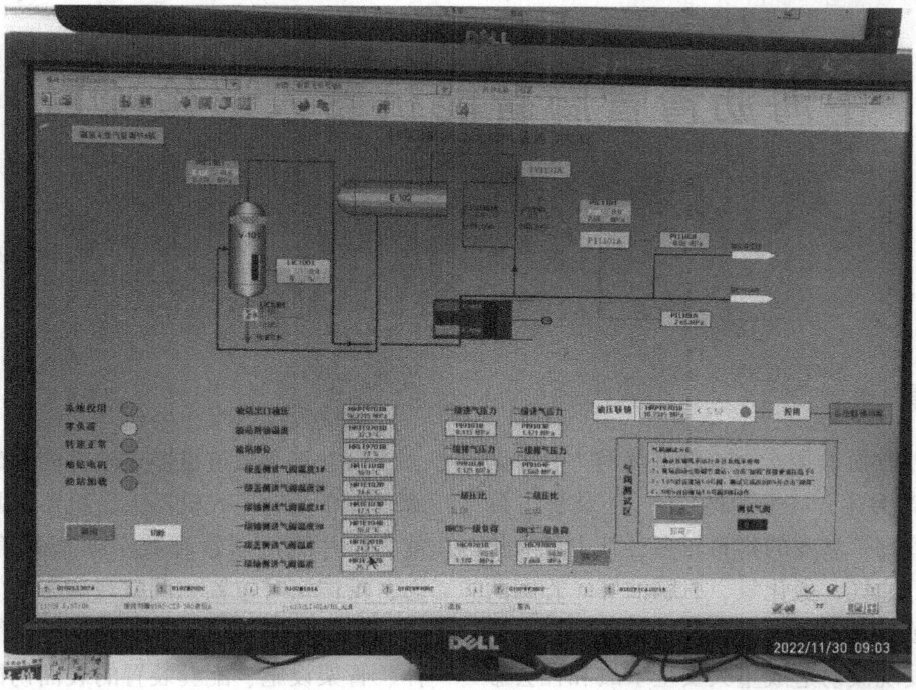

图 6

4 运行情况

两台机组改造完成投运后，系统运行稳定可靠，系统调整机组负荷均在 50%左右，机组运行状态良好，经对实际工况测算比对，改造达到了预期节能效果，数据如表 1、表 2 所示。

表 1 新氢压缩机 B 运行电流统计

设备名称	位号	日期	改造后电流	改造前电流
新氢压缩机	0102-C-102B	11 月 13 日	77.0A	144.2A
		11 月 14 日	77.1A	
		11 月 15 日	78.4A	

表 2 原料气压缩机 B 运行电流统计

设备名称	位号	日期	改造后电流	改造前电流
原料气压缩机	0103-C-101B	11 月 20 日	40.3A	64.8A
		11 月 21 日	40.2A	
		11 月 22 日	39.9A	

经统计，加氢装置新氢压缩机 B 机改造后运行电流降低 66.5A，制氢装置原料气压缩机 B 机改造后电流降低 24.9A，两台机组电耗每小时降低约 1440kW · h，按今年平均电价 0.66 元/kW · h 计算，每月节能效益 69.6 万元。

5 与立项时预期效果比对情况

立项时预期效果：优化机组操作，使机组负荷与生产需求相匹配，降低电能消耗 30%左右。预期加制氢二台压缩机改造后，每月节能效益约为 68 万元。

两台机组改造后合计每月节能效益 69.6 万元，达到调研时测算的节能效益 68 万元，同时因机组改造后负荷下降，机组运行状态得到改善（运转零部件磨损减轻、噪音降低、振动降低等），工况变动调整负荷操作时更加方便直观，气量无级调节节能优化改造取得良好的综合效益。

中海沥青管廊智能机器人巡检项目

完成人：鲁　微　郭永军　刘　强　单　强　王　磊

（中海沥青股份有限公司）

1　项目背景

中海沥青股份有限公司(以下简称“中海沥青”)厂外管廊为生产一区和生产二区装置、罐区物料输送管廊，涉及的物料较多，其中危险化学品有液化石油气、硫化氢、石脑油等。管廊两侧为公共区域，车辆和人员较多，若发生物料泄漏不能及时发现极易造成重大安全事故和社会影响。目前，厂外管廊巡检方式为人巡检，频次为一天二次，无论是巡检频次还是质量都无法保障及时发现管廊运行的异常情况。

为全面贯彻2022年国家工信部、应急管理部等多部门联合发布实施的《化工园区建设标准和认定管理办法(试行)》、《危险化学品企业双重预防机制数字化建设工作指南(试行)》、《“工业互联网+安全生产”行动计划(2021—2023年)》等相关文件的精神，落实山东省应急管理厅《全省危险化学品安全生产“机械化换人、自动化减人”工作方案》的工作部署，中海沥青结合企业实际情况，通过调研对比国内石油化工企业管廊自动巡检的开展情况，在厂外管廊建设轨道机器人实现对厂外管廊的自动巡检和泄漏监测预警。

2　总体情况

随着中海沥青的扩建增产，信息化建设工作也同步大力推进，日常运行、现场作业活动对降本增效、防范安全风险，打造高质量生产作业能力的要求越来越高，作业调度和生产管理的实时监控、及时预警、风险防范等关键生产运营能力亟需数字化技术的助力。

因此，中海沥青2023年4月开展隧道智能巡检系统建设，以巡检机器人为抓手，通过AI深度学习技术，实现管廊安全智能化巡检系统。

系统设计需求主要包含：

(1) 基于轨道机器人硬件的精确控制：在管廊内部布设轨道式机器人，机器人具备自主运行能力，并能根据管廊数字模型精确控制运行状态，反馈实时位置，调整观测姿态。

(2) 智能管道表面缺陷智能检测：对管道本体、管架设施、配套装置的表面锈蚀、破损、变形等缺陷进行智能化实时检测。

(3) 管架空间、配套装置温度、声音、气体智能探测：对管廊内管架空间热红外采集，并智能分析红外采集数据，发现管输运行异常；对装置泄漏声音、拍击声音进行采集和声纹智能分析，发现运行风险；对管廊空间气体采集和智能分析，发现气体介质泄漏。

(4) 管廊现场人员、装备状态智能识别：对环境因素、人员行为、消防设备智能化监测控制，对管廊内部安全因素进行监控与预警分析，对各类异常风险的主动识别、远程指挥、协同辅助。

(5) 人工智能模型管理、空间孪生数据拟合：系统需要协同一体化软硬件能力，涉及所用产品为业内技术领先，需要具备先进性持续提升的可视化安全运行管控能力。

3　技术路线和技术亮点

3.1　人工巡检难点

(1) 巡检劳动强度大：现场管廊长度约900m为新区外墙管廊至老区外墙处管廊段。夏季恶劣天气长期的户外作业易造成员工疲劳甚至中暑。

(2) 人工巡检效率低：管廊内管道布置数量众多错综复杂。管廊分4层共计38条各类管线。巡检任务非常繁重，人工巡检效率较低(图1)。

（3）人工巡检范围少：管廊低处有2m左右高，高处有16m左右高。下部每层管路排布密集，人员在地面进行巡检基本上只能看到下方两层的管路状态。管廊上部并无行人走廊平台，不便于人员对上部管廊进行巡检作业(图2)。

（4）社会危险性高：管廊处于园区外、公共马路马路旁，管廊内运输介质包括硫化氢、石脑油、天然气等气体，以上几种介质均比空气重，一旦泄漏容易形成气体漫流，对周围人、环境威胁极大。

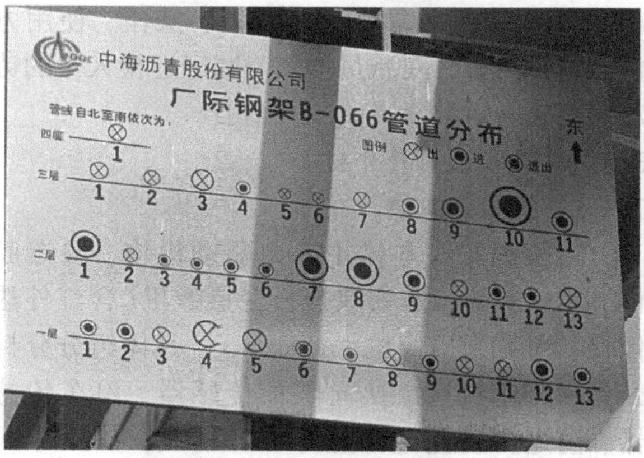

图1

图2

3.2 机器人巡检亮点

巡检机器人可以替代人工完成高空巡检作业将巡检工从恶劣危险的工作环境中解脱出来，并且工作效率及检测的全面性更加高。还能将现场的图像等视频等信息进行存储，方便运维人员随时调取将巡检内容复现。

机器人设计符合最新的GB/T3836—2021《爆炸性环境》系列部分标准，能够满足现场存在氢气、乙炔等Ⅱ类C防爆环境需求。

机器人通过在巡检区域内的轨道上，首尾往复行走观测巡检区域内的设备运行情况。机器人可搭载与巡检区域内已经敷设信号基站相匹配的CPE模块，将接收到的视频、红外、音频、气体浓度等参数传输至上位机。

（1）严格按照国家防爆标准设计，符合企业防爆要求。

（2）机器人采用全新模块化设计驱动结构，体积小、重量轻、爬坡角度大、过弯能力强，适用于各种复杂企业环境。

（3）机器人吊挂于轨道，占用空间小，不影响行人，不占用地面环境。

（4）机器人设计时充分考虑各种安全问题，采取多重技术措施，保证机器人可靠、安全运行进行巡检作业。

（5）机器人搭载轻量化本安型云台摄像机，实现巡检现场全方位图像采集和重点巡检设备不同角度的局部细节图像采集。

（6）机器人搭载在线式本安型红外热像仪，实时采集巡检设备的红外热像图及各点温度，如管路热像温度、阀体温度等。

（7）智能化识别功能：人员穿戴防护用品识别、仪表数据识别、阀杆位置识别、旋钮状态识别、声音异常识别等。

（8）机器人可采集现场烟雾、气体浓度等环境信息，超过标准将进行报警，气体种类包含一氧化碳、硫化氢、甲烷及氧气。（可根据客户不同需求定制）

（9）机器人采用多重安全闭锁防爆自动充电设计，安全等级高、稳定可靠。或者采用无线充电技术，充电桩位置布置更加灵活。

(10) 产品可靠性高，安装、操作、使用方便，维护简单，对减员增效、减轻巡检人员的劳动强度具有重要意义。

3.3 机器人及配件介绍

3.3.1 机器人本体

巡检机器人本体主要由驱动机构、隔爆腔体、本安腔体、本安双视云台摄像机(含红外热像仪、可见光摄像机、补光灯)、气体组分分析云台、测速机构、换向限位传感器、停车传感器、防爆自动充电插座等部分组成，如图3所示，自动沿轨道往复移动，对巡检区间内生产设备及生产环境进行全方位监测。

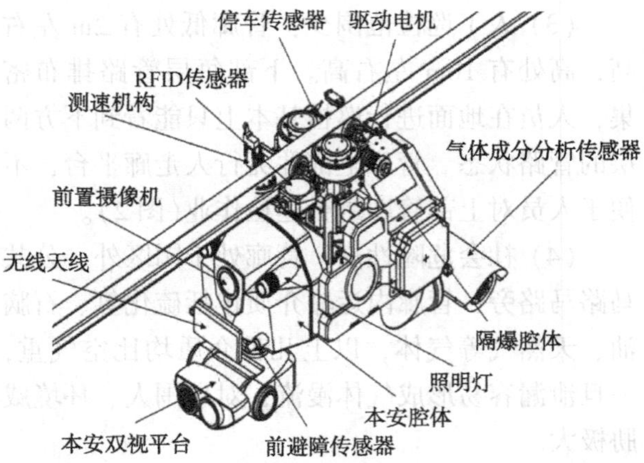

图3　巡检机器人本体组成

机器人配置参数如表1所示。

表1　轨道式智能特种机器人配置参数

轨道式智能特种机器人配置参数	
适用领域	石化企业、焦化厂、炼化厂、化工厂、民爆企业等IIC类爆炸环境
外形尺寸	长926mm×宽436mm×高577mm
设备重量	≤130kg
行走机构	机器人吊挂在轨道上的运行方式
最大行走速度	0.5m/s
控制方式	无线遥控
爬坡角度	25°
转弯半径	≤1.5m
续航能力	平段运行最大里程8公里以上
环境温度	-15~60℃
通讯距离	200米/台基站
照明	白光辅助照明
防护等级	IP65
本安双视云台配置参数	
可见光摄像机	分辨率1920×1080，30倍光学变焦
红外热像仪	分辨率384×288，测温范围-20~+150℃
垂直旋转角度	-90°~+35°
水平旋转角度	0°~360°
防爆气体组分分析云台配置参数	
检测气体范围	烷烃类、烯烃类、苯类、醇类易挥发气体
垂直旋转角度	-90°~+35°
水平旋转角度	0°~360°

3.3.2 无线基站

无线基站主要包括无线设备模块、定向天线、馈线等，搭建无线通讯网络平台，实现整个系统中上位机与巡检机器人本体之间的信息传输，也允许符合国际标准的其他无线设备接入网络(图4、表2)。

3.3.3 充电装置

充电装置用于给巡检机器人内部动力电池组充电，可以实现自动充电，无需更换电池或拿到地面充电(图5、表3)。

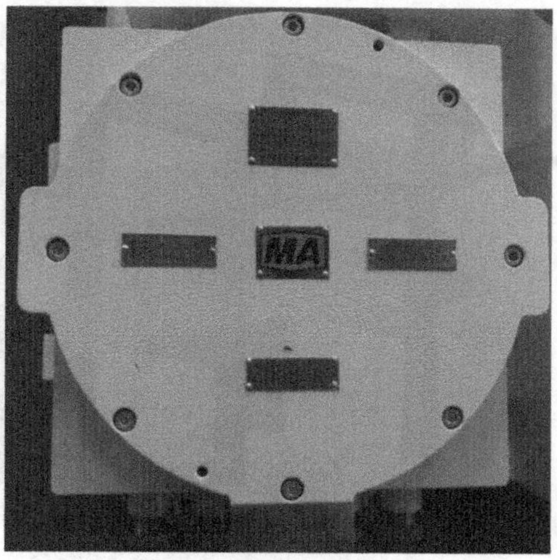

图4　无线基站

表 2　机器人系统无线基站参数

隔爆形式	Exd[ib] Ⅱ CT6 GB
覆盖距离	平直巡检区域 200 米
天线形式	板状天线
网络制式	5.8GHz

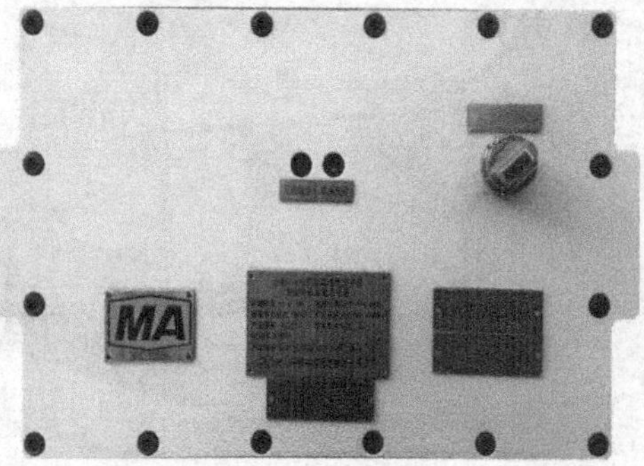

图5　充电器箱

表 3　充电器箱详细参数

隔爆形式	Exd[ib] Ⅱ CT6 GB
输入电压	(127~220V)±10%
输出电压	58.4V
输出电流	≤10A
机器人充满电时长	0-100%约 5 小时

宽电压输入范围，适应于电压波动大的情况，充电效率高，发热量小。

3.4　轨道系统

机器人运行轨道采用标准 8#工字钢轨道，高度 80mm，宽度 50mm，腹板厚度 5mm，单根轨道长度 6m，单重 8.33kg/m，长度以及轨道弯曲角度依据现场情况调整，并实施不同安装方案。

3.4.1　整体路线布局

在巡检区域管道框架梁吊挂机器人运行轨道，沿轨道左右侧端点位置布设限位器，在轨道一尽头端安装机器人充电装置。巡检区域沿线安装无线基站，保证机器人运行区间内无线网络的全面覆盖。控制室内智能巡检平台接入机器人控制系统，实现机器人的远程控制及监护。远程工作站通过网线并入到局域环网内，无线基站也通过网线或光纤并入到局域环网内，使得远程控制站与无线基站之间能够完成数据通讯，确保机器人监控的实时性。整个巡检管廊路径起点及重点位置，如图 6 所示。

图6　管廊卫星地图

3.4.2　机器人及轨道安装部署

（1）机器人安装位置

在管廊项目中的第一台机器人布置在 3～4 层新区围墙厂内位置，第二台机器人布置于另一侧的 1～2 层层新区围墙厂内位置(图 7)。

使用固定吊装支架卡在上方的 H 型钢横梁

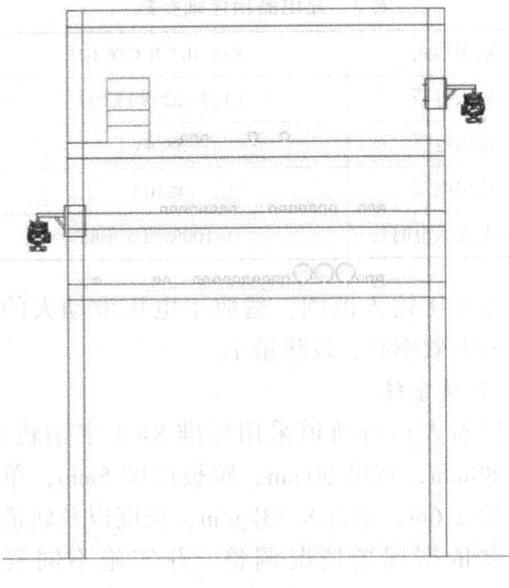

图 7　机器人部署位置示意图

上吊挂机器人轨道，每根轨道的长度需要根据现场 H 型字梁之间的距离而定。轨道采用 8#工字铝，轨道成“一”字形布局。并在管廊尽头一端约 C12001#立柱围墙内部的位置布置机器人充电屋(图 8~图 10)。

图 8　顶层安装位置图

图 9　吊装支架示意图

图 10　吊装安装方式三维模型

现场 H 型钢梁位置过高或者无突出 H 型钢梁时，可以采用侧壁支架安装的形式，将侧壁支架根据现场实际高度安装在所需的高度上，结构如图 11、图 12 所示。

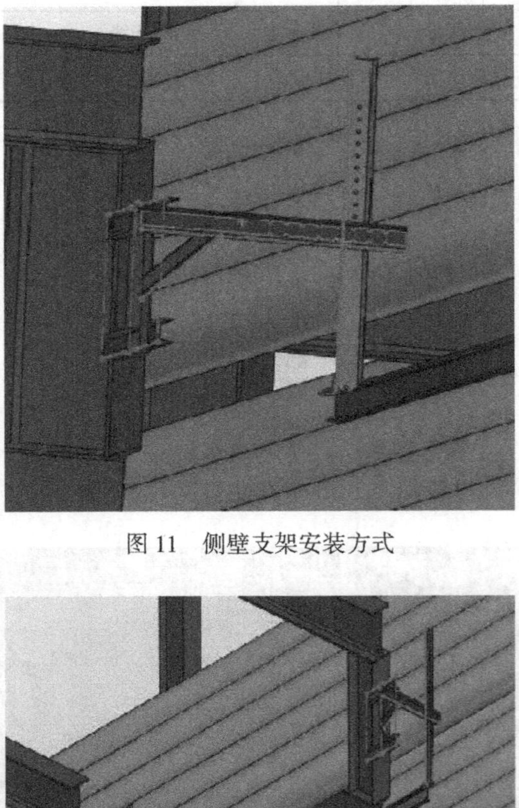

图 11　侧壁支架安装方式

图 12　侧壁安装效果图

（2）机器人特殊位置说明及解决措施

① 两台机器人起点分别在管廊的左右两侧（一个位于一侧 3~4 层间侧方立柱位置，另一侧位于 1~2 层立柱侧方位置，起点均位于新区围墙内便于取电及人员监控维护），此处安装机器人充电屋。充电屋放置于现场新加工搭建支架的上方，搭建平台，固定充电屋，充电屋需要现场组装(图 13)。

充电屋采用板材现场拼接，螺栓固定，充电屋顶部与钢结构固定。底部与搭接的平台固定，螺栓材质用 316 不锈钢。

充电屋内置防爆空调、防爆闭门器、防爆配电箱、防爆基站，防爆充电箱、照明灯。

图 13　充电屋

② 机器人终点位于老区围墙 B-03#立柱处，此处在轨道上安装机器人换向传感器(图 14)。

图 14　机器人终点位置

③ 机器人爬坡跨越膨胀弯或者是跨越路口处，需要根据实际情况增加垂直弯轨及水平弯轨。根据跨越距离的大小决定中间轨道吊点的数量，三维模拟图的跨度较小，所以只在两端进行了吊点固定。跨越膨胀弯或者跨越路口处同样两种轨道安装方式均可以，根据现场情况，设计最优的安装方案(图 15、图 16)。

图 15　管廊爬坡现场

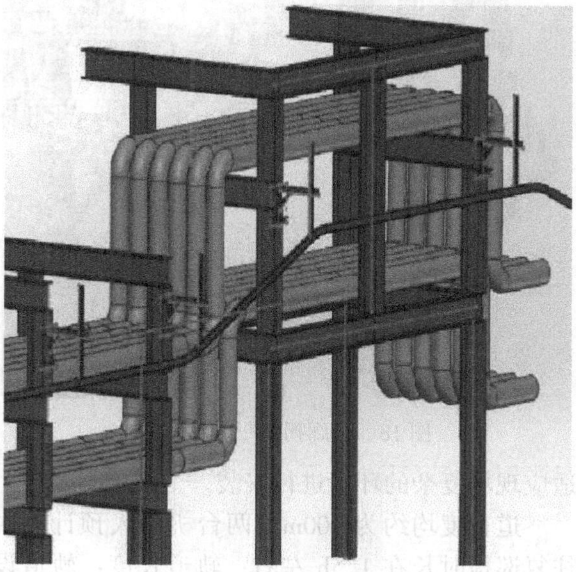

图 16　管廊爬坡三维路线图

机器人行驶至拐角处，会通过水平弯轨改变行进方向，利用机器人小半径的拐弯能力，在有限的空间中，出色的完成巡检任务(图 17、图 18)。

（3）安装布置方案

机器人运行轨道采用 8#工字铝轨道。长度以及轨道弯曲角度依据现场情况调整，并实施不同安装方案。设计各类水平、垂直方向的弯轨以

图 17　管廊拐角现场

图 18　管廊拐角三维路线图

适应现场复杂的环境进行安装。

道长度均约为 900m，两台机器人预计单次往复巡检时长在 1.5h 左右；轨道长度：轨道设计为 6 米/根。

安装轨道时轨道接头间隙不得大于 10mm，高低和左右允许偏差不得大于 2mm 和 1mm。应达到平、直、顺的标准。

（4）设计原则及现行标准

遵循的设计原则：

① 遵循"五高"建设方针，即高起点、高技术、高质量、高效率、高效益，突出效益优先；

② 技术先进，可靠性高，扩展与升级容易，具有故障自诊断功能，做到够用、适用、好用、易扩展；

③ 充分利用现有资源，在技术先进的基础上，做到经济实用；

④ 网络通讯功能强大，易于与其他系统集成。

遵守的主要现行标准

①《企业安全规程》2016 版；

② GB3836.1—2021《爆炸性气体环境用电气设备》第一部分：通用要求；

③ GB3836.2—2021《爆炸性气体环境用电气设备》第二部分：隔爆型"d"；

④ GB3836.4—2021《爆炸性气体环境用电气设备》第四部分：本安型"i"。

3.5　防爆基站安装部署

无线基站方案；无线基站和天线支架安装在框架梁，在不影响生产和行人的位置，基站和天线使用螺栓安装固定。基站间距标准为 200m（根据现场实际情况和基站数量对基站进行安装）。需要在充电桩处以及 200m 位置轨道末端处布设单向天线，天线的高度要与机器人上的天线平行，方向与机器人上的相对。

3.5.1　充电桩安装及电缆铺设

充电桩预计安装位置位于巡检路径安全区域一端，该处具备 220V 电源可以取电。

光纤铺设：每个基站连接需要一根电源线（220V）和光缆（需要融光纤）。电缆和光纤在每个基站处，要保证 5m 的余量。标准化以化工厂为准，光缆端头与交换机连接。

4　应用场景

目前中海油、中石化、中石油内炼化企业近百家，每家企业具有与中海沥青管廊不只一处，系统推广预期前景广阔，可为更多企业带来经济效益。另外，在国家安全监管政策持续加码的背景下，企业安全管理呈现单点式、割裂式发展，导致技术与业务脱节，形成数据孤岛，数据无法有效反哺业务，与安全生产智能化管控要求差距较大。

为了解决业务割裂、数据孤岛的问题，亟需新技术赋能企业安全生产，将 AI 和大数据等技术内生到安全管理业务中，围绕"人、机、环、管"构建基于工业互联网架构的安全生产智能化管控体系，以监测预警为切入点，实现 AI 与智能巡检、设备预测性维护、双重预防等业务的深度融合；依托知识图谱和大数据释放安全知识的价值，通过业务建模构建企业安全画像，精准赋能安全决策，助力实现安全生产的可预测、可管控。

5 项目效果和效益分析

管廊智能巡检系统上线后，进一步提升了中海沥青厂区外管廊泄漏风险预警和应急联动能力，提高巡检工作效率。

机器人按照每 4 小时一次的频次进行自主巡检，每次巡检用时约 1.5 小时。完成巡检后，机器人会自动返回充电屋进行充电。巡检过程中，智能预警平台能够对机器人采集的数据进行检测和记录，实时检测气体、液体的异常泄漏，及时做出报警反应，同时还能够通过红外成像、AI 识别等技术有效地预警跑冒滴漏等现象，解决了管廊巡检的痛点所在。

同时，该系统帮助中海沥青将预警响应时间缩短至分钟级别；巡检模式由原来的地面人眼观察改为红外和可见光摄像头上下扫描及 AI 智能分析报警，检测范围扩大了 80%以上；实现智能巡检为主，人工巡检为辅的巡检模式，每日人工巡检作业数量从原来 24 人次缩减至 6 人次，每年可节约 580C 人工时。在有效提升设备安全性和可靠性的同时，降低员工的劳动强度，提高工作质量和效率，全面提升了公司的安全生产保障能力。

从间接效益来看，该系统的应用可有效减少人员环境健康风险，在发生有毒有害介质发生轻度泄漏的情况下，提前预判工作人员进行有效防护；此外，还提高了管理协同效率，管理链条从手动班报统计分析向实时智能在线转变，管理力度从小时级提升到分钟级，这对安全生产的保障显而易见。

6 项目效果展示

项目效果如图 19~图 22 所示。

图 19 项目数字孪生大屏

图 20　机器人出屋巡检

图 21　机器人爬坡现场

图 22　管廊泄漏识别效果

加热炉炉墙耐高温辐射涂料及炉管耐高温强化吸收节能涂料喷涂

完成人：袁树岚 杨毅锋 许建刚 杨 盟 任立涛 李 鹏 董邢磊 张俊杰

（中海沥青股份有限公司设备管理部）

1 项目背景

为延长加热炉衬里及炉管安全运行周期，减少炉墙积灰及炉管表面结垢，提高热量的传导，抑制辐射热量的损失，以达到最大化地降低加热炉的能耗，提高加热炉热效率，减少加热炉炉管污染物的产生。

2 总体情况

在2022年大修期间，对加制氢装置加热炉、120装置加热炉、延迟焦化炉喷涂耐高温辐射涂料及炉管强化吸收涂料。项目实施后，经选取2022年9月份的运行数据与喷涂施工前的数据对比，其中燃料消耗降低最大达12.5%、热效率最大提升3.35%；所有指标均满足施工技术要求。

3 技术路线和技术亮点

3.1 节能原理

在炼化企业的加热炉中，燃料燃烧提供的总热量Q，大部分由被加热介质炉管吸收Q1；一部分随炉墙散热损失Q2；一部分随烟气排放损失Q3，Q=Q1+Q2+Q3。对于加热炉的节能改造，主要也是围绕着这个能量公式展开，即：

改善燃烧器、改善燃料，提高Q值；

使Q1最大化；

改变炉墙结构、衬里材质等，减少Q2损失；

改善预热回收系统等，减少Q3损失。

保证炉管热量吸收最大化，即Q1最大化是加热炉运行的根本和重点；如何提高炉管对炉膛传热的吸收，是提高加热炉运行效率的重要手段之一。

材料黑度对辐射传热的影响是广泛认同的热工原理，根据热辐射能量公式：

$$E=\varepsilon \cdot \sigma \cdot A \cdot T^4 \quad (1)$$

式中：E为辐射能量，W；ε为物质表面的发射率；σ为斯蒂芬·玻尔兹曼常数，其数值为$5.67\times10^{-8}\,W/(m^2 \cdot K^4)$；$A$为物质表面积，$m^2$；$T$为物质表面绝对温度，K。

从以上的公式可以得出：

加热炉设计定型后，其炉管材质、衬里材质、传热面积、炉墙辐射面积已经确定，若要想提高炉子的热效率，除改善燃烧条件之外，就得从提高炉子的辐射传热能力上寻找可能。而高效辐射涂料，它喷涂于炉管、炉墙表面后，能提高炉管、炉墙表面的黑度。黑度的提高就可以改变炉膛内辐射传热、提高炉管对辐射热的吸收，被加热介质吸收的热量就会增大，在介质吸热不变的条件下，就可以减少燃料耗量，达到节能目的。

3.2 涂料简介

高温反辐射涂料是以氧化锆、氧化钴、氧化铝、耐高温胶体、耐火粉、复合增黑剂、悬浮剂等十多种组分组成等为原料，由辐射粉体基料、粘结剂、烧结剂和载液等组成。其中辐射粉体基料提高辐射性能；粘结剂使涂料牢固地粘结在衬里表面；烧结剂促进涂料在高温时的烧结，提高涂层致密度和强度，使其黑度达到0.95以上，耐高温度1800℃。涂料使用寿命可达十年以上。

炉管强化吸收涂料是由二氧化钛、氧化铁、二氧化锰、三氧化铬、氧化铯、氧化镁、碳酸钙、金属银、胶体等成分组成，能在300~1800℃高温环境下使用，产品喷涂成型后，高温下烧结形成金属陶瓷层，其法向发射率达到0.96以上，有效地提高炉管表面的表面发射率（黑度）。涂料使用寿命可达十年以上。

3.3 具体喷涂的范围

喷涂范围如表1所示。

4 效果和效益分析

在加热炉辐射室衬里及炉管表面喷涂耐高温反辐射节能涂料，延长了衬里及炉管使用寿命，使炉墙及炉管表面清灰容易、不结垢，提高热量的传导，抑制辐射热量的损失，可以达到最大化地降低加热炉的能耗，减少加热炉炉管污染物的产生，达到污染减排目的。

4.1 效果分析

4.1.1 120装置联合加热炉喷涂耐高温节能涂料效果

在涂料使用前后，分别于2022年3月23日和2022年9月26日，取对应数据比较如表2所示，性能考核指标如表3所示。

4.1.2 焦化装置加热炉喷涂耐高温节能涂料效果

在涂料使用前后，分别于2022年3月23日和2022年9月28日，取对应数据比较如表4所示，性能考核指标如表5所示。

表1

单位	设备名称	设备位号	辐射段炉墙涂刷耐高温辐射涂料面积/m^2	炉管涂刷耐高温强化吸收节能涂料/m^2	备注
加氢、制氢装置	制氢转化炉	0103-F-101	720	/	
	加氢改质装置反应进料炉	0102-F-101	337.07	141.98	
	加氢改质装置重沸炉	0102-F-201	214.15	279.03	
焦化装置	焦化加热炉	0101-F-101	/	982.54	
沥青装置	常压炉	F101	488.71	720.2	
	减压炉	F102	370.93	377.07	

表2　120装置联合加热炉运行状况

测试项目＼测试值	使用前			使用后		
炉体外壁温度/℃	最高	最低	平均	最高	最低	平均
	95	60	77	82	56	69
炉膛温度/℃	760			720		
加工量/(t/h)	300			270		
排烟温度/℃	125			109		
燃料单耗/(Nm^3/h)	3000/10			2580/9.55		
烟气中氧含量(V)/%	3.03			2.78		
热效率/%	92			93.12		
环境温度/℃	27			27		
风速/(m/s)	5			5		

表3　性能考核指标

设备名称	性能指标	炉外壁温度降低	炉膛温度降低	排烟温度降低	燃料消耗降低	热效率提升
120装置联合加热炉	性能考核指标	>10%	>3%	>5%	>2%	>1%
	实际运行性能指标	10.39%	5.26%	12.8%	4.5%	1.12%

表 4 焦化装置加热炉运行状况

测试项目＼测试值	使用前			使用后		
	最高	最低	平均	最高	最低	平均
炉体外壁温度/℃	70	65	67.5	65	46	55.5
炉膛温度/℃	716			690		
加工量/(t/h)	75			85		
排烟温度/℃	123			115		
燃料单耗/(Nm^3/h)	2083/27.77			2118/24.92		
烟气中氧含量(V)/%	2.3			2.0		
热效率/%	92.35			93.12		
环境温度/℃	27			27		
风速/(m/s)	5			5		

表 5 性能考核指标

设备名称	性能指标	炉外壁温度降低	炉膛温度降低	排烟温度降低	燃料消耗降低	热效率提升
焦化炉	性能考核指标	>5%	/	>5%	>1%	>0.7%
	实际运行性能指标	17.7%	3.63%	6.5%	10.26%	0.77%

4.1.3 加制氢装置加热炉喷涂耐高温节能涂料效果

涂料使用效果如表 6~表 8 所示。

4.2 效益分析

以加制氢装置加热炉为例进行经济效益分析。

(1) 改造前和改造后在加氢装置的加工量和其他条件基本一致的情况下

改造前加氢反应进料炉及重沸炉天然气消耗量(取改造前 2022 年 3 月份平均天然气消耗量)为 1576Nm^3/h，改造后加氢反应进料炉及重沸炉天然气消耗量(取改造后 2022 年 6 月份平均天然气消耗量)为 1375Nm^3/h。由于加热炉喷涂与加氢改质装置加热炉余热回收节能改造同时完成，根据两个项目节能效果的不同区分，喷涂对节能的贡献为 20%。1 年按 8400 小时计算，加氢加热炉每年节约的天然气量为：

$$(1576-1375)\ Nm^3/h\times0.2\times8400h=33.77$$

万 Nm^3。

表 6 制氢转化炉使用前后运行状况(仅炉墙喷涂)

测试项目＼测试值	使用前			使用后			降低(提高)值	降低(提高)值占比
	最高	最低	平均	最高	最低	平均		
炉体外壁温度/℃	94.3	60	79	89	58	72	7℃↓	8.86%↓
炉膛温度/℃	936			912			24℃↓	2.56%↓
排烟温度/℃	179.5			173.5			6℃↓	3.34%↓
燃料单耗/(Nm^3/h)	1347			1217			130Nm^3/h↓	9.65%↓
热效率/%	90.28			90.81			0.53%↑	/
加工量/(t/h)	5800			5800				

表7　加氢反应进料炉运行状况（炉墙、炉管均喷涂）

测试项目＼测试值	使用前			使用后			降低（或提高）值	降低（提高）值占比
	最高	最低	平均	最高	最低	平均		
炉体外壁温度/℃	79	51	65	76	50	61	4℃↓	6.15%↓
炉膛温度/℃	556			526			30℃↓	5.4%↓
排烟温度/℃	180			95			85℃↓	47.22%↓
燃料单耗/（Nm^3/h）	672			623			$49Nm^3/h$↓	7.29%↓
热效率/%	90.57			94.2			3.63%↑	/
加工量/（t/h）	145			145				
备注	加热炉空气预热器同时进行技术改造，设计温度为其95℃							

表8　加氢重沸炉运行状况（炉墙、炉管均喷涂）

测试项目＼测试值	使用前			使用后			降低（或提高）值	降低（提高）值占比
	最高	最低	平均	最高	最低	平均		
炉体外壁温度/℃	65	50	56	60	49	52	4℃↓	7.14%↓
炉膛温度/℃	597			579			18℃↓	3.01%↓
排烟温度/℃	180			95			85℃↓	47.22%↓
燃料单耗/（Nm^3/h）	675			594			$81Nm^3/h$↓	12%↓
热效率/%	90.55			94.2			3.65%↑	/
加工量/（t/h）	145			145				
备注	加热炉空气预热器同时进行技术改造，设计温度为其95℃							

装置使用天然气2023年1月~2023年6月平均价格为3.86元/Nm^3，折算年经济效益为：33.77万Nm^3×3.86元/Nm^3＝130.35万元。

加氢装置每年减碳量为：

33.77×5.956×0.99×44/12＝730.12吨CO_2

（2）改造前和改造后在制氢装置的产氢量和其他条件基本一致的情况下

改造前制氢转化炉天然气消耗量（取改造前2022年1月份平均天然气消耗量）为$1265Nm^3/h$，改造后制氢转化炉天然气消耗量（取改造后2022年11月份平均天然气消耗量）为$1150Nm^3/h$。1年按8400小时计算，制氢转化炉每年节约的天然气量为：

（1265－1150）Nm^3/h×8400h＝96.60万Nm^3。

装置使用天然气2023年1月~2023年6月平均价格为3.86元/Nm^3，折算年经济效益为：96.60万Nm^3×3.86元/Nm^3＝372.88万元。

制氢装置每年减碳量为：

96.60×5.956×0.99×44/12＝2088.52吨CO_2

（3）喷涂后，年经济效益合计：

130.35+372.88＝503.23万元

每年的减碳量合计：

730.12+2088.52＝2818.64吨CO_2

从以上分析可以表明：

（1）耐高温涂料在加热炉内壁喷涂后，增加了炉壁的黑度，加强了辐射传热；

（2）耐高温涂料提高了炉膛温度的均匀度，从而降低了炉膛的外壁温度；

（3）耐高温涂料提高加热炉工艺管道热吸收能力，有效改善炉管壁结焦、结灰现象；

（4）耐高温涂料有较高的抗热震和耐磨能力，它增加了衬里的抗冲刷性和表面强度，对衬里起到很好的保护作用；

（5）各加热炉在使用耐高温反辐射涂料及炉管强化吸收涂料改造后节能效果显著。

气凝胶技术的应用

完成人：蔡振国

（中海沥青股份有限公司设备管理部）

1 项目背景

1.1 实施背景

加氢装置循环氢压缩机进汽温度设计为420℃，设计进气压力为3.7MPa，实际进气温度为349.4℃，进气压力为3.40MPa，实际进气值与设计值相差较大，原因是从滨化热力中心外墙至中海沥青厂内的DN400中压蒸汽主管线温降过大，经测量中压蒸汽管道外壁温度：热力中心西侧外墙至中海沥青公司调度室西侧共计2.18公里，每公里温降高达38~46.8℃。

1.2 存在问题

因装置开停工中压蒸汽温差变化大，导致管道保温外护层脱节、翘边，保温棉老化，且雨雪天气进水，造成管道底部保温下坠；保温层管道上下保温厚度不一，与漏风处形成风道，带走大量热量，造成保温效果变差，每公里温降过大。

2 总体情况

中压蒸汽管道保温变形、脱节，温降过大，保温效果变差，需对从黄河五路与滨化化工公司东围墙拐角处至滨化化工公司北门入地处的DN400管线330米以及滨化化工公司北门出地处至公司二区调度室西侧的管托保温进行改造。

3 技术路线和技术亮点

气凝胶保温材料为纳米级多孔固态材料，具有导热系数低、保温性能优异且厚度薄、强度高、抗压防冲击、使用寿命长、憎水性好等特点，同时施工便利、节能环保。

气凝胶保温方案，利用深度预制成品的防水节能型复合保温棉壳对中压蒸汽管道进行保温，以降低管道热损、减少能耗、节约能源。

3.1 中压蒸汽管道保温

管道采用两层（10mm/层）气凝胶+保温材料+外护层，直管、弯头、管托外保护层等部位采用防风、防雨结构设计，达到全天候条件下的防风防雨（图1、图2）。

图1 现场管道及管托处保温结构

图2 现场管道保温结构

3.2 中压蒸汽管道管托处保温

管托采用五层（10mm/层）气凝胶+保温材料+外护层，深度预制成型防水节能复合保温棉壳。

3.3　中压蒸汽管道弯头处保温

弯头保温结构同管托处，采用可重复利用的整体可拆卸式弯头棉壳(两瓣式弯头保温结构)及保护层，方便弯头壁厚检测(图3、图4)。

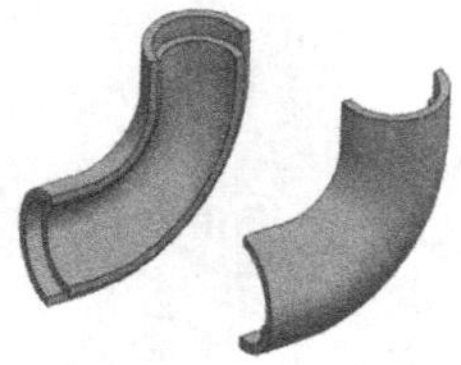

图3

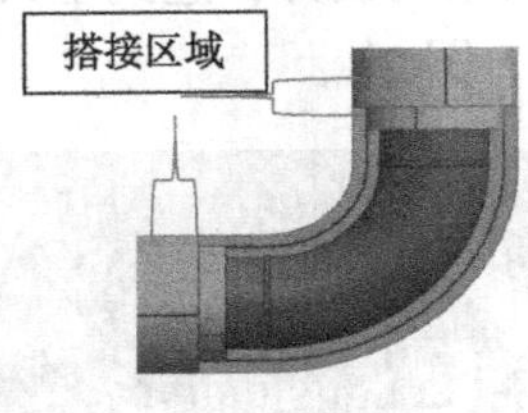

图4

3.4　水平管道保护层防水结构

水平管道保护层环缝搭接处的防水、防风结构，如图5所示，"空腔"和"排水孔"导出保护层外，确保保温层不进水，确保保温层的保温性能不受雨水影响。外保护层1与外保护层3、外保护层2与外保护层3之间形成的环向缝隙不超过1mm。防水支撑的加设还应满足管道热胀冷缩情况下的防水功能，每米保护层的调节量不少于3mm。

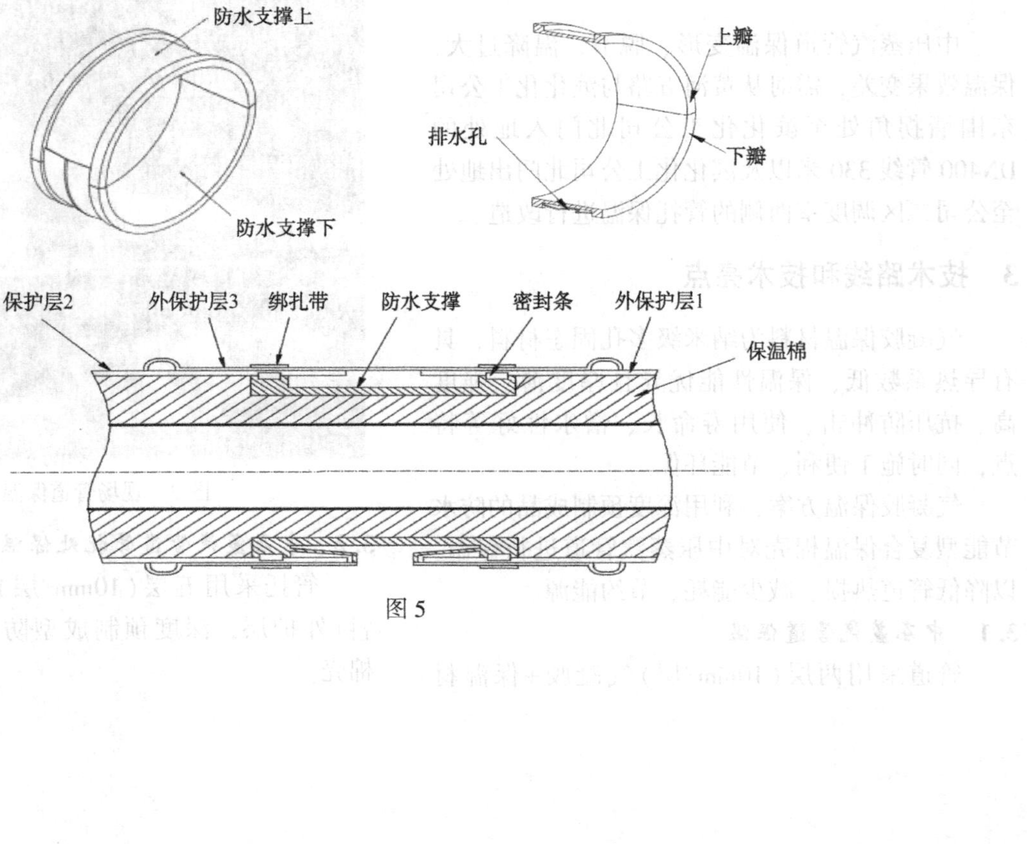

图5

4　中压蒸汽管道运行情况

中压蒸汽管道保温改造施工完成并经长时运行平稳后，现场仪表测量管道外壁温度如下：

(1)黄河五路与滨化化工公司拐角处温度为385.97℃。

(2)滨化化工公司北门东侧入地前温度为384.96℃。

中压蒸汽管道保温改造项目施工前，现场仪表测量管道外壁温度如下：

(1)黄河五路与滨化化工公司拐角处温度为372.32℃。

(2)滨化化工公司北门东侧入地前温度为365.82℃。

通过改造前后管道外壁温度对比：改造后外壁温差较改造前大幅下降。

5　项目效果

(1)气凝胶保温材料为纳米级多孔固态材料，具有导热系数低、保温性能优异且厚度薄、强度高、憎水性好等特点，高温部位采用气凝胶保温能有效降低热损失。

(2)中压蒸汽管道保温改造完成后年节约蒸汽1315吨，年节约费用46.29万(按2023年2月中压蒸汽352元/吨)。

(3)中压蒸汽管道保温改造项目简单投资回收期为3.61年。

芳构化电加热器控制柜国产化

完成人：张海松 徐汉青 石培连

（中海石油中捷石化有限公司）

1 项目背景

60 万吨/年芳构化装置四台电加热器原来所用的控制柜及电加热管束均为美国科莫热思产品，该设备于 2016 年 6 月投用，其控制柜及管束的备品备件价格较高、服务费也远高于国内产品，受近几年中美贸易摩擦加剧的影响，电加热器备品备件的采购相当困难，伴随着该设备故障率逐年上升，已严重影响了中海石油中捷石化公司的安全生产运行。于是寻求国产产品代替美国进口产品，经过公司专业领导多方考察、交流后，最终选定了扬州市优珂电气有限公司电加热控制柜 YOKI-GGD 系列及加热管束 CDSY14/36 系列产品，用来替代原先的美国科莫热思 CFP-JB 系列产品。

2 总体情况

2.1 60 万吨/年芳构化装置四台电加热器如表 1 所示。

表 1

序号	位号代码	名称	规格型号	单位	数量
1	104-EH-301	还原电加热器	338kW	套	1
2	104-EH-302	烧焦电加热器	356kW	套	1
3	104-EH-303	氧氯化电加热器	64kW	套	1
4	104-EH-304	焙烧电加热器	62kW	套	1

2.2 更换前电加热器故障的因素有两点

（1）电加热器加热管束短路

104-EH-301 还原电加热器加热气体含烃类气体，长时间运行会产生结焦，导致加热管短路损坏，同时容易造成电加热器控制柜内接地保护、可控硅熔断器动作。

（2）电加热器控制柜可控硅故障

四套设备在试用期间可控硅组件（包含主控制板、短路检测板、比例调节板、ON/OFF 控制板、触发板等各类控制板）等多次出现故障情况，故障现象表现为加热温度达不到设定值；给定输出开度固定不变，实际输出功率上下波动；加热器故障跳闸等。

2.3 使用国产电加热器控制柜及管束替换进口产品

2.3.1 国产品牌特点

（1）国产化电加热器控制柜是经过运行实践考验、性能优良、技术先进的成熟产品，其控制方式及操作调节完全满足现有工况使用条件。其元器件国产化，成本费用大幅度降低，而且备品备件充足，可满足随时更换的要求。

（2）国产化加热器的结构、性能设计先进。结合现场情况，通过实际使用工况进行换热计算进行校核，并采用有限元模拟现场的温度磁场。最终达到满足现场工艺条件，使加热器稳定工作。

（3）加热束带 10%~15%的备用元件。在容器内部空间允许的情况下，扬州优珂将加热器增加备用元件，其优势是当个别加热元件损坏时，可甩开接线，接上备用元件，保证设备满功率。而国外加热器没有备用元件。

（4）在现场空间允许的条件下，加大防爆接线腔接，内部由铜排连接改为高温导线连接。增大防爆接线箱空间可以更加方便维修及接线；内部由铜排连接改为高温导线连接后，当个别加热管损坏时，可以不用全部拆掉铜排，直接用开对应的高温导线即可，减少维修工作量。

2.3.2　主要创新点及关键技术

主要创新点为：技术改造、节约采购成本、交货期快、售后及时。

关键技术主要体现在加热元件上，加热元件的寿命是直接影响电加热器使用寿命的关键点：

（1）加热元件外壳采用 INCOLOY800“U”形管状电加热元件，外径为 ϕ12mm，壁厚 1.25mm，具有良好的耐高温腐蚀性能；

（2）绝缘材料采用优质高纯度（纯度达 99% 以上）的结晶氧化镁粉，它在高温下仍具有良好的绝缘性能和介电强度；

（3）电阻丝采用优质进口 Cr80Ni80 高温粗直径的电阻丝；

（4）电热元件的封口材料采用耐高温二次固化绝缘密封（环氧树脂），避免加热元件绝缘下降、泄漏电流增大的不安全问题；

（5）电加热器 U 形弯头处经二次挤压成型，确保电加热元件各处氧化镁密度均匀；

（6）加热元件成品后经过高温烧结处理；

（7）电加热元件的引出棒和电阻丝的连接采用柔性连接和氩弧焊接；

（8）加热元件与管板焊接严格按照深口焊工艺要求进行，确保二者之间的焊接牢固、可靠、安全。

3　应用场景

经过国产化替代改造，芳构化装置四套电加热器控制柜投用至今未发生故障跳闸故障，产品优势明显，可靠性高，可以满足装置工艺要求，是目前可用产品的选择方向。对电加热器寿命、生产稳定要求较高的石油化工企业可以使用。

4　项目效果和效益分析

4.1　项目效果

60 万吨/年芳构化装置四台电加热器控制柜更换后可以继续满足芳构化装置下周期的稳定运行，且国产控制柜维修、配件准备相对容易。

4.2　效益分析

4.2.1　经济效益

（1）原有电加热器控制柜四套及 104-EH-301 电加热管束改为国产化产品，全年减少更故障 5 次，故障处理 1 次需要 5 小时，且影响后续装置运行，预计全年节省费约 50 万元。

（2）国产化产品的故障维修成本低，产品设计上增加了备用器件，减少了芳构化装置运行期间开停车次数、提高了经济效益、减少了劳动强度、减少了原材料的浪费及环境污染。

4.2.2　社会效益

（1）故障次数减少，减少了劳动强度。单次故障排查处理，需要 11 人连续作业 5 小时才可完成作业，具体分解如下：保运队伍主要涉及专业劳动量：电气专业需要 6 人、起重专业需要 2 人。生产运行涉及人员：工艺管理人员：1 人、设备管理人员：1 人、电气专业：1 人。

（2）每次维修电加热器工作量大、具有一定的安全风险，故障次数的减少一定程度上也减少了作业安全风险。

（3）进一步地推广可以整体提升行业内电加热器的长周期运行水平。

和利时 MACS6+K 系列 DCS+SIS 在原油码头的国产化应用

完成人：陈金龙　王占山　刘建峰

（中海石油中捷石化有限公司）

1　项目背景

中海石油中捷石化有限公司（以下简称中捷石化）位于河北省沧州市渤海新区，中捷产业园区境内。中捷石化原油加工量为 500 万吨/年，原油运输主要依托黄骅港—中海石油中捷石化输油管道进行运输。黄骅港—中海石油中捷石化输油管道 φ406.4×7.1，管道全长 43 公里，设计压力为 5.5MPa。黄骅港输油首站位于神华黄骅港液化码头附件，占地面积为 10.7 亩，中捷石化新厂区内输油末站位于原油罐区西北角，占地面积 16m×19m。

黄骅港—中捷石化管输介质为原油、汽油、柴油，输油规模为：原油 500×10000t/a，汽油 70×10000t/a 柴油 80×1000t/a，包括 2 座场站。3 条管道。原油采用常温输送，最高温度为 65 度，柴油输送温度为 30～60 度，汽油采用常温输送。

中捷石化首站原控制系统采用美国 AB 公司的 PLC 产品，项目投运于 2015 年。AB 产品备件价格较高，服务费用远高于国内产品，且随着近几年中美贸易摩擦的加剧，售后服务已成为中捷石化公司的运行隐患。原油输送出现问题，将会极大地影响工厂的安全生产运行。公司仪表部门领导多方考察、交流后，选定了杭州和利时自动化有限公司的 MACS6+K 系列的 DCS+SIS 产品，用来替代原先的 AB 公司产品。

2　总体情况

该项目采用了杭州和利时自动化有限公司最新的软硬件产品，DCS 硬件为 K 系列，SIS 硬件为 SIL3 系列，软件采用和利时最新的 MACS6.5 系列。DCS 系统，配置一对高性能控制器，21 块 IO 卡件，1 面 IO 机柜，2 台操作站。SIS 系统配置 3 块主控，一个机笼，2 块通讯口，7 块 IO 卡件，2 面机柜，1 台操作站。

3　技术路线和技术亮点

3.1　MACS V6 系统特点

（1）MACS V6 安全可靠的控制器软硬件

HEROS 操作系统——内置防火墙功能。双网故障不影响控制。

优化的控制软件——完善的冗余机制等改进保证控制的可靠性

专业的算法库——符合行业使用需要的算法库，便于使用

100M 通信网络——高速以太网保证了系统的高可靠性

（2）MACS V6 灵活可靠的网络结构

单层控制网——结构简洁，操作方便，安全可靠网络结构

可靠的监控功能——操作员与控制器点对点通讯，保证可靠的数据采集和操作

便携的下装过程——增加测点，修改画面或方案页，下装操作站和控制站直接生效

安全的历史站——提供丰富的历史数据。可与控制站通信，提供数据采集的备份功能

网络安全方案——和利时定制交换机预防网络风暴，已申请专利

3.2　MACS V6 系统优势

1）点对点结构：取消服务器 IO 通讯的功能：

操作站直接与控制站直接通讯，系统更加稳定，风险更加分散，减轻了网络数据负荷，提高了系统的稳定度。操作员站直接访问控制器真正的点对点结构（图 1）。

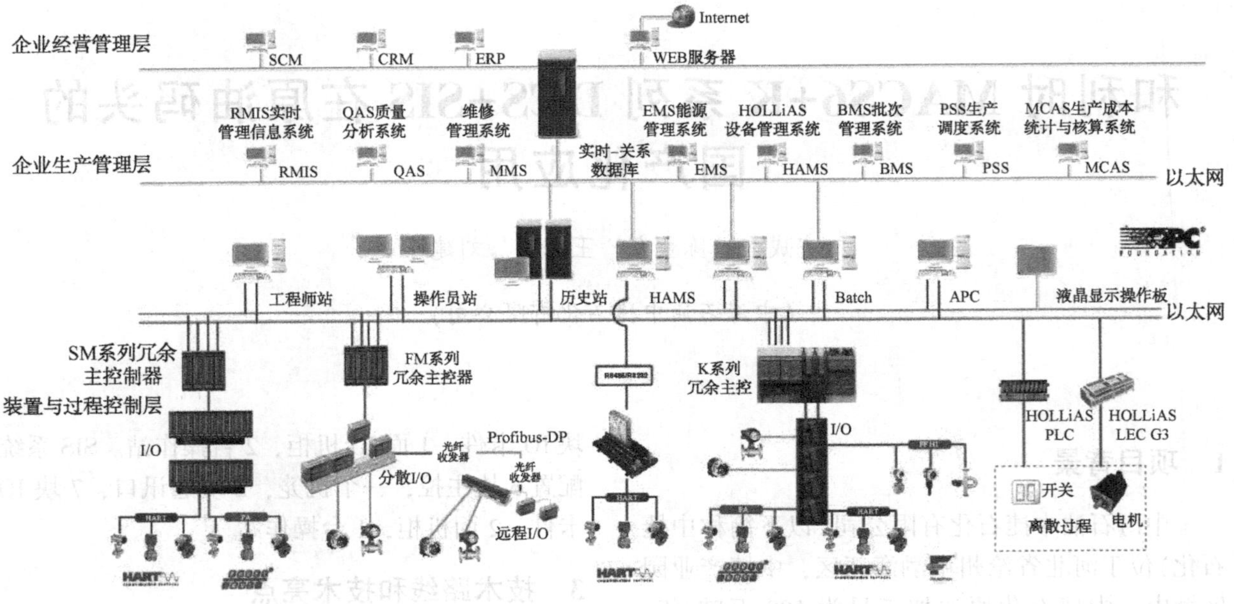

图 1

2）在线参数同步：在线运行与离线文件数据始终一致

同步离线组态与控制器的在线数据，即保持了工程师组态软件与控制器数据功能的一致。

对现场的 DCS 系统版本升级后，工程师组态软件与控制器功能自动保持一致，避免由于操作失误造成的系统运行故障。

强制功能方便可靠：强制简单明了

强制点在线直接强制后，能够在主控复位、主控切换、工程师站软件关闭等情况下，长期保持；并可以查看强制表。

下装类别无区分：下装完全无扰

无全局下装和增量下装之分，即可在开车的条件下直接将系统下装控制站，不会造成生产的扰动；在对组态功能修改后，无论增加模块、程序、测点等全部无扰。

在线增删模块：无需停车扩容设备

支持在开车的条件，直接添加硬件设备。此最大的优势是能缩短施工周期，降低客户运营成本，无需停车。

兼容性更高：支持 WINDOWS 新版本

支持市面上主流的 WINDOWS 7 等操作系统，解决 DCS 系统软件与操作系统兼容性问题；并支持工业嵌入式 XPE，WIN7E 等操作系统，保证操作系统的长期稳定。

稳定性高：经过市场验证

（1）经过多年全国多个项目现场验证，系统运行稳定可靠。

（2）可靠的控制器和高速的网络（100M）。

（3）通过公安部认证的安全工业交换机，只允许和利时数据进行通讯，增加了网络的安全，消除了病毒干扰及网络风暴。

（4）行业应用丰富、独特，根据不同的行业建立了不同的行业标准库。

（5）组态简单容易，并支持多个人员进行同时组态操作。

3）MACS V6 系统主要参数

报警及日志记录数量，如表 1 所示。

4）系统总规模如表 2 所示。

5）第三方通讯参数如表 3 所示。

表 1

序号	名称	容量	备注
1	全日志记录	最大缓冲区容量 30000 条	
2	SOE 日志记录	最大缓冲区容量 5000 条	
3	简化日志记录	最大缓冲区容量 5000 条	
4	操作日志记录	最大缓冲区容量 5000 条	

续表

序号	名称	容量	备注
5	设备日志记录	最大缓冲区容量 1000 条	
6	工艺报警记录	最大缓冲区容量 5000 条	
7	设备报警记录	最大缓冲区容量 5000 条	
8	开关量抖动记录	最大缓冲区容量 5000 条	
9	强制表记录	最大缓冲区容量 1000 条	

表 2

工程域	15 个
历史数据服务器	1 对/域(冗余配置，可选)
工程师站	16 台/域(推荐 1 台/域)
操作员站	64 台/域
现场控制站	64 台/域
站内主控制器	1 对/站(冗余配置)
物理 I/O 配置	102400 物理点/域(推荐 51200 物理点/域)
单个控制站的控制容量：	
物理 I/O 配置能力	1600
I/O 模块数	100(推荐 90)
模入点数	800(推荐 576)
模出点数	800(推荐 576)
DI 点数	1600
DO 点数	1600
模拟量控制回路数	288
开关量控制回路数	1024
控制周期	50～500ms 范围内由用户选择

表 3

通讯软件	通讯限制			
	通道数	单通道设备数	总点项	OPC 客户端数
HOLLiAS Comm V2.0.0	256	31	20000	16

4 项目效果和效益分析

该项目采用国内工业控制系统一线品牌—杭州和利时自动化有限公司公司的最新系列产品，成本较进口系统下降 40%，日常运行费用下降 60%，售后服务及时可靠，解决了国外系统卡脖子的问题。